中文翻译版

第2版

药物研发基本原理

Basic Principles of Drug Discovery and Development

著　者　〔美〕本杰明·E. 布拉斯
（Benjamin E. Blass）
主　译　白仁仁
主　审　谢　恬

科 学 出 版 社
北　京

图字：01-2021-7240 号

内 容 简 介

本书从药物发现与开发的历程开始，为读者呈现了药物发现的经典靶点、体外筛选系统、体内筛选模型、药物化学和药代动力学研究等新药研究的基本原理和方法，同时介绍了药物临床前和临床研究过程及理论、制药企业组织机构发展趋势和知识产权保护等内容，并结合了生动的新药研发成功案例。同时，本书还介绍了高通量筛选、基于结构的药物设计、分子建模、药物分析、转化医学等对于药物发现及上市流程中至关重要的科学方法和新近技术。第 2 版在第 1 版基础上增加了“抗体药物的发现”一章，使得本书涵盖的内容拓展至生物药物领域。

本书内容翔实、案例丰富、图文并茂，可供医药研发领域从业者或投资者、高等医药院校师生及对新药研发感兴趣者阅读。

图书在版编目（CIP）数据

药物研发基本原理：原书第 2 版 /（美）本杰明·E. 布拉斯（Benjamin E. Blass）著；白仁仁主译 .—北京：科学出版社，2023.6

书名原文：Basic Principles of Drug Discovery and Development

ISBN 978-7-03-075542-1

Ⅰ.①药…　Ⅱ.①本…　②白…　Ⅲ.①药物 – 研制 – 概论　Ⅳ.① TQ46

中国国家版本馆 CIP 数据核字（2023）第 084976 号

责任编辑：马晓伟 / 责任校对：张小霞

责任印制：肖　兴 / 封面设计：龙　岩

科学出版社 出版

北京东黄城根北街 16 号

邮政编码：100717

http://www. sciencep. com

北京九天鸿程印刷有限责任公司 印刷

科学出版社发行　各地新华书店经销

*

2023 年 6 月第　一　版　开本：787×1092　1/16

2023 年 6 月第一次印刷　印张：32 1/2

字数：750 000

定价：268.00 元

（如有印装质量问题，我社负责调换）

Basic Principles of Drug Discovery and Development, 2nd edition
Benjamin E. Blass
ISBN: 9780128172148

《药物研发基本原理》（白仁仁　主译）
ISBN: 978-7-03-075542-1

注　意

本译本由中国科技出版传媒股份有限公司（科学出版社）独立负责完成。相关从业及研究人员必须凭借其自身经验和知识对文中描述的信息数据、方法策略、搭配组合、实验操作进行评估和使用。由于医学科学发展迅速，临床诊断和给药剂量尤其需要经过独立验证。在法律允许的最大范围内，爱思唯尔、译文的原文作者、原文编辑及原文内容提供者均不对译文或因产品责任、疏忽或其他操作造成的人身及/或财产伤害及/或损失承担责任，亦不对由于使用文中提到的方法、产品、说明或思想而导致的人身及/或财产伤害及/或损失承担责任。

《药物研发基本原理》（第2版）

翻译人员

主　译　白仁仁

主　审　谢　恬

译　者　白仁仁　杭州师范大学

李子元　四川大学

罗姗姗　南京医科大学

姚　鸿　中国药科大学

李达翊　沈阳药科大学

姜昕鹏　浙江工业大学

辛敏行　西安交通大学

吴　睿　国科大杭州高等研究院

王思远　深圳技术大学

朱　尧　浙江大学

黄　玥　中国药科大学

徐进宜　中国药科大学

中文版序一

随着我国国力的不断增强和医药产业政策的不断完善，我国医药研发能力不断提升，医药事业正迎来蓬勃发展的新时期。我国已成为全球重要的医药市场，拥有巨大的市场需求。同时，我国在医学研究、药学教育和药物研发等领域也取得了显著的成果，在新冠疫情防控中彰显了中国速度和力量，不断向国际先进水平迈进。

新药研发是一项艰巨的工程，充满着挑战和风险。成功的新药研发需要经过多个阶段的复杂试验和严格的审查程序，需要科研人员在理论基础和实践经验上做好充分的准备，并应对艰巨的挑战。因此，掌握新药研发理论并不断积累经验具有非常重要的意义。只有深入学习并掌握新药研发的基本原理和方法，才能更好地进行新药研发实践，以提高研发效率和成功率，并降低失败率和风险。因此，我们需要一个全面、系统、深入浅出的药物研发理论和实践指南，来帮助我们更好地开展药物研发工作。

由白仁仁教授主译、谢恬教授主审的《药物研发基本原理》是一部符合时代发展趋势的专著。书中所涵盖的内容非常广泛，涉及国内外最新的药物研发技术和发展趋势，内容生动，层次分明，指导性强。全书共十四章，系统阐述了药物研发的基本原理和方法，具体包括药物研发历史、法规政策、药物靶点、体外筛选系统、体内测试系统、药物化学、体外ADME和体内药代动力学、安全性和毒理性、临床试验、转化医学和生物标志物、制药行业中的组织机构及发展趋势、知识产权和专利、抗体药物发现，以及药物研发的经典案例等内容。本书的出版离不开白仁仁教授、谢恬教授及其翻译团队在本书翻译过程中的辛勤努力和付出。

《药物研发基本原理》是一部非常有价值的药学专著，不仅可为广大药学工作者提供丰富的理论知识和实践指导，也是接轨世界先进药物研发的桥梁。相信该书的出版将有助于提高我国医药科技工作者的药物研发能力，为我国新时代医药产业从“大而强”向“强而精”的发展提供一定的理论和实践指导。

程卯生

沈阳药科大学

2023年5月

中 文 版 序 二

很高兴得知《药物研发基本原理》第2版被翻译成中文并由科学出版社出版。

纵观古今，为了满足医疗需求并改善患者的生活质量，人类研发药物的脚步从未停息。中国药学界也为全球药物研发做出了突出贡献。中医药已有数千年的历史，作为现代医学的可能起源而被广泛研究。此外，开发天花疫苗的理念也源自中国，最终为全球范围内多种传染病疫苗的研发与接种奠定了基础。这些彪炳史册的成就有力地证明了中国有能力推动制药行业从传统向创新的转变。例如，2015年屠呦呦教授被授予诺贝尔奖，以表彰她在抗疟疾药物开发方面做出的贡献。目前，数家中国制药公司在现代药物开发领域已处于领先地位，研发出多个重要药物，如COX-1/COX-2抑制剂艾瑞昔布（Imrecoxib），于2005 年获批用于治疗骨关节炎；长效 HIV-1 融合抑制剂艾博卫泰（Albuvirtide），于2018 年在中国获批上市。毋庸置疑，中国制药公司的发展前景广阔，并将继续做出重大贡献，造福全球患者。

《药物研发基本原理》非常适合制药行业、学术界、研究机构，以及药物发现和开发领域的科学家与专业人士。同样，也非常适合从事化学、生物学、药理学、生物化学、毒理学、药剂学，以及其他药物研发相关研究的本科生和研究生。此外，本书对于制药行业的公共政策制定人员，以及有志于投资制药行业的商业分析师、企业家和风险投资家也大有裨益。

在此，由衷感谢我的中国同行在翻译本书过程中所付出的时间和精力，他们出色地完成了这项繁重任务。最后，感谢科学出版社的宝贵贡献，本书的成功出版离不开他们的支持和付出。

本杰明 · E. 布拉斯
天普大学
2023 年 4 月

Preface

I am delighted to learn that the second edition of *Basic Principles of Drug Discovery and Development* has been translated into Chinese and published by China Science Publishing & Media Ltd.

Throughout recorded history, humanity has sought ways to improve the quality of life through the development of medications capable of addressing medical needs. China's contribution to the medicine cabinets of the world is well documented. Traditional Chinese medicine is believed to be thousands of years and has been extensively studied as a possible source of modern medicine. In addition, the concepts that led to the development of vaccines originated in China as part of an effort to address smallpox. These processes eventually became the basis of vaccination processes employed on a global scale to protect against a wide range of infectious agents. Clear demonstrations of China's ability to drive the transition from traditional medicine to innovation in the pharmaceutical industry are exemplified by historic accomplishments such as the Nobel Prize awarded to Professor Tu Youyou in 2015 for her contribution to developing a treatment for Malaria. Several Chinese pharmaceutical companies are leading the way in developing modern medications. A recent contribution by the Chinese pharmaceutical industry includes Imrecoxib, a COX-1/COX-2 inhibitor approved in 2005 for the treatment of osteoarthritis, and Albuvirtide, a long-acting HIV-1 fusion inhibitor approved for use in China in 2018. Evidently, the Chinese pharmaceutical industry has a promising future ahead and will continue to make significant scientific contributions that will benefit patients worldwide.

The book, *Basic Principles of Drug Discovery and Development*, is ideally suited for scientists and professionals in the pharmaceutical industry, academia, or research institutes that are interested in conducting research in the drug discovery and development space. The book would also be valuable for graduate and undergraduate students studying fields such as chemistry, biology, pharmacology, biochemistry, toxicology, formulations, and other areas that contribute to the discovery and development of new therapeutic agents. Public policy group members interested in the pharmaceutical industry and business analysts, entrepreneurs, and venture capitalists interested in investing in the pharmaceutical industry would also benefit from the material presented in this book.

I am grateful to my Chinese colleagues who dedicated their time and effort to translating the original version into Chinese. I also wish to express my appreciation for their exceptional work in this labor-intensive process. Furthermore, I would like to acknowledge the invaluable contributions of China Science Publishing & Media Ltd., whose involvement in the process was critical to the project's success.

Benjamin E. Blass
Temple University
April 2023

译　者　序

新药研发是一个异常复杂而艰难的过程。更有人提出：研发新药的困难程度比把人类送上月球还要大得多。这样的类比并非耸人听闻，甚至有几分合情合理。新药研发存在太多未知的领域，并没有太多的公式可用。在患者服用药物之前，谁都无法确定其一定具有理想的疗效。谈起未知的领域，不能简单地描述为“未知”或“不知道”。实际上这种“不知道”还可进一步分为两种情况：一种是“我们知道我们不知道”；另一种是“我们不知道我们不知道”，后一种更值得警惕。这样的描述听起来有些拗口，却是对新药研发的一种形象描述，因为人体是一个极为复杂的有机系统，通过极为复杂的通路维持机体的功能。随着生物技术的进步，我们逐渐揭开了人体的层层面纱，但仍存在太多“不知道”的过程，甚至我们都不知道还有某些我们“不知道”的方面。正因如此，新药研发才会困难重重。

药物研发确实涉及相当多的学科，即便从事相关研究多年，也未必能全面了解药物研发的全部过程和所有原理。由本杰明·E.布拉斯（Benjamin E. Blass）博士编著的《药物研发基本原理》（*Basic Principles of Drug Discovery and Development*）恰是一本全面阐述药物发现与开发基本原理的药学专著。我在阅读原著后受益良多，印象深刻，被书中全面而系统的内容深深“打动”。为了能让本书惠及更多的国内读者，我组织国内多所高校的青年教师，完成了本书的翻译。《药物研发基本原理》中文版一经出版，就受到国内高校师生和药企研发人员的广泛好评，第1次印刷后仅三个月就销售一空，两年内已连续印刷5次。许多高校将该书列为本科生和研究生的教材或参考书。2021年底，《药物研发基本原理》入选第二十届“引进版科技类优秀图书”。

2019年起，布拉斯博士开始对原著第1版内容进行修订、更新，同时加入了“抗体药物的发现”这一新的章节，使得本书涵盖的内容拓展至生物药物领域。2021年3月，原著第2版正式出版。第2版在国外同样广受好评，并于2022年荣获教科书与高等院校作者协会（Textbook & Academic Authors Association，TAA）优秀教材奖。

鉴于广大读者对《药物研发基本原理》的支持，我继续组建了翻译团队，大家亲力亲为，圆满完成了第2版的翻译工作。除我本人外，参与本书翻译的译者还包括李子元（四川大学）、罗姗姗（南京医科大学）、姚鸿（中国药科大学）、李达翃（沈阳药科大学）、姜昕鹏（浙江工业大学）、辛敏行（西安交通大学）、吴睿（国科大杭州高等研究院）、王思远（深圳技术大学）、朱尧（浙江大学）、黄玥（中国药科大学）和徐进宜（中国药科大学）。在此衷心向参与本书翻译的各位老师表示深深的感谢，感谢大家的积极响应和辛勤付出。

感谢杭州师范大学谢恬教授担任本书主审，并对本书的出版给予了宝贵支持。

原著作者布拉斯博士对本书的翻译也给予了大力支持。因书结缘，我们也成为好朋友。他时常与我联系询问翻译的情况，以及我对本书下一版编写内容和思路方面的建议。我也经常与他讨论翻译过程中的疑惑和问题，并将原著中的几处细节错误及时反馈给他以便修正。

本书的顺利出版离不开科学出版社编辑团队的支持和付出，在此向大家致以真诚的谢意。

尽管主审、主译和各位译者已经尽了最大努力，但书中的疏漏与不足之处仍在所难免，敬请读者批评和指正。

白仁仁

renrenbai@126.com

2023年3月于杭州

原 书 序

在过去几十年间，药物研发的过程发生了革命性变化。药物化学和体外筛选技术曾经是新药研发的主要瓶颈，但随着自动化整合、DNA重组和转染等辅助技术的发展，新药研发的周期正在不断缩短。此外，高通量筛选（HTS）、平行合成和组合化学也为候选化合物的大规模合成和生物活性评价提供了诸多便利。通过对大量药理活性数据的总结分析，获得相应的构效关系（SAR），为后期先导化合物的结构改造和优化提供有力的帮助。与此同时，随着新方法、新技术的发展，特别是对药代动力学、动物筛选模型和安全性研究等理解的不断深入，如何选择候选药物进行临床研究的方法也在发生明显的转变。在近40年间，有关临床试验、生物标记、转化医学、环境监管、知识产权和商业环境的设计策略也发生了巨大的变化。

药物发现和开发过程的复杂性不容小觑，成功开发一个全新的上市新药的过程涉及广泛的专业知识。要想在这个日新月异的环境中有所建树，不仅要求新药研发人员成为自己所在研究领域的专家，还必须了解大量相关专业和交叉学科的专业知识。《药物研发基本原理》一书囊括了现代药物研发各个环节的关键技术和专业知识。该书逻辑清晰、表述简洁，适用于学生和各行各业的药学工作者。本书作者本杰明·E.布拉斯博士是一位经验丰富的科学家和教育工作者，在药物化学、药物设计、生物靶点等方面有着丰富的经验和深厚的基础，他在药学工业界和教育界深耕超过25年，有丰富的新药研发经验。本书从药物设计合成、体内外生物活性评价，到临床研究，从药物研发过程的各个方面为读者提供了综合且全面的指导。

本书可为药物研发科学家、研究生和未来的药物研究人员提供有力的帮助，有助于他们在药物发现多学科管理过程的概念方面打下坚实的基础。本书内容翔实，共14章，涉及100多种药物和临床候选药物，配有300余幅插图及1000余篇参考文献，可使读者对药物研发的关键方面有全面的了解。本书的主要目的是帮助读者在诸多学科领域逐渐积累经验，从而努力研发出全新的、具有市场价值的新药。

本书每一章都包含大量与章节内容相关的药物研发实例。开篇回顾了现代药物的研发历程，为后续章节奠定了基础。首先详细介绍和讨论了药物研发初期所涉及的工作，包括靶点确证、先导化合物的发现、先导化合物的优化、药物代谢动力学研究、药效学研究和早期毒理学研究等重要内容。随后对临床前研究、临床试验设计、生物标志物及转化医学方面进行讨论。每章的内容都建立在前几章的基础之上，这种编排方式为读者提供了药物研发全过程的综合视角。

第12章和第13章介绍了管理运行一个高效的药物研发项目所必需的两个重要环节：组织结构和专利保护，使读者真正了解何种组织结构能够成功管理研发团队，以及如何保护知识产权才能确保良好的投资回报。专利保护是制药企业和生命科学行业的命脉，同时也是新药发现的源泉。没有专利保护，研究的成果可能会被视为商业机密而不被公开。因此，专利确保了研究成果和创新可以得到共享。在第14章，作者以真实案例的形式展示并实践了前几章所论述的新药研发的基本原理和方法。通过总结这些成功的案例，为读者提供了重要的经验教训，其中部分经验教训甚至改变了现代药物研究的历史轨迹。

虽然已有许多教科书介绍过药物研发过程的方方面面，但尚无教科书以如此全面而综合的视角进行阐述。可以说，布拉斯博士编著的《药物研发基本原理》一书是独一无二的。该书的面世为今后的药学教育提供了一个全新的、重要的工具，也为那些对新药探索和商业化感兴趣的人提供了宝贵的经验。

马吉德·阿布-扎比（Magid Abou-Gharbia）博士，
英国皇家化学学会会士
劳拉·H. 卡内尔（Laura H. Carnell）荣誉教授，莫得
药物研发中心主任
天普大学药学院，美国，宾夕法尼亚州，费城

目　录

第1章

药物发现与开发：现代方法与原理纵览

回顾过去的两个世纪，现代药物的成功研发已显著改善了无数患者的生活。曾经被认为致命或无法治愈的疾病，如今已研发出了相应的治疗药物，可显著延长患者的生存期，并改善其生活质量。在众多的研究成果中，最令人瞩目的莫过于在获得性免疫缺陷综合征（acquired immune deficiency syndrome，AIDS，艾滋病）[由人类免疫缺陷病毒（human immunodeficiency virus，HIV）感染而导致]治疗方面所取得的重要进展[1]。当HIV在1983年首次被两个研究小组发现时[2]，临床上的抗病毒药物寥寥无几，没有任何药物能有效阻断HIV，使得人体感染HIV迅速发展恶化为AIDS，导致患者最终因“机会性感染”而死亡。1987年，第一个核苷类逆转录酶抑制剂（nucleoside reverse transcriptase inhibitor，NRTI）齐多夫定（azidothymidine，Retrovir®，AZT®，图1.1）获批上市，用于HIV感染的治疗[3]。其他HIV治疗药物也在随后30年间相继成功研发。

新型NRTI，如替诺福韦（tenofovir，Viread®）[4]、拉米夫定（lamivudine，Zeffix®）（图1.1）[5]，具有与齐多夫定相同的作用机制（磷酸化作用、掺入不断增长的DNA链，以及链终止作用），有效扩展了此类药物。而非NRTI（non-NRTI）奈韦拉平（nevirapine，Viramune®）[6]和多拉韦林（doravirine，Pifeltro®）[7]（图1.1）等药物的开发进一步推动了AIDS的治疗，并且证明了对逆转录酶的可逆性变构抑制（通过药物与催化位点以外的位点结合而发挥酶抑制作用，参见第3章）是一种可行的治疗方法。此外，HIV蛋白酶抑制剂（protease inhibitor）奈非那韦（nelfinavir，Viracept®）[8]、利托那韦（ritonavir，Norvir®）[9]和茚地那韦（indinavir，Crixivan®）[10]于20世纪90年代中期陆续被应用于临床，为AIDS的治疗开创了新的维度。与此同时，还引入了多药鸡尾酒疗法，也被称为高效抗逆转录病毒疗法（highly active anti-retroviral therapy，HAART）[11]，最终开发了诸如Complera®[12]和Stribild®[13]等复方药物的“单一片剂”（all-in-one），进一步拓展了治疗选择。

在21世纪之交，另一类抗HIV药物即HIV整合酶抑制剂（integrase inhibitor），开始被应用于临床。代表药物拉替拉韦（raltegravir，Isentress®）[14]、度鲁特韦（dolutegravir，Tivicay®）[15]和比卡格韦（bictegravir，GS-9883）[16]（图1.1）分别作为单一药物或复方药物[如Triumeq®，度鲁特韦/拉米夫定3TC/阿巴卡韦（abacavir）[17]；Biktarvy®，比卡格韦/恩曲他滨（emtricitabine）/替诺福韦艾拉酚胺（tenofovir alafenamide）[18]]应用于临床。虽然抗HIV的征程仍需向前迈进，但当今药物的成功研发已有效控制了病情的蔓延，使得曾经被“宣判死刑”的患者也能够过上高质量的生活[19]。

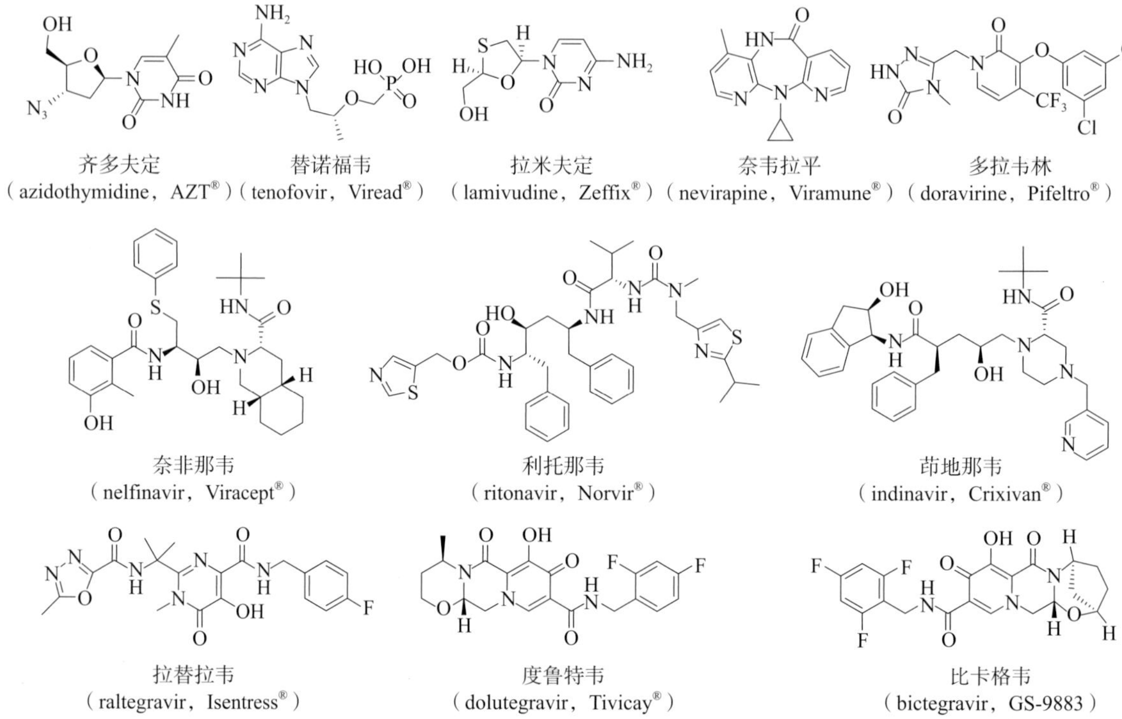

齐多夫定（azidothymidine，AZT®） 替诺福韦（tenofovir，Viread®） 拉米夫定（lamivudine，Zeffix®） 奈韦拉平（nevirapine，Viramune®） 多拉韦林（doravirine，Pifeltro®）

奈非那韦（nelfinavir，Viracept®） 利托那韦（ritonavir，Norvir®） 茚地那韦（indinavir，Crixivan®）

拉替拉韦（raltegravir，Isentress®） 度鲁特韦（dolutegravir，Tivicay®） 比卡格韦（bictegravir，GS-9883）

图1.1 逆转录酶是第一个成功的抗HIV靶点，其相关抑制剂主要包括齐多夫定、替诺福韦和拉米夫定，是一类可终止DNA链增长的重要核苷类抑制剂。而多拉韦林属于非核苷类逆转录酶抑制剂，可与该酶可逆性结合。HIV蛋白酶是另一个研究较为深入的抗HIV靶点，其代表性抑制剂主要包括奈非那韦、利托那韦和茚地那韦。此外，HIV整合酶抑制剂，如拉替拉韦、度鲁特韦和比卡格韦，也成为治疗HIV感染的新选择

癌症的治疗也经历了类似的发展过程。得益于新型抗癌药物的发现和开发，各类癌症患者的生存率已显著提高。美国的整体癌症死亡率在1950～2009年下降了11.4%，针对某些特定癌症的治疗也取得了重大的进展。乳腺癌、前列腺癌和黑色素瘤患者的5年生存率大大提高。例如，乳腺癌患者的5年生存率由60%提高至91%，前列腺癌患者由43%提高至99%，黑色素瘤患者则由49%提高至93%[20]。毋庸置疑，癌症治疗所取得的重要进展在很大程度上归功于新型抗癌药物的研发（图1.2）。这些重要的抗癌药物主要包括一些抗肿瘤天然产物及其衍生物，如紫杉醇（paclitaxel，Taxol®）[21]、长春碱（vinblastine，Velban®）[22]、多柔比星（doxorubicin，Adriamycin®）[23]和拓扑替康（topotecan，Hycamtin®）等[24]；以及部分小分子激酶抑制剂，如伊马替尼（imatinib，Gleevac®）[25]、尼罗替尼（nilotinib，Tasigna®）[26]和厄洛替尼（erlotinib，Tarceva®）[27]等。

当然，“革命尚未成功”，新药研发人员仍需继续努力。据美国癌症协会（American Cancer Society）统计，2018年仅美国就有超过60.9万人死于癌症，2015年美国相关的直接医疗费用超过800亿美元。此外，肝癌（18%）、食管癌（18%）、肺癌（18%）和胰腺癌（8%）的5年生存率仍然很低[28]。新型小分子药物，如达克替尼（dacomitinib，Vizimpro®）[29]、尼拉帕尼（niraparib，Zejula®）[30]和布加替尼（brigatinib，Alunbrig®）[31]

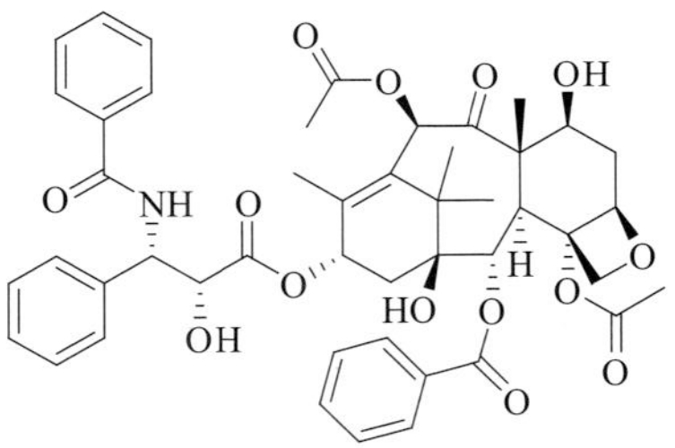

紫杉醇
（paclitaxel，Taxol®）

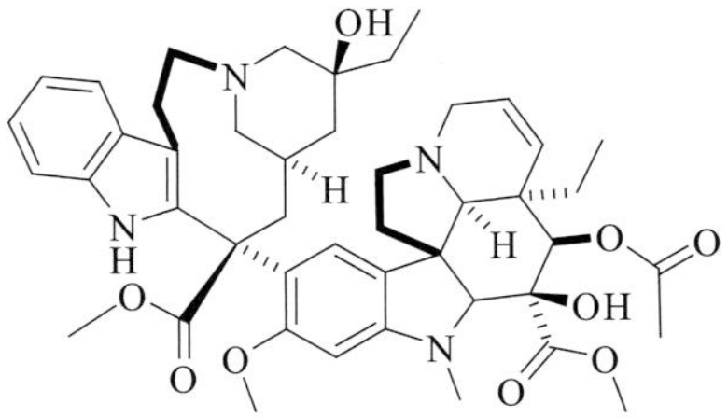

长春碱
（vinblastine，Velban®）

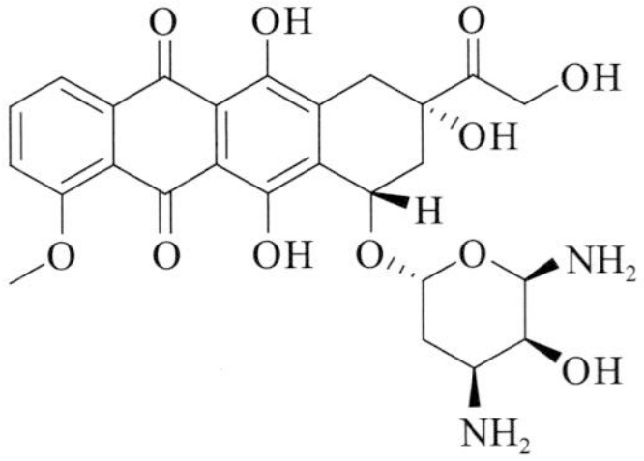

多柔比星
（doxorubicin，Adriamycin®）

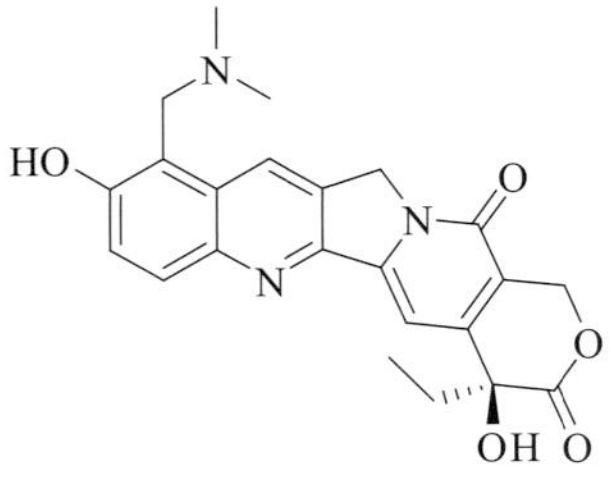

拓扑替康
（topotecan，Hycamtin®）

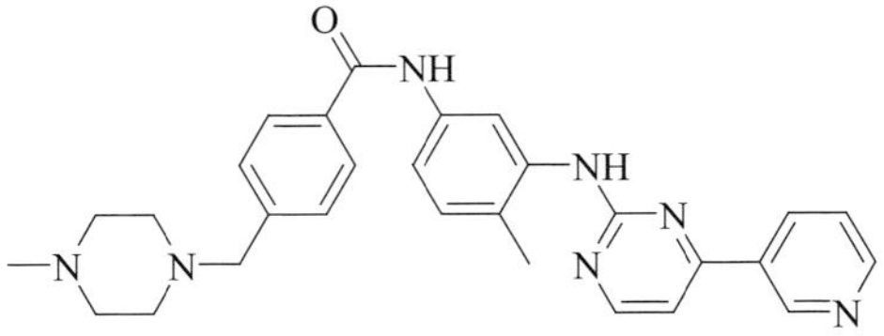

伊马替尼
（imatinib，Gleevac®）

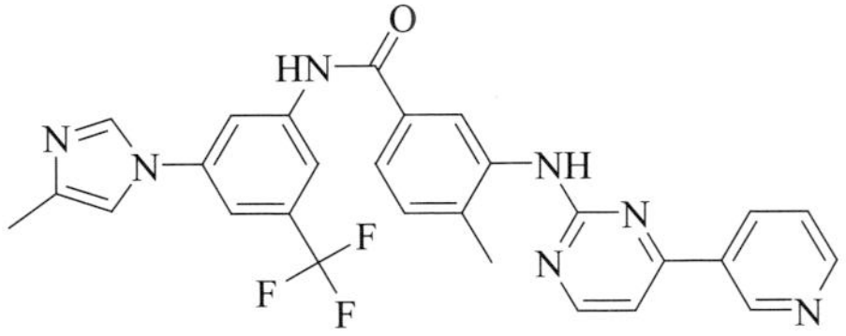

尼罗替尼
（nilotinib，Tasigna®）

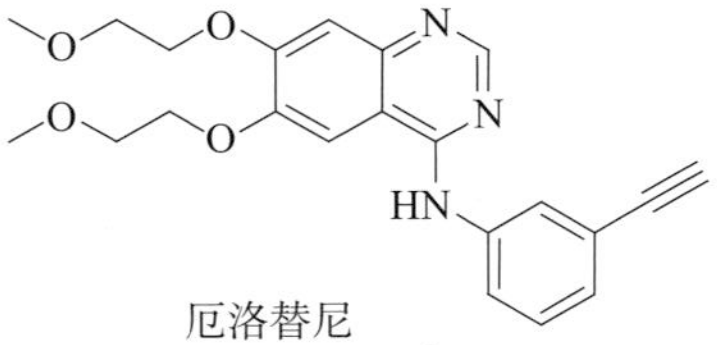

厄洛替尼
（erlotinib，Tarceva®）

图 1.2　抗癌药物紫杉醇、长春碱、多柔比星和拓扑替康是将天然产物开发为药物的经典实例。而小分子激酶抑制剂伊马替尼、尼罗替尼和厄洛替尼则是通过现代药物研发手段获得的抗癌药物

（图1.3），以及派姆单抗（pembrolizumab，Keytruda®）[32]（图1.3）、阿维单抗（avelumab，Bavencio®）[33]和纳武单抗（nivolumab，Opdivo®）[34]等生物药物将进一步提高癌症患者的生存率。

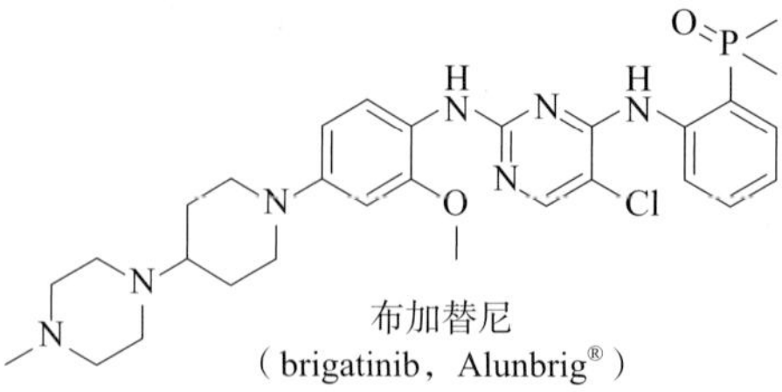

布加替尼
（brigatinib，Alunbrig®）

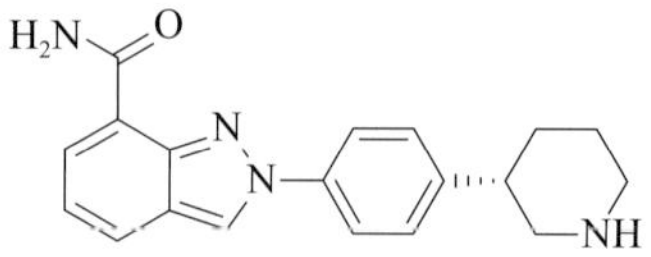

尼拉帕尼
（niraparib，Zejula®）

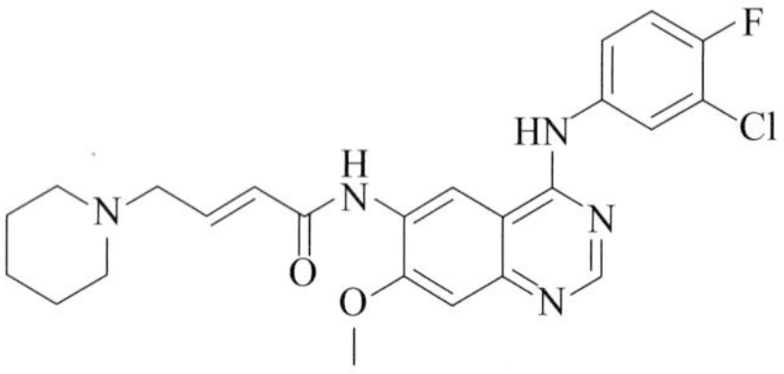

达克替尼
（dacomitinib，Vizimpro®）

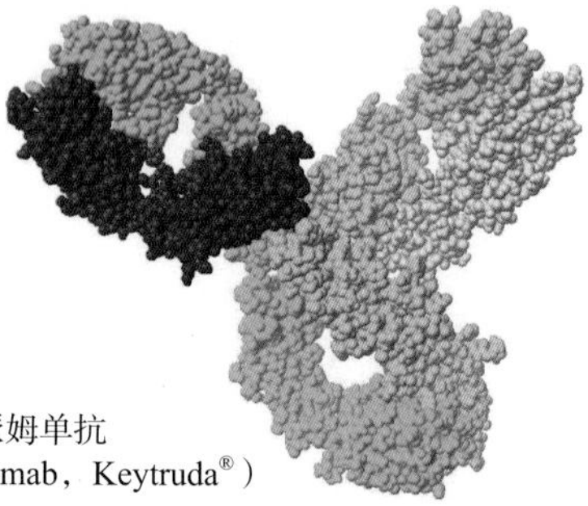

派姆单抗
（pembrolizumab，Keytruda®）

图1.3 达克替尼于2018年被批准用于治疗转移性非小细胞肺癌；尼拉帕尼于2017年被批准用于治疗上皮性卵巢癌、输卵管癌和原发性腹膜癌；布加替尼于2017年被批准用于治疗转移性非小细胞肺癌；派姆单抗于2014年被批准用于治疗晚期黑色素瘤

心血管疾病的治疗同样取得了巨大的突破，研发出了大量可明显预防和缓解病情的药物。由于没有明显的临床症状，高血压又被称为"无声杀手"。近年来已研发出多种抗高血压药物，明显改善了患者的生活质量，并延长了其生存期。目前，临床应用的抗高血压药物包括利尿药阿米洛利（amiloride，Midamor®）[35]、吲达帕胺（indapamide，Lozol®）[36]；β受体阻滞剂阿替洛尔（atenolol，Tenoretic®）[37]、普萘洛尔（propranolol，Inderal®）[38]；血管紧张素转化酶抑制剂（angiotensin converting enzyme inhibitor，ACEI）卡托普利（captopril，Capoten®）[39]、依那普利（enalapril，Vasotec®）[40]等。当然以上仅仅列举了常用药物中的几类。3-羟基-3-甲基戊二酰辅酶A（HMG-CoA）还原酶抑制剂，即他汀类药物（statins）的研发为心血管疾病的预防带来了革命性的变化[41]。阿托伐他汀（atorvastatin，Lipitor®）[42]、辛伐他汀（simvastatin，Zocor®）[43]及其他相关药物可以显著降低体内胆固醇水平，有效降低心血管疾病的风险（图1.4）[44]。

单克隆抗体阿利库单抗（alirocumab，Praluent®）和依伏库单抗（evolocumab，Repatha®）[45]的研发进一步推进了心血管疾病的治疗。这些药物靶向前蛋白转化酶枯草杆菌蛋白酶/kexin 9型（proprotein convertase subtilisin/kexin type 9，PCSK9），而PCSK9是一种降解低密度脂蛋白（low-density lipoprotein，LDL）受体的关键蛋白，已被证明可显著降低循环胆固醇水平。然而，这些药物的治疗成本十分高昂（每年14 000美元）[46]。这些原因使制药公司对开发具有相同疗效且更廉价的小分子药物产生了浓厚的兴趣，也成为相关药物研发的驱动因素。

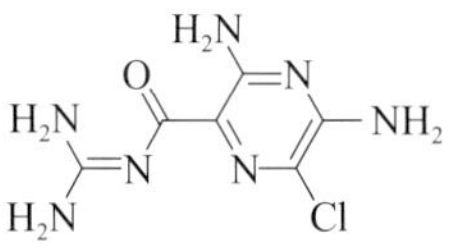

阿米洛利
（amiloride，Midamor®）

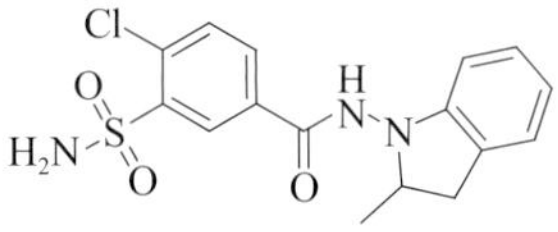

吲达帕胺
（indapamide，Lozol®）

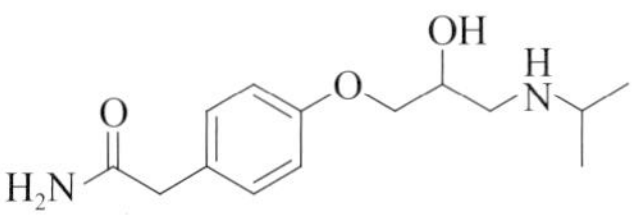

阿替洛尔
（atenolol，Tenoretic®）

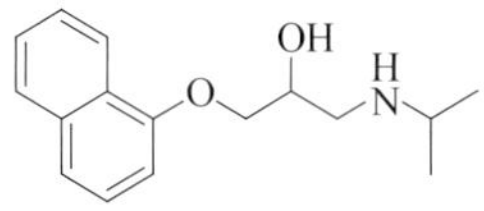

普萘洛尔
（propranolol，Inderal®）

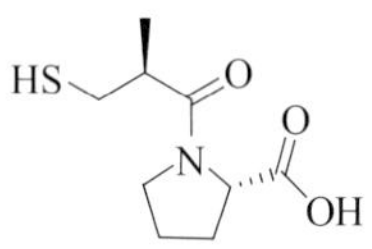

卡托普利
（captopril，Capoten®）

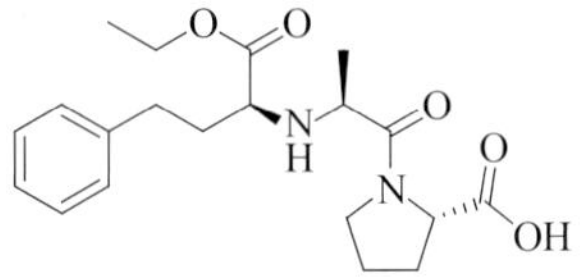

依那普利
（enalapril，Vasotec®）

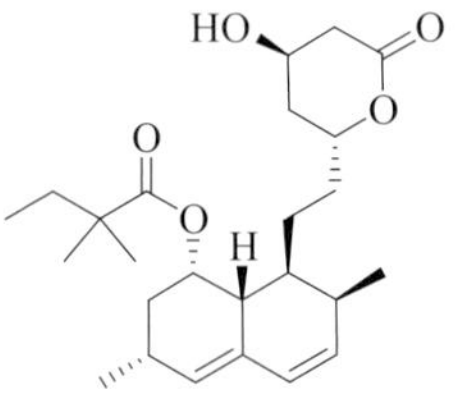

辛伐他汀
（simvastatin，Zocor®）

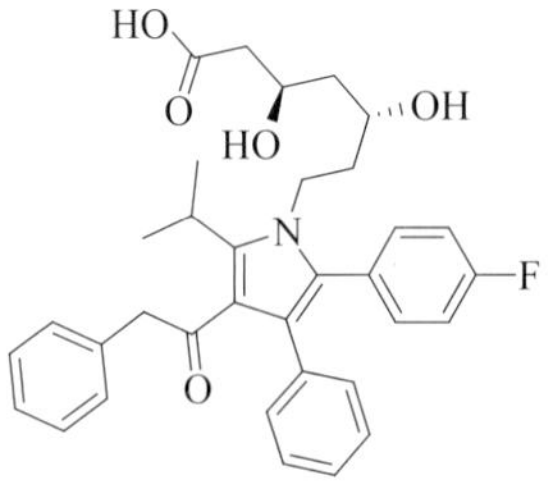

阿托伐他汀
（atorvastatin，Lipitor®）

图1.4　**利尿药阿米洛利、吲达帕胺，β受体阻滞剂阿替洛尔、普萘洛尔，ACEI卡托普利、依那普利，以及HMG-CoA还原酶抑制剂辛伐他汀和阿托伐他汀等药物显著改善了心血管疾病的治疗**

新型治疗药物的不断开发使得疾病治疗、症状缓解和生活质量改善等方面也取得了重要的进展，特别是对感染、疼痛和呼吸系统疾病领域产生了深远而积极的影响[47]。然而，仍有许多疾病的治疗存在着诸多的困难和挑战，亟需对现有药物和疗法进行优化。阿尔茨海默病（Alzheimer's disease，AD）是最常见的痴呆症，最初由德国精神病学家和神经病理学家阿洛伊斯·阿尔茨海默（Alois Alzheimer）于1906年发现。虽然在AD的治疗上投入了大量精力和研究经费，但100多年过去了，所取得的成果依然寥寥可数。研究人员对β分泌酶（β-secretase，BACE）、γ分泌酶（γ-secretase）、糖原合成酶激酶3β（glycogen synthase kinase 3β，GSK3β）和周期蛋白依赖性激酶-5（cyclin-dependent kinase-5，CDK5）[48]等潜在的抗AD靶点进行了较为广泛的研究，并发现了多个在动物模型中表现出显著前景的候选药物，如Verubecestat®（MK-8931）[49]、Lanabecestat®（AZD3293、LY3314814）[50]、Semagacestat®（LY-450139）[51]（图1.5）和Bapineuzumab[52]。事与愿违的是，这些候选药物未能对患者的病情显示出统计学意义上的显著改善。与首次发现AD时一样，时至今日，如何开发有效的临床药物仍让人难以捉摸。

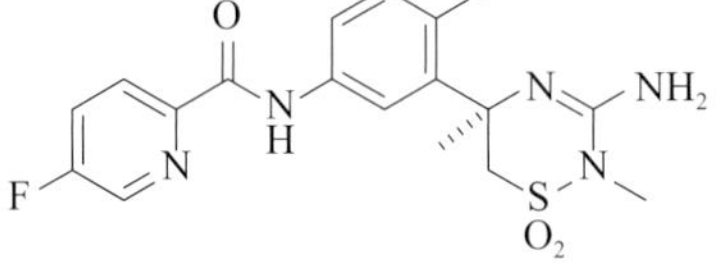

Verubecestat®
（MK-8931）

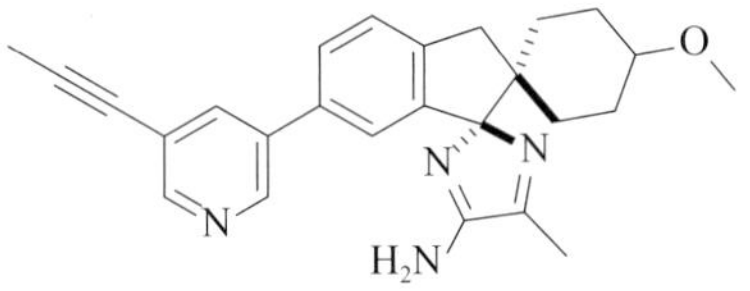

Lanabecestat®
（AZD3293、LY3314814）

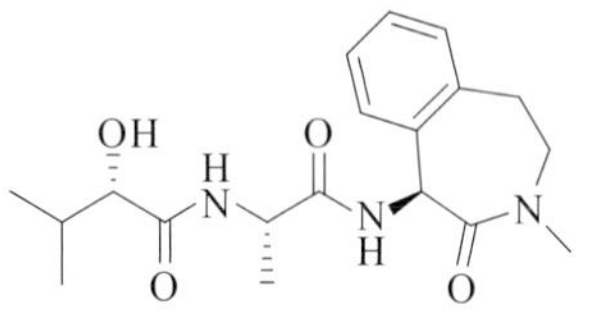

Semagacestat®
（LY-450139）

图1.5　**Verubecestat®、Lanabecestat®和Semagacestat®均被开发用于AD的治疗，但均未在临床试验中显示出疗效**

曾经被认为已被现代科学征服的领域也开始不断面临新的挑战。例如，在20世纪60～70年代，人们普遍认为现代医学几乎已经征服了传染性疾病，β-内酰胺类、氟喹诺酮类、四环素类和大环内酯类抗生素（图1.6）可为人类提供无懈可击的保障。但是，20世纪80～90年代出现的耐甲氧西林金黄色葡萄球菌（methicillin resistant Staphylococcus aureus，MRSA）让我们更加清醒地认识到，要想在对抗细菌感染的战斗中百战不殆，必须依靠更新、更有效的药物。甲氧西林（methicillin，Staphcillin®）于1959年上市，用于治疗青霉素的耐药感染。然而，仅仅两年之后，便在欧洲医院中发现了新的耐药菌。至20世纪80年代，MRSA已经遍布全球。仅以2009年为例，由MRSA感染导致的美国医疗体系开销已达30亿～40亿美元[53]。此外，据美国疾病控制与预防中心（United States Centers for Disease Control and Prevention）统计，在2013 年，严重的MRSA感染病例＞80 000例，与MRSA相关的死亡病例＞11 000例[54]。

为了应对不断突变的细菌病原体，新药研发人员的努力从未间断，新一代抗菌药物（图1.6）也相继研发上市。例如，碳青霉烯β-内酰胺类抗生素美罗培南（meropenem，Merrems®）[55] 于1996年获批，但最终仍产生了耐药菌。Vabomere®为美罗培南和β-内酰胺酶抑制剂（β-lactamase inhibitor）瓦博巴坦（vaborbactam）的复方制剂[56]，于2017年获批上市，以应对这一日益严重的耐药问题。瓦博巴坦阻断了关键的细菌耐药机制（β-内酰胺酶对β-内酰胺环的裂解），并恢复了美罗培南的抗菌效力。基于相似的策略，德拉沙星（delafloxacin，Baxdela®）[57]也于2017年上市，其将聚焦于MRSA感染治疗的新型氟喹诺酮类药物的研究推向高潮。噁唑烷酮类药物磷酸特地唑胺（tedizolid phosphate，Sivextro®）[58]和糖肽类抗生素万古霉素（vancomycin，1955年上市）[59]类似物的开发，为临床提供了新型的抗菌药物。而奥利万星（oritavancin，Orbactiv®）及其相关衍生物的开发解决了万古霉素耐药菌所引发的严重问题[60]。

毫无疑问，新型治疗药物的研发为社会带来了积极的影响，但完全实现这一目标并非易事。从表面上看，针对某一疾病，确定其发病机制，并设计一种能够缓解或治愈该病的药物是一项相对简单的任务。特别是对于感染性疾病，无论是细菌还是病毒，只要杀灭了病原微生物，这一问题就迎刃而解。不得不说，这只是一种过于乐观，甚至一厢情愿的想法，因为除了清除引发感染的病原微生物之外，还有诸多的因素需要考虑。虽然可以找到能够杀灭病原微生物的数百万个化合物，但这些化合物中有多少可以既发挥疗效又不对宿主本身产生毒副作用？其余化合物中又有多少可以最终成为安全有效的治疗药物？在这些无限的可能中，该如何确定哪些化合物是有前景的，哪些是没有希望的？在有希望的化合物中，又有哪些能够得到制药公司的青睐？这些问题盘根错节。而对于其他疾病，相关问题甚至会变得更为错综复杂。例如，对于控制和缓解疼痛的药物，应该在有效缓解慢性疼痛的同时不干扰与人体保护性本能相关的疼痛。例如，在用药后，患者仍然可以在手与火炉接触时感受到疼痛而将手快速移开。诸如此类的复杂问题是绝大多数疾病的共同特征，必须有效解决才能成功开发新药。

鉴于涉及药物设计和开发的问题繁多且复杂，我们应该非常清楚地认识到，没有任何一个人可以独立完成包括药物发现、开发和成功推向市场的所有任务。新药研发的过程是多方面的，因此需要具有广泛专业知识的科研人员共同参与并通力合作，如需要药物化学、

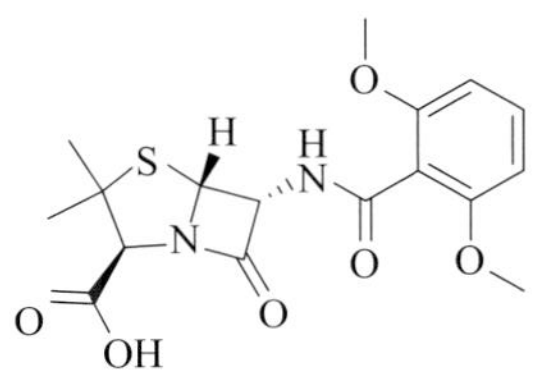

甲氧西林
（methicillin，Staphcillin®）

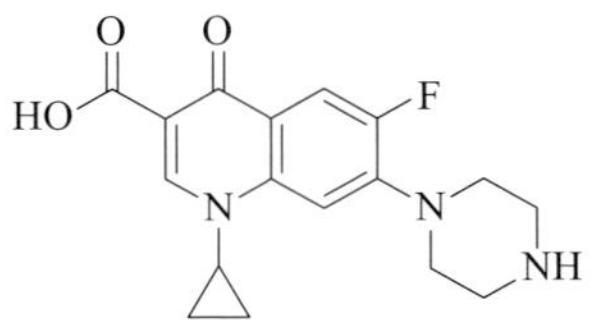

环丙沙星
（ciprofloxacin，Cipro®）

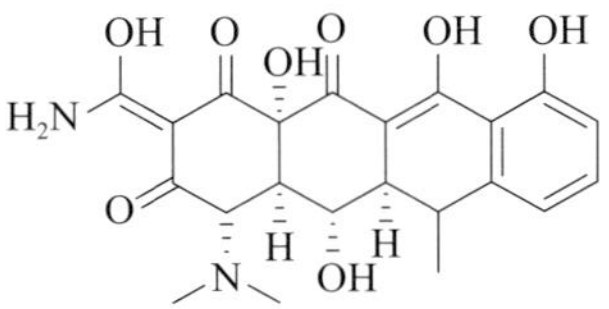

多西环素
（doxycycline，Vibramycin®）

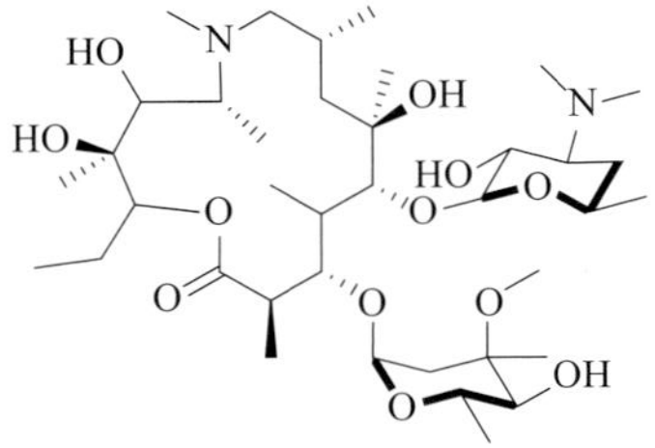

阿奇霉素
（azithromycin，Zithromax®）

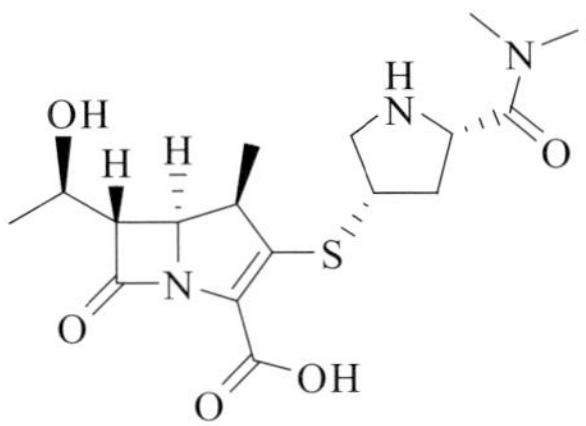

美罗培南
（meropenem，Merrem®）

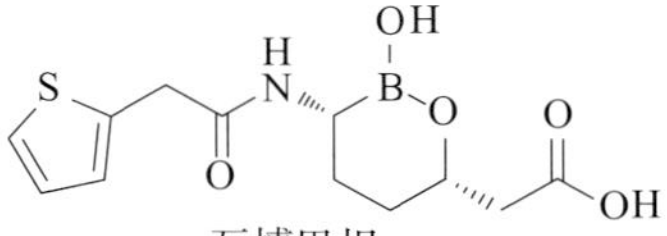

瓦博巴坦
（vaborbactam）

Vabomere®
（美罗培南+瓦博巴坦）

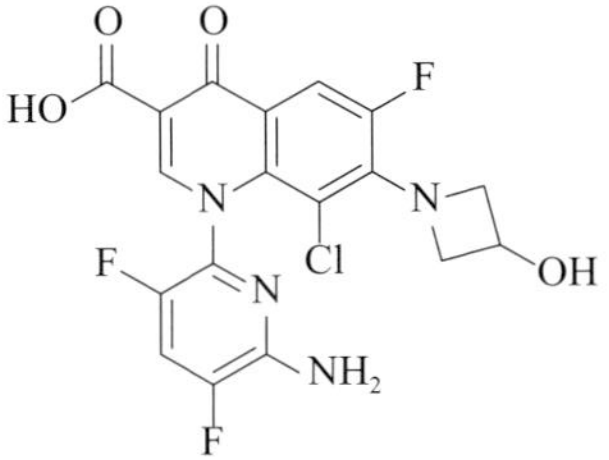

德拉沙星
（delafloxacin，Baxdela®）

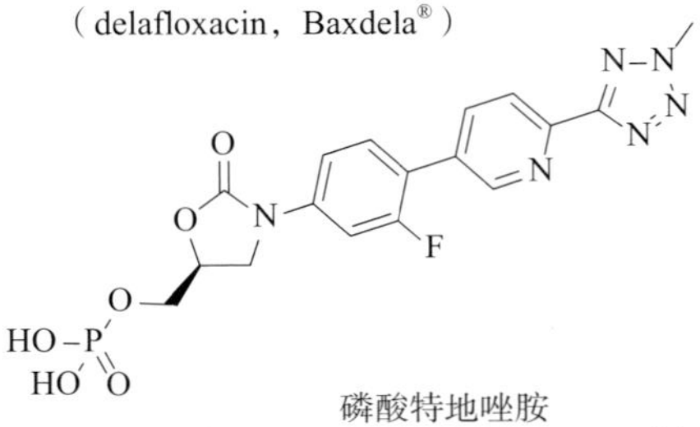

磷酸特地唑胺
（tedizolid phosphate，Sivextro®）

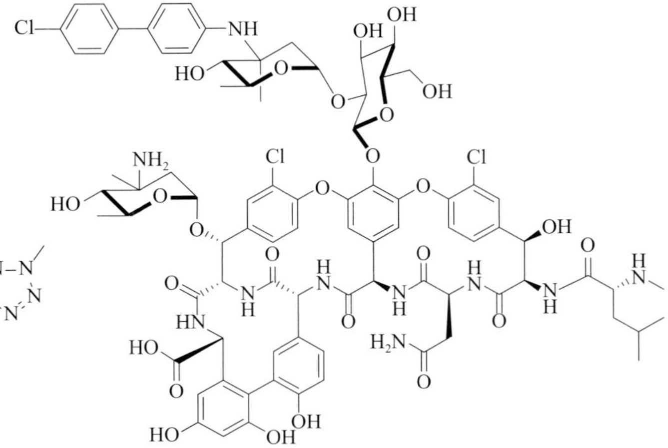

奥利万星
（oritavancin，Orbactiv®）

图1.6　甲氧西林、环丙沙星、多西环素和阿奇霉素分别是β-内酰胺类、氟喹诺酮类、四环素类和大环内酯类抗生素的代表药物。Vabomere®为β-内酰胺类抗生素美罗培南和β-内酰胺酶抑制剂瓦博巴坦的复方制剂；德拉沙星是一种对MRSA具有活性的氟喹诺酮类药物；磷酸特地唑胺属于噁唑烷酮类抗生素；奥利万星是一种糖肽类抗生素，用于治疗万古霉素耐药菌的感染

生物学、药物代谢、动物药理学、药剂学、化学工艺、临床医学和知识产权等领域的专业人才。高通量筛选（high throughput screening，HTS）、分子建模、药物分析和生物标志物研究等技术也在现代药物研究中发挥着举足轻重的作用。新药的成功开发要求有兴趣从事药物研发的人员，无论是任职于工业界还是学术机构，都必须有志愿在相当长的一段时间内共同参与、协同协作，从而成功完成相关研究工作。

任务是艰巨的，但成功研发药物的经济回报也是非常诱人的。例如，阿托伐他汀的年销售额超过130亿美元[61]；氟西汀（fluoxetine，Prozac®）的年销售额最高达到28亿美元[62]；孟鲁司特（monteluclast，Singulair®）2011年的销售额达55亿美元[63]；Harvoni®[雷迪帕韦（ledipasvir）/索非布韦（sofosbuvir）]2016年的销售额达148 亿美元[64]；而阿达木单抗（adalimumab，Humira®）2017年的销售额更是超过184 亿美元[65]；甘精胰岛素（insulin glargine，Lantus®）2017年的销售额为55亿美元[66]（图1.7）。

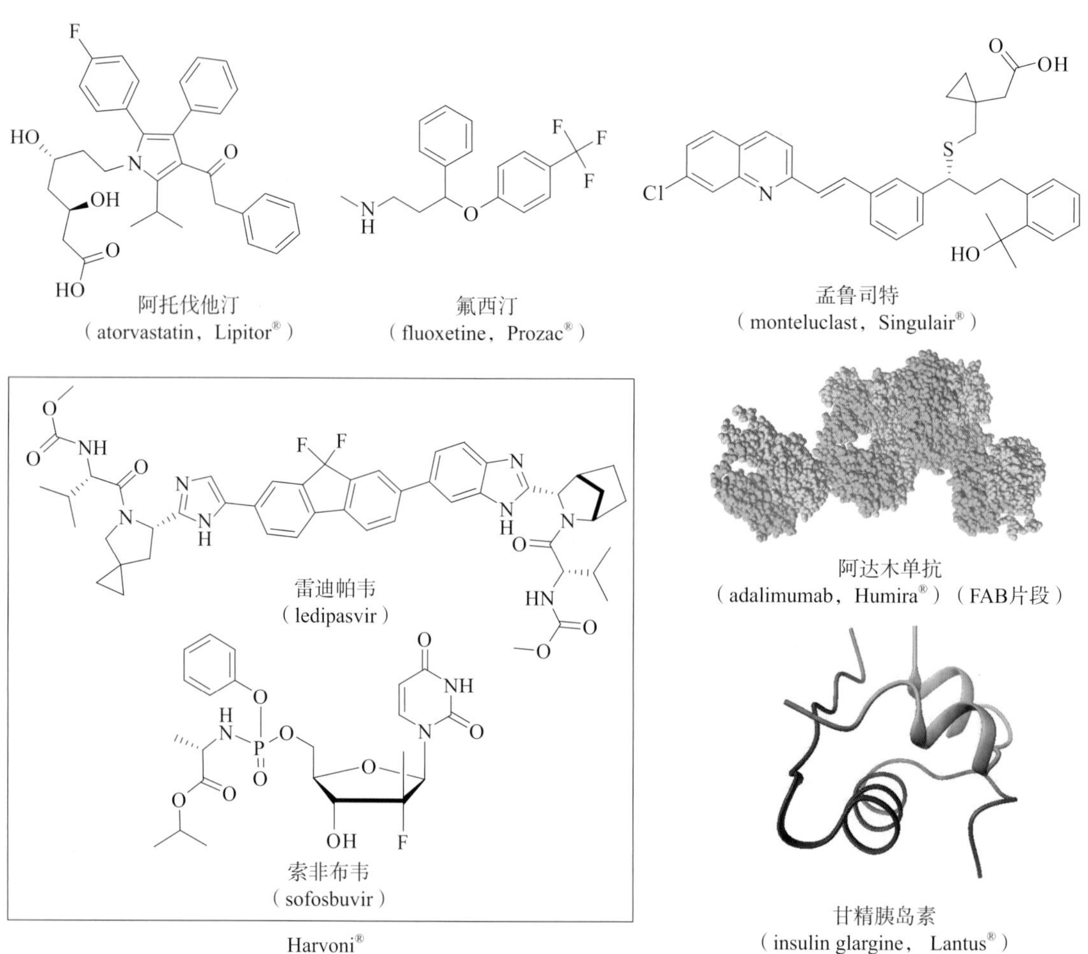

图1.7 阿托伐他汀、氟西汀、孟鲁司特、Harvoni®、阿达木单抗和甘精胰岛素属于制药行业最成功的部分药物。每个药物的年销售额都高达数十亿美元，为原研公司带来了巨额的经济回报，同时也为企业其他新药的研发提供了资金保障

在面对超高回报的同时，新药研发所需投入的时间和资源成本同样是超乎想象的。如图1.8所示，据估计，在100 000余个化合物中才有可能发现1个成功的药物，其间需要进行数百种临床前动物研究并开展涉及数千名患者的大量临床试验。最近对临床试验成功率的分析表明，每10个临床候选药物中大概只有1个能够成功地通过临床试验并被批准上市。纵观整个研发过程，如果根据所筛选的化合物数量来看，新药研发的成功率小于0.001%。如果根据企业新药开发的立项计划数目来衡量，大概每24个研究项目中仅有1个能获得成功。

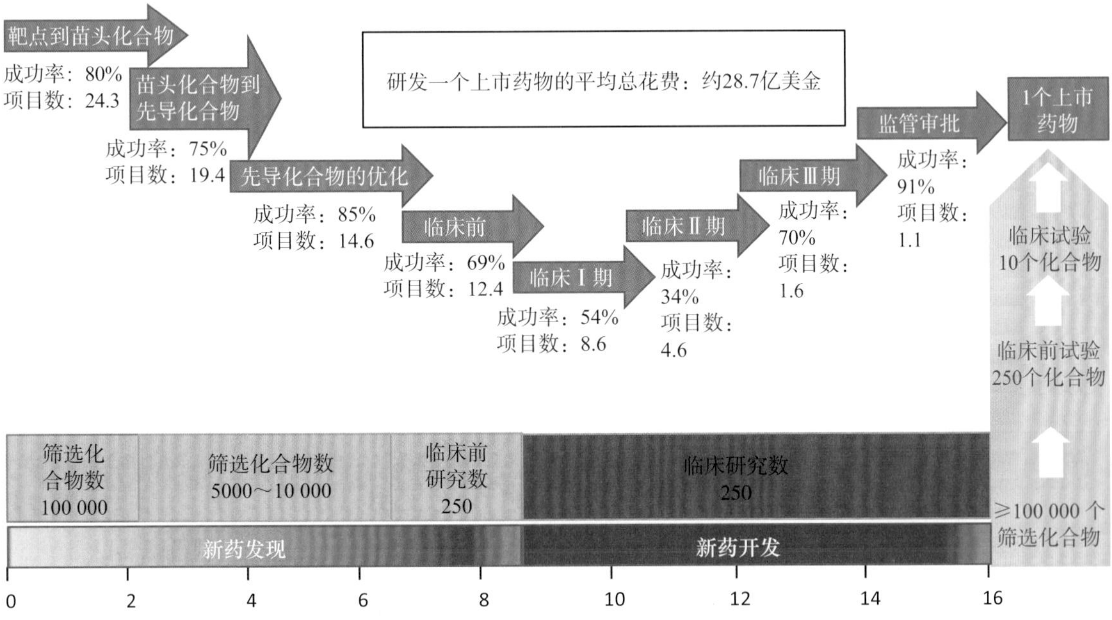

图1.8　**药物发现和开发过程中各个阶段的成功率分析。据估算，每24个新药研发项目中只有1个最终能成功开发出上市药物。开发单一新药的成本还必须考虑并加入不成功研发项目的成本。研发1个上市药物的平均总成本大约为28.7亿美元**

除成功率低之外，成功研发出上市药物的资金投入也是十分惊人的。截至2011年，研发1个药物的预估成本超过17.5亿美元[67]，而到了2016年，这一成本增加至28.7亿美元[68]。做一个形象的比喻，研发1个药物的资金投入可以购买33架波音737-700客机（基于2018年波音官网的价格）[69]，也可以购买大约11 480栋别墅（假设每栋价格为25万美元），或购买114 800辆汽车（每辆汽车的平均价格为2.5万美元），甚至可将12 285名2018年出生的婴儿养育至17岁[70]。由此可见，新药研发的复杂程度和资金投入令人咋舌。

1.1　药物发现与开发的过程

值得庆幸的是，同大多数复杂的事情一样，药物研发的整个过程可以分解为多个较小的任务单元。总体而言，该过程可分为两个主要阶段，即药物发现和药物开发（图1.9）。第一个阶段是药物的发现，包括从最初的靶点识别到确定一个临床候选药物的全过程。药物发现又包括三个步骤，分别是疾病相关治疗靶点的发现、先导化合物的发现，以及先导化合物的优化。药物发现过程的每个阶段旨在建立相关靶点（如酶、G蛋白偶联受体、离子通道等）与疾病实验模型之间的科学联系。该过程通常涉及靶点的发现和靶标的验证，主要通过设计合理的分子探针来测试多个系列化合物对靶点生物活性的调节作用来实现。在许多情况下，常采用已知化合物来实现对靶点的选择，并且最终通过先导化合物的发现与优化来获得全新的候选化合物。具体而言，通过对大量化合物进行系统的生物活性筛选，获得具有预期活性的先导化合物。随后继续开展先导化合物的结构改造和优化，通过反复的活性筛选和再优化，最终获得候选药物，进而进入药物开发阶段。先导化合物的发现和优化过程通常重叠在一起，需要对多个系列的化合物同时进行多轮的筛选、优化、再筛选和再优化。这种方法是成功所必需的，因为通常很难确定在一个单一系列的众多化合物中是否包含最终的候选药物。因此，平行操作在一定程度上降低了失败的风险。药物发现阶段所要达成的目标就是发现一个在体内动物模型中有效的化合物，并且具有临床研究所必需的良好理化性质。

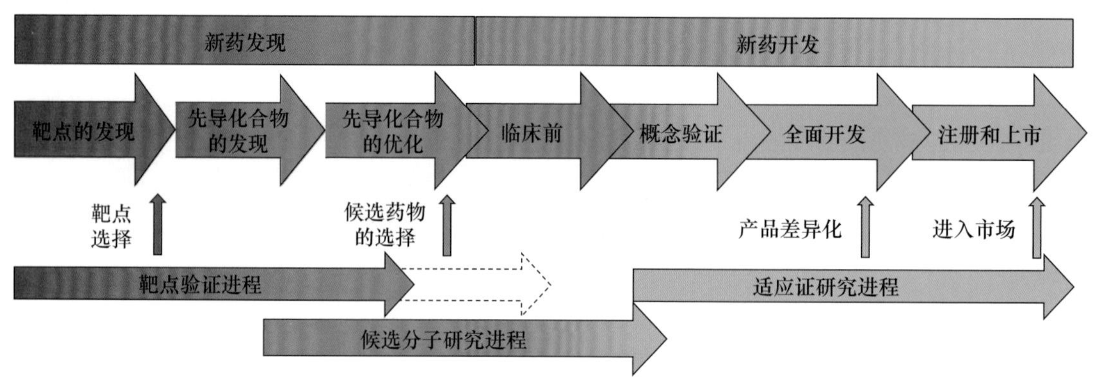

图1.9 药物发现与药物开发的过程

第二个阶段是药物的开发，通常是在确定了一个候选化合物后，通过开展各项试验研究，最终在监管部门的批准下成功上市销售的过程。该过程的第一步是提交研究性新药（investigational new drug，IND）申请（也称为临床试验申请），需要得到批准后方能将临床候选药物推进至人体临床试验。申请文件向监管机构提供了详细的临床前研究数据，详细介绍动物药效学和毒理学研究结果，以及化学生产工艺信息（包括剂型、稳定性研究和质量控制方法等）。如果研究得到批准，还需要提供开展临床研究的详细方案。

虽然每个候选药物的临床试验设计可能不尽相同，但临床Ⅰ期、Ⅱ期、Ⅲ期和Ⅳ期研究的总体目标是相同的。第10章将更为详细地综述临床试验的基本内容。临床Ⅰ期试验主要研究新药的安全性和耐受性，目的是确定其剂量安全范围是否适合开展后期的临床试验，一般在少数健康个体（通常为20～100人）中进行测试。试验中将密切监测候选药物的药代动力学（pharmacokinetic，PK）和药效学（pharmacodynamic，PD）性质。首先进行单次递增剂量（single ascending dose，SAD）研究，然后开展多次递增剂量（multiple ascending dose，MAD）研究。在SAD研究中，先对第一组受试者以某一剂量给药一次，并监测确定药物的影响。如果未表现出副作用，则继续提高给药剂量对第二组受试者给药一次，并进行如前所述的监测。以此类推，直至受试者出现不可耐受的副作用，并确定候选药物的最大耐受剂量（maximum tolerated dose，MTD）。MAD研究与SAD研究相似，但会降低每组受试者在一段时间内的给药剂量，并且是多次给药。与SAD研究一样，通过监控副作用的出现来测试候选药物的MTD。临床Ⅰ期的研究数据将决定后期临床Ⅱ期、Ⅲ期和Ⅳ期的给药剂量。

临床Ⅱ期试验一般需要100～300名受试者，主要测试候选药物是否具有预期的药效。同样，安全性研究也将贯穿临床Ⅱ期试验的始终。临床Ⅱ期试验一般分为两个部分，即ⅡA期和ⅡB期。ⅡA期的主要目标是确定候选药物发挥疗效所需的剂量。一旦确定了适当的剂量水平，即可启动ⅡB期研究。ⅡB期研究的目标是确定候选药物在有限的受试者群体中的总体药效。由于可能存在安全性问题或缺乏药效，大多数临床候选药物在Ⅱ期试验中以失败告终。截至2011年，只有34%的Ⅱ期临床候选药物能够成功进入临床Ⅲ期试验。

临床Ⅲ期试验将进一步测试候选药物在更大患者群体中的药效。临床Ⅲ期试验通常是随机的，并在多个临床试验点开展，受试者人数一般为数百至数千名。临床Ⅲ期试验所需的成本和时间可能会因试验药物的不同而存在很大差异，具体取决于试验的临床终点。通常，用于治疗急性疾病的试验药物（如抗感染药物）要比治疗慢性病的试验药物（如抗关节炎药物）的试验周期更短、受试患者人数更少。试验中还会密切监测患者的不良反应和副作用，因为较大数量的受试患者更有助于发现只涉及较少受试者的临床Ⅱ期试验中不明显的安全性问题。临床Ⅲ期试验（特别是慢性疾病）中的受试者数量、时间要求和复杂设计都决定了其是药物研发过程中最为昂贵的环节。临床Ⅲ期试验通常涉及1000～3000名患者、多个临床试验点、机构审查委员会，并且需要耗时数年（通常为2.5～5年）。完成临床Ⅲ期试验后，便可向相应的监管机构提交新药申请。申请文件通常包括候选药物动物实验和人体试验的所有结果、所有安全性问题（不良反应和副作用）、生产工艺（包括确保药物质量的分析方法）、所有剂量研究的剂型及详细配方信息，以及药物储藏条件等。监管审查可能会要求补件，以提交其他必要的信息，甚至是增加额外的临床试验来进一步确定候选药物的安全性或有效性。在理想情况下，监管部门会批准申请及有关药物的标签信息，最终新药成功获批上市[71]。

但是，新药申请获得监管机构的批准并不代表临床试验的结束。一些长期用药的毒副作用可能在临床Ⅲ期试验中仍不易被发现。在许多情况下，监管机构可能要求开展进一步的跟踪研究，通常被称为临床Ⅳ期试验或上市后监测。一般而言，这些研究旨在发现可能存在的罕见不良反应。临床Ⅳ期试验监测的患者样本数量要比前期的试验大得多。基于临床Ⅳ期试验的安全性，药品的说明书可能会做出相应的调整，并说明与其他药物联合应用的禁忌。如果发现了非常严重的安全性问题，甚至有撤市的风险。例如，选择性非甾体抗炎药COX-2抑制剂罗非昔布（rofecoxib，Vioxx®），由于在临床Ⅳ期试验中被发现具有增加缺血事件副作用的风险而不得不被撤市（图1.10）[72]。西布曲明（sibutramine，Meridia®）是于1997年获批用于治疗肥胖症的单胺氧化酶抑制剂，然而后续研究表明其会增加心血管副作用风险且疗效低于预期，最终其制造商于2010年主动将其撤市（图1.10）[73]。同样，拜耳（Bayer）公司研发的用于治疗高胆固醇血症和心血管疾病的HMG-CoA还原酶抑制剂西立伐他汀（cerivastatin，Baycol®）[40]，在发现可引发致命的横纹肌溶解症后也被撤市（图1.10）[74]。

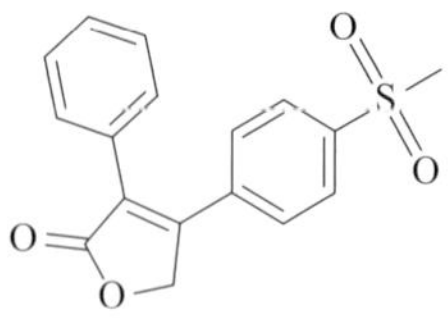

罗非昔布
（rofecoxib，Vioxx®）

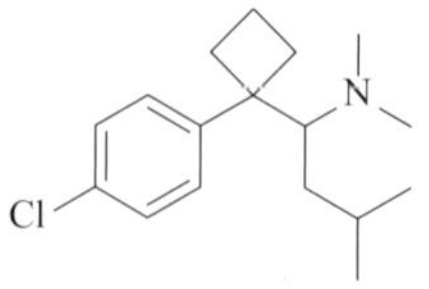

西布曲明
（sibutramine，Meridia®）

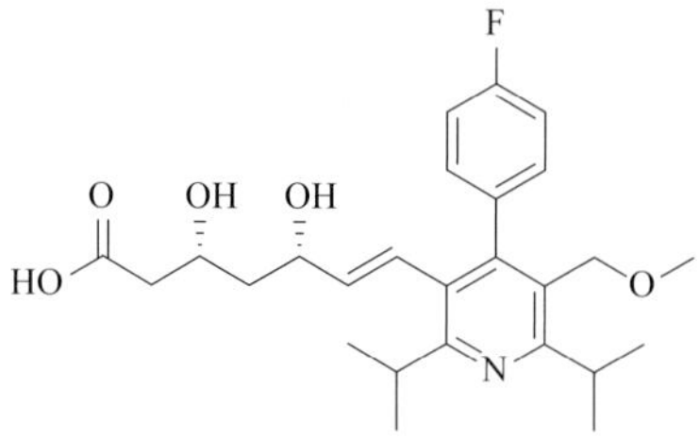

西立伐他汀
（cerivastatin，Baycol®）

图1.10 罗非昔布和西布曲明因增加缺血副作用风险而被撤市，而西立伐他汀因致命性横纹肌溶解症的发生率高于同类药物而被撤市

应该指出的是，安全性研究并不是临床Ⅳ期试验的唯一目的。制药企业通常可以借助上市后的监测和其他临床研究数据来确定其产品的竞争优势、市场形势和新适应证。这种竞争性的临床试验结果通常难以预测，因此相关试验存在一定程度的风险。在某些情况下，制药公司雄心勃勃地期望证明他们的候选药物优于竞争对手的药物，但结果有时却事与愿违。

1.2 靶点选择：新药研发迈出的第一步

候选药物的发现过程起始于对疾病病情的理解。理论上而言，最紧迫的医疗需求是应该被最优先考虑的，以确保能够有效改善患者的整体生活质量。然而，在实际过程中有许多因素需要考量，如该针对哪种疾病或是疾病的哪一个阶段来设计和研发治疗药物。但即便医疗需求紧迫，针对某些特定疾病或病症仍然没有很好的治疗方法。例如，虽然目前急需有效的AD治疗方法[75]，且相关研究已耗费了巨大的人力、物力和财力，但迄今为止，仍未发现有效的疗法。这在一定程度上是由于未发现治疗AD的有效靶点。抗精神分裂疾病的治疗方面也面临同样的困境[76]，由于对疾病发病机制的了解有限，而且缺乏足够的动物模型[77]，使得相关治疗药物的研发举步维艰，收效甚微。

部分靶点虽然与某些特定疾病存在理论上的联系，但尚未通过某一药物来证明其与人体疾病存在着实际的密切联系。例如，胆固醇酯转运蛋白（cholesteryl ester transfer protein，CETP）在高密度脂蛋白（high density lipoprotein，HDL）和LDL的相互转换中发挥着关键作用，因此有学者提出CETP抑制剂可用于治疗高胆固醇血症[78]。虽然目前已经发现了有效的CETP抑制剂，如托塞匹布（torcetrapib，CP-529414）[79]和达塞匹布（dalcetrapib，JTT-705）[80]（图1.11），但在临床试验中都未能证实其具有统计学意义上显著的治疗作用，因此均未能成功上市。这些结果可能说明CETP并不是治疗心血管疾病的可行药物靶标。当然，也可能是目前设计的CETP抑制剂存在某些缺陷，如脱靶作用或是药代动力学方面的问题。

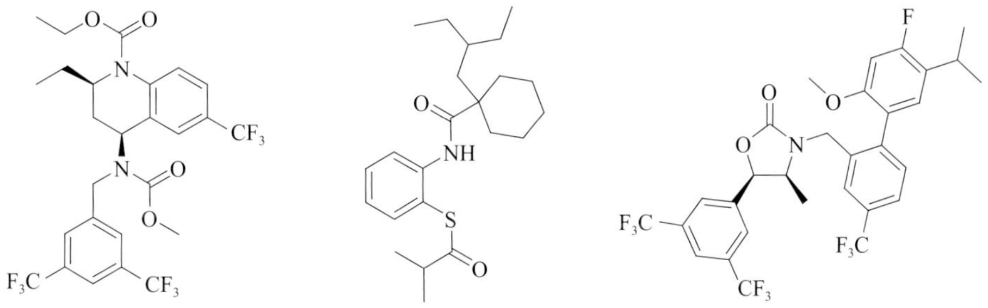

托塞匹布（torcetrapib，CP-529414）　达塞匹布（dalcetrapib，JTT-705）　安塞曲匹（anacetrapib，MK-0859）

图1.11　托塞匹布、达塞匹布和安塞曲匹是经过临床试验的三个代表性CETP抑制剂，是高胆固醇血症的潜在治疗药物。托塞匹布虽可增加HDL水平并降低LDL水平，但会使死亡率增加；达塞匹布在临床试验中无效；而安塞曲匹在增加HDL水平并降低LDL水平的同时，没有增加死亡率的负面影响

在托塞匹布的案例中，临床试验数据证明其确实可增加HDL水平并降低LDL水平，可以在一定程度上发挥临床疗效[81]。但遗憾的是，托塞匹布会引起受试者血压升高，并增加死亡率，最终于2006年终止了相关临床试验[82]。由于缺乏疗效，罗氏公司（Roche）于2012年终止了达塞匹布的临床研究[83]。此外，另一个CETP抑制剂安塞曲匹（anacetrapib，MK-0859）[84]（图1.11）的临床试验已成功证明该化合物可增加HDL水平并降低LDL水平，并且不会引发高血压或增加心血管疾病相关死亡的风险[85]。长期临床试验表明，安塞曲匹与HMG-CoA还原酶抑制剂联合应用在统计学上可显著减少主要冠状动脉事件[86]。相关发现也证明了CETP作为治疗靶点的有效性，同时也说明过度概括单一化合物临床失败"含义"的风险。尽管取得了以上积极的结果，但默克（Merck）公司还是选择放弃对安塞曲匹的上市申请，具体原因在撰写本书时仍未公开[87]。

另一个相似的例子是γ分泌酶抑制剂。虽然已知γ分泌酶在淀粉样斑块形成和沉积中发挥关键作用，并与AD进展有关[88]，但γ分泌酶抑制剂未能表现出预期的临床疗效。由礼来公司（Eli Lilly）开发的γ分泌酶抑制剂司马西特（semagacestat，LY450139）（图1.12）虽表现出了剂量依赖性的降低淀粉样蛋白斑块形成的功效，但却不能改善患者的认知功能。

事实上，与临床试验中的安慰剂组相比，司马西特反而导致受试者认知功能在统计学上的显著下降[89]。这再次提出了一个问题，即这一化合物是否存在不为人知的缺陷？针对这一靶点通路的新药开发是否是死路一条？司马西特可能的意外脱靶活性也使其临床试验蒙上了阴影。另外，司马西特会干扰Notch信号的转导，而Notch信号转导在认知功能中发挥着至关重要的作用[51]。如果不存在所谓的脱靶作用，那么一个可能合理的推测是Notch信号转导调节的副作用掩盖了司马西特的治疗作用。新一代γ分泌酶抑制剂的研究进一步检验了这一假设，这些抑制剂被设计专门用于避免与Notch信号通路发生相互作用。以百时美施贵宝（Bristol-Myers Squibb）研发的临床候选药物Avagacestat®（BMS-708163）[90]（图1.12）为例，在Ⅱ期临床研究中，接受该药治疗的患者表现出认知恶化和更为严重的不良反应，其人体试验随即被终止[91]。这些研究结果与Notch信号假说相矛盾，并导致对γ分泌酶作为AD治疗靶点价值的进一步质疑。

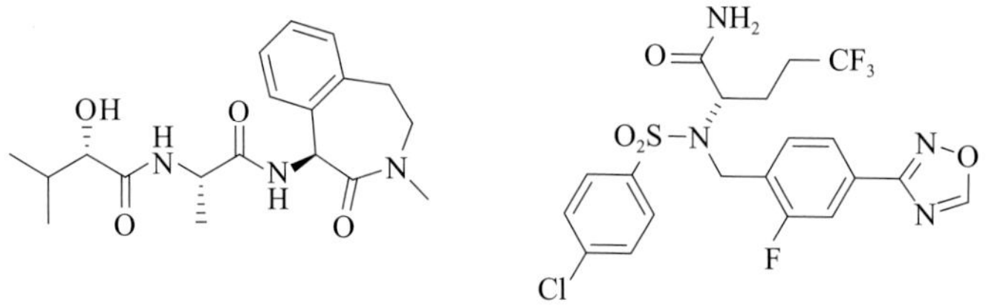

司马西特（semagacestat，LY450139）

Avagacestat®（BMS-708163）

图1.12　**γ分泌酶抑制剂司马西特虽可降低淀粉样蛋白斑块的形成，但未能改善AD患者的认知功能。理论上而言，这种失败是由于其干扰了在认知功能中发挥关键作用的Notch信号通路。Avagacestat®是一种不作用于Notch信号通路的γ分泌酶抑制剂，随后的临床试验测试了设计该候选药物的理论假设**

托塞匹布、司马西特和Avagacestat®等候选药物临床试验的失败也凸显了选择未经临床验证的靶点是存在很大风险的，各种与靶点机制无关的因素可能使实验结果达不到预期目的。然而，原创新药所带来的巨额经济回报却在时刻鼓舞着制药企业持续不断地尝试和努力。正如之前提及的他汀类药物（HMG-CoA还原酶抑制剂），最初对其降低胆固醇水平的具体机制和通路并不是特别清楚[92]，但是制药公司坚信抑制HMG-CoA还原酶可抑制胆固醇的合成，从而预防心血管疾病，最终洛伐他汀（lovastatin，Mevacor®）[93]和阿托伐他汀[94]的成功上市为公司带来了巨额的经济收益。

当然，也有许多具有临床可行性和实用性的生物靶点，如磷酸二酯酶-5（phosphodiesterase-5，PDE-5）[95]、β-肾上腺素受体（β-adrenergic receptor）[96]和5-羟色胺受体（5-HT receptor）等[97]。在考虑是否选择已知药物靶点研发新药时，必须谨慎考量有益的因素及潜在的陷阱。从积极的方面而言，医药公司和研究机构（大学、非营利性研究机构等）需要通过申请专利和发表研究成果来获得对其上市产品和研究项目的支持，所以大量的文献资料报道了相关新药发现和开发的有关信息。各类报道的生物评价、候选化合物筛选和临床试验结果都可作为药物研发计划的极好跳板。

但另一方面，这些信息报道和研究结果也可能成为新药研发的一个重大障碍。这听起来匪夷所思，但对于任何新化合物或生物制剂，要想成功上市，都需要证明其在临床研究中优于现有药物或高于目前的临床标准。因此，这些公开的信息树立了很高的门槛，反而对新药研发设置了障碍。再者，科学文献中披露的内容也将被看作现有技术，可能阻碍其他机构获得相关的专利保护（该内容将在第13章详细介绍）。如果能够经受住挑战，成功基于临床上已证实的靶点开发出新药，则可获得实质性的回报。例如，Sunovion公司（2010年被收购前名为Sepracor）冒着极大的风险去开发新的抗组胺药，而当时抗组胺药物的市场已被特非那定（terfenadine，Seldane®）牢牢控制[98]。该公司最终证明非索非那定（fexofenadine，Allegra®）是特非那定的代谢产物，并且比特非那定更为安全，最终迅速接管并占据了抗组胺药物的市场（图1.13）[99]。

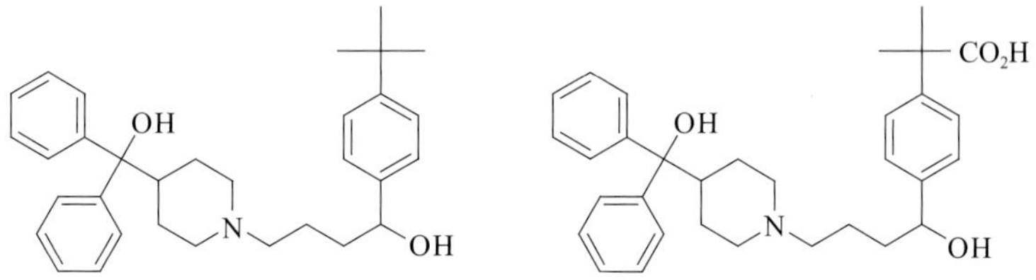

特非那定
（terfenadine，Seldane®）

非索非那定
（fexofenadine，Allegra®）

图1.13　**特非那定是第一个非镇静性抗组胺药，在确定具有严重安全问题之前其一直占据抗组胺药物市场的主导地位。后被其代谢产物——安全性更好的非索非那定取代**

资金方面的考量也是确定针对哪些疾病或基于哪些靶点进行新药研发的主要因素。不言而喻，可用于新药研发的资金和时间都是有限的，因此不能对任何疾病或靶点都开展研究。在企业界，选择某一疾病和靶点都会受到经济利益的驱动，通常都是去研发能带来可观经济回报的药物，用其所得收益来继续支持企业未来的研究项目。从表面上看，似乎医药公司只对具有大量患者的疾病感兴趣，如骨质疏松症、高血压、高胆固醇血症和关节炎等慢性疾病，其具有大量的患者，能为公司创造重要的机会。但事实并非如此，罕见病也提供了重要的机会和途径。例如，肌萎缩侧索硬化症（amyotrophic lateral sclerosis，ALS）的患者数量稳定在很低的水平，相关治疗药物严重短缺。在美国，ALS患者的数量一直保持在2万～3万，预期寿命仅为3～5年，且目前尚无可以延长生命的有效疗法[100]。这似乎是一个非常小的市场，不太可能盈利并为公司提供运营所需的资金。但重要的是，如果有合适的疗法，能将该致死性疾病转化为一种慢性疾病，那么患者的生存期将显著延长，并将在整个生命周期内接受相应药物的治疗。ALS患者的数量也将随着存活时间的延长而增加，从而为开发ALS治疗药物的公司带来可观的收入。

靶点和疾病确定后将决定研究项目未来的全部方向，因此绝对不能低估这一决定的重要性。一旦选择了合适的靶点，便开启了候选药物的发现过程。

1.3 先导化合物的发现：新的起航

一旦确定了感兴趣的靶点，新药研发的后续任务就是寻找一个具有临床功效的先导化合物（lead compound）。不得不说，这是一个陈述起来非常简单，而实际上却异常复杂和困难的过程。目前，已在《化学文摘》数据库（*Chemical Abstract* database）中注册的化合物数量就超过14 400万个[101]，再加上其他可能存在的无穷无尽的化合物，可以成为候选药物的化合物数量是难以统计的，因此从何处开始这一过程非常重要。幸运的是，目前已经报道了一些指南，对如何发现具有生物活性的化合物提供了一些指导和帮助。例如，Lipinski（利平斯基）类药5原则（rule of 5）[102]指出，大多数具有类药性（drug-like properties）的化合物仅来源于化学领域中很有限的部分。根据类药5原则，具有类药性的化合物一般具有以下5个特点：①分子量低于500；②log *P*值低于5；③氢键供体数少于5个；④氢键受体数少于10个；⑤可旋转键数少于10个［译者注：类药5原则中的“5”，并非指这一原则中包括5个要点，有些文献中也将类药5原则归纳为4点。其中的“5”实际上是指各个要点中的关键参数都为“5”的倍数（如5、10、500），为了方便记忆而称之为类药5原则。此外，“⑤可旋转键数少于10个”最初并不在类药5原则内，而是属于韦伯规则（Veber rules）中的一条，但由于这一要点中的参数“10”也是“5”的倍数，也常被并入类药5原则］。虽然这些规则也有例外（特别是在天然产物领域），但仍具有较好的实用性，可将需要筛选的化合物的数量限制在一个可控范围之内。第5章将详细讨论Lipinski类药5原则。

虽然经验规则缩小了化合物的筛选范围，但这些限制仍然留下了大范围需要探索和发掘的空间。作用于相同靶点的药物在化学结构上具有非常小的结构重叠，使得该问题变得更加复杂。例如，HMG-CoA还原酶抑制剂阿托伐他汀[103]、氟伐他汀（fluvastatin，Lescol®）[104]和瑞舒伐他汀（rosuvastatin，Crestor®）[105]（图1.14）在结构上存在明显的相似性。它们的结构中都含有4-氟苯环和1，3-二醇羧酸侧链，但其他结构部分各不相同。而洛伐他汀（lovastatin，Mevacor®）[106]（图1.14）同样是HMG-CoA还原酶抑制剂，其结构却完全不同，肉眼无法确定该化合物与其他HMG-CoA还原酶抑制剂有任何联系。再如，大家熟知的“伟哥”，即西地那非（sildenafil，Viagra®）[107]，与他达拉非（tadalafil，Cialis®）[108]都是PDE-5抑制剂，但在结构上却完全不同（图1.15）。目前尚不清楚这两个化合物是如何关联的，或者说它们为什么会发挥相同的生物学功能。对于吗啡（morphine）[109]、哌替啶（meperidine，Demerol®）[110]和芬太尼（fentanyl，Duragesic®）[111]也是如此（图1.16），虽然这些化合物都是μ-阿片受体激动剂，但如果不仔细研究，很难发现为什么这些不同的结构作用于相同的生物靶点。舍曲林（sertraline，Zoloft®）[112]、齐美定（zimeldine，Zelmid®）[113]、西酞普兰（citalopram，Celexa®）[114]、氟西汀（fluoxetine，Prozac®）[115]和帕罗西汀（paroxetine，Paxil®）[116]虽然都属于选择性5-羟色胺再摄取抑制剂（selective serotonin reuptake inhibitor，SSRI），但其结构却属于完全不同的类型，彼此的相关性很小（图1.17）。鉴于针对同一靶点的药物结构多样性的广度，发现一个原创的先导化合物是极具挑战的。

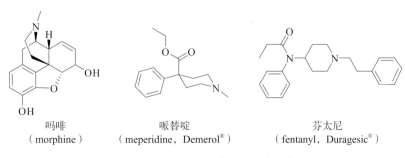

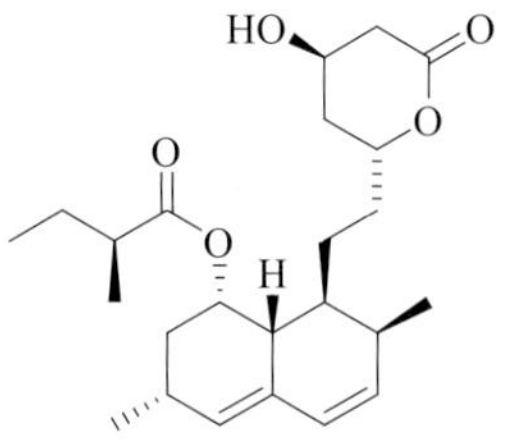

洛伐他汀
（lovastatin，Mevacor®）

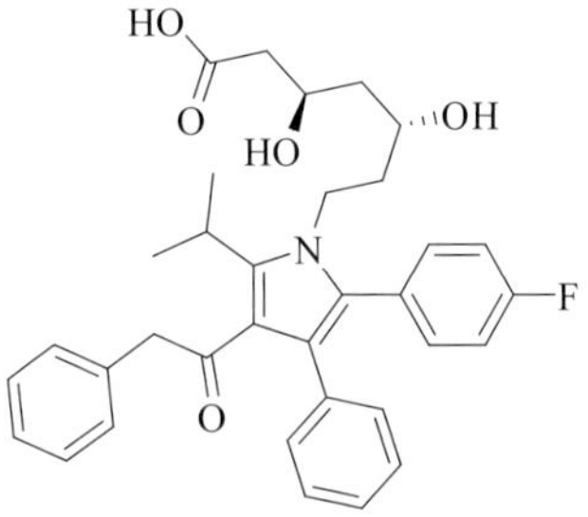

阿托伐他汀
（atorvastatin，Lipitor®）

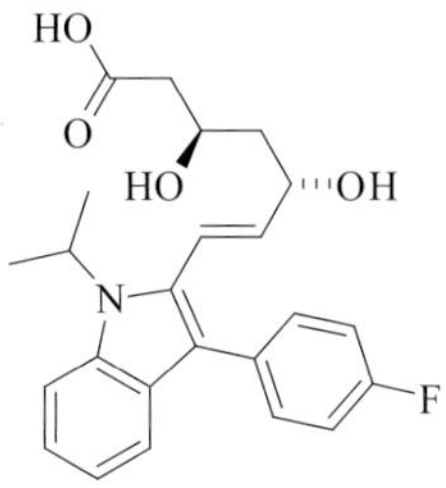

氟伐他汀
（fluvastatin，Lescol®）

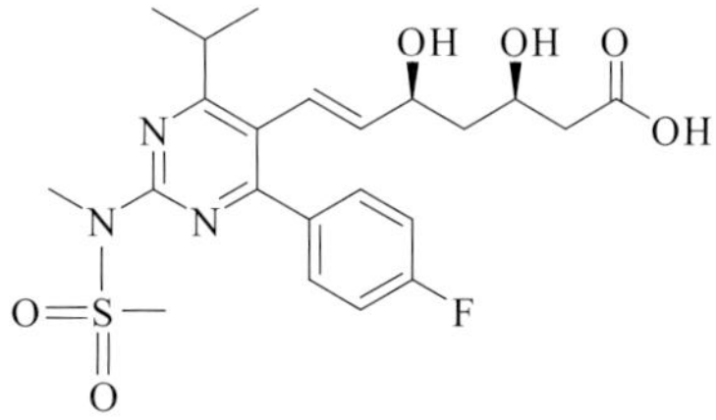

瑞舒伐他汀
（rosuvastatin，Crestor®）

图1.14　HMG-CoA还原酶抑制剂洛伐他汀、阿托伐他汀、氟伐他汀和瑞舒伐他汀的结构虽具有一定的相似性，但差异很大

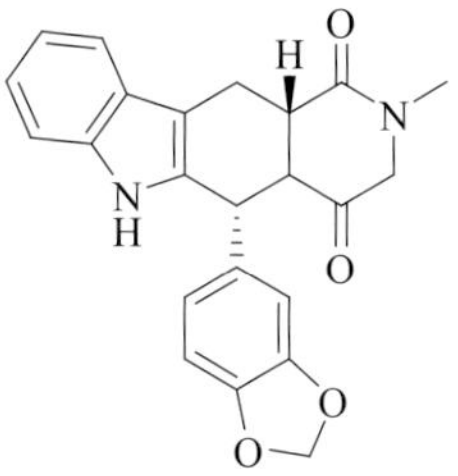

他达拉非
（tadalafil，Cialis®）

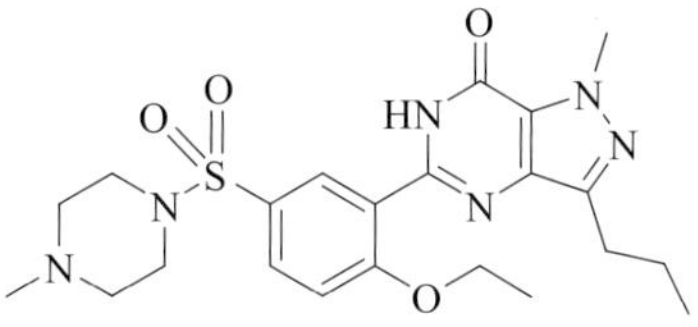

西地那非
（sildenafil，Viagra®）

图1.15　PDE-5抑制剂他达拉非和西地那非的结构差异虽然很大，但却作用于共同的大分子靶点

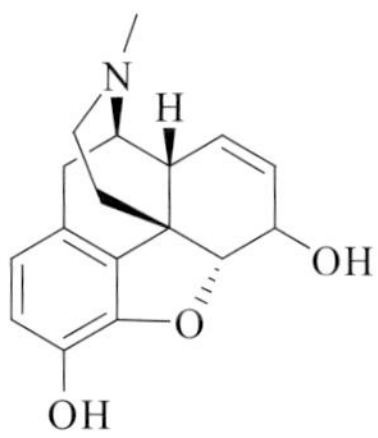

吗啡
（morphine）

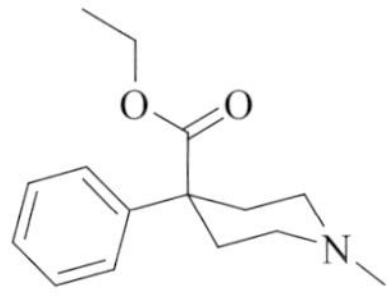

哌替啶
（meperidine，Demerol®）

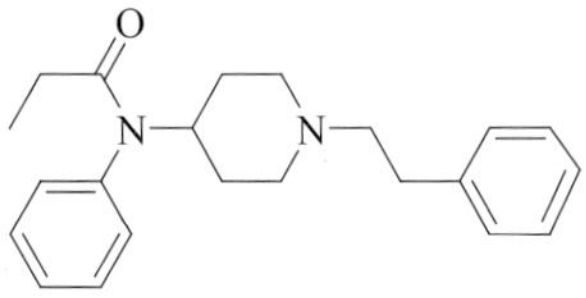

芬太尼
（fentanyl，Duragesic®）

图1.16　μ-阿片受体激动剂吗啡、哌替啶和芬太尼的结构

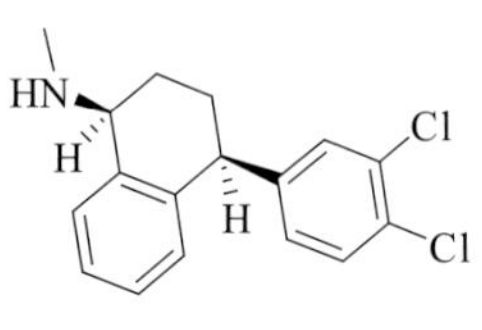

舍曲林
（sertraline，Zoloft®）

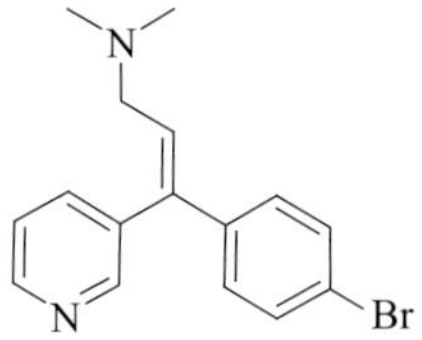

齐美定
（zimeldine，Zelmid®）

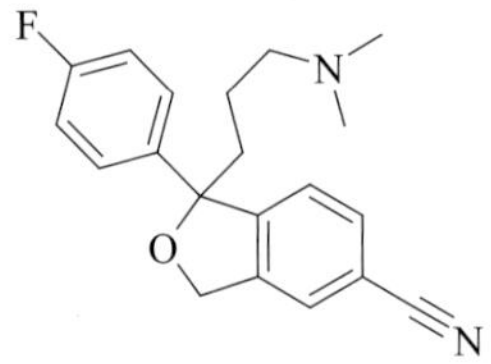

西酞普兰
（citalopram，Celexa®）

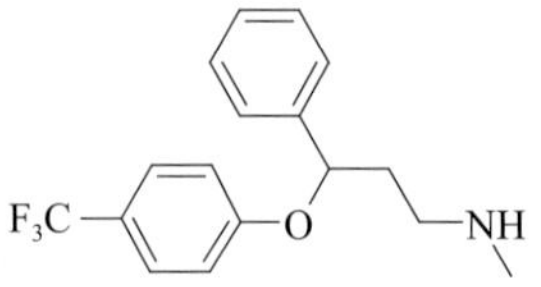

氟西汀
（fluoxetine，Prozac®）

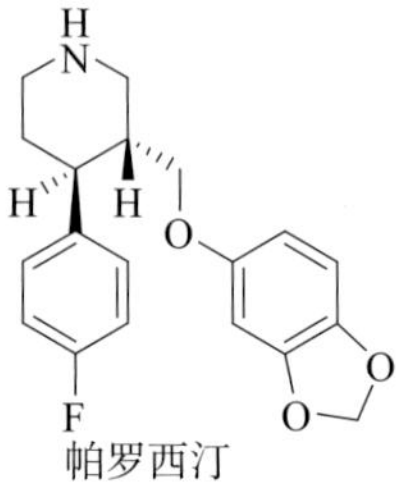

帕罗西汀
（paroxetine，Paxil®）

图1.17 **抗抑郁药舍曲林、齐美定、西酞普兰、氟西汀和帕罗西汀都属于选择性5-羟色胺再摄取抑制剂，但结构的差异性很大**

目前，已经开发了许多工具和方法来帮助我们发现先导化合物。现代药物研发中有两种常用的方法，即高通量筛选（HTS）[117]和虚拟高通量筛选（virtual high throughput screening，vHTS）[118]。这两种方法之间存在一定程度的重叠，运用其中一种方法并不代表排除另一种方法的使用。事实上，两种方法经常串联使用，以提高成功的可能性。高通量筛选（对化合物库的发掘）通常对包含数百、数千，乃至数百万个化合物的大型化合物库进行活性筛选。这些大型化合物库通常包含多种类型的化合物，以便尽可能多地涵盖具有类药性的化学结构，当然也有专门针对特定生物靶标的化合物库，如基于激酶、磷酸酶的化合物库。这些化合物一般都是商业在售的（如Maybridge、Enamine、Aldrich等数据库）。此外，制药公司内部通常也会收集一些专有的化合物。

高通量筛选技术需要复杂的全自动系统，能够操作不同试剂和96孔、384孔，甚至1496孔微量滴定板，每小时对数千个样品进行试剂分配、数据采集和废料处理。耗材的使用成本也非常高。以一个旨在发现在1.0 μmol/L浓度下对酶具有50%抑制活性化合物的高通量筛选实验为例，如果以384孔板对含有100 000个化合物的化合物库进行测试筛选，重复三次实验，则至少需要消耗近800块分析板、100 000个用于分配受试化合物的移液枪头，以及用于添加所需试剂（酶、底物等）和测试溶剂的额外移液枪头。此外，对上述100 000个化合物重复测试三次将产生300 000个数据点，而获得用于生成化合物IC_{50}的曲线需要8个浓度点，所以该项高通量筛选测试将产生至少2 400 000个数据点。因此，需要自动数据分析系统来处理高通量筛选运行中所获得的大量信息。

在评估高通量筛选获得的数据时，必须考虑到一些关键点：最重要的是假阳性和假阴性结果的可能性；同时，在筛选过程中，特别是试剂处理操作存在发生错误的可能性（如移液枪枪头堵塞等）；另外，被筛选样品也可能随着时间的推移而变质，在化学库中产生“假样品”，即其结构信息不再与最初入库时的结构信息相匹配。为了确保研究是朝着发现先导化合物的正确方向迈进，通常通过高效液相色谱/质谱（HPLC/MS）等方法测试真正有活性的化合物的纯度，来评估样品的“化学完整性”。此外，还将对筛选出的化合物开展重复的生物活性筛选来验证高通量筛选的结果。

作为高通量筛选的替代方案，虚拟高通量筛选（也称为计算机筛选）也是一种常用的方法。在这种情况下，将分子对接技术与虚拟化合物库（包含数百万种化合物的详细结构信息）和生物靶标的结构数据相结合，用以评估化合物与目标靶点相互作用的强弱。虚拟化合物库通常可以商业化购买或免费获得（其中规模最大的是ZINC数据库，包含超过3500万个市售化合物，网址：http://zinc.docking.org/）。与真实样品一样，制药公司通常也会维护其专属的虚拟化合物库以供内部使用。有关生物靶点的结构信息可通过X射线单晶衍射获得，大量蛋白的晶体结构信息可通过结构生物信息学研究协作组织（Research Collaboratory for Structural Bioinformatics，RCSB）蛋白数据库（Protein Data Bank，PDB）（截至2018年，RCSB 数据库中包含超过145 000个蛋白结构，网址：http://www.rcsb.org/pdb/home/home.do）获得。如果蛋白结构未知，则可根据与这一靶点密切相关的大分子晶体结构数据创建这一生物靶标的同源模型[119]。随后可以通过将化合物库中的化合物与靶点的假设结合位点进行对接计算，进而排序确定整组化合物的相对等级顺序。接着采用自动化数据分析工具对结果进行预测分析，从数量庞大的化合物库中选择有限数量的候选化合物进行实际生物活性评价。

与高通量筛选非常相似，在评估虚拟筛选结果时必须考虑一些局限性。首先，最重要的是虚拟筛选结果是基于模型系统预测的，而不是基于真实的化合物。因此，结果的准确性取决于模型的准确性。基于X射线晶体结构的计算模型往往比构建的同源模型更可信，但也需要清醒地认识到该模型并不完美。晶体结构可以提供非常详细的结构信息，分辨率低至1.5Å，但根据定义，X射线晶体结构展现的是靶点在固态下的结构。因此，X射线晶体学提供的靶点晶体结构可能与生物靶点发挥活性的真正构象相匹配，但也存在不匹配的可能。在正常生理情况下，生物靶点要么溶解在体液中，要么与生物膜结构相结合，因此其真实构象很可能与晶体结构的构象相差甚远。此外，在许多情况下，生物大分子的部分结构必须被改变或去除才能转化为可结晶的形式以析出晶体（与配体结合的晶体或未与配体结合的晶体）。鉴于这些局限性，虚拟筛选获得的先导化合物必须经过实际的生物活性筛选，确定其真实的生物活性，以验证分子对接建模的预测是否准确。

无论采用何种初始筛选方法（HTS或vHTS），成功的筛选都会获得具有潜力的苗头化合物（hit），需要对这些候选化合物进行活性筛选以确定其是否有效，确定是否有继续研究的必要。这一过程，也称为“先导化合物的发现”（lead compound discovery）（图1.9）。其本身可能非常复杂，主要取决于苗头化合物的数量和本身的性质。例如，对500 000个化合物进行筛选，如果化合物库中只有0.1%的化合物具有预期的生物活性，仍然会剩余500个化合物需要后续的筛选研究。理想情况下，这些苗头化合物可能属于为数不多的几种结构类型，可以对每个结构类型开展独立的分析，以确定这一结构类型是否具有进一步研究的意义。有限数量的、有限结构类型的潜在先导化合物对后续研究是有利的，同时可以总结出初步的构效关系（structure-activity relationship，SAR，将在第5章详细介绍）。此外，由于相关合成路线可能已被报道，故相关类似物的合成也会比较容易。另一方面，化合物库中相关化合物的存在表明其可能已经被制备并用于其他靶点的研究。如此一来，知识产权的保护也可能存在问题，特别是当这些化合物来源于先前已授权的专利或者已发表的文献，甚至是早已商品化的产品时。在这种情况下，专利权和所有权可能会成为严重问题。第13章将更为详细地探讨知识产权领域的有关问题。

在某些情况下，所发现的苗头化合物可能是单一的。而孤立的化合物可能更加难以跟进，因为原始高通量筛选数据集不会提供有关如何推进的任何额外指导。然而，仍有可能通过商业来源或额外的合成工作，生成更多基于相关化合物的数据，而这些数据可从原始化合物库之外获得。

一旦发现并确认了最初的先导化合物，并且已经选择了一种结构类型（也可能是多种结构类型）的化合物进行进一步研究，那么化合物的合成、活性测试和数据分析将反复进行，以期提高化合物的药理活性（图1.18），这一过程也称为“先导化合物优化”或“先导优化”（lead optimization）。在每个先导优化的循环中，随着先导化合物分子结构的变化，将获得新的活性数据，用于指导下一代化合物的设计。这种循环将不断总结出最新的构效关系，直至发现适合临床研究的候选药物。第5章将对该过程的特点和相关的药物化学内容展开更详细的讨论。

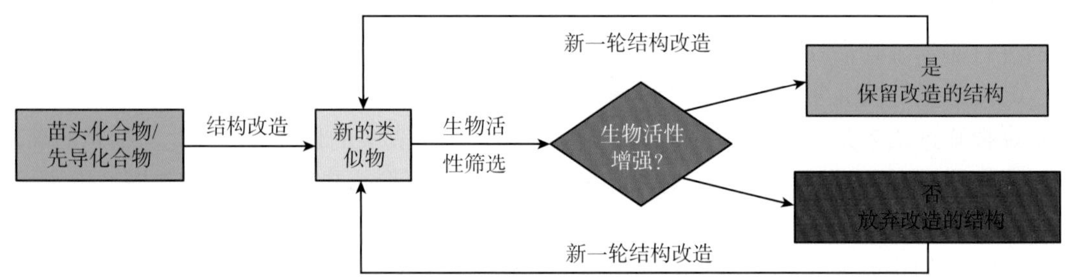

图1.18 **结构优化循环始于通过相关生物活性测试发现一个苗头化合物或先导化合物。接着对其进行结构改造，合成新的类似物并进行活性筛选。如果生物活性得到提高，则保留这一结构的改变并重复循环；如果改造使活性下降，则放弃这一改造并重新进行优化。这一优化过程将一直持续到发现适合临床研究的候选化合物**

1.4 临床候选药物的发现：类药性的多方面权衡

发现一个对靶点有很强作用的先导化合物并不是一个简单的任务，而单纯的高活性并不足以使其成为一个可供临床开发和商业化的候选药物。每一个候选药物的发现过程都需要新药研发科学家平衡各方面的性质，兼顾多方面的考量（图1.19）。从先导化合物的发现到优化，再到最终的临床试验，需要对数百甚至数千个化合物开展一系列测试。简单而言，不仅需要发现一个能很好作用于靶点的化合物，还需要权衡其各方面的性质，以确保成药的可能性。对靶点的良好活性只是漫长研发过程的开始，候选化合物还需要经过后续更为严苛的筛选。每个新药开发项目所采用的具体策略不尽相同，但通常都可以用一个筛选级联（screening cascade）加以概括（图1.20）。筛选级联，也称为筛选树（screening tree），其每个筛选环节都如同一扇大门，从最初活性筛选到体内动物实验，确保不满足条件的化合物尽早被排除。

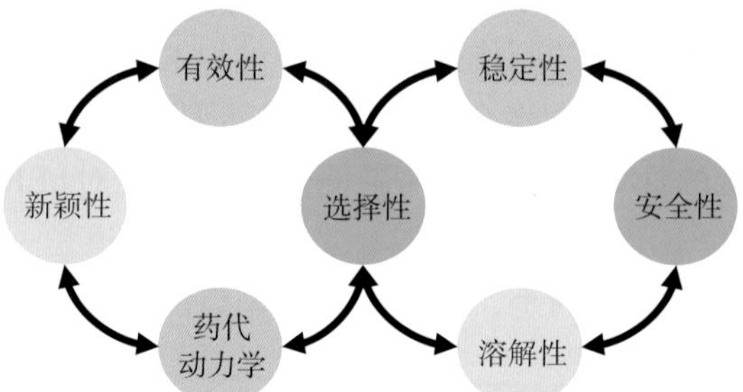

图1.19　**临床候选药物的确定需要权衡靶点活性和多方面的类药性。通过对类药性的不断优化，最终发现最优的候选药物**

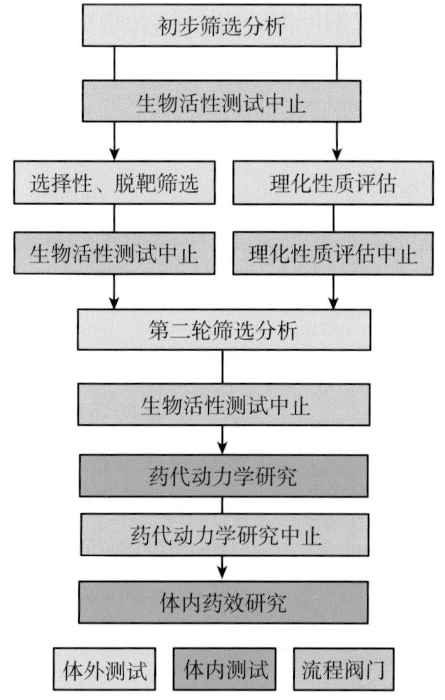

图1.20　**筛选树是为发现候选药物而设计的筛选流程，化合物需要经过层层测试才能脱颖而出**

级联的顶部是对化合物靶点活性的筛选，满足一定的阈值便可进入下一步的研究。活性当然是最重要的因素之一，在其他条件相同的情况下，活性越高则给药量越低，从而可以降低副作用发生的可能性。例如，在5 nmol/L浓度下就可以很好地发挥疗效的化合物的给药剂量肯定要比在5 μmol/L才发挥药效的化合物低得多。

当发现一个化合物满足靶点活性的要求后，接下来将进一步研究化合物的靶点选择性和理化性质。生物体进化出了许多高选择性的精密调控系统来实现各种专一的生理功能，但这些系统在结构上往往存在一定的重叠性，这可能对一个化合物的生物学性质产生相当大的影响。因此，筛选树的下一步生物活性筛选将重点评估化合物对靶点相关生物系统的作用和影响。例如，Kv1.5通道是一种电压门控钾通道，目前是研发房性心律失常药物的靶点，已发现许多化合物可以高效地阻断该通道[120]。然而，有超过70个其他电压门控钾通道与Kv1.5通道具有不同程度的相似性，而且任何与这些相关通道的作用都可能在动物或人体研究中产生临床不希望的副作用。以其中的hERG通道为例，Kv1.5通道与hERG通道密切相关，但阻断hERG通道将会增加尖端扭转型室性心动过速和心脏性猝死的风险[121]，因此涉及该领域的任何化合物都需要测试其是否会对hERG通道产生影响，以确保化合物不会在临床试验中出现安全性风险。虽然hERG通道是一个证明药物选择性很重要的极端例子，但必须十分清楚的是，未能实现对靶点的选择性将会成为后续药物研发的重大障碍。

类似地，目前有超过500种激酶[122]，任何旨在靶向单一激酶或激酶家族的药物研发都可能产生因作用于其他激酶而带来的风险。为了降低这种风险，在激酶抑制剂开发中会测试化合物对整个激酶谱的作用与影响，以验证是否存在因脱靶而导致的风险。

一般而言，在对目标靶点有效的同时，如果化合物也对其他靶点具有很强的作用，那么该化合物的生物活性将是混杂的、不专一的，一般不会再继续推进其后期的研究，因为后期的副作用或不可预测的风险会很大。

然而，靶点专一性要求的严格程度也会随着药物的不同而不同，主要是由脱靶副作用的性质（例如，如果脱靶会导致毛发的过度生长，可能是可以接受的，倘若会作用于hERG而导致心脏性猝死则是绝对不允许的）、应用患者的数量、用药的时间（一些副作用仅在长期用药时出现）和其他方面的因素所决定。总而言之，靶点的选择性是一个需要考量的主要因素。

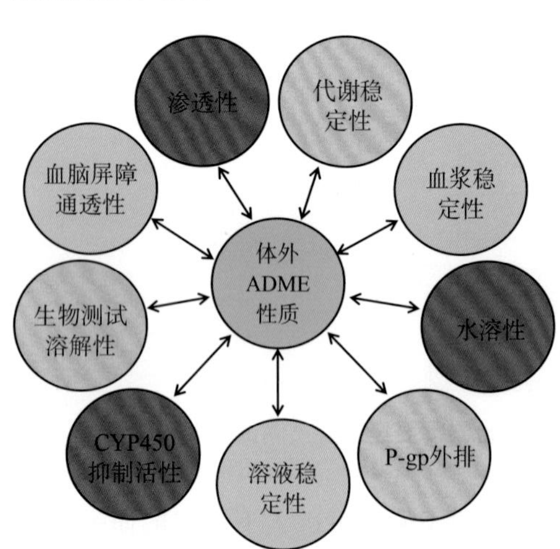

图1.21 **体外ADME性质可用于评价化合物是否具有类药性。这些类药性主要包括代谢稳定性、血浆稳定性、溶液稳定性、水溶性、生物测试溶解性、P-gp外排、CYP450抑制活性、血脑屏障通透性和渗透性等**

然而，活性强、靶点选择性好的化合物并不一定是优秀的候选药物。理化性质也是决定化合物是否适合进一步研究的重要因素。通常在新药开发的早期就会对候选化合物的吸收、分布、代谢和排泄（absorption，distribution，metabolism and excretion，ADME）进行体外筛选，以确保候选化合物在性质上满足类药性的要求（图1.21）。例如，为了使药物很好地作用于靶点，其必须能够溶解在体液中并达到起效浓度，水溶性差的化合物通常难以被开发成药物。对化合物溶解性的要求与化合物本身的药效活性直接相关。如果化合物的活性强，那么对其溶解度的要求就相应降低，因为低浓度的化合物就足以发挥预期的疗效。溶解度也会对药物的吸收产生直接的影响，因为化合物必须首先溶解，才能被吸收并通过生物膜到达目标靶点。

化合物的渗透性（permeability），即穿透细胞膜的能力，也是决定其是否可以成为一个临床候选药物的决定性因素。如果化合物的生物活性很强，选择性高，且水溶性好，但不能通过生物膜，可能会导致化合物无法到达目标靶点，最终不能发挥期望的药效。口服有效的药物必须在胃肠道中被吸收，作用于细胞内靶点的药物还必须透过细胞膜才能到达预期靶点。当然，如果靶点位于细胞外则不会面临这种问题。中枢神经系统（central nervous system，CNS）候选药物还需要透过血脑屏障（blood brain barrier，BBB），相关问题会更加复杂。此外，外排泵［如P糖蛋白（P-glycoprotein，P-gp）］[123]由于具有外排非内源性物质的功能，也会限制部分化合物的渗透性。化合物能否穿透细胞膜是新药研发中的重要问题，其可能阻碍对该候选化合物的进一步研究。

代谢和化学稳定性同样是需要考量的重要因素。如果一个候选药物满足所有上述标准，但进入体内会被立即代谢，也会导致其不能发挥预期的疗效。候选化合物可允许的相对代谢速率取决于药物的用途。如果是开发新型抗菌药物，则需要化合物的代谢稳定性相对较高，以便其能在足够长的时间内持续杀灭入侵体内的细菌。但如果是开发新型外科手术麻醉剂，代谢稳定性则可能不是一个问题，因为希望药物的麻醉作用可以在手术后迅速消失。

在某种意义上，将化学稳定性差的化合物作为候选药物也可能存在问题。为了确保化合物的稳定性，可能需要特殊的包装系统，如冷藏储存，或将光敏化合物存放于琥珀色瓶子中等。虽然这些问题并非不可克服，但一般而言，应首选化学稳定性更好的化合物。

同样重要的是要考虑候选化合物是否会影响正常的代谢过程，是否有可能改变与候选化合物联用的药物的代谢。因此，为了评估药物-药物相互作用（drug-drug interaction，DDI）的风险，需要通过体外筛选方法（肝微粒体）来研究候选化合物是否会抑制肝脏中细胞色素P450（CYP450）代谢酶系，如CYP3A4、CYP2D6和CYP2C9等[124]。即便一个化合物满足前面提及的所有要求，但如果存在DDI的风险，仍然不能成为一个成功的候选药物。由于抑制正常代谢过程而撤市的特非那丁就是一个典型的例子[98]，将在第14章中具体讨论。

通过各项体外测试并取得良好的结果应该说是候选药物研究的重要进展，但仍不代表一定会取得最终的成功。还需要测试化合物的药代动力学特性来回答关乎候选药物体内筛选命运的疑问。例如，如果候选化合物采用口服给药方式，有多少比例的药物会进入血液循环（生物利用度）？候选化合物排泄和代谢的速率有多快？该化合物是否能够达到所需的起效浓度，以在动物模型中发挥期望的疗效？化合物将在身体内自由分布，还是集中在某些特定的器官或组织中？以上及诸多类似问题的答案将对候选化合物是否会在体内动物模型中发挥药效产生极大的影响。无论体外筛选的结果如何，药代动力学性质较差的化合物都不太可能成为最终的药物。

当然，具有合适的药代动力学性质的化合物必须在关键动物模型实验中表现出确切的疗效，以证明其可用于临床研究。药效研究的类型主要基于相应的生物学终点（疾病状态），第7章将介绍一些重要的动物筛选模型实例。但应该清楚的是，候选化合物发现的最终目标是找到满足所有上述体外标准的化合物，并在适当的动物模型中被证明有效，而且具有与所需给药方案一致的药代动力学性质。

安全性和副作用是另外需要重点关注的问题，目前有许多体外和体内筛选模型可用于评估化合物可能存在的相关风险。例如，体外hERG筛查[125]、艾姆斯致突变性筛选[126]、犬心血管安全性评估[127]等。安全性研究的性质和范围虽不是本书重点讨论的内容，但始终是药物发现中的关键问题。临床候选药物的潜在副作用在某种程度上取决于预期的用途。例如，考虑到疾病的严重程度，对于治疗诸如癌症、AIDS和ALS等致死性疾病药物的副作用可能会给予更大的允许空间。另外，对用于治疗慢性疾病或非致死性病症（如骨关节炎、神经性疼痛等）的药物，则必须仔细研究药物的毒副作用。对安全性的关注贯穿于新药发现与开发的各个方面。虽不可能保证进入临床开发的化合物都是安全的，但是在安全筛选中具有“危险信号”的化合物通常会被排除在外。

最后，发现可获得专利保护的化合物也是推动所有药物研发的关键。如前所述，药物发现和开发是一项耗资巨大的工程。通过专利保护实现市场排他性，将为企业投资新药开发提供必要的经济收益。私人组织、科研机构基本不可能花费巨资将无法获得专利保护的化合物开发为药物，因为先不说盈利，甚至就连收回成本都会变得希望渺茫。有关知识产权保护在制药行业重要性的更多内容将在本书第13章详细讨论。

不言而喻，新药研发犹如一项勇敢者的刺激游戏，也是一个无比艰巨的挑战。从事药物研发的科学家们，宛若行走在一个个危险的峭壁边缘，小心翼翼地保持着平衡，慢慢前行。平衡药效、选择性、溶解度、稳定性、药代动力学性质、安全性和新颖性的要求，对于任何药物的成功研发都是至关重要的，并且如果在上述领域中的任一个环节中“跌倒”，新药的研发都可能宣告失败。

（白仁仁）

思考题

1. 药物发现的三个主要阶段是什么？
2. 药物开发的四个主要阶段是什么？
3. 阐述先导化合物的优化周期。
4. 什么是筛选级联（筛选树）？
5. 为什么化合物选择性是药物发现的一个重要因素？
6. 化合物的体外ADME性质包括哪些？

参考文献

1. (a) Weiss, R. A. How Does HIV Cause AIDS? *Science* **1993,** *260* (5112), 1273–1279.
   (b) Douek, D. C.; Roederer, M.; Koup, R. A. Emerging Concepts in the Immunopathogenesis of AIDS. *Annu. Rev. Med.* **2009,** *60*, 471–484.
2. (a) Gallo, R. C.; Sarin, P. S.; Gelmann, E. P.; Robert-Guroff, M.; Richardson, E.; Kalyanaraman, V. S.; Mann, D.; Sidhu, G. D.; Stahl, R. E.; Zolla-Pazner, S.; Leibowitch, J.; Popovic, M. Isolation of Human T-Cell Leukemia Virus in Acquired Immune Deficiency Syndrome (AIDS). *Science* **1983,** *220* (4599), 865–867.
   (b) Barre-Sinoussi, F.; Chermann, J.; Rey, F.; Nugeyre, M.; Chamaret, S.; Gruest, J.; Dauguet, C.; Axler-Blin, C. Isolation of a T-Lymphotropic Retrovirus From a

Patient at Risk for Acquired Immune Deficiency Syndrome (AIDS). *Science* **1983,** *220* (4599), 868–871.

3. (a) Nakashima, H.; Matsui, T.; Harada, S.; Kobayashi, N.; Matsuda, A.; Ueda, T.; Yamamoto, N. Inhibition of Replication and Cytopathic Effect of Human T Cell Lymphotropic Virus Type III/Lymphadenopathy-Associated Virus by 3′-Azido-3′-Deoxythymidine *In Vitro*. *Antimicrob. Agents Chemother.* **1986,** *30* (6), 933–937.
   (b) Birnbaum, G. I.; Giziewicz, J.; Gabe, E. J.; Lin, T. S.; Prusoff, W. H. Structure and Conformation of 3′-Azido-3′-Deoxythymidine (AZT), an Inhibitor of the HIV (AIDS) Virus. *Can. J. Chem.* **1987,** *65* (9), 2135–2139.
   (c) Kaiser Family Foundation. Global HIV/AIDS Timeline. Kaiser Family Foundation. <http://www.kff.org/hivaids/timeline/hivtimeline.cfm>.
4. (a) Holy, A.; Dvorakova, H.; Declercq, E. D. A.; Balzarini, J. M. R. Preparation of Antiretroviral Enantiomeric Nucleotide Analogs. WO9403467, **1994**.
   (b) Deeks, S. G.; Barditch-Crovo, P.; Lietman, P. S.; Hwang, F.; Cundy, K. C.; Rooney, J. F.; Hellmann, N. S.; Safrin, S.; Kahn, J. O. Safety, Pharmacokinetics, and Antiretroviral Activity of Intravenous 9-[2-(*R*)-(Phosphonomethoxy)Propyl] Adenine, a Novel Anti-Human Immunodeficiency Virus (HIV) Therapy, in HIV-Infected Adults. *Antimicrob. Agents Chemother.* **1998,** *42* (9), 2380–2384.
5. (a) Soudeyns, H.; Yao, X. I.; Gao, Q.; Belleau, B.; Kraus, J. L.; Nguyen-Ba, N.; Spira, B.; Wainberg, M. A. Anti-Human Immunodeficiency Virus Type 1 Activity and *In Vitro* Toxicity of 2′-Deoxy-3′-Thiacytidine (BCH-189), a Novel Heterocyclic Nucleoside Analog. *Antimicrob. Agents Chemother.* **1991,** *35* (7), 1386–1390.
   (b) Coates, J. A. V.; Mutton, I. M.; Penn, C. R.; Storer, R.; Williamson, C. Preparation of 1,3-Oxathiolane Nucleoside Analogs and Pharmaceutical Compositions Containing Them. WO9117159, **1991**.
6. Grozinger, K.; Proudfoot, J. *Karl Hargrave Drug Discovery and Development: Drug Discovery, Volume 1, Chapter 13. Discovery and Development of Nevirapine;* John Wiley & Sons, Inc: Hoboken, NJ, 2006, 353–363.
7. Burch, J. D.; Sherry, B. D.; Gauthier, D. R., Jr.; Campeau, L. C. Discovery and Development of Doravirine: An Investigational Next Generation Non-Nucleside Reverse Transcriptase Inhibitor (NNRTI) for the Treatment of HIV. *ACS Symp. Series* **2016,** *1239* (7), 175–205.
8. (a) Jungheim, L. N.; Shepherd, T. A.; Preparation of HIV Protease Inhibitors and Their (Aminohydroxyalkyl)Piperazine Intermediates. WO9521164, **1995**.
   (b) Kaldor, S. W.; Kalish, V. J.; Davies, J. F.; Shetty, B. V.; Fritz, J. E.; Appelt, K.; Burgess, J. A.; Campanale, K. M.; Chirgadze, N. Y.; Clawson, D. K.; Dressman, B. A.; Hatch, S. D.; Khalil, D. A.; Kosa, M. B.; Lubbehusen, P. P.; Muesing, M. A.; Patick, A. K.; Reich, S. H.; Su, K. S.; Tatlock, J. H. Viracept (Nelfinavir Mesylate, AG1343): A Potent, Orally Bioavailable Inhibitor of HIV-1 Protease. *J. Med. Chem.* **1997,** *40* (24), 3979–3985.
9. (a) Kempf, D. J.; Norbeck, D. W.; Sham, H. L.; Zhao, C.; Sowin, T. J.; Reno, D. S.; Haight, A. R.; Cooper, A. J. Preparation of Peptide Analogs as Retroviral Protease Inhibitors. WO9414436, 1994.
   (b) Markowitz, M.; Mo, H.; Kempf, D. J.; Norbeck, D. W.; Bhat, T. N.; Erickson, J. W.; Ho, D. D. Selection and Analysis of Human Immunodeficiency Virus Type 1 Variants With Increased Resistance to ABT-538, a Novel Protease Inhibitor. *J. Virol.* **1995,** *69* (2), 701–706.
10. Dorsey, B. D.; Levin, J. R. B.; McDaniel, S. L.; Vacca, J. P.; Guare, J. P.; Darke, P. L.; Zugay, J. A.; Emini, E. A.; Schleif, W. A.; Quintero, J. C.; Lin, J. H.; Chen, W.; Holloway, M. K.; Fitzgerald, P. M. D.; Axel, M. G.; Ostovic, D.; Anderson, P. S.; Huff, J. R. L-735,524: The Design of a Potent and Orally Bioavailable HIV Protease Inhibitor. *J. Med. Chem.* **1994,** *37* (21), 3443–3451.
11. (a) World Health Organization. Antiretroviral Therapy for HIV Infection in Adults

and Adolescents: Recommendations for a Public Health Approach. World Health Organization, **2010**.

(b) Autran, B.; Carcelain, G.; Li, T. S.; Blanc, C.; Mathez, D.; Tubiana, R.; Katlama, C.; Debré, P.; Leibowitch, J. Positive Effects of Combined Antiretroviral Therapy on CD4 + T Cell Homeostasis and Function in Advanced HIV Disease. *Science* **1997,** *277* (5322), 112–116.

(c) Kroon, F. P.; Rimmelzwaan, G. F.; Roos, M. T.; Osterhaus, A. D.; Hamann, D.; Miedema, F.; van Dissel, J. T. Restored Humoral Immune Response to Influenza Vaccination in HIV-Infected Adults Treated With Highly Active Antiretroviral Therapy. *AIDS* **1998,** *12* (17), F217–23.

12. O'Neal, R. Rilpivirine and Complera: New First-Line Treatment Options. *BETA* **2011,** *23* (4), 14–18.
13. Gilead Sciences, Inc. *U.S. FDA Approves Gilead's Stribild™, A Complete Once-Daily Single Tablet Regimen for Treatment-Naïve Adults with HIV-1 Infection*. Gilead Sciences, Inc. press release 1728981, August 2012.
14. Deeks, S. G.; Kar, S.; Gubernick, S. I.; Kirkpatrick, P. Raltegravir. *Nat. Rev. Drug Discov.* **2008,** *7*, 117–118.
15. Bailly, F.; Cotelle, P. The Preclinical Discovery and Development of Dolutegravir for the Treatment of HIV. *Expert Opin. Drug Discov.* **2015,** *10* (11), 1243–1253.
16. Tsiang, M.; Jones, G. S.; Goldsmith, J.; Mulato, A.; Hansen, D.; Kan, E.; Tsai, L.; Bam, R. A.; Stepan, G.; Stray, K. M.; Niedziela-Majka, A.; Yant, S. R.; Yu, H.; Kukolj, G.; Cihlar, T.; Lazerwith, S. E.; White, K. L.; Jin, H. Antiviral Activity of Bictegravir (GS-9883), a Novel Potent HIV-1 Integrase Strand Transfer Inhibitor With an Improved Resistance Profile. *Antimicrob. Agents Chemother.* **2016,** *60* (12), 7086–7097.
17. Greig, S. L.; Deeks, E. D. Abacavir/Dolutegravir/Lamivudine Single-Tablet Regimen: A Review of Its Use in HIV-1 Infection. *Drugs* **2015,** *75* (5), 503–514.
18. Markham, A. Bictegravir: First Global Approval. *Drugs* **2018,** *78* (5), 601–606.
19. May, M. T.; Ingle, S. M. Life Expectancy of HIV-Positive Adults: A Review. *Sexual Health* **2011,** *8* (4), 526–533.
20. Howlader, N.; Noone, A. M.; Krapcho, M.; Neyman, N.; Aminou, R.; Altekruse, S. F.; Kosary, C. L.; Ruhl, J.; Tatalovich, Z.; Cho, H.; Mariotto, A.; Eisner, M. P.; Lewis, D. R.; Chen, H. S.; Feuer, E. J.; Cronin, K. A. *SEER Cancer Statistics Review, 1975-2009;* Vintage 2009 Populations, National Cancer Institute: Bethesda, MD, 2012.
21. (a) Manfredi, J. J.; Horwitz, S. B. Taxol: An Antimitotic Agent With a New Mechanism of Action. *Pharmacol. Therap.* **1984,** *25* (1), 83–125.

    (b) Donehower, R. C.; Rowinsky, E. K. An Overview of Experience With TAXOL (Paclitaxel) in the U.S.A. *Cancer Treat. Rev.* **1993,** *19* (Suppl. C), 63–78.
22. Johnson, I. S.; Armstrong, J. G.; Gorman, M.; Burnett, J. P., Jr. The Vinca Alkaloids: A New Class of Oncolytic Agents. *Cancer Res.* **1963,** *23*, 1390–1427.
23. Tan, C.; Etcubanas, E.; Wollner, N.; Rosen, G.; Gilladoga, A.; Showel, J.; Murphy, M. L.; Krakoff, I. H. Adriamycin – An Antitumor Antibiotic in the Treatment of Neoplastic Diseases. *Cancer* **1973,** *32* (1), 9–17.
24. (a) Boehm, J. C.; Johnson, R. K.; Hecht, S. M.; Kingsbury, W. D.; Holden, K. G. Preparation, Testing, and Formulation of Water Soluble Camptothecin Analogs as Antitumor Agents. EP321122, **1989**.

    (b) Kingsbury, W. D.; Boehm, J. C.; Jakas, D. R.; Holden, K. G.; Hecht, S. M.; Gallagher, G.; Caranfa, M. J.; McCabe, F. L.; Faucette, L. F.; Johnson, R. K.; Hertzberg, R. P. Synthesis of Water-Soluble (Aminoalkyl)Camptothecin Analogs: Inhibition of Topoisomerase I and Antitumor Activity. *J. Med. Chem.* **1991,** *34* (1), 98–107.
25. (a) Zimmermann, J.; Buchdunger, E.; Mett, H.; Meyer, T.; Lydon, N. B. Potent and Selective Inhibitors of the ABL-Kinase: Phenylaminopyrimidine (PAP) Derivatives.

Bioorg. Med. Chem. Lett. **1997,** *7* (2), 187–192.

(b) Druker, B. J.; Lydon, N. B. Lessons Learned From the Development of an ABL Tyrosine Kinase Inhibitor for Chronic Myelogenous Leukemia. *J. Clin. Invest.* **2000,** *105* (1), 3–7.

26. (a) O'Hare, T.; Walters, D. K.; Deininger, M. W. N.; Druker, B. J. AMN107: Tightening the Grip of Imatinib. *Cancer Cell* **2005,** *7* (2), 117–119.

(b) Breitenstein, W.; Furet, P.; Jacob, S.; Manley, P. W. Preparation of Pyrimidinylaminobenzamides as Inhibitors of Protein Kinases, in Particular Tyrosine Kinases for Treating Neoplasm, Especially Leukemia. WO2004005281, **2004**.

27. (a) Kim, T. E.; Murren, J. R. Erlotinib (OSI/Roche/Genentech). *Curr. Opin. Invest. Drugs* **2002,** *3* (9), 1385–1395.

(b) Schnur, R. C.; Arnold, L. D. Preparation of N-Phenylquinazoline-4-Amines As Neoplasm Inhibitors. WO9630347, **1996**.

28. American Cancer Society. *Cancer Facts & Figures 2018;* American Cancer Society: Atlanta, GA, 2018.

29. Hedgethome, K.; Huang, P. H. Dacomitinib: Pan-ErbB Inhibitor Oncolytic. *Drugs Fut.* **2012,** *37* (6), 393–401.

30. Scott, L. J. Niraparib: First Global Approval. *Drugs* **2017,** *77* (9), 1029–1034.

31. Markham, A. Brigatinib: First Global Approval. *Drugs* **2017,** *77* (10), 1131–1135.

32. Poole, R. M. Pembrolizumab: First Global Approval. *Drugs* **2014,** *74*, 1973–1981.

33. Kotsakis, A.; Georgoulias, V. Avelumab, an Anti-PD-L1 Monoclonal Antibody, Shows Activity in Various Tumour Types. *Lancet Oncol.* **2017,** *18* (5), 556–557.

34. Brahmer, J. R.; Hammers, H.; Lipson, E. J. Nivolumab: Targeting PD-1 to Bolster Antitumor Immunity. *Fut. Oncol.* **2015,** *11* (9), 1307–1326.

35. Gombos, E. A.; Freis, E. D.; Moghadam, A. Effects of MK-870 in Normal Subjects and Hypertensive Patients. *N. Engl. J. Med.* **1966,** *275* (22), 1215–1220.

36. Campbell, D. B.; Phillips, E. M. Short Term Effects and Urinary Excretion of the New Diuretic, Indapamide, in Normal Subjects. *Eur. J. Clin. Pharmacol.* **1974,** *7* (6), 407–414.

37. Hansson, L.; Aberg, H.; Jameson, S.; Karlberg, B.; Malmcrona, R. Initial Clinical Experience With I.C.I. 66.082 [4-(2-Hydroxy-3-Isopropylaminopropoxy)Phenylacetamide], a New Î²-Adrenergic Blocking Agent, in Hypertension. *Acta Med. Scand.* **1973,** *194* (6), 549–550.

38. Shanks, R. G.; Wood, T. M.; Dornhorst, A. C.; Clark, M. L. Some Pharmacological Properties of a New Adrenergic Beta-Receptor Antagonist. *Nature* **1966,** *212* (5057), 88–90.

39. Ondetti, M. A.; Rubin, B.; Cushman, D. W. Design of Specific Inhibitors of Angiotensin-Converting Enzyme: New Class of Orally Active Antihypertensive Agents. *Science* **1977,** *196* (4288), 441–444.

40. Patchett, A. A.; Harris, E.; Tristram, E. W.; Wyvratt, M. J.; Wu, M. T.; Taub, D.; Peterson, E. R.; Ikeler, T. J.; ten Broeke, J.; Payne, L. G.; Ondeyka, D. L.; Thorsett, E. D.; Greenlee, W. J.; Lohr, N. S.; Hoffsommer, R. D.; Joshua, H.; Ruyle, W. V.; Rothrock, J. W.; Aster, S. D.; Maycock, A. L.; Robinson, F. M.; Hirschmann, R.; Sweet, C. S.; Ulm, E. H.; Gross, D. M.; Vassil, T. C.; Stone, C. A. A New Class of Angiotensin-Converting Enzyme Inhibitors. *Nature* **1980,** *288* (5788), 280–283.

41. Ray, K. K.; Seshasai, S. R. K.; Erqou, S.; Sever, P.; Jukema, J. W.; Ford, I.; Sattar, N. Statins and All-Cause Mortality In High-Risk Primary Prevention: A Meta-Analysis of 11 Randomized Controlled Trials Involving 65,229 Participants. *Arch. Internal Med.* **2010,** *170* (12), 1024–1031.

42. Roth, B. D. *Preparation of Anticholesteremic (R-(R*R*))-2-(4-Fluorophenyl)-β,γ-Dihydroxy-5-(1-Methylethyl-3-Phenyl-4((Phenylamino)Carbonyl)-1H-Pyrrolyl-1-Heptanoic Acid, Its Lactone Form and Salts Thereof. EP409281,* **1991**.

43. Olsson, A. G.; Molgaard, J.; von Schenk, H. Synvinolin in Hypercholesterolaemia. *Lancet* **1986,** *2* (8503), 390–391.

44. Lewington, S.; Whitlock, G.; Clarke, R.; Sherliker, P.; Emberson, J.; Halsey, J.;

Qizilbash, N.; Peto, R.; Collins, R. Blood Cholesterol and Vascular Mortality by Age, Sex, and Blood Pressure: A Meta-Analysis of Individual Data From 61 Prospective Studies With 55,000 Vascular Deaths. *Lancet* **2007,** *370* (9602), 1829–1839.

45. Jaworski, K.; Jankowski, P.; Kosior, D. S. PCSK9 Inhibitors – From Discovery of a Single Mutation to a Groundbreaking Therapy of Lipid Disorders in One Decade. *Arch. Med. Sci.* **2017,** *13* (4), 914–929.
46. Kazi, D. S.; Moran, A. E.; Coxson, P. G.; Penko, J.; Ollendorf, D. A.; Pearson, S. D.; Tice, J. A.; Guzman, D.; Bibbins-Domingo, K. Cost-Effectiveness of PCSK9 Inhibitor Therapy in Patients With Heterozygous Familial Hypercholesterolemia or Atherosclerotic Cardiovascular Disease. *J. Am. Med. Assoc.* **2016,** *316* (7), 743–753.
47. Lemke, T. L.; Williams, D. A.; Roche, V. F.; William Zito, S. W. *Foye's Principles of Medicinal Chemistry*, 7th ed.; Lippincott Williams & Wilkins: Baltimore, MA, 2013.
48. (a) Salomone, S.; Caraci, F.; Leggio, G. M.; Fedotova, J.; Drago, F. New Pharmacological Strategies for Treatment of Alzheimer's Disease: Focus on Disease Modifying Drugs. *Br. J. Clin. Pharmacol.* **2012,** *73* (4), 504–517.
    (b) Mondragon-Rodriguez, S.; Perry, G.; Zhu, X.; Boehm, J. Amyloid Beta and Tau Proteins as Therapeutic Targets for Alzheimer's Disease Treatment: Rethinking the Current Strategy. *Int. J. Alzheimer's Dis.* **2012,** *2012*, 630182.
49. Scott, J. D.; Li, S. W.; Brunskill, A. P.; Chen, X.; Cox, K.; Cumming, J. N.; Forman, M.; Gilbert, E. J.; Hodgson, R. A.; Hyde, L. A.; Jiang, Q.; Iserloh, U.; Kazakevich, I.; Kuvelkar, R.; Mei, H.; Meredith, J.; Misiaszek, J.; Orth, P.; Rossiter, L. M.; Slater, M.; Stone, J.; Strickland, C. O.; Voigt, J. H.; Wang, G.; Wang, H.; Wu, Y.; Greenlee, W. J.; Parker, E. M.; Kennedy, M. E.; Stamford, A. W. Discovery of the 3-Imino-1,2,4-Thiadiazinane 1,1-Dioxide Derivative Verubecestat (MK-8931)-A β-Site Amyloid Precursor Protein Cleaving Enzyme 1 Inhibitor for the Treatment of Alzheimer's Disease. *J. Med. Chem.* **2016,** *59* (23), 10435–10450.
50. Sakamoto, K.; Matsuki, S.; Matsuguma, K.; Yoshihara, T.; Uchida, N.; Azuma, F.; Russell, M.; Hughes, G.; Haeberlein, S. B.; Alexander, R. C.; Eketjaell, S.; Kugler, A. R. BACE1 Inhibitor Lanabecestat (AZD3293) in a Phase 1 Study of Healthy Japanese Subjects: Pharmacokinetics and Effects on Plasma and Cerebrospinal Fluid Aβ Peptides. *J. Clin. Pharmacol.* **2017,** *57* (11), 1460–1471.
51. Hopkins, C. R. ACS Chemical Neuroscience Molecule Spotlight on Semagacestat (LY450139). *ACS Chem. Neurosci.* **2010,** *1* (8), 533–534.
52. Panza, F.; Frisardi, V.; Imbimbo, B. P.; D'Onofrio, G.; Pietrarossa, G.; Seripa, D.; Pilotto, A.; Solfrizzi, V. Bapineuzumab: Anti-β-Amyloid Monoclonal Antibodies for the Treatment of Alzheimer's Disease. *Immunotherapy* **2010,** *2* (6), 767–782.
53. Walsh, C. T.; Fischbach, M. A. New Ways to Squash Superbugs. *Sci. Am.* **2009,** *301* (1), 44–51.
54. Centers for Disease Control and Prevention. *Antibiotic Resistance Threats in the United States.* 2013. Available from: <https://www.cdc.gov/drugresistance/pdf/ar-threats-2013-508.pdf>.
55. Blumer, J. L. Meropenem: Evaluation of a New Generation Carbapenem. *Int. J. Antimicrob. Agents* **1997,** *8* (2), 73–92.
56. Avery, L. M.; Nicolau, D. P. Investigational Drugs for the Treatment of Infections Caused by Multidrug-Resistant Gram-Negative Bacteria. *Expert Opin. Invest. Drugs* **2018,** *27* (4), 325–338.
57. Markham, A. Delafloxacin: First Global Approval. *Drugs* **2017,** *77* (13), 1481–1486.
58. Chahine, E. B.; Sucher, A. J.; Knutsen, S. D. Tedizolid: A New Oxazolidinone Antibiotic for Skin and Soft Tissue Infections. *Consult. Pharm.* **2015,** *30* (7), 386–394.
59. Alexander, M. R. Review of Vancomycin After 15 Years of Use. *Drug Intell. Clin. Pharm.* **1974,** *8* (9), 520–525.
60. Klinker, K. P.; Borgert, S. J. Beyond Vancomycin: The Tail of the Lipoglycopeptides. *Clin. Ther.* **2015,** *37* (12), 2619–2636.

61. Johnsson, L. With New Generic Rivals, Lipitor's Sales Halved. The Associated Press, December 19, 2011. <http://www.businessweek.com/ap/financialnews/D9RNTN0O0.htm>
62. Wong, D. T.; Perry, K. W.; Bymaster, F. P. *The Discovery of Fluoxetine Hydrochloride (Prozac). Nat. Rev. Drug Discov.*, 4. ; 2005, 764–774.
63. The Associated Press. *Merck Shares Climb After Drug Trial Ends Early.* Jul 12, 2012. <http://www.businessweek.com/ap/2012-07-12/merck-shares-climb-after-drug-trial-ends-early>.
64. *Gilead Science 2017 Annual Report.* 2017. <https://www.gilead.com/news/press-releases/2018/2/gilead-sciences-announces-fourth-quarter-and-full-year-2017-financial-results>.
65. *Abbvie 2017 Annual Report.* 2017. <https://news.abbvie.com/news/abbvie-reports-full-year-and-fourth-quarter-2017-financial-results.htm>.
66. *Sanofi 2017 Annual Report.* <http://www.annualreports.com/HostedData/AnnualReports/PDF/NYSE_SNY_2017.pdf>.
67. Paul, S. M.; Mytelka, D. S.; Dunwiddie, C. T.; Persinger, C. C.; Munos, B. H.; Lindborg, S. R.; Schacht, A. L. How to Improve R&D Productivity: The Pharmaceutical Industry's Grand Challenge. *Nat. Rev. Drug Discov.* **2010,** *9*, 203–214.
68. DiMasi, J. A.; Grabowski, H. G.; Hansen, R. W. Innovation in the Pharmaceutical Industry: New Estimates of R&D Costs. *J. Health Econ.* **2016,** *47*, 20–33.
69. <https://www.boeing.com/company/about-bca/>.
70. *Based on U.S. Department of Agriculture cost estimate.* published online on Feb 18, 2020. <https://www.usda.gov/media/blog/2017/01/13/cost-raising-child>.
71. Meinert, C. L. *Clinical Trials: Design, Conduct, and Analysis;* Oxford University Press: New York, 2012.
72. Karha, J.; Topol, E. J. The Sad Story of Vioxx, and What We Should Learn From It. *Cleveland Clin. J. Med.* **2004,** *71* (12), 933–939.
73. Pollack, A. Abbott Labs Withdraws Meridia From the Market, *New York Times,* October 8th, 2010.
74. (a) Furberg, C. D.; Pitt, B. Withdrawal of Cerivastatin From the World Market. *Curr. Controlled Trials Cardiovasc. Med.* **2001,** *2*, 205–207.
    (b) Psaty, B. M.; Furberg, C. D.; Ray, W. A.; Weiss, N. S. Potential for Conflict of Interest in the Evaluation of Suspected Adverse Drug Reactions: Use of Cerivastatin and Risk of Rhabdomyolysis. *J. Am. Med. Assoc.* **2004,** *292* (21), 2622–2631.
75. Minati, L.; Edginton, T.; Bruzzone, M. G.; Giaccone, G. Current Concepts in Alzheimer's Disease: A Multidisciplinary Review. *Am. J. Alzheimer's Dis. Other Dementias* **2009,** *24* (2), 95–121.
76. (a) Labrie, V.; Roder, J. C. The Involvement of the NMDA Receptor D-Serine/Glycine Site in the Pathophysiology and Treatment of Schizophrenia. *Neurosci. Biobehav. Rev.* **2010,** *34* (3), 351–372.
    (b) Ibrahim, H. M.; Tamming, C. A. Schizophrenia: Treatment Targets Beyond Monoamine Systems. *Annu. Rev. Pharmacol. Toxicol.* **2011,** *51*, 189–209.
    (c) Conn, P. J.; Lindsley, C. W.; Jones, C. K. Activation of Metabotropic Glutamate Receptors as a Novel Approach for the Treatment of Schizophrenia. *Trends Pharmacol. Sci.* **2009,** *30* (1), 25–31.
77. (a) Marcotte, E. R.; Pearson, D. M.; Srivastava, L. K. Animal Models of Schizophrenia: A Critical Review. *J. Psychiatry Neurosci.* **2001,** *26* (5), 395–410.
    (b) Jones, C. A.; Watson, D. J. G.; Fone, K. C. F. Animal Models of Schizophrenia. *Br. J. Pharmacol.* **2011,** *164* (4), 1162–1194.
78. Barter, P. J.; Brewer, H. B., Jr; Chapman, M. J.; Hennekens, C. H.; Rader, D. J.; Tall, A. R. Cholesteryl Ester Transfer Protein: A Novel Target for Raising HDL and Inhibiting Atherosclerosis. *Arteriosclerosis Thrombosis Vasc. Biol.* **2003,** *23* (2), 160–167.

79. Nissen, S. E.; Tardif, J. C.; Nicholls, S. J.; Revkin, J. H.; Shear, C. L.; Duggan, W. T.; Ruzyllo, W.; Bachinsky, W. B.; Lasala, G. P.; Tuzcu, E. M. Effect of Torcetrapib on the Progression of Coronary Atherosclerosis. *N. Engl. J. Med.* **2007,** *356* (13), 1304–1316.

80. Huang, Z.; Inazu, A.; Nohara, A.; Higashikata, T.; Mabuchi, H. Cholesteryl Ester Transfer Protein Inhibitor (JTT-705) and the Development of Atherosclerosis in Rabbits With Severe Hypercholesterolaemia. *Clin. Sci.* **2002,** *103* (6), 587–594.

81. (a) Clark, R. W.; Sutfin, T. A.; Ruggeri, R. B.; Willauer, A. T.; Sugarman, E. D.; Magnus-Aryitey, G.; Cosgrove, P. G.; Sand, T. M.; Wester, R. T.; Williams, J. A.; Perlman, M. E.; Bamberger, M. J. Raising High-Density Lipoprotein in Humans Through Inhibition of Cholesteryl Ester Transfer Protein: An Initial Multidose Study of Torcetrapib. *Arteriosclerosis Thrombosis Vasc. Biol.* **2004,** *24* (3), 490–497.
    (b) Phase III Assess HDL-C Increase and Non-HDL Lowering Effect of Torcetrapib/Atorvastatin Vs. Fenofibrate. <http://clinicaltrials.gov/ct2/show/NCT00139061>.
    (c) Phase III Study to Evaluate the Effect of Torcetrapib/Atorvastatin in Patients With Genetic High Cholesterol Disorder. <http://clinicaltrials.gov/ct2/show/NCT00134511>.
    (d) Phase III Study to Evaluate the Safety and Efficacy of Torcetrapib/Atorvastatin in Subjects With Familial Hypercholerolemia. <http://clinicaltrials.gov/ct2/show/NCT00134485>.
    (e) Phase III Study Comparing the Efficacy & Safety of Torcetrapib/Atorvastatin and Atorvastatin in Subjects With High Triglycerides. <http://clinicaltrials.gov/ct2/show/NCT00134498>.
    (f) Phase III Clinical Trial Comparing Torcetrapib/Atorvastatin to Simvastatin In Subjects With High Cholesterol. <http://clinicaltrials.gov/ct2/show/NCT00267254>.

82. Berenson, A. Pfizer Ends Studies on Drug for Heart Disease. *The New York Times,* December 3, 2006.

83. (a) Bennett, S.; Kresge, N. Roche Drops After Halting Cholesterol Drug DevelopmentBloomberg June 7th, 2012. <http://www.bloomberg.com/news/2012-05-07/roche-halts-testing-on-dalcetrapib-cholesterol-treatment-1-.html>.
    (b) Michelle Fay Cortez, M. F. Roche's Good Cholesterol Drug Shows Negative Side Effects. Bloomberg Businessweek, November 5, 2012. <http://www.businessweek.com/news/2012-11-05/roche-s-good-cholesterol-drug-shows-negative-side-effects>.

84. Gutstein, D. E.; Krishna, R.; Johns, D.; Surks, H. K.; Dansky, H. M.; Shah, S.; Mitchel, Y. B.; Arena, J.; Wagner, J. A. Anacetrapib, a Novel CETP Inhibitor: Pursuing a New Approach to Cardiovascular Risk Reduction. *Clin. Pharmacol. Ther.* **2011,** *91* (1), 109–122.

85. Cannon, C. P.; Shah, S.; Dansky, H. M.; Davidson, M.; Brinton, E. A.; Gotto, A. M., Jr.; Stepanavage, M.; Liu, S. X.; Gibbons, P.; Ashraf, T. B.; Zafarino, J.; Mitchel, Y.; Barter, P. Safety of Anacetrapib in Patients With or at High Risk for Coronary Heart Disease. *N. Engl. J. Med.* **2010,** *363* (25), 2406–2415.

86. Bowman, L.; Hopewell, J. C.; Chen, F.; Wallendszus, K.; Stevens, W.; Collins, R.; Wiviott, S. D.; Cannon, C. P.; Braunwald, E.; Sammons, E.; Landray, M. J. Effects of Anacetrapib in Patients with Atherosclerotic Vascular Disease. *N. Engl. J. Med.* **2017,** *377* (13), 1217–1227.

87. Merck Press Release. *Merck Provides Update on Anacetrapib Development Program*. Merck Press Release, October 11th, 2017. <https://investors.merck.com/news/press-release-details/2017/Merck-Provides-Update-on-Anacetrapib-Development-Program/default.aspx>.

88. Kaether, C.; Haass, C.; Steiner, H. Assembly, Trafficking and Function of Gamma-Secretase. *Neurodegenerative Dis.* **2006,** *3* (4–5), 275–283.

89. Extance, A. Alzheimer's Failure Raises Questions About Disease-Modifying Strategies. *Nat. Rev. Drug Discov.* **2010,** *9*, 749–751.

90. Gillman, K. W.; Starrett, J. E., Jr.; Parker, M. F.; Xie, K.; Bronson, J. J.; Marcin, L. R.; McElhone, K. E.; Bergstrom, C. P.; Mate, R. A.; Williams, R.; Meredith, J. E., Jr.; Burton, C. R.; Barten, D. M.; Toyn, J. H.; Roberts, S. B.; Lentz, K. A.; Houston, J. G.; Zaczek, R.; Albright, C. F.; Decicco, C. P.; Macor, J. E.; Olson, R. E. Discovery and Evaluation of BMS-708163, a Potent, Selective and Orally Bioavailable γ-Secretase Inhibitor. *ACS Med. Chem. Lett.* **2010,** *1* (3), 120–124.
91. Alzforum. *Drug Company Halts Development of γ-Secretase Inhibitor Avagacestat.* Alzforum, December, 11th, 2012. <https://www.alzforum.org/news/research-news/drug-company-halts-development-g-secretase-inhibitor-avagacestat>.
92. Farmer, J. A. Aggressive Lipid Therapy in the Statin Era. *Progr. Cardiovasc. Dis.* **1998,** *41* (2), 71–94.
93. Krukemyer, J. J.; Talbert, R. L. Lovastatin: A New Cholesterol-Lowering Agent. *Pharmacotherapy* **1987,** *7* (6), 198–210.
94. Chong, P. H.; Seeger, J. D. Atorvastatin Calcium: An Addition to HMG-CoA Reductase Inhibitors. *Pharmacotherapy* **1997,** *17* (6), 1157–1177.
95. (a) Haning, H.; Niewohner, U.; Schenke, T.; Es-Sayed, M.; Schmidt, G.; Lampe, T.; Bischoff, E. Imidazo[5,1-f][1,2,4]Triazin-4(3H)-Ones, a New Class of Potent PDE 5 Inhibitors. *Bioorg. Med. Chem. Lett.* **2002,** *12*, 865–868.
(b) Kukreja, R. C.; Ockaili, R.; Salloum, F.; Yin, C.; Hawkins, J.; Das, A.; Xi, L. *J. Mol. Cell. Cardiol.* **2004,** *36* (2), 165–173.
96. Krauseneck, T.; Padberg, F.; Roozendaal, B.; Grathwohl, M.; Weis, F.; Hauer, D.; Kaufmann, I.; Schmoeckel, M.; Schelling, G. A β-Adrenergic Antagonist Reduces Traumatic Memories and PTSD Symptoms in Female but Not in Male Patients After Cardiac Surgery. *Psychol. Med.* **2010,** *40*, 861–869.
97. (a) Hoyer, D.; Clarke, D. E.; Fozard, J. R.; Hartig, P. R.; Martin, G. R.; Mylecharane, E. J.; Saxena, P. R.; Humphrey, P. P. International Union of Pharmacology classification of receptors for 5-Hydroxytryptamine (Serotonin). *Pharmacol. Rev.* **1994,** *46* (2), 157–203.
(b) Nichols, D. E.; Nichols, C. D. Serotonin Receptors. *Chem. Rev.* **2008,** *108* (5), 1614–1641.
98. (a) Sorkin, E. M.; Heel, R. C. Terfenadine. A Review of Its Pharmacodynamic Properties and Therapeutic Efficacy. *Drugs* **1985,** *29* (1), 34–56.
(b) Thompson, D.; Oster, G. Use of Terfenadine and Contraindicated Drugs. *J. Am. Med. Assoc.* **1996,** *275* (17), 1339–1341.
(c) Stinson, S.C. Uncertain Climate for Antihistamines. *Chem. Eng. News* **1997,** *75* (10), 43–45.
99. (a) Bernstein, D. I.; Schoenwetter, W. F.; Nathan, R. A.; Storms, W.; Ahlbrandt, R.; Mason, J. Efficacy and Safety of Fexofenadine Hydrochloride for Treatment of Seasonal Allergic Rhinitis. *Ann. Allergy, Asthma Immunol.* **1997,** *79* (5), 443–448.
(b) Meltzer, E. O.; Casale, T. B.; Nathan, R. A.; Thompson, A. K. Once-Daily Fexofenadine HCl Improves Quality of Life and Reduces Work and Activity Impairment in Patients With Seasonal Allergic Rhinitis. *Ann. Allergy Asthma Immunol.* **1999,** *83* (4), 311–317.
100. National Institute of Neurological Disorders and Stroke. *Amyotrophic Lateral Sclerosis (ALS) Fact Sheet.* National Institute of Neurological Disorders and Stroke, **2012.** <http://www.ninds.nih.gov/disorders/amyotrophiclateralsclerosis/detail_ALS.htm>.
101. Chemical Abstracts Services. *A Division of the American Chemical Society.* <http://www.cas.org/content/chemical-substances>.
102. Lipinski, C. A.; Lombardo, F.; Dominy, B. W.; Feeney P. J. Experimental and Computational Approaches to Estimate Solubility and Permeability in Drug Discovery and Development Settings. Adv. Drug Deliv. Rev., 2001, 46: Roth, B. D.

Preparation of Anticholesteremic (R-(R*R*))-2-(4-Fluorophenyl)-β,γ-Dihydroxy-5-(1-Methylethyl-3-Phenyl-4((Phenylamino)Carbonyl)-1H-Pyrrolyl-1-Heptanoic Acid, Its Lactone Form and Salts Thereof. EP409281, 1991; pp 3–26.

103. Roth, B. D. Preparation of Anticholesteremic (*R*-(*R***R**))-2-(4-Fluorophenyl)-β,γ-Dihydroxy-5-(1-Methylethyl-3-Phenyl-4((Phenylamino)Carbonyl)-1*H*-Pyrrolyl-1-Heptanoic Acid, Its Lactone Form and Salts Thereof. EP409281, **1991**.

104. Bader, T.; Fazili, J.; Madhoun, M.; Aston, C.; Hughes, D.; Rizvi, S.; Seres, K.; Hasan, M. Fluvastatin Inhibits Hepatitis C Replication in Humans. *Am. J. Gastroenterol.* **2008,** *103* (6), 1383–1389.

105. McTaggart, F.; Buckett, L.; Davidson, R.; Holdgate, G.; McCormick, A.; Schneck, D.; Smith, G.; Warwick, M. Preclinical and Clinical Pharmacology of Rosuvastatin, a New 3-Hydroxy-3-Methylglutaryl Coenzyme A Reductase Inhibitor. *Am. J. Cardiol.* **2001,** *87* (5A), 28B–32B.

106. Yamamoto, A.; Sudo, H.; Endo, A. Therapeutic Effects of ML-236B in Primary Hypercholesterolemia. *Atherosclerosis* **1980,** *35* (3), 259–266.

107. Boolell, M.; Allen, M. J.; Ballard, S. A.; Gepi-Attee, S.; Muirhead, G. J.; Naylor, A. M.; Osterloh, I. H.; Gingell, C. Sildenafil: An Orally Active Type 5 Cyclic GMP-Specific Phosphodiesterase Inhibitor for the Treatment of Penile Erectile Dysfunction. *Int. J. Impotence Res.* **1996,** *8* (2), 47–52.

108. Daugan, A.; Grondin, P.; Ruault, C.; Le Monnier de Gouville, A. C.; Coste, H.; Kirilovsky, J.; Hyafil, F.; Labaudinière, R. The Discovery of Tadalafil: A Novel and Highly Selective PDE5 Inhibitor. 1: 5,6,11,11*a*-Tetrahydro-1*H*-Imidazo[1′,5′:1,6]Pyrido[3,4-*b*]Indole-1,3(2*H*)-Dione Analogues. *J. Med. Chem.* **2003,** *46* (21), 4525–4532.

109. Novak, B. H.; Hudlicky, T.; Reed, J. W.; Mulzer, J.; Trauner, D. Morphine Synthesis and Biosynthesis—An Update. *Curr. Org. Chem.* **2000,** *4*, 343–362.

110. Lomenzo, S.; Izenwasser, S.; Gerdes, R. M.; Katz, J. L.; Kopajtic, T.; Trudell, M. L. Synthesis, Dopamine and Serotonin Transporter Binding Affinities of Novel Analogues of Meperidine. *Bioorg. Med. Chem. Lett.* **1999,** *9* (23), 3273–3276.

111. Stanley, T. H. The History and Development of the Fentanyl Series. *J. Pain Symp. Manage.* **1992,** *7* (3 Suppl), S3–S7.

112. Owens, M. J.; Morgan, W. N.; Plott, S. J.; Nemeroff, C. B. Neurotransmitter Receptor and Transporter Binding Profile of Antidepressants and Their Metabolites. *J. Pharmacol. Exp. Ther.* **1997,** *283* (3), 1305–1322.

113. Coppen, A.; Rama Rao, V. A.; Swade, Cynthia; Wood, K. Inhibition of 5-Hydroxytryptamine Reuptake by Amitriptyline and Zimelidine and Its Relationship to Their Therapeutic Action. *Psychopharmacology* **1979,** *63* (2), 125–129.

114. Keller, M. B. Citalopram Therapy for Depression: A Review of 10 Years of European Experience and Data From U.S. Clinical Trials. *J. Clin. Psychiatry* **2000,** *61* (12), 896–908.

115. Wong, D. T.; Horng, J. S.; Bymaster, F. P.; Hauser, K. L.; Molloy, B. B. A Selective Inhibitor of Serotonin Uptake: Lilly 110140, 3-(*p*-Trifluoromethylphenoxy)-*n*-Methyl-3-Phenylpropylamine. *Life Sci.* **1974,** *15* (3), 471–479.

116. Dechant, K. L.; Clissold, S. P. Paroxetine. A Review of Its Pharmacodynamic and Pharmacokinetic Properties, and Therapeutic Potential in Depressive Illness. *Drugs* **1991,** *41* (2), 225–253.

117. (a) Hann, M. M.; Oprea, T. I. Pursuing the Leadlikeness Concept in Pharmaceutical Research. (June 2004) *Curr. Opin. Chem. Biol.* **2004,** *8* (3), 255–263.
(b) Howe, D.; Costanzo, M.; Fey, P.; Gojobori, T.; Hannick, L.; Hide, W.; Hill, D. P.; Kania, R.; Schaeffer, M.; Pierre, S. S.; Twigger, S.; White, O.; Rhee, S. Y. Big Data: The Future of Biocuration. *Nature* **2008,** *455* (7209), 47–50.
(c) High-Throughput Screening in Please check the reference for correctness.Drug Discovery, Hüser, J. (Ed.); Mannhold, R. (Series Ed.); Kubinyi, H. (Series Ed.); Folkers, G. (Series Ed.). Wiley-VCH, **2006**.

118. (a) Rester, U. From Virtuality to Reality - Virtual Screening in Lead Discovery and

Lead Optimization: A Medicinal Chemistry Perspective. *Curr. Opin. Drug Discov. Dev.* **2008,** *11* (4), 559–568.
(b) Rollinger, J. M.; Stuppner, H.; Langer, T. Virtual Screening for the Discovery of Bioactive Natural Products. *Progr. Drug Res.* **2008,** *65* (211), 213–249.
(c) Walters, W. P.; Stahl, M. T.; Murcko, M. A. Virtual Screening – An Overview. *Drug Discov. Today* **1998,** *3* (4), 160–178.

119. (a) Kaczanowski, S.; Zielenkiewicz, P. Why Similar Protein Sequences Encode Similar Three-Dimensional Structures? *Theor. Chem. Acc.* **2010,** *2010* (125), 543–550.
(b) Zhang, Y. Progress and Challenges in Protein Structure Prediction. *Curr. Opin. Struct. Biol.* **2008,** *18* (3), 342–348.
(c) Capener, C. E.; Shrivastava, I. H.; Ranatunga, K. M.; Forrest, L. R.; Smith, G. R.; Sansom, M. S. P. Homology Modeling and Molecular Dynamics Simulation Studies of an Inward Rectifier Potassium Channel. *Biophys. J.* **2000,** *78* (6), 2929–2942.
(d) Ogawa, H.; Toyoshima, C. Homology Modeling of the Cation Binding Sites of Na + K + -ATPase. *Proc. Natl. Acad. Sci. U.S.A.* **2002,** *99* (25), 15977–15982.

120. (a) Wang, Z.; Fermini, B.; Nattel, S. Evidence for a Novel Delayed Rectifier K + Current Similar to Kv1.5 Cloned Channel Currents. *Circ. Res.* **1993,** *73*, 1061–1076.
(b) Fedida, D.; Wible, B.; Wang, Z.; Fermini, B.; Faust, F.; Nattel, S.; Brown, A. M. Identity of a Novel Delayed Rectifier Current From Human Heart With a Cloned Potassium Channel Current. *Circ. Res.* **1993,** *73*, 210–216.
(c) Brendel, J.; Peukert, S. Blockers of the Kv1.5 Channel for the Treatment of Atrial Arrhythmias. *Exp. Opin. Ther. Patents* **2002,** *12* (11), 1589–1598.

121. (a) Taglialatela, M.; Castaldo, P.; Pannaccione, A. Human Ether-a-Gogo Related Gene (HERG) K Channels as Pharmacological Targets: Present and Future Implications. *Biochem. Pharmacol.* **1998,** *55* (11), 1741–1746.
(b) Vaz, R. J.; Li, Yi; Rampe, D. Human Ether-a-Go-Go Related Gene (HERG): A Chemist's Perspective. *Progr. Med. Chem.* **2005,** *43*, 1–18.
(c) Kang, J.; Wang, L.; Chen, X. L.; Triggle, D. J.; Rampe, D. Interactions of a Series of Fluoroquinolone Antibacterial Drugs With the Human Cardiac K + Channel HERG. *Mol. Pharmacol.* **2001,** *59*, 122–126.

122. Manning, G.; Whyte, D. B.; Martinez, R.; Hunter, T.; Sudarsanam, S. The Protein Kinase Complement of the Human Genome. *Science* **2002,** *298*, 1912–1934.

123. (a) Hennessy, M.; Spiers, J. P. A Promer on the Mechanism of P-Glycoprotiensth Multidrug Transporter. *Pharmacol. Res.* **2007,** *55*, 1–15.
(b) Aller, S. G.; Yu, J.; Ward, A.; Weng, Y.; Chittaboina, S.; Zhuo, R.; Harrell, P. M.; Trinh, Y. T.; Zhang, Q.; Urbatsch, I. L.; Chang, G. Structure of P-Glycoprotein Reveals a Molecular Basis for Poly-Specific Drug Binding. *Science* **2009,** *323* (5922), 1718–1722.
(c) Liu, X.; Chen, C. Strategies to Optimize Brain Penetration in Drug Discovery. *Curr. Opin. Drug Discov. Dev.* **2005,** *8*, 505–512.
(d) Schinkel, A. H. P-Glucoprotien, a Gatekeeper in the Blood Brain Barrier. *Adv. Drug Deliv. Rev.* **1999,** *36*, 179–194.

124. (a) Rodrigues, A. D. *Drug-Drug Interactions;* Marcel Dekker: New York, 2002.
(b) Shimada, T.; Yamazaki, H.; Mimura, M.; Inui, Y.; Guengerich, F. P. Interindividual Variations in Human Liver Cytochrome P-450 Enzymes Involved in the Oxidation of Drugs, Carcinogens and Toxic Chemicals: Studies With Liver Microsomes of 30 Japanese and 30 Caucasians. *J. Pharmacol. Exp. Ther.* **1994,** *270* (1), 414–423.

125. (a) Dorn, A.; Hermann, F.; Ebneth, A.; Bothmann, H.; Trube, G.; Christensen, K.; Apfel, C. Evaluation of a High-Throughput Fluorescence Assay Method for HERG Potassium Channel Inhibition. *J. Biomol. Screen.* **2005,** *10* (4), 339–347.
(b) Redfern, W. S.; Carlsson, L.; Davis, A. S.; Lynch, W. G.; MacKenzie, I.; Palethorpe, S.; Siegl, P. K.; Strang, I.; Sullivan, A. T.; Wallis, R.; Camm, A. J.;

Hammond, T. G. Relationships Between Preclinical Cardiac Electrophysiology, Clinical QT Interval Prolongation and Torsade De Pointes for a Broad Range of Drugs: Evidence for a Provisional Safety Margin in Drug Development. *Cardiovasc. Res.* **2003 Apr 1,** *58* (1), 32–45.

126. (a) Mortelmans, K.; Zeiger, E. The Ames Salmonella/Microsome Mutagenicity Assay. *Mutat. Res.* **2000,** *455* (1–2), 29–60.
   (b) McCann, J.; Choi, E.; Yamasaki, E.; Ames, B. N. Detection of Carcinogens as Mutagens in the Salmonella/Microsome Test: Assay of 300 Chemicals. *Proc. Natl. Acad. Sci. U.S.A.* **1975,** *72* (12), 5135–5139.
   (c) Hakura, A.; Suzuki, S.; Satoh, T. Advantage of the Use of Human Liver S9 in the Ames Test. *Mutat. Res.* **1999,** *438* (1), 29–36.
127. Guth, B. D. Preclinical Cardiovascular Risk Assessment in Modern Drug Development. *Toxicol. Sci.* **2007,** *97* (1), 4–20.

第2章

药物发现的进程：从古至今

纵观整个历史发展进程，对疾病的干预治疗一直是人类永恒的需求。人类探索疾病治疗方法的不懈努力甚至可以追溯到史前时代，公元前7000年至公元前5000年的洞穴壁画证明人类从那时就已开始使用具有致幻作用的蘑菇。在远古理念中，人们往往通过内服或外用某些偶然发现的物质来治疗疾病或缓解症状。从古代到19世纪中期，由于新药研发系统所需的基础学科尚未建立，早期的新药发现不得不依赖于偶然发现。然而，现代药物发现的方法已经发生了巨大变化。随着19～20世纪基础科学（如化学、生物学及药理学等）和应用科学（如转基因动物模型、分子模拟及机械自动化技术等）的发展，现代药物发现的方法得到前所未有的发展，新药的发现不再单纯依赖于偶然因素。20世纪，政府和监管部门开始通过监督管理来确保新药的安全性和有效性，这成为促进现代药物发现的又一重要因素。本章将回顾从古代到现代的药物发现历程，重点介绍关键的科学进步及监管环境变化对新药发现所发挥的推动作用。

2.1 植物药时期：工业化前的药物发现

早在现代药物发现的几千年前，人们便开始寻找有效的方法和药物来改善生活质量、延长寿命。虽然目前尚不清楚人类究竟何时开始意识到摄入某些特定的物质可以影响人体与疾病相关的生理功能，但有证据表明，这些观念早在史前时期就已出现。在泰国西北部的洞穴中发现了公元前7000年至公元前5500年存留下的具有精神兴奋作用的槟榔种子，间接表明人类在新石器时代便开始使用槟榔[1]。此外，在菲律宾杜永（Duyong）洞穴内发现的公元前2680年的遗骸中存在含有石灰的槟榔壳，也表明人类可能是为了改变知觉而服用此类物质。虽然没有人类将槟榔作为药物的确凿证据，但印度人至今仍然保留着同时咀嚼石灰和槟榔的习惯，而这可以促进槟榔中活性物质槟榔碱的吸收[2]。撒哈拉洞穴中的壁画也提示致幻蘑菇早在史前时期（公元前7000年至公元前5000年）便开始被使用[3]，表明史前人类已经开始意识到这类物质所具有的功效。

乙醇是历史上使用最多的药物，相关证据非常充分。虽然还不清楚酒精饮料的发酵过程是如何被发现的，但毋庸置疑的是，发酵技术在人类历史的早期阶段就已被发明。有证据表明，早在新石器时代酒精饮料便已被发明，而且在远古时代就已被普遍使用[4]。乙醇作为最早被应用的药物之一，由于摄入后起效迅速，被广泛用于娱乐和医疗。

至于人类何时才开始认识到各种植物和化学物质的药用价值，目前尚未可知。但可以确定的是，寻找治病救人的良方绝不是现代人的专利。美索不达米亚人早在公元前1700年便在石片上记载了他们的治疗方法和处方。由40块石片组成的著名“医学诊断和预后论”（Treatise of Medical Diagnosis and Prognoses）是美索不达米亚文明现存最为古老、规模最大的文物之一，记载着最早的药物使用记录（图2.1A）[5]。公元前1550年由古埃及人所编著的《亚伯斯古医籍》（*Ebers Papyrus*）中也有类似的内容，其中含有数百个用于治疗疾病或缓解症状的处方（图2.1B）[6]。中医药的起源时间尚不清楚，但据推算，中医药的理论和实践至少有2000年的历史。中医兼针灸师李时珍于1578年编著的《本草纲目》被认为是最全面的中医文献。该著作中描述了用于治疗疾病和缓解症状的数百种不同的草药和数千种方剂（图2.1C）[7]。

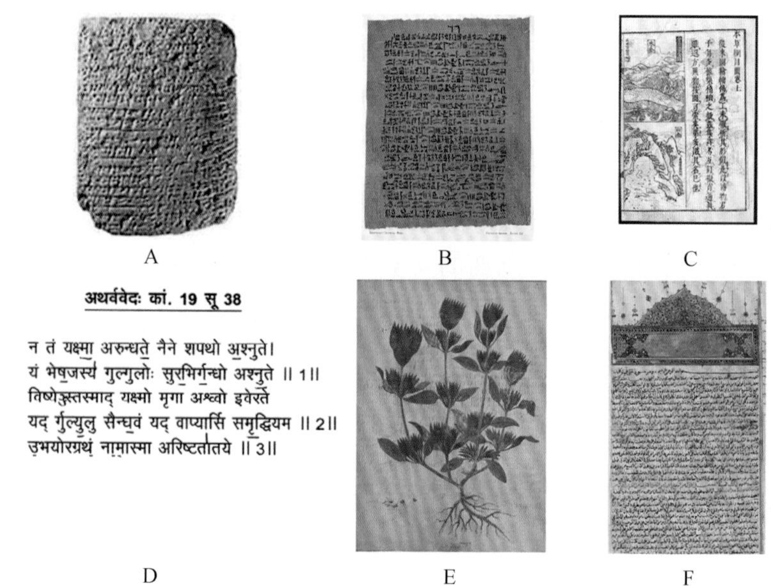

图2.1　A. 出土于尼尼微亚述巴尼帕国王（King Ashurbanipal at Nineveh）图书馆的楔形泥板，记载了美索不达米亚的医疗方法。据推算，其源自公元前1900至公元前1700年。B. 源于约公元前1550年《亚伯斯古医籍》的部分文稿，记载了古埃及人治疗疾病的800多个处方。C.《本草纲目》作为李时珍记载传统中医药的医药著作，囊括了超过1800种药物和11 000余种方剂。D. 源于“Atharva Veda”的梵文“什洛卡（Shloka）”，描述了求求罗香（*C. wightii.*）的药用性质。E. 源于《文多博宁西斯法典》（*Codex Vindobonensis*）中Dioscorides编写的“药物学”中的一张白蘚图片。F. 编纂于公元1066年的《医典》（*The Canon of Medicine*）手抄本第一册的第一页

图片来源：A.Schoyen收藏品（MS2670）；B.美国国立卫生研究院国家药物档案图书馆；C.美国国家医学图书馆的医学历史部

古代印度、阿拉伯和波斯文明也探索了治疗疾病、改善身体状况的新疗法。例如，世界上最古老的医学系统之一，阿育吠陀医学（Ayurvedic medicine，即印度式草药疗法），起源于3000多年前的印度。最初于公元前1200至公元前1000年用梵语写成的“阿

闼婆吠陀”（Atharva Veda），是这一医学体系的一部分，描述了包括豆蔻和肉桂在内的各种草药的使用（图2.1D）[8]。另外一部古老的印度医学著作，《经论纲要》（*Compendium of Suśruta*），是由人尽皆知的外科之父——印度医生苏胥如塔（Sushruta）撰写的[9]。这本著作不仅介绍了一系列外科技术，还包含了大量关于植物、动物、矿物用于治疗疾病的描述。此外，波斯哲学家与科学家阿维森纳（Avicenna，980—1037年）所著的《医典》（*Cannons of Medicine*）（图2.1F）是几百年来的重要医学文献。维也纳大学于1537年将其列为必读书目，这本书中包含700多种药用植物并对这些植物中的提取药物进行了描述[10]。

古希腊和古罗马的哲学家也记录了他们将药物疗法应用于患者的努力。例如，泰奥弗拉斯托斯（Theophrastus，公元前371—前286年）撰写的《植物志》（*Enquiry into Plants*，亦称《植物调查》），这也是已知最早的对古代植物进行分类和描述的书目之一。书中描述了从植物中提取的果汁、果胶和树脂及其医疗用途[11]。此外，迪奥斯科里斯（Pedanius Dioscorides，公元40—90年）也以类似的方式在他的《药物学》（*De Materia Medica*）（图2.1E）中描述了数百种植物与草药。这部五卷本书中包含了鸦片、天竺葵和芦荟等药物制品，在约1500年的时间里都被认为是一部重要的医学文献[12]。盖伦（Galen，公元129—217年）在其《论Piso的解毒剂》（*On Theriac to Piso*）、《论Pamphilius的解毒剂》（*On Theriac to Pamphilius*）和《论解毒剂》（*On Antidotes*）等著作中记录了许多药物成分，其中包括一种含64类成分的解毒剂，据记载能够医治人类当时已知的任何疾病[13]。

在前工业时代，不同国家或地区的药物发现过程存在某些相似的特征。第一，由于受限于前工业时代分离纯化或制备具有药用价值的纯化学品的技术能力，对药物的开发几乎完全依赖于植物、植物混合物或植物提取物。第二，前工业时代的药物发现一般采用经验观察的方法观察患者的症状，却并不了解给患者带来痛苦的病因。第三，也许是最重要的一点，前工业时代的新药发现缺乏了解疾病发病机制的基础知识。可以肯定的是，这导致了一些几乎没有药用价值的混合物的滥用，甚至其中某些物质实际上对人体健康是有害的。

尽管如此，仍然有一些在现代药物研发技术发展之前就已被发现的药物，而且时至今日仍然发挥着举足轻重的作用。例如，从金鸡纳树皮中分离得到的奎宁（quinine）生物碱（图2.2）能有效治疗疟原虫感染导致的疟疾。秘鲁利马的一位耶稣会传教士，阿戈斯蒂诺·萨鲁曼布雷诺（Agostino Salumbrino，1561—1642年），发现盖丘亚族人通过咀嚼金鸡纳树皮来缓解寒战和发热。尽管他当时并不知道疟疾是由疟原虫感染引起的，但他还是意识到疟疾发热的症状可以通过金鸡纳树皮来治疗，并把金鸡纳树皮运到罗马，治疗疟疾的方法就此诞生。因此，盖丘亚族人也成为使用金鸡纳树皮治疗疟疾的鼻祖，后来这种树皮也被称为耶稣会树皮或秘鲁树皮。直到2006年，奎宁仍然是治疗疟疾的一线药物[14]。

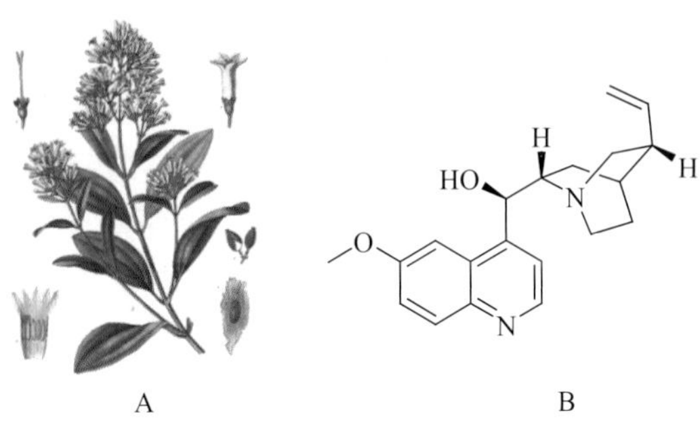

图2.2　采用金鸡纳树（A）和奎宁（B）治疗疟疾已有三百余年的历史

同样，强心苷（cardiac glycoside）是从洋地黄植物叶片中发现的一类可用于治疗充血性心力衰竭的重要药物（图2.3）。在中世纪的欧洲，人们便将洋地黄作为草药用于治疗水肿、肿胀和疲劳，而这些都是充血性心力衰竭的症状。尽管当时并不清楚强心苷的化学结构和作用机制，但威廉·威瑟林（William Withering）于1785年便发现了洋地黄中含有治疗心力衰竭的活性成分，并不知不觉地将其发展为治疗充血性心力衰竭的主要药物，而强心苷地高辛（digoxin）直到现在仍被广泛使用[15]。

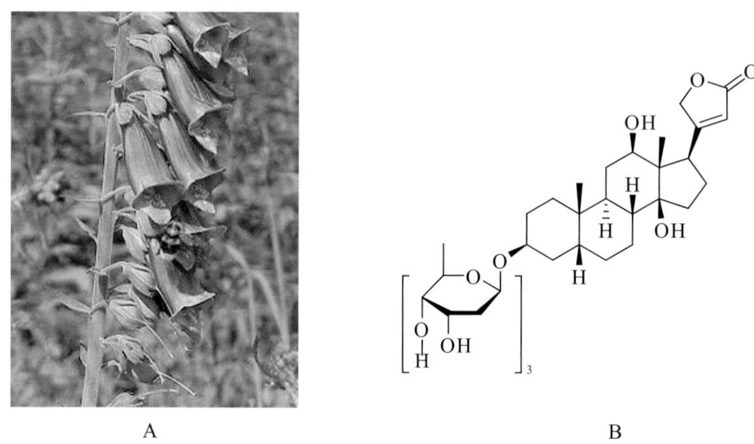

图2.3 **洋地黄（*digitalis purpurea*，A）富含强心苷类化合物，如可通过抑制心肌钠钾ATP酶来增加心肌收缩力的地高辛（B）**

2.2 早期生物疗法：生物技术革命之前

使用生物疗法治疗和预防疾病同样早于现代药物发现和20世纪末的生物技术革命。例如，在科学探索中发展出了用于治疗1型糖尿病的胰岛素，并于20世纪20年代初成功发明了一种可商业化的生物疗法，这甚至比科学界对蛋白有基本了解还早了数十年。已知对糖尿病症状的最早描述出现在《埃伯斯纸莎草书》(*Ebers Papyrus*）中，而“diabetes”这一术语是由希腊卡帕多西亚的内科医生阿雷提乌斯（Aretaeus，129—199年）首创的。到20世纪初，人们提出了胰腺分泌物在血糖调节中发挥作用的假设，认为胰腺提取物可能对1型糖尿病具有治疗作用。但是，早期基于这些假设的疗法尝试因胰岛素中含有的杂质及其毒性而宣告失败。1922年，早在科学界了解蛋白结构和功能之前，弗雷德里克·班廷（Frederick Banting）、约翰·麦克劳德（John Macleod）、J. B.科利普（J. B. Collip）和查尔斯·贝斯特（Charles Best）便从犬中分离得到胰岛素，并证明其可用于治疗人类的1型糖尿病。同年6月，礼来（Eli Lilly）公司开始尝试将胰岛素商业化。礼来的首席化学家乔治·B.沃尔登（George B. Walden）发现了胰岛素的等电点沉淀，因此实现了胰岛素的大量生产，最终于1923年以商品名因苏林（Iletin®）上市（图2.4）[16]。

图2.4　**20世纪20年代初期，礼来公司将胰岛素商业化，命名为因苏林（Lletin®）。作为他们营销手段的一部分，该公司开发了一个销售工具包，阐述胰岛素循序渐进的制造过程**

同样地，通过接种疫苗预防疾病这一概念的产生也早于现代药物发现。虽然抗体的发现和免疫学领域的发展还在几个世纪之后，但使用这些方法的最早书面记录出现于张璐（译者著：清朝初期的医学家）1695年的医学教科书中。天花是一种具有高度传染性和危险性的病毒感染病，在这本书中，张璐记载了在中国使用的三种接种天花病毒的方法。这些方法均是通过让健康患者接触天花患者随身携带的具有感染性的物品而实现接种。健康的患者均出现一种较温和的感染形式，但却可以避免进一步的天花病毒感染[17]。他的方法及其变种在中国、非洲、印度和欧洲各地被广泛实践。将近100年后，爱德华·詹纳（Edward Jenner，1749—1823年，图2.5A）观察到感染牛痘的奶牛场工人不会被天花感

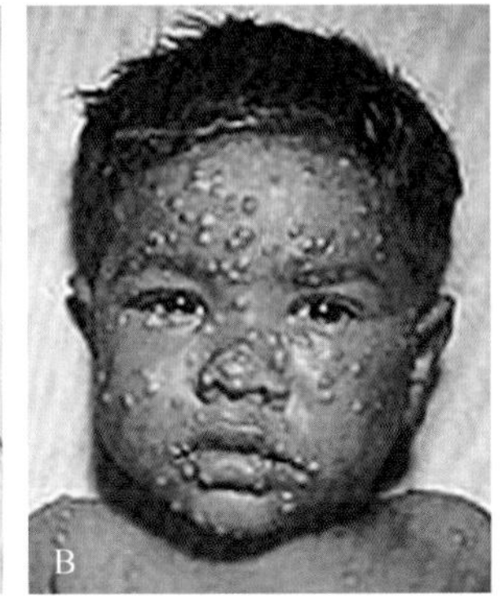

图2.5　**A.爱德华·詹纳（1749—1823年）于1796年发明了第一种有效的天花疫苗。B.感染天花的儿童**

图片来源：A.美国国家医学图书馆http://resource.nlm.nih.gov/101419618；B.美国国家医学图书馆https：//www.nlm.nih.gov/exhibition/smallpox/sp_obstacles.html.

图2.6 路易斯·巴斯德（1822—1895年）研制出了多种动物和人类疾病的疫苗。他也被许多人视为免疫学的奠基人

图片来源：美国国家医学图书馆http://resource.nlm.nih.gov/101425953.

染。1796年5月，詹纳给一名8岁男孩接种了来自一名奶牛场工人手上的新鲜牛痘损伤组织。两个月后，詹纳给这个孩子接种了新鲜天花病变组织，但其并未发病。在进一步的试验成功后，詹纳发表了他的这一发现，并将这一过程称为疫苗接种。在接下来的几十年间，詹纳的疫苗接种方法在欧洲和美国得到了推广。到1977年，天花已在全球范围内被消灭[18]。

路易斯·巴斯德（Louis Pasteur，1822—1895年，图2.6）开创性地发现了多种疾病疫苗，这也早于现代药物研究方法。他在许多研究方面的努力为免疫学发展奠定了基础。1877～1888年，巴斯德研制出了治疗家禽霍乱、炭疽、猪丹毒和狂犬病的疫苗。狂犬病疫苗因其对患者生存造成的巨大影响而尤为引人关注。在巴斯德开发疫苗之前，狂犬病是百分之百致命的不治之症。1886年，在巴斯德为其第一个患者——被狂犬病犬严重咬伤的9岁男孩约瑟夫·梅斯特（Joseph Meister）接种疫苗一年后，一项研究表明被狂犬病犬咬伤的疫苗接种患者的死亡率仅为0.5%[19]。在接下来的几十年间，不同机构的科学家开发了用于预防多种疾病的疫苗，如伤寒（1896年）、霍乱（1896年）、鼠疫（1897年）、白喉（1923年）、百日咳（1926年）、破伤风（1926年）、结核病（1927年）和黄热病（1935年）[20]。

2.3 保罗·埃尔利希：现代药物发现之父

在前工业时代发现的药物还有许多，如吗啡（morphine）[21]、可卡因（cocaine）[22]和阿司匹林（aspirin）[23]，但只有保罗·埃尔利希（Paul Ehrlich）（图2.7）的工作被认为是现代药物发现的起点[24]。埃尔利希早期通过观察发现，生物组织对各种染料，如台盼红（trypan red）、台盼蓝（trypan blue）和亚甲蓝（methylene blue）等（图2.8）具有不同的亲和力，从而推断可能存在会影响细胞与周围化学物质相互作用并产生生物活性的“化学受体（化学感受器）”。他将这一想法进一步理论化，提出传染性微生物或癌细胞的“化学受体”与宿主的受体不同，并且可以利用受体的差异进行治疗（“魔弹”理论）。这些概念及假设，即药物的化学成分决定了其在有机体中的作用形式，建立了现代化学治疗的理论基础。他成功地将亚甲蓝应用于两名疟疾患者并得出了初步的结论：这种染料对于宿主中的疟疾寄生虫具有明显的亲和力，而最初仅被用作染料的亚甲蓝可能具有治疗价值。为进一步深化这些理论，埃尔利希和他的同事开始在感染锥虫（也称为昏睡病）的小鼠中对数百种商业合成染料进行系统性评价。1904年，第一次对构效关系的探索（详见第5章）证实了台盼红可以治疗小鼠的锥虫感染。不幸的是，生物体的耐药株不断增多并最终导致小鼠的死亡，类似的情况同样发生在大鼠和犬中。虽然相关研究遭受了挫折，但这也促使埃尔利希提出了机体耐药的假设。更重要的是，这些努力标志着药物研发人员首次与化学制造公司联合探索化学结构和生物活性之间的关系，从而开发新的治疗药物。

图2.7　保罗·埃尔利希（1854—1915年）是现代药物发现的创始人，同时是血液学、免疫学和化疗领域著名的医生和科学家。他于1908 年被授予诺贝尔生理学或医学奖

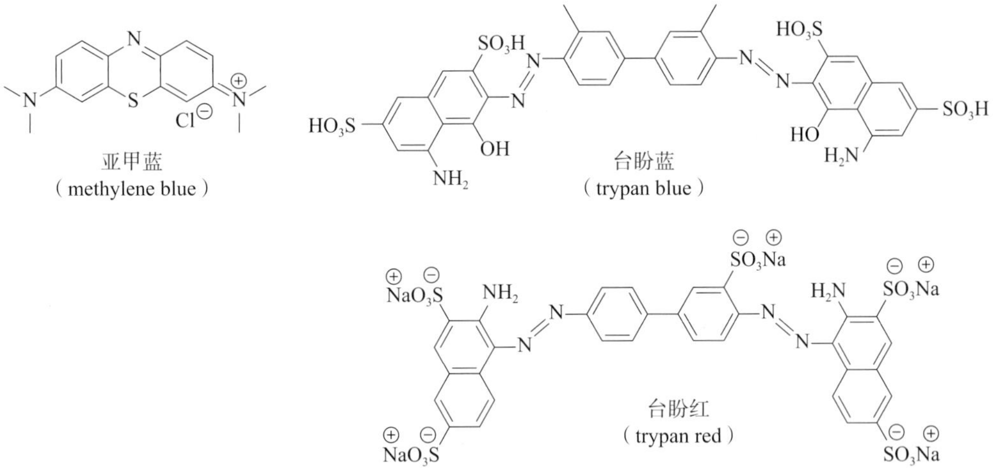

亚甲蓝（methylene blue）

台盼蓝（trypan blue）

台盼红（trypan red）

图2.8　亚甲蓝被用于Wright染色、Jenner染色和Northern印迹实验。台盼蓝和台盼红通常被用作着色剂来区分活细胞和死亡细胞

洒尔佛散（salvarsan）的成功发现也进一步验证了埃尔利希的研究方法和理论的合理性。洒尔佛散是第一个成功合成的化学药物，也是第一个可以真正用来治疗梅毒的有效药物（图2.9）。在确定梅毒的致病因子（梅毒螺旋体）之前，埃尔利希及其同事已经制备并测试了多种苯基砷化物的类似物，并尝试去改造对氨基苯胂酸（atoxyl）这一药物。对氨基苯胂酸可以用于治疗非洲锥虫病，但具有致失明的高风险。埃里希·霍夫曼（Erich Hoffman，1868—1959年）是一位和埃尔利希同时代的科学家，他注意到这两种疾病的致

病因子存在相似之处。在埃里希·霍夫曼的敦促下，埃尔利希在羽田佐八城（Sahachiro Hata，1873—1938年）开发的兔梅毒模型上重新筛选了苯基砷化物的类似物，并最终于1909年发现了胂凡纳明（arsphenamine），随后其被开发为梅毒治疗药物的先导化合物。1910 年，埃尔利希在内科医学大会上宣布胂凡纳明在患者中的疗效。随后赫斯特（Hoechst）公司以洒尔佛散作为其商品名将其上市。尽管对这种药物结构的初始猜想是不正确的，但这一事件标志着现代药物发现时代的开启[25]。

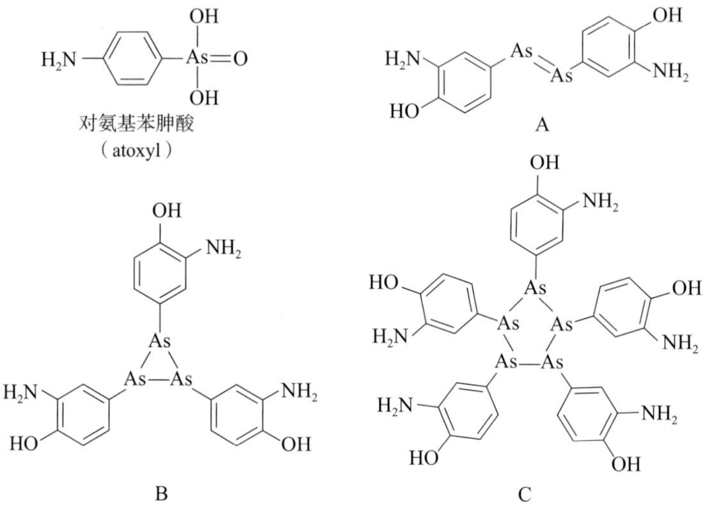

对氨基苯胂酸（atoxyl）

A

B

C

图2.9 早期药物发现的经典实例之一是洒尔佛散的发现，其是基于对氨基苯胂酸发现的治疗梅毒的首选药物，直到20 世纪40年代中期才被青霉素取代。其最初被认为是二聚体（A），而后续研究表明，洒尔佛散是一种主要由三聚体（B）和五聚体（C）组成的混合物

2.4 药物发现历史上的里程碑

保罗·埃尔利希的研究理论和方法为现代药物发现奠定了坚实的基础，但并未提供许多现在司空见惯的重要研究工具和手段。当保罗·埃尔利希在不知不觉中开创了现代药物发现的新时代时，制备、分析、筛选具有生物活性化合物的技术还处于起步阶段。在接下来的100多年里，众多关键性技术被陆续开发出来，从而可以有效地发现具有生物活性的化合物，并了解其在整个生物体和独立系统中发挥作用的机制。随着生物学和化学等基础学科的不断发展，动物模型、X射线晶体学、分子模拟、高通量筛选、高通量化学、重组DNA和转染等生物技术领域也在不断发展。在多数情况下，某一领域开发的新技术往往会推动其他相关领域的发展。例如，转染技术的出现为建立转基因和基因敲除的动物模型提供了必需的手段；X射线晶体学的进步促进了分子建模和计算化学的发展；更强的计算机能力、自动化科学和体外筛选技术的结合，开启了高通量筛选这一新领域。毋庸置疑，众多学科的相互交叉大大促进了现代药物发现的进程。药物发现过程中所涉及的各个重要

领域的发展历史并不在本文讨论的范畴内。仅有机合成化学或体外生物学的历史和发展就需要大篇幅的描述，故本书不再赘述。而某些科学进展对药物发现具有决定性的影响，学习药物发现是如何发展到现今水平的，对了解该领域未来的发展方向具有重要的指导意义。

2.4.1　动物模型的里程碑：培育更好的模型

2.4.1.1　Wistar 大鼠

虽然现代药物发现是采用多种不同物种的标准化动物模型进行研究的，但在20 世纪初却并非如此。直至1906年，由于还没有标准化的动物模型，用于实验室研究的还是常见的家鼠（*Mus musculus*）。这一情况在1906年发生了改变。一种属于褐家鼠（*Rattus norvegicus*）的白化大鼠品种——Wistar大鼠（图2.10）[26] 的引入，标志着研究人员开始尝试将“纯种”动物开发为医学研究模型。据估计，超过50%的实验室大鼠品系都是Wistar研究所的原始鼠种后代，并且Wistar大鼠至今仍然是现代医学研究中最常用的大鼠品系之一。虽然本章未列举基于Wistar大鼠所开发的大鼠模型的完整清单，但毫无疑问的是，这一动物模型的开发是现代药物开发的标志性转折点。Wistar大鼠模型包括自发糖尿病大鼠[27]、自发肿瘤成型大鼠（Rochester 品系）[28]、高焦虑行为大鼠、低焦虑行为大鼠[29]、前列腺癌Lobund-Wistar 模型大鼠[30]、Wistar 京都大鼠（注意力缺陷障碍的一个重要模型）[31]、髓磷脂缺乏大鼠[32]，以及在高血压研究中应用最广泛的自发性高血压大鼠[33]。

图2.10　Wistar 大鼠是米尔顿·格林曼（Milton Greenman）和亨利·唐纳森（Henry Donaldson）在Wistar 研究所的研究成果。Wistar研究所成立于1892年，是美国第一家独立的生物医学研究机构

2.4.1.2　免疫低下小鼠

Wistar大鼠的可获得性及使用标准化动物品系的概念促使其他研究团队更深入地研究其实验动物，致力于研究出实用的亚种群。在此期间，虽然发现了数千种不同物种的可用动物模型，但极少模型具有裸鼠和重症综合性免疫缺陷（severe combined immunodeficiency，SCID）小鼠这样的影响力。在这两种动物模型开发之前，人体肿瘤在动物体内的研究进程一直受到限制，这主要是由于动物体内的T淋巴细胞会对移植的人体肿瘤细胞产生严重的排斥反应。

1. 裸鼠[34]

裸鼠（nude mouse，图2.11）最初于1962年在英国格拉斯哥鲁奇尔医院（Ruchill Hospital）的病毒实验室被培育出来[35]，随后证明其先天性无胸腺[36]。在胸腺缺失的情况下，裸鼠无法产生成熟的T淋巴细胞，这严重限制了其产生免疫反应的能力。在没有病原体的情况下，裸鼠的寿命与正常小鼠相似，但无法排斥诸如人体肿瘤等移植组织，换言之，人体器官的原发性和转移性肿瘤都可以在裸鼠体内生长。因此，裸鼠很快成为癌症研究进程和肿瘤治疗干预的主要模型。同样，裸鼠也促进了传染病的研究，因为其在缺乏完全免疫反应的情况下，使得研究病原体感染的进程和开发潜在的治疗方法成为可能。

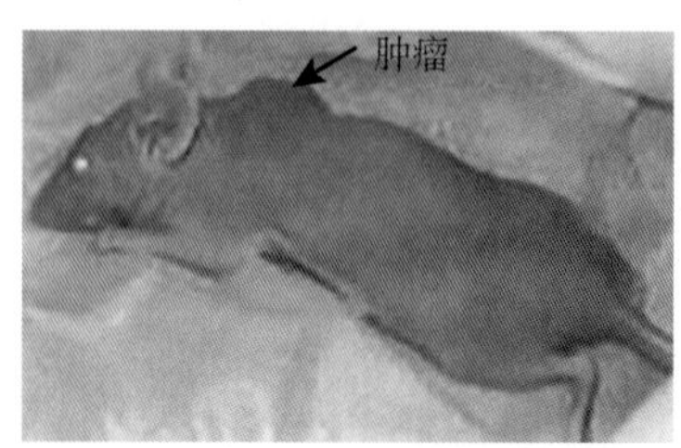

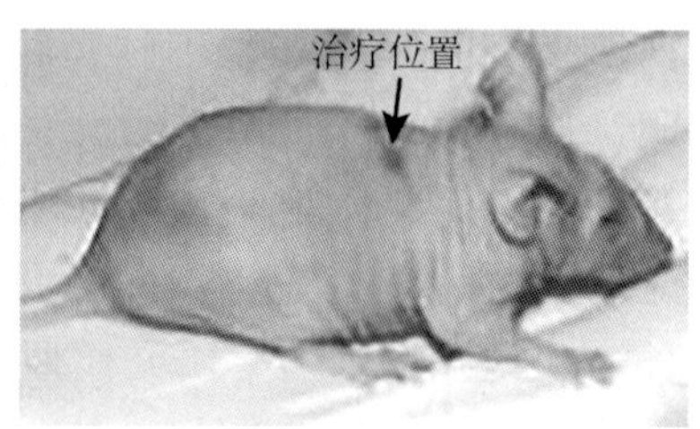

图2.11 **裸鼠：通过破坏小鼠体内的*FOXN1*基因，培育出了缺失胸腺（T淋巴细胞重要来源）的小鼠，导致小鼠的免疫系统受到严重抑制。*FOXN1*基因被破坏导致小鼠体毛明显缺失，因此称之为“裸鼠”**

2. SCID小鼠

随着SCID小鼠的引入，免疫缺陷模型在1983年得到进一步发展[37]。福克斯蔡斯癌症中心（Fox Chase Cancer Center）在小鼠体内发现了一种常染色体隐性突变，当突变为纯合子时，会导致小鼠严重缺乏B淋巴细胞和T淋巴细胞。这使得小鼠对各类病原体引发的传染性疾病高度易染，而且与裸鼠相似，其无法排斥移植的组织。SCID小鼠模型的引入及其变异品种的发现为癌症和传染病的研究又提供了一个平台，这是以往学术界无法获得的有效模型。

2.4.1.3 转基因动物模型

直到1974年，开发新动物模型的能力仍局限于选择性育种，依赖自然发生的突变（如裸鼠）为研究提供改进的模型，直接改造动物的基因编码尚无法实现。然而，随着转基因科学的发展，这种局限发生了天翻地覆的改变。鲁道夫·贾尼施（Rudolf Jaenisch）最早在这一领域取得了重要的突破，成功将猿猴病毒的40个DNA序列插入小鼠体内[38]。尽管这些基因没有遗传给后代，但该尝试标志着人类首次成功将外来DNA转移至适合药物研发的动物体内。耶鲁大学的弗兰克·拉德尔（Frank Ruddle）[39]、牛津大学的弗兰克·康斯坦丁尼（Frank Constantini）和伊丽莎白·拉齐（Elizabeth Lacy）[40]在随后的研究中阐明：在小鼠单细胞胚胎中添加外源DNA可以将其融合到胚胎中，并且新的基因可传递给后代（图2.12）。这些努力标志着动物模型和药物发现新纪元的开始。正是从那时起，将与疾病相关的基因转入到那些通常无法表现对应病理特征的动物体内成为可能。例如，阿尔茨海默病小鼠模型是依转入能诱导产生Aβ42斑块的DNA而建立的，该技术为研究这一重要疾病提供了一个新的平台[41]。类似地，人体肥胖的小鼠模型已通过转基因方法获得，为研究肥胖的机制提供了重要的参照模型[42]。

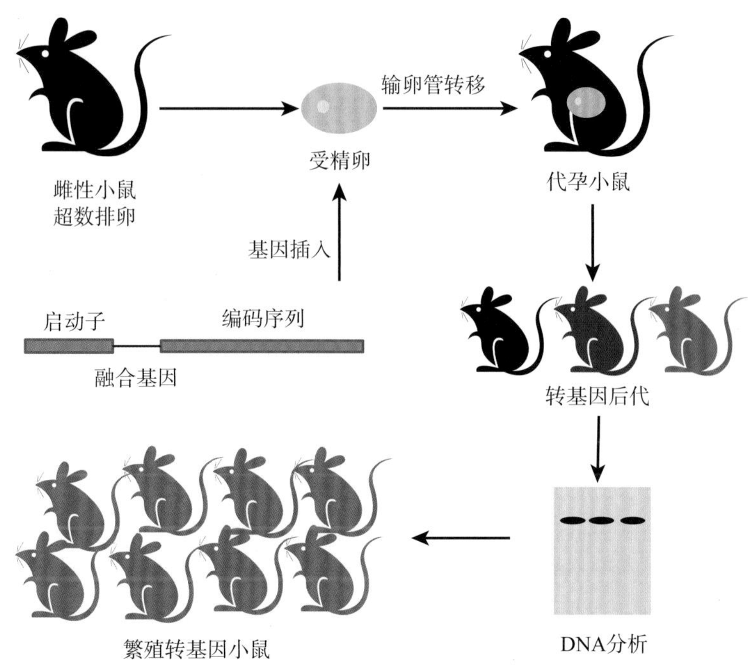

图2.12　**转基因动物模型是通过将选择性育种和基因操控相结合而开发的。首先制备一种适合插入生物体DNA 的基因结构，显微注射至受精卵中。然后，将这些被改变的胚胎植入一个合适的代孕雌鼠体内。小鼠出生后，通过基因图谱确定后代是否携带转入的基因。确定基因成功转入后代后，进一步进行选择性育种和培养特定种系**

HIV、乙型肝炎、丙型肝炎、脊髓灰质炎和麻疹等病毒感染的发病机制研究都是通过转基因动物模型实现的，这些模型可以表达对于发病至关重要的人体病毒受体或病毒蛋白[43]。相关的生物药物分子也已通过转基因动物实现大量生产[44]。人源抗凝血酶[45]、纤维蛋白原[46]和单克隆抗体[47]都是通过转基因技术生产的。总之，转基因动物模型对新药研发的影响是非常深远的（图2.13）。

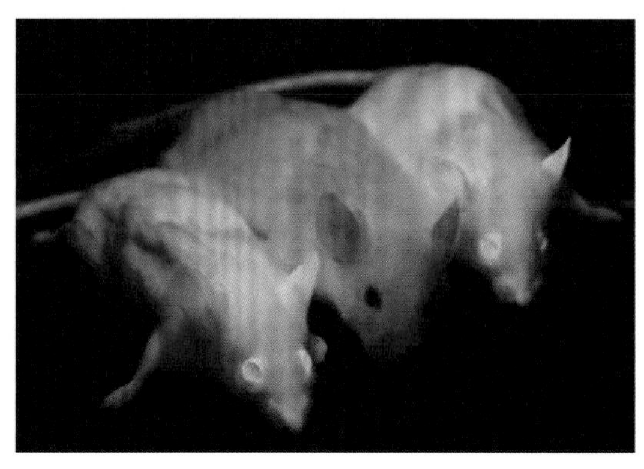

图2.13　**将可产生绿色荧光蛋白（GFP）的基因转入小鼠体内，可使小鼠在紫外线下发出荧光。GFP基因已经成功地在细菌、真菌、植物、昆虫和哺乳动物细胞中表达。2008年，马丁·查尔菲（Martin Chalfie）、下村修（Osamu Shimomura）和钱永健（Roger Y. Tsien）因在GFP 技术上的贡献获得了诺贝尔化学奖**

2.4.1.4 基因敲除动物模型

动物模型中转基因技术的出现为基因敲除动物模型的实现敞开了大门。至20世纪80年代末，研究人员已可以通过在动物模型中转入和表达外源DNA来建立新的动物模型。实现构建转基因动物模型后的下一个逻辑步骤是抑制动物正常基因的功能，卡佩奇（Capecchi）、埃文斯（Evans）和史密斯（Smithies）于1989年使这一设想成为现实，并获得了第一个基因敲除小鼠[48]。他们在具有开创性的实验中，通过使用序列替换靶向载体或序列插入靶向载体两种方法剔除小鼠胚胎干细胞中功能性的次黄嘌呤鸟嘌呤磷酸核糖基转移酶基因（*hprt*基因）（图2.14）。在这两种情况下，外源DNA被插入到其他功能正常的DNA片段中，导致胚胎干细胞中的*hprt*基因受到抑制。这些胚胎干细胞随后被植入健康小鼠的子宫内，直至分娩。在接下来的几年中，数以千计的基因敲除小鼠模型被陆续开发出来，用于各种疾病研究。例如，p53敲除小鼠已成为研究和治疗癌症的重要模型。依据由TP53基因编码的功能性p53肿瘤抑制因子的缺失，培育出了一种模拟李-佛美尼综合征（Li-Fraumeni syndrome，亦作“利-弗劳梅尼综合征”）的小鼠，此类小鼠更易形成肿瘤[49]。其他代表性的实例还包括以下几种：Fmr1基因敲除小鼠模型，可用于对脆性X智力低下综合征（fragile X-related mental retardation）的研究[50]；未知的螺旋-环-螺旋2（nescient helix-loop-helix 2，Nhlh2）基因敲除小鼠模型，能降低α-促黑素和促甲状腺素释放激素的水平，成为研究肥胖的有力模型[51]；ApoE基因敲除小鼠的载脂蛋白E的表达被抑制，导致血管斑块的形成，这种斑块与高胆固醇血症患者体内的血管斑块十分相似，因此可模拟高胆固醇血症[52]。自从基因敲除技术兴起以来，已创造出数千种基因敲除小鼠，可帮助我们更好地理解基因功能和疾病进程。卡佩奇、埃文斯和史密斯于2007 年被授予诺贝尔生理学或医学奖，以表彰他们在该领域的开创性工作，这也足见基因敲除技术的重要性[53]。

2.4.2 分子科学的里程碑

尽管动物模型的发展为各种潜在的疗法提供了越来越多的信息，但其在揭示生物活性所必需的分子相互作用方面所提供的帮助却十分有限。在分子水平上阐明药物作用或疾病发展的机制离不开分子生物学手段，如制备合适的分子用于检测、了解靶点的结构（如酶、受体等，参见第3章），以及在离体系统中筛选生物活性的能力（如体外筛选，参见第4章）。从保罗·埃尔利希的开拓性工作至今，分子科学在以下几个方面均取得了实质性进展：通过先进的有机合成技术制备新化合物、阐明生物靶点的分子结构、理解靶点与生物相关分子的相互作用，以及通过机器人技术、自动化和计算机技术加快了科学探索的步伐。某一交叉领域的研究进展往往可为相关领域的新发现或技术进步提供有力的支持。例如，X射线晶体学的发展对分子模拟和计算化学学科产生了巨大影响，而这两个领域都十分依赖于计算机技术——一个完全游离在药物研发之外的研究领域。揭示疾病进程和药物作用分子基础的相关技术手段的发展历史所涉及的内容很多，本书虽不能一一详尽介绍，但对一些关键技术的历史进行了梳理，可以让我们更加深入地了解现代药物发现在20世纪的发展历程。

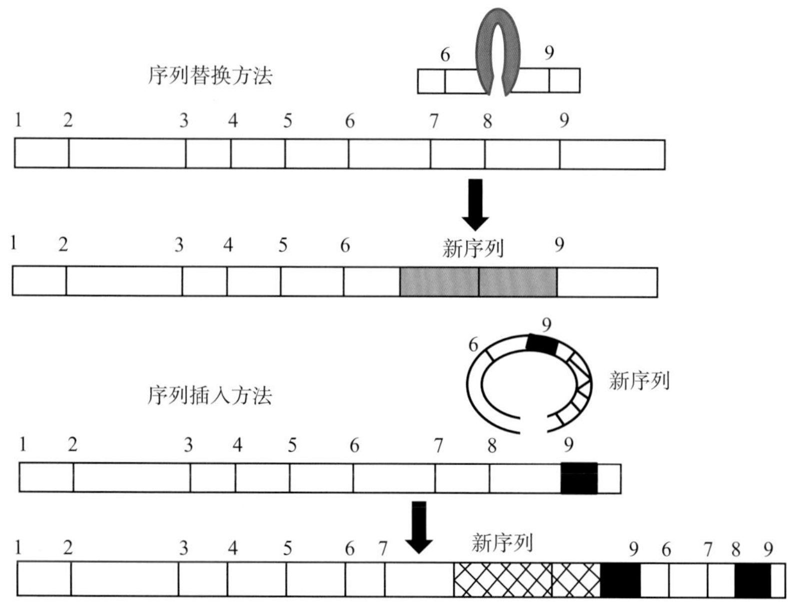

图2.14　**在采用序列替换方法的基因敲除模型中，靶DNA中的部分基因序列被新的基因序列替换。另一种方法是序列插入法，即插入一个新的与部分原始DNA序列重复的DNA序列。在这两种情况下，DNA不能够正常产生基因的表达产物。随后通过基因筛查筛选后代动物，然后通过选择性育种来建立种系**

2.4.2.1　X射线晶体学

了解生物靶点和相关配体的分子结构是现代药物研发的关键。然而，在20世纪初，现代分析方法的发展才刚刚起步。在保罗·埃尔利希着手研究并最终获得洒尔佛散之时，X射线晶体学的研究尚处于起步阶段。实际上，威廉·康拉德·伦琴（Wilhelm Conrad Röntgen）于1895 年才发现了X射线的存在[54]。20世纪初，结晶材料可以衍射X射线束，以及由此产生的散射图案与材料的分子结构相关的概念，在当时还是颇为新奇的[55]。

1923年，X射线晶体学技术首次成功应用于有机化合物，雷蒙德（Raymond）和迪金森（Dickinson）利用该技术阐明了六亚甲基四胺的结构[56]。但是，将该技术推向生物分子和药物发现领域的却是多罗西·克劳福特·霍奇金（Dorothy Crowfoot Hodgkin）[57]，她是最早意识到X射线晶体学技术在有机化合物和生物分子学具有应用前景的科学家之一。如果保罗·埃尔利希是药物发现之父，那么多罗西·克劳福特·霍奇金就是蛋白晶体学之母。她的成就包括获得了第一张结晶蛋白（胃蛋白酶）的衍射图[58]，以及获得乳球蛋白[59]和胰岛素[60]等多种重要蛋白的衍射图像。1969年，在多罗西·克劳福特·霍奇金拍摄了第一张胰岛素X射线衍射照片后的第34年，她和同事报道了分辨率为2.8Å（1Å=0.1nm）的菱形二锌胰岛素的晶体结构，并提出了胰岛素蛋白的原子模型[61]。在此期间，她还揭示了胆固醇碘化物等多种化合物的原子结构，为X射线晶体学领域带来了革命性的改变[62]，并首次确定了类固醇和苄基青霉素盐的立体化学结构[63]，同时首次鉴定了β-内酰胺亚结构，以及维生素B_{12}的结构（图2.15）[64]，这也是首个被发现的具有生物学意义的天然有机金属化合物。1964年，多罗西·克劳福特·霍奇金因对该领域的杰出贡献而获得诺贝尔化学奖[65]。

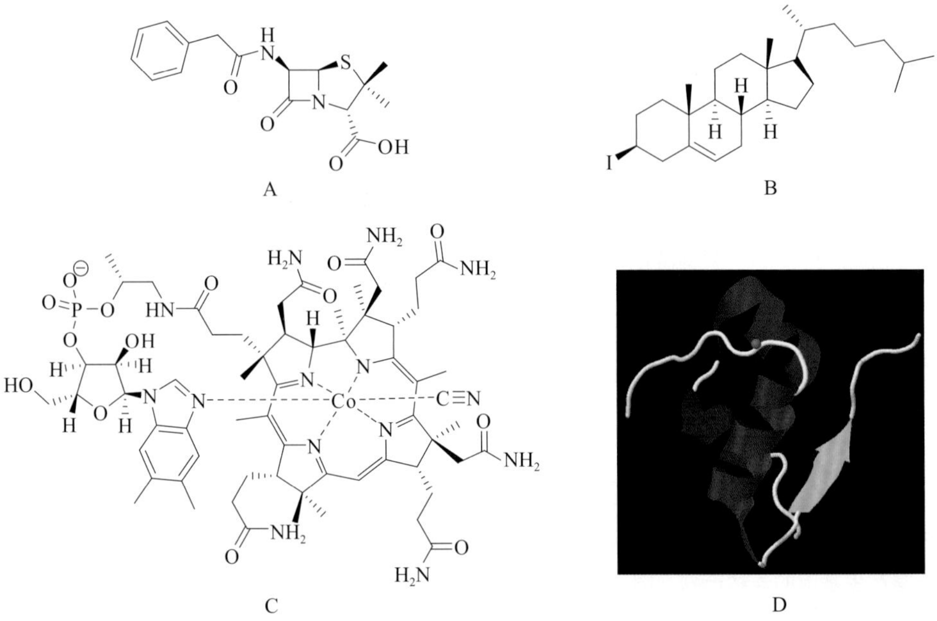

A

B

C

D

图2.15　多罗西·克劳福特·霍奇金（1910—1994年），毕业于剑桥大学，是X射线单晶体衍射的先驱者之一，尤其在将该技术应用于生物分子方面颇有建树。她测定了一系列重要分子的结构，包括青霉素（A）、胆固醇碘化物（B）、维生素B_{12}（C）和胰岛素（PDB：4INS）（D）

多罗西·克劳福特·霍奇金及后续科学家的出色工作为我们提供了第一张生物分子结构的清晰图像。已报道的含有或不含有配体的数千种蛋白结构及其结构中包含的信息，可以让我们更好地理解药物如何与其靶蛋白相互作用。蛋白数据库（http://www.rcsb.org/pdb/home/home.do）于1971年首次建立，当时数据库内仅有7个结构，而截至2018年，数据库中已经包含超过145 000种蛋白的结构[66]。核酸X射线结构中最著名的是1953年由沃森（Watson）和克里克（Crick）提出的DNA 双螺旋结构[67]，其在确定正常、病理和药物介导的生物学分子相互作用方面是非常有价值的工具。核酸数据库（http://ndbserver.rutgers.edu/index.html）是一个建立于1992年的公开数据库，为科学界提供了核酸的三维（3D）结构，截至2018年，其已包含超过9800种解析结构[68]。此外，剑桥结构数据库（http://www.ccdc.cam.ac.uk/products/csd/）建立于1965年[69]，专注于小分子晶体结构，截至2018年，其已包含了近900 000个小分子的结构信息[70]。

2.4.2.2 分子模拟与计算化学

图2.16 IBM 709计算机于1958年推出，其性能尚不及现代移动电话

虽然海森堡（Heisenberg）于1925年发表的关于量子力学的论文[71]被广泛认为是计算化学和分子建模领域的第一篇论文，但直到36年之后才提出了利用计算机来计算和预测化学性质及相互作用的概念。1961年，詹姆斯·亨德里克森（James Hendrickson）使用IBM 709计算机（图2.16）计算了环庚烷的构象能量，该计算机每秒能够运行8000次加减，4000次乘除，或者500次复杂函数的计算[72]。事实上，当他开启分子建模领域时，所使用计算机的计算能力与内存还比不上今天绝大多数的移动电话。1966年，塞勒斯·利文索尔（Cyrus Levinthal）报道了将计算机模拟与分子图像相结合的方法，从而实现了蛋白和核酸结构可视化的研究工作[73]，这也标志着计算机辅助药物设计的开端。

随着计算机工业的日益成熟，分子建模和计算化学对药物研发的影响力也越来越大。计算机和软件有助于理解化合物结构特征与理化性质之间的关系，包括那些对药物功能至关重要的性质。此外，研究者可以借助于对这些关系的理解来改善化合物的理化性质，如生物活性、溶解度和代谢稳定性等。20世纪70年代末，基于计算机辅助建模的独立商业公司陆续出现。Tripos（Molecular Design Limited and Tripos，图2.17），如今是Certara公司的一个部门，曾是第一家旨在基于对分子相互作用日益深入的认识，通过计算机设计出更好的分子结构的公司。1984年，借助计算机性能和分子建模能力已经实现了对蛋白进行模拟，BioDesign启动了第一个基于蛋白模拟的商业项目。1984年至今，随着计算机技术和医药行业的发展，更多的软件被陆续开发出来。这些软件可用于评估分子多样性、构建化合物库、开展基于分子相似性的筛选，以及将大型化合物库与生物靶点自动对接等，目前这些技术在制药行业已屡见不鲜[74]。计算机驱动的理化性质预测也很常见，同样常见的还有同源建模[75]，可在没有X射线晶体结构时更好地研究分子间的相互作用。随着计算机技术的进步及对更多生物结构信息的解析，计算机辅助设计将在药物发现中发挥更大的作用。此外，许多科学家和机构还开发了开源工具和软件包，进一步将分子建模和计算化学纳入药物发现中。当前可用的开源建模工具的在线目录可以在网页链接https://opensourcemolecularmodeling.github.io/中找到[76]。

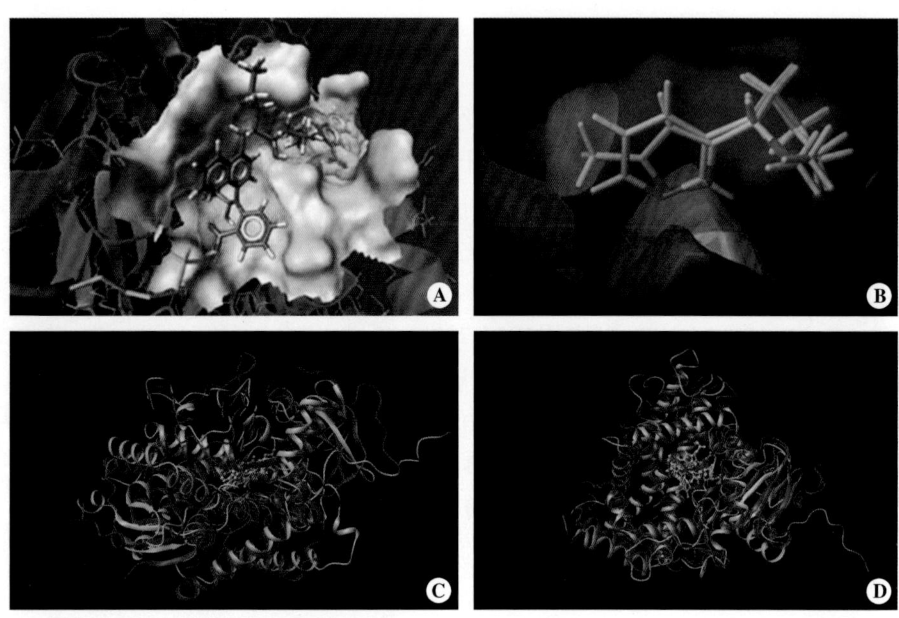

图2.17 Tripos成立于1979年，是第一家专注于计算机辅助药物设计的公司。该公司的产品之一Benchware 3D Explorer可使蛋白-配体结构在电脑桌面上可视化。可在蛋白空间结构范围内对配体进行修饰，以便深入了解新结构变化对潜在结合能量的影响。图**A**显示了蛋白酪氨酸磷酸酶1B（PDB：1NNY）的PDB结构，其中包含一个有效的抑制剂分子。即便不是分子模拟专家也可以很容易地使用Benchware 3D Explorer软件对其进行可视化操作，从而可以很容易地识别配体和蛋白的重要结合信息，如氢键、疏水相互作用、结构相容性等。结合位点表面以浅蓝色突出显示，使用户能够看到配体和蛋白之间的形状互补。Sybyl-X软件也是Tripos的一个产品，提供了更先进的功能。例如，虚拟高通量筛选可分别将数百万个化合物于靶蛋白结合位点进行对接，并对其相对结合能力进行评估打分。Sybyl-X软件也可进行基于药效团的虚拟高通量筛选，即将目标化合物与数百万个化合物进行叠加和比较，以确定其相似性，以此来分析目标化合物与大分子靶点相结合的能力。图**B**显示了尼古丁和噁唑衍生物的结构重叠情况，比较了它们的整体分子结构。灰色半透明表面使得整齐排列分子的体积能够被可视化，红色区域表示两种化合物之间疏水表面的显著差异，蓝色/绿色表面表示两种结构中静电势的高度重叠。这种类型的比较可以自动运行、评分和排序，通过与给定化合物相似性的比较，快速找到可能具有潜在活性的化合物，这些操作也完全可以由Sybyl-X软件来完成。Sybyl-X软件也有助于大分子结构的比较。图**C**和图**D**显示了类固醇17α-单加氧酶（CYP17A1，PDB：3RUK，一个关键的类固醇生成酶）和胆固醇7α-单加氧酶（CYP7A1，PDB：3DAX，由胆固醇合成胆汁酸的限速酶）在不同视角下的重叠情况。可以利用两种相关酶结合位点的关键差异设计出对两者具有高度选择性的化合物

2.4.2.3 高通量技术：化学合成与筛选科学

虽然动物模型、X射线晶体学和分子建模技术的进步对药物发现过程产生了重大影响，但并没有突破药物发现过程中化学合成与筛选科学这两个关键瓶颈。事实上，在20世纪的大部分时间内，此问题都没有得到解决。在高通量技术发展之前，研究者主要是利用内源性配体、天然产物或已上市的药物作为起点，通过动物模型评价发现药物。随后对

先导化合物进行化学修饰以提高疗效，并通过体内筛选来指导进一步的研究方向[77]。20世纪80年代，大多数制药公司的化合物库中只有通过前期项目积累而获得的几千种化合物，且筛选过程仍然以手工方式为主，严重依赖于低通量筛选和动物模型检测[78]。然而，在20世纪的最后20年中，随着高通量化学和高通量筛选技术的出现，这一情况发生了变化。虽然尚不明确这两个概念是什么时候被提出的，但其克服了众多的技术障碍，大大提高了化学合成和生物筛选的效率。

早期有关高通量化学（也被称为组合化学或平行合成）的奠基性工作并非旨在提高合成效率，但却为现今高通量化学方法的建立提供了研究基础。例如，罗伯特·B.梅里菲尔德（Robert B. Merrifield）于1963年报道了如何在聚合物材料上制备较小的类药化合物，介绍了在聚苯乙烯树脂上合成短肽的工作（也称为固相肽合成）[79]。此后不久，梅里菲尔德又陆续报道了缓激肽[80]、牛胰岛素[81]和去氨催产素[82]三种生物活性肽的制备，进一步验证了该方法的有效性。但是，正如拉帕波特（Rappaport）和克罗利（Crowley）1976年发表的题为“固相有机合成：新方法还是基本概念？”的论文所指出的那样，尽管这些尝试在当时可能是有趣的，但是在固相载体上制备化合物的实用性却受到了一定程度的质疑，这篇文章提出“如果要使非肽固相化学从一种目前发表的新方法转化为一种成熟的基本合成方法，就必须解决其存在的限制性因素”[83]。20世纪80年代中期，理查德·霍顿（Richard Houghten）[84]和H.马里奥·盖森（H. Mario Geysen）[85]的研究工作又将高分子科学、自动化和化学合成的发展推向了新的高度，进一步为高通量合成领域的爆炸式发展铺平了道路。霍顿和盖森分别描述了使用固相载体大规模合成小肽的方法，并通过对这些小肽的筛选成功获得了具有生物活性的肽链。20世纪90年代初，乔纳森·A.埃尔曼（Jonathan A. Ellman）[86]和S.霍布斯·迪威特（S. Hobbs DeWitt）[87]几乎同时报道了在固相载体上完成对1, 4-苯二氮草类药物的官能化合成，成功地将高通量化学从多肽合成过渡到了制备类药小分子的领域（图2.18）。

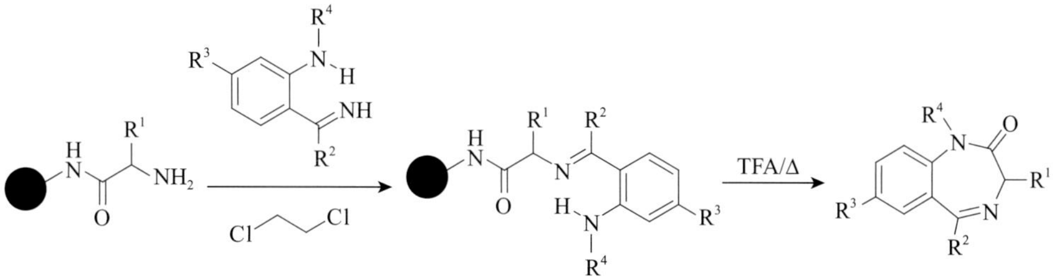

图2.18　1992年，乔纳森·A.埃尔曼教授及其同事报道了在固相载体上制备1, 4-苯二氮䓬类衍生物的方法。应用固相化学法对地西泮（diazepam，Valium®）、劳拉西泮（lorazepam，Ativan®）、氯硝西泮（clonazepam，Rivotril®）等上市药物类似物的成功制备，证明了这一方法合成类药化合物的可行性

在这些开创性的报道之后，制药公司开始将固相合成和高通量化学的理念与实践融入其研究项目之中，固相合成继续向小分子领域发展[88]。但与此同时，为了增加药物化学家的合成产出，旧的技术被重新研究，新的技术也被陆续开发出来。为了在一步反应中融合多种组分，多组分反应应运而生，如乌吉反应（Ugi reaction）[89]、比吉内利反应

（Biginelli reaction）[90]和帕瑟里尼反应（Passerini reaction）[91]再次受到关注并被应用于类药化合物库的构建（图2.19）。专门用于快速合成成百上千个化合物的新设备，以及用于纯化、储存和回收成百上千个化合物的必要技术也被开发出来。到20世纪末，大多数大型制药公司的化合物库内已包含超过50万种化合物[78]。至2018年，商业可得的可供筛选的化合物数量已经超过3500万种[92]。

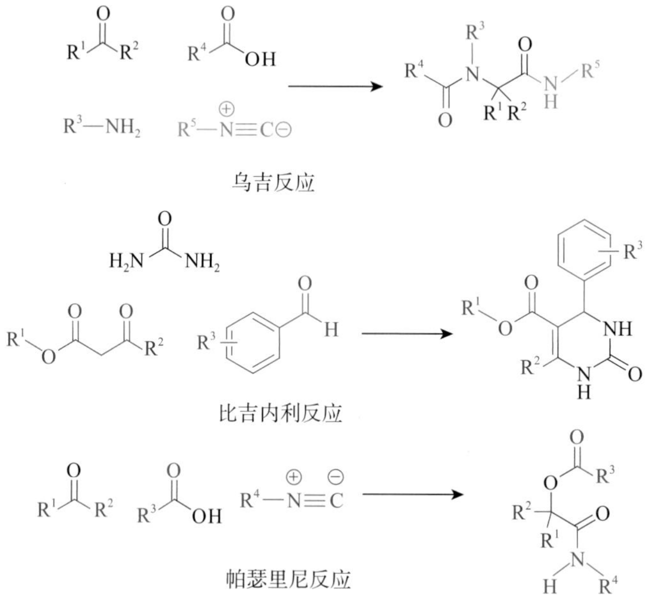

乌吉反应

比吉内利反应

帕瑟里尼反应

图2.19 1959年，卡尔·乌吉（Karl Ugi）发现了乌吉反应；1891年，彼得罗·比吉内利（Pietro Biginelli）报道了比吉内利反应；1921年，马里奥·帕瑟里尼（Mario Passerini）发现了帕瑟里尼反应。这些反应现在被重新用于大量制备适合于高通量筛选的化合物

尽管高通量筛选技术与高通量化学所需要的技术支持并不相同，但二者几乎是同时发展起来的。在20世纪50～70年代，制药公司为了降低成本，增加成功率，在候选药物用于动物实验之前，往往会对其进行细胞和酶筛选试验。虽然对发病机制的不断了解为新的生物测试奠定了理论基础，但相关筛选仍受到当时天然产物提取技术和化合物收集技术的限制。在20世纪70年代中期至80年代早期，传统的蛋白提取与纯化方法严重限制了可用于筛选的靶蛋白的种类和数量，正因如此，当时蛋白筛选费用往往较高。除此之外，细胞筛选试验中的细胞仅限于可以良好生长的天然存在的细胞系。

随着生物技术的改革及机器人和自动化技术的发展，化合物筛选的方法发生了天翻地覆的变化。20世纪80年代中期，生物化学和分子生物学领域取得了突破性进展，大量制备蛋白及使用非天然的细胞已成为可能。重组DNA、转染科学、聚合酶链反应（polymerase chain reaction，PCR）和克隆技术的进步使得科学家们能够培育出目标生物大分子过度表达的细胞，解决了以往的细胞供应限制。从细胞工厂中获取的重组蛋白能够提供足够数量的靶蛋白。除此之外，科学家们还设计出整合了生物靶分子的特定细胞系，用于相应的细胞筛选。与此同时，随着计算机、机器人及自动化技术的发展，原来由人执行的简单重复劳动可以由机器人来替代，大大提高了工作的精度和效率（图2.20）。

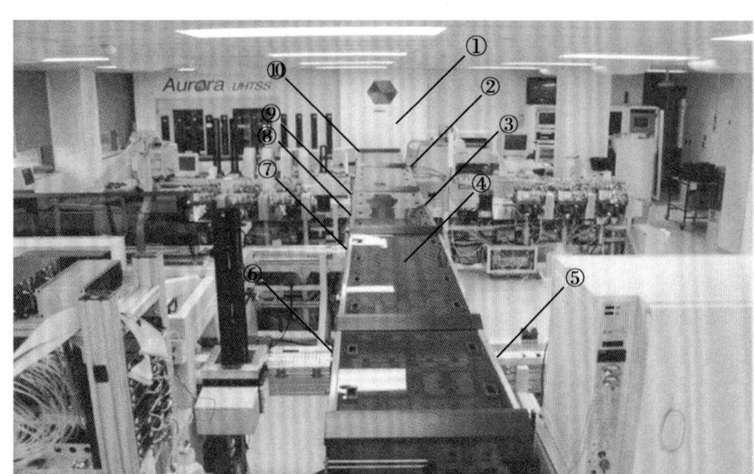

图2.20　**百时美施贵宝的自动化高通量筛选系统的整体组成和子系统：①化合物库；②样品挑选机械臂；③3456孔板试剂调配器；④传送带；⑤培养器；⑥压电分布机器；⑦拓扑补偿板读出器；⑧1536孔板试剂调配器；⑨自动孔板复制系统；⑩高容量堆积系统**

来源：Cacace，A.; Banks，M.; Spicer，T.; Civoli，F.; Watson，J. An ultra-HTS process for the identifcation of small molecule modulators of orphan G-protein-coupled receptors. Drug Discovery Today，2003，8（17），785-792，©2003. 经爱思唯尔许可转载

虽然并不确定自动化技术在何时何地开始与药物研发相结合，但有一点可以肯定，到20世纪末，几乎所有的制药企业都采用高通量筛选技术。最初，筛选测试是在96孔板上进行的（由美国生物分子筛选学会和美国国家标准协会制定标准），但是为了提高效率降低成本，陆续开发出了384孔板、1536孔板，甚至3456孔板（图2.21）。筛选技术的微型化促进了微流体与信号检测方法的进步，因为随着孔板密度的不断增加，上样的溶剂量不断减少，导致所产生的信号也变得更小。标准的96孔板在每个孔中可以加入体积为1 mL的溶液，而3456孔板中每孔只需要加入几微升溶液。此外，3456孔板的密度远大于96孔板（3456孔板与96孔板的尺寸一样，但板孔数是其36倍），这就要求开发出更为复杂的信号采集装置。到21世纪末，对包含数万个化合物的化合物库进行多种靶点的活性筛选将只需要几天时间，如果是手工操作，这几乎是不可能的。

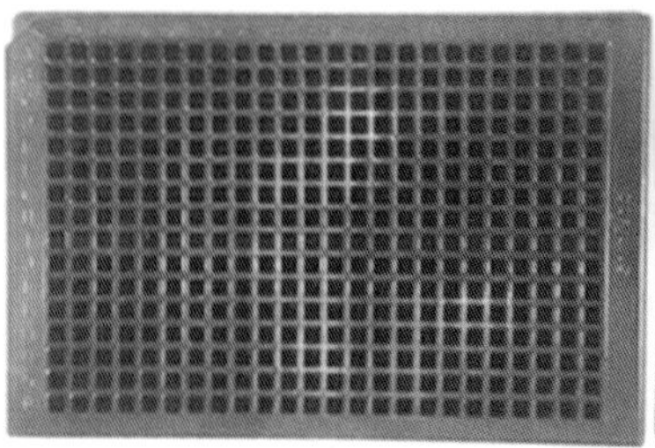

图2.21　**经典的体外筛选所使用的96孔板（左）、384孔板（中）和1536孔板（右）。随着板孔数目（密度）的增加，孔的体积减小，需要将所需试剂依次滴入。板孔密度的增加可显著节约成本**

高通量化学和高通量筛选技术的结合将产生大量的实验数据，这使得研究的主要限制由化合物的合成和筛选转变为对数据的分析处理。例如，筛选50万个化合物针对一个酶靶点在单一浓度的活性时，为保证实验的准确性需要重复操作3次，那么将会产生150万个实验数据。假设先导化合物的命中率为0.2%，那么这些化合物中将有1000个化合物需要做后续的半数抑制浓度（IC_{50}）测试，以确定其活性。除此之外，为了确定化合物的选择性，往往需要测试多个靶点，因此又将会得到数百万个数据。此外，采用高通量筛选技术测定化合物的物理性质（如溶解度）和类药性（如微粒体稳定性和渗透率等）也会再次增加更多的数据。

显而易见，这一数据量已经远远超出了人工处理能力。为了解决这一问题，需要开发一个能够从多种渠道（如机器人筛选平台）获取试验数据的数据库处理软件，该软件可以将数据连接到数据库中特定的化学结构，再转化成人类可读的语言。分子模型和计算化学的发展进一步提高了数据处理的效率，使得化合物的结构信息能够被录入到现代的数据库软件中，并且还催生了化学信息学这一门新兴学科。1998年，F. K. 布朗（F. K. Brown）首次定义了化学信息学的概念[93]：在药物发现过程中，化学信息学用于个别化合物或化合物组有关信息的存储、索引和搜索。ChemAxon、Core Informatics、OpenEye Scientific和Dotmatics等公司开发了专门的软件，使科学家们通过简单的鼠标点击就可以计算数百万的数据，目前这些软件在现代药物发现过程中也是极其常用的（图2.22），软件的开源版本也可以从http://www.molinspiration.com/中获取。

2.4.3 生物技术的里程碑

虽然在20世纪的前70年里有许多重大药物相继问世，如青霉素类抗生素[94]、苯二氮䓬类中枢神经系统药物[95]及大环内酯类抗生素[96]等，但当时科学家在靶点确认方面的能力还十分有限。新动物模型的构建仅限于自然突变（如裸鼠）下的选择性育种，新型蛋白的制备受到自然状态下细胞蛋白表达水平的限制。同样，细胞药理分析实验也依赖于自然界存在的细胞系。然而，随着生物技术时代的到来，药物研发和对疾病的理解开启了新的篇章。从20世纪70年代开始，科学家们陆续开发出能够操纵生物体DNA的技术，自然进化和自然选择施加的限制从此被解除了。20世纪70年代初，最初旨在制备非原生DNA（重组DNA）并将其转入活细胞中的实验（转染技术）随后得以应用，并培育出了具有非原生DNA的动物模型（转基因和基因敲除动物模型）。1975年，单克隆抗体的引入进一步推动了生物技术的发展。1980年，相继成立的基因泰克（Genentech）和安进（Amgen）等公司将这些新技术应用于疾病治疗。聚合酶链反应技术、大分子疗法（重组蛋白、单克隆抗体、受体构建融合蛋白）、人类基因组工程等科学技术的不断发展进一步拓展了生物技术的应用范围。到20世纪末，距启动该领域的最初实验还不到30年，生物技术已经彻底改变了药物发现的过程，并成为一个价值数十亿美元的产业。2009年初，罗氏（Roche）以460多亿美元收购基因泰克[97]。截至2018年底，安进公司已经成长为一家市值1260多亿美元的公司[98]。这些事例都有力地证明了生物技术革命的重要性及其对制药工业的深远影响。

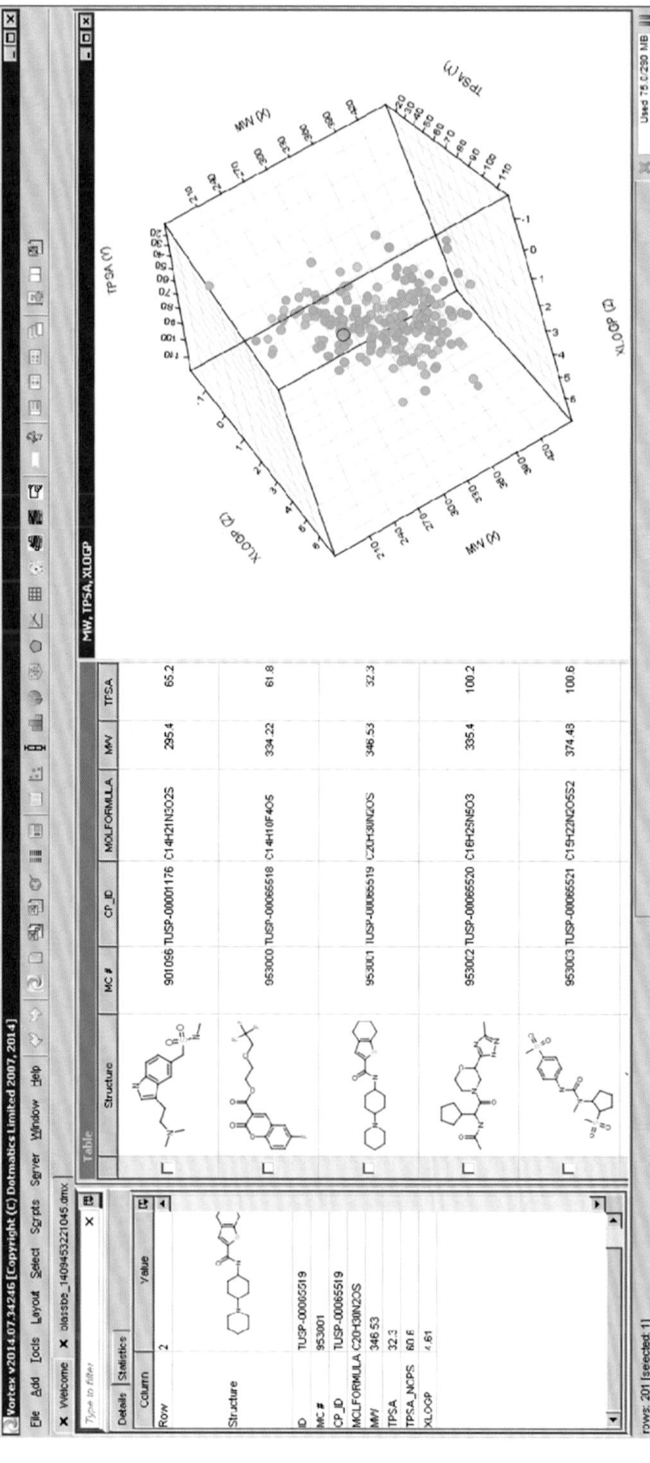

图2.22　化学信息学平台为科学家提供了将化合物结构与理化性质（分子式、分子量、拓扑极性表面积和溶解度等）相联系的数据，以及从各种搜索软件查找数据的方法。子结构搜索工具可用于识别相关结构的化合物，多维分析与化合物相关的数据，可用来设计与目标性质一致的下一代化合物。图中，通过Dotmatics 分析了一系列化合物，建立了三维图像，用于比较化合物在分子量、拓扑极性表面积及脂水分配系数（clog P）等方面的变化

2.4.3.1 重组DNA和转染技术

沃森和克里克早在1953年就发现了DNA的三维结构，使人们更加深入地认识到DNA的物理结构，但操控DNA所需的工具在20年后才被开发出来。重组或转染DNA首先需要确定参与DNA合成、修饰和降解所需要的酶。1956年，亚瑟·科恩伯格（Arthur Kornberg）发现了能够复制DNA模板链的DNA聚合酶Ⅰ[99]，这是第一个被发现作用于多核苷酸序列的酶，为重组DNA和转染技术的开发奠定了关键基础，也促进了一些必要技术的发展，这些技术不仅可以操控单一物种的DNA，而且可以在物种之间转移功能性的DNA。1956～1975年，科学家们还相继发现了可连接DNA链的DNA连接酶[100]、可将核糖核苷酸从链上切除的核酸外切酶[101]、可在DNA 的3′ 端添加核苷酸的末端转移酶[102]，以及能够将RNA转化为DNA 的逆转录酶[103]。然而，限制性内切酶的发现才是解决谜题的关键。该酶能够使双链DNA链产生两个切口，生成具有互补单链的DNA双链末端（也称为“黏性末端”或“粘性末端”）[104]。从本质上而言，这使得科学家们可以切割双链DNA的特定片段，具体切割的片段取决于所使用的特定限制性内切酶的选择性。带有互补“黏性末端”的DNA链可以被合适的酶“缝合”在一起，从而获得合成的DNA（即重组DNA）（图2.23）。

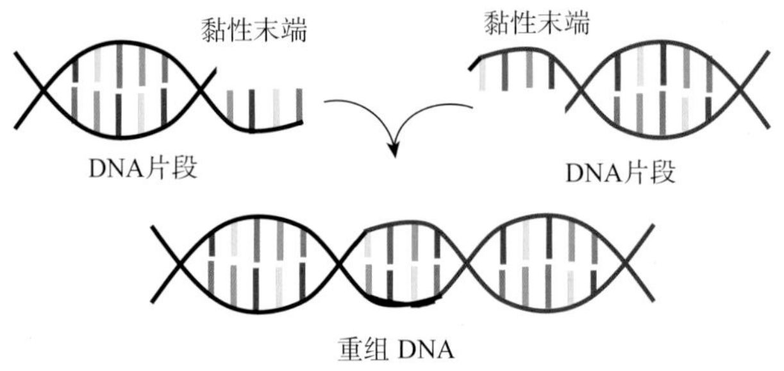

图2.23 确定负责构建、降解和修饰DNA变化的酶是发展重组DNA技术的关键。一旦拥有这些酶，便可将具有互补“黏性末端”的DNA链“缝合”在一起，生成所“设计”的DNA链

在阐明核酸合成的分子生物学机制的同时，科学家们也在探索病毒遗传物质的形式和功能。1884年，法国微生物学家查理斯·尚柏朗（Charles Chamberland）提出了比细菌更小的感染性病原体的概念，他使用过滤方法去除细菌有机体的实验清楚地证实，烟草植物被一种非细菌物质（最终被确定为烟草花叶病毒）感染。在接下来的几十年里，培养、分离和检测病毒的方法不断发展。到20世纪初，弗雷德里克·特罗特（Frederick Twort）[105]和费利克斯·德海莱（Félix d’Herelle）[106]都发现了一种可以感染细菌的病毒——噬菌体，其最终成为研究DNA转移、激活和失活的强大工具。1931年，欧内斯特·威廉·古德帕斯特（Ernest William Goodpasture）[107]报道了使用鸡受精卵培养并分离流感病毒和其他病毒的方法，为大规模生产病毒用于科学研究打开了大门。1930～1970年，病毒的生产和研究方法仍在不断改进，最终成为重组DNA技术的关键组成部分。通过研究病毒生物学而发展起来的技术工具也推动了重组DNA技术向前发展。

到20世纪60年代末，操纵生物体内遗传物质所需的工具都已成熟。1969年，斯坦福大学医学院生物化学系博士生彼得·洛班（Peter Lobban）迈出了该研究的第一步。作为他取得学位的一部分，他在博士课题开题报告中向评审委员会指出，如果将DNA 修饰技术和病毒生物学结合起来，可能发展出一种将遗传物质从一个物种转移到另一物种的方法[108]。彼得·洛班的理论很快得到了证实。1972 年，大卫·杰克逊（David Jackson）等报道了将全新DNA 插入猿猴病毒40（SV40）的方法[109]。截至1973年，斯坦福大学的科学家们已经发表了DNA链端到端的连接方法[110]，以及构建具有生物学功能的细菌质粒的方法[111]。

1974年，斯坦福大学的斯坦利·N.科恩（Stanley N. Cohen）和赫伯特·W.伯耶（Herbert W. Boyer）实验团队的一项专利（序列号：520961）从根本上改变了制药行业的状况。这项专利公开了以下内容：

关于基因改造的微生物，尤其是细菌，可以提供多样化的基因类型及重组质粒……其可用于改造易感和兼容的微生物……新功能化的微生物可实现其新的功能。例如，用于生产所需的目标蛋白，或酶转化、裂解的代谢物，以及核酸[112]。

科恩和伯耶通过创造一种稳定的微生物来生产所需的蛋白和其他细胞产品，这些微生物可以被定制并且像工厂一样生产所需的原料（图2.24）。这一技术也培育出了能过度表达细胞表面受体的细胞系，从而使得许多因蛋白表达水平较低而难以进行的检测变得可行。将合适的DNA序列转入到合适的细胞系中，可以获得能够过量表达所需靶点或蛋白的细胞系，从而大大提高靶蛋白的水平。在现代药物研发实验室中，转染技术几乎无处不在。在科恩和伯耶申请专利后的几十年里，科学家们已利用重组DNA和转染技术开发出了数千种新的细胞株。这项开创性的工作也成为生物技术产业的重要支柱之一。重组人胰岛素是第一个获批上市的重组蛋白，其最初由基因泰克公司研发，而后被授权给了礼来公司[113]，此后许多公司也紧随技术潮流。截至2012年，在彼得·洛班提出其设想的45年内，生物技术产业已经从实验室研究发展成为价值3000亿美元的产业[114]，并且在现代药物的发现过程中扮演着不可或缺的角色。

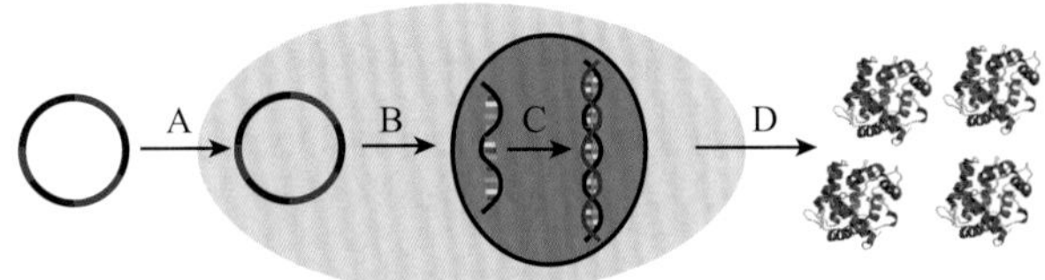

图2.24　可通过以下步骤获得能大量生成所需蛋白（如胰岛素）的稳定细胞系：A.将目的基因导入细胞；B.目的基因进入细胞核；C.目的基因与细胞的染色体DNA结合；D.稳定的细胞株在培养基中生长并表达所需的蛋白

2.4.3.2　聚合酶链反应技术（PCR）

生物技术行业早期的局限之一是制备和分析DNA的能力有限。尽管在1950～1970年已经发现了制备和分析DNA的工具（即作用于DNA的相关酶），但该过程需要手工操作，因而耗时较长。20世纪80年代早期已经清楚地证明了分析和制备DNA的实用性，但仍然不具备大量制备DNA的能力。1971年，克莱普（Kleppe）及其同事使用几十年前就已开发的酶工具尝试了对DNA的复制[115]。虽然这个过程远非最佳，但这是复制DNA的首次尝试。DNA复制过程中，首先需要将样品加热到足够高的温度，使双链螺旋分解成两条母链（DNA解链）。冷却后，在互补DNA引物（DNA合成的寡核苷酸起始点）、核苷酸模块和合适的DNA聚合酶存在的条件下进行DNA复制，从而获得原DNA的副本。重复这个循环可指数性地获得大量相同的DNA副本（图2.25）。在现代PCR技术出现之前，DNA复制的局限主要在于解链步骤。大多数DNA聚合酶在分离双链DNA所需的较高温度下会发生变性，因此，每个加热和冷却循环都需要添加新的DNA聚合酶，这使得DNA复制过程既费时，成本又高。

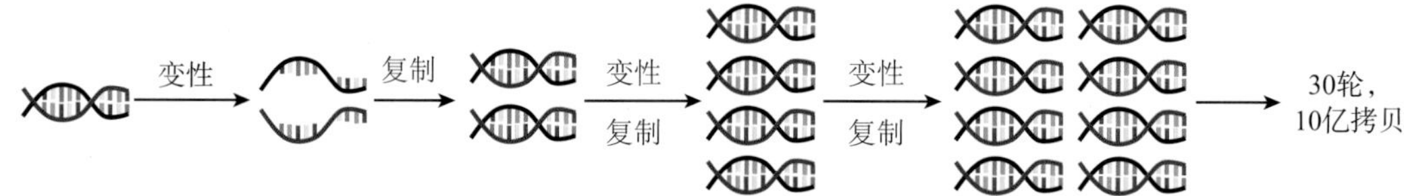

图2.25　**在聚合酶链反应过程中，变性和复制过程的每个循环使原DNA副本数目翻倍，3个复制周期可以提供8个DNA链副本。在经历30轮复制后，DNA副本的数目将扩增超过10亿**

1976年，随着Taq聚合酶的发现，这一限制有了突破性进展。DNA聚合酶的这种特殊变体是从水生栖热菌（*Thermus aquaticus*）中分离而来的，其是一种嗜热细菌，可以在高达80℃（175℉）的温度下存活。在美国黄石国家公园的间歇喷泉中发现这些微生物之前[116]，人们普遍认为生物体不能在55℃以上的环境中存活，但显然这些生物和类似生物的存在改变了这种看法。为了在间歇喷泉的恶劣条件下生存，水生栖热菌演变出在高温环境下也不会被破坏的生物系统，其中就包括DNA聚合酶变体——Taq聚合酶[117]。Taq聚合酶可在高温下发挥作用而不变性，这为DNA扩增的自动化扫除了障碍。随着这一工具的引入，每个周期结束时无须添加额外的DNA聚合酶便可完成DNA的扩增，大大简化了操作过程。1983年，生物技术领域的早期参与者——Cetus公司的凯瑞·穆利斯（Kerry Mullis）及其同事率先利用这些工具开发了基于热循环的自动PCR设备[118]。

这项技术的出现使得高效、自动化地生产数百万DNA链副本成为可能。随后这项技术又促进了许多领域的进步，包括生物的基因测序、克隆、遗传性疾病的诊断和传染性病原体的检测等。PCR技术的发展促进了用于确定亲子关系的基因指纹技术的发展，同时也促进了遗传物质在司法鉴定中的应用。自首次报道以来，研究人员已经发展出了多种PCR技术的变体，与重组DNA技术一样，PCR技术在现代药物研发过程中得到了普遍应用。1993年凯瑞·穆利斯获得诺贝尔化学奖，这是对这项技术重要性的认可［该奖项与迈克尔·史密斯（Michael Smith）共享，其专注于定点突变］。

2.4.3.3　DNA测序与基因组学

DNA复制技术为DNA测序技术的发展铺平了道路。在发现DNA聚合酶和开发DNA

复制方法之前，分离足够数量用于测序的DNA是非常困难的。然而，当DNA可被人工复制后，科学家们便开始致力于开发对DNA链进行测序的工具。在早期的研究中，弗雷德里克·桑格（Frederick Sanger）和艾伦·库尔森（Alan Coulson）于1975年报道了“加减”技术。在该技术中，使用适当的引物、四种核苷酸，以及DNA聚合酶，可以从目标DNA链制备随机大小的寡核苷酸。这四种核苷酸中的一种是被放射性标记的（如^{32}P-GTP）。然后，将这些寡核苷酸与DNA聚合酶和单核苷酸（减法）或三核苷酸（加法）进行二次孵育。在这两种情况下，当DNA聚合酶处于没有合适核苷酸的位置时，寡核苷酸合成就会结束。然后，通过电泳和放射自显影技术分离寡核苷酸便可得到原始DNA片段的序列。这种方法能够“在几天内推断出50个核苷酸序列”，但需要通过其他方法确证数据（如氨基酸序列或转录结果），还需要多轮孵育和纯化[119]。尽管有这些限制，桑格、库尔森及其同事仍然确定了单链噬菌体Φ X 174的全基因组，其是一段含近5400个核苷酸的序列。这也是人类第一次对生物体的全基因组进行解码[120]（图2.26）。

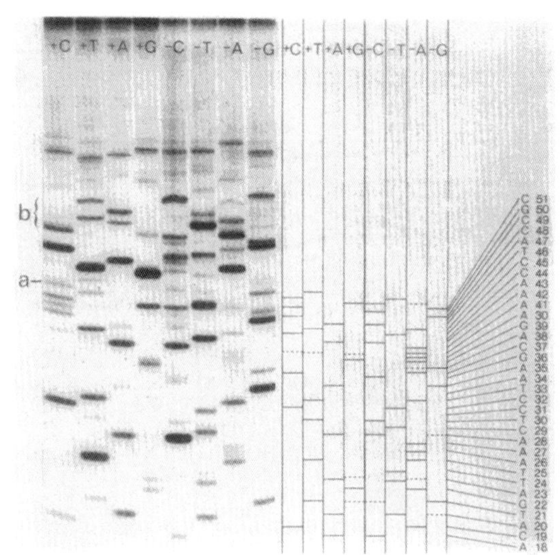

图2.26　**桑格采用“加减”测序法测定单链噬菌体ΦX174基因组的凝胶电泳放射自显影图像**

来源：“Sanger，F.; Coulson，A. R. A Rapid Method for Determining Sequences in DNA by Primed Synthesis with DNA Polymerase. J. Mol. Biol.，1975，94，441-448，©1975”，经爱思唯尔许可转载

尽管“加减”法有一定的效果，但其最终还是被更有效的链终止法所取代。其中最著名的是由桑格、尼克伦（Nicklen）和库尔森在1977年提出的“桑格法”（Sanger method）或“桑格测序”（Sanger sequencing），该方法是近40年来使用最为广泛的测序方法。在该方法中，将待测的DNA片段与DNA聚合酶、四种核苷酸，以及这四种核苷酸之一的双脱氧核苷酸类似物共同孵育。由于双脱氧核苷酸缺少DNA链延伸时所需的醇羟基，所以当其进入正在增长的寡核苷酸链时，链增长随即停止。不同的DNA寡聚体可以根据其大小对其进行凝胶电泳分离。按此方法进行4次孵育，每次加入4种双脱氧核苷酸中的1种，即可得到DNA片段的图谱（图2.27）。在桑格等描述的原始方法中，可以通过^{32}P放射性标记技术、二维凝胶电泳技术和放射自显影技术，从单个引物中测定多达300个核苷酸的

DNA序列[121]。凭借这一关键技术的开发，桑格在1980年获得了诺贝尔奖[122]。并且，自桑格测序被首次报道以来，许多研究团队和公司都对其进行了重大的改进。其中，勒罗伊·E.胡德（Leroy E. Hood）、劳埃德·M.史密斯（Lloyd M. Smith）及其团队开发的双脱氧核苷酸荧光标记技术淘汰了^{32}P放射性标记技术和放射自显影技术，并对其测序过程进行了自动化[123]。不久之后的1986年，美国应用生物系统公司（Applied Biosystems）推出了第一个DNA自动分析系统——Model 370A DNA测序系统。毛细管电泳技术、微流体技术、质谱（mass spectrometry，MS）检测技术及自动化的引入推动了“芯片实验室”技术的发展，使桑格测序效率显著提高。该技术使所需反应体积降至250 nL，DNA样品浓度降至1 fmol，序列分析数增至1000个碱基[124]。

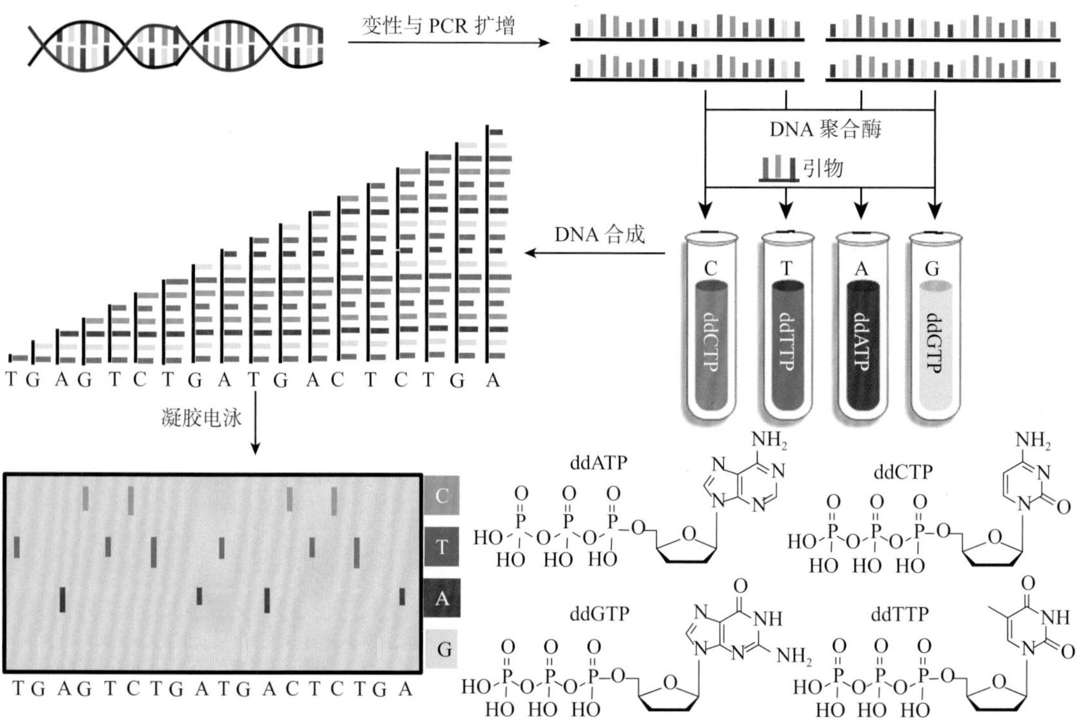

图2.27 在桑格法或DNA测序中，使用PCR扩增变性并复制DNA片段，然后将单链DNA片段加入含有DNA引物、4个标准脱氧核苷酸（dATP、dGTP、dCTP、dTTP），以及DNA聚合酶的4个反应瓶中，每个反应瓶中还含有少量的4种双脱氧核苷酸（ddATP、ddGTP、ddCTP、ddTTP）中的一种，这些双脱氧核苷酸采用放射性^{32}P或荧光标记以便分析。该反应液将生成长度不一的DNA片段，每个反应瓶中产物的凝胶电泳可以显示原始DNA片段的序列

随着DNA复制和测序所需工具和技术的出现，科学家们开始考虑能否测定整个基因组的碱基序列，以及如何利用原有信息开发新的方法。这些研究开始于1980年，当时波特斯坦（Botstein）等描述了制定人类基因组遗传连锁图谱的基础[125]。1987年，多尼斯-凯勒（Donis-Keller）等发表了一份完整的人类基因组连锁图谱[126]。此外，美国能源部（the US Department of Energy，DOE）的科学家们一直在研究如何使用新开发的DNA复制和分析技术来检测1945年8月日本广岛和长崎原子弹爆炸幸存者及其后代的基因突

变。1985年，DOE的查尔斯·德利西（Charles DeLisi）提出将先进的DNA测序技术、计算机分析技术，以及从人类基因组中克隆出的DNA片段技术三者联用的方法。1987年，DOE发起了人类基因组计划（Human Genome Initiative），这是第一个由政府投资建立的人类基因图谱项目[127]。不久之后，美国国会于1988年拨款资助DOE和美国国立卫生研究院（National Institutes of Health，NIH），用以建立人类基因组图谱，并于1991年公布了一个名为“理解我们的遗传：人类基因组计划，第一个五年计划，FY 1991—1995”（*Understanding Our Genetic Inheritance*：*The Human Genome Project*，*The First Five Years*，*FY 1991—1995*）的联合研究计划文件，该文件确立了首个5年的框架和目标，期望通过15年的研究工作建立一个完整的人类基因组图谱[128]。

这个由美国政府运作的项目最终在2001年公布了大约30亿个组成人类基因组的碱基对[129]，但这绝不是开发这个被视为潜在信息金矿的唯一成就。一些公司和非营利性机构，如基因组研究所[The Institute for Genomic Research，TIGR，最终被并入J.克雷格·文特尔研究所（J. Craig Venter Institute）][130]、人类基因组科学公司[Human Genome Sciences，现葛兰素史克（GlaxoSmithKline，GSK）的子公司][131]，以及赛莱拉基因组学公司（Celera Genomics）[132]，其成立的目的就是将已创建的基因图谱数据向商业应用转化。其中，赛莱拉基因组学公司应该是绘制人类基因组图谱最成功的商业公司。该公司由前NIH科学家J.克雷格·文特尔（J. Craig Venter）于1992年创立，其目的是在3年内完成人类基因组测序。尽管他们最终并未达成最初的目标，但其人类基因组版本与美国政府牵头研究的成果发表在了同一个月的*Science*期刊上[133]。

欧洲、日本及苏联的政府和组织也认识到遗传数据的潜在价值，并开始了自己的研究。例如，英国的医学研究委员会（Medical Research Council，MRC）和皇家癌症研究基金会（Imperial Cancer Research Fund）在1989年创建了一个研究基因组的合资企业；欧洲委员会在1990年批准了一项为期2年的人类基因组研究项目；意大利、法国及苏联在同一时期也开始了类似的研究[127]。此外，世界各地的许多研究团队还研究了非人类物种的基因组。1995年，J.克雷格·文特尔报道了第一个完整的生物体基因组——革兰氏阴性流感嗜血杆菌（*Haemophilus influenzae*）基因组[134]。紧接着，第一个真核生物基因组——酿酒酵母（*Saccharomyces cerevisiae*）基因组于1996年被报道[135]，大肠杆菌K-12（*Escherichia coli* K-12）基因组于1997年被报道[136]，果蝇（*Drosophila melanogaster*）的基因组于2000年被报道[137]。这些基因组及其他许多物种的基因组均可在一些公共数据库中找到，如美国国家医学图书馆的基因组数据库（https：//www.ncbi.nlm.nih.gov/genome）、基因组在线数据库（Genomes Online Database，GOLD，https：//gold.jgi.doe.gov/index），以及Ensembl（http://www.ensembl.org/index.htm）数据库。

2.4.3.4 蛋白组学

开发解码任何物种基因组（包括人类基因组）所需工具的阶段被誉为开发创新疗法的分水岭。许多人认为基因组计划的完成可以使人们对疾病和病症的了解得以空前迅速地发展。理论上，可以利用这些信息以更有效的方式来开发新的疗法。尽管一些药物是凭借对人类基因组的探索而进入市场的，如贝利尤单抗（belimumab，Benlystas®）[138]、克唑替尼（crizotinib，Xalkoris®）[139]，以及依伐卡托（ivacaftor，Kalydecos®）[140]（图2.28），但是预想中治疗方法发现与发展的"黄金时代"，并没有像许多人曾预测的那样实现。回顾原因，其实很清楚，遗传信息只是提供了维持生命特征所需的生物分子的总览，基因本身并不能驱动细胞表型的形成，而细胞表型才是维持生命特征所需的细胞多样性的关键。细胞表型的形成是由将基因转化为蛋白的转录和翻译所驱动的，为了维持生命特征，这些过程必须在正确的时间、地点和数量下发生。此外，蛋白翻译后的修饰可以改变其功能，进而与其他生物分子发生相互作用。这些生命之谜的关键部分不能仅仅通过基因组测序来阐述。随着基因组革命的开展，出现了蛋白组学这一新兴学科，这一局限性就显得尤为明显。

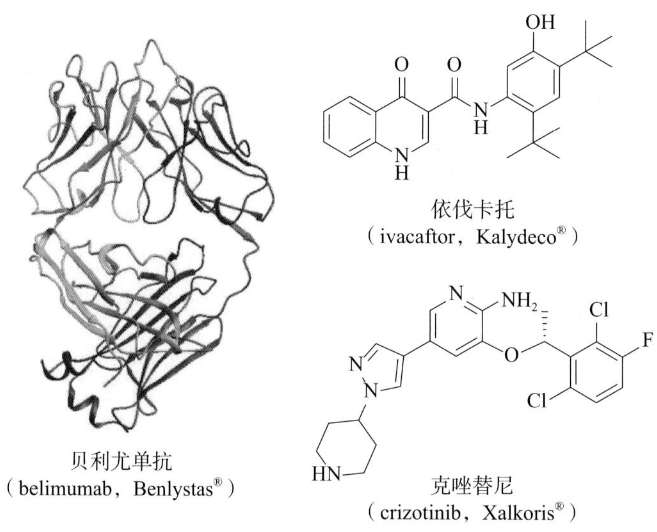

图2.28 **贝利尤单抗是一种B细胞活化因子（B-cell activating factor，BAFF）单克隆抗体抑制剂，用于治疗系统性红斑狼疮（systemic lupus erythematosus，SLE）。依伐卡托是一种囊性纤维化药物，用以调节囊性纤维化跨膜转导调节因子（cystic fibrosis transmembrane conductance regulator，CFTR）的活性。克唑替尼是一种用于治疗非小细胞肺癌（non-small cell lung carcinoma，NCLC）的抗癌药物**

蛋白组学领域侧重于了解正常和疾病状态下的蛋白表达水平差异，以及外源性物质和环境变化是如何影响蛋白表达，继而影响活体组织的。尽管蛋白组学这一术语直到1995年才出现在相关文献中[141]，但对于这方面的研究早已开始。1975年，也就是在这一术语出现的20年前，三个独立的研究团队报道了他们使用2D凝胶电泳法绘制大肠杆菌（O'Farrell）[142]、小鼠（Klose）[143]、豚鼠（Scheele）[144]蛋白图谱的研究进展。5年后，人体蛋白索引（Human Protein Index，HPI）工作组公布了一项计划大纲，该计划将创建一个搜索引擎，列举人体细胞中各种类型的所有蛋白。然而，由于政治和科学上的一些原因，这一计划未能向前推进。在政治上，美国里根政府减少了对这方面资金的投入。在里根执政时期（1980～1988年），联邦政府对规模较大的项目，如人体蛋白索引，给予的行政和财政支持明显减少。当时的科学水平也限制了其发展[145]。二维电泳技术的发展为复杂混合物中的蛋白提纯提供了一种新的方法。但在20世纪70年代末至80年代初，还没有建立一种有效的方法来鉴定提纯的蛋白。当时，蛋白的鉴定依赖于完整蛋白的酶解和酸性水解，然后使用串联气相色谱-质谱系统分析得到肽片段，必要时还需进行化学衍生化。因此，鉴定单个蛋白是一个费时费力的过程，只能应用于含量丰富的蛋白[146]。

随着里根行政期的结束，美国的政治环境也发生了变化，质谱和蛋白鉴定的仪器发展也随着电喷雾电离（electrospray ionization，ESI）质谱方法的引入而产生了巨大的飞跃。1984年，山下正纪（Masamichi Yamashita）和约翰·芬恩（John Fenn）引入了这种在质谱仪中产生和检测离子的新方法，其原理是在质谱仪中向液体施加高压以产生气雾化离子[147]。1989年，芬恩等证明了完整的蛋白可以通过电喷雾质谱进行电离和检测[148]。几乎在同一时间，R. D.史密斯（R. D. Smith）和H. R.尤德赛斯（H. R. Udseth）证明了电喷雾质谱可以与毛细管电泳方法相结合，开发出一种有高效分离和MS检测功能的分析系统，进样量最少可达10 attomol（0.00001 pmol）[149]。1992年，亨特等报道了串联纳米级高效液相色谱和液相色谱在多肽鉴定中的应用，充分展现了电喷雾质谱和液相色谱在多肽鉴定中的协同作用。虽然他们的方法是有效的，但该过程需要手动识别串联MS/MS实验中的离子。并且，这个过程涉及两步分析，首先在HPLC轨迹图形中找到所需的离子，然后诱导第二次电离来产生所需离子的MS/MS数据[150]。随着仪器控制语言（Instrument Control Language，ICL，是一个旨在允许计算机基于实时数据来控制仪器的软件包）的开发，这一过程实现了自动化。计算机驱动的质谱数据分析基于离子丰度，在没有人工干预的情况下触发MS/MS实验，随后恢复MS的数据收集[151]。第一台包含ICL的商业化仪器是由芬兰仪器公司生产的[该公司于1990年被赛默飞世尔科技（Thermo Fisher Science）公司收购]，是现在所有蛋白组学质谱系统的标准。

ESI MS、高分辨率分离方法（如HPLC、毛细管电泳）和ICL的联用为各种不同来源样品的蛋白含量的大量数据检测提供了必要的工具。然而，这些工具并没有提供相应的方法来准确处理这些由蛋白组学分析而产生的大量数据。机缘巧合的是，几乎并行产生的人类基因组数据的大型数据库、来自模型生物（如大肠杆菌、酿酒酵母、黑腹果蝇、秀丽隐杆线虫和小鼠）[152]的相似数据，以及能够挖掘这些数据的生物信息学算法，为解决该问题提供了方法。1994年，J. R.耶茨Ⅲ（J. R. Yates Ⅲ）等阐释了其利用不断增长的生物信息数据库中的信息来自动化处理蛋白组学数据的方法。在其方法中，将实验收集的肽质谱数据与基因组和蛋白数据库中的数据相比较，以鉴定样本中的蛋白[153]。这一策略及其他研究团队和公司对该策略的后续完善，促进了从蛋白序列分析到蛋白鉴定的转变（图2.29）。这些工具也使得药物研发人员能够对病源和正常样品进行蛋白表达水平的比较，同时也能检测潜在治疗药物对蛋白表达的影响。

自1975年的开创性实验以来，蛋白组学领域的诸多进展大大促进了生命所需蛋白的性质、错综度和相互作用数据的发展。目前已经建立了多个开放的蛋白组学数据库，供科学界访问这些信息。例如，慕尼黑理工大学（Technische Universität München，TUM）建立了ProteomicsDB，目的是“向科学界提供必要的信息，以加快人类蛋白组的鉴定并供整个科学界使用”[154]。其他公开可用的资源包括人类蛋白质组学图谱（Human Proteome Map）[155]、蛋白组学鉴定数据库（Proteomics Identifications database，PRIDE）[156]、蛋白

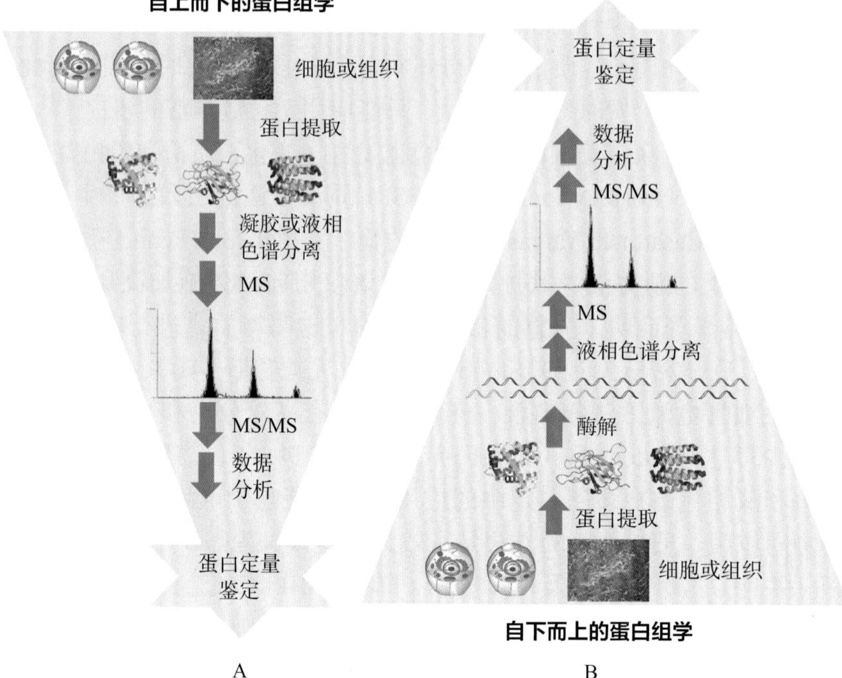

图2.29 自上而下的蛋白组学（A）从原始材料（细胞、组织等）中提取蛋白开始，然后分离蛋白（凝胶或液相色谱法），对完整的蛋白进行质谱和串联MS/MS分析，并通过蛋白数据库分析确定混合物中的蛋白成分。自下而上的蛋白组学（B）与前者相似，但在此方法中，提取蛋白后对蛋白提取物进行酶解（如以胰蛋白酶或胰凝乳蛋白酶水解蛋白）。再对所得的肽段进行分离，最后用质谱法和串联MS/MS分析，将数据结果与蛋白数据库比对以确定最初的提取物中的蛋白成分

组学数据库（Proteome Databases）[157]和人类蛋白组组织（Human Proteome Organization，HUPO）[158]。HUPO是一个国际组织，负责协调人类蛋白组计划（Human Proteome Project，HPP），该计划致力于表征由20 000多个人体基因编码的蛋白质[159]。

2.4.3.5 单克隆抗体和杂交瘤技术

虽然单克隆抗体技术是20世纪生物技术革命的产物，但在更早的几十年前，抗体的重要性就已不言而喻。1891年，“抗体”一词首先由保罗·埃尔利希提出。1897年，他又提出抗体-抗原相互作用的“侧链理论（side chain theory）”，该理论指出细胞表面的受体可与抗原结合并刺激抗体的产生[160]。当时埃尔利希并没有相关的工具来证明他的理论。大约50年后，阿斯特丽德·菲格瑞思（Astrid Fagreaus）才确定了B细胞是抗体的来源[161]。20世纪50年代，F. M.波奈特（F. M. Burnet）及其同事提出了单克隆抗体的概念[162]。同样，这一概念的提出比其技术本身也要早得多。该理论认为B细胞（及其后代）在完全分化后仅产生一类与一个靶分子相结合的抗体，后来波奈特的这一理论被证明是正确的。他进一步阐释，动物接触抗原时所产生免疫反应的多克隆性是多种B细胞针对同一抗原的不

同结构特征（抗原决定簇）而产生不同抗体的结果。尽管波奈特的理论清晰地指出了单克隆抗体可以从相同的B细胞系中产生的概念，但当时的技术还不足以创建稳定的可生成抗体的细胞系。

一个关于自然和科学的，在一定程度上具有讽刺意味的转折出现了，能稳定生成单克隆抗体的细胞系竟是从需要用多种单克隆抗体治疗的疾病中发展而来的。癌症，特别是多发性骨髓瘤是解开这一难题的关键。20世纪70年代早期，多发性骨髓瘤被认为是由那些产生抗体的细胞发生异常而引起的恶性疾病。1973年，杰罗德·施瓦贝尔（Jerrold Schwaber）和爱德华·科恩（Edward Cohen）将分泌抗体的小鼠骨髓瘤细胞与人外周血淋巴细胞融合，融合所得到的杂交细胞系可以连续生长。更重要的是，其可同时产生小鼠抗体和人源抗体[163]。继这一里程碑实验之后，1975年，乔治斯·科勒（Georges Köhler）和瑟赛·米尔斯坦（César Milstein）[164]将小鼠骨髓瘤细胞与产生抗体的小鼠B细胞融合得到了新的稳定细胞系，且每个融合细胞（通常称为杂交瘤细胞）只产生单一抗体，分离克隆后可以得到能生成单一抗体的稳定细胞系（图2.30）。这一新工艺流程为大量生产高度特异性的单克隆抗体奠定了基础，为刚刚起步的生物技术产业创造了巨大的机遇。为了表彰其关于特异性免疫系统开发和控制的理论研究及单克隆抗体生产原理的发现，乔治斯·科勒、瑟赛·米尔斯坦与免疫学家尼尔斯·杰尼（Niels Kaj Jerne）共同获得了1984年的诺贝尔生理学或医学奖。

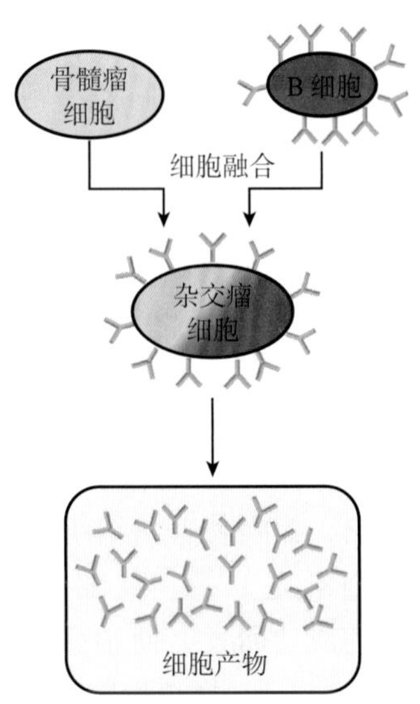

图2.30 **可以通过将B细胞与骨髓瘤细胞融合来制备产生单克隆抗体的细胞。由此产生的杂交瘤细胞可被分离和克隆，得到能够产生单一抗体（单克隆抗体）的稳定细胞系**

大规模制备几乎可以靶向任何大分子靶点的单克隆抗体技术对医药工业产生了深远影响。这些新工具可以用于增强筛选技术，更详细地研究细胞表面蛋白及蛋白的纯化。最重要的是，这项技术具有发展成精准特异性疗法的潜力。例如，可以设计单克隆抗体，通过结合靶点特有的抗原（如细胞表面蛋白）靶向特定的细胞类型（如癌细胞），而后单克隆抗体与靶点的结合进一步引起免疫系统响应，靶向消灭癌细胞。

这种高度特异性的治疗技术具有强大的吸引力，使得该领域的研究水平越来越高。20世纪80年代后期，单克隆抗体的人源化已经实现[165]。1986年，强生（Johnson & Johnson，JNJ）公司研发出了第一种单克隆抗体药物莫罗单抗-CD3（muromonab-CD3，Orthoclone OKT3®），并顺利获得美国食品药品监督管理局（Food and Drug Administration，FDA）的批准，用于预防移植排斥[166]。21世纪初，单克隆抗体疗法已经成为制药行业的重要研究领域。曲妥珠单抗（trastuzumab，Herceptin®，治疗乳腺癌）和英利西单抗（infliximab，Remicade®，治疗关节炎）等已成为重磅炸弹级的药物，年销售额已达数十亿美元，如今很多大型制药公司都在投资单抗隆抗体的研发。

2.4.3.6 生物医药与大分子药物的兴起

20世纪70年代兴起的生物技术革命的重要性不容低估，如果没有这一时期所开发的突破性生物技术，那么现代的药物发现将是一项更加艰巨的任务。以基于大量蛋白和抗体数据发展起来的高通量筛选技术为例，如果没有重组DNA、PCR和杂交瘤等技术，就不能确定这些蛋白和抗体的结构，高通量筛选技术就难以实现。同样，在没有这些技术的情况下，确定新的、可药用的靶点将变得更为困难，至于绘制特定物种基因组的计划，如人类基因组计划[167]也几乎是不可能的。如果没有科学家们为推动生物技术向前发展所付出的巨大努力，那么对于研究疾病机制和药物研发至关重要的转基因和基因敲除动物模型也将无从谈起。

生物技术创新对这个时代最重要的影响是推动了创新药物的研发。重组人胰岛素可能是其中最知名的实例，还有许多其他重要的药物也正在改善全球患者的生活质量。重组人蛋白，如阿替普酶组织纤溶酶原激活剂（alteplase tissue plasminogen activator，Activase®，基因泰克）[168]、红细胞生成素（erythropoietin，Epogen®，安进）[169]，以及其他生物制剂的成功研发，使很多之前无药可医的疾病得到了有效的治疗。英利西单抗[infliximab，Remicade®，杨森生物科技（Janssen Biotech）][170]、曲妥珠单抗（trastuzumab，Herceptin®，基因泰克）[171]和雷珠单抗（ranibizumab，Lucentis®，基因泰克）[172]等单克隆抗体药物的上市则彻底改变了关节炎和癌症的治疗方法，为数百万患者带来了福音。新的生物疗法，如阿利库单抗[alirocumab，Praluent®，赛诺菲-安万特（Sanofi Aventis）][173]、艾克珠单抗（Ixekizumab，Taltz®，礼来）[174]和维多珠单抗[Vedolizumab，Entyvio®，武田制药（Takeda Pharmaceuticals）][175]为高胆固醇血症、斑块性银屑病和炎症性肠病的治疗开辟了新的道路。

同时，杂交技术也取得了十足的发展。例如，受体构建融合蛋白（receptor construct fusion protein）已成为基于抗体和蛋白技术的新工具。阿巴西普（abatacept，Orencia®，治疗关节炎）[176]、阿法西普（alefacept，AmeviveE®，治疗银屑病）[177]和阿柏西普（Aflibercept，Eylea®，治疗湿性黄斑变性）[178]等药物都是由一个蛋白受体区段和一个免疫球蛋白结构组成的，其中蛋白受体部分表现出了极好的靶点选择性，而免疫球蛋白结构则发挥了很好的代谢稳定性。

基因泰克和安进等大公司都是早期生物技术商业化的先行者，而在现代药物研发领域里，“生物技术的蛋糕”已成为每家大型制药公司争夺的对象。对于制药行业及其服务的患者而言，此类药物的重要性毋庸置疑。而重要的是，截至本书编写时，由于生物药物不能透过血脑屏障，仅能用于外周性疾病的治疗。许多研究团队也在致力于该问题的解决，倘若成功，将会为中枢系统性疾病的治疗开辟一条新的道路。

2.5 社会与政府的影响

虽然科学的进步在药物发现过程中扮演了重要的角色，但随着时代的变迁，社会力量也逐渐发挥出举足轻重的作用。众所周知，在数百年乃至数千年间，人类一直在寻找有效治疗疾病的药物，以减轻疾病带来的痛苦，而且人们发现，在许多情况下新药是特定时期内解决重要公共医疗问题的关键。例如，南美洲秘鲁传教士阿戈斯蒂诺·萨鲁曼布雷诺发现的抗疟药奎宁[14]解决了疟疾这一重大公共卫生问题。同样，心血管药物的发展也受到了社会的影响，公众逐渐认识到心血管疾病是一种可导致死亡的危险疾病。再如，抗病毒药物领域研究的进步主要是由艾滋病造成的不良社会影响所驱动的。

当然，大多数药物都是在没有社会压力的情况下由制药公司推向市场的，但市场上某一领域药物的出现也可能会引起社会对其他领域的治疗需求。例如，米诺地尔（minoxidil，Rogaine®）[179]的开发目的最初并不是治疗和预防脱发，或是治疗由秃发引起的健康问题。开发米诺地尔的普强（Upjohn）公司最初是将其作为抗高血压新药，但发现其具有促进高血压患者毛发生长的副作用，于是开创了全新的市场。自从米诺地尔以落健（Rogaine®）为商品名上市后，许多公司花费了数百万美元期望能够加入抗脱发药物的市场。脱发患者对外在形象的追求、全球人口老龄化的压力及企业对利润回报的渴望，都极大地促进了Rogaine®和其他抗脱发药物的使用，以及制药公司对此类药物的研发。

此外，社会力量通过政府的干预和监管也在药物的研发过程中发挥了举足轻重的作用。现代药物的研发过程是一个被高度监管的过程，必须遵从相应的监管才能成功将药物推向市场，但过去的情况却并非总是如此。事实上，在20世纪之前，很少有法律或指导方针规定什么可以或不可以作为药物进行销售。同样，也没有对药用材料的安全性和有效性做过具体的规定。那些促进现代药物发展的政府与社会活动历史不在本章讨论的范畴，但回顾一些重要的里程碑事件具有很好的指导意义。

2.5.1　1906年《纯食品与药品法》[180]

在20世纪初，药物的生产和销售实际上是不受监管的。在缺乏政府监管限制的情况下，几乎任何东西都可以作为“药物”出售，甚至一些现今被认为有害的化学品也被称为“药物”。市场上销售的用于缓解婴儿和儿童哭泣的糖浆经常与阿片类药物混合使用，可卡因（cocaine）和海洛因（heroin）等成瘾药物也在“专利药物”之列。准确列出活性成分这一简单要求都未能落实到位，药物中的保密成分其实违背了1906年颁布的《纯食品与药品法》（*Pure Food and Drug Act*）。在塞缪尔·霍普金斯·亚当斯（Samuel Hopkins Adams）发表的题为“美国大欺诈”（*The Great American Fraud*）一文中，详细描述了当时制药行业的种种乱象，这也促使美国颁布了第一部旨在规范制药行业的法律[181]。

虽然《纯食品与药品法》监管的范围有限，但其保证药物安全性的首次尝试对制药行业产生了深远的影响，为FDA的成立奠定了基础。可卡因、海洛因、乙醇和吗啡（morphine）等“危险药物”不能再作为药品中的保密成分，使用过程中必须在标签上明确注明。此外，《美国药典》（*U. S. Pharmacopeia*，USP）[182]和《美国国家处方集》（*National Formulary*，NF）[183]也对药物处方和剂型进行了规范。更重要的是，新法律促使美国农业部的化学局建立了联邦监察队来督导法律的执行。联邦检查员有权查封和销毁违反新法律的原材料（由公司承担费用），并曝光所有违规行为。虽然直接的经济处罚是有限的，但其他方面的损失，如负面宣传和原材料的损失是制药企业难以承受的。

2.5.2 1937年磺胺类药物滥用事件[184]

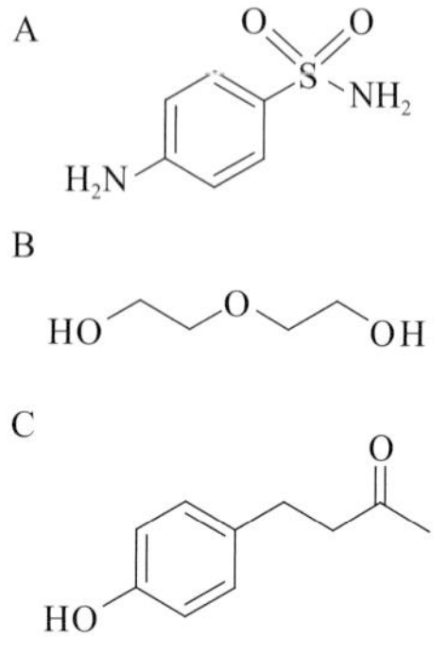

A
B
C

图2.31 S. E. Massengill公司上市销售的磺胺酏剂主要含有三种主要成分，分别是磺胺（A）、二甘醇（B）和覆盆子调味剂（C）

虽然1906年的《纯食品与药品法》为药品行业监管的进一步改进奠定了基础，但这还远远不够，因为其未对上市销售药物的安全性做出任何指导和要求。通常情况下，往往某种灾难发生后才会引起政府的重视和改革。1937年，S. E. Massengill公司开始上市销售一种名为磺胺酏剂（elixir of sulfanilamide）的新剂型磺胺抗菌药。当时片剂和粉末剂型的磺胺已被成功用于治疗链球菌感染，但并没有磺胺液体制剂。在收到销售代理商的请求后，该公司的化学和药剂主管哈罗德·沃特金斯（Harold Watkins）根据这一要求发明了一个新的配方。新产品配方中含有三种主要成分，分别是磺胺、覆盆子调味剂和二甘醇（图2.31）。经过外观、口味和香味的测试，公司认为该磺胺酏剂是没有问题的，于是在1937年9月大批量生产并开始在全国范围内分发销售。因为当时没有相关的法律要求，所以产品没有经过任何的安全性试验。

1937年10月，缺乏安全性研究的药品造成了发人深省的严重后果。美国医学协会收到医生的报告，在俄克拉何马州的塔尔萨，磺胺酏剂已导致多起死亡案例。通过实验，他们很快意识到，磺胺酏剂的主要辅料二甘醇是造成死亡的直接原因，二甘醇通常被用作防冻剂和毒药。联邦政府于10月14日发布通知，开始召回所有磺胺酏剂。已经生产和分发出售的240加仑（1加仑＝3.785 L）磺胺酏剂，有234加仑被召回并销毁，但严重的后果已无法挽回，至少有107人死于二甘醇中毒。受害者中许多只是患有轻微喉咙痛的儿童，最终因摄入二甘醇引起肾衰竭而死亡。

尽管一项简单的动物安全性研究就可以很快发现二甘醇的毒性，但当时没有动物安全性试验的法律要求，所以新药一般未经任何安全性评价就能上市销售。虽然简单查阅科学文献便可发现二甘醇的致命毒性，但生产公司未采取任何预防措施，致使患者为此付出了生命的代价。事实上，在1937年，尚未有法律禁止出售危险、未经检验，甚至是有毒的药物。可笑的是，当时没收和销毁磺胺酏剂所依据的法律原因竟然是标识错误，而不是因为其导致了死亡。即便公司需要对销售含有毒成分的药物负责，但“标识错误”这一微不足道的指控是当时适用的唯一指控。当被迫对这场悲剧承担一定程度的责任时，该生产公司的老板塞缪尔·埃文斯·马森吉尔（Samuel Evans Massengill）博士否认对这场悲剧负有任何责任，并且说道：“我和我公司的化学家对致死的结果深感遗憾，但在药品生产过程中没有任何错误。我们一直在提供合法的专业需求，但我们无法预见未知的结果。我不认为我们负有任何责任”。

磺胺酏剂的灾难事件并非第一个将危险药物推向市场的案例，但其被普遍视为药物法规历史上的一个分水岭事件。为了避免灾难重演，美国国会于1938年通过了《食品、药品和化妆品法案》（*Food*，*Drug*，*and Cosmetic Act*）。根据这项新法律，制药公司必须在获得上市许可之前通过动物安全性试验证明其新产品的安全性。此外，在将新产品推向市场之前，要求制造商向FDA提交上市许可申请。新药申请（New Drug Application，NDA）程序由此诞生。

然而，新的法律并非没有缺陷，因为如果FDA在一段特定时间内未能提出异议，新药上市申请将被自动批准。此外，新法律并未要求公司证明其产品是有效的，这些问题在后续的立法和监管程序中逐步得到解决。1938年的《食品、药品和化妆品法案》确立了现代药物审批制度的框架[185]。

2.5.3 沙利度胺事件[186]

沙利度胺（thalidomide）的商业化和随后的退市可能是药物研发史上最引人注目且最悲惨的事件之一。沙利度胺最初于1954年由德国制药公司——格兰泰制药有限公司（Chemie Grünenthal GmbH）的科学家合成制备，在获得专利后不久便进行了临床研究。1956年7月，动物模型的安全性研究表明，沙利度胺是一个几乎不可能达到致命剂量的安全药物，因此，沙利度胺在德国被批准为辅助睡眠的非处方药（over-the-counter drug，OTC），在大部分欧洲地区销售。当发现沙利度胺也可用作抑制孕吐的止吐剂时，孕妇的沙利度胺使用量显著增加，最终该药物以多达37种不同的名称在全世界范围内销售（图2.32）。

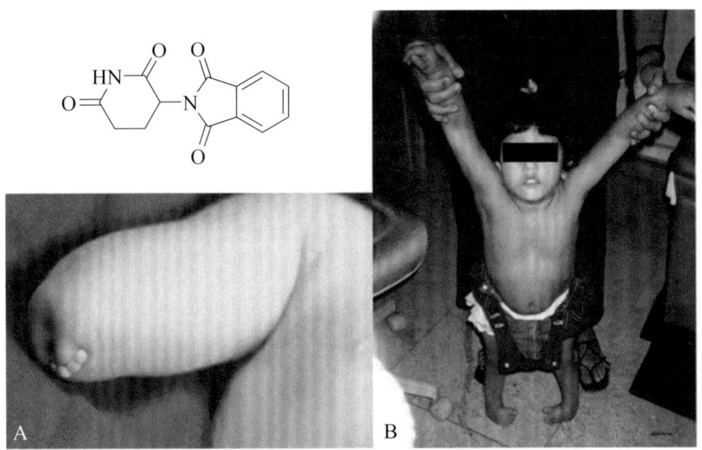

图2.32　**沙利度胺于1956 年由格兰泰制药有限公司上市销售，后来作为治疗孕妇孕吐的非处方药销售。1962年，由于证实了其会导致婴儿严重的出生缺陷，最终从全球市场撤市**

来源：A. Davies，D. P.; Evans，D. J. R. Clinical Dysmorphology：Understanding Congenital Abnormalities. Curr. Paediatr.，2003，13（4），288-297，©2003，经爱思唯尔许可转载；B. Miller，M. T.; Strömland，K.; Ventura，L.; Johansson，M.; Bandim，J. M.; Gillberg，C. Autism Associated With Conditions Characterized by Developmental Errors in Early Embryogenesis：A Mini Review. Int. J. Dev. Neurosci.，2005，23（2-3），201-219，©2005，经爱思唯尔许可转载

然而不幸还是发生了，沙利度胺的危害远远超出了预期。虽然动物安全性研究确实表明其没有急性毒性，但并未评估其他安全性问题，尤其是药物对胎儿发育的影响。20世纪

50年代流行的胎儿发育理论认为，胎盘可以为发育中的胎儿提供完美的庇护，可保护胎儿免受母亲摄入的任何药物或有毒物质的侵害。因此，很少有研究评估妊娠期间服用药物的安全性。如果进行了这样的测试，沙利度胺可能就不会走出格兰泰制药有限公司的实验室。在没有进行此类检测的情况下，全球数千名孕妇使用了沙利度胺。直到1959年，人们才开始对沙利度胺的真实安全性提出质疑。1960年，在英格兰出现了长期使用沙利度胺后引发外周神经病变的报道，然而，制造商继续坚称该药物是安全的。美国FDA指派弗朗西斯·奥尔德姆·凯尔西（Frances Oldham Kelsey）医生审查沙利度胺的新药申请，凯尔西医生坚持在沙利度胺获得批准之前必须进行额外的安全性研究，因此拒绝批准沙利度胺在美国上市。

截至1961年，已有足够的证据证实凯尔西医生坚持进行更多安全性研究的决定是非常正确的。就安全性而言，外周神经病变仅是冰山一角。在沙利度胺被用作治疗孕吐的药物不到5年的时间里，就出生了10 000多名与该药物相关的具有严重先天缺陷的儿童。“沙利度胺婴儿”出生时通常会有肢体的畸形或缺失（图2.32）。随后，澳大利亚产科医生威廉·麦克布莱德（William McBride）和德国儿科医生维德金·伦兹（Widukind Lenz）分别提出了沙利度胺与新生儿缺陷之间的联系。最终，沙利度胺于1962年从大多数国家撤市。

为了避免悲剧重演，美国于1962年通过了《科沃夫-哈里斯修正案》（*Kefauver- Harris Amendment*，KH修正案），使新候选药物的安全性和有效性测试的监管标准得到了显著完善。值得注意的是，胎盘会为胎儿提供完全保护的理论也被否定，相关监管标准被大幅修改。由沙利度胺引起的出生缺陷也暴露了新药上市前须解决的重要安全问题。此外，该法案还在不同的层面上提出了药物手性的重要性。导致婴儿畸形的元凶最终被确定为沙利度胺的（*S*）-异构体，而（*R*）-异构体并不具有致畸毒性。在此之前，单一对映体具有不同生物效应的可能性尚未被广泛研究。而在沙利度胺惨剧发生后，科学家开始更加关注单一对映体而不是消旋体。如今已经很少将消旋体作为候选药物。

相关的实验也开始了对手性稳定性的研究。虽然沙利度胺的两个对映体具有不同的生物学特性，但（*R*）-异构体仍然对孕妇具有显著的危害。这是由（*R*）-异构体在体内环境中手性的不稳定性导致的。在生理pH下，沙利度胺的（*R*）-异构体会经历外消旋化而生成两种异构体的混合物（图2.33），因此即使患者仅服用更安全的（*R*）-异构体，其还是会在体内生成更危险的（*S*）-异构体。鉴于这些发现，在现代药物发现过程中，检查手性候选药物的手性稳定性已是一个非常普遍的要求。

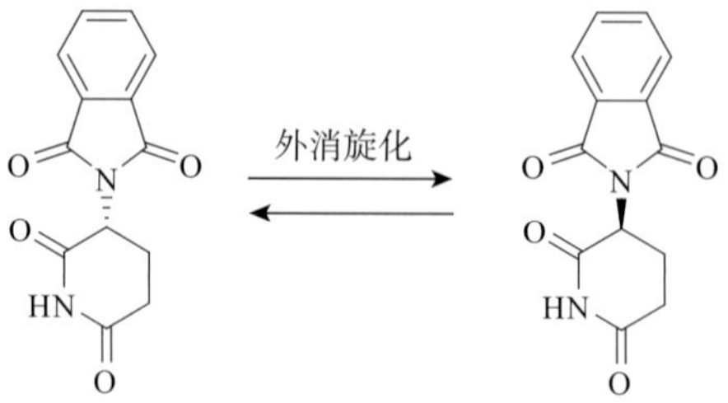

图2.33 沙利度胺在体内不是手性稳定的。（*R*）-异构体（左）易于转化为（*S*）-异构体（右）。因此，纯（*R*）-异构体并不比最初销售的外消旋沙利度胺更安全

2.5.4　新药监管的里程碑

虽然诸如沙利度胺悲剧等重大事件清楚地表明需要制定新的法律来规范不断壮大的制药行业，但并不是所有的立法都建立在药物安全事件的基础上。事实上，整个20世纪，监管机构在负责监督制药行业的同时，自身也在不断地发展。监管机构的发展往往比制药行业的发展慢了一步，因为法律对制药行业的权威在本质上是保守的（一般是对已出现的问题做出回应）。在此期间，美国FDA、欧洲药品管理局（European Medicines Agency，EMA）及其他许多机构相继成立，目的都是确保上市药物的安全性。虽然本书未详尽介绍众多制药行业法律的历史背景和影响（1906～2013年，美国FDA已通过了200多项法律法规），但以下介绍的法律法规都具有里程碑式的意义。

2.5.4.1　1951年《达勒姆-汉弗莱修正案》[187]

如前所述，1906年颁布的《纯食品与药品法》和1938年颁布的《食品、药品和化妆品法案》确立了FDA为消费者利益行事，并保护民众免受危险药物侵害的权利。根据上述法律，FDA宣布某些药物在没有个体化医疗监管的情况下不能保证其安全性。到1941年，超过20种药物（包括磺胺类药物、巴比妥类药物和苯丙胺等）都需要医生开具处方才能使用。然而，以上两项法律都没有对处方药与非处方药提供明确的定义，也没有规定哪一方该负责将药物归属于某一具体类别。此外，以上两项法律也没有关于处方的明确指导方针。这种导向性的缺失导致FDA、制药企业和药房之间因处方药的分销问题而产生多次法律纷争。

1951年颁布的《达勒姆-汉弗莱修正案》（*Durham-Humphrey Amendment*）填补了法律的漏洞，确定将药物分为两类，即需要处方的处方药和不需要处方的非处方药物。简而言之，根据这一修正案，已被证明安全有效并且在使用中几乎不需要医学监督的药物（如阿司匹林）可以作为OTC产品出售。另外，具有成瘾性的药物（如吗啡）或需要医学监测以确保安全性的药物（如使用他汀类降胆固醇药物需要监测肝功能）只能在征得医生同意后或在医生指导下使用。新法律还规定了药剂师这一新角色必须确保在具有处方的条件下提供处方药。

2.5.4.2　1962年《科沃夫-哈里斯修正案》[188]

沙利度胺的悲剧事件引起了公众的愤怒，并给监管和法律体系带来了压力，因而推动了以更严格的法律法规加强药品监管的进程，即相关法律应站在药物研发过程的最前端来保证公共安全。基于这一目标，1962年颁布的《科沃夫-哈里斯修正案》（*Kefauver-Harris Amendment*）明确加强了FDA对制药行业的监管权力。该法律要求在获得上市许可之前必须证明新候选药物的有效性和安全性，相应地废除了1938年《食品、药品和化妆品法案》中自动批准的条款。该法律还要求对1938～1962年上市的所有药物的有效性进行重新验证。美国国家科学院和FDA合作筛查了在此期间上市的药物，发现其中近40%的药物是无效的，并撤销了这些药物申请的批准。

FDA的管辖范围也进一步扩大到临床试验、生产过程，甚至处方药广告。临床试验设计必须得到FDA的批准，需要研究参与者的知情同意，并且必须根据新法律向公众披露已知的副作用。为了保证质量，还制定了药品生产质量管理规范（Good Manufacturing Practices，GMP）。同时，FDA将有权监管公司的质量控制和生产记录。最后，处方药的广告受到严格的监管，将仿制药作为新的突破性药物进行销售的行为被禁止，并且所有处方药广告都被要求准确披露与药物治疗相关的功效和副作用。总之，1962年的《科沃夫-哈里斯修正案》几乎赋予了FDA完全的监管药物批准和销售的权力。

2.5.4.3 1984年《哈奇-韦克斯曼法案》[189]

1984年颁布的《药品价格竞争和专利条款恢复法案》(*Drug Price Competition and Patent Term Restoration Act*)，也称为《哈奇-韦克斯曼法案》(*Hatch-Waxman Act*)，虽然对药物研发过程本身没有直接影响，但却从根本上影响了仿制药领域。与先前讨论的关注药品安全问题的法律不同，《哈奇-韦克斯曼法案》旨在鼓励仿制药行业的发展，从而降低处方药的成本。在颁布该法之前，尽管许多主要药物已不再受专利保护，但仿制药大约只占处方药市场的10%。到2008年，仿制药占有的市场份额已上升至近70%，这清楚地表明《哈奇-韦克斯曼法案》成功地增加了仿制药的市场竞争力，更便宜的仿制处方药对降低医疗保健成本产生了积极的影响。

该法案成功地推动了药物审批程序和专利法中的一些关键变化，简化了仿制药的市场准入程序。首先，通过简略新药申请（Abbreviated New Drug Application，ANDA）简化了审批流程。在1984年之前，有意销售仿制处方药的公司需要提供与原研药物相同的研究报告，包括动物安全性研究、生物利用度研究和人体临床试验。与此同时，仿制药制造商却无法获得原研药公司所享有的专利保护，使得仿制药公司更加难以收回将药品推向市场的大量投资成本。根据《哈奇-韦克斯曼法案》的规定，可以根据原研药的临床和安全数据批准仿制药申请，并采用生物等效性研究取代耗时且昂贵的药效和安全性试验，这显著降低了仿制药市场的准入成本。生物等效性研究旨在证明仿制药与原研药具有相同的生物利用度。

专利法和市场排他性规则的改变同时支持和保障了原研药制造商和仿制药制造商的利益，努力为两者营造平衡的竞争环境。法律中包含一个“安全港（safe harbor）”条款，允许仿制药公司在以研究为目的的条件下生产和研究专利药物，研究数据作为ANDA的一部分。如果没有这种“安全港”条款，仿制药公司生产制备在专利有效期内的药品，就可能因专利侵权而被起诉。这些改革还包括在法律上允许仿制药公司提出药品专利无效的诉讼，这也是一个支持仿制药研发的重要开端。如需详细了解有关药品专利无效诉讼的更多内容，可以参见35 U.S.C 271（译者注：该内容为美国专利法条款）的第4段。

保护原创公司的措施也已实施，因为大家已经广泛认识到临床试验和FDA批准流程所需要的时间占据了大部分药物的专利保护期。这些时间的消耗大大缩短了候选新药的可用专利期，从而增加了新药研发的总成本。而《哈奇-韦克斯曼法案》的ANDA规定也有可能进一步侵蚀新药的有效专利期。考虑到可能对原研药公司产生的负面影响，法案中制定了延长专利有效期的条款，以补偿临床试验和审批过程中的时间损失。目前，药物专利保护期限延长了药物在临床试验中花费时间的50%，以及在NDA 批准过程中所花费时间的100%。该法还规定了一类新的药物，即针对"孤儿适应证（orphan indication）"或少于200 000名患者疾病的药物，无论专利状态如何，基于孤儿适应证开发新疗法的研发公司都将获得7年的市场独家经营权。该条款旨在激励制药公司研发针对罕见病和被忽视疾病的药物。

总之，尽管关于何时及如何将仿制药推向市场的持续诉讼和辩论仍然存在，但是1984年的《哈奇-韦克斯曼法案》所制定的法律是成功的。原研药公司和仿制药制造商可能会继续争夺维持或取消新药专利保护的权利，以维持其利润空间，这使得世界各地的专利律师都颇为兴奋。

2.5.4.4　2009年《生物制剂价格竞争与创新法案》[190]

当《哈奇-韦克斯曼法案》被起草并最终作为法律通过时，生物技术革命才刚刚兴起。那些关注药物和医疗保健高成本的政治家并未意识和考虑到抗体治疗药物、重组蛋白或其他大分子药物的复杂性。他们当时的主要关注点是小分子药物的价格，以及创建更强大的仿制药市场来降低整体医疗保健的成本。因此，《哈奇-韦克斯曼法案》并未涵盖仿制生物制剂，缺少使仿制药公司获得等效大分子仿制药物申请批准的监管途径。然而，生物制剂的高昂价格表明需要尽早解决这一疏忽。例如，在2012年，使用曲妥珠单抗（trastuzumab，Herceptin®，一种用于治疗乳腺癌的抗体）治疗一年的花费超过70 000美元[191]。

小分子和大分子药物之间存在的巨大差异使得简单地制定一种同时适用于这两类药物的规则变得不切实际。根据小分子药物指南及《哈奇-韦克斯曼法案》的规定，仿制的抗体在结构上需要与原研抗体在结构上重叠99.9%，具有相同的功效和作用机制，并且具有相同的安全特性，但这几乎是不可能的。2009年颁布的《生物制剂价格竞争与创新法案》（*Biologics Price Competition and Innovation Act*）解决了上述问题，同时也阻止了仿制药生产商销售粗制滥造的生物药品。该法案中的新规则取消了仿制大分子药物必须与原研药物完全一致的规定，生物相似性方面采用"高度相似"代替了"完全一致"的要求。换言之，仿制的生物大分子在非活性成分中可以与原研药物存在微小的差异，只要仿制生物制剂与原研生物制剂在安全性、纯度和药效方面没有临床意义上的差异即可。在临床上，要求二者可以互换使用，而且切换使用时不会增加安全隐患。

这项法律和全球范围内类似法律的颁布可能会对制药行业产生重大影响。大多数龙头制药公司已将大量资源从小分子药物研发转移到生物制剂的研发，以保持公司预期的高额利润，仿制药公司也正在加入市场的竞争。2010年7月，FDA 批准了首个仿制生物制剂——一种依诺肝素钠（enoxaparin sodium，Lovenox®）的生物仿制药。依诺肝素钠是当时的重磅级药物，其原研公司为赛诺菲-安万特。随着其他生物药专利陆续到期，会有更多的生物仿制药进入市场。

2.6 药物研发的未来发展

自保罗·埃尔利希在20世纪初的首次实验以来，药物发现和开发过程发生了重大变化。随着生物学、药理学、化学和计算机科学领域的进步，新药的研发将不断取得新的成果。现有的技术和手段能够较以往更快地获取科学数据，因此随着时间的推移，创新步伐可能会变得更快。然而，目前仍有大量药物研发领域的相关问题尚未解决，这在某种程度上增加了未来研发的不确定性。但可以预期的是，药物研发的监管将随着该领域的发展而不断完善，毕竟创建一种新的监管体制更是难上加难。

（姚　鸿　徐进宜）

思考题

1. 保罗·埃尔利希（Paul Ehrlich）被称为现代药物发现之父。1872～1874 年，他发现了染料台盼红、台盼蓝和亚甲蓝对生物组织的选择性亲和力。基于这些发现，他提出了什么假设？
2. 什么是SCID 小鼠，为什么SCID 小鼠很重要？
3. 1974 年，鲁道夫·贾尼施（Rudolf Jaenisch）研制出了第一只转基因小鼠。什么是转基因动物模型？列举一个转基因动物模型的实例。
4. 什么是基因敲除动物模型？
5. 什么是高通量化学？
6. 什么是重组DNA？
7. 什么技术能够转移遗传物质，并可用于制备过表达细胞系？
8. 杂交瘤技术是由乔治斯·科勒（Georges Köhler）和瑟赛·米尔斯坦（César Milstein）于1975年发明的。杂交瘤细胞系可用哪两种类型的细胞融合形成？生成的细胞系又产生了什么？
9. 什么是受体构建融合蛋白？两个组成部分的功能是什么？
10. 请简述1937 年发生的磺胺酏剂惨案。这一事件促成1938年《食品、药品和化妆品法案》的通过，这对制药行业提出了哪些新的要求？
11. 沙利度胺于1957 年作为治疗妊娠反应的药物首次上市，至1961年，其导致10 000多名海豹畸形儿童的出生，最终沙利度胺从市场上撤出。从这个事件中可以学到什么（谈两点即可）？
12. 1962年颁布的《科沃夫-哈里斯修正案》对进入市场的新药提出了新的要求，请简述这些要求。

参考文献

1. Gorman, C. F. Hoabinhian: A Pebble-Tool Complex With Early Plant Associations in Southeast Asia. *Science* **1969,** *163* (3868), 671–673.
2. (a) Rudgley, R. *The Lost Civilizations of the Stone Age;* The Free Press: New York, 2000.
   (b) Rooney, D. F. *Betel Chewing in Southeast Asia;* Centre National de la Recherche Scientifique (CNRS): Lyon, 1995.
3. Samorini, G. The Oldest Representations of Hallucinogenic Mushrooms in the World (Sahara Desert, 9000–7000 B.P.). *Integr. J. Mind-Moving Plants Cult.* **1992,** *2* (3), 69–78.
4. (a) McGovern, P. E.; Zhang, J.; Tang, J.; Zhang, Z.; Hall, G. R.; Moreau, R. A.; Nunez, A.; Butrym, E. D.; Richards, M. P. Fermented Beverages of Pre- and Proto-Historic China. *Proc. Natl. Acad. Sci. U.S.A.* **2004,** *101* (51), 17593–17598.
   (b) Homan, M. M. Beer and Its Drinkers: An Ancient Near Eastern Love Story. *Near East. Archaeol.* **2004,** *67* (2), 84–95.
   (c) McGovern, P. E. *Ancient Wine: The Search for the Origins of Viniculture;* Princeton University Press: Princeton, NJ, 2007.
5. (a) The History of Medicine: Early Civilizations, Prehistoric Times to 500 C.E. Kelly, Kate; Facts on File, Inc. New York, 2009.
   (b) Borchardt, J. K. The Beginning of Drug Therapy: Ancient Mesopotamian Medicine. *Drug News Perspect.* **2002,** *15* (3), 187–192. History of ancient Medicine in Mesopotamia & Iran. Massoume Price, Iran Chamber Society, October 2001, <http://www.iranchamber.com/history/articles/ancient_medicine_mesopotamia_iran.php>, <http://www.indiana.edu/~ancmed/meso.HTM>.
6. Bryan, C. P. (translator). *The Papyrus Ebers*; D. Appleton and Co., 1931.
7. Chinese Medicinal Plants From the Pen T'Sao Kang Mu, Bernard E. Read, Peking National History Bulletin; 3rd ed., 1936.
8. (a) Mukherjee, P. K.; Harwansh, R. K.; Bahadur, S.; Banerjee, S.; Kar, A.; Chanda, J.; Biswas, S.; Ahmmeda, Sk. M.; Katiyar, C. K. Development of Ayurveda – Tradition to Trend. *J. Ethnopharmacol.* **2017,** *197*, 10–24.
   (b) Johnston-Saint, P. An Outline of the History of Medicine in India. *J. R. Soc. Arts* **1929,** *77* (3999), 843–870.
9. Singh, V. Sushruta: The Father of Surgery. *Natl. J. Maxillofac. Surg.* **2017,** *8* (1), 1–3.
10. Abus-Asab, M.; Amri, H.; Micozzi, M. S. *Avicenna's Medicine: A New Translation of the 11th Century Canon With Practical Applications for Integrative Health Care;* Healing Arts Press: Rochester, VT, 2013.
    (b) Moosavi, J. The Place of Avicenna in the History of Medicine. *J. Med. Biotechnol.* **2009,** *1* (1), 3–8.
11. (a) Hort, A.F. Theophrastus: Enquiry Into Plants. *Loeb Classical Library No. 70*; Harvard University Press, 1916; Volume I, Books 1–5.
    (b) Hort, A.F. Theophrastus: Enquiry Into Plants. *On Odours. Weather Signs, Loeb Classical Library No. 79*; Harvard University Press, 1916; Volume II: Books 6–9.
12. (a) Riddle, J. M. *Dioscorides on Pharmacy and Medicine;* University of Texas Press: Austin, TX, 1985.
    (b) Denham, A.; Whitelegg, M. Chapter 10: Deciphering Dioscorides: Mountains and Molehills? In *Critical Approaches to the History of Western Herbal Medicine: From Classical Antiquity to the Early Modern Period;* Francia, S., Stobart, A., Eds.; Bloomsbury Academic: New York, 2014; pp 191–209.
13. Findlen, P. Possessing Nature: Museums, Collecting, and Scientific Culture in Early Modern Italy. *ProQuest Ebook Central*; University of California Press, 1994. <http://ebookcentral.proquest.com/lib/templeuniv-ebooks/detail.action?docID=848572>.
14. Rocco, F. *The Miraculous Fever-Tree: Malaria and the Quest for a Cure That Changed the World;* Harper Collins Publishers, Inc.: New York, 2003.
15. Aronson, J. K. *An Account of the Foxglove and Its Medical Uses 1785–1985;* Oxford

University Press: New York, 1985.

16. (a) Rosenfeld, L. Insulin: Discovery and Controversy. *Clin. Chem.* **2002,** *48* (12), 2270–2288.
   (b) Quianzon, C. C.; Cheikh, I. History of Insulin. *J. Community Hosp. Intern. Med. Perspect.* **2012,** *2*, 18701. <https://doi.org/10.3402/jchimp.v2i2.18701>.
17. Leung, A. K. C. "Variolation" and Vaccination in Late Imperial China, Ca 1570–1911. In: Plotkin, S. (Eds.) History of Vaccine Development, Springer, New York, 2011.
18. Riedel, S. Edward Jenner and the History of Smallpox and Vaccination. *Proceedings (Baylor University, Medical Center)* **2005,** *18* (1), 21–25.
19. Berch, P. Louis Pasteur, From Crystals of Life to Vaccination. *Clin. Microbiol. Infect.* **2012,** *18* (Suppl. 5), 1–6.
20. Plotkin, S. History of Vaccination. *Proc. Natl. Acad. Sci. U.S.A.* **2014,** *111* (34), 12283–12287.
21. Brownstein, M. J. A Brief History of Opiate, Opioid Peptides, and Opioid Receptors. *Proc. Natl. Acad. Sci. U.S.A.* **1993,** *90*, 5391–5393.
22. (a) Gay, G. R.; Inaba, D. S.; Sheppard, C. W.; Newmeyer, J. A.; Rappolt, R. T. Cocaine: History, Epidemiology, Human Pharmacology, and Treatment. A Perspective on a New Debut for an Old Girl. *Clin. Toxicol.* **1975,** *8* (2), 149–178.
   (b) Karch, S. B. A Brief History of Co*caine;* CRC Press Taylor & Francis Group: Boca Raton, FL, 2006.
23. Jeffreys, D. *Aspirin: The Remarkable Story of a Wonder Drug;* Bloomsbury Publishing: New York, 2004.
24. (a) Bosch, F.; Rosich, L. The Contributions of Paul Ehrlich to Pharmacology: A Tribute on the Occasion of the Centenary of His Nobel Prize. *Pharmacology* **2008,** *82*, 171–179.
   (b) Drews, J. Drug Discovery: A Historical Perspective. *Science,* **2000,** *287*, 1960–1964.
25. Lloyd, N. C.; Morgan, H. W.; Nicholson, B. K.; Ronimus, R. S. The Composition of Ehrlich's Salvarsan: Resolution of a Century-Old Debate. *Angew. Chem. Int. Ed.* **2005,** *44*, 941–944.
26. (a) Clause, B. T. The Wistar Rat as a Right Choice: Establishing Mammalian Standards and the Ideal of a Standardized Animal Model. *J. Hist. Biol.* **1993,** *26* (2), 329–349.
   (b) Tucker, M. J. *Diseases of the Wistar Rat;* Taylor & Francis: Bristol, PA, 1997.
27. Nakhooda, A. F.; Like, A. A.; Chappel, C. I.; Murray, F. T.; Marliss, E. B. The Spontaneously Diabetic Wistar Rat: Metabolic and Morphologic Studies. *Diabetes* **1977,** *26* (2), 100–112.
28. Crain, R. C. Spontaneous Tumors in the Rochester Strain of the Wistar Rat. *Am. J. Pathol.* **1958,** *34* (2), 311–335.
29. Liebsch, G.; Linthorst, A. C. E.; Neumann, I. D.; Reul, J. M. H. M.; Holsboer, F.; Landgraf, R. Behavioral, Physiological, and Neuroendocrine Stress Responses and Differential Sensitivity to Diazepam in Two Wistar Rat Lines Selectively Bred for High- and Low-Anxiety–Related Behavior. *Neuropsychopharmacology* **1998,** *19* (5), 381–396.
30. Pollard, M. Lobund-Wistar Rat Model of Prostate Cancer in Man. *Prostate* **1998,** *37* (1), 1–4.
31. Drolet, G.; Proulx, K.; Pearson, D.; Rochford, J.; Deschepper, C. F. Comparisons of Behavioral and Neurochemical Characteristics Between WKY, WKHA, and Wistar Rat Strains. *Neuropsychopharmacology* **2002,** *27* (3), 400–409.
32. Csiza, C. K.; de Lahunta, A. Myelin Deficiency (MD), A Neurologic Mutant in the Wistar Rat. *Am. J. Pathol.* **1979,** *95* (1), 215–224.
33. Okamoto, K.; Aoki, K. Development of a Strain of Spontaneously Hypertensive Rat. *Jpn. Circ. J.* **1963,** *27*, 282–293.
34. Giovanella, B. C.; Fogh, J. The Nude Mouse in Cancer Research. *Adv. Cancer Res.* **1985,** *44*, 70–120.
35. Flanagan, S. P. 'Nude', A New Hairless Gene With Pleiotropic Effects in the Mouse. *Genet. Res.* **1966,** *8*, 295–309.

36. Pantelouris, E. M. Absence of Thymus in a Mouse Mutant. *Nature* **1968,** *217*, 370–371.
37. Bosma, G. C.; Custer, R. P.; Bosma, M. J. A Severe Combined Immunodeficiency Mutation in the Mouse. *Nature* **1983,** *301*, 527–530.
38. Jaenisch, R.; Mintz, B. Simian Virus 40 DNA Sequences in DNA of Healthy Adult Mice Derived From Preimplantation Blastocysts Injected With Viral DNA. *Proc. Natl. Acad. Sci. U.S.A.* **1974,** *71* (4), 1250–1254.
39. Gordon, J.; Ruddle, F. Integration and Stable Germ Line Transmission of Genes Injected Into Mouse Pronuclei. *Science* **1981,** *214* (4526), 1244–1246.
40. Costantini, F.; Lacy, E. Introduction of a Rabbit β-Globin Gene Into the Mouse Germ Line. *Nature* **1981,** *294* (5836), 92–94.
41. Richardson, J. A.; Burns, D. K. Mouse Models of Alzheimer's Disease: A Quest for Plaques and Tangles. *Inst. Lab. Anim. Res. J.* **2002,** *43* (2), 89–99.
42. (a) Gilliam, L. A. A.; Neufer, P. D. Transgenic Mouse Models Resistant to Diet-Induced Metabolic Disease: Is Energy Balance the Key? *J. Pharmacol. Exp. Ther.* **2012,** *342* (3), 631–636.
    (b) Masuzaki, H.; Paterson, J.; Shinyama, H.; Morton, N. M.; Mullins, J. J.; Seckl, J. R.; Flier, J. S. A Transgenic Model of Visceral Obesity and the Metabolic Syndrome. *Science* **2001,** *294* (5549), 2166–2170.
    (c) Cai, A.; Hyde, J. F. The Human Growth Hormone-Releasing Hormone Transgenic Mouse as a Model of Modest Obesity: Differential Changes in Leptin Receptor (OBR) Gene Expression in the Anterior Pituitary and Hypothalamus After Fasting and OBR Localization in Somatotrophs. *Endocrinology* **1999,** *140* (8), 3609–3614.
43. Rall, G. F.; Lawrence, D. M. P.; Patterson, C. E. The Application of Transgenic and Knockout Mouse Technology for the Study of Viral Pathogenesis. *Virology* **2000,** *271*, 220–226.
44. Houdebine, L. M. Production of Pharmaceutical Proteins by Transgenic Animals. *Comp. Immunol. Microbiol. Infect. Dis.* **2009,** *32*, 107–121.
45. Edmunds, T.; Van Patten, S. M.; Pollock, J.; Hanson, E.; Bernasconi, R.; Higgins, E.; Manavalan, P.; Ziomek, C.; Meade, H.; McPherson, J. M.; Cole, E. S. Transgenically Produced Human Antithrombin: Structural and Functional Comparison to Human Plasma-Derived Antithrombin. *Blood* **1998,** *91*, 4561–4571.
46. Mccreath, G.; Udell, M. N. Fibrinogen From Transgenic Animals. U.S. 20070219352, 2007.
47. (a) Umana, P.; Jean-Mairet, J.; Moudry, R.; Amstutz, H.; Bailey, J. E. Engineered Glycoforms of an Antineuroblastoma IgG1 With Optimized Antibody-Dependent Cellular Cytotoxic Activity. *Nature Biotechnology* **1999,** *17*, 176–180.
    (b) Lonberg, N. Human Monoclonal Antibodies From Transgenic Mice. *Handb. Exp. Pharmacol.* **2008,** *181* (181), 69–97.
    (c) Zhu, L.; van de Lavoir, M. C.; Albanese, J.; Beenhouwer, D. O.; Cardarelli, P. M.; Cuison, S.; Deng, D. F.; Deshpande, S.; Diamond, J. H.; Green, L.; Halk, E. L.; Heyer, B. S.; Kay, R. M.; Kerchner, A.; Leighton, P. S.; Mather, C. M.; Morrison, S. H.; Nikolov, Z. L.; Passmore, D. B.; Pradas-Monne, A.; Preston, B. T.; Rangan, V. S.; Shi, M.; Srinivasan, M.; White, S. G.; Winters-Digiacinto, P.; Wong, S.; Zhou, W.; Etches, R. J. Production of Human Monoclonal Antibody in Eggs of Chimeric Chickens. *Nat. Biotechnol.* **2005,** *23*, 1159–1169.
48. (a) Capecchi, M. R. Altering the Genome by Homologous Recombination. *Science* **1989,** *244*, 1288–1292.
    (b) Doetschman, T.; Gregg, R. G.; Maeda, N.; Hooper, M. L.; Melton, D. W.; Thompson, S.; Smithies, O. Germ-Line Transmission of a Planned Alteration Made in a Hypoxanthine Phosphoribosyltransferase Gene by Homologous Recombination in Embryonic Stem Cells. *Proc. Natl. Acad. Sci. U.S.A.* **1989,** *86* (22), 8927–8931.
    (c) Evans, M. Embryonic Stem Cells: The Mouse Source—Vehicle for Mammalian Genetics and Beyond (Nobel Lecture). *ChemBioChem* **2008,** *9*, 1690–1696.
49. (a) Blackburn, A. C.; Jerry, D. J. Knockout and Transgenic Mice of Trp53: What Have We Learned About p53 in Breast Cancer? *Breast Cancer Res.* **2002,** *4* (3), 101–111.

(b) Carmichael, N. G.; Debruyne, E. L.; Bigot-Lasserre, D. The p53 Heterozygous Knockout Mouse as a Model for Chemical Carcinogenesis in Vascular Tissue. *Environ. Health Perspect.* **2000,** *108* (1), 61–65.

(c) Clarke, A. R.; Hollstein, M. Mouse Models With Modified p53 Sequences to Study Cancer and Ageing. *Cell Death Differ.* **2003,** *10*, 443–450.

50. Mientjes, E. J.; Nieuwenhuizen, I.; Kirkpatrick, L.; Zu, T.; Hoogeveen-Westerveld, M.; Severijnen, L.; Rifé, M.; Willemsen, R.; Nelson, D. L.; Oostra, B. A. The Generation of a Conditional Fmr1 Knock Out Mouse Model to Study Fmrp Function *In Vivo*. *Neurobiol. Dis.* **2006,** *3*, 549–555.

51. Jing, E.; Nillni, E. A.; Sanchez, V. C.; Stuart, R. C.; Good, D. J. Deletion of the Nhlh2 Transcription Factor Decreases the Levels of the Anorexigenic Peptides α Melanocyte-Stimulating Hormone and Thyrotropin-Releasing Hormone and Implicates Prohormone Convertases I and II in Obesity. *Endocrinology* **2004,** *145* (4), 1503–1513.

52. (a) Bond, A. R.; Jackson, C. L. The Fat-Fed Apolipoprotein E Knockout Mouse Brachiocephalic Artery in the Study of Atherosclerotic Plaque Rupture. *J. Biomed. Biotechnol.* **2011,** *2011*, 1–10 Article ID 379069.

(b) Zhang, S. H.; Reddick, R. L.; Piedrahita, J. A.; Maeda, N. Spontaneous Hypercholesterolemia and Arterial Lesions in Mice Lacking Apolipoprotein E. *Science* **1992,** *258* (5081), 468–471.

53. The Nobel Prize in Physiology or Medicine 2007. <http://www.nobelprize.org/nobel_prizes/medicine/laureates/2007/index.html>.

54. Glasser, O. *Wilhelm Conrad Rontgen and the Early History of the Roentgen Rays;* Norman Publishing, 1993.

55. (a) von Laue, M. Concerning the Detection of X-Ray Interferences. Nobel Lect. Phys. **1920**, 1901–1921, 348–355.

(b) Bragg, W. L.; James, R. W.; Bosanquet, C. H. The Distribution of Electrons Around the Nucleus in the Sodium and Chlorine Atoms. *Philos. Mag.* **1922,** *44* (261), 433–449.

(c) Bragg, W. L. The Crystalline Structure of Copper. *Philos. Mag.* **1914,** *28* (165), 355–360.

56. Dickinson, R. G.; Raymond, A. L. The Crystal Structure of Hexamethylene-Tetramine. *J. Am. Chem. Soc.* **1923,** *45*, 22–29.

57. Glusker, J. P. Dorothy Crowfoot Hodgkin (1910–1994). *Protein Sci.* **1994,** *3*, 2465–2469.

58. Bernal, J. D.; Crowfoot, D. X-ray Photographs of Crystalline Pepsin. *Nature* **1934,** *133*, 794–795.

59. Crowfoot, D.; Riley, D. Crystal Structures of the Proteins: An X-Ray Study of Palmar's Lactoglobulin. *Nature* **1938,** *141*, 521–522.

60. Crowfoot, D. X-Ray Single-Crystal Photographs of Insulin. *Nature* **1935,** *135*, 591–592.

61. Adams, M. J.; Blundell, T. L.; Dodson, E. J.; Dodson, G. G.; Vijayan, M.; Baker, E. N.; Harding, M. M.; Hodgkin, D.; Rimmer, B.; Sheat, S. Structure of Rhombohedral 2-Zinc Insulin Crystals. *Nature* **1969,** *224*, 491–495.

62. Carlisle, C. H.; Crowfoot, D. The Crystal Structure of Cholesteryl Iodide. *Proc. R. Soc. London, Ser. A: Math. Phys. Sci.* **1945,** *184*, 64–83.

63. Crowfoot, D.; Bunn, C. W.; Rogers-Low, B. W.; Turner-Jones, A. ZX-Ray Crystallographic Investigation of the Structure of Penicillin. In *Chemistry of Penicillin;* Clarke, H. T., Johnson, J. R., Robinson, R. Princeton University Press: Princeton, NJ, 1949.

64. (a) Brink, C.; Hodgkin, D. C.; Lindsey, J.; Pickworth, J.; Robertson, J. H.; White, J. G. X-Ray Crystallographic Evidence on the Structure of Vitamin B_{12}. *Nature* **1954,** *174*, 1169–1170.

(b) Hodgkin, D. C.; Pickworth, J.; Robertson, J. H.; Trueblood, K. N.; Prosen, R. J.; White, J. G. The Crystal Structure of the Hexacarboxylic Acid Derived From B_{12} and the Molecular Structure of the Vitamin. *Nature* **1955,** *176*, 325–328.

65. Opfell, O. S. *Lady Laureates: Women Who Have Won the Nobel Prize;* Rowman & Littlefield Publishers, Inc: Lanham, MD, 1986.

66. About the PDB Archive and the RCSB PDB. <http://www.rcsb.org/pdb/static.do?p = general_information/about_pdb/index.html>.

67. Watson, J. D.; Crick, F. H. C. A Structure for Deoxyribose Nucleic Acid. *Nature* **1953,** *171* (4356), 737–738.
68. About NDB. http://ndbserver.rutgers.edu/about_ndb/index.html.
69. The Cambridge Crystallographic Data Centre (CCDC) Annual Operational Report, 2009.
70. Cambridge Structural Database Summary Statistics. **2018**. <https://www.ccdc.cam.ac.uk/solutions/csd-system/components/csd/>.
71. Heisenberg, W. Über quantentheoretische Umdeutung kinematischer und mechanischer Beziehungen. *Z. Phys.* **1925,** *33*, 879–893.
72. Hendrickson, J. B.; Molecular geometry, I. Machine Computation of the Common Rings. *J. Am. Chem. Soc.* **1961,** *83*, 4537–4547.
73. Levinthal, C. Molecular Model-Building by Computer. *Sci. Am.* **1966,** *214*, 42–52.
74. Richon, A. B. An Early History of the Molecular Modeling Industry. *Drug Discovery Today* **2008,** *13* (15/16), 659–664.
75. Koehl, P.; Levitt, M. A Brighter Future for Protein Structure Prediction. *Nat. Struct. Biol.* **1999,** *6* (2), 108–111.
76. Pirhadi, S.; Jocelyn Sunseri, J.; Koes, D. R. Open Source Molecular Modeling. *J. Mol. Graphics Modell.* **2016,** *69*, 127–143.
77. Lombardino, J. G.; Lowe, J. A., III. The Role of the Medicinal Chemist in Drug Discovery—Then and Now. *Nat. Rev. Drug Discovery* **2004,** *3*, 853–862.
78. Rankovic, Z.; Morphy, R. *Lead Generation Approaches in Drug Discovery;* John Wiley & Sons, Inc: Hoboken, NJ, 2010.
79. Merrifield, R. B. Solid Phase Peptide Synthesis. I. The Synthesis of a Tetrapeptide. *J. Am. Chem. Soc.* **1963,** *85* (14), 2149–2154.
80. Merrifield, R. B. Solid Phase Peptide Synthesis. II. The Synthesis of Bradykinin. *J. Am. Chem. Soc.* **1964,** *86* (2), 304–305.
81. Marglin, B.; Merrifield, R. B. The Synthesis of Bovine Insulin by the Solid Phase Method. *J. Am. Chem. Soc.* **1966,** *88* (21), 5051–5052.
82. Takashima, H.; Vigneaud, V. D.; Merrifield, R. B. Synthesis of Deaminooxytocin by the Solid Phase Method. *J. Am. Chem. Soc.* **1968,** *90* (5), 1323–1325.
83. Crowley, J. I.; Rapoport, H. Solid-Phase Organic Synthesis: Novelty or Fundamental Concept? *Acc. Chem. Res.* **1976,** *9* (4), 135–144.
84. Houghten, R. A. General Method for the Rapid Solid-Phase Synthesis of Large Numbers of Peptides: Specificity of Antigen-Antibody Interaction at the Level of Individual Amino Acids. *Proc. Natl. Acad. Sci. U.S.A.* **1985,** *82*, 5131–5135.
85. Geysen, H. M.; Meloen, R. H.; Barteling, S. J. Use of Peptide Synthesis to Probe Viral Antigens for Epitopes to a Resolution of a Single Amino Acid. *Proc. Natl. Acad. Sci. U.S.A.* **1984,** *81*, 3998–4002.
86. Bunin, B. A.; Plunkett, M. J.; Ellman, J. A. The Combinatorial Synthesis and Chemical and Biological Evaluation of a 1,4-Benzodiazepine Library. *Proc. Natl. Acad. Sci. U.S.A.* **1994,** *91*, 4708–4712.
87. Dewitt, S. H.; Kiely, J. S.; Stankovic, C. J.; Schroeder, M. C.; Cody, D. M. R.; Pavia, M. R. "Diversomers": An Approach to Nonpeptide, Nonoligomeric Chemical Diversity. *Proc. Natl. Acad. Sci. U.S.A.* **1993,** *90*, 6909–6913.
88. Toy, P. H.; Lam, Y. *Solid-Phase Organic Synthesis: Concepts. Strategies, and Applications;* John Wiley & Sons, Inc: Hoboken, NJ, 2012.
89. Ugi, I.; Heck, S. The Multicomponent Reactions and Their Libraries for Natural and Preparative Chemistry. *Comb. Chem. High Throughput Screening* **2001,** *4* (1), 1–34.
90. Kappe, C. O. 100 Years of the Biginelli Dihydropyrimidine Synthesis. *Tetrahedron* **1993,** *49* (32), 6937–6963.
91. Dömling, A.; Ugi, I. Multicomponent Reactions With Isocyanides. *Angew. Chem. Int. Ed.* **2000,** *39*, 3168–3210.
92. <https://zinc.docking.org/>.
93. Brown, F. K. Chapter 35. Chemoinformatics: What Is It and How Does It Impact Drug Discovery. *Annu. Rep. Med. Chem.* **1998,** *33*, 375–384.

94. Miller, E. L. The Penicillins: A Review and Update. *J. Midwifery Womens Health* **2002,** *47* (6), 426–434.
95. Wick, J. Y. The History of Benzodiazepines. *Consultant Pharm.* **2013,** *28* (9), 538–548.
96. Zuckerman, J. M.; Qamar, F.; Bono, B. R. Review of Macrolides (Azithromycin, Clarithromycin), Ketolids (Telithromycin) and Glycylcyclines (Tigecycline). *Med. Clin. N. Am.* **2011,** *95*, 761–791.
97. Pollack, A. Roche Agrees to Buy Genentech for $46.8 Billion. *New York Times,* **March 12, 2009** <https://www.nytimes.com/2009/03/13/business/worldbusiness/13drugs.html>.
98. Based on NYSE Stock Price on December 31st, 2018.
99. Kornberg, A.; Lehman, I. R.; Simms, E. S. Polydesoxyribonucleotide Synthesis by Enzymes From *Escherichia coli*. *Fed. Proc.* **1956,** *15*, 291–292.
100. Reviewed in Lehman, I. R. DNA Ligase: Structure, Mechanism, and Function. *Science* **1974,** *186* (4166), 790–797.
101. (a) Klett, R. P.; Cerami, A.; Reich, E. Exonuclease VI, A New Nuclease Activity Associated With *E. coli* DNA Polymerase. *Proc. Natl. Acad. Sci. U.S.A.* **1968,** *60* (3), 943–950.
    (b) Richardson, C. C.; Kornberg, A. A Deoxyribonucleic Acid Phosphatase-Exonuclease From *Escherichia coli*. I. Purification of the Enzyme and Characterization of the Phosphatase Activity. *J. Biol. Chem.* **1964,** *239*, 242–250.
    (c) Shevelev, I. V.; Hübscher, U. The 3′–5′ Exonucleases. *Nat. Rev. Mol. Cell Biol.* **2002,** *3*, 364–376.
102. (a) Krakow, J. S.; Coutsogeorgopoulos, C.; Canellakis, E. S. Formation of Sedoheptulose-7-Phosphate From Enzymatically Obtained "Active Glycolic Aldehyde" and Ribose-5-Phosphate With Transketolase. *Biochem. Biophys. Res. Commun.* **1961,** *5*, 477–481.
    (b) Chang, L. M. S.; Bollum, F. J. Molecular Biology of Terminal Transferase. *Crit. Rev. Biochem.* **1986,** *21* (1), 27–52.
103. (a) Temin, H. M.; Mizutani, S. RNA-Dependent DNA Polymerase in Virions of Rous Sarcoma Virus. *Nature* **1970,** *226*, 1211–1213.
    (b) Baltimore, D. RNA-Dependent D.N.A. Polymerase in Virions of RNA Tumour Viruses. *Nature* **1970,** *226*, 1209–1211.
104. (a) Roberts, R. J. Restriction Endonucleases. *CRC: Crit. Rev. Biochem.* **1976,** *4* (2), 123–164.
    (b) Meselson, M.; Yuan, R. DNA Restriction Enzyme From *E. coli*. *Nature* **1968,** *217*, 1110–1114.
    (c) Dussoix, D.; Arber, W. Host Specificity of DNA Produced by *Escherichia coli*. II. Control Over Acceptance of DNA From Infecting Phage Lambda. *J. Mol. Biol.* **1962,** *5* (1), 37–49.
105. Twort, F. W. The Discovery of the "bacteriophage". *Lancet* **1925,** *205*, 845.
106. D'Herelle, F. On an Invisible Microbe Antagonistic Toward Dysenteric Bacilli: Brief Note by Mr. F. D'Herelle, Presented by Mr. Roux. *Res. Microbiol.* **2007,** *158* (7), 553–554.
107. Goodpasture, E. W.; Woodruff, A. M.; Buddingh, G. J. The Cultivation of Vaccine and Other Viruses in the Chorioallantoic Membrane of Chick Embryos. *Science* **1931,** *74*, 371–372.
108. Lear, J. *Recombinant DNA: The Untold Story;* Crown Publishing: New York, 1978.
109. Jackson, D.; Symons, R.; Berg, P. Biochemical Method for Inserting New Genetic Information Into DNA of Simian Virus 40: Circular SV40 DNA Molecules Containing Lambda Phage Genes and the Galactose Operon of *Escherichia coli*. *Proc. Natl. Acad. Sci. U.S.A.* **1972,** *69* (10), 2904–2909.
110. Lobban, P.; Kaiser, A. Enzymatic End-To End Joining of DNA Molecules. *J. Mol. Biol.* **1973,** *78* (3), 453–471.
111. Cohen, S.; Chang, A.; Boyer, H.; Helling, R. Construction of Biologically Functional Bacterial Plasmids *In Vitro*. *Proc. Natl. Acad. Sci. U.S.A.* **1973,** *70* (11), 3240–3244.
112. Cohen, S.N.; Herbert W.; Boyer, H.W. Process for Producing Biologically Functional Molecular Chimeras. US 4,237,224, **1980.**

113. Altman, L. K. A New Insulin Given Approval for use in U.S. *New York Times*, **October 30, 1982**.
114. Research and Markets, Inc. *Global Biotechnology Industry Guide*; Research and Markets, Inc.: Dublin, 2013.
115. Kleppe, K.; Ohtsuka, E.; Kleppe, R.; Molineux, I.; Khorana, H. G. Studies on Polynucleotides. XCVI. Repair Replications of Short Synthetic DNA's as Catalyzed by DNA Polymerases. *J. Mol. Biol.* **1971,** *56* (2), 341–361.
116. Brock, T. D.; Freeze, H. *Thermus aquaticus*, A Nonsporulating Extreme Thermophile. *J. Bacteriol.* **1969,** *98* (1), 289–297.
117. Chien, A.; Edgar, D. B.; Trela, J. M. Deoxyribonucleic Acid Polymerase From the Extreme Thermophile *Thermus aquaticus*. *J. Bacteriol.* **1976,** *127* (3), 1550–1557.
118. (a) Saiki, R.; Gelfand, D.; Stoffel, S.; Scharf, S.; Higuchi, R.; Horn, G.; Mullis, K.; Erlich, H. Primer-Directed Enzymatic Amplification of DNA With a Thermostable DNA Polymerase. *Science* **1988,** *239* (4839), 487–491.
(b) Lawyer, F.; Stoffel, S.; Saiki, R.; Chang, S.; Landre, P.; Abramson, R.; Gelfand, D. High-Level Expression, Purification, and Enzymatic Characterization of Full-Length *Thermus aquaticus* DNA Polymerase and a Truncated Form Deficient in 5′ to 3′ Exonuclease Activity. *PCR Methods Appl.* **1993,** *2* (4), 275–287.
119. Sanger, F.; Coulson, A. R. A Rapid Method for Determining Sequences in DNA by Primed Synthesis With DNA Polymerase. *J. Mol. Biol.* **1975,** *94*, 441–448.
120. Sanger, F.; Sir, G. M.; Barrell, B. G.; Brown, N. L.; Coulson, A. R.; Fiddes, J. C.; Hutchison, C. A., III; Slocombe, P. M.; Smith, M. Nucleotide Sequence of Bacteriophage φX174. *Nature* **1977,** *265*, 687–695.
121. Sanger, F.; Nicklen, S.; Coulson, A. R. DNA Sequencing With Chain-Terminating Inhibitors. *Proc. Natl. Acad. Sci. U.S.A.* **1977,** *74* (12), 5463–5467.
122. <https://www.nobelprize.org/prizes/chemistry/1980/summary/>
123. (a) Smith, L. M.; Sanders, J. Z.; Kaiser, R. J.; Hughes, P.; Dodd, C.; Connell, C. R.; Heiner, C.; Kent, S. B. H.; Hood, L. E. Fluorescence Detection in Automated DNA Sequence Analysis. *Nature* **1986,** *321* (12), 674–679.
(b) Maher, B. The First Automated DNA Sequencer. *Scientist* **2006,** *20* (2), 92.
124. (a) Robert, G.; Blazej, R. G.; Kumaresan, P.; Mathies, R. A. Microfabricated Bioprocessor for Integrated Nanoliter-Scale Sanger DNA Sequencing. *Proc. Natl. Acad. Sci. U.S.A.* **2006,** *103* (19), 7240–7245.
(b) Paegel, B. M.; Blazej, R. G.; Mathies, R. A. Microfludic Devices for DNA Sequencing: Sample Preparation and Electrophoretic Analysis. *Curr. Opin. Biotechnol.* **2003,** *14*, 42–50.
(c) Koester, H.; Tang, K.; Fu, D. J.; Braun, A.; van den Boom, D.; Smith, C. L.; Cotter, R. J.; Cantor, C. R. A Strategy for Rapid and Efficient DNA Sequencing by Mass Spectrometry. *Nat. Biotechnol.* **1996,** *14* (9), 1123–1128.
125. Botstein, D.; White, R. L.; Skolnick, M.; David, R. W. Construction of a Genetic Linkage Map in Man Using Restriction Fragment Length Polymorphisms. *Am. J. Hum. Genet.* **1980,** *32*, 314–331.
126. Donis-Keller, H.; Green, P.; Helms, C.; Cartinhour, S.; Weiffenbach, B.; Stephens, K.; Keith, T. P.; Bowden, D. W.; Smith, D. R.; Lander, E. S. A Genetic Linkage Map of the Human Genome. *Cell* **1987,** *51*, 319–337.
127. Watson, J. D.; Cook-Deegan, R. M. Origins of the Human Genome Project. *FASEB J.* **1991,** *5* (1), 8–11.
128. <https://www.genome.gov/12011239/a-brief-history-of-the-human-genome-project/>
129. Lander, E. S.; Linton, L. M.; Birren, B.; Nusbaum, C.; Zody, M. C.; Baldwin, J.; Devon, K.; Dewar, K.; Doyle, M.; FitzHugh, W., et al. Initial Sequencing and Analysis of the Human Genome. *Nature* **2001,** *409*, 860–921.
130. <https://www.jcvi.org/>.
131. Overly, S. GlaxoSmithKline Buys Human Genome Sciences for $3.6B. *Washington*

Post, **July 16, 2012**, <https://www.washingtonpost.com/blogs/capital-business/post/glaxosmithkline-buys-human-genome-sciences-for-36b/2012/07/16/gJQAW9JfoW_blog.html?utm_term = .615e58d767ae>.

132. Marris, E. Free Genome Databases Finally Defeat Celera. *Nature* **2005,** *435*, 6.
133. Venter, J. C.; Adams, M. A.; Myers, E. W.; Li, P. W.; Mural, R. J.; Sutton, G. G.; Smith, H. O.; Yandell, M.; Evans, C. A.; Holt, R. A., et al. The Sequence of the Human Genome. *Science* **2001,** *291*, 1304–1351.
134. Fleischmann, R. D.; Adams, D.; White, O.; Clayton, R. A.; Kirkness, E. F.; Kerlavage, A. R.; Bult, C. J.; Tomb, J. F.; Dougherty, B. A.; Merrick, J. M., et al. Whole-Genome Random Sequencing and Assembly of *Haemophilus influenzae* Rd. *Science* **1995,** *269* (5223), 496–512.
135. Goffeau, A.; Barrell, B. G.; Bussey, H.; Davis, R. W.; Dujon, B.; Feldmann, H.; Galibert, F.; Hoheisel, J. D.; Jacq, C.; Johnston, M.; Louis, E. J.; Mewes, H. W.; Murakami, Y.; Philippsen, P.; Tettelin, H.; Oliver, S. G. Life With 6000 Genes. *Science* **1996,** *274* (5287), 546 and 563–567.
136. Blattner, F. R.; Plunkett, G.; Bloch, C. A.; Perna, N. T.; Burland, V.; Riley, M.; Collado-Vides, J.; Glasner, J. D.; Rode, C. K.; Mayhew, G. F.; Gregor, J.; Davis, N. W.; Kirkpatrick, H. A.; Goeden, M. A.; Rose, D. J.; Mau, B.; Shao, Y. The Complete Genome Sequence of *Escherichia coli* K-12. *Science* **1997,** *277*, 1453–1462.
137. Adams, M. D.; Celniker, S. E.; Holt, R. A.; Evans, C. A.; Gocayne, J. D.; Amanatides, P. G.; Scherer, S. E.; Li, P. W.; Hoskins, R. A.; Galle, R. F., et al. The Genome Sequence of *Drosophila melanogaster*. *Science* **2000,** *287* (5461), 2185–2195.
138. Blair, H. A.; Duggan, S. T. Belimumab: A Review in Systemic Lupus Erythematosus. *Drugs* **2018,** *78* (3), 355–366.
139. Frampton, J. E. Crizotinib: A Review of Its Use in the Treatment of Anaplastic Lymphoma Kinase-Positive, Advanced Non-Small Cell Lung Cancer. *Drugs* **2013,** *73* (18), 2031–2051.
140. Deeks, E. D. Ivacaftor: A Review of Its Use in Patients With Cystic Fibrosis. *Drugs* **2013,** *73* (14), 1595–1604.
141. (a) Anderson, N. G.; Anderson, N. L. Twenty Years of Two-Dimensional Electrophoresis: Past, Present and Future. *Electrophoresis* **1996,** *17*, 443–453.
    (b) Wasinger, V. C.; Cordwell, S. J.; Cerpa-Poljak, A.; Yan, J. X.; Gooley, A. A.; Wilkins, M. R.; Duncan, M. W.; Harris, R.; Williams, K. L.; Humphery-Smith, I. Progress With Gene-Product Mapping of the Mollicutes: *Mycoplasma genitalium*. *Electrophoresis* **1995,** *16*, 1090–1094.
    (c) Wilkins, M. R.; Sanchez, J. C.; Gooley, A. A.; Appel, R. D.; Humphery-Smith, I.; Hochstrasser, D. F.; Williams, K. L. Progress With Proteome Projects: Why All Proteins Expressed by a Genome Should be Identified and How to Do It. *Biotechnol. Genet. Eng. Rev.* **1995,** *13*, 19–50.
142. O'Farrell, P. H. High Resolution Two-Dimensional Electrophoresis of Proteins. *J. Biol. Chem.* **1975,** *250*, 4007–4021.
143. Klose, J. Protein Mapping by Combined Isoelectric Focusing and Electrophoresis of Mouse Tissues. A Novel Approach to Testing for Induced Point Mutations in Mammals. *Humangenetik* **1975,** *26*, 231–243.
144. Scheele, G. A. Two-Dimensional Gel Analysis of Soluble Proteins. Characterization of Guinea Pig Exocrine Pancreatic Proteins. *J. Biol. Chem.* **1975,** *250*, 5375–5385.
145. Anderson, N. G.; Matheson, A.; Anderson, N. L. Back to the Future: The Human Protein Index (HPI) and the Agenda for Post-Proteomic Biology. *Proteomics* **2001,** *1*, 3–12.
146. Yates, J. R., III The Revolution and Evolution of Shotgun Proteomics for Large-Scale Proteome Analysis. *J. Am. Chem. Soc.* **2013,** *135*, 1629–1640.
147. Yamashita, M.; Fenn, J. B. Electrospray Ion Source. Another Variation on the Free-Jet Theme. *J. Phys. Chem.* **1984,** *88* (20), 4451–4459.
148. Fenn, J. B.; Mann, M.; Meng, C. K.; Wong, S. F.; Whitehouse, C. M. Electrospray Ionization for Mass Spectrometry of Large Biomolecules. *Science* **1989,** *246* (4926), 64–71.
149. Smith, R. D.; Udseth, H. R. Capillary Zone Electrophoresis—MS. *Nature* **1988,** *351*, 639–640.

150. Hunt, D. F.; Henderson, R. A.; Shabanowitz, J.; Sakaguchi, K.; Michel, H.; Sevilir, N.; Cox, A. L.; Appella, E.; Engelhard, V. H. *Science* **1992,** *255,* 1261.
151. Sokolow, S.; Steiner, U.; Lewis, J. R., USPTO, Eds. System for Controlling Instrument Using a Levels Data Structure and Concurrently Running Compiler Task and Operator Task. US4947315, 1990.
152. Mapping and Sequencing the Human Genome, National Research Council (US) Committee on Mapping and Sequencing the Human Genome. National Academies Press: Washington, DC, 1988.
153. Eng, J. K.; McCormack, A. L.; Yates, J. R., III An Approach to Correlate Tandem Mass Spectral Data of Peptides With Amino Acid Sequences in a Protein Database. *J. Am. Soc. Mass. Spectrom.* **1994,** *5* (11), 976–989.
154. <https://www.proteomicsdb.org/>.
155. <http://www.humanproteomemap.org/>.
156. <https://www.ebi.ac.uk/pride/archive/>.
157. <https://portal.biobase-international.com/build_ghpywl/idb/1.0/html/bkldoc/source/bkl/proteome/proteome_intro.html>.
158. <https://www.hupo.org/>.
159. <https://www.hupo.org/human-proteome-project>.
160. Winau, F.; Westphal, O.; Winau, R. Paul Ehrlich—In Search of the Magic Bullet. *Microbes and Infect.* **2004,** *6* (8), 786–789.
161. Fagraeus, A. The Plasma Cellular Reaction and Its Relation to the Formation of Antibodies *In Vitro*. *J. Immunol.* **1948,** *58* (1), 1–13.
162. Burnet, F. M. *The Clonal Selection Theory of Acquired Immunity;* Vanderbilt University Press: Nashville, TN, 1959.
163. Schwaber, J.; Cohen, E. P. Human X Mouse Somatic Cell Hybrid Clone Secreting Immunoglobulins of Both Parental Types. *Nature* **1973,** *244* (5416), 444–447.
164. Köhler, G.; Milstein, C. Continuous Cultures of Fused Cells Secreting Antibody of Predefined Specificity. *Nature* **1975,** *256* (5517), 495–497.
165. Riechmann, L.; Clark, M.; Waldmann, H.; Winter, G. Reshaping Human Antibodies for Therapy. *Nature* **1998,** *332* (6162), 323–327.
166. Smith, S. L. Ten Years of Orthoclone OKT3 (muromonab-CD3): A Review. *J. Transplant Coord.* **1996,** *6* (3), 109–119.
167. Barnhart, B. J. DOE Human Genome Program. *Hum. Genome Q.* **1989,** *1,* 1.
168. (a) Anderson, C. Thrombolysis With Alteplase After Stroke: Extending Outcomes. *Lancet Neurol.* **2013,** *12* (8), 731–732.
     (b) <http://www.activase.com/>
169. (a) Corwin, H. L.; Gettinger, A.; Fabian, T. C.; May, A.; Pearl, R. G.; Heard, S.; An, R.; Bowers, P. J.; Burton, P.; Klausner, M. A.; Corwin, M. J. Efficacy and Safety of Epoetin Alfa in Critically Ill Patients. *N. Engl. J. Med.* **2007,** *357* (10), 965–976.
     (b) <http://www.epogen.com/>
170. (a) Maini, R.; Clair, E. W., St.; Breedveld, F.; Furst, D.; Kalden, J.; Weisman, M.; Smolen, J.; Emery, P.; Harriman, G.; Feldmann, M.; ATTRACT Study Group. Infliximab (Chimeric Anti-Tumour Necrosis Factor Alpha Monoclonal Antibody) Versus Placebo in Rheumatoid Arthritis Patients Receiving Concomitant Methotrexate: A Randomised Phase III Trial. *Lancet* **1999,** *354* (9194), 1932–1999.
     (b) <http://www.remicade.com/>
171. (a) Hudis, C. A. Trastuzumab—Mechanism of Action and Use in Clinical Practice. *N. Engl. J. Med.* **2007,** *357* (1), 39–51.
     (b) <http://www.herceptin.com/>
172. Blick, S. K. A.; Keating, G. M.; Wagstaff, A.; Ranibizumab, J. *Drugs* **2007,** *67* (8), 1199–1206.
173. Roth, E. M. Alirocumab for low-Density Lipoprotein Cholesterol Lowering. *Future Cardiol.* **2019,** *15* (1), 17–29.
174. Toussirot, E. Ixekizumab: An Anti-IL-17A Monoclonal Antibody for the Treatment of

Psoriatic Arthritis. *Expert Opin. Biol. Ther.* **2018,** *18* (1), 101–107.

175. Singh, H.; Grewal, N.; Arora, E.; Kumar, H.; Kakkar, A. K. Vedolizumab: A Novel Anti-Integrin Drug for Treatment of Inflammatory Bowel Disease. *J. Nat. Sci., Biol. Med.* **2016,** *7* (1), 4–9.
176. (a) Moreland, L.; Bate, G.; Kirkpatrick, P. Abatacept. *Nat. Rev. Drug Discovery* **2006,** *5* (3), 185–186.
    (b) <http://www.orencia.com/index.aspx>
177. Ellis, C. N.; Krueger, G. G. Treatment of Chronic Plaque Psoriasis by Selective Targeting of Memory Effector T Lymphocytes. *N. Engl. J. Med.* **2001,** *345* (4), 248–255.
178. Sorbera, L. A. Aflibercept Antiangiogenic Agent Vascular Endothelial Growth Factor Inhibitor. *Drugs Future* **2007,** *32* (2), 109–117.
179. Olsen, E. A.; Dunlap, F. E.; Funicella, T.; Koperski, J. A.; Swinehart, J. M.; Tschen, E. H.; Trancik, R. J. A Randomized Clinical Trial of 5% Topical Minoxidil Versus 2% Topical Minoxidil and Placebo in the Treatment of Androgenetic Alopecia in Men. *J. Am. Acad. Dermatol.* **2002,** *47* (3), 377–385.
180. Barkan, I. D. Industry Invites Regulation: The Passage of the Pure Food and Drug Act of 1906. *Am. J. Public Health* **1985,** *75* (1), 18–26.
181. The Great American Fraud: A Series of Articles on the Patent Medicine Evil, Reprinted From Collier's Weekly by Samuel Hopkins Adam (Author), Gadarowski, J. C. (Editor), CreateSpace Independent Publishing Platform, January 15, 2014, Seattle, WA, USA.
182. <http://www.usp.org/>
183. <http://www.usp.org/usp-nf>
184. (a) Ballentine, C. Taste of Raspberries, Taste of Death The 1937 Elixir Sulfanilamide Incident. *FDA Consum. Mag.* **1981.**
    (b) Wax, P. M. Elixirs, Diluents, and the Passage of the 1938 Federal Food, Drug and Cosmetic Act. *Ann. Intern. Med.* **1995,** *122* (6), 456–461.
185. <http://www.fda.gov/AboutFDA/WhatWeDo/History/CentennialofFDA/CentennialEditionofFDAConsumer/ucm093787.htm>
186. (a) Kim, J. H.; Scialli, A. R. Thalidomide: The Tragedy of Birth Defects and the Effective Treatment of Disease. *Toxicol. Sci.* **2011,** *122* (1), 1–6.
    (b) Stephens, T. D.; Brynner, R. *Dark Remedy: The Impact of Thalidomide and Its Revival as a Vital Medicine;* Perseus Books: New York, 2001.
187. The Durham-Humphrey Amendment. *J. Am. Med. Assoc.,* **1952,** *149* (4), 371.
188. Peltzman, S. An Evaluation of Consumer Protection Legislation: The 1962 Drug Amendments. *J. Pol. Economy* **1973,** *81* (5), 1049–1091.
189. Sokal, A. M.; Gerstenblith, B. A. The Hatch-Waxman Act: Encouraging Innovation and Generic Drug Competition. *Curr. Top. Med. Chem.* **2010,** *10* (18), 1950–1959.
190. Nick, C. The US Biosimilars Act: Challenges Facing Regulatory Approval. *Pharm. Med.—N.Z.* **2012,** *26* (3), 145–152.
191. Fleck, L. The Costs of Caring: Who Pays? Who Profits? Who Panders? *Hastings Cent. Rep.* **2006,** *36* (3), 13–17.

第3章

药物发现中的经典靶点

随着药物发现过程的不断发展，人们越来越专注于对大分子靶点的解析。在20世纪上半叶，由于受到当时技术的制约，有关药物-蛋白相互作用的结构信息和机制研究停滞不前。随着技术的不断发展和药物发现过程的推进，X射线结晶学、分子模拟、PCR和重组DNA等技术手段为药物作用的生物靶点提供了越来越清晰的图像。虽然可成药的靶点（可以与治疗药物作用的大分子）的具体数量仍然存在争议[1]，但针对致病性生物体和人类的基因组测序有望解决这一难题。

2003年完成的人类基因组计划证明了这一点，人类生存所需的23条染色体是由大约30亿个DNA碱基对组成的，这些碱基对编码了20 000～25 000个蛋白编码基因[2]。微生物基因组[3]虽小，但富含大量的蛋白编码基因。虽然并非所有的这些基因和基因翻译产物都能直接或间接地参与发病过程、疾病进展或药物治疗，但用于药物发现的大分子靶点的数量仍然是相当可观的。最近的研究表明，大约有5000个潜在的“可成药”的大分子靶点适用于小分子药物研发，另外有3200个靶点可能适用于生物学治疗（图3.1）[4]。

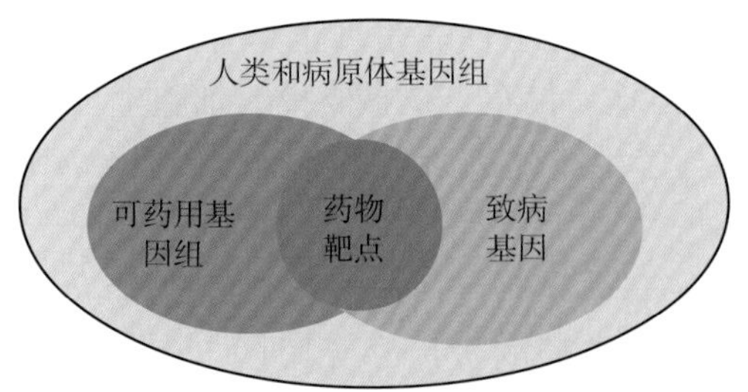

图3.1　人类和病原体基因组绘制的完成为理解潜在药物靶点提供了丰富的信息，但并不是所有被发现的基因都可作为药物作用的靶点来进行研究。用于药物治疗的有效靶点应该既是可药用的基因又是可致病的基因。不能治疗疾病的可药用基因是无效的靶点，而致病基因被调控后如果不能有效地控制疾病进程，也不太可能成为药物开发的靶点

大自然很擅于创造各种各样的生物大分子。事实上，对已上市药物的分析表明，绝大多数药物的靶点属于四种类型的大分子，即酶（enzyme）、G蛋白偶联受体（G-protein-coupled receptor，GPCR）、离子通道（ion channel）和转运体（transporter，也称为转运蛋白）。其他类型的药物靶点，如核受体（nuclear receptor）和生物分子相互作用（蛋白-蛋白、蛋白-DNA、蛋白-RNA相互作用）也引起了科学界的关注。在药物发现领域，了解

药物靶点的生化特性和功能对药物研发的成功至关重要。此外，这些大分子不仅仅是药物发现中的靶点，还经常在体外筛选中被用作工具来发现潜在治疗药物，相关内容将在第4章中详细讨论。值得一提的是，制药行业目前所涉及的靶点仅仅是所有潜在靶点的九牛一毛。目前，市面上有超过21 000个上市药物，但是这些药物仅含有不到1700种结构，通过与324个药物靶点相互作用而发挥治疗作用（图3.2）[5]。

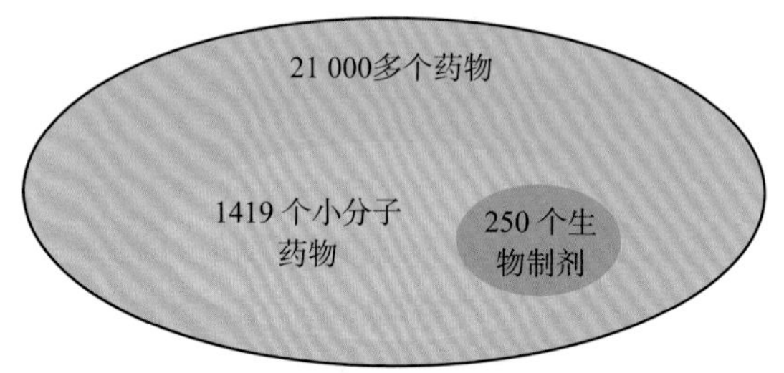

图3.2　虽然已上市药物的数量超过21 000个，但其中真正起疾病治疗作用的药物则要少得多。除去补充剂、显像剂、维生素、重复的盐等，只有不到1700个独特的药物分子。生物大分子药物只占其中的12.2%，但是随着技术的发展，这一门类正在不断增加。据估计，所有上市药物的作用靶点总计324个

3.1 蛋白

在考虑各种药物靶点的整体结构和功能之前，必须先了解蛋白的基本结构。虽然DNA携带了生物体的遗传密码，但蛋白才是真正具有生物功能的物质。蛋白具有多种多样的活性，包括催化反应、运输、储存、机械支撑、细胞生长分化、运动协调，以及传导神经冲动等。蛋白几乎参与了生物体的所有生命活动，虽然不同的蛋白之间有很大的差异，但仍然有许多相似之处。

首先，所有蛋白是由一套α-氨基酸（α-amino acid）通过一系列酰胺键连接在一起组成的。理论上，可用的α-氨基酸的数量是无限的，但自然界主要存在20种α-氨基酸（图3.3）。此外，还有一些天然的氨基酸如鸟氨酸和4-羟脯氨酸，但很少出现在氨基酸序列中。一般而言，绝大多数蛋白（靶点）都是由这20种氨基酸构成的。除了甘氨酸外，其余的氨基酸都含有手性中心，而自然界只利用其中的一个对映异构体（图3.3）。α-氨基酸通过酰胺键连接在一起，从而形成几十到上千个由α-氨基酸组成的线性多肽。目前已知最大的多肽Tintins包含27 000～33 000个α-氨基酸，该肽有助于提高肌肉的弹性[6]。一系列的α-氨基酸连接在一起被称为蛋白的线性序列或一级结构（primary structure）。蛋白起始于N端（N-terminus，第一个氨基酸的氨基部分），终止于C端（C-terminus，最后一个氨基酸的羧基部分）。

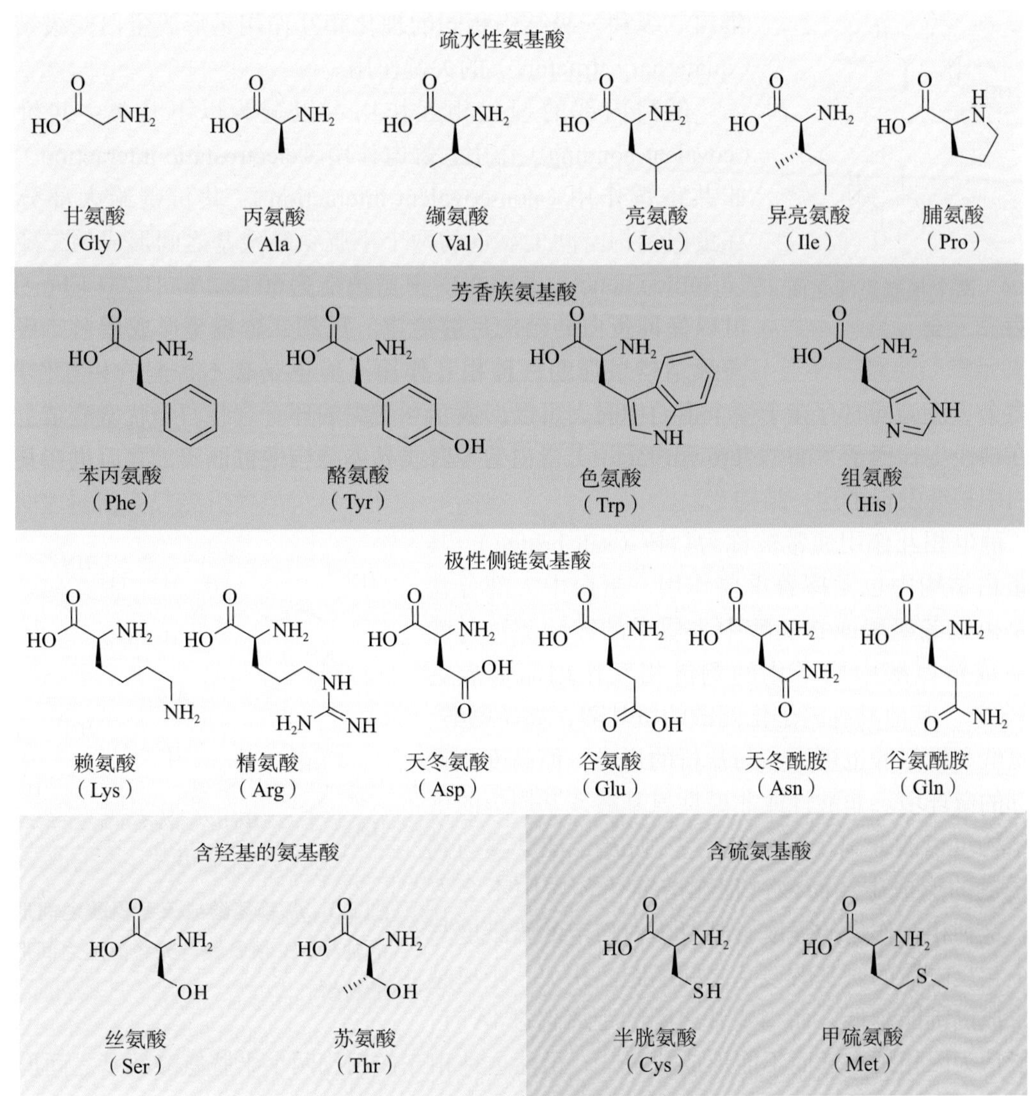

图3.3　**组成蛋白的20个基本α-氨基酸**

当然，蛋白不是简单的长链线状α-氨基酸序列，其有着各种各样的由蛋白一级结构所决定的三维结构。线性的氨基酸序列通过蛋白内部各种理化相互作用形成了蛋白的三维结构。这些相互作用导致肽链的折叠、扭转和弯曲，最终形成了决定蛋白生物功能和活性的三维结构。线性氨基酸序列中彼此接近的氨基酸的空间分布称为蛋白的二级结构（secondary structure）。多数情况下，二级结构高度有序，并具有特定的形状，如α螺旋和β折叠。二级结构的组合，以及线性上彼此远离，而又能在蛋白内部因理化作用聚集在一起的氨基酸之间的相互作用统称为蛋白的三级结构（tertiary structure）。

通常，由一个蛋白构成的结构足以执行必要的生物功能，但在许多情况下，单是一个肽链是不够的，需要多个肽链作为亚基聚集在一起组装成一个更大的分子复合物来发挥其生物功能。亚基组装而成的结构单元及亚基之间相互作用被称为蛋白的四级结构。与形成

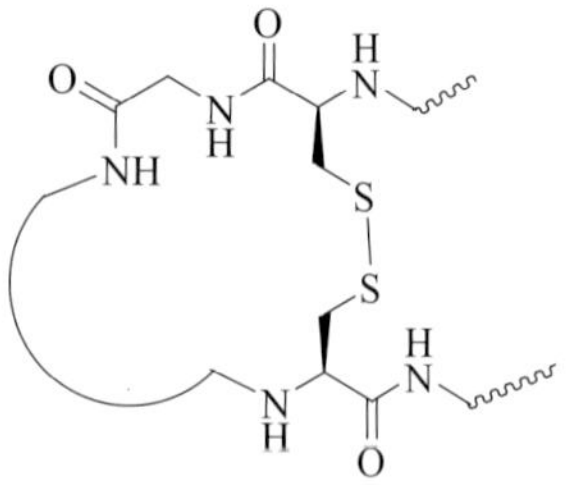

图3.4 两个半胱氨酸之间形成的二硫键

蛋白二级和三级结构相同的理化相互作用是形成蛋白四级结构（quaternary structure）的关键作用。

蛋白内部的理化相互作用可以分为以下几类：共价键（covalent bonding）作用、静电作用（electrostatic interaction）和非共价键作用（non-covalent interaction）。共价键绝大部分是在蛋白结构空间上靠近的两个半胱氨酸残基之间形成的二硫键（disulfide bond）（图3.4），其解离能为60 kcal/mol（251 kJ/mol），可以保证蛋白的结构足够稳定。虽然二硫键是形成蛋白二级和三级结构最强的一种相互作用，但也是最不普遍的相互作用。当多个二硫键同时存在于一个蛋白中时，可以形成相互交织的环。这些“半胱氨酸结”最早在神经生长因子（nerve growth factor）蛋白的X射线晶体结构中被证实，之后也在其他蛋白中相继发现了这一结构[7]。

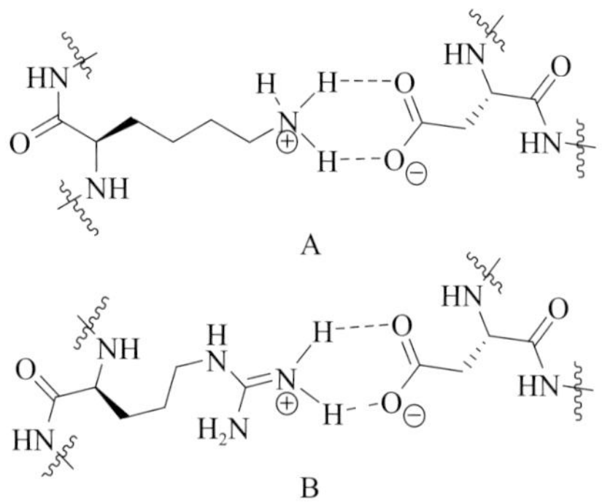

图3.5 A.赖氨酸或天冬氨酸之间形成的盐桥；B.精氨酸与天冬氨酸之间形成的盐桥

静电相互作用通常被称为盐桥（salt bridge），其在蛋白结构中也发挥着重要作用。蛋白中大部分盐桥是由天冬氨酸或谷氨酸中去质子的羧酸侧链与赖氨酸或精氨酸中质子化的侧链相互作用而形成的（图3.5）。其他具有离子化侧链的氨基酸，如丝氨酸、酪氨酸和组氨酸也可以参与盐桥的形成，但高度依赖局部的微环境。非酸性或非碱性氨基酸残基周边的蛋白结构可以改变离子化侧链的表观pK_a，使其参与到离子键的形成中，而该过程在溶剂化环境中不会发生。这种相互作用的强度及其对蛋白稳定的贡献度与两个相反电荷的氨基酸残基之间的距离相关。距离越远，成键键能越低，而当残基之间的距离超过4Å时，一般认为因相距太远而不能形成盐桥[8]。虽然这种相互作用比两个半胱氨酸残基之间形成的共价作用更为常见，但其并非维持蛋白三维结构的主要作用。

非共价相互作用，如疏水作用、π-堆积作用和π-阳离子相互作用在稳定蛋白三维结构中发挥着主要作用。虽然这些相互作用都不如半胱氨酸-半胱氨酸键（二硫键）或盐桥强，但是非共价相互作用的数目较多，足以弥补单个键作用强度较弱的缺点。例如，线性序列中的每个氨基酸残基都可以参与形成两个单独的氢键（hydrogen bond）相互作用，一个作为氢键供体（hydrogen bond donor），另一个作为氢键受体（hydrogen bond receptor）。如果将该氢键作用乘以蛋白线性序列中的氨基酸总数，由此产生的稳定结构的作用将十分巨大。但每种非共价相互作用的性质不同，这一部分将另外讨论。

尽管疏水作用在自然界中属于相对较弱的作用力，但其被认为是蛋白折叠的主要驱动力之一。简言之，蛋白内部的非极性侧链聚集使得结构较为稳定（图3.6A）。苯丙氨酸、丙氨酸、缬氨酸、亮氨酸及异亮氨酸等氨基酸会互相折叠以远离周围的水分子，从而在蛋白结构中形成一个疏水口袋。非极性侧链不能形成氢键作用、离子相互作用或者共价作用，所以不同侧链之间的吸引力仅仅依靠范德瓦耳斯力（van der Waals force）。单独的范德瓦耳斯力是微弱的，但整个蛋白序列产生的整体范德瓦耳斯力在稳定蛋白的二级和三级结构中发挥了巨大作用。

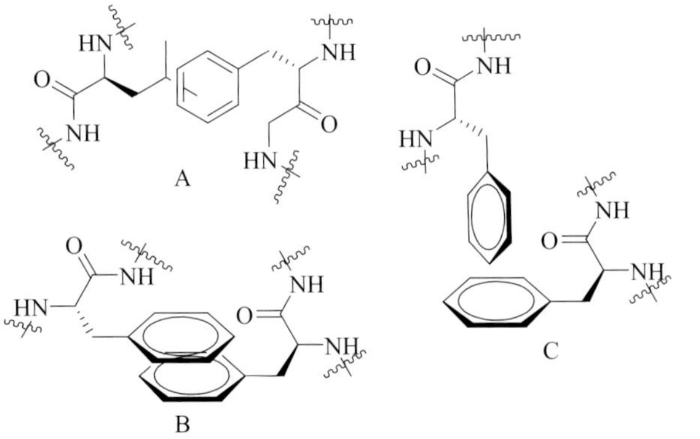

图3.6　A. 亮氨酸与苯丙氨酸之间形成的疏水作用；B. 两个苯丙氨酸之间形成的面对面π-堆积作用；C. 两个苯丙氨酸之间形成的“T”形π-堆积作用

具有芳香侧链的氨基酸，如苯丙氨酸、酪氨酸，可以额外形成两个有利的相互作用力来稳定蛋白折叠。第一种称为π-堆积（π-stacking）作用，是指两个芳香体系之间形成的相互吸引作用。π-堆积作用可以由两个芳香环面对面平行形成类似三明治的形态（图3.6B），也可以相互垂直形成类似“T”形的形态（图3.6C），在这两种形态中，两个芳香体系之间的距离是π-堆积强度的决定因素。π系统之间的重叠程度也会影响π-堆积作用的强度，在面对面的“三明治”形态中，这一概念更容易理解。当两个芳香环的中心重叠时，π-堆积作用强度最大；当环的中心远离（平行位移）时，π-堆积作用的强度就会降低。芳香体系中取代基的引入也会影响这种非共价相互作用力。尽管对于蛋白折叠的作用不大，但是通过改造芳香环系统的取代基来改变药物与蛋白的结合性质是一个有效的策略[9]。

芳香族氨基酸侧链和带有正电荷的氨基酸侧链之间也会有相互作用，称为π-阳离子（π-cation）作用，该作用力也会影响蛋白折叠（图3.7）。在这种情况中，由于富电子芳香环的π电子云在环平面的上方和下方形成局部的负电荷，其可以顺利地和带有正电荷的氨基酸（如质子化的赖氨酸或精氨酸）侧链发生相互作用。π-阳离子作用力的强度和氢键几乎在同一数量级，其强度受多种因素的影响，如两个连接基团之间的距离、作用力的角度、芳香环系统的表面静电势能等。表面静电势能和候选药物的分子亲和能力相关，可以通过芳香环上的取代基进行调节。当其他影响因素保持不变时，向芳香环上引入给电子取代基会增加环中心的静电势能，从而增强π-阳离子作用力。相反，吸电子取代基会降低芳香环中心的静电势，从而降低π-阳离子作用力。π-阳离子作用力和芳香取代基之间的关系可以有效地应用于调节潜在治疗药物的蛋白结合性质[10]。

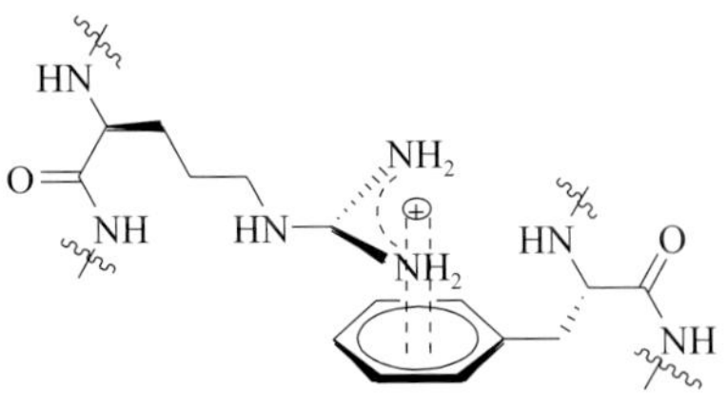

图3.7　质子化的精氨酸和苯丙氨酸形成的π-阳离子作用

氢键在决定大分子三维结构方面同样发挥着重要作

用。偶极-偶极（dipole-dipole）相互作用由氢键供体的极化氢原子和氢键受体的孤对电子产生。常见的氢键供体包括醇类、胺类、胍类及酰胺键的—NH—基团，常见的氢键受体包括醇类、胺类、胍类及酰胺键的氧原子（图3.8）。氢键的键能强度由距离和朝向决定，键能强度的变化范围为1～7 kcal/mol，一般为3～5 kcal/mol。同疏水作用力一样，单独的氢键强度是相对较小的，但是整个肽链上所有的氢键作用力对蛋白结构的稳定发挥了至关重要的作用。蛋白线性序列上的每一个酰胺键都包含一个氢键供体（—NH—）和一个氢键受体（—CO—），从而可以稳定蛋白的折叠模式。例如，蛋白肽骨架结构的组成成分包括α螺旋（图3.9A）、β折叠（图3.9B）、β转角（图3.9C）等结构单元，这些结构单元就是依靠氢键相互作用力形成的。此外，大部分的氨基酸侧链也可以作为氢键供体、氢键受体，或者两者兼具，从而存在更多形成氢键的可能性，使得蛋白的结构更加稳定[11]。

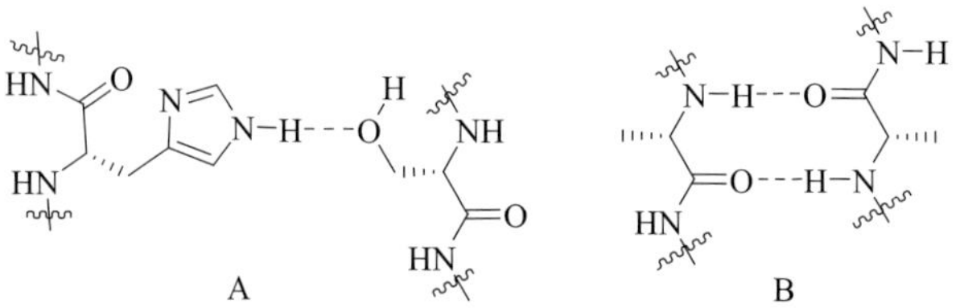

图3.8　A. 组氨酸和丝氨酸侧链之间的氢键相互作用；B. 肽链骨架上酰胺片段之间的氢键相互作用

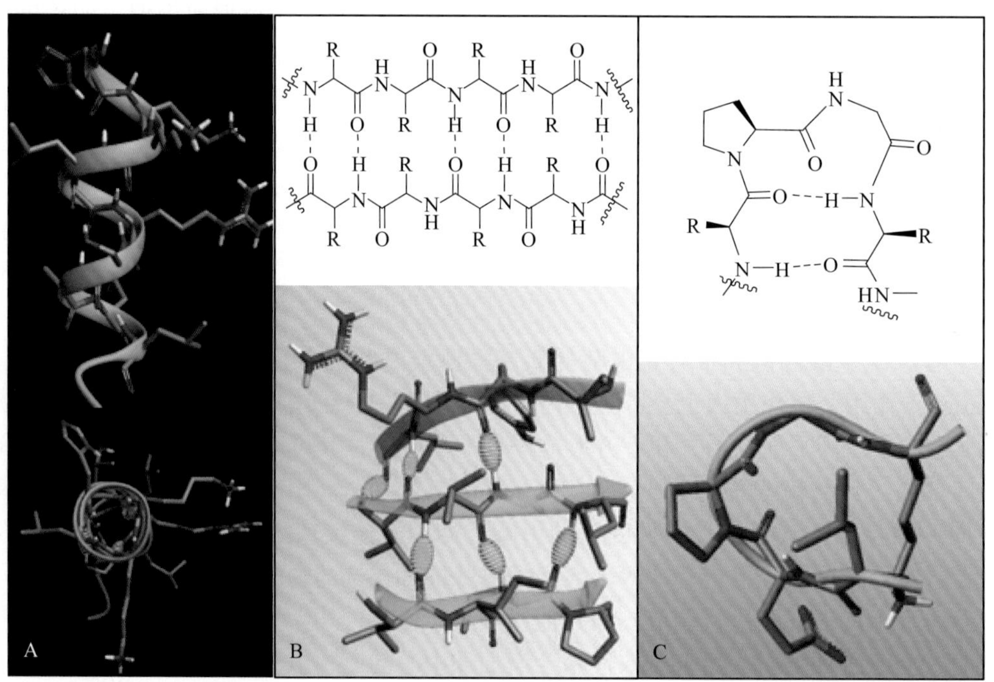

图3.9　A. α螺旋是蛋白中常见的结构单元，由多肽骨架中的酰胺单元所产生的氢键相互作用力形成。每个螺旋包含3.6个氨基酸残基，每个完整的螺旋长度是5.4Å。由于多肽链的旋转，侧链会从桶状结构中伸出。图中展示了两个视角。B. 由于蛋白每个多肽链骨架的酰胺基团的存在，长肽链之间可以生成一系列的氢键从而连接在一起，形成β折叠结构。β折叠结构中多肽链之间可以是平行的，也可以是反平行的。C. 当多肽链中4个或5个氨基酸形成180°转弯时，会出现β转角结构。β转角结构通过氢键稳定并且经常出现在β折叠结构中

蛋白线性链上多种多样的共价和非共价相互作用力共同提供了稳定蛋白所需的能量，决定了蛋白的三维结构和生理功能。以上讨论的药物靶点（如酶、GPCR、离子通道、跨膜转运体、蛋白-蛋白相互作用、核受体）都是由上述相互作用力形成的蛋白结构。当然，另一些潜在的药物靶点（如DNA、RNA）也受到了制药公司的关注，并对这些靶点或多或少地投入了一定的研究精力。毫无疑问，每一类靶点的研究探索都是有意义的。

3.2 酶

简单而言，酶是一类天然的蛋白催化剂，可以帮助完成生命所需的化学转化。1877年，威廉·库内（Wilhelm Kühne）首次提出了酶的概念，但是很多年后科学界才意识到酶是一类蛋白。洋刀豆脲酶（jack bean urease）可以将尿素转化为氨气和二氧化碳，其在1926年被詹姆斯·B. 萨姆纳（James B. Sumner）通过结晶得到，也是第一个被认为是蛋白的酶[12]。从此以后，在广泛的生理功能中，成千上万的酶被鉴定为关键的调节物质，如信号转导、肌肉收缩、细胞大小调节、病毒感染、荧光发光等。迄今为止，已经发现了六大种类的酶（表3.1）。鉴于酶的广泛功能和重要性，其常被作为药物发现过程的重要靶点也就不足为奇了。

表3.1　六大种类酶的典型实例

分类	功能	举例
氧化还原酶（oxidoreductase）	催化氧化还原反应，把电子从一个分子转移到另一个分子，通常使用辅助因子	3-羟基-3-甲基戊二酸单酰辅酶A还原酶，环氧合酶，单胺氧化酶，乙醇脱氢酶
转移酶（transferase）	催化官能团从一种化合物转移到另一种化合物	酪氨酸激酶，逆转录酶，DNA甲基转移酶，糖基转移酶
水解酶（hydrolase）	催化化学键的水解	HIV蛋白酶，酪氨酸磷酸酶，羧肽酶，流感病毒神经氨酸酶
裂解酶（lyase）	以非水解或氧化的方式催化化学键的裂解，通常形成双键或环	腺苷酸环化酶，丙酮酸脱羧酶，马来酸水合酶，异柠檬酸裂合酶
异构酶（isomerase）	催化结构重排形成底物的异构体	拓扑异构酶，视黄醇异构酶，甘露糖异构酶，异柠檬酸差向异构酶
连接酶（ligase）	催化大分子与化学键的结合	DNA连接酶，RNA连接酶，E3泛素连接酶，酪氨酸-tRNA连接酶

从结构上而言，酶是由一系列氨基酸组成的，这些氨基酸通过之前描述的相互作用力进行折叠和螺旋，形成了酶特定的三维结构。酶发挥活性所需要的氨基酸数量具有高度的差异性。例如，4-草酰巴豆酸互变异构酶（4-oxalocrotonate tautomerase）可以将2-羟基粘康酸酯转化为4-羰基-2-己烯酸二酯，其是最小的酶之一，仅由62个氨基酸组成[13]。相对

而言，脂肪酸合酶（fatty acid synthase）是合成脂肪酸的关键酶，是最大的酶之一，由超过2500个氨基酸组成[14]。

尽管酶的体积可能很大，但在自然条件下，酶是高度特异性的，一般而言，其催化的底物范围很窄，仅仅催化单一类型的反应，而且酶的活性位点也仅仅占整体酶的一小部分（图3.10）[15]。酶的其他部分作为必要的骨架结构构成酶的活性位点，就像建筑中的框架提供了结构上的支持，从而能在建筑中建造一个个房间。活性位点可以看作酶骨架中由位点附近氨基酸残基形成的裂缝或空腔。构成活性位点"墙壁"的氨基酸决定了酶的特异性，而这种构成"墙壁"所需的相互作用力和形成蛋白整体形状的作用力是相同的。活性位点的"墙壁"提供了空间上的限制性，从而决定了在生理上契合的底物，多样的氨基酸侧链可以和底物进行积极的相互作用。芳香侧链（如苯丙氨酸）可以为底物和酶之间提供形成π-堆积作用和π-阳离子相互作用的可能性，同时疏水相互作用可以发生在非极性氨基酸侧链和底物分子的非极性区域之间。活性位点的氨基酸侧链（如精氨酸、天冬氨酸等）或蛋白骨架的酰胺基团同样可以和底物形成氢键。如果化合物不能够满足和活性位点结合的严格条件，就不能够成为酶的底物。

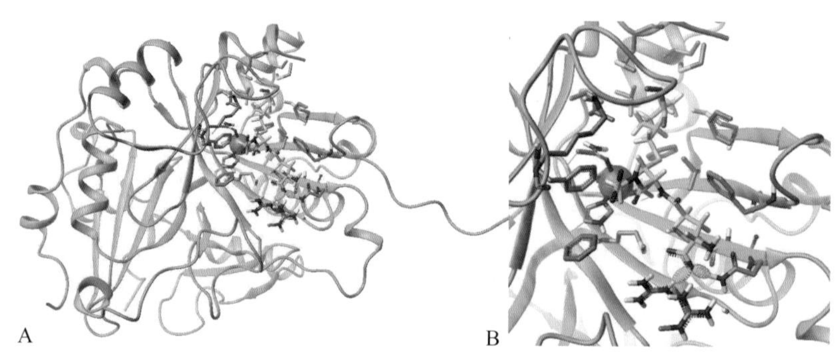

图3.10　A.人乙醛酶1是一种催化甲基乙二醛的半硫缩醛和还原型谷胱甘肽生成*S-D*-乳酰基谷胱甘肽的酶，该酶是由两个含183个氨基酸残基的蛋白组成的二聚体。图中显示了单体酶与*S*-己基谷胱甘肽结合的X射线晶体结构。B.人乙醛酶1与*S*-己基谷胱甘肽结合的活性位点的放大图像。催化位点含有对酶活性至关重要的锌原子（RCSB 1BH5）

酶是如何加速化学反应的问题困扰了科学家超过100年的时间。最早关于酶机制的假说是由埃米尔·费舍尔（Emil Fischer）于1894年提出的。他的"锁钥理论"（lock and key）（图3.11）认为酶和底物一定具有完全互补的几何形状，从而使酶能在给定的分子上发挥催化作用[16]。布朗（Brown）[17]和亨利（Henri）[18]对费舍尔的理论进行了优化，他们认为酶促反应通过酶-底物复合物来进行（图3.11A）。1958年，丹尼尔·科什兰德（Daniel Koshland）提出了"诱导契合"（induced fit）的概念，进一步完善了酶促反应理论。该理论认为当底物和活性位点结合时，会诱导酶自身构象发生变化。这些构象变化可以移动关键的残基至合适的方向来催化所需的反应，从而提高酶的催化活性（图3.11B）[19]。

相对于简单的酸催化醇和羧酸制备酯，酶催化的反应要复杂得多，但是定义催化的基本特征仍然是一样的。酶可以降低一个已知反应发生所需的活化能，从而增加反应到达平衡的速度（图3.12）。例如，人碳酸酐酶能够催化CO_2转化为H_2CO_3，其速率比非催化状

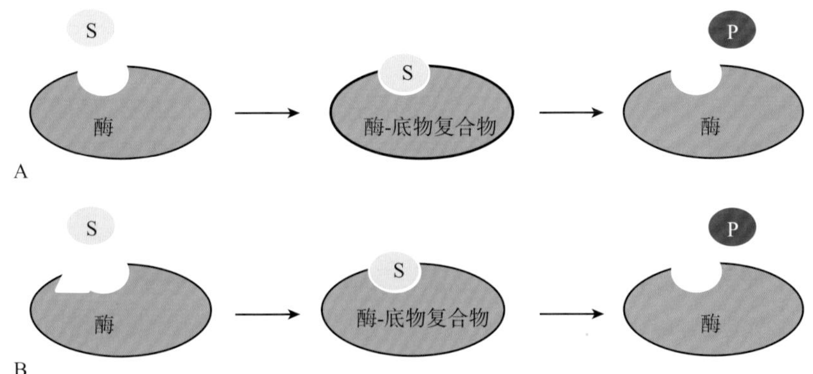

图3.11　A.埃米尔·费舍尔于1894年提出的理论奠定了当今对酶促反应理解的基石，其认为酶和底物（S）一定要有互补的形状，从而来催化反应生成产物（P）。后来，布朗和亨利提出了新的概念，认为催化过程会短暂地生成酶-底物复合物反应中间体。B.科什兰德在1958年提出了“诱导契合”理论，认为底物和酶的结合会引起酶的整体构象变化，变成更有利于催化反应所需的结构

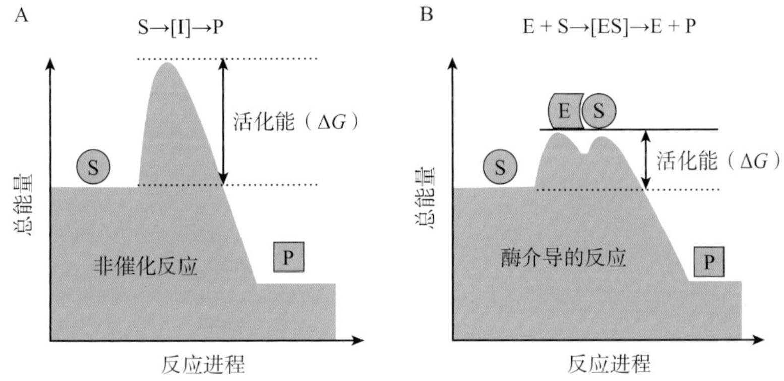

图3.12　A.在没有催化剂存在的情况下，一个给定的反应会从起始原料（S）开始，经历一个过渡态中间体（I），最终生成产物（P），其中中间体的能量比起始原料的能量高。到达过渡态所需的能量称为活化能（ΔG）。一般而言，降低一个反应的活化能会提高反应速率。B.酶作为反应的催化剂，可以通过生成较低能量的中间体（酶-底物复合物，ES）来降低反应的活化能。底物和酶之间的相互结合降低了反应所需要的能量。在有些反应中，底物和酶会生成多个较低能量的中间体，从而降低反应的整体活化能

态下快了近10^8倍，而乳清苷-5′-磷酸脱羧酶催化乳清苷-5′-磷酸转化为尿苷-5′-磷酸的速度比非酶反应快10^{17}倍[20]。而且，与非生物催化剂一样，酶在催化过程中没有变化。一旦从底物到产物的转化完成，酶就可以自由地与另一个底物分子结合并重复这个催化循环，直至达到化学平衡。

一项对丝氨酸蛋白酶（又称丝氨酸内肽酶）裂解肽键反应机制的研究阐明了酶反应的机制（图3.13）。这种酶利用各种氢键相互作用和一个关键的丝氨酸侧链来水解蛋白肽链骨架中的酰胺键。在没有催化剂的情况下，酰胺键的水解需要苛刻的条件，但是丝氨酸蛋白酶能以极高的速率完成这个反应。底物进入活性位点后，丝氨酸-195与底物（图3.13A）发生反应生成酶底物-复合物中间体（图3.13B）。这种中间体的形成是由活性位点中其他氨基酸的氢键作用支撑的。天冬氨酸-102和组氨酸-57通过氢键促进丝氨酸-195

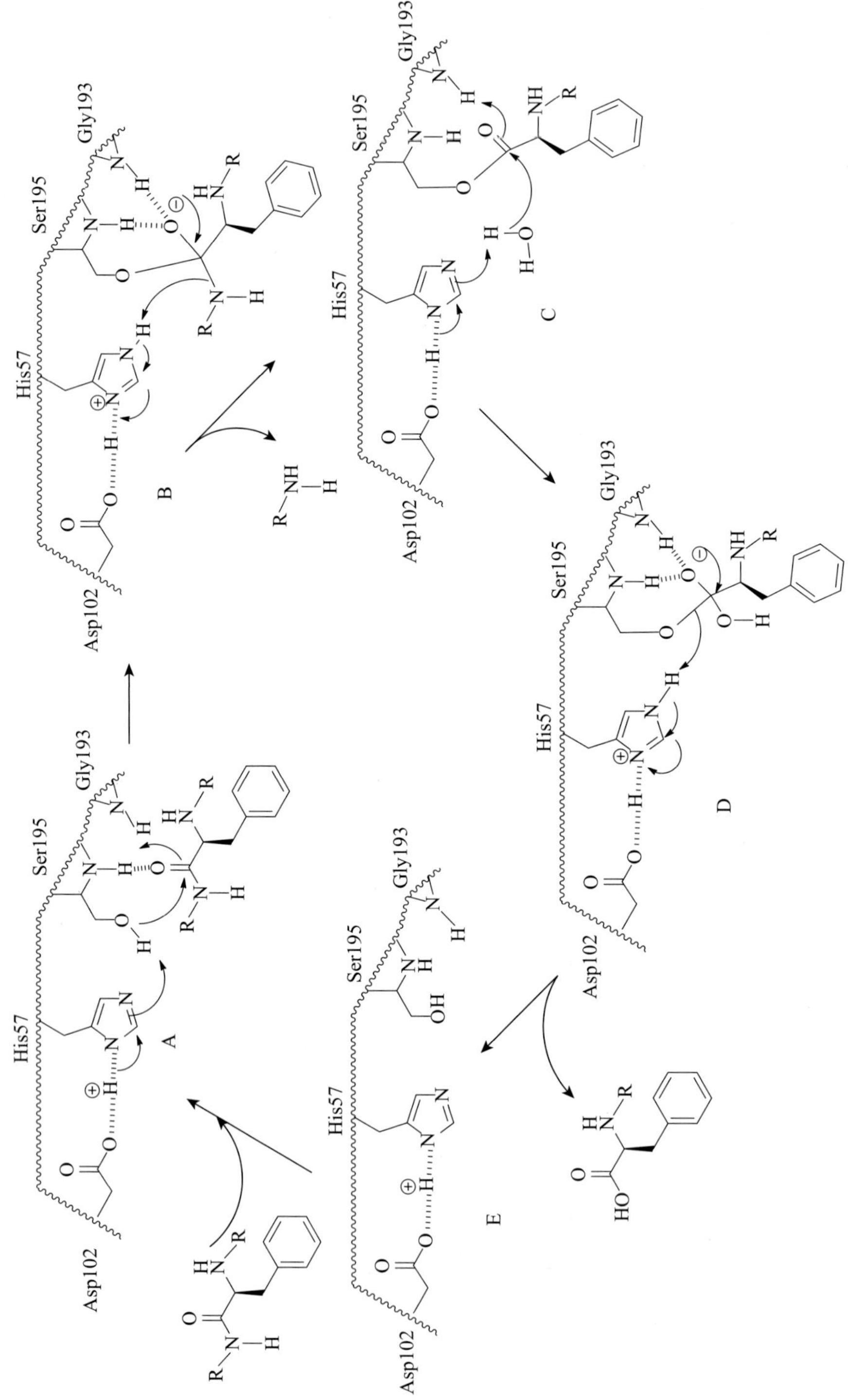

图3.13 丝氨酸蛋白酶裂解肽类酰胺键的反应机制

的还原，使其与酰胺键发生反应。另外，酰胺底物的羰基通过与丝氨酸-195和甘氨酸-193的相互作用而变得更为活泼。在第一步中形成的过渡中间体随着酰胺键中氨基部分的离去而重排，使原有的酰胺羰基与丝氨酸-195结合生成酯（图3.13C）。虽然酯的稳定性不如酰胺，但在没有催化剂的情况下，酯的裂解也很缓慢。丝氨酸-195酯（图3.13C）与水分子在相同活性位点的氨基酸侧链辅助下进行反应，该氨基酸侧链还能辅助形成第二瞬态中间体（图3.13D），最后该过渡态重排释放多肽底物的C端部分，而释放出来的酶又能重新与新的底物（图3.13E）结合[21]。

在某些情况下，酶需要额外的辅助因子才能发挥正常的功能（图3.14）。这些辅助因子或辅酶可以是各种各样的原子和分子。例如，基质金属蛋白酶[22]需要锌原子的存在才可以降解胶原蛋白和明胶。没有锌，这些酶就不能发挥作用。铁、镁、锰、钼、硒和铜也是各种酶系统所需的辅助因子[23]。

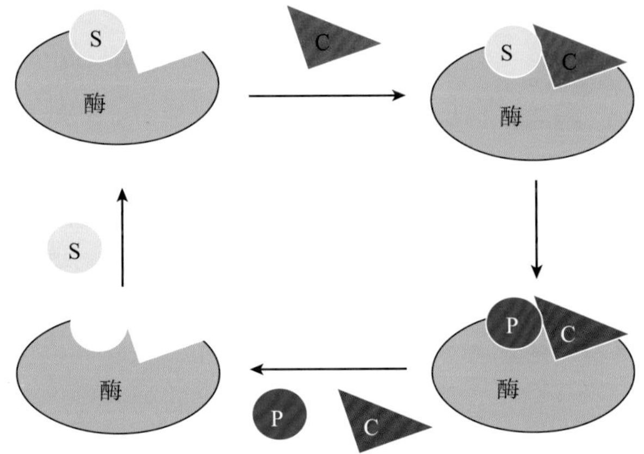

图3.14 **酶与底物（S）结合，然后与支持酶促反应的辅酶结合。反应完成后，产物被释放，酶和辅酶再次进行催化循环。在某些情况下，辅酶必须在下一个反应周期之前再生**

有机化合物在辅酶中也扮演着重要的角色。例如，CYP450 17A1[24]，又被称为17-α-羟化酶或$C_{17,20}$-裂解酶，在生成如黄体酮、盐皮质激素、糖皮质激素、雄激素、雌激素等重要活性化合物的过程中发挥着重要作用，但仍需要铁基血红素单元物质的辅助。氧化还原活性化合物如烟酰胺腺嘌呤二核苷酸磷酸（nicotinamide adenine dinucleotide phosphate，NADP）和黄素腺嘌呤二核苷酸（flavin adenine dinucleotide，FAD）是各种代谢过程中的关键辅助因子。其他重要的辅酶包括辅酶A、腺苷-5′-三磷酸（adenosine-5′-triphosphate，ATP）、辅酶Q和血红素B（图3.15）。辅酶的循环通常是通过独立的酶途径实现的[25]。

根据酶抑制剂的一般作用模式，可以将其分为几个不同的类别，即竞争性抑制剂（competitive inhibitor）、不可逆抑制剂（irreversible inhibitor）和变构抑制剂（allosteric inhibitor）（图3.16）。作为酶竞争性抑制剂的化合物能够占据酶的活性位点（或其中一部分），从而阻止天然底物进入活性位点。在这种情况下，抑制是可逆的，因为酶和抑制剂之间没有形成共价键。抑制剂与蛋白活性位点相互作用的作用力与蛋白在自然状态下的作

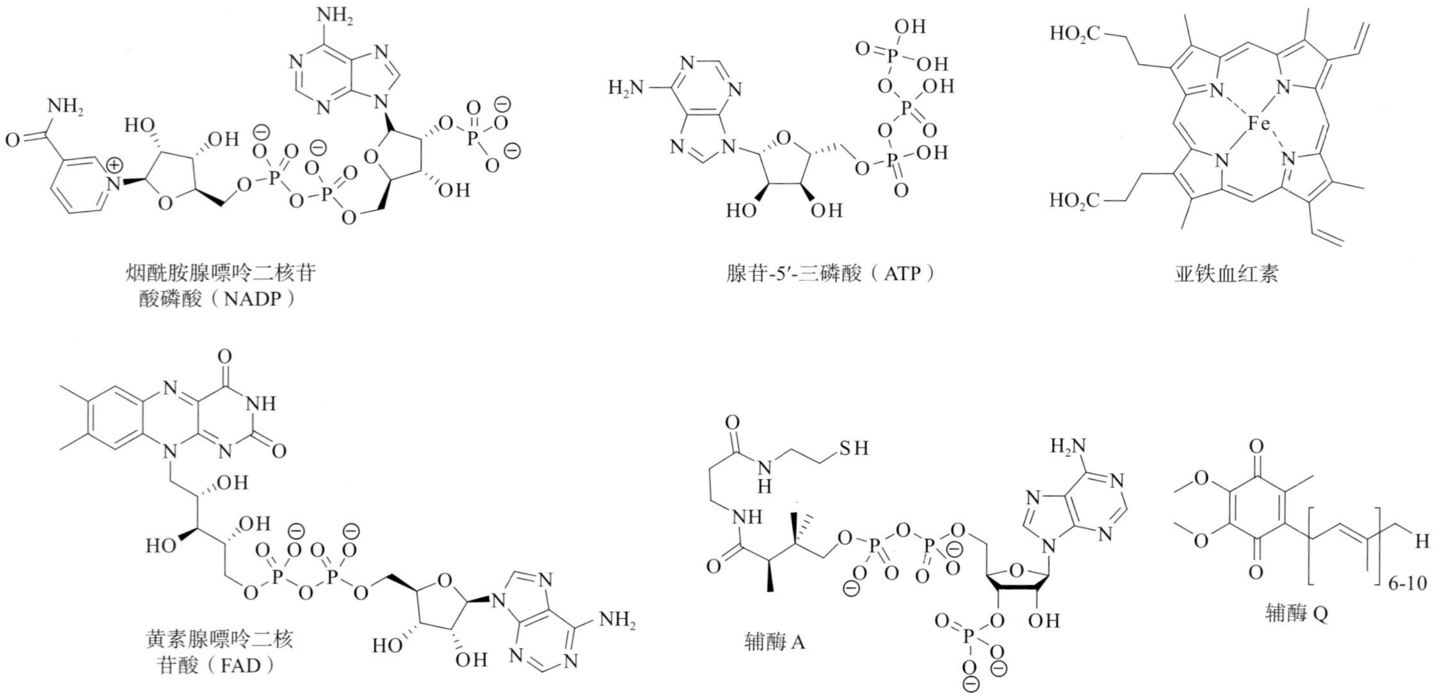

烟酰胺腺嘌呤二核苷酸磷酸（NADP）

腺苷-5'-三磷酸（ATP）

亚铁血红素

黄素腺嘌呤二核苷酸（FAD）

辅酶 A

辅酶 Q

图 3.15 辅酶是许多酶促反应的必需成分。NADP 和 FAD 被用于酶还原反应；ATP 是细胞系统中最常见的能量转移剂；辅酶 A 是酰基转移剂；辅酶 Q 是产生细胞能量的电子传递链的一部分；血红素 B 是人体中最丰富的血红素，是血红蛋白中氧的载体

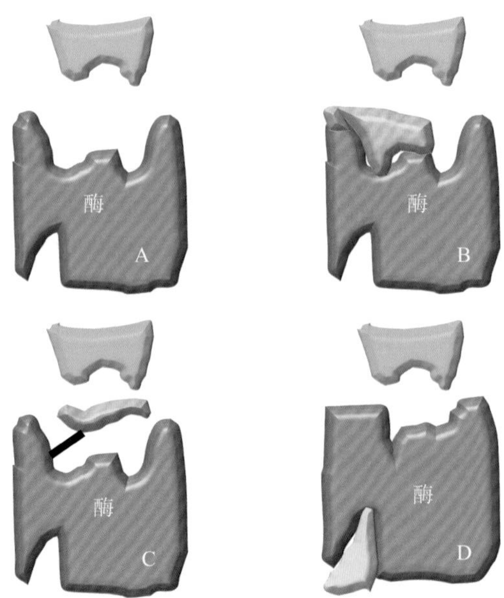

图3.16　A.在常规酶促反应过程中底物（绿色）与活性位点的相互作用。B.竞争性抑制剂（橙色）可逆性阻断酶的活性位点。C.不可逆抑制剂（橙色）可与活性位点发生共价结合。D.变构抑制剂（黄色）与变构结合位点结合，改变活性位点，阻止底物与活性位点的结合

用力是一致的（如氢键、疏水相互作用等）。例如，流感药物奥司他韦（oseltamivir，Tamiflu®）通过在患者体内代谢过程中产生过渡状态模拟物（GS-4701），可竞争性地抑制流感病毒神经氨酸酶（一种催化唾液酸从糖蛋白中分裂的酶）（图3.17）。在这种情况下，一系列积极有利的相互作用使得药物可逆地占据酶的活性位点，进而阻断天然配体[26]。

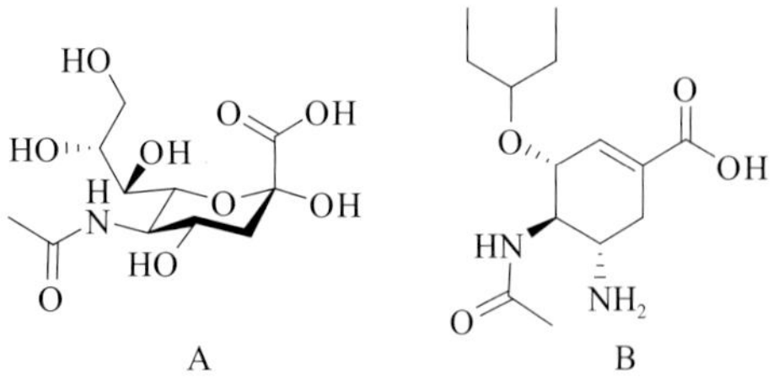

图3.17　A.唾液酸；B.GS-4071

无论如何，选择性对于竞争性抑制剂的开发而言是重中之重的问题。以激酶家族为例，目前对这类酶的研究较为充分（已有超过500个已知的实例），该类酶通过ATP介导的催化过程使其底物磷酸化。该类酶对大多数细胞的功能至关重要，特别是那些与正常和疾病状态下信号转导有关的功能[27]。虽然任何特定激酶的底物可能是不同的，需要与不同的氨基酸序列结合，但ATP的结构在不同的酶中是不变的。大自然利用了这一点，在大多数激酶中循环利用了ATP的结合域，这导致这一酶系家族高度的同源性。虽然这在自然界可能是高效的，但却给靶向ATP结合区域的激酶竞争性抑制剂的开发带来了重要的选择性问题。换言之，具有完全不同的磷酸化底物的激酶可能具有相似的或相同的ATP结合域，这使得设计一种选择性抑制单一激酶而非其他激酶的化合物变得非常具有挑战性。

变构抑制剂，正如其名字所暗示的，会结合在酶活性区域以外的区域而发挥作用。尽管酶的活性位点未被占据，但由于变构抑制剂的存在，底物也无法进入。当变构抑制剂与

变构结合位点（与酶活性位点不同的结合位点）结合时，会诱导酶的整体构型发生变化，使结合位点不再能与天然配体发生相互作用（图3.16D）。例如，在癌症进展过程中起重要作用的激酶MEK1可以被像CI-1040这样的化合物变构抑制。虽然该化合物是MEK1和MEK2的有效抑制剂，但其不与ATP结合域结合，而ATP结合域是MEK1的活性位点。相反，CI-1040与活性位点邻近的结合位点结合，通过与变构位点的结合所引起酶的构象变化来抑制MEK1（图3.18）[28]。尽管激酶家族的酶在ATP结合位点上具有高度的同源性，但变构结合位点却不一定如此。这为设计激酶家族中具有更高选择性的化合物提供了机会。

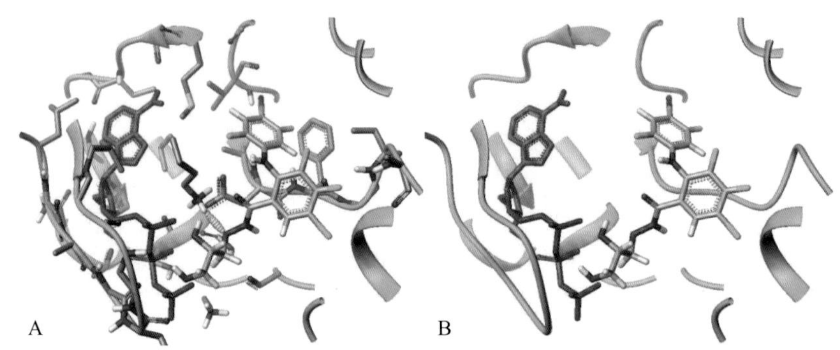

图3.18 A.CI-1040占据MEK1活性位点附近的变构结合位点（ATP以红色表示，显示了主要侧链残基）。B.CI-1040及ATP（红色）与MEK1结合（未显示侧链）（RCSB 1S9J）

来源：http://www.rcsb.org/pdb/explore/explore.do?structureId51S9J

与竞争抑制剂和变构抑制剂不同，不可逆抑制剂通过共价连接至目标酶的活性位点，阻断天然底物的进入，进而使酶失活。例如，β-内酰胺类药物青霉素（benzylpenicillin，penicillin G）与青霉素结合蛋白（penicillin-binding protein，PBP）活性部位的丝氨酸残基发生共价结合，使该蛋白酶失活（图3.19）。PBP在肽聚糖合成的最后阶段发挥至关重要的作用，而肽聚糖是细菌细胞壁的主要组成部分，因而β-内酰胺与PBP的不可逆结合会抑制肽聚糖的合成，最终导致目标微生物的细胞壁强度减小，引起微生物的死亡[29]。由于PBP没有人源类似物，所以由β-内酰胺类抗生素引发副作用的概率很低。然而，当人体也含有目标同源酶时，使用不可逆抑制剂可能会存在一定的问题。不管哪种情况，恢复酶活性通常需要合成一定数量的额外靶酶。例如，假设针对MEK1的ATP结合位点开发不可逆抑制剂，不可逆抑制剂将与MEK1结合，抑制其活性，但鉴于激酶家族内ATP结合位点的高度同源性，很可能许多其他激酶也会被不可逆地抑制。涉及药物代谢酶的不可逆抑制也会改变药物从体内清除的速率，进而导致显著的不良反应，该内容将在第6章中更为详细地讨论。一般而言，制药公司更倾向开发竞争性和变构抑制剂，而不是不可逆抑制剂。

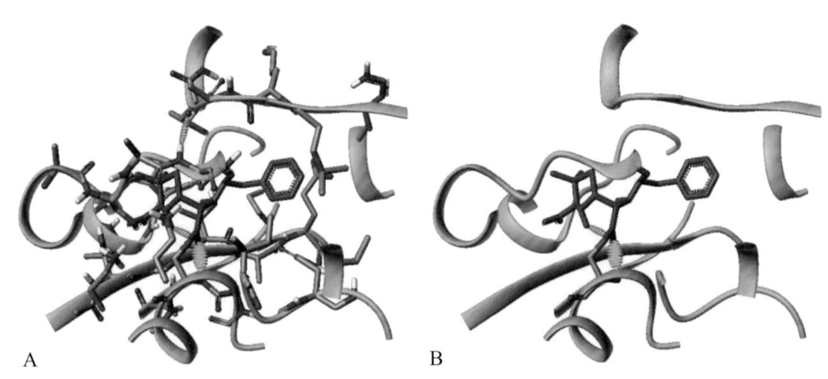

图3.19　A.青霉素（青霉素G，红色）共价结合至结核分枝杆菌青霉素结合蛋白A的活性位点（显示关键侧链）。B.青霉素与结核分枝杆菌青霉素结合蛋白A的活性位点发生共价结合（未显示侧链）（RCSB 3UPO）

来源：http://www.rcsb.org/pdb/explore/explore.do?structureId=3upo

3.3　G蛋白偶联受体

细胞间的跨膜通信对于细胞功能及机体功能的相互协调是非常重要的。人体细胞必须与邻近细胞进行通信，以了解其所处的周边环境，并且很多情况下也会向身体远端位置的细胞提供相应的信息。细胞信号转导通常需要较快的反应速度。例如，接触热表面时的疼痛感必须在与热表面接触后的瞬间传递至大脑。另外，葡萄糖的摄取、细胞增殖，甚至眼睛对光的反应等细胞功能均依赖细胞通信系统的精密联系和响应。尽管酶在促进化学转化方面能力显著，但是并不适合细胞信号转导这项任务。

G蛋白偶联受体（GPCR）在信号转导中发挥着重要作用。这类膜结合蛋白家族能为细胞提供机体维持正常功能所需的信息，是通信网络的主要部分。GPCR作为人膜结合蛋白中最大的一类[30]，在维持正常生理活动的过程中发挥着关键作用。因此，GPCR蛋白家族毫无疑问将继续作为新药研究的重要靶点被广泛研究。

从历史上看，膜结合受体在细胞功能中发挥作用的概念最初是在20世纪初引入“接受物质”（receptive substance）的概念时提出的[31]。尽管详细的作用机制在当时尚不清楚，但兰利（Langley，1901）和黑尔（Hale，1906）提出的细胞外部存在可以对周围环境产生反应的“接受物质”的观点，被证明是现代GPCR认知的基础。“接受物质”的本质在很大程度上是未知的，并且相关的激烈争论持续了近70年，直到1970年，罗伯特·莱夫科维茨（Robert Lefkowitz）和他的合作者才一起迈出解开GPCR结构特征的第一步。他们开创性地使用了放射性同位素标记的促肾上腺皮质激素，从而检测和观察到激动剂与其肾上腺细胞膜上的受体相结合的现象[32]。GPCR的结构和功能密切相关，因此当可用于GPCR检测和可视化的方法出现后，对其功能和结构的研究迅速发展。随着第一个哺乳动物的GPCR晶体——牛视紫红质（bovine rhodopsin）的结构于2000年被报道，GPCR

结构序列的晶体结构得以揭示（图3.20A）[33]。在2007年，人GPCR的X射线衍射晶体结构——β_2肾上腺素能受体也被报道（图3.20B）[34]。

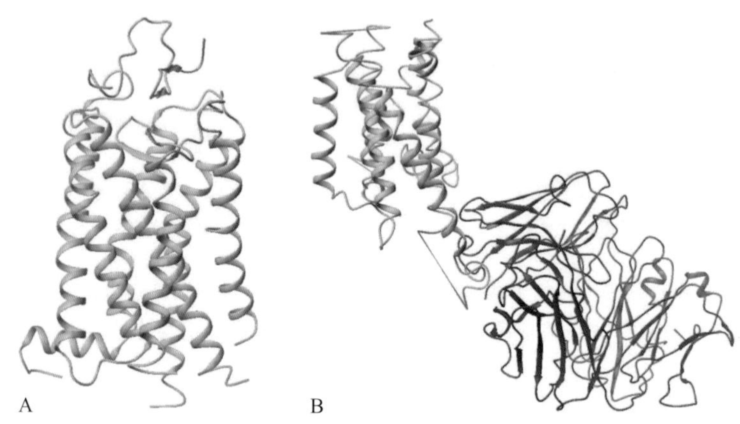

图3.20 A.牛视紫红质（RCSB 1F88）的X射线衍射晶体结构；B.人β_2肾上腺素能受体（RCSB 2R4R）的X射线衍射晶体结构（绿色为跨膜结构域，红色为细胞结构域）

在结构上，所有GPCR都具有许多共同的特征（图3.21）。首先，所有GPCR都是膜结合蛋白，与第二类蛋白（也称为G蛋白）的相互作用受制于配体是否存在。GPCR的跨膜部分形成7个跨膜区段（TM-1～TM-7），其二级结构主要是α螺旋。片段之间通过3个细胞内环（IL-1、IL-2、IL-3）和3个细胞外环（EL-1、EL-1、EL-3）相互连接。虽然不同GPCR的跨膜区域不尽相同，但在整个GPCR家族中仍然具有高度的同源性。这种共同结构特征的存在也给了GPCR家族一个别称——七跨膜（7TM）受体。

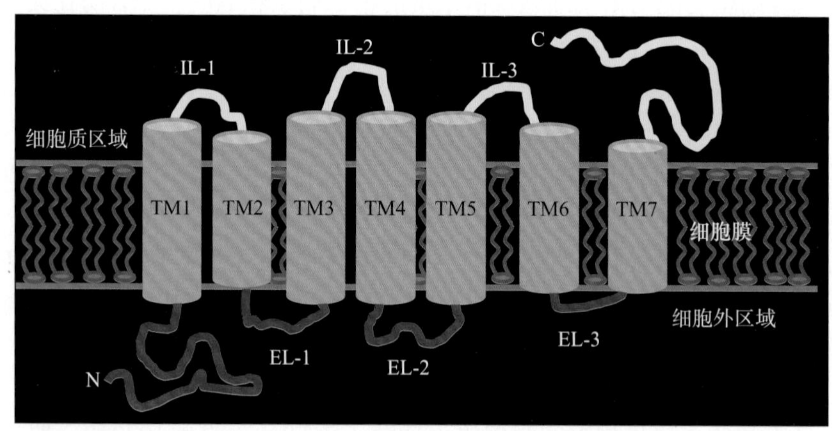

图3.21 经典的GPCR包含7个跨膜区（TM-1～TM-7，灰色），3个细胞内环（IL-1～IL-3，黄色）和3个细胞外环（EL-1～EL-3，红色）

GPCR的细胞外末端定向使得羧基末端位于细胞膜内侧，而氨基末端位于细胞膜外侧。细胞内环的TM5/6区域较GPCR的跨膜部分具有更高程度的可变性，并且主要负责GPCR对多种配体的区分，使得GPCR仅能被特定的配体特异性激活。在缺乏区分不同类型配体能力的情况下，所有GPCR将被相同的配体激活，从而将显著降低其发送和接收不同化学信号并维持细胞功能的能力。例如，对于单胺和多肽受体，氨基末端往往较小，仅含有10～50个氨基酸残基，而糖蛋白和谷氨酸受体明显较大，含有350～600个氨基酸残基[30]。

尽管尚未确定不同GPCR的确切数目，但基于对人类基因组的分析估计，上述的结构变化已经在五个家族中产生了超过800种独特的GPCR[35]。其中第一类，也是最大的一类为视紫红质家族，拥有分为19个独立类型的超过700个成员（亚型A1～A19）。该受体家族的成员与视紫红质具有同源性，因而在结构上具有较好的相关性。视紫红质是一种可对光子撞击视网膜表面起响应的一类GPCR，但其还具有更广泛的功能[36]。例如，5-羟色胺受体（serotonin receptor）[37]、多巴胺受体（dopamine receptor）[38]、血管紧张素Ⅱ受体（angiotensin Ⅱ receptor）[39]和前列腺素受体（prostaglandin receptor）[40]都属于该家族的成员，这些受体使视紫红质家族在中枢神经系统中发挥功能，也在心血管调节和疼痛感知中发挥了重要作用。尽管具有结构同源性，但每一种GPCR都对互不相同的特异性配体产生响应。

除此之外，还有4种其他较小类别的GPCR。第二类GPCR为分泌素（secretin）家族（15个已知实例）[41]。分泌素GPCR含有GPCR家族经典的7个跨膜区，但该家族的所有成员都与分泌素受体同源。甲状旁腺激素受体（parathyroid hormone receptor）[42]和胰高血糖素受体（glucagon receptor）也是该家族的成员。第三类GPCR为卷曲/味觉（frizzled/taste）GPCR，如同名称所表述的，其在Wnt信号通路介导的细胞分化、增殖，以及味觉的感知等功能中都发挥着重要作用。到目前为止，这一家族已经发现了24个GPCR实例[43]。第四类GPCR为谷氨酸受体（glutamate receptor）（15个成员）[44]，其功能与谷氨酸参与的反应相关。该GPCR家族的关键功能之一是调节突触细胞的兴奋性，使其能在神经传递中发挥重要作用。

最后，第五类GPCR为黏附（adhesion）家族GPCR。与所有的GPCR结构一样，黏附GPCR也具有七跨膜结构域，但其细胞外结构域远大于任何其他GPCR。事实上，因为N端的细胞外侧结构域的大小可以是不受约束的蛋白，所以黏附类GPCR在整个GPCR家族中的结构是最大的。顾名思义，细胞黏附是其功能的一个重要方面，理论上在细胞与靶细胞（如携带外来细胞的免疫细胞）发生细胞黏附之后引发信号转导，最后发挥细胞功能。目前已在免疫细胞、中枢神经系统和生殖组织中鉴定了至少24种黏附GPCR[45]。

3.3.1 G蛋白依赖性信号通路

信号转导要求具有能产生信号的结构和所需传递信息的载体。例如，电话非常适于长距离通信，但是在没有电流的情况下不能使用，电流充当在通信网络终端产生声音的信号。同样地，GPCR是产生信号的机器，但是在没有可传输信号的某种类型的信号分子（即电流）存在的情况下，其几乎难以发挥作用。将信号从GPCR传输到细胞其他位置的信号分子通常被称为“第二信使”（second messenger），并且可以通过激活下游效应器来显著放大信号。第二信使系统主要包含两类，一类是环磷酸腺苷（cyclic adenosine monophosphate，cAMP）系统（图3.22，图3.23），以cAMP（3′, 5′-cAMP）作为其第二信使；另一类是磷脂酰肌醇信使系统（图3.24），其利用肌醇-1, 4, 5-三磷酸（inositol-1, 4, 5-triphosphate，IP_3）和二酰甘油（diacylglycerol，DAG）来介导细胞信号的转导[46]。这两个信号通路通过鸟嘌呤核苷酸结合蛋白与GPCR相“连接”，形成所谓的G蛋白复合物或G蛋白。该复合物是由G_α、G_β和G_γ三个亚基组成的异源三聚蛋白，其每个亚基在信号转导中都发挥着特定的作用。重要的是，G_α蛋白有多种类型，且GPCR信号转导的最终结果高度依赖于G蛋白复合物中G_α的性质。最常见的三种G_α为$G_{\alpha s}$、$G_{\alpha i}$和$G_{\alpha q}$。前两种蛋白$G_{\alpha s}$和$G_{\alpha i}$可激活或抑制cAMP通路，而第三种蛋白$G_{\alpha q}$对磷脂酰肌醇信号系统至关重要。

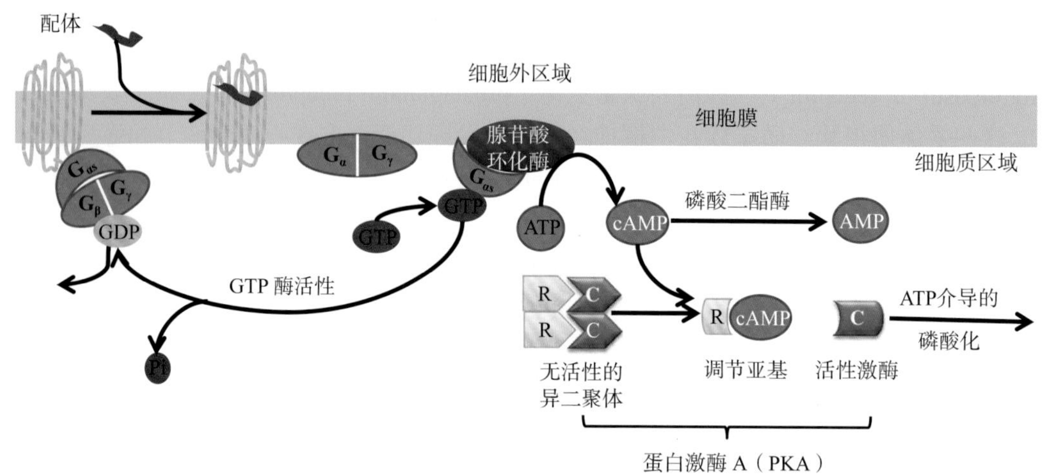

图3.22　$G_{\alpha s}$介导的cAMP信号转导始于配体与GPCR的结合。GPCR的构象变化导致G蛋白复合物与GPCR解离，释放$G_{\alpha s}$蛋白和GDP，并且GTP与$G_{\alpha s}$蛋白结合。GTP-$G_{\alpha s}$蛋白复合物与腺苷酸环化酶结合，激活产生cAMP的酶。cAMP与调节蛋白（R）的结合抑制蛋白激酶A（RC）释放活性蛋白激酶A（C），使其磷酸化分子靶点。该系统受$G_{\alpha s}$蛋白和cAMP磷酸二酯酶的GTP酶活性的共同调节

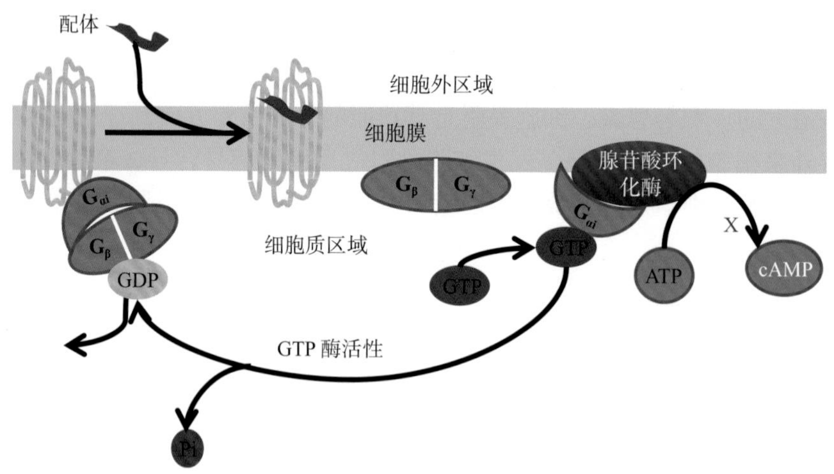

图3.23　$G_{\alpha i}$介导的cAMP信号始于配体与GPCR的结合。GPCR的构象变化导致G蛋白复合物从GPCR上解离，$G_{\alpha i}$蛋白和GDP从G蛋白复合物中释放。与此同时，GTP与$G_{\alpha i}$蛋白结合形成GTP-$G_{\alpha i}$。GTP-$G_{\alpha i}$蛋白复合物与腺苷酸环化酶结合，抑制该酶的活性。这减慢了cAMP的产生并减少了cAMP介导的信号转导。该系统受$G_{\alpha i}$蛋白上的GTP酶活性的调节

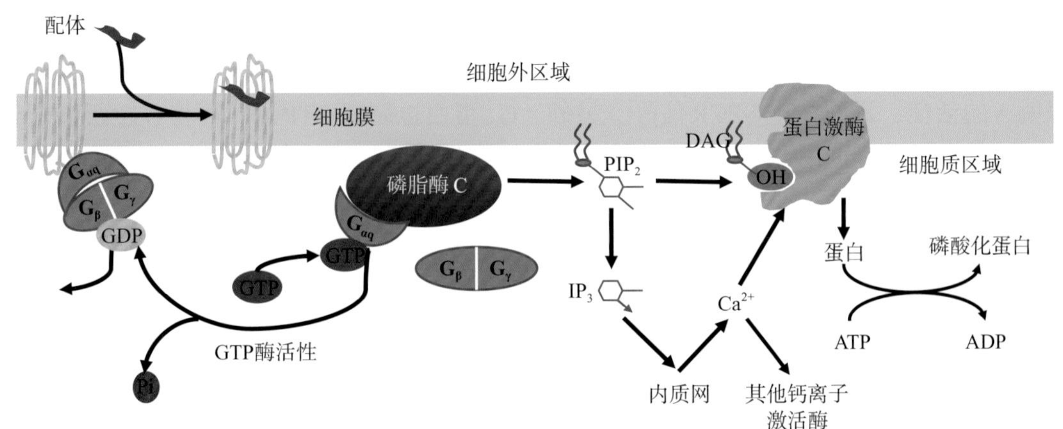

图3.24　IP_3信号转导通过配体与GPCR的结合而启动。GPCR的构象改变导致G蛋白复合物与GPCR解离，释放G_α蛋白和GDP，然后GTP与G_α蛋白结合。GTP-G_α蛋白复合物再与磷脂酶C结合。磷脂酶C水解PIP_2，释放出DAG和IP_3。进入细胞质的IP_3引起细胞内钙库中钙离子的释放，同时膜结合的DAG激活蛋白激酶C，激活的蛋白激酶C通过ATP对靶分子进行磷酸化。钙的存在可以增强蛋白激酶C的活性。该系统通过IP_3和DAG的酶促降解、G_α蛋白的GTP酶活性和细胞质内钙的移除来调控

3.3.2　环磷酸腺苷信号通路

首先从cAMP系统的静息状态（非信号转导或基础水平）展开介绍。在静息状态下，cAMP依赖的GPCR与胞膜上位于细胞质一侧的G蛋白相连。如上所述，G蛋白由G_α、G_β和G_γ三个亚基组成，而在cAMP信号通路中，G_α亚基要么是$G_{\alpha s}$蛋白（激活信号通路，图3.22），要么是$G_{\alpha i}$蛋白（抑制信号通路，图3.23）。在没有配体的情况下，G_α亚基与鸟苷二磷酸（guanosine diphosphate，GDP）分子结合。当天然配体进入细胞外结合位点时，GPCR内的构象发生变化，降低了其对G蛋白的亲和力，并释放出G蛋白。这反过来又启动了G蛋白的构象变化，导致其释放GDP。同时，G_α亚基与G_β-G_γ复合物分离，接着与鸟苷三磷酸（guanosine triphosphate，GTP）结合，G_α-GTP复合物的构象发生变化，并与腺苷酸环化酶（adenylyl cyclase，AC）结合。该酶负责将腺苷-5′-三磷酸（ATP）转化为cAMP，而cAMP是该系统的第二信使。当G_α为$G_{\alpha s}$时（图3.22），$G_{\alpha s}$-GTP复合物的结合激活了AC，使cAMP的水平增加。然后，cAMP细胞内浓度的增加使靶蛋白系统发生变化。在蛋白激酶A的例子中，cAMP结合调节蛋白，该蛋白是抑制激酶活性的酶-调节复合物的一部分，可以抑制酶的活性。然而，cAMP与调节亚基的结合导致调节蛋白构象的变化，使其与蛋白激酶A解离。一旦从调节蛋白中释放出来，蛋白激酶A就变得具有催化活性，通过ATP的介导磷酸化其底物。因此，配体通过与细胞外侧的GPCR结合，将一系列细胞信号最终转化为激酶活性。

当然，一旦信号启动，就需要有一种方法可以关闭信号，这样细胞活动就可以恢复到信号启动前的状态。天然配体与结合位点的解离使GPCR恢复其无活性状态并与G蛋白-GDP复合物结合，但这不会从调节蛋白释放cAMP使其抑制蛋白激酶A，也不会使G_α-GTP复合物与腺苷酸环化酶分开，从而停止产生更多的cAMP。幸运的是，存在其他的调

节途径来终止GPCR信号。例如，cAMP水平受cAMP磷酸二酯酶的调节，其可将cAMP转化为腺苷一磷酸。通过cAMP磷酸二酯酶的作用降解cAMP，使调节蛋白恢复抑制蛋白激酶A的活性，进而终止GPCR信号。另外，$G_{\alpha s}$蛋白也属于GTP酶，可将GTP缓慢转化为GDP。一旦发生这种情况，$G_{\alpha s}$蛋白不再能与腺苷酸环化酶结合，使cAMP的生成停止并终止GPCR信号。

当G蛋白中的$G_{\alpha s}$亚基被替换为$G_{\alpha i}$亚基时，也会发生类似的情况（图3.23）。$G_{\alpha i}$介导途径的起始反应与上述相同，配体与GPCR的结合诱导构象变化，导致G蛋白复合物与GPCR分离。同时G蛋白与GDP解离，G_{β}-G_{γ}复合物与$G_{\alpha i}$亚基分离，$G_{\alpha i}$亚基与GTP结合，随后$G_{\alpha i}$-GTP复合物与腺苷酸环化酶结合。然而，与$G_{\alpha s}$不同的是，$G_{\alpha i}$-GTP复合物与腺苷酸环化酶的结合抑制了该酶，从而减慢了cAMP的合成，降低了cAMP信号的转导和相关下游反应的激活。$G_{\alpha i}$介导的GPCR信号终止与$G_{\alpha s}$介导的GPCR信号终止相似，因为$G_{\alpha i}$是一个GTP酶，可以将GTP转化为GDP。GTP转化为GDP导致腺苷酸环化酶-$G_{\alpha i}$复合物的解离，使腺苷酸环化酶从$G_{\alpha i}$的抑制作用中释放，恢复cAMP的生成。

3.3.3 IP_3信号转导

磷脂酰肌醇信号转导通路（IP_3信号转导通路）与cAMP通路是相似的，但存在一些关键的区别。受体与G蛋白复合物相结合，该G蛋白复合物由包含G_{β}和G_{γ}亚基在内的三个蛋白组成，但是在IP_3信号转导通路中，G蛋白复合物中的G_{α}亚基为$G_{\alpha q}$蛋白。与cAMP通路类似，配体与细胞外表面上的GPCR结合诱导GPCR的构象发生变化，导致GPCR对G蛋白-GDP复合物的亲和力下降，从而使G蛋白-GDP复合物与GPCR解离。同时G蛋白-GDP复合物的构象也发生变化，导致其释放出GDP，同时$G_{\alpha q}$亚基从G_{β}-G_{γ}复合物中解离。随后G_{α}亚基与GTP结合，形成G_{α}-GTP复合物。此时，IP_3信号转导通路偏离了cAMP通路。在IP_3信号通路中，G_{α}-GTP复合物与磷脂酶C相互作用，激活该酶，然后将膜结合的磷脂酰-4, 5-肌醇二磷酸（PIP_2）裂解成两个第二信使分子：IP_3和DAG。IP_3被释放到细胞质中并引发储存于内质网中钙离子的释放。另外，DAG仍然是膜结合的，并与膜结合的蛋白激酶C（protein kinase C，PKC）相互作用，PKC包含调节结构域和催化结构域，DAG通过与PKC的调节结构域结合引起PKC的构象发生变化，激活PKC并增加其对钙的亲和力。PKC的酶活性需要钙的参与，因此IP_3诱导的钙释放对PKC的激活具有协同作用。激活的PKC在ATP依赖性系统中磷酸化其靶点，最终传递配体在细胞表面诱导的信号。

IP_3通路中的信号终止与cAMP通路一样重要，并且有多种方式可以中断该级联反应。G_{α}蛋白的GTP酶活性可以将GTP缓慢转化为GDP并导致G_{α}从磷脂酶C中释放出来，使磷脂酶C失活，这会中断IP_3和DAG的生成，从而终止信号。此外，通过钙ATP酶泵从细胞质基质中移除钙离子也将抑制信号转导（PKC的酶活性依赖于钙离子），同时通过一系列磷酸酶将IP_3转化为肌醇，也可以从信号转导级联反应中消除其影响。另外，DAG可以通过适当的酶系统转化为甘油或发生磷酸化，在两者中的任一种情况下，一旦DAG被从信号转导通路中除去，PKC调节结构域的构象就会恢复到激活前的状态，从而抑制其催化活性，停止信号传递。

3.3.4 β-抑制蛋白通路

尽管GPCR的定义暗示此类蛋白的活性完全由G蛋白介导的途径来驱动，但事实并非如此，由β-抑制蛋白驱动的G蛋白非依赖途径（图3.25，图3.26）也对GPCR有效。与cAMP和IP_3信号类似，配体与GPCR结合引发构象变化，降低其对G蛋白复合物的亲和力。G蛋白释放GDP，$G_{\alpha s}$亚基也从G_β-G_γ复合物中分离。此时，β-抑制蛋白通路与G蛋白依赖的信号通路开始出现差异。在这种情况下，引起G蛋白复合物释放的GPCR构象变化也为GPCR与G蛋白偶联受体激酶（G-protein-coupled receptor kinase，GRK）的相互作用做好了准备。GPCR在GRK的催化下磷酸化，进而导致磷酸化的GPCR与β-抑制蛋白的结合。如此，GPCR将无法与GPCR介导的信号转导所需的G蛋白复合物进行作用，从而使信号转导通路脱敏。通过胞吞作用将GPCR-β-抑制蛋白复合物内吞后，GPCR将被降解，恢复信号通路则需要合成新的GPCR。信号通路的复敏也可以通过受体循环发生，在这种情况下，β-抑制蛋白与磷酸化的GPCR分离后，蛋白磷酸酶使GPCR去磷酸化。这致使GPCR重新整合到细胞膜上并恢复了GPCR信号通路的敏感性（图3.25）。

β-抑制蛋白与磷酸化的GPCR结合也可产生G蛋白非依赖信号机制。该情况下，磷酸化的GPCR-β-抑制蛋白复合物招募额外的效应蛋白，从而导致下游信号事件的发生。例如，GPCR-β-抑制蛋白复合物招募丝裂原活化蛋白激酶（mitogen-activated protein kinase，MAPK），MAPK可以磷酸化其他激酶，如c-Jun N端激酶（c-Jun N-terminal kinase，JNK）、胞外信号调节激酶和P38 MAPK（p38）。这些蛋白的激活可以促进下游信号转导，从而发挥细胞功能（图3.26）。这些信号的终止是通过蛋白磷酸酶介导的GPCR去磷酸化完成的。

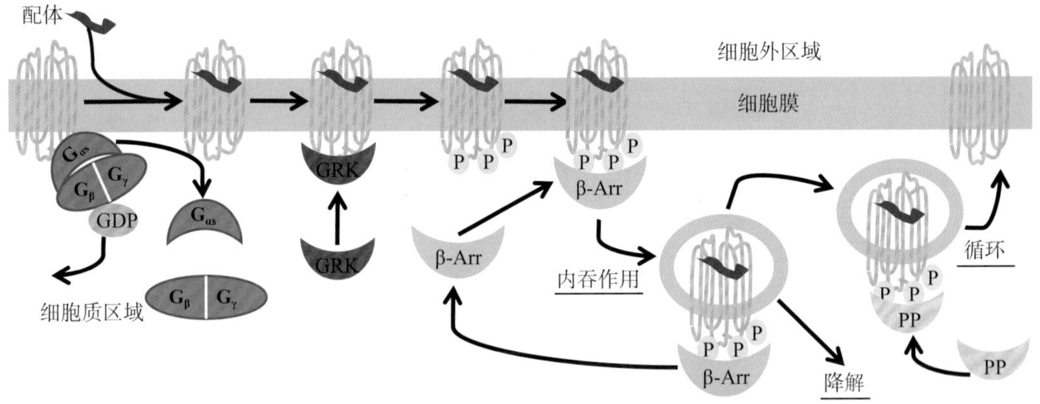

图3.25 β-抑制蛋白（β-Arr）介导的信号转导通过配体与GPCR的结合来启动。GPCR的构象改变导致G蛋白复合物与GPCR解离，释放$G_{\alpha s}$蛋白和GDP，然后GTP与$G_{\alpha s}$蛋白结合。GPCR-配体复合物被G蛋白偶联受体激酶（GRK）磷酸化，随后与β-抑制蛋白结合。磷酸化的GPCR-β-抑制蛋白复合物通过内吞作用内化，使信号通路脱敏。内化的受体可以被降解。在该情况下，通路的复敏需要合成新的GPCR。或者，β-抑制蛋白可以与GPCR分离，磷酸化的GPCR可被蛋白磷酸酶（PP）去磷酸化。随后，GPCR循环到细胞表面，从而使信号通路可以再次进行信号转导

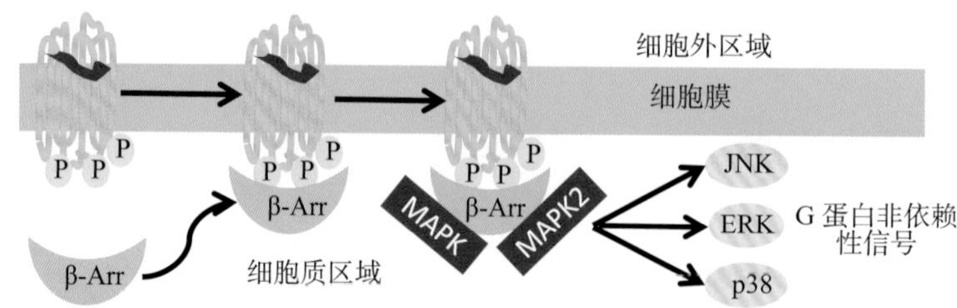

图3.26 **在某些情况下，GPCR被G蛋白偶联受体激酶（GRK）磷酸化，紧接着募集额外的效应蛋白。在上述情况下，GPCR-β-抑制蛋白复合物招募丝裂原活化蛋白激酶（MAPK），导致MAPK被激活。然后这些激酶磷酸化其他的效应蛋白，如c-Jun N端激酶（JNK）、细胞外信号调节激酶（ERK）和P38丝裂原激活蛋白激酶（p38）。这些事件独立于G蛋白介导的信号通路**

3.3.5 G蛋白偶联受体信号通路

GPCR是复杂的系统，更重要的是要明白GPCR并不是孤立存在的，并且跨细胞膜的信息交流通常也不是简单的线性事件。一般而言，细胞表达多种GPCR以对环境作出不同形式的响应，且这些GPCR具有重叠效应，可以影响彼此的活性。总体而言，GPCR在一个细胞中汇总形成信息流的综合体。偏向性配体（biased ligand）的概念表明，单个GPCR存在多种活性构象，可以根据配体的化学结构产生不同的下游信号转导事件，这进一步使情况复杂化（图3.27）。例如，某个GPCR可能与一个配体结合后激活cAMP信号级联反

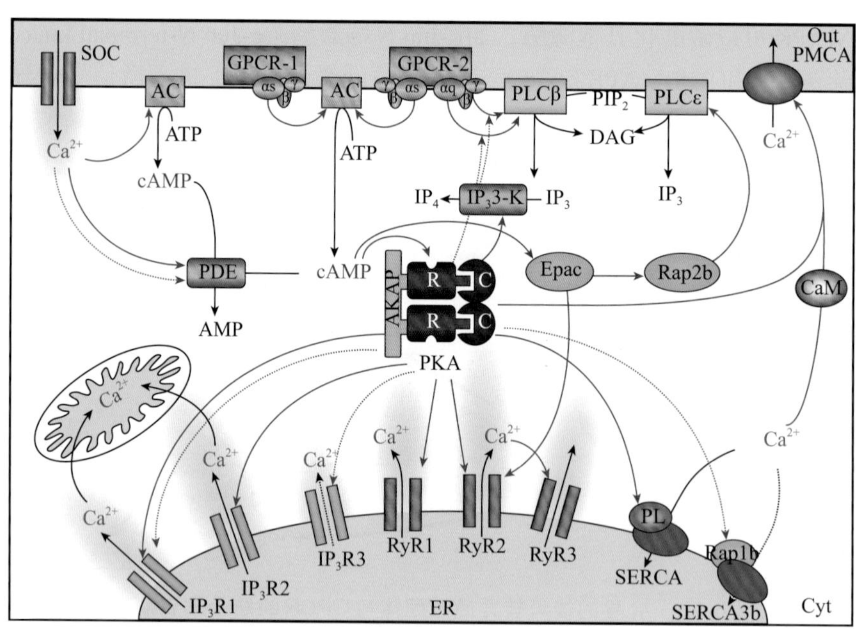

图3.27 **GPCR信号转导通路是复杂的，而且常常是交叠的系统。GPCR活化或失活所产生的生物学响应取决于其在细胞上的位置和受GPCR活性影响的下游蛋白**

AKAP. A-kinase anchoring protein，A-激酶锚定蛋白；C. catalytic subunit of PKA，PKA的催化亚基；$IP_3$3-K.$InsP_3$3 -kinase，$InsP_3$3-激酶；PDE. phosphodiesterase，磷酸二酯酶；PLC. phospholipase C，磷脂酶C；R. regulatory of PKA，PKA的调节亚基；SOC. store-operated Ca^{2+} channel，存储操作的钙通道

应，而另一个不同的配体可能引发该GPCR产生β-抑制蛋白介导的反应。应该清楚的是，靶向GPCR进行新药开发是一项非常复杂的工作。

3.3.6　GPCR信号的调节

尽管存在这些复杂性，但大多数与GPCR相互作用的药物可分为三类：激动剂（agonist）、拮抗剂（antagonist）[也称为中性拮抗剂（neutral antagonist）]，以及反向激动剂（inverse agonist）（图3.28）。简言之，激动剂模拟给定GPCR的天然配体并像天然配体一样诱导产生相同的细胞响应。通常，根据激动剂对GPCR的结合亲和力和相对于天然配体的效力来比较激动剂的活性。由内源性配体引起的饱和水平的细胞响应被认为是100%效力，能产生该水平响应的潜在候选药物被认为是完全激动剂（full agonist），产生低于内源性配体响应的化合物被称为部分激动剂（partial agonist）。在一些情况下，部分激动剂可以有效地与天然配体竞争，降低GPCR对信号诱导的响应。

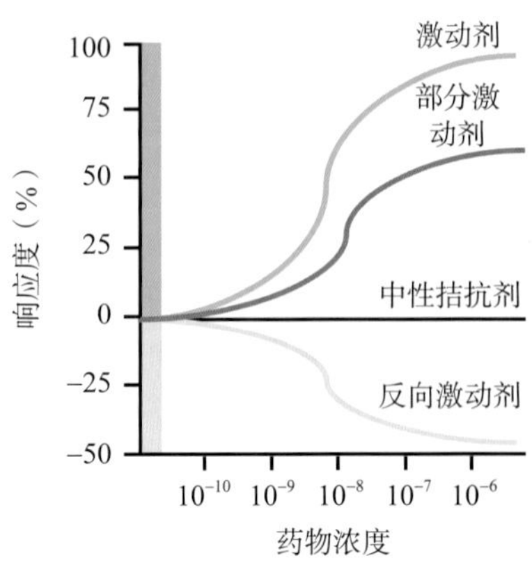

图3.28　完全激动剂（绿色）诱导GPCR产生与内源性配体相当的信号转导，而部分激动剂（蓝色）激活GPCR信号转导的程度则要低一些。中性拮抗剂（黑色）不诱导GPCR发挥活性，但可以阻断激动剂的活性。反向激动剂（黄色）可以抑制自发激活类GPCR的基础活性

另外，拮抗剂也可以与GPCR结合，但并不引起细胞响应。在不存在激动剂或内源性配体的情况下，拮抗剂对细胞活性没有影响。然而，拮抗剂的存在可以阻止GPCR介导的细胞响应，因为拮抗剂的结合阻止了天然配体或激动剂与GPCR的结合，从而阻止了起始信号转导所必需的构象变化。拮抗剂可以是直接阻断天然配体的结合位点模拟物，也可以是可引起构象变化的变构位点结合剂，通过阻断GPCR-配体复合物的形成来阻断信号级联反应。

反向激动剂也可以阻断内源性配体或激动剂的活性，从而将其自身呈现为拮抗剂，但是在某些情况下也能够产生与内源性配体介导的相反的药理学效应。然而，这种逆转作用仅仅在GPCR具有自发活性时才有可能存在，即无内源性配体时GPCR依然具有固有的或基础水平的信号转导活性。基础信号转导是GPCR在不存在配体的情况下自发转变为活性构象的结果。虽然GPCR通常被认为不是“开”就是“关”的开关，但情况并非如此，GPCR其实是以构象平衡混合物的形式存在的。当不存在激活性配体时，不支持信号转导的构象占优势，但是，并不是所有的GPCR都以非活性构象存在。无论是否存在天然配体，至少有一小部分GPCR以激活的构象存在，显示出基础水平的信号转导活性。天然配体可以大大提高平衡，增加活性构象，使信号转导超出其基础水平。另外，反向激动剂与内源性配体结合相同的位点，但稳定了所讨论的GPCR无活性的非信号转导构象，这抑制了GPCR的基础活性，即使在不存在内源性配体时也能阻断通常存在的基础信号。

可能由于存在偏向信号，GPCR信号的调节变得更加复杂（图3.29）。在某些情况下，激活单个GPCR可以触发G蛋白或β-抑制蛋白介导的信号转导途径。如果两种途径

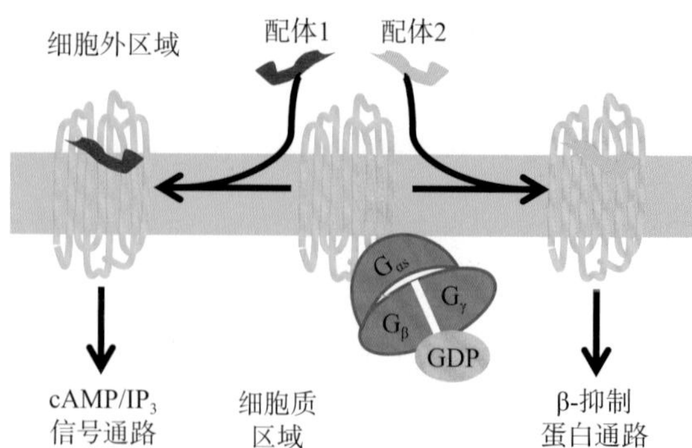

图3.29 **单个GPCR可能同时通过G蛋白介导的信号通路（cAMP或IP_3）和β-抑制蛋白介导的信号通路来进行信号转导。“偏向性”激动剂会优先激活其中一种信号通路，这一概念也被称为功能选择性**

都可被GPCR激活，那么配体的性质及其与GPCR的相互作用将决定哪一途径会被激活。偏向性配体会部分或完全倾向于两种途径中的一种。例如，当β-抑制蛋白偏向性配体与GPCR相互作用能够触发G蛋白和β-抑制蛋白介导的两种信号转导途径时，配体优先稳定有利于GRK磷酸化和β-抑制蛋白募集的GPCR构象，而非其他构象。另外，G蛋白偏向性配体结合有利于调节的cAMP或IP_3通路的构象而非GRK磷酸化和β-抑制蛋白募集的构象[47]。非典型性抗精神病药物阿立哌唑（aripiprazole，Abilify®）新型类似物的研究证实了偏向性配体的概念。这种强效D_2部分激动剂是cAMP和β-抑制蛋白信号转导通路的强效调节剂[48]，但将2, 3-二氯取代基替换为*N*-甲基吲哚基团（阿立哌唑类似物**1**）在保留强效β-抑制蛋白活性[49]的同时，失去了cAMP的调节功能。另一组结构变化产生了类似的化合物（阿立哌唑类似物**2**），该化合物缺乏β-抑制蛋白活性，但能有效调节cAMP信号通路（图3.30）[50]。寻找偏向性配体已经成为许多产业和学术研究团队的主要研究重心。

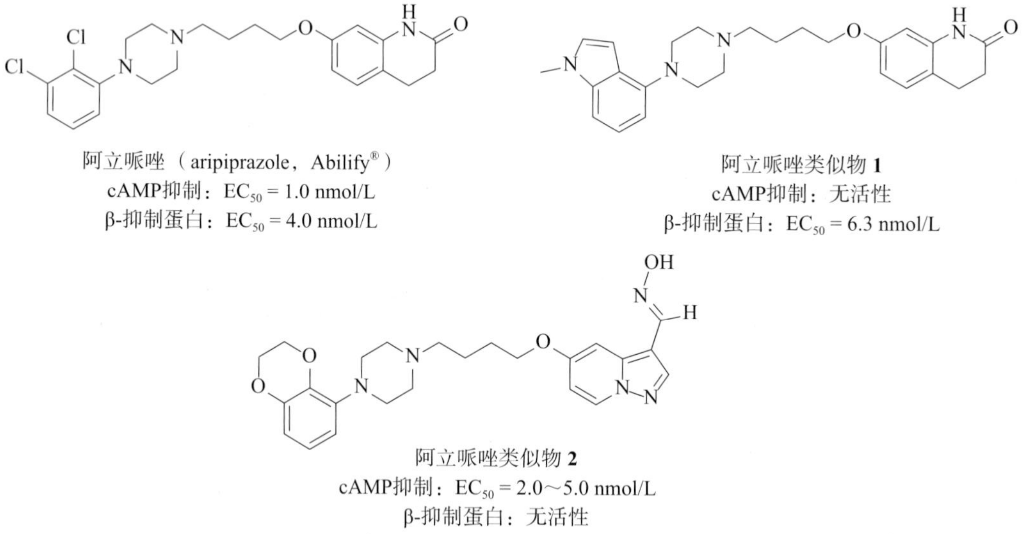

阿立哌唑（aripiprazole，Abilify®）
cAMP抑制：EC_{50} = 1.0 nmol/L
β-抑制蛋白：EC_{50} = 4.0 nmol/L

阿立哌唑类似物 **1**
cAMP抑制：无活性
β-抑制蛋白：EC_{50} = 6.3 nmol/L

阿立哌唑类似物 **2**
cAMP抑制：EC_{50} = 2.0～5.0 nmol/L
β-抑制蛋白：无活性

图3.30 **阿立哌唑（aripiprazole，Abilify®）是一种有效的D_2部分激动剂，可调节cAMP和β-抑制蛋白介导的通路。然而，相关的类似物是完全偏向性配体，只能调节该受体两种可能途径中的一种**

有趣的是，尽管GPCR系统很复杂，但其活性通常由不足为奇的简单分子来调节（图3.31）。血清素[37]、组胺[51]和多巴胺[38]等化合物在GPCR信号转导中发挥关键作用，但与其所刺激的GPCR相比，它们的结构非常小。芬太尼（fentanyl）是一种μ-阿片类激

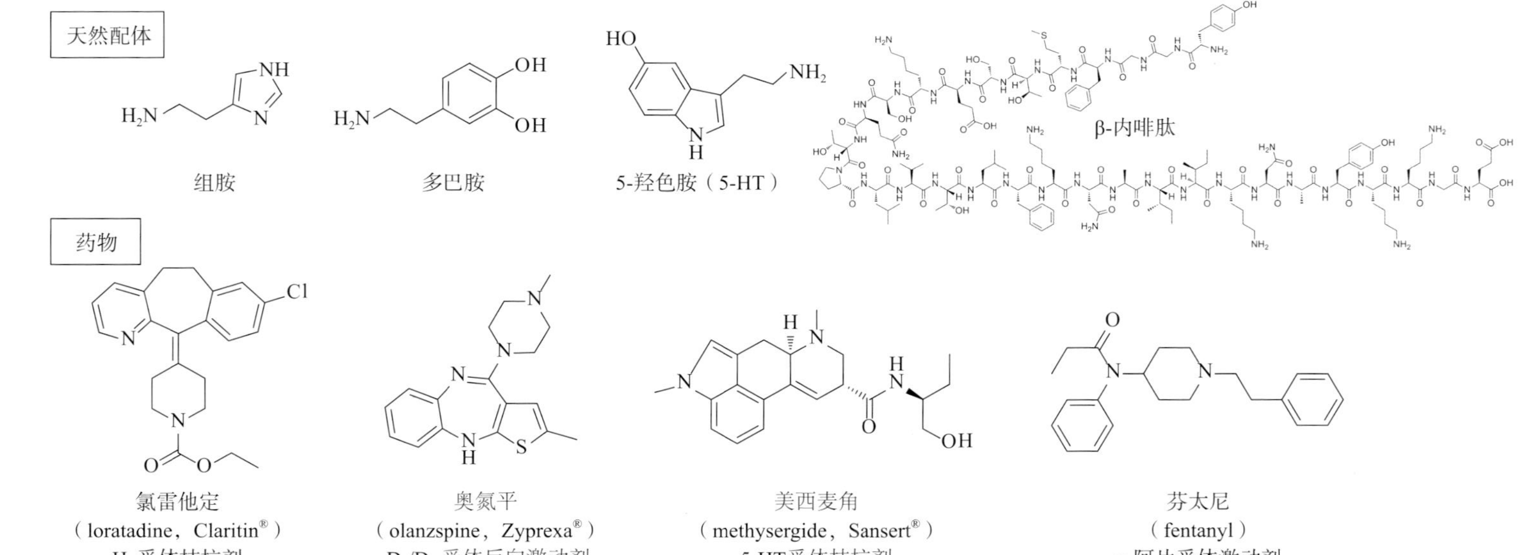

图3.31　给定GPCR的活性不一定由配体大小决定。氯雷他定、奥氮平和美西麦角都可以抑制GPCR信号转导，并且分子结构显著大于激活相应GPCR的内源性配体。但芬太尼和β-内啡肽却并非如此，内源性激动剂明显大于合成的激动剂芬太尼的结构，这表明适当的激动剂结合构型可以通过不同大小和结构的分子来实现

动剂，尽管其大小只有分子量超过3400的β-内啡肽的1/10，但却与β-内啡肽作用于相同的GPCR。分子量的大小和复杂性不是调节GPCR功能的关键。正如GPCR必须获得特定构象以传递信号一样，调节GPCR活性的化合物必须能够形成特定的构象并结合于其靶点。如需要了解特定GPCR的详细信息，可查阅文献进行分析了解。

3.4 离子通道

尽管生物体通常被视为通过化学反应来运行的复杂机器，但生物体中存在许多不需要通过化学途径就能完成的关键功能。在许多情况下，完成这些关键功能需要产生电脉冲或电压梯度。离子通道（ion channel）作为一类跨膜蛋白组件，在调节离子生物屏障跨膜流动的过程中发挥着重要作用。神经冲动传导[52]、肌肉收缩[53]和心血管功能（尤其是心率和心律）[54]都依赖于离子通道网络以协调的方式打开和关闭产生精确平衡的离子流。免疫应答中的T细胞活化[55]、激素分泌（如胰岛素）、细胞增殖（如淋巴细胞、癌细胞[56]），甚至细胞体积调节[57]都受到各种离子通道的影响。这些离子通道蛋白通过抵消Na^+偶联转运体（如葡萄糖转运体、氨基酸转运体）和Ca^{2+}信号的影响，在防止细胞去极化方面发挥着重要作用[58]。目前已经发现许多调节离子通道活性的重要药物和致命性毒素可阻断离子通道（图3.32）。不正常的离子通道功能与许多重要的疾病（离子通道病，表3.2）相关，如囊性纤维化[59]、癫痫[60]和QT间期延长综合征等。

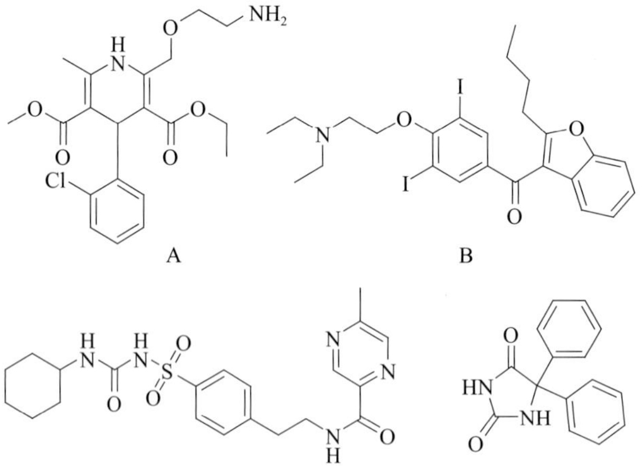

图3.32 A.氨氯地平（amlodipine，Norvasc®），一种阻断钙通道的抗高血压药；B.胺碘酮（amiodarone），一种阻断钾通道的抗心律失常药；C.普鲁卡因（procaine），一种阻断钠通道的局部麻醉剂；D.格列吡嗪（glipizide），一种阻断胰岛B细胞中钾通道的抗糖尿病药；E. 苯妥英（phenytoin），一种阻断钠通道的抗癫痫药；F. 河豚毒素（tetrodotoxin），一种发现于河豚中的阻断钠通道的毒素，致死性比氰化物强100倍

表3.2　与离子通道相关的疾病

疾病	离子通道	基因
心律失常	Nav1.5	*SCN5A*
心律失常	Kv1.5	*KCNA5*
囊性纤维化	CFTR	*CFTR*
糖尿病	Kir6.2	*KCNJ11*
癫痫	KCNQ2	*KCNQ2*
癫痫	Nav1.2	*SCN2A*
发作性共济失调	Kv1.1	*KCNA1*
红斑性肢痛症	Nav1.7	*SCN9A*
偏头痛	Cav2.1	*CACNA1A*
纤维肌痛	Nav1.7	*SCN9A*
QT 间期延长综合征	hERG	*KCNH2*
恶性高热	Cav1.1	*CACNA1S*
神经性疼痛	TrpV1	*TRPV1*
骨质疏松症	ClC-7	*CLCN7*
Timothy 综合征	Cav1.2	*CACNA2*

对离子通道的功能和电流在生物过程中作用的研究早于现代药物发现。事实上，早在19世纪40年代中期，马泰乌奇（Matteucci）[61]和博・瑞蒙德（Bois Reymond）[62]就对“生物电”的概念进行了探索，他们分别研究了电流对神经和肌肉组织的影响，为研究电流在生物进程中的作用提供了支持，但没有对活组织如何支持电流传导给出解释。赫尔曼・范・亥姆霍兹（Hermann von Helmholtz）证明了电信号在活组织中的传播速度远远低于在金属导线中的传播速度，对电流在生物体中的作用有了进一步的认识。他的实验表明，简单的电导不是一个可行的解释，并暗示其中可能涉及潜在的化学过程[63]。

在近50年后的1902年，朱利叶斯・伯恩斯坦（Julius Bernstein）引入了“膜理论”，用以解释活体器官内的生物电现象。当时半透膜的概念也是相对新颖的，并且伯恩斯坦假设神经和肌肉被半透膜包围。他进一步提出跨膜电位差是由离子在细胞屏障上选择性运输所产生的细胞内外离子浓度的差异所致。伯恩斯坦将这种效应称为“双电层”的形成，但其通常被称为“膜电位”或“膜电压”[64]。虽然他的基本理论是正确的，但在20世纪的大部分时间里，对离子通道本质的全面理解仍然是一个谜。实际上，在生物技术革命初期，阿姆斯特朗（Armstrong）及其同事总结了这一情况：“科学家们普遍认为神经细胞膜的离子通道和控制离子通过的通道是由蛋白组成的，但在这个问题上的证据却出奇地少[65]”。

20世纪最后30年出现的生物技术和计算机技术为最终解开离子通道之谜提供了必要的工具。由于重组技术、转染方法和电子技术的进步，厄温・内尔（Erwin Neher）和伯特・萨克曼（Bert Sakmann）开发了能直接研究离子通道的“膜片钳”（patch-clamp）技术。在这些技术出现之前，离子通道实验仅限于分析天然存在细胞的电流。生物技术为创造表达单一离子通道的细胞系提供了必要的工具。内尔和萨克曼的膜片钳技术是将含有微量吸管的盐溶液置于单个细胞表面，并测量离子流通过离子通道所产生的电流，其方式与测量导线中电流的方式大致相同（图3.33）。

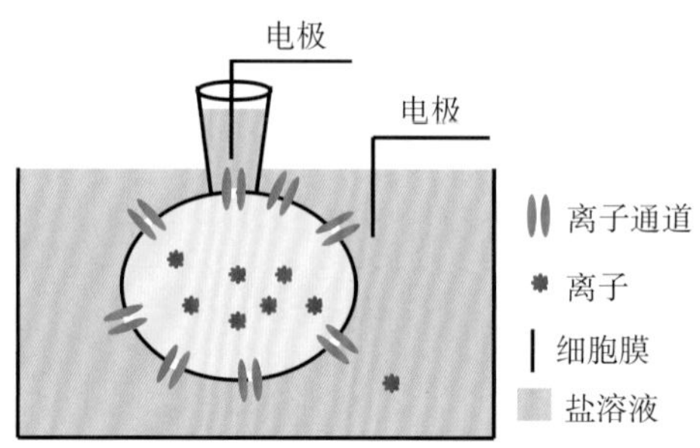

图3.33 **基本的膜片钳系统由一个微量吸管组成，其开口的大小为1 μm，压在细胞表面上。微吸管的内部覆盖了有限数量的离子通道，并通过在细胞表面抽吸而产生高电阻的密封（"gigaohm密封"）。然后可以使用电极、微量吸管的盐溶液，以及适当的电流放大和监测系统，在恒定电压下测定电流，或者在恒定电流下检测化合物的存在对膜电位的改变**

电信号放大技术使得研究单个离子通道在细胞中的作用成为可能，并可以直接测试离子通道活性[66]。内尔和萨克曼于1991年获得诺贝尔生理学或医学奖，以彰显他们工作的重要意义[67]。该方法的现代版本[68]仍然是研究离子通道的金标准，是目前直接研究单个蛋白为数不多的几种技术之一。

由于20世纪末的技术进步，离子通道的结构细节也逐渐被揭示。科学家测定了编码多种离子通道的蛋白序列，并利用分子模建的方法预测了跨膜蛋白通过亲脂屏障运输离子的结构特征。虽然各种结构模型很早就被提出，但直到1998年才获得关于离子通道结构细节的直接晶体学证据。罗德里克·麦金农（Roderick Mackinnon）从土壤细菌——变铅青链霉菌（*Streptomyces Lividans*）中得到的KcsA钾通道X射线晶体结构（图3.34）提供了第一个完整的离子通道视图，这一成果使他获得了2003年的诺贝尔化学奖[69]。截至2019年，RCSB蛋白数据库中已包含4400多个离子通道的晶体结构。

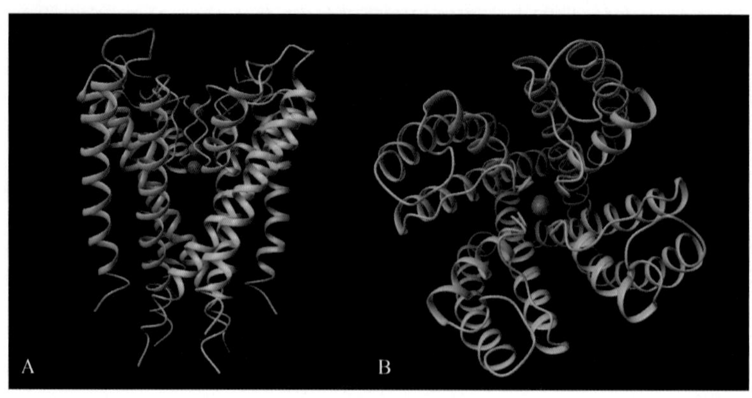

图3.34 A.变铅青链霉菌KcsA钾通道的X射线晶体结构的侧视图。B.变铅青链霉菌KcsA钾通道X射线晶体结构的俯视图（RCSB 1BL8）

迄今为止已经确定了超过300个离子通道，虽然不同离子通道的个体结构决定了其仅能发挥特定的生理功能，但也可以发现一些共性特征。与GPCR非常相似，离子通道也是由一系列跨细胞外环和细胞内环连接的跨膜结构域组成的完整膜蛋白。大多数离子通道是多单元组件，只有当多个相容的蛋白结构聚集在一起才能形成活性通道。亚结构的一致性不是必要的，但其改变可能导致功能上的细微差别。在许多情况下，通道的孔隙一次仅能通过一个离子，且具有离子类型特异性。通道离子类型的特异性是由构成通道蛋白的结构决定的。例如，有许多钠通道不能促进钾离子的跨膜运动。相反，即使钠离子明显小于钾离子，也存在不适用于钠离子的钾通道。迄今为止，已经确定了支持钠离子、钙离子、钾离子、氯离子和氢离子通过的离子通道。

3.4.1　门控机制

离子通道的另一个关键特征是其被激活的机制，又被称为“门控机制”（gating mechanism）。通常，离子通道在没有外部刺激的情况下保持关闭状态。给予刺激引起蛋白的构象改变，使离子通道的“大门”打开并允许离子通过生物膜屏障。当移除刺激时，通道恢复关闭状态，从而阻止离子通过。通道的门控特性取决于是否存在配体、环境pH、温度或膜电压差异。机械敏感性（mechanosensitive）（通过膜的机械形变改变，如张力和曲率变化）和光敏感性（light sensitive）离子通道也被陆续发现。配体门控通道（ligand-gated ion channel）和电压门控通道（voltage-gated ion channel）是研究最为广泛的通道类型，对其作用方式的研究可作为理解其他类型门控机制的基础。

3.4.2　配体门控离子通道

当激动剂与通道上的特异性结合位点相互作用时，配体门控离子通道被激活。当配体被移除或移动时，通道关闭，终止离子流动（图3.35）。烟碱型乙酰胆碱受体（nicotinic acetylcholine receptor，nAChR）是神经传递的关键参与者，也是配体门控的一个典型例子。

图3.35　**配体门控通道在没有配体（红色）的情况下处于关闭状态。配体与通道的结合导致其构象变化，从而促使通道打开，并允许合适的离子通过通道迁移。然而，通道的开放是短暂的，与配体结合的通道会重排，形成阻止离子流动且对激动剂不敏感的构型。配体移除后通道进行延迟重排，恢复至关闭但可被激活的状态。配体门控通道可以被合成配体激活或被阻滞剂（与配体结合位点结合的化合物，但其不会导致通道开放）阻断。直接阻断通道也是可行的**

其由5个290 kDa的亚基组成，对称排列形成中心孔，每个亚基含有4个跨膜结构域，从而形成通道的整体结构。在没有乙酰胆碱等配体的情况下，孔隙关闭不允许离子流通过。然而，当乙酰胆碱与细胞外表面上的结合位点相互作用时，蛋白构象发生变化，通道打开，允许离子流通过细胞膜，产生电信号。随后，离子通道发生构象变化，通道关闭，使其对激动剂不敏感。此时，离子通道处于脱敏状态。激动剂的去除导致蛋白的延迟重排，从而使通道重新恢复为关闭但可激活的静息状态。

配体门控离子通道活动的调节可以通过多种方式完成。可用模拟天然配体的化合物完成通道的激活。例如，尼古丁（nicotine）是nAChR的激动剂，其在该配体门控离子通道中的活性对烟草制品激活大脑的愉悦感受系统有部分作用[70]。戒烟药物伐尼克兰（varenicline，Chantix®）是nAChR的部分激动剂，与尼古丁相比，其与nAChR结合后降低了离子通道的活性水平[71]。伐尼克兰与尼古丁竞争相同的nAChR结合位点，因此已被成功地用于降低对尼古丁的依赖（图3.36）[72]。

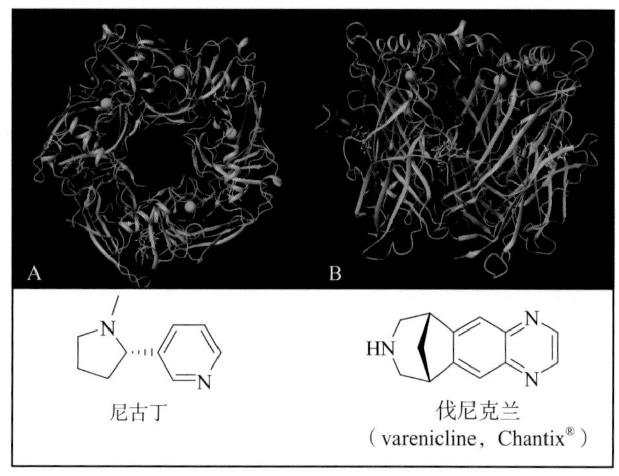

图3.36 乙酰胆碱结合蛋白（acetylcholine binding protein，AChBP）已被用作烟碱型乙酰胆碱受体的模型系统。晶体结构显示了配体与乙酰胆碱结合位点的结合模式。A.俯视图。B.侧视图。尼古丁和伐尼克兰均与nAChR结合，而不同的受体应答反应为尼古丁成瘾的戒断治疗提供了机会（RCSB 2XNT）

阻滞配体门控离子通道的活性也是可能的。竞争天然配体结合位点但不引起与配体结合相关构象变化的化合物将阻止通道的开放，发挥阻滞剂作用。类似地，结合变构位点并稳定通道的关闭状态或引起构象变化以阻止天然配体结合的化合物也发挥了阻滞作用。例如，α-神经毒素是一种肽类蛇毒，是神经肌肉突触中突触后膜上nAChR的阻滞剂（图3.37），这些相对较小的蛋白（60～75个氨基酸残基）与骨骼肌中的nAChR紧密结合，通过打开nAChR阻断乙酰胆碱介导的神经信号转导，导致人被毒蛇咬伤后出现麻痹症状[73]。当然，阻滞剂也可以阻断通道本身。在这种情况下，配体的存在打开了通道，但是离子流被阻止，相应的细胞应答也不会发生。

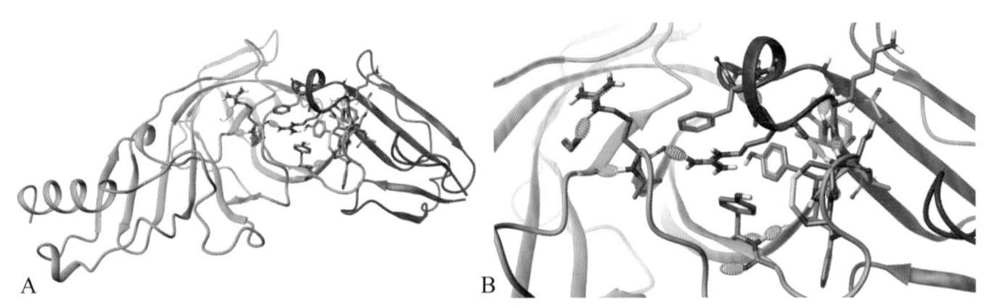

图3.37　A.烟碱乙酰胆碱受体1亚基（绿色）的胞外区域与从银环蛇（*Bungarus multicinctus*）毒液中获得的α-银环蛇毒素（红色）结合的晶体结构，分辨率1.9Å；B.相互作用位点的放大图示（RCSB 2QC1）

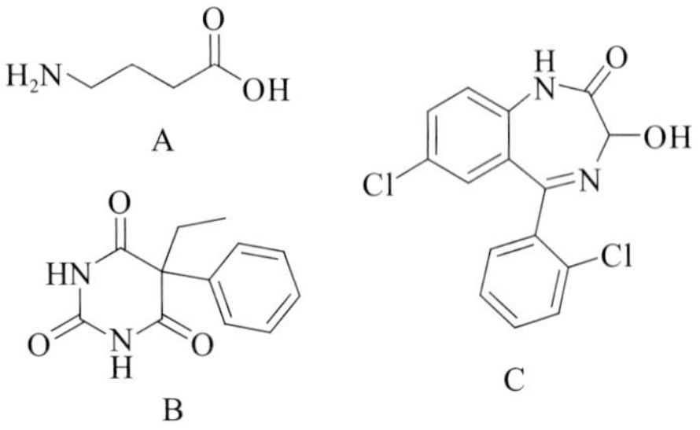

配体门控离子通道的变构激活也是可能的。例如，γ-氨基丁酸受体A型受体［γ-amin-obutyric acid（GABA）type A receptor，$GABA_AR$］属于配体门控氯离子通道，在中枢神经系统中起关键作用。内源性配体γ-氨基丁酸（GABA）（图3.38A）是一种抑制性神经递质，可激活$GABA_AR$，进而打开$GABA_AR$的氯离子通道，导致神经元超极化，抑制神经传导[74]。巴比妥类和苯二氮䓬类化合物可增加$GABA_AR$的活性。当苯巴比妥（phenobarbital）[75]（图3.38B）和劳拉西泮（lorazepam）[76]（图3.38C）等化合物与$GABA_AR$上各自的变构位点结合时，其结构发生构象变化，产生对GABA具有更高亲和力的构型。这反过来又增加了相关氯离子通道开放的频率，增加了跨膜的氯离子转移，使相应神经元超极化。

图3.38　A. γ-氨基丁酸（GABA）；B.苯巴比妥，一种巴比妥酸盐类药物；C.劳拉西泮，一种苯二氮䓬类药物

3.4.3　电压门控离子通道

电压门控离子通道是另一类主要的离子通道。与配体门控离子通道不同，电压门控离子通道没有天然配体。它们随着电流在生物系统中移动产生的膜电位变化而打开和关闭。电压感知域使得这些通道对膜电位的变化非常敏感，非常适合于神经冲动通过轴突、肌肉收缩和心脏功能来传播。离子通道的打开和后续的关闭会产生动作电位（图3.39，图3.40），即细胞膜电位的快速上升和下降。理论上而言，当膜电位处于其静息电位时，电压门控离子通道关闭。实际上，不同类型的电压门控离子通道具有不同的静息电位，因此需要不同的膜电位激活。如果电脉冲（或其他刺激）导致膜电位升高超过阈值而激活，则通道将通过一系列构象变化打开，通过跨膜离子流引起膜极化的快速变化。这就导致细胞膜的超极化，通过另一系列构象变化触发电压门控通道的失活，阻滞离子流。一旦电压门控通道因膜超极化而失活，其将不会响应另一种刺激，直至膜电位“重置”到静息电位，通常是由另一个具有不同的激活和失活参数的电压门控离子通道的作用来实现，而这一时间段即被称为不应期（refractory period）。一旦膜电位复极，电压门控离子通道将恢

复至原始构象，为接受下一次刺激做好准备[77]。

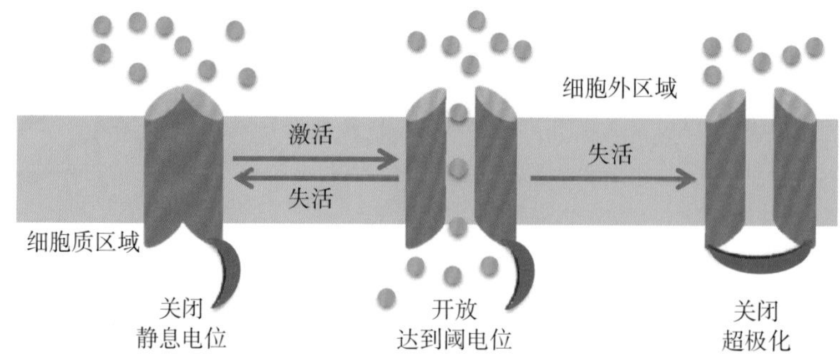

图3.39 在静息状态下，电压门控离子通道关闭。当膜电位达到适当的水平时，构象变化导致通道打开，从而允许离子流跨膜。这将迅速引起超极化状态，诱导一系列构象变化使通道失活。在静息电位恢复并且其构象转变回关闭静息电位状态之前，通道不能重新打开

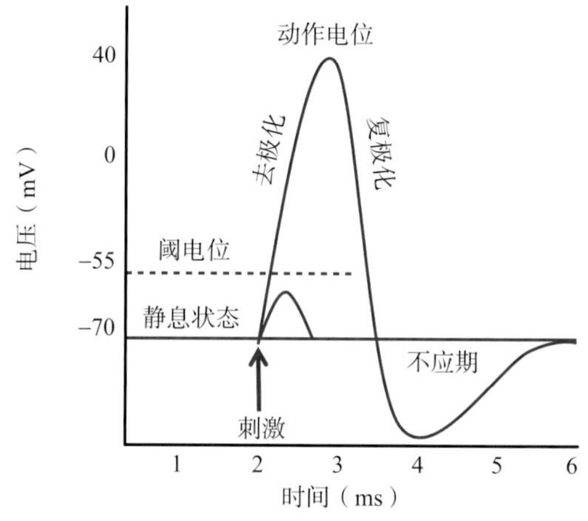

图3.40 电压门控离子通道随时间作用的电位图（也称为动作电位）提供了通道活动的另一视图。刺激必须高于门控阈值才能诱导通道开放。离子流过通道引起的快速去极化导致超极化和通道失活关闭。通过相反作用使膜电位恢复之前，失活通道保持关闭状态。在此“不应期”结束并恢复静息电位之前，通道对刺激不会产生应答反应

电压门控离子通道不具有天然配体，因此通过激动剂或阻滞剂替换天然配体来调节其活性是不可行的。但是可以通过其他方式控制它们的活动。直接阻断开放通道（图3.41A）可能是抑制通道活动最明显的途径。例如，治疗心律失常和预防心动过速的氟卡尼（flecainide）（图3.41E）通过阻断电压门控钠通道Nav1.5而发挥正常的心脏功能[78]。同样，玛格（斑蝎）毒素（margatoxin）（图3.41F）可阻滞存在于包括神经元细胞在内的多种细胞类型中的电压门控钾通道Kv1.3。Kv1.3改变了神经元细胞的膜电位，导致动作电位传导和神经传导所需时间发生变化。T淋巴细胞中也存在这一通道，Kv1.3通道阻滞可通过抑制T细胞增殖诱导免疫抑制[79]。

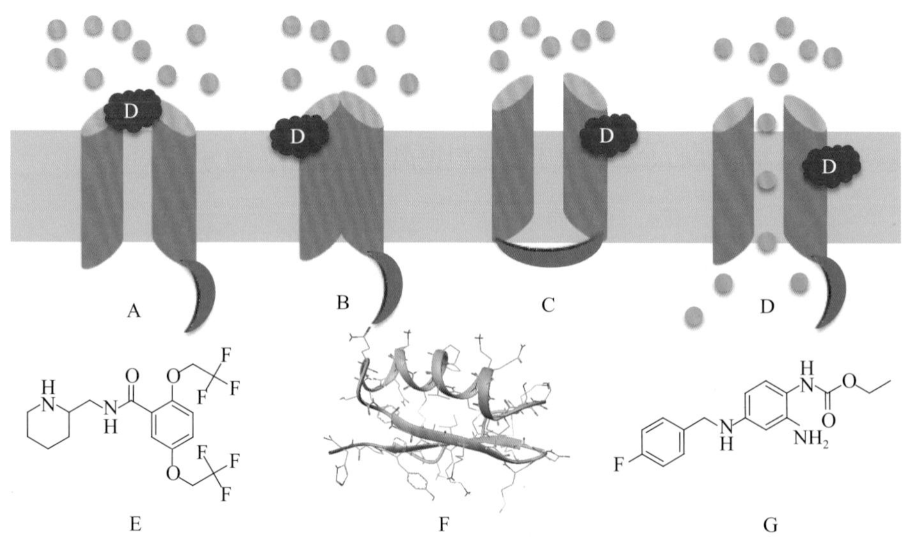

图3.41　A.通过药物（红色）直接阻断通道的开放构型可阻断离子流通过通道孔隙；B.化合物（红色）稳定通道的闭合形式能有效地提高活化阈值，降低通道活性；C.通过药物（红色）稳定电压门控离子通道的超极化状态，维持通道失活状态，减缓达到闭合静止状态所需的构象变化；D.药物（红色）与开放通道的相互作用可稳定开放构型，导致穿过细胞屏障的离子流增加；E.氟卡尼，一种Nav1.5通道阻滞剂和抗心律失常药；F.玛格（斑蝎）毒素，一种从墨西哥木蝎（*Centruroides margaritatus*）毒液中发现的由39个氨基酸组成的多肽，一种Kv1.3通道阻滞剂；G.瑞替加滨，一种Kv7.2和Kv7.3通道的开放剂和抗癫痫药物

另一种调节电压门控离子通道活性的方法取决于化合物与蛋白之间的相互作用，而不是与孔隙的作用。离子通道的“活性位点”通常被认为是离子移动的孔道，因此这种方法被认为是变构调节的一种形式。如前所述，电压门控离子通道的开放、超极化和复极化都伴随着构象变化，因此干扰这些变化的化合物将对通道的功能活性产生影响。例如，稳定闭合静息电位构象的化合物（图3.41B）将阻止通道激活，从而阻滞其活性。与此类似，稳定通道失活超极化状态的化合物将阻止超极化后的复极（图3.41C），从而阻止进一步的通道活动。相反，稳定电压门控离子通道开放构象的化合物将增加离子通道活性（图3.41D）。例如，瑞替加滨（retigabine）（图3.41G）是一种用于治疗癫痫和惊厥的药物，能够稳定电压门控钾通道Kv7.2和Kv7.3的开放形式，从而导致钾离子流量增加，抑制癫痫发作[80]。

3.4.4　其他门控机制

配体门控和电压门控可能是研究最为充分的门控机制，但还包括在正常和疾病状态中发挥重要作用的其他门控机制。温度门控离子通道（temperature-gated ion channel）的开启和关闭基于不同的热阈值，构成了冷热感觉的基础[81]。同样，机械敏感性离子通道（mechanosensitive ion channel）是由膜的机械变形（如增加张力或曲率变化）激活的，在触觉中发挥作用[82]。pH门控离子通道（pH gated ion channel）也被发现[83]。事实上，麦金农（Mackinnon）在1998年发现结晶的变铅青链霉菌的KcsA钾通道就属于pH门控离子通道。然而，不管门控机制如何，通道的开启和关闭都与蛋白中的构象变化密切相关，并且调节这些门控机制活性的方法类似于电压门控离子通道相关的方法。

3.5 转运体

众所周知，物质能够穿过细胞膜是细胞存活的前提。营养物质需要进入细胞，代谢产物也需要排出细胞，以清除有害物质。此外，细胞之间通过信使分子相互联系，如5-羟色胺（serotonin）、去甲肾上腺素（norepinephrine）、多巴胺（dopamine，DA）和谷氨酸盐（glutamate），这些信使分子可以根据相关细胞所处的环境及用途来决定排出细胞还是进入细胞。即使在细胞内部，不同大小的分子也可能穿过不同细胞的间隙。与此同时，生物膜已经进化成能够严格控制进入细胞内部物质的通道，以保护细胞免受周围环境的影响。虽然有一些小分子能够通过自由扩散穿过脂质双分子层，但是简单扩散并不足以维持细胞的功能，在某些情况下，也可以通过胞吞和胞吐作用来维持细胞功能。但是，膜转运蛋白（membrane transport protein，也称为转运蛋白或转运体）所主导的跨膜运输是大多数小分子跨越生物屏障的主要方式。这些关键的膜蛋白在多样的生物学功能中起着重要的作用，包括神经冲动传递[5-羟色胺转运体（serotonin transporter，SERT）[37]、去甲肾上腺素转运体（norepinephrine transporter，NET）[84]和多巴胺转运体（dopamine transporter，DAT）[85]]、代谢[葡萄糖转运体（glucose transporter，如GLUT1）][86]和肌肉收缩（如葡萄糖转运体[87]）。不恰当的转运体作用会产生相反的效果，因而调节转运体的活性是临床上治疗精神疾病的主要方法。

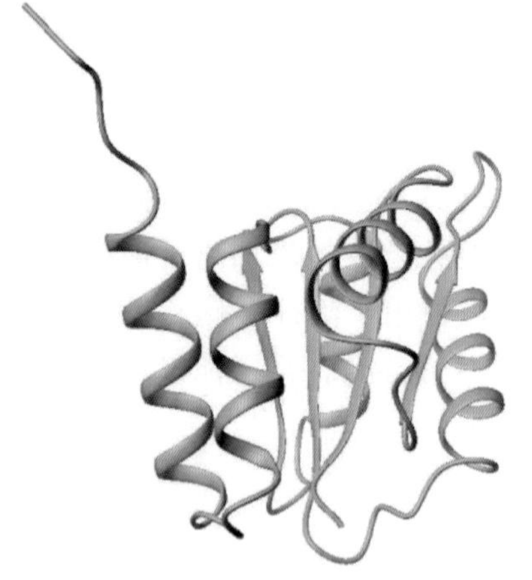

图3.42 **甘露糖转运体是第一个通过X射线单晶衍射测试（分辨率1.7Å）确定结构的转运体，是磷酸烯醇式丙酮酸依赖的磷酸转移酶家族的成员之一。图为大肠杆菌中的结构单体所形成的具有生物活性的二聚体（RCSB 1PDO）**

与离子通道一样，转运体调控物质跨膜概念的出现要早于现代药物研发。早在19世纪70年代，细胞就被认为由半透性的“原生质层”包围[88]，随后在1902年由朱利叶斯·伯恩斯坦（Julius Bernstein）提出的解释离子传输的“膜理论”发展过程中得以应用[89]，但转运体的结构直到近百年后才被确证，人们才真正了解了转运体的结构复杂性。与离子通道和GPCR一样，从20世纪70年代开始开发的重组技术和转染方法为研究与转运体相关的“供应问题”提供了解决办法。分子模型技术的进步促进了结构模型出现。与离子通道和GPCR类似，转运体也存在多个跨膜区域和胞外环。另外，模型也通过大量X射线晶体结构得到了证实。其中，1996年首次报道了转运体的X射线晶体结构（图3.42）[90]。截至

2019年，RCSB蛋白数据库已经拥有1100多个转运体的晶体结构。

大多数转运体含有12个跨膜区域，不需要多亚基组装[91]。例如，去甲肾上腺素转运体[92]、葡萄糖转运体（图3.43）[93]和ABC转运体（ATP-binding cassette transporter，ABC-transporter）[94]，这些属于主要促进因子超家族成员（major facilitator superfamily，MFS）[95]的转运体都具有这一结构特征。P糖蛋白（P-glycoprotein，P-gp）外排泵是ABC转运体家族中一个特别重要的亚类，因为其是最常见的保护细胞免受有毒物质和异物影响的“分子泵”。与大多数转运体不同，P-gp能够与许多化合物相互作用，并且是药物研发的重点[96]。具有潜力的候选药物如果是P-gp的底物，P-gp会迅速将其外排，这可造成药物无法达到预期的靶点。另外，P-gp也是引起癌症多药耐药的一个主要原因[97]，而类似的转运体也会在细菌中引起耐药[98]。在这两种情况下，P-gp表达的上调增强了细胞排出正常有效药物的能力，导致药物疗效下降。更详细的有关P-gp对药物研发的影响将在第6章中介绍。

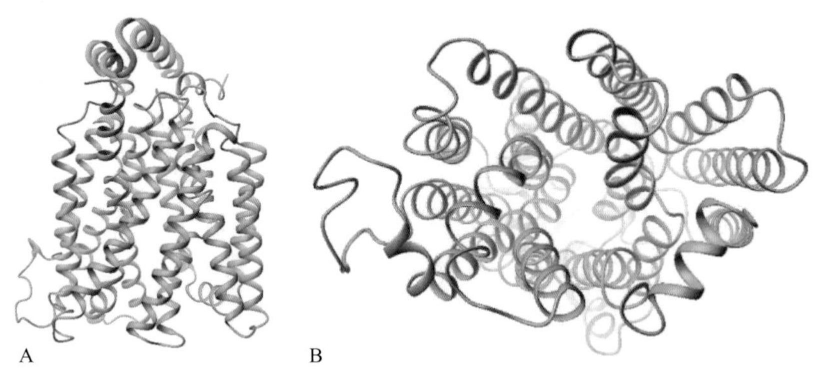

图3.43 大肠杆菌的质子/木糖转运体与人葡萄糖转运体1、2、3和4（GLUT 1～4）具有高度同源性。主要促进因子超家族成员的单晶结构包含12个典型的跨膜区域，并已经成为GLUT 4体系计算机模型的基础。A.侧面图；B.透膜视图（RCSB 4GBZ）

少于12个跨膜区域的转运体并不常见，但它们仍然是很重要的一部分。例如，一种来自大肠杆菌的多药转运体（EmrE）属于小型多药转运体（small multidrug transporter）家族的成员，只含有4个跨膜区域，需通过低聚反应才能发挥活性[99]。线粒体转运体家族负责促进物质进出线粒体，通常包含6个跨膜区域，一般不需要低聚反应来发挥活性（图3.44A）[100]。与此相对，NADH泛醌氧化还原酶（ubiquinone oxidoreductase）是已知最大的膜蛋白复合物之一，含有多个转运体和多达14个跨膜区域（图3.44B）[101]。尽管不同膜蛋白的大小和形状都不尽相同，但其有着相同的基本功能，即转运物质，使其跨越细胞膜的功能，否则相关物质无法进入细胞质。从某种意义上而言，其作用与离子通道相似，但也有一些关键区别。转运体上的结合位点只在细胞膜的一侧，而离子通道能够形成一个通道使物质通过。物质与转运体结合引起其构象变化后，转运物质从膜的一侧运输到另一侧。转运体包括三种基本运输类型：单向运输、同向运输和对向运输。顾名思义，单向运输就是移动一个化合物，使其通过细胞膜。与此相对，同向运输和对向运输可调节两个或多个分子的转移。同向运输也称为协同转运，以相同的方向转移两个或多个分子，使其通过细胞膜；而对向运输也被称为交换运输或反向运输，就是以相反的方向转移两个或多个分子（图3.45）。

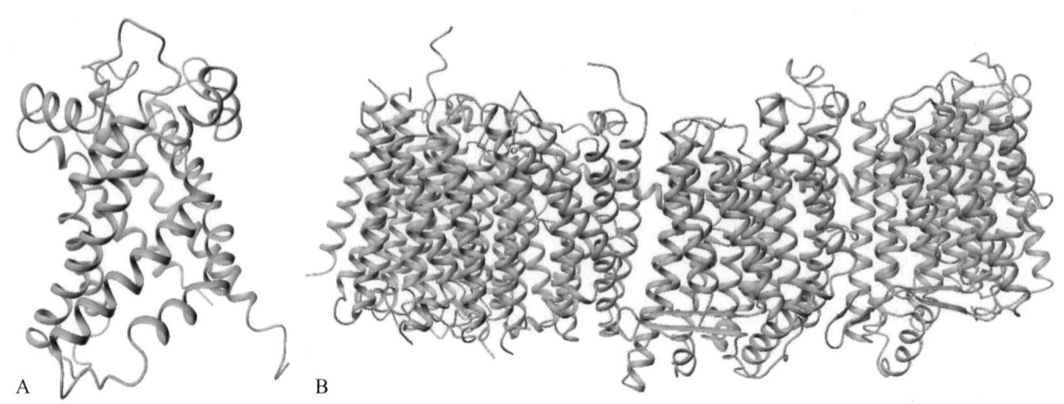

图3.44　A.线粒体ADP/ATP转运体是第一个被确定的线粒体转运体家族（MCF）成员。其是最丰富的线粒体转运体，主要功能是在线粒体内膜上转运核苷酸（RCSB 2C3E）。B.呼吸复合物I是呼吸链中第一个连接NADH和泛醌电子传递的转运体，由6个亚基组成：NuoL、NuoM、NuoN、NuoA、NuoJ和NuoK，共含有55个跨膜螺旋（RCSB 3RKO）

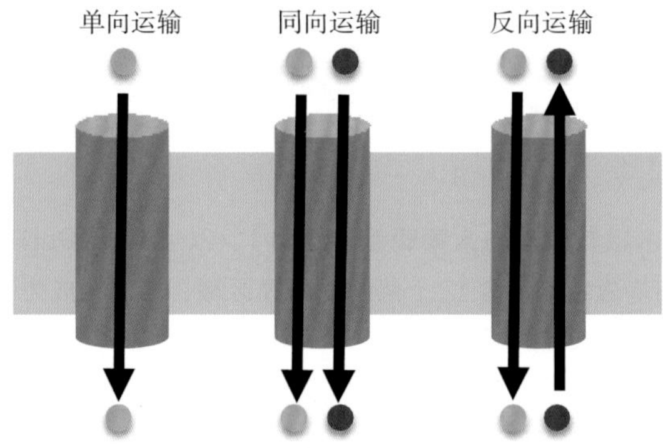

图3.45　单向运输沿着浓度梯度将单个分子向一个方向移动，而同向运输和反向运输则会转移多个分子。同向运输是向同一个方向转移分子，而反向运输则是向相反的方向转移分子

转运体也可以根据转运方式（被动或主动运输）来进行分类。在被动运输过程中容易发生协助扩散。转运体与物质分子的结合导致其构象变化，使物质分子从高浓度的区域转移至低浓度的区域（图3.46）。这一过程是熵驱动的，所以不需要消耗细胞能量（如ATP水解成ADP）。例如，葡萄糖就是通过被动扩散中的单向运输方式进入红细胞。红细胞葡萄糖转运体（也被称为GLUT 1～5）使葡萄糖在细胞膜上的转移速率比简单扩散增加了50 000倍。因为葡萄糖进入红细胞的过程中会顺着浓度梯度移动，所以不需要外界提供能量[102]。

此外，红细胞还含有一种协助扩散的反向运输方式，即氯化物-碳酸氢盐交换器（chloride-bicarbonate exchanger），通常称为阴离子交换剂1（anion exchanger 1，AE1）或带3蛋白（band 3 protein）。这种转运体对于通过呼吸清除组织（如肌肉）中产生的二氧化

碳发挥着至关重要的作用。二氧化碳在红细胞中碳酸酐酶的作用下生成碳酸氢根，然后通过AE1从红细胞中释放。为了确保细胞的膜电位没有变化，在这个过程中要求碳酸氢根和氯离子向相反方向穿过细胞膜。这两种离子都具有各自的浓度梯度，因此不需要消耗能量，但这一过程中AE1使碳酸氢根在红细胞的透过率提高了6个数量级（是正常扩散速率的1 000 000倍）[102]。另外，主动运输通过膜转运体将溶质从低浓度区域转移至高浓度区域，从而导致溶质在膜的一侧富集。这种运输方式往往逆电化学梯度，因此需要消耗细胞中的能量。例如，为了确保这种运输方式顺利进行，ATP被水解成ADP。

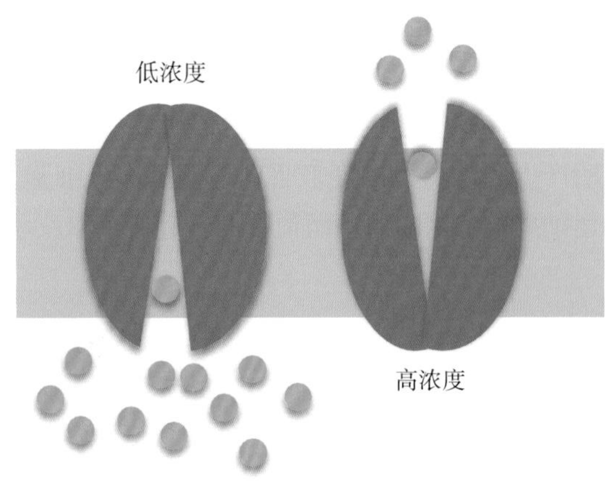

图3.46 协助扩散使溶质向低浓度梯度移动，不消耗能量。转运体与溶质分子的结合会引起其构象变化，使溶质较简单扩散更快地通过细胞膜

主动运输可分为两种类型，即一级主动运输和二级主动运输。一级主动运输直接利用细胞能量，而二级主动运输间接利用细胞能量。一级主动运输的一个典型实例就是钠钾ATP酶（Na^+，K^+-ATP酶）参与的反向运输，通过使2个钾离子流入细胞内，同时将3个钠离子释放至细胞外，以维持细胞的钠离子、钾离子水平。由此产生的电荷变化使细胞内在电化学上相对细胞外带负电，从而产生–70～–50 mV的膜电位。首先，在外侧结合位点结合了3个钠离子的转运体与1分子ATP结合，然后通过ATP酶的作用使蛋白磷酸化。随后引起构象的改变，使钠离子进入细胞。钠离子释放后，与2个钾离子结合，从而导致转运体的去磷酸化。然后，转运体恢复原来的构象，将2个钾离子带出细胞（图3.47）。钠钾ATP酶活性对神经元和肌肉（平滑肌和横纹肌）的动作电位传导起着至关重要的作用，静息个体代谢产生的能量约有25%用于钠钾ATP酶的活动[103]。

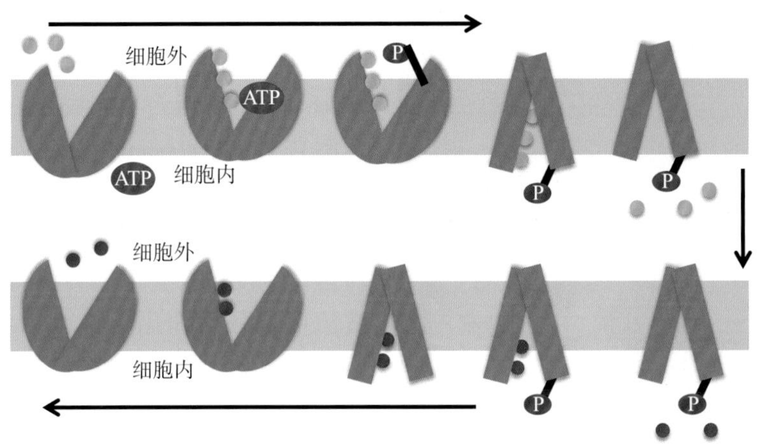

图3.47 钠钾ATP酶将3个钠离子（黄色）和1分子ATP（红色）与转运体结合。磷酸化（暗紫色）导致转运体构象改变，进而将钠离子转移至细胞内部。随后，钠离子被释放，两个钾离子（淡紫色）与蛋白结合，从而导致转运体的去磷酸化，使转运体恢复原有的构象，同时将钾离子转移至细胞外

与一级主动运输溶质移动直接伴随代谢变化（如ATP/ADP转换）的能量利用不同，二级主动运输利用电化学梯度存储的能量。例如，钠-葡萄糖共转运体［sodium-glucose cotransporter，也称为钠-葡萄糖关联转运体（sodium-glucose linked transporter）］利用钠钾ATP酶产生的钠离子梯度来驱动葡萄糖进入细胞。这种同向运输以相同的方向在细胞膜上同时转运钠离子和葡萄糖，而葡萄糖转运速率取决于跨膜的钠离子浓度梯度的大小（图3.48）[104]。

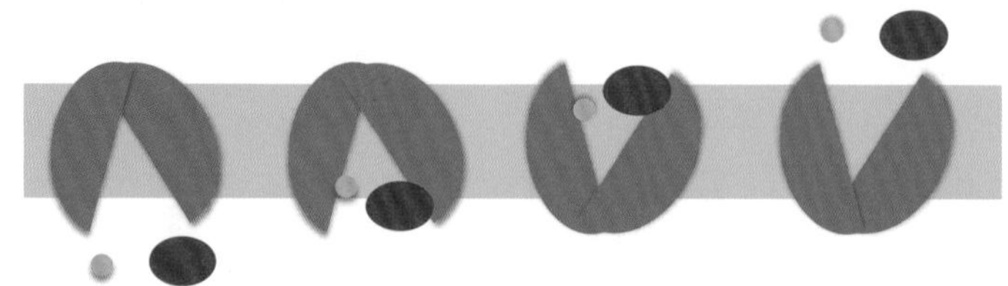

图3.48 葡萄糖（红色）和钠离子（黄色）结合至钠-葡萄糖共转运体（SGLT），二者都能穿过细胞膜。这一过程由钠钾ATP酶（未显示）产生的钠离子浓度梯度所驱动

鉴于其重要功能，转运体已是并且可能仍将是药物发现的重要靶点。例如，抑制转运体的功能已成为改变多种生物活性的有效工具。转运体的抑制可通过底物类似物与底物结合位点结合以阻止跨膜转运，从而“堵塞管道”。或者底物类似物较底物优先转运也可以降低底物的转运速率。此外，还可以通过与转运体上的变构位点结合来阻止转运体产生转运天然底物需要的构象变化，从而达到抑制转运体活性的目的。

无论采用变构还是别构机制，最终结果都是干扰底物分子的跨膜运动。然而，其对生物系统是正向影响还是反向影响取决于由靶向转运体改变底物分子的移动对下游产生的影响。例如，作用于5-羟色胺转运体的药物已被非常成功地用于治疗多种精神紊乱，如注意缺陷多动障碍、强迫症、精神分裂症和抑郁症。选择性5-羟色胺再摄取抑制剂（selective serotonin reuptake inhibitor，SSRI），如氟西汀（fluoxetine，Prozac®）[105]、西酞普兰（citalopram，Celexa®）[106]和舍曲林（sertraline，Zoloft®）[107]可抑制5-羟色胺转运体介导的突触前神经末梢细胞对5-羟色胺的转运。这反过来会增加突触间隙中的5-羟色胺浓度，从而作用于突触后细胞的5-羟色胺受体，最终引起5-羟色胺受体表达的下调[108]。使用与5-羟色胺转运体具有高度同源性的细菌亮氨酸转运体（leucine transporter，LeuT）进行的X射线晶体结构和同源建模研究发现，舍曲林和氟西汀均能有效结合5-羟色胺转运体细胞外腔的内端（图3.49）[109]。

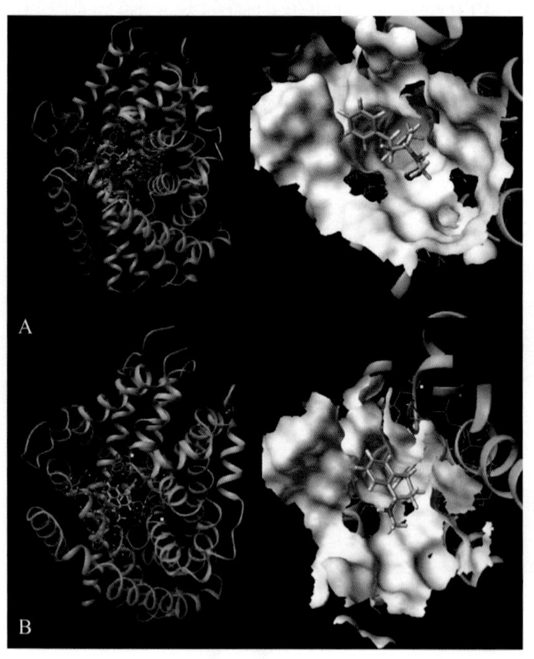

图3.49 A.亮氨酸转运体与舍曲林、全酶（左）和结合位点的近端图（右）（RCSB 3GWU）。B.亮氨酸转运体与*R*-氟西汀、全酶（左）和结合位点近端图（右）（RCSB 3GWV）

这些化合物在亮氨酸转运体中的结合位点不同于底物亮氨酸，这表明虽然选择性5-羟色胺再摄取抑制剂在转运腔中结合，但其与天然配体占据不同的结合位点。有趣的是，三环类抗抑郁药地昔帕明（desipramine）与亮氨酸转运体结合时，与5-羟色胺再摄取抑制剂有相同的结合位点[110]。

虽然5-羟色胺再摄取抑制剂表现出积极的药理学结果，但对转运体的干扰也会产生不良影响。如前所述，转运体抑制对下游的影响在化合物药理作用的发挥中起着重要作用。可卡因（cocaine）就是转运体抑制产生不良结果的一个最具代表性的实例。其是应用最广泛的成瘾性药物之一，通过阻断突触前细胞中的多巴胺转运体而发挥作用。阻断多巴胺再摄取导致细胞外多巴胺的水平快速增加，可产生与可卡因暴露相关的愉悦感[111]。长期接触可卡因会造成多巴胺转运体水平的升高，导致随着使用时间的延长产生同样效果所需的可卡因的剂量增加[112]。在分子水平上，可卡因的结合位点与天然底物多巴胺的结合位点重叠，从而阻止其进入转运体[113]。

3.6 核受体

如前所述，细胞功能的发挥要求协调的信息流能够穿过质膜，如此细胞才能保持对环境的“警觉”，并为生存作出必要的改变。 核受体是这种信息流的关键组成部分。与GPCR类似，核受体被结合在大分子结构上特定配体结合域（ligand-binding domain，LBD）的配体激活。然而，与膜结合的GPCR不同，核受体是可与DNA直接相互作用并改变基因表达的可溶性蛋白。目前，已鉴定出48种核受体，可分为内分泌核受体（endocrine nuclear receptor）、孤儿核受体（orphan nuclear receptor）和“被领养的”（adopted）核受体（adopted nuclear receptor）（表3.3）。内分泌核受体包括12种不同的类型，且其配体和功能都已被研究清楚。这一家族包括一些众所周知的受体，如雌激素受体（estrogen receptor，ERα和ERβ）、雄激素受体（androgen receptor）和糖皮质激素受体（glucocorticoid receptor，GR）。另外，孤儿核受体是根据与已知核受体的结构相似性来确定的，但其天然配体和生物学功能仍是未知的。此类受体包括睾丸受体2（testicular receptor 2）、神经元衍生孤儿受体1（neuron-derived orphan receptor 1）、感光细胞特异性核受体（photoreceptor cell-specific nuclear receptor），以及另外7个成员。剩下的26个核受体都被归为“被领养的”核受体。这些生物分子最初被认为是孤儿受体，但对其天然配体进行鉴定研究后将其重新分类为“被领养的”核受体。目前尚不清楚已知的天然配体是否可以调节这类核受体的功能。“被领养的”核受体家族成员包括肝脏X受体（liver X receptor，LXRα和LXRβ）、孕烷X受体（pregnane X receptor）和过氧化物酶体增殖物激活受体（peroxisome proliferator-activated receptor，PPARα、PPARβδ/d和PPARγ）[114]。

表3.3 核受体

内分泌核受体		
AR	MR	RARγ
ERα	PR	THRα
ERβ	RARα	THRβ
GR	RARβ	VDR
“被领养的”核受体		
CAR	LXRβ	RORα
ERRα	神经生长因子IB（Nur77或Nr4a1）	RORβ
ERRβ	Nurr1	RORγ
ERRγ	PPARα	RXRα
FXR	PPARγ	RXRβ
HNF4α	PPARδ	RXRγ
HNF4γ	PXR	SF1
LRH-1	Rev-ErbA alpha（REV-ERBα）	TR4
LXRα	Rev-ErbA beta（REV-ERBβ）	
孤儿核受体		
COUP-TF Ⅰ	GCNF	PNR
COUP-TF Ⅱ	TLX	SHP
剂量敏感性的性别反转先天性肾上腺发育不良基因1（DAX1）	NOR-1	TR2
EAR-2		

注：AR，androgen receptor，雄激素受体；CAR，constitutive androstane receptor，组成型雄甾烷受体；COUP-TF Ⅰ，chicken ovalbumin upstream promoter-transcription factor Ⅰ，鸡卵清蛋白上游启动子转录因子Ⅰ；COUP-TF Ⅱ，chicken ovalbumin upstream promoter-transcription factor Ⅱ，鸡卵清蛋白上游启动子转录因子Ⅱ；EAR-2，erbA-related protein 2，ErbA-相关蛋白2；ERRβ，estrogen-related receptor-β，雌激素相关受体-β；ERRγ，estrogen-related receptor-γ，雌激素相关受体-γ；ERα，estrogen receptor-α，雌激素受体-α；FXR，farnesoid X receptor，法尼酯X受体；GCNF，germ cell nuclear factor，生殖细胞核因子；GR，glucocorticoid receptor，糖皮质激素受体；HNF4α，hepatocyte nuclear factor-4-α，肝细胞核因子4-α；HNF4γ，hepatocyte nuclear factor-4-γ，肝细胞核因子4-γ；LRH-1，liver receptor homolog-1，肝受体类似物-1；LXRα，liver X receptor-α，肝X受体-α；LXRβ，liver X receptor-β，肝脏X受体-β；MR，mineralocorticoid receptor，盐皮质激素受体；NOR-1，neuron-derived orphan receptor 1，神经元衍生孤儿受体1；Nurr1，nuclear receptor-related 1，核受体相关蛋白1；PNR，photoreceptor cell-specific nuclear receptor，感光细胞特异性核受体；PPARα，peroxisome proliferator-activated receptor-α，过氧化物酶体增殖物活化受体-α；PPARγ，peroxisome proliferator-activated receptor-γ，过氧化物酶体增殖物活化受体-γ；PPARδ，peroxisome proliferator-activated receptor-δ，过氧化物酶体增殖物活化受体-δ；PR，progesterone receptor，孕激素受体；PXR，pregnane X receptor，孕烷X受体；RARα，retinoic acid receptor-α，视黄酸受体-α；；RARβ，retinoic acid receptor-β，视黄酸受体-β；RARγ，retinoic acid receptor-γ，视黄酸受体-γ；RORα，RAR-related orphan receptor-α，RAR相关孤儿受体-α；RORβ，RAR-related orphan receptor-β，RAR相关孤儿受体-β；RORγ，RAR-related orphan receptor-γ，RAR相关孤儿受体-γ；RXRα，retinoid X receptor-α，类视黄醇X受体-α；RXRβ，retinoid X receptor-β，类视黄醇X受体-β；RXRγ，retinoid X receptor-γ，类视黄醇X受体-γ；SF1，steroidogenic factor 1，类固醇生成因子1；SHP，small heterodimer partner，小异源二聚体伴侣受体；THRα，thyroid hormone receptor-α，甲状腺激素α受体；THRβ，thyroid hormone receptor-β，甲状腺激素β受体；TLX，homolog of the *Drosophila* tailless gene，果蝇无尾基因同源物；TR2，testicular receptor 2，睾丸孤核受体2；TR4，testicular receptor 4，睾丸孤核受体4；VDR，vitamin D receptor，维生素D受体。

相较于其他类型的生物分子，可作为潜在药物靶点的核受体数量较少（GPCR超过800个），但有许多重要的药物会影响核受体介导的生理过程。其中一些在现代核受体概念发展起来之前就已被作为有效的疗法。例如，GR激动剂地塞米松（dexamethasone）（图3.50A）于1958年作为抗炎药物进入临床[115]。同样，选择性雌激素受体调节剂（selective estrogen receptor modulator，SERM）他莫昔芬（tamoxifen）（图3.50B）最初于1962年被制备，并于1977年被批准用于转移性乳腺癌的治疗[116]，但当时雌激素受体具体的作用机制尚不清楚（雌激素受体的作用机制直至1996年才被发现）[117]。另一种SERM——巴多昔芬（bazedoxifene）（图3.50C），是复方药物Duavee®的一部分，该复方药物于2013年获FDA批准用于预防绝经后的骨质疏松症[118]。米非司酮（mifepristone）（图3.50D）[119]，也被称为RU-486，最初于1980年在开发新型GR拮抗剂时被发现。这种口服人工流产药物的使用引起了全球许多地区的争议，虽然这一争议至今未停息，但这一药物也作为重要药物被列入世界卫生组织（WHO）的基本药物清单[120]。

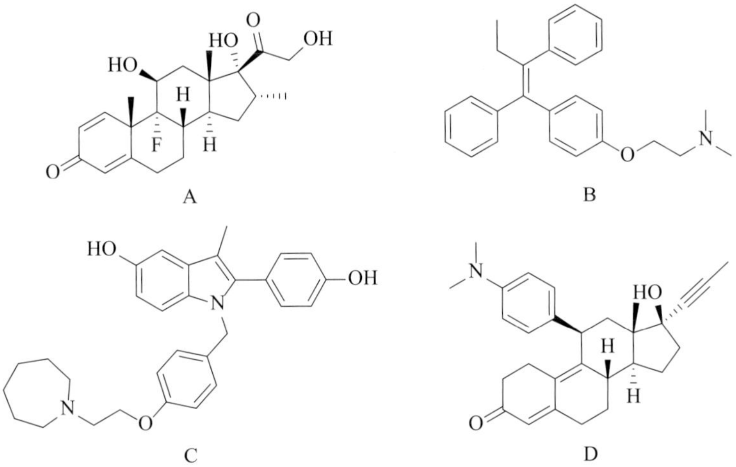

A B C D

图3.50 A.地塞米松，一种糖皮质激素受体激动剂；B.他莫昔芬，选择性雌激素受体调节剂；C.巴多昔芬，选择性雌激素受体调节剂；D.米非司酮，糖皮质激素和孕酮受体拮抗剂

尽管核受体被分为内分泌、孤儿和“被领养的”核受体三种类型，但在结构上却有许多共同特征。这些可溶性受体大多数包含两个关键作用区域，即LBD和DNA结合域（DNA-binding domain，DBD），并通过一个铰链区连接。DBD通常包含两个锌指基序和三个α螺旋，是核受体中保守程度最高的区域，通常由大约70个氨基酸组成。顾名思义，该区域与DNA的相互作用发生在一个被称为激素反应元件（hormone response element，HRE）的区域。DBD三个螺旋中的一个与HRE的大凹槽区域对接，而第二个螺旋和之前的环形成结构域/结构域相互作用[121]。在大多数（但非所有）核受体中，DBD前含有一个大小不定（可多达500个氨基酸）的无序N端结构域，该结构域包含一个被称为活性功能-1（activity function-1，AF-1）结构域的区域。核受体的这个区域能够以配体非依赖的方式诱导转录激活[122]。

DBD通过一个大小可变的铰链区与核受体的另一主要部分——LBD相连，在某些情况下，该铰链区包含能够与DNA小凹槽结合的序列。LBD本身通常包含12个α螺旋，围绕在由螺旋3、螺旋7和螺旋10形成的中心疏水配体结合口袋周围（图3.51）。这一口袋最大可达到1500Å，但其大小和形状是高度诱导的。LBD中的最后一个α螺旋包括一个被称为活性功能-2（activity function-2，AF-2）结构域的区域。和AF-1结构域一样，AF-2结构域也能诱导转录激活，但这种活性具有配体依赖性。LBD是设计改变核受体作用药物的主要靶点[123]。

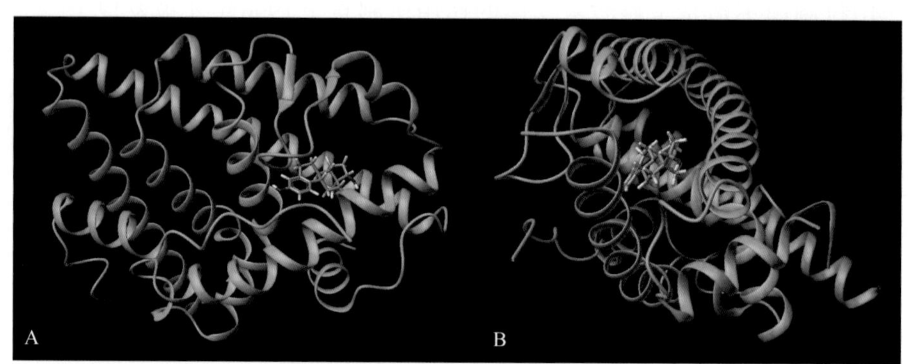

图3.51　**雌二醇与雌激素受体配体结合域的结合示意图（RCSB 1ERE）**

A.俯视图；B.侧视图

3.6.1　核受体信号通路

核受体发挥生物学作用的途径主要有两种。在第一种途径中（图3.52），配体（激素或人工合成配体）进入细胞，与连接在分子伴侣（如热激蛋白）上的核受体结合。配体与受体结合引起构象变化，进而引起核受体-配体复合物从分子伴侣上解离。随后，核受体-配体复合物形成更大的二聚体复合物进入细胞核中。一旦入核，二聚核受体-配体复合物与

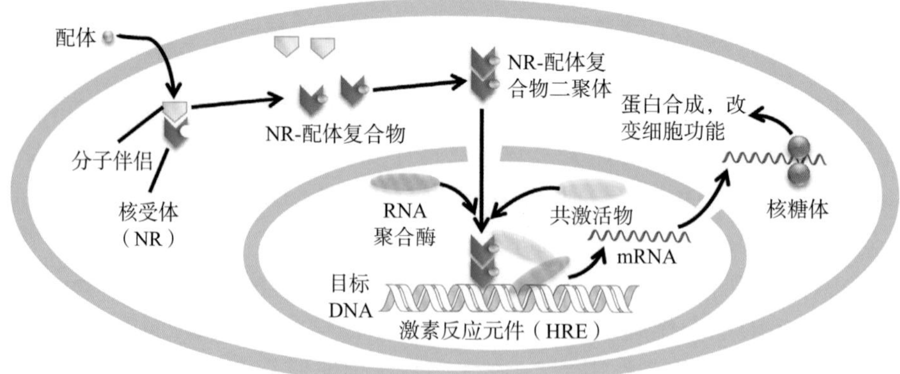

图3.52　**在没有配体存在的情况下，核受体与分子伴侣结合。而在配体存在时，配体结合会导致该复合物解离并使NR-配体复合物二聚化。随后，二聚化的NR-配体复合物进入细胞核，与共激活蛋白、RNA聚合酶和目标DNA的激素反应元件（HRE）相互作用，促使相关mRNA的合成。随后，mRNA被运输至细胞核外，进入细胞质。最后，mRNA与核糖体作用生成相关的蛋白，从而改变细胞功能**

RNA聚合酶和共激活蛋白相结合，这个更大的复合物结合到目标DNA的一个HRE上。最后合成mRNA，并将其从细胞核运送到细胞质。mRNA与核糖体相遇后启动蛋白的合成，从而影响细胞功能。

在第二种途径中（图3.53），核受体与目标DNA相关联，但其招募RNA聚合酶和共激活蛋白的能力被共阻遏蛋白（corepressor protein）抑制。当配体进入细胞后，直接穿过细胞质进入细胞核，与结合在DNA上的核受体-共阻遏蛋白复合物相遇。配体与核受体结合引起构象变化，导致共阻遏物从核受体上解离。这种与第一种途径相同的构象变化也允许核受体-配体复合物将RNA聚合酶和共激活蛋白招募至目标DNA的HRE区域。随后，mRNA被合成、运送至细胞质，合成核糖体蛋白，从而改变细胞功能。

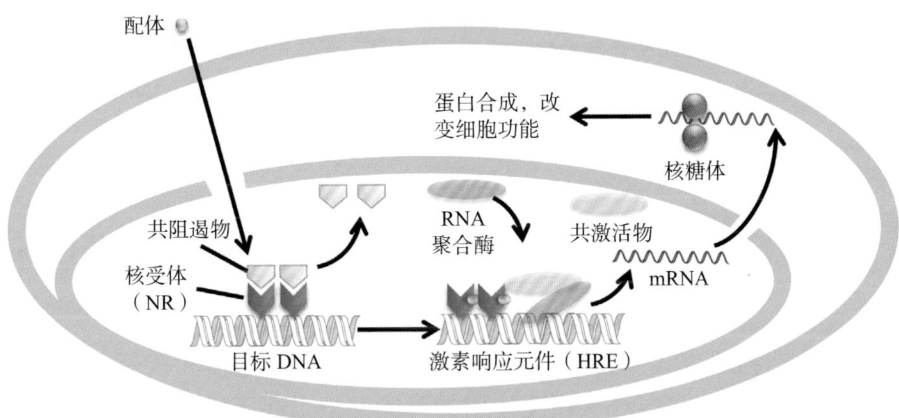

图3.53　**核受体与目标DNA及抑制mRNA合成的共阻遏物的结合。配体进入细胞后，不需要伴侣蛋白的帮助即可进入细胞核，并与NR-共阻遏物-DNA复合物相遇。配体与NR结合引起复合物的构象变化，从而导致共阻遏蛋白释放并募集RNA聚合酶和共激活蛋白。随后启动mRNA的合成，并将mRNA输出至细胞质，在核糖体的作用下合成蛋白，从而引起细胞活性的改变**

3.6.2　核受体活性的调节

虽然核受体途径非常复杂，但作用于这些途径的治疗药物可大致分为两大类：激动剂和拮抗剂。与GPCR一样，激动剂，如地塞米松（dexamethasone），通过与核受体结合模拟天然配体（图3.54）来产生相同的生物化学反应[124]。饱和浓度的天然配体对核受体的反应被认为是最大响应（100%活性）。通常以与核受体结合的能力和引发生化反应的能力来评估潜在的候选药物。能引起与天然配体作用相同细胞反应的化合物属于完全激动剂，而引起的反应低于天然配体的化合物被称为部分激动剂。

相反，拮抗剂，如米非司酮，可以与核受体结合（图3.55）[125]，但不会引起相应的生化反应。与GPCR拮抗剂类似，在没有天然配体的情况下，核受体拮抗剂对细胞活性没有影响。然而，当存在天然配体时，拮抗剂的存在可阻碍天然配体对核受体通路的激活。拮抗剂与天然配体竞争核受体结合位点，从而阻碍了相关生化途径的激活。

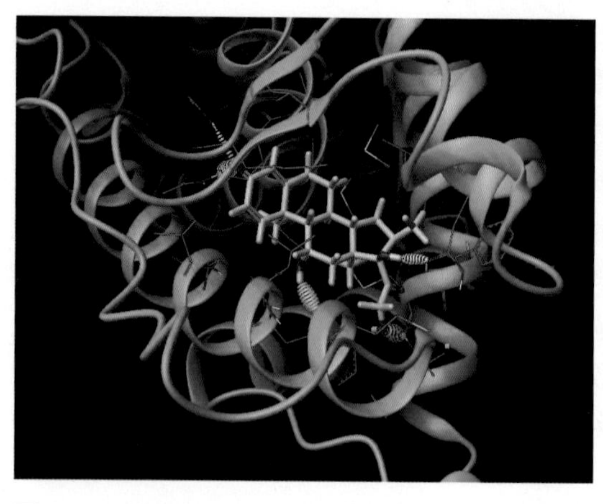

图3.54 地塞米松与糖皮质激素受体结合位点的X射线晶体示意图（RCSB：4UDCM）

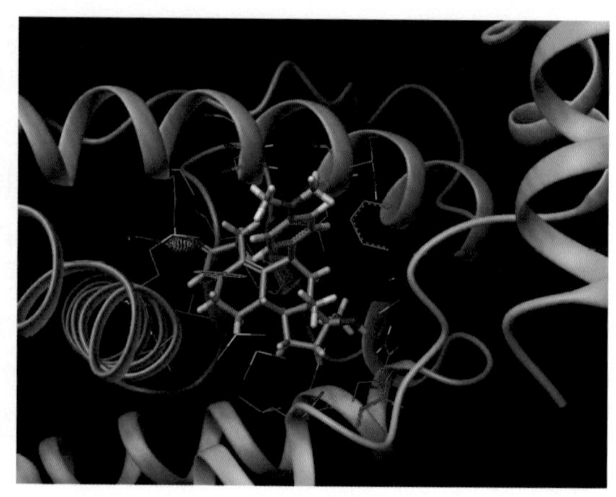

图3.55 米非司酮与糖皮质激素受体结合位点的X射线晶体示意图（RCSB：1NHZ）

3.7 生物分子相互作用：蛋白/蛋白、蛋白/DNA、蛋白/RNA

尽管大多数药物研究集中在酶、GPCR、离子通道、转运体和核受体上，但调控蛋白/蛋白、蛋白/DNA和蛋白/RNA相互作用的可能性也引起了科学界的注意。维持生命所必需的一系列生化过程需要多种生物分子的精准调控和相互合作，而这些过程的失调与各种疾病状态是紧密相连的。例如，整合素$_{\alpha \mathrm{II} \beta 3}$[intergrin$_{\alpha \mathrm{II} \beta 3}$，也称为糖蛋白Ⅱb/Ⅲa（glycoprotein Ⅱb/Ⅲa）]和纤维蛋白原之间的相互作用对血小板聚集和血栓形成至关重要。这一过程的失调可导致严重出血或血栓形成[126]。同样，细胞凋亡也受多种生物分子相互作用的调节。半胱氨酸-天冬氨酸蛋白酶（cysteine-aspartic protease），也被称为半胱天冬酶（caspase），是诱导细胞凋亡（程序性细胞死亡）的关键酶，但与凋亡抑制蛋白（inhibitor of apoptosis protein，IAP）的结合则能阻断其活性。如果这种作用能够特异性地针对分裂失控、快速生长的细胞（如癌症），这将是一种有效的治疗策略[127]。

当我们检测前面讨论的这些靶点在生物过程中的作用时，这种相互作用的重要性就变得更加清晰了。例如，GPCR途径需要多种类型的蛋白相互作用才能发生信号转导。打断其中任何一种相互作用都会改变生理结果。一种干扰G_α蛋白与腺苷酸环化酶结合的化合物可以阻断cAMP途径的信号转导，然而稳定这种相互作用的化合物可以增强信号转导能力。同理，阻断β-抑制蛋白与MAPK结合的化合物将通过β-抑制蛋白途径阻止这些激酶的活化，从而抑制其下游靶点的磷酸化。

核受体信号也可以受到具有干扰或增强生物分子相互作用能力的化合物的影响。例如，受到一种能够扰乱激素反应元件和RNA聚合酶之间相互作用化合物的影响，其配体仍然会与核受体发生结合，但不会合成mRNA及相应的蛋白。另外，稳定这种相互作用的化合物可以提高mRNA的合成效率或延长其合成时间，从而提高蛋白表达水平。从理论上而言，任何需要形成四级结构的生理学过程都可以被具有改变特定生物分子相互作用能力的化合物阻断或增强，这可为患者带来治疗上的益处。据估计，这种类型的潜在治疗靶点的数量超过65万个，数目远超任何其他类型的潜在治疗靶点[128]。

尽管存在大量潜在的生物分子相互作用靶点，且其重要性也日益凸显，但开发靶向这些相互作用药物的研究却进展得十分缓慢。不同于酶、GPCR、转运体、离子通道和核受体，大自然并没有提供可以作为研究起点的简单小分子（如底物、配体）。此外，在先进的分子建模工具和生物技术革命发展起来之前，研究生物分子相互作用所需的工具是有限的。使用这些方法的早期（20世纪80～90年代）研究表明，蛋白之间的相互作用界面通常是大且平坦的（～1000～2000Å^2），与其他治疗靶点用于结合小分子的深腔形成了鲜明的对比。这些发现使许多科学家断言生物分子相互作用“无成药性”[129]。

然而，这一结论最终被证明是错误的。分子生物学工具的发展使蛋白界面表面的突变分析成为可能，虽然两个蛋白之间相互作用的总面积可能非常大，但并不是所有的残基对结合都是至关重要的。在许多情况下，大部分结合能是由生物分子接触界面中心附近的小簇残基产生的。这些“热点”覆盖的区域大小通常与小分子相当，具有疏水性，并具有构象适应性。此外，发生在这些“热点”上促进相互作用的驱动力（如氢键、疏水相互作用等），与驱动药物分子及前面描述的重要靶点结合的驱动力是一样的。因此，从小分子设计中收集的信息，对于发现能够干扰或增强各种生物大分子相互作用的化合物而言，同样适用。

3.7.1 生物分子相互作用的“热点”类型

在生物分子相互作用面中，有三种类型的“热点”已经成为潜在的药物开发靶点。在最简单的情况下，两个结合配体中的一个只提供一个小的线性序列（图3.56），最小的只有1～4个氨基酸。血小板聚集和凝血块形成需要的整合素$_{\alpha \mathrm{II} \beta 3}$和纤维蛋白原之间的相互作用（图3.56）就是典型的实例。参与这种相互作用的一部分结构是纤维蛋白的一个三肽序列[Arg-Gly-Asp（RGD）]。抗血小板药物替罗非班（tirofiban，Aggrastat®）就是该序列的拟似物，是临床最先批准的特异性靶向生物分子相互作用的药物之一（图3.56）[130]。另一个实例是IAP与第二线粒体源半胱天冬氨酸蛋白酶激活物（second mitochondrial activator of caspases，Smac）的相互作用。Smac与IAP结合引起凋亡通路的激活，Smac上的四肽结合基元（Ala-Val-

替罗非班
（tirofiban，Aggrastat®）

A　纤维蛋白与糖蛋白Ⅱβ/Ⅱα的PPI抑制剂

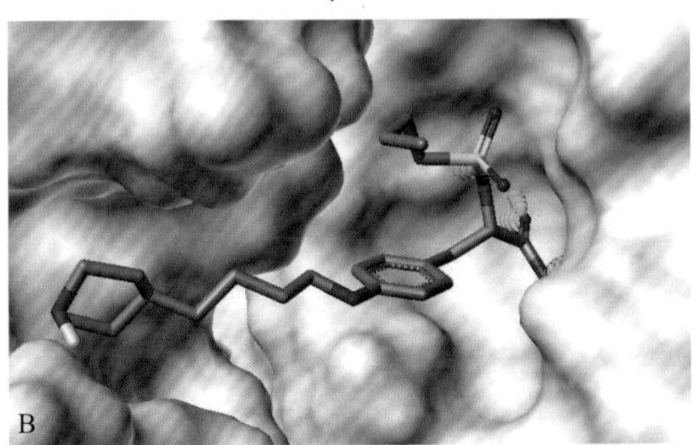

图3.56　替罗非班（A）与糖蛋白Ⅱβ/Ⅱα（B）结合，通过模拟三肽序列阻止其与纤维蛋白原结合（RCSB：2VDM）

Pro-Ile）对该结合起主要作用。一些研究团队已经开发出模拟这种四肽序列的化合物，作为新的治疗策略[131]。

在第二种类型的“热点”中，两个相互作用的生物分子的其中一个结合面是由单一的二级结构组成的，如α螺旋或β折叠，其与另一个相互作用分子上的特定沟槽相结合。此类相互作用以凋亡调节蛋白中的B细胞淋巴瘤因子-2（B-cell lymphoma-2，BCL-2）和BCL-2相关X蛋白（BCL-2-associated X-protein，BAX）的相互作用为代表。这两种蛋白的相互作用对细胞凋亡的调控至关重要，其主要驱动力是BAX的α螺旋与BCL-2表面沟槽的相互作用[132]。一些研究团队已经成功发现了能够靶向α螺旋结合位点的类药小分子。例如，对抗癌药物Navitoclax（ABT-263）已经开展了多个临床试验进行研究（图3.57）[133]。

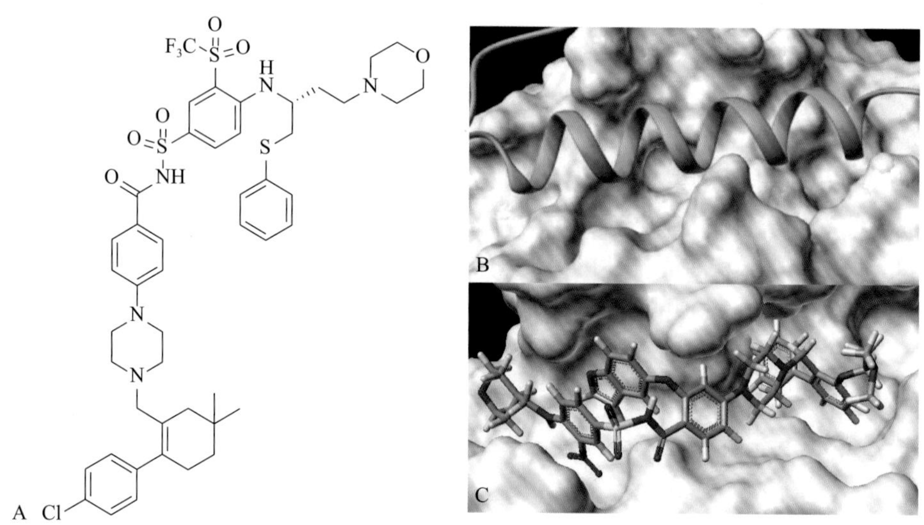

图3.57　纳维托克（navitoclax，ABT-263，A）通过模拟BCL-2的结合伴侣BAX上的α螺旋结构（B）与BCL-2相结合（C，RCSB：4MAN）

在第三类“热点”中，两种结合配体都需要有球形或宽阔的结合面（图3.58）。因此，这种类型的相互作用也是三种类型中最复杂的。白细胞介素17A（IL-17A）与其受体（IL-17R）之间的相互作用就是此类相互作用的典型实例（图3.58）[134]。研发靶向这类“热点”的化合物十分困难。迄今为止，还没有特异性靶向此类“热点”的药物获批上市。

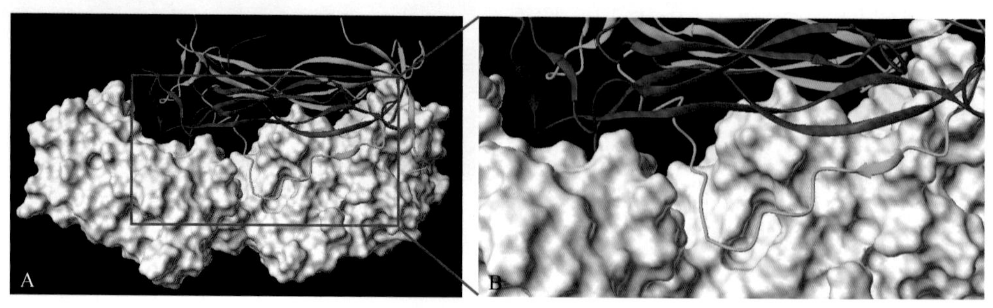

图3.58　A. IL-17A与IL-17受体结合；B. 结合区域放大图（RCSB：4HSA）

3.7.2　稳定生物分子相互作用

目前靶向生物分子相互作用的研究主要集中在阻断两个或多个生物分子的相互作用上。然而，我们应该认识到，稳定生物分子相互作用具有重要意义。例如，二萜类分子佛司可林（forskolin，毛喉素）（图3.59）可以稳定cAMP/GPCR信号通路中的关键元件——腺苷酸环化酶（adenylyl cyclase，AC）中两个结构域之间的相互作用。这可以增加信号转导过程中cAMP的水平及持续时间，并使第二信使信号增强[135]。

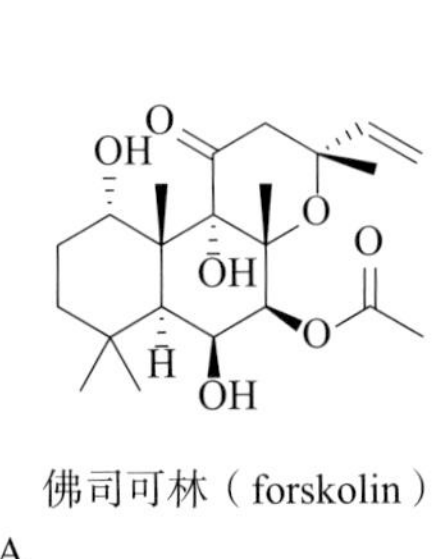

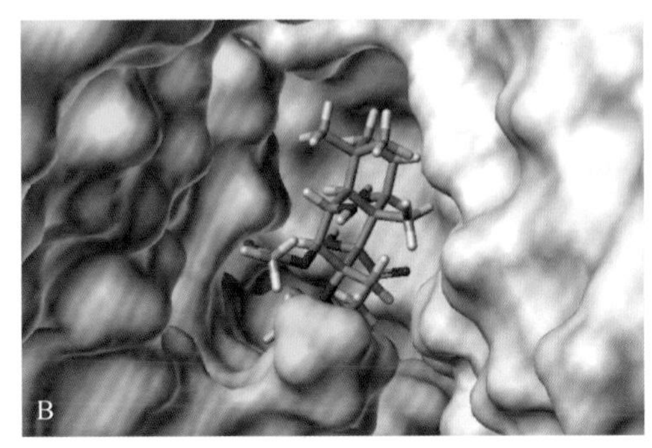

图3.59　**毛喉素（A）与腺苷酸环化酶（AC）的C1和C2结构域（B）相结合。AC是cAMP介导的GPCR信号通路的重要组成部分（RCSB：1CJU）**

同样，免疫抑制剂雷帕霉素（rapamycin，Rapamune®，图3.60）通过稳定多种蛋白之间的相互作用而影响人体免疫系统。该天然产物与FK506结合蛋白（FK506-binding protein，FKBP12）结合生成复合物后，再与FKBP-雷帕霉素相关蛋白结合。这一结合创造了一个跨越两种蛋白的新的相互作用面，并使另外两种蛋白，即蛋白磷酸酶——钙调磷酸酶与被称为哺乳动物雷帕霉素靶蛋白的蛋白激酶相结合，从而产生相互抑制作用。抑制这两种酶的催化活性可抑制免疫系统的活性，这也使得雷帕霉素成为预防器官移植排斥反应的重要药物[136]。

雷帕霉素（rapamycin，Rapamune®）

A

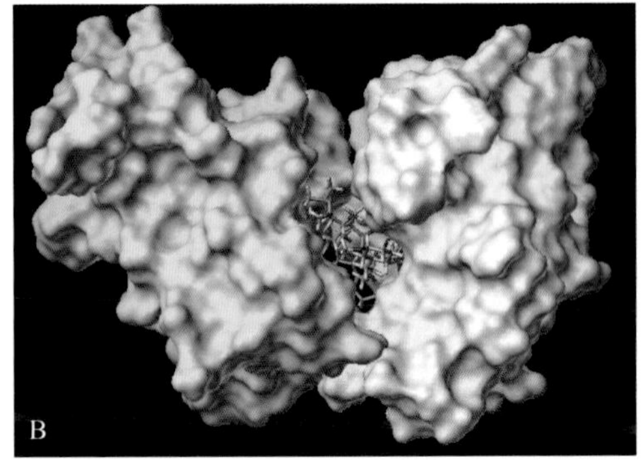

图3.60 A.雷帕霉素结构；B.FK506结合蛋白（FKBP12）和FKBP-雷帕霉素相关蛋白（FRAP）与雷帕霉素结合的示意图；C.FKBP12的结合表面；D.FRAP的结合表面（RCSB：1FAP）

（罗姗姗）

思考题

1. 请解释以下六大类酶的作用。
   A. 氧化还原酶
   B. 转移酶
   C. 水解酶
   D. 裂解酶
   E. 异构酶
   F. 连接酶
2. 请解释以下非共价相互作用的定义。
   A. 疏水相互作用
   B. 静电/盐桥
   C. 氢键
   D. π-堆积
   E. π-阳离子相互作用
3. 列举任意三种酶的抑制方法，并解释其含义。
4. GPCR的三个关键结构特点是什么？
5. GPCR的两种主要信号通路是什么？
6. 解释下列离子通道的定义。
   A. 配体门控离子通道
   B. 电压门控离子通道
   C. 温度门控离子通道
   D. 机械敏感性离子通道
7. 什么是离子通道病？
8. 什么是被动运输？
9. 什么是主动运输？

参考文献

1. (a) Imming, P.; Sinning, C.; Meyer, S. Drugs, Their Targets and the Nature and Number of Drug Targets. *Nat. Rev. Drug Discov.* **2006,** *5*, 821–834.
   (b) Overington, J. P.; Al-Lazikani, B.; Hopkins, A. L. How Many Drug Targets are There? *Nat. Rev. Drug Discov.* **2006,** *5*, 993–996.
   (c) Hopkins, A. L.; Groom, C. R. The Druggable Genome. *Nat. Rev. Drug Discov.* **2002,** *1*, 727–730.
2. International Human Genome Sequencing Consortium. Finishing the Euchromatic Sequence of the Human Genome. *Nature* **2001,** *409*, 861–921.
3. Pallen, M. J.; Wren, B. W. Bacterial Pathogenomics. *Nature* **2007,** *449*, 835–842.
4. Imming, P.; Sinning, C.; Meyer, S. Drugs, Their Targets and the Nature and Number of Drug Targets. *Nat. Rev. Drug Discov.* **2006,** *5*, 821–834.
5. (a) Overington, J. P.; Al-Lazikani, B.; Hopkins, A. L. How Many Drug Targets are There? *Nat. Rev. Drug Discov.* **2006,** *5*, 993–996.
   (b) Santos, R.; Ursu, O.; Gaulton, A.; Bento, A. P.; Donadi, R. S.; Bologa, C. G., et al. A Comprehensive Map of Molecular Drug Targets. *Nat. Rev. Drug Discov.* **2017,** *16*, 19–34.
6. Labeit, S.; Kolmerer, B. Titins: Giant Proteins in Charge of Muscle Ultrastructure and Elasticity. *Science* **1995,** *270* (5234), 293–296.
7. McDonald, N. Q.; Lapatto, R.; Rust, J. M.; Gunning, J.; Wlodawer, A.; Blundell, T. L. New Protein Fold Revealed by a 2.3-Å Resolution Crystal Structure of Nerve Growth Factor. *Nature* **1991,** *354*, 411–414.
8. Kumar, S.; Nussinov, R. Close-Range Electrostatic Interactions in Proteins. *ChemBioChem* **2002,** *3* (7), 604–617.
9. (a) McGaughey, G. B.; Marc Gagné, M.; Rappé, A. K. Pi-Stacking Interactions. Alive and Well in Proteins. *J. Biol. Chem.* **1998,** *273* (25), 15458–15463.
   (b) Ringer, A. L.; Sinnokrot, M. O.; Lively, R. P.; Sherrill, C. D. The Effect of Multiple Substituents on Sandwich and T-Shaped pi-pi Interactions. *Chemistry* **2006,** *12* (14), 3821–3828.
   (c) Hunter, C. A.; Sanders, J. K. M. The Nature of. pi.-.pi. Interactions. *J. Am. Chem. Soc.* **1990,** *112* (14), 5525–5534.
10. (a) Dougherty, D. A.; Ma, J. C. The Cation-π Interaction. (1997) *Chem. Rev.* **1997,** *97* (5), 1303–1324.
    (b) Burley, S. K.; Petsko, G. A. Amino-Aromatic Interactions in Proteins. *FEBS Lett.* **1986,** *203* (2), 139–143.
11. (a) Lehninger, A.; Nelson, D. L.; Cox, M. M. *Lehninger Principles of Biochemistry*, 5th ed.; W. H. Freeman: New York, 2008, 113–122.
    (b) Kabsch, W.; Sander, C. Dictionary of Protein Secondary Structure: Pattern Recognition of Hydrogen-Bonded and Geometrical Features. *Biopolymers* **1983,** *22* (12), 2577–2637.
12. Sumner, J. B. The Isolation and Crystallization of the Enzyme Urease: Preliminary Paper. *J. Biol. Chem.* **1926,** *69*, 435–441.
13. Chen, L. H.; Kenyon, G. L.; Curtin, F.; Harayama, S.; Bembenek, M. E.; Hajipour, G., et al. 4-Oxalocrotonate Tautomerase, an Enzyme Composed of 62 Amino Acid Residues per Monomer. *J. Biol. Chem.* **1992,** *267* (25), 17716–17721.
14. Smith, S. The Animal Fatty Acid Synthase: One Gene, One Polypeptide, Seven Enzymes. *FASEB J.* **1994,** *8* (15), 1248–1259.
15. Ridderstrom, M.; Cameron, A. D.; Jones, T. A.; Mannervik, B. Involvement of an Active-Site Zn^{2+} Ligand in the Catalytic Mechanism of Human Glyoxalase I. *J. Biol. Chem.* **1998,** *273*, 21623–21628.
16. Fischer, E. Einfluss der Configuration auf die Wirkung der Enzyme. *Ber. Dtsch. Chem. Ges. A* **1894,** *27* (3), 2985–2993.
17. Brown, A. Enzyme action. *Journal of the Chemical Society, Transactions* **1902,** *81*, 373–388.

18. Henri, V. Theorie generale de l'action de quelques diastases. *C.R. Acad. Sci., Paris* **1902,** *135,* 916–919.
19. Koshland, D. E., Jr. Application of a Theory of Enzyme Specificity to Protein Synthesis. *Proc. Natl. Acad. Sci. U.S.A.* **1958,** *44* (2), 98–104.
20. Radzicka, A.; Wolfenden, R. A Proficient Enzyme. *Science* **1995,** *267* (5194), 90–93.
21. Hedstrom, L. Serine Protease Mechanism and Specificity. *Chem. Rev.* **2002,** *102* (12), 4501–4524.
22. Page-McCaw, A.; Ewald, A. J.; Werb, Z. Matrix Metalloproteinases and the Regulation of Tissue Remodeling. *Nat. Rev. Mol. Cell Biol.* **2007,** *8,* 221–233.
23. Aggett, P. J. Physiology and metabolism of essential trace elements: An outline. *Clin. Endocrinol. Metab.* **1985,** *14* (3), 513–543.
24. Gilep, A. A.; Sushko, T. A.; Usanov, S. A. At the Crossroads of Steroid Hormone Biosynthesis: The Role, Substrate Specificity and Evolutionary Development of CYP17. *Biochim. Biophys. Acta* **2011,** *1814* (1), 200–209.
25. Lehninger, A.; Nelson, D. L.; Cox, M. M. *Lehninger Principles of Biochemistry,* 5th ed.; W. H. Freeman: New York, 2008, 183–234.
26. (a) Dong-Qing Wei, D. Q.; Qi-Shi Du, Q. S.; Sun, H.; Chou, K. C. Insights From Modeling the 3D Structure of H5N1 Influenza Virus Neuraminidase and its Binding Interactions With Ligands. *Biochem. Biophys. Res. Commun.* **2006,** *344,* 1048–1055.
    (b) Kim, C. U.; Lew, W.; Williams, M. A.; Wu, H.; Zhang, L.; Chen, X., et al. Structure-Activity Relationship Studies of Novel Carbocyclic Influenza Neuraminidase Inhibitors. *J. Med. Chem.* **1998,** *41,* 2451–2460.
27. Manning, G.; Whyte, D. B.; Martinez, R.; Hunter, T.; Sudarsanam, S. The Protein Kinase Complement of the Human Genome. *Science* **2002,** *298,* 1912–1934.
28. Ohren, J. F.; Chen, H.; Pavlovsky, A.; Whitehead, C.; Zhang, E.; Kuffa, P., et al. Structures of Human MAP Kinase Kinase 1 (MEK1) and MEK2 Describe Novel Noncompetitive Kinase Inhibition. *Nat. Struct. Mol. Biol.* **2004,** *12,* 1192–1197.
29. Fedarovich, A.; Nicholas, R. A.; Davies, C. The Role of the β5-α11 Loop in the Active-Site Dynamics of Acylated Penicillin-Binding Protein A From *Mycobacterium tuberculosis. J. Mol. Biol.* **2012,** *418,* 316–330.
30. Kobilka, B. K. G Protein Coupled Receptor Structure and Activation. *Biochim. Biophys. Acta* **2007,** *1768* (4), 794–807.
31. (a) Langley, J. N. Observation on the Physiological Action of Extracts of the Supra-Renal Bodies. *J. Physiol.* **1901,** *1901* (17), 231–256.
    (b) Dale, H. H. On Some Physiological Actions of Ergot. *J. Physiol.* **1906,** *34,* 163–206.
32. (a) Lefkowitz, R. J.; Roth, J.; Pricer, W.; Pastan, I. ACTH Receptors in the Adrenal: Specific Binding of ACTH-125I and Its Relation to Adenylyl Cyclase. *Proc. Natl. Acad. Sci. U.S.A.* **1970,** *65,* 745–752.
    (b) Lefkowitz, R. J.; Roth, J.; Pastan, I. Radioreceptor Assay for Adrenocorticotropic Hormone: New Approach to Assay of Polypeptide Hormones in Plasma. *Science* **1970,** *170,* 633–635.
33. Palczewski, K.; Kumasaka, T.; Hori, T.; Behnke, C. A.; Motoshima, H.; Fox, B. A., et al. Crystal Structure of Rhodopsin: A G Protein-Coupled Receptor. *Science* **2000,** *289* (5480), 739–745.
34. Rasmussen, S. G.; Choi, H. J.; Rosenbaum, D. M.; Kobilka, T. S.; Thian, F. S.; Edwards, P. C., et al. Crystal Structure of the Human β2-Adrenergic G-Protein-Coupled Receptor. *Nature* **2007,** *450* (7168), 383–387.
35. Fredriksson, R.; Lagerström, M. C.; Lundin, L. G.; Schiöth, H. B. The G-Protein-Coupled Receptors in the Human Genome Form Five Main Families. Phylogenetic Analysis, Paralogon Groups, and Fingerprints. *Mol. Pharmacol.* **2003,** *63* (6), 1256–1272.
36. Joost, P.; Methner, A. Phylogenetic analysis of 277 human G-protein-coupled receptors as a tool for the prediction of orphan receptor ligands. *Genome Biol.* **2002,** *3* (11), 1–16.
37. Nichols, D. E.; Nichols, C. D. Serotonin Receptors. *Chem. Rev.* **2008,** *108* (5),

1614–1641.
38. Girault, J. A.; Greengard, P. The Neurobiology of Dopamine Signaling. *Arch. Neurol.* **2004,** *61* (5), 641–644.
39. de Gasparo, M.; Catt, K. J.; Inagami, T.; Wright, J. W.; Unger, T. International Union of Pharmacology. XXIII. The Angiotensin II Receptors. *Pharmacol. Rev.* **2000,** *52* (3), 415–472.
40. Thierauch, K. H.; Dinter, H.; Stock, G. Prostaglandins and Their Receptors: I. Pharmacologic Receptor Description, Metabolism and Drug Use. *J. Hypertens.* **1993,** *11* (12), 1315–1318.
41. Siu, F. K.; Lam, I. P.; Chu, J. Y.; Chow, B. K. Signaling Mechanisms of Secretin Receptor. *Regul. Pept.* **2006,** *137* (1–2), 95–104.
42. Mannstadt, M.; Jüppner, H.; Gardella, T. J. Receptors for PTH and PTHrP: Their Biological Importance and Functional Properties. *Am. J. Physiol.* **1999,** *277* (5), F665–F675 2.
43. Huang, H. C.; Klein, P. S. The Frizzled Family: Receptors for Multiple Signal Transduction Pathways. *Genome Biol.* **2004,** *5* (7), 1–7 234.
44. Rousseaux, C. G. A Review of Glutamate Receptors I: Current Understanding of Their Biology. *J. Toxicol. Pathol.* **2008,** *21* (1), 25–51.
45. Yona, S.; Lin, H. H.; Siu, W. O.; Gordon, S.; Stacey, M. Adhesion-GPCRs: emerging roles for novel receptors. *Trends Biochem. Sci.* **2008,** *33* (10), 491–500.
46. Berg, J. M.; Tymoczko, J. L.; Stryer, L. *Biochemistry*, 6th ed.; W. H. Freeman and Company: New York, 2007.
47. Tan, L.; Yan, W.; McCorvy, J. D.; Cheng, J. Biased Ligands of G Protein-Coupled Receptors (GPCRs): Structure- Functional Selectivity Relationships (SFSRs) and Therapeutic Potential. *J. Med. Chem.* **2018,** *61* (22), 9841–9878.
48. Shapiro, D. A.; Renock, S.; Arrington, E.; Chiodo, L. A.; Liu, L. X.; Sibley, D. R., et al. Aripiprazole, a Novel Atypical Antipsychotic Drug With a Unique and Robust Pharmacology. *Neuropsychopharmacology* **2003,** *28*, 1400–1411.
49. McCorvy, J. D.; Butler, K. V.; Kelly, B.; Rechsteiner, K.; Karpiak, J.; Betz, R. M., et al. Structure-Inspired Design of β-Arrestin-Biased Ligands for Aminergic GPCRs. *Nat. Chem. Biol.* **2018,** *14*, 126–134.
50. Möller, D.; Banerjee, A.; Uzuneser, T. C.; Skultety, M.; Huth, T.; Plouffe, B., et al. Discovery of G Protein-Biased Dopaminergics With a Pyrazolo[1,5-a]Pyridine Substructure. *J. Med. Chem.* **2017,** *60*, 2908–2929.
51. Khardori, N.; Rahat Ali Khan, R. A.; Tripathi, T. *Biomedical Aspects of Histamine: Current Perspectives;* Springer-Verlag: New York, 2010.
52. Moran, M. M.; Xu, H.; Clapham, D. E. TRP Ion Channels in the Nervous System. *Curr. Opin. Neurobiol.* **2004,** *14* (3), 362–369.
53. Thorneloe, K. S.; Nelson, M. T. Ion Channels in Smooth Muscle: Regulators of Intracellular Calcium and Contractility. *Can. J. Physiol. Pharmacol.* **2005,** *83* (3), 215–242.
54. Blass, B. E.; Fensome, A.; Trybulski, E.; Magolda, R.; Gardell, S.; Liu, K., et al. Selective Kv1.5 Blockers: Development of KVI-020/WYE-160020 as a Potential Treatment for Atrial Arrhythmia. *J. Med. Chem.* **2009,** *52* (21), 6531–6534.
55. Cahalan, M. D.; Chandy, K. G. Ion Channels in the Immune System as Targets for Immunosuppression. *Curr. Opin. Biotechnol.* **1997,** *8*, 749–756.
56. Pardo, L. A.; del Camino, D.; Sanchez, A.; Alves, F.; Bruggemann, A.; Beckh, S., et al. Oncogenic Potential of EAG K^+ Channels. *EMBO J.* **1999,** *18* (20), 5540–5547.
57. Lang, F.; Föller, M.; Lang, K.; Lang, P.; Ritter, M.; Vereninov, A., et al. Cell Volume Regulatory Ion Channels in Cell Proliferation and Cell Death. *Methods Enzymol.* **2007,** *428*, 209–225.
58. Berridge, M. J.; Lipp, P.; Bootman, M. D. The Versatility and Universality of Calcium Signaling. *Nat. Rev. Mol. Cell Biol.* **2000,** *1* (1), 11–21.
59. Welsh, M. J. Abnormal Regulation of Ion Channels in Cystic Fibrosis Epithelia. *FASEB*

J. **1990,** *4* (10), 2718–2725.

60. Lerche, H.; Jurkat-Rott, K.; Lehmann-Horn, F. Ion Channels and Epilepsy. *Am. J. Med. Genet.* **2001,** *106* (2), 146–159.
61. Matteucci, C. *Essai Sur Les Pheń omen es Électriques Des Animaux;* Carilian-Goeury et Vr. Dalmont: Paris, 1840.
62. du Bois-Reymond, E. *Untersuchungen Über Thierische Elektricität;* Reimer: Berlin, 1848.
63. von Helmholtz, H. L. F. *Vorläufiger Bericht über die Fortpflanzungs-Geschwindigkeit der Nervenreizung. Archiv für Anatomie, Physiologie und wissenschaftliche Medicin;* Jg. Veit & Comp: Berlin, 185071–73.
64. Bernstein, J. Untersuchungen zur Thermodynamik der bioelektrischen Ströme. *Pflügers Archiv: Eur. J. Physiol.* **1902,** *92* (10–12), 521–562.
65. Armstrong, C. M.; Bezanilla, F.; Roja, E. *J. Gen. Physiol.* **1973,** *62*, 375–391.
66. Neher, E.; Sakmann, B. Single-Channel Currents Recorded From Membrane of Denervated Frog Muscle Fibres. *Nature* **1976,** *260*, 799–802.
67. Neher, E.; Sakmann, B. The Nobel Prize in Physiology or Medicine 1991. Nobelprize. org. 2013. <http://www.nobelprize.org/nobel_prizes/medicine/laureates/1991/>.
68. Hamill, O. P.; Marty, A.; Neher, E.; Sakmann, B.; Sigworth, F. J. Improved Patch-Clamp Techniques for High-Resolution Current Recording From Cells and Cell-Free Membrane Patches. *Pflügers Archiv: Eur. J. Physiol.* **1981,** *391* (2), 85–100.
69. (a) Doyle, D. A.; Cabral, J. M.; Pfuetzer, R. A.; Kuo, A.; Gulbis, J. M.; Cohen, S. L., et al. The Structure of the Potassium Channel: Molecular Basis of K^+ Conduction and Selectivity. *Science* **1998,** *1998* (280), 69–77.
    (b) Mackinnon, R. Potassium Channels and the Atomic Basis of Selective Ion Conduction (Nobel Lecture). *Angew. Chem. Int. Ed.* **2004,** *43*, 4265–4277.
70. Kenny, P. J.; Markou, A. Nicotine Self-Administration Acutely Activates Brain Reward Systems and Induces a Long-Lasting Increase in Reward Sensitivity. *Neuropsychopharmacology* **2006,** *31* (6), 1203–1211.
71. Mihalak, K. B.; Carroll, F. I.; Luetje, C. W. Varenicline is a Partial Agonist at alpha4beta2 and a Full Agonist at alpha7 Neuronal Nicotinic Receptors. *Mol. Pharmacol.* **2006,** *70* (3), 801–805.
72. Akdemir, A.; Rucktooa, P.; Jongejan, A.; Elk, R. V.; Bertrand, S.; Sixma, T. K., et al. Acetylcholine Binding Protein (AChBP) as Template for Hierarchical In Silico Screening Procedures to Identify Structurally Novel Ligands for the Nicotinic Receptors. *Bioorg. Med. Chem.* **2011,** *19* (20), 6107–6119.
73. Hodgson, W. C.; Wickramaratna, J. C. In Vitro Neuromuscular Activity of Snake Venoms. *Clin. Exp. Pharmacol. Physiol.* **2002,** *29* (9), 807–814.
74. Sivilotti, L.; Nistri, A. GABA Receptor Mechanisms in the Central Nervous System. *Prog. Neurobiol.* **1991,** *36* (1), 35–92.
75. Rho, J. M.; Donevan, S. D.; Rogawski, M. A. Direct Activation of GABAA Receptors by Barbiturates in Cultured Rat Hippocampal Neurons. *J. Physiol.* **1996,** *497* (2), 509–522.
76. Riss, J.; Cloyd, J.; Gates, J.; Collins, S. Benzodiazepines in Epilepsy: Pharmacology and Pharmacokinetics. *Acta Neurol. Scand.* **2008,** *118* (2), 69–86.
77. Yellen, G. The Moving Parts of Voltage-Gated Ion Channels. *Q. Rev. Biophys.* **1998,** *31* (3), 239–295.
78. Ramos, E.; O'leary, M. State-Dependent Trapping of Flecainide in the Cardiac Sodium Channel. *J. Physiol.* **2004,** *560* (1), 37–49.
79. Garcia-Calvo, M.; Leonard, R. J.; Novick, J.; Stevens, S. P.; Schmalhofer, W.; Kaczorowski, G. J., et al. Purification, Characterization, and Biosynthesis of Margatoxin, a Component of *Centruroides margaritatus* Venom That Selectively Inhibits Voltage-Dependent Potassium Channels. *J. Biol. Chem.* **1993,** *268* (25), 18866–18874.
80. Main, M. J.; Cryan, J. E.; Dupere, J. R.; Cox, B.; Clare, J. J.; Burbidge, S. A. Modulation of KCNQ2/3 Potassium Channels by the Novel Anticonvulsant Retigabine. *Mol. Pharmacol.* **2000,** *58* (2), 253–262.

81. (a) Reubish, D.; Emerling, D.; Defalco, J.; Steiger, D.; Victoria, C.; Vincent, F. Functional Assessment of Temperature-Gated Ion-Channel Activity Using a Real-Time PCR Machine. *Biotechniques* **2009,** *47* (3), 3−9.
(b) Dhaka, A.; Viswanath, V.; Patapoutian, A. TRP Ion Channels and Temperature Sensation. *Annu. Rev. Neurosci.* **2006,** *29*, 135−161.
82. Sachs, F. Stretch-Activated Ion Channels: What are They? *Physiology* **2010,** *25* (1), 50−56.
83. (a) Gu, Q.; Lee, L. Y. Acid-Sensing Ion Channels and Pain. *Pharmaceuticals* **2010,** *3*, 1411−1425.
(b) Wemmie1, J. A.; Price, M. P.; Welsh, M. J. Acid-Sensing Ion Channels: Advances, Questions and Therapeutic Opportunities. *Trends Neurosci.* **2006,** *29* (10), 578−586.
84. Zhou, J. Norepinephrine Transporter Inhibitors and Their Therapeutic Potential. *Drugs Future* **2004,** *29* (12), 1235−1244.
85. Mohamed Jaber, M.; Jones, S.; Giros, B.; Caron, M. G. The Dopamine Transporter: A Crucial Component Regulating Dopamine Transmission. *Mov. Disord.* **1997,** *12* (5), 629−633.
86. Thorens, B.; Mueckler, M. Glucose Transporters in the 21st Century. *Am. J. Physiol. Endocrinol. Metab.* **2010,** *298*, E141−E145.
87. Jessen, N.; Goodyear, L. J. Contraction Signaling to Glucose Transport in Skeletal Muscle. *J. Appl. Physiol.* **2005,** *99* (1), 330−337.
88. (a) de Vries, H. Arch. Neé rl. *Physiology* **1871,** *6*, 117.
(b) Pfeffer, W. *Osmotische Untersuchungen: Studien zur Zellmechanik;* W. Engelmann: Leipzig, 1877.
89. Armstrong, C. M.; Bezanilla, F.; Roja, E. Destruction of Sodium Conductance Inactivation in Squid Axons Perfused with Pronase. *J. Gen. Physiol.* **1973,** *62*, 375−391.
90. Nunn, R. S.; Housley, Z. M.; Genovesio-Taverne, J. C.; Flukiger, K.; Rizkallah, P. J.; Jansonius, J. N., et al. Structure of the IIA Domain of the Mannose Transporter from *Escherichia coli* at 1.7 Å Resolution. *J. Mol. Biol.* **1996,** *259*, 502−511.
91. Veenhoff, L. M.; Heuberger, E. H. M. L.; Poolman, B. Quaternary structure and function of transport proteins. *Trends Biochem. Sci.* **2002,** *27* (5), 242−249.
92. Pao, S. S.; Paulsen, I. T.; Saier, M. H. J. R. Major Facilitator Superfamily. *Microbiol. Mol. Biol. Rev.* **1998,** *62* (1), 1−34.
93. Torres, G. E.; Gainetdinov, R. R.; Caron, M. G. Plasma Membrane Monoamine Transporters: Structure, Regulation and Function. *Nat. Rev. Neurosci.* **2003,** *4*, 13−25.
94. (a) Henderson, P. J. F.; Baldwin, S. A. Bundles of Insights Into Sugar Transporters. *Nature* **2012,** *490*, 348−350.
(b) Sun, L.; Zeng, X.; Yan, C.; Sun, X.; Gong, X.; Rao, Y., et al. Crystal Structure of a Bacterial Homologue of Glucose Transporters GLUT1-4. *Nature* **2012,** *490* (7420), 361−366.
95. Schmitt, L. The First View of an ABC Transporter: The X-ray Crystal Structure of MsbA From *E. coli. ChemBioChem* **2002,** *3*, 161−165.
96. Goodsell, D. *P*-Glycoprotein. In *Molecule of the Month*; RCSB; **2010.** <http://www.rcsb.org/pdb/101/motm.do?momID = 123>.
97. Demant, E. J. F.; Sehested, M.; Jensen, P. B. A Model for Computer Simulation of *P*-Glycoprotein and Transmembrane ΔpH-Mediated Anthracycline Transport in Multidrug-Resistant Tumor Cells. *Biochim. Biophys. Acta* **1990,** *1055*, 117−125.
98. van Veen, H. W.; Callaghan, R.; Soceneantu, L.; Sardini, A.; Konings, W. N.; Higgins, C. F. A Bacterial Antibiotic-Resistance Gene That Complements the Human Multidrug-Resistance *P*-Glycoprotein Gene. *Nature* **1998,** *391* (6664), 291−295.
99. (a) Schuldiner, S.; Granot, D.; Mordoch, S. S.; Ninio, S.; Rotem, D.; Soskin, M., et al. Small is Mighty: EmrE, a Multidrug Transporter as an Experimental Paradigm. *Physiology* **2001,** *16*, 130−134.
(b) Chen, Y. J.; Pornillos, O.; Lieu, S.; Ma, C.; Chen, A. P.; Chang, G. X-Ray Structure of EmrE Supports Dual Topology Model. *Proc. Natl. Acad. Sci. U.S.A.* **2007,** *104*

(48), 18999–19004.

100. Kunji, E. R. S. The Role and Structure of Mitochondrial Carriers. *FEBS Lett.* **2004,** *564,* 239–244.
101. Rouslan, G. E.; Sazanov, L. A. Structure of the Membrane Domain of Respiratory Complex I. *Nature* **2011,** *476,* 414–422.
102. Amidon, G. L.; Sadee, W., Eds. *Membrane Transporters as Drug Targets;* Kluwer Academic Press: New York, 2002.
103. (a) Amidon, G. L.; Sadee, W., Eds. *Membrane Transporters as Drug Targets;* Kluwer Academic Press: New York, 2002.
     (b) Berg, J. M.; Tymoczko, J. L.; Stryer, L. *Biochemistry;* W. H. Freeman: New York, 2010374–375.
104. Wright, E. M.; Turk, E. The Sodium/Glucose Cotransport Family SLC5. *Pflugers Arch: Eur. J. Physiol.* **2004,** *447* (5), 510–518.
105. (a) Wong, D. T.; Horng, J. S.; Bymaster, F. P.; Hauser, K. L.; Molloy, B. B. Selective Inhibitor of Serotonin Uptake. Lilly 110140, 3-(*p*-Trifluoromethylphenoxy)-*N*-Methyl-3-Phenylpropylamine. *Life Sci.* **1974,** *15* (3), 471–479.
     (b) Lemberger, L.; Rowe, H.; Carmichael, R.; Crabtree, R.; Horng, J. S.; Bymaster, F., et al. Fluoxetine, a Selective Serotonin Uptake Inhibitor. *Clin. Pharmacol. Ther.* **1978,** *23* (4), 421–429.
106. Pawlowski, L.; Ruczynska, J.; Gorka, Z. Citalopram: A New Potent Inhibitor of Serotonin (5-HT) Uptake With Central 5-HT-Mimetic Properties. *Psychopharmacology* **1981,** *74* (2), 161–165.
107. (a) Koe, B. K.; Weissman, A.; Welch, W. M.; Browne, R. G. Sertraline, 1*S*,4*S*-Methyl-4-(3,4-Dichlorophenyl)-1,2,3,4-Tetrahydro-1-Naphthylamine, a New Uptake Inhibitor With Selectivity for Serotonin. *J. Pharmacol. Exp. Ther.* **1983,** *226* (3), 686–700.
     (b) Welch, W. M.; Kraska, A. R.; Sarges, R.; Koe, B. K. Nontricyclic Antidepressant Agents Derived From *cis*- and *trans*-1-Amino-4-Aryltetralins. *J. Med. Chem.* **1984,** *27* (11), 1508–1515.
108. Rothman, R. B.; Baumann, M. H. Therapeutic and Adverse Actions of Serotonin Transporter Substrates. *Pharmacol. Ther.* **2002,** *95,* 73–88.
109. Zhou, Z.; Zhen, J.; Karpowich, N. K.; Law, C. J.; Reith, M. E. A.; Wang, D. N. Antidepressant Specificity of Serotonin Transporter Suggested by Three LeuT-SSRI Structures. *Nat. Struct. Mol. Biol.* **2009,** *16* (6), 652–657.
110. Zhou, Z.; Zhen, J.; Karpowich, N. K.; Goetz, R. M.; Law, C. J.; Reith, M. E. A., et al. LeuT-Desipramine Structure Reveals How Antidepressants Block Neurotransmitter Reuptake. *Science* **2007,** *317,* 1390–1393.
111. (a) Volkow, N. D.; Wang, G. J.; Fischman, M. W.; Foltin, R. W.; Fowler, J. S.; Abumrad, N. N., et al. Relationship Between Subjective Effects of Cocaine and Dopamine Transporter Occupancy. *Nature* **1997,** *386,* 827–830.
     (b) Ritz, M. C.; Lamb, R. J.; Goldberg, S. R.; Kuhar, M. J. Cocaine Receptors on Dopamine Transporters are Related to Self-Administration of Cocaine. *Science* **1987,** *237* (4819), 1219–1223.
112. Letchworth, S. R.; Nader, M. A.; Smith, H. R.; Friedman, D. P.; Porrino, L. J. Progression of Changes in Dopamine Transporter Binding Site Density as a Result of Cocaine Self-Administration in Rhesus Monkeys. *J. Neurosci.* **2001,** *21* (8), 2799–2807.
113. Beuming, T.; Kniazeff, J.; Bergmann, M. L.; Shi, L.; Gracia, L.; Raniszewska, K., et al. The Binding Sites for Cocaine and Dopamine in the Dopamine Transporter Overlap. *Nat. Neurosci.* **2008,** *11* (7), 780–789.
114. De Vera, I. M. S. Advances in Orphan Nuclear Receptor Pharmacology: A New Era in Drug Discovery. *ACS Pharmacol. Transl. Sci.* **2018,** *1,* 134–137.
115. Bunim, J. J.; Black, R. L.; Lutwak, L.; Peterson, R. E.; Whedon, G. D. Studies on Dexamethasone, a New Synthetic Steroid, in Rheurheumatoid Arthritis: A

Preliminary Report; Adrenal Cortical, Metabolic and Early Clinical Effects. *Arthritis Rheum.* **1958,** *1* (4), 313–331.
116. Heel, R. C.; Brogden, R. N.; Speight, T. M.; Avery, G. S. Tamoxifen: A Review of Its Pharmacological Properties and Therapeutic Use in the Treatment of Breast Cancer. *Drugs* **1978,** *16* (1), 1–24.
117. Kuiper, G. G.; Enmark, E.; Pelto-Huikko, M.; Nilsson, S.; Gustafsson, J. A. Cloning of a Novel Receptor Expressed in Rat Prostate and Ovary. *Proc. Natl. Acad. Sci. U.S.A.* **1996,** *93* (12), 5925–5930.
118. Yavropoulou, M. P.; Makras, P.; Anastasilakis, A. D. Bazedoxifene for the Treatment of Osteoporosis. *Expert Opin. Pharmacother.* **2019,** *20* (10), 1201–1210.
119. Baulieu, E. E.; Ulmann, A.; Philibert, D. Contragestion by Antiprogestin RU486: A Review. *Arch. Gynecol. Obstet.* **1987,** *241* (2), 73–85.
120. Charo, R. A. In *"A Political History of RU-486" Biomedical Politics;* Hanne, K. E., Ed.; National Academies Press: Washington, DC, 2017; pp 43–98.
121. Moore, J. T.; Collins, J. L.; Pearce, K. H. The Nuclear Receptor Superfamily and Drug Discovery. *ChemMedChem* **2006,** *1*, 504–523.
122. Robinsone-Rechavi, M.; Garcia, H. E.; Laudet, V. The Nuclear Receptor Superfamily. *J. Cell Sci.* **2003,** *116* (4), 585–586.
123. Huang, P.; Chandra, V.; Rastinejad, F. Structural Overview of the Nuclear Receptor Superfamily: Insights into Physiology and Therapeutics. *Annu. Rev. Physiol.* **2010,** *72,* 247–272.
124. Edman, K.; Hosseini, A.; Bjursell, M. K.; Aagaard, A.; Wissler, L.; Gunnarsson, A., et al. Ligand Binding Mechanism in Steroid Receptors: From Conserved Plasticity to Differential Evolutionary Constraints. *Structure* **2015,** *23* (12), 2280–2290.
125. Kauppi, B.; Jakob, C.; Farnegardh, M.; Yang, J.; Ahola, H.; Alarcon, M., et al. The Three-Dimensional Structures of Antagonistic and Agonistic Forms of the Glucocorticoid Receptor Ligand-Binding Domain: RU-486 Induces a Transconformation That Leads to Active Antagonism. *J. Biol. Chem.* **2003,** *278* (25), 22748–22754.
126. Weisel, J. W.; Nagaswami, C.; Vilaire, G.; Bennett, J. S. Examination of the Platelet Membrane Glycoprotein IIb-IIIa Complex and Its Interaction With Fibrinogen and Other Ligands by Electron Microscopy. *J. Biol. Chem.* **1992,** *267*, 16637–16643.
127. Schimmer, A. D. Inhibitor of Apoptosis Proteins: Translating Basic Knowledge into Clinical Practice. *Cancer Res.* **2004,** *64*, 7183–7190.
128. Stumpf, M. P.; Thorne, T.; de Silva, E.; Stewart, R.; An, H. J.; Lappe, M., et al. Estimating the Size of the Human Interactome. *Proc. Natl. Acad. Sci. U.S.A.* **2008,** *105* (19), 6959–6964.
129. Arkin, M. R.; Tang, Y.; Wells, J. A. Small-Molecule Inhibitors of Protein-Protein Interactions: Progressing Toward the Reality. *Chem. Biol.* **2014,** *21* (9), 1102–1114.
130. Springer, T. A.; Zhu, J.; Xiao, T. Structural Basis for Distinctive Recognition of Fibrinogen Gammac Peptide by the Platelet Integrin αII/β3. *J. Cell Biol.* **2008,** *182* (4), 791–800.
131. Bai, L.; Smith, D. C.; Wang, S. Small-Molecule SMAC Mimetics as New Cancer Therapeutics. *Pharmacol. Ther.* **2014,** *144* (1), 82–95.
132. Walensky Loren, D. Targeting BAX to Drug Death Directly. *Nat. Chem. Biol.* **2019,** *15* (7), 657–665.
133. Souers, A. J.; Leverson, J. D.; Boghaert, E. R.; Ackler, S. L.; Catron, N. D.; Chen, J., et al. ABT-199, a Potent and Selective BCL-2 Inhibitor, Achieves Antitumor Activity While Sparing Platelets. *Nat. Med.* **2013,** *19* (2), 202–208.
134. Liu, S.; Song, X.; Chrunyk, B. A.; Shanker, S.; Hoth, L. R.; Marr, E. S., et al. Crystal Structures of Interleukin 17A and Its Complex With IL-17 Receptor A. *Nat. Commun.* **1888,** *2013* (4), 1–8.
135. Tesmer, J. J.; Sunahara, R. K.; Johnson, R. A.; Gosselin, G.; Gilman, A. G.; Sprang, S. R. Two-Metal-Ion Catalysis in Adenylyl Cyclase. *Science* **1999,** *285* (5428), 756–760.
136. Choi, J.; Chen, J.; Schreiber, S. L.; Clardy, J. Structure of the FKBP12-Rapamycin Complex Interacting With the Binding Domain of Human FRAP. *Science* **1996,** *273* (5272), 239–242.

第4章

体外筛选系统

新药发现依赖于研究人员对化合物是否具备治疗某种疾病的能力进行验证。随着我们对基础科学的理解不断深化，实现这一目标的方法已发生了巨变。正如第2章所述，在20纪初，新药发现仍属于偶然事件。直至现代药物发现时代的到来，人们才真正开始使用系统的筛选方法来研究新药。保罗·埃尔利希（Paul Ehrlich）为治疗梅毒而建立的新疗法开创了现代药物发现的先河。他认识到可以利用不同物种中“化学感受器”的差异来开发有效的治疗药物，这种革命性的观点在日后成为现代药物发现工作的基石。保罗·埃尔利希利用系统的筛选方法从600多个二氨基二氧羰基苯类似物中发现了商品名为洒尔佛散（salvarsan，胂凡纳明）的有机砷化合物，这为系统筛选方法在新药研发中的重要性提供了明确且令人信服的证据[1]。

如今，化合物系统筛选的前提仍与保罗·埃尔利希时期保持一致，但是所采用的策略和技术已随着时间的推移发生了天翻地覆的变化。早期药物筛选以表型筛选为主导，旨在对具有有效生理效应（如抗微生物活性）的化合物进行筛选，而不必真正了解候选化合物的作用机制。毫无疑问，这种筛选模式确实开发了许多重要药物，但是现代药物发现过程则更关注全新的分子靶点，以及针对这些靶点所解读出来的生化活性数据。这种转变不仅是科学创新的产物，更是药物发现过程效率提高的有力表现。药物发现和开发过程正如第1章所述，是一项代价相当高昂的工作。

从科学的角度而言，要从最初的表型筛选转变为主导现代药物发现过程的现代体外筛选系统，必须克服一系列技术障碍。首先，必须解决供应方面的问题。在20世纪60～70年代，生化指标筛选和细胞筛选是药物发现过程中相对普遍的方法，但是这些筛选方法的使用受到一定的限制，如受限于所能分离得到的蛋白靶点的数量，以及表达这些蛋白的细胞数量。20世纪70年代开始的生物技术革命极大地解决了上述限制。DNA重组[2]、转染技术[3]、聚合酶链反应（polymerase chain reaction，PCR）[4]及相关生物技术的突破使科学家们能够建立过表达靶点蛋白的细胞系，从根本上解决了测试材料供应不足的问题。通过细胞工厂获得的大量重组蛋白为后续筛选提供了足量的靶点蛋白。此外，通过将生物靶点基因导入细胞内建立特定的细胞系，可以支持相关的细胞筛选。另外，将体外筛选方法微型化、自动化，如使用96孔板、384孔板和1536孔板，以及机器人和日益精密的检测系统，都大大减少了药物筛选对供应试剂的用量需求。最后，同时期有机合成的兴起及现有的化合物库（包括人工合成和内源性产物），都为以体外筛选为目的的药物发现提供了越来越多样化的化合物库。

以下各部分将分别探讨随着现代药物发现和开发过程的发展而建立起来的重要体外筛选方法，并介绍了某些为理解和解释实验结果所需的关键术语。如第1章所述，药物发现的多学科性要求将具有不同背景和技能的科研人员成功地集合在一起。而为了实现这一目标，所有参与者必须对体外筛选所需的各项技术有基本的了解。如果需要深入地了解相关筛选技术，可以参阅相关文献，如罗摩克里希纳·西塔拉（Ramakrishna Seethala）和张立涛（Litao Zhang）撰写的《药物筛选手册》（*Handbook of Drug Screening*）[5]。

4.1 筛选语言：关键术语

要想理解和解释通过各种筛选方法、高通量或其他开发方式获得的药物信息，首先需要理解相关的“筛选语言”。与大多数科学领域一样，随着时间的推移，出现了越来越多的专业术语。虽然本文无法提供一个完整的术语列表并逐一解释其含义，但从事药物研发的科研人员，不论其主要专业是什么，都需要掌握一些常用的专业术语。例如，如果不理解描述实验结果的相关术语，则无法有效地利用数据筛选结果来开展后续的研究工作。同样地，若不了解相关术语，也很难判断生化或细胞实验得到的筛选结果是否与相关动物模型之间具有相关性。理解以下术语将有助于更好地理解数据，有助于不同学科科研人员的有效交流，并有助于为药物发现研究选择合适的药物筛选系统。

4.1.1 量效曲线和IC_{50}

测试化合物是否具有某项生物活性，首先需要确定化合物是否具有与特定生物学靶点发生相互作用的能力。在多数情况下，会以固定的浓度进行初始检测，从而过滤掉活性低于限定阈值的化合物，如在1.0 mmol/L浓度下对靶点酶活性的抑制率＞50%。为了进一步验证“命中”（hit）化合物（即在初期测试中具有期望活性的化合物），通常需要对化合物进行重复检测。但在第二轮检测中，通常是选用化合物的不同浓度进行测试，一般需要8～12个浓度，彼此相隔1/2对数浓度差。在理想的情况下，受试化合物的生物活性会随着化合物浓度的增加而增强，这种变化结果表明受试化合物与既定靶点相互作用的能力具有浓度依赖性。分别以受试化合物浓度与输出信号（测定结果）为*X*轴和*Y*轴进行绘图，可以得到量效曲线（dose response curve，又称剂量-反应曲线，图4.1）。获得这些信息后，就可以对不同的受试化合物进行比较和排序，从而确定哪一化合物在筛选中表

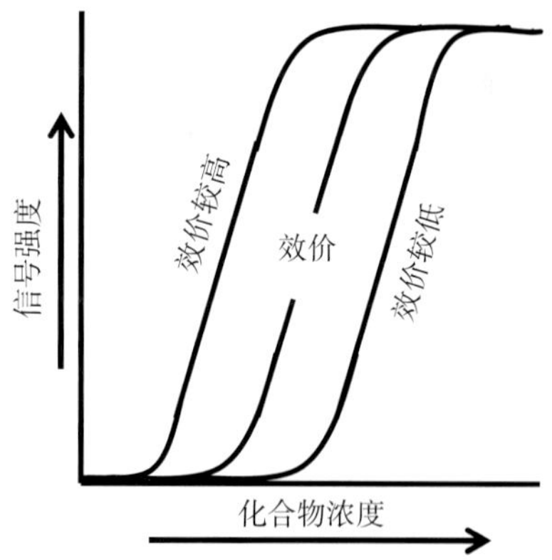

图4.1　**通过测定每个化合物随浓度增加信号强度的变化，可以比较各组化合物的相对效价。根据信号强度与化合物浓度所绘制的量效曲线可知，随着效价的增加，曲线将向左移动，随着效价的降低，曲线将向右移动。在测定条件下，最大响应的50%所对应的浓度即为该化合物的IC_{50}值**

现出更强（或更弱）的活性。

如果受试化合物的数量较少，则可较为容易地做出一条完整的量效曲线，但是比较数十个、数百个，甚至数千个化合物的量效曲线将是一项非常具有挑战性的工作。为了简化这一过程，可以比较化合物的半数抑制浓度IC_{50}（最强测定信号被阻断一半时的浓度），并通过比较不同化合物的IC_{50}值，对其进行排序。然而，IC_{50}值的含义取决于检测的性质。例如，在检测酶活性的情况下，IC_{50}通常是指化合物抑制酶催化活性的能力。但如果是以GPCR为靶点，利用放射性配体结合实验测试化合物活性时，则可获得化合物置换配体的IC_{50}值，而这一数值不能确定受试化合物的功能，即不能判断该化合物是靶向GPCR的激动剂还是靶向GPCR的拮抗剂。此外，不同的测定条件，如底物/配体浓度或辅助因子的浓度，也会影响受试化合物的IC_{50}值。因此，即便是对于同一大分子靶点和同一受试化合物，如果测定条件不同，也会获得不同的IC_{50}值，但测定结果仍是准确的。例如，需要筛选某种酶的活性抑制剂，而这种酶需要辅助因子的活化，那么如果将辅助因子的浓度设置为唯一不同的条件时，检测实验中加入相差5倍浓度的辅酶因子会导致受试化合物出现不同的结果。所以在分析、对比IC_{50}值活性数据时，必须明确具体的检测条件[6]。

4.1.2 解离常数（K_d）和抑制常数（K_i）

虽然在特定检测中受试化合物的IC_{50}值是比较各化合物活性的重要数据，但也必须清楚，化合物IC_{50}值并不是结合常数，其并不直接代表化合物对大分子靶点的亲和力，而是表示其在给定测试中将最大信号降低50%的能力。结合常数（binding constant）是分子间相互作用强度的量度。若要比较化合物在不同测定条件下的结合能力，最好使用与内源性配体、底物或抑制剂结合时所得的结合常数。配体对生物分子的亲和力可以用解离常数（dissociation constant，K_d）来表示。在最简单的情况下，假设生物分子中仅存在一个配体结合位点且不存在辅助因子作用，而配体和大分子以可逆方式形成复合物（反应式4.1）。解离常数K_d值由配体（L）、蛋白（P）及二者形成的复合物（protein-ligand complex，CPL）浓度所决定，如式（4.1）所示。从实际角度而言，K_d代表了靶点大分子上一半结合位点被占据时的配体浓度。K_d值越小，表示配体与生物大分子间的相互结合作用越强，因为占据目标大分子一半结合位点所需的配体浓度越低。

$$\mathrm{P} + \mathrm{L} \underset{}{\overset{K_d}{\rightleftarrows}} \mathrm{CPL}$$

反应式4.1 配体（L）与蛋白（P）相互作用形成蛋白-配体复合物（CPL）的能力通常以解离常数K_d来表示

$$K_d = \frac{[\mathrm{P}][\mathrm{L}]}{[\mathrm{CPL}]} \tag{4.1}$$

值得注意的是，大分子与配体间的真实相互作用要复杂得多。实际情况下存在辅助因子、多结合位点及结合位点间的协同作用，因此会对结果产生更复杂的影响。例如，如果目标生物大分子表面具有多个结合位点，那么在第一个位点与配体结合后，大分子的构象可能会发生改变，使得第二个结合位点更容易被其他配体占据。此时，K_d的数学推导会变得更加复杂，但其结论仍然是正确的，即需要结合的配体浓度值越低，配体与大分子间的亲和力越强。

与K_d相似，抑制常数（inhibition constant，K_i）可用于比较化合物抑制大分子靶点与其配体结合的能力。同样地，在仅具有一个结合位点且没有辅助因子作用这种最简单的情况下，抑制剂与靶点间的相互作用方式可用反应式4.2来表示，抑制剂（I）和生物分子（E）相互作用，形成一个复杂的复合物（EI）。K_i的表示方式与K_d类似，由抑制剂、靶点分子，以及靶点分子-抑制剂复合物的浓度来定义［式（4.2）］。从实际角度而言，K_i表示一半靶点分子与抑制剂结合时的浓度，并且浓度单位与K_d相同，且数值越低，表示化合物的结合能力越强。K_i值与测试条件无关，因此其是化合物抑制特定生物靶点能力的真实度量，并且可在不同的测定条件下比较化合物的某一生物学功能，也可用于比较化合物对多种生物靶点的亲和力[6]。

$$\mathrm{E} + \mathrm{I} \underset{}{\overset{K_i}{\rightleftharpoons}} \mathrm{EI}$$

反应式4.2　酶（E）与抑制剂（I）相互作用形成酶-抑制剂复合物（EI）的能力通常以抑制常数（K_i）来表示

$$K_i = \frac{[\mathrm{E}][\mathrm{I}]}{[\mathrm{CI}]} \tag{4.2}$$

与K_d一样，当存在其他因素时，K_i的测定会变得更为复杂。例如，存在辅助因子、多结合位点及存在结合位点间协同作用的条件下，同样会对K_i的数学推导过程产生影响。同样地，浓度值越低，表示结合能力越强。本章不详细介绍这些复杂过程的数学推导，如对生物靶点、内源性配体与化合物结合常数及相关反应动力学感兴趣，可以参考相关生物化学教科书[7]。

4.1.3　亲和力与效能：EC_{50}

在大多数情况下，只确定化合物的IC_{50}无法对化合物的活性进行全面的评价。正如前文所述，对于测定化合物与GPCR受体结合能力的实验，可以通过实验所得结果了解测试化合物置换出放射性配体的能力，但无法判断该化合物究竟是GPCR受体的拮抗剂还是其激动剂。对于药物发现过程而言，确定受试化合物的功效是最终目标，而这一过程与测定IC_{50}的方式类似。在化合物功能测试中，通常会测试化合物在不同浓度下的作用，一般是8～12个浓度，相隔½对数浓度差，并据此计算化合物的生物活性。在测试化合物对GPCR受体作用的实验中，可以直接通过测试化合物促使GPCR受体产生第二信使的量来评价该化合物的功能。EC_{50}是指引起最大效应一半时受试化合物的浓度。需要注意的是，靶点分子的内源性配体和受试化合物产生的最大效能可能是不同的。对于特定的GPCR受体而言，其内源性配体产生的最大效应可被认为是“100%”的效能水平，而一些受试化合物可能永远达不到与其相当的信号强度。换言之，EC_{50}值相同的化合物的活性水平可能具有本质的区别，因为在给定的测定中二者的最大响应能力可能是完全不同的（图4.2）。因此，要真正理解化合物的功能，需要同时了解其EC_{50}值和最大响应值。此外，EC_{50}在GPCR活性检测领域之外也得到了广泛应用，用于表示引起最大效应的50%时的浓度[8]。

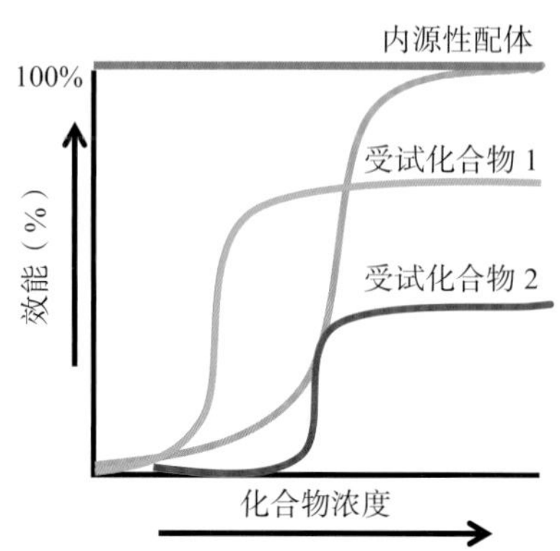

图4.2　在EC_{50}测试中，内源性配体（蓝色）发挥的功效水平被定义为“100%”。受试化合物1（绿色）明显具有良好的EC_{50}值，但未能达到100%的功效。受试化合物2（红色）具有与内源性配体相同的EC_{50}，但基本上不太有效，因为其最大响应值远低于内源性配体。因此，在确定候选化合物时，必须同时考虑EC_{50}和最大响应值

4.1.4　激动剂，部分激动剂，拮抗剂，变构调节剂和反向激动剂

如前文所述，在许多情况下，要了解化合物对生物系统或在某活性测试中的作用，不能只测定化合物与靶点的结合能力，化合物功能活性的探究也是一个重要考量。对于酶活性的检测系统而言，受试化合物通常是酶的抑制剂，因而化合物功能的鉴定相对比较明确。然而，对于GPCR这样复杂的信号转导系统，化合物与大分子的结合并不是整个反应过程的结束。GPCR的外源性配体可以与内源性配体一样产生相同的响应，但这并不是唯一可能的响应结果。外源性配体的结合还可以阻断内源性配体的活性，阻止该配体引起的下游反应。值得注意的是，有许多化合物与大分子靶点的结合位点远离原有的内源性配体的结合位点，从而引起生物信号通路转导结果的改变。通常，影响生物系统功能活性的化合物可分为激动剂（agonist）、部分激动剂（partial agonist）、拮抗剂（antagonist）、正向变构调节剂（positive allosteric modulator）、负向变构调节剂（negative allosteric modulator）和反向激动剂（inverse agonist）。

4.1.4.1　激动剂和部分激动剂

能够引发与内源性配体相同功能性生物反应的化合物称为激动剂。激动剂的定义来自其内在生物活性，该活性是指化合物激活作为功能受体的大分子靶点并产生相关的效能。而效能则是指在一个特定的生物反应系统中，当一定数量的大分子靶点被足量的激动剂分子占据时能够引起的最大响应。为了比较化合物的多方面活性，通常会用多个术

语来定义激动剂的活性，包括描述其结合生物学靶点的能力（IC_{50}），诱导功能产生的能力（EC_{50}），以及相对于内源性配体的效能（功效百分比，其中内源性配体的效能响应被定义为100%）。值得注意的是，某些激动剂可能不会产生与内源性配体相当的效能，在这种情况下，我们将这类化合物定义为部分激动剂[9]。激动剂与部分激动剂在引起效能上的差异与化合物的IC_{50}和EC_{50}无关。因此，两种化合物可能具有几乎相同的IC_{50}和EC_{50}，但却具有不同强度的功能作用，因为其相对于内源性配体的功效百分比是不同的（图4.3）。在一些情况下，部分激动剂可以与内源性配体相互竞争，有效地降低靶点的生物功能反应。

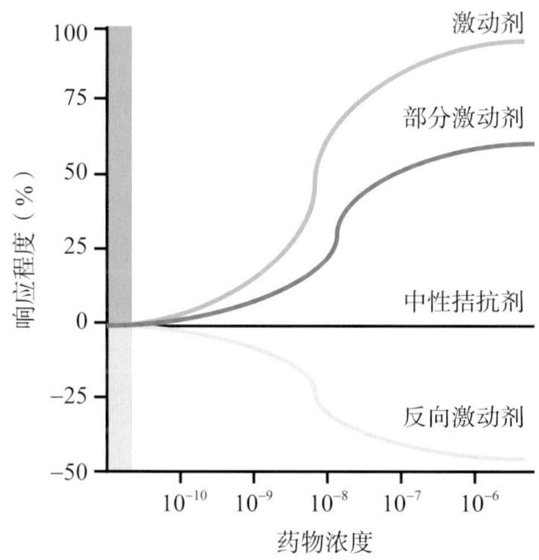

图4.3　完全激动剂（绿色）对GPCR信号转导的诱导作用与内源性配体相当，而部分激动剂（蓝色）激活GPCR信号转导的程度较小。中性拮抗剂（黑色）不诱导GPCR信号转导，但会阻断激动剂的活性。反向激动剂则会抑制GPCR的基础活性

4.1.4.2　拮抗剂

在某些情况下，受试化合物虽表现出较强的大分子靶点结合作用，但不会引起功能反应。换言之，受试化合物能够有效地与内源性配体竞争结合位点，但是该化合物与靶点的结合不会产生相应的响应。这种类型的化合物在不存在内源性配体的情况下对大分子靶点没有影响，但是当二者都存在时则可有效阻断内源性配体的作用。在实际检测中，要筛选拮抗剂的活性，必须在有内源性配体（或引发相同响应的配体）存在的情况下进行，通过检测信号被抑制（如减少cAMP产生）的程度，确定拮抗剂的活性。

4.1.4.3　基础活性和反向激动剂

在自然界的生物系统中，诸如介导信号转导的GPCR受体的构象通常被认为只存在“开”“关”两种状态，但实际上它们是以平衡的混合构象形式存在。在不存在配体的情况下，无功能活性的构象占优势，但这种平衡并不是100%有利于无活性构象的存在。在没有配体或激动剂存在的情况下，会自动活化产生较低水平的功能活性构象并发挥效应，这被称为固有活性或基础活性。而这种基础活性是指目标大分子在没有配体的情况下自发地形成活性构象所产生的生物活性。可以与配体结合位点结合并稳定失活构象的化合物能降低大分子靶点的基础活性。尽管其与激动剂占据的结合位点相同，但此类化合物产生的药理学反应（信号转导活性的降低）是相反的，因此被称为反向激动剂。此类化合物还可以阻断内源性配体或其他激动剂的作用，在某些情况下成为功能性拮抗剂[10]。

4.1.4.4 储备受体

理论上，我们认为受体及其介导的信号通路存在1∶1的对应关系，但实际情况并非如此。多数情况下一个细胞表面的受体结合位点远超过该细胞的信号转导能力。从功能的角度可以认为，在这种情况下化合物并不需要占领全部的受体结合位点即可产生最大效应。举例而言，若细胞表面受体结合位点与信号功能的比值为10∶1，那么化合物只需占据10%数量的受体位点即可产生最大效应。剩余没有被占据的受体，也可称为储备受体，即使在配体或激动剂存在的情况下也无法再产生任何效应，因为该细胞内的信号效应已经被完全激活[11]。值得注意的是，不同组织对同一受体具有不同的储备能力，对不同剂量激动剂产生的生理效应也有所不同。例如，假设某一类细胞表面不存在储备受体（受体结合位点与其介导的细胞转导能力呈1∶1关系），而另一种细胞具有100∶1的受体结合位点与信号转导能力比值，如果不考虑其他因素的影响，那么对于第一种细胞而言，化合物需要占据所有的受体位点才能产生最大效应，而对第二种细胞而言，只需占据1%的受体位点即可达到相同的效应。换言之，对于受体储备能力高的细胞而言，其对激动剂会更为敏感。因此，对于含有相同受体的其他细胞而言，受体储备能力高的靶细胞更有优势。如果靶细胞的受体储备能力较其他细胞低，那么激动剂对受体的偏好效应则会是一种劣势。此外，与生理状态的正常细胞系相比，人工构建的受体过表达细胞系会导致更高的受体储备水平，使得受试化合物的效应被人为放大。例如，使用过表达细胞系筛选化合物，若该细胞系受体结合位点与信号转导能力的比值为100∶1，而天然细胞中二者的比值接近10∶1，那么受试化合物在人工构建的过表达细胞系中的效力可能会高出近10倍。

4.1.4.5 变构调节

调节特定生物大分子与内源性配体结合位点的相互作用是影响其活性最直接的途径，这一位点通常被称为正构结合位点（orthosteric binding site）。但是，还存在其他情况。如第3章所述，有些化合物通过与远离目标大分子正构结合位点的位置结合，从而产生不同的生物学效应。这些化合物通过与目标大分子在变构位点处结合诱导其构象变化，进而改变目标分子执行其特定功能的能力。结合到变构位点并增强靶点功能的化合物被称为正向变构调节剂（positive allosteric modulator，PAM）；反之，那些减弱靶点功能的化合物被称为负向变构调节剂（negative allosteric modulator，NAM）[12]。大多数情况下，在没有特定底物或配体存在时，PAM或NAM的存在对目标分子的生物功能不会产生影响。例如，在GPCR信号转导系统中，PAM的存在可以诱导GPCR构象变化，增加其与内源性配体的亲和力。但在没有配体存在的情况下，PAM对靶点的生物功能就没有影响。又如，苯二氮䓬类药物的成功发现进一步证实了PAM和NAM的重要性。尽管最初发现苯二氮䓬类药物（图4.4）时并不清楚这一点，但后来证明其为γ-氨基丁酸A受体（γ-aminobutyric $acid_A$ receptor，$GABA_AR$）的正向变构调节剂[13]。目前有超过30个不同的苯二氮䓬类药物被用于治疗各种疾病，如焦虑、恐慌症和失眠。

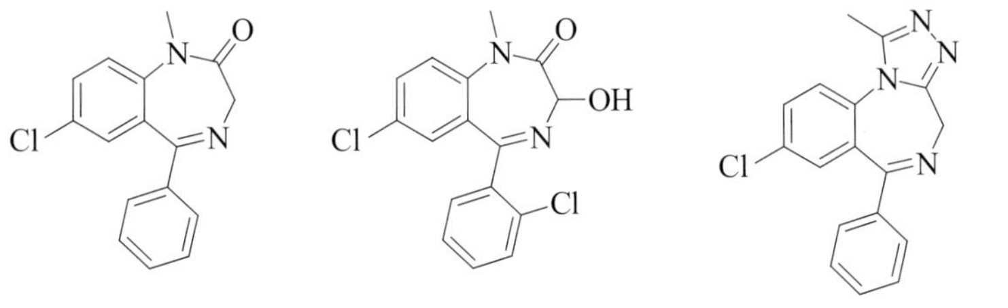

地西泮（diazepam, Valium®）　劳拉西泮（lorazepam, Ativan®）　阿普唑仑（alprazolam, Xanax®）

图4.4　**地西泮（diazepam，Valium®）、劳拉西泮（lorazepam，Ativan®）和阿普唑仑（alprazolam，Xanax®）是成功用于治疗精神类疾病的经典苯二氮䓬类药物**

4.2　链霉亲和素与生物素

在许多情况下，我们需要在不进行化学修饰的前提下，将能阐明生物反应过程的有用物质关联起来。例如，将蛋白结合到96孔板的表面可以简化高通量筛选程序，但将蛋白通过化学反应附着到孔板表面并非总能保持蛋白的活性。而生物素（biotin）与链霉亲和素（streptavidin，SA）蛋白之间稳定、强大的非共价结合作用（图4.5）[14]，可被有效应用于生物研究[15]。链霉亲和素与生物素的相互作用是已知最强的非共价结合作用之一，解离常数在飞摩尔（femtomolar）范围内，因此将这种结合作用应用于生物筛选中通常不会对体系中靶点蛋白的活性产生影响。利用该结合键的强度，以及存在于链霉亲和素蛋白上的4个生物素结合位点，可以实现蛋白与96孔板表面的结合（图4.6）。在这种情况下，96孔板的塑料表面可以通过酯键或酰胺键与生物素共价结合。再向96孔板中加入链霉亲和素，使其与96孔板表面上的生物素结合。之后加入第二种作用蛋白，该蛋白在远离活性位点处与生物素相连，而生物素可通过与孔板表面包被的链霉亲和素结合将蛋白连接到孔板表面。链霉亲和素与生物素的结合可以在96孔板上产生一个特殊表面，该表面能有效地包被目标蛋白。在绝大多数生物筛选条件下，该蛋白都将保持附着在板表面的状态。此外，也可将链霉亲和素标记的蛋白溶液与生物素标记的分子溶液混合在一起，以产生可分析检测的信号，从而确定受试化合物的生物活性（如FRET、TRFRET、SPA等分析系统）。

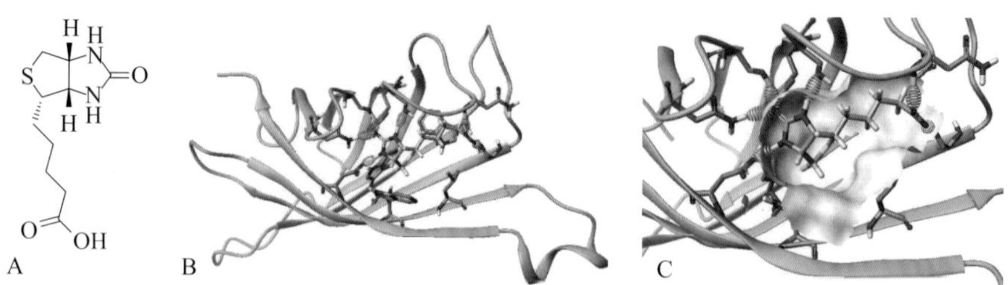

图4.5 A. 生物素。B. 与生物素结合的链霉亲和素蛋白单体的晶体结构。C. 生物素结合位点的特写图。生物素和蛋白主链之间的氢键以蓝色椭圆球表示，结合位点的表面以灰色表示（RCSB 3RY2）

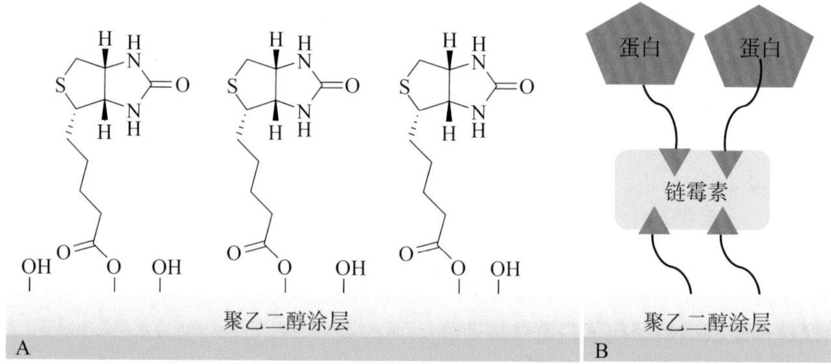

图4.6 A. 微量滴定板表面的聚乙二醇涂层提供了可以与生物素连接的裸露羟基。B. 链霉亲和素结合至生物素（蓝色三角形）的双环部分，该部分与微量滴定板的表面相连。第二种生物素标记的分子也将与链霉亲和素结合，产生适用于各种测试平台的标记表面

4.3 生化与细胞检测

绝大多数的现代药物筛选方法可分为两大类，即生化检测和细胞检测。每种方法都具有其优缺点，可根据不同的方案目标选择合适的方法。通常，药物发现过程采用多样性、程序性的生化和细胞筛选系统。生化检测在无细胞体系下开展，旨在研究化合物的一部分细胞活性，并能够直接提供候选化合物与靶点蛋白之间的相互作用信息。生化检测方法需要有足够量的生物靶点，以便进行筛选，并且这些生物靶点必须在没有其他细胞成分的情况下也能保持其功能活性。酶活体系的检测就是典型的生化检测方法。生化检测运用各种不同的检测手段，通过测试标记产物的形成或标记起始物的消耗来评价化合物的活性，相关检测方法将在本章下半部分讨论。

生化检测方法除了可用于检测酶促反应外，也可用于非酶促反应的检测，如蛋白-蛋白相互作用、受体结合等。重要的是，生化检测是在无细胞条件下进行的，因此存在一定的局限性。例如，在生化测试中无法检测由酶活性的抑制而导致的细胞功能改变。类似地，尽管可使用诸如提取细胞膜的生化方法检测化合物与GPCR的结合能力，但由于缺乏介导信号转导的细胞结构，仍然无法通过该方法评价化合物的活性功能。换言之，通过生

化方法检测化合物与靶点结合能力的实验不能用于判断化合物是属于GPCR的激动剂、拮抗剂，还是属于反向激动剂。同样地，GPCR信号转导下游通路的鉴定也不能在简单的生化检测中明确。还应该特别注意的是，在生化检测中膜的渗透性通常不发挥作用。因此，在无细胞条件下具有活性的化合物，可能会由于其对生物膜的渗透性差而无法在完整细胞中检测到应有的活性。尽管受到诸多限制，但生化检测方法仍然作为药物发现过程中识别候选化合物的第一步，在药物研发过程中得到广泛运用。

细胞水平的检测在药物发现过程中同样发挥重要作用，因为许多靶点和生化过程不适合生化检测方法，如离子通道活性、细胞膜转运、信号转导、抗菌活性和抗增殖活性研究都需要在细胞水平进行测试。与生化检测不同的是，细胞检测保留了完整的细胞功能，因此更能模拟真实的体内环境，为研究化合物的活性创造了条件。例如，在关于信号转导通路的研究中，细胞水平检测可用于确定化合物是特定信号通路中的激动剂还是拮抗剂，而生化检测则无法确定。化合物结合靶点产生的下游事件也可通过生化检测无法实现的方法进行监测。

在某些情况下，由于科学技术或竞争性专利保护的限制，无法分离纯化具有生物活性的功能性蛋白，这使得细胞检测成为唯一的可行方案。然而，无论选择细胞检测的原因如何，都不能忽略其缺点。首先，在分析实验结果时必须考虑脱靶效应。与旨在针对亚细胞结构检测细胞活性而设计的生化方法不同，细胞检测没有这样明确的限制。脱靶效应会导致细胞检测中产生假阳性或假阴性的结果。对于细胞内靶点，膜渗透性效应会降低检测到的信号响应。如果某一化合物由于其本身性质或细胞膜上转运体的外排作用而不能较好地透过细胞膜，那么到达细胞内靶点蛋白的受试化合物量将远低于预期，这会导致其在给定检测系统中的活性下降。可从积极和消极两方面来看待这一现象，膜渗透性较低的化合物不太可能成为候选药物，因此可以通过细胞检测尽早将其淘汰，这一结果具有积极的意义。然而，如果细胞水平的阴性筛选结果是由细胞渗透性差导致的，则可能会掩盖其在无细胞检测中的优异活性。

了解生物化学和细胞检测固有的优点和局限性对于筛选方法的选择和测试结果的分析至关重要。如果缺乏这种认识，一旦出现假阳性和假阴性结果，将很难识别，从而使数据分析更加困难和耗时。同时，必须深思熟虑应该选择哪一种分析测试方法，因为能否成功发现具有潜在活性的候选化合物，在很大程度上取决于正确的分析方法。有关分析方法优点和风险的更多信息，可参阅K. 摩尔（K. Moore）和S. 里斯（S. Rees）的有关综述[16]。

4.4 活性筛选系统与检测方法

筛选出具有生物活性的分子在很大程度上取决于在既定评价体系下检测系统和设备的选择。遗憾的是，目前尚无针对某一生物靶点筛选目标化合物活性的通用系统和方法。选择检测系统时必须考虑其优缺点，以确保其满足相关研究的需要。在药物研发过程中，需采用多种体外试验评价化合物活性，因为通常单一试验不能对眼前的问题给出全部答案。例如，在GPCR药物研发过程中，初步检测化合物与受体结合的亲和力之后，需要对该化合物进行功能活性分析，而每种检测都要采用完全不同的方法来进行。

体外筛选可分为几个不同的类别，有多种工具和平台可供选择。下面将对现代药物研发实验室中最常见的检测系统进行详细介绍。理论上，可以使用下述工具设计数千种不同的检测方法。设计上的变化，甚至是不同分析系统的联用，都可以灵活地运用。

4.5 放射性配体检测系统

通常，现代放射性配体结合测试采用闪烁原理（scintillation principle）作为量化大分子靶点和候选化合物之间相互作用的手段。简单而言，某些物质，如^{3}H、^{14}C、^{33}P和^{35}S，在受到电离辐射后会发出β粒子，而^{125}I受辐射后会发出俄歇电子（Auger electron），这些β粒子或俄歇电子经过闪烁后会产生发光现象。因此，含有这些同位素的化合物能够在闪烁体中发光，并且产生光的量与电离辐射的强度成正比[17]。典型的闪烁物包括聚乙烯基甲苯、聚苯乙烯、硅酸钇（yttrium silicate，YSi）和氧化钇（yttrium oxide，YOx）晶体等[18]。在标准放射性配体检测中，将含有目标靶点的细胞或生物膜与候选化合物和放射性标记配体混合孵育一段时间，通过过滤和洗涤将未与膜或细胞结合的配体除去，然后添加闪烁剂使含有放射性的物质发光。与放射性配体竞争结合位点的化合物可将放射性配体从分子靶点中置换出来，而被置换的游离放射性配体将在过滤步骤中被洗掉。最终以可量化的方式减少闪烁发光，通过信号强度的变化来反映候选化合物与大分子靶点之间相互作用的强度。

当然，在此类分析中必须考虑一些复杂的因素。首先，必须关注非特异性结合（non-specific binding，NSB）的影响。通常，在测定过程中放射性配体还能够结合除靶点之外的物质，如细胞膜、塑料、过滤材料，甚至其他受体等都可能与放射性配体结合，并产生独立于目标靶点之外的“背景”信号。在存在完全占据靶点结合位点的未标记配体的条件下（取代所有相关的放射配体），NSB水平可通过检测产生的闪烁量来确定，这样经过过滤和洗涤后留下的任何信号，都是放射性配体与目标分子结合位点以外的其他位点结合的结果，即为测定中的NSB。放射性配体与其靶点的特异性结合（specific binding，SB）可认为是一次测试中放射性配体的总结合数（total binding，TB）与NSB之间的差值（SB = TB–NSB）。在特定测试中，放射性标记物的SB很重要，因为其决定了可观察到的最大信号，而信噪比由特异性结合与总结合的比率确定［%SB =（SB/TB）×100］。理想情况下，放射性配体对目标靶点应具有较强的亲和力［解离常数（K_d）为0.1～30 nmol/L］、较高的%SB（70%～100%）值，以及较低的NSB值。

另一个必须考虑的重要因素是放射性配体本身的性质。如前文所述，通过闪烁产生光的量与电离辐射量成正比。^{3}H和^{125}I是最常用的同位素。使用^{3}H有几个重要的优点。首先，可将^{3}H加入蛋白结合位点或相关配体中，因为这是一种简单的同位素交换，对结合相互作用不会有直接影响。其次，^{3}H放射性衰变产生的能量无法穿透组织，因此与能量更大的物质相比，在实验室中使用更为安全。^{3}H的缺点是其发射能量较低，很难被检测到，其比活度仅为30 Ci/mmol。但化合物或靶点大分子中通常具有多个位置可与^{3}H发生交换，因此可以通过叠加作用增加能量的输出。例如，甲基取代基被^{3}H标记后将使标记分子的比活度增加3倍（3×30 Ci/mmol = 90 Ci/mmol），从而在闪烁体存在的情况下增加信号强度。最后，^{3}H半衰期较长，可达12年之久，这为筛选测试提供了充足的时间。

放射性碘也是经常使用的物质，但^{125}I的应用与^{3}H有许多重要的区别。与^{3}H不同，碘原子的加入可能对配体和靶点之间的结合作用产生重要影响，因为碘原子的存在不是简单的同位素交换。从能量的角度而言，放射性碘的比活度明显更高（2000 Ci/mmol），因此测定时所需的放射性物质的量要少得多。此外，^{125}I放射性衰变的速率远大于^{3}H（半衰期只有60天）。值得注意的是，^{125}I所需的安全预防措施与^{3}H相比区别很大。其放射性衰变产生的能量（γ射线、ε射线和x射线衰变）能穿透厚塑料，因而在使用该同位素进行放射性分析时需要有致密的物理屏蔽。意外接触这种放射性物质将是一个严重的安全问题，因为其会积聚在甲状腺中，对人体造成严重且永久性的损害。因此，使用这种材料时应格外小心。

其他放射性同位素，如^{14}C、^{33}P和^{35}S，也都已成功用于闪烁分析。^{33}P主要应用于研究激酶和其他存在磷酸基团迁移反应的体系中。而^{35}S可被引入含硫化合物结构中，如乙酰辅酶A和蛋白质的半胱氨酸残基。当然，^{14}C可以用作任何位置的同位素替代，通过放射性标记可追溯某些特定设计的化学物质，但由于其放射性半衰期长达5730年，因此并不是一种理想的选择[18]。

简单的闪烁分析仍然是药物发现的一个重要方法，但是一些关键因素限制了其应用。由于需要去除未结合的放射性标记材料，所需的过滤步骤使得该分析方法比其他现代分析方法更费时费力。此外，放射性标记材料的处理往往是决定是否采用放射性标记的一个因素。因为每个过滤步骤都会产生额外的放射性废料，所以必须妥善处理。尽可能大幅度减少放射性标记筛选技术产生有害废料的需求，促使了新的放射性标记方法——临近闪烁分析法的诞生。

临近闪烁分析法

现代药物发现过程中使用的大多数放射性分析方法本质上是一致的，并不需要通过过滤去除未结合的放射性标记物，但仍然依赖于闪烁发光作为检测手段。省去过滤步骤极大地促进了放射性标记分析在高通量筛选中的应用，但需要对分析方法进行革命性的改变。临近闪烁分析技术（scintillation proximity assay，SPA）的关键在于检测介质本身与固定在专门设计的微球中闪烁体之间的距离限制。虽然闪烁体在辐射源存在的情况下会发光，但如果放射性标记材料与闪烁体之间的距离足够大，那么β粒子（或俄歇电子）的能量将被分散到环境中且不会引发闪烁。在此生物检测的背景下，产生闪烁的路径长度限制由相应β粒子或俄歇电子在水溶液中的平均路径长度所决定。以^{3}H和^{125}I为例，^{3}H发射单个β粒子，路径长度为1.5 μm，而^{125}I发射两个俄歇电子，平均路径长度分别为1 μm和17.5 μm[17]。

利用上述物理性质，可制备含有闪烁体和生物靶点的微球和微量滴定板，用于化合物的筛选。因此，在放射性标记配体存在的情况下，固定在板中的生物靶点将确保β粒子的发射发生在路径长度的限制范围内，从而诱导闪烁，然后通过闪烁计数器定量。与放射性配体竞争同一结合位点的化合物将取代放射性配体的位置，而放射性配体在未结合状态下虽然发射出β粒子，但由于离闪烁体太远而不能产生激发。这将导致闪烁发光减少，因而可通过量化光强度来确定受试化合物与靶点的相对结合强度（图4.7）。

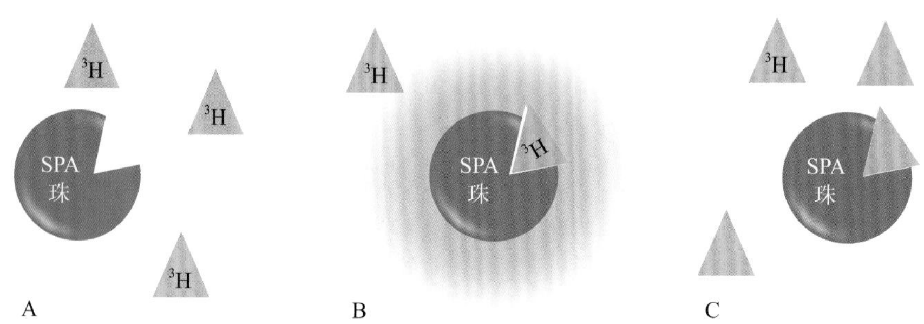

图4.7　A.当放射性标记物（橙色^{3}H）未结合时，含有闪烁剂和靶蛋白的SPA珠不会发光。B.放射性标记物与SPA珠结合使辐射源在路径限制内引发闪烁。C.未标记的材料（橙色）可与标记材料竞争性地与SPA珠结合并淬灭闪烁

同样，还可以采用酶底物标记SPA载体（微球或微孔板），将此作为测试酶活性的方法。例如，如果在SPA珠载体上连有放射性标记的蛋白酶底物，那么在蛋白酶存在的情况下能切割底物释放放射性标记物，信号强度（闪烁/光发射）会因酶的作用而降低。而酶的抑制剂会阻止底物放射性标记部位的酶解，并以可量化的方式影响信号强度（图4.8A）。

另外，利用SPA技术还可以检测诸如转移酶等同类酶的活性，可以利用未标记的SPA载体和放射性标记的试剂进行检测。转移酶的酶活作用可以将放射性标记的试剂附着到SPA表面，产生闪烁。阻断转移酶活性的候选化合物可以阻止闪烁的发生，这种抑制作用也是可以量化的（图4.8B）。

抗体包被的SPA载体也可用于评估候选化合物的生物活性。如果设计的抗体可与酶促反应的产物相结合（如激酶的磷酸化产物），那么可以通过引入放射性标记的磷酸化试剂来检测产物的形成速率，如放射性标记的cAMP。在不存在抑制剂的情况下，激酶将产生放射性标记的磷酸化产物，这些产物将结合到连有抗体的SPA载体上，以可量化的方式诱导发光。引入激酶抑制剂可抑制该过程，降低信号强度，提供一种评估化合物生物活性的方法（图4.8C）[19]。

虽然SPA分析技术有效简化了筛选过程对放射性标记物的依赖性，但SPA技术并不能解决放射性标记筛选的一个本质缺点，SPA筛选仍然需要使用放射性材料，因此需要隔离设备，以及能够熟练使用放射性标记材料并经过认证的技术人员，并且需要注意放射性废料的产生和处理。在进行含有放射性标记材料（常规或SPA）的分析之前，必须考虑到这些缺点，其他技术或许能够以较低的成本完成相关测试。

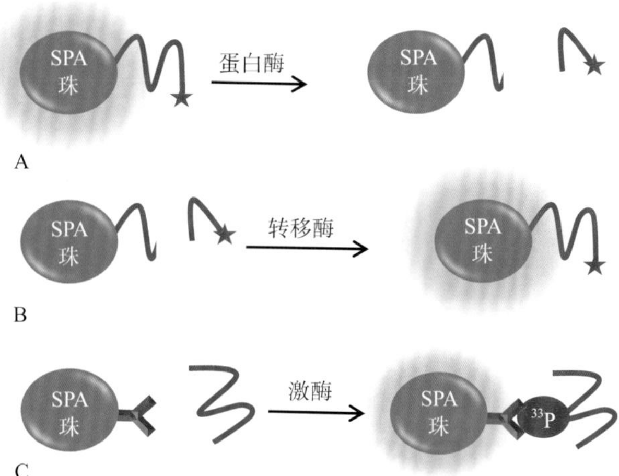

图4.8　A. 蛋白酶切割肽链（蓝线），释放放射性标记物，淬灭信号。B. 转移酶将放射性标记试剂附着到SAP珠的肽链（蓝线）上并引发闪烁。C. 用^{33}P标记的磷酸盐磷酸化激酶底物，使得放射性标记的产物与抗体标记的SPA珠结合，引发闪烁

4.6 酶联免疫吸附试验

抗体与其靶点抗原之间的结合作用既高度稳定又具有选择性。这些特征可用来开发多种分析系统。罗萨林·耶洛（Rosalyn Yalow）和所罗门·伯森（Solomon Berson）报道了通过放射免疫分析来检测机体生理过程的方法，尤其是可以检测血液中抗原的浓度，这也是他们在量化血液胰岛素水平过程中的部分工作[20]。由于放射免疫分析是非常灵敏和经济的，所以他们报道的方法，以及许多后续改进的方法，一直沿用至今。为了满足减少放射性物质使用的需求，一系列类似的分析系统被陆续开发出来，下面将详细介绍。

酶联免疫吸附试验（enzyme-linked immunosorbent assay，ELISA）利用了放射免疫分析技术的优点，但最终生物信号的量化则是通过检测酶活性的改变而非放射性信号的变化来实现。这一方法最初是由荷兰科学家安东斯·舒尔斯（Anton Schuurs）和鲍克·范·韦曼（Bauke van Weemen）[21]，以及瑞典斯德哥尔摩大学的彼得·珀尔曼（Peter Perlmann）和伊娃·恩格瓦尔（Eva Engvall）[22]独立开发的。此方法包含连接了可产生特定信号酶的抗体，该酶在特定底物存在下能产生可检测的信号。在多数情况下，这种信号变化是一种比色变化，可通过简单的分光光度计检测到。在直接ELISA测试方法中，检测板表面涂有抗原，可先向板孔中加入酶联抗体，再使用标准平板洗涤方法除去未结合的抗体，然后添加酶的特定底物，最后该底物在酶的催化下反应生成有色物质。生成物的颜色深浅变化可用来定量生物反应过程或反应产物。如果检测板中的抗原量未知，则产物的颜

色变化将直接与每个板孔中所含的抗原量相关，而溶液中的抗原量可根据比色变化确定。如果每个板孔中的抗原量是已知的常数，那么产物的颜色变化可用于筛选酶抑制剂的活性。当具有酶抑制活性的化合物存在时，生成物的颜色变化率会降低（图4.9）。

图4.9 用与酶（橙色）共价连接的亲和抗体对涂有抗原（黑色）的材料表面进行处理。添加适当的底物（空心蓝色圆圈）后将产生颜色的变化（黄色），其强度取决于底物和抗原的量。还可以根据产生的颜色强度变化来检测酶抑制剂（红色）的活性

ELISA技术的另一个重要衍生方法是“夹心ELISA”。检测过程中需要多种抗体，最后加入的抗体需要与酶相连，这样在特定底物存在的条件下，通过酶的催化作用可产生有颜色变化的物质。例如，在微量滴定板（或其他表面）铺置一种抗体，加入含有与抗体相互作用的抗原的溶液使二者形成稳定复合物，并采用标准的平板清洗步骤去除所有未结合的物质。然后，加入另一种抗体，该抗体连接于可产生信号的酶，并且该抗体还能结合到之前的抗原上，进而生成一种三元复合物，将抗原夹在两种抗体之间，类似于夹心的形状。添加适当的酶底物即可产生可检测且可定量的信号（图4.10）。虽然“夹心ELISA”技术是基于药物发现的需求而开发的，但该技术也广泛应用到药物研发以外的领域，如用于检测人绒毛膜促性腺激素的体内循环水平。通过使用特殊设计的尿液测试条，利用ELISA技术可检测到这种激素浓度的增加，这也是常见家庭妊娠检测试剂盒的技术原理[23]。

图4.10 用含有相容抗原（黑色）的溶液处理涂有抗体（蓝色）的材料表面，然后与酶（橙色）连接的第二抗体（绿色）发生作用，生成稳定的复合物，进而形成“夹心”复合物。添加适当的底物（空心蓝色圆圈）将产生颜色的变化（黄色），其强度取决于底物和抗原的量

ELISA技术多样化的发展使得其应用已远远超出药物研发领域。体外诊断试剂盒已在医学实验室中广泛使用[24]，食品工业也采用ELISA方法来检测潜在的食物过敏原（如食品中的花生成分）[25]。使用ELISA系统也可以快速检测出某些非法药物[26]。值得注意的是，ELISA技术的基本原理（设计用于检测的抗体-抗原复合物）已成功应用于非ELISA检测中，使得ELISA技术在药物发现过程中发挥了更为重要的作用。

4.7 荧光分析系统

尽管通过检测放射性标记的化合物和闪烁体相互作用产生的信号是测试生物功能的有效手段，但其内在的局限性及人们对避免产生放射性废弃物的迫切需求促进了替代方法的产生。一般而言，当一种物质经某种波长的光照射，其吸收光能后会处于激发态，然后再以发光的方式释放能量重新回到基态，并产生荧光。激发光与发射光之间的能量差称为斯托克斯位移（Stokes shift，图4.11）[27]。而在辐射停止后，该物质的荧光发射也几乎立即停止，荧光强度随时间的变化可以被检测和量化。

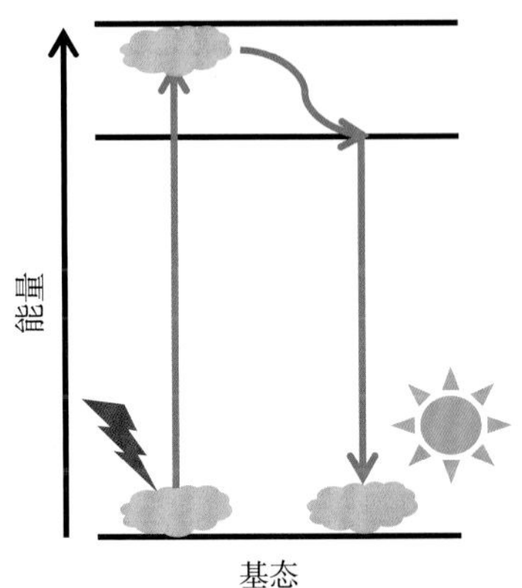

图4.11　当来自光源的能量光子被荧光团（可产生荧光的化合物，橙色）吸收时，该物质会处于激发态，之后从激发态经历弛豫过程回到基态，并发射光子

荧光强度分析是比较简单的系统，旨在利用荧光特性检测生物反应过程和受试化合物的活性。该检测系统包括两种基本类型。第一类检测系统可以通过测量荧光水平随时间的增加或减少来检测生物活性。例如，在一种荧光检测中，体系中的酶可将非荧光底物转化为荧光产物，而对该酶具有抑制作用的化合物将以可量化的方式减缓荧光产物的形成速率，可用于测试化合物的IC_{50}。在第二类检测系统中，酶可以将荧光底物转化为非荧光底物。在这种情况下，酶抑制剂会减缓荧光底物转化为非荧光底物的速度，因此化合物生物活性的测试将通过检测荧光的减少程度来进行。不论上述哪一类情况，荧光强度的读数都可能会受到多种因素的干扰，包括化合物本身、有色化合物，或者化合物自身就是荧光淬灭剂。这些问题可以在荧光强度分析中产生假阳性或假阴性结果，因此在分析数据时都应予以充分考虑。

4.7.1 荧光偏振

虽然简单的荧光强度测定已经是非常有价值的检测方法，但基于光的特性相继开发出了更为先进的荧光分析技术，荧光偏振（fluorescence polarization，FP）技术就是其中之一。荧光偏振技术是基于分子大小变化所引起的光的偏振差异。偏振光最早是于1808年由艾特恩·露易丝·马卢斯（Eitenne-Louise Malus）发现的[28]，这一概念的提出早于药物研发系统的出现。100多年后，佩兰（Perrin）[29]和魏格特（Weigert）[30]分别报道了分子大小、光的偏振和荧光之间的关系，以及如何利用这些性质研究分子间的相互作用。相关仪器和均相分析方法后来分别由韦伯（Weber）[31]和丹得利克（Dandliker）[32]开发出来，他们的工作奠定了现代药物高通量筛选技术的基础。

如前所述，荧光分子激发态的跃迁以一种可预测和可量化的方式发射出较低波长的光。如果通过偏振光来实现荧光的激发，那么产生的荧光偏正强度将与该荧光基团的迁移速率有关。如果荧光分子在受激发时保持静止，发射光将位于同样的偏正平面。另外，如果荧光分子处于溶液环境中，受激发后发射光的偏振水平将根据荧光团的大小以可预测的方式降低。当荧光团较小时，如药物分子，溶液中的分子运动相对于激发和发射之间的时间间隔更快，这将导致荧光信号发生随机化（去偏振化）。然而，如果荧光团是一个分子结构较大的复合物，如配体-蛋白复合物，则分子运动的速度一般比配体分子的运动要慢得多。因此，可将发射光的偏振化与去偏振化的比值量化，用于测试分子间的结合相互作用并检测生物反应过程（图4.12）[33]。

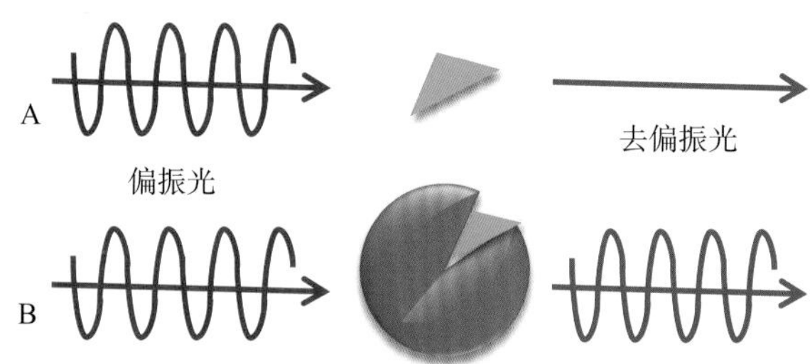

图4.12 A.以偏振光照射溶液中未结合的小分子荧光团（绿色）会产生去偏振化。B.相同的小分子与生物大分子（蓝色）结合后，在偏振光照射下，发射光将保持偏振化

在实际应用中，荧光偏振分析技术已被广泛用于生物分子相互作用的检测。例如，可以根据酶的性质和检测方法的设置，通过检测偏正水平的增加或减少来测试酶促反应。也可以通过荧光标记蛋白酶底物实现蛋白酶抑制剂的筛选。在没有蛋白酶的情况下，带有荧光基团标记的蛋白复合物在溶液中运动得相对缓慢，因而在接受偏振光激发后将产生偏振荧光，进而促使偏振值保持在较高状态。而蛋白酶会将蛋白分解成较小的片段，这些片段在溶液中运动速度加快，在接受偏振光激发后产生荧光的偏振值降低（图4.13）。抑制蛋白酶活性的化合物会影响偏振值下降的速率，检测这些变化可以量化化合物对酶的抑制活性[34]。

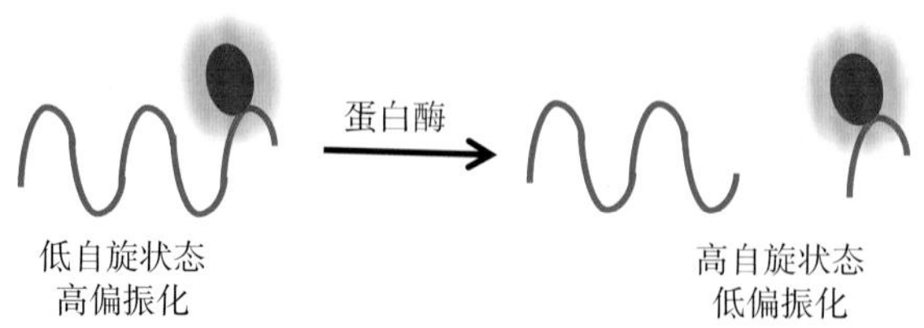

图4.13 荧光标记蛋白在溶液中偏振光的照射下产生荧光信号，与通过蛋白酶作用产生的多肽片段相比，完整的荧光标记蛋白在偏振光照射下将产生更大的偏振光水平。因此，在候选化合物存在时产生的去偏振化程度可作为鉴定酶抑制剂活性的依据

荧光偏振方法和抗体技术的组合衍生出了能够检测蛋白激酶对底物磷酸化修饰的方法（图4.14）。当偏振光源照射到被荧光团标记的底物多肽时，该底物会产生去偏振的荧光信号。激酶会促使磷酸化产物生成，在能与磷酸化产物结合的抗体存在的情况下，二者会形成更大的抗原-抗体复合物。随着分子结构的变大，荧光基团在溶液中的旋转速度减小，从而测得的荧光偏振数值也相应增加。而在激酶抑制剂存在的情况下，磷酸化产物生成量减少，抗原-抗体复合物的形成速率减慢，所测得的荧光偏振值相应减小。因此，此类方法可用于评估受试化合物作为激酶抑制剂的潜在活性[35]。

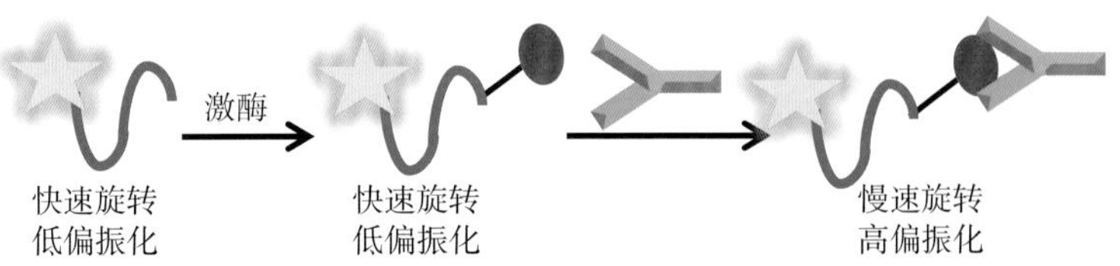

图4.14　荧光标记肽（蓝色）在溶液中会快速旋转，从而导致发射光在偏振光的照射下发生去偏振化。然而，在能与激酶磷酸化底物结合的抗体（绿色）存在的情况下，荧光标记物能与抗体形成复合物，从而降低旋转速度，继而在发射荧光时保持偏振化

利用荧光偏振分析方法还可检测蛋白-蛋白相互作用和DNA-蛋白相互作用的变化（图4.15）。以荧光标记相互作用的两个大分子中的一个，以此提供一个必需的信号源，而这个大分子复合物在形成和解离时的分子量变化可以引起荧光偏振值的改变。化合物干扰大分子复合物形成的过程可以根据荧光偏振值的变化来量化，进而用于测定化合物的结合常数[36]。

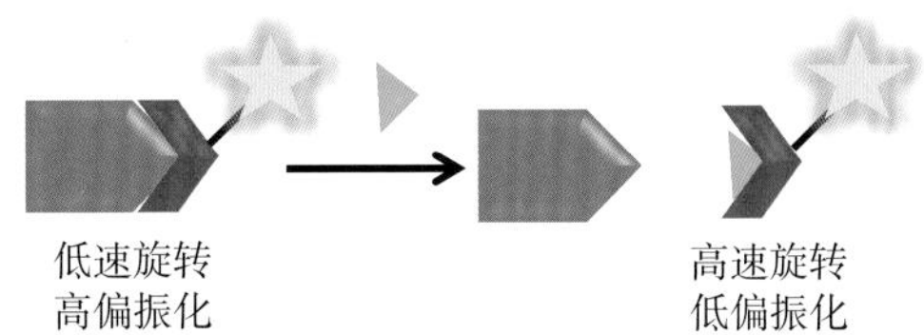

图4.15　在化合物影响两个相互作用大分子形成复合物的过程中，以荧光标记其中一个大分子，在荧光偏振分析中可检测到荧光偏振值的减少。大分子复合物被破坏后使得荧光标记物变小，因而其在液态环境中的旋转速度增加，使得荧光偏振值降低

4.7.2　荧光共振能量转移

根据西奥多·福斯特（Theodor Förster）发现的荧光共振能量转移（fluorescence resonance energy transfer，FRET）原理，已经开发了许多生物分析方法[37]。在FRET过程中，荧光供体分子吸收电磁能，并将该能量转移到附近的荧光受体分子中，然后荧光受体分子会发出比供体分子更长波长的荧光。供体和受体之间的能量交换不产生热能，不需要分子碰撞，但是会受到分子间距离的影响。与临近闪烁分析技术相似，随着供体和受体分子间距离的增加，转移的能量及荧光强度下降。这种距离一般要大于原子间距离，通常为

10～100Å，这取决于供体/受体的性质。此外，为了发生共振能量转移，供体分子的发射光谱和受体分子的吸收光谱必须有重叠。实际上，在灯或激光照射下，供体发出的荧光信号会减弱，而受体的荧光信号会增强[38]。

由于能量激发波长、供体发射波长和受体荧光波长都不相同，可以利用这一特点在某一适当的生物反应中测量每一种波长的变化，并监测反应的进程。例如，早期对HIV蛋白酶抑制剂的发现就得益于FRET技术的应用。美国雅培（Abbott）公司实验室的科学家发现了HIV蛋白酶的一小段多肽底物Ser-Gln-Asn-Tyr-Pro-Ile-Val-Gln会被蛋白酶在Tyr-Pro键处切断。通过将5-(2′-氨基乙基)氨基萘磺酸[5-(2′-aminoethyl)aminonaphthalene sulfonic acid，EDANS]连接到该肽的羧基末端（Gln），并将4′-(二甲氨基)-4-偶氮苯羧酸[4′-(dimethylamino)-4-azobenzenecarboxylic acid，DABCYL]连接至此肽的氨基末端（Ser），就可以将该肽链转化为一对有效的FRET供体-受体系统。分开来看，通过340 nm波长照射EDANS会在490 nm处产生荧光响应。然而，当用同样波长的光照射之前提到的肽段时，EDANS产生的荧光响应会通过共振能量转移到DABCYL而发生淬灭。而当HIV蛋白酶存在时，修饰过的肽链会被切割，导致FRET供体-受体复合物分离，使得EDANS在490 nm处产生的荧光又重新被检测到。因此，HIV蛋白酶的活性可通过检测随时间推移的EDANS荧光强度来定量。HIV蛋白酶抑制剂将抑制供体-受体复合物的裂解，因此以可量化的方式阻止EDANS荧光因共振转移而被淬灭（图4.16）[39]。

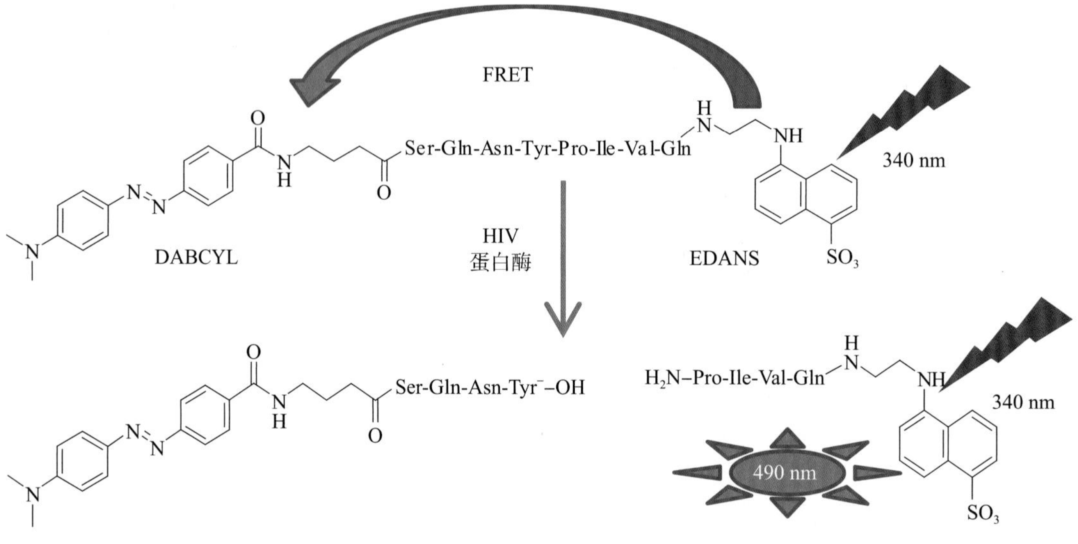

图4.16 由7个氨基酸组成的HIV蛋白酶底物将EDANS/DABCYL供体/受体对保持在能量转移所需的最小距离内，从而使EDANS（490 nm）的荧光发射被淬灭。通过HIV蛋白酶将底物分解，可使EDANS产生荧光。通过检测EDANS荧光强度的变化可以测试和比较HIV蛋白酶抑制剂的活性

FRET技术也可用于研究膜电位和离子通道。荧光标记的细胞外膜蛋白是该检测系统中FRET供体/受体对的一部分。若FRET供体/受体对的另一部分是一种脂溶性化合物，并且可以在细胞膜磷脂双分子层中自由移动，那么可以通过脂溶性化合物相对于标记蛋白的位置来实现FRET产生与否。如果脂溶性化合物靠近细胞的外表面，则会发生

FRET；如果脂溶性化合物靠近细胞膜的内表面，则由于供体和受体之间的距离过大，不会发生FRET相互作用。因此，要在此类系统中成功地应用FRET技术，关键在于控制脂溶性受体分子的位置。当脂溶性受体带电时，细胞膜电位的改变可控制受体分子的位置（图4.17）。细胞膜电位受离子通道调控，因此该分析系统可用于检测离子通道活性并筛选具有调节离子通道功能的化合物[40]。

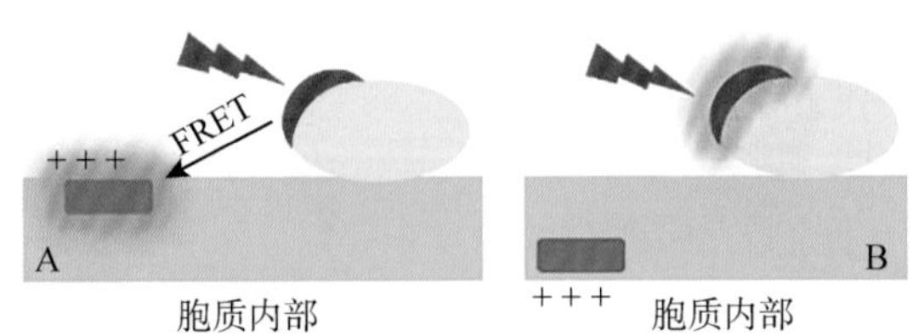

图4.17 **以FRET供体（红色）标记的细胞膜表面蛋白（黄色）可与对电荷敏感的带电脂溶性FRET受体（蓝色）发生偶联。A.当细胞外部带正电时，带负电的FRET受体将移动至细胞膜磷脂双分子层的外部并与细胞膜表面蛋白相结合，引发FRET。B.膜电位的改变将导致FRET受体向细胞质一侧移动，远离细胞膜表面蛋白，从而阻止FRET发生**

FRET技术与荧光蛋白的结合为研究GPCR活性提供了技术支持。在此检测系统中，FRET供体/受体对是从维多利亚水母（*Aequorea Victoria*）中分离并经过基因改造的特定荧光蛋白[41]。第一个被科学家分离的荧光蛋白由于能产生绿色荧光而被命名为绿色荧光蛋白（green fluorescent protein，GFP），而对其蛋白序列进行基因工程改造获得了多种荧光蛋白。通过引入各种点突变使发光基团的激发光谱和发射光谱发生变化，进而发出不同颜色的荧光。重叠的吸收光谱/荧光光谱对可用于FRET分析。重要的是，在大多数情况下，以水母衍生出的荧光蛋白标记靶点蛋白后，对蛋白功能的影响很小，这为研究蛋白功能和位置提供了有效的检测手段[42]。在研究GPCR时，可以通过标记G蛋白的各种亚基来检测信号转导途径是否被激活。例如，可以用黄色荧光蛋白（yellow fluorescent protein，YFP）标记G_α亚基，并以青色荧光蛋白（cyan fluorescent protein，CFP）标记G_γ亚基，由于这两个亚基的距离足够接近，可以形成FRET相互作用的供体/受体对（图4.18）。如第3章所述，在没有内源性配体或激动剂的情况下，G蛋白与GPCR受体及GDP结合形成复合物。在非活性复合物中通过FRET途径激发CFP使YFP产生相应的荧光。然而，若在这一检测系统中存在活性配体，将会导致G蛋白复合物中上述两个亚基解离，破坏了FRET相互作用，进而激发CFP产生CFP荧光而不是YFP荧光。该分析系统可用于筛选GPCR激动剂和拮抗剂。激动剂将在缺少内源性配体的情况下激活系统，从而导致CFP荧光强度增加，而YFP荧光强度降低。另外，在内源性配体存在时加入拮抗剂将导致GPCR信号转导活性减弱，通过CFP荧光的减弱来维持YFP荧光强度。这一策略稍加改变就可用于多种GPCR及其相关信号转导途径的研究[43]。

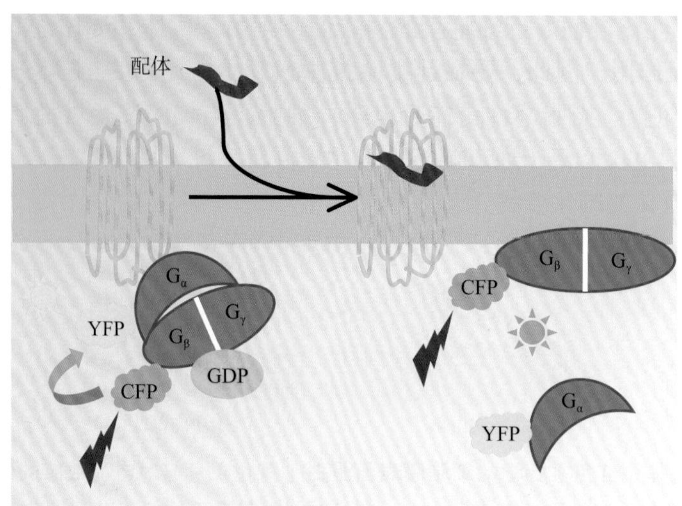

图4.18 可通过双标记GPCR元件测定化合物的功能活性。在G蛋白复合物的不同亚基上连接两个与FRET相容的荧光蛋白，可以在没有激活配体的情况下产生FRET相互作用。功能性激动剂激活GPCR将使得供体/受体对分离，进而抑制FRET的发生。而功能性拮抗剂会阻断FRET对的分离，以保持FRET的发生

Pharmacol Rev 64：299-336，2012

FRET技术已成功用于许多其他生化过程的研究，如蛋白的构象变化[44]、蛋白复合物的组装和解离[45]，以及脂质的分布和转运[46]等。利用FRET相互作用也可以设计生物传感器。通过设计相应分子识别靶蛋白，二者在结合或分离时可形成FRET供体/受体对，使得溶液中的检测物（小分子、蛋白）可以被适当波长的荧光检测和定量[47]。该技术一经开发就被广泛采用，本文不再赘述。一般而言，如果能创建一个供体/受体对，且该供体/受体对可在生物过程中进行组装和分离，那么就可以根据FRET的原理来设计一个新的检测方法。

然而，需要认识到在分析FRET实验数据时，还存在一些亟待解决的局限和关键问题。在这个检测体系中存在多种干扰信号，会导致假阳性或假阴性的结果。带有荧光、可使荧光淬灭、有颜色的受试化合物都会对检测造成干扰。此外，分析介质、蛋白、细胞材料，甚至塑料分析板的背景荧光也可能产生干扰，进而影响FRET分析的灵敏度[48]。

4.7.3 时间分辨荧光共振能量转移

如上所述，背景荧光对FRET技术会产生严重影响，无论来源如何，都可能产生错误数据并降低FRET分析技术的灵敏度。在绝大多数情况下，FRET实验中背景荧光和FRET供体/受体对的荧光寿命都是非常短暂的。消除背景荧光的关键是引入镧系元素，如铕（Eu）、铽（Tb）和其他镧系元素（稀土元素，图4.19）[49]。镧系元素本身是低活性的荧光团，不能用于FRET实验。然而，当使用适当的有机支架将其捕获时，便可作为提供荧光的物质。此时的镧系元素不仅可以作为FRET供体/受体对的一部分，而且具有比典型背景荧光源持续时间更长的荧光发射能力。背景荧光源，如细胞材料、塑料和小型有机化合物，通常在以微秒为单位的时间窗内发出荧光，而镧系有机金属系统发出荧光的衰减率可放大至毫秒级。因此，初始激发和荧光检测之间的延迟（50～150 μs）会产生一个测量窗口，在此期间背景荧光已经产生并自行淬灭，但镧系元素受体仍然具有荧光信号，这便消除了大部分背景荧光的干扰（图4.20）。市售的时间分辨荧光共振能量转移（time-resolved fluorescence resonance energy transfer，TRFRET）系统包括利用铕螯合物的Perkin Elmer's Lance® 系统[50]，利用铕和铽穴状化合物的Cisbio's HTRF® 系统[51]，以及利用铽和铕螯合物的Invitrogen's LanthaScreen® 平台[52]。

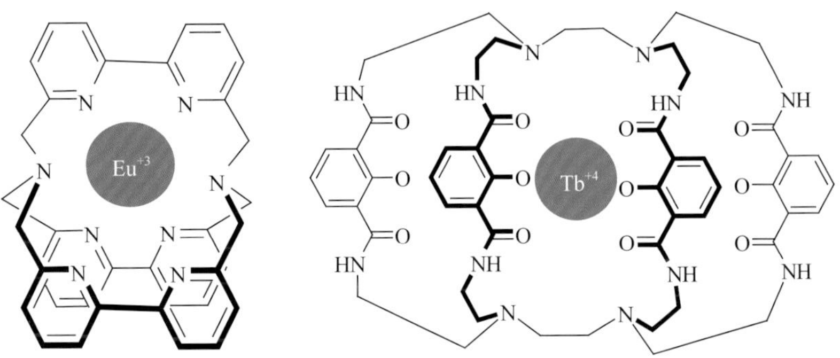

图4.19　TRFRET系统中使用的有机支架提供了一个合适的微环境，使得镧系元素荧光团的荧光寿命得以延长。笼状镧系元素发出的荧光信号较背景荧光持续时间更长，提供了一个无干扰的测量窗口

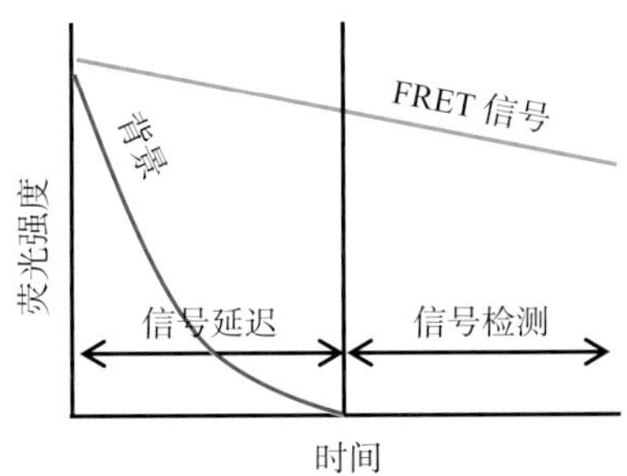

图4.20　TRFRET分析系统组分受到照射后会产生背景荧光及与供体/受体对相关的FRET信号。然而，镧系有机荧光团的应用使荧光团信号的持续时间超过了背景荧光的衰减极限。这为改进FRET信号信噪比提供了一个时间窗口

与FRET技术非常相似，只要在生物过程中能够标记发生结合或解离的供体/受体对，就可通过TRFRET技术来量化受试化合物的生物活性。例如，可以通过使用标记有TRFRET荧光团的抗体来测定激酶的活性（图4.21）。在这种情况下，生物素化的激酶底物可以被磷酸化，产生的磷酸化底物可与特定的带有TRFRET标记的抗体结合。添加带有链霉亲和素标记的受体分子，如一种荧光蛋白——异藻蓝蛋白（allophycocyanin，APC），以提供必要的供体/受体对，将产生一个长时间的FRET相互作用。抑制激酶活性的化合物将通过阻断磷酸化，引起FRET供体-受体复合物的减少，以可量化的方式降低分析信号的强度[53]。

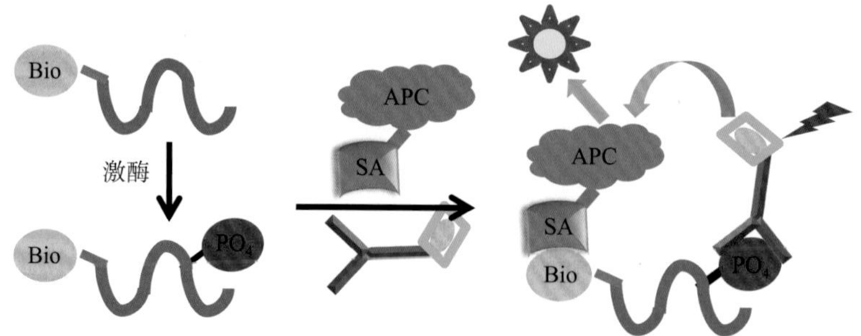

图4.21 在TRFRET激酶活性测试中，激酶促使生物素（Bio）标记的生物靶点发生磷酸化，生成一个可与标记有镧系元素荧光团抗体发生相互作用的抗原。再向系统中添加链霉亲和素（SA）连接的荧光蛋白，如异藻蓝蛋白（APC），建立供体/受体对，便可在光照后通过FRET途径产生荧光

利用TRFRET技术还可检测下游细胞通路的活性（图4.22）。如第3章所述，GPCR信号通路的激活可介导下游许多细胞信号通路的转导，包括各种激酶的活化。如果已知某底物能被激酶磷酸化，而这种激酶是GPCR活化后的下游信号分子，那么以荧光标记底物（如绿色荧光蛋白），则可进一步通过建立TRFRET分析系统来量化细胞系统中GPCR的激活程度。但在检测系统中需要使用特定的细胞系，该细胞系需要能稳定表达带有GFP标记的激酶底物，并且不干扰正常的激酶活性。测试中，内源性配体或合成激动剂激活GPCR信号通路将产生磷酸化底物，裂解细胞并添加镧系元素标记抗体的TRFRET试剂，然后以适当波长的光进行照射，最终通过FRET相互作用产生可测量的荧光信号，而这一可量化的信号强度提供了检测化合物激动活性的方法。类似地，拮抗剂的存在将阻断GPCR信号转导途径的活化，降低GFP标记底物的磷酸化，这将降低光照时产生的FRET信号的强度，从而提供了一种测试化合物拮抗活性的方法[54]。

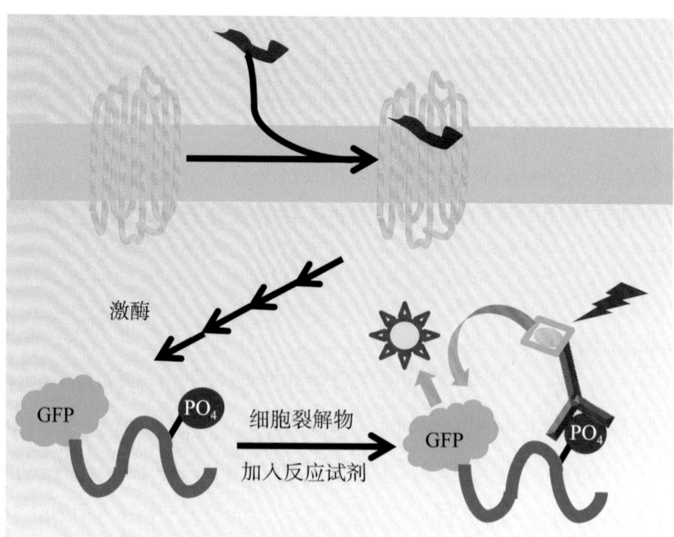

图4.22 内源性配体或合适的激动剂可激活GPCR信号通路，使GFP标记的底物磷酸化。细胞裂解后，加入以TRFRET荧光团标记的抗体，使供体/受体对和FRET信号转导紧密结合。拮抗剂将通过阻止内源性配体激活GPCR来阻断下游信号的转导，从而抑制FRET信号

4.7.4　放大发光邻近均相检测

为了在分析中避免来自分析成分、试剂、孔板和其他材料背景荧光的影响，研究人员不断探索可以在没有FRET相互作用情况下产生荧光信号的检测方法。乌尔曼（Ullman）于1994年首次提出利用单线态氧的产生来诱导荧光信号，以检测生物反应过程的设想[55]。发光氧通道检测（luminescent oxygen channeling assay，LOCI）技术及其使用的试剂和试剂盒检测系统被称为放大发光邻近均相检测（amplified luminescent proximity homogeneous assay，Alpha）（AlphaScreen™），广泛应用于基于靶点的药物发现，目前已被珀金埃尔默（Perkin Elmer）公司商品化。在某些方面，AlphaScreen™技术与FRET和TRFRET分析系统类似，因为这三种系统都依赖于供体和受体的相互作用来产生可检测的信号。然而，与FRET和TRFRET不同的是，在AlphaScreen™技术中，荧光的产生不是由于能量共振转移到受体使其发光。AlphaScreen™技术利用光敏剂苯二甲蓝（phthalocyanine）的偶合反应，在680 nm光照下生成单线态氧（激发态氧），以及在单线态氧存在下发光（520～620 nm）的二甲基噻吩（thioxene）衍生物（图4.23）[56]。

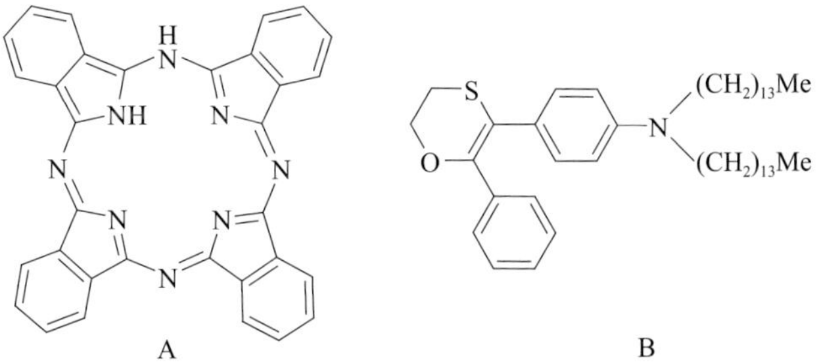

A　　B

$(CH_2)_{13}Me$　$(CH_2)_{13}Me$

图4.23　AlphaScreen ™技术是基于光敏剂苯二甲蓝衍生物（A）吸收光后产生单线态氧的能力，以及噻吩衍生物（B）与单线态氧结合后通过化学反应产生光信号的能力

当然，要想使这种反应具有实际应用价值，必须控制供体和受体的相互作用，为检测提供可用的信息。在这种情况下，通过使用特殊设计的珠粒将供体与受体分离开，获得一个供体珠粒和一个受体珠粒。通过水凝胶将受体和供体珠粒包裹，限制供体珠粒和受体珠粒之间的非特异性相互作用，并为分析试剂（蛋白、配体等）提供化学连接点。这些珠粒足够小，因此可以悬浮在生物介质中（不会形成沉淀），并且可以像溶解在溶液中那样进行相应的操作（正常的移液和机械平台操作）。在不存在受体和供体珠粒结合的情况下，照射供体珠粒时产生的单线态氧会快速地恢复到基态。然而，如果两个珠粒含有互补的结合基团（如蛋白和结合配体），则两种物质之间的相互作用会使珠粒之间的距离缩小。这反过来又使供体珠粒中产生的单线态氧与受体珠粒中的二甲基噻吩衍生物发生相互作用并产生荧光信号（图4.24）。

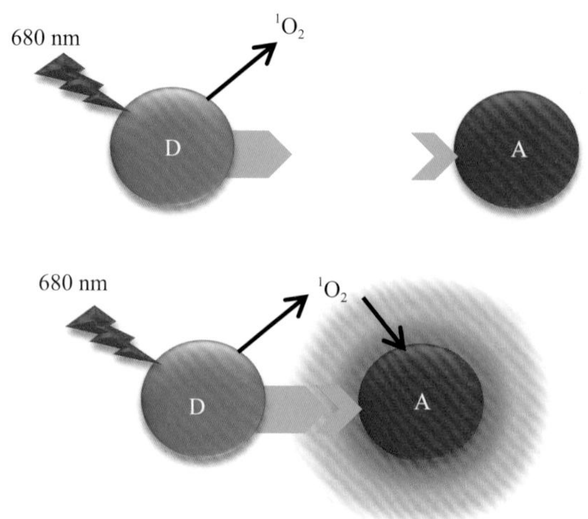

图4.24 当AlphaScreen ™中的供体和受体珠粒在水中分离的距离超过单线态氧的活动路径时，将检测不到荧光信号。当供体和受体珠粒结合在一起时，供体珠粒中苯二甲蓝衍生物产生的单线态氧与受体珠粒中的二甲基噻吩衍生物相互作用，继而发出荧光信号

利用AlphaScreen ™技术设计检测方法与设计FRET和TRFRET方法的思路类似。在大多数情况下，只要能设计出一种可以控制供体和受体珠粒之间相互作用的方法，就可以创建一种有效的AlphaScreen™测试方法。例如，AlphaScreen ™技术已被应用于针对激酶靶点的小分子抑制剂的筛选。利用链霉亲和素包被的供体珠粒结合生物素标记的激酶底物，然后以能够与磷酸化底物结合的抗体包被受体珠粒。激酶对底物的磷酸化可产生磷酸化底物，该底物通过链霉亲和素/生物素相互作用与供体珠粒结合，并通过抗体/抗原相互作用与受体珠粒结合。这使得供体珠粒和受体珠粒相互靠近，从而使在680 nm光照下产生的单线态氧在受体珠粒中产生荧光信号。干扰激酶活性的化合物可以阻断底物的磷酸化，进而阻断供体与受体珠粒由于抗体和抗原间的作用形成结合物，从而降低荧光信号的强度。在各种浓度激酶抑制剂存在的情况下，可以通过量化的荧光信号强度测定化合物的IC_{50}（图4.25）[57]。

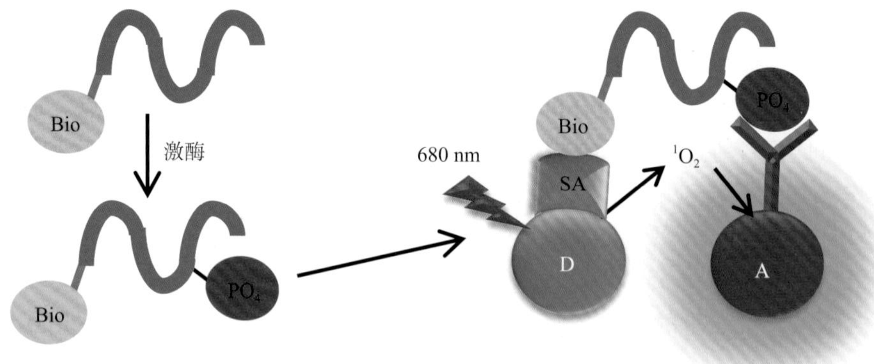

图4.25 在相关激酶存在时，生物素标记的多肽会被磷酸化。当加入以链霉亲和素标记的供体珠粒，以及与磷酸化底物结合抗体标记的受体珠粒时，供体/受体对会由于磷酸化底物的存在而结合在一起。通过光照可诱导受体珠粒产生荧光信号。阻断激酶活性的化合物将以浓度依赖的方式降低荧光信号强度

AlphaScreen™技术已在制药行业中得到广泛认可，用于检测酶的活性[58]、鉴别在信号转导级联过程中具有功能活性的化合物[59]，以及研究大分子复合物的形成和破坏过程[60]。与FRET和TRFRET技术一样，只要能设计一个系统，其中的信号通路可以介导供体和受体珠粒的相对位置，就可以通过AlphaScreen™进行检测。

4.7.5　钙通道的荧光检测

对细胞利用和活化钙能力的监测促进了许多分析方法的开发，这些方法主要是基于Ca^{2+}浓度改变引起荧光信号变化这一原理。其中一些方法依赖于钙敏感性染料（Dye），如Fluo-3和Fluo-4（图4.26）[61]。这两种染料在光源（如氩激光，488 nm）照射下都会发出荧光，而随着Ca^{2+}浓度的增加，荧光信号的强度也随之增加，可利用这一现象来监测会引起钙浓度变化的信号通路。例如，监测通过肌醇三磷酸（IP_3）信号级联反应所介导的GPCR信号转导，因为激动剂对该信号级联的激活使得Ca^{2+}从细胞储存库中释放。在存在固定浓度上述染料的情况下，Ca^{2+}浓度的增加会导致荧光信号强度增加，因此可以通过检测荧光信号强度以确定受试化合物对GPCR的活性。类似地，拮抗剂将阻断GPCR内源性配体激活信号级联反应的能力，从而阻止Ca^{2+}从细胞储存库中释放。这也阻止了内源性配体对荧光信号的增强，为测试化合物对特定GPCR的功能活性提供了一种有效的方法[62]。

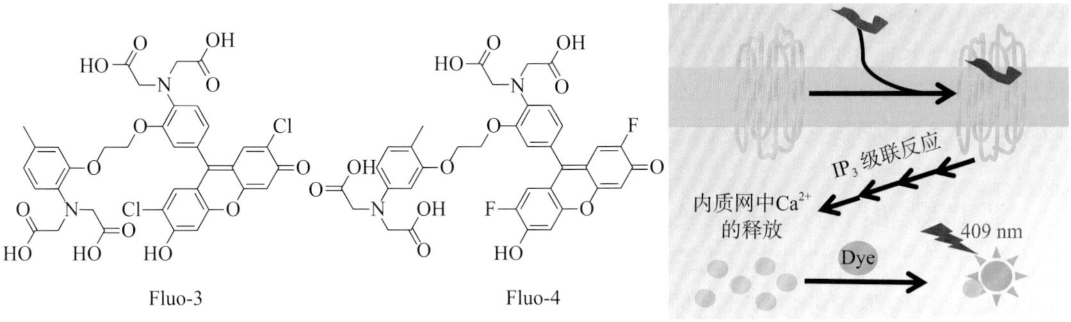

图4.26　Ca^{2+}的存在增强了照射Fluo-3或Fluo-4时产生的荧光信号强度。当细胞预先加载对钙敏感的染料（Dye）时，激活GPCR-IP_3介导的信号转导会引起下游内质网释放Ca^{2+}（橙色圆圈）。在光照下，Ca^{2+}和染料相互作用产生荧光信号，其强度变化可用于测试作用于GPCR靶点化合物的活性

为了使这些分析方法发挥作用，荧光染料必须能够进入细胞，并且对细胞其他功能没有明显影响。此外，像其他荧光系统一样，背景荧光的干扰也是一个问题。在另一检测系统中，基于水母发光蛋白（aequorin）的测定，既不需要染料也不需要外部照射，就可检测与细胞活性相关的Ca^{2+}浓度的变化。这些测试依赖于由Ca^{2+}、腔肠素（coelenterazine）、脱辅基水母发光蛋白、水母发光蛋白脱辅基酶共同诱导的生物发光。22 kDa的水母发光蛋白最初是从发光水母，特别是维多利亚水母中分离而来的，具有发出蓝光的能力（图4.27）[63]。在没有Ca^{2+}时，脱辅基水母发光蛋白是不活跃的。然而，当Ca^{2+}与该蛋白的3个钙结合位点结合后，会诱导其发生构象变化，将该蛋白转化为活性形式，即水母发光蛋

白。同时将腔肠素转化为腔肠酰胺，并产生二氧化碳和蓝光（469 nm）[64]。

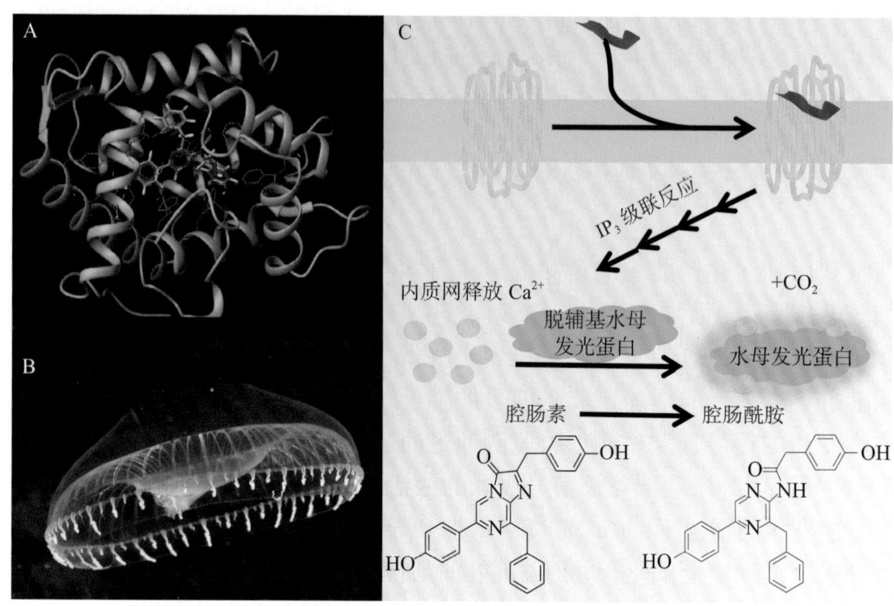

图4.27　A. 水母发光蛋白和配体腔肠素-2-过氧化物复合物的X射线晶体结构（RCSB 1EJ3）。B. 维多利亚水母（*Aequorea victoria*），也被称为水晶水母（crystal jellyfish）。图片由塞拉·布莱克利姆（Sierra Blakelym）维基百科网页提供（http://en.wikipedia.org/wiki/File：Aequorea4.jpg）。C. 内源性配体（红色）激活GPCR可引起其构象变化，导致下游内质网释放Ca^{2+}（橙色）。结合钙离子的水母发光蛋白被激活后可将腔肠素转化为腔肠酰胺。该过程释放二氧化碳并产生蓝色荧光。可以通过检测荧光发射测试靶向GPCR化合物的活性

水母发光蛋白的基因已被成功分离并转染到非内源性环境中，提供了一种利用水母发光蛋白/Ca^{2+}诱导的生物发光变化的方法来研究细胞的生化过程。例如，如果某一细胞系可以通过IP_3途径进行GPCR信号转导，同时表达水母发光蛋白，那么由GPCR激活而诱导的Ca^{2+}释放将产生蓝光，当然需要提前使用腔肠素作为细胞辅助因子。因此，可以通过检测化合物存在时产生蓝光的强度来完成对IP_3相关的GPCR功能性激动剂的筛选。另外，对功能性拮抗剂的鉴定也是可行的。将内源性配体添加到已用功能性拮抗剂预处理的分析系统中，由于化合物的拮抗作用，IP_3活化减少，所以产生的蓝光发射也随之减少[65]。

由于分析信号的产生不依赖于外部光源的照射，背景荧光通常不再是干扰问题。但是，这种方法也有其局限性。首先，至关重要的是，水母发光蛋白的产生不能干扰细胞的正常功能。与依赖外源基因表达的任何一种分析系统类似，如果基因的导入会改变细胞功能，那么与正常条件（原生细胞）的相关性就成为问题。此外，会干扰腔肠素转化为腔肠酰胺的化合物也将产生错误的数据，因为这会阻碍荧光信号的产生。尽管存在这些局限性，基于水母发光蛋白的分析系统仍是现代药物研发中经常使用的方法，有关其对各种GPCR、离子通道和转运体检测分析的报道也越来越多[66]。

4.8 报告基因分析

基因表达的差异在维持细胞正常功能方面发挥关键的作用，如调节细胞间的信号传导、细胞生长、发育和增殖等。这一过程受到严格的控制，一旦失调会导致许多病理状况。检测基因表达的变化已成为药物发现的一个重要方法，报告基因（reporter gene）分析是实现这一目的的重要工具。将内源性基因（通常存在于细胞中）的表达与非内源性基因（报告基因）的表达偶联，其蛋白产物可用于检测内源性基因表达的变化。在表达内源性基因时，非内源性基因也会被一同表达（图4.28）。

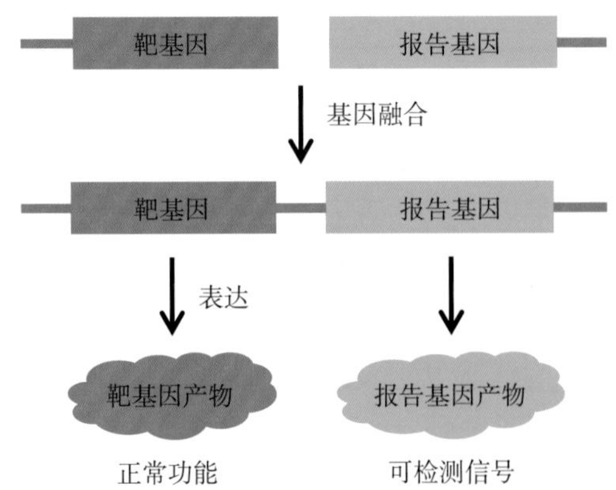

图4.28　**在报告基因分析系统中，靶基因的表达与非内源性基因的表达被绑定在一起，而后者在表达时会产生可检测的信号**

能增加靶基因表达的化合物同样能增加报告基因的表达产物。相应地，抑制靶基因表达的化合物也会减少报告基因终产物的产生。第2章讨论的生物技术，以及氯霉素乙酰转移酶（chloramphenicol acetyltransferase，CAT）[67]、β-内酰胺酶（β-lactamase）[68]和荧光素酶（luciferase）[69]等蛋白的发现，推动了这一分析技术的发展。本章不对报告基因分析做全面的探讨，仅对上述三个系统进行阐述分析，作为理解一般分析方法的重要基础。

4.8.1 氯霉素乙酰转移酶报告基因系统

报告基因技术的第一个实际应用是针对催化氯霉素代谢的细菌酶。氯霉素是一种广谱抗菌剂[70]。氯霉素乙酰转移酶催化乙酰基从乙酰辅酶A转移到氯霉素结构中（图4.29）[71]，从而使其不再具有与核糖体结合的能力和抗菌活性[72]。哺乳动物中没有相似特性的对应物，因此可以将CAT基因表达与靶基因偶联，从而可以通过检测氯霉素的乙酰化速率来检测基因的表达。促进靶基因表达的化合物也会增加CAT的水平，进而提高氯霉素的乙酰化速率，而抑制靶基因表达的化合物则会产生相反的效果。例如，如果已知GPCR内源性配体通过激活GPCR而激活特定基因的表达，那么将靶基因和CAT基因表达偶联起来可鉴别GPCR的功能性激动剂和拮抗剂。GPCR激动剂通过增加与CAT偶联的靶基因表达而导致CAT的表达增加，而拮抗剂的作用正好相反，其是通过抑制内源性配体的活性来抑制下游靶基因和CAT的表达[73]。然而，对放射性标记物的依赖是CAT报告基因系统最重要的限制。例如，CAT分析可检测到^{14}C标记的氯霉素向^{14}C标记的乙酰氯霉素的转化。尽管存在这种局限性，但该检测系统仍被广泛用于研究与治疗终点相关的生物系统。

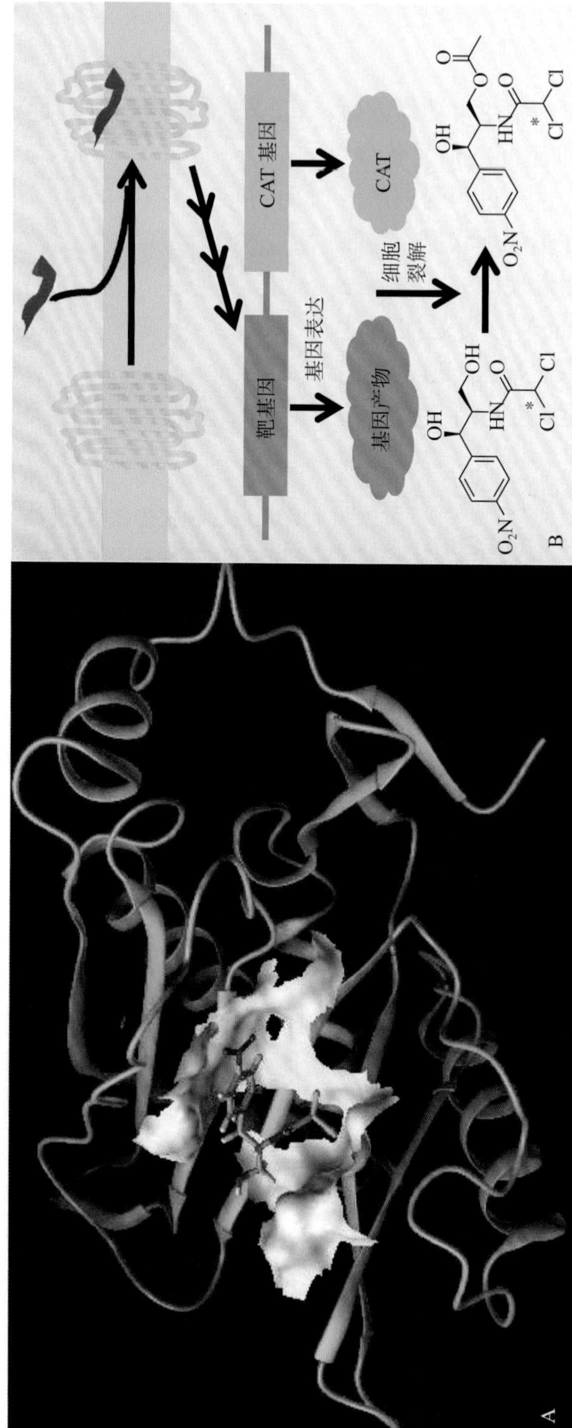

图4.29 A.氯霉素乙酰转移酶的X射线晶体结构（RCSB 3CLA）。结合口袋表面以灰色显示。B.内源性配体或合适的激动剂激活GPCR并诱导靶基因的表达。靶基因与CAT基因的融合迫使后者也被一同表达。细胞裂解后加入放射性标记的氯霉素，CAT通过乙酰辅酶A使氯霉素乙酰化，进而通过对这一变化进行量化来定量基因的表达

4.8.2　β - 内酰胺酶报告基因系统

虽然前文介绍的CAT报告基因系统是检测生物反应过程的可靠方法，但为了避免放射性废料的产生，开发了新的报告基因系统。当然，如果清除放射性信号或放射性标记物，必须引入新的信号来源机制。在β-内酰胺酶报告基因检测系统中，将靶基因与报告基因整合成一个整体的原则保持不变，唯一不同的是采用荧光能量的FRET信号代替放射性标记信号。顾名思义，由氨苄西林抗性基因（ampicillin resistance gene，amp^r）编码的β-内酰胺酶可降解β-内酰胺类抗生素，如常见的青霉素和头孢菌素等。该酶在哺乳动物中没有对应的类似物，但使用现代生物技术很容易实现其与靶基因的整合。原则上，一旦靶基因与amp^{r}整合在一起，调节靶基因表达的化合物即可以量化的方式调节β-内酰胺酶的表达。然而，该技术成功的关键是寻找合适的含有FRET供体/受体对的β-内酰胺底物[68]。

兹洛卡尼克（Zlokarnik）等[74]发现了第一个合适的底物系统，他们将7-羟基香豆素-3-甲酰胺作为FRET供体，与荧光素FRET受体通过头孢菌素连接。在没有β-内酰胺酶的情况下，以409 nm光源照射，可使底物在518 nm处产生FRET信号。而β-内酰胺酶的存在会使得FRET信号减弱甚至消失。β-内酰胺酶对β-内酰胺环的水解导致化合物释放出荧光素分子，进而削弱FRET信号（图4.30）。而可抑制β-内酰胺酶活性的化合物会对测定结果产生很大的影响。

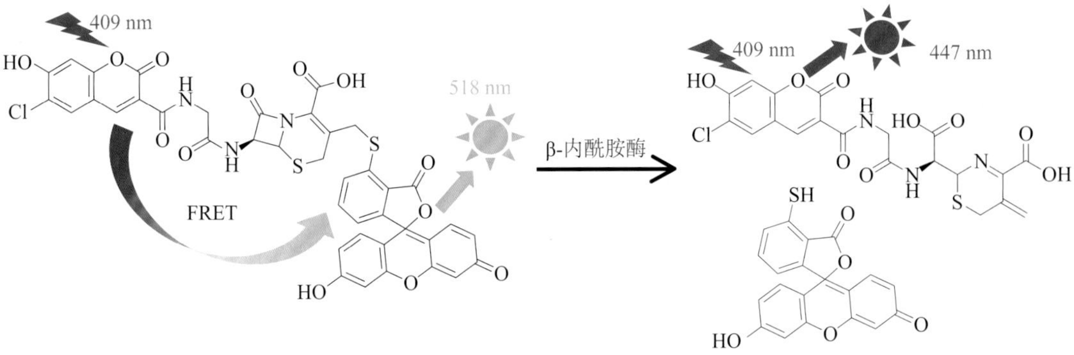

图4.30　**在β-内酰胺酶报告基因检测中，靶基因的表达与β-内酰胺酶的表达相关。可以通过监测FRET信号的衰减来实现对β-内酰胺酶活性信号的量化。诱导靶基因表达的化合物也会增加β-内酰胺酶的表达，导致FRET信号的减弱**

4.8.3　荧光素酶报告基因系统

通过酶促反应使生物体发出荧光，简称生物发光。这一方法广泛应用于检测各种生物反应。具体而言，来源于萤火虫（*Lampyridae*）[75]、叩头虫（*Elateridae*）[76]、花萤科荧光虫（*Phengodidae*）[77]和海肾（*Renilla Reniformis*）[78]的各种荧光素酶都已被发现并经体外克隆表达和分离获得，用于开发各种检测技术。来源于萤火虫的荧光素酶是目前应用最为广泛的一种。这个分子量61 kDa的单体蛋白酶以荧光素为底物，在ATP、氧气和镁离子存在的条件下催化两步氧化反应生成氧化荧光素，激发出绿/黄光（550～570 nm）[79]。海肾荧光素酶是另一种分子量36 kDa的荧光素酶，但其催化的底物与前者完全不同。海肾荧光素酶能将腔肠素转化为腔肠酰胺，并激发出蓝光（480 nm）[80]（图4.31）。

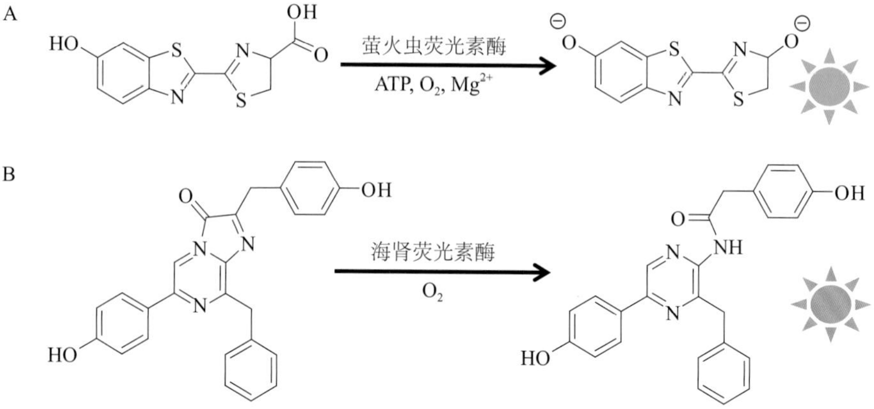

图4.31 A. 萤火虫荧光素酶在ATP、氧气和镁离子存在的条件下将荧光素转化为氧化荧光素并发出绿光。B. 海肾荧光素酶在氧气存在的条件下将腔肠素转化为腔肠酰胺，并发出蓝光

在报告基因检测中，荧光素酶检测技术与CAT、β-内酰胺酶报告基因检测系统的原理类似。将靶基因片段与荧光素酶基因整合在一起，就能在同一系统中检测化合物对靶基因的调控。例如，如果化合物能影响靶基因的表达，也能同时影响荧光素酶的表达，且荧光素酶的表达量与化合物调控靶基因表达的作用强度成正比。相反地，阻断靶基因表达的化合物会减少荧光素酶的产生，这为科研人员提供了一种精确鉴定抑制基因表达的化合物的方法[69]。

β-内酰胺酶和荧光素酶报告基因检测方法都避免了使用放射性标记物作为检测指标，但与前者相比，荧光素酶检测系统还具有其他独特的优势。如前所述，β-内酰胺酶检测系统使用依赖于荧光能量的FRET信号，当供体荧光分子的发射光谱与受体荧光分子的吸收光谱重叠，并且两个分子的距离在10 nm范围以内时，就会发生一种非放射性的能量转移。因为检测液、细胞材料和检测板会产生自发荧光，这对任何一种基于荧光能量的FRET信号的检测方法都是一大干扰。因此，对于具有自发荧光或作为荧光淬灭剂的化合物，使用FRET报告系统检测可能会产生假阳性或假阴性的结果。而在荧光素酶报告基因检测系统中，荧光的产生来源于酶的催化作用，而不依赖于外部光源的照射。因此，那些来自检测液、细胞材料、检测板的荧光干扰在这一系统中显著降低。当然，那些具有抑制荧光素酶活性的化合物还是会影响该系统的检测结果。在没有报告基因系统的情况下，对荧光素酶抑制剂的反向筛选也是荧光素酶报告基因测定中的一个重要方面。

4.9 生物发光共振能量转移技术

模拟生物发光并将其与FRET技术相结合，生物发光共振能量转移（bioluminescence

resonance energy transfer，BRET）技术应运而生。海肾荧光素酶能将腔肠素转化为腔肠酰胺，并激发出480 nm蓝色荧光。然而，非辐射能量转移会使得就近的GFP在509 nm波长下发出荧光，这一过程称为BRET。BRET的发生取决于两种物质间的距离，供体/受体配对需要在比较近的位置发生（10～100Å），同时还取决于供体/受体对的性质，这也与常规FRET 方法的要求一致。对于监测蛋白-蛋白相互作用，BRET非常实用。首先，需要将荧光素酶融合到其中某个靶蛋白中，而将GFP或YFP融合到另一靶蛋白中。当二者发生相互作用后，再向体系中加入腔肠素就会发生BRET。如果化合物能阻断蛋白间的相互作用，BRET则不能发生，上述检测体系中只能观察到荧光素酶催化下产生的荧光（图4.32）。该方法已广泛用于研究细菌中蛋白的二聚化[81]、GPCR招募β-抑制蛋白[82]，以及其他类似的蛋白-蛋白相互作用。

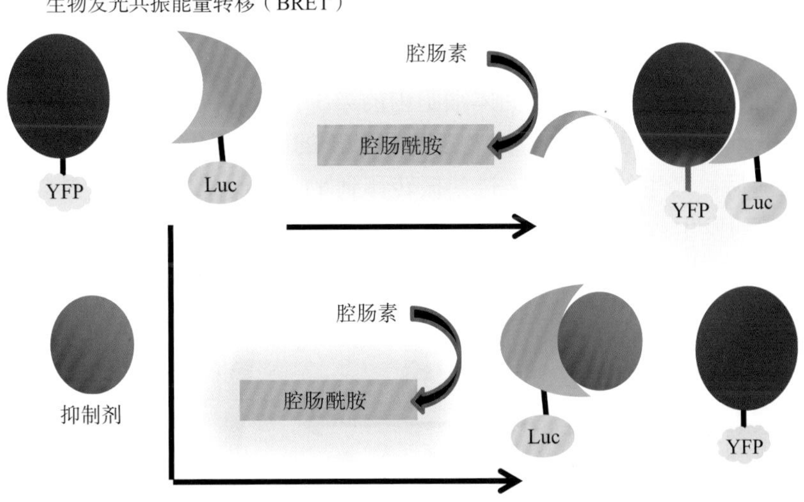

图4.32　**图中的两个蛋白（红色和绿色标记）能发生相互作用。将其中一个蛋白以YFP标记，另一个蛋白以荧光素酶（Luc）标记，那么两个蛋白间的相互作用可通过荧光信号监测。在没有抑制剂存在时，二者会发生相互作用，在体系中加入腔肠素会在荧光素酶作用下发生氧化反应生成腔肠酰胺，同时非辐射能量转移至YFP将产生相应的荧光。在有抑制蛋白相互作用化合物存在的情况下，YFP标记的蛋白不能与荧光素酶标记的蛋白相互靠近，因此产生的能量无法发生共振转移，只能检测到由荧光素酶介导的荧光**

基于BRET技术也衍生出一种检测配体引发蛋白构象改变的检测方法。在这一体系中，GFP和荧光素酶同时融合到一个会发生构象变化的蛋白中（图4.33）。在没有配体存在的情况下，二者由于距离较远而无法发生BRET。配体的存在能引发蛋白构象改变，进而拉近GFP和荧光素酶的距离。当荧光素酶与其底物腔肠素发生反应产生的能量可通过共振转移到GFP受体时，可产生相应的荧光（引发BRET）。该测定系统可用于鉴定能够诱导蛋白结构变化的化合物（激动剂），以及鉴定能够阻止由内源性配体诱导蛋白构象变化的化合物（拮抗剂）。胰岛素受体的活化与否就是通过上述方法进行鉴定的[83]。

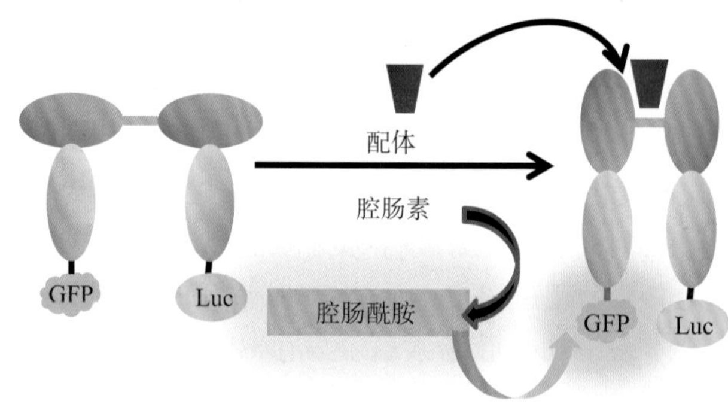

图4.33 同时带有GFP和荧光素酶的受体系统可用于检测该受体的活化状态。在这一体系中，若没有配体的存在，则体系中只能检测到荧光素酶介导的腔肠素氧化成腔肠酰胺发出的荧光。随着配体的加入，产生受体重构，进而使得GFP和荧光素酶相互靠近，通过共振能量转移，体系中可检测到GFP荧光的产生

类似的检测体系也用于研究配体存在下β_2肾上腺素能受体的重构（图4.34）[84]。在这一体系中，荧光素酶基团融合在该受体细胞内的第3个loop结构域，而YFP则融合在受体的羧基端。在配体缺失的情况下，荧光素酶和YFP的距离足够近，当荧光素酶与其底物腔肠素发生反应后，产生的能量可通过共振转移到YFP。而配体的存在则会拉远二者的距离，阻断BRET的发生。该方法可用于鉴别受体的激动剂或拮抗剂。激动剂的加入会抑制BRET信号发生，而拮抗剂则会保留BRET信号。

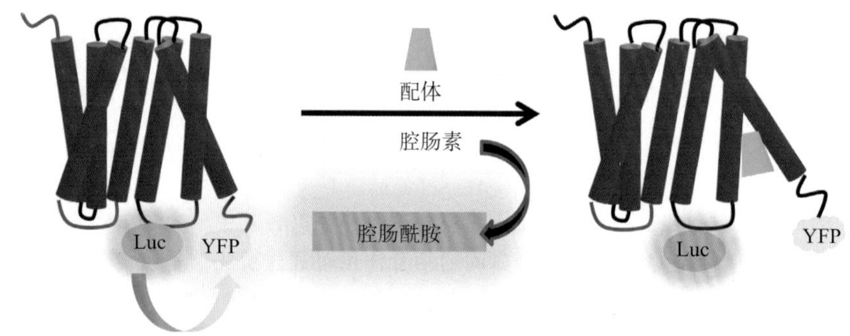

图4.34 在这一体系下，荧光素酶和YFP均标记在同一个受体上。在没有配体存在时，YFP和荧光素酶的距离足够近，因而可以介导BRET的发生。同时荧光素酶介导腔肠素的氧化反应可以产生黄色荧光。在配体存在时，受体发生构象改变导致YFP和荧光素酶互相远离，FRET无法发生，因此体系中只能检测到荧光素酶产生的荧光

4.10 动态荧光监测系统

虽然很多生物反应过程能够用简单的荧光板读数器来监测，但有些细胞活动是瞬间就完成的，如细胞膜电位的变化、Ca^{2+}的流动及GPCR信号通路的活化都是在极短时间内完成的。心肌细胞中的膜电位变化也是如此，随着每次心脏的跳动，膜电位朝相反方向变

化。假如能在这些事件发生过程中检测到信号的改变，就能提供关于受试化合物活性的更多实用信息。由美谷分子（Molecular Devices）公司开发的荧光成像板阅读器（fluorescent imaging plate reader，FLIPR）[85]和由滨松光子学株式会社（Hamamatsu Photonics）开发的功能药物筛选系统（functional drug screening system，FDSS）[86]都旨在满足这一需求。尽管这两种仪器间存在一定差异，但本质上都装备有一套能在微孔板（96孔、384孔）中读数的荧光检测器或化学发光检测器，以及能同时获取数值的控制分析软件，通过记录一个实验中测定板的多个图像数据获得相关实验结果。测定板中数据的图像可通过快速连续拍摄获得，每张图像的间隔小于1秒，使得系统非常适于检测难以监测的细胞动态变化（图4.35）。这两种系统都支持各种荧光分析系统（FRET、TRFRET、AlphaScreen等），且已成功用于各种细胞的瞬时动态检测。

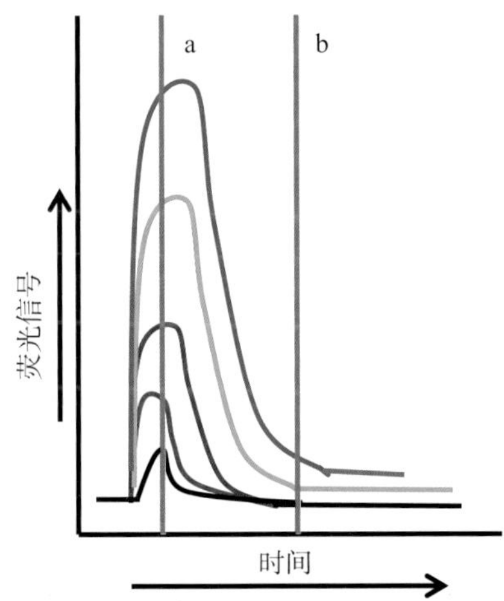

图4.35 **动态检测系统能随时监测荧光强度的变化。如图所示，不同颜色的曲线代表一个受试化合物在不同浓度下对荧光强度的影响。当涉及药物在不同时间点（如图中的时间点a和b）对荧光强度的不同影响时，这种技术就变得非常重要。如果只考虑时间点b上的数据结果，那么受试化合物都没有活性，但通过荧光动态监测系统会发现不具有活性的化合物其实在早期还是表现出一定的作用**

4.11 无标记检测系统

在现代药物研发过程中使用的体外筛选系统绝大多数都是通过对小分子、蛋白、DNA、抗体或相关材料进行荧光标记或放射性元素标记来进行检测的。虽然标记技术已经成功用于加快药物研发过程的复杂高通量筛选实验，但我们要认识到标记物本身的特质也会影响筛选的结果。将标记物附加到具有生物活性的化合物可能会改变其构象、改变整体分子特性或是改变与功能活性密切相关的生物系统的功能。例如，对酶内源性底物的荧光标记可直接影响酶将标记底物转化为最终产物的速率。为了避免此类问题，已经开发出了可检测物理或化学性质变化的细胞体系，特别是单细胞体系。检测细胞体积、pH、细胞折射率、膜电位、电阻抗和光学性质的变化已被应用于检测化合物对细胞功能的影响。

虽然无法对所有可用的无标记技术进行一一阐述，但后续内容将介绍一些关键的技术，包括CellKey™检测平台、康宁Epic™分析系统、Biacore™系统和电生理膜片钳技术等。

4.11.1 细胞介电谱

细胞介电谱（cellular dielectric spectroscopy，CDS）技术的基础是对电流（I）流过单层细胞能力的监测，这种免标记方法是CellKey™检测平台（美谷分子）的关键部分。原则上，在电极表面上生长的单层细胞将形成一层屏障来阻止电流的通过。然而，如果施加足够高的电压（V），那么电流将流过单层细胞。所施加的电压与电流的比率（V/I）被定义为系统的电阻抗（electrical impedance，Z）。当然，在单层细胞之间通常存在间隙，流经间隙的电流将不会受到细胞的阻碍（图4.36）。因此，通过单层细胞的总电流包括流过细胞的电流（跨细胞电流，transcellular current，I_{tc}）和通过单层细胞间隙的电流（细胞外电流，extracellular current，I_{ec}）。

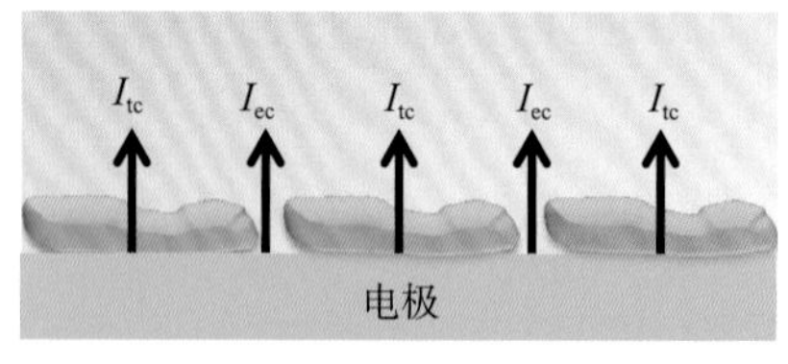

图4.36 通过单层细胞（蓝色）的电流强度是通过细胞间隙的电流（I_{ec}）和通过细胞内部电流（I_{tc}）的总和

在没有外界刺激的情况下测量单层细胞的电阻，可以得到基线阻抗值。在单层细胞中激活信号通路会改变细胞与电极的黏附性、细胞-细胞间相互作用，以及细胞的形状和体积，最终改变阻抗的大小（图4.37）。受试化合物浓度增加时阻抗的变化（ΔZ）可以量化，并可作为测试化合物生物活性的一种方法。此外，通过阻断内源性配体引起的阻抗变化也可作为筛选潜在治疗药物的手段。还可以在特定时间间隔施加电压对细胞进行动力学测试，从而通过CDS来检测瞬时的细胞变化。目前商业化仪器具备专门设计的96孔板、384孔板，在每个板孔的底部都设有交叉指状电极，可与CellKey™平台结合，从而将该技术应用于高通量筛选[87]。

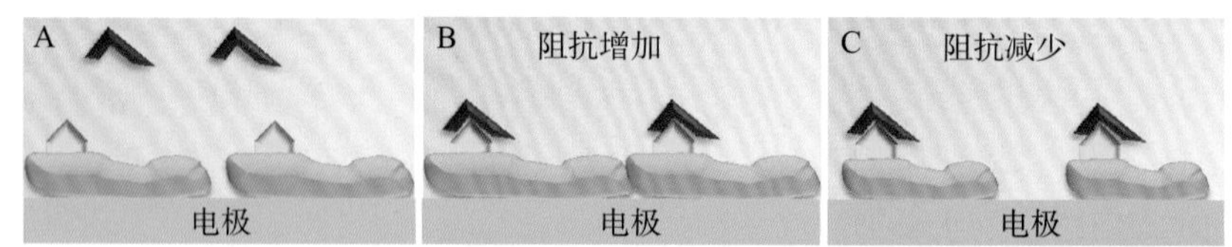

图4.37 A.借助于表达GPCR（黄色）的单层细胞（蓝色）建立阻抗测试的基线测量。B.配体（红色）的结合可导致细胞形状的改变，从而减小细胞间隙空间并增加细胞阻抗。C.相对地，激活靶向GPCR可以增大细胞间隙的空间，并降低阻抗

4.11.2 光学生物传感器

通过监测单层细胞或大分子靶点表面光折射率的改变来筛选具有生物活性的化合物是另一种有效的筛选方法。Epic™筛选系统采用特别设计的带有共振波导光栅（resonant waveguide grating，RWG）生物传感器的平板来筛选化合物。RWG生物传感器由透明底板

（玻璃）、包含内置波导光栅结构的薄膜层，以及生物底板层组成。靶点分子可以通过化学方法键合到生物底板层来完成后续的生化分析。当然，在这一系统中也可将单层细胞铺于生物底板上来研究外界环境变化后（如加入测试药物）的细胞反应。在没有外界因素影响的情况下，以宽波段光线照射RWG生物传感器，将仅在嵌入式波导结构和生物底板层产生共振的条件下产生反射光。反射光波长的大小与RWG生物传感器的折射率相关，而传感器的折射又会随着传感器底层生物结构性质的变化而变化[88]。

在酶抑制剂活性筛选实验中，该技术可以通过将特异性的酶底物连接到传感器的生物底层来实现。例如，可以通过将特定底物的某一段多肽附着到生物底层上，再加入酶和受试化合物，通过监测光学信号的变化来判断化合物对酶的作用（图4.38）。在没有酶的情况下，RWG生物传感器产生的折射光强度取决于酶完整底物的折射率。当加入蛋白酶后，多肽底物发生断裂，改变了底物的折射率并反射出相应的光线。而具有蛋白酶抑制作用的化合物会以可量化的作用方式抑制底物的降解，阻止底物折射率的改变，从而筛选出具有蛋白酶抑制活性的化合物[89]。

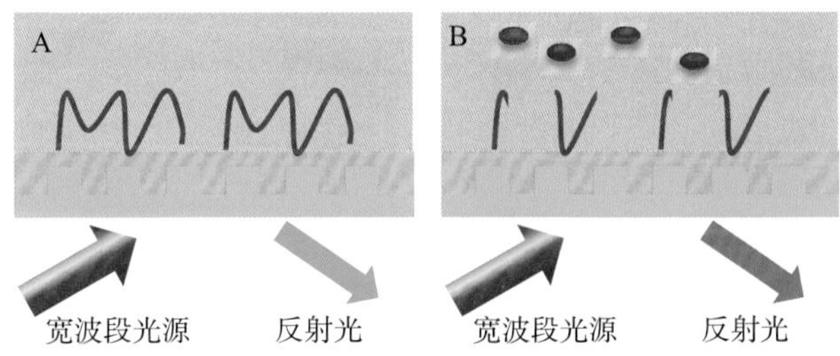

图4.38　**A.表面附着一段多肽（蓝色）的RWG生物传感器，经宽波段光照射时会产生特定的信号。B.当加入蛋白酶后（红色）会改变附着在RWG生物传感器上多肽的性质，从而引起信号的变化。这种变化可以被量化，用以检测化合物抑制酶的活性**

同理，如果在传感器的生物层上标记一种受体，当配体与受体结合后会对受体的折射率和反射波长产生可量化的变化，这种变化量与受体结合配体的量成比例（图4.39）。若与受体结合的受试化合物也会改变原有的折射率和反射波长，且变化程度与二者的结合量成比例，那么就可以分别计算出内源性配体和受试化合物与受体的结合常数（K_{IS}）。

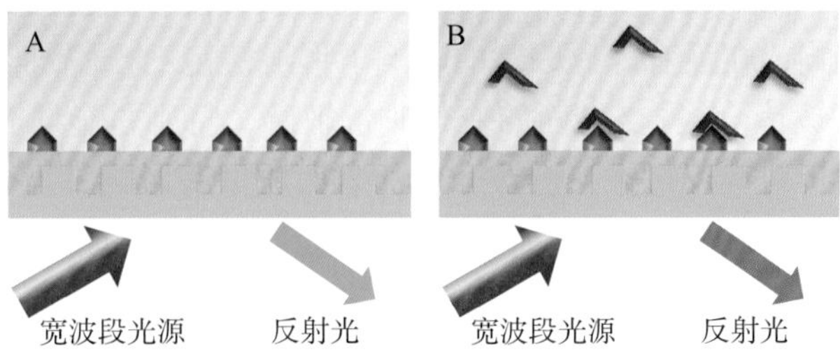

图4.39　**A.在没有配体的情况下，标记有受体（蓝色）的RWG生物传感器产生特定的输出信号。B.添加配体（红色）后，将改变生物基质层表面的物理性质，导致输出信号的改变，以此发现具有受体结合作用的化合物**

当生物基底层为单层细胞时，情况会略加复杂。在没有外界因素影响时，RWG传感器在宽波段光线的照射下，只有在外界光波与单层细胞发出的光波产生共振时才会引起光的反射。细胞周围环境的变化会引起细胞活动的改变，将导致原有细胞折射率和反射波长发生变化，而这种变化与环境的变化呈正相关。例如，以激动剂激活GPCR信号通路后，会改变细胞的功能，如影响分子迁移及细胞内不同结构的分子组装等。这种细胞内物质的动态迁移被称为动态质量再分布（dynamic mass redistribution，DMR），并与折射率和反射波长的变化成比例。这些变化又与激动剂的浓度成比例，因此为发现具有潜在生物活性的化合物提供了技术支持。也可以类似的方式测试拮抗剂的活性，如果这些化合物以浓度依赖性方式阻断配体与受体的结合，将引起折射率和反射波长的变化（图4.40）[90]。

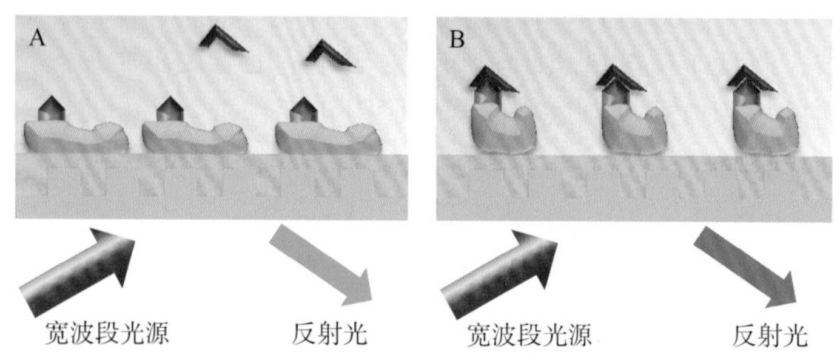

图4.40 A.表达GPCR的细胞以特定方式单层附着于RWG生物传感器上。B.GPCR的激活将导致动态质量再分布。这种再分布与激动剂浓度及激动剂激活GPCR信号通路的程度呈正相关

4.11.3 表面等离子体共振技术

通过监测折射率变化测试化合物活性的另一方法是表面等离子体共振（surface plasmon resonance，SPR）技术。在这一系统中，导电金属薄膜的一侧最常见的黏附物质为金，金需要经过化学修饰，以便那些与生物活性相关的分子（如抗体或受体蛋白）可与金属膜表面偶合。金属膜的另一侧紧贴棱镜。在棱镜和金属膜的界面，金属表面的电子会发生振荡，称为表面等离子体。当光以一定角度和频率射向棱镜和金属膜交界面时，形成的光波与等离子波相遇时会产生共振。可以准确地检测产生表面离子共振时的反射光角度，而反射光的强度会受此影响，在没有外界因素的影响下形成棱镜-金属界面的基线[91]。

表面离子共振对棱镜-金属交界面的变化非常敏感，特别是金属介质表面折射率的变化。金属介质表面的折射率反过来又会被介质的表面质量所影响。当金属薄膜的表面与某种抗体、蛋白或其他靶点发生偶合时，会大大增加表面介质的质量，进而改变交界面的折射率。产生表面等离子共振的光波反射角随金属表面折射率的变化而变化，而折射率的变化又与金属表面结合分子的质量成正比。因此，可以根据生物反应过程中SPR角度的动态变化获取生物分子之间相互作用的特异信号。在实际运用中，先将一种生物分子（靶分子）键合在金属薄膜表面，再将含有另一种能与靶分子产生相互作用的化合物溶液注入并流经生物传感器表面。微射流提供了一种小型化的SPR系统，被称为“芯片实验室”。目

前最常见的药物筛选SPR系统是Biacore系列设备。在这一体系中，金属膜表面涂有一层羧甲基化的葡聚糖，在这个亲水性的系统中可最大限度地保证附着在其表面的生物分子的生物活性。虽然这种监测系统的输出量相对不高，但较高的灵敏度使其在药物发现过程中仍得到广泛应用（图4.41）[92]。

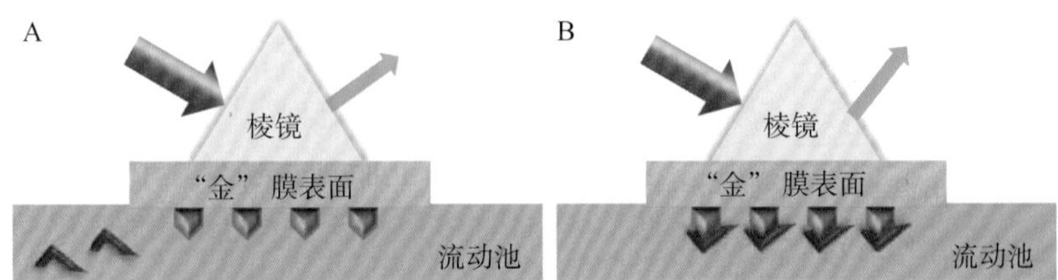

图4.41　A.在没有结合物质的情况下，被标记的金生物传感器将会在特定角度产生表面等离子体共振。B.当通过流动池将能与标记物结合的物质加入该系统后，会改变之前产生表面等离子体共振的反射光角度，且随着结合物质浓度的增加，反射角的变化也随之增加

4.12　电生理膜片钳技术

如第3章所述，细胞膜两侧电势变化和跨膜电流的产生是生物体内细胞发挥功能的重要因素。离子通道在电生理过程中发挥非常重要的作用，因此对离子通道活性进行监测可以帮助我们更好地了解正常状态和疾病状态下的生理过程。在之前的内容中已提及，基于荧光的检测系统可以间接证明离子通道活性的改变（如钙敏感的染料、带电的脂溶性FRET受体），但所讨论的方法无法直接检测离子通道的活性。迄今为止，电生理膜片钳（electrophysiological patch clamp，EPC）技术仍然是用于评估离子通道活性的金标准，也是能够直接检测通过细胞膜离子电流的唯一方法。膜片钳结果是评价化合物是否具有影响离子通道活性的标准，因此所有间接方法最终都必须通过比较其与膜片钳结果的相关性来加以确证。

传统膜片钳系统由特制的微量吸液管组成，该微量吸液管具有1 μmol/L量级的开口，能吸附在细胞膜表面。微量吸液管可覆盖细胞膜上少量的离子通道，通过对细胞表面施加负压，产生高电阻封接（"Gigaohm密封"）。随后通过电极、微量移液管内的盐溶液，以及适当的电放大和监测系统，在保持恒定电压的情况下对电流进行监测，或在受试化合物存在时保持恒定电流，以监测膜电位的变化[93]。传统膜片钳技术每次只能检测一个细胞，对实验人员而言是一项耗时耗力的工作。即便训练有素的电生理技术人员每天也只能筛选数量有限的化合物，因而这一技术不适合在药物开发初期和中期进行大规模的化合物筛选。这也限制了膜片钳方法在高通量药物筛选中的应用，但研究人员仍在努力研发适合高通量筛选的膜片钳技术（图4.42）。

IonWorks™ HT操作系统与膜片钳技术的完美结合大大增加了该技术高通量筛选化合物的能力。在这一系统中，设有一块预先设计好的特殊384孔板，每个板孔底部均有一个

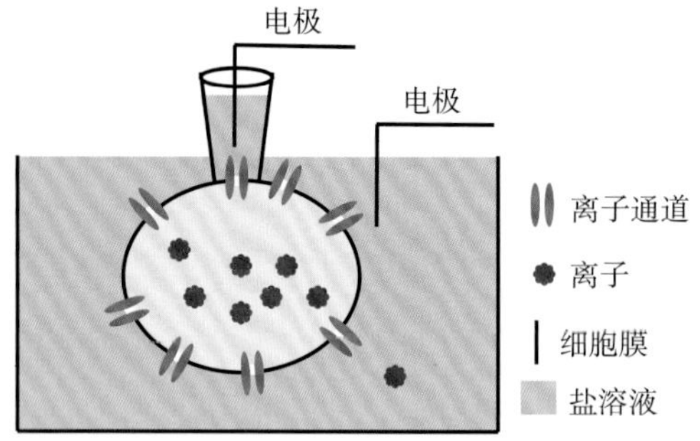

图4.42 膜片钳系统由特制的微量吸液管组成。该微量吸液管具有1 μmol/L量级的开口，能吸附在细胞膜表面。吸液管可覆盖细胞膜上的部分离子通道，通过对细胞表面施加负压，产生高电阻封接。随后通过电极、微量移液管内的盐溶液，以及适当的电放大和监测系统，在保持恒定电压时监测电流，或在受试化合物存在时保持恒定电流以监测膜电位的变化，从而监测化合物对细胞膜电生理的影响

1～2 μm的孔洞，该孔洞每次只允许1个细胞通过（图4.43A）。对板底部施加微小的吸力就能使每个细胞贴合在板底的孔中保持不动，然后向每个板孔中插入微量吸液管电极，这样就建立了以板孔为单位的膜片钳筛选系统。内置于IonWorks™HT平台的自动液体处理器进一步简化了药物筛选流程[94]。

理论上而言，从单个化合物的筛选技术到基于384孔板的筛选系统可以使这项技术筛选化合物的能力增加384倍，但实际上并没能提高到这一程度。这是为什么呢？主要原因在于穿孔膜片钳的电极封接产生的电阻要远低于手动膜片钳技术，这就导致孔与孔之间的电阻差异非常大。很多细胞并不能准确地吸附在板底的孔中，这进一步增加了问题的复杂性。为了得到更准确的数据，通常需要在一次实验中设计多个复孔来排除上述影响因素。

Population膜片钳（population patch clam，PPC）操作模式和IonWorks™ Quattro系统的引入克服了这一困难，使得筛选数据不依赖于每个板孔中单个细胞的检测数值。PPC操作系统中的每个板孔含有64个能容纳单个细胞的微小孔洞，因此可以检测得到一个孔中所有64个细胞的电流变化平均值，大大提高了数据的准确性（图4.43B）。虽然这并没有解决穿孔膜片钳电极封接产生的电阻远低于手动膜片钳的问题，但却解决了不能准确确定微量吸附板中细胞数量的问题，进而降低了失败率。无论如何，撇开这些限制，使用基于多孔板的膜片钳技术大大提高了膜片钳技术筛选化合物的效率[95]。由Sophion Bioscience公司开发的QPatch[96]、Nanion Technologies公司开发的Syncropatch 384[97]，以及Fluxion Biosciences公司开发的IonFlux systems[98]均可利用基于多孔板的膜片钳技术进行高通量筛选。

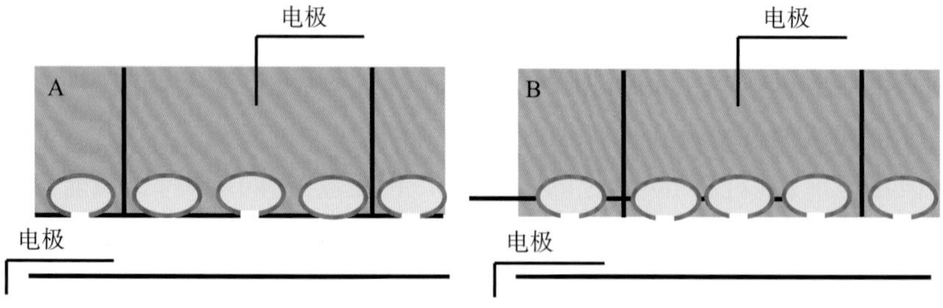

图4.43 电生理实验中384孔板的运用大大提高了筛选具有调节离子通道活性化合物的效率。A.在IonWorks™ PatchPlate膜片钳系统中，板上每个孔内只含有1个孔洞，每个孔洞中只能捕获1个细胞进行后续的电生理实验。B.PPC板中每个孔底有64个微孔，可同时捕获64个细胞进行电生理实验，进而在1个孔中获得这批细胞电流变化的平均值

4.13 热漂移检测

正如第3章所述，组成生命体的各种大分子比其实际线性构建序列更为复杂。蛋白、DNA和其他生物大分子能形成精密的三维结构，从而有成为药物靶点的可能。这些结构主要通过非键式相互作用（常见作用包括氢键、非共价结合、π键等）形成。在生理条件下（常温，在溶液或膜中），这些非键式相互作用足够强，进而防止了大分子结构的松散。然而，随着温度的升高，这些三维结构开始解开（这一过程称为变性或熔化），直至完全展开。内源性分子和变性大分子在体系中的量相等时的温度被称为大分子的熔点（T_m）。在没有外界因素干扰时，大分子的熔点是固定常数。现已证实，配体的结合会引起T_m值的变化，并且这种变化存在浓度和效价依赖性。热漂移（thermal shift）测试通过检测配体结合后大分子熔点的变化来鉴别化合物的潜在结合靶点。此类实验中常用的检测方法包括差示扫描量热法（differential scanning calorimetry，DSC）、圆二色光谱（circular dichroism spectroscopy，CD）法和荧光检测法。

DSC是最早用于热漂移实验的分析方法。该检测体系能随着时间推移监测样品升温所需的热量。当发生相变时（如蛋白的熔化），样品温度升高所需的能量将增加，以便通过相转移的屏障（类似于在0℃下将冰融化为0℃下的水）。样品在发生相变（如蛋白熔化）时的温度可通过DSC法检测，这种温度变化在潜在配体存在的情况下能指示发挥功能的配体浓度。通常，能稳定大分子三维构象的化合物会增加其发生相变的温度，而破坏三维结构的化合物则会降低相变的温度[99]。虽然这种方法是可行的，但其尚未适用于高通量筛选。

CD是一种基于手性分子对左右圆偏振光差异吸收的吸收光谱法，也已用于热漂移检测。与在单个平面中以振荡幅度传播的直线偏振光不同，圆偏振光以固定幅度传播，但发射平面以顺时针（右）或逆时针（左）方式旋转（图4.44）。手性分子（如折叠蛋白或其他大分子）将以可测量和可量化的方式在整个紫外光谱中显示出左右圆偏振光的不同吸收。将左右圆偏振光的吸收差异与平面偏振光波长绘制成图，可提供具有受试化合物特征的吸收光谱[100]。当然，生物分子的吸收光谱也取决于外界温度，因为随着温度的升高，其

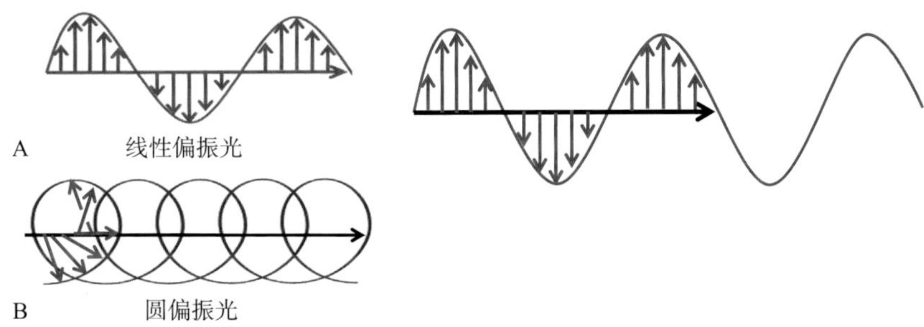

图4.44　线性偏振光（A）沿固定方向、振荡幅度传播。圆偏振光虽然具有固定的幅度，但光以顺时针（右）或逆时针（左）的方式沿旋转轴传播

三维结构会被破坏（图4.45），这一特征也可用于检测该生物分子的T_m值。与 DSC 法类似，能与生物分子结合并改变其三级结构稳定性的化合物将导致CD吸收发生可检测的变化。吸收光谱的变化是浓度依赖性的，并且可关联生物大分子的T_m值变化，以识别化合物对蛋白或其他生物分子的作用，进一步判断化合物是稳定其结构还是起破坏作用。这些实验通常在单波长下进行，与DSC方法相比，其可以达到更高通量的化合物筛选[101]。

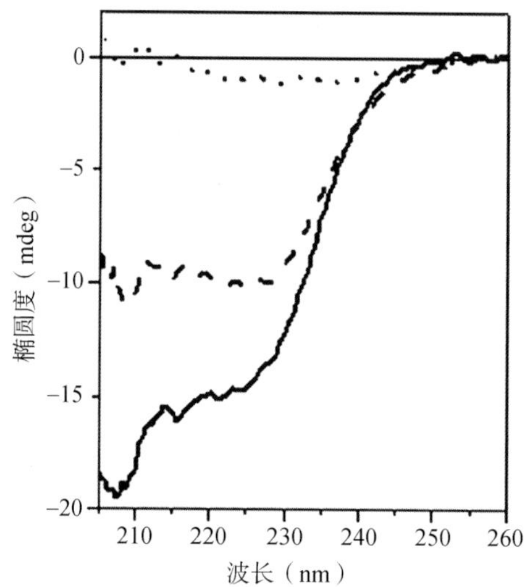

图4.45 CDK2在不同温度下的圆二色谱图。20℃时CDK2的圆二色谱图曲线位于底部，50℃时曲线位于中间，70℃时曲线位于顶部。温度依赖性的色谱曲线变化是CDK2蛋白变性的结果

来源：Mayhood，T.W.；Windsor，W.T. Ligand Binding Affinity Determined by Temperature-Dependent Circular Dichroism：Cyclin-Dependent Kinase 2 Inhibitors. Anal. Biochem.，2005，345，187197.

1-苯胺萘-8-磺酸（1-anilinonaphthalene-8-sulfonic acid，1, 8-ANS）、2-苯胺萘-6-磺酸（2-anilinonaphthalene-6-sulfonic acid，2, 6-ANS）和 4-[5-[4-（二甲基氨基）苯基]-2-噁唑基]-苯磺酸钠盐{4-[5-[4-（dimethylamino）phenyl]-2-oxazolyl]-benzenesulfonic acid sodium salt，Dapoxyl® sulfonic acid sodium salt}（图4.46）等环境敏感染料的发现，促进了高通量热漂移检测技术的发展。这些物质及其相关物质均包含可在近紫外区激发、在可见区发射（460～530 nm）的荧光团，但其产生荧光的能力高度依赖于所在环境的极性。通常在极性环境下（如水溶液中），这些物质的荧光较弱，但随着环境极性的减弱，其荧光逐渐增强。这一特性使得此类化合物可用于检测溶液中的蛋白折叠或变性情况，并由此表征蛋白的T_m值变化。在水性环境且蛋白有序存在的情况下，染料进入蛋白疏水区域的能力有限。因此，以近紫外光激发染料产生的荧光量非常有限。随着温度升高，蛋白开始变性，逐渐形成球状。染料可以在蛋白熔化时进入极性较小的环境中，此时激发染料产生的荧光可以量化，并以浓度依赖性的方式增加（图4.47）。由于温度变化引起的荧光改变可用来表征该蛋白的T_m值，而T_m值的变化又可作为评价配体是否具有稳定或是破坏蛋白结构能力的依据。该过程可在微量滴定板中完成，因而常作为识别目标生物分子和潜在配体的高通量筛选方法[102]。

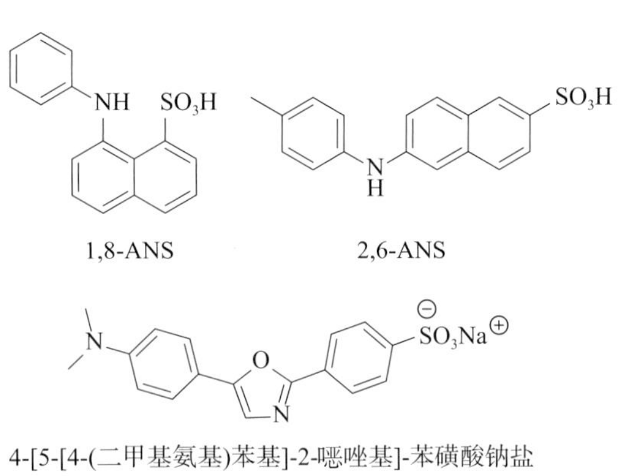

1,8-ANS　　2,6-ANS

4-[5-[4-(二甲基氨基)苯基]-2-噁唑基]-苯磺酸钠盐

图4.46　1, 8-ANS、2, 6-ANS 和 4-[5-[4-(二甲基氨基)苯基]-2-噁唑基]-苯磺酸钠盐是常见的环境敏感性染料。这些染料在极性环境下(如水中)，经紫外灯照射后仅能发出微弱荧光，但在非极性环境中(有机溶剂或球蛋白内部)，这些染料会发出较强的荧光

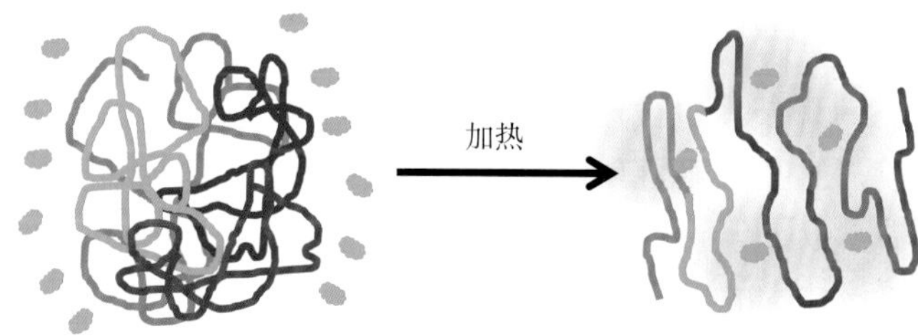

图4.47　当蛋白处于内源性构象的折叠状态时，水溶液中的环境敏感型染料(绿点)会被阻挡在可溶性蛋白的内部疏水区之外。此时，使用近紫外光激发染料所产生的荧光非常有限。随着温度的升高，蛋白发生变性，这将允许染料进入极性大大低于水环境的蛋白内部。此时暴露于近紫外光下，这些染料将发出较强的荧光

4.14 高内涵筛选

高内涵筛选(high content screening，HCS)的概念最早出现于20世纪90年代后期[103]，现已成为药物发现过程中表型筛选最重要的工具。与采用单一终点法筛选大规模化合物的高通量筛选体系(酶活抑制、离子通道阻滞、GPCR拮抗与激活)不同，HCS旨在实现对候选化合物在细胞水平上多靶点、多参数的同步检测。通过在活细胞水平上同时测试细胞的多种表型变化，如特定蛋白表达增加、受体的内化、细胞形态改变(视觉、外观)等，获得候选化合物的大量活性信息。同时收集多个信号需要使用正交信号方法，这通常是通过荧光信号来实现的。例如，实验需要检测受试化合物对GPCR受体内化和特定

蛋白细胞中定位的影响。以GFP标记GPCR，并以YFP标记蛋白，通过选择合适的成像设备（通常是计算机分析支持的CCD相机）追踪其在细胞内的位置变化。YFP和GFP具有不同的吸收和发射波长，因此可同时收集和单独解读二者的数据。只要信号系统的吸收和发射波长最大值之间没有重叠，就可以将其他的荧光蛋白标签（如CFP）标记到相同的细胞上，为检测细胞中的其他功能提供信息[104]。酶激活标记系统，如Halotagt™[普洛麦格（Promega）][105]和SnapTagt™[新英格兰生物实验室（New England Biolabs）][106]也被用于荧光团标记蛋白的检测，以实现HCS。然而，使用荧光蛋白标签的一个关键考虑因素是其存在不会干扰标记蛋白的正常功能。

如果荧光标记不可行，则可以使用HCS系统中的其他检测方法。研究人员相继开发出能检测细胞内生理变化（如pH和Ca^{2+}浓度）或标记特定亚细胞成分（如线粒体、高尔基体和溶酶体）的有机荧光染料。然而，它们的使用受到两个关键因素的限制。首先，有机染料的使用可能会对细胞产生细胞毒性。其次，有机染料的光漂白特性（永久消除化合物荧光的光化学改变）使得需要一定时间才能获得数据的实验受到限制[107]。此外，荧光标记的抗体也被成功应用于HCS系统，但抗体对细胞的低渗透性极大地限制了其广泛应用。迄今为止，所报道的大多数研究多采用将细胞固定的方法[108]。

量子点（quantum dot）技术也被用于HCS检测。这些特殊结构是带有半导体核心的小型无机颗粒，具有较强的吸收能力和相对较窄的吸收光谱。与常规有机染料不同，量子点可以抵抗光漂白作用，因此可用于需要长时间才能获取数据的HCS实验。量子较弱的细胞膜渗透性也限制了该技术的广泛应用[109]。

值得注意的是，上述各种荧光剂可以相互搭配使用，以增加从HCS实验中获得的数据量。关键因素在于选择荧光剂组合时要考虑其最大吸收和发射波长是否重叠。例如，麦肯锡（McKinsey）等将新生大鼠心室心肌细胞（neonatal rat ventricular cardiomyocyte，NRVM）作为研究对象，筛选具有抑制心脏肥大活性的小分子化合物。实验中采用两种免疫荧光抗体［心房利钠因子（atrial natriuretic factor，ANF）和α-辅肌动蛋白（α-actinin）］和活细胞标记的Hoechst染料（一种蓝青色荧光染料）。利用Harmony成像分析软件同时可视化检测上述三种荧光变化，可以表征NRVM细胞的不同功能及化合物对细胞的影响（图4.48）。

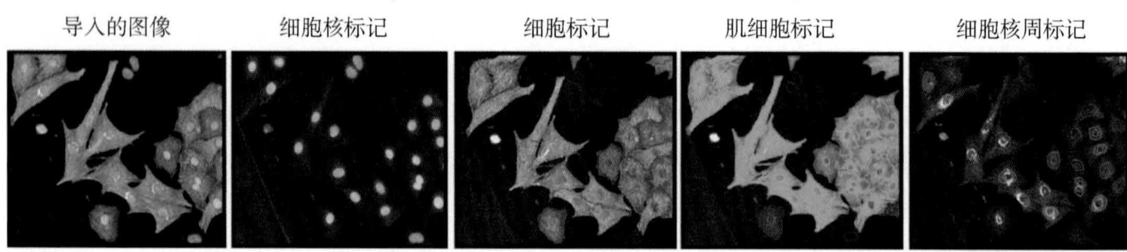

图4.48 **在鉴定可抑制心脏肥大的化合物的研究中，麦肯锡等将多种正交荧光指示剂运用至新生大鼠心室心肌细胞的高内涵筛选实验中。固定的细胞将暴露于Hoechst染料及两种不同的荧光抗体（ANF和α-辅肌动蛋白）。以特定频率的紫外光照射细胞会产生不同的荧光，而Harmony成像分析软件的计算机分析可提供有关细胞功能的多方面数据**

4.15 筛选方法的选择

值得注意的是，当药物研发进入全面的、系统的研究评价阶段时，不管选择哪一种体外筛选方法，都必须考虑一些特定的关键因素。例如，随着筛选化合物数量的不断增加，不同检测方法的成本便成为一个至关重要的考量因素，尽管这不一定是我们选择某一检测方法的最终原因。获得数据的可靠性和稳定性对检测方法的选择是更为关键和重要的。试想，一种虽然运行成本低廉，但经常出错的检测方法将浪费大量的资源和时间，而一些高成本但可靠的检测手段可能又过于耗时或太过昂贵，所以二者都不具有合理的投入和产出比。这就引出了一个问题，即一个专业的研究机构应该如何通过平衡成本和数据质量来选择合理有效的体外药物评价方法呢?

如何判断一种检测方法的成本是否可以接受，这与机构的经费预算直接相关。通常大型制药公司比从事学术研究的实验室或是小型生物技术公司更有能力负担成本高昂的筛选技术。然而，在现代制药行业竞争日益激烈的环境下，如何用最少的经费获得最大的效益是非常重要的。了解每种检测方式最原始的成本至关重要，这些成本可以通过计算实验过程中消耗的检测板、移液管枪头、检测试剂和溶剂的数量得出。当然，同样重要但偶尔会被忽视的是，重新制备样品用于后续检测的成本，以及废物处理的成本。虽然现代技术方法能在一定程度上代替人工来自动操作某些实验程序，但在这一过程中人为的干预也是非常必要的，如仪器需要日常维护才能顺利运行，在实验结束后必须对数据进行分析才能使其变得有意义。当然，很难对有些实验数据进行定义区分，因而对整体数据进行数理统计就显得有些失真。如果没有对某一筛选方法的总体成本进行评估，就很难判断一个机构是否可以真正负担得起这项实验，也很难判断是否需要寻找更便宜的方法，或者只筛选一小部分化合物。

一旦决定了检测的具体方法，特别是高通量筛选，获得数据的质量是否可靠就变得非常关键了。为了更好地比较在不同微量滴定板上运行的检测结果，或者对不同日期或相隔数周获得的数据进行比较，了解测定方法产生数据的可变范围就变得至关重要。标准品的使用可用来衡量不同测试方法的可变性，并对化合物活性进行鉴定。例如，如果选定一种筛选酶抑制剂的方法，那么在每次使用96孔板或384孔板进行化合物活性筛选时，必须同时检测已知活性的阳性标准品的活性。假如该标准品对酶抑制的IC_{50}为15 nmol/L，如果每次测试结果都接近15 nmol/L（接近程度可以通过设置相关统计参数来确定），那么通过该筛选方法获得的数据较为稳定可靠。相反，如果通过该方法获得的数据非常分散（在某次实验中为15 nmol/L，下一次实验结果变为1060 nmol/L，在第三次实验中又变为75 nmol/L），那么说明这种测定方法变异性过大，产生的数据并不可靠。通过统计平均值、标准偏差（standard deviation，SD）和变异系数（coefficient of variation，CV = SD/平均值 ×100%）等参数，可以更好地评价体外筛选数据的可靠性。这些数据可用于确定所得数据的信噪比（noise ratio，S/N）是否足够高，在高信噪比条件下产生的数据往往较为可靠。通常以一种更便于理解的形式，即Z'来量化所获得的数据。Z'的数值可通过式（4.3）计算，其中SD_{max}为阳性对照最大信号的标准偏差，SD_{min}为阴性对照最小信号的标准偏差，$Mean_{max}$为阳性对照最大信号的平均值，$Mean_{min}$为阴性对照最小信号的平均值。

$$Z' = 1 - 3x\ [\ (\ SD_{max} + SD_{min}\ )\ /\ |\ (\ Mean_{max} - Mean_{min}\ )\ |\ ] \quad (4.3)$$

在理想的实验中，Z'值应为1.0。从实际观点而言，Z'值为0.5～1.0都是可以接受的。而0.5则是一个关键阈值，可以在某些特定情况下接受这一实验结果，但仍需要更进一步的检测。当Z'低于0.5这一阈值时，应考虑采用其他方法进一步确认化合物的活性或对检测方法进行改进[110]。

必须考虑的另一个重要方面是不同实验之间的相关性。通常一个项目中会同时采用多种测定方法来确定候选化合物是否具有改善疾病的功效。不同的测试方法都是按照一定顺序向下推进的，从化合物体外生化水平检测，到细胞和组织水平的活性评价，最后到整体动物实验模型。如果设计用于测试相同总体效果的两种检测方法没有指向同一个方向，那么提示检测方法之间缺乏相关性，必须在充分了解这些检测方法后才能继续推进相关工作。

例如，研究人员考虑采用电压敏感染料和过表达离子通道的细胞系来检测膜电位值的变化。这种方法本身重复性好、准确度高，但在同样实验条件下产生的结果与经典的测定化合物对离子通道影响的膜片钳方法的结果不相符。在这种情况下，用来评价化合物的实验方法（电压敏感染料测定法）与手动膜片钳方法不相关，即便该实验方法重复性高，也不能用于筛选化合物。那么为什么两种实验方法的结果不一致呢？原因在于，实际上最初的电压敏感性染料实验与膜片钳实验并不是在解决同一个问题。在这里打一个比方，如果问一个小朋友2加2等于多少，但小朋友总是回答“鱼”，那么纵使小朋友在什么情况下都能很好地回答出相同的答案，但这却不是问题的真正答案，就像之前提到的电压敏感性染料实验一样。

总之，为了更好地了解具有潜在活性化合物的性质、功能和效用，需要通过广泛的筛选方法对其进行探索。在启动药物研发项目时选择什么样的筛选方法必须经过深思熟虑。例如，在研发开始前需要准确把握项目的需求、预期的结果、成本限制和诸多其他因素。归根结底，即便仪器工具为现代药物研发提供了研究复杂生物体内各种生化反应和细胞通路的方法，但药物有效筛选方法的合理设计仍取决于药物研究者本身的素质和能力。

（吴　睿）

思考题

1. IC_{50}的定义。
2. EC_{50}的定义。
3. 根据GPCR定义下列术语。
   a. 激动剂。
   b. 拮抗剂。
   c. 反向激动剂。
4. 高受体储备如何影响体外筛选的结果？
5. 如何使用链霉亲和素与生物素来帮助活性筛选？

6. 简述临近闪烁分析法的工作原理。
7. 简述ELISA检测的基本原理。
8. 标准荧光共振能量转移测试和时间分辨荧光共振能量转移测试的区别是什么？
9. 什么是报告基因检测？ 举一个实例。
10. 什么是无标记检测系统？ 举一个实例。

参考文献

1. (a) Bosch, F.; Rosich, L. The Contributions of Paul Ehrlich to Pharmacology: A Tribute on the Occasion of the Centenary of His Nobel Prize. *Pharmacology* **2008,** *82*, 171–179.
   (b) Drews, J. Drug Discovery: A Historical Perspective. *Science* **2000,** *287*, 1960–1964.
   (c) Brownstein, M. J. A Brief History of Opiate, Opioid Peptides, and Opioid Receptors. *Proc. Natl. Acad. Sci. U.S.A.* **1993,** *90*, 5391–5393.
2. Cohen, S. N.; Boyer, H. W. Process for producing biologically functional molecular chimeras US 4,237,224, **1980**.
3. (a) Gordon, J.; Ruddle, F. Integration and Stable Germ Line Transmission of Genes Injected Into Mouse Pronuclei. *Science* **1981,** *214* (4526), 1244–1246.
   (b) Costantini, F.; Lacy, E. Introduction of a Rabbit β-Globin Gene Into the Mouse Germ Line. *Nature* **1981,** *294* (5836), 92–94.
4. Lawyer, F.; Stoffel, S.; Saiki, R.; Chang, S.; Landre, P.; Abramson, R., et al. High-Level Expression, Purification, and Enzymatic Characterization of Full-Length *Thermus aquaticus* DNA Polymerase and a Truncated Form Deficient in 5′ to 3′ Exonuclease Activity. *PCR Methods Appl.* **1993,** *2* (4), 275–287.
5. Seethala, R.; Zhang, L., Eds. *Handbook of Drug Screening;* 2nd ed. Informa Healthcare Inc.: New York, 2009.
6. Yung-Chi, C.; Prusoff, W. H. Relationship Between the Inhibition Constant (K_i) and the Concentration of Inhibitor Which Causes 50 Per Cent Inhibition (IC_{50}) of an Enzymatic Reaction. *Biochem. Pharmacol.* **1973,** *22*, 3099–3108.
7. Nelson, D.L.; Cox, M.M., Eds.; Lehninger Principles of Biochemistry, W.H. Freeman: New York.
8. Neubig, R. R.; Spedding, M.; Kenakin, T.; Christopoulos, A. International Union of Pharmacology Committee on Receptor Nomenclature and Drug Classification. XXXVIII. Update on Terms and Symbols in Quantitative Pharmacology. *Pharmacol. Rev.* **2003,** *55* (4), 597–606.
9. Zhu, B. T. Mechanistic Explanation for the Unique Pharmacologic Properties of Receptor Partial Agonists. *Biomed. Pharmacother.* **2005,** *59* (3), 76–89.
10. Milligan, G. Constitutive Activity and Inverse Agonists of G Protein-Coupled Receptors: A Current Perspective. *Mol. Pharmacol.* **2003,** *64* (6), 1271–1276.
11. Offermanns, S.; Rosenthal, W., Eds. *Encyclopedia of Molecular Pharmacology;* 2nd ed. Springer: Berlin Heidelberg, 2008.
12. (a) Groebe, D. R. Screening for Positive Allosteric Modulators of Biological Targets. *Drug Discov. Today* **2006,** *11* (13–14), 632–639.
    (b) Epping-Jordan, M.; Le Poul, M.; Rocher, J. P. Allosteric Modulation: A Novel Approach to Drug Discovery. *Innov. Pharm. Technol.* **2007,** *24*, 24–26.
13. Melancon, B. J.; Hopkins, C. R.; Wood, M. R.; Emmitte, K. A.; Niswender, C. M.; Christopoulos, A., et al. Allosteric Modulation of Seven Transmembrane Spanning Receptors: Theory, Practice, and Opportunities for Central Nervous System Drug Discovery. *J. Med. Chem.* **2012,** *55*, 1445–1464.
14. Le Trong, I.; Wang, Z.; Hyre, D. E.; Lybrand, T. P.; Stayton, P. S.; Stenkamp, R. E. Streptavidin and Its Biotin Complex at Atomic Resolution. *Acta Crystallogr., Sect. D* **2011,** *67*, 813–821.

15 Dechancie, J.; Houk, K. N. "The Origins of Femtomolar Protein–Ligand Binding: Hydrogen Bond Cooperativity and Desolvation Energetics in the Biotin–(Strept) Avidin Binding Site. *J. Am. Chem. Soc.* **2007,** *129* (17), 5419–5429.

16. Moore, K.; Rees, S. "Cell-Based Versus Isolated Target Screening: How Lucky Do You Feel? *J. Biomol. Screen.* **2001,** *6* (2), 69–74.

17. Wu, S.; Liu, B. Application of Scintillation Proximity Assay in Drug Discovery. *Biodrugs* **2006,** *19* (6), 383–392.

18. Glickman, J. F.; Schmid, A.; Ferrand, S. Scintillation Proximity Assays in High-Throughput Screening. *Assay Drug Dev. Technol.* **2008,** *6* (3), 433–455.

19. Cook, N. D. Scintillation Proximity Assay: A Versatile High-Throughput Screening Technology. *Drug Discov. Today* **1996,** *1* (7), 287–294.

20. (a) Yalow, R. S.; Berson, S. A. Immunoassay of Endogenous Plasma Insulin in Man. *J. Clin. Investig.* **1960,** *39* (7), 1157–1175.
 (b) Glick, S. Rosalyn Sussman Yalow (1921–2011). *Nature* **2011,** *474* (7353), 580.

21. van Weemen, B. K.; Schuurs, A. H. Immunoassay Using Antigen-Enzyme Conjugates. *FEBS Lett.* **1971,** *15* (3), 232–236.

22. Engvall, E.; Perlmann, P. Enzyme-Linked Immunosorbent Assay (ELISA). Quantitative Assay of Immunoglobulin G. *Immunochemistry* **1971,** *8* (9), 871–874.

23. Bandi, Z. L.; Schoen, I.; DeLara, M. Enzyme-Linked Immunosorbent Urine Pregnancy Tests. Clinical Specificity Studies. *Am. J. Clin. Pathol.* **1987,** *87* (2), 236–242.

24. (a) Gnann, J.W. Jr; Michael Oldstone, M. Hiv-1-Related Polypeptides, Diagnostic Systems and Assay Methods. EP 0329761B1, 1993.
 (b) Yamamoto, N. Diagnostic and Prognostic ELISA Assay of Serum α-N-Acetylgal--actosaminidase for Influenza. WO 1998030906 A1, 1998.

25. Hurst, W. J.; Krout, E. R.; Burks, W. R. A Comparison of Commercially Available Peanut ELISA Test Kits on the Analysis of Samples of Dark and Milk Chocolate. *J. Immunoassay Immunochem.* **2002,** *23* (4), 451–459.

26. Pujol, M. L.; Cirimele, V.; Tritsch, P. J.; Villain, M.; Kintz, P. Evaluation of the IDS One-Step ELISA Kits for the Detection of Illicit Drugs in Hair. *Forensic Sci. Int.* **2007,** *170* (2), 189–192.

27. Abbyad, P.; Childs, W.; Shi, X.; Boxer, S. G. Dynamic Stokes Shift in Green Fluorescent Protein Variants. *Proc. Natl. Acad. Sci. U.S.A.* **2007,** *104* (51), 20189–20194.

28. Malus, E. L. *Nouveau Bull de la Societé Philomatique* **1809,** *1,* 266.

29. Perrin, F. Polarization of Light of Fluorescence, Average Life of Molecules. *Journal de Physique et Le Radium* **1926,** *7,* 390–401.

30. Weigert, F. *Verh. d.D. Phys. Ges* **1920,** *1,* 100.

31. (a) Weber, G. Polarization of the Fluorescence of Macromolecules. Theory and Experimental Method. *Biochem. J.* **1952,** *51,* 145–155.
 (b) Weber, G. Polarization of the Fluorescence of Macromolecules. 2. Fluorescent Conjugates of Ovalbumin and Bovine Serum Albumin. *Biochem. J.* **1952,** *51,* 155–167.

32. (a) Dandliker, W. B.; Feigen, G. A. Quantification of the Antigen-Antibody Reaction by the Polarization of Fluorescence. *Biochem. Biophys. Res. Commun.* **1961,** *5,* 299.
 (b) Dandliker, W. B.; Halbert, S. P.; Florin, M. C.; Alonso, R.; Schapiro, H. C. Study of Penicillin Antibodies by Fluorescence Polarization and Immunodiffusion. *J. Exp. Med.* **1965,** *122,* 1029.

33. Lea, W. A.; Simeonov, A. Fluorescence Polarization Assays in Small Molecule Screening. *Expert Opin. Drug Discov.* **2011,** *6* (1), 17–32.

34. Bolger, R.; Checovich, W. A New Protease Activity Assay Using Fluorescence Polarization. *Biotechniques* **1994,** *17* (3), 585–589.

35. Seethala, R.; Menzel, R. A Homogeneous, Fluorescence Polarization Assay for Src-Family Tyrosine Kinases. *Anal. Biochem.* **1997,** *253* (2), 210–218.

36. Zhang, M.; Huang, Z.; Yu, B.; Ji, H. New Homogeneous High-Throughput Assays for

Inhibitors of β-Catenin/Tcf Protein–Protein Interactions. *Anal. Biochem.* **2012,** *424,* 57–63.

37. Förster, T. Intermolecular Energy Migration and Fluorescence. *Annalen der Physik (Leipzig) 2* **1948,** *2,* 55–75.
38. Corry, B.; Jayatilaka, D.; Rigby, P. A Flexible Approach to the Calculation of Resonance Energy Transfer Efficiency Between Multiple Donors and Acceptors in Complex Geometries. *Biophys. J.* **2005,** *89,* 3822–3836.
39. (a) Wang, G. T.; Matayoshi, E.; Huffaker, H. J.; Krafft, G. A. Design and Synthesis of New Fluorogenic HIV Protease Substrates Based on Resonance Energy Transfer. *Tetrahedron Lett.* **1990,** *31* (45), 6493–6496.
    (b) Matayoshi, E. D.; Wang, G. T.; Krafft, G. A.; Erickson, J. Novel Fluorogenic Substrates for Assaying Retroviral Proteases by Resonance Energy Transfer. *Science* **1990,** *247* (4945), 945–958.
40. Gonzalez, J. E.; Tsien, R. Y. Voltage Sensing by Fluorescence Resonance Energy Transfer in Single Cells. *Biophys. J.* **1995,** *69,* 1272–1280.
41. Ormö, M.; Cubitt, A.; Kallio, K.; Gross, L.; Tsien, R.; Remington, S. Crystal Structure of the *Aequorea victoria* Green Fluorescent Protein. *Science* **1996,** *273* (5280), 1392–1395.
42. Shaner, N. C.; Steinbach, P. A.; Tsien, R. Y. A Guide to Choosing Fluorescent Proteins. *Nat. Methods* **2005,** *2,* 905–909.
43. Lohse, M. J.; Nuber, S.; Hoffmann, C. Fluorescence/Bioluminescence Resonance Energy Transfer Techniques to Study G-Protein-Coupled Receptor Activation and Signaling. *Pharmacol. Rev.* **2012,** *64,* 299–336.
44. Kajihara, D.; Abe, R.; Iijima, I.; Komiyama, C.; Sisido, M.; Hohsaka, T. FRET Analysis of Protein Conformational Change Through Position-Specific Incorporation of Fluorescent Amino Acids. *Nat. Methods* **2006,** *3,* 923–929.
45. (a) Fernández-Dueñas, V.; Llorente, J.; Gandía, J.; Borroto-Escuela, D. O.; Agnati, L. F.; Tasca, C. I., et al. Fluorescence Resonance Energy Transfer-Based Technologies in the Study of Protein–Protein Interactions at the Cell Surface. *Methods* **2012,** *57,* 467–472.
    (b) Song, Y.; Madahar, V.; Liao, J. Development of FRET Assay into Quantitative and High-Throughput Screening Technology Platforms for Protein–Protein Interactions. *Ann. Biomed. Eng.* **2011,** *39* (4), 1224–1234.
46. Heberle, F. A.; Buboltz, J. T.; Stringer, D.; Feigenson, G. W. Fluorescence Methods to Detect Phase Boundaries in Lipid Bilayer Mixtures. *Biochim. Biophys. Acta* **1746,** *2005,* 186–192.
47. Ibraheem, A.; Campbell, R. E. Designs and Applications of Fluorescent Protein-Based Biosensors. *Curr. Opin. Chem. Biol.* **2010,** *14,* 30–36.
48. Hemmila, I.; Webb, S. Time-Resolved Fluorometry: An Overview of the Labels and Core Technologies for Drug Screening Applications. *Drug Discov. Today* **1997,** *2* (9), 373–381.
49. (a) Alpha, B.; Lehn, J. M.; Mathis, G. Energy Transfer Luminescence of Europium(III) and Terbium(III) Cryptates of Macrobicyclic Polypyridine Ligands. *Angew. Chem. Int. Ed. Engl.* **1987,** *26* (3), 266–267.
    (b) Petoud, S.; Cohen, S. M.; Bunzli, J. C. G.; Raymond, K. N. Stable Lanthanide Luminescence Agents Highly Emissive in Aqueous Solution: Multidentate 2-Hydroxyisophthalamide Complexes of Sm^{3+}, Eu^{3+}, Tb^{3+}, Dy^{3+}. *J. Am. Chem. Soc.* **2003,** *125,* 13324–13325.
50. Hemmila, I. LANCE™: Homogeneous Assay Platform for HTS. *J. Biomol. Screen.* **1999,** *4* (6), 303–307.
51. Degorce, F.; Card, A.; Soh, S.; Trinquet, E.; Knapik, G. P.; Xie, B. HTRF: A Technology Tailored for Drug Discovery – A Review of Theoretical Aspects and Recent Applications. *Curr. Chem. Genomics* **2009,** *3,* 22–32.
52. (a) Carlson, C. B.; Robers, M. B.; Vogel, K. W.; Machleidt, T. Development of LanthaScreen Cellular Assays for Key Components Within the PI3K/AKT/mTOR Pathway. *J. Biomol. Screen.* **2009,** *14* (2), 121–132.

(b) Robers, M. B.; Machleidt, T.; Carlson, C. B.; Bi, K. Cellular LanthaScreen and β-Lactamase Reporter Assays for High-Throughput Screening of JAK2 Inhibitors. *Assay Drug Dev. Technol.* **2008,** *6* (4), 519–529.

53. Legault, M.; Roby, P.; Beaudet, L.; Rouleau, N., Comparison of LANCE Ultra TR-FRET to PerkinElmer's Classical LANCE TR-FRET Platform for Kinase Applications. *PerkinElmer Life and Analytical Sciences Application Note,* Shelton, CT, 2006.

54. Carlson, C. B.; Robers, M. B.; Vogel, K. W.; Machleidt, T. Development of LanthaScreen™ Cellular Assays for Key Components Within the PI3K/AKT/mTOR Pathway. *J. Biomol. Screen.* **2009,** *14* (2), 121–132.

55. (a) Ullman, E. F.; Kirakossian, H.; Switchenko, A. C.; Ishkanian, J.; Ericson, M.; Wartchow, C. A., et al. Luminescent Oxygen Channeling Assay (LOCI): Sensitive, Broadly Applicable Homogeneous Immunoassay Method. *Clin. Chem.* **1996,** *42,* 1518–1526.

(b) Ullman, E. F.; Kirakossian, H.; Singh, S.; Wu, Z. P.; Irvin, B. R.; Pease, J. S., et al. Luminescent Oxygen Channeling Immunoassay: Measurement of Particle Binding Kinetics by Chemiluminescence. *Proc. Natl. Acad. Sci. U.S.A.* **1994,** *91,* 5426–5430.

56. Eglen, R. M.; Reisine, T.; Roby, P.; Rouleau, N.; Illy, C.; Bossé, R., et al. The Use of AlphaScreen Technology in HTS: Current Status. *Curr. Chem. Genomics* **2008,** *1,* 2–10.

57. Guenat, S.; Rouleau, N.; Bielmann, C.; Bedard, J.; Maurer, F.; Allaman-Pillet, N., et al. Homogeneous and Nonradioactive High-Throughput Screening Platform for the Characterization of Kinase Inhibitors in Cell Lysates. *J. Biomol. Screen.* **2006,** *11* (8), 1015–1026.

58. (a) Hou, Y.; Mcguinness, D. E.; Prongay, A. J.; Feld, B.; Ingravallo, P.; Ogert, R. A., et al. Screening for Antiviral Inhibitors of the HIV Integrase–LEDGF/p75 Interaction Using the AlphaScreen™ Luminescent Proximity Assay. *J. Biomol. Screen.* **2008,** *13* (5), 406–415.

(b) Von Leoprechting, A.; Kumpf, R.; Menzel, S.; Reulle, D.; Griebel, R.; Valler, M. J., et al. Miniaturization and Validation of a High-Throughput Serine Kinase Assay Using the Alpha Screen Platform. *J. Biomol. Screen.* **2004,** *9* (8), 719–725.

59. Taouji, S.; Dahan, S.; Bossé, R.; Chevet, E. Current Screens Based on the AlphaScreen™ Technology for Deciphering Cell Signalling Pathways. *Curr. Genomics* **2009,** *10,* 93–101.

60. Mills, N. L.; Shelat, A. A.; Guy, R. K. Assay Optimization and Screening of RNS-Protein Interactions by AlphaScreen. *J. Biomol. Screen.* **2007,** *12,* 946–956.

61. Li, N.; Sul, J. Y.; Haydon, P. G. A Calcium-Induced Calcium Influx Factor, Nitric Oxide, Modulates the Refilling of Calcium Stores in Astrocytes. *J. Neurosci.* **2003,** *23* (32), 10302–10310.

62. Zima, A. V.; Blatterm, L. A. Inositol-1,4,5-Trisphosphate-Dependent Ca^{2+} Signaling in Cat Atrial Excitation–Contraction Coupling and Arrhythmias. *J. Physiol.* **2004,** *555* (3), 607–615.

63. Head, J. F.; Inouye, S.; Teranishi, K.; Shimomura, O. The Crystal Structure of the Photoprotein Aequorin at 2.3 A Resolution. *Nature* **2000,** *405,* 372–376.

64. (a) Brini, M.; Marsault, R.; Bastianutto, C.; Alvarez, J.; Pozzan, T.; Rizzuto, R. Transfected Aequorin in the Measurement of Cytosolic Ca^{2+} Concentration ($[Ca^{2+}]c$): A Critical Evaluation. *J. Biol. Chem.* **1995,** *270,* 9896–9903.

(b) Prasher, D.; McCann, R. O.; Cormier, M. J. Cloning and Expression of the cDNA Coding for Aequorin, a Bioluminescent Calcium-Binding Protein. *Biochem. Biophys. Res. Commun.* **1985,** *126,* 1259–1268.

(c) Inouye, S.; Noguchi, M.; Sakaki, Y.; Takagi, Y.; Miyata, T.; Iwanaga, S., et al. Cloning and Sequence Analysis of cDNA for the luminescent Protein Aequorin. *Proc. Natl. Acad. Sci. U.S.A.* **1985,** *82* (10), 3154–3158.

65. (a) Brough, S. J.; Shah, P. Use of Aequorin for G Protein-Coupled Receptor Hit Identification and Compound Profiling. *Methods Mol. Biol.* **2009,** *552,* 181–198.

(b) Dupriez, V. J.; Maes, K.; Le Poul, E.; Burgeon, E.; Detheux, M. Aequorin-Based Functional Assays for G-Protein-Coupled Receptors, Ion Channels, and Tyrosine Kinase Receptors. *Recept. Channels* **2002,** *8* (5–6), 319–330.

(c) George, S. E.; Schaeffer, M. T.; Cully, D.; Beer, M. S.; McAllister, G. A High-Throughput Glow-Type Aequorin Assay for Measuring Receptor-Mediated Changes in Intracellular Calcium Levels. *Anal. Biochem.* **2000,** *286* (2), 231–237.

66. (a) Dupriez, V. J.; Maes, K.; Le Poul, E.; Burgeon, E.; Detheux, M. Aequorin-Based Functional Assays for G-Protein-Coupled Receptors, Ion Channels, and Tyrosine Kinase Receptors. *Recept. Channels* **2002,** *8* (5–6), 319–330.
(b) Le Poul, E.; Hisada, S.; Mizuguchi, Y.; Dupriez, V. J.; Burgeon, E.; Detheux, M. Adaptation of Aequorin Functional Assay to High Throughput Screening. *J. Biomol. Screen.* **2002,** *7* (1), 57–65.

67. Shaw, W. V.; Leslie, A. G. W. Chloramphenicol Acetyltransferase. *Annu. Rev. Biophys. Biophys. Chem.* **1991,** *20*, 363–386.

68. Qureshi, S. A. β-Lactamase: An Ideal Reporter System for Monitoring Gene Expression in Live Eukaryotic Cells. *BioTechniques* **2007,** *42*, 91–96.

69. Thorne, N.; Inglese, J.; Auld, D. S. Illuminating Insights into Firefly Luciferase and Other Bioluminescent Reporters Used in Chemical Biology. *Chem. Biol. Rev.* **2010,** *17*, 646–657.

70. Gorman, C. M.; Moffat, L. F.; Howard, B. H. Recombinant Genomes Which Express Chloramphenicol Acetyltransferase in Mammalian Cells. *Mol. Cell. Biol.* **1982,** 1044–1051.

71. Leslie, A. G. Refined Crystal Structure of Type III Chloramphenicol Acetyltransferase at 1.75 A Resolution. *J. Mol. Biol.* **1990,** *213*, 167–186.

72. Shaw, W. V.; Packman, L. C.; Burleigh, B. D.; Dell, A.; Morris, H. R.; Hartley, B. S. Primary Structure of a Chloramphenicol Acetyltransferase Specified by R. Plasmids. *Nature* **1979,** *282*, 870–872.

73. (a) Thomas, R. F.; Holt, B. D.; Schwinn, D. A.; Liggett, S. B. Long-Term Agonist Exposure Induces Upregulation of f33-Adrenergic Receptor Expression via Multiple cAMP Response Elements. *Proc. Natl. Acad. Sci. U.S.A.* **1992,** *89*, 4490–4494.
(b) Collins, S.; Bouvier, M.; Bolanowski, M. A.; Caron, M. G.; Lefkowitz, R. J. cAMP Stimulates Transcription of the f82-Adrenergic Receptor Gene in Response to Short-Term Agonist Exposure. *Proc. Natl. Acad. Sci. U.S.A.* **1989,** *86*, 4853–4857.

74. Zlokarnik, G.; Negulescu, P. A.; Knapp, T. E.; Mere, L.; Burres, N.; Feng, L., et al. Quantitation of Transcription and Clonal Selection of Single Living Cells With β-Lactamase as Reporter. *Science* **1998,** *279*, 84–88.

75. de Wet, J. R.; Wood, K. V.; DeLuca, M.; Helinski, D. R.; Subramani, S. Firefly Luciferase Gene: Structure and Expression in Mammalian Cells. *Mol. Cell. Biol.* **1987,** *7* (2), 725–737.

76. Vázquez, M. E.; Cebolla, A.; Palomares, A. J. Controlled Expression of Click Beetle Luciferase Using a Bacterial Operator-Repressor System. *FEMS Microbiol. Lett.* **1994,** *121* (1), 11–18.

77. Viviani, V. R.; Arnoldi, F. G.; Ogawa, F. T.; Brochetto-Braga, M. Few Substitutions Affect the Bioluminescence Spectra of Phrixotrix (Coleoptera: Phengodidae) Luciferases: A Site-Directed Mutagenesis Survey. *Luminescence.* **2007,** *22* (4), 362–369.

78. Srikantha, T.; Klapach, A.; Lorenz, W. W.; Tsai, L. K.; Laughlin, L. A.; Gorman, J. A., et al. The Sea Pansy *Renilla reniformis* Luciferase Serves as a Sensitive Bioluminescent Reporter for Differential Gene Expression in *Candida albicans*. *J. Bacteriol.* **1996,** *178* (1), 121–129.

79. (a) Gould, S. J.; Subramani, S. Firefly Luciferase as a Tool in Molecular and Cell Biology. *Anal. Biochem.* **1988,** *175*, 5–13.
(b) Vieites, J. M.; Navarro-García, F.; Pérez-Diaz, R.; Pla, J.; Nombela, C. Expression and *in vivo* Determination of Firefly Luciferase as Gene Reporter in *Saccharomyces cerevisiae*. *Yeast* **1994,** *10*, 1321–1327.
(c) Gailey, P. C.; Miller, E. J.; Griffin, G. D. Low-Cost System for Real-Time Monitoring of Luciferase Gene Expression. *BioTechniques* **1997,** *22*, 528–534.

80. Kazuo, H.; Charbonneau, H.; Hart, R. C.; Cormier, M. J. Structure of Native *Renilla*

reniformis Luciferin. *Proc. Natl. Acad. Sci. U.S.A.* **1977,** *74* (10), 4285–4287.

81. Xu, Y.; Piston, D. W.; Johnson, C. H. A Bioluminescence Resonance Energy Transfer (BRET) System: Application to Interacting Circadian Clock Proteins. *Proc. Natl. Acad. Sci. U.S.A.* **1999,** *96*, 151–156.
82. Angers, S. 1; Salahpour, A.; Joly, E.; Hilairet, S.; Chelsky, D.; Dennis, M., et al. Detection of Beta 2-Adrenergic Receptor Dimerization in Living Cells Using Bioluminescence Resonance Energy Transfer (BRET). *Proc. Natl. Acad. Sci. U.S.A.* **2000,** *97* (7), 3684–3689.
83. Boute, N.; Pernet, K.; Issad, T. Monitoring the Activation State of the Insulin Receptor Using Bioluminescence Resonance Energy Transfer. *Mol. Pharmacol.* **2001,** *60* (4), 640–645.
84. Picard, L. P.; Schönegge, A. M.; Lohse, M. J.; Bouvier, M. Bioluminescence Resonance Energy Transfer-Based Biosensors Allow Monitoring of Ligand- and Transducer-Mediated GPCR Conformational Changes. *Commun. Biol.* **2018,** *1*, 1–7.
85. (a) Schroeder, K. S.; Neagle, B. D. FLIPR: A New Instrument for Accurate, High Throughput Optical Screening. *J. Biomol. Screen.* **1996,** *1* (2), 75–80.
    (b) Benjamin, E. R.; Skelton, J.; Hanway, D.; Olanrewaju, S.; Pruthi, F.; Ilyin, V. I., et al. "Validation of a Fluorescent Imaging Plate Reader Membrane Potential Assay for High-Throughput Screening of Glycine Transporter Modulators. *J. Biomol. Screen.* **2005,** *10* (4), 365–373.
86. (a) Menon, V.; Ranganathn, A.; Jorgensen, V. H.; Sabio, M.; Christoffersen, C. T.; Uberti, M. A., et al. Development of an Aequorin Luminescence Calcium Assay for High-Throughput Screening Using a Plate Reader, the LumiLux. *Assay Drug Dev. Technol.* **2008,** *6* (6), 787–793.
    (b) Choi, Y.; Baek, D. J.; Seo, S. H.; Lee, J. K.; Pae, A. N.; Cho, Y. S., et al. Facile Synthesis and Biological Evaluation of 3,3-Diphenylpropanoyl Piperazines as T-Type Calcium Channel Blockers. *Bioorg. Med. Chem. Lett.* **2011,** *21*, 215–219.
    (c) Mori, T.; Itami, S.; Yanagi, T.; Tatara, Y.; Takamiya, M.; Uchida, T. Use of a Real-Time Fluorescence Monitoring System for High-Throughput Screening for Prolyl Isomerase Inhibitors. *J. Biomol. Screen.* **2009,** *14* (4), 419–425.
87. (a) Verdonk, E.; Johnson, K.; McGuinness, R.; Leung, G.; Chen, Y. W.; Tang, H. R., et al. Cellular Dielectric Spectroscopy: A Label-Free Comprehensive Platform for Functional Evaluation of Endogenous Receptors. *Assay Drug Dev. Technol.* **2006,** *4* (5), 609–620.
    (b) Leung, G.; Tang, H. R.; McGuinness, R.; Verdonk, E.; Michelotti, J. M.; Liu, V. F. Cellular Dielectric Spectroscopy: A Label-Free Technology for Drug Discovery. *J. Lab. Autom.* **2005,** *10*, 258–269.
88. Fang, Y.; Frutos, A. G.; Verklereen, R. Label-Free Cell-Based Assays for GPCR Screening. *Comb. Chem. High Throughput Screen.* **2008,** *11*, 357–369.
89. O'Malley, S. M.; Xie, X.; Frutos, A. G. Label-Free High-Throughput Functional Lytic Assays. *J. Biomol. Screen.* **2007,** *12* (1), 117–126.
90. (a) Lee, P. H.; Gao, A.; van Staden, C.; Ly, J.; Salon, J.; Xu, A., et al. "Evaluation of Dynamic Mass Redistribution Technology for Pharmacological Studies of Recombinant and Endogenously Expressed G Protein-Coupled Receptors. *Assay Drug Dev. Technol.* **2008,** *6* (1), 83–94.
    (b) Fang, Y.; Frutos, A. G.; Verklereen, R. Label-Free Cell-Based Assays for GPCR Screening. *Comb. Chem. High Throughput Screen.* **2008,** *11*, 357–369.
91. Fan, X.; White, I. M.; Shopova, S. I.; Zhu, H.; Suter, J. D.; Sun, Y. Sensitive Optical Biosensors for Unlabeled Targets: A Review. *Anal. Chim. Acta* **2008,** *620*, 8–26.
92. Zeng, S.; Yong, K. T.; Roy, I.; Dinh, X. Q.; Yu, X.; Luan, F. A Review on Functionalized Gold Nanoparticles for Biosensing Applications. *Plasmonics* **2011,** *6* (3), 491–506.
93. (a) Neher, E.; Sakmann, B. Single-Channel Currents Recorded From Membrane of Denervated Frog Muscle Fibres. *Nature* **1976,** *260*, 799–802.
    (b) Hamill, O. P.; Marty, A.; Neher, E.; Sakmann, B.; Sigworth, F. J. Improved Patch-

Clamp Techniques for High-Resolution Current Recording From Cells and Cell-Free Membrane Patches. *Pflügers Archiv Eur. J. Physiol.* **1981,** *391* (2), 85–100.

94. Schroeder, K.; Neagle, B.; Trezise, D. J.; Worley, J. IonWorks™ HT: A New High-Throughput Electrophysiology Measurement Platform. *J. Biomol. Screen.* **2003,** *8* (1), 50–64.

95. (a) Dale, T. J.; Townsend, C.; Hollands, E. C.; Trezise, D. J. Population Patch Clamp Electrophysiology: A Breakthrough Technology for Ion Channel Screening. *Mol. Biosyst.* **2007,** *3* (10), 714–722.
    (b) John, V. H.; Dale, T. J.; Hollands, E. C.; Chen, M. X.; Partington, L.; Downie, D. L., et al. Novel 384-Well Population Patch Clamp Electrophysiology Assays for Ca^{2+} Activated K^{+} Channels. *J. Biomol. Screen.* **2007,** *12* (1), 50–61.

96. (a) http://sophion.com/
    (b) Mathes, C. QPatch: The Past, Present and Future of Automated Patch Clamp. *Expert Opin. Ther. Targets* **2006,** *10* (2), 319–327.
    (c) Korsgaard, M. P. G.; Stroebaek, D.; Christophersen, P. Automated Planar Electrode Electrophysiology in Drug Discovery: Examples of the Use of QPatch in Basic Characterization and High Content Screening on Nav, KCa2.3, and Kv11.1 Channels. *Comb. Chem. High Throughput Screen.* **2009,** *12* (1), 51–63.

97. (a) https://www.nanion.de/en/
    (b) Li, T.; Lu, G.; Chiang, E. Y.; Chernov-Rogan, T.; Grogan, J. L.; Chen, J. High-Throughput Electrophysiological Assays for Voltage Gated Ion Channels Using SyncroPatch 768PE. *PLoS One* **2017,** *12* (7), e0180154/1–e0180154/18.
    (c) Obergrussberger, A.; Goetze, T. A.; Brinkwirth, N.; Becker, N.; Friis, S.; Rapedius, M., et al. An Update on the Advancing High-Throughput Screening Techniques for Patch Clamp-Based Ion Channel Screens: Implications for Drug Discovery. *Expert Opin. Drug Discov.* **2018,** *13* (3), 269–277.

98. (a) https://ionflux.fluxionbio.com/home
    (b) Golden, A. P.; Li, N.; Chen, Q.; Lee, T.; Nevill, T.; Cao, X., et al. IonFlux: A Microfluidic Patch Clamp System Evaluated With Human Ether-a-go-go Related Gene Channel Physiology and Pharmacology. *Assay Drug Dev. Technol.* **2011,** *9* (6), 608–619.
    (c) Spencer, C. I.; Li, N.; Chen, Q.; Johnson, J.; Nevill, T.; Kammonen, J., et al. Ion Channel Pharmacology Under Flow: Automation via Well-Plate Microfluidics. *Assay Drug Dev. Technol.* **2012,** *10* (4), 313–324.

99. (a) Brandts, J. F.; Lin, L. N. Study of Strong to Ultratight Protein Interactions Using Differential Scanning Calorimetry. *Biochemistry* **1990,** *29*, 6927–6940.
    (b) Waldron, T. T.; Murphy, K. P. "Stabilization of Proteins by Ligand Binding: Application to Drug Screening and Determination of Unfolding Energetics. *Biochemistry* **2003,** *42* (17), 5058–5064.

100. (a) Rodger, D. S., Ed. *Circular Dichroism; Theory and Spectroscopy;* Nova Science Publishers: New York, 2012.
    (b) Johnson, W. C., Jr Protein Secondary Structure and Circular Dichroism: A Practical Guide. *Proteins Struct. Funct. Genet.* **1990,** *7*, 205–214.

101. Mayhood, T. W.; Windsor, W. T. Ligand Binding Affinity Determined by Temperature-Dependent Circular Dichroism: Cyclin-Dependent Kinase 2 Inhibitors. *Anal. Biochem.* **2005,** *345*, 187–197.

102. Pantoliano, M. W.; Petrella, E. C.; Kwasnoski, J. D.; Lobanov, V. S.; Myslik, J.; Graf, E., et al. High-Density Miniaturized Thermal Shift Assays as a General Strategy for Drug Discovery. *J. Biomol. Screen.* **2001,** *6* (6), 429–440.

103. (a) Giuliano, K. A.; DeBiasio, R. L.; Dunlay, R. T.; Gough, A.; Volosky, J. M.; Zock, J., et al. High-Content Screening: A New Approach to Easing Key Bottlenecks in the Drug Discovery Process. *J. Biomol. Screen.* **1997,** *2* (4), 249–259.
    (b) Giuliano, K. A.; Haskins, J. R.; Taylor, D. L. Advances in High Content Screening for Drug Discovery. *Assay Drug Dev. Technol.* **2003,** *1* (4), 565–576.

104. Zanella, F.; Lorens, J. B.; Link, W. High Content Screening: Seeing Is Believing. *Trends Biotechnol.* **2010,** *28* (5), 237–245.

105. (a) https://www.promega.com/resources/technologies/halotag-technology/
   (b) Los, G. V.; Wood, K. The HaloTag: A Novel Technology for Cell Imaging and Protein Analysis. *Methods Mol. Biol.: High Content Screen.* **2007,** *356*, 195–208.
   (c) Los, G. V.; Encell, L. P.; McDougall, M. G.; Hartzell, D. D.; Karassina, N.; Zimprich, C., et al. HaloTag: A Novel Protein Labeling Technology for Cell Imaging and Protein Analysis. *ACS Chem. Biol.* **2008,** *3* (6), 373–382.

106. (a) https://www.neb.com/tools-and-resources/feature-articles/snap-tag-technologies-novel-tools-to-study-protein-function
   (b) Butkevich, A. N.; Ta, H.; Ratz, M.; Stoldt, S.; Jakobs, S.; Belov, V. N., et al. Two-Color 810 nm STED Nanoscopy of Living Cells with Endogenous SNAP-Tagged Fusion Proteins. *ACS Chem. Biol.* **2018,** *13* (2), 475–480.
   (c) Peter, J.; Bosch, P. J.; Corrêa, I. R., Jr; Sonntag, M. H.; Ibach, J.; Brunsveld, L., et al. Evaluation of Fluorophores to Label SNAP-Tag Fused Proteins for Multicolor Single-Molecule Tracking Microscopy in Live Cells. *Biophys. J.* **2014,** *107*, 803–814.

107. Ignatius, M. J.; Hung, J. T. Physiological Indicators of Cell Function. *Methods Mol. Biol.* **2007,** *356*, 233–244.

108. (a) Schorpp, K.; Rothenaigner, I.; Maier, J.; Traenkle, B.; Rothbauer, U.; Hadian, K. A Multiplexed High-Content Screening Approach Using the Chromobody Technology to Identify Cell Cycle Modulators in Living Cells. *J. Biomol. Screen.* **2016,** *21* (9), 965–977.
   (b) Durlak, M.; Fugazza, C.; Elangovan, S.; Marini, M. G.; Marongiu, M. F.; Moi, P., et al. A Novel High-Content Immunofluorescence Assay as a Tool to Identify at the Single Cell Level γ-Globin Inducing Compounds. *PLoS One* **2015,** 1–14. Available from: https://journals.plos.org/plosone/article?id = 10.1371/journal.pone.0141083.

109. (a) Jaiswal, J. K.; Simon, S. M. Potentials and Pitfalls of Fluorescent Quantum Dots for Biological Imaging. *Trends Cell Biol.* **2004,** *14* (9), 497–504.
   (b) Lee, J.; Kwon, Y. J.; Choi, Y.; Kim, H. C.; Kim, K.; Kim, J. Y., et al. Quantum Dot-Based Screening System for Discovery of G Protein-Coupled Receptor Agonists. *ChemBioChem* **2012,** *13* (10), 1503–1508.
   (c) Lee, J.; Choi, Y.; Cho, Y.; Song, R. Selective Targeting of Cellular Nucleus Using Positively-Charged Quantum Dots. *J. Nanosci. Nanotechnol.* **2013,** *13* (1), 417–422.
   (d) Hwang, G.; Kim, H.; Yoon, H.; Song, C.; Lim, D. K.; Sim, T., et al. In Situ Imaging of Quantum Dot-AZD4547 Conjugates for Tracking the Dynamic Behavior of Fibroblast Growth Factor Receptor 3. *Int. J. Nanomed.* **2017,** *12*, 5345–5357.

110. Zhang, J. H.; Chung, T. D. Y.; Oldenburg, K. R. A Simple Statistical Parameter for Use in Evaluation and Validation of High Throughput Screening Assays. *J. Biomol. Screen.* **1999,** *4* (2), 67–73.

第5章

药物化学

绝大多数药物研发的终极目标是发现一种结构新颖、能改善某种生理结果的药物。无论面对的是癌症等致死性疾病，还是类似于男性脱发的日常困扰，研究人员最终都希望能获得一种可以商品化的治疗药物。在之前的章节中，我们介绍的常规生化靶点和生物活性测试方法能帮助研究人员发现十分重要的活性分子，而这在药物发现中非常重要。但是，仅凭这些知识仍无法指导后续的药物结构优化，不足以推动整个药物研发进程。为了进一步从文献报道、竞争疗法、体外筛选中获得具有期望活性的化合物，研究人员还必须掌握其他方面的知识和技能，如化合物的构效关系（structure-activity relationship，SAR）（结构和生物活性之间的关系）、构性关系（structure-property relationship，SPR）（结构与理化性质之间的关系）。此外，还需要认识到，结构上的微小变化就可能对这些性质造成影响。简而言之，药物化学知识在药物的发现和开发过程中至关重要。

美国化学会药物化学分会将药物化学定义为“化学研究技术在药物合成过程中的应用研究”。然而，事实并非如此。除了这种“药物化学只是合成化学家的研究领域”的狭隘定义，药物化学更准确的定义应该是“结合合成化学、生物化学、药理学、生理学和分子生物学等五大领域，探索分子生物学作用化学基础的科学”（图5.1）。虽然药物研发团队中必须包含一些精通化学合成、能够制备新化合物的成员，但并非只有他们才能在药物化学方面做出贡献。需要指出的是，一个只擅长合成化合物的研究人员，并不一定能理解和从事药物化学中有关设计方面的工作，而这恰恰才是推动整个项目朝新药方向发展的关键。那么药物化学中有关设计的工作包含哪些方面呢？这些方面又是如何在药物研发中发挥推进作用的呢？

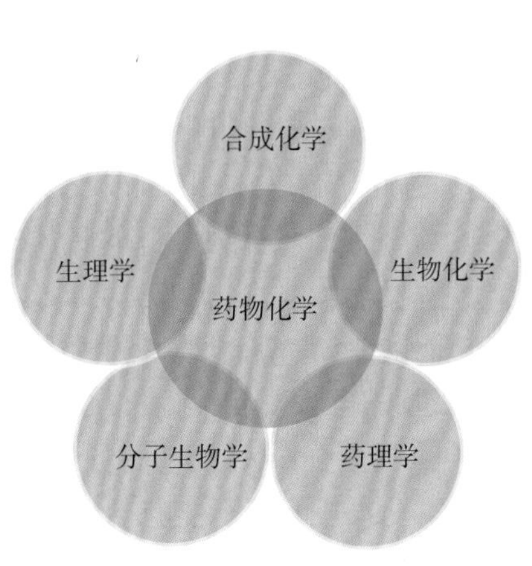

图5.1 药物化学综合了合成化学、生物化学、药理学、生理学和分子生物学的知识，以理解候选化合物的生物学影响。这一交叉学科的首要目标是发现具有治疗作用的化合物

5.1 构效关系与构性关系

分子的生物性质是其化学结构功能的体现，同一系列化合物的生物性质会随着结构的变化而发生相应的变化，这种关系被称为构效关系。分析一系列化合物的结构变化对靶点结合的能力、功能活性或选择性等生物活性的影响，可以建立其相应的构效关系。理论上而言，研究人员只要理清这组化合物的构效关系便可“顺藤摸瓜”，从中找出生物活性最佳的化合物，并在此基础上设计出活性更好的化合物。

类似地，化合物的理化性质也和其结构相关。结构上的变化会对分子的溶解度、渗透性、亲脂性和总极性表面积等方面产生影响。这种化合物结构与理化性质之间的关系被称为构性关系。理论上只需掌握构性关系，便能找到理化性质最佳的化合物。

同理，药代动力学性质（包括吸收、分布、代谢和排泄，用于描述生物体如何“处置”摄入的药物）也是由分子结构所决定的（本书第6章将详细介绍）。与构效关系和构性关系相似，化合物结构的变化也会导致药代动力学性质的改变，这也可用于预测化合物的药代动力学性质。通过结构改造来优化药代动力学性质可以快速发现具有最佳药代动力学性质的化合物。

实际上，这些原理看似简单，但应用起来却并非易事。如前面章节所述，与生物活性相关的大分子靶点都是复合物，其三维结构是由分子间相互作用决定的（如氢键、盐桥及疏水相互作用等，详见第3章内容）。这些相互作用决定了生物大分子相应的功能及结合位点。而后者在药物研发中更为重要，因为天然或非天然的配体需要在恰当的位点通过合适的作用力才能与生物大分子结合。要想更全面地理解小分子与大分子靶点的构效关系，科研人员必须先了解小分子化合物结构的微小差异对两者之间作用力的影响。生物大分子的柔性结构也会增加研究的复杂性，因为配体和大分子结合诱发结合位点的改变可能会产生新的相互作用并增加结合强度。需要强调的是，一个候选化合物库可以包含成百上千个分子，从经济性和实用性的角度出发，也只能制备并筛选其中的一小部分。

幸运的是，优化小分子化合物的结构和生物活性并不需要研究清楚化合物和生物大分子构效关系的方方面面。构效关系研究就如同一个拼图游戏，在拼图过程中就能预测最终的图案。只要选择具有代表性的小分子进行生物活性测试，就能总结出大量的实用信息。这些构效关系信息会被用于预测其他候选化合物的生物活性，并为后续的药物筛选研究指明方向。举一个简单的例子，首先假设生物大分子靶点是刚性的（不会因为结合配体发生改变），而小分子结构上只有芳环上的R基团可以改变。如图5.2所示，如果芳环朝向溶剂区（也就是指向“结合口袋”外侧），那么该芳环上取代基的改变对化合物活性的影响将会很小。如果芳环朝向“结合口袋”内侧，则取代基的变化对活性的影响很大。在此例子中，芳环上取代基的电性对靶点活性的影响很大，供电子基（如甲基、甲氧基等）会降低其活性，而吸电子基（如氯、溴、三氟甲基等）会增强其活性。运用这些构效关系可以推测出在该位置引入供电子基不能获得高活性化合物，而在该位置引入吸电子基则有可能得到高活性的化合物。例如，当该位点的R基团为吸电子的三氟甲基（CF_3）时，化合物的活性可能会相对强一些。以上构效关系研究表明，如果对小分子进行修饰以提高化合物的生物活性，那么芳环的R基应为吸电子基团。

编号	R	IC_{50} (nmol/L)	编号	R	IC_{50} (nmol/L)
1	OCH_3	10 000	4	F	50
2	CH_3	1000	5	CN	20
3	Cl	100	6	NO_2	2

图5.2 **改变芳环上的取代基会对化合物的生物活性产生显著影响。在该系列化合物中，苯环越缺电子，化合物对靶点的生物活性越高。这些数据表明，含有给电子基团化合物的活性低于含有吸电子基团的化合物**

同理，根据配体和生物大分子的亲和力能推测出靶点结合位点的大小。在上述实例中，除了芳环上的R基团不同外，其他位点的取代基都是相同的。如图5.3所示，在接下来的实例中，不改变R基团的电性，而是增加R基团的空间位阻，即增加脂溶性R基团的大小，分子和结合位点的疏水作用力会随着R基团的增大而变强，但R基团必须在结合位点"疏水口袋"的内部（图中蓝线表示结合位点"疏水口袋"的边界）。一旦分子超出了"疏水口袋"的大小限制（越过红线），则亲和力迅速下降。由此可以推测，受结合部位的空间限制，无论R基团电性如何，大基团取代都会降低分子的活性。

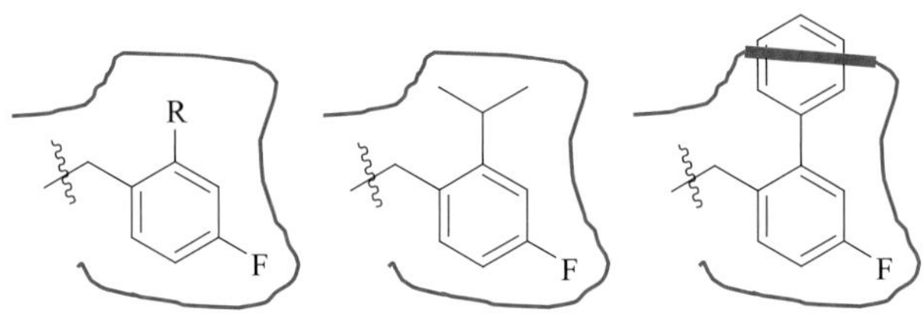

编号	R	IC_{50} (nmol/L)	编号	R	IC_{50} (nmol/L)
1	H	1100	4	$CH(CH_3)_2$	20
2	CH_3	500	5	$C(CH_3)_3$	50
3	CH_2CH_3	200	6	苯基	10 000

图5.3 **在给定的配体结合位点中，结合位点的"边框"由大分子靶点上的部分主链和侧链组成，在图中以蓝线表示。当R基团占据更多的可用空间，与结合位点的疏水相互作用增加时，与受体的结合将变得更有效（第2～5组）。然而，当候选化合物的体积超过结合口袋的大小时（以红线为界），将不能结合到容许的口袋，导致结合效果显著下降（第6组）**

能形成氢键的官能团的位置和朝向对配体的结合也具有重要影响，在构效关系研究中分析这些氢键作用力可为第二轮化合物设计提供思路。如图5.4所示，假定存在一系列结构相似而只是芳环上取代基不同的化合物，其生物靶点在相应的结合位点有一个氨基酸的酰胺基团可与这些小分子配体形成氢键。单氟取代的化合物（图5.4A）无法和酰胺基团形成额外的氢键。如果配体结构如图5.4B所示，在合适的位置引入一个丙胺取代基，则能和大分子形成额外氢键，从而显示出更强的结合能力。同理，将图5.4B中的丙胺基团取代为哌啶基团得到化合物C，也能形成额外的氢键，所以C和B的活性相当（这种结合能力可以通过测试分子对靶点的IC_{50}值来表征）。如果丙胺基团在氟原子的邻位（图5.4化合物D），则不能和酰胺形成额外的氢键，因此无法显著提高小分子与靶点的亲和力。

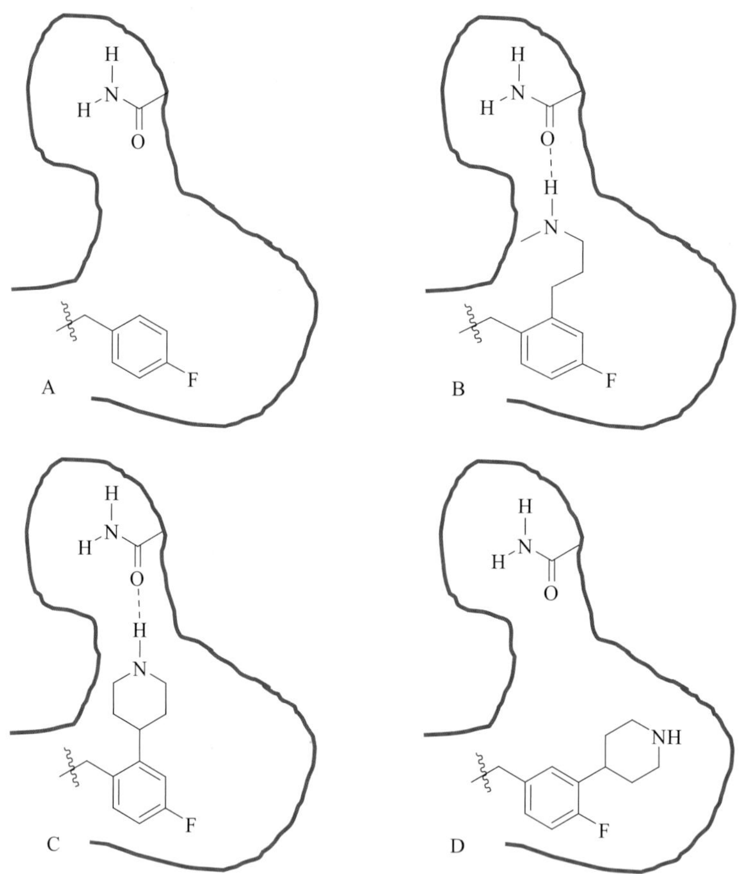

图5.4　蓝线表示蛋白结合位点的“边界”。在A中，4-氟苄基仅占据结合位点的一小部分。在氟原子间位引入氨基侧链得到B，B能够和靶点的肽键侧链形成氢键，增强结合作用。以哌啶环取代丙胺侧链得到C，C增加了配体的刚性，同时也保持了氢键相互作用。但当氟原子的邻位引入哌啶环得到结构D时，其朝向使“口袋”中的配体无法靠近靶点上相应的肽键基团，进而不利于形成氢键

5.2 手性的作用

到目前为止，都是在二维平面内讨论构效关系，而在现实中，生物活性、细胞功能，甚至生命过程都处于三维空间内。药物研发所针对的大分子靶点也有着精细的三维结构，这些结构可以识别出配体之间的微小差别，甚至能区分对映异构体。因此，构效关系研究中必然也包含化合物三维结构变化对其生物活性的影响。

早在一百多年前，卡尔文（Kelvin）就已经提出了构效关系研究中涉及的“手性”的基本概念。他指出“任何几何图形或点集如果与其自身的镜像无法完全重叠，那么这个图形或点集就具有手性”[1]。这个相当广义的定义在药物发现中通常指的是4个取代基都不相同的季碳中心（图5.5）。

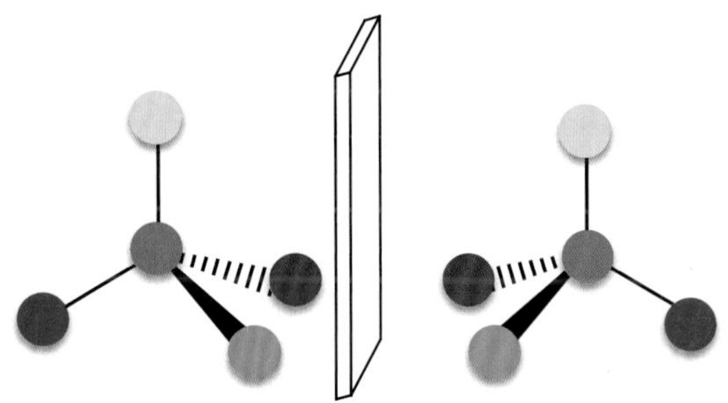

图5.5　手性化合物无法和自身的镜像完全重合。图中的两个异构体是对映异构体（*R*型和*S*型）。手性往往在分子的生物活性中起非常重要的作用，因为自然界本身就是一个手性的环境

在这种情况下，中心碳原子上的取代基具有两种不同的排列方式，且彼此不能完全重叠，这两种异构体互为对映异构体或光学异构体。在非手性环境中，这对异构体除了扭转偏振光的角度不同外，其他性质完全一致。然而，生物大分子是具有手性的，其提供了一个能够区分对映异构体的手性环境，这导致两个对映异构体可能具有不同的活性。例如，对映异构体药物右丙氧芬（达而丰，Darvon®）[2]和左丙氧芬（挪尔外，Novrad®）[3]（图5.6）的生物活性就大不相同，其中右丙氧芬是具有良好镇静作用的μ-阿片受体激动剂[4]，而左丙氧芬对μ-阿片受体的作用很小，是一种止咳药[5]。由此可见，手性翻转这种看似微

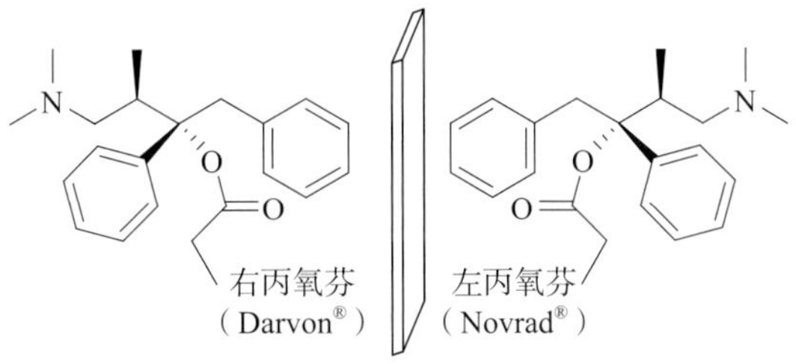

图5.6　右丙氧芬和左丙氧芬的结构差异仅在于两者的手性不同。然而这两个对映异构体的生物活性却大不相同，前者是μ-阿片受体激动剂，作为镇静剂使用；而后者是止咳药，因为其对μ-阿片受体的结合能力非常弱，只有很弱的镇静作用

不足道的变化可能会给药物的作用带来巨大的影响。事实上，碳中心手性翻转对药物化学家而言并不是结构上的微调，因为药物的空间结构会相应发生很大的变化，他们希望了解如何利用手性翻转来设计出更好的化合物。换言之，需要掌握手性翻转导致的小分子结构变化和其生物活性之间的关系。

可以通过一个实例理解手性翻转对化合物生物活性的影响，以及手性在构效关系中的作用。奥司他韦（达菲，oseltamivir，Tamiflu®）属于流感病毒神经氨酸酶（influenza neuraminidase）抑制剂，是一种前药，被用于治疗普通流感[6]。X射线单晶衍射结果显示其活性代谢产物（GS-4071）能与流感病毒神经氨酸酶紧密结合（图5.7A），这也解释了其具有高抑制活性的原因。图中半透明的灰色界面代表了结合位点的外缘，限定了该酶潜在抑制剂的尺寸[7]。假设改变手性中心的构型得到另外一个酰胺基团朝向的结构（图5.7B），这种改变将严重影响配体与结合位点的作用方式。配体不再处于酶的结合位点内部，而是冲破结合位点的理论外缘，使配体和酶结合位点的相互作用发生显著变化。这种配体和靶点的“碰撞”会削弱结合作用力，进而降低化合物的生物活性。

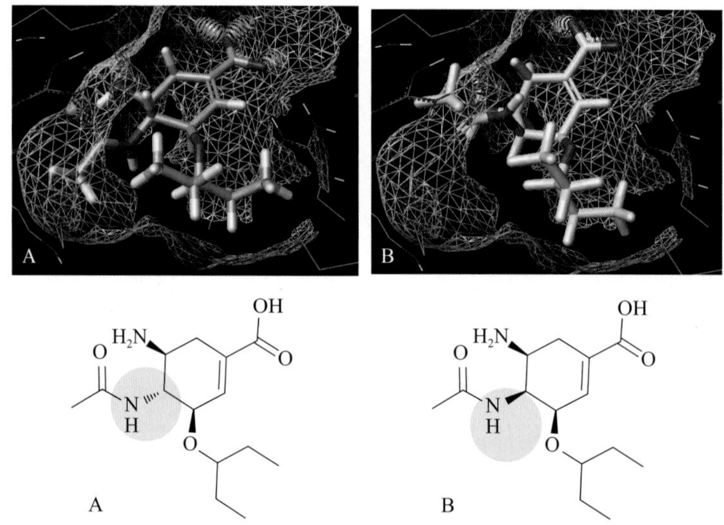

图5.7　A.奥司他韦的活性代谢产物占据了流感病毒神经氨酸酶的结合位点（其边界以网面标识）；B.酰胺手性中心的翻转导致乙酰胺基团从结合腔内伸出，证明了其手性中心的重要性（RCSB：2QWK）

在奥司他韦的实例中，X射线单晶衍射和蛋白建模技术可以让我们更为深入地了解小分子化合物与流感病毒神经氨酸酶的结合方式，并为结构优化指引了方向。但即使没有靶点蛋白的单晶结构，研究人员也可以根据药物设计的原则进行结构优化。例如，可以合成一系列仅有某个手性中心，但绝对构型相反的成对化合物，通过比较体外筛选结果推测配体和蛋白结合位点的大小与形状。如图5.8所示，在一系列结构里含有氨基酸片段的分子中，如果氨基酸为甘氨酸，羰基的α位被两个氢原子取代后没有手性；如果是丙氨酸、亮氨酸或苯丙氨酸，则在分子中具有手性中心。这7个化合物的活性筛选结果表明，靶点倾向结合特定绝对构型的异构体。对于*R*构型化合物，体外活性随手性中心上取代基位阻的增加而增加，而*S*构型化合物则恰好相反。掌握这些规律后，就不会优先考虑*S*构型的化合物，因为其活性不如*R*构型的化合物强。

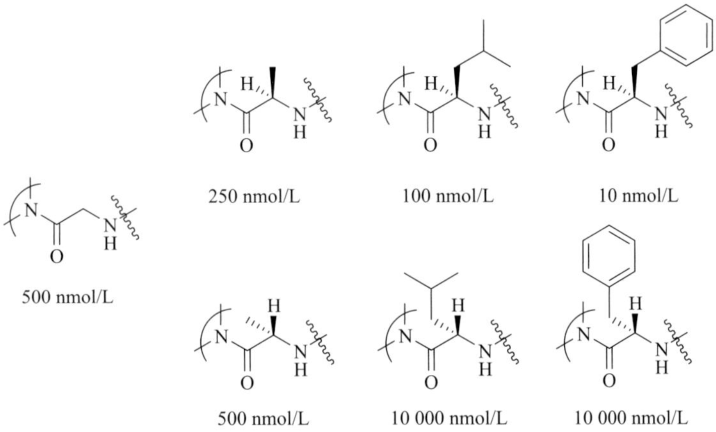

250 nmol/L　100 nmol/L　10 nmol/L

500 nmol/L

500 nmol/L　10 000 nmol/L　10 000 nmol/L

图5.8 手性差异对化合物的生物活性具有显著影响。尽管通过X射线检测单晶结构是确定分子手性的有力工具，但也并非唯一的方法。在这一实例中，*R*构型（上方）和*S*构型（下方）分子之间的活性差异表明对于该结合位点而言，*R*构型分子更优

5.3 构效关系中的推拉效应

在前文提及的实例中，结构修饰都是集中在分子骨架的某个特定部位。然而在实际中并非如此。药物研究项目包含苗头化合物［命中（hit）化合物］的发现、系列先导化合物的发现、临床候选药物的确定等研发阶段，特别是基于苗头化合物的结构会开展大量的、多维度的结构改造，合成许多具有类似构效关系的化合物。值得注意的是，“类似”并不意味着“相同”。两个相关的化合物系列之间有丰富的构效关系可以相互借鉴，但也存在很多各自的特点。例如，在图5.9A中，4位咪唑取代的吡啶类化合物作为某种激酶抑制剂的构效关系是已知的，可以推测出图5.9B中4位三氮唑取代的吡啶类化合物对同一个激酶也会具有类似的抑制活性，只是受到五元杂环上新增氮原子的影响，构效关系会和前者稍有不同。图5.9C中所示的四氮唑基吡啶和图5.9D中四氮唑基嘧啶类化合物也有着类似的性质。但随着结构修饰程度的增加，化学性质不断改变，最终导致这些系列之间的构效关系差异逐渐拉大。因此，理所应当地认为结构相近的化合物都有相同的构效关系是存在风险的。在药物的研发过程中，需要仔细评估那些结构类似的化合物在构效关系上的异同。

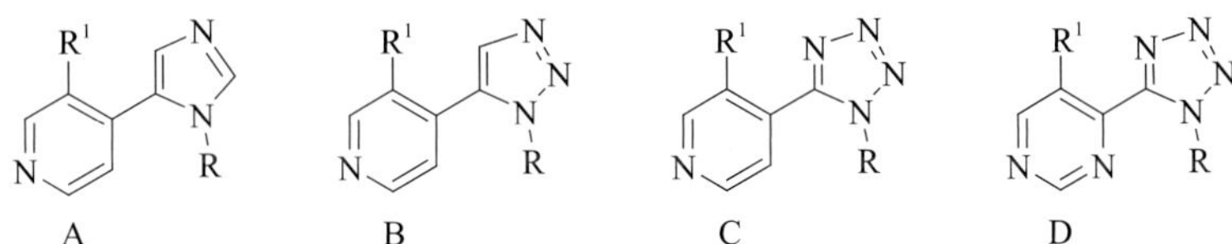

图5.9 化合物A、B、C、D结构上的相似性导致其具有类似的构效关系，但随着芳环上氮原子数量的不断增加，芳环的性质也相应改变。如果这些芳环的作用仅是为产生结合力的官能团提供支撑，那么它们之间的构效关系就会存在一些相似性。然而，如果这些芳环在结合中发挥关键作用，那么环上氮原子数量的变化会使各个系列的构效关系发生较大变化

5.4 定量构效关系

明确构效关系趋势是药物发现过程中至关重要的一个环节，但是研究人员对构效关系的认识过程最终会受限于所能合成化合物的总量。尽管可以合成成百上千个指定系列的化合物，但其与理论上可合成化合物的总量相比仍是杯水车薪。为了解决这一矛盾，将构效关系和算法相结合，依靠日益强大的计算机计算能力，开发了定量构效关系（quantitative structure-activity relationship，QSAR）模型。简言之，QSAR模型通过数学手段定量研究分子的性质，以及这些性质改变所引起的生物活性变化。该模型主要用于预测分子结构改变给整体生物活性带来的潜在影响。理论上而言，只要开发出能精准预测特定系列化合物生物活性的QSAR模型，就能依靠现代计算机系统强大的运算能力确定需要合成的分子，从而极大地简化药物的筛选过程。

实际上，在构建QSAR模型时，将分子的性质转化为数学方程异常困难。该领域早期的探索包括1937年路易斯·普拉克·哈米特（Louis Plack Hammett）提出的哈米特方程（Hammett equation），其描述了苯甲酸酯的水解速率和苯环上取代基电性的对应关系［式（5.1）］[8]。

$$\log(K/K_0) = \rho\sigma \tag{5.1}$$

哈米特方程［式（5.1）］：K和K_0分别代表有取代基和无取代基的苯甲酸衍生物的水解平衡常数，ρ为反应常数，σ为只与取代基的电性有关的取代基常数。

$$\log(K/K_0) = \rho^*\sigma^* + \delta E_s \tag{5.2}$$

塔夫特方程（Taft equation）［式（5.2）］：K_0和K分别代表对照反应平衡常数和含有取代基底物的反应平衡常数，σ^*表示取代基的电场和诱导效应在反应中的作用，ρ^*为反应速度对极效应（polar effect）的灵敏度常数。位阻效应在方程中以E_s表示，δ表示反应对位阻效应的敏感性因子。

$$\log(1/C) = a\log P + b(\log P)^2 + \rho\sigma + \delta E_s + d \tag{5.3}$$

汉施方程（Hansch equation）［式（5.3）］：ρ、σ、δ和E_s的定义同上，$\log P$为底物的辛醇/水分配系数；a、b和d为通过实验数据的线性回归分析得出的常数。C代表测量时对应的底物浓度。

哈米特方程的提出在当时是具有革命性意义的，但存在较大的局限性，并不能直接用于药物研发过程。1952年，罗伯特·W. 塔夫特（Robert W. Taft）对该方程进行了改进，向模型中引入了“位阻效应”［式（5.2）］[9]，但仍遗漏了一些因素。之后，科温·汉施（Corwin Hansch）首次提出化合物的生物活性和理化性质之间可以建立一定的量化关系［式（5.3）］。作为以数学方法量化药物及其靶点生物大分子相互作用的先驱之一，其被称为QSAR之父。汉施在哈米特和塔夫特工作的基础上增加了“亲脂性”（$\log P$）和“有效浓度”（C）的概念，加强了方程在活性预测方面的能力[10]。

随着更多参数的不断引入，用于预测候选分子性质的方程也变得越来越复杂。要想正确地预测候选化合物的生物活性和理化性质，还需要考虑大量其他的参数，包括分子量、总极性表面积、键长、键角、形成氢键的能力（氢键的供体或受体）及分子的三维形态等。如果没有强大的软件和计算机硬件作为支撑，在某个药物有限的开发时间里评估足够数量的化合物几乎是异想天开。直到20世纪末、21世纪初，软硬件的发展才使计算机辅助的药物开发和分子设计成为可能。

QSAR原理在药物设计中的应用及化合物设计决策树（decision tree）方面发挥了重要作用。按照决策树理论，研究人员不需要合成海量的化合物，只要根据决策树中设立的决策点就能高效地考察全系列化合物构效关系中的各个参数。早在1970年，研究人员就采用托普利斯图（Topliss scheme）[11]系统研究了芳环上取代基变化对候选化合物生物活性的影响（图5.10）。该方法以无取代的芳基化合物为基准，考查了取代基的电性和亲脂性对生物活性的影响。在第一个决策点向初始底物的芳基4位引入氯原子，并测试其生物活性。如果活性增加，就在芳基3位继续引入一个氯原子；如果活性降低，则尝试在4位引入甲氧基以增加活性；如果引入氯原子后分子保持了活性（或只是小幅改变），再考虑在4位引入甲基。图中的每一步修饰都会走向下一个决策点，并由此获得新的方向。“决策树”分子设计策略虽建立在多组试验数据之上，却并非完美。因为不同组别化合物之间的微小差异可能会导致活性变化的趋势偏离预期。但是该策略在构效关系研究中能够避免合成和计算分析海量化合物的优势是不言而喻的。

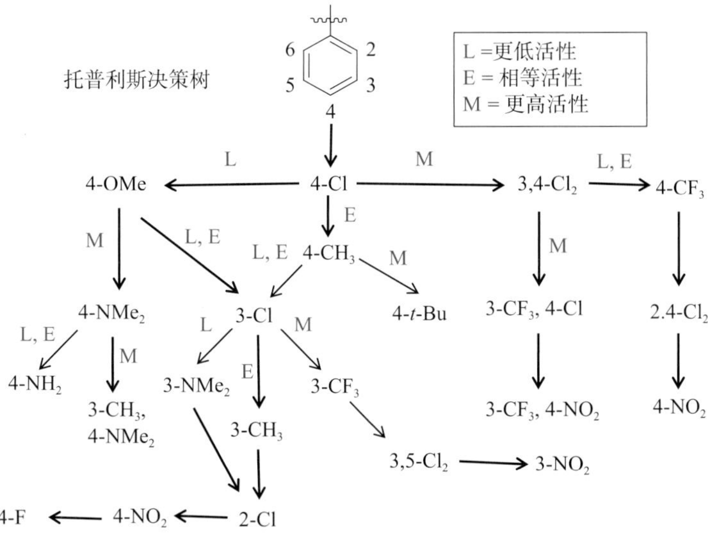

图5.10 在寻找含有可官能团化苯环结构的活性化合物时，托普利斯决策树（Topliss decision tree）能使决策过程更为容易。首先对未取代的苯环进行系统性的结构修饰（树形图的顶部），再根据所得化合物的生物活性变化选择最优的方向进行后续的优化。如果在第一个决策点上的4位引入氯原子会使分子活性降低，接下来就应制备4-甲氧基取代的类似物。以此类推，根据所得生物数据产生的决策树中下一个分支点，会得到3-氯或4-*N*, *N*-二甲基取代的类似物。理论上，顺着决策树的每一步都会增加分子的活性

在过去几十年里，随着分子建模软件和计算机运算能力的不断提高，现代QSAR方法已经融合了多种数值算法，能够评估多种理化性质。由Schrödinger LLC [12]、OpenEye Scientific Software Inc.[13]、Chemical Computing Group ULC.[14]、Wavefunction Inc.[15]等公司提供的软件包，操作便捷，功能也日益强大，此外还有一些开源工具可供选择[16]。使用者无须掌握高深的化学计算知识，只要拥有足够的结构信息，就能较为容易地预测分子的生物活性变化。例如，软件可根据先导化合物设计出一系列类似物，并利用特定算法自动得出这些类似物的能量最小化构象。通过比较类似物和先导化合物在结构、分子表面静电分布及氢键供体和受体位置的异同点，软件能自动将生成的几千个衍生物按照与先导化合物的相似性排序，最终在相对较短的时间内完成药物的虚拟筛选。

计算机建模技术的发展除了能使研究者更深入地理解分子的性质和生物活性的关系，还能以大分子靶点的视角“审视”小分子化合物。虽然研究人员可以清晰地在图纸上以点和线画出分子结构，但是这只能反映有限的信息。事实上，在治疗药物和大分子靶点“眼里”，彼此都远比纸上的二维图形复杂得多，电子云密度的高低、亲脂性的大小及氢键形成能力的强弱（包括氢供体和受体）都是以三维立体的方式呈现的。随着QSAR研究的深入，相应的可视化工具也得到了长足的进步。通过建模，科学家们可以从生物靶点的角度“审视”这些分子。比较那些拥有不同母核但对靶点具有相同调控作用的分子，更有助于我们理解这些分子深层次的相似之处。图5.11中的5-羟色胺再摄取抑制剂舍曲林（sertraline）[17]、西酞普兰（citalopram）[18]和氟西汀（fluoxetine）[19]在结构上大相径庭，却作用于相同的生物靶点。但如果从QSAR的角度重新审视这三个药物，就会发现它们的电子云和亲脂区域的空间分布相似，结构中氢键供体和受体的朝向也一致，这就不难理解其中的内在关联了。因此，QSAR建模提供了一个更加综合的视角，为理解不同结构分子如何作用于相同的大分子靶点提供了科学依据。简言之，即便是结构完全不同的分子，如果在QSAR的角度上具有相似性，那么这些分子就有可能调控相同的生物靶点。

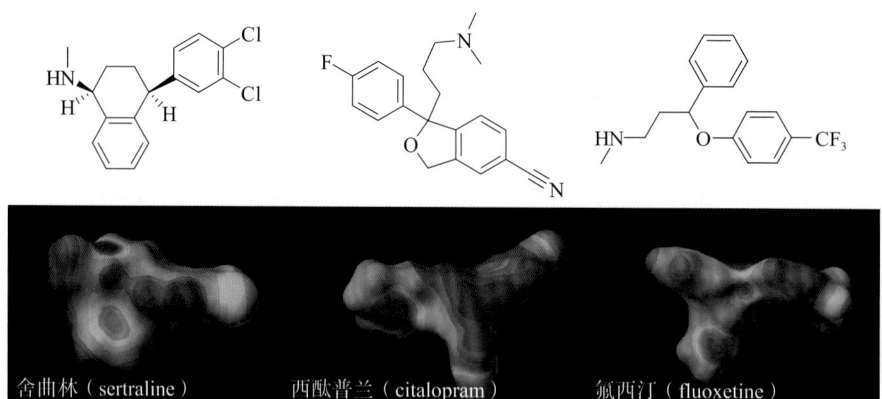

图5.11　舍曲林、西酞普兰和氟西汀三种选择性5-羟色胺再摄取抑制剂的结构。为了方便，通常使用线型结构来绘制化合物。然而，值得注意的是，这些结构只是分子三维结构在平面上的投影，只提供了原子间简单的连接信息。对这些分子更精准的描述可以通过先进的计算机软件和图形显示系统加以实现。在这种情况下，将5-羟色胺再摄取抑制剂的静电势表面图及其三维结构图叠加，就能看出这些化合物之间的异同点。这有助于解释为什么截然不同的化合物在生物系统中会具有类似的表现

5.5 药效团

构效关系除了考虑多组先导化合物结构变化引起的差异，更关注这些化合物骨架中不同区域的重要性差别。在许多情况下，先导化合物和对应的大分子靶点的结合作用只涉及先导化合物骨架中的部分原子和官能团，这些区域又被称为药效团（pharmacophore）。改变药效团的结构会对结合作用及生物活性产生巨大的影响。国际纯粹与应用化学联合会（International Union of Pure and Applied Chemistry，IUPAC）对药效团的定义如下：确保与特定生物靶点的最佳相互作用并触发其生物反应所必需的空间和电性特征的集合[20]。

在结合过程中不起直接作用，仅为药效团内的官能团提供结构支撑的部分称为“辅助基团”（auxophore）。理论上，修饰辅助基团不会改变药效团的整体形状，对分子结合作用的影响较小。这些部位可能并不指向药效团和大分子的结合界面，因此对其做结构修饰甚至删减时，往往不会影响先导化合物的生物活性。研究人员还能通过修饰辅助基团来改变化合物的物理性质。例如，某个水溶性差的先导化合物包含指向溶剂的辅助基团，在其结构中引入氨基即可增加分子的水溶性，而对分子生物活性的影响较小。

深入理解药效团和辅助基团的区别可以获得许多重要的设计思路。如图5.12所示，吗啡（morphine）[21]、左啡诺（levorphanol）[22]、美他佐辛（metazocine）[23]和哌替啶（meperidine）[24]都是与μ-阿片受体结合的镇痛药，但药效各不相同。结构式中红色标注的是该类药物中起镇静作用所必需的药效团。左啡诺去掉了吗啡分子中的一个羟基和一个含氧五元环，药效却是吗啡的3～4倍。这说明吗啡中的这些区域并非与μ-阿片受体结合的药效团，甚至会阻碍两者的结合作用。

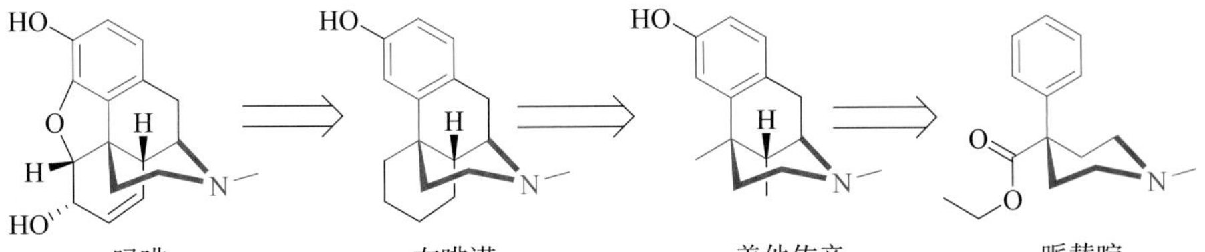

吗啡（morphine） 左啡诺（levorphanol） 美他佐辛（metazocine） 哌替啶（meperidine）

图5.12 **药效团可以描述如下：为使化合物对给定靶点发挥生物活性所必需的最小结构要求。以吗啡、左啡诺、美他佐辛和哌替啶为代表的μ-阿片受体镇痛药都具有相同的最小药效基团（红色标识）。结构中的黑色部分对分子的生物活性也具有重要影响，但可以被修饰（左啡诺），甚至完全移除（美他佐辛和哌替啶）后仍然保留与μ-阿片受体结合的能力。但是，如果结构中不含红色结构部分，分子就会失去和μ-阿片受体结合的能力**

美他佐辛和哌替啶也是作用于μ-阿片受体的镇痛药，但疗效弱于吗啡。虽然这两个药物都具备药效团，但是缺乏整体刚性。美他佐辛比吗啡少一个环己烷，活性有所下降，而哌替啶缺失两个环己烷，药效降至吗啡的10%～12%。由此可见，辅助基团起着维持分子三维结构的重要作用，因而不能对其进行过分删减[25]。

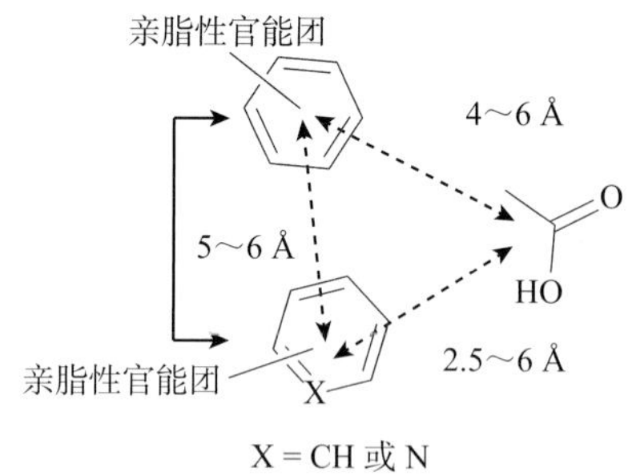

图5.13 药效团并不总是像μ-阿片类受体镇痛药那样，以大量化合物中的亚结构形式存在。在很多情况下，作用于大分子靶点的药效团是一系列的关键性特征及其相对空间位置（距离、扭转角等）。电压门控氯离子通道ClC-Ka的药效团模型就不是完整的分子结构，但其为该类化合物的设计和优化提供了重要指导信息

从一系列结构相似的化合物（如μ-阿片受体家族的镇痛药）中归纳药效团的特性是比较容易的，但往往会有截然不同的分子作用于同一个大分子靶点，且展现出类似的生物活性。这就需要从差异较大的各个分子框架中总结出结构上的共性，提炼有用的药效团信息。不同于确定分子的活性骨架，这项工作致力于辨别药物分子中重要的化学官能团区域及其空间关系。如图5.13所示，兰东尼奥（Liantonio）等[26]在关于电压门控氯离子通道（voltage-gated chloride channel，ClC-Ka）的研究中指出，药效团中两个芳环和羧酸之间需要保持一定的距离。这些官能团相互之间的距离和空间位置关系是该药效团链接部分的特有性质。处理分子间作用力软件的不断升级极大地增强了研究人员的建模能力，从而能针对靶点的生物活性提出相应的理化性质要求。

药效团模型不仅能针对靶点开展研究，也能用来排查会与特定生物靶点结合的先导化合物。例如，hERG（the human ether-a-go-go-related gene）相关的钾离子通道，是一个已知的“反靶点”。阻断该通道的化合物很难成药，因为这些分子会引发室性心律失常、尖端扭转型室性心动过速，甚至导致心脏性猝死[27]。通过药效团模型预测，及时规避可能和hERG 钾离子通道结合的化合物结构，可以提升药物研发的效率（图5.14）[28]。目前，许多研究团队都开发了针对该通道的药效团模型，并将其用于药物研发项目[29]。

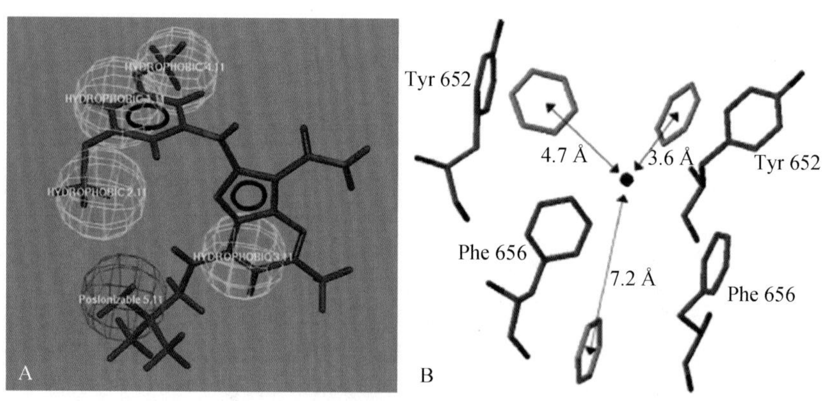

图5.14 A.c-Src激酶抑制剂研发项目中先导化合物与包含3个疏水区域（蓝色）和1 个可电离区域（红色）的hERG药效团模型的对接图示。B.抗艾滋病药物CCR5受体拮抗剂UK-427857开发过程中使用的hERG药效团模型

来源：Panel（A）Mukaiyama，H.；Nishimura，T.；Kobayashi，S.；Komatsu，Y.；Kikuchi，S.；Ozawa，T.；Kamada，N.；Ohnota，H. Novel Pyrazolo[1, 5-a]Pyrimidines as c-Src Kinase Inhibitors That Reduce IKr Channel Blockade. Bioorg. Med. Chem. **2008**，16，2，909-921. Panel（b）Wood，A.；Armour，D. The Discovery of the CCR5 Receptor Antagonist，UK-427，857，a New Agent for the Treatment of HIV Infection and AIDS. Prog. Med. Chem. **2005**，43，239-271.

5.6 建立构效关系数据库

研发人员对构效关系的准确把握和明智判断对推进药物发现进程发挥了关键性作用。然而，在项目初期往往只有少量相关化合物和部分文献报道的先导化合物的有限生物活性数据。项目负责人面临的问题是该如何获得能为后续药物设计和决策奠定基础的初始构效关系数据。

寻找具有生物活性化合物的工作通常是基于大型化合物库的高通量筛选。理想的化合物库必须包含多种覆盖大量“类药”（drug-like）化学空间（chemical space）的药效团，以及足够多的不同结构的化合物。这样第一轮筛选就可以获得首批构效关系数据。目前学术界对首轮筛选覆盖的化合物数量尚无定论，但是一些研究机构拥有包含超过一百万个化合物的化合物库。

在实践中，可供筛选的化合物库受其来源的影响较大。制药公司和研究机构的私人化合物库中包含大量前期研究获得的化合物，这能增加筛选获得结构新颖的先导化合物和系列类似物的可能性，但在化学空间的覆盖面上难免会不周全。多家公司提供的大型商业数据库（包括Maybridge[30]、Enamine[31]和Life Chemicals[32]等）也能用于初期的筛选。但是这些化合物库都是由已知化合物组成的，可能会在知识产权方面面临问题（相关内容详见第13章），同时昂贵的收费对于小型生物科技类公司和学术机构而言也是难以承担的。目前业内还有一类可供检索的数据库（最大的是免费的Zinc 数据库）。2019 年，Zinc数据库拥有超过2.3亿个化合物的三维结构数据，下载后就能和生物靶点进行虚拟对接，还包含超过7.5亿个能通过商业渠道获得的类似物[33]。定制化合物库可以降低研发成本或提升对靶点的针对性。例如，在筛选激酶抑制剂的项目中，如果使用集成了具有抑制激酶活性分子骨架的化合物库[34]，则会取得事半功倍的效果。许多供应商都能提供针对G蛋白偶联受体（G protein-coupled receptor，GPCR）、离子通道、核激素受体和蛋白-蛋白相互作用等不同靶点及其亚型的化合物库[35]。一些供应商甚至还能提供FDA批准的药物和临床试验药物库[36]。然而，这些商业的化合物库仍然存在知识产权问题。

在项目初期，也可采用天然产物和生物提取液进行筛选[37]，以确定最初的构效关系。但这些化合物库组成复杂，确定真正有效的分子结构也许会是一个新的挑战。另外一个问题是混合物中可能包含已知的、被专利保护的活性成分。此外，还要注意天然产物的原料供应问题，其特殊的结构可能会使规模化制备变得极为复杂。尽管如此，市售药物中依然存在大量天然产物及其衍生物，因此这也是值得考虑的方法之一。

在构建构效关系数据库的过程中，无论运用什么方式获取最初的化合物库，紧接着都要针对特定生物活性对库内所有化合物进行筛选，这种筛选既可以是基于实体分子的，也可以是虚拟的（图5.15）。第4章介绍了许多筛选平台和技术，可以通过自动化系统同时筛选96个、384个，甚至更多的化合物，测试数以千计化合物的活性，产生几百万个数据点。例如，一个由十万个化合物组成的化合物库，如果每个分子都要生成一条由12个不同浓度点组成的稀释曲线，以确定其针对某个靶点的IC_{50}值，那么平行两次测试就会产生240万个数据点，这还不包括为确保分析方法可靠性而加入的阳性和阴性对照样品。尽管这个数据量已经很大，但大型制药公司的化合物库中往往包含多达50万～150万个化合物，如果对其进行全面分析，将会得到相当庞大的数据。显然，如果不借助相关软件，数据处理将会举步维艰。所幸目前已开发的许多商业化软件能够分析筛选结果，计算IC_{50}值，并将这些数据（或是其他数据组）和可检索的数据库关联起来（如Dotmatics[38]、OEChem[39]、Instant JChem[40]和CDD Vault[41]）。对照测试数据和化合物的结构，就可以找到活性化合物和一系列具有类似性质的化合物，基于初筛结果分析出简单的构效关系。

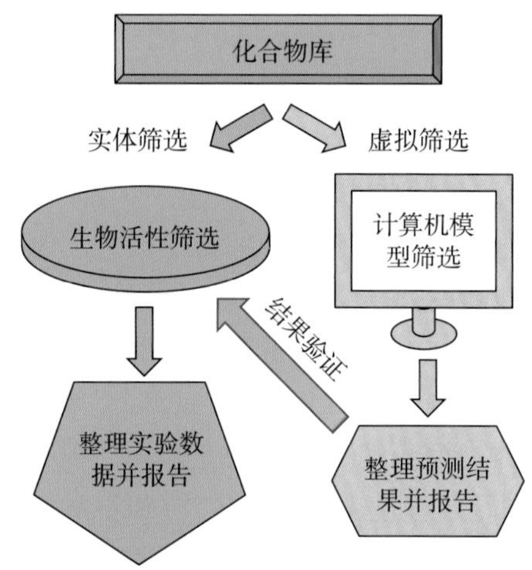

图5.15　**药物发现项目的最初结构可以来自对实体化合物库的筛选或虚拟筛选（如果拥有合适的计算机模型）。每种方法都各有利弊，但并不互相排斥。然而，可以通过筛选实体化合物库验证虚拟筛选结果，确保虚拟筛选能够预测现实结果是非常重要的**

虽然高通量筛选是确定初始先导化合物和构效关系的有效工具，但该方法有一个“软肋”——高昂的成本。即便是筛选已知的化合物库，耗材的开销也是难以想象的。回到上文包含10万个化合物的化合物库实例中，如果是测试3个平行浓度，并在96孔板上进行高通量筛选，则需要消耗7500块板、大量的溶剂和试剂，以及转移这些试剂所需的数以万计的一次性移液枪枪头。对这些化合物进行一次高通量筛选将花费数千至数万美元，因此实施前必须要考虑其巨大的开支。

与实体筛选相比，许多机构更倾向使用虚拟筛选。前文提及的Zinc数据库可以利用计算机构建的模型在“芯片”上识别潜在的活性化合物，从而避免大量实体化合物的使用。如图5.16所示，该模型可以基于靶点分子和某已知配体结合时得到的单晶结构，从结合位点中移除配体分子，之后将虚拟库中的所有分子放置其中进行“对接”（docking）。通过对比测试分子和原始配体与靶点结合的强度找到那些“结合度评分”与原有配体相当甚至更高的分子。理论上，这种方式筛选出的分子和原始分子相比，对靶点具有类似甚至更强的结合能力。

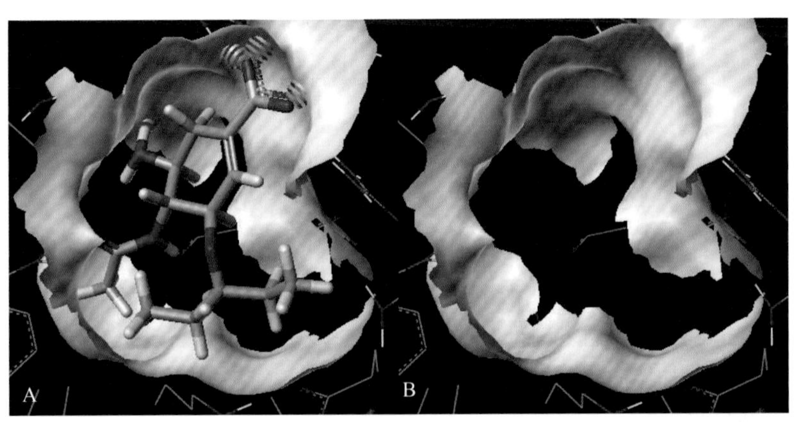

图5.16 A.流感病毒神经氨酸酶抑制剂与其靶点活性位点结合的X射线晶体图可用于设计其他抑制剂。图中显示了结合位点的边界（灰色曲面）和氢键（筒状）等的重要相互作用。B. 使用蛋白建模软件从结合位点移除抑制剂可为虚拟筛选候选化合物提供模板（RCSB：2QWK）

如果没有生物大分子靶点的X衍射单晶结构数据，就需要根据与其足够相近的大分子的单晶结构虚拟构建一个类似的同源模型（homology model）。如前文所述，蛋白的一级结构和整体的三维结构是存在相关性的，具有相似一级结构的蛋白往往具有类似的二级和三级结构[42]，因此构建一个蛋白的三维模型需要参考其他三维结构已知的类似蛋白的一级结构。一旦完成氨基酸序列的校对，根据已知蛋白的结构模板（可以是单晶结构[43]或根据核磁数据推测出的结构[44]）就能建立生物大分子靶点的三维结构模型。当然，因为一级结构的差异，新建模型中的部分区域需要调整。这些调整主要是通过能量的最小化计算、加入结构中原本可能存在的水分子及消除结构中的重叠部分来实现的。完善后的模型将“虚拟对接”不同的配体分子，对其结合能力进行评分，并将评分结果和实际测得的数据对比。这种方法已经成功应用到一系列G蛋白偶联受体的建模中，这些模型是以视紫红质（rhodopsin，一类感光的跨膜蛋白）的单晶结构为模板而确立的[45]。如图5.17所示，细菌视紫红质的单晶结构数据可用于构建多巴胺D_2受体（dopamine D_2 receptor）的相似模型，尽管两者不能完全重叠，但该模型还是提供了许多关于多巴胺D_2受体未曾报道的结构信息[46]。

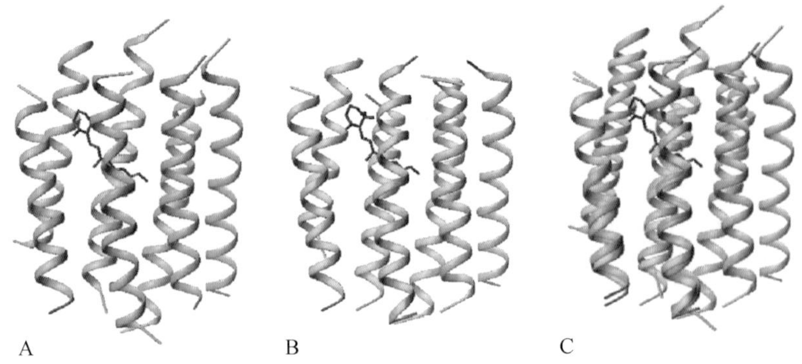

图5.17 基于X射线晶体结构，也可以通过计算机建立模型，进行虚拟筛选。细菌视紫红质（A.RCSB：1BRD）的结构能有效模拟多巴胺D_2受体建立同源模型（B.RCSB：1I15），用于对接和评价候选化合物。原始结构与模型结构的叠加（C）展示了两者结构上的高度相似之处和不同点

如果缺乏生物靶点的结构信息，不将化合物与生物靶点的结合位点对接也能对化合物库开展虚拟筛选。这种用已知配体做模板，识别化合物库中潜在先导化合物的方法被称为“基于配体的药物设计”（ligand-based drug design）。如图5.18所示，分子建模软件首先计算原始化合物（往往是天然配体或药物）的分子性质，勾绘出其亲脂电势面、静电电势面、适合形成氢键的区域、具有亲脂性的区域，以及其他可精确描述未知化合物的分子性质。如果同时拥有多个配体，就可能归纳出这些配体/药物的共同点，进而发现适合目标结合位点的药效团。前文提到的分子性质测试是面向化合物库中的所有分子的，每个分子的测试结果又会和先导化合物进行对比，并根据相似度打分。通过这种方法可以获得得分最高的分子（和先导化合物最相似的分子），类似的分子也可一起打包进行实体筛选，这种策略可极大地降低实体筛选的费用。

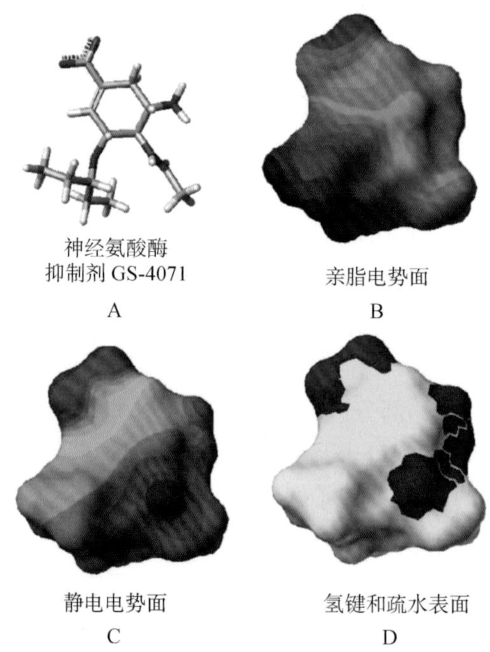

图5.18　**神经氨酸酶抑制剂GS-4071的结构可以用经典的棒状模型（A）表示。计算机建模可使分子的其他特性可视化呈现，如亲脂电势面（B）、静电电势面（C）及氢键和疏水表面（D）。将这些图示组合起来，可以构建出一个模型系统，用于评价化合物结构是否与GS-4071类似**

无论虚拟筛选是基于单晶结构、同源建模，还是特定化合物库与某个已知配体的对比结果，始终要注意虚拟筛选只是在模拟计算。因此，必须要用实际筛选验证虚拟筛选的结果，以确保两者存在一定的相关性。如图5.19A所示，若根据某一酶的模型虚拟筛选出的高分化合物在实际的活性测试中对该酶确实具有抑制活性，并且低分化合物对酶的实际抑制活性较弱，那么虚拟筛选的结果是可靠的。反之，如果化合物的虚拟筛选得分与其对酶的实际抑制活性没有相关性，该酶的虚拟模型就不能用作预测实际筛选结果的工具（图5.19B）。当然，没有任何模型可以完全替代实体筛选，因此不能期望两者存在完美的相关。新的实体筛选结果和靶点分子的结构数据可以进一步完善模型，并不断提升其预测化合物生物活性的能力。

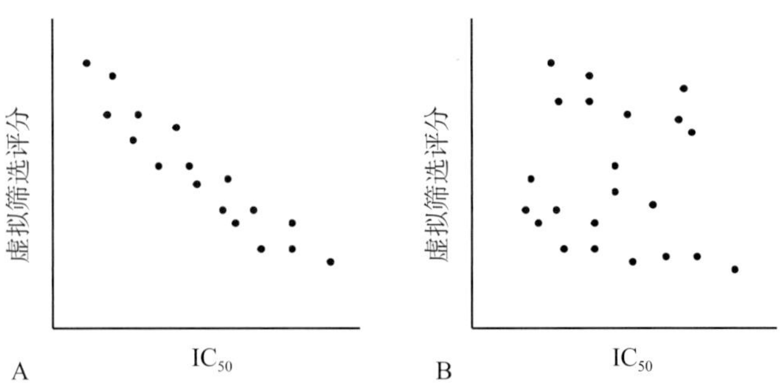

图5.19　A.为了使虚拟筛选有效，必须要将其与实体筛选的结果相关联。B.如果二者之间没有相关性，那么虚拟筛选获得的数据就不能预测候选化合物的生物活性

合理利用虚拟筛选可以极大地降低实体筛选所需的化合物数量和成本。但也要考虑计算机硬件和分子软件（包括年费）的开销，这可能并不比购买一定规模的实体化合物库的花费少。同时，当虚拟筛选结果和相应的实际筛选结果不符时，这些无效的劳动也会在无形中增加成本。需要强调的是，虚拟筛选和实体筛选手段在药物研发过程中并不矛盾，往往是交替、配合使用。

尽管大规模筛选化合物可以高效地发现具有特定生物活性的化合物，但该方法也并非十全十美。如前所述，即便是筛选一个由十万个化合物组成的中等规模化合物库的花费也是巨大的。此外，基于前期设计的化合物库内百万计化合物的筛选，无论是虚拟的还是实体的，本质上都是一个随机的选择过程。这些积累下来的化合物也许是某个研究机构所特有的，为完成之前毫不相干的项目所设计的（如果有活性，就意味着该分子在前一个项目中可能具有脱靶活性，这其实也是一个问题）。这些分子还可能在前一个项目的专利中被公开了，因此可能存在潜在的知识产权问题。购买的化合物库处于公开的状态，在专利授权这一药物研发的必要环节上也存在类似的问题。

高通量筛选产生的海量数据足以令人望而生畏，甚至可以用“大海捞针”来形容这一过程。一个包含50万个化合物的化合物库即便只产生0.2%的阳性结果也将获得1000个化合物，再进入后续的筛选。虽然现有的软件能简化数据处理过程，但最终科学家们必须亲自审视这些数据并决定下一步的走向。筛选过程中也会出现假阴性和假阳性的结果，倘若出错率是0.02%，也会产生多达100个错误数据。如果这些错误数据平均分布在阴性和阳性结果中，就会有50个化合物被错标为具有生物活性，另外还有50个假阴性化合物因为混在了99.8%的阴性结果中而难以被发现。

虽然这种随机的筛选方法已经被广泛应用于药物的开发项目中，但这并不是开展构效关系研究的唯一切入点。许多药物研发人员凭借对分子结构和功能的深入理解，选择采用一种更为直接的方式——合理药物设计（rational drug design）来进行构效关系的研究。这种研发模式也被称为“推理性药物设计”或“基于结构的药物设计”，众多苗头化合物和最终的先导化合物的开发是在仔细分析生物靶点或已有配体（天然或合成）的结构，甚至两者结构都仔细分析的基础上完成的。

例如，当研究人员获得了小分子和大分子结合的复合物单晶结构，现代分子建模软件可以确定两者之间具有正相互作用（包括氢键、盐桥、亲脂性相互作用力等）的位点，排斥作用的位点，以及在“结合口袋”中其他可供小分子配体结合的空间。在这些结构数据的支持下，提升化合物与靶点结合能力的方法包括优化氢键供体和受体距离、去除化合物结构中阻碍结合的部分，或是增加能提供额外结合位点的砌块等。可以通过计算机设计出这些新化合物，并同靶点的单晶结构进行虚拟对接。根据结合强度的评分（和原始配体对比），判断是否真的需要合成相应的化合物。当然，必须要以真实的化合物去验证仿真模型（小分子和单晶结构数据的虚拟对接状态）的可靠性，如果确定该模型是可靠的，便可以继续将其用于后续的药物化学研究。

这些技术已经被成功用于多种酶抑制剂的研发，其中包括人蛋白酪氨酸磷酸酶-β（human protein tyrosin ephosphatase-β，HPTP-β），其是一种在血管内皮细胞上表达的受体型磷酸酶[47]。如图5.20A所示，HPTP-β催化结构域中与四氧化钒离子结合位点的单晶结构表明，小分子和酶在该位点存在多个氢键作用。如果设计的分子也能和HPTP-β形成这种复杂的氢键网络，就可能占据该酶的相同催化位点，进而抑制酶的活性。后续的合成、活性评价和单晶结构数据验证了这一猜想，4-乙基苯胺基磺酸可以和该酶的催化区域形成稳定的复合物，并抑制其活性（图5.20B）。在此基础上，通过分子建模向结构中引入能与周边氨基酸残基形成额外氢键的官能团，最终可得到结合能力大幅度提升的化合物[48]（图5.20C）。

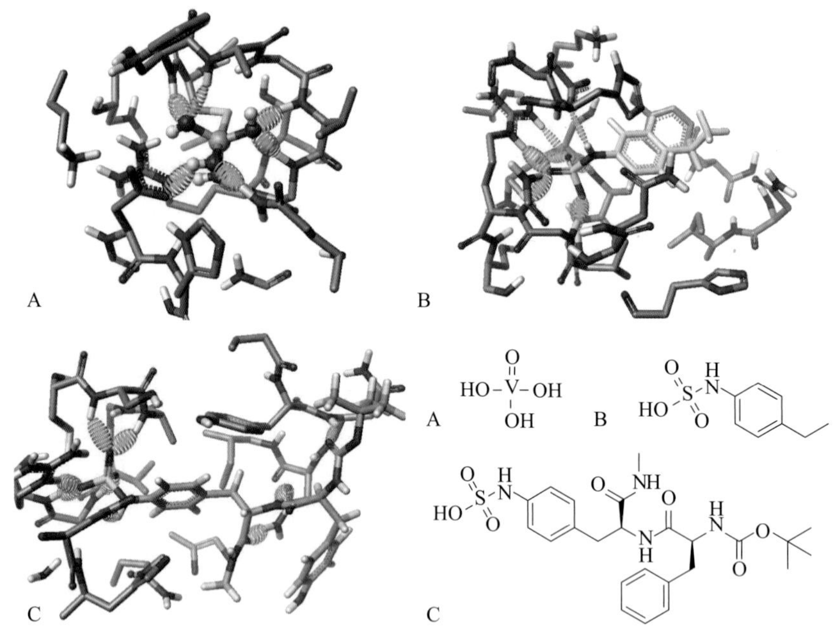

图5.20　A. 四氧化二钒离子能与人蛋白酪氨酸磷酸酶-β（HPTP-β）的活性位点紧密结合（RCSB：2I4E），并形成氢键网络（绿色筒状）；B. 4-乙基苯氨基磺酸和HPTP-β也可形成类似的一系列氢键（RCSB：2I5X），C. 被选为新药研究项目的苗头化合物，并最终获得了高选择性的HPTP-β抑制剂（RCSB：2I4H）

基于片段的筛选方法（fragment-based screening）[49]也被用于构效关系的探索。该方法可以测试低分子量化合物（通常为100～250）和生物大分子结合的能力。这些较小结构的化合物往往结合能力较差（IC_{50}＞100 μmol/L），因此需要使用X射线晶体学（X-ray crystallography）[50]、蛋白核磁共振（protein NMR）[51]、表面等离子共振[52]等灵敏的方法进行测试，同时筛选的通量和高通量筛选相比也要小得多。如果筛选获得的小分子和大分子靶点的结合强度较好，那么这些小分子可作为后续优化的起点[53]。通常的策略是在结构上进行扩展或是将多个砌块链接起来。这种"链接策略"是基于连接靶点相邻位点上多个小分子砌块所产生的协同效应。例如，蛋白结构中的每个作用力都很弱，但其协同作用能使蛋白的三维结构非常稳定。如图5.21所示，将多个与靶点具有亲和力的砌块链接起来产生的综合协同作用甚至会大于所有砌块结合能力的总和。同时，新分子的链接区域如果有相应的结合位点，如包含一个能和靶点相应部位形成氢键的酰胺键，也能提升该分子整体的结合能力。

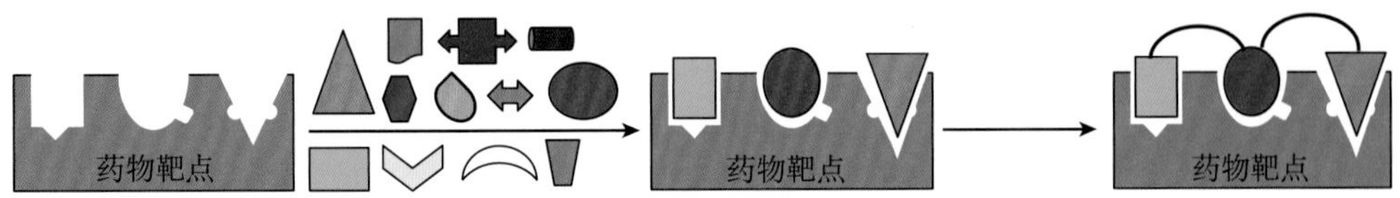

图5.21 **在基于片段的药物筛选方法中，首先使用核磁共振、表面等离子共振和X射线晶体学等高灵敏度的筛选技术筛选低分子量化合物，测定其与靶点结合的亲和力。然后将具有结合作用的低分子量化合物进行链接，使每个片段都能进入各自的结合位点，从而使整体分子与靶点发生协同结合作用，产生更强的生物活性**

靶点导向动力学合成（kinetic target guided synthesis）向基于片段的筛选方法中引入化学反应，是对传统"链接策略"的改进[54]。该方法以靶点筛选小分子混合物，而这些小分子互相靠近时会在特定部位形成共价键（或环）。如果靶点上的两个结合位点紧密相邻，与之结合的分子间就能形成相应的共价键。于是，生物靶点就"诱导"生成了可与其多个位点结合的化合物。R.德普雷兹·普兰（R. Deprez Poulain）等使用该技术发现了新型的胰岛素降解酶（insulin-degrading enzyme，IDE）抑制剂（图5.22）[55]。

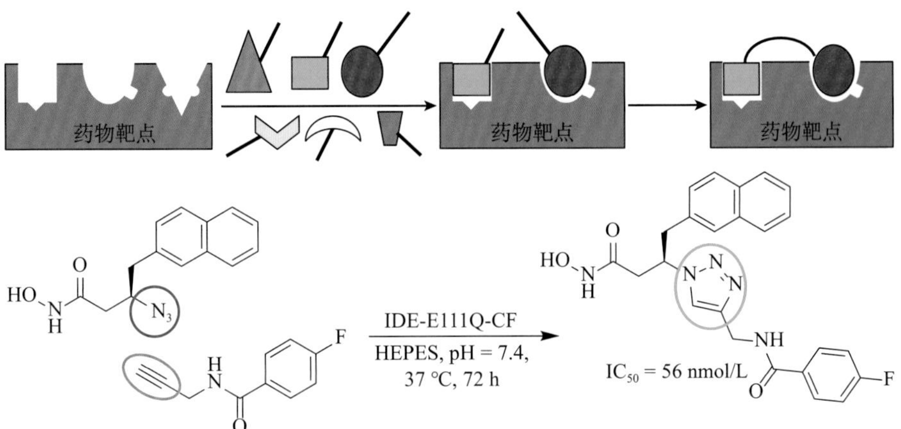

图5.22 **在靶点导向动力学合成实验中，用于靶点生物分子筛选的片段分子具有潜在的反应基团。当两个分子占据了相邻的结合位点，并且反应基团彼此靠近时，这两个分子就会生成一个可与目标生物分子多重结合的新化合物。图中叠氮化物（红色圆圈）和炔烃（蓝色圆圈）在与胰岛素降解酶（IDE）结合时距离近，反应后形成的三唑类化合物（绿色圆圈）是IDE的高效抑制剂（IC_{50} = 56 nmol/L）**

此外，也可以针对靶点分子中未被占据的空间对筛选获得的砌块进行结构扩展。如果靶点分子或其类似物和小分子砌块复合物的单晶结构已知，便可将其他潜在的结合位点可视化。这种扩展策略有时会非常奏效。如图5.23所示，吲唑分子作为苗头化合物时对细胞周期蛋白依赖性激酶2（cyclin dependent kinase 2，CDK-2）具有微弱的结合能力（IC_{50}=185 μmol/L）。经过一系列的修饰最终获得结合能力极大提升的AT7519（IC_{50} = 47 nmol/L）[56]。

虽然以上方法是分别介绍的，但它们之间并不互相排斥。事实上，同一个药物研发项目中往往会同时使用几种不同的策略，因为这些方法各有利弊，没有哪一方法在发现候选药物时具有绝对的优势，更不必说发现一个真正的新药了。在恰当的时机正确地使用这些药物研发策略才是最明智的选择。

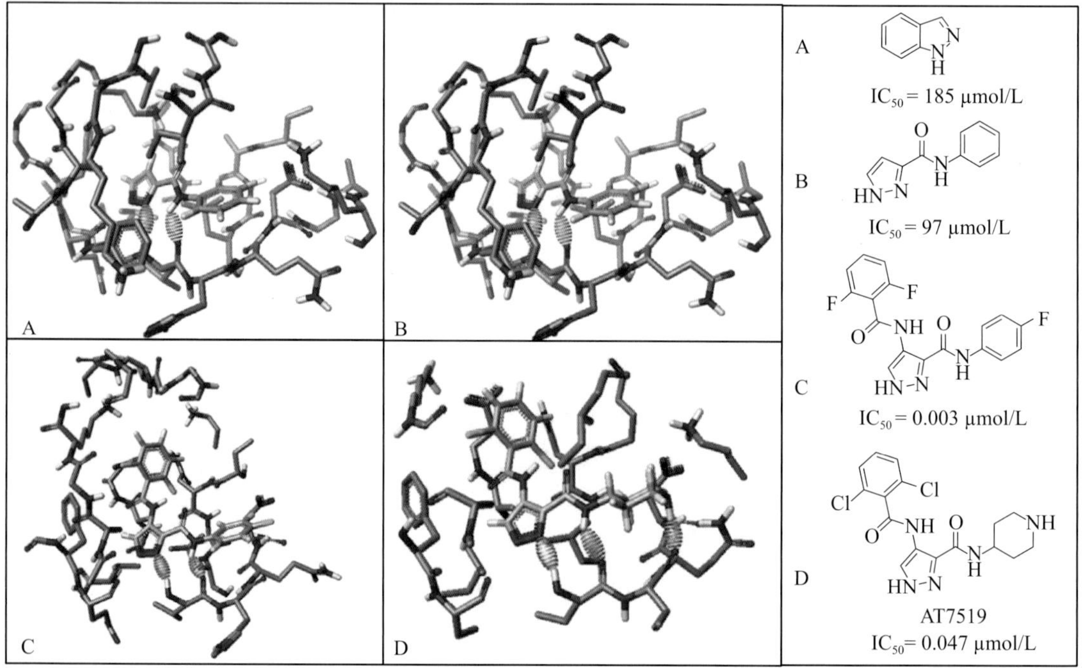

图5.23 A.利用单晶结构筛选小分子化合物库确定了吲唑能与CD-2在结合位点形成氢键作用（蓝色筒状，RCSB：2VTA）。B.除去苯环，引入*N*-苯基-乙酰胺，并延长分子的结构，可使其靠近靶点上邻近的结合位点并产生额外的氢键作用（RCSB：2VTL）。C.通过在相反方向上添加苯甲酰胺砌块，使分子在结合位点附近产生额外的疏水相互作用，显著改善了分子和靶点的结合能力（RCSB：2VTP）。D.引入哌啶结构增加了分子的溶解度和细胞活性，最终获得了临床候选药物AT7519（RCSB：2VU3）

5.7 构效关系循环

理想情况下，第一轮筛选结束后通过数据分析即能得到一系列对靶点表现出不同生物活性的化合物。具有相似骨架的化合物会被汇总起来，分析结构差异对生物活性的影响，进而初步归纳该系列化合物的构效关系。这时一个由设计、合成、筛选和分析组成的互动循环就开始了：基于现有数据设计并改进分子结构，制备后再进行活性筛选，并评判这些修饰对生物活性的影响。如果新的设计能够提升化合物的生物活性，便把修饰的结构保留下来，反之就不在后续改造中引入这些变化。每轮筛选、分析完成后所获得的信息都会被纳入总的构效关系中，并以此为基础开展新一轮的设计、合成、筛选和分析工作。如图5.24所示的互动循环过程将会不断重复，直至获得具有理想生物活性的分子。

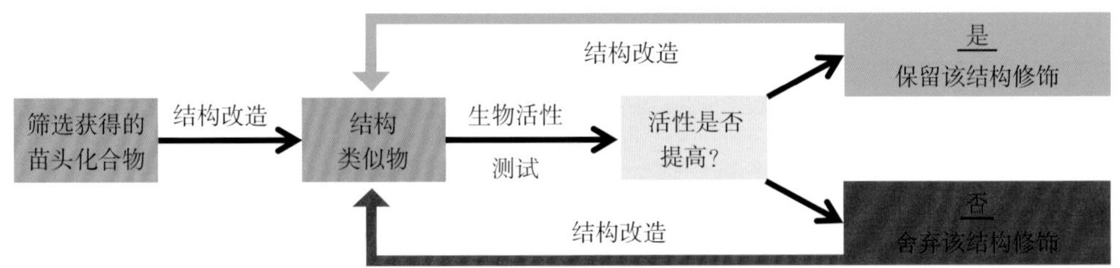

图5.24　**在药物发现过程中，苗头化合物的获得只是整个循环的起点。之后会制备大量经结构改造的类似物，并进行相关的生物活性测试。保留其中有利的结构变化，舍弃不利的结构变化，重新制备新一轮的化合物。每轮的合成和生物活性测试都建立在前一轮的基础上，最终实现生物活性的最优化**

5.8 生物电子等排原理

前文提到，简单的结构变化，如增加碳链长度（图5.3中的甲基、乙基和丙基等）、增加苯环上的官能团（图5.10中的托普利斯决策树）及增加氢键供体/受体（图5.4）都有可能提升分子的生物活性。然而，除此之外还有其他的策略和方法。生物电子等排原理（bioisosterism）最早由朗缪尔（Langmuir）[57]提出，经过厄伦美厄（Erlenmeyer）[58]的拓展，最后才得以应用于药物研发领域。朗缪尔（1919年）和厄伦美厄（1932年）指出，具有相同最外层电子数量和排布的原子、官能团或化合物，由于具有相同的电子特性也会有相似的理化性质。厄伦美厄的理论最终经哈里斯·L. 弗里德曼（Harris L. Friedman）发扬光大。他于1951年提出“如果化合物之间符合广义上的电子等排性，且具有相似的生物活性，那么这些化合物就可称为电子等排体”[59]。同理，如果能替换复杂分子中的官能团（原子）而保持分子的生物活性不变，那么这些官能团（原子）就互为电子等排体。应用生物电子等排原理进行候选化合物的结构修饰是药物研发的常用策略，能拓展先导化合物的结构多样性，以便探索新的化学空间并改变分子的理化性质。这些内容将在本书的第6章和第13章中分别进行详细阐述。

艾尔弗雷德·博格（Alfred Burger）[60]提出，生物电子等排体可以分为经典和非经典两大类。如表5.1所示，其中经典电子等排体可以广义地定义为具有相同价态和环等效的原子、分子砌块和官能团。典型的实例是卤素原子之间的替换或将亚甲基替换成氧原子或硫原子。该原理已经被成功应用于抗高血压药物利美尼定（rilmenidine）替代品的研发。如图5.25所示，将利美尼定4, 5-二唑环上的氧原子取代为亚甲基即得到4, 5-二氢吡咯类似物。两个化合物对在调节血压方面发挥关键作用的I_1咪唑啉受体（I_1

imidazoline receptor）都表现出相似的生物活性。但是，利美尼定能与α_2肾上腺素受体（α_2-adrenoceptor）结合，而优化后的化合物则不会，这体现出后者对靶点具有更高的选择性。这一实例成功应用了生物电子等排原理，并说明分子结构上的微小调整可以在保留某些生物活性的同时（结合I_1咪唑啉受体的能力）改变其他性质（结合α_2肾上腺素受体的能力）[61]。

表5.1 经典生物电子等排体

一价	二价	三价	四价
—OH，—NH_2，—CH_3，—OR	—CH_2—	═CH—	═C═
—F，—Cl，—Br，—I，—SH，—PH_2	—O—	═N—	═Si═
—SiR_3，—Sr	—S—	═P—	═N^+═

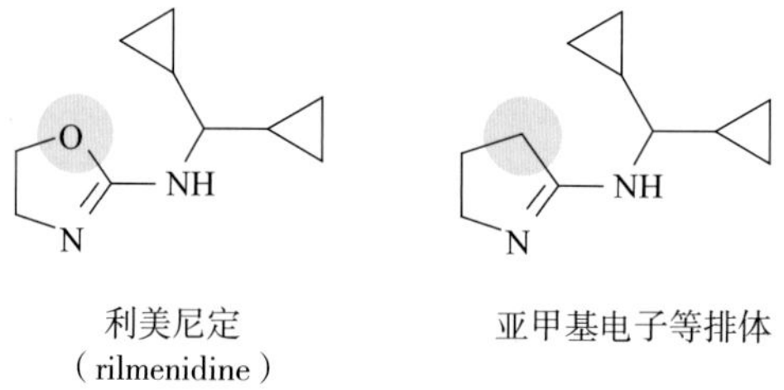

利美尼定（rilmenidine）　亚甲基电子等排体

图5.25 在有关利美尼定经典生物电子等排原理的例子中，将氧原子替换成碳原子（以黄色突出显示）消除了利美尼定不利的脱靶活性。虽然两个化合物都是I_1咪唑啉受体的有效调节剂，但右侧的分子不再具有与α_2肾上腺素受体结合的能力

图5.26中普鲁卡因（procaine）和普鲁卡因胺（procainamide）的例子也能很好地说明经典电子等排体替换的积极效果。这两个化合物都是通过阻断钠离子通道而发挥作用的。普鲁卡因，常被称为奴佛卡因（novocain），仅限用于局部麻醉，而普鲁卡因胺是一种口服的抗心律失常药。在本例中，经典生物电子等排体替换被用于提升药代动力学性质。普鲁卡因的酯键在体内很容易发生水解，因此只能在局部麻醉中使用。而普鲁卡因胺中的酰胺键在体内要稳定得多，这种稳定性上的差别是普鲁卡因胺成为口服抗心律失常药的关键[62]。

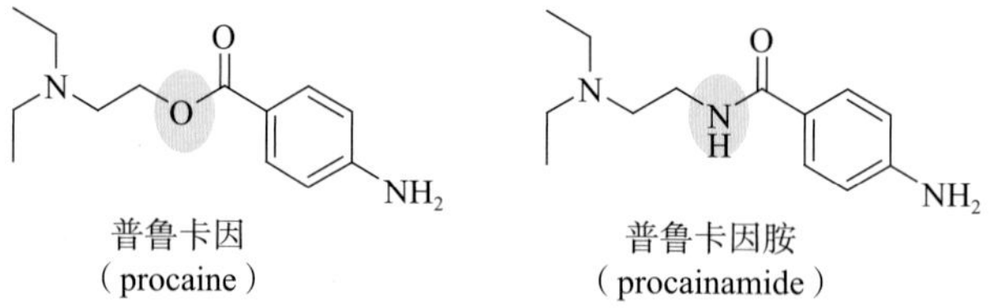

普鲁卡因（procaine）　普鲁卡因胺（procainamide）

图5.26 虽然普鲁卡因和普鲁卡因胺都能阻断相同的钠通道，但只有普鲁卡因胺可用于治疗心律失常。将氧原子以生物电子等排体氮原子取代（以黄色突出显示）后，在保留生物活性的同时，显著改善了化合物的代谢稳定性

非经典生物电子等排体涵盖范围更广，其包含经典生物电子等排体之外的所有生物电子等排体。毫无疑问，大多数的生物电子等排体都属于这一类。面面俱到的讲解会使本章

内容过于庞杂，在此，我们通过几个实例介绍这些非经典的生物电子等排体。候选化合物中羧基的替代结构在药物化学中被广泛研究，因为这种官能团会影响分子的理化性质。例如，含有羧基的化合物不容易透过生物膜，口服时不容易被机体吸收，而且含有羧基的化合物在体内代谢得很快，也会使分子在透过血脑屏障的过程中受限。换言之，如果生物活性较高的分子中存在羧基，后续的研究和开发之路将会遇到许多挑战。图5.27中所示的这些生物电子等排体取代羧基可能会解决这些问题。这些替代基团都保留了和羧酸类似的可解离的氢，而剩余部分则是由能从生物学角度模拟羧基功能的结构组成的。上述生物电子等排体能否成功替代羧酸取决于候选化合物和大分子靶点的相互作用。在图5.28所示的成功案例中，羧苄西林（carbenicillin）中的羧基被四唑环替代后保留了抗菌活性，同时还被赋予了更好的化学稳定性。因为原分子羧苄西林中的羧基在体内容易被代谢，而四唑环衍生物却不容易发生此类降解[63]。

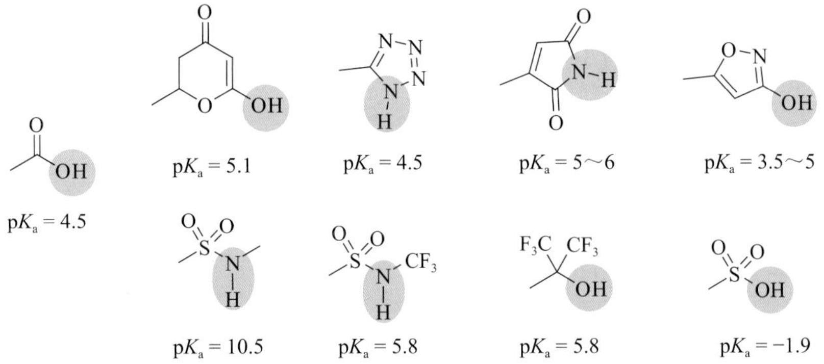

pK_a = 4.5　pK_a = 5.1　pK_a = 4.5　pK_a = 5～6　pK_a = 3.5～5

pK_a = 10.5　pK_a = 5.8　pK_a = 5.8　pK_a = −1.9

图5.27　羧酸有许多潜在的非经典生物电子等排体，但并不意味着它们是等同的。图中各个结构的区别明显，但其pK_a值则从另一个角度反映了这些潜在的羧酸模拟物之间的差异（以蓝色突出显示）

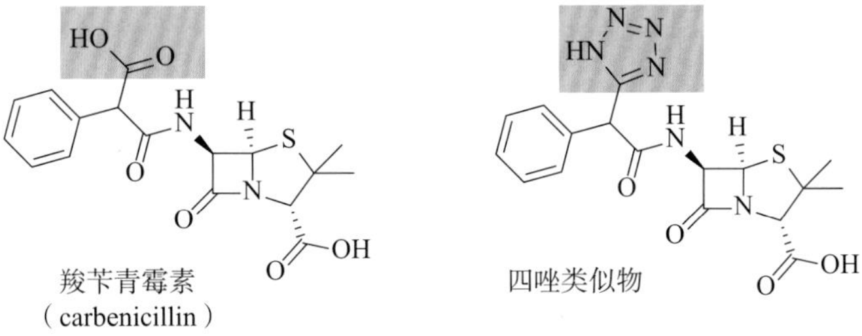

羧苄青霉素（carbenicillin）　四唑类似物

图5.28　羧苄青霉素是一种有效的抗生素，但其羧基在酸性条件下会发生脱羧反应，导致其应用受到限制。四唑类似物是与其结构类似的抗生素，具有类似的抗菌活性，结构中非经典的生物等效替代（以橙色突出显示）使分子在酸性介质中能稳定存在

在某些情况下，甚至可以按照非经典生物电子等排体原理更换分子的骨架，在保持生物活性的同时改变分子的理化性质及对靶点的选择性。新骨架的引入不仅可以使化合物的合成更为简单，还能为知识产权保护提供更广阔的空间。如图5.29所示，一种雌性激素——17β-雌二醇（17β-estradiol）的甾体骨架可以被简单的反式二苯乙烯（*trans*-stilbene）取代。尽管17β-雌二醇上的两个环被移除，第三个环也被换成了苯环，但是新分子仍然保留了对雌激素受体的激动作用[64]。

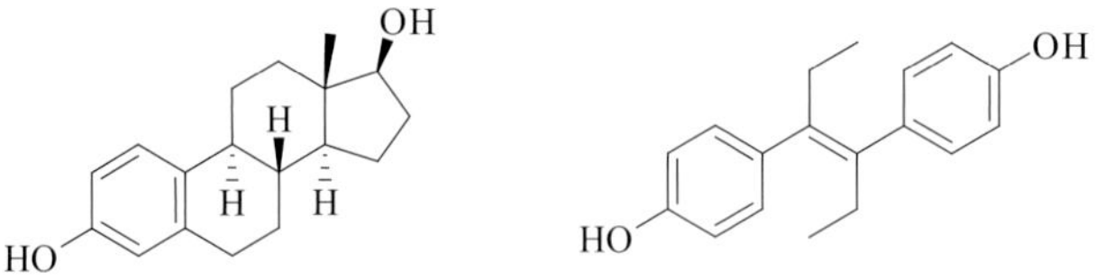

图5.29 **甾体骨架被生物电子等排体二苯乙烯替换。这种非经典的生物等排替换为知识产权保护提供了新的空间，同时还极大地简化了新型雌激素受体调节剂的合成**

值得注意的是，先导化合物的生物电子等排体替代并不具有普适性。例如，E. M.卡雷拉（E. M. Carreira）等使用2, 6-二氮杂螺[3.3]庚烷替代环丙沙星中的哌嗪环，新化合物对金黄色葡萄球菌仍具有相当的抗菌活性（图5.30A）[65]。然而，X.董（X. Dong）等在开发Hedgehog信号通路抑制剂时，相同的替换策略却使抑制活性大幅下降（IC_{50}值从7.1 nmol/L增至1000 nmol/L以上）（图5.30B）[66]。

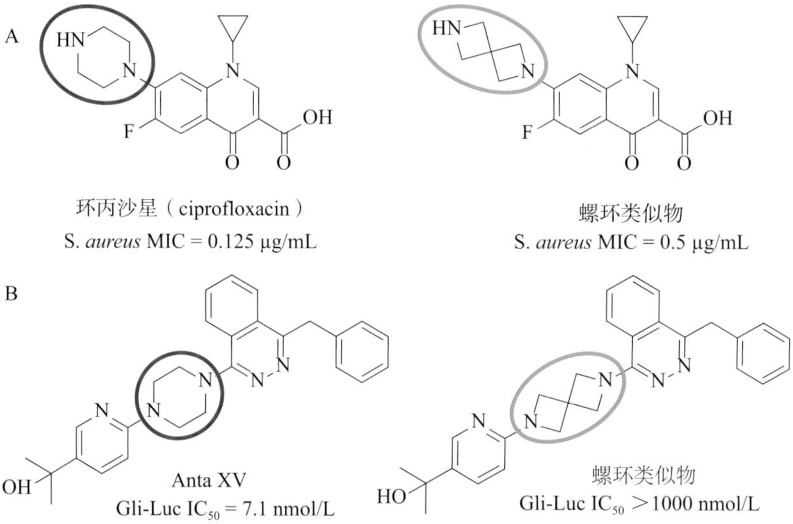

图5.30 **A.以2，6-二氮杂螺[3.3]庚烷（绿色）代替环丙沙星的哌嗪环（红色）能得到具有相似生物活性的新化合物。因此，两个砌块互为生物电子等排体。B.将Anta XV中的哌嗪（红色）替换为2, 6-二氮杂螺[3.3]庚烷（绿色）则导致抑制活性大幅下降。此时，这两个砌块并不等价**

生物学环境在评估生物电子等排体替换效果时非常关键。当存在多个生物学指标时，其重要性会更为明显。例如，在研究大麻素Ⅱ型受体（cannabinoid receptor type 2，CB2）的配体时（图5.31），以氧杂环丁烷（绿色）替代分子中的异丙基（红色），对化合物与CB2受体的结合活性影响很小。此时，可认为两个砌块互为生物电子等排体。然而，该替换也会使微粒体代谢酶（见第6章）对分子的降解能力下降，显著改善分子的清除率。就分子在小鼠和人肝微粒体中的稳定性而言，这两个砌块生物电子等排体效应的缺失却是有益的[67]。

在药物研发领域，经典和非经典生物电子等排体替换都至关重要。正如前面实例中介绍的，即使是微小的电子等排体替换也可能使分子的理化性质和生化性质发生巨大改变。

目前已经有数以百计的生物电子等排体可供药物研发人员使用，受篇幅限制不在本章展开详述。若想更深入地了解有关内容，可以参阅本领域的相关综述文献[68]。

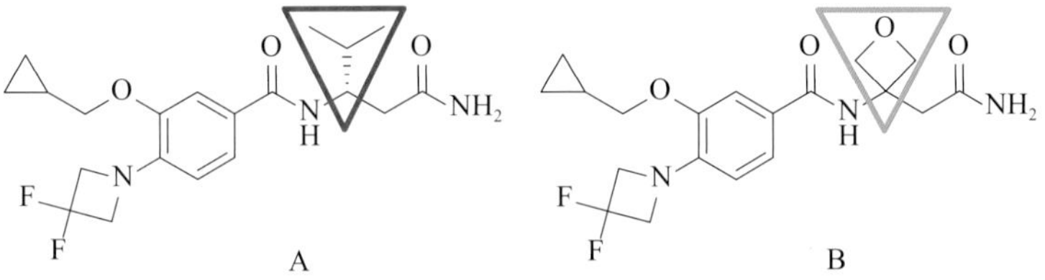

	A	B
hCB2 EC_{50}	3 nmol/L	5 nmol/L
HLMCL	42 μL/(min · mg)	＜10 μL/(min · mg)
MLMCL	142 μL/(min · mg)	22 μL/(min · mg)

图5.31　以氧杂环丁烷（绿色）替代异丙基（红色）对化合物与CB2的相互作用影响很小。从CB2活性角度而言，这两个砌块互为生物电子等排体。然而，这种替换显著提高了分子在小鼠和人类肝微粒体中的稳定性。从这个角度而言，两个砌块又不互为生物电子等排体。HLMCL，人肝微粒体清除率；MLMCL，小鼠肝微粒体清除率

5.9　构效关系、选择性和理化性质

前文重点介绍了通过构效关系研究寻找活性更高的化合物的方法，但是针对生物靶点的活性并不是药物研发中唯一需要考虑的因素。正如第1章所述，靶点的选择性对判断化合物是否能进入临床研究至关重要，除此之外还要考虑分子的溶解度和代谢稳定性等理化性质。幸运的是，我们可以沿用优化分子和特定生物靶点亲和力的方法，考察结构变化对分子相关性质的影响，最终对其进行优化。例如，某小分子可作用于与心房性心律失常相关的电压门控钾离子通道（voltage-gated potassium channel，Kv1.5）[69]，在提升其活性的同时，还要注意避免该化合物对另一种电压门控钾离子通道hERG造成负面影响，否则可能会导致扭转型心动过速或心脏性猝死[70]。在这种情况下，可以利用构效关系研究如何将化合物对hERG通道的影响降至最小。保留减小hERG影响的结构修饰，除去增加hERG影响的结构修饰。通过构效关系研究，努力提升分子对Kv1.5的活性，降低其对hERG的活性，进而获得最佳的化合物。

类似地，也可以通过构性关系研究改善分子的理化性质。分子结构的改变不仅会影响其与生物大分子结合的能力，还会改变其理化性质。量化结构对相关性质的影响力可为通过优化结构改善相关性质指明方向。有一些性质需要实验进行测定，如溶解度、代谢稳定性等，高通量筛选技术可以加速相关测试过程；还有一些性质可以通过专业软件计算获得，如亲脂性、极性表面积等。无论采用何种方式，只要将结构变化和相应的性质数据结合起来，就能发现其中的规律以指导后续的优化。我们需要认识到化合物的理化性质评估在新药开发中是极其重要的，本书第6章将详细地讨论这部分内容。

5.10 “类药性”准则

现代科学的发展使得研究人员能快速地合成和筛选一系列的化合物，并测试其对大量靶点的生物活性。然而，理论上能够合成的小分子数量非常庞大（据估计多达10^{60}个），其中的某一小类化合物的数量也是非常惊人的。与此相比，已被合成的化合物仅仅是沧海一粟[71]。截至2020年，仅文献报道的苯二氮䓬类化合物就超过191 000个（图5.32）[72]，还有上万个相关化合物只要利用商业化的合成砌块就能方便制备[73]。仅是单个系列就包含了如此之多的化合物，因此迫切需要一种可对这些分子进行筛选、排序的通用方法。构效关系研究是推进项目非常实用的工具，但是也会受到合成、筛选能力的限制。

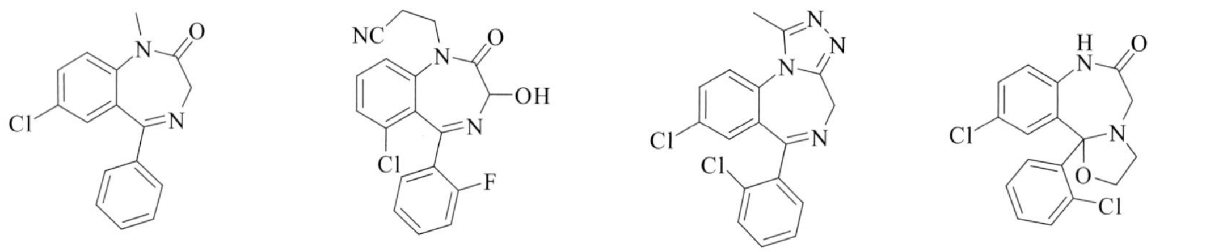

地西泮（diazepam，Valium®） 西诺西泮（cinolazepam，Gerodorm®） 三唑仑（triazolam，Halcion®） 氯噁唑仑（cloxazolam，Sepazon®）

图5.32 **地西泮、西诺西泮、三唑仑和氯噁唑仑都属于苯二氮䓬类化合物。其母核“苯二氮䓬”结构在大量镇静药物中存在，因此被称为“优势骨架”（privileged scaffold）**

为了解决这一难题，克里斯托弗·利平斯基（Christopher Lipinski）及其同事对20世纪90年代中期超过2000个上市药物或临床试验中的药物进行了研究[74]。虽然药物的生物活性一直都是研究重点，但是利平斯基等分析了塔夫茨大学（Tufts University）有关试验药物及其失败的原因。塔夫茨大学的研究人员发现30%的药物临床试验失败是由缺乏活性引起的，而高达40%的药物则是因为其药代动力学性质不过关而被淘汰[75]。很多失败的候选化合物可能并非活性不够，而是无法到达相应的靶点。于是利平斯基等提出如下假设：成功的药物和候选药物分子只在庞大的“化学空间”（chemical space）中占据了很小一部分空间，即“类药空间”（drug-like chemical space），而那些不能成药的化合物因为其药代动力学性质较差而未落在“类药空间”内。他们进一步提出，如果研究人员知道边界范围，就能预测出新化合物是否落在“类药空间”范围内。

这一研究成果在制药行业内有深远的影响。研究人员发现绝大多数药物之间都具有一些共同点，于是将这些共性总结为“利平斯基类药5原则”（Lipinski's rule of 5）（图5.33）：成功的药物分子往往分子量小于500（5×100），log P值小于5（这属于亲脂性指标，指的是化合物在正辛醇和水中的分配系数的对数），氢键供体数少于5，氢键受体数小于10（5×2）[译者注：①由于该规则中的参数值都是5的倍数，为了方便记忆，将其命名为类药5原则；②如果化合物满足类药5原则（生物转运体的底物除外），则其更可能表现出良好的吸收或渗透性]。这些和“类药空间”相关的准则是按照当时90%药物的性质分布决定的，同时还假设这些化合物是通过被动扩散进入细胞的（以主动运输方式进入细胞的药物不在此列）。

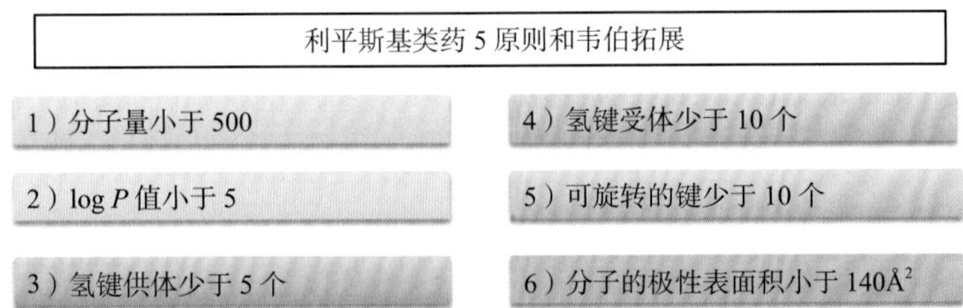

利平斯基类药5原则和韦伯拓展
1）分子量小于500
2）log P 值小于5
3）氢键供体少于5个
4）氢键受体少于10个
5）可旋转的键少于10个
6）分子的极性表面积小于140Å²

图5.33 **利平斯基类药5原则和韦伯拓展已被用于辅助判断化合物是否拥有与成功药物一致的理化性质**

此外，丹尼尔·韦伯（Daniel Veber）等对该法则进行了扩充：可旋转键的数量小于10，分子极性表面积小于140Å^2[76]。当然这些准则也有一些例外，如很多天然产物。总体而言，“利平斯基类药5原则”在制药行业内深入人心，常被用于制备实体化合物阶段前的虚拟筛选。

理想情况下，一系列新颖的苗头化合物经过药物化学研究和系统筛选可以得到一个完美的候选药物，这一药物具有专一的靶点选择性，从根本上消除了药物的脱靶风险，其理化性质也能优化到仅通过简单的给药就能发挥作用。然而，这却只是一厢情愿的想法，现实中这样完美的化合物几乎不存在。临床候选药物和市场上绝大多数药物在研究和使用时都会或多或少地存在一些瑕疵。研究人员通过药物化学研究和筛选试验使候选药物能“扬长避短”，逐步走向完美。最终项目组的研究人员会决定是将候选分子推向下一个阶段的研究（药代动力学研究、动物体内试验和安全性研究），还是因为分子的瑕疵太多而不得不放弃这一系列。

（姜昕鹏）

思考题

1. 药物化学的定义是什么？并简述其内涵。
2. 构效关系（SAR）的定义是什么？
3. 手性是如何影响候选化合物与其生物靶点结合的？
4. 定量构效关系的定义是什么？
5. 什么是药效团？
6. 什么是辅助基团？
7. 描述获得一系列化合物构效关系信息的交互式过程。
8. 简述基于片段的药物设计。
9. 阐述两种建立构效关系的方法。
10. 阐述两种虚拟筛选的方式。
11. 简述基于配体的药物设计步骤。
12. 什么是生物电子等排体？其有何具体用途？

参考文献

1. Kelvin, W. T. *Baltimore Lectures on Molecular Dynamics and the Wave Theory of Light;* C.J. Clay and Sons, Cambridge University Press: Warehouse, London, **1904.**
2. (a) Pohland, A. Esters of Substituted Aminobutanes. US 2728779, **1955.**
   (b) Niesenbaum, L.; Deutsch, J.; Moss, N. H. Analgesic Efficacy of Dextro-Propoxyphene Hydrochloride in the Postoperative Patient. *J. Albert Einstein Med. Center, Philadelphia* **1962,** *10*, 188–192.
3. (a) Pohland, A. Esters of Substituted Aminobutanes. US 2728779, **1955.**
   (b) Galli, A.D. Oral Compositions Containing Antitussives and Benzydamine. WO 9523602 A1, **1995.**
4. (a) Neil, A.; Terenius, L. D-Propoxyphene Acts Differently From Morphine on Opioid Receptor-Effector Mechanisms. *Eur. J. Pharmacol.* **1981,** *69* (1), 33–39.
   (b) Neil, A. Affinities of Some Common Opioid Analgesics Towards Four Binding Sites in Mouse Brain. *Naunyn-Schmiedeberg's Arch. Pharmacol.* **1984,** *328* (1), 24–29.
5. (a) Carter, C. H. A Clinical Evaluation of the Effectiveness of Novrad and Acetylsalicylic Acid in Children With Cough. *Am. J. Med. Sci.* **1963,** *245,* 713-177.
   (b) Strapkova, A.; Nosalova, G.; Korpas, J. Effects of Antitussive Drugs Under Normal and Pathological Conditions. *Acta Physiol. Hungarica* **1987,** *70* (2–3), 207–213.
6. Li, W.; Escarpe, P. A.; Eisenberg, E. J.; Cundy, K. C.; Sweet, C.; Jakeman, K. J.; Merson, J.; Lew, W.; Williams, M.; Zhang, L.; Kim, C. U.; Bischofberger, N.; Chen, M. S.; Mendel, D. B. Identification of GS 4104 as an Orally Bioavailable Prodrug of the Influenza Virus Neuraminidase Inhibitor GS 4071. *Antimicrob. Agents Chemother.* **1998,** *42* (3), 647–653.
7. Varghese, J. N.; Smith, P. W.; Sollis, S. L.; Blick, T. J.; Sahasrabudhe, A.; McKimm-Breschkin, J. L.; Colman, P. M. Drug Design Against a Shifting Target: A Structural Basis for Resistance to Inhibitors in a Variant of Influenza Virus Neuraminidase. *Structure* **1998,** *6*, 735–746.
8. Hammett, Louis P. The Effect of Structure upon the Reactions of Organic Compounds. Benzene Derivatives. *J. Am. Chem. Soc.* **1937,** *59*, 96–103.
9. (a) Taft, R. W. Linear Free Energy Relationships from Rates of Esterification and Hydrolysis of Aliphatic and Ortho-Substituted Benzoate Esters. *J. Am. Chem. Soc.* **1952,** *74*, 2729–2732.
   (b) Taft, R. W. Polar and Steric Substituent Constants for Aliphatic and *o*-Benzoate Groups From Rates of Esterification and Hydrolysis of Esters. *J. Am. Chem. Soc.* **1952,** *74*, 3120.
   (c) Taft, R. W. Linear Steric Energy Relationships. *J. Am. Chem. Soc.* **1953,** *75*, 4538–4539.
10. (a) Debnath, A. K. Quantitative Structure-Activity Relationship (QSAR) Paradigm – Hansch Era to New Millennium. *Mini-Rev. Med. Chem.* **2001,** *1* (2), 187–195.
    (b) Hansch, C. A Quantitative Approach to Biochemical Structure-Activity Relationships. *Acc. Chem. Res.* **1969,** *2*, 232–239.
    (c) Hansch, C.; Leo, A.; Taft, R. W. A Survey of Hammett Substituent Constants and Resonance and Field Parameters. *Chem. Rev.* **1991,** *91*, 165–195.
11. Topliss, J. G. Utilization of Operational Schemes for Analog Synthesis in Drug Design. *J. Med. Chem.* **1972,** *15* (10), 1006–1011.
12. https://www.schrodinger.com/platform.
13. https://www.eyesopen.com/.
14. https://www.chemcomp.com/index.htm.
15. https://www.wavefun.com/.
16. Pirhadi, S.; Sunseri, J.; Koes, D. R. Open Source Molecular Modeling. *J. Mol. Graph. Modell.* **2016,** *69*, 127–143.
17. Hirschfeld, R. M. A. Sertraline in the Treatment of Anxiety Disorders. *Depress. Anxiety* **2000,** *11* (4), 139–157.
18. Keller, M. B. Citalopram Therapy for Depression: A Review of 10 Years of European

Experience and Data From U.S. Clinical Trials. *J. Clin. Psychiatry* **2000,** *61* (12), 896–908.

19. Wong, D. T.; Perry, K. W.; Bymaster, F. P. The Discovery of Fluoxetine Hydrochloride (Prozac). *Nat. Rev. Drug Discov.* **2005,** *4*, 764–774.
20. Wermuth, C. G.; Ganellin, C. R.; Lindberg, P.; Mitscher, L. A. Glossary of Terms Used in Medicinal Chemistry (IUPAC Recommendations 1998). *Pure Appl. Chem.* **1998,** *70* (5), 1129–1143.
21. Novak, B. H.; Hudlicky, T.; Reed, J. W.; Mulzer, J.; Trauner, D. Morphine Synthesis and Biosynthesis – An Update. *Curr. Org. Chem.* **2000,** *4*, 343–362.
22. Prommer, E. Levorphanol: The Forgotten Opioid. *Support. Care Cancer* **2007,** *15* (3), 259–264.
23. (a) Berzetei-Gurske, I.; Loew, G. H. The Novel Antagonist Profile of (-)Metazocine. *Prog. Clin. Biol. Res.* **1990,** *328*, 33–36.
    (b) Hori, M.; Ban, M.; Imai, E.; Iwata, N.; Suzuki, Y.; Baba, Y.; Morita, T.; Fujimura, H.; Nozaki, M.; Niwa, M. Novel Nonnarcotic Analgesics With an Improved Therapeutic Ratio. Structure-Activity Relationships of 8-(methylthio)- and 8-(acylthio)-1,2,3,4,5,6-Hexahydro-2,6-Methano-3-Benzazocines. *J. Med. Chem.* **1985,** *28* (11), 1656–1661.
24. Kaiko, R. F.; Foley, K. M.; Grabinski, P. Y.; Heidrich, G.; Rogers, A. G.; Inturrisi, C. E.; Reidenberg, M. M. Central Nervous System Excitatory Effects of Meperidine in Cancer Patients. *Ann. Neurol.* **1983,** *13* (2), 180–185.
25. Silverman, R. B. *The Organic Chemistry of Drug Design and Drug Action*, 2nd ed.; Elsevier Academic Press: Oxford, UK, **2004**, 17–20.
26. Liantonio, L.; Picollo, A.; Carbonara, G.; Fracchiolla, G.; Tortorella, P.; Loiodice, F.; Laghezza, A.; Babini, E.; Zifarelli, G.; Pusch, M.; Camerino, D. C. Molecular Switch for CLC-K Cl- Channel Block/Activation: Optimal Pharmacophoric Requirements Towards High-Affinity Ligands. *Proc. Natl. Acad. Sci. U.S.A.* **2008,** *105*, 41369–41373.
27. Sanguinetti, M. C.; Tristani-Firouzi, M. hERG Potassium Channels and Cardiac Arrhythmia. *Nature* **2006,** *440* (7083), 463–469.
28. (a) Wood, A.; Armour, D. The Discovery of the CCR5 Receptor Antagonist, UK-427,857, a New Agent for the Treatment of HIV Infection and AIDS. *Prog. Med. Chem.* **2005,** *43*, 239–271.
    (b) Mukaiyama, H.; Nishimura, T.; Kobayashi, S.; Komatsu, Y.; Kikuchi, S.; Ozawa, T.; Kamada, N.; Ohnota, H. Novel Pyrazolo[1,5-*a*]Pyrimidines as c-Src Kinase Inhibitors That Reduce I_{Kr} Channel Blockade. *Bioorg. Med. Chem.* **2008,** *16* (2), 909–921.
29. (a) Braga, R. C.; Alves, V. M.; Silva, M. F. B.; Muratov, E.; Fourches, D.; Tropsha, A.; Andrade, C. H. Tuning hERG Out: Antitarget QSAR Models for Drug Development. *Curr. Topics Med. Chem.* **2014,** *14* (11), 1399–1415.
    (b) Diller, D. J. In Silico hERG Modeling: Challenges and Progress. *Curr. Comput.-Aided Drug Des.* **2009,** *5* (2), 106–121.
    (c) Price, D. A.; Armour, D.; de Groot, M.; Leishman, D.; Napier, C.; Perros, M.; Stammen, B. L.; Wood, A. Overcoming hERG Affinity in the Discovery of Maraviroc; a CCR5 Antagonist for the Treatment of HIV. *Curr. Topics Med. Chem.* **2008,** *8* (13), 1140–1151.
    (d) Munawar, S.; Windley, M. J.; Tse, E. G.; Todd, M. H.; Hill, A. P.; Vandenberg, J. I.; Jabeen, I. Experimentally Validated Pharmacoinformatics Approach to Predict hERG Inhibition Potential of New Chemical Entities. *Front. Pharmacol.* **2018,** *9* (1035), 1–20.
30. Maybridge is a Division of Thermo Fisher Scientific, https://www.maybridge.com/portal/alias__Rainbow/lang__en/tabID__177/DesktopDefault.aspx.
31. https://enamine.net/hit-finding/compound-collections/screening-collection.
32. https://lifechemicals.com/.
33. (a) http://zinc.docking.org/.
    (b) Irwin, J. J.; Sterling, T.; Mysinger, M. M.; Bolstad, E. S.; Coleman, R. G. ZINC: A Free Tool to Discover Chemistry for Biology. *J. Chem. Inf. Model.* **2012,** *52* (7), 1757–1768.

(c) Sterling, T.; Irwin, J. J. ZINC 15 – Ligand Discovery for Everyone. *J. Chem. Inf. Model.* **2015,** *55* (11), 2324–2337.

34. https://www.caymanchem.com/product/10505.
35. (a) https://enamine.net/hit-finding/focused-libraries.
    (b) http://www.chemdiv.com/complete-list/.
    (c) https://www.chembridge.com/screening_libraries/targeted_libraries/#Macrocycles.
36. (a) Prestwick Chemical Library of 1520 Approved Drugs. http://www.prestwick-chemical.com/libraries-screening-lib-pcl.html.
    (b) SelleckChem Library of Approved Drugs. https://www.selleckchem.com/screening/fda-approved-drug-library.html.
37. (a) National Center for Complementary and Integrative Health list of Natural Products Libraries. https://nccih.nih.gov/grants/naturalproducts/libraries.
    (b) Natural Products Branch of the National Cancer Institute. https://dtp.cancer.gov/organization/npb/default.htm.
38. https://www.dotmatics.com/.
39. https://www.eyesopen.com/cheminformatics.
40. https://chemaxon.com/products/instant-jchem.
41. https://www.collaborativedrug.com/benefits/.
42. (a) Chothia, C.; Lesk, A. M. The Relation Between the Divergence of Sequence and Structure in Proteins. *EMBO J.* **1986,** *5* (4), 823–826.
    (b) Kaczanowski, S.; Zielenkiewicz, P. Why Similar Protein Sequences Encode Similar Three-Dimensional Structures? *Theor. Chem. Acc.* **2010,** *125*, 543–550.
43. (a) Sharma, H.; Cheng, X.; Buolamwini, J. K. Homology Model-Guided 3D-QSAR Studies of HIV-1 Integrase Inhibitors. *J. Chem. Inf. Model.* **2012,** *52* (2), 515–544.
    (b) Joshi, U. J.; Shah, F. H.; Tikhele, S. H. Homology Model of the Human 5-HT1A Receptor Using the Crystal Structure of Bovine Rhodopsin. *Internet Electr. J. Mol. Des.* **2006,** *5* (7), 403–415.
44. (a) Menon, V.; Vallat, B. K.; Dybas, J. M.; Fiser, A. Modeling Proteins Using a Super-Secondary Structure Library and NMR Chemical Shift Information. *Structure* **2013,** *21* (6), 891–899.
    (b) Kitchen, D.; Hoffman, R. C.; Moy, F. J.; Powers, R. Homology Model for Oncostatin M Based on NMR Structural Data. *Biochemistry* **1998,** *37* (30), 10581–10588.
45. (a) Henderson, R.; Schertler, G. F. X. The Structure of Bacteriorhodopsin and Its Relevance to the Visual Opsins and Other Seven Helix G-Protein Coupled Receptors. *Philos. Trans. R. Soc. Lond. Ser. B, Biol. Sci.* **1990,** *326*, 379–389.
    (b) Ovchinnikov, Y. A. Rhodopsin and Bacteriorhodopsin: Structure Function Relationships. *FEBS Lett.* **1982,** *148*, 179–191.
46. Teeter, M. T.; Froimowitz, M.; Stec, B.; DuRand, C. J. Homology Modeling of the Dopamine D2 Receptor and Its Testing by Docking of Agonists and Tricyclic Antagonists. *J. Med. Chem.* **1994,** *37*, 2874–2888.
47. (a) Fachinger, G.; Deutsch, U.; Risau, W. *Oncogene* **1999,** *18*, 5948–5953.
    (b) Krueger, N. X.; Streuli, M.; Saito, H. *EMBO J.* **1990,** *9*, 3241–3252.
    (c) Wright, M. B.; Seifert, R. A.; Bowen-Pope, D. F. *Arterioscler. Thromb. Vasc. Biol.* **2000,** *20*, 1189–1198.
48. Evdokimov, A. G.; Pokross, M.; Walter, R.; Mekel, M.; Cox, B.; Li, C.; Bechard, R.; Genbauffe, F.; Andrews, R.; Diven, C.; Howard, B.; Rastogi, V.; Gray, J.; Maier, M.; Peters, K. G. Engineering the Catalytic Domain of Human Protein Tyrosine Phosphatase Beta for Structure-Based Drug Discovery. *Acta Crystallogr. Sect. D: Biol. Crystallogr.* **2006,** *D62*, 1435–1445.
49. Murray, C. W.; Rees, D. C. The Rise of Fragment-Based Drug Discovery. *Nat. Chem.* **2009,** *1*, 187–192.
50. Hartshorn, M. J.; Murray, C. W.; Cleasby, A.; Frederickson, M.; Tickle, I. J.; Jhoti, H.

Fragment-Based Lead Discovery Using X-ray Crystallography. *J. Med. Chem.* **2005,** *48,* 403–413.
51. Lepre, C. A.; Moore, J. M.; Peng, J. W. Theory and Applications of NMR-Based Screening in Pharmaceutical Research. *Chem. Rev.* **2004,** *104,* 3641–3676.
52. Neumann, T.; Junker, H. D.; Schmidt, K.; Sekul, R. SPR-Based Fragment Screening: Advantages and Applications. *Curr. Topics Med. Chem.* **2007,** *7,* 1630–1642.
53. Hann, M. M.; Leach, A. R.; Harper, G. Molecular Complexity and Its Impact on the Probability of Finding Leads for Drug Discovery. *J. Chem. Inf. Comput. Sci.* **2001,** *41,* 856–864.
54. Unver, M. Y.; Gierse, R. M.; Ritchie, H.; Hirsch, A. K. H. Druggability Assessment of Targets Used in Kinetic Target-Guided Synthesis. *J. Med. Chem.* **2018,** *61,* 9395–9409.
55. Deprez-Poulain, R.; Hennuyer, N.; Bosc, D.; Liang, W. G.; Enée, E.; Marechal, X.; Charton, J.; Totobenazara, J.; Berte, G.; Jahklal, J.; Verdelet, T.; Dumont, J.; Dassonneville, S.; Woitrain, E.; Gauriot, M.; Paquet, C.; Duplan, I.; Hermant, P.; Cantrelle, F. X.; Sevin, E.; Culot, M.; Landry, V.; Herledan, A.; Piveteau, C.; Lippens, G.; Leroux, F.; Tang, W. J.; van Endert, P.; Staels, B.; Deprez, B. Catalytic Site Inhibition of Insulin-Degrading Enzyme by a Small Molecule Induces Glucose Intolerance in Mice. *Nat. Commun.* **2015,** *6* (1), 8250.
56. Wyatt, P. G.; Woodhead, A. J.; Berdini, V.; Boulstridge, J. A.; Carr, M. G.; Cross, D. M.; Davis, D. J.; Devine, L. A.; Early, T. R.; Feltell, R. E.; Lewis, E. J.; McMenamin, R. L.; Navarro, E. F.; O'Brien, M. A.; O'Reilly, M.; Reule, M.; Saxty, G.; Seavers, L. C. A.; Smith, D. M.; Squires, M. S.; Trewartha, G.; Walker, M. T.; Woolford, A. J. A. Identification of *N*-(4-Piperidinyl)-4-(2,6-Dichlorobenzoylamino)-1*H*-Pyrazole-3-Carboxamide (AT7519), a Novel Cyclin Dependent Kinase Inhibitor Using Fragment-Based X-Ray Crystallography and Structure Based Drug Design. *J. Med. Chem.* **2008,** *51,* 4986–4999.
57. Langmuir, I. Isomorphism, Isosterism and Covalence. *J. Am. Chem. Soc.* **1919,** *41,* 1543–1559.
58. Erlenmeyer, H.; Leo, M. Über Pseudoatome. *Helv. Chim. Acta.* **1932,** *15,* 1171–1186.
59. Friedman, H. L. Influence of Isosteric Replacements Upon Biological Activity. *Natl. Acad. Sci. Natl. Res. Council Publ.* **1951,** *206,* 295.
60. Burger, A. *Medicinal Chemistry,* 3rd ed.; John Wiley & Sons: New York, 1970127.
61. Schann, S.; Bruban, V.; Pompermayer, K.; Feldman, J.; Pfeiffer, B.; Renard, P.; Scalbert, E.; Bousquet, P.; Ehrhardt, J. D. Synthesis and Biological Evaluation of Pyrrolidinic Isosteres of Rilmenidine. Discovery of cis-/trans-Dicyclopropylmethyl-(4,5-Dimethyl-4,5-Dihydro-3*H*-Pyrrol-2-yl)-Amine (LNP 509), an I_1 Imidazoline Receptor Selective Ligand with Hypotensive Activity. *J. Med. Chem.* **2001,** *44* (10), 1588–1593.
62. Wildsmith, J. A. W.; Gissen, A. J.; Takman, B.; Covino, B. G. Differential Nerve Blockade: Esters Versus Amides and the Influence of pKa. *Br. J. Anaesth.* **1987,** *59* (3), 379–384.
63. Essery, J. M. Preparation and Antibacterial Activity of a-(5-Tetrazolyl)Benzylpenicillin. *J. Med. Chem.* **1969,** *12,* 703–705.
64. Glass, R.; Loring, J.; Spencer, J.; Villee, C. The Estrogenic Properties In Vitro of Diethylstilbestrol and Substances Related to Estradiol. *Endocrinology* **1961,** *68,* 327–333.
65. Burkhard, J. A.; Wagner, B.; Fischer, H.; Schuler, F.; Mūller, K.; Carreira, E. M. Synthesis of Azaspirocycles and their Evaluation in Drug Discovery. *Angew. Chem. Int. Ed.* **2010,** *49,* 3524–3527.
66. Bao, X.; Peng, Y.; Lu, X.; Yang, J.; Zhao, W.; Tan, W.; Dong, X. Synthesis and Evaluation of Novel Benzylphthalazine Derivatives as Hedgehog Signaling Pathway Inhibitors. *Bioorg. Med. Chem. Lett.* **2016,** *26,* 3048–3051.
67. Frei, B.; Gobbi, L.; Grether, U.; Kimbara, A.; Nettekoven, M.; Roever, S.; Rogers-Evans, Ma.; Schulz-Gasch, T., "Preparation of novel pyridine derivatives as cannabinoid receptor 2 agonists." WO 2014086705A1, **2014**.
68. (a) Lima, L. M.; Barreiro, E. J. Bioisosterism: A Useful Strategy for Molecular

Modification and Drug Design. *Curr. Med. Chem.* **2005,** *12,* 23–49.

(b) Sethy, S. P.; Meher, C. P.; Biswal, S.; Sahoo, U.; Patro, S. K. The Role of Bioisosterism in Molecular Modification and Drug Design: A Review. *Asian J. Pharm. Sci. Res.* **2013,** *3* (1), 61–87.

(c) Patani, G. A.; LaVoie, E. J. Bioisosterism: A Rational Approach in Drug Design. *Chem. Rev.* **1996,** *96,* 3147–3176.

69. (a) Wang, Z.; Fermini, B.; Nattel, S. Evidence for a Novel Delayed Rectifier K^+ Current Similar to Kv1.5 Cloned Channel Currents. *Circ. Res.* **1993,** *73,* 1061–1076.

(b) Fedida, D.; Wible, B.; Wang, Z.; Fermini, B.; Faust, F.; Nattel, S.; Brown, A. M. Identity of a Novel Delayed Rectifier Current From Human Heart With a Cloned Potassium Channel Current. *Circ. Res.* **1993,** *73,* 210–216.

(c) Brendel, J.; Peukert, S. Blockers of the Kv1.5 Channel for the Treatment of Atrial Arrhythmias. *Expert Opin. Ther. Patents* **2002,** *12* (11), 1589–1598.

70. (a) Taglialatela, M.; Castaldo, P.; Pannaccione, A. Human Ether-a-gogo Related Gene (HERG) K Channels as Pharmacological Targets: Present and Future Implications. *Biochem. Pharmacol.* **1998,** *55* (11), 1741–1746.

(b) Vaz, R. J.; Li, Yi; Rampe, D. Human Ether-a-go-go Related Gene (HERG): A Chemist's Perspective. *Prog. Med. Chem.* **2005,** *43,* 1–18.

(c) Kang, J.; Wang, L.; Chen, X. L.; Triggle, D. J.; Rampe, D. Interactions of a Series of Fluoroquinolone Antibacterial Drugs With the Human Cardiac K^+ Channel HERG. *Mol. Pharmacol.* **2001,** *59,* 122–126.

71. Virshup, A. M.; Contreras-García, J.; Wipf, P.; Yang, W.; Beratan, D. N. Stochastic Voyages into Uncharted Chemical Space Produce a Representative Library of All Possible Drug-Like Compounds. *J. Am. Chem. Soc.* **2013,** *135,* 7296–7303.

72. Based on Scifinder database search conducted on March 19th, **2020**.

73. (a) Reeder, E.; Sternbach, L.H. Process for Preparing 5-Phenyl-1,2-Dihydro-3H-1,4-Benzodiazepnes. US3109843, **1963.**

(b) Schlager, L.H. Novel 3-Hydroxy-1,4-Benzodiazepine-2-Ones and Process for the Preparation Thereof. US4388313, **1983**.

(c) Hester, J.B. "6-Phenyl-4H-s-Triazolo[4,3-a][1,4]Benzodiazepines. US3987052, **1976**.

(d) Tachikawa, R.; Takagi, H.; Miyadera, T.; Kamioka, T.; Fukunaga, M.; Kawano, Y., Antidepressant Benzodiazepine, DE 1812252, **1968**.

74. Lipinski, C. A.; Lombardo, F.; Dominy, B. W.; Feeney, P. J. Experimental and Computational Approaches to Estimate Solubility and Permeability in Drug Discovery and Development Settings. *Adv. Drug Deliv. Rev* **1997,** *23,* 3–25.

75. DiMasi, J. A.; Hansen, R. W.; Grabowski, H. G.; Lasagna, L. Cost of Innovation in the Pharmaceutical Industry. *J. Health Econ.* **1991,** *10,* 107–142.

76. Veber, D. F.; Johnson, S. R.; Cheng, H. Y.; Smith, B. R.; Ward, K. W.; Kopple, K. D. Molecular Properties That Influence the Oral Bioavailability of Drug Candidates. *J. Med. Chem.* **2002,** *45,* 2615–2623.

第6章

体外ADME与体内药代动力学

前面的章节介绍了从生物活性角度研究构效关系（SAR）并最终筛选出能与靶点产生良好作用的化合物。毋庸置疑，针对靶点的生物活性是获得新治疗实体（new therapeutic entity，NTE）过程中需要考虑的重要因素。然而，倘若仅以获得对单一靶点具有最强活性的化合物为研究目的，那么将与真正的药物研发相距甚远。如前所述，如果化合物对目标靶点的选择性差，意味着其可能具有脱靶效应，可能会妨碍后续的研发。此外，诸如水溶性、渗透性和亲脂性等化合物的理化性质也会对药物研发的成功与否产生决定性的影响。

现代药物研发要求在研究早期即对化合物的各种理化性质开展研究，然而过去却并非如此。在1988年以前，药物研发人员投入大量的精力致力于获得活性化合物，而在确定候选药物之前，很少涉及化合物的溶解性、稳定性、药代动力学（pharmacokinetics，PK）性质和毒性等研究问题。到20世纪80年代中期，临床开发失败率和研究成本越来越受到重视，过去的研发方式显然并不可取。为了明确临床候选药物失败的原因，普伦蒂斯（Prentis）等研究了1964～1985年英国7家制药公司候选药物临床失败的原因[1]。他们的研究得到了一个令人吃惊的结论，即约40%的临床候选药物的失败是由药代动力学性质方面的缺陷造成的。

简单而言，一种化合物的药代动力学特征可被理解为人体对该化合物的“反应和处置”。例如，化合物是否能在胃肠道内被持续吸收？如果不能，那么该化合物是不可能成为药物的。化合物是否能广泛分布于全身或集中于某些特定的器官和组织？如果一个靶向中枢神经系统（central nervous system，CNS）的化合物不能通过血脑屏障（blood-brain barrier，BBB），那么它将永远不能达到预期靶点。化合物的代谢情况如何？哪些酶对其代谢至关重要？发生快速代谢的活性化合物通常在其产生药理作用之前即被肝脏清除出体循环。化合物会被肾脏迅速排泄还是重吸收？肾脏的排泄作用可将化合物从体循环中除去，阻碍其持续发挥生物活性。总之，化合物在体内的吸收（absorption）、分布（distribution）、代谢（metabolism）和排泄（excretion）的情况，通常被称为该化合物的体内ADME性质。

由于未能有效研究候选化合物的药代动力学性质和体内ADME性质，制药行业错失了节省数千万美元的良机。了解分子的这些特征有助于预测药物能否通过严苛的临床试验。新药研发成功上市的最大支出在于临床开发阶段，因此有效地预测临床候选药物的成功或失败，能大幅降低新药研发的风险和成本。

幸运的是，在过去几十年中，制药行业开发了大量的方法和技术来研究早期发现阶段化合物的体内ADME性质和药代动力学性质。高通量筛选机器人、复杂检测系统、特异性细胞系统和先进的分子建模软件技术均被用于确定体外ADME性质，并以此来预测其体内ADME性质。研究化合物在动物体内的药代动力学性质常被用来预测哪些化合物能够到达体内的生物靶点，并预测药物在人体内的表现。此外，科学家已经对药物的化学结构、理化性质、体外ADME和体内药代动力学性质之间的关系有了更深入的理解，因此，采用与之前用于优化靶点活性相同的结构改造循环的研究策略能够设计出理化性质得以改善的新结构。这一策略的积极影响已经显现，1991～2000年，由于药代动力学性质不佳而导致的临床失败案例显著减少。在1991年，39%的临床失败归因于药物的药代动力学性质缺陷，而到了2000年，由于制药公司强化了对药物的药代动力学性质筛选，这一数字下降至仅8%（图6.1）[2]。

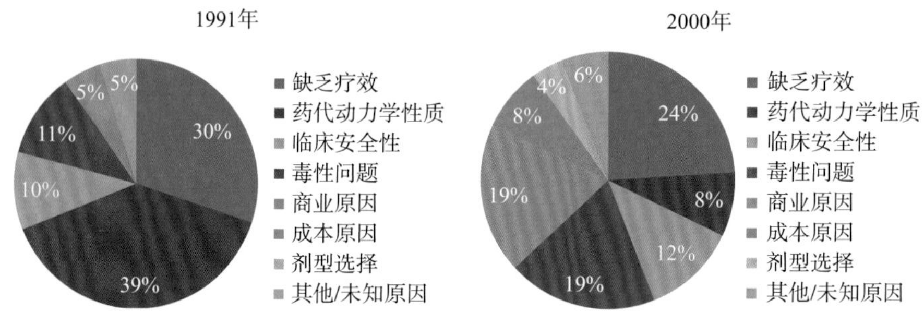

图6.1 **1991年，制药行业中约39%的药物临床开发失败是由药物的药代动力学性质不佳导致的；到了2000年，由于在设计之初即考虑改善药物的理化性质，使得因药代动力学性质缺陷而导致研发失败率显著降至8%**

在理想状态下，可以监测全身范围内药物浓度随时间和剂量改变而发生变化的情况，这可为药物的吸收、在各个组织和器官中的分布，以及其随后在体内的清除提供一个实时的了解。然而，这在实际情况下却是不现实的。虽然有一些方法可以检测研发后期药物在各种组织和器官中的分布水平，但在研发早期即开展此类实验会消耗过于高昂的费用。与其开展药物在组织和器官中的研究，不如确定药物在体循环中的浓度，然后通过测定药物的清除率（clearance，CL）、分布容积（volume of distribution，V_d），半衰期（half-life，$t_{1/2}$）和生物利用度（bioavailability，%F）来确定化合物的药代动力学性质（图6.2）。以下将对这些参数进行更为详细的分析。

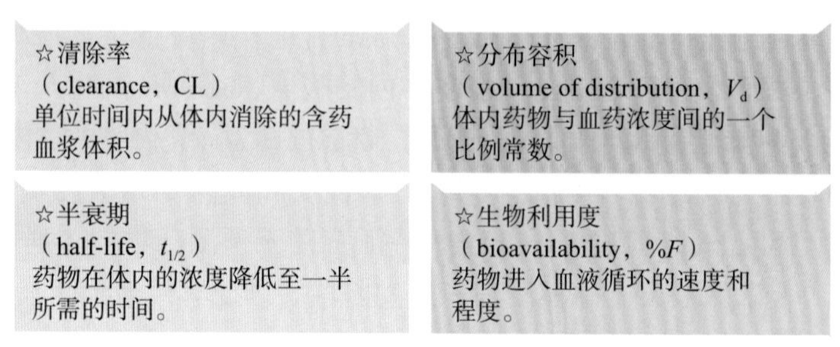

图6.2 **重要的药代动力学参数**

清除率（CL）描述了机体如何有效地从体循环中清除药物，通常定义为单位时间内从体内消除的含药血浆体积。消除是指原药被排出体外或被代谢转化为新化合物（代谢产物）。分布容积（V_d）是一个数学术语，是指血浆中的药物浓度与整个身体的药物总量的比值。正如本章后半部分所讨论的那样，表观分布容积不是一个真实的体积，可能会大大超过身体的实际体积。半衰期（$t_{1/2}$）是指血药浓度下降50%所需的时间，其取决于药物的清除率和表观分布容积。生物利用度（$\%F$）是指制剂中药物被吸收进入体循环的速度与程度。口服生物利用度表示口服药物进入体循环的药物量占口服药物量的百分比。

值得注意的是，制药行业非常重视药物的口服药效。虽然还有多种其他给药方式，如静脉注射、透皮贴剂（transdermal patches）、甚至鼻内递送系统（intranasal delivery system）等，但如果不能口服给药，候选化合物很可能会被放弃。如果能够获得化合物的各个药代动力学参数，如清除率、分布容积、半衰期和生物利用度，那么就可以预测该化合物是否能以足够的药物浓度到达预期的生物靶点并发挥相应的药理作用。

这些参数的获得将有助于决定是否向前推进候选化合物的研发，但仍需慎重考虑，以便利用这些参数挑选发现真正合适的化合物。例如，假设某化合物具有出色的体外活性和靶点选择性，但其生物利用度不支持口服给药，那么原则上可以尝试设计新的结构类似物以提高其生物利用度。但是，影响生物利用度的因素很多，因此明确影响生物利用度的因素和通过高通量筛选来模拟这些因素将会极大地促进研发工作。类似地，设计清除率、分布容积和半衰期改善的化合物也是如此，如果能够明确它们的影响因素，然后将化学结构的变化与这些因素关联起来，建立构性关系数据集，并利用这些数据集优化化合物的药代动力学性质，就可以提高药物研发成功的可能性。那么，哪些是影响清除率、表观分布容积、半衰期和生物利用度的因素？又该如何利用它们呢？

简而言之，药物的口服药代动力学性质主要通过以下因素决定：①药物在胃肠道的吸收；②药物在体循环、细胞外液和组织中的分布；③药物的代谢速率；④药物从肾脏中排泄的速率。药物通过代谢和排泄从机体内被清除（图6.3A）。经口服给药后，血药浓度将随着药物的吸收而升高。随着药物在机体内的分布，药物通过代谢和排泄从体循环中清除。在单剂量下，当药物的吸收速率等于消除速率时，药物达到峰浓度（maximum concentration，C_{max}），此时对应的时间称为达峰时间（T_{max}）。当消除速率大于吸收速率时，血药浓度开始下降。药物吸收完成后，药物最终将通过消除途径从机体清除（图6.3B）。因此，为了能通过结构改造改善药物的药代动力学性质，有必要了解影响药物吸收、分布、代谢和排泄的基本因素。

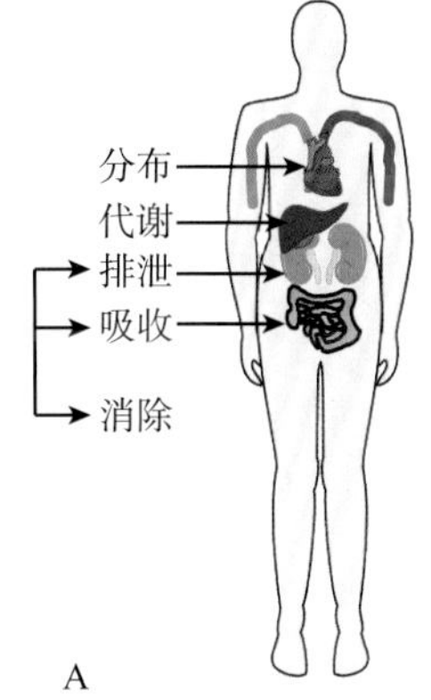

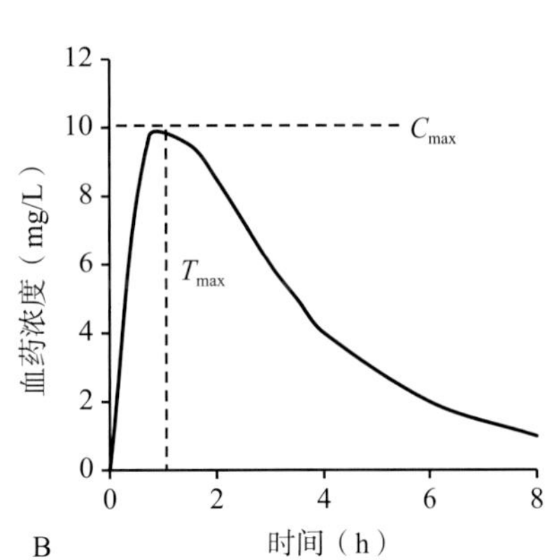

图6.3　A.药物口服的药代动力学性质是由其吸收、分布、代谢和排泄决定的。B.药物经口服给药后，血药浓度将随时间而升高，直至达到峰浓度（C_{max}），所对应的时间为达峰时间（T_{max}）。当药物的消除速率超过吸收速率时，血药浓度下降，吸收过程完成后，药物将进入消除过程

6.1 吸收

如前所述，制药行业极其关注口服给药，理想情况是采用每日一次的给药方案，从而提高患者的依从性。为了实现口服有效性，药物必须容易被人体吸收。影响吸收的关键因素是溶解度（solubility）和渗透性（permeability，通过生物屏障的能力）。在一系列化合物中，通过结构改造优化其性质、提升其吸收，从而改善其药代动力学性质。

6.1.1 溶解性

固体片剂是口服给药的优选方法。口服药物吸收的第一步是溶解于胃肠道内的液体中。药物的溶解度即药物在溶液中可达到的最大浓度，是口服给药的关键因素。药物不能溶解于溶液就不易被机体吸收。无论药物多么有效、选择性多么强，如果不能被吸收，将不能达到预期的靶点，从而无法获得治疗效果。换言之，低溶解度的化合物很可能存在吸收问题，因而不太可能成为上市药物。

实质上，任何材料溶解到溶剂中都需要溶剂分子破坏包裹固体分子间的相互作用。在溶解的过程中，该固体分子间的相互作用变成溶剂与固体分子间的相互作用（图6.4）。因此，化合物的水溶性就是固体分子分散并与水分子形成能量上有利的相互作用的能力。对于化合物而言，可以通过控制和改变多种因素增加其水溶性。例如，化合物随着分子量的增加，水溶性将降低。对比2-氨基咪唑烷酮类Kv1.5阻断剂（**1**）和（**2**）的结构可以看出，中心咪唑烷酮和左侧苯环之间延伸的连接链使得化合物分子量增加，导致化合物（**2**）比（**1**）的水溶性降低了约80%（图6.5）[3]。

也可以通过化学结构修饰增加极性来改善化合物的水溶性。在化学结构中添加极性基团、增加氢键供体和受体的数量，或者加入可电离基团均能增强化合物的极性。甚至，有时即便单个氢键供体或受体基团的引入都会对溶解度产生显著影响。例如，氨基咪唑烷酮Kv1.5阻断剂（**3**）和（**4**），将化合物（**3**）结构中的甲基取代为甲氧基，导致化合物（**4**）的水溶解度提高了约2倍（图6.5）。增加极性并形成额外氢键也是改善水溶性的关键因素。

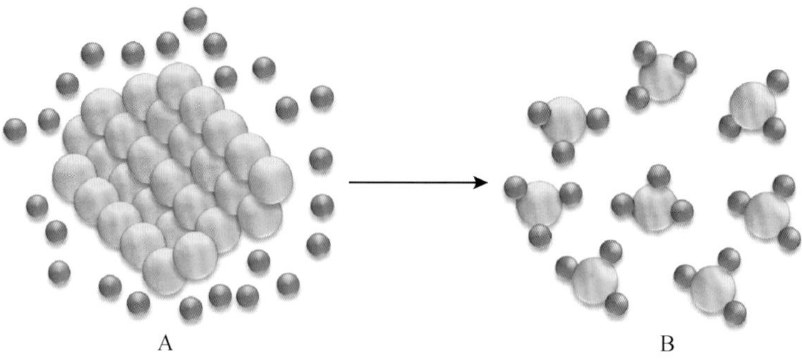

图6.4 当药物（黄色）溶解于水（蓝色）中时，水分子将会破坏固态药物分子间的作用并进入药物分子之间，与药物分子形成有利的相互作用

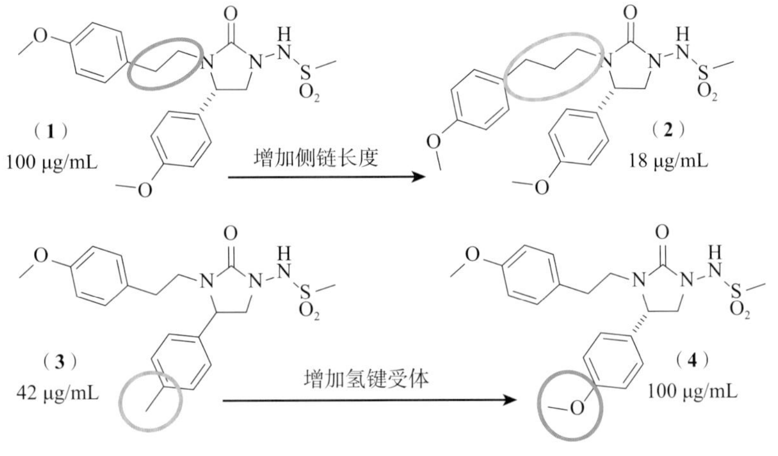

（1）
100 μg/mL
增加侧链长度
（2）
18 μg/mL
（3）
42 μg/mL
增加氢键受体
（4）
100 μg/mL

图6.5　**以化合物（1）和（2）为例，引入亚甲基增加了碳链的长度（分子量增加），导致水溶性降低了约80%。如化合物（3）和（4）所示，通过增加一个氢键受体，使得化合物（4）的水溶性提高了约2倍**

例如，在苯并咪唑-2-酮雄激素受体拮抗剂系列化合物中（图6.6），在化合物（**5**）的结构中引入氰基得到化合物（**6**），其分子极性增加且引入了额外的氢键受体，使得化合物（**6**）的溶解度比化合物（**5**）提高了约5倍。类似地，在化合物（**7**）的结构中引入氟原子和*N*-甲基乙酰胺得到化合物（**8**），使得其分子极性增大并增加了氢键供体和受体取代基。因此，化合物（**8**）与（**7**）相比，水溶性提高了75倍以上[4]。

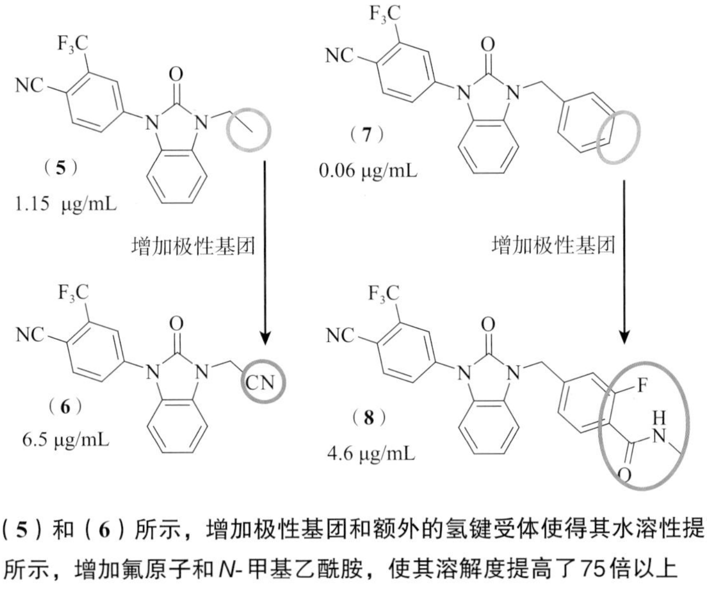

（5）
1.15 μg/mL
（7）
0.06 μg/mL
增加极性基团
增加极性基团
（6）
6.5 μg/mL
（8）
4.6 μg/mL

图6.6　**如化合物（5）和（6）所示，增加极性基团和额外的氢键受体使得其水溶性提高了约5倍。如化合物（7）和（8）所示，增加氟原子和*N*-甲基乙酰胺，使其溶解度提高了75倍以上**

在某些情况下，简单地根据生物电子等排原理的碳氮原位替换也能显著改善化合物的水溶性。例如，六氢吡嗪并喹啉类化合物（**9**）和（**10**）（图6.7），这种简单的结构变化对多巴胺D_3结合的影响很小（IC_{50}分别是5.1 nmol/L与9.7 nmol/L），但使溶解度增加了50倍[（**9**）与（**10**）相比，溶解度由1 mg/mL增加至50 mg/mL]。在该实例中，化合物（**10**）

的吡啶氮原子既能形成氢键作用，又能接受质子而成盐，因此与化合物（**9**）相比，其水溶解度获得了额外的提升[5]。

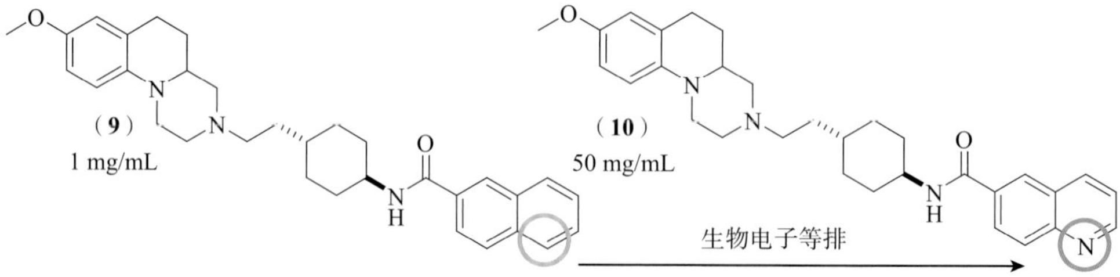

图6.7 **如图所示，化合物（9）和（10）通过生物电子等排原理将萘环取代为喹啉，使得化合物的水溶性提高了50倍，而体外活性却变化很小**

此外，引入羧酸或碱性胺基的结构修饰也是增加水溶性的常见方法。事实上，超过70%的上市药物含有碱性胺基，而中性的药物只占不到5%[6]。结构中存在的可电离基团在适当的pH缓冲系统中可形成带电物质，使水溶性提高几个数量级。例如，组蛋白脱酰酶抑制剂（**11**）和（**12**）（图6.8），二甲氨基取代醇羟基可使溶解度增加122倍，由原来的5 μg/mL增加至610 μg/mL。虽然醇羟基也能形成氢键，但二甲胺基的可电离特性促使水溶性显著提升[7]。

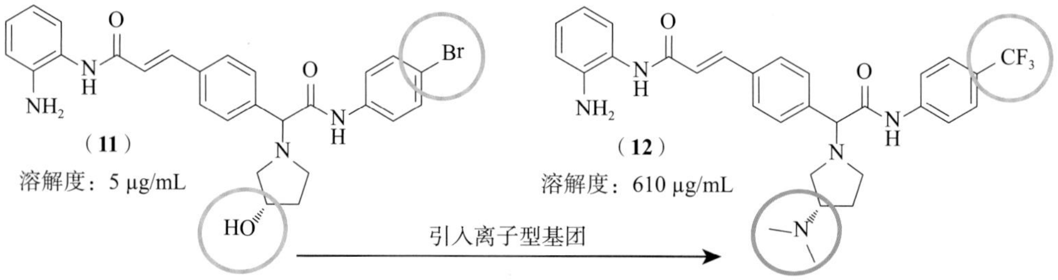

图6.8 **如图所示，化合物（11）中的羟基可形成氢键，将其取代为可离解的二甲氨基时，化合物（12）的水溶性提高了100倍以上**

以上讨论的结构修饰的共同点在于降低化合物的整体亲脂性。通常，在一系列化合物中，化合物的水溶性会随着其亲脂性的降低而增加。化合物的亲脂性可通过测定其在1-辛醇/水体系中的分配比来判定，亲脂性强的化合物容易在1-辛醇层中分布，而亲脂性弱（极性更大）的化合物优先分布于水层。这种分布现象的物理测试更加直接且容易实现。在大多数情况下，这种分配比可通过化学软件进行计算，并以对数表示，即log *P*（或*c*log *P*），通常指在中性条件下（pH = 7）的计算值[8]。术语log *D*的使用较少，是指于pH 7.4或生理pH下化合物在1-辛醇与水之间的分配比[9]。当然，上述比值也可作为亲水性的考量。这一概念也在药物的渗透性中广泛应用，后文将再次讨论。

在某些情况下，可以通过降低固体化合物的稳定性来增加溶解度，如结构中含有平面特征的化合物即可用这种方法。平面特征通过彼此有效堆叠形成固体形式，特别是对于芳香族化合物，π-电子云相互作用以能量有利的方式相互堆叠构成固体特征。引入取代基以阻止相互堆叠或去除体系的芳香特征能消除这些相互作用，进而降低固态化合物的稳定性，促进化合物水溶性的改善。以Hedgehog信号通路抑制剂（**13**）和（**14**）为例，全芳香体系的化合物（**13**）与环己基取代苯环后的化合物（**14**）相比，溶解度相差近10倍（图6.9）[10]。这种结构改变使得化合物丧失平面性，降低了固体内部相互作用的能量，也降低了水对化合物溶剂化的能垒。相似地，增加化合物的可旋转键的数量也可导致固体化合物稳定能量的降低，从而降低溶剂化所需的能量。

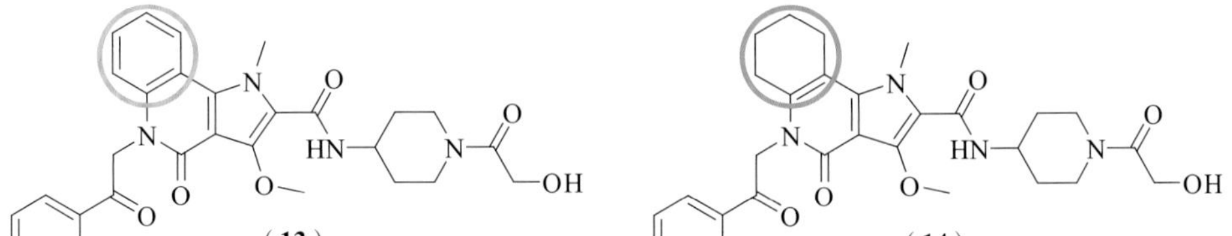

（**13**）
8.4 μg/mL

（**14**）
80 μg/mL

图6.9　**以化合物（13）和（14）为例，将Hedgehog通路抑制剂（13）的苯环替换为环己基，消除可能的π-堆叠作用并降低平面性，所得化合物（14）的水溶性提高了近10倍**

对于药物研发中的溶解度，新药研究专家反复思考的问题是，化合物需要具有多大的水溶性才会被推进至下一个研发阶段？回答这一问题并不容易，需要考虑诸多方面，但是首先要考虑的因素就是目标化合物的分子量和其靶点活性。例如，一个化合物的分子量为400，如果该化合物的靶点活性为IC_{50} = 1.0 μmol/L，那么需要血药浓度达到IC_{50}的3倍方能获得期望的治疗效果，因此该化合物的最小水溶解度需要达到1.2 μg/mL。另外，如果化合物的IC_{50} = 10 nmol/L，则化合物的溶解度仅需0.012 μg/mL便可达到所需的血药浓度（IC_{50}的3倍），也就是说其溶解度要求降低了，只为原来的1/100。总之，随着靶点活性的增加，溶解度要求也相应降低。

需要注意的是，化合物的溶出度（dissolution rate），即化合物的溶解速率，经常被忽视。如前所述，化合物在水中溶解的过程是固体药物分子矩阵间的相互作用被水分子打破的过程。无定型药物的溶解能垒要低于其晶体药物，因此无定型药物的溶解过程快于相应的晶体药物。内部无序性使得无定型药物的内部排列状况不如晶体药物规律，所以其所需的溶解能量更低。同一化合物不同晶型之间的溶解速率也差异较大，这通常是指多晶型药物。多种晶型可以形象地看成一系列立方体的不同排列形式（图6.10）[11]。立方体存在多种排列堆积的形式，但一些堆积形态明显更不稳定、更脆弱。小立体砌块的角堆叠（图6.10左侧图形）与边沿堆叠（图6.10中间图形）相比，稳定性要更差。而如果小立体砌块按照面面相接的形式进行堆叠（图6.10右边图形）将形成十分牢固的形态。当然化合物的晶型骨架形态要比上述立方体砌块的组成形式复杂得多，但我们可以从上述例子一窥要点。

有趣的是，当药物在溶液中析出时[通常指制备活性药物成分（active pharmaceutical ingredients，API，也称为原料药）的过程中]，通常是首先析出不太稳定的多晶态，之后经过一段时间重组得到更稳定的晶型。这一概念在1897年首先被威廉·奥斯特瓦尔德（Wilhelm Ostwald）提出，被称为奥斯特瓦尔德规则（Ostwald’s rule），这一规则对药物的

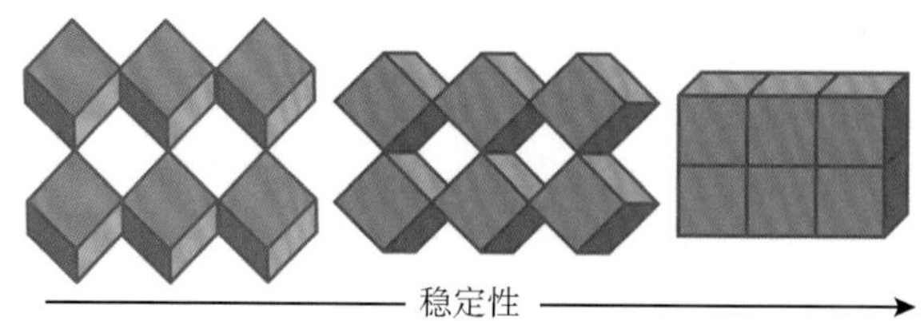

图6.10 同一化合物不同晶型的稳定性可以看成是一系列立方体不同的堆砌方式，其稳定性因不同的堆积方式而显著不同

临床应用有重要的影响[12]。例如，抗HIV药物利托那韦（ritonavir）于1996年获批上市，但之后药物中出现了另一个未知的更稳定晶型，而这一晶型与之前的晶型完全不同，溶解性变差，导致利托那韦于1998年撤市[13]。这一事件将会在第10章中重点介绍。

6.1.2 渗透性

化合物分散于溶液中后，还必须能够通过将胃肠道与体循环分开的细胞屏障。换言之，该化合物必须具有渗透性（permeability，也称为透膜性）。如果化合物不能透过细胞膜，即便具有很强的活性和水溶性也不可能成为口服给药的药物。化合物若不能被吸收，就不能到达靶点，也就不会产生疗效。渗透性是药物能否发挥作用的关键决定因素。一旦进入体循环，药物可能还需要通过其他细胞屏障。例如，如果靶点位于特定的细胞类型（如肝细胞），则药物必须能通过胃肠道和肝细胞膜屏障，才能发挥药效。不同细胞之间的渗透性不尽相同，细胞的膜组成、结合紧密度（细胞之间的空间）和转运体（transporter，也称为转运蛋白）活性的差异都会影响药物的渗透。例如，靶向CNS的药物必须能通过血脑屏障，而对此类药物有更多的限制要求，药物必须能跨越紧密的细胞连接和保护大脑免受异物影响的转运体等形成的障碍，才能发挥药效。

药物透膜的转运模式有五种（图6.11）：被动扩散（passive diffusion）、主动转运（active transport）、内吞（endocytosis）、外排（efflux）和细胞旁路转运（paracellular transport）[14]。药物通过胃肠道最常见的转运形式是被动扩散，大约95%的上市口服药物采用被动扩散转运方式。简言之，被动扩散是指药物从高浓度区域（如胃肠道）向低浓度区域（如体循环）的扩散。药物的极性在被动扩散过程中发挥主导作用，因为药物要发生被动扩散，必须离开水性区域，透过细胞膜的磷脂双分子层，之后再次进入生物膜的另一侧水性区域。中性药物比离子型药物更容易进行被动扩散。由于化合物需要穿过胃肠道膜内侧和外侧两道生物屏障，使胃肠道中的吸收变得更加复杂化。

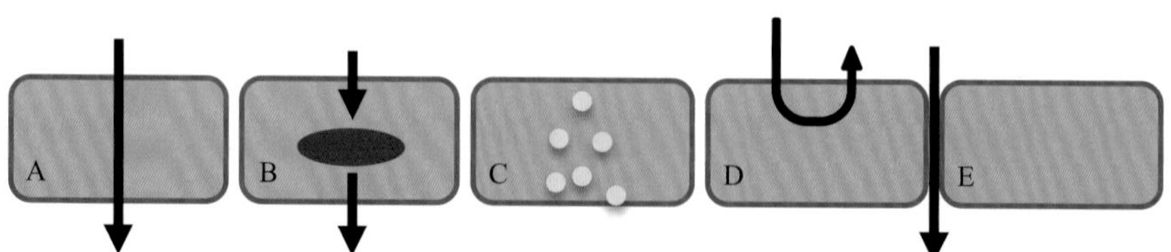

图6.11 A. 被动扩散；B. 主动转运；C. 内吞；D. 外排；E. 细胞旁路转运

体内环境的pH也会影响被动扩散的速率。在胃液酸性区域内，碱性药物在较大程度上发生质子化，因此通过胃黏膜细胞膜的可能性很低。另外，在碱性环境里，碱性药物基本上呈中性状态，因而更易发生被动扩散。从性质上而言，酸性药物面临的情况正好与上述碱性药物相反。

第二种可将化合物转运通过细胞膜的方式是主动转运[15]。当然，胃肠道通过多种主动转运系统来吸收营养物质，许多药物可以利用主动转运系统透过胃肠道进入体循环。其他类型细胞的主动转运也是物质进入细胞的重要方式。在大多数情况下，主动转运的进行需要跨膜蛋白的参与，且需要消耗能量（ATP）。但是，主动转运方式远没有被动扩散普遍。

化合物通过生物膜屏障还可能采用内吞作用和细胞旁路转运的方式，但这些方式远比被动扩散少见。内吞作用首先将化合物捕获于细胞外表面的膜囊泡中，然后经过细胞膜运输到细胞另一侧，囊泡重新打开释放出化合物[16]。细胞旁路转运是利用细胞间某些特定类型的膜空隙实现药物的转运[17]，化合物可以通过胃肠道细胞和肾脏细胞的间隙，或其他的细胞膜“漏洞”实现转运，避免了细胞膜的亲脂性环境。亲水性化合物不能扩散到细胞膜的脂质层中，可以以细胞旁路转运的方式运输，但要求药物分子足够小，且能适宜细胞之间的空隙（通常为8Å），而较大的化合物（如蛋白质）则会由于过大而无法进行细胞旁路转运。

被动扩散、主动转运、内吞和细胞旁路转运都能将化合物从生物屏障的一侧移动到另一侧，通常是沿着浓度梯度移动，但并非总是如此（如主动转运）。然而，细胞膜中存在一些旨在保护机体免受异物侵害的系统，如外排转运体（efflux transporter），通常可将化合物沿浓度梯度逆向运输。当然，这些系统需要消耗能量，但其作用会降低化合物透过细胞膜的能力。简言之，进入细胞膜的化合物如果被外排转运体系统捕获，随后将被排出细胞膜外，导致化合物渗透性总体降低。

其中一个典型的例子是P糖蛋白（P-glycoprotein，P-gp）（图6.12）[18]，P-gp是一种外排蛋白，是ATP结合转运体家族的成员之一[19]。与许多其他蛋白不同，P-gp的分布非常广泛，在脑、肝、肾、肠和子宫等组织中大量表达。原则上，P-gp能够抑制化合物从胃肠道进入体循环，然而由于口服给药的浓度很高，远远超出了肠道中P-gp的外排能力，所以药物还是可以顺利进入体循环。而在药物浓度较低的区域，如血脑屏障，P-gp和其他运输系统的影响则不容小觑。在这种情况下，血药浓度不大可能超过P-gp的容量，因而靶向CNS功能的药物会极大地受到P-gp的影响，而P-gp可以有效地阻止药物进入大脑。除此之外，还

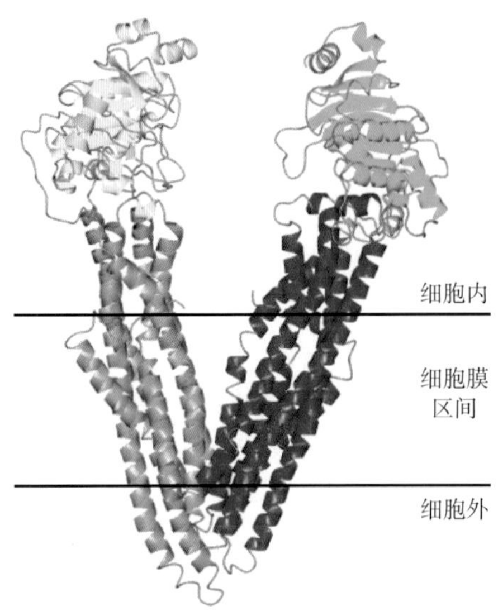

图6.12 P-gp外排泵是一种跨膜蛋白，由两个跨膜的α螺旋和连接到跨膜区的球状结构域组成。ATP水解提供必要的能量，帮助P-gp底物通过浓度梯度（RCSB编号：4Q9H）

包括一些其他的外排转运体，如乳腺癌耐药蛋白（breast cancer resistant protein，BCRP）[20]和多药耐药蛋白2（multidrug resistance protein 2，MDR2）[21]。这三种转运体在由化疗诱导的肿瘤细胞耐药中发挥了至关重要的作用。

综上所述，化合物的总渗透性是所有跨膜转运方式影响的总和。然而，鉴于超过95%的药物分子通过被动扩散进入体循环，因此通过改善被动扩散作用来提高药物的整体渗透率是研究工作的重点。亲脂性和极性是被动扩散的主要驱动因素，但二者之间存在平衡关系。极性过大的化合物不易去溶剂化，难以通过细胞膜磷脂双分子层中的非极性区域。另外，疏水性化合物（非极性）虽然可渗透进入细胞膜，却会停留在细胞膜内不易离开，因为细胞膜内部是疏水性化合物良好的停留之处。可以采用不同的策略来解决极性和疏水性的问题。大极性侧链如羧酸对渗透性具有显著的负面影响，因此为了使化合物穿过细胞膜，中性环境是必需的。在许多生理环境中，羧酸基本以去质子化形式存在。例如，由于结构中含有羧基，环丙沙星（ciprofloxacin）的细胞渗透性很低（图6.13）。将羧基转化为甲酯后，化合物（**16**）的渗透性提高了10倍。类似地，抗流感药神经氨酸酶抑制剂GS-4071（图6.13）不能从胃肠道进入体循环[22]，而通过将羧基乙酯化转化为奥司他韦［oseltamivir，达菲®（Tamiflu®）］后，后者能够进入体循环，并通过血浆中的酶解作用转化为活性原药（GS-4071）。这也是基于前药的设计策略，用以增加药物的渗透性，而前药策略是药物研发中的常用方法[23]。

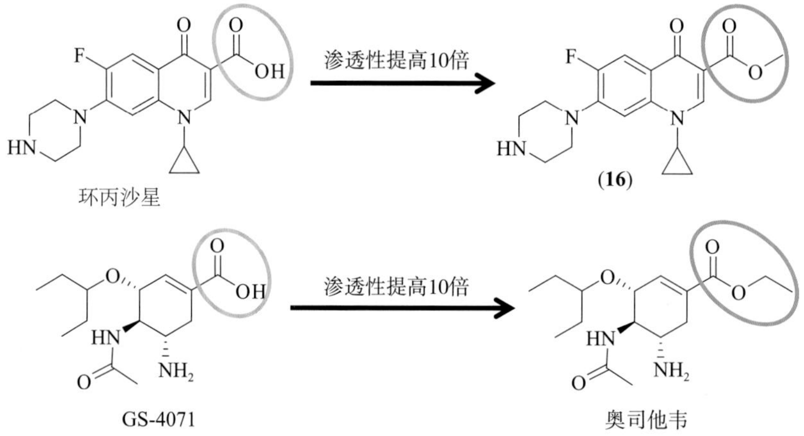

图6.13 将含有羧基的药物（如环丙沙星、GS-4071）转化为相应的酯类前药［如化合物（16）、奥司他韦］，会使药物的渗透性提高10倍

改变化合物的碱性也可引起渗透性的显著变化。需要再次强调，中性是化合物具备透膜能力的一个重要因素。在生理条件下，碱性化合物发生质子化，渗透能力受到限制。换言之，化合物碱性太强，以游离碱形式存在的比例较少，导致渗透性差，难以穿过细胞膜。可通过调节化合物的pK_a值增加其渗透性。以IKKβ抑制剂（图6.14）为例，当化合物（**17**）的四氢吡咯环开环，生成二甲胺［化合物（**18**）］后，其渗透性增加了25倍。这种简单的结构变化使得化合物的pK_a值降低了2个单位，增加了能够参与被动扩散的游离碱的量。而在结构中增加氟原子所得化合物（**19**）的pK_a值相应降低，也促进了其渗透性的增加[24]。

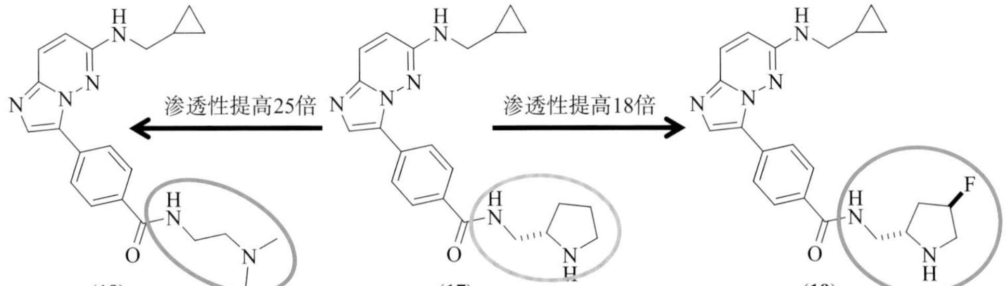

图6.14　**通过改变氨基的碱性可提高化合物的渗透性。将化合物（17）的四氢吡咯环开环生成二甲胺基，所得化合物（18）的渗透性提高了25倍。在四氢吡咯环上引入氟原子，所得化合物（19）的渗透性提高了18倍。在这两个实例中，化合物（18）和（19）的pK_a值降低了2个单位**

如前所述，亲脂性代表了化合物进入非极性基质（如细胞膜）的能力，这也是被动扩散的关键驱动因素。理论上，可通过测定水溶液中膜内化合物的相对浓度来确定化合物如何在两者中进行分布。在实际情况中，通常以1-辛醇和水之间的分界来代表膜-水间的界面。通过实验测定化合物在1-辛醇和水中的浓度，将化合物在1-辛醇和水中浓度比值的对数值定义为log *P*。也可通过软件计算获得，所得的计算值即为clog *P*。log *P*和clog *P*均指水溶液pH为7时的数值[25]。

通过结构修饰使化合物的clog *P*值接近于大多数口服药物的clog *P*值，可增加化合物的渗透性。通常，clog *P*值在1～3范围内被认为是最佳的，尽管实际的最优值是由化合物本身的特性决定的。例如，肾素抑制剂（renin inhibitor）（**20**）与（**21**）（图6.15），化合物（**20**）的吡啶酮部分被醇和3, 4-二氟苯基取代后得到化合物（**21**），其clog *P*值从1.73增加至3.17，化合物的极性降低。最终，通过增加亲脂性使得化合物（**21**）的渗透性提高了10倍[26]。以β分泌酶-1（β-secretase-1，BACE-1）抑制剂（**22**）（**23**）和（**24**）为例（图6.16），化合物（**22**）的亲脂性过强，其clog *P*值为5.55。通过结构改造在亲脂性的叔丁基中引入氰基生成化合物（**23**），有效降低了化合物的clog *P*值（降低至4.80），这一微小的结构变化使得其渗透性提高了8倍。进一步将叔丁基整体取代为氰基生成化合物（**24**），clog *P*值降低至3.86，渗透性提高了2倍[27]。

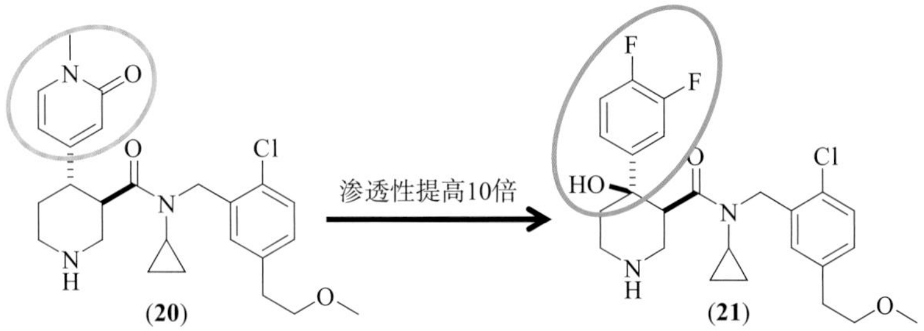

图6.15　**通过改变clog *P*值来提高化合物的渗透性。将化合物（20）结构中的吡啶酮取代为3, 4-二氟苯基基团并引入三级醇羟基得到化合物（21），其clog *P*值增大，渗透性提高了10倍**

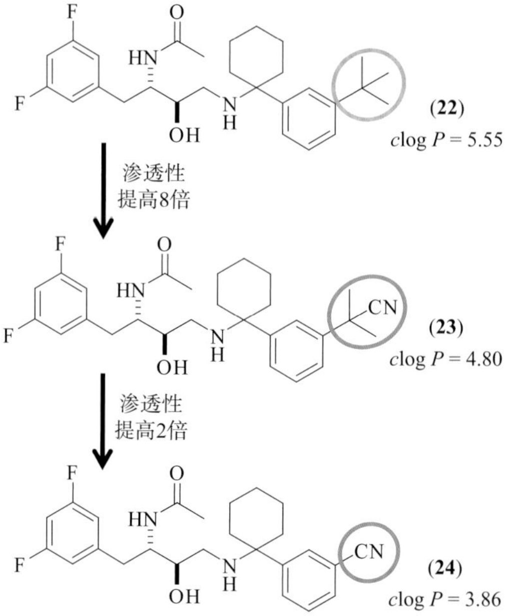

图6.16 通过降低clog *P*值，使β分泌酶抑制剂的渗透性最终提高了16倍。在化合物（**22**）的叔丁基中引入氰基得到化合物（**23**），其clog *P*值从5.55降至4.80。而后以氰基取代叔丁基整体得到化合物（**24**），其clog *P*值进一步由4.80降至3.86

化合物的相对极性也可用极性取代基的表面积之和来表示，也称为化合物的拓扑极性表面积（topological polar surface area，TPSA）。调整化合物的TPSA可以显著地改变化合物的渗透性。例如，在羟乙胺BACE-1抑制剂中，含有羰基的化合物（**25**）与不含有羰基的化合物（**26**）相比，渗透性相差20倍（图6.17）[28]。

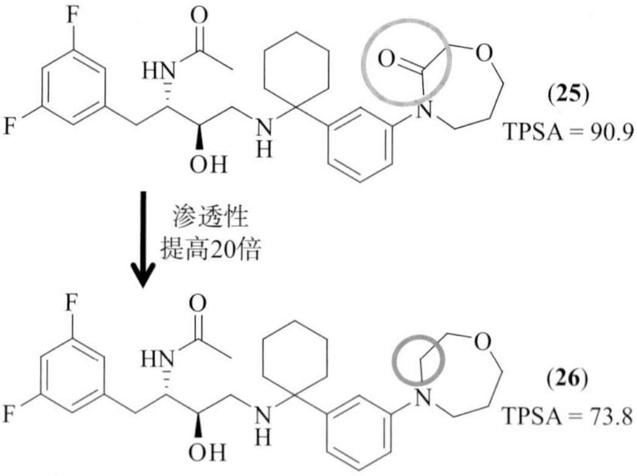

图6.17 去除BACE-1抑制剂（**25**）结构中的羰基得到化合物（**26**），其渗透性提高了20倍

不仅可以通过调节化合物的极性、亲脂性和TPSA来改善渗透性，还可以通过对其刚性结构进行改造来改善渗透性。例如，减少可旋转键的数量、增加化合物的刚性也会对渗透性产生积极的影响，常用的方法包括插入双键、成环，或增加空间位阻以抑制分子的旋转（图6.18）。在上述各种情况下，化合物的结构改造可使其从水环境转移至细胞膜脂质

环境时经历较少的熵变。这降低了化合物在亲水、疏水之间过渡所需的总能量，从而增加了化合物总的渗透性。

达到透膜最佳水平需要在亲水性和亲脂性之间实现一种微妙的平衡。在一些情况下，为了更大程度地提高渗透性而开展的结构改造，可能会对化合物的水溶性造成负面影响。例如，如图6.17所示，去除羰基降低了化合物的极性，对渗透性具有积极影响，但是潜在氢键供体的损失会对溶解度产生负面影响。通过引入不饱和位点、环化或增加化合物的刚性（图6.18），也可能给水溶性带来不利的影响。很重要的一点是，在一系列化合物中，具有最高水溶性的化合物可能与具有最高渗透性的化合物完全不同。在新药研发项目中，可能需要在优化一种特性和优化另一种特性之间进行选择，但必须慎重选择需要优化的性质，因为这两种性质对于药物的吸收和口服生物利用度而言都是举足轻重的。

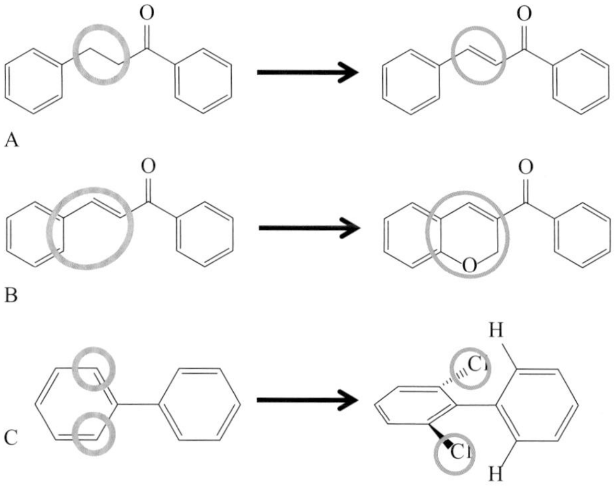

图6.18　**A.双键的引入降低了可旋转键的数量。B.新环的形成限制了旋转自由度。C.侧翼基团的引入限制了键的旋转**

生物药剂学分类系统（biopharmaceutics classification system，BCS，图6.19）的提出为科学家评估与化合物吸收相关的风险提供了帮助，这一系统涉及化合物的溶解性、渗透性及口服给药的可能性。对于高水溶性和渗透性的BCS Ⅰ类化合物而言，最有可能实现口服给药。相反地，BCS Ⅳ类化合物以口服方式给药的风险最大，因为其水溶性和渗透性均不理想，严重限制了药物的吸收。低水溶性、高渗透性的化合物（BCS Ⅱ类）可能需要特殊剂型，而对于低渗透性、高水溶性的化合物（BCS Ⅲ类），前药策略可能是比较适宜的选择[29]。

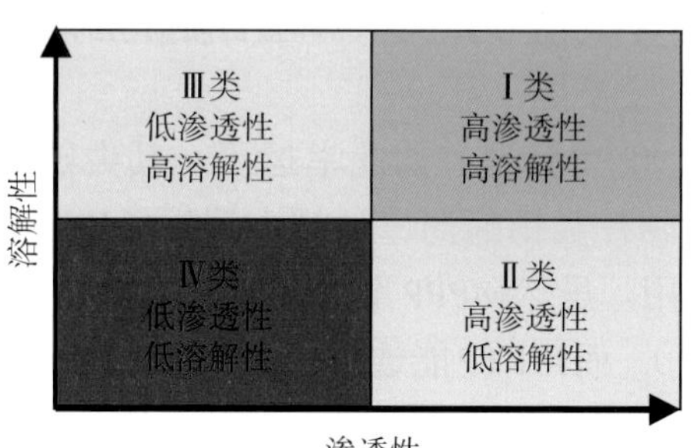

图6.19　**生物药剂学分类系统（BCS）根据化合物的溶解度和渗透性将化合物分为四类。Ⅰ类化合物最易开发成口服制剂，而Ⅳ类化合物则不能开发为口服制剂。Ⅱ类和Ⅲ类化合物可能用于口服给药，但需要适宜的剂型或其他替代方法**

6.2 分布

无论通过口服、静脉注射、腹腔注射，还是其他给药方式，化合物在进入体循环后，能否发挥药效主要由化合物能否到达其作用靶点决定。即便是活性最强的化合物，如果不能到达其靶点，也不会产生期望的药效。一旦化合物进入体循环，其将趋于全身分布，但在通常情况下，这种分布并不是均匀的。有些化合物很容易进入肌肉和器官，而有些化合物可能无法离开循环系统。具有理想理化性质的化合物应该能够通过靶器官周围的保护屏障，如血脑屏障。而有些化合物可能会被消除，无法在靶器官中发挥作用。脱靶副作用的形成也部分归因于化合物的体内分布。一个有潜在副作用的化合物，如果不能到达产生副作用的生物靶点，那么副作用也不会发生。因此，任何进入动物模型研究和最后人体研究的候选药物，必须要考虑的首要问题就是当其进入血液时会去哪里？换言之，就是该化合物如何分布？

药物的体内分布是指药物在身体的各种组织、器官、细胞等之间的可逆性转移，分布情况是药物获得成功的关键。以呋喃妥因（nitrofurantoin，Macrobid®）和去甲基脯氨酸（desmethylprodine，MPPP）为例，呋喃妥因最初于1957年上市，用于治疗尿路感染，取得了非常好的疗效（图6.20）。尽管呋喃妥因结构中含有通常与致癌、致畸、致突变毒性有关的芳香硝基基团[30]，但其非常成功地用于治疗尿路感染，最为直接的原因就在于其在全身的分布非常有限。虽然呋喃妥因具有引起DNA、RNA和蛋白质损伤的潜在风险，但其主要分布于体内的靶器官，既达到了消除尿路感染的目的，同时又能迅速分布于膀胱并经尿液排出，阻止了对身体的不良影响[31]。

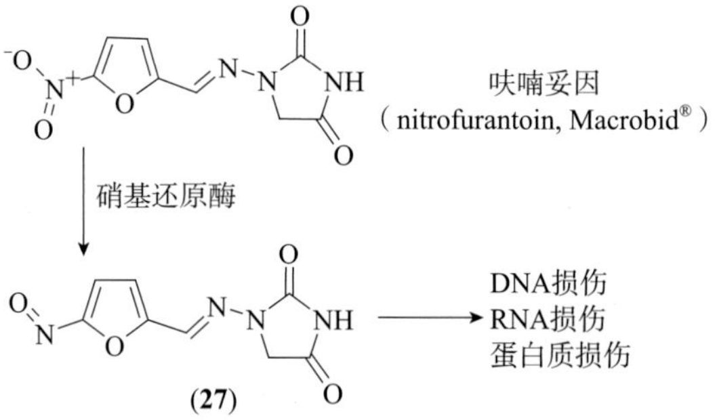

呋喃妥因（nitrofurantoin, Macrobid®）

硝基还原酶

(27)

DNA损伤
RNA损伤
蛋白质损伤

图6.20 **呋喃妥因用于治疗尿路感染。其于体内在硝基还原酶的作用下代谢生成化合物（27），尽管化合物（27）具有引起DNA、RNA和蛋白质损伤的毒性，但这一毒性能够通过快速排泄得到缓解**

而MPPP就没有如此幸运了，其失败的部分原因在于药物的分布（图6.21）。MPPP是一种阿片类镇痛药，最初由罗氏（Roche）于20世纪40年代推向市场，但后来退出了临床应用。虽然MPPP本身并不危险，但其会代谢生成1-甲基-4-苯基-1, 2, 3, 6-四氢吡啶（MPTP），而MPTP能透过血脑屏障。一旦MPTP进入大脑，会被胶质细胞吸收，并被转化为1-甲基-4-苯基吡啶（MPP^+）。这种带正电性的代谢产物无法离开大脑，会被黑质区

（大脑该区域能合成多巴胺，调控运动）的多巴胺能细胞吸收，并引起细胞的死亡，最终导致帕金森病症状的快速发展，甚至造成瘫痪。在该实例中，药物代谢和分布的综合效应会引发可怕的后果，而如果MPPP没有分布到大脑则不会造成这一严重问题[32]。

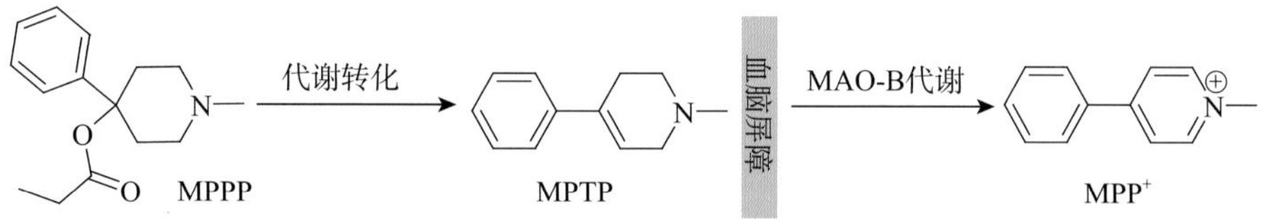

图6.21　**去甲基哌替啶（MPPP）是一种阿片类镇痛药，由于其可生成代谢产物MPTP和MPP^+而被停止销售。代谢产物MPTP能进入大脑，通过MAO-B（单胺氧化酶B）继续转化为MPP^+。滞留在脑内的MPP^+可引起大脑中分泌多巴胺的细胞死亡，最终导致帕金森病症状，甚至瘫痪**

就像药物吸收一样，渗透性对药物的分布具有重要作用，但还有一些其他因素会对药物的分布过程产生影响。血浆蛋白结合（plasma protein binding）和转运体（transporter）在决定体内各部位药物的相对浓度方面也发挥着重要作用。上述因素都是新药设计和评估需要考虑的。

6.2.1　渗透性

当药物采用口服方式给药时，所遇到的第一个生物屏障就是胃肠道的内层，但这不是药物需要跨越的影响生物系统效应的唯一屏障。如果靶点大分子位于特殊类型的细胞内，如心肌细胞、胰腺的胰岛细胞或脑内的星形胶质细胞，那么药物还需要通过额外的生物膜。为了到达这些靶点，药物须从体循环离开并进入靶细胞内。因此，药物分布到合适的组织和细胞中的能力将部分由药物在血液和靶点间的各种生物膜的渗透性来决定。药物可通过吸收或绕过口服吸收（如静脉注射或类似方法）进入体循环，但不能分布到理想靶点的药物将因脱靶效应而限制其疗效。

在考虑化合物在全身的分布能力和渗透性影响时，特别要认识到生物屏障的不均匀性。胃肠道内壁细胞的细胞膜与胰腺的细胞膜不同，而胰腺细胞膜与各种神经细胞的细胞膜也不同。在胃肠道具有高透膜性的药物仍然可能面临分布困难，原因在于能透过胃肠道的药物并不一定能很好地通过胃肠道与预期靶点之间的细胞屏障。

当然，如果所设计化合物的靶点位于血液循环中，则药物无须离开体循环，因为超出胃肠道的渗透性要求不是研究该类化合物需要考虑的问题。但是，当一个化合物需要通过其他组织时，渗透性仍然发挥着不容忽视的间接作用。正如本章后面将要讨论的，肝脏和肾脏会影响药物的代谢和排泄。肝脏中酶的代谢速率受到化合物进入肝细胞能力（肝细胞的通透性）的影响；而肾脏的排泄速率部分受控于化合物透过肾脏细胞屏障的能力。换言之，化合物的肝脏代谢和肾脏排泄也将部分取决于其器官分布的能力。

药物在大脑中的分布是一个值得进一步阐述的特殊情况。作用于CNS的药物占据药物市场很大的一部分，它们可能是最难研发的药物，因为要求这些药物必须能够通过血脑屏障。血脑屏障是一个由单层细胞组成的保护层，它们排列在整个大脑中的毛细血管内表面，为大脑提供营养和氧气，并排出细胞废物。血脑屏障的内皮细胞紧密地堆积在一起（图6.22），阻止细胞旁路转运，其内吞作用也比其他细胞屏障更为受限。被动扩散是异物侵入大脑的主要途径，主导胃肠道被动扩散的物理特性也同样适用于血脑屏障系统。然而，构成血脑屏障内皮细胞的磷脂双分子层与胃肠道内皮细胞细胞膜的构成明显不同，其在性质上更具限制性，并且在毛细血管一侧存在高表达的P-gp，这进一步造成化合物进入大脑变得困难且复杂[33]。

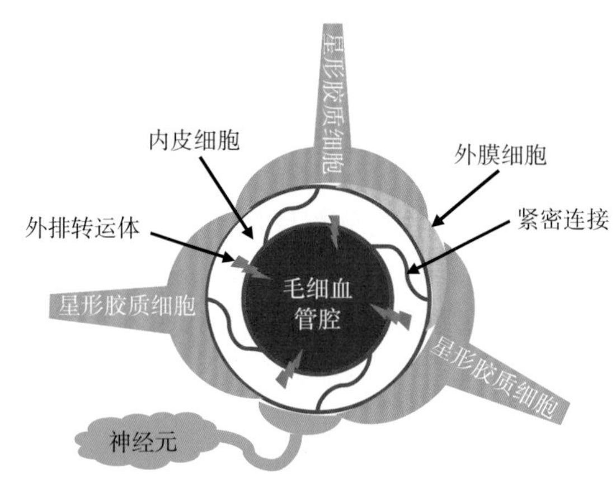

图6.22 **血脑屏障由单层紧密包裹的内皮细胞组成，可阻止细胞旁路转运和内吞作用。被动扩散是药物进入大脑的主要途径，但丰富的转运蛋白进一步减少了外源性异物的侵入**

通过改变细胞渗透性来调节化合物的分布会影响化合物在胃肠道内的吸收。因此，可通过结构修饰来改变化合物的亲脂性、极性、TPSA、可旋转键数和刚性等，从而改变化合物的细胞渗透性，进而影响化合物的分布。在某些情况下，结构改造会使胃肠道的吸收增加，改善了化合物的分布特性，因为这些变化也提高了化合物分布到作用靶点的能力。然而，提高渗透性的结构改造在改善吸收的同时，也可能会对分布造成不利影响，因为这些结构改造可能降低了靶细胞、组织或器官的细胞渗透性。重要的是，必须意识到这种药物设计策略所引起的吸收与分布的相反趋势，以便最大程度地提高胃肠道和其他相关系统的渗透性。

6.2.2 转运体

虽然被动透膜在药物的分布过程中起主要作用，但并不是分布的唯一驱动因素。生物膜的构成差异对被动扩散具有显著影响，使得药物的全身分布并不均匀。类似地，转运体表达（数量和类型）的差异也将对药物的渗透能力产生至关重要的影响。通常，转运体仅在细胞膜的一侧表达，即顶端或基底外侧，从而确保底物的单向运动。转运体能使药物沿着逆浓度梯度方向移动，也可以运输不能通过被动扩散过膜的药物。此外，如果底物浓度超过转运体容量，转运体将达到饱和。因此，与药物分布相比，转运体在吸收中的作用较小。肠道中的药物浓度远远大于转运体的表达，导致肠道中的转运体处于饱和状态；而在身体其他部位（如血液），药物浓度通常远低于转运体饱和所需的浓度，因此转运体的作用将变得更加明显[34]。

如上所述，P-gp也称为多药耐药蛋白1（multidrug resistant protein 1，MDR1），其对药物浓度的作用，特别是对血脑屏障的作用，已被广泛研究。除此之外，很多其他类型的转运体也在药物的分布中发挥了至关重要的影响[35]。乳腺癌耐药蛋白（BCRP）最初被认为是由化疗而产生耐药的一种关键机制，然而随后在正常肝细胞、胎盘和其他组织中也陆续发现了BCRP[36]。其他转运体还包括有机阴离子转运体（organic anion transporter，OAT）[37]、有机阳离子转运体（organic cation transporter，OCT）[38]、二/三肽转运体（di/tri peptide transporter，PEPT1，PEPT2）[39]、有机阴离子转运多肽（organic anion-transporting polypeptide，OATP）[40]和单羧酸转运体（monocarboxylic acid transporter，MCT1）[41]。

转运体系统对化合物的分布既可以产生正面的作用，也可以产生负面的影响。例如，如果化合物的作用靶点位于大脑中，那么高P-gp活性将成为化合物成功透过血脑屏障的重要障碍。反之，如果化合物进入大脑会产生副作用，那么高P-gp活性将具有积极的作用，可降低药物在脑内的分布。同理，如果药物是特定器官转运体的摄取底物，那么增加化合物在这些器官中的浓度将导致阳性或阴性的结果，这将取决于研发的需要。如果通过转运体活性产生的高药物浓度对药物到达理想靶点有增强作用，那么可能会产生高于预期的体内药效。另外，如果药物在特定器官或组织中具有脱靶或毒性作用，那么若转运体减少了药物在这些组织、器官中的浓度，就增加了副作用发生的阈值。

值得注意的是，一种药物可能是多种转运体的底物，这也使问题更加复杂化。功能性转运体的表达水平在多种组织中是可变的，当然，每种蛋白对化合物的亲和力/转运速率是不同的。例如，瑞舒伐他汀（rosuvastatin，Crestor®）是MDR1、多药耐药相关蛋白4（multidrug resistance-associated protein 4，MRP4）和OATP-1B3及其他几种转运体的共同底物。同样，伊马替尼（imatinib，Gleevec®）是至少6种不同转运体的底物，每种转运体均影响其组织分布（图6.23）[42]。从这些实例可以清楚地认识到，转运体对药物分布的影响取决于该转运体家族多个成员的综合作用。鉴于转运体种类繁多，目前尚没有有关转运体结构变化导致药物转运变化的指南。降低或增加转运体活性最好的方法是开展SAR研究，该研究方法类似对药物靶点活性的优化。尽管这个问题很复杂，但转运体活性不一定是药物发现和开发的终端问题。尽管伊马替尼和瑞舒伐他汀可与多种转运体相互作用，但这并没有影响其成为销售额超过十亿美元的药物。

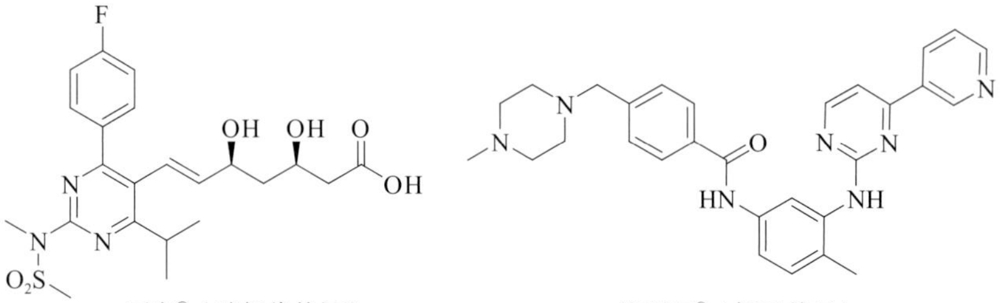

可定®（瑞舒伐他汀）
Crestor®（rosuvastatin）

格列卫®（伊马替尼）
Gleevec®（imatinib）

图6.23　重磅炸弹药物瑞舒伐他汀和伊马替尼是多种转运体的底物

6.2.3 血浆蛋白结合

一旦药物进入血液，会与多种血液成分相互作用，如红细胞、血小板、白细胞和多种蛋白。这些相互作用将对药物的分布和治疗作用造成影响。最重要的影响是药物与血浆蛋白的结合作用。通常情况下，药物研发需要测试目标化合物与相关血浆蛋白的结合程度。虽然存在许多血浆蛋白，但主要是测定与人血清白蛋白（human serum albumin，HSA）[43]和α1酸性糖蛋白（α1-acid glycoprotein，AGP）的结合[44]。这两种蛋白参与运输体内的内源性物质，也会与外源性物质发生结合。HSA含量丰富，约占血浆蛋白总量的60%，其血液浓度通常为35～50 mg/mL（500～750 μmol/L）。而AGP的浓度通常为0.6～1.2 mg/mL，占总血浆蛋白的1%～3%，在某些疾病状况下可达3 mg/mL。化合物与两种蛋白结合的类型和程度也显著不同[45]。AGP含有单一的结合位点，主要与疏水性（如类固醇）和碱性化合物（如胺）以非特异性疏水作用方式结合。HSA通常有大量的一级和二级结合位点，可与酸性、碱性和中性化合物结合。例如，单分子HSA可以与至少10个丙米嗪（imipramine）分子结合[46]。

药物血浆蛋白结合的重要性可通过“游离药物假说”（free drug hypothesis）[47]来表述，这一假说强调与血浆蛋白结合的药物不能发生被动扩散和细胞旁路转运。只有那些不与血浆蛋白结合的游离药物才能穿过细胞膜，进入血液外的组织和器官（图6.24）。换言之，血浆蛋白结合会直接影响药物的分布，影响的大小取决于结合的程度，通常表示为平衡状态下结合药物的百分比，以及结合/解离速率。例如，如果药物与血浆蛋白高度结合且结合/解离速率非常慢，那么药物可能主要限制于血液中，因而游离药物非常少。在这种情况下，药物将受限且不能进入靶组织，这种影响可能是正面的，但也可能是负面的。例如，发生血浆蛋白结合的药物难以进入脑部，这将对靶向CNS的药物不利，但却对有潜在CNS副作用的药物有益。此外，相应的肝脏代谢和肾脏排泄也可能减少，这将有利于药物药代动力学性质的改善。另外，高血浆蛋白结合且结合/解离速率缓慢的药物被限定于血液，难以与靶点发生作用，治疗效果可能低于预期。具有这些性质的药物将受到血浆蛋白结合作用的“限制”。

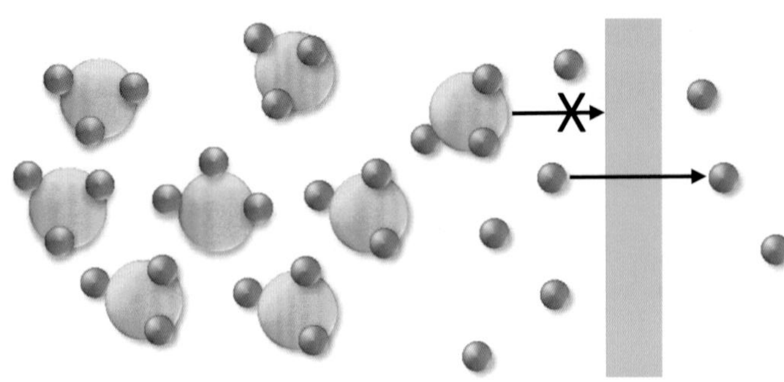

图6.24　**根据“游离药物假说”的概念，与血浆蛋白结合的药物不能通过细胞膜（蓝色代表药物；黄色代表血浆蛋白；绿色代表细胞膜）**

相反，快速与血浆蛋白解离的药物（即具有快速动力学）可不受血浆蛋白结合影响的限制。即使在血浆蛋白结合程度高的情况下，也存在足够的游离药物，其将沿浓度梯度通过细胞质膜并分布到机体其他部位。具有高血浆蛋白结合率和快速解离速率，或具有低血浆蛋白结合率（不考虑解离速率）的药物被称为"游离药物"。从目前市售的药物来看，药物血浆蛋白结合的解离速率至关重要。从2002年综述的1500种药物可以看出，超过40%的药物的血浆蛋白结合率＞90%，且大量抗炎药物（26%）的血浆蛋白结合率＞99%。显然，必须有游离药物存在才能发挥药效，在这种情况下，高解离率抵消了药物高血浆蛋白结合的影响[48]。因此，药物的高血浆蛋白结合在正常情况下是可接受的（表6.1）。

表6.1　能与血浆蛋白结合的已知药物

药物	血浆蛋白结合率（%）	药物类型
地西泮（diazepam）	99	镇静催眠药
布洛芬（ibuprofen）	99	非甾体抗炎药
劳拉西泮（lorazepam）	92	镇静催眠药
萘普生（naproxen）	99	非甾体抗炎药
氨氯地平（amlodipine）	93	抗高血压药
奥美拉唑（omeprazole）	95	质子泵抑制剂
多西环素（doxycycline）	90	抗生素
依法韦仑（efavirenz）	99	抗病毒药

6.3 消除途径

吸收和分布的概念描述了药物如何进入体内并在全身流动循环。进入体内的药物可通过一种或两种途径消除。药物分子通常会被代谢成不同的化合物并从循环中有效地清除，或者以原药形式经肾脏排泄并从尿道排出。这些途径并不相互排斥，但可能某一消除途径占主导机制。而这些机制的综合作用将决定药物进入体内后会在体内停留多长时间。为了改变化合物在体内的停留时间，必须了解药物的消除途径。

延长药物的半衰期通常是药物研发的重点，但重要的是清楚该新药研究项目的最终目标。当开发一种镇痛药的目的是每天给药一次并缓解24 h疼痛时，该药物在体内的缓慢消除对镇痛药而言将非常有必要。然而，对于治疗失眠的药物而言，这一设计就不再适用了，持续24 h的潜在失眠治疗会阻止患者在标准的8 h睡眠后醒来。失眠症患者虽然需要充足的睡眠，但其不可能希望服用催眠药后会通过睡眠24 h来获得充足的休息。在考虑从体循环中消除化合物时，必须牢记药物研发的最终目的。

6.3.1 代谢

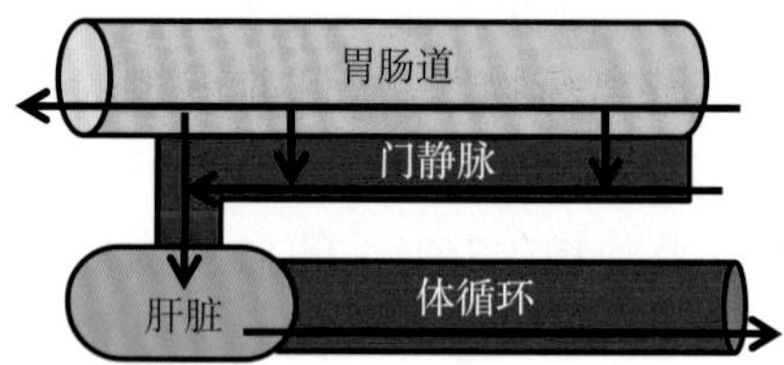

图6.25 **药物经胃肠道吸收后进入门静脉，经肝脏代谢后进入体循环**

一旦药物进入体内，就会受到体内各种用于保护机体免受外物侵袭的防御作用的影响。胃肠道是口服药物进入体循环的第一道防线。当药物在胃肠道中被吸收后，将直接经门静脉进入肝脏（图6.25）。虽然药物的代谢过程会在多种器官内发生，但绝大多数代谢发生在肝脏。肝脏可通过化学修饰代谢各种药物，促使药物经肾脏排泄。为了使口服药物发挥疗效，一部分药物必须在肝脏的首过效应中“幸存”下来。首过效应是指某些经胃肠道给药的药物，在尚未吸收进入血循环之前，由于在肠黏膜和肝脏中被代谢，造成进入血液循环的原型药量减少的现象。药物也会在每次体循环中继续经过肝脏，还可能继续被肝脏代谢。药物每次通过肝脏都会引起药物浓度的降低，这会对药物的生物利用度、暴露量和半衰期等产生直接的影响。高代谢率将会导致生物利用度、暴露量和半衰期的下降。因此，药物代谢是药物研发中的重中之重。

药物代谢可分为两个过程，分别称为Ⅰ相代谢和Ⅱ相代谢[49]。通常情况下，Ⅰ相代谢（phase Ⅰ metabolism）是指对药物分子结构的修饰反应，如氧化反应、去烷基化反应等。Ⅰ相代谢通常在药物分子中引入“手柄（handle）”，该“手柄”能作为结合位点与极性官能团结合，进而将药物经肾脏排出体外。Ⅱ相代谢（phase Ⅱ metabolism）是在分子结构中的结合位点（如羟基）上结合如葡糖醛酸或谷胱甘肽等极性基团。这些引入极性基团的反应被称为结合反应。尽管Ⅰ相代谢可以生成能够发生结合反应的代谢产物，但Ⅰ相代谢并非Ⅱ相代谢的先决条件。若结构中含有能进行结合反应官能团的化合物，可以绕过Ⅰ相代谢，直接作为Ⅱ相代谢酶的底物发生Ⅱ相代谢。

Ⅰ相代谢中发生的化学结构修饰包括氧化、还原和去烷基化。参与Ⅰ相代谢过程的酶有很多种，其中单加氧酶（monooxygenase，也称单氧合酶）是最重要的代谢酶。顾名思义，单加氧酶通常在底物上加入氧原子（反应式6.1）。该过程需要消耗一分子氧，并将NADPH转化为$NADP^+$（由二氢烟酰胺腺嘌呤二核苷酸磷酸转化为烟酰胺腺嘌呤二核苷酸磷酸）。

$$H—R + O_2 + NADPH + H^+ \longrightarrow R—OH + NADP^+ + H_2O$$

反应式6.1 **单加氧酶代谢的一般过程**

可根据激活辅因子对单加氧酶进行分类，CYP450是单加氧酶中最大的酶系家族。CYP450需要在血红素分子和铁原子的存在下发挥作用（图6.26）[50]。据估计，超过90%的药物的代谢是由CYP450介导的，因此新药研发需要专注于开发对这些酶具有耐受性的化合物。这一过程并不容易实现，迄今为止已经明确的人源CYP450基因有57种。这些基因表达产物进一步被确证包含18个不同的CYP450家族成员和43个亚家族成员[51]。这些酶能够功能化很多不同结构的化合物，原因是与其他类型酶相比，这些酶的结合口袋更宽泛且特异性更强。这显然降低了酶的总体反应速率，但却允许CYP450广泛地保护机体免受潜在有害化学物质的伤害。其表达水平的不同、贡献的不均衡，使得代谢更加复杂。例如，在人肝微粒体中（图6.27），CYP3A4是该家族中种类最多的成员（28%），其次是CYP2C亚家族（18%）和CYP1A2（13%），而CYP2D6的表达仅为CYP总量的2%。但是，表达丰富并不等同于在药物代谢中的作用大。尽管CYP2D6仅占肝脏所表达CYP的2%，但其在药物代谢作用中的总体占比约为30%。相反，具有更高表达的CYP1A2仅占药物代谢作用的4%。鉴于CYP3A4、CYP2D6和CYP2C在药物代谢中发挥了主导作用，药物研发更专注于设计对这三种酶代谢稳定性高的化合物。

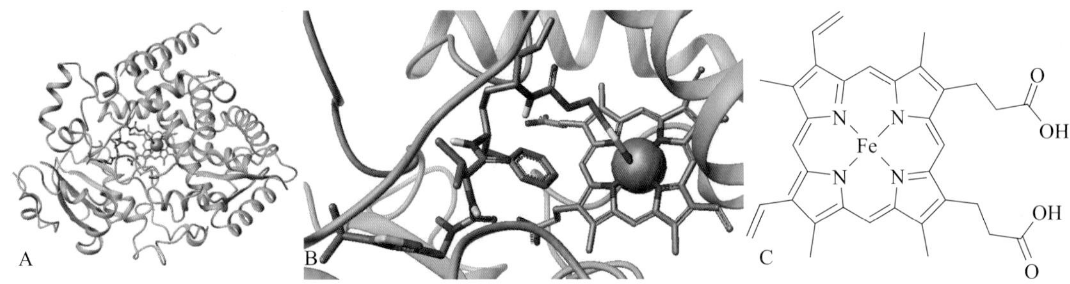

图6.26 A.与脱氧核糖核苷类似物结合的CYP3A4的晶体结构（RCSB：4K9W）。B.结合位点。C.血红素的分子结构

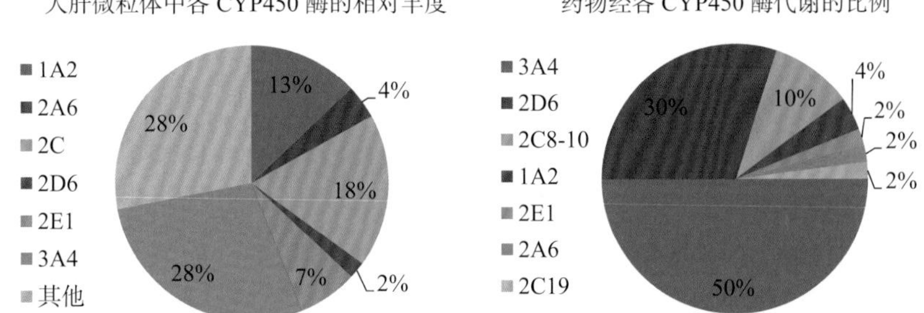

图6.27 人肝微粒体中各种CYP450酶的相对丰度及其对代谢的总体贡献

黄素单加氧酶（flavin monooxygenase，FMO，也称黄素单氧合酶）家族[52]是Ⅰ相代谢的另一个非常重要的酶家族，其代谢位点与CYP450有很大的不同。在FMO中，黄素腺嘌呤二核苷酸（flavin adenine dinucleotide）取代了血红素和铁原子（图6.28）[53]，作为载体将氧转移至FMO的底物。到目前为止，已经确定的FMO有5个，即FMO1～FMO5。与CYP450非常相似，其能催化很多不同结构的化合物，这导致底物转化率降低（降低酶促反应速度）。其他在Ⅰ相代谢中起作用的酶还包括醛氧化酶（aldehyde oxidase，AO）[54]、醇脱氢酶（alcohol dehydrogenase，ADH）[55]、单胺氧化酶（monoamine oxidase，MAO）[56]和硝基还原酶（nitroreductase）[57]。一些常见的Ⅰ相代谢过程如图6.29所示，所有这些酶介导的反应均可代谢消除药物分子。

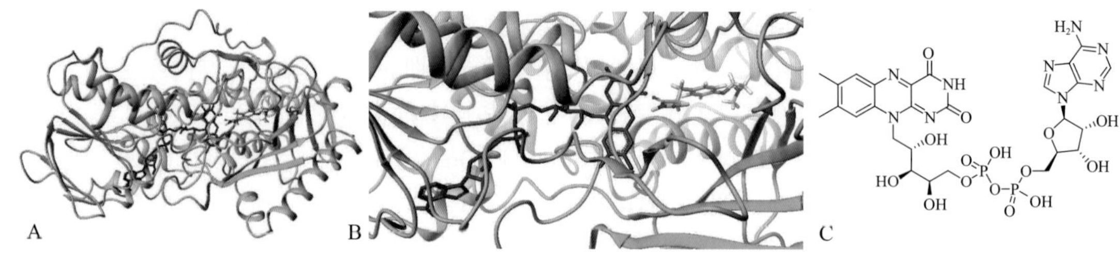

图6.28 A.罗格列酮与人单胺氧化酶B（MAO-B）的复合物单晶结构（RCSB：4A7A）。B.罗格列酮与MAO-B复合物中结合位点的图像。C.黄素腺嘌呤二核苷酸的结构

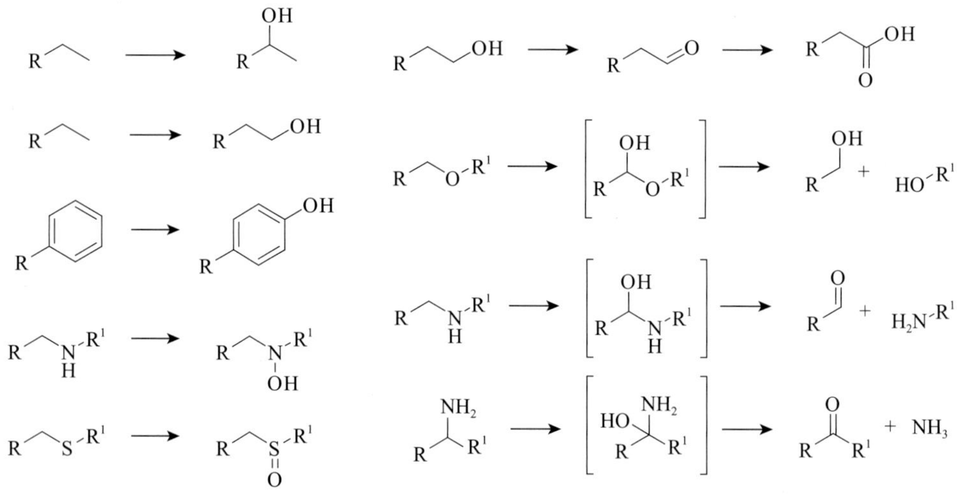

图6.29 **典型的Ⅰ相代谢过程**

脂肪族或芳香族碳的羟基化产物是最常见的代谢产物，可进一步氧化成醛、酮甚至羧酸，然后继续发生其他Ⅰ相氧化代谢过程。结构中的杂原子，如氮和硫也可被氧化成羟胺、亚砜和砜。醚裂解和脱氨反应也是常见的反应。此外，相关酶还可催化氧化碳α位杂原子形成不稳定的化学结构，分解形成相应的副产物。

化合物首先通过Ⅰ相代谢在化学结构中引入新的亲核位点，或发生直接官能化（如羟基化途径），或分解不稳定的化合物（如氧化脱氨反应途径），形成的新官能团通常是醇和胺，从而为进一步的Ⅱ相代谢（结合反应）过程提供条件。当然，如果这些基团本身就存在于分子结构中，那么Ⅰ相代谢将不是发生Ⅱ相代谢的必需步骤。Ⅱ相代谢的酶将极性的基团结合到新位点上，通常生成极性更大的产物，促使其更容易随尿液排泄。例如，UDP-葡糖醛酸转移酶（UDP-glucuronosyl transferase，UDPGT）[58]将葡糖醛酸结合到适宜的化合物官能团上，如醇或胺（图6.30A）。该过程通常称为葡糖醛酸化（glucuronidation），而产物称为葡糖醛酸苷（glucuronide）。类似地，磺基转移酶[59]可在Ⅱ相代谢底物的合适官能团上进行硫酸化，生成极性增加的代谢产物，从而更利于从尿液排泄（图6.30B）。

虽然许多Ⅱ相代谢反应发生在亲核位点，如羧基（—COOH）、羟基（—OH）、氨基（—NH_2）和巯基（—SH），但也可能发生在亲电位点，如缺电子的双键和环氧化物。谷胱

甘肽结合（glutathione conjugation）即与谷胱甘肽结合的反应，也是一种常见的Ⅱ相代谢。谷胱甘肽是一种三肽类抗氧化剂，能保护机体免受活性氧的毒副作用。谷胱甘肽结合反应由谷胱甘肽*S*转移酶（glutathione *S*-transferase，GST）家族成员介导，能使谷胱甘肽与合适底物的亲电位点结合（图6.31）[60]。

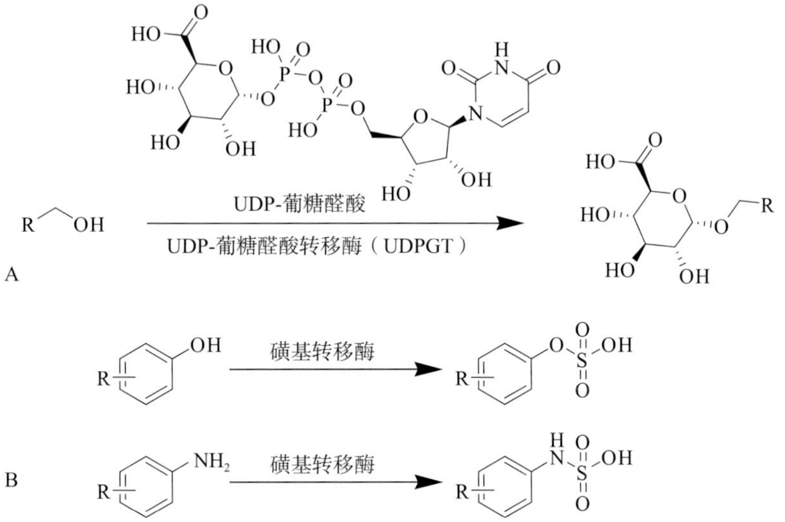

图6.30　A.醇的葡糖醛酸结合反应；B.醇或胺的硫酸结合反应

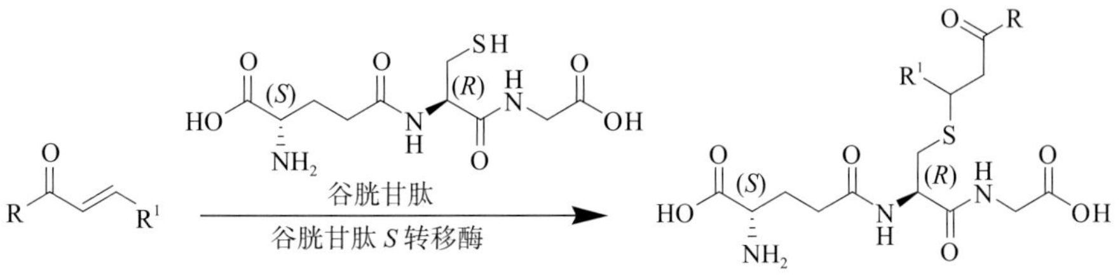

图6.31　谷胱甘肽与迈克尔受体的加成反应

前面讨论的代谢关注的是药物单一代谢转化，但要注意的是，单一药物可能是多种代谢酶的底物。一个含有醚、苯基和羟基的药物，醚键可以断裂，苯基可以被CYP450酶羟基化，羟基可以与葡糖醛酸结合，因此该药物很可能在3个代谢位点发生代谢（图6.32）。每个代谢转化的相对速度将决定该药物生成代谢产物的比例。如果其中某一途径由于结构变化被阻断或由于底物浓度超出代谢能力而被饱和，那么次级代谢途径将变得更有利，这种现象称为代谢转换。

联合用药时，药物的代谢可能会受到另一药物的影响。例如，如果患者服用的药物是特定CYP450的底物，而患者同时还服用另一种能够抑制该CYP450活性的药物，那么第一种药物的代谢将会受到第二种药物的影响而使代谢减缓。这种情况将诱发药物-药物相互作用（drug-drug interation，DDI），即由于第二种药物的CYP450抑制作用的存在，使得第一种药物的代谢低于预期。这种代谢变化将导致第一种药物的药代动力学特征发生变化，引起药物浓度增加，进而可能导致毒性增加。DDI，尤其是由CYP450抑制引起的DDI，

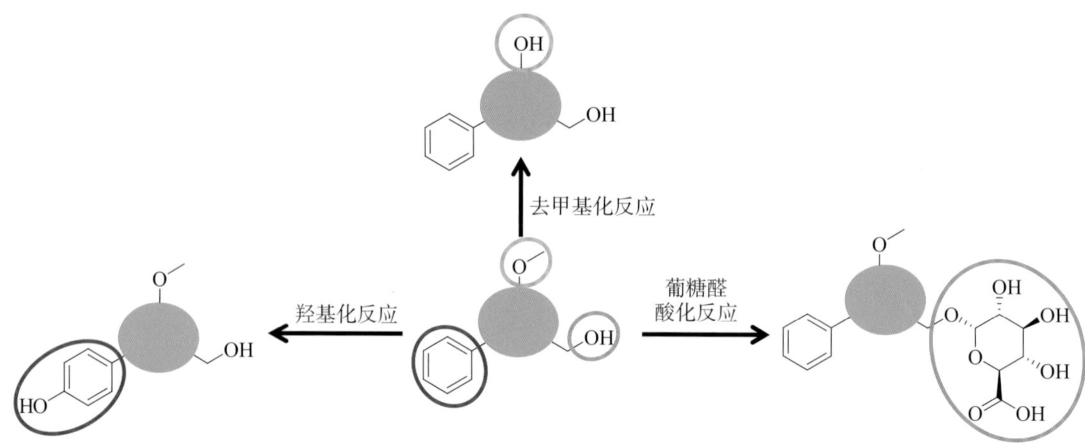

图6.32 **药物分子中存在多个代谢位点，而每个位点的代谢速率不同。如果其主要代谢途径被阻断，则次要代谢途径将成为主要代谢途径**

是新药研发中的重要问题，因为这些酶在已上市药物的代谢中发挥着关键作用。DDI导致已成功上市药物特非那定（terfenadine，Seldane®）的撤市，原因在于特非那定与大环内酯类抗生素或酮康唑（ketoconazole，Nizoral®）同时服用时，可导致致命性心律失常（尖端扭转型室性心动过速）(图6.33)[61]。

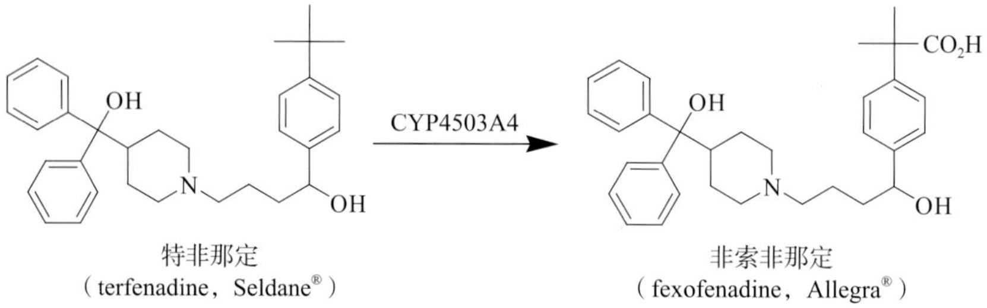

CYP4503A4

特非那定（terfenadine，Seldane®）

非索非那定（fexofenadine，Allegra®）

图6.33 **特非那定通常代谢为非索非那定，但大环内酯类抗生素或酮康唑的存在会阻碍这一代谢过程，导致特非那定的体循环浓度上升，从而引起致命性心律失常**

存在代谢稳定性缺陷的化合物完全没有可能推进至下一阶段的研究。快速代谢的化合物通常在其产生药效之前就已从体循环中被去除。然而，许多靶点活性优异的化合物的结构属于快速代谢的结构。在这种情况下，基于酶代谢问题的构效关系研究将对改善候选化合物的代谢稳定性起到指导作用。设计具有代谢稳定性的药物可以通过相似的构效关系分析来实现，这种构效关系分析的目的不是生物活性的优化，而是使化合物的酶代谢活性最小化。当然，这必须在保持生物活性的前提下完成，因为代谢稳定但无生物活性的化合物将毫无用处。

三种结构修饰方法可以解决候选化合物的代谢稳定性问题，包括去除（remove）、替换（replace）和限制（block）。①如果化合物的官能团是代谢位点，那么去除该功能基团可以增加代谢稳定性；②候选化合物的代谢不稳定部分也可以用不易代谢降解的基团取代，生物电子等排体替换不稳定官能团是药物研发的常用策略；③阻断代谢位点，可通过增加立体位阻的物理阻断、构象限制或改变芳环的电子特性等阻断方法降低化合物的代谢。

不幸的是，鉴于代谢酶的广泛性、化学空间的多样性及药物用途的丰富性，没有一种特定的方法可在保持化合物靶点活性的同时又能改善其代谢不稳定性问题，更不用说同时保证化合物的靶点选择性、溶解度、渗透性，以及所有候选药物所要具备的其他性质。对每一类化合物都应独立地开展生物活性研究，并以构效关系研究代谢稳定性，最终在活性和代谢稳定性之间追求平衡。有一些通过优化结构提高代谢稳定性的研究实例值得借鉴。

去除生物活性非必要基团是改善代谢稳定性的有效方法。例如，在新型热激蛋白 90（heat shock protein 90，HSP90）抑制剂的研究中，森德（Zehnder）等获得了一类吡咯烷并嘧啶衍生物（图6.34A）。其中苯乙基侧链对HSP90抑制活性具有耐受性[62]，但其是影响代谢稳定性的一个重要因素。去除苯环（图6.34B）极大地改善了代谢稳定性，同时对HSP90抑制活性的影响很小。类似地，在一系列Rho相关蛋白激酶-2（Rho-associated protein kinase-2，ROCK-2）抑制剂中，芳香性的吡啶环可能发生代谢，可以通过去除吡啶环的芳香性来消除代谢的影响。因此，以相应的哌啶环取代吡啶使其代谢稳定性显著提高（图6.35）[63]。在这两个实例中，去除化合物中不稳定的代谢位点推动了药物的研发。

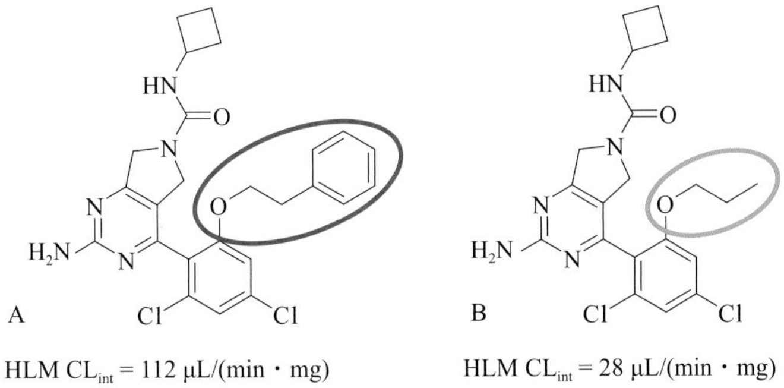

HN　O　N　N　H_2N　N　O　Cl　Cl　A

HLM CL_{int} = 112 μL/(min・mg)

HN　O　N　N　H_2N　N　O　Cl　Cl　B

HLM CL_{int} = 28 μL/(min・mg)

图6.34　**去除非活性基团苯环增加了代谢稳定性，含有苯基的化合物（A）的人肝微粒体（HLM）清除率远大于不含苯基的化合物（B）**

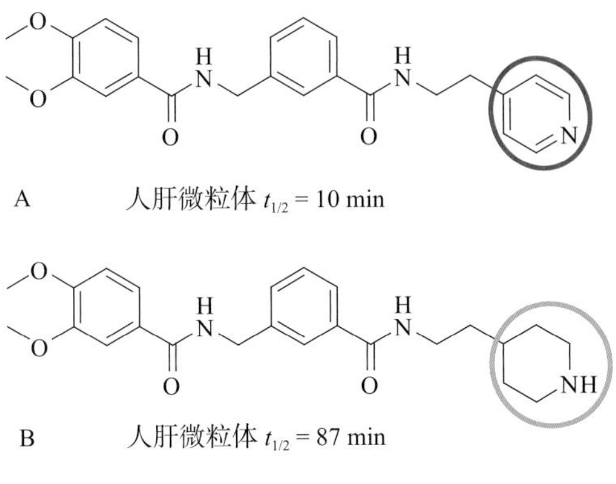

O　O　H N　O　H N　O　N

A　人肝微粒体 $t_{1/2}$ = 10 min

O　O　H N　O　H N　O　NH

B　人肝微粒体 $t_{1/2}$ = 87 min

图6.35　**当化合物A的吡啶环被哌啶环取代后，所得化合物B的代谢稳定性显著提高，这可从两个化合物的人肝微粒体的半衰期（$t_{1/2}$）数据中证实**

在某些情况下，代谢不稳定基团是活性的必需基团，不可能将其去除。此时，对这些不稳定的敏感基团进行结构改造可使其免受代谢的影响。通常，可通过用氟原子取代氢原子来实现。因为烷基链上的氢原子通常被代谢为醇羟基，当氢被取代为氟时，氟原子却不会发生此代谢。应用这一策略成功地提高了尿素转运体B（urea transporter B）抑制剂的代谢稳定性。如图6.36所示，化合物A与大鼠肝微粒体（rat liver microsome，RLM）孵育30 min后被完全代谢（剩余＜5%），用两个氟原子取代两个氢原子后得到化合物B，在相同条件下，仅有少量化合物发生代谢（30 min后剩余96%）[64]。同理，在趋化因子C-C受体1（chemokine C-C receptor，CCR1）拮抗剂的研究中（图6.37），以两个氟原子取代化合物A中代谢不稳定的环己烷环中的两个氢原子，获得的化合物B对人肝微粒体的代谢稳定性得到了有效提高。进一步进行结构改造，以异羟肟酸取代伯酰胺，所得化合物C的代谢稳定性获得再次改善，说明该类化合物中的酰胺键也是一个代谢位点（图6.37）[65]。

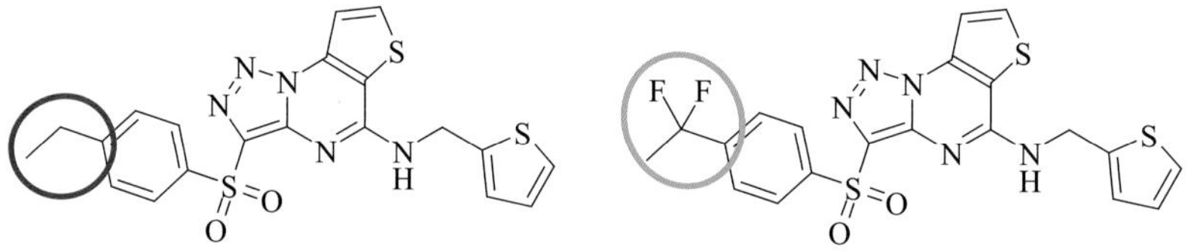

A　＜5%药物剩余　　B　96%药物剩余

图6.36　乙基侧链上无氟原子的化合物A容易被大鼠肝微粒体代谢，而乙基侧链增加两个氟原子所得化合物B的代谢稳定性大大增强

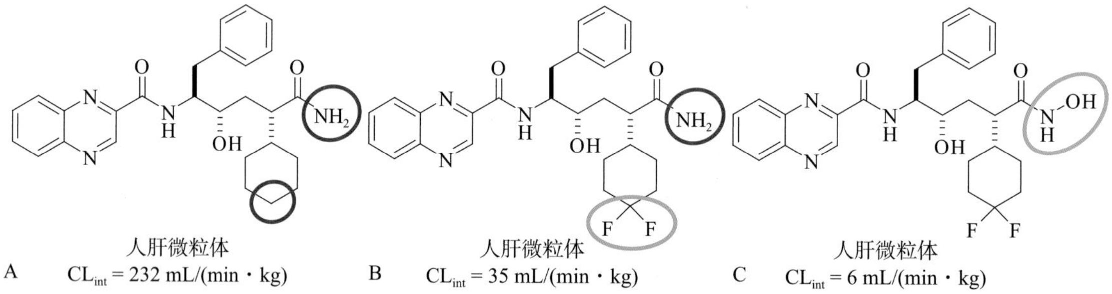

A　人肝微粒体 CL_{int} = 232 mL/(min · kg)　　B　人肝微粒体 CL_{int} = 35 mL/(min · kg)　　C　人肝微粒体 CL_{int} = 6 mL/(min · kg)

图6.37　化合物A的人肝微粒体代谢稳定性较差，在其环己烷环上引入两个氟原子得到化合物B，其代谢稳定性显著提高。将化合物B的伯酰胺取代为羟肟酸得到化合物C，其代谢稳定性进一步提高

芳环系统的羟基化也是常见的代谢途径，通常是遴选先导化合物时需要关注的问题。在芳基羟基化酶催化代谢位点引入取代基，从而阻断该位点的代谢，被证明是解决这一代谢不稳定性问题的有效手段。例如，在钙敏感受体（calcium-sensing receptor）拮抗剂的研究中，以三氟甲基取代芳环上的氢原子，使化合物的代谢稳定性提高了10倍以上（图6.38）。在该实例中，强吸电子基的引入既阻止了苯环C-4位的羟基化，又显著降低了芳环的整体电子密度。这种整体电子云特征的变化进一步降低了苯环对氧化代谢的敏感性[66]。同理，在抗结核的吲哚-2-甲酰胺衍生物中，通过引入氯原子，所得化合物的代谢稳定性显著改善。该实例中，以卤素取代氢原子，有效降低了苯环的整体电子云密度（图6.39）[67]。

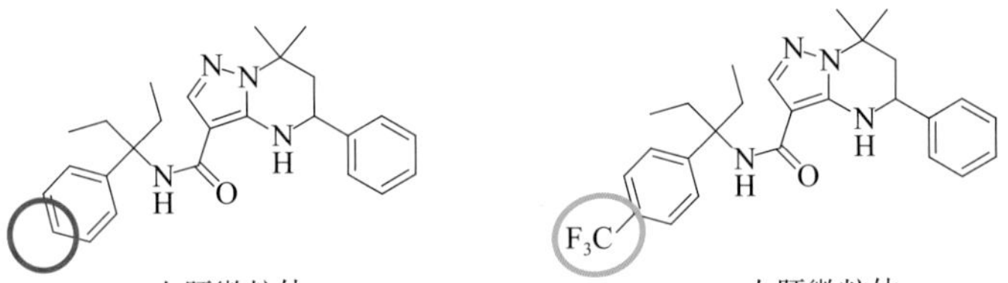

人肝微粒体
A　CL_{int} = 209 μL/(min・mg)

人肝微粒体
B　CL_{int} = 14 μL/(min・mg)

图6.38　**两化合物的人肝微粒体清除率。在化合物A苯环的C-4位引入CF_3，所得化合物B的代谢稳定性显著提高**

小鼠肝微粒体
A　CL_{int} = 462 μL/(min・mg)

小鼠肝微粒体
B　CL_{int} = 37 μL/(min・mg)

图6.39　**在化合物A的吲哚环C-6位引入氯原子得到化合物B，其小鼠肝微粒体（MLM）代谢稳定性显著提高**

某些情况下，在直接阻断代谢不稳定位点的同时，保持化合物的生物活性是不可能的。特别是在一些具有生物活性的化合物中，醇或胺是与靶点形成氢键相互作用的关键，同时又是代谢酶的作用位点。这时可以替换这些代谢位点的功能基，但也可以通过增加该位点周围的空间位阻来限制其代谢反应。例如，在一类PI3K抑制剂的研究中，在醇侧链结构中每增加一个甲基，所得化合物的代谢稳定性都会随之增强（图6.40）。与未取代的类似物相比，每个额外的甲基均增加了醇羟基周围的空间位阻，限制了醇的代谢活性，增加了代谢稳定性[68]。

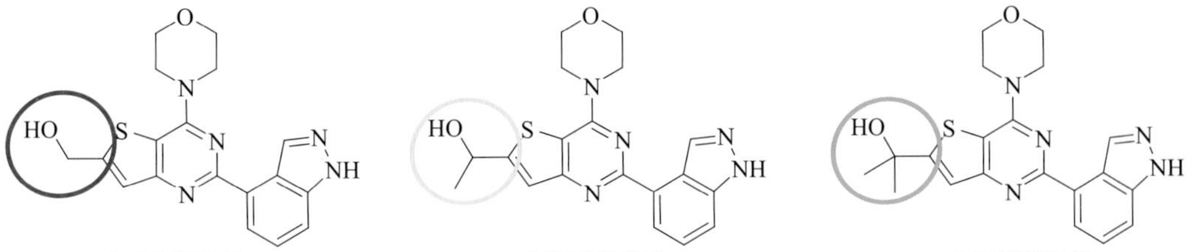

大鼠肝微粒体
A　CL_{int} = 170 mL/(min・kg)

大鼠肝微粒体
B　CL_{int} = 95 mL/(min・kg)

大鼠肝微粒体
C　CL_{int} = 40 mL/(min・kg)

图6.40　**化合物A的羟基α-位引入甲基可以增加羟基的立体位阻，引入一个甲基所得的化合物B的大鼠肝微粒体（RLM）代谢稳定性明显提高，而引入两个甲基所得的化合物C的代谢稳定性进一步提高**

当然，也存在代谢不稳定位点在药效团整体结构中起作用，而不是直接与大分子靶点结合的情况。因为这些取代基或官能团在维持恰当的分子构型、保持生物活性方面发挥重要作用，所以去除这些代谢不稳定的基团将对化合物的生物活性不利。那么，可以用一些合适的原子取代化学分子中代谢不稳定的部分，这些替换后的原子可以起到相同的作用，但代谢稳定性更好。这种类型的生物电子等排取代是阻止不利代谢的常用方法。例如，在CB2激动剂的研究中，将代谢不稳定的哌啶环以相应的吗啡啉环取代（图6.41），该碳/氧生物电子等排替换使得代谢稳定性提高了10倍以上[28]，而生物活性未受太大影响，因为与靶点的关键结合作用没有因为这种原子替换而改变。

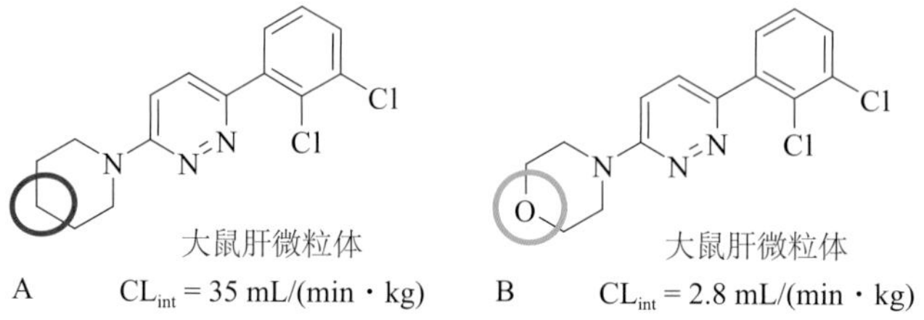

A 大鼠肝微粒体 CL_{int} = 35 mL/(min・kg)　B 大鼠肝微粒体 CL_{int} = 2.8 mL/(min・kg)

图6.41 根据生物电子等排策略将化合物A的哌啶环取代为吗啡啉环得到化合物B，其大鼠肝微粒体代谢稳定性得到了显著提高

在某些情况下，为了解决代谢问题，可以替换化合物的部分结构。只要取代基团能作为合适的生物等排替代体，便能改善代谢稳定性，同时又可维持生物活性。例如，在1, 4-二氮杂草CB2激动剂的代谢稳定性研究中，以异噁唑环取代噻唑环，所得化合物的代谢稳定性显著增强（图6.42）。因此，生物等排替代是一种常用的改善先导化合物代谢问题的策略[69]。

还有许多其他方法可用于改善候选化合物的代谢稳定性。环化成环、改变环的大小、手性反转或改变亲脂性等都可能对化合物的代谢性质产生正面的作用。代谢本身是酶促反应过程，因此所有通过构效关系研究结合位点生物活性的方法都适用于调节代谢问题。还有很多关于该领域研究的论述，有兴趣的读者可以深入学习[70]。

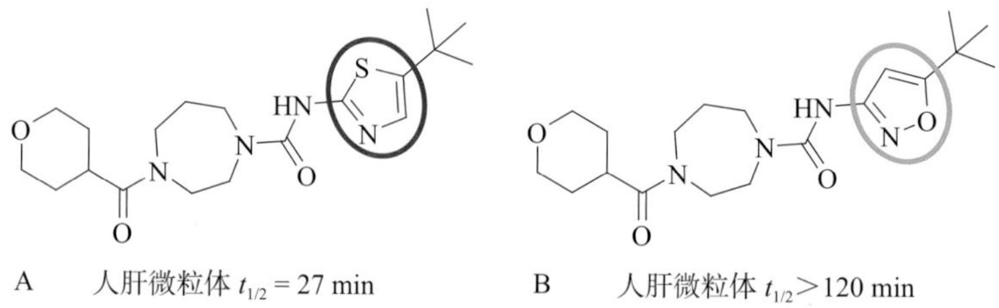

A 人肝微粒体 $t_{1/2}$ = 27 min　B 人肝微粒体 $t_{1/2}$ > 120 min

图6.42 化合物A的噻唑环替换为异噁唑环得到化合物B，其人肝微粒体代谢稳定性显著提高

6.3.2 排泄

尽管代谢过程是机体将异物从体循环消除的有效机制，但并非唯一的方法。药物体内消除速率也受排泄速率的影响。代谢副产物也通过排泄从体内清除，这可防止不利代谢产物在体内蓄积。通常，药物包括原药及其代谢产物，可以排泄到尿液、汗液、胆汁、乳汁或肺部呼出的气体（如麻醉气体）中。其中两种最重要的排泄方式是通过肾脏排泄到尿液

和通过肝脏经胆汁排泄。

肾脏的排泄也称肾消除，了解肾脏功能单元的工作过程对于理解肾脏排泄非常重要。肾脏的功能单位称为肾单元，其调节着体内血液中可溶性物质的浓度和水分（图6.43）。简言之，肾单元是血管和肾小管的连锁系统，其近端部分包含具有复杂血管网络的肾小球，被肾小囊包裹。肾小囊是一个杯状囊，是肾单元管状部分的开始。肾单元的肾小管从肾小囊中伸出的部分称为近端小管，之后通过髓袢、远端小管、皮质的集尿管，将尿液从肾单元输送到膀胱。肾单元的每一部分都与血管平行。

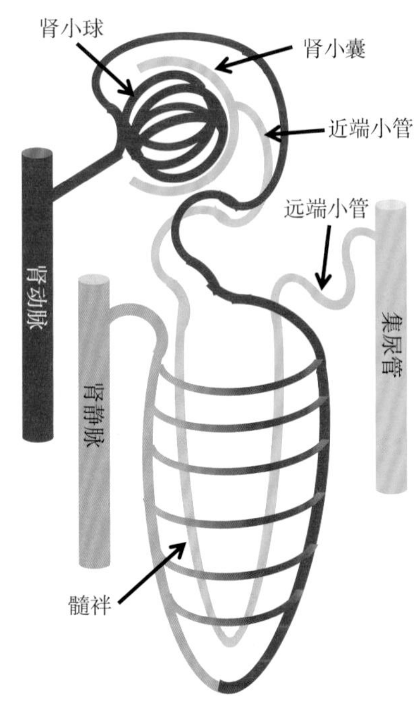

图6.43　**肾单元是肾脏的功能单位，其血管和肾小管连锁系统调节人体的水分和可溶性物质的浓度**

当血液流经肾单元时，约10%的血液（120～130 mL/min，即肾小球滤过率）进入肾小球。肾小球的外膜是可渗透的，能让水和溶解的物质扩散到包裹肾小球的肾小囊中。在这个过程中，血浆中的水分和分子量低于60 000的化合物能有效从血液中滤过，而蛋白和蛋白结合药物无法滤过，所以蛋白结合程度较高的药物不能通过。滤过的物质在肾小囊中被收集，并经过布满血管的近端小管。药物在近端小管以主动转运形式消除。转运体主动转运多种药物，特别是一些弱酸性和弱碱性的化合物，并将其从血液转运至尿液，转运体提高了肾脏对药物的清除率。

如果这是肾单元内发生的唯一过程，那么所有通过肾小球滤过或主动转运排出血液的物质都会通过尿排出体外。对于人体不需要的物质或代谢废物，这是可接受的，但对于人体所必需的物质（如葡萄糖等）则是不能接受的。许多化合物，无论好坏，在髓袢和远端小管中都将被重吸收回血液中。中性化合物可以通过被动扩散被重吸收，因此脂溶性化合物可以重新进入体循环。此外，原尿中带有高电荷的化合物不能通过被动扩散，但可通过主动转运被重吸收。而一些维生素、电解质和氨基酸在肾单元的髓袢和远端小管被重新吸收。另外，能够作为转运体底物的化合物也能以同样的方式被重吸收。肾小管的重吸收也受到尿流量的影响，因为尿流量的变化会改变重吸收化合物在肾小管内的停留时间。综上所述，肾清除是肾小球滤过、被动扩散（进出肾小管）、主动分泌和主动重吸收的结果[71]。

药物也可通过分泌进入胆汁，进而从体内排出。胆汁由肝脏产生，储存在胆囊中，最终释放到肠道。胆汁是由水、各种电解质、胆固醇、磷脂和胆汁酸组成的混合物（图6.44）。成年人平均每天产生400～800 mL胆汁。胆汁具有两大功能：①胆汁中所含的胆汁酸对肠道中的脂类和脂溶性物质的消化和吸收至关重要；②胆汁运输废物，如运输胆红素（血红蛋白的降解产物）进入肠道，并经粪便清除。

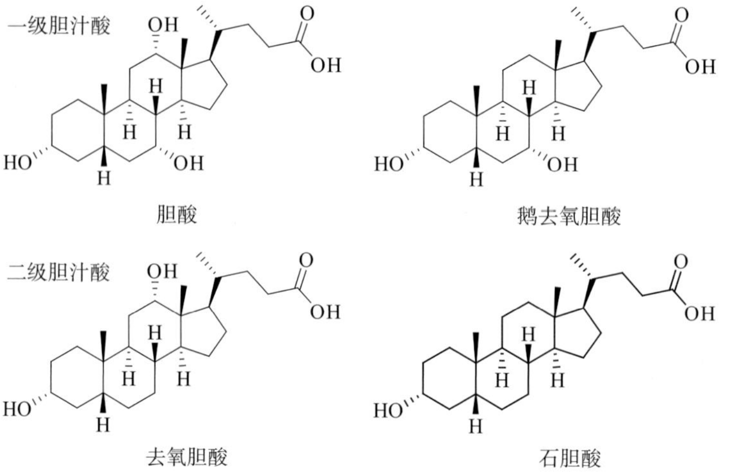

一级胆汁酸

胆酸　　鹅去氧胆酸

二级胆汁酸

去氧胆酸　　石胆酸

图6.44　**几种一级、二级胆汁酸的化学结构**

能进入体循环的化合物在吸收后将进入肝脏。肝脏的代谢途径可将通过肝脏的化合物转化为代谢产物，或以原药形式进入体循环，或以原药代谢产物的形式分泌到胆汁液。任何进入胆汁液的化合物在胆囊排空时最终进入肠道。如果没有进一步的代谢过程，那么胆汁中的原药或代谢产物都将经粪便排出体外。然而，肠道中的原药及其代谢物可能被小肠再吸收，从而重新进入体循环。这种将化合物重新吸收进入体循环的方式被称为肝肠循环（enterohepatic circulation）（图6.45）。肝肠循环延长了化合物在体内的暴露时间。此外，通过Ⅱ相代谢形成的药物结合物（如葡糖苷酸），可通过肠道中的酶和细菌解除结合，这为药物的重吸收提供了额外机会[72]。

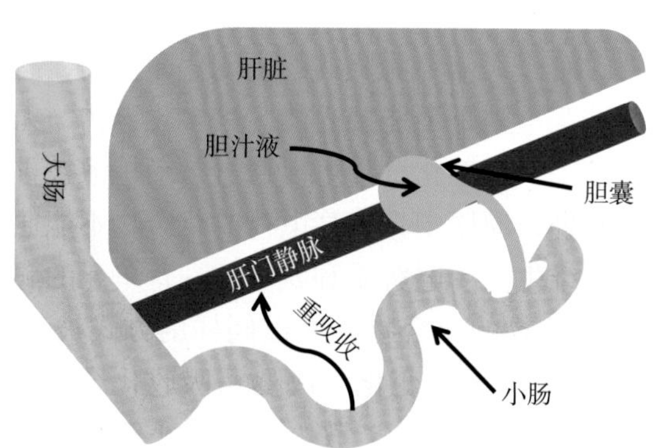

图6.45　**被分泌到胆汁内的药物及其代谢产物经胆囊排入小肠后，部分药物及其代谢产物可在小肠中被重吸收并返回到肝脏中，该过程被称为肝肠循环**

6.4 体外ADME筛选方法

在理想情况下，可以通过评价许多化合物的体内ADME性质筛选出具有最佳ADME

性质的候选化合物。然而，这在实践中是不易实现的，因为体内试验昂贵且耗时。庆幸的是，目前已经开发了许多体外ADME测试方法来预测化合物的体内ADME性质。例如，可以通过测定化合物在水溶液中的溶解度来了解化合物的吸收。高通量溶解度测定采用市售96孔板平台进行，测定化合物在一系列生物相关缓冲系统中的溶解度，以了解化合物在胃肠道各部位的溶解程度。

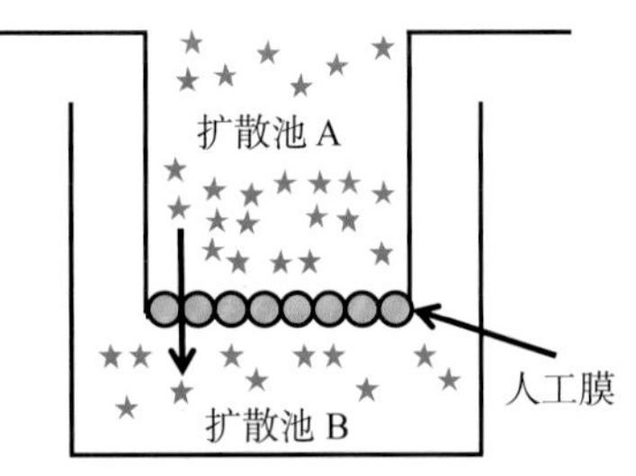

图6.46　在平行人工膜渗透性试验（PAMPA）中，通过人工膜（黄色）将扩散池分为扩散池A和扩散池B。化合物首先被置于其中一个扩散池中，孵育一段时间后，分别测定化合物在两个扩散池中的浓度以评价其渗透性

化合物的吸收与其渗透性直接相关，目前已经开发了体外测定化合物渗透性的模型，可以通过平行人工膜渗透性试验（parallel artificial membrane permeability assay，PAMPA）（图6.46）[73]进行测试。在该试验中，通过人工膜将扩散池分为两个隔室，将受试化合物置于其中一个隔室，孵育一段时间后，分别测量每个隔室中化合物的浓度。通过每个隔室中化合物的浓度变化直接测定化合物被动扩散方式的渗透能力。

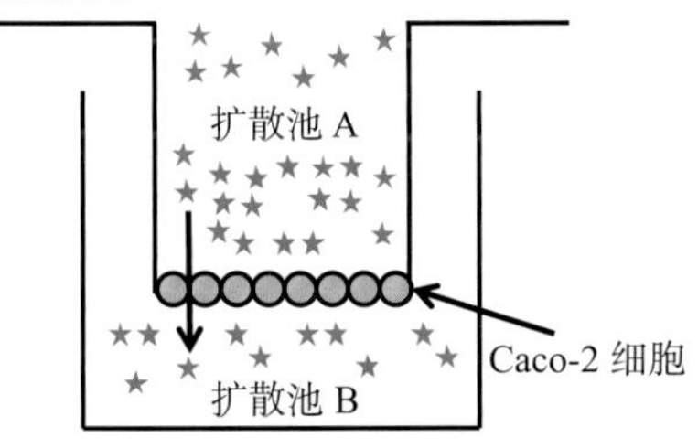

A→B = B→A 只有主动转运
A→B > B→A 膜转运体活性
A→B < B→A 膜转运体活性

图6.47　转运体的活性可通过测定化合物透过单层细胞（Caco-2或MDCK）的相对迁移速率来量化。通过化合物“A到B”和“B到A”之间转移量的不同可评估化合物的膜转运活性

如前所述，转运体的活性会影响药物的吸收、分布和排泄，因此转运体的活性也可采用类似方法评价（图6.47）。与测试渗透性的装置类似，但是此时以含有转运体的单层细胞代替人工膜。最常用的细胞是Caco-2细胞（一种由人上皮结肠直肠腺癌细胞发育的细胞系[74]）和MDCK细胞（Madin-Darby canine kidney epithelial cell，马丁-达比犬肾上皮细胞[75]）。这两种细胞系均含有膜转运体，可用于评估化合物对主动转运的敏感性。这种测试方法可采用相同的两室测试被动转运渗透性，但需要进行两个实验。在两个独立的实验中分别测定化合物从单层膜一侧至另一侧的迁移量（即从A到B和从B到A）。如果穿过单层膜的迁移速率与待测化合物的起始点无关，那么化合物的透膜性不受转运体活性的影响。如果迁移率不同，则发生主动转运。迁移率的差异为了解膜转运体活性对化合物渗透性的影响提供了依据。

体内代谢也可通过体外模型来预测[76]。肝微粒体可商业购买，其包含了大多数与代谢相关的酶，一般是肝细胞内质网（endoplasmic reticulum，ER）的碎片经差速离心而形成的囊泡（图6.48）。将已知浓度的待测化合物与肝微粒体孵育，可初步评估化合物对Ⅰ相代谢的敏感性。在规定的时间内测定化合物的浓度可得到化合物经肝微粒体代谢的半衰期。此外，也可在孵育过程中确认代谢产物，这些信息可用于设计出不易代谢的化合物。通过类似的实验，Ⅱ相代谢可采用分化离心生成的其他细胞成分，或采用包含所有肝脏代谢途径的完整肝细胞来预测。利用这些方法测定的代谢半衰期已被证明是体内代谢半衰期有效的预测指标[77]。

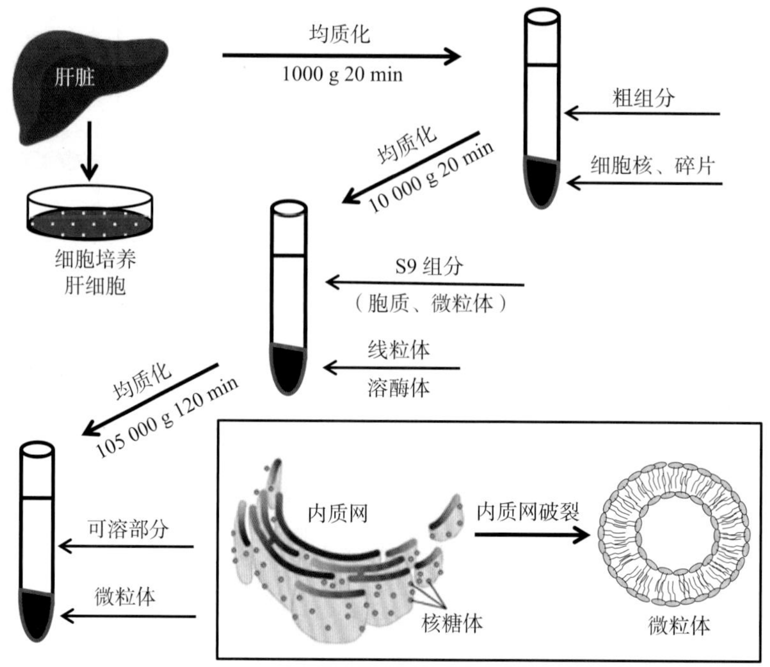

图6.48 **肝微粒体是体外评估先导化合物体内代谢稳定性的常用工具。肝微粒体由肝组织离心、内质网裂解等过程获得。评估化合物Ⅰ相代谢（如CYP450代谢）时还需加入NADP，葡糖醛酸化还需加入UDPGA（尿苷二磷酸葡糖醛酸）。通过肝细胞培养等试验可获得有关化合物Ⅰ相代谢和Ⅱ相代谢更完整的信息**

此外，还有其他用于预测体内ADME特性的体外方法，如血浆稳定性[78]、血浆蛋白结合[79]、CYP450抑制[80]和血脑屏障通透性[81]等测试。所有试验的最终目的都是提高体内研究化合物选择的成功率。理论上，这些方法可降低用于体内研究的时间和成本，但归根结底，这些用于预测体内情况的每一种体外评价方法都只是体内情况的一个模拟。最终必须进行体内测试，才能推进化合物的研发。正因如此，药物研发专家必须面对多方面体内ADME性质的复杂性，从而评价受试化合物的体内药代动力学性质。

6.5 体内药代动力学

对药代动力学（pharmacokinetics，PK）这一术语，最简单的定义是研究人体对药物的“反应和处置”。如果将人体视为一个复杂、重叠和集成的系统，确定单一药物的药代动力学性质将是一个极其复杂的问题。单一化合物的药代动力学性质取决于其理化和生化性质，需要进行多项实验才能获得对药物药代动力学性质的完整了解。例如，药物的清除是由肝脏代谢、尿液排泄、胆汁排泄及其他任何将药物从系统循环中清除的过程决定的。单独掌握药物在体内各个器官和组织的分布是一项相当艰巨的任务，而通过监测每个组织和器官中药物浓度随时间变化的实验也是非常耗时和昂贵的。

显然，为了了解药物在体内的具体情况，没有必要将人体视为复杂的“工厂”。相反，可将身体视为一个独立的“隔室”，药物通过确定的给药途径（口服、静脉注射等）进入“隔室”，并通过各种过程排出“隔室”。可形象地将人体视为一个装满液体的“桶”，各个组织、器官和系统可等同视之，药物进入体内后被迅速分布到整个系统中。药物可被视为是通过“桶”的“排水”最后“离开”人体，该“排水”过程代表所有消除方法的总和（图6.49）。该方案极大地简化了药代动力学性质的测试，可将血浆中药物的浓度作为确定化合物药代动力学性质的工具。

图6.49　测定药物的药代动力学性质时，可将人体简化为一个装满水的“桶”：药物进入体内后，能迅速向各个组织器官分布，并很快在各组织及脏器间达到动态平衡。而人体血浆中药物的浓度就好比药物在“桶”内水中的浓度

当然，当人体不能用单个“桶”来描述时，情况变得更为复杂。例如，当药物不能均匀分布于两种不同的组织时，需要将人体视为两个“隔室”（图6.50）。一个常见的例子就是药物在大脑和身体其他部位呈现分布不均的状态。在这个实例中，大脑可被视为一个“隔室”，身体的所有其他部位被视为另一个“隔室”，两个“隔室”可逆连接，药物通过跨浓度梯度在两个隔室间自由移动，但两个“隔室”的动力学性质不同。在多室模型（multicompartment model）中，药物的药代动力学性质和动力学表现随着“隔室”数量的增加而变得更加复杂。本章重点介绍单室模型，通过单室模型进一步阐述分布容积、清除率、半衰期和生物利用度等概念。

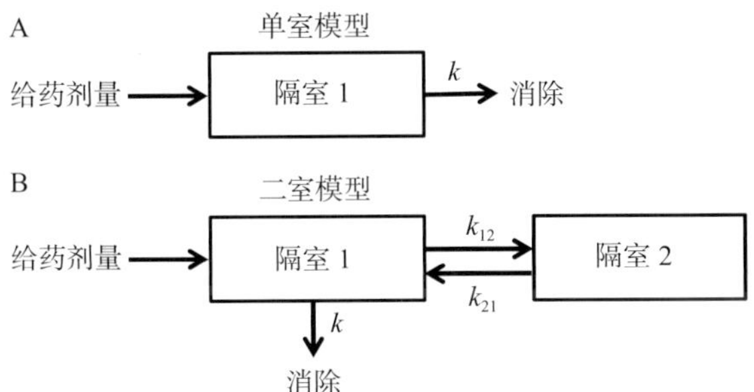

图6.50　A. 单室模型的药代动力学只有一个速率常数k，表示药物消除的速率。B. 二室模型包含三个速率常数，第一个表示药物消除速率常数（k），第二个表示药物从隔室1转运至隔室2的速率常数（k_{12}），第三个表示药物从隔室2转运至隔室1的速率常数（k_{21}）。在二室模型中，假设药物可以在隔室间快速达到分布平衡

6.5.1 分布容积

在实际测试中，药物的药代动力学性质通常采用单剂量体内动物模型来确定。如果药物采用静脉注射途径给药，药物吸收通过体循环的各种屏障，如胃肠道吸收和首过效应，将不再是问题。注射给药后，由于血液快速循环，药物迅速分布于血流，然后快速在全身分布。测定药物在时间点T_0的血药浓度（plasma concentration），就可以计算出体内药物的分布容积（V_d）。这个在数学上得出的体积并不是真正的体积，而是一种表观分布容积，是对药物在体内分布能力的评估。

例如，假设将10 mg药物注射到一个体重70 kg的人体内，如果初始血药浓度为0.25 mg/L。为了使化合物以该浓度存在，那么理论上“隔室”的容积应该为40 L，因而该药物的V_d为0.57 L/kg（40 L/70 kg，图6.51A）。如果用另一药物进行该实验，初始血药浓度为3.3 mg/L，“隔室”的容积将只有3.3 L，那么第二个药物的V_d为0.047 L/kg（3.3 L/70 kg，图6.51B）。在这种情况下，“隔室”相当于一个固定液体容积的人，包括40～46 L的水和8 L的亲脂性物质。如果“隔室”的大小没有变化，为什么分布的体积会发生变化？从这种变化又可以推断出什么呢？

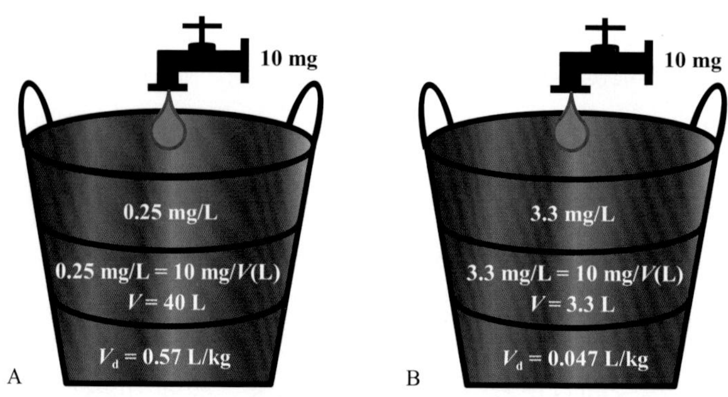

图6.51 A.当给药量为10 mg时，如果药物的血药浓度为0.25 mg/L，那么该药物的表观分布容积V_d为0.57 L/kg。B.如果同一种化合物达到的血药浓度为3.3 mg/L，则理论体积仅为3.3 L

上述两种分布容积之间的差异使我们了解了每种药物通过体循环分布到身体各个组织和器官的能力。虽然人体可能含有总计48～54 L的体液，但血浆的总容积约为3 L[82]。第二种药物的V_d为0.047 L/kg，在很大程度上其被限制在血浆中。这种类型的药物是高度亲水性的并能高度结合血浆蛋白，其分布有限，表明该类药物穿透人体组织和器官的能力较弱。另外，第一种药物的V_d为0.57 L/kg，这与其更广泛的全身分布一致，因此大量的药物必须退出体循环才能达到观察到的血药浓度水平。这种类型的药物是典型的具有中等血浆蛋白结合率和中等亲脂性的药物。

一些药物的分布容积可能非常高。例如，他莫昔芬的V_d为50～60 L/kg[83]，相当于3500～4200 L的“隔室”体积，这显然远远超过了70 kg的人体总体积。换种方式，静脉注射给药10 mg他莫昔芬（图6.52），其血药浓度即为0.0023～0.0028 mg/L。由于血浆体积仅为3 L，那么就仅有6.9～8.4 μg的他莫昔芬存在于血浆中。而10 mg剂量的药物绝大多数分布于身体的组织和器官中。这是典型的高亲脂性药物，因为其优先结合于人体的脂性成分（脂质、蛋白、细胞膜等），其在血浆中具有非常低的浓度。这类药物的分布非常广泛。

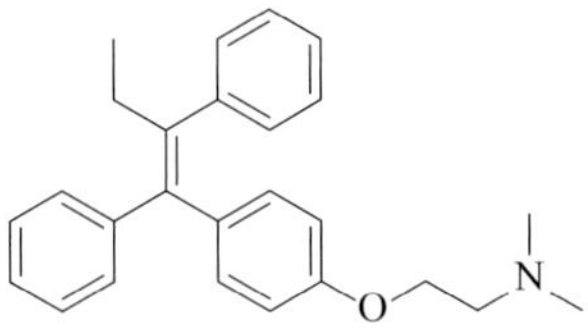

图6.52　**他莫昔芬**

了解一个化合物的 V_d 对于判断其潜在治疗用途非常实用。例如，如果某药物的大分子作用靶点位于血浆中，那么 V_d 非常低的化合物具有优势，这表明该化合物被限制在血液循环中；而 V_d 高的化合物的有效性将比较差，因为其分散到身体其他部位，所以在血浆中的药物浓度很低，而血浆又正是靶点所在。另外，如果一种药物的预期靶点在体循环之外，那么其就需要分布于血液以外，这就意味着需要化合物具有较高的 V_d。选择一种适当 V_d 的化合物可能就意味着有效与无效的区别。此外，需要注意的是，化合物的 V_d 与其渗透性、亲脂性和血浆蛋白结合有关。结构改变将会导致化合物这些性质的变化，如本章和前几章所述，这将对化合物的 V_d 产生影响，可用于预测相关化合物的 V_d 变化。

6.5.2　清除率

分布容积是决定化合物体内半衰期的两个独立药代动力学参数之一，另一个参数是清除率（clearance，CL）。清除率描述了药物从体循环中去除的速率，与采用的方法无关。总清除率（systemic clearance，CL_s）是指某一化合物所有清除率的总和[式（6.1）]，单位通常为mL/（min・kg）。对 CL_s 贡献最大的是肾脏排泄（renal clearance，CL_r，肾脏清除率）和肝脏代谢（hepatic clearance，CL_h，肝脏清除率）。此外，还包括对 CL_s 有贡献的其他消除方法（CL_o），如通过汗液和唾液的排泄，但与 CL_r 和 CL_h 相比，CL_o 的贡献非常小。

$$CL_s = CL_r + CL_h + CL_o \tag{6.1}$$

任何器官或组织清除率的上限都由进入该器官的血流量（Q）和该器官对化合物的提取率（extraction rate，E_r）决定[式（6.2）]。器官的血流量已被广泛地测定，对于给定的化合物，提取率是一个常数。提取率指的是血液流经一个特定器官时，药物被该器官排泄的比例。如果药物在流经器官的过程中被迅速有效地从血液中除去，那么提取率的数值将接近最大值1（100%的药物被去除）。另外，如果血液流经该器官时，对血药浓度影响很小，那么提取率将接近最小值（0）。例如，某化合物通过大鼠的肝脏，而大鼠平均肝血流为55 mL/（min・kg）[84]，如果血液流经肝脏时45%的化合物被除去，那么提取率即为0.45，肝清除率为25 mL/（min・kg）。

$$CL = Q \times E_r \tag{6.2}$$

肝清除率和肾清除率是决定总清除率的主要因素，因此在化合物的结构改造中，影响肾脏和肝脏处理化合物能力的结构变化将对CL_s产生显著影响。肝脏对CL_s的绝大多数贡献是由多种代谢方式驱动的，改变母体化合物的代谢损失速率将影响CL_h，进而影响CL_s。当化合物对肝脏代谢的抵抗作用增强时，如本章前面描述的几种提高化合物代谢稳定性的策略，会使CL_h降低，也会使整体的CL_s降低。

类似地，阻止肾脏肾单元排泄的化合物结构变化将降低CL_r，从而降低CL_s。提高肾脏对化合物重吸收能力的结构变化也会降低CL_r，同样，通过膜转运体抑制化合物进入近端小管的肾小管分泌也是降低CL_r的策略。

6.5.3 半衰期

药物的体内半衰期（$t_{1/2}$）是候选药物临床研究和最终商业化能否成功的主要决定因素。简单而言，药物的体内半衰期是指将体内药物去除50%所需要的时间。剂量方案直接受半衰期的影响，因为半衰期短的药物将很快从体内排出，给药频次需要更为频繁。如果体内半衰期过低，药物在体循环中停留的时间可能不足以产生药效。例如，如果某一药物的半衰期为15 min，那么给药1 h后，90%以上的药物被清除出体外，90 min后，只有少于2%的药物还留在体循环中。而对于体内半衰期高的药物，较少的给药频次即可保持体内的药物浓度。例如，抗疟药氯喹（chloroquine）[85]的半衰期为200 h，从体循环中消除94%的药物需要超过33天。一般而言，大多数新药研发的设计剂量为每天给药1次或2次，但应该牢记项目的最终目标，从而设计合理的药物半衰期。例如，镇静催眠药的要求自然不同于镇痛药或抗癌药。

如前所述，体内半衰期取决于药物的清除率和分布容积。理解这些概念之间的关系对于如何改进候选化合物的性质具有很大的帮助。在大多数情况下，药物的体内半衰期是通过测定单次静脉注射后的血药浓度来评估的，并在一段时间内（通常是12～24 h）多次测定血药浓度。血药浓度随时间的对数图可用于确定化合物的消除速率常数（k，图6.53）。然后根据式（6.3）计算化合物的体内半衰期。式（6.4）是对体内半衰期的另一种数学描述：即体内半衰期与清除率和分布容积之间的关系。

$$t_{1/2} = 0.693/k \tag{6.3}$$

$$t_{1/2} = 0.693 \times (V_d/CL) \tag{6.4}$$

如式（6.4）所示，$t_{1/2}$与CL和V_d直接有关。$t_{1/2}$与CL成反比，但与V_d成正比。换言之，随着CL的增加，$t_{1/2}$下降；随着V_d的增加，$t_{1/2}$增加。消除率受清除速率（代谢、排泄等）的影响，所以很容易理解为什么体内半衰期随清除率的增加而减少。清除率越高，表明化合物越快从体内清除，这缩短了从体循环中清除50%药物所需的时间。通过比较乙琥胺（ethosuximide）[86]和氟胞嘧啶（flucytosine）[87]的半衰期可以明显地看出这一规律（图6.54）。这两种化合物的分布溶剂均为49 L，但乙琥胺的半衰期为48 h，氟尿嘧啶的半衰期仅为4.2 h，近10倍的差异反映了近10倍的清除率差异（0.7 L/h vs 8.0 L/h）。清除率是体内清除该化合物的所有机制的概率总和，因此减缓这些消除机制将有助于降低清除

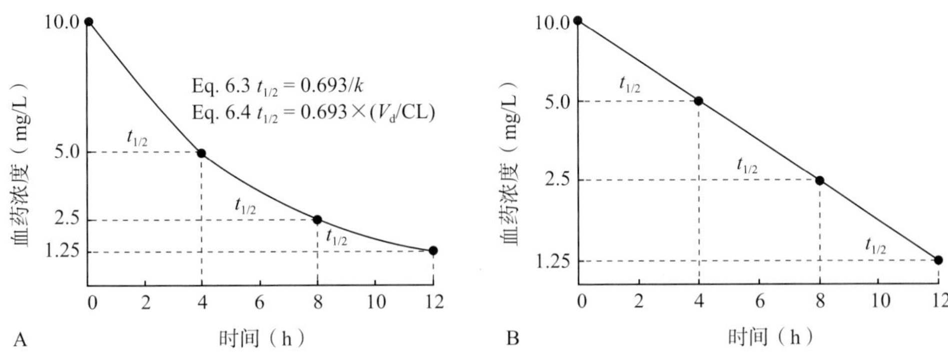

图6.53　A. 单室模型静脉注射给药后的血药浓度-时间曲线。B. 单室模型静脉注射给药血药浓度-时间半对数图。药物的消除速率常数（k）为半对数

率，从而延长半衰期。也就是说，改善化合物的代谢稳定性或减少肾脏排泄可减少清除率对半衰期产生的直接影响。

分布容积对半衰期的影响也比较明显。如前所述，分布容积是用于描述化合物在体内分布范围的假想体积。容易分布于体循环之外的化合物具有较大的分布容积，而更加集中于血液的化合物具有较小的分布容积。在比较氟尿嘧啶和地高辛（digoxin）[88]时发现，分布容积对半衰期的影响变得十分明显（图6.54），即使药物清除率几乎相同，半衰期也相差近10倍。在该例中，半衰期的差异通过10倍之差的分布容积体现出来，具有更大分布容积的地高辛的半衰期更长。这种现象可以通过药物在血液与组织中的相对浓度来解释。高度分布在组织和器官中的化合物（具有较高分布容积的化合物）在血液中的浓度较低。这意味着通过肝脏和肾脏的每次血液循环所处理的化合物变少。因此，可以通过改变化合物的亲脂性和转运体活性来改变分布容积，进而影响半衰期。增大分布容积将延长半衰期，减少分布容积将缩短半衰期。

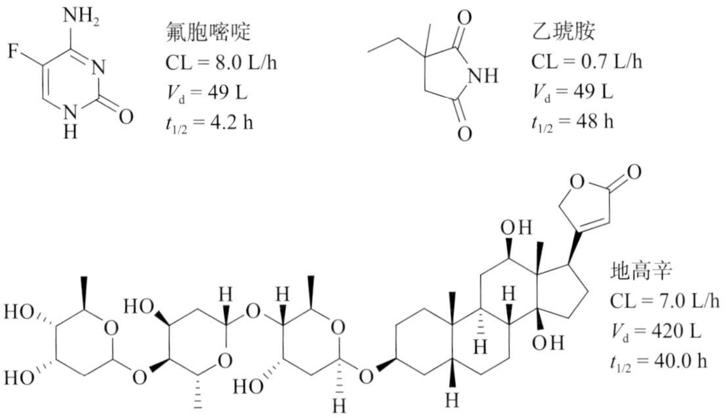

氟胞嘧啶
CL = 8.0 L/h
V_d = 49 L
$t_{1/2}$ = 4.2 h

乙琥胺
CL = 0.7 L/h
V_d = 49 L
$t_{1/2}$ = 48 h

地高辛
CL = 7.0 L/h
V_d = 420 L
$t_{1/2}$ = 40.0 h

图6.54　氟胞嘧啶、乙琥胺及地高辛的化学结构和药代动力学参数。CL和 V_d 的不同导致 $t_{1/2}$ 的不同

6.5.4 生物利用度

大多数新药研发项目的目标都是研究获得能够口服递送的药物。虽然药物也可通过其他递送方式（如静脉注射、腹膜内注射等）给药，但口服给药是最方便的给药方式。为了能够实现这一点，必须了解口服药物到达体循环的实际程度。生物利用度（bioavailability，F或%F）是描述口服给药与静脉注射等量药物相比所能进入体循环的药量分数。事实上，静脉注射的药物绕过了口服给药所遇到的所有生物屏障，因此其可通过药物口服递送所能达到体循环的最大药量。

总口服生物利用度是药物在胃肠道和体循环之间生物屏障综合影响下的结果。例如，口服给药100 mg，药物需要通过的第一道屏障就是胃肠道内皮细胞。如果仅有70 mg药物能够通过胃肠道的屏障，则胃肠道内层对药物的限制即为70%（$F_g = 0.7$）。一旦药物通过胃肠道屏障，将直接通过门静脉进入肝脏。如果肝脏将70 mg药物中的35 mg清除，那么就只有50%的药物能通过肝脏进入体循环，所以肝脏对药物生物利用度的贡献为0.5（$F_h = 0.5$）。所以，以100 mg初始剂量计算，实际上仅有35 mg药物能到达体循环。因此，该药物的生物利用度为35%，即F_g和F_h的乘积（图6.55）。

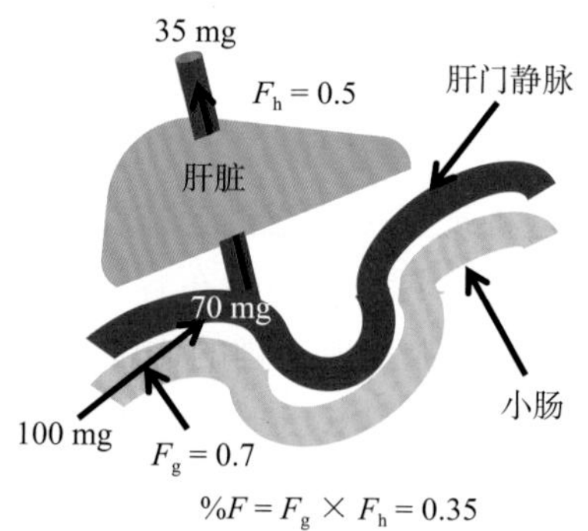

图6.55 药物的口服生物利用度是由药物在胃肠道中的吸收分数（F_g）与药物逃脱肝部代谢的分数（F_h）的乘积所决定的。如果药物还受到体循环或胃肠道中酶的代谢影响，那么药物逃脱酶代谢的步骤也需要加以考虑

既然药物的生物利用度部分受到胃肠道吸收的影响，那么理所当然，改善药物通过胃肠道的能力（化合物的吸收）将会改善药物的总生物利用度。例如，前面章节所介绍的提高药物溶解度的方法将有利于改善药物的生物利用度，因为大量的药物溶于溶液会有利于药物的吸收。类似地，用于改善药物渗透性的结构改造策略也有助于药物穿过胃肠道、吸收和改善口服生物利用度。因此，改变药物的极性、亲脂性、TPSA，甚至可旋转键数目都可能影响药物的口服生物利用度。

同理，通过结构改造降低肝脏从体循环中提取药物的能力，也可改善药物的口服生物利用度。例如，阻止肝脏代谢的结构修饰可以改善药物的代谢稳定性，并对口服生物利用度产生积极的影响。很多结构改造的实例都是通过抑制肝脏代谢来显著改善口服生物利用度。

实际上，生物利用度的测定通常采用比较两组动物体内药物浓度随时间变化的方法，其中一组为静脉注射给药，另一组为口服给药，并绘制两种给药方式下血药浓度随时间变化的曲线（图6.56），通过药物的体内总暴露量（total exposure）、曲线下面积（area under the curve，AUC）来描述。测试中将静脉注射剂量定义为100%药物暴露，口服生物利用度即为同等口服剂量进入体循环的药量占相应静脉注射药量的百分比。如果口服剂量和静脉注射剂量不一致，则采用系数因子（multiplying factor）将该差异结合到计算中，系数因子是指当静脉注射和口服剂量相匹配时AUC的相对增加系数。如果静脉注射剂量为5 mg/kg而口服剂量为15 mg/kg，那么静脉注射的AUC应乘以系数3，才可用于评估口服剂量15 mg/kg下的生物利用度。

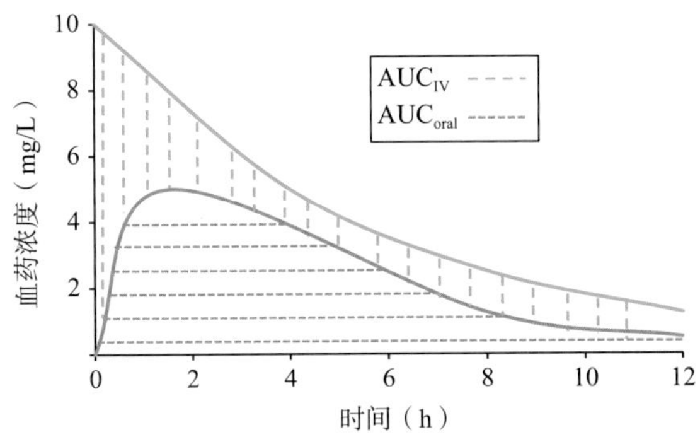

图6.56　**药物的口服生物利用度是由单次口服给药后药物的总体血浆暴露量（AUC_{oral}，蓝色区域）与药物静脉注射后的总体血浆暴露量（AUC_{IV}，绿色区域）的比值决定的**

当静脉注射（IV）和口服（PO）剂量之间存在线性关系时，生物利用度可用于预测药物剂量增加时药物在动物体内的总暴露量。当存在线性关系时，口服剂量加倍将导致暴露量（AUC）的加倍。换言之，如图6.57所示，如果口服剂量由15 mg/kg加倍至30 mg/kg，则基于15 mg/kg[其AUC为1989（ng・h）/mL]剂量下生物利用度为82%的数据，可以预期30 mg/kg 的AUC为3978（ng・h）/mL。然而，当不存在线性关系时，比较静脉注射剂量和较高口服剂量可能会导致表观生物利用度超过100%。例如，药物静脉注射剂量为5 mg/kg，口服剂量为50 mg/kg的AUC值分别为746（ng・h）/mL和33 562（ng・h）/mL，那么就相当于50 mg/kg剂量下时的口服表观生物利用度为450%。而基于线性关系预测的暴露量则为7460（ng・h）/mL，远低于实际AUC。这种预期和观察结果之间的差异说明药物的消除途径已经饱和。

剂量	$AUC_{0\sim inf}$ [(ng・h)/mL]
5 mg/kg IV	746
15 mg/kg PO	1989
50 mg/kg PO	33 562

$$\%F\ 15\ \text{mg/kg PO}=\frac{AUC_{(15\ \text{mg/kg PO})}}{3\times AUC_{(5\ \text{mg/kg IV})}}=\frac{1989\ [(\text{ng}\cdot\text{h})/\text{mL}]}{2238\ [(\text{ng}\cdot\text{h})/\text{mL}]}=89\%$$

A

$$\%F\ 50\ \text{mg/kg PO}=\frac{AUC_{(50\ \text{mg/kg PO})}}{10\times AUC_{(5\ \text{mg/kg IV})}}=\frac{33562\ [(\text{ng}\cdot\text{h})/\text{mL}]}{7460[(\text{ng}\cdot\text{h})/\text{mL}]}=450\%$$

B

图6.57　**A. 口服剂量为15 mg/kg的药物的生物利用度可由表中提供的AUC值计算。B. 药物的表观生物利用度是基于AUC值计算的，但当计算所得的生物利用度数值大于按比例增加剂量的AUC值时，提示药物在50 mg/kg时的药代动力学参数是非线性的，表明药物的消除途径已经饱和**

在没有饱和的情况下，药物暴露量将与剂量成比例增加。加倍剂量将引起AUC加倍。当消除途径（如代谢酶或肾脏消除途径）饱和时，药物的剂量增加将产生更大的预期暴露量。这种情况被称为非线性药代动力学，其是一种预测特殊情形下剂量是否合适的重要方法。如果将剂量提高至足够高的水平，消除饱和将在大多数药物中发生。在理想情况下，当药效所需剂量表现为非线性药代动力学时，该药物基本上将会被身体消除。

6.6 种属选择

在思考体内药代动力学性质时，一定要考虑研究计划的整体目标，特别是药效研究。虽然了解目标化合物的大鼠药代动力学性质可能实用，但如果体内药效需要在犬体内模型中开展，那么该信息并不是非常有用。在不同的物种中，化合物的药代动力学参数之间通常存在很大差异，这使得采用某一物种的药代动力学曲线判断另一物种的剂量需求具有挑战性。大多数情况下，将在多个物种中进行体内药代动力学研究，从而确定先导化合物的药效和安全性研究的剂量要求。评估将来会进入临床评价的化合物的药效时，一般使用一种啮齿动物和一种非啮齿动物（通常是犬），但在某些情况下也会使用灵长类动物。安全性研究也需要在一种啮齿动物和一种非啮齿动物中进行评估。预测最佳剂量和目标化合物的暴露量是种属研究的重要方面，但都需要建立在恰当的药代动力学研究基础上。

（辛敏行）

思考题

1. 提高化合物水溶性的三种主要方法是什么？
2. 下面两个化合物，哪一个具有更高的水溶性？为什么？

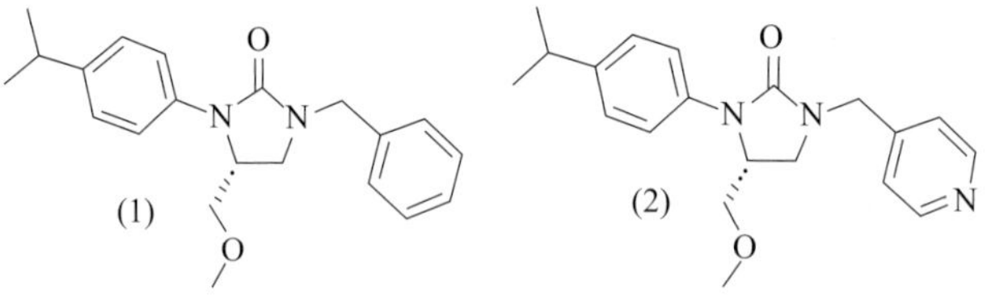

(1) (2)

3. 化合物的亲脂性如何影响其水溶性？
4. 请解释为什么下面两个化合物的溶解度相差10倍？

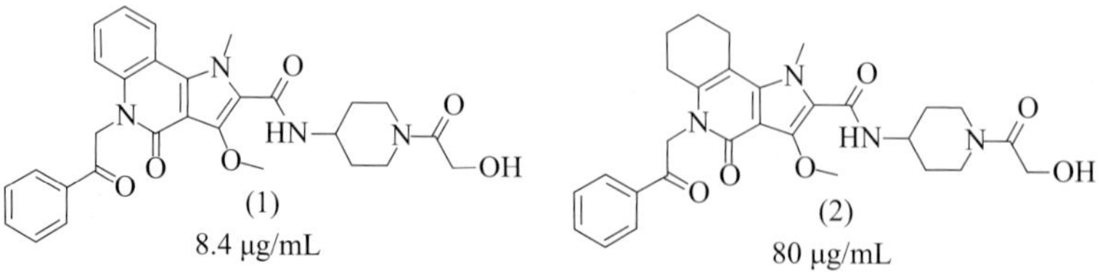

(1) 8.4 μg/mL

(2) 80 μg/mL

5. 化合物通过细胞膜的5种主要方法是什么？
6. P糖蛋白（P-gp）如何影响化合物的渗透性？
7. 化合物的clog *P*和TPSA如何影响化合物的渗透性？
8. 什么是“游离药物假说”？
9. 什么是Ⅰ相代谢和Ⅱ相代谢？
10. 哪些策略可用来提高候选化合物的代谢稳定性？
11. 请解释在下面两个化合物中，为什么化合物（**2**）比化合物（**1**）更为稳定？

(1) 剩余量＜5% RLM @30 min

(2) 剩余量96% RLM @30 min

12. 什么是肝肠循环？
13. 如果一个化合物具有很高的表观分布容积，那么影响其体循环中药物浓度的因素有哪些？
14. 化合物的体内半衰期由哪两个独立参数决定？
15. 化合物的清除率由哪两个体内因子决定？
16. 如果两个化合物具有相同的清除率，而其中一个化合物的体内半衰期是另一个化合物的5倍，说明两个化合物的相对分布容积有什么差异？
17. 当一个化合物的口服生物利用度＞100%时，意味着什么？

参考文献

1. Prentis, R. A.; Lis, Y.; Walker, S. R. Pharmaceutical Innovation by the Seven UK-Owned Pharmaceutical Companies (1964-1985). *Br. J. Clin. Pharmacol.* **1988,** *25*, 387–396.
2. Meanwell, N. A. Improving Drug Candidates by Design: A Focus on Physicochemical Properties As a Means of Improving Compound Disposition and Safety. *Chem. Res. Toxicol.* **2011,** *24*, 1420–1456.
3. Blass, B. E.; Fensome, A.; Trybulski, E.; Magolda, R., et al. Selective Kv1.5 Blockers: Development of KVI-020/WYE-160020 as a Potential Treatment for Atrial Arrhythmia. *J. Med. Chem.* **2009,** *52* (21), 6531–6534.
4. Guo, C.; Pairish, M.; Linton, A.; Kephart, S.; Ornelas, M.; Nagata, A., et al. Design of Oxobenzimidazoles and Oxindoles As Novel Androgen Receptor Antagonists. *Bioorg. Med. Chem. Lett.* **2012,** *22* (7), 2572–2578.
5. Chen, J.; Ding, K.; Levant, B.; Wang, S. Design of Novel Hexahydropyrazinoquinolines as Potent and Selective Dopamine D3 Receptor Ligands With Improved Solubility”. *Bioorg. Med. Chem. Lett.* **2006,** *16*, 443–446.
6. Manallack, D. T. The pKa Distribution of Drugs: Application to Drug Discovery. *Persp. Med. Chem.* **2007,** *1*, 25–38.
7. Wong, J. C.; Tang, G.; Wu, X.; Liang, C.; Zhang, Z.; Guo, L., et al. Pharmacokinetic Optimization of Class-Selective Histone Deacetylase Inhibitors and Identification of Associated Candidate Predictive Biomarkers of Hepatocellular Carcinoma Tumor Response. *J. Med. Chem.* **2012,** *55* (20), 8903–8925.

8. (a) Moriguchi, I.; Hirono, S.; Liu, Q.; Nakagome, I.; Matsushita, Y. Simple Method of Calculating Octanol/Water Partition Coefficient. *Chem. Pharm. Bull.* **1992,** *40* (1), 127–130.
   (b) Ghose, A. K.; Viswanadhan, V. N.; Wendoloski, J. J. Prediction of Hydrophobic (Lipophilic) Properties of Small Organic Molecules Using Fragmental Methods: An Analysis of AlogP and ClogP Methods. *J. Phys. Chem. A* **1998,** *102* (21), 3762–3772.
9. Scherrer, R. A.; Howard, S. M. Use of Distribution Coefficients in Quantitative Structure-Activity Relationships. *J. Med. Chem.* **1977,** *20* (1), 53–58.
10. Ohashi, T.; Oguro, Y.; Tanaka, T.; Shiokawa, Z.; Tanaka, Y.; Shibata, S., et al. Discovery of the Investigational Drug TAK-441, a Pyrrolo[3,2-c]Pyridine Derivative, as a Highly Potent and Orally Active Hedgehog Signaling Inhibitor: Modification of the Core Skeleton for Improved Solubility. *Bioorg. Med. Chem.* **2012,** *20* (18), 5507–5517.
11. Carlton, R. A. *Pharmaceutical Microscopy;* Springer Science: New York, 2011, 213–246.
12. Ostwald, W. "Studien über die Bildung und Umwandlung fester Körper. 1. Abhandlung: Übersättigung und Überkaltung. *Zeitschrift für Physikalische Chemie* **1897,** *22*, 289–330.
13. (a) Bauer, J.; Spanton, S.; Henry, R.; Quick, J.; Dziki, W.; Porter, W., et al. Ritonavir: An Extraordinary Example of Conformational Polymorphism. *Pharm. Res.* **2001,** *18* (6), 859–866.
   (b) Morisette, S. L.; Soukasene, S.; Levinson, D.; Cima, M. J.; Almarsson, O. Elucidation of Crystal Form Diversity of the HIV Protease Inhibitor Ritonavir by High-throughput Crystallization. *Proc. Natl. Acad. Sci. U.S.A.* **2003,** *100* (5), 2180–2184.
14. (a) Mandagere, A. K.; Thompson, T. N.; Hwang, K. K. Graphical Model for Estimating Oral Bioavailability of Drugs in Humans and Other Species from Their Caco-2 Permeability and *in Vitro* Liver Enzyme Metabolic Stability Rates. *J. Med. Chem.* **2002,** *45*, 304–311.
   (b) Kerns, E. D.; Di, L. *Drug Like Properties: Concepts Structure, Design, and Methods. From ADME to Toxicity;* Elsevier Inc: Burlington, MA, 2008.
15. Hediger, M. A.; Romero, M. F.; Peng, J. B.; Rolfs, A.; Takanaga, H.; Bruford, E. A. The ABCs of Solute Carriers: Physiological, Pathological and Therapeutic Implications of Human Membrane Transport Proteins. *Pflügers Arch.* **2004,** *447* (5), 465–468.
16. Marsh, M.; McMahon, H. T. The Structural Era of Endocytosis. *Science* **1999,** *285* (5425), 215–220.
17. Van Itallie, C. M.; Anderson, J. M. Claudins and Epithelial Paracellular Transport. *Annu. Rev. Physiol.* **2006,** *68*, 403–429.
18. Szewczyk, P.; Tao, H.; McGrath, A. P.; Villaluz, M.; Rees, S. D.; Lee, S. C., et al. Snapshots of Ligand Entry, Malleable Binding and Induced Helical Movement in P-glycoprotein. *Acta Crystall. Sect. D* **2015,** *71*, 732–741.
19. (a) Holland, I. B.; Blight, M. A. ABC-ATPases, Adaptable Energy Generators Fuelling Transmembrane Movement of a Variety of Molecules in Organisms From Bacteria to Humans. *J. Mol. Biol.* **1999,** *293* (2), 381–399.
   (b) Al-Shawi, M. K.; Omote, H. The Remarkable Transport Mechanism of P-Glycoprotein; A Multidrug Transporter. *J. Bioenerg. Biomembr.* **2005,** *37* (6), 489–496.
20. (a) Doyle, L. A.; Yang, W.; Abruzzo, L. V.; Krogmann, T.; Gao, Y.; Rishi, A. K., et al. A Multidrug Resistance Transporter From Human MCF-7 Breast Cancer Cells. *Proc. Natl. Acad. Sci. U.S.A.* **1998,** *95* (26), 15665–15670.
   (b) Hazai, E.; Bikadi, Z. Homology Modeling of Breast Cancer Resistance Protein (ABCG2). *Journal of Structural Biology* **2008,** *162* (1), 63–74.
21. Piet Borst, P.; Evers, R.; Marcel Kool, M.; Wijnholds, J. The Multidrug Resistance Protein Family. *Biochim. Biophys. Acta – Biomembr.* **1999,** *1461* (2), 347–357.
22. Tehler, U.; Fagerberg, J. H.; Svensson, R.; Larhed, M.; Artursson, P.; Bergström, C. A. Optimizing Solubility and Permeability of a Biopharmaceutics, Classification System (BCS) Class 4 Antibiotic Drug Using Lipophilic Fragments Disturbing the Crystal Lattice. *J. Med. Chem.* **2013,** *56*, 2690–2694.

23. Li, W.; Escarpe, P. A.; Eisenberg, E. J.; Cundy, K. C.; Sweet, C.; Jakeman, K. J., et al. Identification of GS 4104 as an Orally Bioavailable Prodrug of the Influenza Virus Neuraminidase Inhibitor GS 4071. *Antimicrob. Agents Chemother.* **1998,** *42* (3), 647–653.
24. Shimizu, H.; Yasumatsu, I.; Hamada, T.; Yoneda, Y.; Yamasaki, T.; Tanaka, S., et al. Discovery of Imidazo[1,2-b]Pyridazines as IKKβ Inhibitors. Part 2: Improvement of Potency *in vitro* and *in vivo*. *Bioorg. Med. Chem. Lett.* **2011,** *21*, 904–908.
25. Hansch, C.; Leo, A.; Hoekman, D. *Exploring QSAR. Fundamentals and Applications in Chemistry and Biology, Volume 1. Hydrophobic, Electronic, and Steric Constants, Volume 2;* New York Oxford University Press: New York, 1995.
26. Lévesque, J. F.; Bleasby, K.; Chefson, A.; Chen, A.; Dubé, D.; Ducharme, Y., et al. Impact of Passive Permeability and Gut Efflux Transport on the Oral Bioavailability of Novel Series of Piperidine-Based Renin Inhibitors in Rodents". *Bioorg. Med. Chem. Lett.* **2011,** *21*, 5547–5551.
27. Truong, A. P.; Probst, G. D.; Aquino, J.; Fang, L.; Brogley, L.; Sealy, J. M., et al. Improving the Permeability of the Hydroxyethylamine BACE-1 Inhibitors: Structure–Activity Relationship of P20 Substituents. *Bioorg. Med. Chem. Lett.* **2010,** *20*, 4789–4794.
28. Gleave, R. J.; Beswick, P. J.; Brown, A. J.; Giblin, G. M. P.; Goldsmith, P.; Haslam, C. P., et al. Synthesis and Evaluation of 3-Amino-6-Aryl-Pyridazines as Selective CB2 Agonists for the Treatment of Inflammatory Pain. *Bioorg. Med. Chem. Lett.* **2010,** *20*, 465–468.
29. Amidon, G. L.; Lennernäs, H.; Shah, V. P.; Crison, J. R. A Theoretical Basis for a Biopharmaceutic Drug Classification: The Correlation of *In Vitro* Drug Product Dissolution and *In Vivo* Bioavailability. *Pharm. Res.* **1995,** *12* (3), 413–420.
30. (a) Neumann, H. G. Monocyclic Aromatic Amino and Nitro Compounds: Toxicity, Genotoxicity and Carcinogenicity, Classification in a Carcinogen Category. *MAK Collect. Occup. Health Saf.* **2005,** *21*, 3–45.
    (b) Letelier, M. E.; Izquierdo, P.; Godoy, L.; Lepe, A. M.; Faúndez, M. Liver Microsomal Biotransformation of Nitro-aryl Drugs: Mechanism for Potential Oxidative Stress Induction. *J. Appl. Toxicol.* **2004,** *24*, 519–525.
31. Cunha, B. A. Nitrofurantoin – Current Concepts. *Urology* **1988,** *32* (1), 67–71.
32. Langston, W. J.; Palfreman, J. *The Case of the Frozen Addicts: How the Solution of an Extraordinary Medical Mystery Spawned a Revolution in the Understanding and Treatment of Parkinson's Disease;* Pantheon: New York, 1996.
33. Ballabh, P.; Braun, A.; Nedergaard, M. The Blood-Brain Barrier: An Overview: Structure, Regulation, and Clinical Implications. *Neurobiol. Dis.* **2004,** *16* (1), 1–13.
34. Krajcsi, P. Drug-Transporter Interaction Testing in Drug Discovery and Development.". *World J. Pharmacol.* **2013,** *2* (1), 35–46.
35. (a) Schinkel, A. H. P-Glycoprotein, a Gatekeeper in the Blood-Brain Barrier. *Adv. Drug Deliv. Rev.* **1999,** *199* (36), 179–194.
    (b) Hennessy, M.; Spiers, J. P. A Primer on the Mechanics of P-Glycoprotein the Multidrug Transporter. *Pharmacol. Res.* **2007,** *55*, 1–15.
36. Maliepaard, M.; Scheffer, G. L.; Faneyte, I. F.; van Gastelen, M. A.; Pijnenborg, A. C. L.; Schinkel, A. H., et al. Subcellular Localization and Distribution of the Breast Cancer Resistance Protein Transporter in Normal Human Tissues. *Cancer Res.* **2001,** *61*, 3458–3464.
37. Sekine, T.; Cha, S. H.; Endou, H. The Multispecific Organic Anion Transporter (OAT) Family. *Pflügers Arch. – Eur. J. Physiol.* **2000,** *440* (3), 337–350.
38. Ciarimboli, G. Organic Cation Transporters. *Xenobiotica* **2008,** *38* (7–8), 936–971.
39. (a) Vig, B. S.; Stouch, T. R.; Timoszyk, J. K.; Quan, Y.; Wall, D. A.; Smith, R. L., et al. Human PEPT1 Pharmacophore Distinguishes Between Dipeptide Transport and Binding. *J. Med. Chem.* **2006,** *49*, 3636–3644.
    (b) Zhang, E. Y.; Emerick, R. M.; Pak, Y. A.; Wrighton, S. A.; Hillgren, K. M. Comparison of Human and Monkey Peptide Transporters: PEPT1 and PEPT2. *Mol. Pharm.* **2004,** *1* (3), 201–210.
40. Stieger, B.; Hagenbuch, B. Organic Anion Transporting Polypeptides. *Current Topics in*

Membranes, **2014**, *73*, 205–232.

41. Sai, Y.; Tsuji, A. Transporter-Mediated Drug Delivery: Recent Progress and Experimental Approaches. *Drug Discov. Today* **2004**, *9*, 712–720.
42. Kell, D. B.; Dobson, P. D.; Bilsland, E.; Oliver, S. G. The Promiscuous Binding of Pharmaceutical Drugs and Their Transporter-Mediated Uptake Into Cells: What We (Need to) Know and How We Can Do So. *Drug Discov. Today* **2013**, *18* (5/6), 218–239.
43. Ascenzi, P.; Fasano, M. Allostery in a Monomeric Protein: The Case of Human Serum Albumin. *Biophys. Chem.* **2010**, *148*, 16–22.
44. Kremer, J. M. H.; Wilting, J.; Janssen, L. H. M. Drug Binding to Human Alpha-1-Acid Glycoprotein in Health and Disease. *Pharmacol. Rev.* **1988**, *40* (1), 1–47.
45. (a) Talbert, A. M.; Tranter, G. E.; Holmes, E.; Francis, P. L. Determination of Drug-Plasma Protein Binding Kinetics and Equilibria by Chromatographic Profiling: Exemplification of the Method Using L-Tryptophan and Albumin. *Anal. Chem.* **2002**, *74*, 446–452.
    (b) Colombo, S.; Buclin, T.; Décosterd, L. A.; Telenti, A.; Furrer, H.; Lee, B. L., et al. Orosomucoid (α1-Acid Glycoprotein) Plasma Concentration and Genetic Variants: Effects on Human Immunodeficiency Virus Protease Inhibitor Clearance and Cellular Accumulation. *Clin. Pharm. Ther.* **2006**, *80* (4), 307–318.
46. Yoo, M. J.; Smith, Q. R.; Hage, D. S. Studies of Imipramine Binding to Human Serum Albumin by High-Performance Affinity Chromatography. *J. Chromatogr. B* **2009**, *877*, 1149–1154.
47. Smith, D. A.; Di, L.; Kerns, E. H. The Effect of Plasma Protein Binding on *In Vivo* Efficacy: Misconceptions in Drug Discovery.". *Nat. Rev.: Drug Discov.* **2010**, *9*, 929–939.
48. Kratochwil, N. A.; Huber, W.; Müller, F.; Kansy, M.; Gerber, P. R. Predicting Plasma Protein Binding of Drugs: A New Approach. *Biochem. Pharm.* **2002**, *64* (9), 1355–1374.
49. Lu, C. (Ed.) The Role of Drug Metabolism in Drug Discovery Enzyme Inhibition in Drug Discovery and Development: The Good and the Bad; Li, A.P. Ed. John Wiley & Sons, Inc. New York, 2010, Chapter 5, Bohnert, T.; Gan, L. S.; "The Role of Drug Metabolism in Drug Discovery" 91–176.
50. Sevrioukova, I. F.; Poulos, T. L. Dissecting Cytochrome P450 3A4-Ligand Interactions Using Ritonavir Analogues. *Biochemistry* **2013**, *52*, 4474–4481.
51. Lewis, D. F. V. 57 Varieties: The Human Cytochromes P450. *Pharmacogenomics* **2004**, *5* (3), 305–318.
52. Cashman, J. R.; Zhang, J. Human Flavin-Containing Monooxygenases. *Annu. Rev. Pharmacol. Toxicol.* **2006**, *46*, 65–100.
53. Binda, C.; Aldeco, M.; Geldenhuys, W. J.; Tortorici, M.; Mattevi, A.; Edmondson, D. E. Molecular Insights into Human Monoamine Oxidase B Inhibition by the Glitazone Anti-Diabetes Drugs. *ACS Med. Chem. Lett.* **2012**, *3*, 39–42.
54. Gordon, A. H.; Green, D. E.; Subrahmanyan, V. "Liver Aldehyde Oxidase. *Biochem. J.* **1940**, *34* (5), 764–774.
55. Theorell, H.; McKee, J. S. "Mechanism of Action of Liver Alcohol Dehydrogenase. *Nature* **1961**, *192* (4797), 47–50.
56. Edmondson, D. E.; Mattevi, A.; Binda, C.; Li, M.; Hubálek, F. "Structure and Mechanism of Monoamine Oxidase. *Curr. Med. Chem.* **2004**, *11* (15), 1983–1993.
57. Green, M. N.; Josimovich, J. B.; Tsou, K. C.; Seligman, A. M. Nitroreductase activity of animal tissues and of normal and neoplastic human tissues. *Cancer* **1956**, *9* (1), 176–182.
58. King, C.; Rios, G.; Green, M.; Tephly, T. UDP-glucuronosyltransferases. *Current Drug Metabolism* **2000**, *1* (2), 143–161.
59. Negishi, M.; Pedersen, L. G.; Petrotchenko, E.; Shevtsov, S.; Gorokhov, A.; Kakuta, Y., et al. Structure and Function of Sulfotransferases. *Arch. Biochem. Biophys.* **2001**, *390* (2), 149–157.
60. Hayes, J. D.; Flanagan, J. U.; Jowsey, I. R. Glutathione Transferases. *Annu. Rev.*

Pharmacol. Toxicol. **2005,** *45*, 51–88.

61. Thompson, D.; Oster, G. Use of Terfenadine and Contraindicated Drugs. *J. Am. Med. Assoc.* **1996,** *275* (17), 1339–1341.
62. Zehnder, L.; Bennett, M.; Meng, J.; Huang, B.; Ninkovic, S.; Wang, F., et al. Optimization of Potent, Selective, and Orally Bioavailable Pyrrolodinopyrimidine-Containing Inhibitors of Heat Shock Protein 90. Identification of Development Candidate 2-Amino-4-{4-chloro-2-[2-(4-fluoro-1H-pyrazol-1-yl)Ethoxy]-6-Methylphenyl}-*N*-(2,2-Difluoropropyl)-5,7-Dihydro-6*H*-Pyrrolo[3,4-d]Pyrimidine-6-Carboxamide. *J. Med. Chem.* **2011,** *54*, 3368–3385.
63. Morwick, T.; Büttner, F. H.; Cywin, C. L.; Dahmann, G.; Hickey, E.; Jakes, S., et al. Hit to Lead Account of the Discovery of Bisbenzamide and Related Ureidobenzamide Inhibitors of Rho Kinase. *J. Med. Chem.* **2010,** *53*, 759–777.
64. Anderson, M. O.; Zhang, J.; Liu, Y.; Yao, C.; Phuan, P. W.; Verkman, A. S. Nanomolar Potency and Metabolically Stable Inhibitors of Kidney, Urea Transporter UT-B. *J. Med. Chem.* **2012,** *55*, 5942–5950.
65. Brown, M. F.; Avery, M.; Brissette, W. H.; Chang, J. H.; Colizza, K.; Conklyn, M., et al. Novel CCR1 Antagonists With Improved Metabolic Stability. *Bioorg. Med. Chem. Lett.* **2004,** *14*, 2175–2179.
66. Yoshida, M.; Mori, A.; Kotani, E.; Oka, M.; Makino, H.; Fujita, H., et al. Discovery of Novel and Potent Orally Active Calcium-Sensing Receptor Antagonists that Stimulate Pulselike Parathyroid Hormone Secretion: Synthesis and Structure-Activity Relationships of Tetrahydropyrazolo-pyrimidine Derivatives. *J. Med. Chem.* **2011,** *54*, 1430–1440.
67. Kondreddi, R. R.; Jiricek, J.; Rao, S. P. S.; Lakshminarayana, S. B.; Camacho, L. R.; Rao, R., et al. Design, Synthesis, and Biological Evaluation of Indole-2-carboxamides: A Promising Class of Antituberculosis Agents. *J. Med. Chem.* **2013,** *56*, 8849–8859.
68. Sutherlin, D. P.; Sampath, D.; Berry, M.; Castanedo, G.; Chang, Z.; Chuckowree, I., et al. Discovery of (Thienopyrimidin-2-yl)aminopyrimidines as Potent, Selective, and Orally Available Pan-PI3-Kinase and Dual Pan-PI3-Kinase/mTOR Inhibitors for the Treatment of Cancer. *J. Med. Chem.* **2010,** *53*, 1086–1097.
69. Riether, D.; Wu, L.; Cirillo, P. F.; Berry, A.; Walker, E. R.; Ermann, M., et al. 1,4-Diazepane Compounds as Potent and Selective CB2 Agonists: Optimization of Metabolic Stability. *Bioorg. Med. Chem. Lett.* **2011,** *21*, 2011–2016.
70. (a) St Jean, D. J.; Fotsch, C. Mitigating Heterocycle Metabolism in Drug Discovery". *J. Med. Chem.* **2012,** *55*, 6002–6020.
    (b) Thompson, T. N. Optimization of Metabolic Stability as a Goal of Modern Drug Design. *Med. Res. Rev.* **2001,** *21*, 412–449.
    (c) Kerns, E. H.; Di, L. *Drug-Like Properties: Concepts, Structure, Design and Methods;* Academic Press: San Diego, CA, 2008.
    (d) Smith, D. A. Discovery and ADMET: Where Are We Now? *Curr. Top. Med. Chem.* **2011,** *11*, 467–481.
71. Dipiro, J. P., Ed. *Concepts in Clinical Pharmacokinetics;* 5th ed. American Society of Health System Pharmacists: Bethesda, MD, 2010.
72. Roberts, M. S.; Magnusson, B. M.; Burczynski, F. J.; Weiss, M. Enterohepatic Circulation: Physiological, Pharmacokinetic and Clinical Implications. *Clin. Pharm.* **2002,** *41* (10), 751–790.
73. Kansy, M.; Senner, F.; Gubernator, K. Physicochemical High Throughput Screening: Parallel Artificial Membrane Permeability Assay in the Description of Passive Absorption Processes. *J. Med. Chem.* **1998,** *41* (7), 1007–1010.
74. Hidalgo, I. J.; Raub, T. J.; Borchardt, R. T. Characterization of the Human Colon Carcinoma Cell Line (Caco-2) as a Model System for Intestinal Epithelial Permeability. *Gastroenterology* **1989,** *96* (3), 736–749.
75. Irvine, J. D.; Takahashi, L.; Lockhart, K.; Cheong, J.; Tolan, J. W.; Selick, H. E., et al. MDCK (Madin-Darby Canine Kidney) Cells: A Tool for Membrane Permeability

Screening. *J. Pharm. Sci.* **1999,** *88* (1), 28–33.

76. Iwatsubo, T.; Hirota, N.; Ooie, T.; Suzuki, H.; Shimada, N.; Chiba, K., et al. Prediction of *In Vivo* Drug Metabolism in the Human Liver From *In Vitro* Metabolism Data.". *Pharmacol. Ther.* **1997,** *73* (2), 147–171.
77. Asha, S.; Vidyavathi, M. Role of Human Liver Microsomes in *In Vitro* Metabolism of Drugs – A Review. *Appl. Biochem. Biotechnol.* **2010,** *160* (6), 1699–1722.
78. Di, L.; Kerns, E. H.; Hong, Y.; Chen, H. Development and Application of High Throughput Plasma Stability Assay for Drug Discovery. *Int. J. Pharm.* **2005,** *297* (1-2), 110–119.
79. Yasgar, A.; Furdas, S. D.; Maloney, D. J.; Jadhav, A.; Jung, M.; Simeonov, A. High-Throughput 1,536-Well Fluorescence Polarization Assays for α1-Acid Glycoprotein and Human Serum Albumin Binding. *PLoS One* **2012,** *7* (9), e45594.
80. Lin, T.; Pan, K.; Mordenti, J.; Pan, L. *In Vitro* Assessment of Cytochrome P450 Inhibition: Strategies for Increasing LC/MS-Based Assay Throughput Using a One-Point IC_{50} Method and Multiplexing High-Performance Liquid Chromatography. *J. Pharm. Sci.* **2007,** *96* (9), 2485–2493.
81. Li Di, L.; Kerns, E. H.; Fan, K.; McConnell, O. J.; Carter, G. T. High Throughput Artificial Membrane Permeability Assay for Blood–Brain Barrier. *Eur. J. Med. Chem.* **2003,** *38* (3), 223–232.
82. Rhoades, R.; Bell, D. R. *Medical Physiology: Principles of Clinical Medicine,* 4th ed.; Lippincott Williams & Wilkins: Baltimore, MD, 2013.
83. Lien, E. A.; Solheim, E.; Ueland, P. M. Distribution of Tamoxifen and Its Metabolites in Rat and Human Tissues during Steady-State Treatment. *Cancer Res.* **1991,** *51,* 4837–4844.
84. Davies, B.; Morris, T. Physiological Parameters in Laboratory Animals and Humans. *Pharm. Res.* **1993,** *10,* 1093–1095.
85. Moore, B. R.; Page-Sharp, M.; Stoney, J. R.; Ilett, K. F.; Jago, J. D.; Batty, K. T. Pharmacokinetics, Pharmacodynamics, and Allometric Scaling of Chloroquine in a Murine Malaria Model. *Antimicrob. Agents Chemother.* **2011,** *55* (8), 3899–3907.
86. Livingston, S.; Pauli, L.; Najmabadi, A. Ethosuximide in the Treatment of Epilepsy. Preliminary Report. *J. Am. Med. Assoc.* **1962,** *180,* 822–825.
87. Vermes, A.; Guchelaar, H. J.; Dankert, J. Flucytosine: A Review of Its Pharmacology, Clinical Indications, Pharmacokinetics, Toxicity and Drug Interactions. *J. Antimicrob. Chemother.* **2000,** *46* (2), 171–179.
88. Hauptman, P. J.; Kelly, R. A. Digitalis. *Circulation* **1999,** *99,* 1265–1270.

第7章

体内测试动物模型

在药物研发的早期阶段，基于体外活性筛选的结果能够在一定程度上反映体内活性，所以通过体外筛选技术测试化合物的生物活性及理化性质是极为重要的。在过去数十年间，无论是制药行业还是学术界都耗费了大量的财力来提高体外筛选技术的实用性和准确性。正如前面章节中所提到的，目前的体外筛选技术已经能够做到预测化合物的理化性质及化合物与体内大分子的相互作用情况，如可能的代谢途径、与其他化合物的代谢相互作用和跨膜能力等。既然体外筛选技术已经能够测试出化合物的生物活性及理化性质，那么为什么还要继续在动物模型中研究潜在的候选药物呢？

对于上述问题，最简单的答案莫过于FDA及其他监管机构的要求：在药物进入临床前必须在动物体内证明其有效性和安全性。当然，从科学的角度出发，这并不是一个令人满意的答案。事实上，更令人满意的回答是相较于动物模型而言的，虽然体外筛选技术已经成为新药研发的必备手段，但其还存在着一定的局限性，不能替代体内活性测试。在体外筛选的后续阶段，无论是分子水平、细胞水平还是组织水平，相对于体内真实的复杂系统，都只是一个不完整且有缺陷的模型。在一个完整的动物体内，化合物的整体作用取决于其对大分子、组织及器官作用的总和，而这一作用过程包含了化合物调节潜在靶点的能力和机体对化合物本身的影响，如蛋白结合、药物代谢等。对于一个完整的动物而言，无论是鼠、犬、猴，还是人类，都是一个相互交织、相互作用的复杂生物系统。目前，没有一个体外筛选方法或是组合方法能够模拟和反映整个有机体的复杂性。因此，利用动物模型来评价候选药物对人体及疾病的影响是不可或缺的。

从体外试验过渡到动物模型测试的第一步是确定化合物的药代动力学（pharmacokinetic，PK）性质，正如第6章所述，化合物的药代动力学性质能够预测化合物进入体内后可能的代谢途径。然而，这些研究并非旨在确定化合物是否能够产生所需的药理活性。化合物对完整生物体的药理作用被称为药效，而评价化合物的药效则需要更为复杂的模型。简单而言，药效就是化合物对生物体所产生的作用。药效学研究通常被用来确定化合物是否能产生所需的生物学终点效应，这一效应又被称为效能。除此之外，药效学研究也被用来确定产生某一特定药效所需的化合物剂量，这被称为效价。当然，效能和效价强度并不像温度或者长度那样是一个确切的标准，准确而言，它们只是在检测条件下产生生物学终点效应的特定数值。

确定化合物在体内达到特定疗效所需的剂量是药效学研究的一个重要内容。事实上，化合物的药代动力学性质常常被用于估算化合物的血药浓度（plasma concentration），以保证其血药浓度能在较长的时间内高于其对作用靶点的IC_{50}（或EC_{50}）值。例如，某一化合物被设计作用于5-HT_7受体，且其EC_{50}为100 nmol/L，如果在一次给药过程中，药物的血药浓度无法达到100 nmol/L这个最低标准，那么这个药物将因其在作用靶点处无法达到所需浓度而不能发挥应有的生物学效应。即使在一次给药过程中使药物的血药浓度超过了100 nmol/L，在不进行第二次给药的前提下，药物也会由于代谢而从生物体内排出。在多数情况下，随着血药浓度的逐渐下降，化合物的生物响应也会随之下降，这也反映了一个化合物在体内半衰期（half-life，$t_{1/2}$）的长短。但不管体内模型的性质如何，设计合理的体内试验以便收集化合物仍存在于体内时的数据是非常重要的。当然，只有当某一化合物的药代动力学特征适用于同一物种时，才有可能将其应用于体内药效模型。即便小鼠和大鼠较为相似，但有时对于同一化合物的药代动力学性质也会显示出较大的差异。例如，根据大鼠的药代动力学性质预测化合物在小鼠模型中的给药剂量时，其可参考的价值是相当有限的，反之亦然。

当然，建立体内活性模型的主要目的是评价化合物在体内是否能发挥预期的生理活性，并比较同一化合物在不同浓度下的药理活性，以及不同化合物之间的活性差别。虽然实验结果的原始数据会因为设计方式的不同而不一致，但在通常情况下，其给出报告结果的方法一般是相同的。例如，效能常常用给药剂量下的生理响应与最大生理响应的百分比来评价。通常，效能的报告结果用ED_{50}来表示，其代表化合物在达到最大药理活性一半时的浓度。ED_{50}值对化合物在特定的体内模型中的活性排序有着重要作用。

通常情况下，化合物的第一个体内药物模型常常被用于评价其最主要的生物活性指标。例如，一个被设计用来降低胆固醇水平的化合物，毫无疑问会在可以筛选体内胆固醇水平的动物模型上进行测试。然而，一个药物往往会产生多种生物响应，这种情况下则要监测多个生理响应，且每个生理响应的ED_{50}可能会不尽相同。而这些实验往往被用来预测化合物的疗效和副作用。因为在生物体内通常存在多个可与化合物结合并产生生物响应的靶点，而使得药物产生预期效果的前提是化合物必须有效地与目标靶点发生相互作用，此时，剂量依赖性副作用的药理研究就显得尤为重要。当确定了疗效和副作用的剂量依赖关系后，就可以通过调整药物浓度使其既能在治疗窗（therapeutic window）内产生疗效，又能将副作用控制在最小的程度。药物产生副作用的浓度与其半数有效浓度的比值被称为治疗指数（therapeutic index）。通常情况下，随着药物血药浓度的增加，药物的副作用也会随之增加，其治疗指数则是产生第一个副作用的浓度与半数有效浓度的比值。如一个降低胆固醇的药物，其ED_{50}为1 mg/kg，但其浓度在10 mg/kg时会使心率降低，那么其治疗指数为10（10 mg/kg ÷ 1 mg/kg）。同样的化合物，若其在100 mg/kg时会导致脱发，那么其治疗指数将会达到100。一般而言，在药物发现的过程中，最小治疗指数往往被认为是最为重要的。

7.1 动物模型的来源

虽然目前已有多种动物模型被用于模拟各种各样的疾病，但是开发新的动物模型的方法却是相当有限的。动物模型的发展主要基于种群内部的自发突变、选择性培育（培育表达或者不表达某种特征的个体）和生物技术开发（如基因的插入或敲除）。当然，在活体动物上还可以通过药物、人为训练和手术等方法来改变其特征。

起初，用来建立模型的动物通常来源于种群内的自发突变或者是人工选育，在这种情况下，种群内某些个体的随机突变使其具备了适合模拟人类疾病的性质。之后，可以通过选择性育种的方式来增加动物的个体数量，随着整个培养过程的建立，就可以稳定地提供这些“问题”动物了。例如，早在1950年，杰克逊（Jackson）实验室就发现了瘦素缺陷[Leptin deficient（$Lep^{Ob/Ob}$）]小鼠[1]。尽管当时人们还并不知道瘦素的存在及其重要性，但人们发现，这类小鼠具有明显的暴饮暴食和体重增加的情况，最终发展成与病态肥胖及2型糖尿病相似的病症[2]。除此之外，通过种群突变或选育发现的动物还包括裸鼠（nude mouse）[3]、自发性高血压大鼠（spontaneously hypertensive rat，SHR）[4]和非肥胖性糖尿病小鼠（non-obese diabetic mouse）[5]。上述提及的重要实例都是未在生物工程支持下所得到的成果，显示了自然突变在动物模型来源中的重要性。

当然，仅靠自然突变来寻找动物模型是不切实际的。幸运的是，现代科学提供了另一种方法。正如第2章所述，在20世纪后期，随着生物技术的迅猛发展，改变细胞的基因成为可能。而在这个时代，科学的突破性进展使得科学家们能够定向“创造”动物。通过转基因技术导入外源基因或敲除内源基因可以创造出一些从未有过的动物模型。例如，SOD^{1G93A}转基因小鼠模型的建立大大加快了人们对肌萎缩侧索硬化（amyotrophic lateral sclerosis，ALS）的研究。在小鼠体内导入并过表达人体的93位突变（甘氨酸突变成丙氨酸）的超氧化歧化酶基因可以导致小鼠发生神经退行性病变，而这种症状与ALS较为相似。如果没有这种模型的建立，对于ALS的研究或许将变得困难许多[6]。目前，很多基因工程的动物模型都可以从商业渠道获得。但利用转基因手段构建新的动物模型仍然受到诸多限制，因为修饰改变动物的基因对动物而言可能是致命的。

虽然自然状态下或人工操作所产生的转基因动物模型非常实用，但是想让动物生来就具有某种疾病症状却很难办到。在多数情况下，某种疾病的特定状态是可以通过诱导产生的。例如，药物诱导动物模型，即利用药物的干预来建立的疾病模型。一般而言，可以利用已知的化合物诱发健康动物产生一种与疾病相似的症状。例如，灵长类[7]和小鼠[8]的帕金森病模型可以采用1-甲基-4-苯基-1, 2, 3, 6-四氢吡啶（1-methyl-4-phenyl-1, 2, 3, 6-tetrahydropyridine，MPTP）给药的方式来实现。MPTP可以快速破坏大脑黑质区多巴胺合成神经元，从而导致帕金森病症状的迅速发展，这与人体的症状一致。有趣的是，MPTP对大鼠没有作用，可见动物模型物种选择的重要性。

动物模型也可以通过物理手段（如机械、外科手术等）来实现。例如，缺血性损伤可以通过手术来限制或通过阻断血流来诱导，从而研究化合物对脑卒中后存活率[9]或心肌再灌注的影响[10]。研究化合物抑制疼痛感觉能力的体内模型也可以采用物理手段，如可用热板实验来测定化合物抑制疼痛的活性[11]。

同时，也可以利用动物的环境来创建一个适于评估化合物药理影响的情景。这在CNS疾病评估中尤为有效，因为在给药或未给药的情况下，对外界环境条件的行为学响应变化有可能是唯一有意义的数据。例如，通过设计动物模型来验证化合物能否治疗抑郁症，虽然无法直接测定动物是否患有抑郁症，但却可以通过观察给药小鼠对各种情况的反应来研究该药物是否是潜在的抗抑郁药物。例如，在Porsolt强迫游泳测试（Porsolt forced swimming test）中，将一只小鼠放在一个盛水的玻璃缸中，水足够深使得小鼠不能站立，而且玻璃缸壁足够高使得小鼠不能攀爬出来。在这样的情况下，小鼠无法逃逸，只是浮在水面上。实验结果发现，相较于空白对照组，服用抗抑郁药的小鼠会花更多的时间去游泳，尝试找到逃生的方法[12]。虽然目前还没有证据证实这个模型与人体抑郁的关系，但该模型已经被广泛地应用于抗抑郁药的临床前评价研究。

7.2 动物模型的有效性

虽然每种模型来源的优点和缺点都有值得讨论之处，但从药物发现的角度而言，模型的来源远没有其反映疾病状况的能力重要。如果一种动物模型不能反映人体疾病的状况，则其对新疗法的开发价值不大。一般而言，动物模型可以根据其复制人体疾病条件的能力分为三类，即同源动物模型（homologous animal model）、同构动物模型（isomorphic animal model）和预测性动物模型（predictive animal model）[13]。同源动物模型是最为理想的，因为其与人体具有相同的病因、症状及可供选择的治疗方案。但由于难以实现，同源动物模型也是最罕见的模型，但与其他模型相比，其更为有效。典型的实例包括非肥胖（non-obese diabetic，NOD）1型糖尿病小鼠模型[14]和众多的细菌感染模型[15]。大多数动物模型都是非同源动物模型。

同构动物模型较为常见，这种类型的动物模型具有与人体相同的症状，因此可以选择相同的治疗方式。然而，动物模型中产生疾病的根本原因与人体不同。例如，动物脑卒中模型通过干扰大脑血流量引起缺血性损伤[16]。这种干扰的影响类似于人脑血管中的凝血块引起的脑梗死，治疗方案也比较类似。但导致人脑卒中的根本原因却不仅仅是这么简单。同样，对于骨关节炎相关的退行性损伤，可以通过向动物关节注射碘乙酸钠，2～4个月内便可诱发关节炎，该模型可用于研究化合物的抗退化作用[17]。人骨关节炎显然不是如此形成的，但相似的症状和疾病进程可使之成为研究人类疾病的合适的模型。同构模型被认为具有“表面有效性”。换言之，这些模型与其正在模拟的疾病状态具有相同的表现，但造成疾病的实际原因则不相同。

在没有同源和同构模型的情况下，一般会采用预测性动物模型。此类动物模型最常用于对某一疾病或病情了解甚少或根本不发生在动物身上的情况。有时，这种模型可能几乎与人体的疾病状况没有相似之处，但该模型的某些方面可作为预测工具。模型中化合物潜在治疗干预的影响可能与人体对该化合物的反应相似。这种模型显示了疾病的治疗特征，并且具有预测有效性。以精神分裂症为例，由于无法与动物进行沟通，加之人们对这种疾病发展的机制知之甚少，通常无法确定模型动物是否患有精神分裂症。尽管科学知识上存在这些空白，但仍有一些研究精神分裂症的体内模型可用，一般通过可以诱发或加重精神分裂症的药物来构建[18]。

7.3 动物物种的选择

选择物种进行体内研究时，需要考虑到每种选择的局限性。体内药效实验（即概念验证实验）是一个项目周期中至关重要的决策点。体内试验的失败会导致项目的终止，尤其当靶点是全新靶点时（如将所提出的作用机制应用于未上市药物时）。因此，所采用的物种与人体疾病保持最佳的相关性是至关重要的。

灵长类动物确实是最接近人类的动物，但其很少用于动物实验。因为可供研究的灵长类动物非常少，而且维持灵长类动物的实验条件和环境既困难又昂贵。其较大的体型也直接影响化合物的供给问题，因为潜在的治疗药物通常以mg/kg为剂量单位，而体型较大的动物则需要更多的药物，因而进一步增加了灵长类动物研究的费用。此外，还需要考虑一些伦理问题。因此，灵长类动物通常只在没有其他选择的情况下使用。

小鼠、大鼠和犬等一些体型较小的动物是活体实验最常见的选择。每个物种都有其自身的优缺点，但在物种选择中最重要的方面是确保所选择的动物模型与人体具有相关性。例如，使用心房颤动大鼠模型可能比使用比格犬这样更复杂的模型更容易操作。然而，如果大鼠模型与人体状况相关性不大，那么从大鼠模型中得到的数据在药物研发中的价值就微乎其微。虽然犬模型的构建困难且费时，但选择犬模型是因为能从该模型中获得较为有用且可靠的数据。由此可见，用于体内试验的物种选择是非常重要的。同样值得注意的是，药代动力学研究（参见第6章）应该按照药效学实验的计划在同一物种中进行。

7.4 模型动物的数量

一旦确定了动物模型，就必须考证确保实验有效性所需的动物数量。理论上，单个动物的模型即可以提供数据，但实际上，动物模型往往不能给出肯定或否定的答案。与其他测量方法一样，动物模型中产生的“信号”也容易出错。动物种群的不同（如发生在同一种群中的基因差异）、测量“信号”方法本身所具有的不准确性、“信号”相对于未治疗组的强度及其他因素都可能导致结果的不同。为了使动物研究的结果具有价值，研究中产生的“信号”必须具有统计学意义。换言之，“信号”强度必须超过模型本身固有的误差范围。完成实验所需的动物数量将取决于预期“信号”相对于误差的强度。如果预期的“信号”很强烈，而且预期的误差幅度很低，那么所需的动物就会很少。反之，就需要更多的动物。通常情况下，可使用统计模型来计算实验所需的动物数量，从而保证实验结果的准确性。

7.5 经典动物模型

目前有数以千计的动物模型可用于研究疾病和新型疗法。对于从事药物研发的科研人员而言，尽管深入了解与项目相关的动物模型是非常必要的，但在本章中一一列举所有模型是不现实的，因此本章主要介绍几种经典的动物模型。动物模型的建立来源于药物研究人员的创造力。鉴于人们与生俱来和无穷无尽的创造力，我们有理由相信在不远的将来还会有大量的动物模型被源源不断地开发出来。回顾部分经典的动物模型案例，可以激发人们对未来的探索。对特定疾病领域的动物模型感兴趣的读者，可通过查阅科学文献获得更多信息。

7.5.1 神经科学中的动物模型

7.5.1.1 抑郁模型——强迫游泳实验[19]

图7.1 在波斯特尔强迫游泳实验中，具有抗抑郁活性的化合物能够延长小鼠尝试找到水槽出口的时间。该实验模型已成功应用于抗抑郁药物的测试分析

抑郁症是临床上非常常见的一种疾病，但难以在动物上建模。抑郁症被认为是体细胞异常、神经内分泌失调和心理因素的病理复合病。在动物模型（如啮齿动物或其他动物）上复制这些症状是不可能的，因此旨在开发新型抗抑郁药物的研究仅能依靠可测量的特定行为来预测药物在人体内的抗抑郁活性。强迫游泳实验（forced swimming test，图7.1）最早是由波斯特尔（Porsolt）等提出的，此实验监测在无法逃逸水槽中的小鼠的行为表现，并将其有效地应用于新型抗抑郁药物的筛选。在此实验中，小鼠刚被放到水槽中时，会泳动并寻找逃脱方式，随后会不再尝试逃出水槽，处于漂浮状态，四肢偶尔划动以保持其头部在水面之上。在原文献中，波斯特尔等发现，经抗抑郁药治疗的小鼠相比于未给药的小鼠活动增加，并据此建立了小鼠行为与人类抑郁的相关性。

7.5.1.2　焦虑模型——高架十字迷宫[20]

与抑郁类似，焦虑同样是一种复杂的病症，很难在动物模型上复制。已有几种用来评估新型化合物抗焦虑活性的动物模型。高架十字迷宫（elevated plus maze，图7.2）是很简单的焦虑模型，经苯二氮䓬类抗焦虑药物验证了其有效性，可用于深入了解受试化合物的抗焦虑功效。在该模型中，将小鼠或大鼠放置在高架十字平台的中心，高架十字迷宫具有一组相对开放臂和一组相对闭合臂，用摄像机和运动跟踪软件来记录啮齿动物在平台两组不同臂的停留时间。在未给药组中，啮齿动物会优先停留在封闭空间内，以避免高度和开放空间带来的焦虑。而在给药组中，啮齿动物在平台开放臂中停留的时间会增加，这些指标可以评估测试化合物对啮齿动物焦虑样行为的影响。

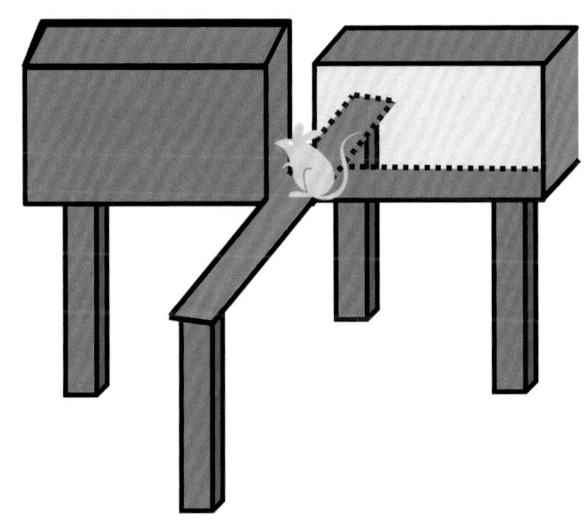

图7.2　**高架十字迷宫通过摄像机和运动传感器监测小鼠在平台封闭区及开放区的停留时间，时间差异与抗焦虑效果具有相关性**

7.5.1.3　记忆与认知模型——新物体识别测试[21]

中枢神经系统药物研发的另一重要方面是化合物对恢复或增强认知能力及记忆功能的测试。随着人口老龄化，无论是阿尔茨海默病（Alzheimer's disease，AD），还是自然衰老所导致的记忆障碍，都是十分严重的健康问题，且一直是药物研发项目的焦点。新物体识别测试（novel object recognition test，图7.3）模型充分利用了啮齿动物的先天好奇心。当将啮齿动物置于同时有熟悉物体和新物体的环境中时，其会花更多的时间来探索新物体，这种对熟悉物体的熟悉感反映了动物记忆和识别物体的能力，这在一定程度上可以对认知和记忆进行量化。

在实验中，啮齿动物会首先熟悉场地，场地内放置了两个彼此距离相等的相同物体。在啮齿动物适应两个已知物体（通常为24 h）的存在之后，将其中一个物体以新物体替换，并通过量化啮齿动物熟悉每个物体花费的时间来生成辨别指数，从而指示其对新对象的偏好。如果啮齿动物形成记忆的能力受损，那么记住熟悉物体的可能性就会降低，导致探索新物体的倾向减少。使用该模型及患有认知和记忆障碍的啮齿动物组合可以测试化合

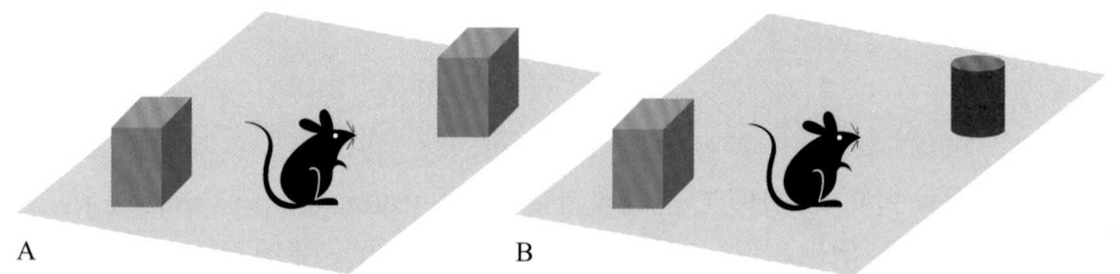

图7.3 新物体识别模型充分利用了小鼠的先天好奇心，用来测定候选化合物对记忆和学习能力的影响。A. 小鼠熟悉的环境及两个物体。B. 适应期后，以新物体代替其中一个物体。能够影响（正面或负面）记忆形成的候选化合物将影响小鼠鉴别新物体所花费的时间

物改善认知和记忆的活性。与未治疗的对照组相比，被给予有效化合物的动物对新物体探索的倾向会增加，表现出更高的辨别指数。此外，该模型也可用于识别对认知和记忆功能有损害的化合物。抑制记忆和认知的化合物将不利于啮齿动物在适应期间对第一物体形成记忆，增加新物体时，啮齿动物将较少地表现出对新物体的偏好，从而导致辨别指数降低。

7.5.1.4 情景学习模型——情景恐惧模型[22]

利用啮齿动物的巴甫洛夫反射（Pavlovian responses）同样可以评估记忆功能和新化合物的作用。情景恐惧模型（contextual fear conditioning model，图7.4）旨在训练啮齿动物对特定提示产生的消极感，如铃声敲响时就会遭受轻微的电击。啮齿动物在经过训练后，当提示发生时，会在预期到消极感的情况下僵立。在实验中，可以将一只啮齿动物放在连有低功率电击发生器的笼子中，以实现训练效果。第一天，训练啮齿动物将特定的声音和电击联系起来。24 h后重复同样的过程，但是当声音响时，不会传递电击。在没有记忆和学习障碍的情况下，啮齿动物会记住声音并立即僵立，因为其能够预期电流的刺激。当存在记忆和学习障碍时，由于啮齿动物不太可能记住前一天训练中的提示，所以僵立的倾向便会减少。对于具有增强或恢复记忆潜力的新型化合物，可通过测试因疾病（如阿尔茨海默病）或缺血（如脑卒中）而出现认知功能下降的啮齿动物来评估其有效性。此外，这一模型还可用于评估化合物造成记忆和学习缺陷的能力，影响记忆和学习能力的化合物会减少啮齿动物的僵立反应。

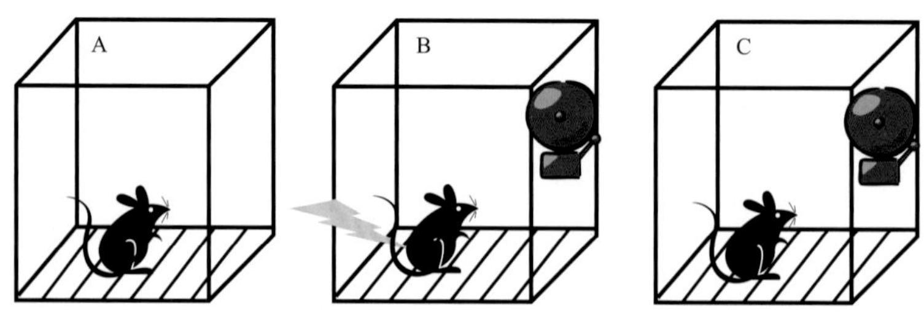

图7.4 情景恐惧模型可以用来评估候选化合物在记忆和学习方面的作用。A. 小鼠被放置于连有低功率电击发生器底板的笼子中。B. 训练小鼠，使之将铃声与电击联系起来。C. 小鼠在听到铃声时会因预期电击而僵立。使用该模型可以评估候选化合物对学习和记忆功能的影响

7.5.1.5 空间学习与记忆模型——莫里斯水迷宫[23]

虽然之前有关记忆和学习的动物模型都很实用，但都不能很好地评价空间学习和记忆能力，莫里斯水迷宫（Morris water maze，图7.5）更适合评估大脑这方面的功能。这一模型可以用于评估啮齿动物在之前遇到的环境中记忆各个目标空间关系的能力。该模型由一个水池组成，啮齿动物必须在其中游泳。将一个足够高的平台置于水池表面下，啮齿动物可以不用游泳就能站在这个平台之上。首先，在干净的水池中训练动物，以便其能看见水面下的平台。通过几天的训练后，添加着色剂，使水池里的水变得不透明。当动物被置入水池中后，记录它们寻找隐藏平台的时间。该模型可以用来评估动物对平台位置的空间记忆能力。或者可以从不透明池中移除平台，测量啮齿动物寻找原本平台位置所花费的时间。患有认知衰退的啮齿动物，如模拟阿尔茨海默病的转基因小鼠，将需要更长的时间来找到隐藏的平台。如果平台已被移除，与正常啮齿动物相比，受损的啮齿动物将在原平台位置花费更短的时间。这一模型可以测试化合物预防认知衰退、恢复或增强记忆的能力。具有保护或恢复认知功能的化合物通常会缩短动物找到隐藏平台所需的时间，如果平台被移除，与对照动物相比，化合物可以增加啮齿动物在池中原平台位置停留的时间。

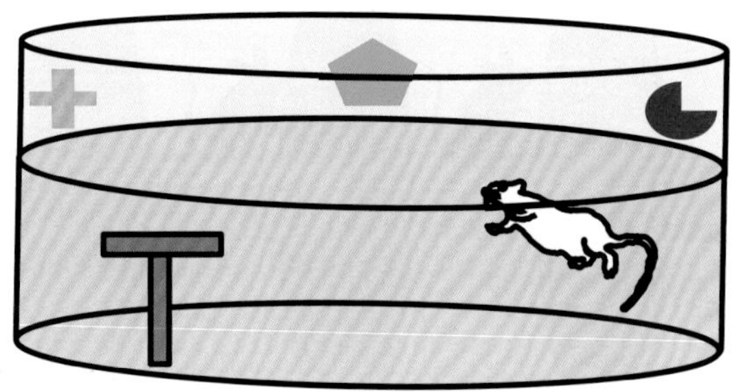

图7.5 **莫里斯水迷宫模型可用于评估候选化合物对学习和记忆的影响。啮齿动物经过训练后，可以在清澈的水池中找到水下平台，随后评估其记住凸起平台位置的能力。测试方法主要是使用一种不透明的溶液替代清水，将平台隐藏起来。候选化合物将影响啮齿动物在液体不透明时定位水下平台的能力**

7.5.1.6 神经退行性疾病的动物模型

尽管记忆丧失和认知能力下降是人类健康的重要问题，但某些中枢神经系统疾病并不会影响记忆和学习效果。神经退行性疾病，如肌萎缩侧索硬化症（amyotrophic lateral sclerosis，ALS）、帕金森病（Parkinson's disease，PD）和亨廷顿病（Huntington's disease）与相关运动神经细胞死亡或功能障碍有关。通过药理学干预和转基因技术重现运动相关神经变性疾病症状的模型已被开发出来。然而，这些模型通常在本质上是同构模型，因为人体产生这些疾病的条件是未知的。例如，与帕金森病相关的运动失调是由脑内黑质区多巴胺分泌细胞死亡造成的，但细胞死亡的原因仍然是个谜。这些模型具有表面有效性，使其可用于探索病理生理情况和相关病症的可能治疗方法。

7.5.1.7 肌萎缩侧索硬化症——SOD^{1G93A}小鼠[24]

肌萎缩侧索硬化症是一种使人衰弱的神经退行性疾病，其特征为大脑、脑干和脊髓的运动皮质中上下运动神经元的死亡。肌肉组织的进行性神经退行导致肌肉无力、瘫痪和萎缩，在整个疾病过程中这些症状会不断蔓延和恶化。虽然肌萎缩侧索硬化症的确切病因未知，但SOD^{1G93A}小鼠模型也存在进行性运动神经元的死亡。这些转基因小鼠过表达突变的人铜-锌超氧化物歧化酶（copper-zinc superoxide dismutase，SOD1），使其第93位的甘氨酸被丙氨酸残基取代（SOD^{1G93A}）。该转基因小鼠模型中产生的病理学特征与人体病症密切相关，诸如麻痹的症状在约90天时开始发生，并且在没有治疗干预的情况下，小鼠会在大约135天内死亡。

与未给药的对照动物相比，通过观察给药动物运动能力的变化，可以在该动物模型中研究新化合物减缓或阻止神经变性的功效。随着给药和未给药动物的生长，可以对动物的握力、体重、翻正反射（动物在翻转放置后自身翻正的能力）和回转性能差异（图7.6）等指标进行监测。能够减缓运动神经元变性的化合物在这些测试中可以改善动物的反应，使用有效的化合物也会降低动物总体死亡率。

图7.6 **旋转模型通过在笼底板上方水平悬挂的旋转圆筒来进行测试。在正常情况下，放置在旋转杆上的啮齿动物会试图尽可能长时间地停留在杆上。影响平衡、协调、运动能力和警醒（镇静剂）的神经退行性疾病及候选化合物将对动物留在杆上时间的长短产生影响。可以在该模型中研究候选化合物延迟神经退行性疾病进展的效力，该模型也被用于测试可产生镇静作用的化合物**

该模型的一个重要因素是完成实验所需的时间和资源，其与之前描述的记忆和认知动物模型不同，记忆和认知动物模型可以在相对较短的时间内完成（最多5～7天），而SOD^{1G93A}小鼠研究则更加费时费力。例如，开展一项只有一个单剂量新化合物组和对照组的实验，如果每组有10只小鼠，则必须饲养20只小鼠并评估至少19周的时间（即所有未治疗的小鼠可能发生死亡的时间），以证明化合物对总体死亡率的改善。理想状况下，治疗组将显示出显著的改善，这将进一步延长实验的时间。非死亡驱动的测量指标（握力和体重）也是非常重要的，可以作为有关化合物成功或失败的早期指示。一般而言，在长期模型中进行早期次要指标的测试是一个有效的方法，因为其可以提供指导，以确定是否应该由于缺乏疗效而提前终止实验。一般而言，在一个长期模型中有一个早期的检测指标是很有必要的，虽然因为这一指标而提前终止实验会令人失望，但可以节省大量的资源，以用于未来的实验。

7.5.1.8　帕金森病MPTP模型[25]

在某些情况下，可以使用药理学工具（如化学药品）在动物体内创造出与人体条件一致的病理模型，从而模仿人体的疾病。例如，可以采用1-甲基-4-苯基-1, 2, 3, 6-四氢吡啶（1-methyl-4-phenyl-1, 2, 3, 6-tetrahydropyridine，MPTP）（图7.7）诱导猴和小鼠产生帕金森病的症状。虽然帕金森病的确切病因仍是未解之谜，但很明显，这种慢性进行性运动障碍是由大脑黑质区域中多巴胺能细胞（可分泌多巴胺）的凋亡所致。这些细胞的凋亡导致无法控制的震颤、四肢僵硬、运动迟缓（动作缓慢）、平衡受损及身体协调能力的下降。在20世纪80年代后期，人们意外地发现MPTP会引起帕金森病症状的快速发作，包括人多巴胺能细胞的凋亡（这一发现的细节将在第14章中讨论）。如前所述，MPTP给药的灵长类动物[26]和小鼠[27]会产生相同的效果。灵长类动物和小鼠大脑中的多巴胺能细胞会因MPTP而凋亡，造成与帕金森病几乎相同的情况。症状一般在注射MPTP后的6～9天内发作，并且在没有治疗干预的情况下，症状将持续存在，且与人体帕金森病一样。帕金森病的MPTP模型通常被认为具有结构有效性。这种模型主要的缺陷是路易体（Lewy body）的缺失，这是由神经元内蛋白异常聚集产生的，是帕金森病的标志。

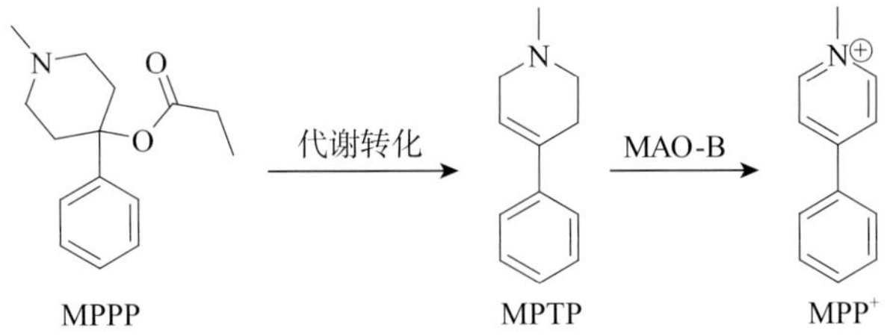

MPPP　代谢转化→　MPTP　MAO-B→　MPP^+

图7.7　去甲基哌替啶（1-甲基-4-苯基-4-丙氧基哌啶，1-methyl-4-phenyl-4-propionoxypiperidine，MPPP）是20世纪40年代由罗氏公司科学家发现的阿片类镇痛药，其可被代谢转化为1-甲基-4-苯基-1, 2, 3, 6-四氢吡啶（1-methyl-4-phenyl-1, 2, 3, 6-tetrahydropyridine，MPTP）。MPTP在脑内可被单胺氧化酶B（MAO-B）进一步代谢生成1-甲基-4-苯基吡啶阳离子（1-methyl-4-phenylpyridinium，MPP^+）。MPP^+进入大脑黑质区中的多巴胺能细胞后，会诱导细胞凋亡。多巴胺能细胞是大脑中唯一产生多巴胺的细胞，而多巴胺是运动所必需的神经递质。随着多巴胺能细胞的凋亡，多巴胺分泌减少，帕金森病症状开始出现并逐渐加重

使用MPTP诱导动物帕金森病模型提供了在相对较短的时间内从两个不同角度研究相关神经变性的机会。可通过在给予MPTP之前给动物服用受试化合物来评估其预防MPTP诱导神经变性的活性。在帕金森病治疗中，具有神经保护功能的化合物可以预防MPTP诱导的神经变性症状的进展。此外，在给予MPTP后且症状发作之前向动物给药受试化合物，可用于评价其保持多巴胺功能的活性，而能够保持多巴胺功能的化合物可以有效减轻帕金森病的症状。

7.5.2 心血管疾病动物模型

尽管经过了几十年的研究，但心血管疾病仍然是造成死亡的头号杀手。整体而言，心血管疾病导致的死亡人数超过艾滋病和癌症造成死亡人数的总和。当然，心血管疾病包括许多疾病亚型，而疾病的产生有诸多原因。为了理解、研究和开发用于治疗各种心血管疾病的疗法，目前已经研究出了多种动物模型。以下介绍的一些经典模型让我们得以一览用于研发新型药物的复杂而耗时的动物模型。

7.5.2.1 高血压动物模型

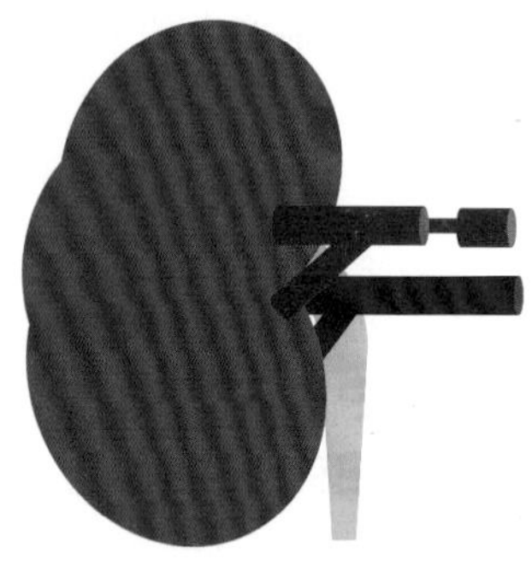

图7.8 **在2K1C高血压模型中，手术收缩肾动脉会导致血压长期升高（高血压），并在手术后2～3周达到稳定状态**

在导致心肌梗死、心力衰竭和脑卒中的各种风险因素中，高血压（血压大于140/90 mmHg）是最为严重的。据估计，在2008年，与高血压相关的并发症导致大约940万人死亡，而高血压患病总人数超过10亿（包括确诊的和未确诊的）[28]。截至2015年，高血压患病总人数已超过11.3亿[29]。鉴于情况的严重性，花费大量的努力研究新型抗高血压药物是非常必要的。现今，研究人员已经通过手术、药理学诱导和遗传操控等方法开发了多种高血压动物模型。在手术模型中，可以通过手术收缩肾动脉来建立高血压模型（2K1C模型，图7.8），这将导致血压缓慢升高，在2～3周达到稳定状态。目前已使用此类型的外科手术研究了小鼠、大鼠、兔、犬、猪和非人灵长类动物的高血压[30]。

另外，研究人员通常通过让动物长期服用盐皮质激素，特别是醋酸脱氧皮质酮（deoxycorticosterone acetate，DOCA，图7.9）来建立高血压动物模型。长期服用盐皮质激素（2～4周）会导致大鼠、犬和猪的高血压，其特征是心排血量及输出体积增加。在某些情况下，可以通过高盐饮食来改善动物模型。如果用糖皮质激素替代盐皮质激素，也可以在小鼠模型中获得类似的结果[31]。在某些特殊情况下，简单的饮食干预也可用于诱导高血压。例如，Dahl盐敏感大鼠在3周内给予高盐饮食便会引起高血压[32]。

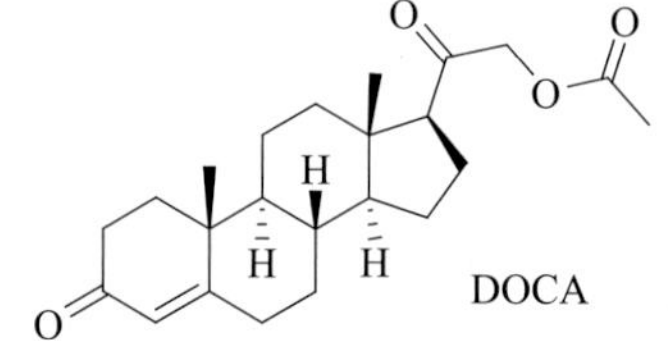

图7.9 **在几种有效的动物模型中，长期服用盐皮质激素（如醋酸脱氧皮质酮，DOCA）会导致高血压**

通过选择性育种或转基因技术进行的遗传操控也开发出了许多高血压动物模型，其中最受认可的是自发性高血压大鼠（spontaneously hypertensive rat，SHR），这种高血压模型是通过选择性繁殖自然表现出高血压的Wistar大鼠而建立的。在Wistar大鼠5～6周龄时开始发生高血压，在40～50周时心血管疾病变得明显。SHR现已被广泛用于高血压的研究[33]。

不论高血压的动物模型是如何产生的，都必须建立一种可靠的测量血压的方法，并且该方法本身不会导致血压升高（如与恐惧或焦虑有关的血压升高）。在没有合适测量方法的情况下，化合物降低血压的能力可能会被测量方法本身引起的血压升高掩盖。通常需要约束动物来训练动物适应血压表的应用，这需要1～2周的初始训练期。在大鼠和小鼠中通常使用尾部血压表，而对于较大的动物可以将血压表用于四肢。一旦动物经过训练，就可以在存在和不存在受试化合物的情况下测试血压数值，以评估化合物的功效[34]。

作为替代方案，可通过外科手术将借助无线电频率传输数据的血压监测设备植入各种动物体内，在这种情况下，就不再需要训练动物来适应血压表的使用，但是需要较长的愈合时间（2～4周）以使动物从植入手术中恢复。在动物痊愈并适应周围环境后，无线电发射设备可24 h监测动物的血压，这种遥测驱动的动物系统已成功应用于各种动物[35]。

一旦动物准备就绪（如训练、愈合、适应环境等），就可以开始给予受试化合物。对潜在的抗高血压药物的功效研究将需要延长给药期（1～2周），并在此期间监测血压的变化。通常，心血管其他方面的性能也需要监测，如心率、收缩性和射血分数，以确保其他方面或心血管性能不受负面影响。总体而言，在合适的动物模型中测试潜在的抗高血压药物可能需要经过适当培训的人员付出数周乃至数月的努力。因此，只有经过一定测试并满足条件的化合物才会进入该阶段的测试。

7.5.2.2　高脂血症和高胆固醇模型

众所周知，胆固醇（图7.10A）和低密度脂蛋白（low-density lipoprotein，LDL，图7.10C）水平升高与动脉粥样硬化和相关心血管疾病的风险增加有关[36]。目前，已经设计了多种动物模型来研究潜在治疗药物对胆固醇和LDL血浆浓度的影响。例如，只要给予新西兰白兔（New Zealand white rabbit）适当的饮食，其就可以作为潜在的降胆固醇药物的实验动物。给予这些动物适当的饮食5～6周就可诱导其产生高胆固醇血症［从正常胆固醇水平（约70 mg/dL）升高至约310 mg/dL］。一旦建立了高胆固醇血症动物模型，便可用候选化合物来治疗动物，测试其是否可在较长时间内（1～2周）降低胆固醇水平。在给药期间和给药期结束时分析血液样本，以确定胆固醇和LDL的全身浓度，鉴定具有潜在疗效的化合物（如将胆固醇水平降至接近正常水平）。他汀类药物，如洛伐他汀（lovastatin，Mevacor®，图7.10B）能抑制胆固醇生物合成中的限速酶——HMG-CoA还原酶的活性，其就是通过这种动物模型被筛选出来的[37]。

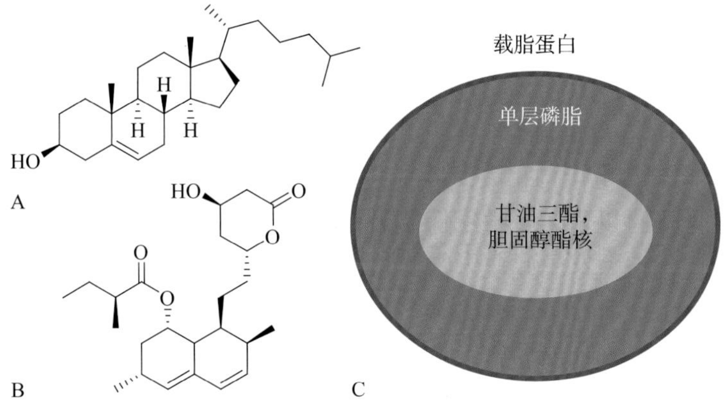

图7.10　A.胆固醇；B.洛伐他汀（lovastatin，Mevacor®），一种HMG-CoA还原酶抑制剂；C.低密度脂蛋白（LDL）颗粒，由甘油三酯和胆固醇酯核组成，周围是磷脂单层，载脂蛋白通常嵌入LDL颗粒表面

虽然饮食诱导的高胆固醇血症模型已成为降胆固醇药物开发的有效工具，但其并不是一个完美的模型。诱导胆固醇和LDL水平升高不一定类似于人体中形成动脉粥样硬化的真实条件。例如，兔模型中的动脉粥样硬化斑块与人类的动脉粥样硬化斑块有着显著的区别，斑块结构的差异并不能用于鉴定化合物降低胆固醇水平的活性。然而，这是筛选化合物能否改变动脉粥样硬化斑块进展的一个限制因素。因此，兔模型不适合这项评价研究。

幸运的是，载脂蛋白E基因缺陷（apolipoprotein E deficient，$ApoE^{-/-}$）小鼠模型不存在这种限制，这种转基因动物经过基因改造后不再表达载脂蛋白E（图7.11），而载脂蛋白E是除低密度脂蛋白外所有脂蛋白的成分。因此，$ApoE^{-/-}$小鼠在正常饮食中表现出高水平的胆固醇（＞500 mg/dL），并且当其被给予西方饮食（高脂肪）时，胆固醇水平能增加4倍。重要的是，这些小鼠早在10周龄时就开始在血管中形成脂肪条纹，且其动脉粥样硬化病变进展也与人类动脉粥样硬化斑块发展的方式一致。所以可以通过直接检查$ApoE^{-/-}$小鼠模型的斑块结构来评估化合物对动脉粥样硬化斑块进展的影响，而不需要测试作为疾病进展检测指标的循环胆固醇的水平[38]。

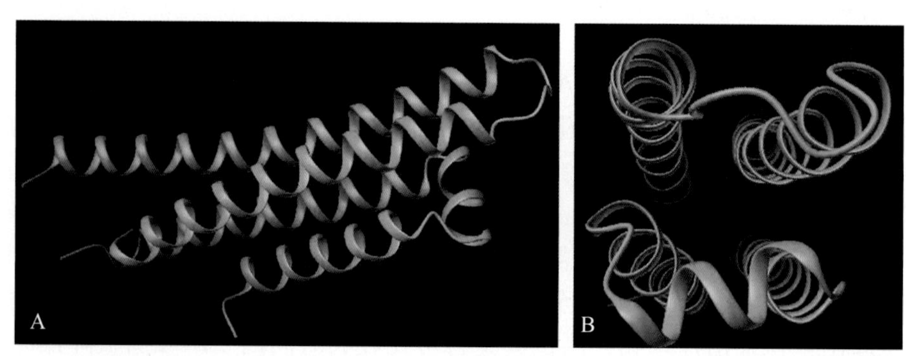

图7.11　**载脂蛋白E4的结构。从横向（A）和纵向（B）观察4个α螺旋的长度（RCSB 1b68）**

7.5.2.3　心房颤动模型

虽然心房颤动（atrial fibrillation，AF）通常不会危及生命，但此类患者心力衰竭、心肌缺血等疾病的发病率和死亡率比正常人群要高得多。AF的特征是心房的数百个区域发生不同步的收缩（图7.12），这将会减少心房的血液运输并增加心室应答的速率。全球有超过3300万人患有AF，因此开发新型抗心律失常药物迫在眉睫[39]。

AF与心脏的物理和电重构相关，目前可用的AF动物模型大多是大型动物，如犬、山羊、绵羊和猪等。一直以来，科学家们都是在较大的哺乳动物中研究心律失常，因为心脏结构的不同，小鼠不会发生心律失常[40]。而且，与小鼠和大鼠的心脏相比，较大动物（如非人灵长类动物、犬等）的心脏与人体心脏更为相似。不过，在1999年，科学家们证实小鼠心脏结构的理论是错误的[41]，从那以后，各种文献开始陆续报道患AF的转基因小鼠模型。虽然这些模型被用来研究AF的潜在机制，但其还不能用于鉴定药物是否能够治疗AF[42]。

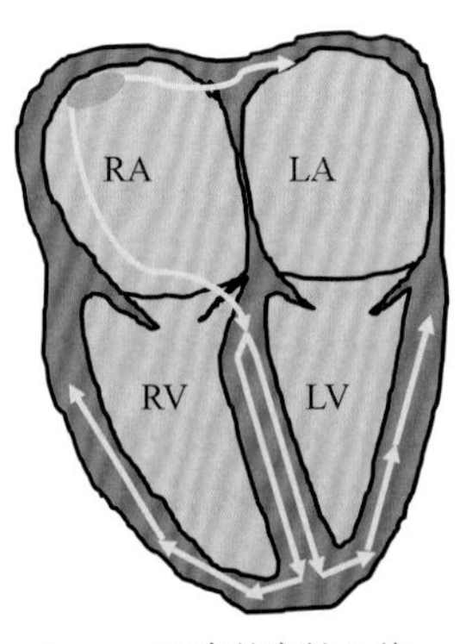

A　正常的窦性心律

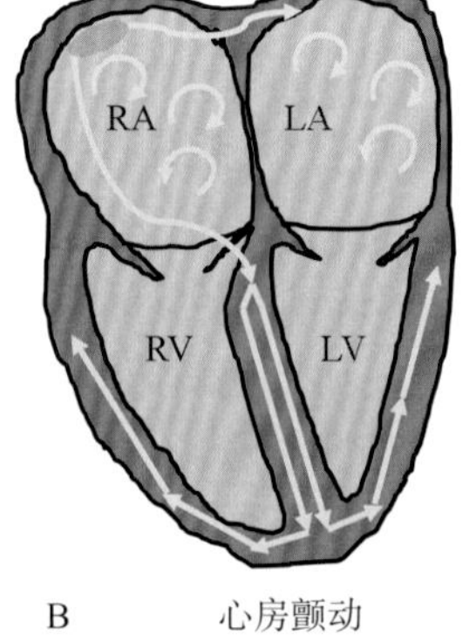

B　心房颤动

图7.12　**在正常窦性心律的模型中，在窦房结（sinoatrial node，SA，橙色）中启动电脉冲（黄色箭头）（A）。其穿过心房传导束，将信号传播至左右心房。然后电脉冲通过房室（atrioventricular，AV）节点，将信号传入心室。在心房颤动的模型（B）中，心房传导束通道变得扭曲，异常电脉冲（短路）会破坏正常窦性心律。这种破坏在临床上表现为心房中不规则的心搏，并且通常表现为心搏加速**

RA，right atrium，右心房；RV，right ventricle，右心室；LA，left atrium，左心房；LV，left ventricle，左心室

大多数AF药物研究采用大型动物模型，如无菌性心包炎犬模型（图7.13）。这种犬模型表现出持续性AF，与心脏手术后临床观察到的AF具有很强的相似性。在该模型中，手术去除心脏中与起搏相关的组织，然后在心包中植入起搏器和滑石粉，之后进行2～3天的恢复期。滑石粉的存在会引起心包炎，这使得试验犬易于通过突发起搏诱导AF的产生（植入的起搏器每分钟持续5～10 s，起搏500～800次）。突发起搏引起的AF平均持续时间和整体AF诱导能力（持续超过60 s的AF发作次数）可用于评估AF的严重性。测试显示，在抗心律失常药物的治疗下，与空白对照相比，AF的平均持续时间和AF诱导能力将降低。

手术后在心包中植入 起搏器和滑石粉
2～3 天的恢复时间 建立无菌性心包炎模型
通过起搏刺激诱导心房颤动 （500～800 次/分，持续5 s）

图7.13　**在无菌性心包炎犬模型中，心包中存在的滑石粉会引起炎症。手术后2～3天可以通过突发起搏方案诱导AF的产生**

手术后在心包中植入 起搏器和滑石粉
2 周恢复时间
起搏器频率调整到220 次/分， 并持续 2 周
通过起搏刺激诱导心房颤动 （500～800 次/分，10 s）

图7.14　**AF的起搏模型类似于无菌性心包炎模型，但是该方案增加了另外2周的快速起搏，这将引起心脏的广泛物理和电重构，促进了AF**

还可以通过使动物（通常是犬）长时间保持高心率来创建一种用于评估阻止心脏电重构药物的模型（图7.14）。在该模型中，将监测电极和起搏器通过手术植入动物心脏中。动物经过2周的恢复期后，将起搏器调整到大约220次/分（心动过速），并且维持该心率2～3周。在此期间会发生心动过速，进而引起心室的物理和电重构，包括离子通道的改变和离子通道基因表达的改变，这能促进AF的发生。在2～3周心脏重构期结束时，可采用评估AF的无菌性心包炎模型的方式评估AF的严重性。评估显示，与空白对照相比，使用具有抗心律失常活性的药物能降低AF的平均持续时间和AF诱导能力。

7.5.2.4 心力衰竭模型

全世界估计有2600万人[43]患有心力衰竭（heart failure，HF）。HF也称为充血性心力衰竭（congestive heart failure，CHF），是许多心血管系统疾病的最后阶段。简单而言，HF就是心排血量（心脏在1 min内泵出的血液量）不足以满足身体的需要（图7.15）。因此，心肌效率降低（如心肌缺血）可导致HF的发生。人们普遍认为缺血性心脏病是造成HF最重要的因素之一[44]，但其他疾病，如高血压和淀粉样变性（心肌中蛋白的沉积）也可能导致HF。如果心血管效率长时间降低，将会导致心脏本身发生根本性改变，造成心脏肥大，这一改变是为了提高心脏的收缩性并增加心排血量。同时，心率也会增加，血管会变得狭窄以便维持血压，并且心血管系统的重要效应物，如肾素（renin）、血管升压素（vasopressin）、血管紧张素（angiotensin）和醛固酮（aldosterone）的水平也会因为身体的代偿而改变。患者在HF发病时可能是无症状的，但最终会出现行动困难，且这种情况会逐渐恶化，直至正常活动（如走路、起床）也无法进行。晚期患者甚至需要医院提供护理。

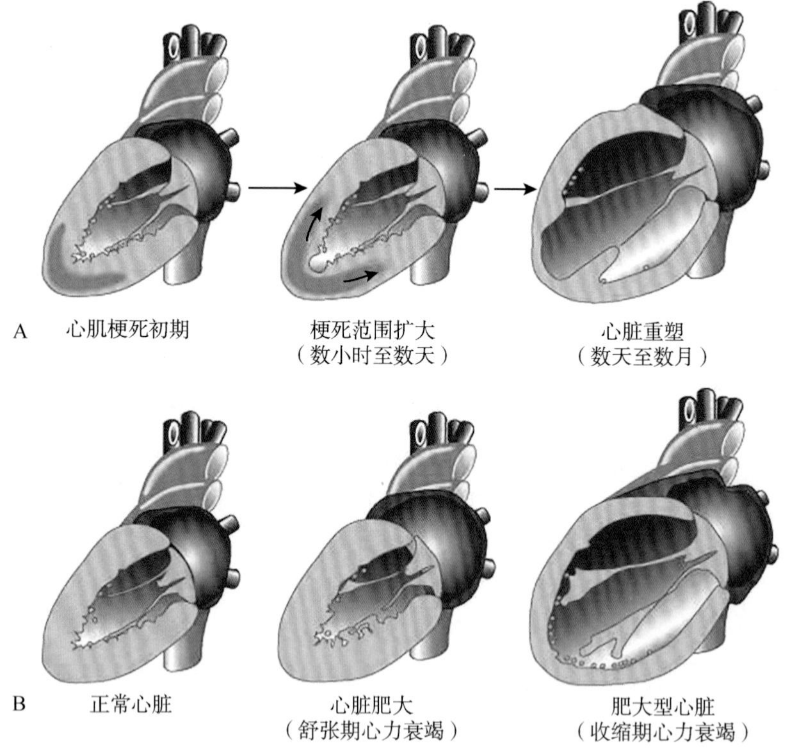

图7.15 **患有心力衰竭的患者心脏增大，泵血效率明显低于正常值。在一些情况下，缺血导致左心室重构（A）。心脏增大、心脏壁变薄可导致心脏收缩功能障碍。左心室顺应性的降低也可导致心力衰竭（B）。心脏肥大可引起心脏增大、心脏壁变薄、心脏功能显著降低**

虽然HF的病理学十分复杂，但是目前已经研究出一些手术和遗传动物模型。如前所述，心肌缺血导致了HF的发展。心肌梗死可以通过在各种动物（大鼠、犬、猪、绵羊）

中结扎冠状动脉来诱导。与人体一样，心肌缺血会造成动物心脏进行代偿性活动，因此这类动物模型可用于评估受试化合物的功效[45]。在实践中，首先手术诱导局部缺血（并植入心血管监测设备），经过恢复期（3～7天）后开始给予受试化合物，并在数周至数月的时间内监测心血管功能，以确定受试化合物是否阻止病情恶化为HF。相对于未治疗动物，平均主动脉压、心脏收缩性和存活率等因素可作为观察指标来评估受试化合物的功效[46]。

作为替代方案，也可以使用快速起搏方案来诱导心脏的衰竭状态，类似于研究AF模型的设计方案。在心动过速诱发的心脏衰竭模型中，应用快速起搏的方法来诱导扩张型心肌病（dilated cardiomyopathy，DCM）和左心室心力衰竭（left ventricle heart failure，LVHF）。这些病症以左心室扩张、左心室半径与壁厚度比增加，以及由此导致的左心室壁应力增加为主要特征。模型中心脏的重构与人体HF中的现象也是一致的。此外，调节心血管功能的神经激素系统（如肾素-血管紧张素-醛固酮系统）的变化在该模型中以时间依赖方式出现的现象与临床观察是一致的。迄今为止，这一模型已成功应用于犬、猪和羊，用以研究HF的发展进程和潜在的治疗方法[47]。

在实际操作中，该模型的制备方法类似于心动过速诱导的AF模型。手术植入起搏器和电子监测设备后，需要一段时间的恢复期（2～3周）。然后，在2～3周内施加快速起搏（约220次/分），这导致DCM和上述相关的LVHF。然而，与心动过速诱发的AF模型不同，该模型不需要突发起搏。动物可以在起搏期间服用受试化合物，以评估化合物减缓心脏重塑的能力。通过监测服用化合物后的心血管功能（如收缩性、左室射血分数、平均动脉压、左心室收缩压和左心室舒张压等）随时间的变化，可以确定化合物的疗效。另外，可以通过血液采样评估循环神经激素的浓度（如去甲肾上腺素、心房利尿钠肽及醛固酮等）和肾素活性的变化。最后，在研究结束时，可以从实验动物中分离心肌细胞，以确定受试化合物的潜在保护作用，并从结构和生化方面研究心肌细胞以评估其整体健康状况，并且收缩性测试也会为HF的发病过程提供新的思路。能够治疗HF的化合物即使不能彻底地改善症状，也会在某些方面显示出一定的疗效[48]。

HF的非手术啮齿动物模型也有部分报道。例如，Dahl盐敏感大鼠在高盐饮食条件下会逐渐出现HF，但这一HF诱导需要更长的时间。4～6周后左心室开始肥大，在15～20周后才可观察到显著的HF相关重塑。类似地，一种改进的易发HF的自发性高血压模型也会发展为左心室肥大，其在12个月时会发展为可用的HF模型。模型症状的逐渐进展和心室的重塑最终导致了HF，而且这一模型比手术模型更贴近HF的实际情况，但缺点也很明显，即长期饲养动物（6～12个月）成本较高[49]。

7.5.3 感染性疾病动物模型

毫无疑问，感染性疾病是一种严重威胁人类健康的疾病。尽管目前已经开发了各种各样的抗感染药物，但感染性疾病的预防、控制和治疗仍然是一个重要难题。各种传染性微生物耐药菌株［如耐甲氧西林金黄色葡萄球菌（methicillin resistant Staphylococcus aureus，MRSA）］的出现使得该领域的研究变得非常重要。药物治疗全身性感染的模型最早出现于1935年，当时多马克（Domagk）证明了百浪多息（Prontosil）可用于治疗小鼠的肺炎球菌感染[50]。自该发现以来，文献已报道数百种感染动物模型。鉴于自然界中存在各种各样的感染因子，数量如此众多的模型也就不足为奇了。这里仅对一些经典的感染性疾病动物模型加以描述，如对该领域有兴趣，建议参考专门的资料，如《动物感染模型手册》（*The Handbook of Animal Models of Infection*）[51]。

7.5.3.1 小鼠腿部感染模型

小鼠腿部感染模型（图7.16）是一种被用于发现具有潜在抗感染活性化合物的动物模型。在该模型中，小鼠首先经环磷酰胺（cyclophosphamide）给药4天，使中性粒细胞数减少（＜100/mm^3），以降低其产生免疫应答的能力。一旦中性粒细胞减少症形成，将细菌悬液（通常是培养基10∶1的稀释液）注射至小鼠腿部使其产生感染。在规定的时间间隔（通常为2～4 h）后，开始使用化合物进行治疗。文献中已经描述了单剂量和多剂量的操作方案。在给药方案和实验设定时间结束后，评估腿部的菌落形成单位（colony forming unit，CFU）的数量。相对于未给药的对照小鼠，有效的化合物将减少治疗组小鼠腿部的CFU数量。虽然这种模型不是“自然”感染的模型（化脓性肌炎是一种罕见的病症），但该模型简单、通用且费用低。此外，该模型还可高度准确地使动物感染，减少研究所需的动物数量，降低该模型的总体成本[52]。

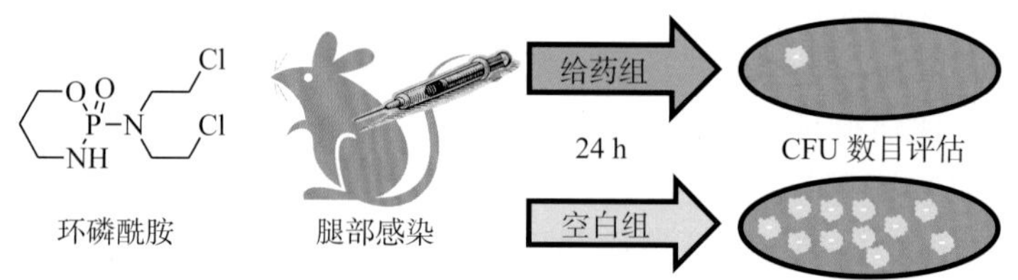

图7.16 在小鼠腿部感染模型中，用环磷酰胺预处理小鼠以使中性粒细胞减少。在大腿中引入细菌感染后给予待测化合物。24 h后处死小鼠，治疗组与空白组CFU单位数可用于评估候选化合物的抗菌功效

7.5.3.2 小鼠全身感染模型

小鼠全身感染模型是另一种重要的感染性疾病模型，可用于鉴定潜在的抗菌药物。该过程有许多不同之处，但与腿部感染模型一样，造成小鼠中性粒细胞减少症是该模型的起始步骤。一旦小鼠形成中性粒细胞减少症，通过向腹腔内注射0.5 mL含有10^7～10^8 CFU/mL的感染性细菌（如金黄色葡萄球菌、单核细胞增生李斯特菌）使其产生致死性全身性感染。在接种1 h后单剂量给予候选化合物，然后监测小鼠48 h。在缺乏有效治疗的情况下，致命剂量的细菌将会造成小鼠死亡，而具有抗菌活性的受试化合物则能“拯救”小鼠。在不同组的小鼠中重复多次不同剂量的研究可用于确定受试化合物的ED_{50}（50%的小鼠存活所需的剂量）。该信息可用于比较多种化合物或同一化合物不同剂量水平[53]的疗效，通常以卡普兰-梅尔（Kaplan-Meier）生存曲线表示（图7.17）。

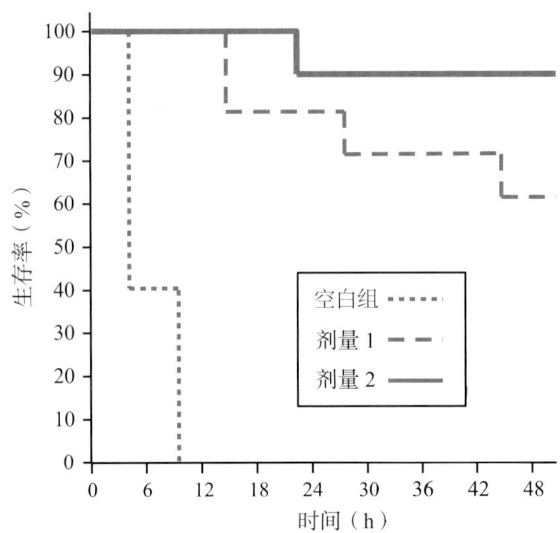

图7.17　**卡普兰-梅尔生存曲线可用于确定不同剂量的候选化合物在感染模型中的疗效。在该图中，空白组感染小鼠较用两种不同剂量候选化合物治疗的小鼠更快死亡**

7.5.3.3　小鼠流感病毒感染模型

感染动物模型也可用于新型抗病毒药物的开发研究。例如，小鼠大多数易受流感病毒感染，因此可以使用各种实验室小鼠研究流感病毒。小鼠可经鼻腔感染流感病毒，可在较短的时间内（如4 h）建立感染模型，然后按照设定的时间表用候选化合物治疗小鼠。在给药后的固定时间点测定动物肺组织中的病毒载量和细胞因子活性，以确定化合物的活性。与对照组相比，具有抗病毒活性的候选化合物能降低病毒载量和细胞因子活性。此外，也可以监测感染后小鼠的存活率，并与对照组的存活率进行比较，以评价化合物的疗效[54]。

7.5.3.4　感染性疾病动物模型的局限性

虽然许多药物实验已经证明了上述动物模型及数百种其他动物模型的实用性，但我们仍需要认识到动物模型的局限性。首先，许多感染性疾病是有宿主特异性的。在人体感染性疾病动物模型中，微生物配体和宿主受体两者相互作用的种属特异性是疾病发生过程中很重要的一部分，这一点经常不能被重复再现。转基因技术可使动物“拟人化”，从而提高它们与人体病理状况的一致程度，但是动物仍然只是人体宿主的一个近似替代物。其次，临床中和实验室使用的菌株也可能存在一定的差异性。实验室菌株通常是来自临床的分离菌株通过仔细培养、富集、选择得到的适合于实验的生物样本。这样的过程可能使病原体发生基因突变，更适于人造的培养环境。因此，实验室中的单一培养物与在更复杂、动态变化的实际人体环境中的病原体相比，仍有很大的差异。

综上，感染性疾病中病原微生物的传播途径在疾病的发生、发展中极为重要，但几乎没有动物模型把这一因素考虑在内。独特的疾病表现可能是由病原微生物在某一特定微环境中的蓄积造成的。自然发生的感染是以感染性微生物的侵入（摄取、吸入等）为开端，通过一段时间的复制来形成对宿主的感染，然后再继续传染给下一宿主。而动物模型的感染过程恰恰与此相反，大部分模型是将感染物一次性、大剂量地注射到动物体内。显然，这种引发感染的方式不同于病原微生物的自然生命周期规律，因此可能会对动物实验中获得数据的有效性产生较大影响[55]。

7.5.4 肿瘤动物模型

根据国际癌症研究机构（International Agency for Research on Cancer，IARC）的数据，2018年全球有1800万的癌症病例，950万人因癌症相关疾病死亡。并且随着人口数量增加和老龄化趋势的加速，预计到2040年，癌症病例数将增至2750万，相关患者的死亡人数也将达到1630万[56]。因此，在制药公司的新药研发管线中，治疗和预防癌症的产品将会持续占据主导地位。与感染性疾病相似的是，癌症不是单一的疾病，而是多种具有共同特征的相关疾病。也正因如此，癌症研究领域的很多动物模型具有一定的重叠特征，但模型之间并不能互换。选择合适的动物模型对肿瘤研究能否成功具有关键性的作用。幸运的是，研究人员可以参考小鼠肿瘤生物学数据库（Mouse Tumor Biology Database）[57]、查尔斯河癌症模型数据库（Charles River Cancer Model Database）[58]和美国国家癌症研究所患者衍生模型库（National Cancer Institute's Patient Derived Models Repository）[59]等资源来选择癌症模型。

7.5.4.1 小鼠异种移植肿瘤模型

在癌症动物模型中，使用最广泛的一种是小鼠异种移植肿瘤模型（图7.18）。该模型利用了特定类型的小鼠，特别是无胸腺裸鼠或严重免疫缺陷（severely compromised immunodeficient，SCID）小鼠，此类小鼠无法对外来/非天然细胞产生免疫应答。通常使用突变的人肿瘤细胞株，如可以从美国国家癌症研究所（National Cancer Institute）NCI-60组[60]获得的标准化细胞系。然而，使用稳定细胞系有一个潜在的缺点：细胞系可能不代表其来源

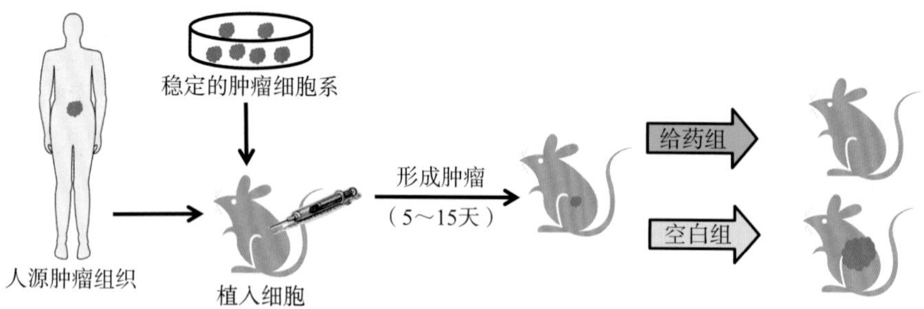

图7.18 **小鼠异种移植模型可用于测试候选药物的抗肿瘤活性。可以使用从癌症患者体内分离的肿瘤细胞或者是稳定的肿瘤细胞系，通过免疫缺陷小鼠建立肿瘤模型。肿瘤模型建立后，即开始使用候选化合物进行实验测试。通过实时监测肿瘤体积的变化来测试候选药物的抗肿瘤活性**

于原始临床肿瘤或与原始临床肿瘤相关。而且，稳定细胞系的培养条件通常与肿瘤患者体内肿瘤细胞所处的环境大不相同。尽管存在以上问题，但标准化细胞系的异种移植模型几十年来一直是抗癌药物研发的主要模型。

作为一种替代方法，从患者体内分离的肿瘤细胞可用于建立小鼠异种移植模型。在该方法中，患者肿瘤的一小部分被分离出来并植入免疫缺陷小鼠中。肿瘤直接取自患者，所以消除了长期繁殖和生长条件带来的影响，提供了更接近临床实际情况的模型。然而，由于使用患者来源的组织费用较高，以及其他技术上的难题，该模型的使用越来越少[61]。

不考虑肿瘤细胞的来源，实际上，将肿瘤细胞（或是来自患者的肿瘤切片）植入小鼠皮肤下，可在短时间内（通常 5～15 天）建立肿瘤模型，然后便可开始使用受试化合物进行治疗。随着时间的推移，肿瘤体积的变化可用来判断化合物是否具有一定的抗肿瘤活性。在没有任何有效治疗手段的情况下，肿瘤会无限制地生长，而具有抗肿瘤活性的化合物能够抑制或减慢肿瘤的生长。值得注意的是，这些实验需要在数周乃至数月（甚至更长）的时期内对肿瘤的形状和生长率的变化进行测量，而不是几小时或几天就可以完成，因此实验耗时并且费用较高[62]。

7.5.4.2　小鼠同种异体移植肿瘤模型

小鼠异种移植模型的缺点之一是跨种移植（将人肿瘤细胞移植进小鼠宿主中），该实验需要使用免疫功能缺陷的小鼠，以确保人类肿瘤细胞不会被宿主动物产生的免疫反应排斥。显然，这与人类肿瘤的自然发生发展状况并不一致。同种异体移植小鼠模型却可以让我们通过免疫系统功能正常的小鼠模型来寻找具有潜在抗肿瘤活性的化合物。在该模型中，免疫活性小鼠（immunocompetent mouse，具有完整免疫系统的小鼠）经类似于异种移植模型中的实验过程，但使用小鼠肿瘤细胞系替代了人肿瘤细胞建立肿瘤模型（即种内移植而不是种间移植）。候选化合物的给药方式和上述小鼠异种移植模型相同，并且其活性也通过相同的指标来判定（肿瘤体积随时间的变化）。功能完整的免疫系统使得同种异体移植模型较异种移植模型能更好地模拟人体癌症的真实状况。

当然，使用小鼠肿瘤细胞本身就是一个值得探讨的问题。若候选化合物在小鼠同种异体移植模型中表现出阳性活性，仅说明它们能够治疗小鼠的癌症，而非人体的癌症。化合物预期的大分子靶点在小鼠与人之间的细微差异都可能使其在小鼠中发挥作用，但在人体中无效。因此，在抗癌药物研发中，同种异体移植模型的使用不如异种移植模型广泛。

7.5.4.3　小鼠基因修饰肿瘤模型

虽然异种移植和同种异体移植动物模型是抗肿瘤药物研发中使用的主要模型，并且提供了大量癌症发展进程的信息，但其并不完美。这两种模型都需要将培养的肿瘤细胞植入动物体内。虽然这些模型使科学家们更好地认识了肿瘤的生长过程及其影响因素，但其仍具有局限性。自然发生的肿瘤的微环境与在异种移植和同种异体移植模型中人工培养的条件非常不同。这些模型在自然肿瘤发生过程中根本没有呈现出影响肿瘤细胞生长和肿瘤形成的因素。因此，不能依靠这些模型来预测肿瘤微环境对癌症进展的影响。

基因工程小鼠（genetically engineered mouse，GEM）肿瘤模型自开发之后逐渐得到认可。在GEM模型中，基因的定向诱导突变、过表达或缺失可能促进正常细胞向恶性细胞的转化。随着时间的推移，通过对小鼠的研究可确定遗传物质的改变对肿瘤可能产生的影响（图7.19）。同时，也可以研究肿瘤发展的不同阶段，并确定不同阶段中各类药物的治疗效果。此外，与异种移植模型不同的是，GEM模型是在具有完整免疫系统的小鼠中建立起来的（小鼠具有免疫活性）。因此，GEM模型的肿瘤微环境能更好地模拟天然肿瘤的发展进程。复制在人体中产生肿瘤的特定缺陷基因，也提供了以GEM模型研究特定肿瘤发生途径的机会。

图7.19 **基因工程小鼠通过转基因技术获得。在该方法中，将促进自发性肿瘤形成的基因插入正常小鼠基因中。具有体内抗肿瘤活性的候选化合物将使肿瘤体积缩小或数量减少**

当然，GEM肿瘤模型并非没有缺点。与大多数基因工程动物模型一样，开发GEM模型是一个昂贵且耗时的过程，可能需要数年才能得以验证。目前，可以使用商业化的GEM癌症模型来研究癌症。但是值得注意的是，GEM模型中的肿瘤不一定与实际的人体肿瘤相当。与通常有限改变小鼠基因组而构建的GEM肿瘤模型不同，人体肿瘤本质上是多个变异的累积。在临床环境中可能存在多个突变，但是GEM肿瘤模型并没有充分涵盖疾病进展的这一方面。最重要的是，在GEM模型中产生的肿瘤是小鼠肿瘤，而不是人类肿瘤。因此，在GEM模型中获得的功效不一定能够在实际临床中复制[63]。

7.5.5 疼痛动物模型

痛觉，又被称为伤害性感受，是一种生物中普遍存在的现象。痛觉作为一种保护机制，用以警告生物体受到了伤害（或潜在的伤害），在某些情况下，也可以警示疾病程度或正在遭受的感染。数千年前，人们就开始寻找减轻疼痛的方法，但就像大多数内科疾病一样，直到现代医学和药物发现的出现，人们才开始了解疼痛的潜在机制，并对可能的治疗方法进行严格的科学研究。重要的是，疼痛是一个多因素问题，因此研究和治疗疼痛需要一个全方位的方法。疼痛可分为慢性疼痛和急性疼痛，对应不同的疼痛需要不同的治疗方法。此外，导致痛觉的损伤类型也是一个关键因素。热痛、机械痛、炎症痛及神经痛是不一样的。同样，源自不同组织类型（如皮肤、肌肉、关节、内脏组织等）的疼痛可能产生不同类型的疼痛感觉，并具有不同的潜在生化机制。在选择合适的动物模型时，应该考虑所有上述因素，以确保在特定的项目中能重现所研究的疼痛类型。

使用动物模型来研究疼痛的历史可追溯至19世纪末[64]。文献中已经报道过大量的模型，虽然存在许多不同的模型，但有两个基本因素决定了各种模型的应用。第一个决定性因素是制造疼痛的方法，这可以通过多种方式实现，如直接伤害、手术或化学暴露。由于潜在的生物化学反应不同，这些方法对于机体的影响是不同的。因此，各种方法在模型之间是不可互换的，损伤方法与临床情况（疼痛类型）相匹配是至关重要的。例如，手术切口、触摸热火炉和头痛这些疼痛之间的感觉差异，虽然都是感觉痛苦，但临床表现是不同的。因此，在动物模型中模拟这些痛觉需要采用不同的方法。

动物疼痛模型的另一个基本因素是测量终点。在临床中，患者通常能够表达他们所经历的疼痛类型及其强度。显然，这不是动物能够做到的，但我们可以采用许多方法来观察和量化疼痛反应。例如，反射行为的测量（如从热表面上移除附肢的现象）已成为确定候选化合物潜在效用的有效方法。一些与痛觉没有直接联系的反应也可用于痛觉测定。自发行为、记忆能力、决策过程和身体活动水平都可能受到疼痛的影响，因此，测量动物行为方面的量变可以用来判断潜在药物的抗疼痛疗效[65]。本部分无法对疼痛模型进行全面的讨论，但简要介绍一些常见模型同样具有指导性意义。

7.5.5.1　冯 · 弗雷试验

冯 · 弗雷试验（von Frey test，图7.20）是最古老的疼痛测试方法之一，最初是由马克西米兰 · 冯 · 弗雷（Maximilian von Frey）在19世纪末研发的。尽管这一模型很古老，但其仍然是镇痛药研发中的黄金标准。这个机械模型利用了一个可观察的弹性细丝，垂直按压在一个表面（如皮肤）时，其将在一个特定的力的作用下弯曲变形，变性程度取决于其长度、直径和材料（典型的如塑料）。一旦弹性纤维弯曲，无论弯曲程度如何，其与表面接触点施加的力将保持不变。当将其按压在动物的皮肤上时（通常是后爪），如果压力足够大，这些纤维就会引起疼痛反应（如缩爪、抖动、尖叫）。反过来，通过改变弹性纤维的长度、直径，或者改变使弹性纤维变形的力度，可以严格控制压力的大小。与其他化合物相比，具有镇痛作用的化合物能让动物承受更大的压力（疼痛度）。文献中已经报道了该模型的许多变体，该实验可以在受约束或不受约束的啮齿动物中进行[66]。

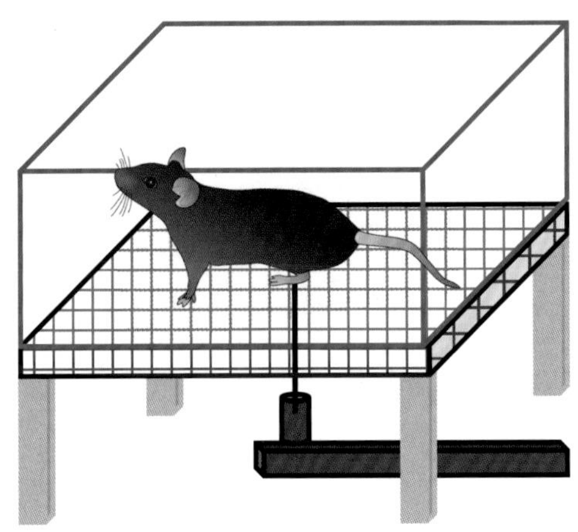

图7.20　在冯 · 弗雷试验疼痛模型中，将一根纤维压在啮齿动物的后爪上，并施加足够的力使其后爪收回。如果力量足够大，就会引起疼痛并可被有效测量

7.5.5.2 机械刺激逃避模型

另一个用于评估机械疼痛反应阈值的模型是兰德尔-塞利托测试（Randall-Selitto test），也称为机械刺激逃避模型[67]（图7.21）。该模型是在啮齿动物的足部或尾部施加越来越大的机械压力。原则上，这一实验可以在大鼠或小鼠中进行，但在实践中，大鼠是首选动物。为了将其附肢放入机械装置中，试验动物必须受到严格的束缚，而小鼠对束缚的耐受能力通常比大鼠差很多。使动物在实验前适应被束缚的感觉，这样束缚的压力就不会影响实验结果。然后在动物足部施加连续递增的压力，直到动物缩爪或发出嘶叫声。如果化合物有镇痛作用，同一动物承受的压力就会较注射药物之前大[68]。

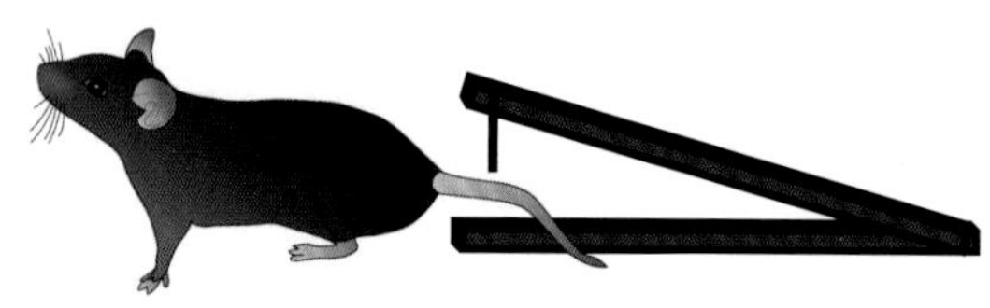

图7.21　**在机械刺激逃避模型中，对啮齿动物的足部或尾部施加越来越大的机械压力，直至观察到疼痛反应**

7.5.5.3 基于热辐射的模型

基于热辐射的模型也已发展起来。例如，甩尾试验（tail flick assay）最初报道于1941年[69]。顾名思义，该模型是建立在啮齿动物对痛觉刺激自发的甩尾反应之上的。其中一种方法（图7.22）是用一束聚焦的光束在动物的尾部施加热量，然后记录迫使动物将尾巴从光束中“甩开”所需的时间，并以此来评估动物的疼痛敏感性。能够延长甩尾时间的化合物具有阻断疼痛感的作用。这种模型的另一种变体是使用热水浴（46～52℃）作为施加的热源，并测量动物尾巴从水中移出的时间。在这两种情况下，都需要对试验动物进行一定的束缚。

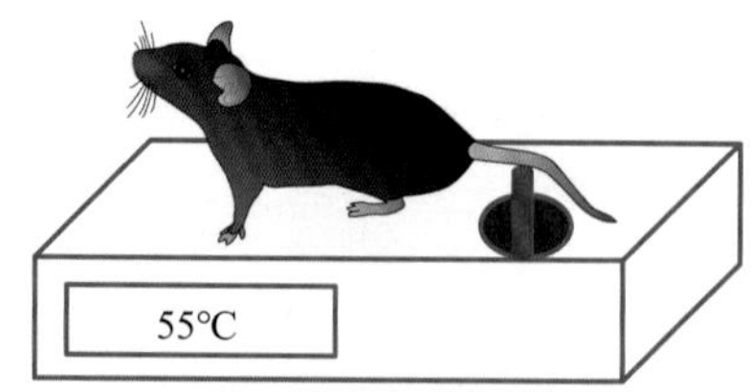

图7.22　**在疼痛甩尾模型中，将啮齿动物的尾部暴露在热源（如聚焦光束）下，记录诱发其甩开尾巴（疼痛反应）所需的时间**

另一种常用的基于热辐射的疼痛模型是热板试验（heat based pain model，图7.23），该试验于1944年作为甩尾试验的替代方法被引入[70]。在这一模型中，将不受束缚的小鼠或大鼠放置在加热的表面（通常是50～55℃），并监测其疼痛反应行为（也称为伤害性感受行为）。前爪或后爪回缩、舔爪子、跺脚、跳跃和姿势扭曲等动作都表示其感受到疼痛。但重要的是，与其他行为反应相比，前爪回缩被认为是一个不太可靠的指标，因为动物的前爪常用于梳理和摸索，但这也可以减少肢体在热表面的接触。测定诱发这些行为所需的时间可以衡量潜在治疗药物的疗效。这一模型的一些变体是将动物放置在一个未加热的金属表面。然后将该表面的温度慢慢升高，直到观察到疼痛反应行为。能够镇痛的化合物会让动物能忍受更高的温度[71]。在这两种情况下，都要限制时间和温度，以免造成局部组织损伤。

图7.23　**热板试验可监测啮齿动物被放置于热表面时的反应时间。在一些变体模型中，动物被放置在一个冷的物体表面，然后慢慢加热，直至观察到疼痛反应**

哈格里夫斯试验（Hargreaves test，图7.24）[72]也使用热源来定量测定疼痛反应。在这一模型中，小鼠或大鼠被放置在玻璃底部，热源通常集中在后爪的足底表面。同时以玻璃代替金属板，这样可以将使用金属板产生热沉效应而造成的误差降至最低。此外，在该模型中，动物是不受束缚的，这消除了束缚压力引起的反应对结果的影响。测量动物将其后爪从热源中移除所花费的时间，即可用来衡量潜在疗法的作用效果。通常情况下，通过调节热量强度，将未经处理的动物对痛觉反应的时间控制在10～12 s。不同于热板测试，这一模型可以单独作用于左后爪或右后爪。如果只对两只后爪中的一只进行改变感知疼痛能力的操作（提高或降低爪子的敏感性），那么在进行潜在药效评估时，动物也可以作为内参进行对比参考。

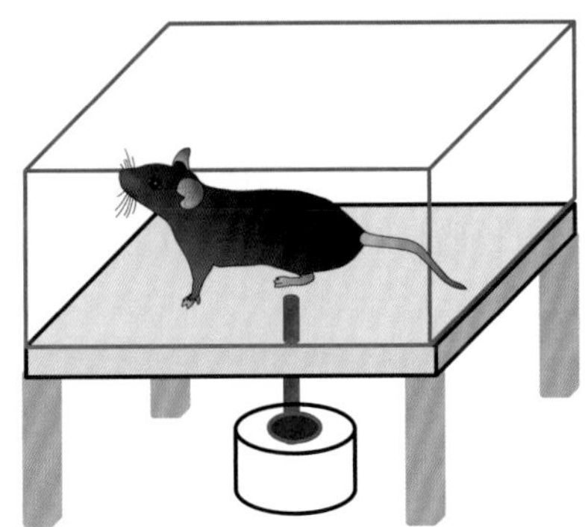

图7.24　**哈格里夫斯试验使用聚焦热源通过玻璃底部照射实验动物的后爪，以此评估啮齿动物对热痛的反应。在此试验中，动物没有受到限制，这降低了相关应激反应的影响**

7.5.5.4 基于炎症的模型

虽然前文介绍的模型都很实用，但其不能用于评估某一化合物治疗炎症性或神经性疼痛的活性。不同于机械和热诱导的疼痛，炎症性疼痛和神经性疼痛分别是由炎症免疫细胞（如中性粒细胞、巨噬细胞）的浸润和外周或中枢躯体感觉系统神经的损伤引起的。这些情况可以通过动物接触化学试剂来模拟。例如，向皮肤、肌肉或关节注射辣椒素（图7.25A）可以造成局部的神经性炎症，从而引起疼痛和痛觉过敏（对疼痛的敏感性增加）[73]。这一模型可用于评估对神经性炎症发挥缓和作用的化合物。此外，局部注射辣椒素可以在人体中进行，从而可直接将结果转化为临床设定。

神经性疼痛也可以通过化学暴露在动物模型中重现，但使用的药物和注射的位置是不同的。在一种模型中，通过向体感皮层或丘脑核中微量注射兴奋性毒剂，如苦毒（picrotoxin）[74]（图7.25B）或红藻氨酸（kainic acid）[75]（图7.25C），可以造成必要的神经损伤。在另一个模型中，将Ⅳ型胶原酶（一种分解结构蛋白胶原的酶）注射至丘脑中[76]，由此产生的组织损伤与出血性脑卒中相似，并可导致神经损伤。经受过这两种手术的动物对机械和热刺激变得异常敏感。

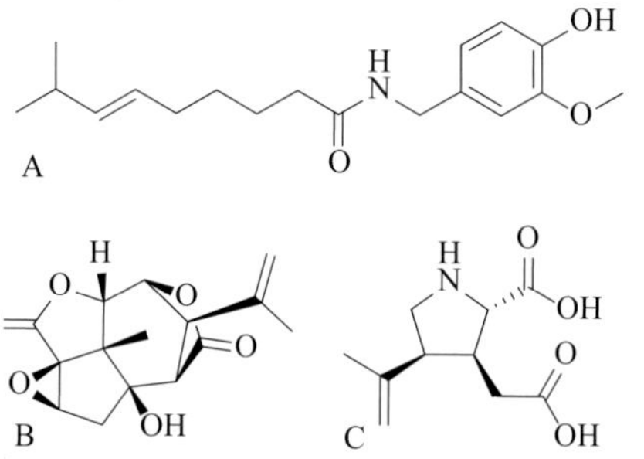

图7.25 A. 辣椒素；B. 苦毒；C. 红藻氨酸

7.5.5.5 手术模型

外科手术也可用于建立中枢神经和周围神经病变的动物模型。脊髓挫伤、手术损伤或激光辐射可引起中枢神经病变，该病变与机械性和热痛觉过敏相关[77]。另外，周围神经病变动物模型可以通过结扎、横切或束紧动物的特定神经（如坐骨神经）来建立[78]。类似坐骨神经损伤的模型也可通过向坐骨神经周围区域注射致炎物质（如多糖酵素）来建立。经过上述操作的动物对机械性刺激和热刺激的敏感性会增强[79]。

7.5.5.6 疼痛模型的总则

受试化合物在任何一个模型中若能产生积极的结果（如降低疼痛刺激的敏感性），则表明该化合物可能成为有治疗作用的镇痛剂。但有一个警示要牢记于心，即对动物具有镇静作用的化合物也可以降低动物对疼痛刺激的反应。一种既能阻断疼痛感又能起到镇静作用的化合物在一些情况下可能有效，但在许多情况下应该避免使用镇静剂。需要手术的患者可能需要这种有双重功能的药物，但周围神经病变患者应该使用无镇静作用的镇痛药，因为使用这类药物治疗时他们的“能量水平”才是正常的。采用旋转试验（图7.6）动物模型可以鉴别具有镇静作用的化合物，从而在镇痛药物开发阶段排除此类化合物。

7.5.6　糖尿病动物模型

糖尿病是一个全球性的重大健康问题。据国际糖尿病联合会（International Diabetes Federation）统计，2019年有超过4.6亿人罹患糖尿病，到2045年，这一数字预计将超过7亿[80]。1型糖尿病（type 1 diabetes mellitus，T1DM），通常被称为青少年糖尿病，是分泌胰岛素的胰岛B细胞被不明来源的自身免疫反应破坏而引起的。因此，B细胞不能正常分泌胰岛素，导致自身调节血糖浓度的能力降低，其治疗通常需要定期注射胰岛素。另外，2型糖尿病（type 2 diabetes mellitus，T2DM）的特点是胰岛素受体细胞对胰岛素敏感性不够，通常与肥胖和运动量不足有关。此类糖尿病占糖尿病患者总数的90%以上，开发新的治疗药物来改善这一情况一直是医药界的研究重点。为了研究T2DM及其潜在治疗方案，目前已建立了许多动物模型。其中包括瘦素缺乏（leptin deficient，$Lep^{ob/ob}$）小鼠和瘦素受体缺乏（leptin receptor deficient，$Lepr^{ob/ob}$）小鼠模型，这两种小鼠都因瘦素信号转导错误而导致肥胖和高血糖[81]。Zucker糖尿病肥胖（Zucker diabetic fatty，ZDF）大鼠也是由于瘦素信号功能障碍而迅速发展为肥胖和高血糖[82]。另外，新西兰肥胖（New Zealand obese，NZO）小鼠[83]和大冢长-埃文斯・德岛肥胖（Otsuka Long-Evans Tokushima fatty，OLETF）大鼠[84]都具有导致肥胖和高血糖的多种突变，这一特点使其适用于T2DM药物的研发。C57BL/6小鼠进行高脂饮食饲喂也可引起肥胖和高血糖，由于该模型中排除了基因的影响，一些研究者认为该模型能更准确地模拟患者肥胖诱发的糖尿病。

在上述模型（或任何其他适合的T2DM动物模型）中，通过测定动物调节血糖水平的能力，可以判断化合物对T2DM的疗效。葡萄糖耐量试验（glucose tolerance test）提供了评估受试化合物在急性条件下调节血糖的能力。在这项试验中，先采用受试化合物或溶媒对动物进行治疗，并测定血糖水平以建立基线，然后动物口服一定量的葡萄糖（也可以采用腹腔或静脉注射的方式）。通过测量血糖浓度的变化情况来确定潜在治疗药物对血糖浓度的影响。具有T2DM治疗作用的化合物可以提高动物从体循环中清除葡萄糖的能力，从而随着时间推移使血糖浓度的下降速度较对照模型更快（图7.26A）[85，86]。在动物模型上也可以进行长期血糖浓度研究，以确定候选化合物的影响。该研究中，动物被正常饲喂（非高糖饮食），并随机间隔采样测定血糖水平。经有效的抗高血糖化合物治疗的动物的血糖浓度将低于未治疗的动物（图7.26B）[87]。重要的是，测量血糖水平是衡量患者疾病严重程度的关键方法，因此上述动物模型研究的数据在患者人群中也具有高度的可比性[88]。

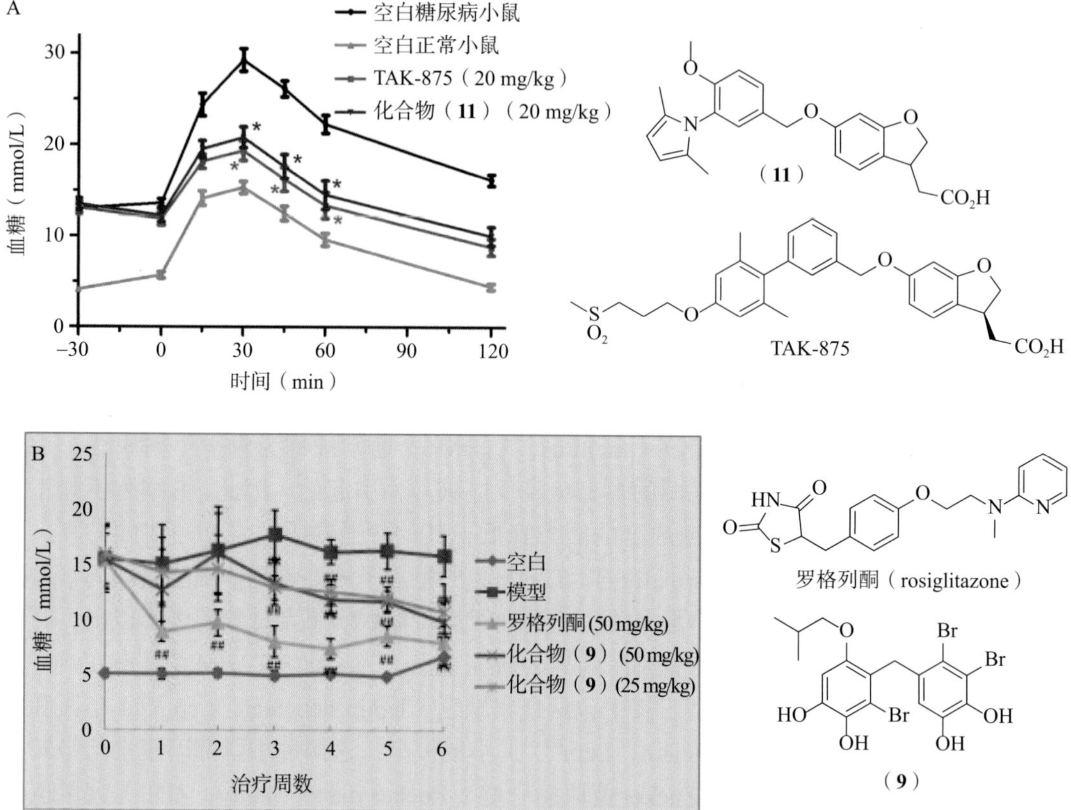

图7.26　A. Qian等利用糖尿病C57BL/6小鼠对TAK-875和化合物（**11**）进行了口服葡萄糖耐量试验，以发现治疗T2DM的新型游离脂肪酸受体1激动剂。两种化合物均可在0 min时降低葡萄糖负荷（2 g/kg）的影响（每组6只动物）。B.作为开发新型蛋白酪氨酸磷酸酶1B抑制剂治疗T2DM项目的一部分，Wang等研究了长期给予罗格列酮和化合物（**9**）对C57BL/KsJ-db/db小鼠的影响。这些小鼠由于瘦素信号系统发生突变而发展为T2DM

7.5.7　药物成瘾动物模型

已有充分证据表明，药物成瘾（drug addiction）是一项重大的健康问题。根据美国疾病控制与预防中心的数据，2016年有超过4800万的12岁以上人群使用违禁药物或滥用处方药。此外，同年有220万人寻求药物成瘾治疗，1999～2016年有超过63万人死于过量服用药物[89]。仅在美国，如果将经济和生活质量问题（包括过早死亡）纳入评估，每年药物滥用的社会成本就超过1.4万亿美元[90]。这些令人震惊的数字不容忽视，学术界和工业界都花费了大量的精力来研究可能的治疗措施。

为满足这一明确而又迫切的需求，许多药物成瘾的动物模型已经被开发出来。关于这一话题已有大量的文献综述[91]。药物成瘾的自我给药模型被认为是这一领域的黄金标准，因而得到广泛应用。该试验可以在啮齿动物、犬和非人灵长类动物中进行。在该方法中，动物通常被训练成可以在短时间内（通常是1～3 h）自我给药的模型。在这段时间内，动物们被放置于一个箱子中，它们必须要进行一个操作才能获得一定剂量的药物。这些箱子通常被称为“操作室”“操作性条件反射室”或“斯金纳箱”[第一个装置是斯金纳（Skinner）于20世纪30年代在哈佛大学发明的[92]]。例如，可以在大鼠身上安装一根静脉导管，当大鼠操作控制杆时，可以触发该导管输送特定剂量的可卡因至其体内（图7.27）。在“固定比率”的计划表中，会预设一定数目的操作次数来触发给药。例如，在一个使用固定比率为2（FR2）的模型中，大鼠按压操作室内操作杆2次后，将有可卡因静脉注射给大鼠。待大鼠接受了一定训练后，就可使用某一受试化合物对其进行治疗，以确定其对大鼠自主给药行为的影响。可以使大鼠减少给药次数的化合物可能成为治疗药物成瘾的有效药物。

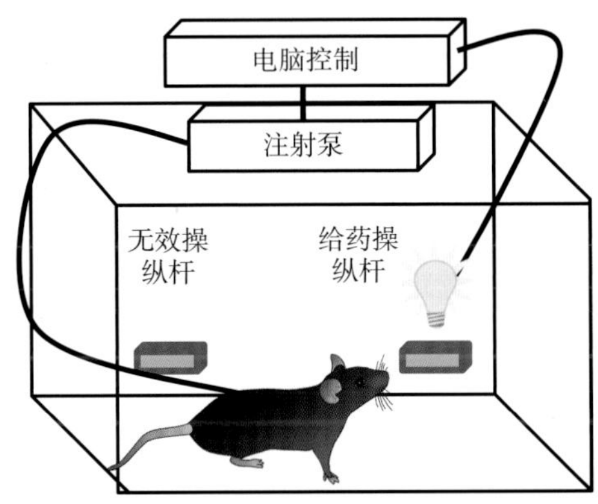

图7.27 **操作室内的大鼠被固定了一根连接到输液泵上的静脉导管，当按压室内的操作杆时，输液泵将输送固定剂量的药物。训练大鼠，使之明白当给药操作杆被按下，按压室的灯亮起时，药物就会被输送到体内**

如果增加一个脱毒阶段和恢复阶段，这一模型便可用于评估候选化合物预防药瘾复发的作用，从而筛选能防止药瘾复发的药物。在脱毒阶段，当动物执行被训练的动作时（如按压图7.27所示的操纵杆），不再提供成瘾药物。一旦脱毒阶段完成，动物可能会因毒瘾复发而引起寻求药物行为的复发。在没有任何干预的情况下，动物会继续迫切寻找成瘾剂。如果受试化合物能够减少药物寻求行为的恢复，则在一定程度上说明其可能对药物成瘾患者的药瘾复发具有治疗作用。

虽然自我用药模型的有效性得到了很好的验证，但该模型（以及所有其他药物成瘾模型）存在一些必须考虑的重大缺陷。首先，在这项研究中，降低日常运动量或使用具有镇静作用的候选化合物也可能出现假阳性情况。此类受试化合物会导致动物嗜睡，从而减少寻求药物的行为，但给患者注射镇静剂并不能有效治疗药物成瘾。反向筛选先导化合物是否具有镇静作用（如旋转试验，图7.6），可以有效评估此类风险。

其次，重要的是要清楚受试化合物的作用机制是否是特异性靶向成瘾途径，还是一般的奖励机制。靶向一般奖励机制的化合物有可能减少成瘾剂的使用，但其会对任何其他触发奖励机制（如饮食、性功能）的行为和动机造成负面影响。如果候选化合物在抑制药物成瘾的同时，也抑制患者的天性（如寻求食物）或抑制其他维持生命（或维持生活质量）

的必要行为，那么化合物在临床上是无法使用的。食物摄入量或糖水消耗量的变化可用于反映候选化合物对一般奖励通路的影响，以排除评估化合物对一般奖励机制和成瘾过程的影响。

7.6 小结

选择合适的动物模型是药物发现的一个关键因素。选择错误的动物模型可能会由基于错误的数据而造成可行方案的终止，更糟糕的是，可能将基于与人体真实状况不相关的结果而获得的化合物推进至临床试验中。多数情况下，在药物发现过程中通常采用多种动物模型，以便更全面地了解潜在的临床候选化合物。同时，可以使用额外的动物模型来评估潜在的安全性和毒性风险。本章中讨论的动物模型只是众多用于新药研发动物模型中的一小部分。转基因和基因敲除动物模型极大地促进了新型动物模型的发展，并且可用动物模型的数量将会随着时间的推移而持续增加。

（罗姗姗　白仁仁）

思考题

1. 治疗指数的定义是什么？
2. 什么是同源动物模型？
3. 什么是同构动物模型？
4. 什么是预测性动物模型？
5. 为什么在体内试验中需要使用多只（>1）动物？
6. 与未治疗的小鼠相比，如果通过候选化合物治疗的小鼠在高架十字迷宫的开放臂中花费更多的时间，那么这对候选化合物而言代表什么？
7. 在新对象识别模型中，如果以候选化合物治疗的小鼠比未经治疗的小鼠花费更少的时间识别新物体，这意味着什么？
8. 什么是旋转测试模型？
9. 通过长期服用醋酸脱氧皮质酮（DOCA）可以建立什么动物疾病模型？
10. 饮食诱导的高胆固醇血症模型具有哪些局限性？
11. 什么是Kaplan-Meier生存曲线？
12. 传染病动物模型有哪些局限性？
13. 异种移植肿瘤模型和同种异体移植肿瘤模型之间有什么区别？

参考文献

1. Ingalls, A. M.; Dickie, M. M.; Snell, G. D. Obese, A New Mutation in the House Mouse. *J. Heredity* **1950,** *41* (12), 317–318.
2. Friedman, J. M.; Leibel, R. L.; Siegel, D. S.; Walsh, J.; Bahary, N. Molecular Mapping of the Mouse ob Mutation. *Genomics* **1991,** *11* (4), 1054–1062.
3. (a) Giovanella, B. C.; Fogh, J. The Nude Mouse in Cancer Research. *Adv. Cancer Res.* **1985,** *44*, 70–120.
   (b) Flanagan, S. P. 'Nude', A New Hairless Gene With Pleiotropic Effects in the Mouse. *Genet. Res.* **1966,** *8*, 295–309.
4. Okamoto, K.; Aoki, K. Development of a Strain of Spontaneously Hypertensive Rat. *Jpn. Circ. J.* **1963,** *27*, 282–293.
5. Kachapati, K.; Adams, D.; Bednar, K.; Ridgway, W. M. The Non-Obese Diabetic (NOD) Mouse as a Model of Human Type 1 Diabetes. *Methods Mol. Biol.* **2012,** *933*, 3–16.
6. Hegedus, J.; Putman, C. T.; Tyreman, N.; Gordon, T. Preferential Motor Unit Loss in the SOD^{1G93A} Transgenic Mouse Model of Amyotrophic Lateral Sclerosis. *J. Physiol.* **2008,** *586* (14), 3337–3351.
7. Wichmann, T.; DeLong, M. R. Pathophysiology of Parkinson's Disease: The MPTP Primate Model of the Human Disorder. *Ann. N. Y. Acad. Sci.* **2003,** *991*, 199–213.
8. Lewis, V. J.; Serge Przedborski, S. Protocol for the MPTP Mouse Model of Parkinson's Disease. *Nat. Protoc.* **2007,** *2*, 141–151.
9. Casals, J. B.; Pieri, N. C. G.; Feitosa, M. L. T.; Ercolin, A. C. M.; Roballo, K. C. S.; Barreto, R. S. N., et al. The Use of Animal Models for Stroke Research: A Review. *Comp. Med.* **2011,** *61* (4), 305–313.
10. Michael, L. H.; Entman, M. L.; Hartley, C. J.; Youker, K. A.; Zhu, J.; Hall, S. R., et al. Myocardial Ischemia and Reperfusion: A Murine Model. *Am. J. Physiol.* **1995,** *269* (6), H2147–H2154.
11. Le Bars, D.; Gozariu, M.; Cadden, S. W. Animal Models of Nociception. *Pharmacol. Rev.* **2001,** *53* (4), 597–652.
12. Petit-Demouliere, B.; Chenu, F.; Bourin, M. Forced Swimming Test in Mice: A Review of Antidepressant Activity. *Psychopharmacology* **2005,** *177* (3), 245–255.
13. Conn, P. M., Ed. *Animal Models for the Study of Human Disease;* Academic Press: Waltham, MA, 2013, 354.
14. Kachapati, K.; Adams, D.; Bednar, K.; Ridgway, W. M. The Non-Obese Diabetic (NOD) Mouse as a Model of Human Type 1 Diabetes. *Methods Mol. Biol.* **2012,** *933*, 3–16.
15. Zak, O.; Sande, M. A., Eds. *Handbook of Animal Models of Infection: Experimental Models in Antimicrobial Chemotherapy;* Academic Press: San Diego, CA, 1999.
16. Casals, J. B.; Pieri, N. C. G.; Feitosa, M. L. T.; Ercolin, A. C. M.; Roballo, K. C. S.; Barreto, R. S. N., et al. The Use of Animal Models for Stroke Research: A Review. *Comp. Med.* **2011,** *61* (4), 305–313.
17. Kalbhen, D. A. Chemical Model of Osteoarthritis—A Pharmacological Evaluation. *J. Rheumatol.* **1987,** *14*, 130–131.
18. Marcotte, E. R.; Pearson, D. M.; Srivastava, L. K. Animal Models of Schizophrenia: A Critical Review. *J. Psychiatry Neurosci.* **2001,** *26* (5), 395–410.
19. (a) Petit-Demouliere, B.; Chenu, F.; Bourin, M. Forced Swimming Test in Mice: A Review of Antidepressant Activity. *Psychopharmacology* **2005,** *177* (3), 245–255.
    (b) Porsolt, R. D.; Anton, G.; Blavet, N.; Jalfre, M. Behavioural Despair in Rats: A New Model Sensitive to Antidepressant Treatments. *Eur. J. Pharmacol.* **1978,** *47* (4), 379–391.
20. Walf, A. A.; Frye, C. A. The Use of the Elevated Plus Maze as an Assay of Anxiety-Related Behavior in Rodents. *Nat. Protoc.* **2007,** *2*, 322–328.
21. Antunes, M.; Biala, G. The Novel Object Recognition Memory: Neurobiology, Test Procedure, and Its Modifications. *Cognit. Process.* **2012,** *13* (2), 93–110.

22. Wehner, J. M.; Radcliffe, R. A. Cued and Contextual Fear Conditioning in Mice. *Curr. Protoc. Neurosci.* **2004,** 8.5C.1–8.5C.14.
23. D'Hooge, R.; De Deyn, P. P. Applications of the Morris Water Maze in the Study of Learning and Memory. *Brain Res. Rev.* **2001,** *36* (1), 60–90.
24. (a) Gurney, M. E.; Pu, H.; Chiu, A. Y.; Dal Canto, M. C.; Polchow, C. Y.; Alexander, D. D., et al. Motor Neuron Degeneration in Mice That Express a Human Cu, Zn Superoxide Dismutase Mutation. *Science* **1994,** *264* (5166), 1772–1775.
    (b) Hegedus, J.; Putman, C. T.; Tyreman, N.; Gordon, T. Preferential Motor Unit Loss in the SOD^{1G93A} Transgenic Mouse Model of Amyotrophic Lateral Sclerosis. *J. Phys.* **2008,** *586* (14), 3337–3351.
25. Porras, G.; Li, Q.; Bezard, E. Modeling Parkinson's Disease in Primates: The MPTP Model. *Cold Spring Harbor Persp. Med.* **2012,** *2* (3), 1–10.
26. Wichmann, T.; DeLong, M. R. Pathophysiology of Parkinson's Disease: The MPTP Primate Model of the Human Disorder. *Ann. N. Y. Acad. Sci.* **2003,** *991*, 199–213.
27. Jackson-Lewis, V.; Przedborski, S. Protocol for the MPTP Mouse Model of Parkinson's Disease. *Nat. Protoc.* **2007,** *2*, 141–151.
28. World Health Organization. A Global Brief on Hypertension: Silent Killer, Global Public Health Crisis. In *World Health Day 2013*. World Health Organization: Geneva, Switzerland, 2013.
29. NCD Risk Factor Collaboration (NCD-RisC). Worldwide Trends in Blood Pressure From 1975 to 2015: A Pooled Analysis of 1479 Population-Based Measurement Studies With 19 · 1 Million Participants. *Lancet* **2017,** *389*, 37–55.
30. Lerman, L. O.; Chade, R. A.; Sica, V.; Napoli, C. Animal Models of Hypertension: An Overview. *J. Lab. Clin. Med.* **2005,** *146* (3), 160–173.
31. Lerman, L. O.; Chade, R. A.; Sica, V.; Napoli, C. Animal Models of Hypertension: An Overview. *J. Lab. Clin. Med.* **2005,** *146* (3), 160–173.
32. Li, J.; Wang, D. H. Role of TRPV1 in Renal Hemodynamics and Function in Dahl Salt-Sensitive Hypertensive. *Exp. Physiol.* **2008,** *93* (8), 945–953.
33. (a) Okamoto, K.; Akoi, K. Development of a Strain of Spontaneously Hypertensive Rats. *Jpn. Circ. J.* **1963,** *27*, 282–293.
    (b) Conrad, C. H.; Brooks, W. W.; Hayes, J. A.; Sen, S.; Robinson, K. G.; Bing, O. H. Myocardial Fibrosis and Stiffness With Hypertrophy at Heart Failure in the Spontaneously Hypertensive Rat. *Circulation* **1995,** *91* (1), 161–170.
34. (a) Kubota, Y.; Umegaki, K.; Kagota, S.; Tanaka, N.; Nakamura, K.; Kunitomo, M., et al. Evaluation of Blood Pressure Measured by Tail-Cuff Methods (without Heating) in Spontaneously Hypertensive Rats. *Biol. Pharm. Bull.* **2006,** *29* (8), 1756–1758.
    (b) Nariai, T.; Fujita, K.; Mori, M.; Katayama, S.; Hori, S.; Matsui, K. SM-368229, A Novel Promising Mineralocorticoid Receptor Antagonist, Shows Antihypertensive Efficacy With Minimal Effect on Serum Potassium Level in Rats. *J. Cardiovasc. Pharmacol.* **2012,** *59* (5), 458–464.
35. (a) Braga, V. A.; Burmeister, M. A. Applications of Telemetry in Small Laboratory Animals for Studying Cardiovascular Diseases. In *Chapter 9 in Modern Telemetry;* Krejcar, O., Ed.; Intech, Rijeka: Croatia, 2011.
    (b) Wood, J. M.; Maibaum, J.; Rahuel, J.; Markus, G.; Grutter, M. G.; Cohen, N. C., et al. Structure-Based Design of Aliskiren, A Novel Orally Effective Renin Inhibitor. *Biochem. Biophys. Res. Commun.* **2003,** *308*, 698–705.
36. Carmena, R.; Duriez, P.; Fruchart, J. C. Atherogenic Lipoprotein Particles in Atherosclerosis. *Circulation* **2004,** *109*, III-2–III-7.
37. (a) Krause, B. R.; Newton, R. S. Lipid-Lowering Activity of Atorvastatin and Lovastatin in Rodent Species: Triglyceride-Lowering in Rats Correlates With Efficacy in LDL Animal Models. *Atherosclerosis* **1995,** *117*, 237–244.
    (b) Kroon, P. A.; Hand, K. M.; Huff, J. W.; Alberts, A. W. The Effects of Mevinolin on Serum Cholesterol Levels of Rabbits with Endogenous Hypercholesterolemia.

Atherosclerosis **1982,** *44,* 41–48.

38. Meir, K. S.; Leitersdorf, E. Atherosclerosis in the Apolipoprotein E–Deficient Mouse: A Decade of Progress. *Arterioscler. Thromb. Vasc. Biol.* **2004,** *24,* 1006–1014.
39. Chugh, S. S.; Havmoeller, R.; Narayanan, K.; Singh, D.; Rienstra, M.; Benjamin, E. J., et al. Worldwide Epidemiology of Atrial Fibrillation: A Global Burden of Disease 2010 Study. *Circulation* **2014,** *129,* 837–847.
40. Janse, M. J.; Rosen, M. R. History of Arrhythmias. *Handb. Exp. Pharmacol.* **2006,** *171,* 1–39.
41. Vaidya, D.; Morley, G. E.; Samie, F. H.; Jalife, J. Reentry and Fibrillation in the Mouse Heart: A Challenge to the Critical Mass Hypothesis. *Circ. Res.* **1999,** *85,* 174–181.
42. Riley, G.; Syeda, F.; Kirchhof, P.; Fabritz, L. An Introduction to Murine Models of Atrial Fibrillation. *Front. Physiol.* **2012,** *3* (296), 1.
43. Savarese, G.; Lund, L. H. Global Public Health Burden of Heart Failure. *Card. Fail. Rev.* **2017,** *3* (1), 7–11.
44. Loehr, L. R.; Rosamond, W. D.; Chang, P. P.; Folsom, A. R.; Chambless, L. E. Heart failure incidence and survival (from the Atherosclerosis Risk in Communities study). *Am. J. Cardiol.* **2008,** *101,* 1016–1022.
45. Dixon, J. A.; Spinale, F. G. Large Animal Models of Heart Failure: A Critical Link in the Translation of Basic Science to Clinical Practice. *Circul. Heart Fail.* **2009,** *2,* 262–271.
46. (a) Yarbrough, W. M.; Mukherjee, R.; Escobar, G. P.; Mingoia, J. T.; Sample, J. A.; Hendrick, J. W., et al. Selective Targeting and Timing of Matrix Metalloproteinase Inhibition in Post–Myocardial Infarction Remodeling. *Circulation* **2003,** *108,* 1753–1759.
    (b) Sakai, S.; Miyauchi, T.; Kobayashi, M.; Yamaguchi, I.; Goto, K.; Sugishita, Y. Inhibition of Myocardial Endothelin Pathway Improves Long-Term Survival in Heart Failure. *Nature* **1996,** *384,* 353–355.
47. (a) Dixon, J. A.; Spinale, F. G. Large Animal Models of Heart Failure: A Critical Link in the Translation of Basic Science to Clinical Practice. *Circul. Heart Fail.* **2009,** *2,* 262–271.
    (b) Moea, G. W.; Armstrong, P. Pacing-Induced Heart Failure: A Model to Study the Mechanism of Disease Progression and Novel Therapy in Heart Failure. *Cardiovasc. Res.* **1999,** *42,* 591–599.
48. Spinale, F. G.; Holzgrefe, H. H.; Mukherjee, R.; Hird, R. B.; Walker, J. D.; Arnim-Barker, A., et al. Angiotensin-Converting Enzyme Inhibition and the Progression of Congestive Cardiomyopathy: Effects on Left Ventricular and Myocyte Structure and Function. *Circulation* **1995,** *92,* 562–578.
49. Patten, R. D.; Hall-Porter, M. R. Small Animal Models of Heart Failure: Development of Novel Therapies, Past and Present. *Circul. Heart Fail.* **2009,** *2,* 138–144.
50. Domagk, G. Ein Beitrag zur Chemotherapie der bakteriellen Infektionen. *Deutsche Medizinische Wochenschrift* **1935,** *61* 250-153.
51. Sande, M. A.; Zak, O., Eds. *Handbook of Animal Models of Infection;* Academic Press: London, 1998.
52. (a) Vogelman, B.; Gudmundsson, S.; Leggett, J.; Turnidge, J.; Ebert, S.; Craig, W. A. Correlation of Antimicrobial Pharmacokinetic Parameters with Therapeutic Efficacy in an Animal Model. *J. Infect. Dis.* **1988,** *158* (4), 831–847.
    (b) Gudmundsson, S.; Erlendsdottir, S. Murine Thigh Infection Model. In *137–144 from Handbook of Animal Models of Infection;* Sande, M. A., Zak, O., Eds.; Elsevier: London, 1998.
53. (a) Xin, Q.; Fan, H.; Guo, B.; He, H.; Gao, S.; Wang, H., et al. Design, Synthesis, and Structure Activity Relationship Studies of Highly Potent Novel Benzoxazinyl-Oxazolidinone Antibacterial Agents. *J. Med. Chem.* **2011,** *54,* 7493–7502.
    (b) Jang, W. S.; Lee, S. C.; Lee, Y. S.; Shin, Y. P.; Shin, K. H.; Sung, B. H., et al. Antimicrobial Effect of Halocidin-Derived Peptide in a Mouse Model of Listeria Infection. *Antimicrob. Agents Chemother.* **2007,** *51* (11), 4148–4156.

54. (a) Sidwell, R. W. The Mouse Model of Influenza Virus Infection. In *From Handbook of Animal Models of Infection;* Sande, M. A., Zak, O., Eds.; Elsevier: London., 1998; pp 981–987.
(b) Ohgitani, E.; Kita, M.; Mazda, O.; Imanishi, J. Combined Administration of Oseltamivir and Hochu-Ekki-To (TJ-41) Dramatically Decreases the Viral Load in Lungs of Senescence-Accelerated Mice During Influenza Virus Infection. *Arch. Virol.* **2014,** *159*, 267–275.
55. Wiles, S.; Hanage, W. P.; Frankel, G.; Robertson, B. Modelling Infectious Disease - Time to Think Outside the Box? *Nat. Rev. Microbiol.* **2006,** *4*, 307–312.
56. American Cancer Society. *Global Cancer Facts and Figures*, 4th ed.; American Cancer Society: Atlanta, GA, 2018.
57. http://tumor.informatics.jax.org/mtbwi/index.do.
58. https://www.criver.com/cancer-model-database#form.
59. https://pdmdb.cancer.gov/pls/apex/f?p = 101:1:0::NO.
60. https://dtp.cancer.gov/discovery_development/nci-60/default.htm.
61. Morton, C. L.; Houghton, P. J. Establishment of Human Tumor Xenografts in Immunodeficient Mice. *Nat. Protoc.* **2007,** *2* (2), 247–250.
62. (a) Gangjee, A.; Zhao, Y.; Raghavan, S.; Rohena, C. C.; Mooberry, S. L.; Hamel, E. Structure Activity Relationship and in Vitro and in Vivo Evaluation of the Potent Cytotoxic Anti-microtubule Agent *N*-(4-Methoxyphenyl)-*N*,2,6-trimethyl-6,7-dihydro-5*H*-cyclopenta[d]pyrimidin-4-aminium Chloride and Its Analogues As Antitumor Agents. *J. Med. Chem.* **2013,** *56*, 6829–6844.
(b) Hennessy, E. J.; Adam, A.; Aquila, B. M.; Castriotta, L. M.; Cook, D.; Hattersley, M., et al. Discovery of a Novel Class of Dimeric Smac Mimetics as Potent IAP Antagonists Resulting in a Clinical Candidate for the Treatment of Cancer (AZD5582). *J. Med. Chem.* **2013,** *56*, 9897–9919.
63 Richmond, A.; Su, Y. Mouse Xenograft Models vs GEM Models for Human Cancer Therapeutics. *Dis. Models Mech.* **2008,** *1*, 78–82.
64. (a) von Frey, M. Beiträge zur Physiologie des Schmerz Sinns. *Mitteilungen Akademie Wissenschaften Leipzig mathematiche-natur wissenchaften Erste Klasse Berichte* **1894,** *46*, 185–196.
(b) von Frey, M. Untersuchung über die Sinnes functionen der menschlichen haut. *Abhandlungen der mathematisch-physischen Klasse der Königichen Sächsischen Gesellschaft der Wissenschaften* **1896,** *49*, 169–266.
65. (a) Deius, J. R.; Dvorakova, L. S.; Vetter, I. Methods Used to Evaluate Pain Behaviors in Rodents. *Front. Mol. Neurosci.* **2017,** *10* (284), 1–17.
(b) Gregory, N. S.; Harris, A. L.; Robinson, C. R.; Dougherty, P. M.; Fuchs, P. N.; Sluka, K. A. An Overview of Animal Models of Pain: Disease Models and Outcome Measures. *J. Pain* **2013,** *14* (11), 1255–1269.
66. (a) Mills, C.; LeBlond, D.; Joshi, S.; Zhu, C.; Hsieh, G.; Jacobson, P., et al. Estimating Efficacy and Drug ED50's Using von Frey Thresholds: Impact of Weber's Law and Log Transformation. *J. Pain* **2012,** *13* (6), 519–523.
(b) Bradman, M. J. G.; Ferrini, F.; Salio, C.; Merighi, A. Practical Mechanical Threshold Estimation in Rodents Using von Frey hairs/Semmes-Weinstein Monofilaments: Towards a Rational Method. *J. Neurosci. Methods* **2015,** *255*, 92–103.
67. Randall, L. O.; Selitto, J. J. A Method for Measurement of Analgesic Activity on Inflamed Tissue. *Arch. Int. Pharmacodyn. Ther.* **1957,** *111*, 409–419.
68. (a) Anseloni, V. C.; Ennis, M.; Lidow, M. S. Optimization of the Mechanical Nociceptive Threshold Testing With the Randall-Selitto Assay. *J. Neurosci. Methods* **2003,** *131*, 93–97, 1–2.
(b) Santos-Nogueira, E.; Redondo Castro, E.; Mancuso, R.; Navarro, X. Randall-Selitto Test: A New Approach for the Detection of Neuropathic Pain After Spinal Cord Injury. *J. Neurotrauma* **2012,** *29*, 898–904.
69. D'Amour, F. E.; Smith, D. L. A Method for Determining Loss of Pain Sensation. *J.*

Pharmacol. Exp. Ther. **1941,** *72,* 74–79.

70. Woolfe, G.; Macdonald, A. D. The Evaluation of the Analgesic Action of Pethidine Hydrochloride (Demerol). *J. Pharmacol. Exp. Ther.* **1944,** *80,* 300–307.
71. Ogren, S. O.; Berge, O. G. Test-Dependent Variations in the Antinociceptive Effect of p-Chloroamphetamine-Induced Release of 5-Hydroxytryptamine. *Neuropharmacology* **1984,** *23,* 915–924.
72. Hargreaves, K.; Dubner, R.; Brown, F.; Flores, C.; Joris, J. A New and Sensitive Method for Measuring Thermal Nociception in Cutaneous Hyperalgesia. *Pain* **1988,** *32,* 77–88.
73. (a) Hayes, A. G.; Skingle, M.; Tyers, M. B. Effects of Single Doses of Capsaicin on Nociceptive Thresholds in the Rodent. *Neuropharmacology* **1981,** *20* (5), 505–511.
    (b) Baumann, T. K.; Simone, D. A.; Shain, C. N.; LaMotte, R. H. Neurogenic Hyperalgesia: The Search for the Primary Cutaneous Afferent Fibers that Contribute to Capsaicin-Induced Pain and Hyperalgesia. *J. Neurophysiol.* **1991,** *66,* 212–227.
    (c) Tominaga, M.; Caterina, M. J.; Malmberg, A. B.; Rosen, T. A.; Gilbert, H.; Skinner, K., et al. The Cloned Capsaicin Receptor Integrates Multiple Pain Producing Stimuli. *Neuron* **1998,** *21,* 531–543.
74. (a) Oliveras, J. L.; Montagne-Clavel, J. Picrotoxin Produces a "Central" Pain-Like Syndrome When Microinjected into the somato-motor cortex of the Rat. *Physiol. Behav.* **1996,** *60* (6), 1425–1434.
    (b) Olivéras, J. L.; Montagne-Clavel, J. The GABAA Receptor Antagonist Picrotoxin Induces a 'Pain-Like' Behavior When Administered Into the Thalamic Reticular Nucleus of the Behaving Rat: A Possible Model for 'Central' Pain? *Neurosci. Lett.* **1994,** *179* (1–2), 21–24.
75. (a) Pisharodi, M.; Nauta, H. J. W. An Animal Model for Neuron-Specific Spinal Cord Lesions by the Microinjection of *N*-Methylaspartate, Kainic Acid, and Quisqualic Acid. *Stereotactic Funct. Neurosurg.* **1985,** *48* (1–6), 226–233.
    (b) LaBuda, C. J.; Cutler, T. D.; Dougherty, P. M.; Fuchs, P. N. Mechanical and Thermal Hypersensitivity Develops Following Kainate Lesion of the Ventral Posterior Lateral Thalamus in Rats. *Neurosci. Lett.* **2000,** *290,* 79–83.
76. (a) Wasserman, J. K.; Koeberle, P. D. Development and Characterization of a Hemorrhagic Rat Model of Central Post-Stroke Pain. *Neuroscience* **2009,** *161,* 173–183.
    (b) Gritsch, S.; Bali, K. K.; Kuner, R.; Vardeh, D. Functional Characterization of a Mouse Model for Central Post-Stroke Pain. *Mol. Pain* **2016,** *12,* 1–11.
77. (a) Christensen, M. D.; Everhart, A. W.; Pickelman, J. T.; Hulsebosch, C. E. Mechanical and Thermal Allodynia in Chronic Central Pain Following Spinal Cord Injury. *Pain* **1996,** *68,* 97–107.
    (b) Hao, J. X.; Xu, X. J.; Aldskogius, H.; Seiger, A.; Wiesenfeld-Hallin, Z. Allodynia-Like Effects in Rat After Ischaemic Spinal Cord Injury Photochemically Induced by Laser Irradiation. *Pain* **1991,** *45,* 175–185.
    (c) Vierck, C. J., Jr; Hamilton, D. M.; Thornby, J. I. Pain Reactivity of Monkeys After Lesions to the Dorsal and Lateral Columns of the Spinal Cord. *Exp. Brain Res.* **1971,** *13,* 140–158.
    (d) Yezierski, R. P.; Liu, S.; Ruenes, G. L.; Kajander, K. J.; Brewer, K. L. Excitotoxic Spinal Cord Injury: Behavioral and Morphological Characteristics of a Central Pain Model. *Pain* **1998,** *75,* 141–155.
78. (a) Bennett, G. J.; Xie, Y. K. A Peripheral Mononeuropathy in Rat That Produces Disorders of Pain Sensation Like Those Seen in Man. *Pain* **1988,** *33,* 87–107.
    (b) Decosterd, I.; Woolf, C. J. Spared Nerve Injury: An Animal Model of Persistent Peripheral Neuropathic Pain. *Pain* **2000,** *87,* 149–158.
    (c) Kim, S. H.; Chung, J. M. An Experimental-Model for Peripheral Neuropathy Produced by Segmental Spinal Nerve Ligation in the Rat. *Pain* **1992,** *50,* 355–363.
    (d) Ringkamp, M.; Grethel, E. J.; Choi, Y.; Meyer, R. A.; Raja, S. N. Mechanical

Hyperalgesia After Spinal Nerve Ligation in Rat is Not Reversed by Intraplantar or Systemic Administration of Adrenergic Antagonists. *Pain* **1999,** *79*, 135–141.

79. (a) Doherty, N. S.; Poubelle, P.; Borgeat, P.; Beaver, T. H.; Westrich, G. L.; Schrader, N. L. Intraperitoneal Injection of Zymosan in Mice Induces Pain, Inflammation and the Synthesis of Peptidoleukotrienes and Prostaglandin E2. *Prostaglandins* **1985,** *30* (5), 769–789.
    (b) Meller, S. T.; Gebhart, G. F. Intraplantar Zymosan as a Reliable, Quantifiable Model of Thermal and Mechanical Hyperalgesia in the Rat. *Eur. J. Pain* **1997,** *1* (1), 43–52.
80. International Diabetes Federation, IDF Diabetes Atlas, 2019, https://diabetesatlas.org/en/.
81. Wang, B.; Chandrasekera, P. C.; Pippin, J. J. Leptin- and Leptin Receptor-Deficient Rodent Models: Relevance for Human Type 2 Diabetes. *Curr. Diab. Rev.* **2014,** *10* (2), 131–145.
82. Shiota, M.; Printz, R. L. Diabetes in Zucker Diabetic Fatty Rat. *Methods Mol. Biol.* **2012,** *933*, 103–123.
83. Melez, K. A.; Harrison, L. C.; Gilliam, J. N.; Steinberg, A. D. Diabetes is Associated With Autoimmunity in the New Zealand Obese (NZO) Mouse. *Diabetes* **1980,** *29* (10), 835–840.
84. Kawano, K.; Hirashima, T.; Mori, S.; Natori, T. OLETF (Otsuka Long-Evans Tokushima Fatty) Rat: A New NIDDM Rat Strain. *Diabetes Res. Clin. Pract.* **1994,** S317–S320.
85. Li, Z.; Pan, M.; Su, X.; Dai, Y.; Fu, M.; Cai, X., et al. Discovery of Novel Pyrrole-Based Scaffold as Potent and Orally Bioavailable Free Fatty Acid Receptor 1 Agonists for the Treatment of Type 2 Diabetes. *Bioorg. Med. Chem.* **2016,** *24*, 1981–1987.
86. Andrikopoulos, S.; Blair, A. R.; Deluca, N.; Fam, B. C.; Proietto, J. Evaluating the Glucose Tolerance Test in Mice. *Am. J. Physiol. Endocrinol. Metabol.* **2008,** *295*, E1323–E1332.
87. Jiang, B.; Shuju Guo, S.; Shi, D.; Guo, C.; Wang, T. Discovery of Novel Bromophenol 3,4-Dibromo-5-(2-Bromo-3,4-Dihydroxy-6-(Isobutoxymethyl)Benzyl)Benzene-1,2-Diol as Protein Tyrosine Phosphatase 1B Inhibitor and Its Anti-Diabetic Properties in C57BL/KsJ-db/db Mice. *Eur. J. Med. Chem.* **2013,** *64*, 129–136.
88. King, A. J. F. The Use of Animal Models in Diabetes Research. *Br. J. Pharmacol.* **2012,** *166*, 877–894.
89. Centers for Disease Control and Prevention 2018 Annual Surveillance Report of Drug-Related Risks and Outcomes – United States. Surveillance Special Report. Centers for Disease Control and Prevention, U.S. Department of Health and Human Services. Published August 31, 2018, https://www.cdc.gov/drugoverdose/pdf/pubs/2018-cdc-drug-surveillance-report.pdf.
90. Economic Cost of Substance Abuse in the United States, 2016, Recovery Centers of America, Qualified Ventures, 2017. https://recoverycentersofamerica.com/economic-cost-substance-abuse/.
91. (a) Spanagel, R. Animal Models of Addiction. *Dial. Clin. Neurosci.* **2017,** *19* (3), 247–258.
    (b) Lynch, W. J.; Nicholson, K. L.; Dance, M. E.; Morgan, R. W.; Foley, P. L. Animal Models of Substance Abuse and Addiction: Implications for Science, Animal Welfare, and Society. *Comparat. Med.* **2010,** *60* (3), 177–188 c).
92. Skinner, B. F. In *A life;* Bjork, D. W., Ed.; American Psychological Association: Washington, DC, 1997.

第8章

安全性与毒理学研究

本书的前几章主要集中阐述了如何筛选并获得候选化合物。候选化合物应当能够持续产生预期的生物效应，并可用于治疗某一疾病。然而，符合这些要素的化合物并不一定是一个优选的候选药物。为了使候选化合物最终能获批成为上市药物，其所带来的益处必须大大超过所带来的风险。风险主要来自两方面，一方面是疾病得不到有效治疗的风险；另一方面是产生了由化合物自身性质导致的相关风险。必须尽量减少与候选化合物相关的安全性和毒性问题，从而将患者的用药风险降至最低。因此，通过安全药理学研究，明确候选化合物对正常生理功能的影响是药物发现和开发的一个重要方面。

候选化合物的负面影响是由其与体内生物大分子（如酶、GPCR、离子通道等）发生的相互作用造成的，而这些作用方式和与目标靶点发生的相互作用有着相同的性质。这就意味着候选化合物的剂量与负面反应的强度之间存在剂量依赖关系。可以将这种剂量依赖关系与产生预期生物效应的剂量依赖关系进行比较，用以确定既能够产生预期的治疗效果又不引起负面反应的剂量。这两种剂量之间的距离称为安全窗（safety window），两种剂量的比值称为治疗指数（therapeutic index，图8.1）。例如，某一化合物能够在1.0 nmol/L的血浆浓度下治疗细菌感染并在250 nmol/L时引起肾脏损伤，那么其有关肾脏损伤的治疗指数为250。

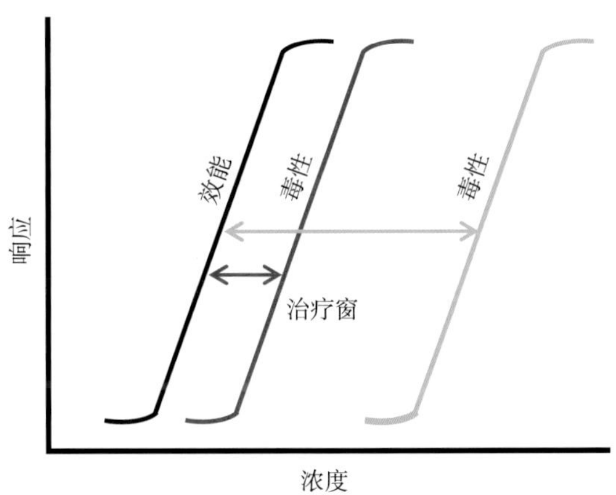

图8.1　红色毒性部分所决定的治疗窗远远小于绿色毒性部分所决定的治疗窗。治疗窗越宽越容易管控患者的用药风险

另一个衡量安全性和毒性的重要指标是未观察到作用的最高剂量或暴露量，即化合物未观察到效应的水平（no observed effect level，NOEL）。在动物研究中，一般都采用剂量递增的方法来分析确定NOEL。然而，在确定NOEL时，需要同等看待各种风险，如脱发副作用等同于缺血性风险。当然，在现实中这两种类型的毒性之间有很大的区别，前者比后者更容易控制，这就提出了未观察到有害效应的水平（no observed adverse effect level，NOAEL）的概念。这是化合物在不产生无法控制的毒性的情况下可以使用的最大剂量或暴露量，也被称为最大耐受剂量（maximum tolerable dose，MTD）[1]。

当考量安全性和毒性时就会涉及一个不可避免的问题，即为了使某一化合物足够安全并上市销售，需要有多宽的治疗窗？或者说，安全到什么程度才算足够安全？在理想情况下，候选化合物的设计应当消除所有可能的副作用。然而，药品说明书中却充满了药物的潜在副作用、毒性，以及服用后带来不良反应的警告。显然，虽然市场上销售的药物被认为适合于临床应用，但其仍然存在风险。一个新药的安全性要求在很大程度上取决于其治疗疾病的性质。当设计一种用于治疗致死性疾病的化合物时，通常安全性要求较低，尤其是在没有有效治疗手段的情况下。例如，肌萎缩侧索硬化（amyotrophic lateral sclerosis，ALS）的5年死亡率达80%，且治疗方法非常有限。目前，利鲁唑（riluzole，Rilutek®，图8.2）是唯一可用于治疗肌萎缩侧索硬化的药物，但15个月的治疗只延长了患者2～3个月的寿命[2]。如果另一治疗肌萎缩侧索硬化的药物确实具有疗效，但其使心肌梗死的风险增加了4倍，那么该药物的毒副作用仍然是可以接受的，因为使用第一种药物的患者几乎会在5年内死亡。但另一方面，同样具有增加4倍心脏副作用风险的新型镇痛药肯定是令人无法接受的，因为临床上已有很多更安全的镇痛药可供选择。虽然疼痛也会带来痛苦，但其通常不属于致死性疾病。镇痛药罗非昔布（rofecoxib，Vioxx®，图8.2）就是因为使患者患心脏病的风险增加了4倍而被撤市[3]。

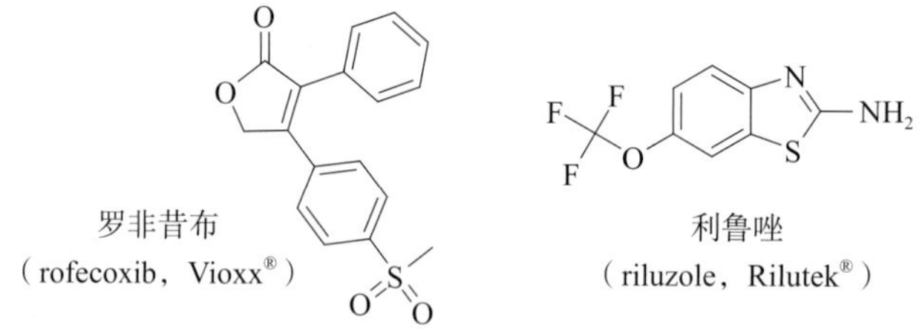

罗非昔布
（rofecoxib，Vioxx®）

利鲁唑
（riluzole，Rilutek®）

图8.2　罗非昔布由于会增加心肌缺血的风险而被撤市，而利鲁唑是唯一可用于肌萎缩侧索硬化症的治疗药物

8.1 毒性的来源

虽然不可能确定所有与候选化合物相关的潜在毒性的生化机制，但这方面的信息对于了解如何消除安全隐患非常有用。在某些情况下，毒性或安全性问题是与治疗靶点本

身相关的，这通常被称为靶向毒性（target-based toxicity）或机制毒性（mechanism-based toxicity），主要是指由调节大分子靶点本身的活性所引起的非预期效应[4]。例如，抑制基质金属蛋白酶（matrix metalloproteinase，MMP）被认为是一种可缓解各种关节炎的可行靶点[5]，不幸的是，对各种MMP抑制剂的临床研究表明，对这类酶的抑制剂会引起肌肉骨骼综合征[6]，该病将会导致基质蛋白的积累并严重限制患者的运动。由于增加靶点活性可能会增加毒性，所以当发现基于机制的毒性或安全问题时，药物发现和开发项目通常会被终止。

安全性和毒性问题也可能是由干扰了某些生物大分子的正常生物活性所引起的，而并非对治疗靶点的作用。换言之，这是由缺乏靶点选择性所导致的副作用，这些副作用被称为“脱靶效应”（off-target effect）。与基于机制的毒性问题不同，脱靶效应与候选化合物的预期作用机制无关。相反，这一问题可以追溯到化合物的设计阶段，是由化合物缺乏靶点选择性而导致的[4]。在理想情况下，候选化合物只会与一个靶点相互作用，以发挥预期的生物效应，而不会与其他任何生物大分子作用。事与愿违的是，实际情况往往并非如此。绝大多数候选化合物都能与各种不同效能的生物靶点发生相互作用。幸运的是，可以用研究候选化合物与目标靶点相互作用的相同方式来研究这些非预期相互作用的构效关系（structure-activity relationship，SAR）。这反过来又为科学家提供了一个设计不易产生脱靶效应的化合物的机会。

大型制药公司通常有能力进行一些脱靶选择性分析试验，通常会选择一组“近邻”靶点用于风险的初步评估。例如，如果一个项目以5-HT_{1a}血清素受体为靶点，那么用于评估化合物脱靶副作用选择性的靶点需要包括其他13个血清素受体（5-HT_{1b}、5-HT_{1d}、5-HT_{1e}、5-HT_{1f}、5-HT_{2a}、5-HT_{2b}、5-HT_{2c}、5-HT_3、5-HT_4、5-HT_{5a}、5-HT_{5b}、5-HT_6、5-HT_7），因为它们与目标靶点具有高度的同源性。这种类型的评估通常在体外筛选过程的早期进行，可用于优化候选化合物。但是，最终必须通过一系列广泛的靶点进行候选化合物的筛选，以评估其副作用、安全性和毒性等问题。但即使是最大的制药公司也没有能力对众多可能产生不良影响的靶点进行全面的体外筛选。有许多机构专门从事药物发现和开发过程中这一特定方面的工作，如欧陆集团（Eurofins）[7]、密理博西格玛（Millipore Sigma）[8]、珀金埃尔默（Perkin Elmer）[9]、查尔斯河（Charles River）[10]，以及美国国家精神卫生研究所的精神活性药物筛选项目（National Institute of Mental Health’s Psychoactive Drug Screening Program）[11]等。这些机构可进行一整套涵盖重要酶系、离子通道、GPCR和其他生物大分子的体外试验，为发现化合物潜在的副作用提供更多的参考和依据。

而在某些情况下，与候选化合物相关的安全性和毒理学问题与该化合物本身并没有直接的联系。当化合物进入人体后，会受到代谢过程的影响，而人体代谢的目的是将药物从体循环中排出体外。代谢酶通过对候选化合物进行修饰，将产生与原化合物性质不同的新化合物。如果这些新化合物能够与副作用相关的靶点结合，就可能引发安全性和毒性问题。例如，某一候选化合物本身与hERG通道的结合作用可以忽略不计，但其代谢产物可与hERG强烈结合（图8.3），那么尽管母体化合物不能诱导hERG相关的心脏毒性，但其代谢副产物会导致非常严重的安全性问题，这可能会造成该化合物的研究被叫停。类似地，候选化合物代谢过程产生的亲电中心和亲核中心能够反应生成可与内源

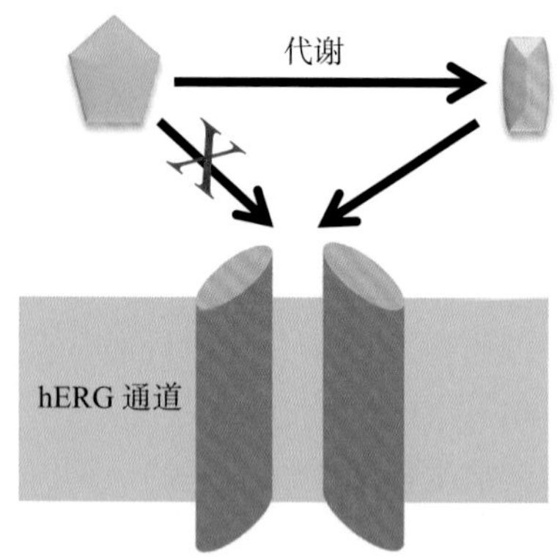

图8.3 **药物（绿色）本身不与hERG通道发生相互作用，但其被代谢转化为相应的代谢产物（黄色）后，会阻断hERG通道**

性靶点形成共价键的化合物。此代谢过程通常是具有机体保护作用的，但生成的靶点加成产物将不再具有正常的生理功能，如要继续发挥正常的功能，只能通过产生替代蛋白/酶或去除受损物质来恢复。同时，受损靶点原有功能的丧失也会引起严重的问题。例如，细胞色素P450 3A4（CYP3A4）是肝脏中的一种关键代谢酶，如果候选化合物可转化为能与CYP3A4发生共价结合的分子，将导致CYP3A4的失活，进而影响所有通过CYP3A4途径清除的化合物的代谢过程，这就可能使具有潜在毒性的化合物浓度升高，带来安全风险，而这些化合物原本是可以被CYP3A4代谢清除的。例如，抗抑郁药萘法唑酮（nefazodone，Dutonin®）可被肝脏代谢酶转换为醌亚胺离子，该离子可与CYP3A4酶作用并导致其失活（图8.4）[12]。

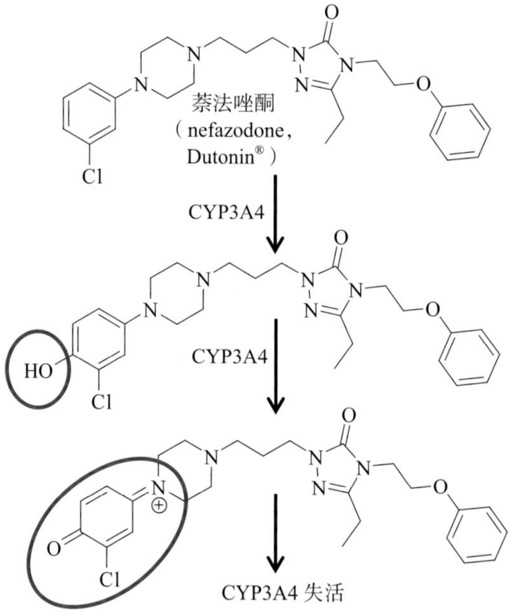

萘法唑酮（nefazodone，Dutonin®）

CYP3A4

CYP3A4

CYP3A4 失活

图8.4 **抗抑郁药萘法唑酮在CYP3A4的作用下发生羟基化（中间结构，红色圆圈）。羟基化产物随后被氧化成醌亚胺离子（底部化合物，红色圆圈），进一步与CYP3A4反应使其失活。该过程中CYP3A4的失活将抑制需要CYP3A4参与的所有化合物的代谢过程**

人体中的一些保护措施可在代谢产物造成损害之前将其捕获，如谷胱甘肽（glutathione，一种亲电试剂的清除剂）。但这些保护系统本身并非完美，其作用可能会被候选化合物所抵消，尤其是当细胞处于氧化应激状态时。

另一种情况是，化合物或代谢产物可与生物大分子形成复合物并引起免疫应答。这类化合物被称为半抗原（hapten）。在没有载体蛋白的情况下，半抗原不会引起免疫应答，然而，一旦其与合适的蛋白结合，生成半抗原-蛋白复合物，机体便会启动针对“外源性”化合物的一系列免疫反应。这种免疫应答的临床症状可能是轻微的皮疹、过敏反应，但也可能会导致死亡。这方面著名的例子是青霉素引起的过敏反应，即由于半抗原与正常蛋白之间相互作用而导致的不良反应（图8.5）[13]。

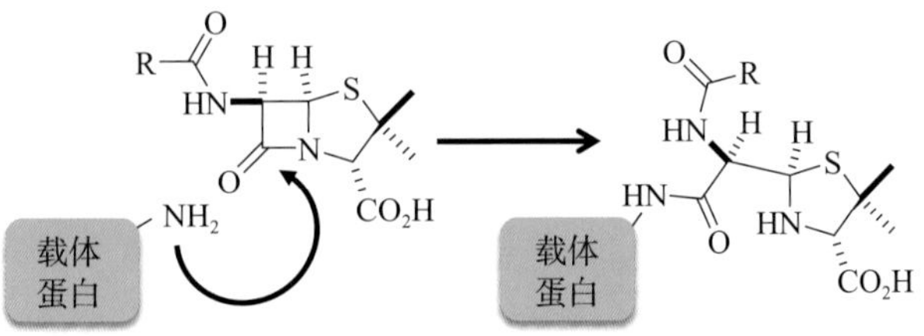

载体蛋白　载体蛋白

图8.5　β-内酰胺类化合物与蛋白的反应是一个重要的实例，这类小分子可作为半抗原引起免疫反应。蛋白的亲核基团（如胺）可与β-内酰胺反应，由此产生的半抗原-蛋白复合物将被视为“外源物质”，进而引发免疫应答

显然，了解候选化合物的代谢可在减小安全性和毒性风险方面发挥至关重要的作用。然而，代谢过程往往产生多种代谢产物，而确定哪一代谢产物导致所观察到的副作用是一个复杂的问题。制备可能的代谢产物并对其进行测试，可以深入了解其在安全性和毒性方面的潜在作用，但这可能是一个费时费力的过程。幸运的是，目前已积累了大量有关各种可能引起毒性的官能团和亚结构方面的信息。

其中一个经典的实例是芳香硝基代谢活化的过程。托卡朋（tolcapone，Tasmar®）是一种儿茶酚-氧-甲基转移酶（catechol-*O*-methyl transferase，COMT）抑制剂，可用于治疗帕金森病，但其可被代谢为醌-亚胺产物并与亲核试剂发生作用（图8.6A）[14]。因此，此类化合物可能产生肝脏毒性。环氧合酶-2（cyclooxygenase-2，COX-2）抑制剂罗美昔布（lumiracoxib，Prexige®）也可经代谢激活转化为醌-亚胺结构，但其代谢途径与前者不同。在这种情况下，芳香环首先被羟基化，再被代谢为醌-亚胺结构，活性代谢产物将与亲核试剂发生反应，从而导致毒性的产生（图8.6B）[15]。此外，芳环的直接氧化也可能导致环氧化物的生成，如CYP代谢介导的抗焦虑药阿吡坦（alpidem，Ananxyl®）就是由于这一代谢途径所导致的严重肝损伤而被撤市（图8.6C）。

此外，活性代谢产物的形成并不局限于芳香结构体系的活化。杂原子的氧化也是一种常见的代谢途径。例如，抗糖尿病药物曲格列酮（troglitazone，Rezulin®），就是由于硫原子的氧化会导致肝毒性而在2000年被撤市。在这一例子中，硫唑烷-2, 4-二酮环中的硫原子可被CYP450氧化而开环，形成易与亲核试剂反应的异氰酸酯（图8.7A）[16]。而CYP450催化的代谢并非唯一的代谢途径，还存在其他多种代谢过程，同样可能产生潜在的毒性物质。例如，阿巴卡韦（abacavir，Ziagen®）是一种用于治疗HIV感染的逆转录酶抑制剂，其结构中含有一个伯醇基团，可被乙醇脱氢酶氧化。氧化生成的醛与其互变产生的相应α, β-不饱和醛处于动态平衡，两者都可与各种生物大分子反应而引起毒性（图8.7B）[17]。

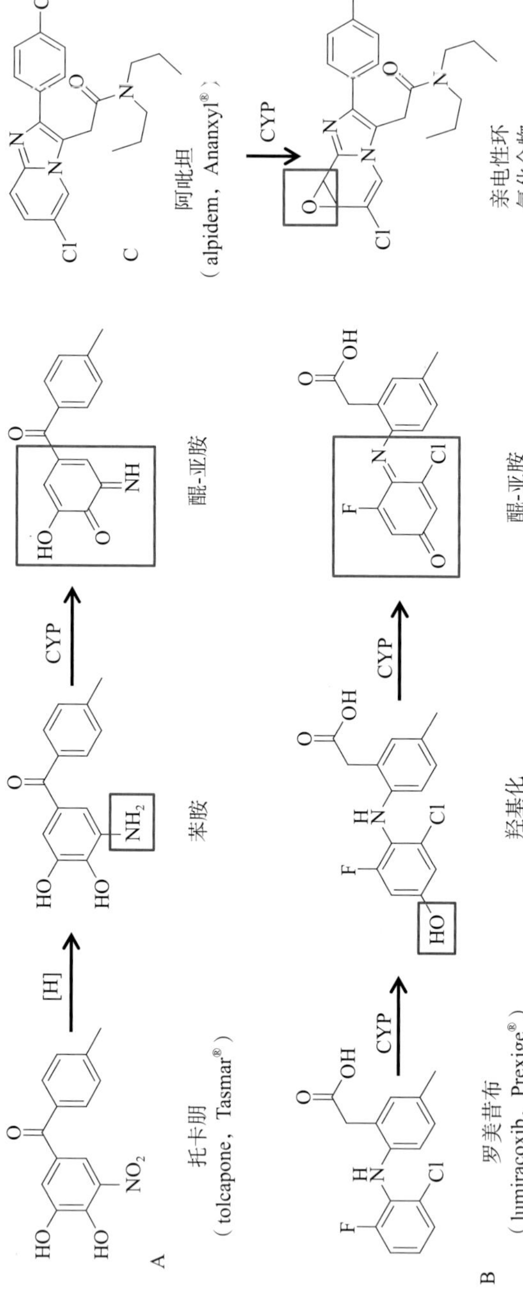

图8.6 A. 托卡朋中的硝基首先被代谢为胺，接着被代谢为活性醌-亚胺。B. 罗美昔布可被代谢生成羟基化产物，然后进一步转化为活性醌-亚胺。C. 阿吡坦可被代谢转化为活性环氧化物

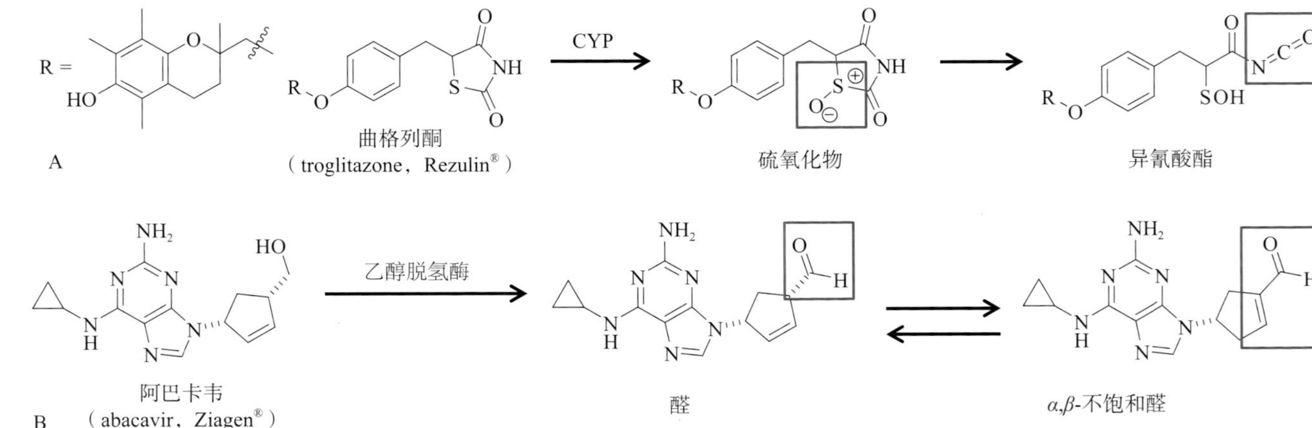

图 8.7　A. 曲格列酮中硫原子的氧化导致硫唑烷-2，4-二酮环开环，并形成可引起肝毒性的异氰酸酯。B. 阿巴卡韦的伯醇可被氧化生成相应的醛，醛可与亲核试剂反应，或生成异构体 *α*，*β*-不饱和醛，后者还可与亲核试剂继续反应

为了避免产生潜在的活性代谢产物，许多药物研究和开发项目会在化合物设计时避开已知的会产生活性代谢产物的结构。虽然含有可疑结构的候选化合物并不总是会出问题，但考虑到其可预知的风险，并且可合成的化合物的范围本身又很广，这些候选化合物通常被给予较低的优先级别。目前已发表了许多关于官能团和不同结构类型代谢的综述，可为化合物设计中应考量的要点提供实用的指导[18]。

8.2 急性和慢性毒性

鉴于维持生命所必须进行的生化反应的多样性，随之产生众多不同类型的毒性也就不足为奇了。相关毒性可能是轻微的皮疹，严重时甚至是死亡，这取决于受干扰信号通路的影响和重要性。通常，化合物毒性可根据引起毒性反应的化合物剂量分为两大类。单次给药后即产生的毒性称为急性毒性（acute toxicity），而与长期用药有关的化合物毒性称为慢性毒性（chronic toxicity）。鲜有具有急性毒性的化合物被开发为药物，但也有例外。例如，虽然三氧化二砷（Trisenox®）[19] 具有众所周知的急性毒性，但其仍然作为某些类型白血病的二线治疗药物应用于临床。现代化合物的筛选方法会结合体外和体内试验来确定和排除具有急性毒性的化合物。

另外，慢性毒性化合物需要长时间或反复接触才能引起不良反应。是否能接受一个候选化合物的慢性毒性具体取决于毒性的性质、病情的严重程度，以及引起毒性所需的持续治疗时间，如前文所述的与MMP抑制剂相关的肌肉骨骼综合征[6]。在长达数月的治疗过程中，具有导致可逆肌肉骨骼综合征副作用的化合物不太可能被开发为治疗骨关节炎、神经性疼痛或高血压等慢性疾病的有效药物。但另一方面，使用相同的化合物治疗细菌感染却是可以接受的。因为患者接触药物的时间很短，通常为5～14天，这还不足以引发肌肉骨骼综合征。此外，与癌症、心血管疾病、缺血性疾病和不可逆神经损伤等疾病风险相关的慢性毒性将明显地限制候选化合物成功商业化的可能性。

8.3 细胞毒性

具有细胞毒性的化合物能够杀灭原本健康的细胞。除了研发抗癌药物外，候选化合物一般不能具有细胞毒性。目前已开发了相关体外筛选方法用于在药物发现过程的早期排除具有细胞毒性的化合物。MTT人肝毒性试验便是一种常用的方法。在此试验中，通过测定黄色染料3-(4, 5-二甲基噻唑-2-基)-2, 5-二苯四唑溴化铵（MTT）转化为福尔马赞（formazan，一种紫色化合物）的转化速率来监测细胞活力的变化（图8.8）。这一反应以已知的转化率在细胞线粒体中进行，且MTT和福尔马赞的浓度都可通过分光光度法进行测定。而细胞毒性化合物可降低该反应的转化率，因此可使用MTT方法来筛选化合物的潜在安全性问题。此外，因为此试验使用肝细胞，所以也可识别会转化为细胞毒性代谢产物的化合物[20]。

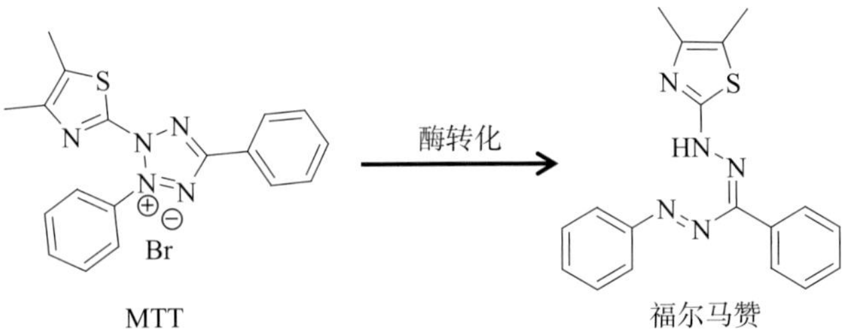

图8.8　**MTT人肝毒性试验的基本原理是监测细胞培养过程中MTT转化为福尔马赞的转化速率，具有细胞毒性的化合物会降低MTT转化为福尔马赞的速率**

乳酸脱氢酶（lactate dehydrogenase，LDH）测试[21]和中性红（neutral red）测试[22]也是鉴定化合物细胞毒性的常用方法。这两种检测方法都可在肝细胞中进行，所以也都具有识别化合物在肝脏中产生细胞毒性代谢产物的能力。在LDH测试中，与候选化合物作用后而死亡的细胞所释放LDH的量（图8.9A）可作为细胞毒性的指标。此外，可使用市售的试剂盒（Roche，编号11644793001）定量检测碘硝基四唑（iodonitrotetrazolium，INT）（图8.9B）在LDH催化下生成福尔马赞染料的量。因为活细胞并不释放LDH，所以细胞生长介质中LDH浓度的增加可作为细胞毒性的一个指标。同样，健康的肝细胞可吸收中性红染料（图8.9C）并将其隔离在溶酶体中。在与候选化合物孵育后，通过细胞培养测定细胞对中性红的吸收，将有助于了解候选化合物对细胞活力的影响。与未经化合物作用的细胞生长情况相比，具有细胞毒性的化合物会减少细胞对中性红的吸收。

虽然这些分析方法都可在项目的早期阶段用于识别具有细胞毒性的化合物，但其并不能提供关于细胞毒性机制的信息。为了确定引起毒性的根本原因，还需要进行更深入的研究，需要对特定候选化合物细胞毒性的机制基础进行仔细的分析评估。

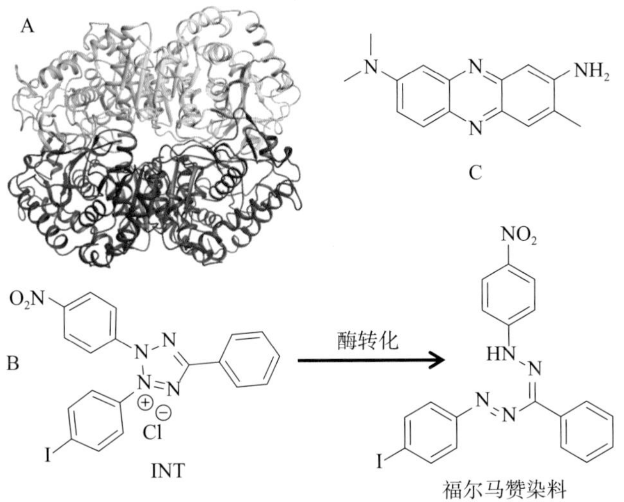

图8.9　**A.乳酸脱氢酶的晶体结构（RCSB 1T2F）。B. INT转化为福尔马赞染料。C. 中性红**

8.4 致癌性、基因毒性和致突变性

致癌性（carcinogenicity）[23]、基因毒性（genotoxicity）[24]和致突变性（mutagenicity）[25]等相关概念在新药研发中尤为重要。一般而言，致癌性化合物可通过多种不同的机制导致癌症的发生，如细胞代谢的改变或由于DNA损伤而造成恶性肿瘤细胞不受控制地增殖。基因毒性化合物可破坏细胞内的遗传信息，其导致的DNA的改变可表现为单链DNA断裂、双链DNA断裂及DNA突变。在某些情况下，基因毒性会造成细胞凋亡（细胞程序性死亡），也可能会导致肿瘤细胞的形成。致突变性属于DNA突变这一遗传毒性下的一个分支。在这种情况下，基因毒素造成的损伤被错误地修复，并永久性地改变了DNA的遗传信息。致突变性化合物对患者健康具有潜在的威胁。虽然一些临床应用的药物具有这些特性，但现代药物发现过程中可以通过各种体外筛选方法有效地排除此类可疑候选药物。

埃姆斯试验（Ames assay）是应用最广泛的鉴定潜在致癌性化合物的方法之一（图8.10）。这项试验最初是由布鲁斯·埃姆斯（Bruce Ames）在20世纪70年代早期报道的[26]，专门用来识别具有致突变毒性的化合物。虽然并非所有的致突变因子都是致癌的，但埃姆斯试验中的阳性结果绝对是高风险的标志。埃姆斯试验中呈阳性结果的化合物很少会被进一步开发。该测试主要是监测一种专门设计的菌株（通常是伤寒沙门菌）的生长，该菌株在没有组氨酸的情况下无法生长。控制组氨酸合成的基因突变会阻止细菌自身产生组氨酸，所以只有在培养基中添加组氨酸时，细菌才会正常生长。这种细菌是在受试化合物和有限的组氨酸条件下培养的。一旦组氨酸被耗尽，只有通过突变重新激活组氨酸合成的细菌才能继续存活。如果受试化合物具有致突变性，其可能产生突变，恢复组氨酸的合成，使更多的细菌在组氨酸供应耗尽后仍能存活下来（与没有添加化合物的相同细菌相比）。可以通过计算给定时间间隔后出现的细菌菌落数量来量化化合物的致突变活性。该试验也可以在大鼠肝脏提取物（S9片段）的存在下进行，以确定受试化合物的代谢产物是否具有致突变性。与其他检测方法一样，埃姆斯试验并非十全十美，也会出现假阳性或假阴性的结果。然而，与大鼠或小鼠体内筛选模型相比，该测试的巨大优势在于测试速度快，有效节约了总体时间成本。此外，监管机构还就如何获取候选化合物的埃姆斯试验结果提供了具体指导。

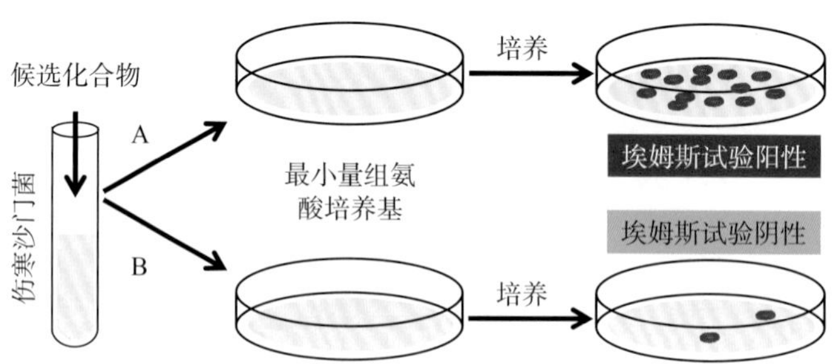

图8.10 埃姆斯试验中，在候选化合物和有限组氨酸存在的情况下，培养无法产生组氨酸的细菌（如伤寒沙门菌）。一旦组氨酸耗尽，只有具有恢复组氨酸合成突变的细菌才能继续存活。A.促进突变的候选化合物（诱变化合物）将导致基因突变，使细菌获得合成组氨酸的能力，继而继续存活下来，这被称为埃姆斯试验阳性结果。B.如果试验中化合物没有增加细菌的存活率，则称为埃姆斯试验阴性结果

另一种识别潜在危险化合物的重要方法是微核试验（micronucleus assay）（图8.11）[27]。与埃姆斯试验不同的是，该方法使用正常细胞（如中国仓鼠卵巢细胞，即CHO细胞）识别损害染色体或细胞分裂系统的化合物。当正常的分裂系统受到破坏时，有丝分裂过程中的染色体会发生不适当的迁移，形成膜结合的DNA片段，称为微核。从形态学上而言，微核与细胞核是相同的，但其小得多，因此很容易辨认微核的存在。实际上，细胞在风险候选化合物存在的条件下生长一段时间，可能就会造成染色体的损伤。在这一时间段结束后，加入细胞因子阻断剂细胞松弛素B（cytochalasin B）（图8.11A），使完成一次核分裂的细胞聚集成双核细胞，最后对这些细胞进行检查分析并对微核的存在情况打分。在该测试中，当某一化合物诱导微核的形成呈剂量依赖性增加时，即为阳性结果，表明该化合物具有遗传毒性。

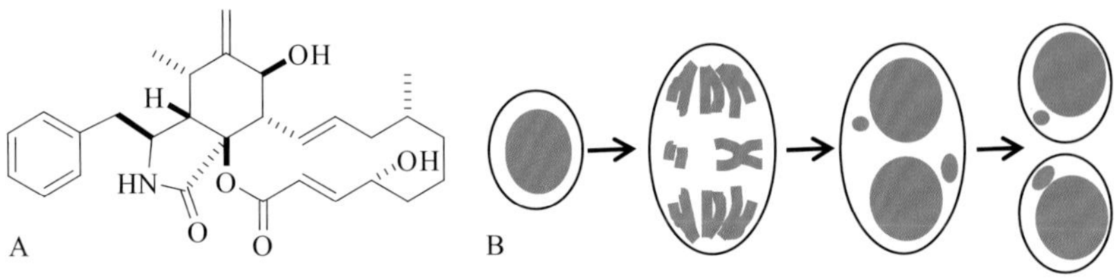

图8.11　A. 细胞松弛素B。B. 在微核试验中，中国仓鼠卵巢细胞在某一候选化合物存在的条件下生长一段时间后暴露于细胞松弛素B中，阻断细胞的分裂，导致双核细胞的聚集。微核的存在表明候选化合物可引起染色体损伤

利用染色体畸变试验（chromosomal aberration assay）（图8.12）[28]检测细胞染色体结构的变化也是鉴定潜在基因毒性化合物的有效方法。基因毒性化合物可导致染色体DNA断裂（如单链断裂和双链断裂）。这些断裂可以被正确修复，也可能被错误地重新连接，甚至根本不会重新连接。第一种情况是将细胞修复到正常状态，但是第二种和第三种情况会使染色体的整体结构和外观发生变化。当细胞处于细胞分裂中期时，可以在显微镜下观察到这些变化。可将染色体结构的整体变化作为一种指标，如果观察到DNA发生了严重的损伤或突变，则化合物可能产生了有害的后果。在实际操作中，将细胞与候选化合物共同培养3 h，在有丝分裂阶段，浓缩和高度卷曲的染色体会排列在细胞的中央。然后添加

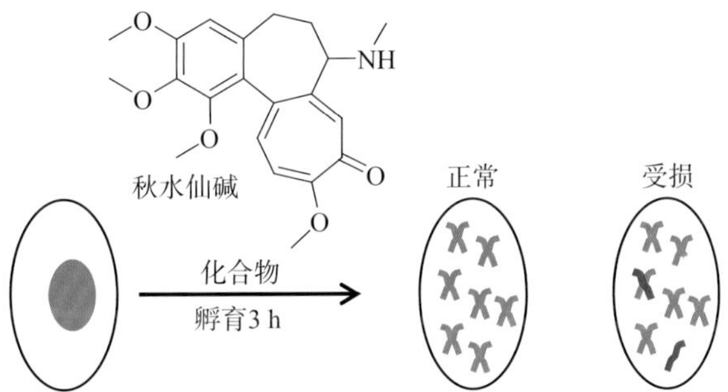

图8.12　染色体畸变试验用来鉴定可损害遗传物质的化合物。细胞在受试化合物的存在下孵育一段时间后，加入秋水仙碱，使细胞分裂周期停止。此时浓缩和高度卷曲的染色体排列在细胞的中央，并在显微镜下可见。固定细胞后通过显微镜检查评估化合物引起DNA损伤的可能性

能够在细胞分裂中期阻止细胞分裂的物质（如秋水仙碱），并固定细胞，通过显微镜检查评估染色体可能发生的畸变。以大鼠肝脏提取物（特别是S9片段）进行试验也可以鉴别出会产生引起染色体畸变代谢产物的化合物。

一些基因毒性化合物通过引起链断裂进而破坏DNA。引起这种DNA损伤的化合物也可以通过单细胞凝胶电泳（single-cell gel electrophoresis，SCGE）的方法进行鉴别，这种方法被称为彗星试验（comet assay，图8.13）[29]。该试验最初由彼得·库克（Peter Cook）报道[30]，主要是利用了电泳凝胶中DNA链迁移速率的差异。与未改变的DNA相比，链断裂和松弛的染色质形成的DNA片段在电泳凝胶中的迁移速率更快。经染色和可视化后，能够诱导DNA链断裂的化合物将产生类似彗星尾迹的图像，这也是该分析方法名称的由来。通常将细胞在受试化合物存在的条件下培养一段时间后，把单个细胞嵌入琼脂糖基质中，置于显微镜下的载玻片上。细胞在温和的碱性条件下裂解释放DNA。在凝胶上施加电场，使释放的DNA以某一由其大小所决定的速率在凝胶中迁移。若有彗星形状的图像出现，则表明彗星试验呈阳性结果，说明该化合物具有遗传毒性。

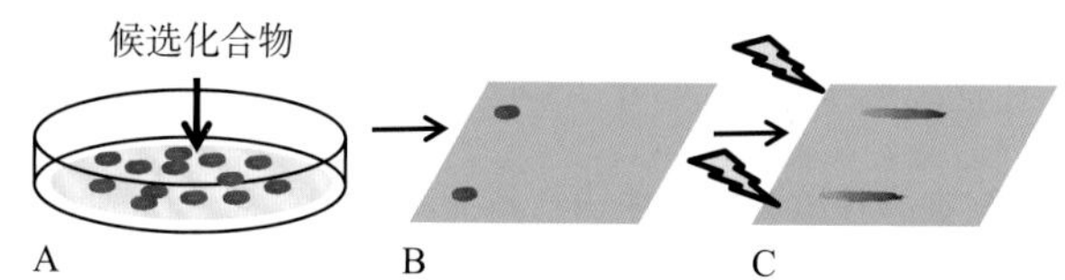

图8.13 **彗星试验可鉴别引起DNA链断裂的化合物。A.细胞与候选化合物孵育一段时间。B.将单个细胞嵌入凝胶电泳基质（琼脂糖基质）中。C.在凝胶上施加电场。由于完整DNA的迁移率与链断裂产生的DNA片段存在差异，如果候选化合物可引起DNA链断裂，对凝胶染色后将产生一个彗星尾迹的图像**

8.5 药物-药物相互作用

在考虑与候选化合物相关的潜在安全性和毒性问题时，需要重视该化合物自身以外的问题。机体清除体内外源性物质的代谢过程可能产生具有毒性的代谢产物。有时一种化合物的存在甚至可能会导致另一种化合物产生副作用，但单独使用却是安全的。在这种情况下，两种化合物的联合应用会导致其中一个化合物的药代动力学性质发生改变。这些变化可引起比原本母体化合物更高的系统性暴露量（母体化合物的代谢减弱）或代谢产物的增加（母体化合物的代谢增强）。此时，药物-药物相互作用（drug-drug interaction，DDI）是导致副作用的主要原因。

例如，某一化合物可被转化为两种代谢产物。一种代谢途径将99.99%的化合物转化为良性代谢产物，而另一种代谢途径将剩余0.01%的化合物转化为具有毒性的化合物。如果同时使用了能够阻断其主要代谢途径的第二个化合物，则第一个化合物的代谢将被迫进入次要代谢途径，这将导致毒性代谢产物浓度的升高（图8.14）。此外，如果某一化合物的一种代谢途径很快，而另一种代谢途径缓慢，那么与另一个可阻断其快速代谢途径的化合物联用也将导致第二种代谢产物浓度的增加，甚至可能使其浓度超过既定的安全窗。

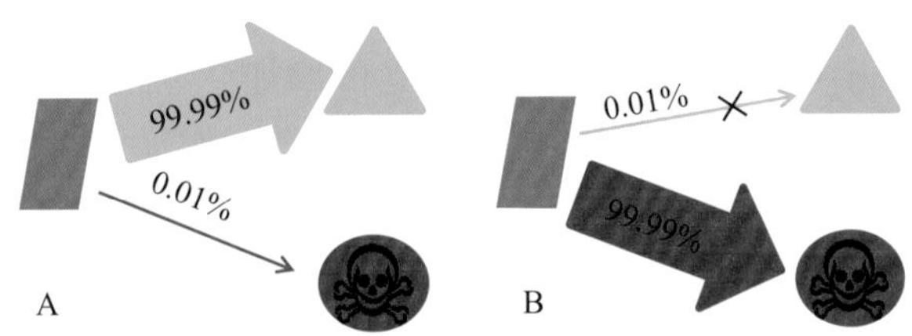

图8.14　A.对于有可能代谢成危险代谢产物（红色）的化合物，如果存在另一条主要的代谢途径，可将其转换为安全的代谢产物（绿色），那么其在临床上使用可能是安全的。B.如果使用的另一化合物可以阻断其主要的安全代谢途径，则可能导致有毒代谢产物（红色）浓度的增加，进而产生意想不到的毒性

预测化合物阻断某一代谢途径的倾向可以为药物-药物相互作用这一可能存在的问题提供实质性的指导。例如，抑制肝脏主要代谢酶CYP3A4的化合物可能与主要由该酶代谢的化合物发生药物-药物相互作用。利用检测已知底物代谢速率变化的体外试验可测试化合物阻断代谢酶的能力。例如，在不同浓度候选化合物存在的情况下，根据CYP3A4将7-苄基-4-三氟甲基香豆素转化为7-羟基-4-三氟甲基香豆素的速率变化，可计算出候选化合物对CYP3A4的IC_{50}值（图8.15）[31]。理论上而言，可以计算出候选化合物阻断所有CYP代谢酶的IC_{50}值（表8.1），这些信息可用于预测哪些化合物存在药物-药物相互作用的风险。而在实践中，用所有已知的代谢酶来筛选化合物并不实际。经典的药物发现过程通常利用主要的CYP450酶（如CYP3A4、CYP2D6和CYP2C9）对候选化合物进行筛选，以获得初步的风险信息。随着候选化合物向人体试验的推进，可进一步评估其抑制其他代谢酶（如CYP1A2、单胺氧化酶等）的能力，从而深入确定药物-药物相互作用的风险。

图8.15　通过CYP3A4检测7-苄基-4-三氟甲基香豆素转化为7-羟基-4-三氟甲基香豆素的速率，可作为鉴别化合物是否会阻断CYP3A4代谢并存在药物-药物相互作用风险的有效手段

表8.1　可用于检测可能药物-药物相互作用的CYP同源酶、药物底物及代谢产物

CYP同源酶	药物底物	药物代谢产物
3A4	咪达唑仑	1′-羟基咪达唑仑
2D6	丁呋洛尔	1′-羟基丁呋洛尔
2C9	双氯芬酸	4′-羟基双氯芬酸
1A2	乙氧基试卤灵	试卤灵
2C19	*S*-美芬妥英	4′-羟基美芬妥英
2A6	香豆素	7′-羟基香豆素
2C8	紫杉醇	6α-羟基紫杉醇

导致药物-药物相互作用的另一个原因是代谢酶表达水平的变化。有许多报道证实，某些化合物可以诱导CYP450酶表达的增加，这种效应被称为CYP450诱导。这可能对候选化合物的代谢途径产生重大影响。CYP450表达的增加会导致敏感化合物代谢速度加快，进而降低其潜在的功效，同时增加代谢产物的形成速度。如果任何一个代谢产物存在安全性或毒性问题，那么由CYP450诱导引起的代谢产物浓度升高可能会导致副作用的出现，而这种副作用在没有CYP450诱导的情况下则不会发生。通过检测化合物对CYP450表达水平的影响，可以在药物发现过程的早期识别CYP450的诱导物。将肝细胞在含有候选化合物的培养液中培养一段时间，可为CYP450诱导提供机会，然后评估其对CYP450同工酶底物（如CYP3A4、CYP2D6、CYP2C9等）的作用。如果相对于对照肝细胞（未暴露于候选化合物的肝细胞）的代谢速率增加，则提示发生了CYP450诱导。此外，也可以采用生化方法来量化酶或mRNA的量[32]。

8.6 心血管安全性和毒理学研究

即使药物是在非常小的一部分患者群体中表现出心血管方面的副作用，也可能导致重大的销售限制，甚至会被撤市。例如，镇痛药罗非昔布，2003年其销售额达25亿美元，但当确定该药使心血管风险的发生率从0.78%上升至1.50%时，其立即被撤市[33]。为了尽量降低给患者和公司带来的风险，在临床试验开始之前，就会对候选化合物的心血管安全性进行彻底的检验。但对大量化合物的心血管安全性的完整动物模型评估所需的成本却令人望而却步。幸运的是，有许多可用的检测方法可用于鉴定和筛选可能对心血管功能产生负面影响的化合物。

hERG通道（Kv11.1）阻滞试验通常是确定候选化合物是否存在心血管副作用风险的第一步。hERG通道可使心脏有节奏地跳动，以便血液能流经全身。具体而言，在心肌细胞动作电位复极化阶段，hERG通道将钾离子从心肌细胞向外泵出，这样可使细胞在下一个电信号到来时恢复收缩的能力（图8.16A）。心脏动作电位是由电信号触发钠（Na^+）通道打开引起的。Na^+的迅速内流导致心肌细胞去极化，将跨膜电位从−90 mV的静息电位变化至+ 20 mV。随后，钙（Ca^{2+}）通道开启使得去极化的状态维持很短的一段时间，最终大量的K^+从心肌细胞上的钾（K^+）通道外流，使心肌细胞复极化恢复到−90 mV的膜电位，完成整个过程。其中，hERG通道是复极化过程中最重要的部分[34]。

在器官水平上，单一心肌细胞的动作电位有助于整个心脏的电活动。心电图（electrocardiogram，ECG）可显示心脏表面的电活动，其与心肌细胞的动作电位有关。在心电图中，Q波与T波末端的距离称为QT间期，表示心室去极化与复极化之间的时间量。这个时间间隔可以反映心肌细胞的动作电位（图8.16B）[35]。已经证实QT间期的增加（图8.17）与室性心律失常、尖端扭转型室性心动过速和心脏性猝死的风险增加有关。而这些危险事件的发生又与hERG通道的阻滞有关。由通道阻滞所导致的hERG活性降低提高了动作电位的持续时间，延长了复极化所需的时间，并增加了危险副作用的可能性[36]。

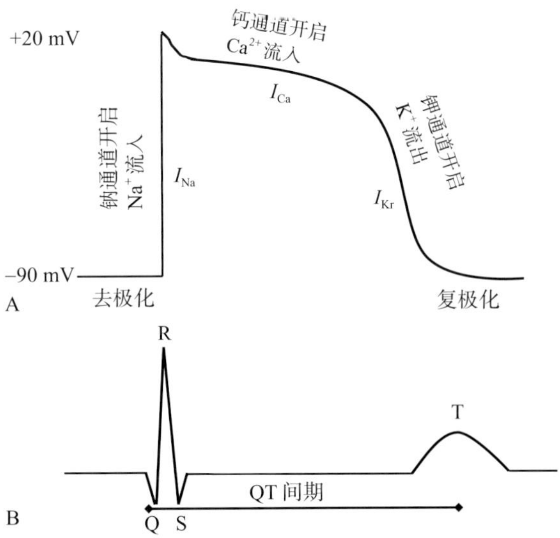

图8.16 A. 在细胞水平上，电信号使心肌细胞钠通道开启，Na^+流入细胞，造成快速去极化。最大去极化导致钙通道开启，Ca^{2+}进入细胞引发复极化过程。最后钾通道打开并完成复极化过程，使心肌细胞恢复至静息状态。B. 心电图可显示心脏表面的电活动，并与心肌细胞的动作电位有关。QT 间期代表心室去极化和复极化之间的时间，是心血管活动和健康的重要指标

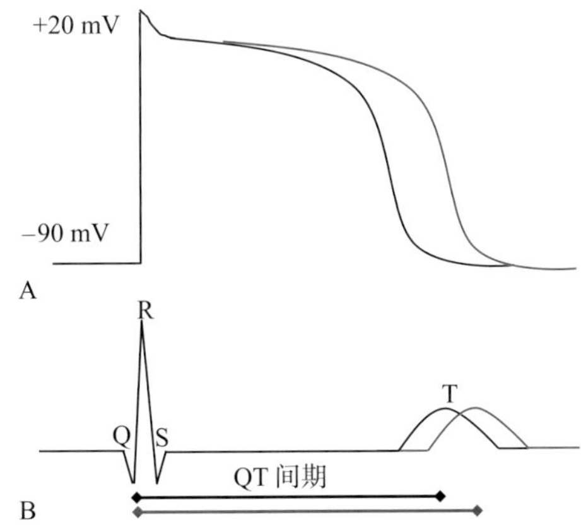

图8.17 阻断hERG通道的化合物可增加心脏的QT间期，增加室性心律失常、尖端扭转和心脏猝死的风险。A. 细胞水平的电信号。B. 心电图的电信号图示。黑色实线表示正常的电活动，而红线表示hERG通道阻滞剂存在时的电活动

考虑到与hERG通道有关的重要风险，监测候选化合物对其活性的影响是非常重要的。在体外水平，可通过竞争性结合试验评估化合物的hERG阻断活性（图8.18）。在这些试验中，可将一种有效的经放射性标记的hERG通道阻断剂（如[^{3}H]-多非利特）应用于表达hERG通道的细胞或含有hERG通道的制备膜。然后使用适当的检测方法（如闪烁计数法）[37]测试候选化合物是否有能力将放射性标记从hERG通道中置换出来。这种方法成本相对较低，并且可以在高通量模式下使用，但其有一个显著的缺点，即该方法只能鉴定与多非利特具有相同结合位点的化合物。但是，由于hERG通道上存在多个化合物的结

合位点，该试验的阴性结果（无结合）并不一定表明该化合物不存在hERG问题。此外，该试验不能得到关于化合物对靶细胞电生理影响的信息。

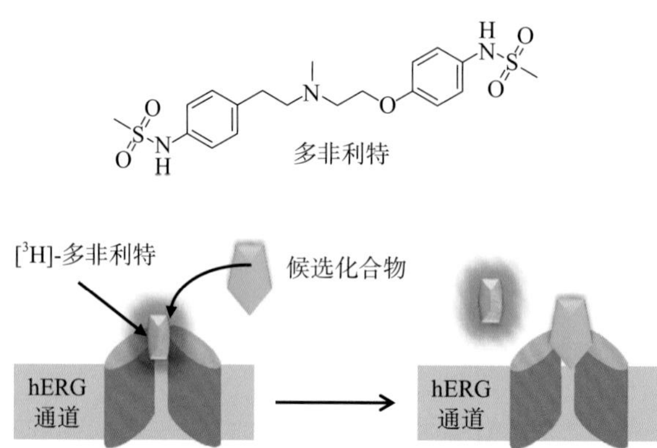

图8.18 候选化合物与hERG通道结合位点的[³H]-多非利特发生置换的能力可用于评估候选化合物相关的hERG风险水平。该方法只能识别与多非利特结合位点相同的化合物，但是在hERG通道上还有其他结合位点，一般使用其他方法进行额外的评估，以确定药物发现过程中的候选化合物是否适合于进一步开发

铷离子（Rb^+）外排试验可作为一种替代方法来评估hERG活性（图8.19）。Rb^+的电荷和大小与K^+相同，因此可通过hERG通道。而其通常不存在于细胞或培养基中，所以背景Rb^+浓度可以忽略不计。当表达hERG通道的细胞（如已转染hERG基因的CHO细胞）培养于含有Rb^+的培养基中时，将吸收Rb^+直至细胞内外达到平衡。以含有高浓度K^+而无Rb^+的培养基替换原来的培养基将导致hERG通道开启，使Rb^+外排。通过测定在固定时间内进入介质的Rb^+浓度，可以深入了解hERG通道的活性情况。通过在含K^+的培养基中加入受试化合物可筛选化合物对hERG通道的活性。阻断hERG通道的化合物将阻止Rb^+外排至细胞外，导致其在培养基中的浓度降低。此外，还可以在试验的后期通过裂解细胞来检测细胞内的Rb^+的浓度。在这两种情况下，采用闪烁计数法或原子吸收光谱法对$^{86}Rb^+$的浓度进行检测[38]。

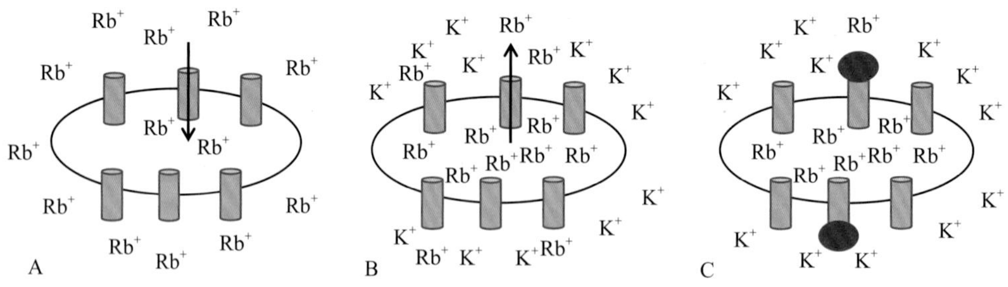

图8.19 因为Rb^+和K^+的大小与电荷相似，所以Rb^+也能够通过hERG通道（蓝色）。Rb^+外排试验正是利用了这一原理。A.通过将表达hERG通道的细胞培养于富含Rb^+的介质中，使之被Rb^+负载。B.以含有K^+的介质替换含Rb^+的介质会引起细胞内的Rb^+外排，可通过原子吸收光谱或闪烁计数法对细胞外或细胞质内$^{86}Rb^+$的浓度进行测定。C.阻断hERG通道的化合物（红色）将减缓Rb^+的外排，表明可能存在潜在的hERG抑制作用

Rb^+外排试验和hERG结合试验在制药行业中广泛应用，但其终究都还只是间接测定离子通道活性的方法。如第4章所述，电生理膜片钳技术是确定候选化合物对离子通道影响的金标准。该技术需要使用合适的细胞系（表达hERG的CHO细胞或HEK293细胞）进行相关测试，但通常只用于高级别候选化合物的筛选。此外，电生理膜片钳的研究不适合高通量筛选，这也大大限制了使用这一方法筛选hERG活性化合物的数量。

虽然hERG通道活性是考量心血管安全性的一个重要方面，但其绝不是在确定候选化合物是否存在心脏安全风险时唯一需要关注的问题。血压、心率、收缩力和射血分数等因素的变化也必须在考量范围内，因为这些心血管功能发生任何改变都可能导致严重的后果。候选化合物的这些影响可以在各种动物模型中进行研究，但以这种方式对大量化合物进行研究是不切实际的。相关研究的时间成本和经济成本过于高昂，以致无法在体内环境中广泛筛选候选化合物。幸运的是，利用体外筛选系统可以鉴定可能对心血管功能产生不利影响的化合物。心血管系统极其复杂，含有各种各样的酶、离子通道、GPCR、转运体和其他具有调节活性的生物分子。已经开发出用于鉴定化合物与这些靶点相互作用的体外筛选方法，可用于筛选抗高血压和抗充血性心力衰竭等心血管疾病的有效药物。采用相同的测试方法可以评估可能引起心血管副作用化合物的安全性。通过确定SAR的模式将候选化合物与控制心血管功能的内源生物分子的相互作用降至最低。如果某一化合物与另一个参与心脏功能的生物分子密切相关，那么对后者活性的检测通常被用来确定该化合物是否适合进行进一步的筛选。例如，一个新药研发项目的目标是发现用于治疗炎症性肠病（inflammatory bowel disease，IBD）的$5\text{-}HT_7$拮抗剂[39]。但是$5\text{-}HT_{2b}$受体与$5\text{-}HT_7$具有高度同源性，且$5\text{-}HT_{2b}$激动剂活性与心血管副作用相关[40]。因此，同时对两个受体具有活性的化合物的风险相对较高。为了减少这一风险，需要对具有$5\text{-}HT_7$受体活性的化合物在二级试验中再次进行筛选，以评估其调节$5\text{-}HT_{2b}$活性的能力。通过$5\text{-}HT_{2b}$活性测试可以在药物发现过程的早期过滤掉可能引起心血管风险的化合物。

当然，在“近邻”靶点上评估候选化合物的理念是不够全面的。筛选$5\text{-}HT_7$调节剂对$5\text{-}HT_{2b}$的活性并无法确定候选化合物与众多其他潜在的心血管靶点间相互作用的能力（表8.2）。如前所述，即使是大型的制药公司也不可能开展大量的体外筛选以监测所有可能的毒副作用。虽然与心血管疾病相关的靶点数量只是所有靶点的一个很小的部分，但对于制药公司而言，进行所有必要的检测仍然是一项非常艰巨的任务（hERG检测是一个值得一提的例外，考虑到其重要性，许多公司都会自发进行此类测试）。高级候选化合物通常使用如欧陆集团[7]、密理博西格玛[8]、珀金埃尔默[9]和查尔斯河[10]等相关研究机构提供的心血管靶点进行体外集群筛选。作为更广泛的体外安全性评估的一部分，体外心血管安全集群通常只用于对高级候选化合物进行筛选。

表8.2　心血管药物的靶点

醛固酮受体	盐皮质激素受体
α肾上腺素受体	中性内肽酶
血管紧张素转化酶	烟酸受体

续表

醛固酮受体	盐皮质激素受体
β肾上腺素受体	前列腺素E_2受体
内皮素A型受体	加压素V_{1a}受体
L型钙通道	T型钙通道

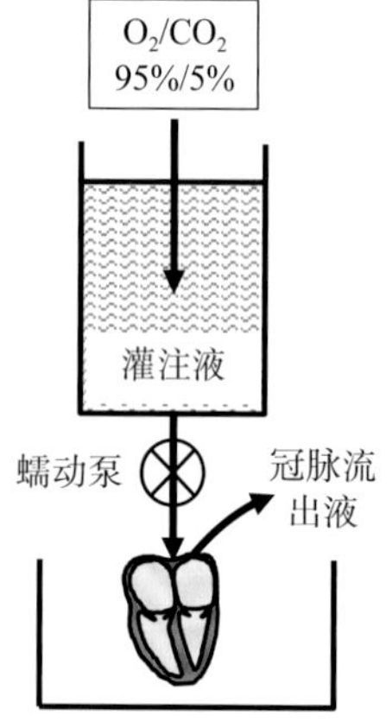

图8.20　**心脏离体灌注试验（朗根多夫模型）可用于测试候选化合物对心血管功能的影响。在监测心血管功能变化的同时，将含有候选化合物的灌注液泵入离体心脏中**

在一系列用于评估潜在心血管风险的体外筛选中，未能检测到毒性虽是一个良好的开端，但这还不足以完全排除候选化合物的风险，毕竟体内动物筛选的结果才更贴近真实的情况。所以体外筛选的结果不能代替体内筛选的结果。在一些机构中，体内心血管风险评估的第一步是采用朗根多夫心脏离体灌注模型（Langendorff preparation）进行测试，这一离体心脏灌注模型最早报道于1898年[41]。从本质上讲，该模型将从动物分离出的心脏连接至能够提供恒流流体的灌注系统中。灌注液通常维持在37℃，以生理盐水混合物模拟血浆环境（pH = 7.4），并充入O_2/CO_2（95%/5%）的混合气体（图8.20）。这些条件可使心脏存活数小时，提供了一个测试化合物对心血管功能影响的有利平台。只需将受试化合物以特定浓度添加至灌注液中，即可监测离体心脏功能的变化（收缩力、心率等）。心脏已经从其他器官和系统中分离出来，因此该模型的结果是建立在一个独立的系统之上。例如，受外界影响的心血管系统的神经激素调节不属于该模型系统的一部分。试验中所观察到的任何影响都与心脏本身直接相关。该模型已成功用于许多不同物种的心脏，包括小鼠、大鼠、兔、犬、猪和灵长类动物[42]。

尽管心脏离体灌注模型非常实用，但也存在一些缺点。首先，无论模型建立得多么完美，这仍然是一种“垂死”的模型，毕竟随着时间的推移，心脏功能会自然衰退，功能会越来越差（心脏功能每小时降低5%～10%）。因此，心脏离体灌注模型研究必须尽快完成。此外，使用独立心脏既是优点也是缺点，因为其降低了模型的临床相关性。在这一模型中，由于缺乏神经激素系统的补偿机制，具有神经激素调节作用的化合物可能不会引起心脏功能的改变。虽然这一模型可提供重要的信息，但也不能完全代替候选化合物的体内研究。

通常使用配备有遥测设备的试验动物来评估特定化合物在不同剂量下的体内风险水平。手术置入能够检测心率、血压、收缩力和射血分数等参数的遥测设备，然后持续2～4周的恢复期，使伤口愈合。一旦模型动物痊愈，就可以以不同剂量的化合物给药，以确定候选化合物是否对心血管功能有不利影响。可以采用单一剂量的候选化合物为动物给药，以便测试化合物的急性心血管安全性问题。此外，可以使用同一化合物在较长时间内为动物给药，以评估长期用药的相关风险。在这两种情况下，置入的遥测设备将实时提供候选化合物的心血管风险信息[43]。此类心血管安全性研究可能需要数周甚至数月才能完成，且在整个研究过程中，测试对象（实验动物）必须得到妥善的安置、喂养和人道的对待。考虑到所需的时间长度、高昂的成本和饲养照顾动物的困难，体内心血管安全研究仅限于最有前景的候选化合物。

8.7 中枢神经系统安全性与毒理学研究

临床上有许多专门用于调节中枢神经系统（central nervous system，CNS）功能的药物，如抗抑郁药、抗精神病药和抗癫痫药。CNS疾病的治疗取得了积极进展，改善了数百万患者的生活质量。然而，CNS功能的调节可能产生一系列副作用，这也成为候选化合物进一步开发的障碍。由于候选化合物脱靶而产生的CNS副作用包括幻觉、失眠、镇静、癫痫、疼痛敏感性增加、记忆功能受损、抑郁，甚至自杀风险。目前主流的CNS药物，如氟西汀[fluoxetin，Prozac®，抗抑郁药，（图8.21A）][44]、文拉法辛[venlafaxine，Effexor®，抗抑郁药，（图8.21B）][45]、伐尼克兰[varenicline，Chantix®，戒烟药，（图8.21C）][46]和异维A酸[isotretinoin，Accutane®，治疗痤疮，（图8.21D）][47]，都具有增加自杀倾向的风险。虽然每种药物的风险水平都不高，不足以导致其被撤市，但这些事例突显了关注CNS副作用的重要性。

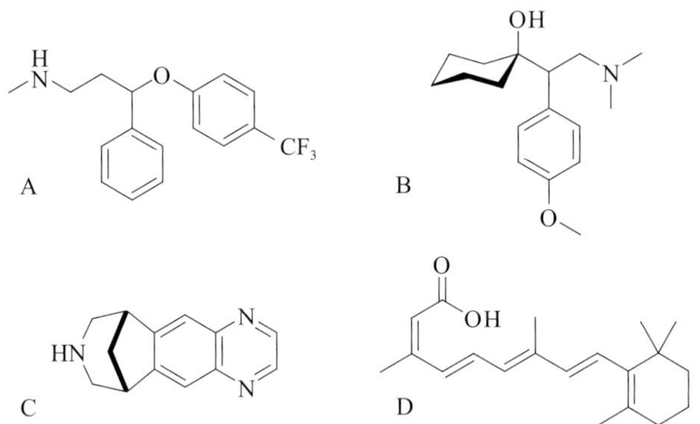

图8.21　A. 氟西汀；B. 文拉法辛；C. 伐尼克兰；D. 异维A酸

CNS副作用也会使药物发现的过程更加复杂化。例如，一个专注于新型镇痛药开发的项目，如果某一候选化合物具有镇静作用，那么测试动物对疼痛反应的体内模型将受到显著影响。因为对疼痛刺激反应的减弱可能是由镇静作用引起的，而不是因为增加了疼痛的阈值，所以了解候选化合物对CNS的影响对于药物研发的成败具有举足轻重的作用。

正如心血管安全性和毒理学研究的情况一样，可能引起CNS副作用的相关靶点数量相当多（经典的CNS靶点参见表8.3）。除非治疗靶点与潜在的CNS“反靶”之间存在显著的同源性，否则大多数公司没有足够的资源来支持大范围的体外安全性筛选。通常，有潜力的候选化合物可在专门从事体外筛选服务的研究机构进行CNS的相关筛选，如密理博[7]、珀金埃尔默[8]和西海珀[9]等。此外，美国国家心理健康研究所借助于北卡罗来纳大学教堂山分校的精神活性药物筛选项目，可提供专门针对CNS靶标的体外筛选服务[48]。

表8.3 经典的中枢神经系统靶点

腺苷A_{2a}受体	烟碱乙酰胆碱受体
α肾上腺素受体	NMDA受体
$β_2$肾上腺素受体	去甲肾上腺素转运体
大麻素受体1	阿片受体
多巴胺受体	5-羟色胺受体
GABA受体	5-羟色胺转运体
组胺H_1受体	P物质受体
单胺氧化酶A	电压门控钠通道
毒蕈碱乙酰胆碱受体	电压门控钾通道

如第7章所述，可通过多种动物模型评估候选化合物在体内对CNS的影响。新物体识别模型[49]、情境恐惧条件反射模型[50]和莫里斯水迷宫试验[51]都能够鉴别出损害记忆的化合物。此外，可以通过旋转棒试验鉴定具有镇静作用的化合物[52]。受镇静剂嗜睡副作用影响的动物比不受镇静剂影响的动物更容易从旋转的轮子上掉落。当然，各种体内CNS安全性和毒理学研究比同类的体外研究需要投入更多的资源。

8.8 免疫系统介导的安全性问题

候选化合物与免疫系统或调节免疫系统的大分子发生相互作用也会导致安全性和毒性问题。在某些情况下，机体对候选化合物产生的免疫应答是候选化合物和正常生物大分子之间形成共价键的结果。引起免疫应答的物质既不是在这种情况下产生的半抗原（能够与载体蛋白结合引起免疫反应的小分子）的候选化合物，也不是被免疫系统识别的载体蛋白，而是这两者结合产生的半抗原-载体蛋白复合物。为了清除外源物质，免疫系统会产生与之相对应的抗体并与之结合，但这却引起了过敏反应。过敏反应的严重程度将随着候选化合物给药次数的增加而增加，严重时可导致过敏性休克，甚至死亡[53]。青霉素过敏[54]就是一个众所周知的实例（图8.22）。任何能够与正常蛋白形成共价键的化合物都有可能引发半抗原-载体蛋白复合物的免疫反应。不仅是候选化合物，还包括其代谢产物，因为外源性物质在正常代谢过程中产生的活性代谢产物可能具有半抗原功能。了解候选化合物的代谢过程可以为如何防止半抗原的形成提供指导。当然，避免半抗原-载体蛋白复合物引发免疫反应最简单的方法是消除候选化合物及其代谢产物中的潜在反应位点。

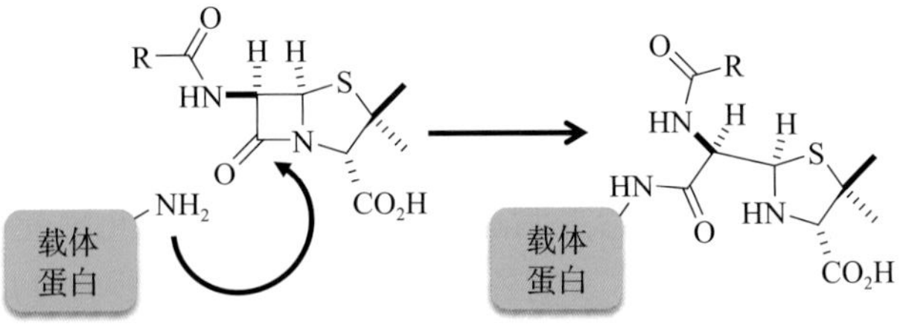

图8.22　**含有β-内酰胺结构的化合物可与蛋白的亲核基团（如氨基）反应，产生的半抗原-蛋白复合物被识别为非“内源性”物质，引起免疫应答。这也是小分子作为半抗原引起免疫应答的一个经典例子**

免疫抑制是另一个严重的安全性问题，应在药物发现和开发计划开展时就予以关注。免疫系统有许多不同的组成部分，干扰其中任何一个正常功能的化合物都可能抑制免疫系统，降低人体抵御外来物质侵袭（如病毒、细菌等）的能力。在器官移植患者中，免疫抑制是防止移植器官排斥反应所必需的，但在其他大多数疾病状态下，免疫抑制是一种严重的副作用。当然，使用相应的体内模型来评估所有化合物是不可行的，因为这将消耗大量的时间和成本。然而，有一些体外试验可以用于测试在免疫应答中发挥作用的各种已知靶点，以评估候选化合物发生免疫抑制的可能性。如果候选化合物的治疗靶点与免疫抑制有关的靶点密切相关，那么化合物的脱靶效应测试可用于过滤具有风险的候选化合物。

自身免疫性疾病，如类风湿关节炎、银屑病、炎症性肠病和多发性硬化症，对于存在免疫抑制安全性问题的候选化合物来说是一个挑战。一般而言，自身免疫性疾病是由于机体对正常组织和物质引起的异常免疫反应，机体错误地认为其是外来异物[55]。由此造成的组织损伤可导致如皮疹、银屑病、类风湿关节炎，甚至运动障碍（多发性硬化症）等疾病。已经证实对一些靶点进行免疫抑制治疗可以减轻这些疾病的症状，但必须仔细权衡免疫抑制固有的安全风险和治疗带来的益处。例如，市售用于治疗类风湿关节炎的JAK激酶（Janus kinase）抑制剂托法替尼（tofacitinib，Xeljanz®，图8.23A），可调节先天性和适应性免疫反应[56]。阿达木单抗（adalimumab，Humira®，图8.23B）是一种可靶向作用于肿瘤坏死因子α（tumor necrosis factor-alpha，TNF-α）的人源单克隆抗体，临床上用于治疗风湿性关节炎。阿达木单抗可与TNF-α结合，阻止其与TNF受体结合，进而抑制炎症反应并缓解炎症相关症状[57]。然而，TNF通路是总体免疫系统的一部分，因此存在免疫安全性问题，如增加感染的风险、潜伏感染（如结核病）的再次出现、免疫应答能力的下降，以及极少数情况下引发癌症的风险[58]。这些副作用都可看作一种基于机制的安全性问题。

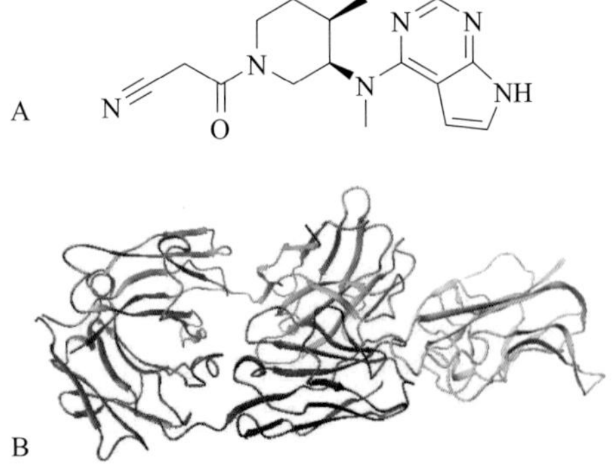

图8.23　**A. 托法替尼；B. 阿达木单抗（RCSB：3WD5）**

8.9 致畸性

在20世纪60年代早期之前，药物和候选化合物对发育中胎儿的影响很少被关注。正如第2章所讨论的，当时流行的理论是胎盘可保护发育中的胎儿免受母亲摄入药物和毒素的伤害。然而，沙利度胺的灾难[59]表明外源性物质可以显著影响胎儿的发育。不可否认，沙利度胺与严重的出生缺陷之间存在重要的联系，这一事件导致了对鉴别致畸性化合物重视程度的大大增加。1973年的胎儿酒精综合征（fetal alcohol syndrome）事件也可以很好地说明化合物致畸性测试的重要意义[60]。

致畸物是指能够阻碍胎儿正常生长发育的物质。与其他类型药物的药理作用一样，致畸物对胎儿的影响程度呈现剂量依赖性，即随着暴露量的增加，异常发育的严重程度也会随之增加。暴露于致畸物可导致畸形、生长迟缓、精神或身体功能的缺陷，甚至造成胎儿的死亡。此外，致畸物对胚胎/胎儿的影响取决于胚胎/胎儿的发育阶段。致畸物对从胚胎到胎儿再到儿童的不同发育阶段的影响是不同的。主要器官的分化发生在妊娠开始的第2～12周[61]，因此妊娠开始的前3个月通常被认为是发生致畸风险最高的时间段。胎儿的易损性随着胎儿的不断发育而降低，但沙利度胺的故事却清楚地表明致畸物在胎儿发育的后期也可能产生严重的影响。

胎儿发育的复杂性使得建立一种能够鉴定化合物致畸能力的模型系统充满挑战，然而还是有一些试验可用于测试致畸性的风险。例如，胚胎干细胞测试可监测小鼠胚胎干细胞向心肌细胞的分化。干细胞分化为心肌细胞后会生成α-辅肌动蛋白和肌球蛋白重链。具有致畸性的化合物将阻止干细胞的分化，因此可以在实验结束时通过测试α-辅肌动蛋白和肌球蛋白重链的含量来评估化合物的致畸性。阻止分化的化合物（可能的致畸因子）会导致这两种蛋白水平的下降。另外也可以使用显微镜评估收缩肌细胞的数量，以确定受试化合物的影响[62]。

哺乳动物微团（mammalian micromass，MM）试验是另一种能够鉴定潜在致畸物的方法。其原理是观察鸡胚未分化间质细胞分化成软骨细胞的情况。自最初报道以来，该试验范围已扩展至小鼠和大鼠胚胎组织，以及胚胎CNS细胞（可分化为神经元细胞）。哺乳动物质谱仪试验适用于96孔板模式，并且可以在候选化合物存在或不存在的情况下观察胚胎形成过程中的典型细胞行为，如细胞黏附、运动、交流、分裂和分化等。潜在致畸因子将导致上述细胞行为特征的减少，因此可用于剔除有致畸风险的化合物[63]。

斑马鱼试验是鉴定潜在致畸物实验中较新的一项测试。已有充分的证据显示鱼类在胚胎发育过程中对所接触的化学物质存在较高的敏感性。从受精卵到成熟的斑马鱼的发育过程具有许多关键特征，而且这一过程发生的时间相对较短。从受精卵形成到孵化之间的时间仅为48～72 h。此外，受精卵在整个过程中的大部分时间保持透明，这为观察形态学的变化提供了通畅而清晰的视角。可以监测由候选化合物引起的发育过程变化，以测试相关化合物的致畸性风险。此外，如果斑马鱼胚胎畸形、器官缺失或器官功能不全，待其孵化后，通过监测幼鱼的骨骼畸形、游泳能力和体位，可以继续对致畸风险进行评估。这些特征中的任何异常都被认为是化合物致畸性风险的表现[64]。

8.10 体内毒性与安全性研究

随着药物研发进行到确定适合临床试验的单一候选化合物的阶段，安全性和毒性问题也会越来越受重视。最终，候选化合物必须在动物模型中进行测试，以便预估其在临床试验中对患者的潜在风险。临床前体内毒性和安全性研究的主要目标是预测药物对患者的危害，确定临床Ⅰ期试验的给药方案，并确定在临床试验中需要监测的毒性和安全性标志物。通常会确定对器官的特异性影响及其可能产生的有毒代谢产物，不能在人体评估的药物反应都可以在临床前评估过程中进行研究[65]。

为了降低成本并增加产出，很多机构首先会开展在良好实验室规范（Good Laboratory Practice，GLP）条件下的初步体内动物安全性研究。然而，在首次人体（first in human，FIH）Ⅰ期临床试验之前，必须在GLP条件下对用于临床研究的化合物进行全面评估，作为整体临床前安全性评估的一部分，而该评估是研究性新药（investigational new drug，IND）申请的一部分。为了满足IND的申请要求，需要两种动物的安全数据，即一种啮齿动物和一种非啮齿动物（通常是犬，但如有必要可以使用非人灵长类动物）。

实际上，体内安全评估旨在监测动物健康的各个方面，如外表、体重、食物消耗、视力功能、心电图、血液化学、尿液和器官重量等。此外，还会进行用于评估系统和器官功能（如CNS、心血管系统、呼吸系统、胃肠系统和肾脏等）的医学检查和试验。这些研究的另一个重要方面是对用药动物的组织样本进行显微组织学检查，以便在出现明显症状之前发现存在的安全性问题。其中许多研究准则是由人用药品注册技术要求国际协调会（International Conference on Harmonization of Technical Requirements for Registration of Pharmaceuticals for Human Use）确定的[66]。

第一轮体内安全性试验通常是进行一系列单次递增剂量研究（single ascending dose study，SAD study），以确定最大耐受急性剂量（maximum tolerated acute dose，acute MTD），即急性MTD，并定义急性环境下的NOEL和NOAEL。在这些试验获得一个可接受的治疗指数后，将进行候选化合物的慢性剂量研究，这些研究旨在确定MTD、NOEL、NOAEL和治疗指数。慢性剂量研究一般为期2～14周。这些研究都应与药代动力学研究相结合，以便将毒性和安全性问题与候选化合物的暴露水平相关联。这些毒理动力学试验对确定化合物的治疗指数至关重要。如果急性或慢性剂量研究中的治疗指数过低，或检测到的毒性太严重，候选化合物的临床前研究将被终止。

如果某一候选化合物在临床前安全评估中幸存，则其IND申请将被批准，并将启动临床试验。通常还会进行额外的动物安全性研究，以便更好地了解与临床候选药物相关的风险水平和风险类型。对于治疗高血压或关节炎等慢性疾病的候选化合物，额外持续3～12个月的慢性剂量研究显得尤其重要。额外的长期动物实验可发现潜在的问题，这些实验包括对生殖健康的研究（预测生育能力的变化、交配习惯、发情周期和精子的形成）、对胚胎和胚胎发育的研究（监测存活、胎儿发育、后代生长和健康）、免疫毒性研究[67]和肿瘤学研究。每一项研究的结果都可用于预测未来在患者中可能出现的问题，有助于研究者在临床试验设计和执行中作出更明智的决策。

（白仁仁）

思考题

1. NOEL和NOAEL的定义是什么？
2. 什么是化合物的最大耐受剂量（MTD）？
3. 什么是基于机制的毒性？
4. CYP3A4的抑制与hERG活性有何关联？
5. 什么是半抗原？它是如何引起生化反应的？
6. 急性毒性化合物和慢性毒性化合物的区别是什么？
7. MTT人肝毒性试验的目的是什么？
8. 埃姆斯试验的目的是什么？
9. 微核试验的目的是什么？
10. 彗星试验检测的是什么？
11. 药物-药物相互作用是如何发生的？
12. [^{3}H]-多非利特hERG试验的局限性是什么？
13. 在先导化合物的安全性评估中，常规检查中的主要心血管参数有哪些？
14. 哪种有关CNS功能的动物模型也可以用来鉴定具有镇静作用风险的化合物？
15. 如果某一候选化合物具有致畸毒性，其会引起哪些固有的安全性风险？

参考文献

1. (a) Duffus, J. H.; Nordberg, M.; Templeton, D. M. Glossary of Terms Used in Toxicology, 2nd Edition (IUPAC Recommendations 2007). *Pure Appl. Chem.* **2007,** *79* (7), 1153–1344.
   (b) U.S. Department of Health and Human Services, Environmental Health and Toxicology Specialized Information Services IUPAC Glossary of Terms Used in Toxicology, http://sis.nlm.nih.gov/enviro/iupacglossary/frontmatter.html.
2. (a) A.L.S. Association, Facts You Should Know [Web Page], http://www.alsa.org/about-als/facts-you-should-know.html.
   (b) Bensimon, G.; Lacomblez, L.; Meininger, V.; ALS/Riluzole Study Group. A Controlled Trial of Riluzole in Amyotrophic Lateral Sclerosis. *N. Engl. J. Med.* **1994,** *330*, 585–591.
3. Karha, J.; Topol, E. J. The Sad Story of Vioxx, and What We Should Learn From It. *Cleve. Clin. J. Med.* **2004,** *71* (12), 934–939.
4. Rudmann, D. G. On-Target and Off-Target-Based Toxicologic Effects. *Toxicol. Pathol.* **2013,** *41* (2), 310–314.
5. Close, D. R. Matrix Metalloproteinase Inhibitors in Rheumatic Diseases. *Ann. Rheum. Dis.* **2001,** *60*, iii62–iii67.
6. Fingleton, B. MMPs as Therapeutic Targets—Still a Viable Option? *Semin. Cell Dev. Biol.* **2008,** *19* (1), 61–68.
7. https://www.eurofinsdiscoveryservices.com/.
8. http://www.emdmillipore.com/US/en.

9. https://www.perkinelmer.com/.
10. https://www.criver.com/.
11. https://pdspdb.unc.edu/pdspWeb/.
12. Kalgutkar, A. S.; Vaz, A. D. N.; Lame, M. E.; Henne, K. R.; Soglia, J.; Zhao, S. X., et al. Bioactivation of the Nontricyclic Antidepressant Nefazodone to a Reactive Quinone-Imine Species in Human Liver Microsomes and Recombinant Cytochrome P450 3A4. *Drug Metab. Dispos.* **2005,** *33* (2), 243–253.
13. (a) Perez-Inestrosa, E.; Suau, R.; Montanez, M. I.; Rodriguez, R.; Mayorga, C.; Torres, M. J., et al. Cephalosporin Chemical Reactivity and Its Immunological Implications. *Curr. Opin. Allergy Clin. Immunol.* **2005,** *5*, 323–330.
    (b) Elisabetta Padovan, E.; Baue, T.; Tongio, M. M.; Kalbache, H.; Weltzien, H. U. Penicilloyl Peptides are Recognized as T Cell Antigenic Determinants in Penicillin Allergy. *Eur. J. Immunol.* **1997,** *27*, 1303–1307.
14. Jorga, K.; Fotteler, B.; Heizmann, P.; Gasser, R. Metabolism and Excretion of Tolcapone, a Novel Inhibitor of Catechol-Omethyltransferase. *Br. J. Clin. Pharmacol.* **1999,** *48*, 513–520.
15. (a) Kang, P.; Dalvie, D.; Smith, E.; Renner, M. Bioactivation of Lumiracoxib by Peroxidases and Human Liver Microsomes: Identification of Multiple Quinone Imine Intermediates and GSH Adducts. *Chem. Res. Toxicol.* **2009,** *22*, 106–117.
    (b) Li, Y.; Slatter, G.; Zhang, Z.; Li, Y.; Doss, G. A.; Braun, M. P., et al. *In vitro* Metabolic Activation of Lumiracoxib in Rat and Human Liver Preparations. *Drug Metab. Dispos.* **2008,** *36*, 469–473.
16. Kassahun, K.; Pearson, P. G.; Tang, W.; McIntosh, I.; Leung, K.; Elmore, C., et al. Studies on the Metabolism of Troglitazone to Reactive Intermediates *In Vitro* and *In Vivo*. Evidence for Novel Biotransformation Pathways Involving Quinone Methide Formation and Thiazolidinedione Ring Scission. *Chem. Res. Toxicol.* **2001,** *14*, 62–70.
17. Walsh, J. S.; Reese, M. J.; Thurmond, L. M. The Metabolic Activation of Abacavir by Human Liver Cytosol and Expressed Human Alcohol Dehydrogenase Isozymes. *Chem.-Biol. Interact.* **2002,** *142*, 135–154.
18. (a) Stepan, A. F.; Walker, D. P.; Bauman, J.; Price, D. A.; Baillie, T. A.; Kalgutkar, A. S., et al. Structural Alert/Reactive Metabolite Concept as Applied in Medicinal Chemistry to Mitigate the Risk of Idiosyncratic Drug Toxicity: A Perspective Based on the Critical Examination of Trends in the Top 200 Drugs Marketed in the United States. *Chem. Res. Toxicol.* **2011,** *24*, 1345–1410.
    (b) Park, B. K.; Laverty, H.; Srivastava, A.; Antoine, D. J.; Naisbitt, D.; Williams, D. P. Drug Bioactivation and Protein Adduct Formation in the Pathogenesis of Drug-Induced Toxicity. *Chem.-Biol. Interact.* **2011,** *192*, 30–36.
    (c) Kalgutkar, A. S.; Gardner, I.; Obach, R. S.; Shaffer, C. L.; Callegari, E.; Henne, K. R., et al. A Comprehensive Listing of Bioactivation Pathways of Organic Functional Groups. *Curr. Drug Metab.* **2005,** *6*, 161–225.
    (d) Kalgutkar, A. S.; Didiuk, M. T. Structural Alerts, Reactive Metabolites, and Protein Covalent Binding: How Reliable Are These Attributes as Predictors of Drug Toxicity? *Chem. Biodiversity* **2009,** *6* (11), 2115–2137.
19. Soignet, S. L.; Frankel, S. R.; Douer, D.; Tallman, M. S.; Kantarjian, H.; Calleja, E., et al. United States Multicenter Study of Arsenic Trioxide in Relapsed Acute Promyelocytic Leukemia. *J. Clin. Oncol.* **2001,** *19* (18), 3852–3860.
20. (a) Mosmann, T. Rapid Colorimetric Assay for Cellular Growth and Survival: Application to Proliferation and Cytotoxicity Assays. *J. Immunol. Methods* **1983,** *65* (1–2), 55–63.
    (b) Berridge, M. V.; Herst, P. M.; Tan, A. S. Tetrazolium Dyes as Tools in Cell Biology: New Insights into Their Cellular Reduction. *Biotechnol. Annu. Rev.* **2005,** *11*, 127–152.

21. Decker, T.; Lohmann-Matthes, M. L. A Quick and Simple Method for the Quantitation of Lactate Dehydrogenase Release in Measurements of Cellular Cytotoxicity and Tumor Necrosis Factor (TNF) Activity. *J. Immunol. Methods* **1998,** *115* (1), 61–69.
22. Repetto, G.; del Peso, A.; Zurita, J. L. Neutral Red Uptake Assay for the Estimation of Cell Viability/Cytotoxicity. *Nat. Protoc.* **2008,** *3* (7), 1125–1131.
23. Dorland. *Dorland's Medical Dictionary: Dorland's Illustrated Medical Dictionary*, 32nd ed.; Elsevier Health Sciences, 2011.
24. Nagarathna, P. K. M.; Wesley, M. J.; Reddy, P. S.; Reena, K. Review on Genotoxicity, Its Molecular Mechanisms and Prevention. *Int. J. Pharm. Sci. Rev. Res.* **2013,** *22* (1), 236–243.
25. Benigni, R.; Bossa, C. Mechanisms of Chemical Carcinogenicity and Mutagenicity: A Review With Implications for Predictive Toxicology. *Chem. Rev.* **2011,** *111* (4), 2507–2536.
26. Ames, B. N.; Durston, W. E.; Yamasaki, E.; Lee, F. D. Carcinogens are Mutagens: A Simple Test System Combining Liver Homogenates for Activation and Bacteria for Detection. *Proc. Natl. Acad. Sci. U.S.A.* **1973,** *70* (8), 2281–2285.
27. (a) Fenech, M. The Cytokinesis-Block Micronucleus Technique and Its Application to Genotoxicity Studies in Human Populations. *Environ. Health Perspect. Suppl.* **1993,** *101* (S3), 101–107.
    (b) Doherty, A. T. The *In Vitro* Micronucleus Assay. *Methods Mol. Biol.* **2012,** *817*, 121–141.
28. Galloway, M. A. Cytotoxicity and Chromosome Aberrations In Vitro: Experience in Industry and the Case for an Upper Limit on Toxicity in the Aberration Assay. *Environ. Mol. Mutagen.* **2000,** *35*, 191–201.
29. Collins, A. R. The Comet Assay for DNA Damage and Repair: Principles, Applications, and Limitations. *Mol. Biotechnol.* **2004,** *26* (3), 249–261.
30. Cook, P. R.; Brazell, I. A.; Jost, E. Characterization of Nuclear Structures Containing Superhelical DNA. *J. Cell Sci.* **1976,** *22*, 303–324.
31. (a) Walsky, R. L.; Obach, R. S. Validated Assays for Human Cytochrome P450 Activities. *Drug Metab. Dispos.* **2004,** *32*, 647–660.
    (b) Bjornsson, T. D.; Callaghan, J. T.; Einolf, H. J.; Fischer, V.; Gan, L.; Grimm, S., et al. The Conduct of *In Vitro* and *In Vivo* Drug–Drug Interaction Studies: A Pharmaceutical and Research Manufacturers of America (PhRMA) Perspective. *Drug Metab. Dispos.* **2003,** *31*, 815–832.
    (c) Obach, R. S.; Walsky, R. L.; Venkatakrishnan, K.; Houston, J. B.; Tremaine, L. M. *In Vitro* Cytochrome P450 Inhibition Data and the Prediction of Drug–Drug Interactions: Qualitative Relationships, Quantitative Predictions, and the Rank-Order Approach. *Clin. Pharmacol. Ther.* **2005,** *78* (6), 582.
32. (a) Li, A. P. Primary Hepatocyte Cultures As an *In Vitro* Experimental Model for the Evaluation of Pharmacokinetic Drug–Drug Interactions. *Adv. Pharmacol.* **1997,** *43*, 103–130.
    (b) Moore, J. T.; Kliewer, S. A. Use of the Nuclear Receptor PXR to Predict Drug Interactions. *Toxicology* **2000,** *153*, 1–10.
33. Bresalier, R.; Sandler, R.; Quan, H.; Bolognese, J.; Oxenius, B.; Horgan, K., et al. Cardiovascular Events Associated With Rofecoxib in A Colorectal Adenoma Chemoprevention Trial. *N. Engl. J. Med.* **2005,** *352* (11), 1092–1102.
34. Grant, A. O. Cardiac Ion Channels. *Circ.: Arrhythmia Electrophysiol.* **2009,** *2*, 185–194.
35. (a) Bazett, H. C. An Analysis of the Time-Relations of Electrocardiograms. *Heart* **1920,** *7*, 353–370.
    (b) Sagie, A.; Larson, M. G.; Goldberg, R. J.; Bengston, J. R.; Levy, D. An Improved Method for Adjusting the QT Interval for Heart Rate (the Framingham Heart Study). *Am. J. Cardiol.* **1992,** *70* (7), 797–801.
36. (a) Sanguinetti, M. C.; Jiang, C.; Curran, M. E.; Keating, M. T. A Mechanistic Link Between an Inherited and an Acquired Cardiac Arrhythmia: HERG Encodes the IKr Potassium Channel. *Cell* **1995,** *81* (2), 299–307.

(b) Sanguinetti, M. C.; Tristani-Firouzi, M. hERG Potassium Channels and Cardiac Arrhythmia. *Nature* **2006,** *440* (7083), 463–469.
37. Finlayson, K.; Turnbull, L.; January, C. T.; Sharkey, J.; Kelly, J. S. [3H]dofetilide Binding to HERG Transfected Membranes: A Potential High Throughput Preclinical Screen. *Eur. J. Pharmacol.* **2001,** *430*, 147–148.
38. Chaudhary, K. W.; O'Neal, J. M.; Mo, Z. L.; Fermini, B.; Gallavan, R. H.; Bahinski, A. Evaluation of the Rubidium Efflux Assay for Preclinical Identification of HERG Blockade. *Assay Drug Dev. Technol.* **2006,** *4* (1), 73–82.
39. Kim, J. J.; Bridle, B. W.; Ghia, J. E.; Wang, H.; Syed, S. N.; Manocha, M. M., et al. Targeted Inhibition of Serotonin Type 7 (5-HT7) Receptor Function Modulates Immune Responses and Reduces the Severity of Intestinal Inflammation. *J. Immunol.* **2013,** *190*, 4795–4804.
40. Rothman, R. B.; Baumann, M. H.; Savage, J. E.; Rauser, L.; McBride, A.; Hufeisen, S. J., et al. Evidence for Possible Involvement of 5-HT2B Receptors in the Cardiac Valvulopathy Associated With Fenfluramine and Other Serotonergic Medications. *Circulation* **2000,** *102*, 2836–2841.
41. Langendorff, O. Untersuchungen am überlebenden Säugetierherzen. *Pflügers Arch.* **1898,** *61*, 291–332.
42. Bell, R. M.; Mocanu, M. M.; Yellon, D. M. Retrograde Heart Perfusion: The Langendorff Technique of Isolated Heart Perfusion. *J. Mol. Cell. Cardiol.* **2011,** *50*, 940–950.
43. Guth, B. D. Preclinical Cardiovascular Risk Assessment in Modern Drug Development. *Toxicol. Sci.* **2007,** *97* (1), 4–20.
44. Beasley, C. M., Jr; Dornseif, B. E.; Bosomworth, J. C.; Sayler, M. E.; Rampey, A. H., Jr; Heiligenstein, J. H., et al. Fluoxetine and Suicide: A Meta-Analysis of Controlled Trials of Treatment for Depression. *Br. Med. J.* **1991,** *303* (6804), 685–692.
45. Emslie, G. J.; Findling, R. L.; Yeung, P. P.; Kunz, N. R.; Li, Y. Venlafaxine ER for the Treatment of Pediatric Subjects With Depression: Results of Two Placebo-Controlled Trials. *J. Am. Acad. Child. Adolesc. Psychiatry* **2007,** *46* (4), 479–488.
46. Serena Tonstad, S., Dr; Davies, S.; Flammer, M.; Russ, C.; Hughes, J. Psychiatric Adverse Events in Randomized, Double-Blind, Placebo-Controlled Clinical Trials of Varenicline. *Drug Saf.* **2010,** *33* (4), 289–301.
47. Kontaxakis, V. P.; Skourides, D.; Ferentinos, P.; Havaki-Kontaxaki, B. J.; Papadimitriou, G. N. Isotretinoin and Psychopathology: A Review. *Ann. Gen. Psychiatry* **2009,** *8* (2), 1–8.
48. *NIH Contract # HHSN-271-2008-025C(NIHM PDSP)*, http://pdsp.med.unc.edu/indexR.html.
49. Antunes, M.; Biala, G. The Novel Object Recognition Memory: Neurobiology, Test Procedure, and Its Modifications. *Cogn. Process.* **2012,** *13* (2), 93–110.
50. Wehner, J. M.; Radcliffe, R. A. Cued and Contextual Fear Conditioning in Mice. *Curr. Protoc. Neurosci.* **2004,** 8.5C.1–8.5C.14.
51. D'Hooge, R.; De Deyn, P. P. Applications of the Morris water maze in the Study of Learning and Memory. *Brain Res. Rev.* **2001,** *36* (1), 60–90.
52. Bogo, V.; Hill, T. A.; Young, R. W. Comparison of Accelerod and Rotarod Sensitivity in Detecting Ethanol- and Acrylamide-Induced Performance Decrement in Rats: Review of Experimental Considerations of Rotating Rod Systems. *Neurotoxicology* **1981,** *2* (4), 765–787.
53. Lemus, R.; Karol, M. H. Conjugation of Haptens. *Methods Mol. Med.* **2008,** *138*, 167–182.
54. (a) Perez-Inestrosa, E.; Suau, R.; Montanez, M. I.; Rodriguez, R.; Mayorga, C.; Torres, M. J., et al. Cephalosporin Chemical Reactivity and Its Immunological Implications. *Curr. Opin. Allergy Clin. Immunol.* **2005,** *5*, 323–330.
(b) Weltzien, H. U.; Padovan, E. Molecular Features of Penicillin Allergy. *J. Invest. Dermatol.* **1998,** *110* (3), 203–206.
55. Rose, N. R.; Bona, C. Defining Criteria for Autoimmune Diseases (Witebsky's Postulates Revisited). *Immunol. Today* **1993,** *14* (9), 426–430.
56. Ghoreschi, K.; Jesson, M. I.; Li, X.; Lee, J. L.; Ghosh, S.; Alsup, J. W., et al. Modulation

of Innate and Adaptive Immune Responses by Tofacitinib (CP-690,550). *J. Immunol.* **2011,** *186* (7), 4234–4243.

57. (a) Kempeni, J. Preliminary Results of Early Clinical Trials with the Fully Human Anti-TNFα Monoclonal Antibody D2E7. January *Ann. Rheum. Dis.* **1999,** *58* (S1), I70–I72.
    (b) Scheinfeld, N. Adalimumab (HUMIRA): A Review. *J. Drugs Dermatol.* **2003,** *2* (4), 375–377.
58. (a) Burmester, G. R.; Matucci-Cerinic, M.; Mariette, X.; Navarro-Blasco, F.; Kary, S.; Unnebrink, K., et al. Safety and Effectiveness of Adalimumab in Patients With Rheumatoid Arthritis Over 5 Years of Therapy in a Phase 3b and Subsequent Postmarketing Observational Study. *Arthritis Res. Ther.* **2014,** *16* (R24), 1–11.
    (b) Bender, N. K.; Heilig, C. E.; Dröll, B.; Wohlgemuth, J.; Armbruster, F. P.; Heilig, B. Immunogenicity, Efficacy and Adverse Events of Adalimumab in RA Patients. *Rheumatol. Int.* **2007,** *27* (3), 269–274.
59. Kim, J. H.; Scialli, A. R. Thalidomide: The Tragedy of Birth Defects and the Effective Treatment of Disease. *Toxicol. Sci.* **2011,** *122* (1), 1–6.
60. Jones, K. L.; Smith, D. W.; Ulleland, C. N.; Streissguth, A. P. Pattern of Malformation in Offspring of Chronic Alcoholic Mothers. *Lancet* **1973,** *301* (7815), 1267–1271.
61. *Mosby's Medical Dictionary* on My Desk.
62. Seiler, A.; Visan, A.; Buesen, R.; Genschow, E.; Spielmann, H. Improvement of an *In Vitro* Stem Cell Assay for Developmental Toxicity: The Use of Molecular Endpoints in the Embryonic Stem Cell Test. *Reprod. Toxicol.* **2004,** *18*, 231–240.
63. Flint, O. P. *In Vitro* Tests for Teratogens: Desirable Endpoints, Test Batteries and Current Status of the Micromass Teratogen Test. *Reprod. Toxicol.* **1993,** *7* (S1), 103–111.
64. (a) Selderslaghsa, I. W. T.; Van Rompaya, A. R.; De Coenb, W.; Witters, H. E. Development of a Screening Assay to Identify Teratogenic and Embryotoxic Chemicals Using the Zebrafish Embryo. *Reprod. Toxicol.* **2009,** *28*, 308–320.
    (b) Teixidó, E.; Piqué, E.; Gómez-Catalán, J.; Llobet, J. M. Assessment of Developmental Delay in the Zebrafish Embryo Teratogenicity Assay. *Toxicol. In Vitro* **2013,** *27*, 469–478.
65. Jones, T.W. In *Pre-Clinical Safety Assessment: It's No Longer Just a Development Activity. Drug Discovery Technology (R) and Development World Conference*, Boston, MA, August 8–10, 2006.
66. http://www.ich.org/.
67. Dean, J. H.; Cornacoff, J. B.; Haley, P. J.; Hincks, J. R. The Integration of Immunotoxicology in Drug Discovery and Development: Investigative and *In Vitro* Possibilities. *Toxicol. In Vitro* **1994,** *8*, 939–944.

第9章

抗体药物的发现

抗体（antibody），也称为免疫球蛋白（immunoglobulin，Ig），由B细胞产生，是免疫系统的关键组成部分。B细胞作为白细胞的一种，也被称为B淋巴细胞。通常情况下，抗体会与病原体（如细菌、病毒）发生中和作用（neutralization）并将其从体内清除。抗体概念的提出明显早于对这一生物分子本身的发现。北里柴三郎（Kitasato Shibasaburō）在1890年研究人体应对白喉和破伤风毒素的反应时，提出了体液免疫这一概念。他推测血清中存在一种物质能够转化为保护机制并与外来物质相互抗衡[1]。1897年，保罗·埃尔利希（Paul Ehrlich）提出了侧链理论（side-chain theory），论述了血液中物质间的相互作用，他将异物定义为抗原，将异物上带有侧链的物质命名为抗体[2]。尽管这些最初概念的提出已是很大的进步，但直到20世纪20年代，迈克尔·海德堡（Michael Heidelberger）和奥斯瓦尔德·艾弗里（Oswald Avery）才提出抗体本身属于蛋白质[3]。1948年，阿斯特丽德·法格罗（Astrid Fagreaus）发现B细胞是抗体的来源[4]。在接下来几十年间，大量研究团队致力于5种主要亚型抗体结构的研究：IgA、IgD、IgE、IgG和IgM[5]。

19世纪70年代中期，抗体维持正常身体功能和免疫反应的重要性已经得到了充分肯定，但尚未完全实现将其应用于治疗。这主要是由于缺乏必需的工具以生成足量的纯抗体，即使是最简单的抗体。从19世纪70年代到21世纪，生物技术革命催生了诸如DNA重组、聚合酶链反应（polymerase chain reaction，PCR）系统和转染（transfection）技术等工具，为大量制备单克隆抗体（monoclonal antibody，mAb）（见第2章）提供了技术支持。这反过来又促使科学家和制药公司能将开发出的抗体作为研究工具；更为重要的是，开发出的抗体可用于多种疾病和病症的治疗。

莫罗单抗-CD3（muromonab-CD3，Orthoclone OKT3®）作为第一个抗体药物于1986年面世，FDA批准其用作器官移植患者急性排异反应的免疫抑制剂[6]。在接下来几十年间，陆续开发了大量针对不同疾病的重要抗体药物。例如，2003年，阿达木单抗[adalimumab，修美乐（Humira®）]获得FDA批准，用于治疗类风湿、银屑病关节炎、强直性脊柱炎、溃疡性结肠炎和小儿克罗恩病（Crohn’s disease，CD）。该药物2016年的销售额超过160亿美元[7]。截至2020年，仅美国批准的抗体药物就达96个，而美国以外的其他地区也有类似数量的抗体药物获得批准[8]。

虽然抗体药物和小分子药物的发现与开发有一定的相似之处，但也存在一些关键性差异。两类药物在临床试验和动物有效性研究方面基本相同，但在安全性方面却明显不同。对于小分子药物而言，靶向选择性是重要的安全性问题，但抗体药物对单一生化靶点具有极好的靶向性，即使在相关生物靶点家族高度同源的情况下也是如此。然而，抗体药物可能会诱导非必要的免疫反应，引发严重的安全问题，而这一情况在小分子药物中并不常见［能够充当半抗原的药物除外（见第8章）］。当机体对抗体药物产生抵抗时，可能会导致抗体药物的免疫原性随着时间的推移而降低，进而造成疗效减弱。此外，抗体产生有害代谢物的风险非常低，因为抗体蛋白通过肽降解方式而被代谢，主要生成小分子多肽和氨基酸。值得注意的是，小分子药物可以口服给药，但抗体药物则不能。抗体药物的分子大小远超口服给药时胃肠道渗透吸收的上限，因此大多数抗体通过静脉输液方式给药。

潜在先导分子的制备和确认也存在显著差异。小分子药物的发现和开发主要取决于科学家对有机化学和药物化学的掌握程度，他们首先制备新化合物，然后在体外筛选系统中进行各种筛选，以确定新化合物是否满足给定项目的成功标准。而单克隆抗体是由细胞产生的。虽然细胞的大规模培养是可行的，但对于发现并分离可产生单克隆抗体的细胞系且该抗体可作为治疗特定疾病或病症的药物，这一过程中所需的工艺和技能相较于小分子药物发现而言是截然不同的。

大多数单克隆抗体细胞系使用杂交瘤技术或抗体噬菌体展示库（antibody phage display library）进行制备，本章后半部分将对这两种技术进行具体介绍。重要的是，无论通过何种技术发现高靶向性的单克隆抗体，都不一定意味着以抗体为重点的药物发现项目的结束。可能还需要对生成抗体的基因进行微调，以解决诸如聚合（聚合的抗体无法与预期靶点相结合）和溶蛋白性裂解（proteolytic cleavage）脆弱性（会降低循环半衰期）的问题，以及减轻潜在的免疫原性（针对基于杂交瘤的系统尤为如此）。如果存在适合的氨基酸侧链，上述问题及其他问题也可以通过单克隆抗体转译后的化学修饰来解决。与小分子药物开发相比，抗体药物的开发过程需要面对一系列的挑战。因此，需要了解相关领域或有志于从事相关工作的科研人员必须具备一定的知识储备。

9.1 IgG的结构与功能

要想充分理解抗体药物发现过程的复杂性，必须对治疗性抗体的结构和功能有基本的了解。如前所述，抗体主要包括5种不同的类型，即IgA、IgD、IgE、IgG 和 IgM，其中IgG类抗体与抗体药物的生产最为相关。经典的IgG 分子（图9.1）[9] 由两对相同的蛋白序列组成，分别为重链（heavy chain）和轻链（light chain），二者通过链与链之间的二硫键相互连接，整体呈“Y”形。每条链由恒定区和可变区组成。轻链包含1个恒定区（constant region）（CL）和1个可变区（variable region）（VL），重链则包含3个恒定区（CH1、CH2和CH3）和1个可变区（VH）。整体结构可视为由2个主要区域构成。第一个区域是位于“Y”形结构底部的片段可结晶区（Fc区），该区域与细胞表面受体（Fc受体）及其他蛋白发生相互作用以激活免疫系统的其他方面。细胞表面区涵盖抗体重链的CH2和CH3区，因此IgG抗体在该区域几乎没有可变性（可通过Fc区上的差异对IgA、IgD、IgE、IgG和IgM这5种主要抗体进行区分）。第二个区域是片段抗原结合区（FAB

区），包括重链（VH）和轻链（VL）的可变区。其中FAB区可与抗原发生相互作用。正如该组成部分名称所喻示的那样，FAB区高度可变。抗体外端每条可变链具有3个环，被指定为互补决定区（complementarity-determining region，CDR）（CDR1、CDR2、CDR3），正是这些区域直接与抗原相互作用，而在抗体中观察到的高特异性也正是由该区域所驱动的[11]。FAB区的其余部分可被视为支架，用以保持CDR适当的构型，使其能够与特定抗原相结合（这一点与酶很相似，将不属于活性位点部分的结构作为支架，使活性氨基酸固定在适当的位置上）。CDR所具备的可变性是抗体多样性的主要原因。据估计，人体内原始抗体库中的独特抗体超过10^{12}种[10]。这些抗体在接触抗原后诱发体细胞高频突变（somatic hypermutation），进而使免疫系统可以获得更多的独特抗体。布赖尼（Briney）等在2019年的文章中估计，体细胞高频突变所诱导的抗体，加之原始抗体库中的抗体，总计抗体将达到10^{16}～10^{18}种[11]。

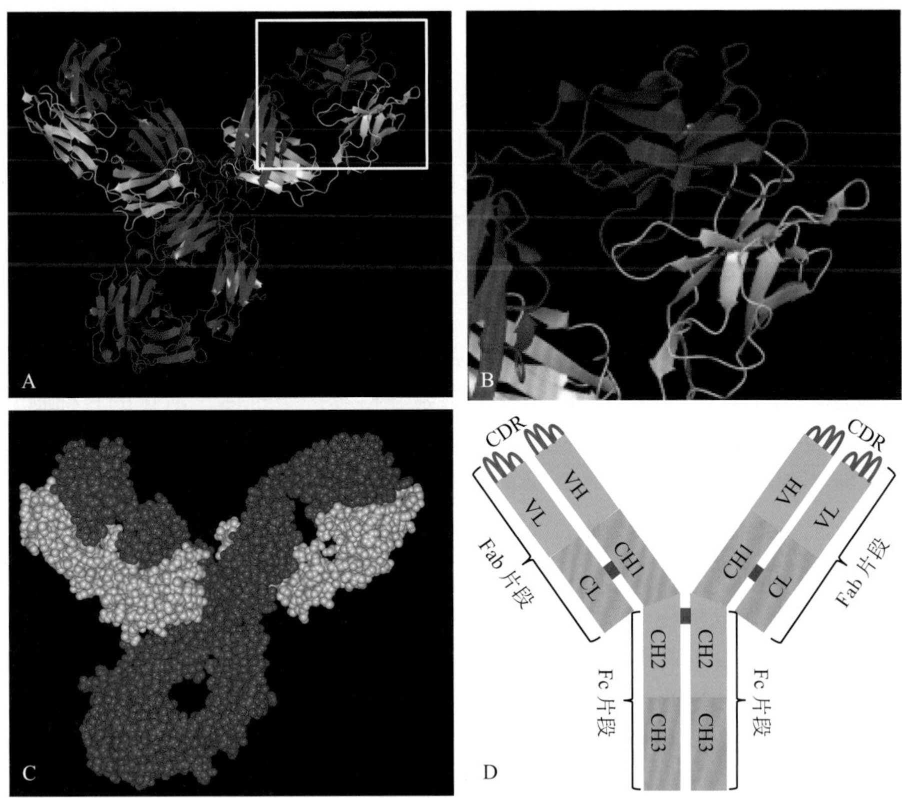

图9.1　A. 帕博利珠单抗（派姆单抗）[pembrolizumab，健痊得（Keytruda®）]的带状图。B. 帕博利珠单抗CDR区的放大图（图A白色方框）。C. 帕博利珠单抗的空间填充图。D. 抗体的一般结构

9.2 抗体药物的发现

鉴于可获得抗体的高度多样性，人体免疫系统针对任何一种非内源性抗原分子都能生

成相应的抗体也就不足为奇了。抗体所具备的高度多样性和绝对靶向选择性已经激发了人们对开发抗体药物的兴趣。但如前所述，发现抗体药物的方法与小分子药物截然不同。与通过化学合成获得的小分子不同，抗体是由活细胞产生的。在药物发现、药物开发和药物商业应用中，单克隆抗体的生产主要取决于识别、分离和培养产生单一抗体细胞系的能力。尽管这一目标可以通过多种方法实现，但最常用的方法还是杂交瘤技术和抗体噬菌体展示。

9.2.1 杂交瘤技术

如第2章所述，杂交瘤技术最早由科勒（Köhler）和米尔斯坦（Milstein）[12]于1975年提出，这也是首个可用于生产单克隆抗体的方法。该方法（图9.2）首先多次给小鼠接种抗原（能够诱导免疫反应的外来异物）以诱导小鼠产生抗体。通常抗原具有多个结合区，也称之为表位（epitope），可以与抗体发生相互作用。小鼠接种抗原后，B细胞开始产生相应的抗体，并以极高水平的特异性与抗原的单个表位结合。这也与伯内特（Burnet）1950年首次提出的理论相符，即每个B细胞仅产生一种特异性抗体，并与抗原上单个表位相结合，而小鼠免疫系统中所产生的多种B细胞系则会出现多克隆反应[13]。通常几周时间后，小鼠免疫系统产生B细胞的数量会达到峰值。此时对小鼠实施安乐死并取出脾脏，采用机械和酶解方法对脾脏进行处理，并将完整的细胞与废料分离。最后，利用差速离心法分离活化的B细胞。

此时，活化的B细胞混合物能够产生多克隆抗体混合物，但这些细胞在细胞培养系统中的寿命极短。为了获得能够不断增殖的细胞系并持续产生抗体，活化的B细胞必须与骨髓瘤细胞（一种源自白细胞的癌细胞）相融合。关键在于，骨髓瘤细胞无法产生抗体（特指Ig^-），也缺乏产生次黄嘌呤鸟嘌呤磷酸核糖基转移酶（hypoxanthine-guanine phosphoribosyltransferase，HGPRT）的基因（特指$HGPRT^-$），而该酶是合成嘌呤核苷酸的一种关键酶。借助可诱导融合的化学药剂，将活化的B细胞与$HGPRT^-/Ig^-$骨髓瘤细胞混合，生成杂交细胞。该细胞也被称为杂交瘤细胞，既保留了B细胞产生抗体的能力，又保留了$HGPRT^-/Ig^-$骨髓瘤细胞无限增殖的能力。此外，该混合体系中还含有未融合的B细胞、未融合的骨髓瘤细胞，以及彼此融合的骨髓瘤细胞和彼此融合的B细胞。以含有次黄嘌呤、氨基蝶呤和胸腺嘧啶的培养基（也称为HAT选择性培养基）培养细胞混合物，可去除不需要的融合细胞及未融合的残留细胞（图9.3）。在这一培养基中，由于未能获得骨髓瘤细胞的无限复制能力，未发生融合的B细胞和相互融合的B细胞将会凋亡，这样便保留了所需要的杂交瘤细胞、未融合的残留骨髓瘤细胞、骨髓瘤细胞相互融合的细胞。虽然杂交瘤细胞可以在HAT选择性培养基中进行复制，但其余两种类型的细胞则不能。如上所述，该培养液中含有氨基蝶呤，这是一种用于抑制核苷酸合成的抑制剂。置于该化合物中的细胞为了存活，必须借助HAT选择性培养基中的次黄嘌呤和胸腺嘧啶补充嘌呤。而杂交瘤细胞能够补充嘌呤，所以在这种条件下得以存活；但其他两种细胞系均由于缺乏HGPRT（补充嘌呤的关键酶）而无法补充嘌呤。最终非杂交瘤细胞凋亡，仅留下含有杂交瘤细胞的混合物。

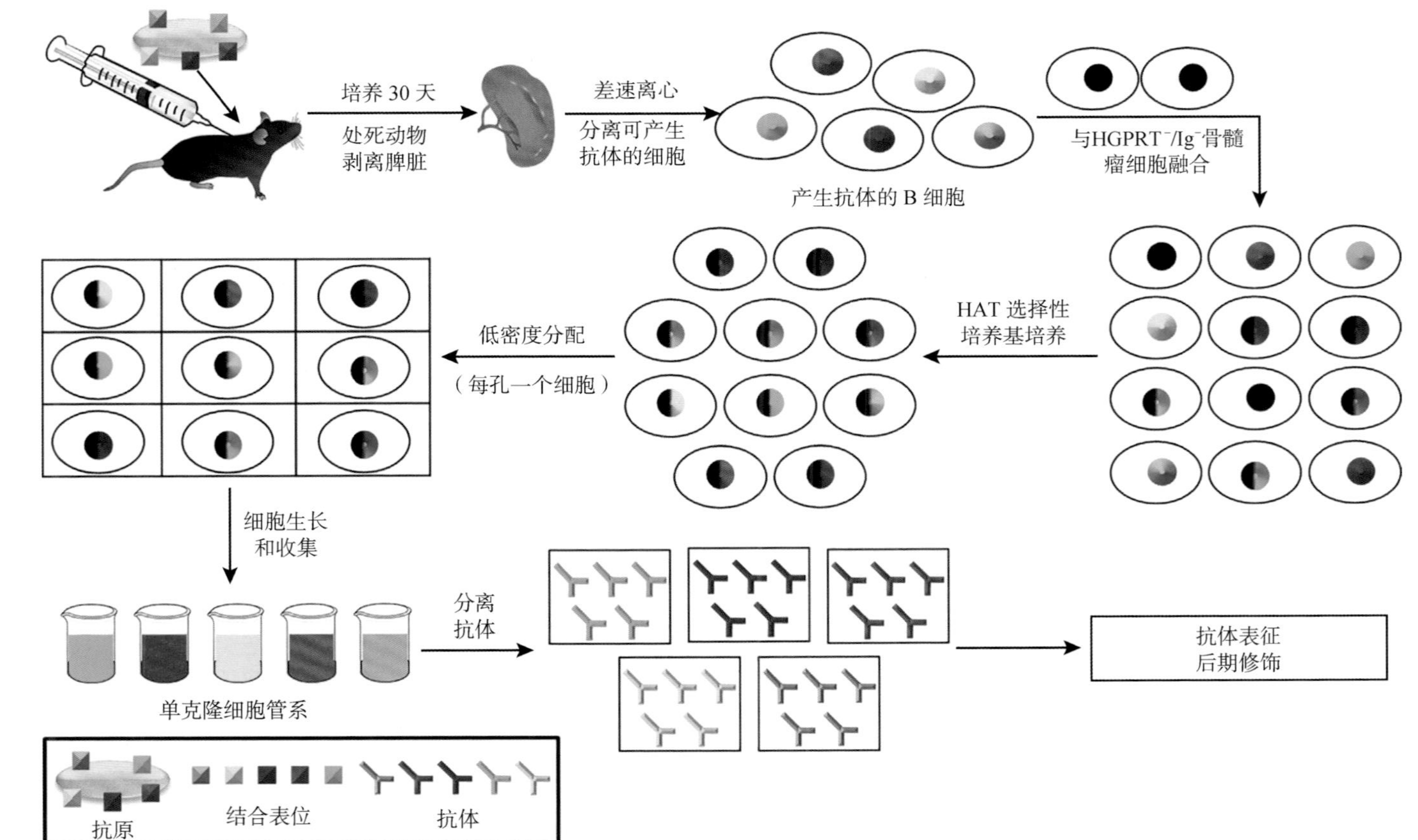

图9.2　基于杂交瘤细胞系的抗体生成起始于小鼠的抗原接种。在B细胞数量达到峰值后，对小鼠实施安乐死并取出脾脏，收集B细胞并与HGPRT⁻/Ig⁻骨髓瘤细胞进行融合。然后在HAT选择性培养基中培养，从而去除非杂交瘤细胞，并通过低密度分配技术实现单个细胞的分离。分离细胞培养后所产生的单克隆抗体经确证和评估后可作为潜在的治疗药物

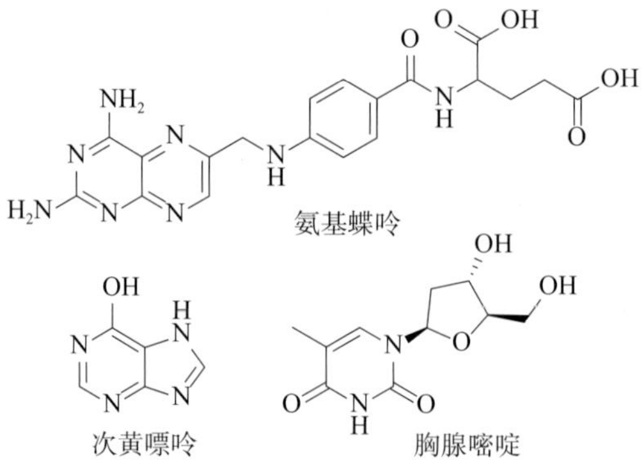

图9.3 HAT选择性培养基的主要成分

虽然通过杂交瘤细胞混合物可获得能够产生抗体的细胞系，但却无法获得单克隆抗体。尽管每个细胞都会产生一种高靶向性的抗体，但细胞集合在一起只会得到一种多克隆混合物。为了生成单克隆抗体，必须将细胞分离并培养成单一群落，以便每个群落只产生一种抗体（单克隆抗体）。对细胞分别进行分类并确定单个细胞会产生哪种抗体显然是不可行的。但是，我们可以收集杂交瘤细胞并在多孔培养板上进行“低密度分配”。在此过程中，杂交瘤细胞以足够低的浓度悬浮于分配液中，因此多孔板的每个生长孔中仅会沉淀一个细胞。单个细胞生长为杂交瘤细胞群后，每个细胞群将只产生单一类型的抗体。这就可以确证每个单一的杂交瘤细胞系所产生的单克隆抗体的生化特性（如通过ELISA或放射免疫测定法测定其靶向结合能力）和理化特性（如线性序列、PK属性），而且细胞系本身得以存活，并成为无限生成单克隆抗体的来源。

杂交瘤技术已成功应用于上百种研究工具的发现、开发及商业化。更为重要的是，借助此技术获得了FDA批准的药物。2016年，有18种通过杂交瘤技术产生的单克隆抗体被应用于临床。众所周知的实例包括西妥昔单抗[cetuximab，爱必妥®（Erbitux®）][14]、英利西单抗[infliximab，类克®（Remicade®）][15]、戈利木单抗[golimumab，欣普尼®（Simponi®）][16]和优特克单抗[ustekinumab，喜达诺®（Stelara®）][17]。莫罗单抗-CD3出现后，有一个必须克服的障碍，即虽然这种单克隆抗体可以有效用作免疫抑制剂，但部分患者重复给药后疗效会下降（快速耐受反应）。最终这种快速耐受反应被确定为由患者免疫系统针对莫罗单抗-CD3产生了相应的抗体而造成的。该药及其他由纯小鼠杂交瘤细胞开发的单克隆抗体（图9.4A）都具有引发人体免疫反应的潜在风险。如前所述，包括非人源抗体在内的外来物质都可能成为抗原，进而诱发人体产生抗体，进而启动免疫程序以清除外来物质。因此，抗药抗体（anti-drug antibody），也称为人抗鼠抗体（human anti-mouse antibody，HAMA），成为单克隆抗体药物领域必须克服的一大障碍。自1986年推出莫罗单抗-CD3后，直至1995年[18]第二个抗体药物[阿昔单抗（abciximab，ReoPro®）]才上市，这9年的时间间隔足以印证这一点。

嵌合单克隆抗体（chimeric monoclonal antibody）（图9.4B）解决了抗药抗体这一问题。此类单克隆抗体可被视作鼠源和人源抗体的杂化物，主要是以发现小鼠单克隆抗体为出发点。首先，使用PCR分离并扩增用于编码重链和轻链可变区的基因。然后，将该区域

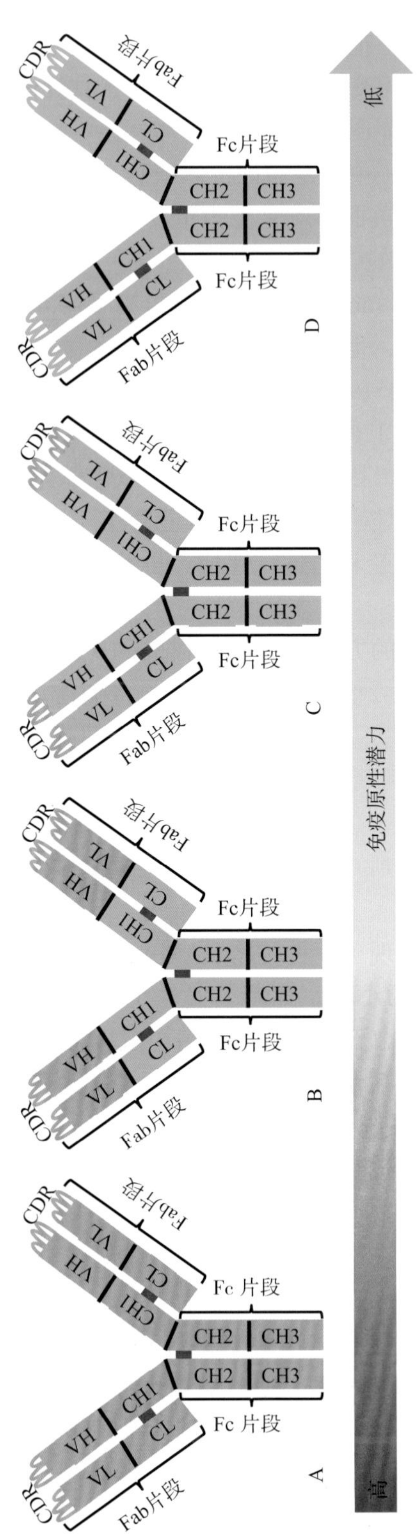

图9.4　鼠源单克隆抗体（A）具有高度免疫原性。在嵌合单克隆抗体（B）中，鼠源可变区被移植到人源结构上，从而降低了免疫原性。人源化单克隆抗体（C）将鼠源CDR保留在人源结构上，并进一步降低其免疫原性。纯人源化单克隆抗体（D）的免疫原性风险较低，主要通过抗体噬菌体展示技术进行识别

内的小鼠基因与人体编码重链和轻链恒定区的基因进行配对，并将组合后的基因集合转入质粒载体中。将基因转染到细菌或其他相应的细胞系中，获得新的细胞系，而该细胞系产生的抗体涵盖了人体恒定区和小鼠可变区。从理论上而言，这种嵌合抗体携带较少的“鼠源”特征，因此重复使用后不太可能诱导产生抗药抗体。通常在抗体药物开发过程早期开展适当研究以对相关风险进行评估，主要是验证抗体依然有能力与预期的生物靶点相互作用，而嵌合抗体对这一过程未产生负面影响是极为重要的。嵌合抗体不会诱发免疫反应，但失去靶向性的嵌合抗体将成为无效抗体[19]。

人源化单克隆抗体（humanized monoclonal antibody）（图9.4C）与嵌合抗体的相似之处在于它们都源自鼠类单克隆抗体，但是人源化单克隆抗体显然更多地替代了鼠源蛋白。这种方法最初由温特（Winter）等于1986年[20]证实，主要是基于CDR驱动抗原结合而非整个可变链，通过相应的生物技术工具将小鼠单克隆抗体的CDR移植至人体单克隆抗体结构上。CDR占抗体可变区的25%，因此90%以上的人源化单克隆抗体表现为人源特性。减弱鼠源特性显著降低了HAMA风险（尽管仍有可能发生）。与嵌合单克隆抗体相同的是，抗体实现人源化后必须对靶向亲和力进行评估。虽然经此过程后CDR得以保留，但仍具有失去靶向性的风险[21]。

采用奎因（Queen）等[22]开发的方法可将药效损失的风险降至最低。他们研究的一部分是发现人源化单克隆抗体对IL-2受体的靶向性，并将啮齿动物的可变区与潜在的人源结构相对照，实施序列同源性研究。他们选择最相近的部分进行匹配，并使用分子模型判断残余CDR的重要性，从而判断以人源变体替换所产生的影响。相较于温特的方法（即通过简单移植CDR获得抗体），使用该技术产生的人源化抗体少了些“人源特性”。但研究证明，采用奎因等开发技术所产生的人源化单克隆抗体保留了鼠源单克隆抗体的效力。

随着对转基因动物的开发，出现了一种可将HAMA风险降至最低的方法。该技术已被用于繁育具备人源化免疫系统的小鼠，如特里安尼小鼠（Trianni mouse）[23]，其负责生成Ig的基因已被人源基因替换。由于这一调整，当小鼠接触抗原时会产生人源化抗体。如前所述，通过将小鼠的脾脏分离后制备杂交瘤细胞系，即可产生纯人源化单克隆抗体（图9.4D）。由于此类小鼠的免疫系统已被人源化，所产生的抗体实际上已是人源抗体，不再具有鼠源成分，因此理论上用药患者的免疫系统不会发生HAMA风险[24]。

9.2.2 抗体噬菌体展示

另一种消除HAMA风险的方法是抗体噬菌体展示，其利用细菌病毒和细菌之间的相互作用获得能够产生单克隆抗体的细胞系。细菌病毒也称为噬菌体，是一种专门感染细菌的病毒，但却不会感染高等物种。与其他病毒类似，细菌被感染后，病毒DNA会插入细菌基因组，从而导致细菌宿主产生噬菌粒。噬菌体展示库采用溶原性噬菌体（lysogenic phage），用于发现及开发单克隆抗体制剂，如M13丝状噬菌体。与裂解噬菌体（lytic phage）裂解细菌宿主而生成的噬菌体不同，溶源性噬菌体感染细菌宿主后同样会产生噬菌，但宿主细菌仍能够存活并复制，从而产生更多经噬菌体感染的细菌。M13噬菌体能够感染多种大肠杆菌菌株，感染后的大肠杆菌具有单链DNA，能够编码11种蛋白，而这些蛋白则用于DNA复制（gp2、gp10、gp5）、组装和产生新的噬菌粒（gpl、gp4、gp11），以及构建覆盖DNA衣壳所必需的壳体蛋白（主要壳体蛋白为pⅧ，次要壳体蛋白为pⅦ、pⅨ、pⅥ和pⅢ）[25]。

在噬菌体展示库（图9.5）中，与壳体蛋白相关的DNA被改变，因此人源抗体的可变区可结合到壳体蛋白的外端，而这可以借助于来自正常人源供体或已暴露于特定抗原的供体材料（B细胞）来实现。首先，从患者中分离B细胞，并从B细胞中分离出人源抗体（重链和轻链）可变区中的cDNA，再利用PCR对cDNA基因片段进行扩增。也可以通过计算机设计必要的cDNA，并借助DNA合成机制制备必要的基因片段，再将分离的基因片段整合到噬菌体DNA中的某个位置，从而使表面蛋白端产生抗体片段（通常为pⅧ或pⅢ表面蛋白），这样便生成了含有改变后噬菌体DNA的质粒[也被称为噬菌粒（phagemid）]。这种方法可将转基因噬菌体DNA插入大肠杆菌。在某些情况下，噬菌粒转移DNA的效率不足以支持库的产生，但可以通过噬菌粒和“辅助噬菌体”（helper phage）共同向大肠杆菌转移DNA进行补偿。辅助噬菌体具备形成噬菌粒所需的所有基因，但其控制噬菌体组装的“包装信号”机制已失活。因此，辅助噬菌体只有整合噬菌粒的DNA后才能进行复制。转染后的大肠杆菌会产生噬菌粒，而抗体片段则显示在噬菌体表面，进而与抗原相互作用，并在噬菌体表面编码抗体自身的DNA[26]。这些技术的变体方法，如将容易出错的PCR制备基因片段整合至噬菌粒中[27]，已被用于制备抗体噬菌体展示库，而其多样性与人体免疫系统的数量级相同。例如，MorphoSys公司的Ylanthia库内包含大约1.3×10^{11}种独特的人源抗体噬菌体[28]；GlobalBio公司的Althea gold库内包含大约2.1×10^{10}种人源抗体噬菌体[29]。

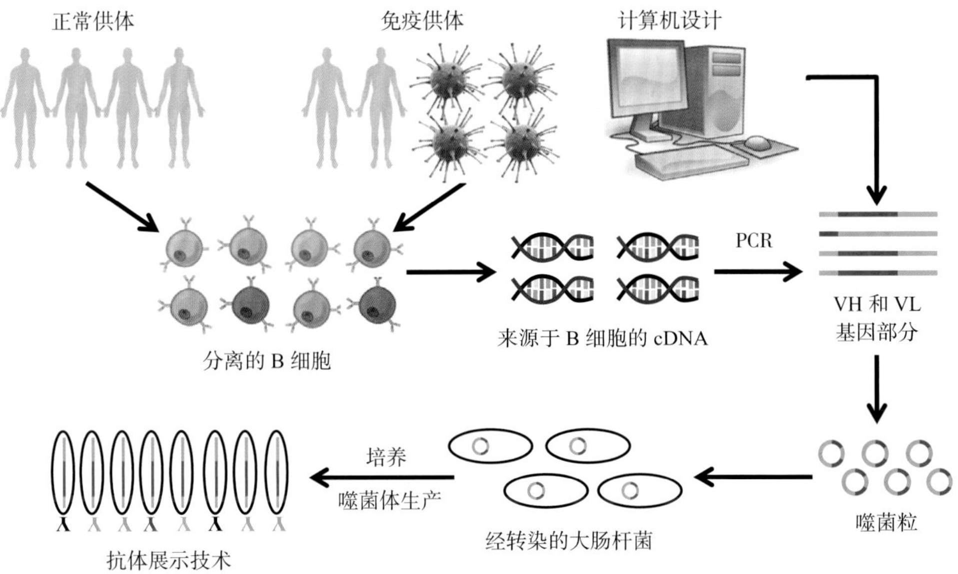

图9.5 可通过计算机设计适当的基因片段，创建抗体噬菌体展示库（右上），或者通过分离供体患者（左上）的B细胞来制备或分离基因片段。然后创建cDNA并利用PCR扩增基因片段。再由基因片段制备噬菌粒，用于大肠杆菌转染。最终噬菌粒在表面蛋白（通常是pⅧ或pⅢ表面蛋白）末端表达抗体蛋白

即便获得了一个巨大的、多样化的噬菌体库，并且其本身标记有人源抗体或标记了人源抗体可变区，所培育出的细胞系仍不足以产生人源单克隆抗体。这一情况与前文的描述相似，即收集小鼠B细胞接触抗原后所产生的杂交瘤细胞。在缺乏分离单个细胞系方法的情况下，无法从最初收集到的杂交瘤细胞中制备出单克隆抗体。利用抗体噬菌体展示库产生能够生成单克隆抗体的细胞系，需要筛选并确证噬菌体展示库抗体结合抗原的效能（在杂交瘤方法中，抗体由小鼠免疫系统进行“选择”）。可以通过类似于“淘金”（筛选阳性克隆）的方法来实现细胞系的筛选（图9.6）。在一种变体方法中，微量滴定板板孔被相关抗原包被（通常采用与疾病相关的蛋白），然后向其中加入噬菌体库。洗涤滴定板时，未标记抗原结合区的噬菌体将不能与抗原发生相互作用，最终会被洗脱。留在滴定板中的噬菌体对目标抗原具有不同程度的结合亲和力。借助可以破坏噬菌体和抗原之间互相结合作用的溶媒（通常呈弱酸性或弱碱性）洗涤微量滴定板，可将噬菌体从板孔中分离。用这种方式收集到的抗体噬菌体展示库子集富含对目标抗原具有特异性的抗体结构区。以该噬菌体库子集感染大肠杆菌后，所获得的细胞可用于生成新的抗体噬菌体库，从而使初始库内的“命中抗体”数量扩增。然后，通过更加严格的结合标准重复这一“淘金”式的筛选过程，进一步增多强结合性细胞的数量，减少弱结合性细胞的数量。从理论上而言，经过多轮循环筛选后，只有对目标抗原具有高度亲和力的抗原结合区噬菌体才能留存在库中。这些噬菌体可用于创建转染大肠杆菌的最终集合，然后对其进行DNA分析，以分离可产生

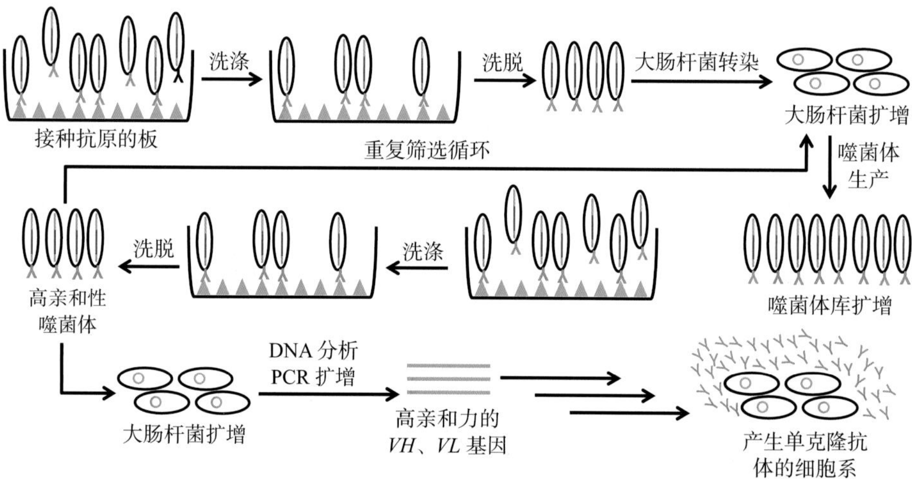

图9.6 **首先，将抗体噬菌体展示库暴露于表面被目标抗原包被的板孔。再以相应的溶媒洗涤板表面，此时能够表达可与抗原发生相互作用抗体的噬菌体将保持与抗原的结合，而其他噬菌体将被洗去。其次，采用能够破坏结合作用的溶媒（通常呈弱酸性或弱碱性）洗涤孔板表面，所获得库子集中的噬菌体用于生产一组新的大肠杆菌，同时扩增其中能够与抗原结合的噬菌体。之后采用更加严格的结合标准重复循环这一过程，直至开发出具备表达高亲和力抗体蛋白的噬菌体。借助DNA分析和PCR技术，采用由这些噬菌体获得的大肠杆菌来表达高亲和力的*VH*和*VL*基因片段。将这些基因片段与人源恒定区基因结合，获得稳定的细胞系（通常是大肠杆菌或CHO细胞），进而能够产生单克隆抗体。最后，使用先前所描述的“低密度分配”方法分离单一细胞系**

高效抗原结合区的基因。分离出的基因可通过PCR扩增，并将相应人源抗体恒定区（注意，抗体噬菌体库通常基于抗体重链和轻链的可变区）插入细胞系（通常为大肠杆菌或CHO细胞）以获得稳定的细胞系，进而能够生成完全的人源抗体。再利用杂交瘤细胞混合物培养单克隆细胞系的“低密度分配”方法，获得产生单克隆抗体的细胞系。阿达木单抗作为一种靶向TNF-α的完全人源单克隆抗体，是FDA批准的首个使用噬菌体展示技术发现的单克隆抗体[30]。

虽然抗体噬菌体展示方法是一种发现具有治疗作用的人源单克隆抗体的有效方法，但该方法仍存在某些严重的局限性。首先，在抗体噬菌体展示库中被发现的命中物质并非分离出的抗体，通常是附加在噬菌体表面蛋白末端的抗原结合区。以相应的抗体重链和轻链的恒定区替换噬菌体表面蛋白虽然可以产生抗体，且抗体的靶向效力与观察到的噬菌体相似，但这也并非绝对的。如果抗原靶向区能够采用一种构型与靶向抗原紧密结合，那么虽然这种能力得到噬菌体表面蛋白的支持，但却没有取得抗体的支持，从而无法插入抗体的恒定区，进而使抗原结合区受到负面影响。一旦噬菌体表面蛋白被合适的恒定结构区取代，在产生完整抗体时抗原结合结构区的蛋白折叠也可能发生改变，这将对抗原结合产生负面影响。即使结合效力得以保留，恒定区的选择也可能会影响其他理化性质，如溶解度、聚合潜力和代谢半衰期。

9.3 单克隆抗体修饰

一旦具备生产单克隆抗体制剂的实力，将可能获得数十亿美元的收入。高额的回报也促进该领域的不断扩张。众多的研究团队和公司开发出了上述标准IgG结构的替代产品。在某些情况下，这些努力是出于推动科学界限的愿望，而在其他情况下，驱动力则是拓展新的知识产权空间。无论动机如何，最终的结果是IgG结构出现了多种重要变化（图9.7）。由于策略聚焦在移除各种成分，以及简化抗体整体结构，这使得“微型抗体”（miniantibody）和单区/单链抗体（single domain/chain antibody）得到十足发展[31]。“微型抗体”中不存在两条重链的第三恒定区，而单区/单链抗体仅由单个重轻链组合组成，而不是名义上的常规配对构型。研究还指向消除整个FC区。在某些情况下，剩余的两个FAB区通过接头共价连接；在其他情况下，分子被还原为单个FAB单元[32]。临床上已开发出多种有效的“单FAB”药物，如用于治疗与年龄相关的湿性黄斑变性的雷珠单抗[ranibizumab，兰尼单抗（Lucentis®）]。该药能抑制血管生长并靶向血管内皮生长因子-A（vascular endothelial growth factor A，VEGF-A）[33]。类似的药物还包括单FAB的赛妥珠单抗[certolizumab pegol，CDP870，希敏佳®（Cimzia®）]，可靶向肿瘤坏死因子-α（tumor necrosis factor-α，TNF-α），被批准用于治疗包括克罗恩病、类风湿关节炎、银屑病关节炎和强直性脊柱炎等多种疾病[34]。

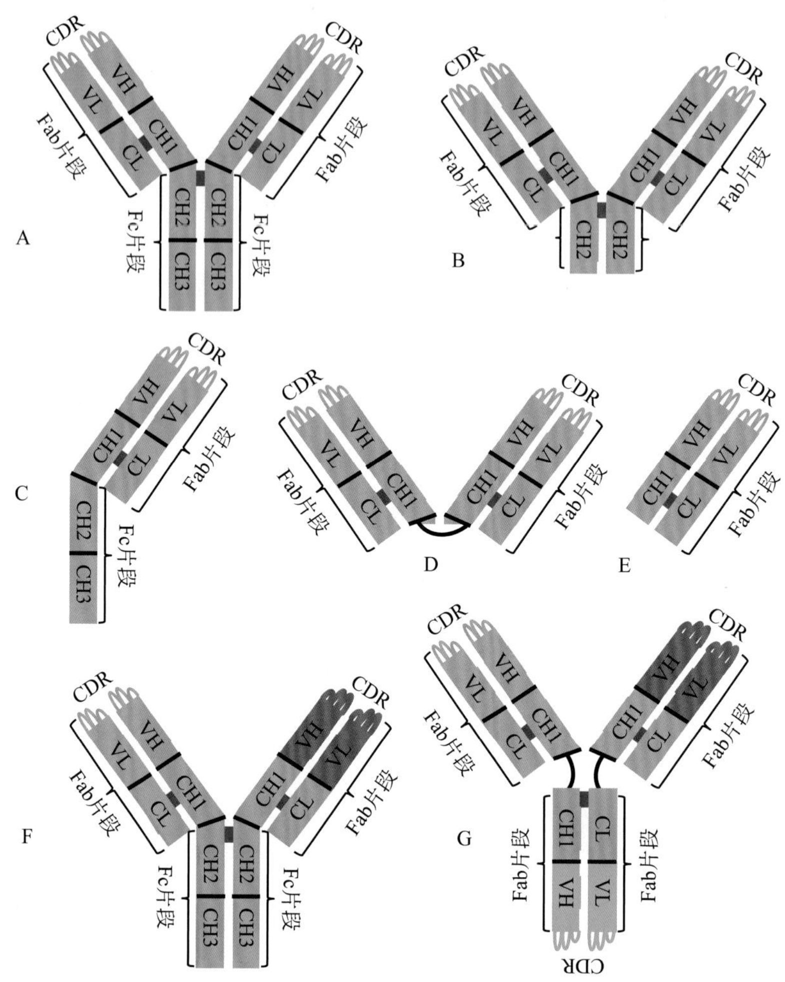

图9.7 A. 单克隆抗体；B. “微型抗体”；C. 单区/单链抗体；D. Fab 接头片段；E. 单个Fab片段；F. 二价/双特异性抗体AKA双体抗体；G. 三价抗体AKA三抗体的结构示意图

相关研究还对单克隆抗体复杂性的增加进行了探索。常规抗体对单个靶点具有高度靶向性，并且抗体的两个臂上各具一个FAB区。FAB区上的CDR区结合同样的靶点，因此抗体对单一抗原具有高度靶向性。然而，当以靶向不同抗原的FAB单元替换单克隆抗体其中一个臂后，生成的单克隆抗体可以靶向两种不同的抗原。这种类型的抗体被称为二价抗体（bivalent antibody）、双特异性抗体（bispecific antibody）或双抗体（diabody）[35]。艾美赛珠单抗（emicizumab，Hemlibra®）就是一个典型的实例。该药是一种用于治疗血友病A的二价单克隆抗体，同时靶向活化凝血因子Ⅸ和因子Ⅹ[36]。该技术已扩展至对三价抗体（trivalent antibody）[也被称为三抗体（triabody）]的研发[37]。虽然许多出版物对此类抗体的发现进行了论述，但是截至2020年，尚无任何此类抗体被批准用于临床。

另一种通过增加单克隆抗体复杂性来发现新制剂的方法可被视作抗体疗法与小分子疗

法的结合。此类药物被称为抗体药物偶联物(antibody drug conjugate)[38]。相关药物以抗体作为小分子药物的载体,由抗体提供高水平特异性,使得这一偶联物能将小分子“载荷”运送至抗原靶点。例如,吉妥珠单抗-奥佐米星偶联物[gemtuzumab ozogamicin,麦罗塔®(Mylotarg®)][39],是由靶向CD33(一种存在于白血病细胞上的跨膜受体)的吉妥珠单抗与奥佐米星(一种烯二炔抗肿瘤抗生素,刺孢霉素家族成员)通过共价键相连。该药于2017年被FDA批准用于治疗急性骨髓性白血病。类似地,曲妥珠单抗-美坦新偶联物[trastuzumab emtansine,卡德西拉®(Kadcyla®)][40]是由曲妥珠单抗与小分子药物美坦新共价连接而得,是一种治疗某些形式的HER2阳性转移性乳腺癌的药物。在这种情况下,曲妥珠单抗具有两种功能,一是作为细胞毒性抗癌药物美坦新的高靶向性递送载体。曲妥珠单抗可靶向HER2受体,该受体在某些乳腺癌(HER2阳性乳腺癌)细胞中会过度表达。曲妥珠单抗与HER2结合会使美坦新靠近乳腺癌细胞,进而发挥其细胞毒性作用。二是曲妥珠单抗还阻断了HER2的激活,从而阻止其促增殖和抗凋亡作用。有趣的是,曲妥珠单抗(如不与美坦新结合)本身就被用于治疗某些HER2阳性转移性乳腺癌,以赫塞汀®(Herceptin®)[41]作为商品名进行销售(图9.8)。

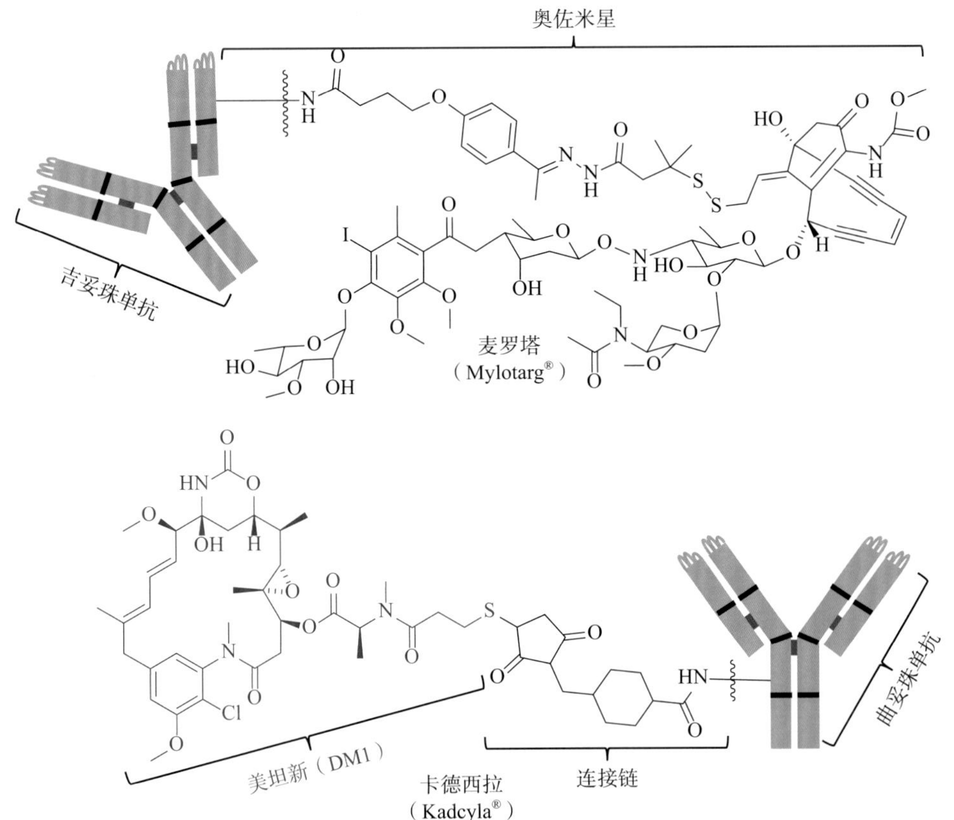

图9.8 **抗体药物偶联物麦罗塔(吉妥珠单抗-奥佐米星)和卡德西拉(曲妥珠单抗-美坦新)的结构**

9.4 关键问题

无论采用何种技术进行抗体的研究，开发过程中都存在许多关键问题需要考虑。首先，单克隆抗体中关键氨基酸残基的糖基化会对抗体溶解度和聚集性产生重大影响[42]。例如，糖基化的人干扰素-β（human interferon-β，INF-β）是可溶的，但去除糖基将形成不溶性的聚合物[43]。再者，关键位置糖基的存在与否也会显著影响靶向效力。例如，在抗CD20单克隆抗体研究中，据佐藤（Satoh）等报道，与岩藻糖基化类似物相比，不含岩藻糖（一种己糖脱氧糖）的抗体活性增加了100倍[44]。糖基化属于生物学中翻译后的一个过程（不属于蛋白合成的一部分），通常发生在内质网。如果确定糖基化具有负面影响，则可采用多种方法解决此类问题。例如，负责糖基化单克隆抗体的糖基化途径的遗传失活，将获得游离的单克隆抗体。此外，还开发了去除碳水化合物结构的化学方法和酶促方法[45]。

功能性氨基酸残基也可以加以利用。如前文所述，小分子药物可与抗体共价连接，从而形成抗体药物偶联物，其疗效已被临床证明。还可通过将各种基团连接到醇、胺或肽链上的其他可用位置来改善抗体的理化性质。例如，聚乙二醇保护的醇侧链已被有效用于增加许多抗体的体内半衰期[46]。值得关注的实例包括被FDA批准的赛妥珠单抗，以及用于治疗系统性红斑狼疮的Ⅱ期临床候选药物达匹罗珠单抗（Dapirolizumab Pegol）（一种抗CD40L的抗体）[47]。

储存温度也是单克隆抗体面临的一个主要问题。虽然小分子药物也存在同样的顾虑，但单克隆抗体通常对温度更加敏感。与小分子药物不同的是，抗体的效力源自蛋白结构网络的相互作用，因此单克隆抗体独特的三维结构必须得以保留。而升高温度会导致单克隆抗体三维结构部分变性，甚至完全变性（解链）。一旦发生这种情况，其靶向结合作用可能受到严重影响，也可能发生未折叠蛋白聚合，可能导致溶解度下降。理论上而言，单克隆抗体冷却至其解链温度以下能够恢复结合效力，但是这种情况极少出现。为了恢复结合效力，未折叠的单克隆抗体必须按照解链前完全相同的构型重新折叠。即使没有发生聚合，冷却后蛋白重新折叠至正确的构型也不太可能。

冷却同样会给制备单克隆抗体带来重大问题。虽然抗体的整体结构保持完整（通常在低温下不会发生变性），但单克隆抗体制剂（或任何含有蛋白的制剂）的冷冻会导致聚合，随后溶解度下降，使效力受到损失。由于蛋白在冰-水界面处的分配、防聚集缓冲液沉淀引起的pH变化，以及容器表面的吸附增加，都可能在冷冻-解冻循环期间导致聚集的发生。将冷冻制剂进行解冻可能会导致聚合体破裂，但也可能不发生破裂。如果制剂解冻后聚合体仍然存在，也将对治疗效果产生负面影响[48]。

9.5 小结

抗体药物曾是制药行业中的小众领域，但现在几乎所有大型制药公司都在为开发新型抗体药物而积极努力。兴起于1970年的生物技术革命促进了众多抗体药物的发现，对疾病治疗和患者生活质量都产生了积极而深远的影响。在某些情况下，以前无法治愈的疾病已转化为可控制的状态。虽然相关领域取得了巨大的进步，但未来的发展仍然障碍重重。针对中枢神经系统疾病和病症的抗体药物的开发依然面临巨大的挑战，设计能够穿过血脑屏障的抗体仍是尚未解决的科学瓶颈。鉴于开发治疗阿尔茨海默病、精神分裂症和帕金森病等疾病的抗体势必会带来巨额回报，各个商业实验室和学术实验室都在努力解决这一科学难题。

（王思远）

思考题

1. 抗体的恒定区和可变区之间有什么区别？
2. 抗体互补决定区的作用是什么？
3. HAT选择性培养基在杂交瘤细胞制备中发挥什么作用？
4. 人抗鼠抗体（HAMA）所造成的影响是什么？
5. 嵌合单克隆抗体和单克隆人源化抗体之间有什么区别？
6. 抗体噬菌体展示技术中“淘金”的定义是什么？
7. 单克隆抗体、微型抗体和双特异性抗体之间有什么区别？
8. 什么是抗体药物偶联物？
9. 糖基化对单克隆抗体有什么影响？
10. 为什么确保单克隆抗体制剂不被加热或冷冻非常重要？

参考文献

1. AGN. The Late Baron Shibasaburo Kitasato. *Can. Med. Assoc. J.* **1931,** *25* (2), 206.
2. Winau, F.; Westphal, O.; Winau, R. Paul Ehrlich—In Search of the Magic Bullet. *Microbes Infect.* **2004,** *6* (8), 786–789.
3. Van Epps, H. L. Michael Heidelberger and the Demystification of Antibodies. *J. Exp. Med.* **2006,** *203* (1), 5.
4. Fagraeus, A. Antibody Production in Relation to the Development of Plasma Cells; In Vivo and In Vitro Experiments. *Acta Med. Scand.* **1948,** *130* (Suppl. 204), 122.
5. Ber, J. M.; Tymoczko, J. L.; Gatto, G. J., Jr.; Stryer, L. *Biochemistry*, 9th ed.; W. H, Freeman and Company: New York, 2019.
6. Smith, S. L. Ten Years of Orthoclone OKT3 (Muromonab-CD3): A Review. *J. Transp. Coord.* **1996,** *6* (3), 109–119, quiz 119–1.
7. The Top 15 Best-Selling Drugs of 2016 – The Lists – GEN Genetic Engineering & Biotechnology News – Biotech from Bench to Business – GEN. https://www.geneng-

news.com/a-lists/the-top-15-best-selling-drugs-of-2016/.
8. https://www.antibodysociety.org/resources/approved-antibodies/.
9. Scapin, G.; Yang, X.; Prosise, W. W.; McCoy, M.; Reichert, P.; Johnston, J. M., et al. Structure of Full-Length Human Anti-PD1 Therapeutic IgG4 Antibody Pembrolizumab. *Nat. Struct. Mol. Biol.* **2015,** *22*, 953–958.
10. Alberts, B.; Johnson, A.; Lewis, J.; Morgan, D.; Raff, M.; Roberts, K., et al. *Molecular Biology of the Cell*, 6th ed.; Garland Science: New York, 2015.
11. Briney, B.; Inderbitzin, A.; Joyce, C.; Burton, D. R. Commonality Despite Exceptional Diversity in the Baseline Human Antibody Repertoire. *Nature* **2019,** *566*, 393–409.
12. Köhler, G.; Milstein, C. Continuous Cultures of Fused Cells Secreting Antibody of Predefined Specificity. *Nature* **1975,** *256* (5517), 495–497.
13. Burnet, F. M. *The Clonal Selection Theory of Acquired Immunity;* Vanderbilt University Press: Nashville, 1959.
14. Kirkpatrick, P.; Graham, J.; Muhsin, M. Fresh From the Pipeline: Cetuximab. *Nat. Rev. Drug Discov.* **2004,** *3* (7), 549–550.
15. Onrust, S. V.; Lamb, H. M. Infliximab: A Review of Its Use in Crohn's Disease and Rheumatoid Arthritis. *BioDrugs* **1998,** *10* (5), 397–422.
16. Pappas, D. A.; Bathon, J. M.; Hanicq, D.; Yasothan, U.; Kirkpatrick, P. Golimumab. *Nat. Rev. Drug Discov.* **2009,** *8* (9), 695–696.
17. Reich, K.; Yasothan, U.; Kirkpatrick, P. Ustekinumab. *Nat. Rev. Drug Discov.* **2009,** *8* (5), 355–356.
18. De Belder, M. A.; Sutton, A. G. C. Abciximab (ReoPro): A Clinically Effective Glycoprotein IIb/IIIa Receptor Blocker. *Expert Opin. Investig. Drugs* **1998,** *7* (10), 1701–1717.
19. Chintalacharuvu, K. R.; Morrison, S. L. Chimeric Antibodies: Production and Applications. *Methods,* **1995,** *8* (2), 15 73-82.
20. Jones, P. T.; Dear, P. H.; Foote, J.; Neuberger, M. S.; Winter, G. Replacing the Complementarity-Determining Regions in a Human Antibody With Those From a Mouse. *Nature* **1986,** *321* (6069), 522–525.
21. (a) Saldanha, J. W. *Handbook of Therapeutic Antibodies,* 2nd ed. Duebel, S., Reichert, J. M., Eds.; 1; 2014. ; pp 89–114.
22. (a) Queen, C. L.; Selick, H. E. Chimeric Immunoglobulins Specific for p55 Tac Protein of the Interleukin-2 (IL-2) Receptor. WO 9007861, 1990.
    (b) Queen, C. L. IL-2 Receptor-Specific Chimeric Antibodies. WO8909622, 1989.
    (c) Queen, C.; Schneider, W. P.; Waldmann, T. A. Humanized Antibodies to the IL-2 Receptor. *Protein Eng. Antibody Mol. Prophyl. Ther. Appl. Man.* **1993,** 159–170.
23. https://trianni.com/technology/transgenicmouse/.
24. (a) Vuyyuru, R.; Patton, J.; Manser, T. Human immune system mice: current potential and limitations for translational research on human antibody responses. *Immunol. Res.* **2011,** *51*, 257–266.
    (b) Murphy, A. J.; Macdonald, L. E.; Stevens, S.; Karow, M.; Dore, A. T.; Pobursky, K., et al. Mice with megabase humanization of their immunoglobulin genes generate antibodies as efficiently as normal mice. *Proc. Natl. Acad. Sci. U.S.A.* **2014,** *111* (14), 5153–5158.
25. (a) Kehoe, J. W.; Kay, B. K. Filamentous Phage Display in the New Millennium. *Chem. Rev.* **2005,** *105*, 4056–4072.
    (b) Pande, J.; Szewczyk, M. M.; Grover, A. K. Phage Display: Concept, Innovations, Applications and Future. *Biotechnol. Adv.* **2010,** *28* (6), 849–858.
26. (a) Clackson, T.; Hennie, R.; Hoogenboom, H. R.; Griffiths, A. D.; Greg Winter, G. Making Antibody Fragments Using Phage Display Libraries. *Nature* **1991,** *352*, 624–628.
    (b) Ledsgaard, L.; Kilstrup, M.; Karatt-Vellatt, A.; McCafferty, J.; Laustsen, A. H. Basics of Antibody Phage Display Technology. *Toxins* **2018,** *10* (236), 1–15.
    (c) Marks, J. D.; Hoogenboom, H. R.; Bonner, T. P.; McCafferty, J.; Griffiths, A. D.; Winter, G. By-Passing Immunization Human Antibodies from V-gene Libraries

Displayed on Phage. *J. Mol. Biol.* **1991,** *222*, 581–597.

27. Rahbarnia, L.; Farajnia, S.; Babaei, H.; Majidi, J.; Veisi, K.; Ahmadzadeh, V., et al. Evolution of Phage Display Technology: From Discovery to Application. *J. Drug Target.* **2017,** *25* (3), 216–224.
28. (a) https://www.morphosys.com/science/drug-development-capabilities/ylanthia.
    (b) Tiller, T.; Schuster, I.; Deppe, D.; Siegers, K.; Strohner, R.; Herrmann, T., et al. A Fully Synthetic Human Fab Antibody Library Based on Fixed VH/VL Framework Pairings With Favorable Biophysical Properties. *MAbs* **2013,** *5* (3), 445–470.
29. (a) https://www.globalbioinc.com/Services/descripcion.php?id = 1.
    (b) Almagro, J. C.; Pedraza-Escalona, M.; Arrieta, H. I.; Pérez-Tapia, S. M. Phage Display Libraries for Antibody Therapeutic Discovery and Development. *Antibodies* **2019,** *8* (3), 44 1–22. Available from: https://www.mdpi.com/2073-4468/8/3/44/htm.
30. (a) Jespers, L. S.; Roberts, A.; Mahler, S. M.; Winter, G.; Hoogenboom, H. R. Guiding the Selection of Human Antibodies From Phage Display Repertoires to a Single Epitope of An Antigen. *Biotechnology* **1994,** *12*, 899–903.
    (b) Kay, B. K.; Kurakin, A. L.; Hyde-DeRuyscher, R. From Peptides to Drugs Via Phage Display. *Drug Discov. Today* **1998,** *3* (8), 370–378.
31. (a) Holliger1, P.; Hudson, P. J. Engineered Antibody Fragments and the Rise of Single Domains. *Nat. Biotechnol.* **2005,** *23* (9), 1126–1136.
    (b) Kim, Y. P.; Park, D.; Kim, J. J.; Chi, W. J.; Lee, S. H.; Lee, S. Y., et al. Effective Therapeutic Approach for Head and Neck Cancer by an Engineered Minibody Targeting the EGFR Receptor. *PLoS One* **2014,** *9* (12), e113442/1–e113442/16.
32. (a) By Burton, D. R.; Barbas, C. F., III. Monoclonal Fab Fragments From Combinatorial Libraries Displayed on the Surface of Phage. *ImmunoMethods* **1993,** *3* (3), 155–163.
    (b) Chanock, R. M.; Crowe, J. E., Jr.; Murphy, B. R.; Burton, D. R. Human Monoclonal Antibody Fab Fragments Cloned From Combinatorial Libraries: Potential Usefulness In Prevention and/or Treatment of Major Human Viral Diseases. *Infect. Agents Dis.* **1993,** *2* (3), 118–131.
33. Kourlas, H.; Abrams, P. Ranibizumab for the Treatment of Neovascular Age-Related Macular Degeneration: A Review. *Clin. Therap.* **2007,** *29* (9), 1850–1861.
34. Baker, D. E. Certolizumab Pegol: A Polyethylene Glycolated Fab′ Fragment of Humanized Anti-Tumor Necrosis Factor Alpha Monoclonal Antibody for the Treatment of Crohn's Disease. *Rev. Gastroenterol. Dis.* **2008,** *8* (4), 240–253.
35. (a) Kufer, P.; Lutterbuse, R.; Baeuerle, P. A. A Revival of Bispecific Antibodies. *Trends Biotechnol.* **2004,** *22* (5), 238–244.
    (b) Booy, E. P.; Johar, D.; Maddika, S.; Pirzada, H.; Sahib, M. M.; Gehrke, I., et al. Monoclonal and Bispecific Antibodies as Novel Therapeutics. *Arch. Immunol. Therap. Exp.* **2006,** *54*, 85–101.
36. Lenting, P. J.; Denis, C. V.; Christophe, O. D. Emicizumab, A Bispecific Antibody Recognizing Coagulation Factors IX and X: How Does It Actually Compare to Factor VIII? *Blood* **2017,** *130* (23), 2463–2468.
37. Cuesta, A. M.; Sainz-Pastor, N.; Jaume Bonet, J.; Oliva, B.; lvarez-Vallina, L. A. Multivalent Antibodies: When Design Surpasses Evolution. *Trends Biotechnol.* **2010,** *28*, 355–362.
38. (a) Khongorzul, P.; Ling, C. J.; Khan, F. U.; Ihsan, A. U.; Zhang, J. Antibody-Drug Conjugates: A Comprehensive Review. *Mol. Cancer Res.* **2020,** *18* (1), 3–19.
    (b) Birrer, M. J.; Moore, K. N.; Betella, I.; Bates, R. C. Antibody-Drug Conjugate-Based Therapeutics: State of the Science. *J. Natl. Cancer Inst.* **2019,** *111* (6), 538–549.
39. (a) Rabasseda, X.; Graul, A.; Castaner, R. M. Gemtuzumab Ozogamicin: Treatment of Acute Myeloid Leukemia. *Drugs Future* **2000,** *25* (7), 686–692.
    (b) Hamann, P. R.; Berger, M. S. Mylotarg: The First Antibody-Targeted Chemotherapy Agent. *Tumor Target. Cancer Ther.* **2002,** 239–254.
40. Niculescu-Duvaz, I. Trastuzumab Emtansine, an Antibody-drug Conjugate for the Treatment of $HER2^+$ Metastatic Breast Cancer. *Curr. Opin. Mol. Therap.* **2010,** *12* (3),

350–360.

41. (a) Piccart-Gebhart, M. J. Herceptin: the Future in Adjuvant Breast Cancer Therapy. *Anticancer Drugs* **2001,** *S4*, S27–S33.
    (b) Garnock-Jones, K. P.; Keating, G. M.; Scott, L. J. Trastuzumab: A Review of Its Use as Adjuvant Treatment in Human Epidermal Growth Factor Receptor 2 (HER2)-Positive Early Breast Cancer. *Drugs* **2010,** *70* (2), 215–239.
42. (a) Lis, H.; Sharon, N. Protein Glycosylation. Structural and Functional Aspects. *Eur. J. Biochem.* **1993,** *218*, 1–27.
    (b) Kayser, V.; Chennamsetty, N.; Voynov, V.; Forrer, K.; Helk, B.; Trout, B. L. Glycosylation Influences on the Aggregation Propensity of Therapeutic Monoclonal Antibodies. *Biotechnol. J.* **2011,** *6* (1), 38–44.
43. Runkel, L.; Meier, W.; Blake Pepinsky, R.; Karpusas, M.; Whitty, A.; Kimball, K., et al. Structural and Functional Differences Between Glycosylated and Non-Glycosylated Forms of Human Interferon-Beta (IFN-beta). *Pharm. Res.* **1998,** *15*, 641–649.
44. Iida, S.; Misaka, H.; Inoue, M.; Shibata, M.; Nakano, R.; Yamane-Ohnuki, N., et al. Nonfucosylated Therapeutic IgG1 Antibody Can Evade the Inhibitory Effect of Serum Immunoglobulin G on Antibody-Dependent Cellular Cytotoxicity Through its High Binding to FcgammaRIIIa. *Clin. Cancer Res.* **2006,** *12*, 2879–2887.
45. Goswami, S.; Wang, W.; Arakawa, T.; Ohtake, S. Developments and Challenges for mAb-Based Therapeutics. *Antibodies* **2013,** *2*, 452–500.
46. Chapman, A. P. PEGylated Antibodies and Antibody Fragments for Improved Therapy: A Review. *Adv. Drug Deliv. Rev.* **2002,** *54*, 531–545.
47. Tocoian, A.; Buchan, P.; Kirby, H.; Soranson, J.; Zamacona, M.; Walley, R., et al. First-in-Human Trial of the Safety, Pharmacokinetics and Immunogenicity of a PEGylated Anti-CD40L Antibody Fragment (CDP7657) in Healthy Individuals and Patients With Systemic Lupus Erythematosus. *Lupus* **2015,** *24* (10), 1045–1056.
48. (a) Kreilgaard, L.; Jones, L. S.; Randolph, T. W.; Frokjaer, S.; Flink, J. M.; Manning, M. C., et al. Effect of Tween 20 on Freeze-Thawing- and Agitation-Induced Aggregation of Recombinant Human Factor XIII. *J. Pharm. Sci.* **1998,** *87*, 1597–1603.
    (b) Strambini, G. B.; Gonnelli, M. Protein Stability in Ice. *Biophys. J.* **2007,** *92*, 2131–2138.
    (c) Pikal-Cleland, K. A.; Cleland, J. L.; Anchordoquy, T. J.; Carpenter, J. F. Effect of Glycine on pH Changes and Protein Stability During Freeze-Thawing in Phosphate Buffer Systems. *J. Pharm. Sci.* **2002,** *91*, 1969–1979.
    (d) Kueltzo, L. A.; Wang, W.; Randolph, T. W.; Carpenter, J. F. Effects of Solution Conditions Processing Parameters, and Container Materials on Aggregation of a Monoclonal Antibody During Freeze-Thawing. *J. Pharm. Sci.* **2008,** *97*, 1801–1812.

第10章

临床试验的基本原理

美国于1938年颁布的《食品、药品和化妆品法案》[1]规定，在美国境内进行商业销售之前，FDA需对所有新药进行安全性审查。而1962年颁布的《科沃夫-哈里斯修正案》[2]则在审查流程中补充了关于提供药效证据的要求。这些法规虽未直接影响其他法律管辖区域，但其他国家或地区之后也颁布了类似的法规，使得提供安全性和药效证据成为全球性的一致规定。然而，研究具有潜在治疗作用的物质对人体的影响这一概念的出现远早于这些法规。正如第2章所述，对于鉴别有效药物的尝试可追溯至人类的早期历史。在《医学诊断与预后论》（*Treatise of Medical Diagnosis and Prognoses*）（公元前1700年）[3]、古埃及《亚伯斯古医籍》（*Ebers Papyrus of ancient Egypt*）（公元前1500年）[4]及李时珍编撰记录并应用了2000多年的中药材的《本草纲目》[5]中，都发现了有关鉴别有效药物早期尝试的文字记录。许多重要药物是在现代临床试验体系建立之前被研发的，但那时并不存在关于药效和安全性的确切证据。在现代临床试验出现之前，药物和其他医疗手段的使用只能建立在偶然出现的证据之上，甚至是毫无证据的。例如，人工放血曾作为黄热病[6]和肺炎[7]的有效治疗手段。在1747年之前，医学界尚未认识到标准化、客观性、对照试验的重要性，以及提供真正实用临床数据的重要意义。

苏格兰海军军医詹姆斯·林德（James Lind）曾试图为坏血病（维生素C缺乏病）寻找一种预防和治疗的方法，这也是关于临床试验的最早记录（图10.1）。坏血病常见于水手，尤其是那些长期出海的水手。1747年，林德医生在远洋航行中挑选了12位具有相似

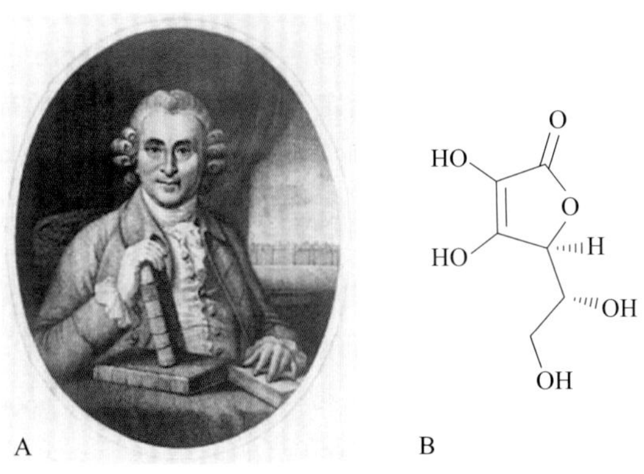

图10.1　有文字记载的最早的临床试验是由詹姆斯·林德（James Lind）（A）开展的一项寻找预防和治疗坏血病方法的试验。他确定了食用橙子和柠檬能有效预防该疾病。后来人们才确定了坏血病的罪魁祸首是缺乏维生素C（B）

坏血病表现的水手进行试验。因为林德医生意识到了在尽可能多的试验因素中采取标准化措施的重要性，所以这些受试水手们被给予了相同的基本饮食，并被置于船体的同一区域。他们被分为六组，每组患者接受六种可能治疗坏血病方法中的一种：①苹果酒；②稀释过的硫酸；③醋；④海水；⑤包含肉豆蔻和大蒜的数种食物混合物；⑥橙子与柠檬。一周后，两位食用了橙子和柠檬的水手不再表现出坏血病的症状，而其余10位水手的病情则并未改善。林德医生因此成功地找到了一种治疗和预防坏血病的有效方法[8]，尽管当时他并不知道坏血病是由缺乏维生素C导致的。

然而，林德医生关于坏血病成功但有限的研究并没有使人们对临床试验的重要性有更为深入的认识。直到近90年后，皮埃尔·查尔斯·亚历山大·路易斯（Pierre Charles Alexandre Louis）医生定义了评价治疗手段的"数值方法"，现代临床试验才真正建立起来。路易斯医生认识到在大量患者中获取某种潜在治疗方法平均效果的重要性，而不是针对个体患者。他认为，只要一个受试群体中的患者数量足够多，各患者之间的差异则可通过"平均化"来消除。此外，他还强调了解未获治疗患者（对照者）自愈过程的重要性；在开展治疗前准确定义疾病或症状的重要性；细致并客观地观测患者治疗结果的重要性；以及识别治疗过程中任何偏差的重要性。利用这些方法，路易斯医生成功地否定了放血疗法治疗肺炎的有效性（图10.2）。尽管一开始他的方法面临强大的抵抗，但患者未被改善的治疗效果不能被忽视，这使得路易斯医生的理论最终成为现代临床试验体系的开端[9]。

图10.2 **皮埃尔·查尔斯·亚历山大·路易斯（Pierre Charles Alexandre Louis）医生首次认识到从一组患者中获取并分析临床数据的重要性。他成功否定了放血疗法治疗肺炎的有效性**

图片来源：http://en.wikipedia.org/wiki/File：BloodlettingPhoto.jpg；http://en.wikipedia.org/wiki/File：Pierre-Charles_Alexandre_Louis.jpg

显然，路易斯医生的研究未体现患者群体随机化和盲组（blinded group）的理念。1915年，格林伍德（Greenwood）和尤尔（Yule）在研究霍乱和伤寒的潜在疗法时，首次引入了患者随机化的概念[10]。十多年后，弗格森（Ferguson）及其同事们在临床研究中首次使用了盲组的方法。他们有关普通感冒疫苗的研究属于一项单盲（single-blinded）研究[11]。患者并不知道自己被给予的是疫苗还是生理盐水，但研究人员却知晓每个患者的治疗方案。首个基本符合现代临床试验大部分特征或条件的临床试验是于1948年进行的关于链霉素治疗结核分枝杆菌感染有效性的研究（图 10.3）[12]。这些特征或条件包括将对照组合理地随机化，以及进行全盲（full blinded）数据分析。

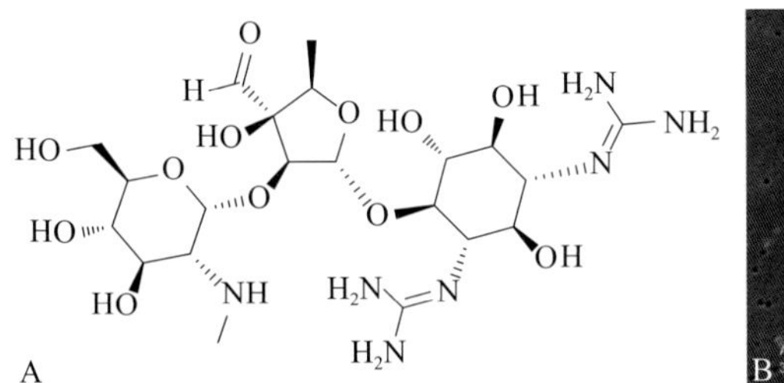

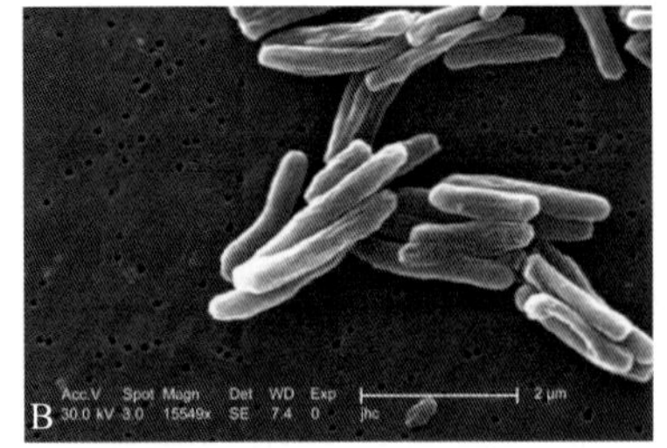

图 10.3　**首个将对照组进行合理随机化并采取全盲数据分析的临床试验是于 1948 年进行的关于链霉素（A）治疗结核分枝杆菌（B）感染有效性的研究**

图片来源：http://phil.cdc.gov/phil/details.asp?pid=8438

在现代制药行业的背景下，临床试验可被定义为在广泛人群中进行的生物医学或行为学实验，该试验的设计目的是解答潜在治疗药物的诸多关键问题（医疗器械和医疗程序同样可作为临床试验的研究对象，本章仅讨论潜在的治疗药物）。这些临床研究主要用于获取关于安全性和有效性的数据，并提交给相关监管机构，从而获得药物上市的批准许可。通常情况下，临床试验被分为具有不同目的的四个阶段（Ⅰ期至Ⅳ期）。Ⅰ期临床试验用于确定候选药物的安全界限和药代动力学性质。Ⅱ期临床试验是针对特定患者群体的初步有效性和安全性研究。Ⅲ期临床试验则是广泛的有效性和安全性研究，以确定候选药物在特定人群中的风险获益比（risk to benefit ratio）。最后的Ⅳ期临床试验又称为上市后研究（post-approval study），即在药物被批准上市后，继续监测药物的有效性和安全性。临床试验的每个阶段及其相应的试验设计将在后文中详细讨论[13]。然而，重要的是要理解，在确定一个潜在临床试验候选药物后和开始临床试验之前，还存在一些必须克服的关键障碍。

10.1　临床试验之前

确定一个在适当的动物体内模型中呈现理想药效，并在两个动物种属上（啮齿动物和非啮齿动物）呈现足够安全窗的候选药物，是多数药物发现项目的最后一步。但是，在候选药物进入临床研究之前，还需完成大量的其他工作。在监管机构同意开展人体试验之前，有很多问题必须得以解决。新药研究申请在获批执行之前，必须确定候选药物的生产供给、给药方式和药物剂型。显然，在科学和经济学范畴内，还有很多必须被探索和研究的其他领域。但为了说明从候选药物发现阶段跨越到临床开发阶段需要克服的困难，本章将着重讨论上述三个关键问题。

10.1.1 药物供给

必须首先建立能够满足GMP要求的生产条件，并制订工业级产量的原料药（active pharmaceutical ingredient，API）生产方案，方可开展临床研究。在理想条件下，这一问题可看作将最初用来制备候选药物的合成方法进行放大规模生产的问题。然而，由于有很多实验方法和操作过程无法被复制到工业级的生产中，这种简单的规模放大在实际生产中基本不可实现。以一个需要在–78℃反应温度下进行的合成方法为例，在实验室的小量（大于20 g）制备中，通过将反应瓶置于干冰-丙酮浴中冷却，很容易实现该低温反应。但将200公斤级（反应规模放大10 000倍，图10.4）的工业反应装置冷却至如此低温，却非常具有挑战性，也将需要非常高昂的成本。对反应中间体或最终产物的纯化也是一个问题。例如，色谱方法适于实验室级别的纯化，但基本上不适于工业级的生产。工业生产必须通过重结晶、沉淀或蒸馏等适当方法来纯化产品。

图10.4　**中心的红圈代表20 g，其外周的黑圈为扩大100倍后的尺度，而绿圈则表示扩大10 000倍后的尺度**

从实验室规模跨越至GMP生产的过程中，同质多晶（polymorphism）现象也可能带来意想不到的问题。同质多晶是指同一固体物质（包括候选药物）存在形成多种晶型的能力[14]。不同晶型之间具有不同的物理性质，这可能会影响候选药物的药代动力学性质。如果某化合物的一种晶型很容易溶解，而其另一种晶型需要极长的时间方可溶解，那么倘若选择了后者，则该化合物的生物利用度可能显著降低。例如，HIV蛋白酶抑制剂利托那韦（ritonavir，Norvir®，图10.5）最初于1996年被批准用于治疗HIV感染。然而直到1998年，才发现所生产的是一种之前未知的多晶型物，而其不符合批准用于临床应用的溶解度

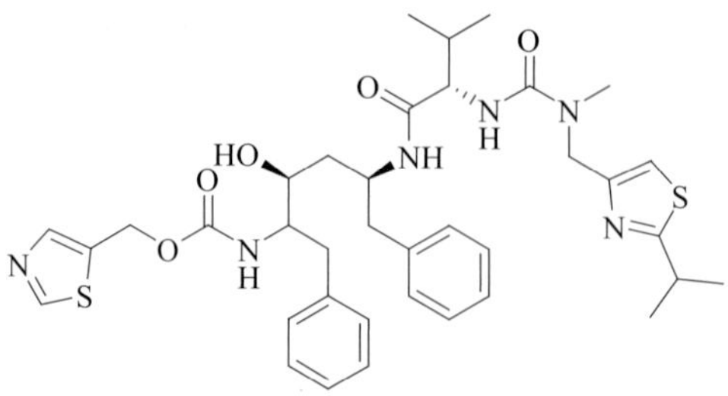

图10.5　**利托那韦（ritonavir，Norvir®）**

要求。这也最终迫使利托那韦的生产厂商雅培公司（Abbott Labs，现为Abbvie）临时从市场上召回了该药，并同时开发和测试了一种新的制剂配方[15]。这一实例说明在保证所生产化合物结构的正确性之外，生产工艺还必须保证每次都能可靠地生产出相同晶型的产物，并且该晶型在指定的存储条件下必须稳定。

环境和废料处理问题也是一个主要关注点。对于实验室级别的反应，可使用安全性和废料处理方法已知的溶剂，包括二氯甲烷（致癌、易挥发）、乙醚（易挥发、易燃、过氧化物前体）和苯（致癌、有毒、易挥发、易燃）等。然而，工业级的生产过程旨在制造供人体使用的物质（如药物），因此常被要求使用更为友好的溶剂（如乙醇、1, 4-二氧杂环己烷、甲苯、乙酸乙酯等）。一条工艺路线被用于工业级的生产时，还必须认识到其产生废料的绝对体量也会明显提高。在从实验室级制备到工业生产的跨越过程中，如果不做出一些改变，生产规模扩大10 000倍，将导致废料产生的规模也扩大10 000倍。如果一个实验室级的制备过程需要5 L溶剂方可制备20 g产物，若不对工艺进行任何改进，放大10 000倍生产200 kg该物质则需要50 000 L溶剂。所有溶剂都会被认为是有害废料，需要进行适当的废弃处理。为了尽可能减少溶剂的使用，必须做出调整或优化，以显著减轻对环境的不利影响。这一改进还会影响生产成本，进而影响药物上市后的产品成本。因此，将溶剂的用量最小化具有重要的环境意义，也有利于新药上市后的成本控制。

除了化学工艺可放大性这一因素之外，还必须充分考虑一些其他因素，其中包括合成路线的改变。例如，将一个母体化合物制成一种新型的盐，这一看似微小的改变往往都可能导致不同的产品纯度及性质未知副产物的生成。再如，用于生产某一候选药物的一条新合成路线同时生成了一个少量但仍可被定量检测出的埃姆斯试验阳性的杂质，那么该新杂质的出现将成为这条新合成路线的重大问题。必须建立最终产品中所含杂质的识别、鉴定和监测方法，以保证临床试验药品真正适合人体研究。

10.1.2　给药方式

在候选药物从发现阶段跨入开发和临床研究阶段的过程中，应当确定一种适当的给药方式，其中最常见的方式是口服给药（per oral，PO）。由于口服给药是最方便、最经济、最安全的给药方式，上市药品中有近70%采用该方式给药[16]。然而，由于药效取决于患者能否按照正确的服药方法来用药，这种非介入性的给药方式对患者依从性的要求很高。在大多数案例中，口服药物治疗缺少医护人员的直接监督（除非患者在医院或其他医疗机构内进行治疗），并不能保证患者一定会依照指导服药。耐药病菌的出现，如耐甲氧西林金黄色葡萄球菌（MRSA[17]），至少在一定程度上是由患者不按疗法用药所导致的。在治疗过程中，患者一旦感觉病情稍有好转就可能停止服用抗生素，从而为细菌耐药性的发展提供了机会。早在1945年，亚历山大·弗莱明（Alexander Fleming）在诺贝尔奖颁奖演讲中就警告过这种可能性[18]。为简化药物治疗方法，并尽可能提高患者依从性，多数制药公司倾向一日一剂的给药方式。

对于那些必须每日多次服用的药物，当然也有解决之道。但增加每24 h内的服药次数通常会导致患者依从性的下降。一日两剂的药物可以每隔12 h服用1次，但为了确保整日都能保持均衡的体内药物浓度，一日四剂的药物则必须每隔6 h服用1次。若第一剂药物服用于上午9点，根据服药计划，则第四剂药物服用的时间为次日凌晨3点（图10.6），而又有谁愿意凌晨3点起床服药呢？

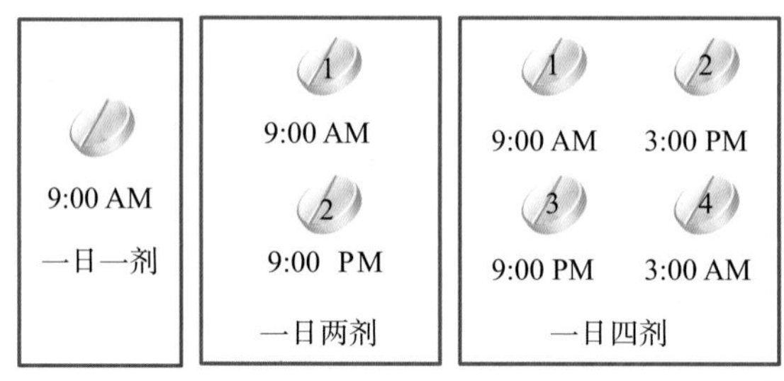

图10.6　**每24 h内平均分配的药物给药方案**

然而，在诸多实例中，由于很多物理、化学问题的存在，口服给药完全不是一个可用的方式。如果医疗需求足够高或者获利足够多，以至于目标患者群体能够接受给药方式的改变，则有很多其他可供考虑的给药方式。对于无法口服给药的候选药物，可采取静脉给药（intravenous，IV）、腹膜内给药（intraperitoneal，IP）、皮下给药（subcutaneous，SC）、肌内注射给药（intramuscular injection，IM）、经皮给药（transdermal）或鼻内给药（intranasal delivery）[19]等多种方式。例如，胰岛素（insulin）是胰岛素依赖型糖尿病患者的必需药品，但肽类物质吸收很差，胰岛素这类肽类药物是典型的口服生物利用度为零的药物。类似地，最初于1991年上市的首个有效治疗偏头痛的药物舒马曲坦（sumatriptan，Imitrex®，图10.7）[20]为注射用药，但偏头痛患者非常乐于接受该药的注射治疗，因为偏头痛的疼痛远比针刺更难忍受。唑来膦酸（zoledronic acid，Reclast®）[21]给患者带来的益处也使该药以非口服的给药方式上市。该药以一年一剂、每剂5 mg静脉注射的方式用于治疗和预防骨质疏松。值得一提的是，虽然存在一些可通过口服给药方式进行治疗的竞争对手，如阿仑膦酸（alendronic acid，Fosaamax®）[22]、利塞膦酸（risedronic acid，Actonel®）[23]和伊班膦酸（ibandronic acid，Boniva®）[24]等，但唑来膦酸的临床实用性和有效性足以保证该药可以以非口服剂型上市（图10.8）。

尽管有许多非口服给药的药物成功推向市场的案例，但选择其他方式给药必须十分谨慎。虽然静脉给药的药物能够上市，然而，一旦某一竞争对手开发出另一种可以治疗相同疾病的口服药物，则静脉给药的药物很可能被取代。在这种情况下，想要收回静脉给药药物的研发成本就变得十分困难了。此外，还有一种可能性是患者群体不愿意接受新的给药方式。例如，辉瑞（Pfizer）和内克塔（Nektar Therapeutics）公司于2006年开发了一种用

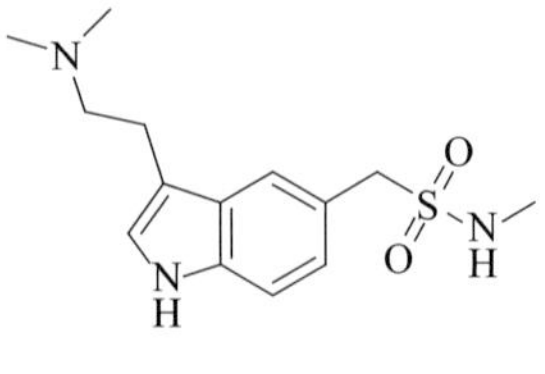

图10.7　**舒马曲坦（sumatriptan，Imitrex®）**

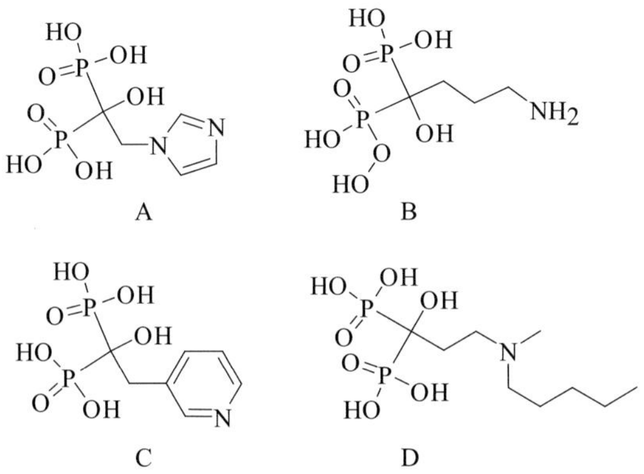

图10.8　**A.唑来膦酸（zoledronic acid，Reclast®）；B.阿仑磷酸（alendronic acid，Fosaamax®）；C.利塞膦酸（risedronic acid，Actonel®）；D.伊班膦酸（ibandronic acid，Boniva®）**

于替代胰岛素注射剂的胰岛素吸入剂（商品名为Exubera®），虽然临床研究证实了该药物是安全、有效的，但患者并不愿意改变原有的给药方式，使得该药物的利润远低于预期。2017年，辉瑞将其撤市，但该药物已耗费约28亿美元的成本[25]。由此可见，选择错误的给药方式是需要付出高昂代价的。

10.1.3　药物剂型

能否将具有治疗作用的化合物有效地给予患者，至少在一定程度上取决于能否将该候选药物按一定配方置于有效给药的载体上。从理论上而言，一个具有适当药代动力学性质的候选药物可以被制成干粉，装于瓶中，供患者在医师或药师指导下使用。但在实际操作中，这种方式既不实用，也不能满足需求。以强效抗焦虑药劳拉西泮（lorazepam，Ativan®，图10.9）[26]为例，这一众所周知的苯二氮䓬类药物呈白色粉末状，获批的给药剂量为0.5 mg、1.0 mg和2.0 mg。而在现实生活中，若仅是简单地给予患者这样一瓶白色粉末，则很难保证患者服用了正确的剂量。此外，若一粒药片或药丸仅由0.5～2.0 mg的药物组成，那这一药片或药丸将非常小，以至于无法生产。

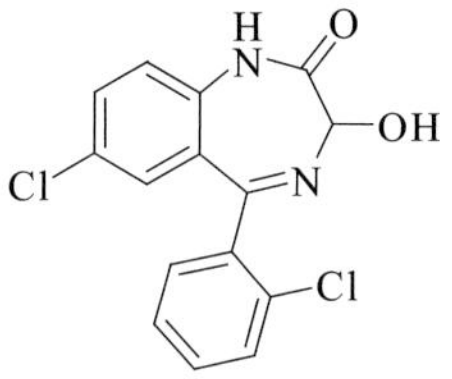

图10.9　**劳拉西泮（lorazepam，Ativan®）**

所以，除了原料药外，药片通常还含有很多其他组分。在有些情况下，添加的组分被称为辅料或赋形剂（excipient，表10.1）[27]，它们只是简单的填充物，使得可以较为容易地生产出尺寸合适的药片。只有药片的尺寸合理，患者服用起来才更加方便，从而可改善患者的服药依从性。辅料除了可增加药品体积外，还被赋予了其他目的。生产过程还可能需要助流剂、润滑剂、抗黏剂或黏合剂的帮助；也可能需要添加香味剂，以掩盖那些会降低患者依从性的苦味（尤其是儿科用药的制剂）。当原料药对空气或光照敏感时，可能还需要添加着色剂或抗氧化剂。

表10.1　代表性辅料示例（按类型分类）

辅料类型	实例	辅料类型	实例
填充剂	糖类（葡萄糖、乳糖等）	干黏合剂	纤维素
	磷酸钙		甲基纤维素
	碳酸钙		聚乙烯吡咯烷酮
	纤维素		聚乙二醇
	淀粉	助流剂	二氧化硅
	聚乙烯吡咯烷酮		硬脂酸镁
	羧甲基淀粉钠		滑石粉
		润滑剂	硬脂酸镁
崩解剂	羧甲基纤维素钠		硬脂酸
	明胶		聚乙二醇
	聚乙烯吡咯烷酮		十二烷基硫酸钠
	纤维素衍生物		石蜡
	聚乙二醇		滑石粉
溶液黏合剂	蔗糖	抗黏剂	淀粉
	淀粉		纤维素

辅料也可能对候选药物的药代动力学性质产生影响。例如，某些辅料能够改变溶解速率，或改变候选药物在血液循环系统中的达峰时间。如果一个潜在的治疗药物本身易溶，但又需要缓慢、持久地给药，则可将该候选药物包埋在需要更长时间才能溶解的聚合物中。随着聚合物的溶解或崩解，原料药被溶解、释放。

采用某些特殊的包衣可使候选药物在不利的环境中“生存”下来。例如，在强酸性环境的胃部，肠溶衣片[28]的包衣不受酸性环境的影响，因此在通过胃部时不会产生变化。另外，肠溶衣可溶于肠道的碱性环境中，从而使药物得以释放，并自由地进入血液循环系统。

辅料可对候选药物的膜渗透性产生有利影响。如前面章节所述，被动扩散在药物的膜渗透性中扮演了重要角色。有很多被称为生物增强剂（bioenhancer）的辅料可被加至固体剂型中，以增加药物的膜渗透性，如吐温-80（Tween®-80，聚山梨酯-80）、十二烷基硫酸钠、聚乙二醇甘油酯（Labrafil®）和癸酸甘油酯（聚乙二醇酸辛酸，Labrasol®）。在某些情况下，这些辅料或者与细胞膜中脂质形成混合胶束，或者增加了细胞膜的流动性，从而使药物分子更快、更容易地透过细胞膜。而在另一些案例中，某些辅料可与细胞膜表面的脂质发生相互作用，增强膜表面的疏水性，从而使药物分子更容易进入细胞膜[29]。

辅料还可被用于解决一些与生产相关的问题。以在全自动压片机（automated die press）中生产片剂的过程为例，在该系统中，粉末原料通过送料器（feeder）进入冲床，然后凸轮轴（camshaft）从上至下将该粉末压缩成固体片剂（图10.10）。接着，该固体片剂被弹出并收集，进入后续的生产流程。为了使上述系统正常运转，自送料器输出的物质必须均匀地流入冲床。在被倾倒时可均匀流动的粒状砂糖能满足这一要求（图10.11A），但棕糖却是具有成团倾向的黏性固体（图10.11B），无法有效制成适于进入冲床的粉末。有些原料药的流动性与粒状砂糖相似，但很多原料药并非如此，因此在不添加适当辅料的情况下无法制成片剂。将原料药与辅料混合，则可制成能够均匀流入冲床的粉末混合物。

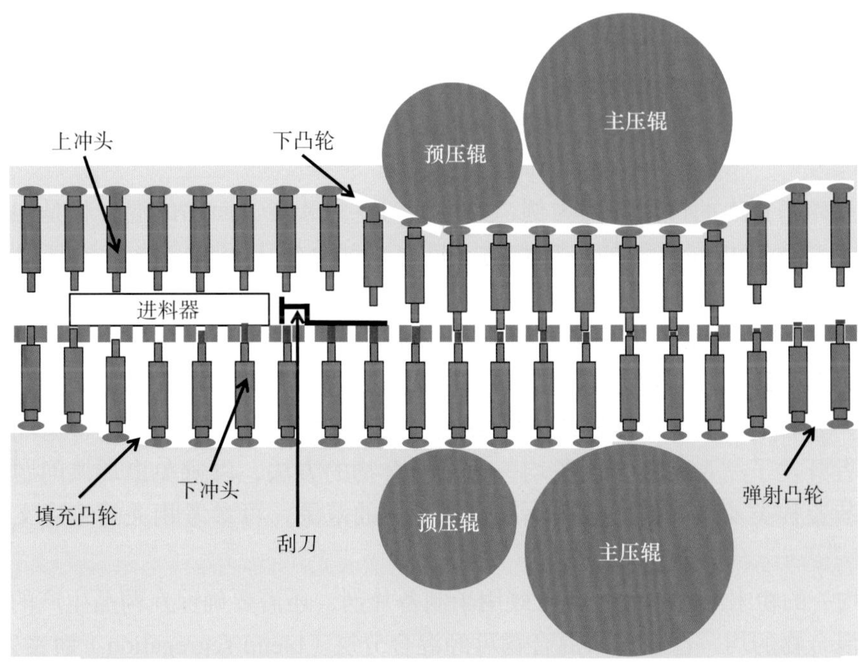

图10.10 **在全自动压片机中，进料器将粉末（红色）倾入冲床中，多余的粉末被刮刀移除，接着上、下两个冲头在压辊的作用下压入冲床中。随后凸轮与冲床分离，制成的药片被弹出，并被收集于该自动化生产系统的末端**

类似地，并非所有原料药均可被有效压成片剂。如前文所述，黏稠的棕糖易聚集成团，易于被压缩成固体形态。相反，砂砾虽然流动性较佳（图10.11C），并可被倾入冲床，但缺乏可压缩性，使其无法被压缩成特定的固体形态。同样地，可通过加入适当辅料，制成具备足够可压缩性且可在全自动压片机中制成片剂的粉末混合物来解决该问题。

如果能够制备原料药与辅料的粉末混合物并保持其均一性，则该方法可作为解决流动性、可压缩性或其他生产问题的可行方案。为了确保每一颗片剂及压制该片的粉末混合物中含有等量的原料药和等量的辅料，混合物的均一性至关重要，以保证患者每次服药的剂量准确。然而，制备粉末混合物并保持其均一性，并非是将多种粉末混合在一起的简单问题。不同于固体物质溶于液体并形成均一的溶液，多种固体物质的混合物不一定是均一的。

图10.11　A.粒状砂糖具备优异的流动性，但不易被压缩；B.棕糖在被倾倒时无法有效流动，但很容易被压缩（下）；C.砂砾在被倾倒时易流动，但难以压制成型

以一批含有碎巧克力的饼干面团为例，如果碎巧克力和饼干面团的混合物是均一的，则所有饼干都将含有相同质量的碎巧克力。反之，部分饼干可能会含有比其他饼干更多的碎巧克力，而有些饼干甚至有可能完全不含碎巧克力。如果这种情况发生在制备片剂（或其他药物剂型）的粉末混合物中，则会造成患者服药剂量的显著变化：有些患者在每次服药之后可能无法获得足够的治疗剂量，而其他患者则可能服药过量。前者可导致药效不足，后者则可能产生意料之外的毒性。显然必须避免出现上述两种情况。制药行业的研究者开发了一系列用于制备均一粉末混合物的方法，以避免出现该问题。可供选用的设备装置种类及其具体的应用不在本章论述的范围，可参考相关的综述文献以了解相关信息[30]。

制备均一的粉末混合物并将其有效用于制备片剂，还需要确保在药品生产的全过程中始终保持混合物的均一性。粉末混合物可经混合分层（blend segregation）而丧失均一性。混合分层是由粉末混合物中不同颗粒的性质差异所致，其中粒度差异是一个主要因素。以一包充分混合的薯条为例，当其最初被充分混合时，不同尺寸的薯条可能均匀地分布其中。然而，一旦这包薯条被置于货架上，沉积作用会导致尺寸更小的薯条落入底部。在用于制备片剂的粉末混合物中，各种成分之间的粒度差异和密度差异也会导致出现类似的情况。尺度更小或密度更大的颗粒可能沉积至容纳粉末混合物容器的底部，从而导致由该粉末混合物制备的片剂缺乏均一性。即使未发生沉积，在从一个容器倾倒至另一个容器的过程中，不同尺度和密度的颗粒仍有可能以非均一性的形式分布于粉末混合物中，从而形成非均一的粉末[31]。

在某些情况下，制粒可解决粉末混合物均一性的问题。该过程可将更小的颗粒聚集成更大的恒定结构，且其原始组成颗粒仍可被鉴别出来（图10.12）。具备黏合能力的辅料可作为各种颗粒之间的连接桥梁，以实现制粒。总体而言，所得制粒具备相同的尺寸、形状和组成成分，并且重要的是，它们是稳定的，不会裂解成各自成分的分散颗粒。这种均一性和稳定性避免了不经制粒时可能出现的混合分层。目前已有多种制粒方法，具体细节可参阅相关综述[32]。

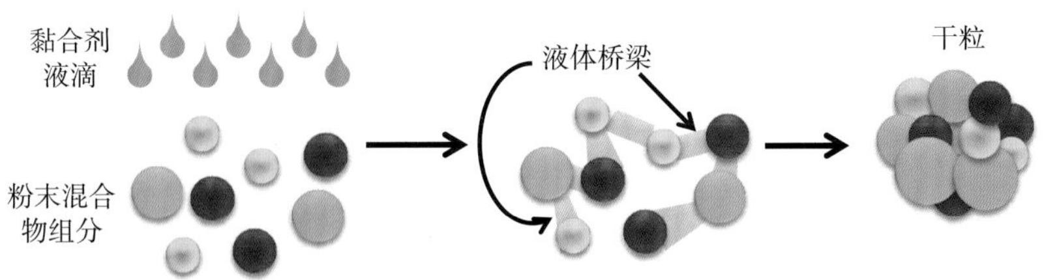

图10.12　**在湿法制粒过程中，粉末混合物的各组分与黏合剂辅料相混合。各种颗粒之间形成了液体桥梁，干燥后可获得适于制备片剂的干粒**

在临床研究之前，辅料的选择仅是制剂配方必须考虑的一个方面。原料药的颗粒尺寸也会对药物能否被有效给药产生重大影响，尤其是当药物溶解速率为限速因素时。降低药物分子的颗粒尺寸可增加溶解时的总表面积。例如，将药物分子的颗粒尺寸从10 μm降至200 nm，则其总表面积将增加2500倍[33]。显著增加的表面积可加快药物的溶解速率，从而增加候选药物的生物利用度和体内药物浓度。以甾体药物达那唑（danazol，Danocrine®，图10.13）为例，当其口服制剂使用纳米颗粒时（平均颗粒尺寸为169 nm），其生物利用度可从传统制剂的5.1%显著增至82.3%；其血药峰浓度（C_{max}）则从0.2 μg/mL显著增至3.01 μg/mL[34]。为了生产制备微米或纳米颗粒，研究人员开发了很多研磨设备，如球磨机、液压研磨机、切磨机和锤磨机[35]。但必须牢记的是，颗粒尺寸的减小并不能影响药物的绝对溶解度，因为溶解度是一个不随制剂配方变化而改变的物理化学性质。

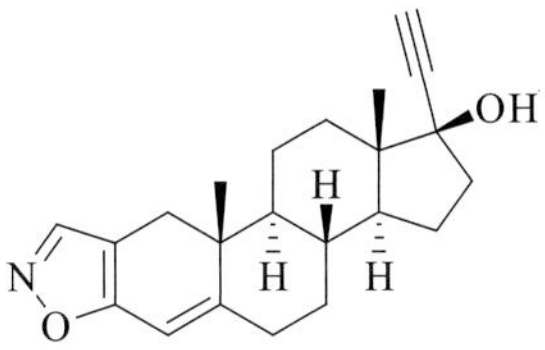

图10.13　**达那唑（danazol，Danocrine®）**

为达到特定的临床治疗效果，还有一些特殊的制剂技术可供选择，以实现特定的给药方式。例如，将原料药包埋在溶解速率不同（一种溶解快，另一种溶解慢）的两种不同基质内，即可制成多层片剂（multilayer tablet），使候选药物在初期时快速释放，之后则缓慢、持久地释放（图10.14）[36]。另一种有效的给药工具是渗透泵（osmotic pump）系统。在简单的单室渗透泵（single chamber osmotic pump）系统中，原料药被包裹在一层半透膜内。在内外渗透压差的作用下，水分子进入半透膜内将原料药溶解，然后通过囊壁上的微孔道将其释放（图10.15A）。在更为复杂的二室渗透泵（two-chambered osmotic pumps）系统中，一个药物腔室（药室，drug chamber）被一层含有微孔道的不透膜包裹，另一个被称为"推动室（push chamber）"的腔室则被一层半透膜包裹，两个腔室之间被一层可以移动的间隔壁分开。在渗透压差的作用下，水分子首先进入"推动室"，使该腔室中的物质发生膨胀，推动可移动的间隔壁，将药物分子经药室壁上的微孔道挤出（图10.15B）[37]。

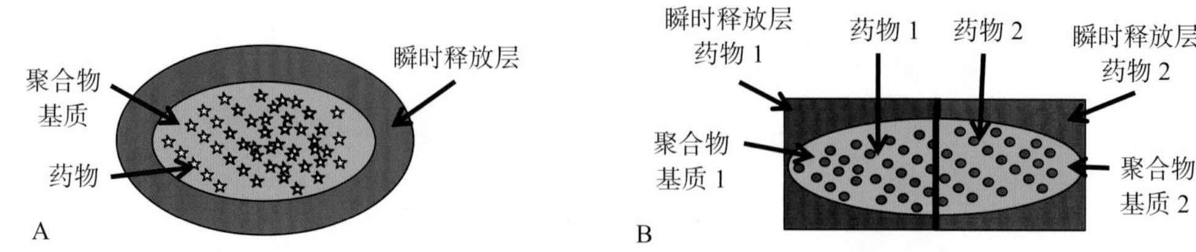

图10.14 A.瞬时释放的外层可使药物成分被快速释放。一旦外层完全溶解消失，片剂的核心部分则暴露在外。含有药物成分的聚合物基质溶解缓慢，可使剩余药物在更长的时间范围内被缓慢释放。B.药片外层包裹了两种不同的药物成分，均可被快速释放。核心内层的暴露使得两种药物成分分别从各自的聚合物基质中缓慢释放。每种药物的释放速率取决于各自聚合物基质的性质

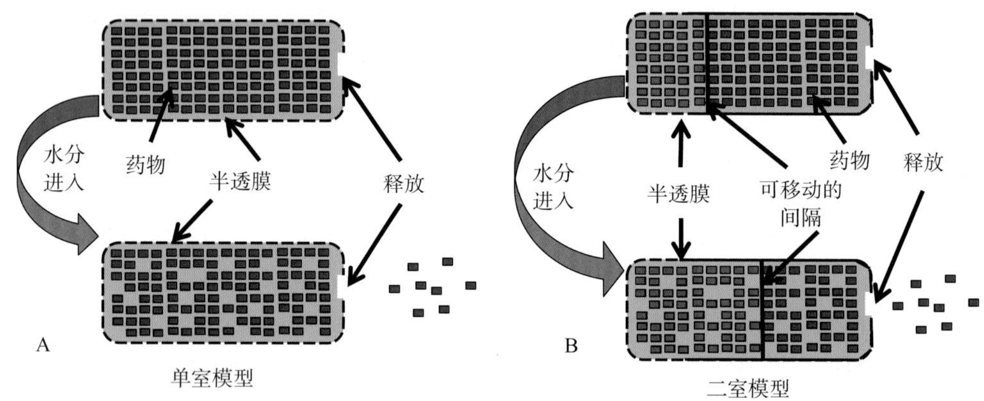

图10.15 A.在单室渗透泵系统中，渗透压差导致药物成分（红）经微孔道释放。B.在二室渗透泵系统中，两个腔室之间的间隔壁发生移动，使药物成分（红）被释放。渗透压差使水分子进入"推动室"，引起后者体积膨胀，从而将药物推出药室

片剂和胶囊剂虽然是口服给药的理想方式，但其并非仅有的给药方式。例如，若患者无法吞咽药片或胶囊，则可选择溶液剂或悬浮剂。婴幼儿（或低龄儿童）无法或难以通过片剂或胶囊剂的形式给药，老年患者也可能因上消化道收缩或狭窄而导致药片或胶囊吞咽困难。在其他案例中，则仅仅是因为溶液剂或悬浮剂给药更为方便。例如，由于患者的喜好，很多治疗咳嗽和感冒的非处方药都以溶液剂形式销售。溶液剂和悬浮剂不需要考虑流动性、可压缩性、硬度和脆碎度（固体物质破碎成更小碎片的能力）等药品生产方面的因素，但仍有一些问题需要充分考虑。高度酸性或碱性的溶液剂或悬浮剂并不适合口服给药，可供制药使用的常用缓冲剂包括乙酸钠、柠檬酸钠和磷酸钾等[38]。

令人不适的味道也是一个需要关注的问题，尤其对于儿科患者群体。出于治疗所需，多数成年人可接受服用味道难以接受的药物，但极少有儿童（特别是低龄儿童和婴幼儿）能够忍受任何难吃的东西。幸运的是，很多增味剂和甜味剂可添加至口服悬浮剂或溶液剂中，以掩盖其苦涩的口味，或使患者感觉药物可口一些。高果糖玉米糖浆、蔗糖、三氯蔗糖和阿斯巴甜等甜味剂，以及能够产生樱桃、葡萄、泡泡糖和草莓等口味的增味剂[39]，都是应用于制药工业的常规原料。需要强调的是，具备诱人口味的儿科用药必须小心存放，因为

儿童无法分辨可口的糖果和“可口”的药物，在误食的情况下很可能导致服药过量。

另一个需要考量的因素是剂量体积（dosing volume）。每剂 10 mL 或低于 10 mL 的给药剂量更容易被患者接受。相反，若单剂剂量体积与一罐标准容积（354 mL）的汽水相同，那么患者的依从性将会成为一个严重问题。当然，溶液剂的单剂剂量体积取决于原料药的溶解度。若原料药可与水以任意比例互溶，剂量体积则主要取决于患者的喜好（假设不需要其他辅料来解决 pH 极限值、口味或其他与原料药溶解度无关的问题）。相反，若原料药在水中的溶解度不足以形成具有可接受体积的溶液，则可能需要额外添加共溶剂，以增加其溶解度。乙醇、聚乙二醇和丙二醇等溶剂被广泛用于各种药品，但理解此类共溶剂对溶解度之外其他问题的影响是十分重要的。例如，乙醇可被用作共溶剂，但患者（或照料儿童患者的人）应知晓其在药品中的存在及其摄入量。

如果无法制备溶液剂，但又期望或必须以液态的口服剂型给药，液体悬浮剂则可作为一个可行的替代方案。与口味、pH 和剂量体积相关的问题同样存在于液体悬浮剂。此外，还存在另一个必须考虑的关键问题：悬浮剂一旦制成，其稳定性能保持多久？根据定义，悬浮剂是由原料药和其他辅料等各种颗粒组成的，经过一段时间会发生沉淀的非均相混合物。多种因素决定了该过程何时发生，包括颗粒尺度、颗粒所带电荷及其黏度。一旦发生沉淀，每剂服用的原料药剂量则会产生显著改变。可通过剧烈摇晃容器来使其重新恢复至悬浮状态，这也是一些药品会标示“使用前请充分摇匀”的原因，但这并不是一定能够实现的。对于使用口服悬浮剂进行治疗的成败而言，保持悬浮状态或可轻易恢复悬浮状态的能力至关重要[40]。

当然，在很多情况下无法通过口服给药。失去意识的患者无法吞咽片剂、溶液剂或悬浮剂，并且有很多原料药的口服生物利用度低至无法支持口服给药，此时必须改为其他替代的给药方式。例如，抗生素阿米卡星（amikacin）和多利培南（doripenem，Doribax®）（图 10.16）是具有重要临床意义的抗生素，但二者的口服生物利用度均过低，以至于无法进行口服给药。当无法经口服给药时，常通过静脉给药、腹膜内给药、皮下给药或肌内注射给药等方式。在这种情况下，对于注射制剂而言，口服溶液剂和悬浮剂需要考虑的问题也十分重要。例如，过度酸性或碱性的溶液在采取上述给药方式时，可导致强烈的刺激作用。某些时候，添加医药领域可接受的缓冲剂能够解决潜在的 pH 问题。

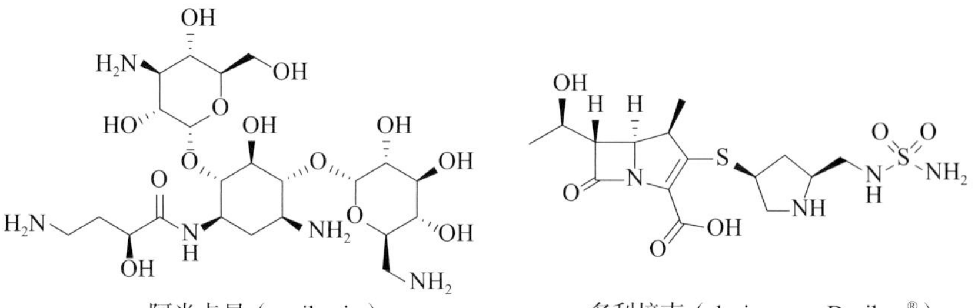

阿米卡星（amikacin）　　多利培南（doripenem, Doribax®）

图 10.16　阿米卡星（amikacin）和多利培南（doripenem，Doribax®）不具备足够的口服生物利用度以支持口服给药，通常通过静脉注射或其他替代方式给药

剂量体积和原料药溶解度也是限制性因素。多数患者可接受相对较小剂量（1～5 mL）的腹膜内给药、皮下给药和肌内注射给药，但100 mL剂量的上述三种给药处方在临床上基本是行不通的。同样剂量范围内（1～5 mL）的静脉注射给药也是可行的，并且如果需要的话，可将原料药添加至更大容积的药液中，以便在更长的时间范围内通过滴注的方式进行静脉给药。当然，原料药的溶解度是决定剂量体积的关键因素。在某些情况下，可使用共溶剂来增加原料药的溶解度。但使用了共溶剂的制剂在注射入患者体内后，药物具有析出沉淀的风险。腹膜内给药、皮下给药和肌内注射给药时，原料药析出的沉淀可使药物在体内随时间推移分布至各处而蓄积，但这也会导致剧烈的疼痛。静脉注射给药时原料药的沉淀会引起血管堵塞，可导致危及生命的缺血性事件。

口服给药的另一个替代方案是局部给药，但这要求原料药具备穿透皮肤、到达血液循环系统的能力。皮肤是一层极其有效的屏障，这要求可经皮给药的化合物往往具有低分子量或高亲脂性。尽管存在上述限制，透皮贴剂（transdermal patch）已用于多种治疗药物，如可乐定（clonidine，抗高血压药物）[41]、雌激素（estrogen，激素替代疗法）[42]、芬太尼（fentanyl，阿片类镇痛药）[43]、哌甲酯（methylphenidate，多动症治疗药物）[44]，以及尼古丁（nicotine，用于戒烟）[45]。透皮贴剂通常被设计成具有多层组装膜的形式，包括一层用于保护贴剂成分免受环境影响的外层、一层将贴剂固定在皮肤特定位置的黏附层、一层包含原料药溶液或悬浮液的储药层，以及一层用于控制原料药释放至皮肤表面的控释膜（图10.17）。可通过更复杂的设计实现药物的初始快速释放（瞬时释放）及后续的长时间缓慢释放。

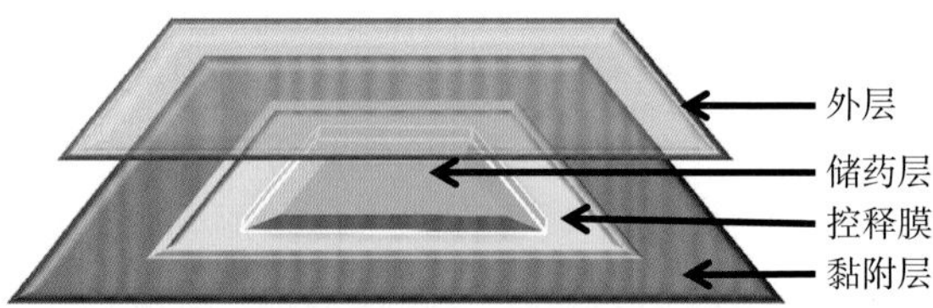

图10.17 **透皮贴剂可在一段较长的时间范围内将药物给予患者。简单的透皮贴剂设计如图所示，包括保护原料药不受外界环境影响的外层、将贴剂黏附在患者皮肤上的黏附层、包含原料药溶液或悬浮液的储药层，以及控制原料药释放的控释膜**

在开展临床试验前，确定候选药物的制剂配方还有很多需要考虑的问题。硬度、厚度和脆碎度等问题对片剂配方非常重要，而对于口服溶液、悬浮剂，以及静脉给药、腹膜内给药、皮下给药或肌内注射给药的制剂而言，剂量体积和pH则是非常重要的问题。另外，剂量均一性、药物供给、杂质成分对所有剂型配方都极为重要。不论最终采取何种制剂方法或剂型，必须在进入临床试验前确定最终的药物剂型。

10.1.4 新药研究申请

在克服了所有的科学、生产和技术障碍之后，在被授权开展人体试验之前，必须首先获得批文。任何潜在疗法在进行人体测试之前，包括美国食品药品监督管理局（Food and Drug Administration，FDA，管辖美国）、欧洲药品管理局（European Medicines Agency，EMA，管辖欧盟）、中国国家药品监督管理局（National Medical Products Administration，管辖中国）、日本药品与医疗器械管理局（Pharmaceuticals and Medical Devices Agency，PMA，管辖日本）、加拿大健康局（Health Canada）、新加坡卫生科学局（Health Science Authority，管辖新加坡）、韩国食品药品安全部（Ministry of Food and Drug Safety，管辖韩国）及全球范围内的其他类似机构负责对新药审批过程加以监管。非政府机构国际人用药品注册技术协调会（International Council for Harmonisation of Technical Requirements for Pharmaceuticals for Human Use，ICH）[46]设立于1990年，以协调与新药审批（new drug approval，NDA）过程相关的规则和指南。总体而言，在人体中测试候选药物之前，这些机构会首先接收、审批临床试验计划。为了获得这些机构的批准，需要填报新药研究申请（investigational new drug application，IND），又称为临床试验授权书（clinical trial authorization，CTA）或临床试验告知书（clinical trial notification，CTN）。该文件包含了研究中三个重要领域的信息：①动物药理学、安全性和毒理学研究数据；②化学、生产和质量控制（chemistry，manufacturing and control，CMC）信息；③包括研究人员信息在内的临床试验规程[47]。

第一部分为IND中的动物药理学、安全性和毒理学研究部分，需要介绍在可接受的、呈现相关疾病状态的动物模型上的药理学研究结果，以提供药效方面的证据。该部分还需提供临床前的安全性研究数据，便于监管机构确定将候选药物用于临床试验是否足够安全。满足药物非临床研究质量管理规范的要求，且在两种动物种属（一种啮齿动物和一种非啮齿动物）内进行的体内安全性研究也必须纳入该部分。通常情况下，该部分应当包含第8章介绍的多种安全性研究所获得的结果，这些研究包括埃姆斯试验、微核试验、染色体变异测试和心血管安全性评估等内容。此外，该候选药物此前在人体中获得的任何数据也应包含其中。之前在其他管辖区域内进行的研究或者曾经试图针对其他疾病获取的上市批文，都有可能获得人体研究的数据。

第二部分需要从化学、生产和质量控制三个方面提供详细的信息。必须详尽地描述相关的生产方法，包括原料药的合成方法、所有辅料的相关信息及如何制备供临床应用的制剂等。该部分还应包括生产工艺中产生的杂质信息，每批产品的纯度检测方法，以及能够证明每批次药物产量可靠且一致的证据。当然，为了获得这些信息，所需的产能必须已经到位，并且已被充分测试过，以证明申请公司生产相关药品的能力。

第三部分涵盖了临床试验规程及参与人员。对临床研究的描述要足够详尽，以供监管机构对该项目是否会将试验对象暴露于不必要的风险进行评估。此外，需要提供关于研究中心（多数临床试验会涉及多个研究中心）、开展研究项目的人员资质，以及受试候选药物在监管状态下的给药情况（多数情况下由医师完成）等方面的信息。该部分还需要描述对管控条例的遵守情况，获取全体研究参与者一致同意的方法，以及设立组织审查委员会（Institutional Review Board，IRB）的情况。IRB通常是指独立的伦理委员会或伦理审查机构，其任务是确保以正确的方式开展临床试验，并被正式授权监控、审查和审批临床研究项目中的所有方面，包括因试验过程中产生新数据而引起的临床试验规程的任何改变。随着临床试验的不断推进，IRB可能还需要开展风险获益评估，以确定继续开展临床试验的安全性。

毫无疑问，IND是体量异常巨大的文档，需要付出大量努力来准备，通常由一个具有足够资质人员的强大团队来编撰。通常情况下，研究人员需要与相应监管机构（如FDA、EMA等）的代表会面，以确保临床试验的设计是充分的。毕竟，一切临床研究在开展前必须获得监管机构的最终批准。为使临床试验投资者（通常但并非总是药企）的利益最大化，需要确保精心准备的文件能够获批。一旦IND获得批准，即可开展人体试验。

10.2 Ⅰ期临床试验

Ⅰ期临床试验也是首次在人体中进行的试验，旨在确定候选药物在临床研究中是否安全。尽管已从动物模型中获得了大量证据，显示该候选药物可安全地用于临床，但在动物中进行的安全性研究无法说明种属之间的重大差异，因此必须特别重视对Ⅰ期临床试验对象的适当监控。当Ⅰ期临床试验结束时，最大耐受剂量（maximum tolerated dose，MTD）得以确定，同时确定的还有与潜在治疗药物相关的剂量限制性毒性（dose-limiting toxicity，DLT）。还需要确定候选药物在人体内的药代动力学性质，以确定在Ⅱ期临床试验中的给药剂量。此外，根据不同的临床试验设计，还有可能获得候选药物在药效学方面的一些初步信息。

在多数情况下，Ⅰ期临床试验的参与者是一群健康的志愿者，其规模为20～100人。受试者会被分为多个小组，这些小组被称为剂量组。尽管没有相关要求，但有些研究还包含一个安慰剂对照组。由于候选药物首次被应用于人体，Ⅰ期临床试验早期阶段的剂量选择必须基于从动物体内研究获取的安全性数据。在从单一动物种属中获得的已知药代动力学参数及在动物实验中确定的未观察到有害效应的水平（no observed adverse effect level，NOAEL）的基础上，以数学计算方法估算种属间的剂量变化，这被称为异速缩放（allometric scaling）[48]，用于指导初始剂量的设定。实际的初始剂量通常低于经异速缩放确定的剂量，以保证受试志愿者的用药安全。

经典的Ⅰ期临床试验开始于单次递增剂量（single ascending dose，SAD）研究，以确定MTD并识别任何与该候选药物相关的DLT。在简单情况下，受试者按3人一组被分为多个小组（常称为“3+3”研究[49]），并被给予单一的剂量。若未观察到不良反应，则将剂量加倍。这种剂量的加倍一直持续至出现不良反应为止，最终确定单剂量条件下的MTD（图10.18）。有可能还需要进行另外一项研究，在各个阶段不断递增不同的剂量，常称为多重递增剂量（multiple ascending dose）研究，以获得候选药物药代动力学方面的大量信息。在该研究中，受试组以固定的间隔时间接受多种剂量的候选药物。各组剂量逐步增加，直至达到预设的最大值（通常是由从SAD研究中获得的MTD）。

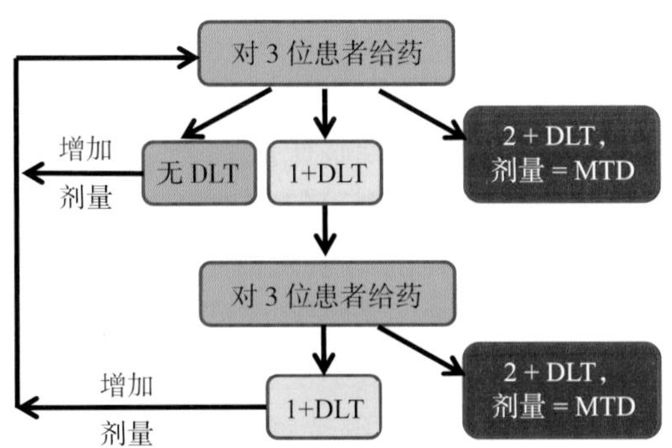

图10.18　**在经典的Ⅰ期临床试验中，一个较小数量群体的受试者被给予剂量逐渐增加的候选药物，同时对相关不良反应进行监测。当确定MTD后试验即结束，取得的数据可用于设定后续临床试验的剂量**

在实际操作中，必须采用多种方法对所有受试者进行细致的监测。在研究过程中，需要进行全身体检、心血管功能（血压、心率等）监测，以及其他关键体征的监测，并采集多种生物样品（血样、尿样等）。这些生物样品被用于确定候选药物在体内吸收、分布、代谢与排泄的性质，并用于监测可能不易被发现的任何安全性问题（如血液毒性、肝毒性或肾毒性）。根据不同候选药物的药代动力学参数，自首次用药起，需要对受试者进行可能持续数日乃至数周的跟踪回访。

尽管大部分Ⅰ期临床试验是在健康志愿者中进行的，但仍存在一些值得关注的例外。若受试候选药物的毒性水平已知，如潜在的肿瘤化疗药物[50]或治疗HIV感染的新型抗病毒药物[51]，则不会在健康志愿者中进行，而是会在这些疾病的患者中进行Ⅰ期临床试验。此外，Ⅰ期和Ⅱ期临床试验也经常合并进行，以便尽可能地减少接触安全性和毒性未知候选药物的受试者数量。出于相同的原因，药代动力学研究也会尽可能地减少。

Ⅰ期临床试验还包括受试者给药后的跟踪随访，通常需要一年至一年半的时间方可结束。该阶段的最低要求是必须证明候选药物用于人体是安全的，最终将临床研究项目推进至Ⅱ期临床试验阶段。Ⅰ期临床试验中进行的药代动力学研究结果，以及在此过程中获得的MTD和DLT，将在Ⅱ期临床试验中用于指导剂量的设定。

10.3　Ⅱ期临床试验

一旦证明了候选药物可被安全地用于人体研究（Ⅰ期临床试验成功结束），即可开展Ⅱ期临床试验。与Ⅰ期临床试验不同的是，Ⅱ期临床试验不在健康受试者中进行。由于该阶段旨在获取初步的药效数据，以便判断候选药物是否具有安全改善患者病情的药效，因此所有受试者均为有所针对疾病的患者。通常，根据适应证的不同性质，Ⅱ期临床试验需要100～300位患者参与试验，最长需要耗时两年。治疗慢性疾病（如关节炎）的候选药物可能还需要更长的时间。无论Ⅱ期临床试验持续多久，均须在包容性和排他性条件下严格挑选受试患者，以确保受试群体的高度同质性，增加阳性结果的识别概率（如果受试药物有效)，并尽可能减少可能隐藏阳性结果的变量。至于候选药物能否在更为广泛的人群中表现出药效，则属于Ⅲ期临床试验需要解决的问题。

Ⅱ期临床试验的另一个目标是确定Ⅲ期临床试验中使用的剂量及给药计划。尽管Ⅰ期临床试验已获得了安全性和药代动力学数据，但很少提供关于候选药物药效的信息。幸运的是，可根据药代动力学和安全性研究的结果来设定足够高但又不超出MTD的剂量，以提供在理论上能够确保药效的全身药物浓度。在实际操作中受试患者常被分为几个小组，以便在患者群体中测试不同剂量的药效。其中一种情形是设定四个剂量：一个没有潜在药效的最低剂量、两个中间剂量，以及一个继续增加剂量但不会进一步提升药效的最高剂量。理想情况下，经过上述剂量范围的试验即可为Ⅲ期临床试验设定一个有效剂量。

尽管Ⅱ期临床试验的首要目标是在患者群体中识别阳性指征，但安全性仍需要高度优先考虑。在很多情况下，Ⅱ期临床试验是首次在患者中使用候选药物的研究阶段(抗肿瘤和抗HIV药物除外)，因此一些在Ⅰ期临床试验的健康志愿者中表现不明显的安全性问题可能会出现在Ⅱ期临床试验的患者中。此外，候选药物在患者体内的积蓄量通常在Ⅱ期临床试验中更高，可能会产生在Ⅰ期临床试验或在更短用药窗口内不会出现的其他不良反应。适应证为慢性疾病的Ⅱ期临床试验，其持续时间可长达6个月。在此过程中，必须对所有受试患者进行细致的监测，以识别潜在的安全性风险。当候选药物使用时间更长时，这些潜在的风险可能越发明显。

Ⅱ期临床试验能否取得成功，不仅仅取决于候选药物本身，还取决于试验设计和定义“成功”结果的评价尺度(outcome measure)，而后者则高度依赖于受试者的疾病或病征本身。旨在判断抗生素是否适于后续临床试验(如Ⅲ期临床试验)的Ⅱ期临床试验，与旨在判断候选药物是否对偏头痛或癌症治疗有效的Ⅱ期临床试验之间将存在很大的差异。试验设计的复杂性和临床试验终点的设定虽不在本章的讨论范围内，但了解一些基本的试验设计和结果评定有助于理解临床试验的结果及局限性。

最简单的试验设计是如图10.19A所示的单臂研究(single arm study)[52]。在该试验设计下，所有受试患者均被给予受试化合物，并对患者进行长期监测以判定该化合物是否有效。与更为复杂的试验设计相比，该试验更加经济，因为所有资源都被集中于一组受试患者。然而，由于缺乏对照组，无法将受试组与安慰剂组进行对比，也无法与标准治疗(standard of care)组进行比较，因此这是一个严重的缺陷，尤其是当不确定化合物为何有助于改善该疾病时(如一个具有全新作用机制的化合物)。

单臂研究还可被设计成如图10.19B所示的阶段化研究，其中各阶段仅在全体受试患者内的某一部分患者中进行候选药物的治疗。在前面的试验阶段，若对候选药物具有阳性反应的患者数量达到了预先设定的标准，则继续进行Ⅱ期试验的后半阶段，直至试验结束。反之，若药效呈阳性的患者数量不达标，或者出现了严重的安全性问题，则中止试验。由于可更早地中止临床试验，在这一阶段化的试验设计中，可对接受候选药物治疗的患者数量进行限制。当一个候选药物可能存在严重的不良反应风险时，该设计尽可能地减少了接受此候选药物治疗的患者数量，因此具有较大的优势。若利用这一阶段化的试验设计去评估昂贵的候选药物，则仅需更低的成本即可判定是否值得额外的支出，也有助于降低资金风险。

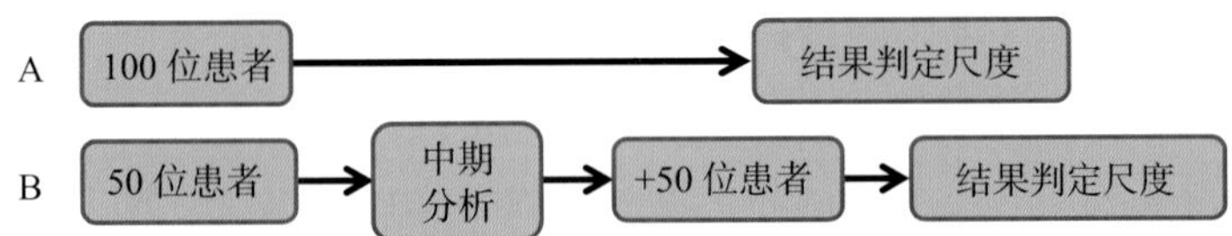

图10.19　A.在单臂Ⅱ期临床试验中，所有受试患者均接受候选药物治疗。B.在阶段化的单臂Ⅱ期临床试验中，一组受试患者首先接受候选药物治疗，并分析其结果。若中期分析结果满足了预先设定的目标，则剩余的受试患者也将接受该候选药物治疗，使临床试验继续进行；若未达到预设的目标，则中止临床试验

在很多情况下，单臂试验不可能提供更多的实用数据。如果候选药物的药效水平得不到很好的呈现，可引入一组对照组（control group），作为与受试组进行药效对比的重要基础。在随机化的双臂Ⅱ期临床试验中（图10.20），一组受试患者接受候选药物治疗（受试组），另一组受试患者作为对照组，接受安慰剂或标准治疗手段治疗，这非常有利于了解候选药物的药效水平。每一臂的试验进展和结果均可被用于设计优化Ⅲ期临床试验。随着试验的开展，还可以不断地监测受试患者的招募速率，这样就可以预测Ⅲ期临床试验中招募更大的受试患者群体需要多长时间，也可以为试验中可能出现的后勤供给问题提供一定的信息。尽管受试患者群体并非体量大到或类型丰富到足以判定一个新药是否适合上市，但在理想情况下，也足以将参与Ⅱ期临床试验的受试患者数量外推至Ⅲ期临床试验所需的数量。值得说明的是，这种试验设计方法还可拓展为多个治疗臂，更加便于确定Ⅲ期临床试验的最佳剂量。此外，也可以类似于单臂试验的方式，将阶段化的试验设计应用于双臂随机试验（图10.21）。

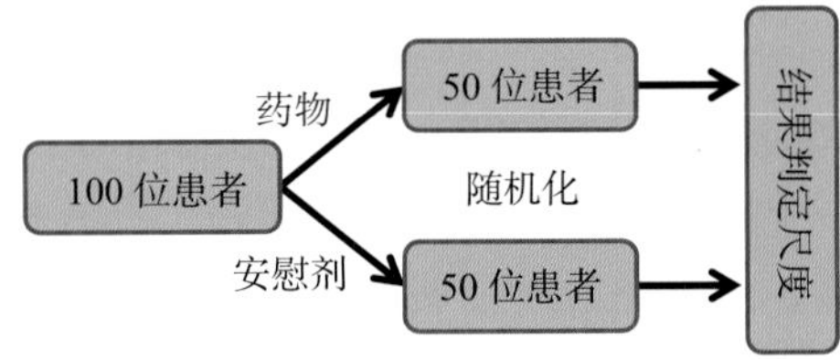

图10.20　在随机化的双臂Ⅱ期临床试验中，受试患者或者接受候选药物的治疗，或者接受安慰剂的治疗。也可根据需要进一步采用多臂试验

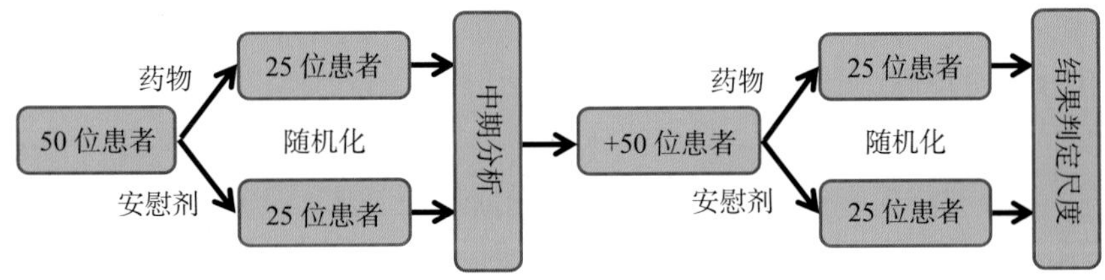

图10.21　双臂随机Ⅱ期临床试验也可被阶段化。对结果进行中期分析，决定是否需要招募新的受试患者参加试验

通过批准试验设计时预先建立的结果评定尺度，可判定候选药物是否能为患者带来预期的疗效。在某些情况下，试验结果可能与治疗的疾病或病征直接关联，此时药效评估则

像数人数一样简单。例如，确诊胰腺癌之后，在标准治疗手段的基础上使用候选药物进行治疗，一年后所增加的患者生存数量即此类结果评定尺度的一个典型实例。在患者中以特定的测定手段监测可量化的性质或指标，也可作为结果评定尺度。例如，体重的改变可作为潜在减肥药物的结果评定尺度，而血压的改变则可作为潜在抗高血压药物的结果评定尺度。替代指标（surrogate marker），又称为生物标志物（biomarker），如胆固醇浓度[53]或病毒载量[54]等，也可作为结果评定尺度，相关内容将在第11章中进行详细讨论。

尽管Ⅱ期临床试验的成功可提供一定的证据，但即便成功也不能保证Ⅲ期临床试验一定成功。在文献记载的很多实例中，Ⅱ期临床试验取得的阳性结果常常无法重现于规模更大、更多样化的患者群体。2014年，对835家企业的5800项临床试验项目开展的一项分析结果显示[55]，对于在Ⅱ期临床试验中获得阳性结果的候选药物，仅有60%能够同样在Ⅲ期临床试验中取得成功。考虑到与Ⅲ期临床试验相关的成本，应当对Ⅱ期临床试验数据进行全面的审查，确保这些数据对下一研发阶段的成本投入具有足够的说服力。

10.4 Ⅲ期临床试验

鉴于Ⅲ期临床试验是整个药物研发过程中资金投入最大的阶段，开展该阶段的临床试验需要机构（并非总是药企）投入巨大的成本。某些情况下，在新药研发和上市过程的全部成本中，高达90%的成本被用于Ⅲ期临床试验[56]，而Ⅱ期临床试验的成功结束不足以保证Ⅲ期临床试验的顺利开展。许多与临床试验结果完全无关的原因致使相关机构不得不终止临床试验。例如，可能已经存在一个比候选药物更有效的竞争药物，这会影响提供资助的企业占据市场份额和收回研发成本的能力。在与更廉价的药物相比缺乏优势（如更有效、更安全）的前提下，一个新药将很难占据市场。一个具有相同适应证的仿制药的出现也可能导致临床项目被放弃，而不是继续开展Ⅲ期临床试验。若候选药物的生产和制剂成本太高，也难以确保后期临床试验的开展。还有一种可能，就是与候选药物剩余的专利保护期相比，Ⅲ期临床试验所需的时间过长。如此一来，在原研药企收回研发成本之前，仿制的竞争药物就可能已经进入市场。因此，有很多科学因素之外的原因都可能导致在Ⅲ期临床试验开始之前就放弃了该候选药物。考虑到继续进行研发的巨大资金风险，需要对继续或终止的决定进行细致而谨慎的权衡。

如果做出了继续研发的决定，Ⅲ期临床试验的性质则很大程度上取决于候选药物的治疗目标。然而，必须达成一些首要的目标，以保证Ⅲ期临床试验的成功（包括为候选药物的上市提供支撑）。首先，Ⅲ期临床试验常被认为是极为关键的研究，必须在广泛的患者群体中确认候选药物的药效和安全性。这一过程通常需要1000～3000位受试患者（有可能更多），在多个临床研究中心开展，并且需要组建一个组织审查委员会。根据受试患者群体规模和疾病本身性质的不同，该过程可持续2.5～5年。必须开展两项能够证明候选药物药效和安全性的充分且受控的研究，方可认为Ⅲ期临床试验是成功的。该阶段的研究必须足够充分，以使其最终结果能被推广至普通人群，并将研究中得到的信息以药品说明书的形式提供给医护人员（如医师、护士、药师等）。

理论上，只开展两项Ⅲ期临床试验，资助企业即可挖掘到足够的数据，以支持其申请药物上市批文或许可证。然而在现实中，很多企业会选择开展第三项研究。尽管这会极大地增加整个项目的成本，但这种投资通常被认为是值得的。在已开展的两项试验中，如果有一项被判定为无法对候选药物的药效或安全性提供足够的支持，则需要开展第三项试验，以保证为申请上市批文取得必需且足够的支持。此外，还有可能出现程序上的问题，如在受试患者监测方面存在不一致，或者是数据采集问题导致监管机构将一项临床试验排除在新药申请文件之外。在上述情况下，若只开展两项研究，企业可能无法获得足够支撑其获得上市许可的数据，因此必须进行第三项研究。然而，这会严重推迟获得上市批准的过程，大大延长收回药物上市成本的有效时间。在某种意义上，第三项Ⅲ期临床试验是针对不确定性的一种保险措施。

根据与现有治疗标准相关的总体目标，Ⅲ期临床试验可被分为几大类。正如其名称所示，优势性试验的目标是证明候选药物对目标疾病或病征的治疗更为有效。在这种情况下，可能会在测试候选药物的基础上使用一个与之竞争的现有治疗药物进行平行试验，以便进行直观的对比。虽然有历史数据可供参考，但其在上市许可申请中几乎不会被采纳。如果没有合适的现有治疗手段，可以将安慰剂对照组作为参比组。当存在现有治疗手段时，理论上也可使用安慰剂对照组，但对照组若不包括现有的治疗标准，则在伦理上是存疑的。

在某些情况下，Ⅲ期临床试验旨在证明与现有标准治疗手段相比，候选药物具有类似的药效（等价试验），或者其药效不会更低（非劣势性试验，但受试的候选药物也可能药效更优）。此时，与标准治疗方法之间的直接对比才是所需的结果，因此使用安慰剂对照组通常并不充分。上述研究类型最常见于候选药物较标准疗法的优势在整体药效之外的某些方面。例如，如果候选药物更安全、给药更方便（如标准治疗手段需要一日一剂，而候选药物只需一周一剂）或者更廉价时，则可开展等价试验或非劣势性试验。

在Ⅲ期临床试验中，选择合适的结果评定尺度是试验设计中至关重要的方面。这一尺度的选择必须仔细且谨慎，并且应被充分定义，以便清晰地判定试验结果是否达到了预期目标。此外，取得的结果必须足以说服监管机构和医疗系统的专业人员，使他们认为值得对现有治疗手段做出改变。尽管主要终点（primary endpoint）会根据目标疾病或病征的不同而发生变化，但其在临床上与研究人员和受试患者都具有相关性。这些主要终点包括患者生存期的延长（如延长肿瘤患者的生存期）、某事件持续时间的缩短（如感染后的康复时间缩短），以及患者习性的改善（如戒烟）。有时，为了证明候选药物的有效性，需要同时跟踪多个终点，即要求采用复合型终点。例如，在评估针对心血管疾病新药的临床试验中，受试药物可对多个相关的临床方面产生有利的影响，包括心肌梗死、脑卒中、急性冠脉综合征等。单独来看，一项个体结果评定标准发生了有益的改变，在统计学上虽不一定显著，但累积起来而言，则可以证明对患者是有益的。重要的是，临床试验的结果只应针对首个出现的临床改善，因为治疗药物和适当的疾病管理都可能有益于后面出现的其他改善，这样就很难区分患者的治疗结果究竟是由对患者管理上的改变所引起的，还是由候选药物治疗而产生的。

在实际操作中，终点的选择显然取决于所治疗的疾病或病征本身的性质。当盲试（受试者和研究人员都不知道哪些受试者接受了药物治疗）无法开展时，客观的终点尤为重要，包括放射性检查（X线、CT扫描等）、机体检查（血压、心率、肺活量等）及血液化验（胆固醇浓度、白细胞计数等）。包括痛感、情绪改变及其他关于生活质量评估在内的主观终点也可作为临床试验的终点，但其在非盲研究中一般不是那么有效，因为受试者自身可能影响结果的判定。例如，在慢性疼痛新药的临床试验中，如果受试者知道自己服用的是受试药物而非安慰剂，则会对试验结果产生严重的影响。无论受试药物是否真的有效，他们都可能会相信自己因得到治疗而使痛感得到缓解。总体而言，主观的判定尺度可能给研究结果带来一些可变性，这可能掩盖临床试验的真实结果。因此，如果可能，更应当采用客观的终点。

在设计Ⅲ期临床试验时，决定是否让所有受试患者都接受候选药物治疗是十分重要的。最简单的Ⅲ期临床试验设计是每组受试患者只接受一种治疗药物的平行分组试验（图10.22）。这种试验设计简化了患者管理，并可以与标准治疗组或安慰剂组平行设置多个受试药物治疗组。交叉试验设计（图10.23）是另一种实用的设计，其根据治疗顺序将受试患者拆分为两个小组。在试验的第一阶段，两组受试患者分别被随机给予候选药物或现有治疗药物。在一定的时间间隔后，交换两组受试者的治疗方案，继续进行试验，直至试验结束。随着试验的进行，受试患者被持续监测，以判定相应治疗方案的效果。在这种情况下，由于所有受试患者均接受了新的候选药物和现有治疗药物，他们自己就是自己的对照组，从而减少了试验所需的受试患者数量。就针对慢性疾病或病征的候选药物而言，期望的治疗结果通常是减轻症状，而这种试验设计是对受试药物的药效做出判定的有力工具。交叉试验设计也可用于证明两种治疗药物是否具有生物等效性。

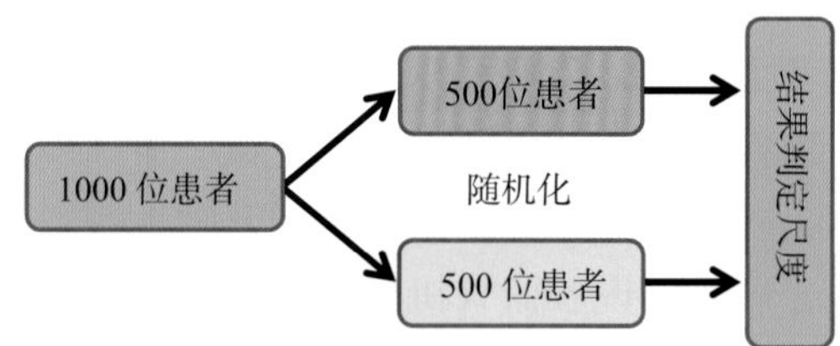

图10.22　**在随机平行Ⅲ期临床试验中，每组患者只接受一种治疗药物。可建立多个治疗小组，分别作为安慰剂对照组、标准药物组及不同剂量下的候选药物治疗组**

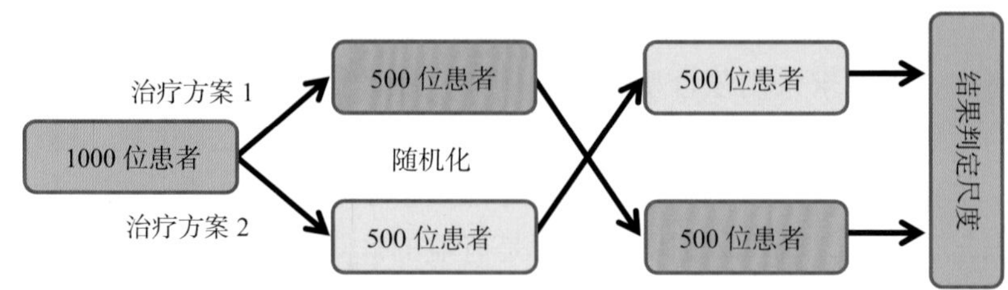

图10.23　**在随机交叉Ⅲ期临床试验中，受试患者被分组接受不同的治疗方案。经过一段设定的时间后，两组患者交换治疗方案，继续进行试验**

在开展交叉试验前，需要考虑到一些重要的限制条件。第一，治疗手段适合进行交叉的前提是第一种治疗手段的延滞效应必须尽可能小。若将显著的后遗效应带至第二个试验阶段，则很难准确地诠释交叉试验的结果。治疗手段需要多长时间才能被清除完全取决于候选药物的药代动力学性质，在决定交叉点上设置滞后时间的长短时需要仔细斟酌。第二，还需要了解在这段滞后时间内，该疾病或病征是否已恢复至基线水平，并需要判定两种治疗手段的应用顺序是否会影响试验结果。先应用治疗手段A、再应用治疗手段B产生的改变，与先应用治疗手段B、再应用治疗手段A产生的改变相比，两者是否存在显著差异？如果这些问题没有得到解决，则标准的平行试验可能会提供更有意义的结果。

每一臂受试患者的人数会影响Ⅲ期临床试验的价值与成本。为使Ⅲ期试验足以支撑候选药物的上市许可申请，参与者的数量必须足够大，以提供在统计学上具有显著性差异的试验结果。这一数值通常被设定为5%。换言之，虽然能够观察到某种药效，但该药效的呈现并不是真实的，这种概率是5%。从更正面的观点来看，有高达95%的概率会在试验过程中观察到真实存在的结果，而非偶然现象。Ⅲ期临床试验必须包含足够的受试患者，以使其统计强度足够高。而且只有受试患者的数量足够大，当不同的治疗小组之间存在差异时，才可能有80%～90%的概率能够检测到这些差异。此外，上述标准所需的受试患者数量还取决于预期药效的大小。众所周知，越强的药效越容易被检测出来，也就只需要更少的受试患者数量。所有这些计算都不容易完成，因为其需要复杂的统计学分析，最好咨询统计学专家，并使用一些旨在估算样本大小需求的商业软件来完成[57]。

即使不从满足药效评价的角度来考虑，Ⅲ期临床试验也必须具有足够的规模，以提供充分的安全性证据来支持监管机构的审批。很多疾病或病征只需短期给药（如累计给药时间不超过6个月），因此很难对评估安全性所需的受试群体规模做出统一的指导。然而，针对没有威胁到生命的疾病的长期治疗（如累计给药时间超过6个月），在一些被普遍接受的指南中，候选药物暴露在治疗剂量下的受试患者数量不得低于1500人。其中，300～600人应当至少被跟踪研究6个月，且至少有100人应达到1年的期限。如果候选药物旨在治疗威胁生命的疾病、衰竭性疾病或少数群体罹患的疾病，那么更少的受试患者即可能满足要求（需要监管机构来批准这种偏离规范的改变）。另外，如果动物研究、类似的化合物或其他数据显示可能存在安全性问题，则监管机构可能要求安全性数据库中包括更大的患者群体。类似地，如果期待的药效很小，或者已经存在安全的替代品，则可能需要更多的受试患者，以便为新药申请提供适当的安全性数据[58]。

10.5 Ⅳ期临床试验

一旦候选药物成功通过了两项充分的、受控良好的研究，即可向相关监管机构提交新药申请。若申请获得通过，则会被授予新药上市许可。然而，候选药物常常会面临额外的问题。这些问题对于最初的上市批准并非特别重要，但仍然需要开展额外的临床研究。因此，作为批准药物上市的条件之一，通常还需进行上市后监测（postmarketing surveillance）研究，又称Ⅳ期临床试验。

Ⅳ期临床试验包含一系列的研究目标。有时，可能需要判定新药与其竞争药物相比的安全性和药效。这些研究可能是在监管机构的要求下进行的，也有可能是新药研发企业或赞助商为获得市场份额而主动开展的。当然，如果这个新药显示出更低的药效，或者不如现有药物安全，则Ⅳ期临床试验结果很可能导致该药物的市场份额下跌，也有可能导致上市批准的撤销。

在近几十年中，旨在通过与现有治疗药物比较判定新药价值的药物经济学研究也已被纳入Ⅳ期临床试验的范畴。在某些国家（加拿大、芬兰、新西兰、挪威、瑞典、澳大利亚和英国等），这方面的研究是新药审批过程的一部分，关系到该药物能否获得政府医保项目的补贴。值得指出的是，这一点并不会直接影响候选药物能否获得上市批准，只会影响上市以后由谁来为该药物买单。

上市后监测研究的其他目的还包括识别低概率不良反应事件，更好地表征已知风险而继续监测安全性，研究药物相互作用的可能性，为儿童和老年患者建立治疗指南，以及判定候选药物的真实药效。在Ⅳ期临床试验中，患者群体的规模和差异性通常比Ⅲ期临床试验大得多。Ⅲ期临床试验是在严格的包含排除条件下进行的双盲随机试验。此外，大多数Ⅳ期临床试验也不再需要由研究团队制订严格的给药方案。以上因素均会增加药物使用过程中的不确定性，如患者用药太晚或使用错误的剂量。如果一个新药无法在更广泛的人群中达到Ⅳ期临床试验的预期目标，则可能会被撤市，尤其是当已经存在更有效的治疗药物时。

某些时候可能会有机会去拓展已上市药物的临床用途，但需要开发新的给药方式或不同的剂量水平，以使其适用于不能采用现有制剂进行治疗的患者。候选新药也有可能对最初临床试验范围之外的疾病产生较好的治疗效果。如果制药企业认为值得增加候选新药的适应证，则需要开展额外的临床研究，以便新适应证、新制剂或新剂量水平获得官方批准。对候选新药已被批准治疗的疾病或病征进行拓展是提升药物持续价值（盈利能力）的常用手段。

10.6 自适应临床试验设计[59]

如前文所述，临床试验，尤其是Ⅲ期临床试验，是占新药研发总成本最大的环节。在过去数十年内，研究人员一直努力去探寻更有效的方法来进行临床试验。为了降低新药研发的总体成本，有研究人员提出了自适应临床试验设计（adaptive clinical trial design）的概念。在自适应临床试验中，中期分析的时间点是在整个研究过程中确定的。通过对这些时间点之前采集的数据进行分析，确定临床试验的剩余部分该如何开展。换言之，自适应临床试验被预先赋予了调整该试验某一方面的机会，如样本规模、治疗方案、受试者群体、结果评定尺度的选择等，并且是在试验本身已收集数据的基础上进行的调整。

对进行中的临床试验的某些方面进行监控和调整，与传统的临床试验相比，在时间、成本和对患者产生的风险等方面都可能产生重要的影响。在传统的临床试验中，试验方法和规程被设置于试验开始之前，在试验过程中通常无法改变。尽管采取了各种努力来提高设计效率，但研究设计本身却很难设计、估算出最恰当的参数和变量。若最终发现这一估算并不准确，则临床研究会产生假阴性或假阳性结果，这两种结果均会产生严重的问题。通过引入中期分析，基于试验过程中获得的数据，自适应试验设计允许对临床研究做出调整。例如，若中期分析判定受试药物没有对其中一个试验臂的受试患者产生影响（如剂量太低以至于无法产生药效），则可终止该臂。若判定该临床研究已经非常成功、无效或对受试患者产生了危害，则中期分析将会比最初的试验设计更早地结束该研究。相关事件的发生概率也会被监控，以判定受试患者的数量是否合适。如果事件发生率高于预期，则可能只需要更少的受试患者；反之，若事件发生率更低，则可能需要招募更多的受试患者。在监管机构赞同自适应试验设计的前提下，这些改变可显著提升临床试验的效率，降低可能在受试者中产生的风险及临床研发的总体成本。

10.7 临床试验结果的大数据分析

虽然单一的临床试验能够提供较为全面的数据，但由于参与试验的患者数量有限，仍存在明显的限制。以在每200位患者中仅有1位患者发生某事件为例，一项旨在鉴别引发该事件（或抑制该事件的发生）的候选药物临床试验，需要非常大规模的患者参与。即便在一项2000位患者参与的研究中，也仅仅只有10位患者会发生该事件，这使得评估该候选药物对该事件的影响变得十分困难。对单一企业或机构而言，为侦测小概率事件而开展样本数量庞大的临床试验，往往成本过高，但又十分重要，尤其是当这些事件与死亡率增加相关时（如心脏病发作或脑卒中）。对现有临床试验结果的大数据分析常用于应对该需求。在这一过程中，来自多个临床试验的数据被共同整合、分析，以便获得受数据支配的、任何单一临床试验都无法获取的额外结论。如果16项平均患者样本数为1000的临床研究被整合在一起，对于每200位患者中仅有1位患者发生的事件，通过这些试验的整合后，将会有80位患者发生这一事件。尽管这也不是非常大的样本量，但也足够就某候选药物对该事件带来的影响给出结论。2004年，埃格（Egger）等成功地将临床试验结果的大数据分析用于证明非甾体抗炎药罗非昔布（rofecoxib，Vioxx®）会增加心脏病发作的风险。他们分析了18项样本数总和超过25 000位患者的随机对照临床试验，针对与该药相关的风险提供了清晰可信的证据，并为默克制药于2004年底做出自主撤市的决定提供了重要的依据[60]。

通过整合多项临床试验结果获取额外结论是一项十分实用的技术，但大数据分析法也并非是完美无缺的。使用该技术时，务必关注一些重要的警示。首当其冲的是，必须意识到并非所有临床试验都是在同等条件下开展的。由不同研究人员或机构开展的临床试验所涉及的随机化和对照组可能并不一致。各个临床试验不同的样本数量和患者群体也应当被考虑到，因为这些因素会给从整合后数据中获取的结论带来重要影响。临床试验终点判定的差异也会带来一些问题。一项专门用于监控药物引起胃烧灼疼痛的临床试验，可能会兼顾监控心脏病发作等不良反应事件，但该试验所能提供的这方面数据的能力，可能无法与专门为了监控同种药物增加心脏病发作风险而开展的临床试验相提并论。在进行大数据分析或审阅大数据分析结论时，必须充分考虑各项临床试验之间存在的各项差异。

（李子元　白仁仁）

思考题

1. 临床试验的定义是什么？
2. Ⅰ、Ⅱ、Ⅲ期临床试验的总体目标分别是什么？
3. 什么是同质多晶？
4. 在将实验室规模的合成转化为商业规模的制备时，为何需要开发候选药物新的合成方法？
5. 候选药物常采用哪几种给药方式？
6. 对片剂进行肠溶包衣的目的是什么？
7. 什么是辅料？
8. 在二室渗透泵给药系统中，“推动室”的作用是什么？
9. 研究性新药申请包含哪三个主要部分？
10. 设立组织审查委员会的目的是什么？
11. 什么是异速缩放？
12. 什么是“3＋3”Ⅰ期临床研究？
13. 临床试验中的中期分析有何目的？
14. 临床试验中的终止标准有何目的？
15. 为何某一机构开展Ⅲ期临床试验会采取等价试验的形式，而不是尝试证明与现有药物相比的优势？
16. 交叉临床试验的优势有哪些？
17. 自适应临床试验与标准临床试验有何不同？

参考文献

1. http://www.fda.gov/regulatoryinformation/legislation/federalfooddrugandcosmeticactFDCAct/default.htm.
2. http://www.fda.gov/ForConsumers/ConsumerUpdates/ucm322856.htm.
3. (a) Kelly, K. *The History of Medicine: Early Civilizations, Prehistoric Times to 500 CE;* Facts on File, Inc.: New York, 2009.
   (b) Borchardt, J. K. The Beginning of Drug Therapy: Ancient Mesopotamian Medicine. *Drug News Perspect*. **2002,** *15* (3), 187–192.
   (c) History of Ancient Medicine in Mesopotamia & Iran. *In* Massoume Price; Iran Chamber Society, October 2001. *http://www.iranchamber.com/history/articles/ancient_medicine_mesopotamia_iran.phphttp://www.indiana.edu/~ancmed/meso.HTM.*
4. Bryan, C. P. (translator) *The Papyrus Ebers;* D. Appleton and Co., 1931.
5. Read, B. E. *Chinese Medicinal Plants From the Pen T'Sao Kang Mu*, 3rd ed.; Peking

National History Bulletin, 1936.

6. Rush, B. *An Account of the Bilious Remitting Yellow Fever as it Appeared in the City of Philadelphia in 1793;* Philadelphia, PA: Dobson, 1794.
7. Green Stone, G. The History of Bloodletting. *B. C. Med. J.* **2010,** *52* (1), 12–14.
8. Peter M Dunn, P. M. Perinatal Lessons From the Past: James Lind (1716-94) of Edinburgh and the Treatment of Scurvy. *Arch. Dis. Child.—Fetal Neonatal Ed.* **1997,** *76* (1), F64–F65.
9. (a) Morabia, A. Pierre-Charles-Alexandre Louis and the Evaluation of Bloodletting. *J. R. Soc. Med.* **2006,** *99* (3), 158–160.
   (b) Louis, P. C. A. *Recherches sur les Effets de la Saignée;* De Mignaret: Paris, 1835.
10. Greenwood, M.; Yule, G. U. The Statistics of Anti-Typhoid and Anti-Cholera Inoculations and the Interpretation of Such Statistics in General. *Proc. R. Soc. Med. Sect. Epidemiol. State. Med.* **1915,** *8*, 113–194.
11. Ferguson, F. R.; Davey, A. F. C.; Topley, W. W. C. The Value of Mixed Vaccines in the Prevention of the Common Cold. *J. Hyg. (Lond.)* **1927,** *26*, 98–109.
12. Marshall, G.; Blacklock, J. W. S.; Cameron, C.; Capon, N. B.; Cruickshank, R.; Gaddum, J. H., et al. Streptomycin Treatment of Pulmonary Tuberculosis: A Medical Research Council Investigation. *Br. Med. J.* **1948,** 2 (4582), 769–782.
13. Smith, L. J. In *"Types of Clinical Trials" 107–122, From Drug and Biological Development From Molecule to Product and Beyond;* Evens, R. P., Ed.; Springer Science: New York, 2007.
14. Carlton, R. A. *Pharmaceutical Microscopy;* Springer Science: New York, 2011213–246.
15. (a) Bauer, J.; Spanton, S.; Henry, R.; Quick, J.; Dziki, W.; Porter, W., et al. Ritonavir: An Extraordinary Example of Conformational Polymorphism. *Pharm. Res.* **2001,** *18* (6), 859–866.
   (b) Morisette, S. L.; Soukasene, S.; Levinson, D.; Cima, M. J.; Almarsson, O. Elucidation of Crystal form Diversity of the HIV Protease Inhibitor Ritonavir by High-Throughput Crystallization. *Proc. Natl. Acad. Sci. U.S.A.* **2003,** *100* (5), 2180–2184.
16. Devillers, G. Exploring a Pharmaceutical Market Niche & Trends: Nasal Spray Drug Delivery. *Drug Deliv. Technol.* **2003,** *3* (3), 1–4.
17. Tacconelli, E.; De Angelis, G.; Cataldo, M. A.; Pozzi, E.; Cauda, R. Does Antibiotic Exposure Increase the Risk of Methicillin-Resistant *Staphylococcus aureus* (MRSA) Isolation? A Systematic Review and Meta-Analysis. *J. Antimicrob. Chemother.* **2008,** *61* (1), 26–38.
18. Fleming, A. Penicillin. Nobel Lecture, **1945**. http://www.nobelprize.org/nobel_prizes/medicine/laureates/1945/fleming-lecture.pdf.
19. (a) Tiwari, G.; Tiwari, R.; Sriwastawa, B.; Bhati, L.; Pandey, S.; Pandey, P., et al. Drug Delivery Systems: An Updated Review. *Int. J. Pharm. Invest.* **2012,** 2 (1), 2–11.
   (b) Hillery, A. M.; Lloyd, A. W.; Swarbrick, J. *Drug Delivery and Targeting: For Pharmacists and Pharmaceutical Scientists;* Taylor and Francis: New York, 2001.
20. Cady, R. K.; Wendt, J. K.; Kirchner, J. R.; Sargent, J. D.; Rothrock, J. F.; Skaggs, H., Jr. Treatment of Acute Migraine With Subcutaneous Sumatriptan. *JAMA* **1991,** *265* (21), 2831–2835.
21. Doggrell, Sheila A. Zoledronate Once-Yearly Increases Bone Mineral Density–Implications for Osteoporosis. *Expert Opin. Pharmacother.* **2002,** 3 (7), 1007–1009.
22. Black, D. M.; Cummings, S. R.; Karpf, D. B.; Cauley, J. A.; Thompson, D. E.; Nevitt, M. C., et al. Randomised Trial of Effect of Alendronate on Risk of Fracture in Women With Existing Vertebral Fractures. Fracture Intervention Trial Research Group. *Lancet* **1996,** *348* (9041), 1535–1541.
23. Recker, R. R.; Barger-Lux, J. Risedronate for Prevention and Treatment of Osteoporosis in Postmenopausal Women. *Expert Opin. Pharmacother.* **2005,** *6* (3), 465–477.
24. Bauss, F.; Schimmer, R. C. Ibandronate: The First Once-Monthly Oral Bisphosphonate for Treatment of Postmenopausal Osteoporosis. *Ther. Clin. Risk Manage.* **2006,** 2 (1), 3–18.
25. (a) Weintraub, A. Pfizer's Exubera Flop. *Businessweek* **Oct 18, 2007.**
   (b) Heinemann, L. The Failure of Exubera: Are We Beating a Dead Horse? *J. Diabetes Sci. Technol.* **2008,** 2 (3), 518–529.

26. Ameer, B.; Greenblatt, D. J. Lorazepam: A Review of Its Clinical Pharmacological Properties and Therapeutic Uses. *Drugs* **1981,** *21* (3), 162–200.
27. Aulton, M. E.; Kevin, M. G. Taylor; K M G, Eds. *Aulton's Pharmaceutics: The Design and Manufacture of Medicines;* 4th ed. Churchill Livingstone: Edinburgh, 2013.
28. Hussan, S. D.; Santanu, R.; Verma, P.; Bhandari, V. A Review on Recent Advances of Enteric Coating. *IOSR J. Pharm.* **2012,** *2* (6), 5–11.
29. (a) Senel, S.; Hincal, A. A. Drug Permeation Enhancement via Buccal Route: Possibilities and Limitations. *J. Controlled Release* **2001,** *72* (1–3), 133–144.
    (b) van Hoogdalem, E. J.; de Boer, A. G.; Breimer, D. D. Intestinal Drug Absorption Enhancement: An Overview. *Pharmacol. Ther.* **1989,** *44* (3), 407–443.
30. Khar, R. K.; Vyas, S. P.; Ahmad, F. J.; Jain, G. K. *Lachman/Lieberman's The Theory and Practice of Industrial Pharmacy;* CBS Publishers and Ditributors: New Delhi, 2016.
31. (a) Pramote, C. Establishing Blend Uniformity Acceptance Criteria for Oral Solid-Dosage Forms. *Pharm. Technol. Eur.* **2017,** *29* (2), 26–33.
    (b) Shah, K. R.; Badawy, S. I. F.; Szemraj, M. M.; Gray, D. B.; Hussain, M. A. Assessment of Segregation Potential of Powder Blends. *Pharm. Dev. Technol.* **2007,** *12* (3), 457–462.
32. (a) Chaudhari, H. S.; Sable, V. P.; Mahajan, U. N. Recent Advances in Granulation Technology. *World J. Pharm. Pharm. Sci.* **2019,** *8* (5), 1467–1491.
    (b) SUrech, P.; Sreedhar, I.; Vaidhiswaran, R.; Venugopal, A. A Comprehensive Review on Process and Engineering Aspects of Pharmaceutical Wet Granulation. *Chem. Eng. J.* **2017,** *328*, 785–815.
33. Merisko-Liversidge, E.; Liversidge, G. G.; Cooper, E. R. Nanosizing: A Formulation Approach for Poorly-Water-Soluble Compounds. *Eur. J. Pharm. Sci.* **2003,** *18*, 113–120.
34. Liversidge, G. G.; Cundy, K. C. Particle Size Reduction for Improvement of Oral Bioavailability of Hydrophobic Drugs: I. Absolute Oral Bioavailability of Nanocrystalline Danazol in Beagle Dogs. *Int. J. Pharm.* **1995,** *125* (1), 91–97.
35. (a) Chen, H.; Khemtong, C.; Yang, X.; Chang, X.; Gao, J. Nanonization Strategies for Poorly Water-Soluble Drugs. *Drug Discov. Today* **2011,** *16* (7–8), 354–360.
    (b) Sushant, S.; Archana, K. Methods of Size Reduction and Factors Affecting Size Reduction in Pharmaceutics. *Int. Res. J. Pharm.* **2013,** *4* (8), 57–64.
36. (a) Shende, P.; Shrawne, C.; Gaud, R. S. Multi-Layer Tablet: Current Scenario and Recent Advances. *Int. J. Drug Deliv.* **2012,** *4*, 418–426.
    (b) Yadav, G.; Bansal, M.; Thakur, N.; Khare, S.; Khare, P. Multilayer Tablets and Their Drug Release Kinetic Models for Oral Controlled Drug Delivery System. *Middle-East J. Sci. Res.* **2013,** *16* (6), 782–795.
37. (a) Herrlich, S.; Spieth, S.; Messner, S.; Zengerle, R. Osmotic Micropumps for Drug Delivery. *Adv. Drug Deliv. Rev.* **2012,** *64* (14), 1617–1627.
    (b) Ghosh, T.; Ghosh, A. Drug Delivery Through Osmotic Systems—An Overview. *J. Appl. Pharm. Sci.* **2011,** *1* (2), 38–49.
38. Flynn, G. L. Buffers—pH Control Within Pharmaceutical Systems. *J. Parenter. Drug Assoc.* **1980,** *34* (2), 139–162.
39. Kanekar, H.; Khale, A. Coloring Agents: Current Regulatory Perspective for Coloring Agents Intended for Pharmaceutical and Cosmetic Use. *Int. J. Pharm. Phytopharm. Res.* **2014,** *3* (5), 365–373.
40. Moreton, R. C. Commonly Used Excipients in Pharmaceutical Suspensions. In *Pharmaceutical Suspensions;* Kulshreshtha, A., Singh, O., Wall, G., Eds.; Springer: New York, 2010; pp 67–102.
41. Popli, S.; Stroka, G.; Ing, T. S.; Daugirdas, J. T.; Norusis, M. J.; Hano, J. E., et al. Transdermal Clonidine for Hypertensive Patients. *Clin. Ther.* **1983,** *5* (6), 624–628.
42. Corson, S. L. A Decade of Experience With Transdermal Estrogen Replacement Therapy: Overview of Key Pharmacologic and Clinical Findings. *Int. J. Fertil.* **1993,** *38* (2), 79–91.
43. MacConnachie, A. M. Fentanyl Transdermal (Durogesic, Janssen). *Intensive Crit. Care Nurs.* **1995,** *11* (6), 360–361.

44. Findling, R. L.; Dinh, S. Transdermal Therapy for Attention-Deficit Hyperactivity Disorder With the Methylphenidate Patch (MTS). *CNS Drugs* **2014,** *28* (3), 217–228.
45. Davidson, M.; Epstein, M.; Burt, R.; Schaefer, C.; Whitworth, G.; McDonald, A. Efficacy and Safety of an Over-the-Counter Transdermal Nicotine Patch as an Aid for Smoking Cessation. *Arch. Fam. Med.* **1998,** *7* (6), 569–574.
46. https://www.ich.org/.
47. *Code of Federal Regulations Title 21, Chapter 1, Subchapter D, Part 312, Subpart B, Section, 312.23.*
48. Caldwell, G. W.; Masucci, J. A.; Yan, Z.; Hageman, W. Allometric Scaling of Pharmacokinetic Parameters in Drug Discovery: Can Human CL, Vss and t1/2 be Predicted From In-Vivo Rat Data? *Eur. J. Drug Metab. Pharmacokinet.* **2004,** *29* (2), 133–143.
49. Ivy, S. P.; Siu, L. L.; Garrett-Mayer, E.; Rubinstein, L. Approaches to Phase 1 Clinical Trial Design Focused on Safety, Efficiency, and Selected Patient Populations: A Report From the Clinical Trial Design Task Force of the National Cancer Institute Investigational Drug Steering Committee. *Clin. Cancer Res.* **2010,** *16,* 1726–1736.
50. Eisenhauer, E. A.; O'Dwyer, P. J.; Christian, M.; Humphrey, J. S. Phase I Clinical Trial Design in Cancer Drug Development. *J. Clin. Oncol.* **2000,** *18* (3), 684–692.
51. Chan-Tack, K. M.; Struble, K. A.; Morgensztejn, N.; Murray, J. S.; Gulick, R.; Cheng, B., et al. HIV Clinical Trial Design for Antiretroviral Development: Moving Forward. *AIDS* **2008,** *22* (18), 2419–2427.
52. Ip, S.; Paulus, J. K.; Balk, E. M.; Dahabreh, I. J.; Avendano, E. E.; Lau, J. *Role of Single Group Studies in Agency for Healthcare Research and Quality Comparative Effectiveness Reviews. No. 13-EHC007-EF;* Agency for Healthcare Research and Quality Publication, January 2013.
53. Vasan, R. S. Biomarkers of Cardiovascular Disease: Molecular Basis and Practical Considerations. *Circulation* **2006,** *113,* 2335–2362.
54. Strimbu, K.; Tavel, J. A. What are Biomarkers? *Curr. Opin. HIV AIDS* **2010,** *5* (6), 463–466.
55. Hay, M.; Thomas, D. W.; Craighead, J. L.; Economides, C.; Rosenthal, J. Clinical Development Success Rates for Investigational Drugs. *Nat. Biotechnol.* **2014,** *32,* 40–51.
56. Roy, A. S. A. *Stifling New Cures: The True Cost of Lengthy Clinical Drug Trials. Project FDA Report 5;* Manhattan Institute For Policy Research, 20121–8.
57. (a) Machin, D.; Campbell, M.; Fayers, P.; Pinol, A. *Sample Size Tables for Clinical Studies*, 3rd. ed.; Wiley-Blackwell, 2009.
    (b) Noordzij, M.; Tripepi, G.; Dekker, F. W., et al. Sample Size Calculations: Basic Principles and Common Pitfalls. *Nephrol. Dial. Transplant.* **2010,** *25* (5), 1388–1393.
58. *Guidance for Industry Premarketing Risk Assessment;* U.S. Department of Health and Human Services Food and Drug Administration Center for Drug Evaluation and Research (CDER), March 2005, http://www.fda.gov/downloads/regulatoryinformation/ucm126958.pdf.
59. *Guidance for Industry: Adaptive Design Clinical Trials for Drugs and Biologics.* http://www.fda.gov/downloads/drugs/guidancecomplianceregulatoryinformation/guidances/ucm201790.pdf.
60. Jüni, P.; Nartey, L.; Reichenbach, S.; Sterchi, R.; Dieppe, P. A.; Egger, M. Risk of Cardiovascular Events and Rofecoxib: Cumulative Meta-Analysis. *Lancet* **2004,** *364* (9450), 2021–2029.

第11章

转化医学与生物标志物

进入21世纪之后，新药研发科学家发现他们所拥有的工具和技术能够完成惊人的科学壮举。整个人类的基因组及许多其他物种的基因组已被阐明。一些新领域，如基因组学（基因结构和功能分析）[1]、蛋白组学（研究蛋白结构和功能）[2]和代谢组学（细胞过程的代谢“指纹”）[3]的研究开始兴起并日趋成熟。“组学”领域的相关研究为病理学提供了丰富的新颖信息，也开启了可用于疾病治疗的潜在新靶点的大门。与此同时，新药研发科学家正在开发必要的工具和方法，以评估候选化合物对这些新靶点的潜在效用。人们曾预期这些进展将为治疗阿尔茨海默病、帕金森病和溃疡性结肠炎等疾病提供前所未有的新疗法，同时也将加快其他疾病新疗法的发现速度。

随着生物技术的发展，新药发现和开发的效率、申请批准率理应大幅提高，同时药物开发的成本也应随之下降。但事与愿违的是，美国新药批准的数量在1996年还高达51项，但在2000年却降至27项，而到了2007年，仅有19个新药获得批准[4]。FDA每年批准的新药数量一直保持在30个以下，直到2012年批准了39个新药，2015年增加至45个，而2018年增加至59个。但是，批准率也并没有持续增加下去，2016年只有22项新药获批[5]。同时，药物发现和开发的成本大幅上升。1976年，开发一项新药的平均成本约为1.37亿美元。而到1992年，费用增加超过1倍，达到3.18亿美元。随后研发费用继续攀升，2000年已超过8亿美元，到2011年达到17亿美元[6]，而2016年更是达到了惊人的28.7亿美元[7]。

一些备受瞩目药物的撤市或药物后期临床试验的失败进一步说明开发新药的效率变得越来越低，而非不断提高。例如，尽管已经确定了司马西特（semagacestat，γ分泌酶抑制剂）能够作用于β淀粉样蛋白，但由于其会导致认知功能的显著下降，导致其用于治疗阿尔茨海默病的希望随之破灭[8]。辉瑞（Pfizer）公司首席执行官杰夫·金德勒（Jeff Kindler）曾于2006年11月30日发表预测称，托彻普[torcetrapib，胆固醇酯转运蛋白（cholesteryl ester transfer protein，CETP）抑制剂，一种新型的降血脂药物]，将是“我们这一代最重要的化合物之一”[9]。但之后不到一个月，辉瑞就宣布托彻普会使死亡率增加近60%，而8亿美元的化合物研发费用也打了水漂[10]。有时，甚至已经成功进入临床的药物也可能出现重大问题。例如，西立伐他汀[cerivastatin，拜可（Baycol®）]可通过抑制HMG-CoA还原酶治疗高胆固醇和心血管疾病，同样针对此靶点的药物还包括非常成功的阿托伐他汀[atorvastatin，立普妥（Lipitor®）]。然而，拜耳（Bayer）公司在2001年将该药退市，因为其造成了不可接受的致命性横纹肌溶解（rhabdomyolysis）[11]。同样，罗非昔布[rofecoxib，万络（Vioxx®）]，一种用于治疗慢性疼痛的选择性COX-2抑制剂，在1999年获批上市，2003年的年销售额达到25亿美元。但默克（Merck）公司于2004年将其退市，因为Ⅳ期临床试验结果证实罗非昔布具有增加缺血性事件的风险[12]。很明显，随着"组学"时代的到来，人们对疾病治疗手段迅速发展的期望并未实现。

坦白而言，与药物发现和开发相关的各种"组学"领域，并不是唯一未达到人们预期的全新研究领域。高通量筛选、分子模型和高通量化学（组合化学）都是各自独立的成功研究领域，但它们的出现也没有使预期的研发效率提高。随着相关研究进展在不同科学领域的持续涌现，要求控制日益增长的卫生健康费用的呼声也持续走高，特别是在控制上市药品的高昂成本方面。正是在这样的背景下，转化医学（translational medicine）领域开始成为人们关注的焦点。

转化医学涵盖了广泛的科学学科，一般是指努力将基础科学的新发现应用于为患者建立新疗法的医学。换言之，"从基础研究到临床应用"的药物发现方法会更加重视将基础科学实验室的发现与患者的临床资料相联系，一方面可通过迅速采用最佳的疗法来提高临床治疗效果，另一方面可将人体的临床数据应用于基础科学研究，以获得更多的进展。美国国立卫生研究院（National Institutes of Health，NIH）将转化医学分为两种不同的类别，第一种是将实验室研究和临床前研究中获得的发现应用于人体试验和研究的开发过程；第二种则是旨在促进社区采用最佳的治疗方案。预防和治疗策略的成本效益也是转化医学的重要组成部分[13]。转化医学通常分为四个阶段，即T1至T4阶段。

在转化医学的T1阶段，科学研究的重点是在分子水平上了解疾病的病理学，建立分子过程、动物模型和疾病状况之间的联系。T2阶段被描述为研究治疗的临床影响，最终目标是提供必要的数据以改善临床实践。这些主题听起来应该很熟悉，因为它们也是Ⅲ期临床试验的最终目标。因此，转化医学研究包含了从药物化学、分子生物学到体内药理学和临床科学的广泛领域也就不足为奇了。本章的大部分内容将主要探讨T1和T2两个阶段。

T3阶段的研究则针对一种新疗法被批准上市后的影响。例如，该药物的效果是否符合Ⅲ期临床试验的预期？随着药物应用于更广泛的人群，是否会产生安全性问题？在临床实践中，是否出现了与改进疗法和基础科学研究发展相关的重要结果？收集这些信息可以更好地了解新批准药物的临床效用，并对下一代的疗法产生积极影响，同时可支持T4阶段的研究。T4阶段作为转化医学的最后一个阶段，主要是通过综合转化医学前几个阶段的发现，将其转化为改善临床实践的政策和程序。毕竟，如果临床医生和患者不了解能够改善患者生活的新疗法，或者政策妨碍这种疗法的推广和使用，那么这种疗法的效果将会变得微乎其微[14]。

当然，所有这些主题都早于转化医学概念的提出。转化医学提供的关键部分在于一个蕴含其中的主题，即在药物发现和开发过程各个方面之间建立明确定义的联系，而这些联系可被客观测算，并将药物研发的先后阶段紧密联系起来。原则上，这将通过增加可预测性来进一步提高药物发现和开发的整体效率。例如，一个旨在开发抗艾滋病疗法的项目，对于一种抑制病毒复制周期中关键酶（如逆转录酶）的候选化合物，可以通过确定其对HIV感染者生存期的延长来评估其临床效用。在这种情况下，有必要延长给药时间，以确定候选化合物是否具有预期的临床效用。在艾滋病危机最严重的时期（20世纪80年代中期至20世纪90年代初），治疗方法极为有限，因此治疗时间至关重要。这期间只有一种药物，即齐多夫定（zidovudine，AZT，Retrovir®，图11.1A）在1987年成功上市[15]。为了提高药物开发的速度，一种基于临床观察的新型替代途径被开发出来。由于已经观察到HIV感染的临床进展与CD4⁺ T淋巴细胞水平的显著下降有关，研究人员推测有效的抗艾滋病药物将使CD4⁺ T淋巴细胞恢复至正常水平。因此，对CD4⁺ T淋巴细胞水平的监测可应用于临床试验，以证明潜在新疗法的有效性。换言之，CD4⁺ T淋巴细胞水平可被用作HIV感染者疾病进展或改善的生物标志物。基于CD4⁺ T淋巴细胞水平在患者体内变化而研发的逆转录酶抑制剂地达诺新（didanosine，Videx®，图11.1B）于1991年由百时美施贵宝（Bristol Myers Squibb，BMS）公司成功开发上市，成为第二个艾滋病治疗药物[16]。

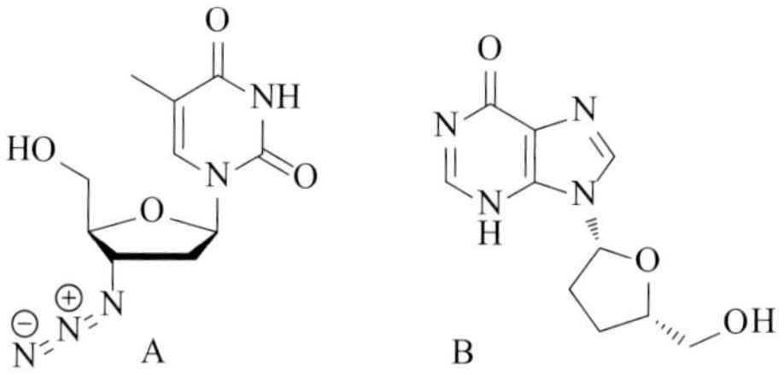

图11.1 A.齐多夫定；B.地达诺新

11.1 生物标志物的定义及其分类

生物标志物（biomarker）一词的定义如下：存在于正常生物过程、致病过程或治疗过程中，可被客观测量和评价的一种特征指标[17]。这一定义是由美国NIH生物标志物定义工作组（NIH Biomarkers Definition Working Group）于2001年提出的，其目的是为生物标志物的组成提供一个框架。莱西亚（Lathia）于2002年提出了另一个对药物发现和开发过程更实用的定义。这一定义认为生物标志物是一种可测量的属性，其反映了治疗分子基于特定疾病的药理学、病理生理学的作用机制，或者两者之间的相互作用，生物标志物可能与临床疗效、毒性完全相关，也可能不完全相关，但可用于制药公司的内部决策[18]。这两种定义都包括药物发现和开发过程的各种方法和技术。幸运的是，可以根据生物标志物的用途及其提供的信息类型对其进行分类，分别包括靶向生物标志物（target engagement biomarker）、机制生物标志物（mechanism biomarker）、结果生物标志物（outcome biomarker）、毒性生物标志物（toxicity biomarker）、药物基因组学生物标志物（pharmacogenomics biomarker）和诊断性生物标志物（diagnostic biomarker）。

靶向生物标志物提供了候选化合物是否与目标大分子之间发生相互作用的信息。这种类型的生物标志物可被有效用于验证疾病与特定生物分子靶点之间是否相关，或者解释为什么某种化合物不能与之前验证过的靶点产生预期的作用。设想一种生物标志物可以确证候选化合物和靶点之间存在相互作用，同时有假说支持这种靶点与某种特定疾病相关联，如果在体内也观察到上述关联，那么生物标志物就验证了疾病和相关靶点之间存在的联系。另外，如果同一候选化合物与靶点的相互作用不能产生生理反应，则表明该靶点不是治疗该疾病的合适靶点。例如，设计用于确定放射性标记化合物（如正电子发射断层成像和单光子发射计算机断层成像）的成像技术，在证明候选化合物与脑中的GPCR靶点相互作用方面特别有效[19]。关于成像技术及其实际应用的更多细节将在本章后续内容中进行介绍。

机制生物标志物是第二类生物标志物。此类生物标志物主要揭示候选化合物对生理影响有关的信息。机制生物标志物理论上可以测试由靶点参与所导致的疾病或病症相关的变化。可测试的典型实例包括酶活性、基因表达、蛋白表达、受试者行为变化，甚至特定化学物质的血浆浓度变化。例如，血糖水平是抗糖尿病药物疗效的生物标志物[20]，而诱导睡眠是治疗失眠候选化合物效果的检测指标[21]。重要的是，机制生物标志物不一定与疗效相关，尤其是在靶向机制与相关疾病之间尚未建立联系的情况下。

结果生物标志物是与疾病或相关病理状况有明确关系的生物标志物，可作为评价候选化合物效果的指标。在某些情况下，生物标志物通过生化方法进行评估，如HIV感染者体内病毒载量的变化或$CD4^+$ T淋巴细胞数量的变化。不过一些生理结果，如血压降低或睡眠诱导，也可以作为结果生物标志物。在许多情况下，机制生物标志物和结果生物标志物之间存在重叠。同样重要的是，结果生物标志物也可以用来筛选候选化合物可能具有的意料之外的副作用。例如，一种设计用于治疗偏头痛的候选化合物，如果也会引起促进睡眠或镇静的副作用，则其在商业上的实用性将比较有限。早期应用结果生物标志物来检测潜在问题可以非常有效地限制有缺陷候选化合物的开发势头。

毒性生物标志物与结果生物标志物相似，但顾名思义，这些生物标志物与不良结果相关。通过毒性生物标志物测试所得的实验数据通常被认为是强有力的证据，表明候选化合物存在严重缺陷，在进一步开发之前必须要深思熟虑。例如，QT间期延长和hERG通道阻滞是众所周知的生理和生化毒性生物标志物，它们与尖端扭转型室性心动过速和心脏猝死有关[22]，这几乎应用于所有药物的发现和开发项目之中。与其他形式的毒性（如肝或肾问题）相关的毒性生物标志物也至关重要，其通过体外方法于项目早期进行应用测试，以更好地排除存在毒性的可能。在开展高级动物研究或人体试验之前确定此类毒性问题，是一种非常有效的节约资源和减少患者接触潜在有害候选化合物的策略。

药物基因组学生物标志物主要用于临床，其主要目的是增进对目标患者群体的了解，特别是预测哪些患者可能会对治疗方案产生积极的响应。例如，存在一种以特定生物分子或特定生理状态变化为目标的候选化合物，其可以激活或消除特定基因的突变，通过识别这种特殊突变的患者，可大大增加候选化合物在临床试验中的有效性。同时，缺乏理想特征（如基因突变）的患者将不会被纳入临床试验中，因为他们不太可能从候选化合物的作用中获益。通过这种方式可以管控患者的风险，减小临床试验的规模，有效降低整个项目的成本。

诊断性生物标志物也主要应用于临床，但也可以在适当的情况下用于动物模型。此类生物标志物可用于识别罹患某种特定疾病或具有患病风险的患者，并提供对病程改善或恶化的观察指标。在某些情况下，可在有临床症状表现或出现明显生理变化之前识别相关患者。也可用于简化临床检测，确保临床试验有合适的目标，甚至可作为筛选进入临床项目患者的一种方法[23]。例如，HIV感染者的病毒载量可作为疾病进展或疾病分期的生物标志物，而不是利用随机性感染的发生（或缺乏随机性感染）来衡量疾病的进展或改善。同样，人绒毛膜促性腺激素（human chorionic gonadotropin，hCG）也可以作为生物标志物，其浓度可作为女性参加临床试验的准入门槛。尽管这一名词不广为人知，但这个特殊的生物标志物几乎成为最为广泛认可的生物化学诊断性生物标志物。这种特殊的诊断性生物标志物被广泛应用于非处方（over-the-counter，OTC）妊娠检测诊断，能够在很早期阶段确定妊娠。使用这种诊断性生物标志物对女性临床试验参与者进行筛查是一种非常有效的手段，借此避免孕妇及其未出生的胎儿接触安全性未知的候选化合物。

11.2 生物标志物的特征与影响

虽然可作为生物标志物的药理学、生理学和生物化学的终点种类很多，但并不是所有的终点都适用于药物发现和开发项目。如前所述，生物标志物和转化医学的作用通常是提高识别新疗法的效率。因此，那些难以检测、价格较高、实验周期长、难以重复再现的生物标志物通常不适合用于药物的发现和开发。此类生物标志物可能有助于提供对整个社会重要的科学信息，但其增加的成本将为药物研发项目带来额外的负担，而不是提高其效率。在理想情况下，适合药物发现和开发计划的生物标志物要易于测量、高效、可定量，并具有客观性和可重复性。重要的是，该生物标志物的实验结果应该对预测下一阶段的实验结果有所裨益。换言之，生物标志物在本质上是可以在不同领域相互转化的。临床相关性和跨异质性患者群体的可靠性也是理想生物标志物的重要特征。

生物标志物的开发利用了复杂的基因和蛋白表达系统、测量关键分子血液浓度的生化工具，以及先进的成像技术，如计算机断层扫描（computed tomography，CT）、正电子发射体层成像（positron emission tomography，PET）和单光子发射计算机断层成像（single-photon emission computed tomography，SPECT）。然而，需要明确的是，并不是所有的生物标志物在本质上都是复杂的。例如，血压、心率甚至体温也被认为是生物标志物。这些简单的生物标志物已经存在了很长时间。大多数人都记得他们的父母曾经为他们测量过体温，以确定系统性感染是否正在消退。21世纪初，生物标志物在转化医学领域的广泛应用显著提高了药物发现和开发的效率。其主要目的是为科学家提供必要的数据，以便决定候选化合物（或假想的疾病靶点）是否值得做进一步的评估，尤其是提供可用于预测未来研究表现的数据。从理论上而言，如果科学家能够更好地利用分析预测的实验和方法识别具有预期特性的化合物，则进入下一开发阶段的化合物将更有可能进入市场。同样，预测哪些化合物具有不良特性（如安全风险）的能力，可以消除那些有效化合物由于安全性差而在临床试验中失败的风险。这两种方法可使得更少的化合物进入后期昂贵的临床试验，从而降低了整个研发过程的成本。

在考虑生物标志物的应用时，重要的是要了解其使用不限于临床试验。明智地在药物的发现阶段和临床前研究阶段使用生物标志物可以节省大量时间和成本。例如，一个项目已经确定了一组具有体外生化特性的化合物（10个），这些化合物具有对特定靶点的有效性和选择性。在开展体内药效研究之前，必须完成体内药代动力学研究。固然可以在体内药代动力学研究时囊括所有10个化合物，但也可以通过几个生物标志物的测试来预测化合物的体内药代动力学情况。例如，体外微粒体稳定性研究[24]和渗透性研究[25]可用于识别不太可能具有良好体内药代动力学性质的化合物，而优异的体内药代动力学性质是支持体内药效的必要条件。可被微粒体快速代谢的化合物在体内很可能被高度代谢；而在体外渗透性测试中表现不佳的化合物，其生物利用度可能非常有限。虽然此类测试并不是体内药代动力学的完美预测指标，但可以非常有效地通过推测化合物的药代动力学特性来确定化合物开发的优先级别。理想情况下，这意味着将有更少的化合物进入体内药代动力学模型试验，可以节省大量的时间和成本。

11.3 生物标志物与替代终点

重要的是，在有关生物标志物和转化医学的讨论中，并非所有的生物标志物都可作为疗效验证的替代物。事实上，只有一小部分生物标志物被监管机构认定为足够有效，可作为检验临床试验疗效的指标。符合这些标准的生物标志物被称为替代终点（surrogate endpoint，又称替代指标）。美国NIH生物标志物定义工作组对这一类生物标志物进行了定义，指出替代终点是一个基于流行病学、治疗学、病理生理学或其他科学依据的生物标志物，可用于替代临床终点或预测临床收益及损害[17]。为了使生物标志物作为替代终点发挥作用，必须有明确且令人信服的科学证据（如流行病学、治疗学、病理生理学）证明所讨论的生物标志物能够持续和准确地预测临床试验结果。如果这种相关性不存在，那么无论临床试验的客观性或可量化程度如何，生物标志物都不能作为临床试验的替代终点。很少有生物标志物符合这些严格的标准。符合标准的标志物的例子包括作为心血管疾病风险测量标准的血压变化、血清胆固醇浓度和血脂分数[26]，影响HIV进展的$CD4^+$ T淋巴细胞水平和RNA病毒载量[27]，以及肿瘤学研究中对肿瘤大小的测量，但对于这一特定替代终点的有效性仍存在持续的争论[28]。

在临床项目的检查过程中使用替代终点和生物标志物具有许多优势，包括可以降低患者的用药风险、降低成本，以及缩短临床试验的时间。例如，一项旨在确定候选化合物是否能够降低心脏病发作风险的临床试验，在没有替代终点的情况下，需要招募患者，提供预防性治疗并长时间（数月至数年）监控大量患者，同时监测罕见事件（如心脏病发作）的发生。然而，如果存在替代终点，如血压变化或胆固醇浓度变化，情况就会变得更加简单。这些参数变化很快，大大缩短了临床试验的时间，从而降低了成本和患者可能面对的风险。此外，相较于旨在监测临床终点（如心脏病发作）的研究，那些未能影响替代终点（如较低的血压或胆固醇）的候选化合物的临床试验可以提前终止。临床试验的早期终止可以减少患者对失败候选化合物的暴露时间，进而降低了患者的风险。其还允许临床试验在较早的时间点从失败的候选化合物转向其他候选药物，从而降低药物发现和开发的总成本。

虽然不是替代终点的生物标志物不能作为疗效的证据，但其可用来提高临床试验的效率。例如，HER2/neu是一种仅存在于特定人群中的生物标志物，HER2/neu阳性可以作为乳腺癌患者临床试验的一项准入标准，以便衡量相关候选药物的临床疗效。筛除无法从治疗中获益的受试者（如本例中HER2/neu阴性的乳腺癌患者），这不仅限制了受试者的数量，还可以降低患者的风险，避免受试者使用很可能没有帮助的候选化合物，进而大大增加了成功的可能性。曲妥珠单抗（trastuzumab，Herceptin®）是一种治疗HER2/neu阳性乳腺癌的单克隆抗体，其就是部分基于这一策略的研究数据而被开发上市的[29]。

与安全性相关的生物标志物在临床试验中也可能是非常有效的工具，因为其可作为早期预警。例如，一种正处于研究中的治疗骨关节炎的候选化合物，确定其疗效的Ⅲ期临床试验将需要大量的受试者和长期的监测。如果有迹象表明候选化合物可能存在安全性问题，那么可以在试验早期监测安全性相关的生物标志物，为尽早结束试验提供合理的依据。如果候选化合物提高了血液中的胆固醇浓度，或者升高了一部分患者的血压，则这就是试验早期的关键点。如果风险足够高，试验可能会提前结束，或者可能会改变准入要求，以避免有风险的患者参加试验。在这两种情况下，由于基于安全风险终止试验所需的时间较短，患者的风险被最小化，并且降低了临床试验的总成本。

11.4 成像技术

尽管生物化学、物理化学和药理学的生物标志物非常有效，但归根结底，它们是反映体内真实情况的间接指标。血压升高和胆固醇水平升高虽然与心血管疾病风险增加有关，但记录这些生物标志物的变化并不能提供有关心血管系统本身状况的直接信息。频繁地测量血压并不能直接洞察心脏本身的状况，也不能指出心血管系统中哪一部分可能发生了堵塞。同样，hCG可以作为生物标志物检测女性是否妊娠（如在家可通过检测尿液中的hCG来测试是否妊娠），但是无论进行多少次测试，其都无法提供关于胎儿发育的信息。

具有探究性和侵入性的技术可用于评估疾病的进展，并可用于监测候选化合物对多种疾病状态的影响，但这是昂贵且不切实际的，甚至可能是不道德的。然而，许多成像技术可以以一种非侵入性的方式窥视人体内部，并创建具有高对比度的人体内部三维图像（如区分器官、骨骼、脉管系统及其他系统）。这些技术提供了有关身体如何运行和疾病诊断的丰富信息，并且在药物发现过程中，这些新工具能够监测疾病的进展及候选化合物对治疗靶点的影响。最常用的成像技术包括X射线计算机体层成像、PET、SPECT、磁共振成像（magnetic resonance imaging，MRI）、功能性磁共振成像（functional magnetic resonance imaging，fMRI）和超声技术。

X射线计算机体层成像通常被称为X射线CT或CAT扫描（计算机轴向断层扫描），可能是最常用的成像技术。这项技术依赖于X射线透过不同类型组织时的衰减差异。与单张X射线图像一样，由于X射线的衰减程度较高，高度矿化的组织（如骨骼）在这种技术中的成像更加明亮，而较软的组织（如肌肉、皮肤、脉管、结缔组织）由于X射线的衰减较低，受到的照射程度较低，图像更暗。在该成像技术中，一系列二维射线图像是围绕着受试者同一个旋转轴拍摄的。单独的二维"切片"也称为X射线断层照片，可提供主体的横切面视图，就像从面包上取下一片面包一样，提供了面包横切面的视图。利用数字几何处理技术，将二维的"切片"组合在一起，即可生成三维图像，使科学家能够在无创条件下观察人体内部的情况。由于具有在身体特定部位积累的性质，造影剂，如泛影酸（diatrizoic acid，Hypaque®）和碘昔兰（oxilan，Ioxilan®），可被用来增强图像的可视化程度（图11.2）。

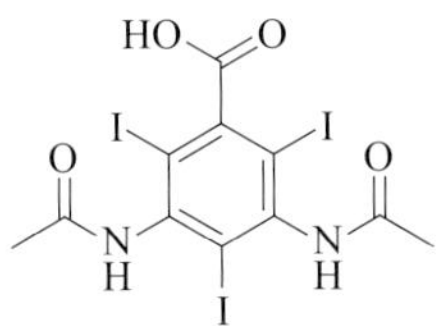

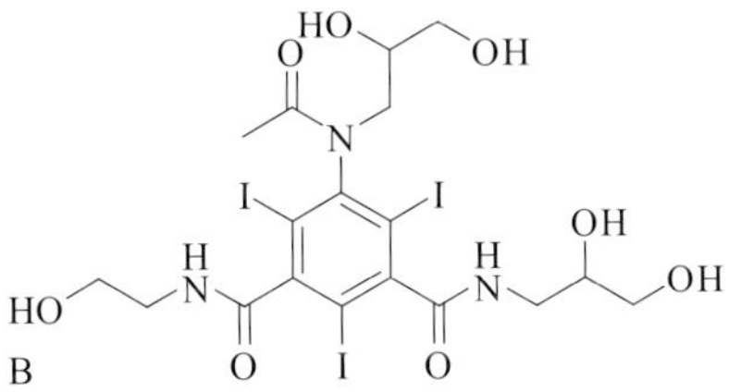

图11.2　A.泛影酸；B.碘昔兰

PET是另一种实用的工具，能够生成扫描对象的二维和三维图像。这一过程利用了特定类型放射性同位素的衰变性质，准确而言是那些经历正电子发射（也称为衰变）的同位素。当放射性同位素衰变时，其会释放一个正电子（电子的反粒子）并穿过周围的组织，直至遇到一个电子。这种碰撞将导致粒子湮灭，并释放出向相反方向运动的光子，而这些光子可以通过光电倍增管进行探测。在一个典型的PET成像试验中，受试者使用的含有合适放射性同位素的配体通常被称为放射性配体。经过短时间的等待，使放射性配体到达预定的位置，然后受试者缓慢地通过一个探测器环，创建类似于X射线CT扫描中的"图像切片"。最后通过数学方法将这些"图像切片"组合起来，生成三维图像。重要的是，放射性配体通常被设计成能与目标生物分子发生特异性、紧密性的相互作用。因此，特定的药理现象或身体区域会在PET图像中"被点亮"。例如，氟比他匹（florbetapir，Amyvid®，图11.3A）可结合β-淀粉样蛋白，并作为诊断工具用于检测阿尔茨海默病[30]，^{18}F-脱氧葡萄糖（fluorodeoxyglucose，Fludeoxyglucose®，^{18}F-FDG，图11.3B）可模拟葡萄糖在肿瘤细胞中的积累，是主要的临床肿瘤诊断工具[31]。

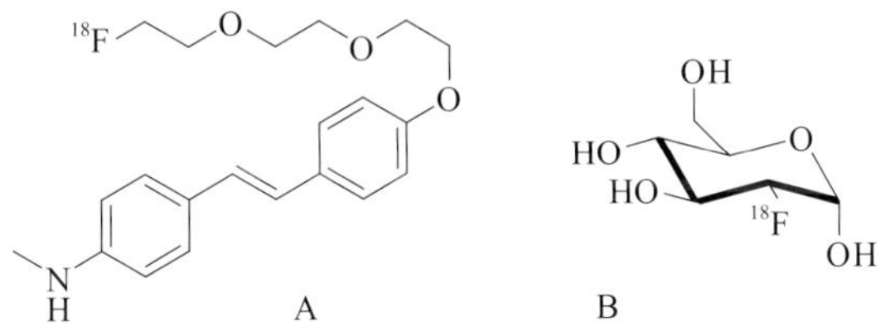

图11.3　A.氟比他匹；B.^{18}F-脱氧葡萄糖

虽然PET在药物的发现和开发过程中是一种有效的工具，但也存在一定的局限性，因为能产生正电子的放射性同位素相对较少（表11.1）。此外，这些同位素的放射性半衰期非常短（最长的^{18}F只有110 min）。因此，PET放射性配体的"保质期"很短，一旦制备好就必须迅速使用。如果从放射性配体的配制到检测之间的间隔时间过长，则放射性衰变会导致PET信号低于检测阈值。

表11.1 发射正电子的放射性同位素

同位素	$t_{1/2}$（min）	显影时间
^{18}F	110	～8 h
^{11}C	20	1.5 h
^{13}N	10	40 min
^{15}O	2	10 min

放射性配体必须经过适当的化学合成、纯化和制剂过程，之后才能用于对受试者给药。所有测试必须在放射性衰变引起的信号衰退前完成。因此，时间是进行PET检测的一个重要考量因素。

SPECT与PET相似，也需要放射性配体。此外，与PET一样，其先得到一系列二维图像，经数学整合获得物体的三维效果图。然而，需要考虑二者间的重要差异。SPECT系统是用于检测伽马射线的，因此SPECT技术需要不同的放射性同位素（表11.2）[32]，这些放射性同位素放射化学性质的不同造成PET和SPECT之间的差异显著。一般而言，放射性衰变缓慢（半衰期长）是放射性同位素可用于SPECT的必要条件。这为成像实验创造了更宽的时间窗口，并大大降低了总体成本。与PET一样，能与生物分子靶点特异性和紧密性结合的放射性配体可以显示特定的身体区域或药理过程。碘氟潘[ioflupane（^{123}I），DaTSCAN®，图11.4A]对纹状体区域大脑多巴胺转运体（dopamine transporter，DAT）具有较强的亲和力，可用于帕金森病的诊断[33]。司他比锝[technetium（^{99m}Tc）sestamibi，Cardiolite®，图11.4B]结合了亚稳锝原子，常用于心血管疾病的可视化诊断[34]。

表11.2 SPECT放射性同位素

同位素	$t_{1/2}$	同位素	$t_{1/2}$
^{123}I	13.22 h	^{99m}Tc	6 h
^{131}I	8 d	^{111}In	2.8 d
^{177}Lu	6.6 d	^{67}Ga	3.2 d
^{186}Re	3.7 d	^{67}Cu	2.6 d

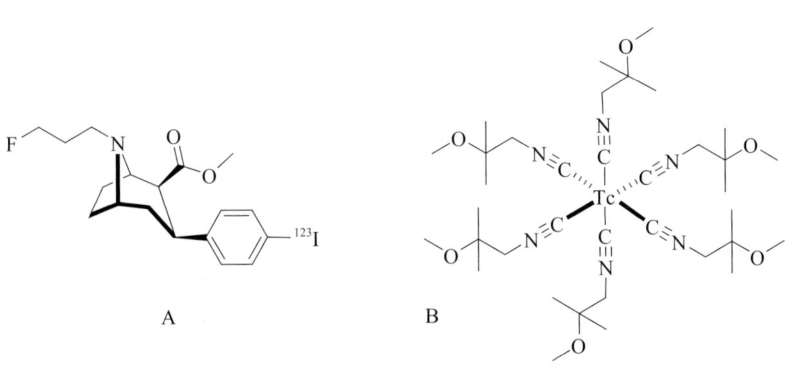

图11.4　A.碘氟潘；B.司他比锝

SPECT与抗体技术的结合促成了卡罗单抗喷地肽[prostascint，indium（^{111}In）capromab pendetide]的开发，这是一种标记有^{111}In的单克隆抗体，用于前列腺癌的检查。在实际检查过程中，该抗体对癌细胞中的前列腺特异性膜抗原具有特殊的靶向作用[35]。值得注意的是，SPECT的分辨率没有PET高，因为PET灵敏度较SPECT高2～3个数量级[36]。

在思考PET和SPECT技术的应用时，至关重要的一点是选择具有合适性质和可用性的放射性配体。如上所述，由于PET配体具有放射性，需要特殊的合成技术和专用设备。类似的限制也适用于SPECT配体，因为其也是放射性的。开发放射性配体还必须解决一个额外的问题。某些进入临床研究的候选化合物结构中无法引入放射性同位素，因为相关的合成是极为困难的。在这种情况下，可以选择具有相同活性的结构类似物。例如，不可逆的单胺氧化酶B抑制剂雷沙吉兰（rasagiline，Azilect®，图11.5A）可用于治疗早期帕金森病，但将其制成PET配体却不是一个可行的选择。为了将雷沙吉兰用作放射性配体，可将^{11}C引入其结构中，但合成^{11}C标记产物所需的时间远远超过实际应用的范围（如前所述，^{11}C的$t_{1/2}$仅为20 min）。另一种策略是开发^{18}F标记的类似物^{18}F-雷沙吉兰（图11.5B）。氟原子的引入对雷沙吉兰的性质影响很小，可以作为临床药物的替代物。为了制备放射性标记的化合物，需要全新的合成方法，但^{18}F的半衰期更长，使得配体的合成和后续的PET研究成为可能。此外，放射性同位素的引入可以在合成路线的最后完成，这也大大简化了放射化学的要求[37]。

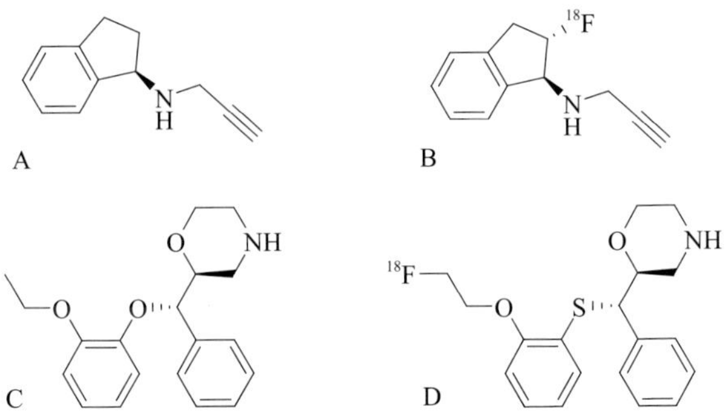

图11.5　A. 雷沙吉兰；B. ^{18}F-雷沙吉兰；C. 瑞波西汀；D. ^{18}F-瑞波西汀

类似地，去甲肾上腺素再吸收抑制剂、抗抑郁药瑞波西汀（reboxetine，Edronax®，图11.5C）也是一个潜在的PET配体，可用于研究去甲肾上腺素转运体（norepinephrine transporter，NET）。瑞波西汀对5-羟色胺转运体（serotonin transporter，SERT）和多巴胺转运体的低非特异性结合及高选择性为研究NET在大脑中的分布提供了机会。不幸的是，和雷沙吉兰一样，瑞波西汀的合成并不利于放射性同位素的引入，于是通过制备一种瑞波西汀的新型放射性标记类似物^{18}F-瑞波西汀（fluororeboxetine，图11.5D）来进行后续的PET测试。氧原子与硫原子的交换对NET/SERT/DAT的选择性没有影响，并且这一合成路线能够在最后一步引入^{18}F，促进了PET配体的开发。在这种情况下，还开发出了含有^{11}C的替代放射性配体[38]。

瑞波西汀及其放射性配体类似物的低非特异性结合能力是至关重要的。具有靶向选择性，但是与血浆蛋白（如结合白蛋白）非特异性结合作用很强的化合物会给成像实验带来很大的挑战。在PET/SPECT成像实验中，放射性配体虽然会与预期的生物分子靶点结合并产生可观察的信号，但也会在非特异性结合中产生可观察的信号。如果是与白蛋白发生非特异性结合，那么由于白蛋白是血浆的主要成分，最终放射性配体将在体内无处不在，这可能会掩盖目标大分子的检测信号。此外，在PET/SPECT成像实验中，生物分子靶点的表达水平也会对信噪比产生影响。目标大分子表达量越高，信号质量越好。反之，表达量越低的生物分子则越难被观察到。

一个成功的放射性配体所必需的药代动力学性质与普通治疗药物不同，特别是在放射性衰变迅速的PET显像剂中，快速吸收是非常理想的。此外，较短的半衰期将减少受试者暴露于放射性物质的时间，从而降低风险。在放射性配体的开发和使用中，P-gp外排也是一个重大问题，因为P-gp在血脑屏障中大量表达，如果靶向的大分子靶点位于脑内，问题则更为严重。最后，靶点在物种之间的转译率必须很高（如放射性配体在动物模型和人体内均能可视化生物分子靶点），如果放射性配体对大鼠和犬有用，但对人类没用，那么其仅能提供一些有关动物模型的有用信息，而对人体的预测价值则非常有限。

MRI是另一种可供选择的成像技术，也经常用于获取受试者的详细影像。顾名思义，这种成像方法基于磁共振技术，通常用于研究有机和有机金属化合物。这种方法利用了氢原子在磁场中对无线电频率的差别反应（该技术也可用于观察其他原子）。简言之，氢原子在无线电频率范围（60～1000 MHz）被照射时会吸收能量，并进入激发态。当氢原子释放能量回到基态时，其所释放出的能量可以被检测到。任何既定氢原子的特定共振频率取决于其在分子水平上所处的环境，因此即使是两个不同氢原子之间的微小差异也可被检测和量化。在宏观层面上，人体不同部位氢原子的差异可以通过精密仪器绘制出来，这些仪器将人体置于振荡磁场中的特定射频之下，人体的各种组织、器官、体液和其他组成部分都具有独特的共振频率，当磁共振成像时，会在不同的身体部位之间产生对比。与PET、SPECT、CT一样，该过程中收集的数据可生成受试者的三维图像。

在MRI研究中也可以使用造影剂。然而，与PET和SPECT的放射性配体不同，造影剂与放射性同位素的结合是没有必要的。磁共振造影剂也称为位移试剂，含有顺磁性原子，可以影响附近原子的共振频率，这在MRI信号中产生了可观察的变化。如果造影剂在体内被不同程度地吸收，那么这种变化将会极为实用。例如，钆螯合葡甲胺（gadoteric meglumine，Dotarem®，图11.6）是用于研究大脑病理、髓质病理和血管疾病的药物[39]。MRI在阿尔茨海默病[40]、心血管疾病[41]及多种硬化症的研究中均得到了成功应用[42]。

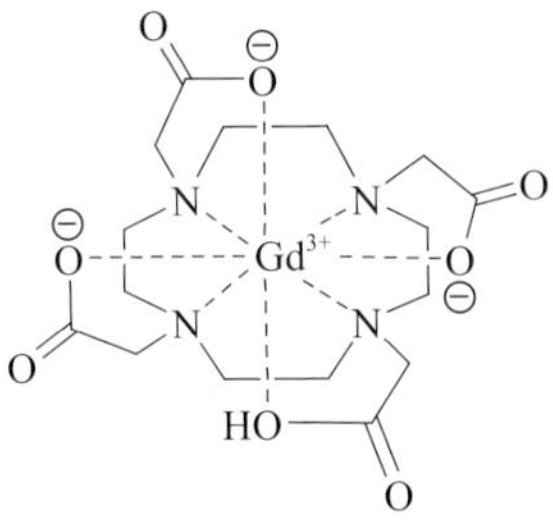

图11.6　钆螯合葡甲胺

fMRI是MRI技术的一种变体，提供了对大脑功能的深入分析。这项技术利用了大脑血流的变化，而这些变化与神经活动的变化相一致。血氧水平依赖（blood oxygenation level dependent，BOLD）对比是最常用的功能磁共振成像方法。该方法根据血红蛋白中铁原子的磁性性质检测血液氧合的差异。氧合血红蛋白（富氧血）含有一个反磁铁原子，而脱氧血红蛋白（贫氧血）中的铁是顺磁的。铁的两种磁性状态对MRI信号的影响是不同的，这种差异可用来创建热图以检测氧合血和脱氧血的量。神经元活动的增加与富氧血液的增加有关。因此，上述热图不仅提供了大脑不同区域血液氧合水平的指标，还提供了不同区域大脑活动的热图[43]。fMRI已成功地应用于抑郁症[44]、疼痛[45]及多种中枢神经系统疾病的研究[46]。

超声可能是最广为人知的成像技术，因为其在妊娠期经常用于监测胎儿的发育。这项技术于20世纪40年代由乔治·路德维希（George Ludwig）博士[47]和琼恩·怀尔德（Jon Wild）博士[48]首先应用于医学目的，这一技术基于反射声波的产生、反射和随后的探测。典型的超声扫描系统在皮肤表面产生一系列超声波频率范围内的脉冲（通常为2～18 MHz）。声波以回波的形式反射回来，回波的强度和角度取决于所遇到组织的性质及其声学阻抗。这种技术可用于可视化身体的大部分区域，且不需要放射性物质，但图像分辨率不如其他成像技术[49]。与前面所介绍的技术相比，超声的检测成本相对较低，因此超声设备得以在临床上广泛应用。

11.5　生物标志物的实际应用

虽然存在各种各样的生物标志物可供选择，但任何特定的生物标志物在特定项目中的应用，至少在一定程度上取决于所研究疾病或病理状况的性质。生物标志物可用于确定候选化合物是否能达到靶点，提供疗效（或缺乏疗效）的早期指示，预测毒性，甚至确定对治疗药物更敏感的患者群体。生物标志物和转化医学的最终目的是提高识别新疗法的速度和效率。为了实现这一目标，生物标志物的选择必须与项目的目标相一致，即使数据支持项目终止，研究人员也必须对结果做出客观的判断。虽然这不是最令人满意的结果，但项目在较早阶段结束比较晚结束的花费更少，使有限的资金和时间可以重新用于其他优先级别的项目。下文将回顾一些具有重要影响的生物标志物的实例，以说明其在药物发现和开发过程中的重要性。以下实例也证明了在没有生物标志物的情况下，很难对项目的关键决策进行评估。

11.5.1 二肽酶Ⅳ抑制剂：西格列汀

二肽酶Ⅳ（dipeptidyl peptidaseⅣ，DPP-Ⅳ）是一种丝氨酸蛋白酶，是治疗2型糖尿病的有效靶点，其抑制剂的开发过程是一个十分有趣的案例。许多生物化学标志物在新药研发中的体外筛选结果、动物模型和人体状况之间建立了桥梁，有助于新药的开发，如西格列汀（sitagliptin，Januvia®）[50]、沙格列汀（saxagliptin，Onglyza®）[51]和利格列汀（linagliptin，Tradjenta®）（图11.7）[52]。DPP-Ⅳ对血糖浓度有间接的调节作用，是治疗2型糖尿病的一个关键靶点，通过使胰高血糖素样肽-1（glucagon-like peptide 1，GLP-1）失活而发挥活性。GLP-1在食物摄入后由肠道释放，可刺激胰岛素的合成和分泌，并抑制胰高血糖素的释放[53]。抑制DPP-Ⅳ可有效延缓GLP-1的失活（延长其半衰期），进而延长其对葡萄糖的调节作用。

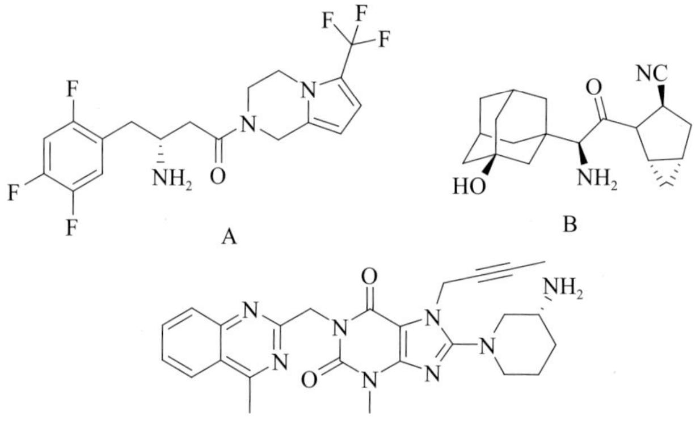

图11.7 A. 西格列汀；B. 沙格列汀；C. 利格列汀

在开发上述药物的过程中，尚未明确DPP-Ⅳ、胰岛素、胰高血糖素、葡萄糖和糖尿病之间的关系。因此，有必要建立能够预测DPP-Ⅳ抑制剂对糖尿病进展影响的动物模型。生物标志物在这一过程中发挥了关键作用。虽然可测量动物的血糖浓度以监测糖尿病，但该评估不能证明假设中的DPP-Ⅳ抑制剂确实与靶点结合，或与靶点的结合确实在糖尿病发展过程中起到了治疗作用。在缺乏体内试验证明候选化合物能够与靶点结合的情况下，不清楚葡萄糖耐受试验（一种标准糖尿病动物模型）阴性结果的意义。这种类型的阴性结果可能表明，将DPP-Ⅳ与糖尿病进程联系在一起的假设是不正确的，要么DPP-Ⅳ并不处于疾病进展的关键通路上，要么该化合物根本无法达到靶点。这可能会导致人们质疑

DPP-Ⅳ抑制剂在治疗糖尿病方面的疗效，从而对该实验中候选化合物的疗效产生怀疑。

为确定DPP-Ⅳ、GLP-1、葡萄糖和糖尿病进程之间的联系，需要进行额外的转译实验。默克公司开发西格列汀的科学家们选择使用血浆中GLP-1的浓度和DPP-Ⅳ的活性作为生物标志物[50]。在已知诱导GLP-1释放的条件下（如口服葡萄糖或右旋葡萄糖）对C57BL/6N雄性小鼠进行候选化合物给药治疗，获得血浆样本，并对样本进行GLP-1水平和DPP-Ⅳ活性分析。如果在动物的血浆样本中检测到的DPP-Ⅳ活性低于对照组，则表明候选化合物已经到达其靶点。同样地，与对照组相比，经处理的动物血浆中GLP-1浓度升高，则表明DPP-Ⅳ的抑制对GLP-1浓度具有影响。研究发现，经西格列汀治疗的小鼠，以剂量依赖的形式增加了GLP-1的血浆浓度，并降低了DPP-Ⅳ的活性，改善了糖耐量。通过在临床试验中研究这些生物标志物，可以揭示西格列汀的早期临床作用。在Ⅰ期临床试验中，观察到活性GLP-1浓度的剂量依赖性增加，DPP-Ⅳ活性的降低，以及糖耐量的改善。这些观察到的现象突显出生物标志物在研发新型DPP-Ⅳ抑制剂西格列汀治疗糖尿病过程中的重要性，并支持其进一步的临床研究[54]。最终，FDA于2006年批准西格列汀上市。

11.5.2　生理学生物标志物：促食欲肽拮抗剂

如本章前面所讨论的，有许多生理反应可以作为生物标志物来帮助我们发现新药。对血压和心率变化的监测是众所周知的，并且是被广泛应用的生物标志物，但还存在其他不太明显的生物标志物，如有关失眠治疗新药的研究实例。如果所有类型的睡眠都是相同的，那么鉴别一种能够诱导睡眠的化合物就如同给动物服用一种候选化合物，然后监测其意识丧失及整体睡眠时间一样简单。当然这一观点是不完全正确的，因为睡眠是一个复杂的现象。睡眠不仅仅是对中枢神经活动的抑制，还包括几个阶段，如快速眼动睡眠、非快速眼动睡眠、慢波睡眠和深度睡眠。此外，每个睡眠阶段的时间变化（睡眠结构）对记忆的巩固和睡眠的恢复功能具有显著影响[55]。如果缺少更高级的生物标志物，将不可能区分一个候选化合物是诱导了正常的睡眠，还是抑制了中枢神经系统的活动，如γ-氨基丁酸（γ-aminobutyric acid，GABA）系统调节剂三唑仑（triazolam，Halcion®，图11.8A）[56]和替马西泮（temazepam，Restoril®，图11.8B）[57]。由于无法区分睡眠的不同阶段，所以确定候选化合物对睡眠结构的影响也是不可能的。这些问题是由默克公司在一个项目中解决的，这个项目原本目的是研发新型食欲肽受体拮抗剂，但最终促成了一种潜在的失眠治疗药物苏沃雷生（suvorexant，Belsomra®，图11.8C）的发现。

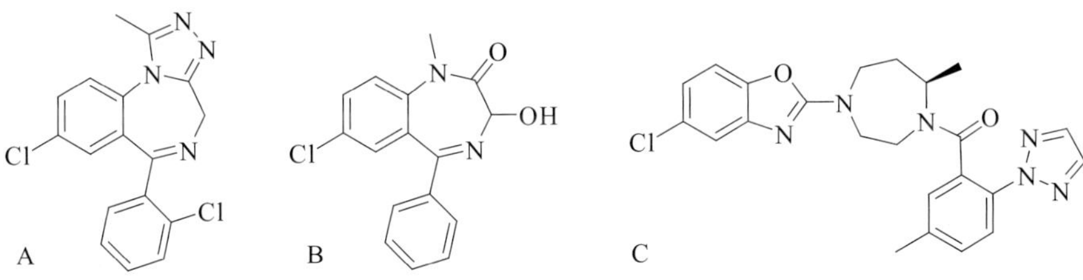

图11.8　A.三唑仑；B.替马西泮；C.苏沃雷生

食欲肽受体系统是睡眠-觉醒周期的关键调节成分，其由食欲肽受体1（orexin receptor 1，OX1R）和食欲肽受体2（orexin receptor 2，OX2R），以及两个相关配体食欲肽A和食欲肽B组成，并在多个物种间具有高度的结构保守性[58]。在正常的睡眠-觉醒周期中，食欲肽水平和相应受体的激活在清醒期间维持不变，但在睡眠期间，该系统基本上处于非活跃状态[59]。无法产生食欲肽的转基因小鼠表现出嗜睡症状（如白天极度嗜睡、睡眠片段化）[60]，而同时缺失OX1R和OX2R的基因敲除小鼠则表现为急性嗜睡[61]。在人体嗜睡症中，清醒时产生食欲肽的神经元数量明显减少，且食欲肽A水平较低[62]。

综上所述，这些事实表明，食欲肽受体的活动是维持清醒状态所必需的，而抑制食欲肽受体的活动则会促进睡眠。研究还表明，使用该受体的靶向拮抗剂将促进正常睡眠，而不是对中枢神经活动（镇静）的全面抑制。然而，这些观察结果并没有完全验证这一机制。为了做到这一点，有必要鉴定出具有选择性的促食欲肽受体拮抗剂，更重要的是，需要建立一个能够区分正常睡眠和镇静的动物模型。开发合适动物模型的关键是要了解其脑电波活动、眼球运动和骨骼肌活动，这些都可作为生理学生物标志物，可以分别使用脑电图、心电图和肌电图（统称为多导睡眠图）来监测这些生物功能的变化[63]。正常睡眠和中枢神经系统活动的全面抑制在这些试验中产生了明显不同的结果，为确定候选化合物的作用提供了有效手段。

在开发苏沃雷生的过程中向大鼠植入遥测设备，记录皮层脑电图（脑电图的颅内版本）和肌电图信号，以确定每只动物在给药期间和非给药期间，睡眠-唤醒周期不同阶段的组成。口服30 mg/kg剂量的苏沃雷生会显著增加快速眼动睡眠和深度睡眠时间。同时也会观察到唤醒时间的减少，更重要的是，服药后的睡眠结构与正常睡眠结构一致，而不是对中枢神经活动的全面镇静。受体占用测试进一步证实，睡眠结构的改变与药物/食欲肽受体的高水平相互作用有关[64]。在犬（1 mg/kg和3 mg/kg）和恒河猴（10 mg/kg）给药的实验中也得到了相似的结果，突显出跨物种睡眠-唤醒周期的一致性和相同的生物标志物作用[65]。这些生物标志物被有效地用于人体临床试验，通过多导睡眠图证实了苏沃雷生对失眠的临床治疗效果。2014年8月，苏沃雷生被FDA批准用于治疗失眠。

11.5.3 PET显像剂FDG

氟代脱氧葡萄糖（FDG，图11.3B）是最早被开发用于PET显像的放射性配体之一[66]。其最初是作为2-脱氧-*D*-^{14}C-葡萄糖的替代品而开发的一种放射性配体，能够对糖酵解进行自动射线成像，但这一过程需要牺牲实验动物[67]。FDG是葡萄糖转运体的底物，可被细胞快速吸收，同时也是己糖激酶（hexokinase）的底物，己糖激酶开启了葡萄糖代谢的第一步。己糖激酶磷酸化FDG后产生6-磷酸化FDG，但该化合物2位缺少羟基，阻碍了糖酵解途径的进一步代谢，造成6-磷酸化FDG在细胞中的累积。

当然，所有的细胞都能利用葡萄糖，如果其他条件都相同，那么6-磷酸化FDG就会在全身均匀分布，这样放射性配体的PET成像将不会很有效用。然而，正常细胞和恶性细胞之间存在显著差异，这为癌症提供了运用PET成像的机会。在许多情况下，葡萄糖转运体（如GLUT1）和己糖激酶的上调支持了恶性细胞显著增加的能量需求[68]。相对于正常细胞，上述特定类型的恶性肿瘤对FDG的吸收量会增加。在正常组织中，较低水平的6-磷酸化FDG为肿瘤组织中较高水平的6-磷酸化FDG提供了背景值。这些差异可以通过PET成像技术显示出来，由此提供了一种诊断和分期多种不同恶性肿瘤的方法。该技术已成功应用于结直肠癌、黑色素瘤、淋巴瘤和非小细胞肺癌的诊断。

还应该清楚的是，PET显像剂，如FDG等可被恶性细胞选择性吸收的化合物可作为一种非常有效的工具来评价新的治疗药物。在使用PET配体的动物模型中，可在一段时间内跟踪肿瘤大小和疾病进展。使用候选化合物治疗的动物，可以同时使用相同的PET配体监测肿瘤大小和疾病进展。如果治疗和未治疗的动物的PET扫描图像比较没有变化，那么该候选化合物是无效的，应停止使用。另外，如果肿瘤体积减小或疾病进程放缓或停止，那么可以对该候选化合物做进一步研究。PET成像方法可应用于动物体内模型阶段或人体临床试验。在这两种情况下，PET均可以在传统生存终点之前有效观察到候选化合物的作用。虽然这些生物标志物目前还未得到充分的定义，不足以作为替代终点，但从这些实验中获得的信息可用于做出明智的判断，以决定是否继续开发候选化合物，并将患者暴露于安全性未知的候选化合物的风险降至最低。

11.5.4　神经激肽1受体、抑郁和PET显像：阿瑞匹坦的故事

在许多情况下，PET和SPECT被用作生物标志物，以证明候选化合物能与靶点相结合（如受体占用率），从而得出靶点结合和功能疗效之间的相关性。然而，PET和SPECT可能已成功地证明了候选化合物的靶向结合作用，但却未观察到体内疗效。在这种情况下，不仅候选化合物的效用受到质疑，治疗靶点的整体效用也必须重新考虑。选择性神经激肽1（neurokinin 1，NK1）受体拮抗剂阿瑞匹坦（aprepitant，Emend®，图11.9A）被研发时面临的就是这种情况[69]。该药物作为止吐剂，对预防化疗术后引起的恶心呕吐具有一定作用[70]。同时在临床试验中，还对阿瑞匹坦治疗重度抑郁症的能力进行了评估。

在开展阿瑞匹坦治疗重度抑郁症的临床试验之前，大量文献表明，受P物质影响的NK1受体激活与抑郁、焦虑之间存在临床关联。生理学、神经解剖学和行为学等的相关研究[71]详细描述了P物质激活NK1带来的影响，这使得科学界推测，在控制情绪的大脑区域过度释放P物质可能会产生一系列心理、生理反应，最终导致抑郁和焦虑的症状。阿瑞匹坦当时被命名为MK-869，其被默克公司认为是一个高度有效（$EC_{50}=90$ pmol/L）和有高度选择性的NK1拮抗剂。药代动力学研究（包括血脑屏障穿透）表明，该药物可在人体中充分暴露，其安全性在临床前研究中也是合格的。根据这些信息，默克公司开展了临床试验，旨在确定这一化合物治疗重度抑郁症的效果。

作为该工作内容的一部分，默克还进行了一系列PET显像研究，旨在确定候选化合物与靶点的结合程度。在这些试验中，患者最初服用一种PET示踪配体*L*-829165-^{18}F（图11.9B），该配体可以选择性地结合NK1[72]。随后患者服用与Ⅲ期临床试验中相同剂量的阿瑞匹坦进行重度抑郁症的治疗。通过对PET显像的观察，可以评估NK1受体的占用

情况，该显像基于临床候选化合物对PET示踪剂配体的取代作用。研究结果清楚地表明，临床剂量的阿瑞匹坦可以100%结合于NK1受体，由此确认候选化合物与靶点的结合。但与此同时，尚未达到临床疗效。治疗8周后，治疗组与安慰剂组无显著差异。相比之下，20 mg的抗抑郁药帕罗西汀（paroxetine，Paxil®）[73]，一种选择性的5-羟色胺再摄取抑制剂，在给药8周后便可以缓解症状。最终，阿瑞匹坦治疗重度抑郁症的临床研究失败，同时又有明确的靶标结合证据表明，NK1受体并不是一个可行的治疗抑郁症的靶点。虽然PET显像研究没有得到积极的结果，但其确实提供了对NK1受体拮抗剂局限性的更全面理解，并且很可能阻止了更多的NK1受体拮抗剂进入临床研究。如果在上述研究中缺乏PET显像生物标志物的研究，将很难确定是阿瑞匹坦专属性的问题还是靶点的问题导致疗效缺失，本来可用于研究更好治疗靶点的资源将被浪费在追求一种永远无法实现的治疗目标上面。

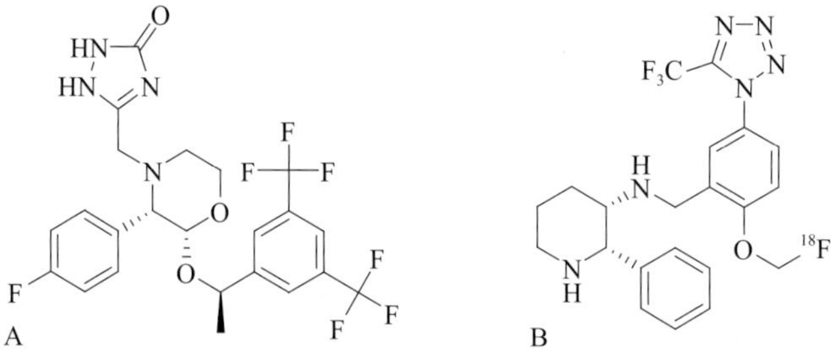

图11.9 A. 阿瑞匹坦；B. *L*-829165-^{18}F

11.6 肿瘤生物标志物

尽管生物标志物在许多领域对药物发现和医学产生了重要影响，但最深远的影响还是对肿瘤治疗的影响。肿瘤生物标志物的鉴定及由此开发的工具确实彻底改变了患者的治疗，并在许多情况下将死亡诊断转化为可治疗的疾病。该领域的早期工作集中于能够检测各种类型肿瘤的诊断方法（如血液筛查）。约瑟夫·戈尔德（Joseph Gold）博士和塞缪尔·弗里曼（Samuel Freeman）博士在1965年确定了第一个肿瘤生物标志物，明确了癌胚抗原（carcinoembryonic antigen，CEA）和结肠癌之间的联系。在正常情况下，CEA存在于胎儿组织中，但两位博士证明，这种物质也存在于结肠癌患者的血液中[74]。到目前为止，这种肿瘤生物标志物仍然是结肠癌的关键诊断工具和医学预测工具。

在接下来几十年中，学术界和制药行业的众多科学团队确定了大量的肿瘤生物标志物。前列腺特异性抗原（prostate specific antigen，PSA）和乳腺癌基因*BRCA1*及*BRCA2*可能是最为著名的肿瘤标志物。虽然PSA［也称为伽马精蛋白（gamma-seminoprotein）或激肽释放酶-3（kallikrein-3，KLK3）］最初在20世纪60年代和70年代已被多个研究团队发现，但其作为前列腺癌诊断工具的效用直到多年后才被发现[75]。1987年，斯塔米（Stamey）等在一项包括699名患者（其中378名患者患有前列腺癌）的研究中，证明PSA

可作为检测前列腺癌的生物标志物。基于2200份来自前列腺癌患者的血清样本，最终证明PSA血清浓度与肿瘤体积之间具有相关性。他们还提出，血清PSA浓度的变化可用于监测患者对治疗的应答[76]。最终，PSA筛查成为50岁以上男性的标准检测方法，到2010年，这一年龄组中已有超过37%的男性将该检测纳入其健康方案[77]。

生物标志物对癌症研究、诊断、预后和治疗的重要性在*BRCA1*和*BRCA2*的鉴定工作中也体现得十分明显。这些基因可以产生乳腺癌1型易感蛋白和乳腺癌2型易感蛋白，这两种蛋白对DNA修复过程都至关重要。这些基因的突变与患乳腺癌和卵巢癌的风险显著增高有关。例如，致病性*BRCA1*突变与70岁女性乳腺癌的累积风险评估的相关性为87%，与卵巢癌的累积风险评估的相关性为63%[78]。金（King）等于1990年首次报道了这一相关性证据[79]，并于4年后克隆了这一基因。来自犹他州盐湖城的生物技术公司——巨数遗传公司（Myriad Genetics）的科学家们是克隆这些基因团队中的一员（这些基因和相关发现的专利效力还存在激烈的法律纠纷[80]，这一情况将在第14章中讨论）。他们探索了基于这些发现开发诊断工具的可能性，并于1996年11月启动了BRACanalysis®，这是一种能够识别致病性*BRCA*突变患者的基因测序系统。到2004年12月，超过100 000名妇女接受了筛查。在2013年2月，100万名患者的*BRCA*状况得到了评估。该系统的一个衍生系统BRACAnalysis CDxs®获得FDA批准，作为鉴别卵巢癌（2014年）和转移性乳腺癌（2018年）的辅助诊断工具，相关患者将受益于聚（ADP核糖）聚合酶[poly（ADP-ribose）polymerase，PARP]抑制剂奥拉帕尼（olaparib，Lynparza®）的治疗。同样的系统也被批准用于PARP抑制剂尼拉帕尼（niraparib，Zejulas®）在卵巢癌中的辅助诊断（2017年）（图11.10）[81]。

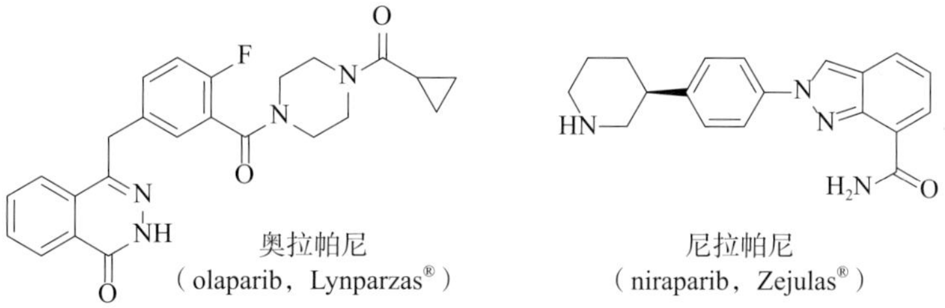

图 11.10　PARP 抑制剂奥拉帕尼和尼拉帕尼被用于治疗致病性*BRCA1*或*BRCA2*突变患者的卵巢癌和乳腺癌

重要的是，要理解并非所有的肿瘤生物标志物都具有同等作用，有些仅用作一般意义上的诊断工具。例如，膀胱肿瘤抗原（bladder tumor antigen，BTA）若可以在尿液样本中被检测到，表明存在膀胱癌、肾癌或输尿管癌，但其无法区分这三种肿瘤。同样，血样中甲胎蛋白（α-fetoprotein，AFP）的存在可作为肝癌的诊断工具，血液中AFP浓度的变化可用于监测治疗效果。其他肿瘤生物标志物可用于预测患者群体中特定类型癌症发生的可能性。如上所述，*BRCA1*和*BRCA2*突变患者在其一生中更容易患乳腺癌。这些突变本身的存在并不意味着癌症一定存在，但这些基因中如果存在致病性突变，可用于预测患者是否会对特定的靶向治疗剂（如上述PARP抑制剂）产生反应。以类似的方式，*BRC-ABL*融合基因[也称为费城染色体（Philadelphia chromosome）]的存在与否可用于预测白血病患者对酪氨酸激酶（tyrosine kinase）抑制剂[如伊马替尼（imatinib），商品名为格列卫（Gleevec®）]的治疗反应性。甚至有一些肿瘤生物标志物可用于预测患者是否存在与特定治疗相关的毒副作用风险。例如，*DPD*基因突变已被证明是5-氟尿嘧啶（5-fluorouracil，一种用于治疗乳腺癌、结肠癌、直肠癌、胃癌和胰腺癌的抗肿瘤药物）毒性反应风险的预测因子。美国国家癌症研究所（National Cancer Institute）发布了一份常用的肿瘤标志物清单（表11.3）[82]，并提供了多项综合评价[83]。

表11.3　美国国家癌症研究所常用肿瘤标志物清单

名称	癌症类型
*ALK*基因重排与过表达	非小细胞肺癌、间变性大细胞淋巴瘤
α-甲胎蛋白（AFP）	肝癌、生殖细胞肿瘤
B细胞免疫球蛋白基因重排	B细胞淋巴瘤
β2-微球蛋白（B2M）	多发性骨髓瘤、慢性淋巴细胞白血病，以及某些淋巴瘤
β-人绒毛膜促性腺激素（β-hCG）	绒毛膜癌、生殖细胞肿瘤
膀胱肿瘤抗原（BTA）	膀胱癌、肾癌或输尿管癌
*BRCA1*和*BRCA2*基因突变	卵巢癌、乳腺癌
*BRAF V600*突变	皮肤黑色素瘤，埃德海姆-切斯特病（Erdheim-Chester disease）、结直肠癌、非小细胞肺癌
C-kit/CD117	胃肠道间质瘤、黏膜黑色素瘤、急性髓系白血病、肥大细胞病
CA15-3/CA27.29	乳腺癌
CA19-9	胰腺癌、胆囊癌、胆管癌、胃癌
CA-125	卵巢癌
CA27.29	乳腺癌
降钙素	髓甲状腺癌
癌胚抗原（CEA）	结直肠癌及某些癌症
CD20	非霍奇金淋巴瘤
CD22	毛细胞白血病、B细胞肿瘤
CD25	非霍奇金（T细胞）淋巴瘤
CD30	蕈样真菌病和外周T细胞淋巴瘤
CD33	急性髓系白血病
嗜铬蛋白A（CgA）	神经内分泌肿瘤
染色体17p缺失	慢性淋巴细胞白血病
染色体3、7、17和9p21	膀胱癌
上皮来源的循环肿瘤细胞（CELLSEARCH®）	转移性乳腺癌、前列腺癌、结肠直肠癌
细胞角蛋白片段21-1	肺癌
脱-γ-羧基凝血酶原（DCP）	肝细胞癌
*DPD*基因突变	乳腺癌、结肠直肠癌、胃癌、胰腺癌
*EGFR*基因突变	非小细胞肺癌
雌激素受体（ER）/孕激素受体（PR）	乳腺癌

续表

名称	癌症类型
FGFR2 和 *FGFR3* 基因突变	膀胱癌
纤维蛋白 / 纤维蛋白原	膀胱癌
FLT3 基因突变	急性髓系白血病
胃泌素	
HE4	胃泌素产生的肿瘤（胃泌素瘤）
	卵巢癌
HER2/neu 基因扩增或蛋白过表达	乳腺癌、卵巢癌、膀胱癌、胰腺癌、胃癌
5-HIAA	类癌肿瘤
IDH1 和 *IDH2* 基因突变	急性髓系白血病
免疫球蛋白	多发性骨髓瘤、巨球蛋白血症
JAK2 基因突变	白血病
KRAS 基因突变	结直肠癌、非小细胞肺癌
乳酸脱氢酶	生殖细胞瘤、淋巴瘤、白血病、黑色素瘤、神经母细胞瘤
微卫星不稳定性（MSI）或错配修复缺陷（dMMR）	结直肠癌，其他实体瘤
神经元特异性烯醇化酶（NSE）	小细胞肺癌、神经母细胞瘤
核基质蛋白 22	膀胱癌
PCA3 mRNA	前列腺癌
PML/RARα 融合基因	急性早幼粒细胞白血病（APL）
前列腺酸性磷酸酶（PAP）	转移性前列腺癌
程序性死亡配体 1（PD-L1）	非小细胞肺癌、肝癌、胃癌、胃食管交界处癌、典型霍奇金淋巴瘤
前列腺特异性抗原（PSA）	前列腺癌
ROS1 基因重排	非小细胞肺癌
可溶性间皮素相关肽（SMRP）	间皮瘤
生长激素抑制素受体	影响胰腺或胃肠道的神经内分泌肿瘤（GEP-NET）
T 细胞受体基因重排	T 细胞淋巴瘤
硫代嘌呤 *S*- 甲基转移酶（TPMT）酶活性或 TMPT 基因检测	急性淋巴细胞白血病
甲状腺球蛋白	甲状腺癌
纯质性 UGT1A1* 28 变体	结直肠癌
尿儿茶酚胺：VMA 和 HVA	神经母细胞瘤
尿激酶型纤溶酶原激活物（uPA）和纤溶酶原激活物抑制剂（PAI-1）	乳腺癌
CDx（F1CDx）基因组检测	实体瘤
5- 蛋白标记（OVA1®）	卵巢癌
17- 基因特征（Oncotype DX GPS 检测®）	前列腺癌
21- 基因特征（Oncotype DX®）	乳腺癌
46- 基因特征（Prolaris®）	前列腺癌
70- 基因特征（Mammaprints®）	乳腺癌

11.7 小结

识别有助于确证候选化合物的生物标志物可对药物发现和开发的各个阶段产生重大影响。指示疗效的生物标志物可以缩短临床试验的时间，减少接触新化合物的患者数量。安全风险也可以通过识别指示潜在风险的生物标志物来降低。对于生物标志物研究表现不佳而终止的临床项目，无论是由于疗效问题还是安全风险，都能使有限的资源迅速转向更具有希望的研究领域，从而提高药物发现和开发过程的效率。通过转化医学利用这些工具，并将其与“从基础研究到临床应用的方法”结合起来，还可以在药物发现的最初阶段改善资源的使用情况。生物标志物在疾病状态下的有效性也可用来确定假设的治疗靶点是否有效。对潜在治疗靶点的快速确证或无效化验证可将资源重新定向到更可能获得成果的领域，避免“扑空”。虽然转化医学和生物标志物并不总是实用的，但从事新药开发的科学家如果能合理运用这些工具，有可能会比没有运用这些工具的科学家更快地达到目标。

（黄　玥　徐进宜）

思考题

1. 转化医学的定义是什么？
2. 转化医学的两大类别是什么？
3. 转化医学的四个子阶段（T1～T4）的重点分别是什么？
4. 什么是生物标志物？
5. 生物标志物的主要类别有哪些？
6. 理想的生物标志物应具备哪些特性？
7. 什么是替代终点？
8. 在临床试验中使用替代终点和生物标志物有什么优势？
9. 有哪些成像技术可以非侵入性的方式检查人体内部情况？
10. 为什么在PET显像实验中放射衰变率是一个重要的问题？
11. 相对于同样结构的非放射性化合物，为什么有时需要为PET放射性配体开发一种替代的合成途径?
12. 为什么低非特异性结合蛋白是PET和SPECT显像的一个重要特征？
13. PET或SPECT中应用的放射性配体的理想药代动力学特性是什么？

参考文献

1. National Human Genome Research Institute, National Institutes of Health. A Brief Guide to Genomics. http://www.genome.gov/18016863.
2. (a) James, P. Protein Identification in the Post-Genome Era: The Rapid Rise of Proteomics. *Q. Rev. Biophys.* **1997,** *30* (4), 279–331.
   (b) Anderson, N. L.; Anderson, N. G. Proteome and Proteomics: New Technologies, New Concepts, and New Words. *Electrophoresis* **1998,** *19* (11), 1853–1861.
3. (a) Daviss, B. Growing Pains for Metabolomics. *Scientist* **2005,** *19* (8), 25–28.
   (b) Nicholson, J. K.; Lindon, J. C. Systems Biology: Metabonomics. *Nature* **2008,** *455* (7216), 1054–1056.
4. (a) Paul, S. M.; Mytelka, D. S.; Dunwiddie, C. T.; Persinger, C. C.; Munos, B. H.; Lindborg, S. R., et al. How to Improve R&D Productivity: The Pharmaceutical Industry's Grand Challenge. *Nat. Rev. Drug Discov.* **2010,** *9*, 203–214.
   (b) Munos, B. Lessons From 60 Years of Pharmaceutical Innovation. *Nat. Rev. Drug Discov.* **2009,** *8*, 959–968.
5. Mullard, A. 2018 FDA Drug Approvals. *Nat. Rev. Drug Discov.* **2019,** *18*, 85–89.
6. (a) DiMasi, J. A.; Hansen, R. W.; Grabowski, H. G. The Price of Innovation: New Estimates of Drug Development Costs. *J. Health Econ.* **2003,** *22*, 151–185.
   (b) Research and Development in the Pharmaceutical Industry. *The Congress of the United States Congressional Budget Office* **2006**.
   (c) Paul, S. M.; Mytelka, D. S.; Dunwiddie, C. T.; Persinger, C. C.; Munos, B. H.; Lindborg, S. R., et al. How to Improve R&D Productivity: The Pharmaceutical Industry's Grand Challenge. *Nat. Rev. Drug Discov.* **2010,** *9*, 203–214.
7. DiMasi, J. A.; Grabowski, H. G.; Hansen, R. W. *J. Health Econ.* **2016,** *47*, 20–33.
8. Extance, A. Alzheimer's Failure Raises Questions About Disease-Modifying Strategies. *Nat. Rev. Drug Discov.* **2010,** *9*, 749–751.
9. Berenson, A. Pfizer Ends Studies on Drug for Heart Disease. *The New York Times*, Dec 3, 2006.
10. (a) Nissen, S. E.; Tardif, J. C.; Nicholls, S. J.; Revkin, J. H.; Shear, C. L.; Duggan, W. T., et al. Effect of Torcetrapib on the Progression of Coronary Atherosclerosis. *N. Engl. J. Med.* **2007,** *356* (13), 1304–1316.
    (b) Berenson, A. Pfizer Ends Studies on Drug for Heart Disease. The New York Times, Dec 3, 2006.
11. (a) Furberg, C. D.; Pitt, B. Withdrawal of Cerivastatin From the World Market. *Curr. Control. Trials Cardiovasc. Med.* **2001,** *2*, 205–207.
    (b) Psaty, B. M.; Furberg, C. D.; Ray, W. A.; Weiss, N. S. Potential for Conflict of Interest in the Evaluation of Suspected Adverse Drug Reactions: Use of Cerivastatin and Risk of Rhabdomyolysis. *JAMA* **2004,** *292* (21), 2622–2631.
12. Karha, J.; Topol, E. J. The Sad Story of Vioxx, and What We Should Learn From It. *Cleve. Clin. J. Med.* **2004,** *71* (12), 933–939.
13. National Institutes of Health. *RFA-RM-07-007, Clinical and Translational Science Award (U54), Part II: Full Text of Announcement, Section I: Funding Opportunity Description, Subsection 1:Research Objectives, Definitions.* http://grants.nih.gov/grants/guide/rfa-files/RFA-RM-07-007.html.
14. (a) Rubio, D. M.; Schoenbaum, E. E.; Lee, L. S.; Schteingart, D. E.; Marantz, P. R.; Anderson, K. E., et al. Defining Translational Research: Implications for Training. *Acad. Med.* **2010,** *85* (3), 470–475.
    (b) Khoury, M. J.; Gwinn, M.; Yoon, P. W.; Dowling, N.; Moore, C. A.; Bradley, L. The Continuum of Translation Research in Genomic Medicine: How Can We Accelerate the Appropriate Integration of Human Genome Discoveries into Healthcare and Disease Prevention? *Genet. Med.* **2007,** *9* (10), 665–674.
15. (a) Fischl, M. A.; Richman, D. D.; Grieco, M. H.; Gottlieb, M. S.; Volberding, P. A.; Laskin, O. L., et al. The Efficacy of Azidothymidine (AZT) in the Treatment of

Patients with AIDS and AIDS-Related Complex. A Double-Blind, Placebo-Controlled Trial. *N. Engl. J. Med.* **1987,** *317* (4), 185–191.

(b) Brook, I. Approval of Zidovudine (AZT) for Acquired Immunodeficiency Syndrome. *JAMA* **1987,** *258* (11), 1517.

16. (a) Drusano, G. L.; Yuen, G. J.; Lambert, J. S.; Seidlin, M.; Dolin, R.; Valentine, F. T. Relationship Between Dideoxyinosine Exposure, CD4 Counts, and p24 Antigen Levels in Human Immunodeficiency Virus Infection. A Phase 1 Trial. *Ann. Intern. Med.* **1992,** *116*, 562–566.

(b) Kahn, J. O.; Beall, G.; Sacks, H. S.; Merigan, T. C.; Beltangady, M.; Smaldone, L., et al. A Controlled Trial Comparing Continued Zidovudine with Didanosine in Human Immunodeficiency Virus Infection. *N. Engl. J. Med.* **1992,** *327* (9), 581–587.

17. Atkinson, A. J.; Colburn, W. A.; DeGruttola, V. G.; DeMets, D. L.; Downing, G. J.; Hoth, D. F., et al. Biomarkers and Surrogate Endpoints: Preferred Definitions and Conceptual Framework. *Clin. Pharmacol. Ther.* **2001,** *69* (3), 89–95.

18. Lathia, C. D. Biomarkers and Surrogate Endpoints: How and When Might They Impact Drug Development? *Dis. Markers* **2002,** *18*, 83–90.

19. (a) Schou, M.; Pike, V. W.; Halldin, C. Development of Radioligands for Imaging of Brain Norepinephrine Transporters *In Vivo* With Positron Emission Tomography. *Curr. Top. Med. Chem.* **2007,** *7* (18), 1806–1816.

(b) Paterson, L. M.; Kornum, B. R.; Nutt, D. J.; Pike, V. W.; Knudsen, G. M. 5-HT Radioligands for Human Brain Imaging With PET and SPECT. *Med. Res. Rev.* **2013,** *33* (1), 54–111.

(c) Lever, J. R. PET and SPECT Imaging of the Opioid System: Receptors, Radioligands and Avenues for Drug Discovery and Development. *Curr. Pharm. Des.* **2007,** *13* (1), 33–49.

20. (a) Mu, J.; Woods, J.; Zhou, Y. P.; Roy, R. S.; Li, Z.; Zycband, E., et al. Chronic Inhibition of Dipeptidyl Peptidase-4 With a Sitagliptin Analog Preserves Pancreatic B-Cell Mass and Function in a Rodent Model of Type 2 Diabetes. *Diabetes* **2006,** *55*, 1695–1704.

(b) Aschner, P.; Kipnes, M. S.; Lunceford, J. K.; Sanchez, M.; Mickel, C.; Williams-Herman, D. E. Effect of the Dipeptidyl Peptidase-4 Inhibitor Sitagliptin As Monotherapy on Glycemic Control in Patients With Type 2 Diabetes. *Diabetes Care* **2006,** *29* (12), 2632–2637.

21. (a) Cox, C. D.; Breslin, M. J.; Whitman, D. B.; Schreier, J. D.; McGaughey, G. B.; Bogusky, M. J., et al. Discovery of the Dual Orexin Receptor Antagonist [(7*R*)-4-(5-Chloro-1,3-Benzoxazol-2-yl)-7-Methyl-1,4-Diazepan-1-yl][5-Methyl-2-(2*H*-1,2,3-Triazol-2-yl)Phenyl]methanone (MK-4305) for the Treatment of Insomnia. *J. Med. Chem.* **2010,** *53* (14), 5320–5332.

(b) Winrow, C. J.; Gotter, A. L.; Cox, C. D.; Doran, S. M.; Tannenbaum, P. L.; Breslin, M. J., et al. Promotion of Sleep by Suvorexant—A Novel Dual Orexin Receptor Antagonist. *J. Neurogenet.* **2011,** *25* (1–2), 52–61.

22. (a) Sanguinetti, M. C.; Jiang, C.; Curran, M. E.; Keating, M. T. A Mechanistic Link Between an Inherited and an Acquired Cardiac Arrhythmia: HERG Encodes the IKr Potassium Channel. *Cell* **1995,** *81* (2), 299–307.

(b) Sanguinetti, M. C.; Tristani-Firouzi, M. hERG Potassium Channels and Cardiac Arrhythmia. *Nature* **2006,** *440* (7083), 463–469.

23. Mayeux, R. Biomarkers: Potential Uses and Limitations. *NeuroRx* **2004,** *1*, 182–188.

24. Iwatsubo, T.; Hirota, N.; Ooie, T.; Suzuki, H.; Shimada, N.; Chiba, K., et al. Prediction of *In Vivo* Drug Metabolism in the Human Liver From *In Vitro* Metabolism Data. *Pharmacol. Ther.* **1997,** *73* (2), 147–171.

25. Hidalgo, I. J.; Raub, T. J.; Borchardt, R. T. Characterization of the Human Colon Carcinoma Cell Line (Caco-2) as a Model System for Intestinal Epithelial Permeability. *Gastroenterology* **1989,** *96* (3), 736–749.

26. Wittes, J.; Lakatos, E.; Probstfield, J. Surrogate Endpoints in Clinical Trials: Cardiovascular Diseases. *Stat. Med.* **1989,** *8*, 415–425.

27. Kanekar, A. Biomarkers Predicting Progression of Human Immunodeficiency Virus-Related Disease. *J. Clin. Med. Res.* **2010,** *2* (2), 55–61.
28. (a) Mozley, P. D.; Schwartz, L. H.; Bendtsen, C.; Zhao, B.; Petrick, N.; Buckler, A. J. Change in Lung Tumor Volume as a Biomarker of Treatment Response: A Critical Review of the Evidence. *Ann. Oncol.* **2010,** *21*, 1751–1755.
    (b) Zhao, B.; Oxnard, G. R.; Moskowitz, C. S.; Kris, M. G.; Pingzhen, W. P.; Rusch, V. M.; et al. "A Pilot Study of Volume Measurement as a Method of Tumor Response Evaluation to Aid Biomarker Development." *Clin. Cancer Res.*, **2010**, *16*, 4647–4653.
    (c) Kogan, A. J.; Haren, M. Translating Cancer Trial Endpoints Into the Language of Managed Care. *Biotechnol. Healthc.* **2008,** *5* (1), 22–35.
29. Hudis, C. A. Trastuzumab—Mechanism of Action and Use in Clinical Practice. *N. Engl. J. Med.* **2007,** *357* (1), 39–51.
30. Carpenter, A. P., Jr.; Pontecorvo, M. J.; Hefti, F. F.; Skovronsky, D. M. The Use of the Exploratory IND in the Evaluation and Development of ^{18}F-PET Radiopharmaceuticals for Amyloid Imaging in the Brain: A Review of One Company's Experience. *Q. J. Nucl. Med. Mol. Imaging* **2009,** *53* (4), 387–393.
31. Som, P.; Atkins, H. L.; Bandoypadhyay, D.; Fowler, J. S.; MacGregor, R. R.; Matsui, K., et al. A Fluorinated Glucose Analog, 2-Fluoro-2-Deoxy-D-Glucose (F-18): Nontoxic Tracer for Rapid Tumor Detection. *J. Nucl. Med.* **1980,** *21*, 670–675.
32. Muller, C.; Schibli, R. Single Photon Emission Computed Tomography Tracer. *Recent. Results Cancer Res.* **2013,** *187*, 65–105.
33. Antonini, A. The Role of 123I-Ioflupane SPECT Dopamine Transporter Imaging in the Diagnosis and Treatment of Patients With Dementia With Lewy bodies. *Neuropsychiatr. Dis. Treat.* **2007,** *3* (3), 287–292.
34. Leppo, J. A.; DePuey, E. G.; Johnson, L. L. A Review of Cardiac Imaging With Sestamibi and Teboroxime. *J. Nucl. Med.* **1991,** *32* (10), 2012–2022.
35. Manyak, M. J. Indium-111 Capromab Pendetide in the Management of Recurrent Prostate Cancer. *Expert Rev. Anticancer Ther.* **2008,** *8* (2), 175–181.
36. Rahmima, A.; Zaidib, H. PET Versus SPECT: Strengths, Limitations and Challenges. *Nucl. Med. Commun.* **2008,** *29*, 193–207.
37. Nag, S.; Lehmann, L.; Kettschau, G.; Heinrich, T.; Thiele, A.; Varrone, A., et al. Synthesis and Evaluation of [^{18}F]fluororasagiline, a Novel Positron Emission Tomography (PET) Radioligand for Monoamine Oxidase B (MAO-B). *Bioorg. Med. Chem.* **2012,** *20*, 3065–3071.
38. Zeng, F.; Jarkas, N.; Stehouwer, J. S.; Voll, R. J.; Owens, M. J.; Kilts, C. D., et al. Synthesis, *In Vitro* Characterization, and Radiolabeling of Reboxetine Analogs as Potential PET Radioligands for Imaging the Norepinephrine Transporter. *Bioorg. Med. Chem* **2008,** *16*, 783–793.
39. Fernandes, P. A.; Carvalho, A. T. P.; Marques, A. T.; Pereira, A. L. F.; Madeira, A. P. S.; Ribeiro, A. S. P., et al. New Designs for MRI Contrast Agents. *J. Comput. Aid. Mol. Des.* **2003,** *17* (7), 463–473.
40. (a) Grundman, M.; Sencakova, D.; Jack, C. R., Jr.; Petersen, R. C.; Kim, H. T.; Schultz, A., et al. Brain MRI Hippocampal Volume and Prediction of Clinical Status in a Mild Cognitive Impairment Trial. *J. Mol. Neurosci.* **2002,** *19*, 23–27.
    (b) Jack, C. R., Jr.; Slomkowski, M.; Gracon, S.; Hoover, T. M.; Felmlee, J. P.; Stewart, K., et al. MRI as a Biomarker of Disease Progression in a Therapeutic Trial of Milameline for AD. *Neurology* **2003,** *60*, 253–260.
    (c) Fox, N. C.; Warrington, E. K.; Freeborough, P. A.; Hartikainen, P.; Kennedy, A. M.; Stevens, J. M., et al. Presymptomatic Hippocampal Atrophy in Alzheimer's Disease—A Longitudinal MRI Study. *Brain* **1996,** *119*, 2001–2007.
41. (a) Choudhury, R. P.; Fuster, V.; Badimon, J. J.; Fisher, E. A.; Fayad, Z. A. MRI and Characterization of Atherosclerotic Plaque: Emerging Applications and Molecular Imaging. *Arterioscler. Thromb. Vasc. Biol.* **2002,** *22*, 1065–1074.
    (b) Yuan, C. P.; Zhang, S. X.; Polissar, N. L.; Echelard, D.; Ortiz, G.; Davis, J. W., et al.

Identification of Fibrous Cap Rupture With Magnetic Resonance Imaging is Highly Associated With Recent Transient Ischemic Attack or Stroke. *Circulation* **2002,** *105*, 181–185.

42. Jacobs, L. D.; Beck, R. W.; Simon, J. H.; Kinkel, R. P.; Brownscheidle, C. M.; Murray, T. J., et al. Intramuscular Interferon-β-1a Therapy Initiated During a First Demyelinating Event in Multiple Sclerosis. *N. Engl. J. Med.* **2000,** *343*, 898–904.
43. Huettel, S. A.; Song, A. W.; McCarthy, G. *Functional Magnetic Resonance Imaging*, 2nd ed.; Sinauer Associates: Sunderland, MA, 2009.
44. Sheline, Y. I.; Barch, D. M.; Donnelly, J. M.; Ollinger, J. M.; Snyder, A. Z.; Mintun, M. A. Increased Amygdala Response to Masked Emotional Faces in Depressed Subjects Resolves With Antidepressant Treatment: An fMRI Study. *Biol. Psychiatry* **2001,** *50*, 651–658.
45. Wise, R. G.; Rogers, R.; Painter, D.; Bantick, S.; Ploghaus, A.; Williams, P., et al. Combining fMRI With a Pharmacokinetic Model to Determine Which Brain Areas Activated by Painful Stimulation are Specifically Modulated by Remifentanil. *NeuroImage* **2002,** *16*, 999–1014.
46. Borsook, D.; Becerra, L.; Hargreaves, R. A Role for fMRI in Optimizing CNS Drug Development. *Nat. Rev. Drug Discov.* **2006,** *5*, 411–425.
47. Ludwig, G. D.; Struthers, F. W. *Considerations Underlying the Use of Ultrasound to Detect Gallstones and Foreign Bodies in Tissue*; Naval Medical Research Institute Reports, Project #004 001, Report No. 4, 1949.
48. Wild, J. J.; Neal, D. Use of High-Frequency Ultrasonic Waves for Detecting Changes of Texture in Living Tissues. *Lancet* **1951,** *257* (6656), 655–657.
49. Willman, J. K.; van Bruggen, N.; Dinkelborg, L. M.; Gambhir, S. S. Molecular Imaging in Drug Development. *Nat. Rev. Drug Discov.* **2008,** *7*, 591–607.
50. Kim, D.; Wang, L.; Beconi, M.; Eiermann, G. J.; Fisher, M. H.; He, H., et al. (2*R*)-4-Oxo-4-[3-(trifluoromethyl)-5,6-dihydro[1,2,4]triazolo[4,3-*a*]pyrazin-7(8*H*)-yl]-1-(2,4,5 trifluorophenyl)butan-2-amine: A Potent, Orally Active Dipeptidyl Peptidase Ⅳ Inhibitor for the Treatment of Type 2 Diabetes. *J. Med. Chem.* **2005,** *48*, 141–151.
51. Augeri, D. J.; Robl, J. A.; Betebenner, D. A.; Magnin, D. R.; Khanna, A.; Robertson, J. G., et al. Discovery and Preclinical Profile of Saxagliptin (BMS-477118): A Highly Potent, Long-Acting, Orally Active Dipeptidyl Peptidase Ⅳ Inhibitor for the Treatment of Type 2 Diabetes. *J. Med. Chem.* **2005,** *48*, 5025–5037.
52. Eckhardt, M.; Langkopf, E.; Mark, M.; Tadayyon, M.; Thomas, L.; Nar, H., et al. 8-(3-(*R*)-Aminopiperidin-1-yl)-7-but-2-ynyl-3-methyl-1-(4-methyl-quinazolin-2-ylmethyl)-3,7-dihydropurine-2,6-dione (BI-1356), a Highly Potent, Selective, Long-Acting, and Orally Bioavailable DPP-4 Inhibitor for the Treatment of Type 2 Diabetes. *J. Med. Chem.* **2007,** *50*, 6450–6453.
53. (a) Holst, J. J. Glucagon-Like Peptide 1 (GLP-1): A Newly Discovered GI Hormone. *Gastroenterology* **1994,** *107*, 1048–1055.
    (b) Drucker, D. J. Glucagon-Like Peptides. *Diabetes* **1998,** *47*, 159–169.
    (c) Deacon, C. F.; Holst, J. J.; Carr, R. D. Glucagon-Like Peptide 1: A Basis for New Approaches to the Management of Diabetes. *Drugs Today* **1999,** *35*, 159–170.
    (d) Livingston, J. N.; Schoen, W. R. Glucagon and Glucagon-Like Peptide-1. *Annu. Rep. Med. Chem.* **1999,** *34*, 189–198.
54. Herman, G. A.; Stein, P. P.; Thornberry, N. A.; Wagner, J. A. Dipeptidyl Peptidase-4 Inhibitors for the Treatment of Type 2 Diabetes: Focus on Sitagliptin. *Clin. Pharmacol. Ther.* **2007,** *81* (5), 761–767.
55. Iber, C.; Ancoli-Israel, S.; Chesson, A.; Quan, S. F. *The AASM Manual for the Scoring of Sleep and Associated Events: Rules, Terminology and Technical Specifications. The American Academy of Sleep;* American Academy of Sleep Medicine: Westchester, NY, 2007.
56. Mamelak, M.; Csima, A.; Price, V. A Comparative 25-Night Sleep Laboratory Study on the Effects of Quazepam and Triazolam on Chronic Insomniacs. *J. Clin. Pharmacol.* **1984,** *24* (2–3), 65–75.

57. Bixler, E. O.; Kales, A.; Soldatos, C. R.; Scharf, M. B.; Kales, J. D. Effectiveness of Temazepam With Short-Intermediate-, and Long-Term Use: Sleep Laboratory Evaluation. *J. Clin. Pharmacol.* **1978,** *18* (2–3), 110–118.
58. Tsujino, N.; Sakurai, T. Orexin/Hypocretin: A Neuropeptide at the Interface of Sleep, Energy Homeostasis, and Reward System. *Pharmacol. Rev.* **2009,** *61* (2), 162–176.
59. (a) Estabrooke, I. V.; McCarthy, M. T.; Ko, E.; Chou, T. C.; Chemelli, R. M.; Yanagisawa, M., et al. Fos Expression in Orexin Neurons Varies With Behavioral State. *J. Neurosci.* **2001,** *21*, 1656–1662.
    (b) Lee, M. G.; Hassani, O. K.; Jones, B. E. Discharge of Identified Orexin/Hypocretin Neurons Across the Sleepwaking Cycle. *J. Neurosci.* **2005,** *25*, 6716–6720.
    (c) Mileykovskiy, B. Y.; Kiyashchenko, L. I.; Siegel, J. M. Behavioral Correlates of Activity in Identified Hypocretin/Orexin Neurons. *Neuron* **2005,** *46*, 787–798.
60. Chemelli, R. M.; Willie, J. T.; Sinton, C. M.; Elmquist, J. K.; Scammell, T.; Lee, C., et al. Narcolepsy in Orexin Knockout Mice: Molecular Genetics of Sleep Regulation. *Cell* **1999,** *98*, 437–451.
61. Willie, J. T.; Chemelli, R. M.; Sinton, C. M.; Tokita, S.; Williams, S. C.; Kisanuki, Y. Y., et al. Distinct Narcolepsy Syndromes in Orexin Receptor 2 and Orexin Null Mice: Molecular Genetic Dissection of Non-REM and REM Sleep Regulatory Processes. *Neuron* **2003,** *38*, 715–730.
62. (a) Thannickal, T. C.; Moore, R. Y.; Nienhuis, R.; Ramanathan, L.; Gulyani, S.; Aldrich, M., et al. Reduced Number of Hypocretin Neurons in Human Narcolepsy. *Neuron* **2000,** *27*, 469–474.
    (b) Crocker, A.; Espana, R. A.; Papadopoulon, M.; Saper, C. B.; Faraco, J.; Sakurai, T., et al. Concomitant Loss of Dynorphin, NARP and Orexin in Narcolepsy. *Neurology* **2005,** *65*, 1184–1188.
    (c) Blouin, A. M.; Thannickal, T. E.; Worley, P. F.; Baraban, J. M.; Reti, I. M.; Siegel, J. M. NARP Immunostaining of Human Hypocretin (Orexin) Neurons: Loss in Narcolepsy. *Neurology* **2005,** *65*, 1189–1192.
63. Vaughn, B. V.; Giallanza, P. Technical Review of Polysomnography. *Chest* **2008,** *134* (6), 1310–1319.
64. Cox, C. D.; Breslin, M. J.; Whitman, D. B.; Schreier, J. D.; McGaughey, G. B.; Bogusky, M. J., et al. Discovery of the Dual Orexin Receptor Antagonist [(7*R*)-4-(5-chloro-1,3-benzoxazol-2-yl)-7-methyl-1,4-diazepan-1-yl][5-methyl-2-(2*H*-1,2,3-triazol-2-yl)phenyl]methanone (MK-4305) for the Treatment of Insomnia. *J. Med. Chem.* **2010,** *53*, 5320–5332.
65. Winrow, C. J.; Gotter, A. L.; Cox, C. D.; Doran, S. M.; Tannenbaum, P. L.; Breslin, M. J., et al. Promotion of Sleep by Suvorexant—A Novel Dual Orexin Receptor Antagonist. *J. Neurogenet.* **2011,** *25* (1–2), 52–61.
66. Ido, T.; Wan, C. N.; Casella, V.; Fowler, J. S.; Wolf, A. P.; Reivich, M., et al. Labeled 2-Deoxy-D-Glucose Analogs: ^{18}F-Labeled 2-Deoxy-2-Fluoro-D-Glucose, 2-Deoxy-2-Fluoro-D-Mannose and ^{14}C-2-Deoxy-2-Fluoro-D-Glucose. *J. Label. Compd. Radiopharm.* **1978,** *24*, 174–183.
67. Sokoloff, L.; Reivich, M.; Kennedy, C.; Des Rosiers, M. H.; Patlak, C. S.; Pettigrew, K. D., et al. The [^{14}C]deoxyglucose Method for the Measurement of Local Cerebral Glucose Utilization: Theory, Procedure, and Normal Values in the Conscious and Anesthetized Albino Rat. *J. Neurochem.* **1977,** *28* (5), 897–916.
68. Smith, T. A. Mammalian Hexokinases and Their Abnormal Expression in Cancer. *Br. J. Biomed. Sci.* **2000,** *57* (2), 170–178.
69. Hale, J. J.; Mills, S. G.; MacCoss, M.; Finke, P. E.; Cascieri, M. A.; Sadowski, S., et al. Structural Optimization Affording 2-(*R*)-(1-(*R*)-3,5-Bis(trifluoromethyl)phenylethoxy)-3-(*S*)-(4-fluoro)phenyl-4-(3-oxo-1,2,4-triazol-5-yl)methylmorpholine, a Potent, Orally Active, Long-Acting Morpholine Acetal Human NK-1 Receptor Antagonist. *J. Med. Chem.* **1998,** *41* (23), 4607–4614.
70. Hargreaves, R.; Ferreira, J. C. A.; Hughes, D.; Brands, J.; Halle, J.; Mattson, B., et al. Development of Aprepitant, the First Neurokinin-1 Receptor Antagonist for the

Prevention of Chemotherapy-Induced Nausea and Vomiting. *Ann. N.Y. Acad. Sci.* **2011,** *1222*, 40–48.

71. (a) Holmes, A.; Heilig, M.; Rupniak, N. M. J.; Steckler, T.; Griebel, G. Neuropeptide Systems as Novel Therapeutic Targets for Depression and Anxiety Disorders. *Trends Pharmacol. Sci.* **2003,** *24*, 580–588.
    (b) Mantyh, P. W. Neurobiology of Substance P and the NK1 Receptor. *J. Clin. Psychiatry* **2002,** *63* (S11), 6–10.
    (c) Rupniak, N. M. J. New Insights Into the Antidepressant Actions of Substance P (NK1 Receptor) Antagonists. *Can. J. Physiol. Pharmacol.* **2002,** *80*, 489–494.
    (d) Santarelli, L.; Gobbi, G.; Blier, P.; Hen, R. Behavioral and Physiologic Effects of Genetic or Pharmacologic Inactivation of the Substance P Receptor (NK1). *J. Clin. Psychiatry* **2002,** *63* (S11), 11–17.
72. Burns, H. D.; Gibson, R. E.; Hamill, T. G. *Preparation of Radiolabeled Neurokinin-1 Receptor Antagonists. WO 2000018403*, 2000.
73. Johnson, A. M. Paroxetine: A Pharmacological Review. *Int. Clin. Psychopharmacol.* **1992,** *6* (S4), 15–24.
74. Gold, P.; Freeman, S. O. Demonstration of Tumor-Specific Antigens in Human Colonic Carcinomata by Immunological Tolerance and Absorption Techniques. *J. Exp. Med.* **1965,** *121*, 439–462.
75. Rao, A. R.; Motiwala, H. G.; Karim, O. M. A. The Discovery of Prostate-Specific Antigen. *BJU Int.* **2007,** *101*, 5–10.
76. Stamey, T. A.; Yang, N.; Hay, A. R.; McNeal, J. E.; Freiha, F. S.; Redwine, E. Prostate-Specific Antigen as a Serum Marker for Adenocarcinoma of the Prostate. *N. Engl. J. Med.* **1987,** *317*, 909–916.
77. http://pressroom.cancer.org/PSArates2017.
78. Petrucelli, N.; Daly, M. B.; Pal, T. BRCA1- and BRCA2-Associated Hereditary Breast and Ovarian Cancer. In *GeneReviews*® [Internet]; Adam, M. P., Ardinger, H. H., Pagon, R. A., Wallace, S. E., Bean, L. J. H., Stephens, K., Amemiya, K., Eds.; University of Washington: Seattle, WA, 2016; pp 1993–2020.
79. Hall, J. M.; Lee, M.; Newman, B.; Morrow, J. E.; Anderson, L. A.; Huey, B., et al. Linkage of Early-Onset Familial Breast Cancer to Chromosome 17q21. *Science* **1990,** *250* (4988), 1684–1689.
80. (a) Skolnick, M.H.; Goldgar, D.E.; Miki, Y.; Swenson, J.; Kamb, A.; Harshman, K.D.; et al. 17Q-Linked Breast and Ovarian Cancer Susceptibility Gene. US5747282, 1998.
    (b) Tavtigian, S. V.; Kamb, A.; Simard, J.; Couch, F.; Rommens, J. M.; Weber, B. L. Chromosome 13-Linked Breast Cancer Susceptibility Gene, US5837492, 1998.
    (c) Shattuck-Eidens, D. M.; Simard, J.; Durocher, F.; Emi, M.; Nakamura, Y. Linked Breast and Ovarian Cancer Susceptibility Gene. US5693473, 1998.
    (d) Shattuck-Eidens, D. M.; Simard, J.; Durocher, F.; Emi, M.; Nakamura, Y. Linked Breast and Ovarian Cancer Susceptibility Gene. US5709999, 1998.
    (e) Skolnick, M. H.; Goldgar, D. E.; Miki, Y.; Swenson, J.; Kamb, A.; Harshman, K. D.; et al. 17q-Linked Breast and Ovarian Cancer Susceptibility Gene. US5710001, 1998.
    (f) Skolnick, M. H.; Goldgar, D. E.; Miki, Y.; Swenson, J.; Kamb, A.; Harshman, K. D.; et al. 170-Linked Breast and Ovarian Cancer Susceptibility Gene. US5753441, 1998.
    (g) Tavtigian, S. V.; Kamb, A.; Simard, J.; Couch, F.; Rommens, J. M.; Weber, B. L. Chromosome 13-Linked Breast Cancer Susceptibility Gene. US6033857, 2000.
81. https://myriad.com/about-myriad/inside-myriad/company-milestones/.
82. https://www.cancer.gov/about-cancer/diagnosis-staging/diagnosis/tumor-markers-list.
83. (a) Preedy, V. R.; Patel, V. B., Eds. *Biomarkers in Cancer;* Springer: Dordrecht, 2019.
    (b) Srivastava, S., Ed. *Biomarkers in Cancer Screening and Early Detection;* Wiley Blackwell: Hoboken, NJ, 2017.
    (c) Cohen, I. R.; Lajtha, N. S. A.; Lambris, J. D.; Paoletti, R., Eds. *Advances in Cancer Biomarkers: From Biochemistry to Clinic for a Critical Revision;* Springer: Dordrecht, 2015.

第12章

制药行业中的组织机构及发展趋势

在将科学发现转化为商业化临床疗法的过程中，必须解决的科学难题的数量是十分庞大的。除此之外，还有很多非科学方面的因素，也会使科学家和研发人员分心，甚至会使之偏离将药物研发项目不断推进的主要目标。制药公司的组织机构既可能促进，也可能妨碍项目的进展。类似地，在项目开展过程中，项目团队的发展特性也会直接影响科学家和辅助性职员之间相互交流的方式和时机。对于不断变化的项目团队，其内部活力毫无悬念会极大地影响药物被成功推向市场的概率，以及所有参与这一项目人员的职业发展。商业环境的改变同样会影响药物研发过程中的科学问题，有些时候，这些改变会缓慢地影响制药行业。例如，合同研究机构（contract research organization，CRO，俗称“外包公司”）和药物发现学术研究中心在21世纪初相继出现，其对制药行业的影响也正在逐渐显现。而在其他情况下，公司的合并和收购几乎总是会给相关企业及其雇员的生活带来巨大的影响。对于小企业而言，必须解决的主要问题是如何获得资本，这也造成了两极分化，部分公司的研究得以持续发展，而一些公司却面临倒闭。简言之，想要在制药行业中取得成功，既需要深入理解药物研发过程中的科学问题，也应当具备适应不断变化的整体需求的能力。

12.1 制药企业的组织结构

尽管前面的章节已对药物研发过程中的诸多重要环节进行了详细介绍，但未涉及具有多种目的和功能的组织框架。单独来看，没有任何一个单一的环节可以研发出新药，但作为一个有机的整体，整个研发过程的成效超过了各个环节的简单加合。如何将这些工作最高效地整合在一起是制药行业过去几十年内面临的主要挑战之一。一个组织结构若能使其各个环节之间相互协作和沟通，将对新药推向市场的整体成本和时间节点产生极其重大的影响。就如同组织结构会影响汽车制造的成本和效率一样，将安装空调作为组装一台汽车的最后环节虽然是可行的，但若将空调的各个组件随着汽车的装配一同安装，显然会更加高效。类似地，在一个研发组织内部建立一系列工作组，并针对其相互联系的时机和方式制订相应的制度，会极大地提高效率。

12.2 商务部门之间的沟通交流

在最高的层面上，制药企业经营活动可大致分为三类：药物发现、药物开发和药物商业化。其中前两者已在第1章中展开了详细的介绍。商业机构通常负责确保进入市场（批准后）的新药在其可销售周期内的商业可行性（commercial viability）。制造、销售和营销业务都属于商业机构的职权范围。在多数情况下，上述三个领域都有各自独立的工作团队和各自的管理汇报制度、生产能力目标，以及衡量在给定时间内能否成功的考核制度。每个工作团队都有相当程度的自主权，可在很多层面上独立地开展工作。

然而，为保证制药企业能够高效运转，不同部门之间必须有清晰的沟通渠道，每个工作团队也必须清楚其他团队的能力和局限。例如，一个药物发现团队将时间和资源耗费在探寻某一疾病的新疗法上，如果药物开发团队不能对该疾病开展临床研究，这就可能造成很多问题。如此一来，即使药物发现团队成功找到了一个潜在的候选药物，药物开发团队也无法在临床上确认其有效性。类似地，如果商业团队无法为企业未来的发展准确地识别患者群体、确定定价基准，以及制订市场策略，药物发现团队和开发团队的努力也将会付之东流。毋庸置疑，具有很大市场、能够从中获利颇丰的疾病，对制药企业的商业团队而言具有很高的吸引力。然而，如果缺乏有效的技术手段去生产药物，商业团队在定义潜在市场范围、评估患者需求和了解处方开具等方面所做努力的价值也会受到限制。

理想情况下，制药企业在决定哪些项目、哪类疾病或治疗领域属于本企业的能力和兴趣范围时，应当将药物发现、药物开发和药物商业化三个主要方面均考虑在内。此外，鉴于药物上市过程将持续相当长的时间，制药企业组织机构的上述诸多方面必须持续不断地相互协调和联系。科学理解的不断深入、竞争药物的陆续涌现，以及患者人口分布的不断变化，都会改变进行中的研究和商业策略。竞争药物几乎总是会给潜在药物的商机带来巨大影响和考验；新的科学数据可证实一个之前无法证明的靶点，也可以否定一个过去认为有效的靶点；而患者人口分布的改变则会使临床和市场策略更加复杂化。换言之，药物研发的成功既需要研发项目本身在科学方面具有严格的先进性和合理性，也需要持续地、敏锐地注意科学发展和竞争形势。

12.3 药物发现团队的发展循环

需要清楚这样一个概念：将药物推向市场是一个相当复杂的努力过程，任何一个单一的个体都不可能具备完成这项任务所需的全部专业技能。药物发现与开发就像一项集体运动，需要大量具备多方面技能和知识的选手来参与。当然，各方面的科学家、技术人员和专业人士集中在一起所做的努力，必须以某种形式加以协调，方可保证项目的持续推进。这种协调通常是通过组建项目团队来实现的。出于很多工作任务的需求，该团队的人员构成和领导机制显示出一定的流动性。项目需求和重心会随着项目开展而发生变化，项目进一步发展所需的技能也会随之改变。因此，项目团队的人员构成和领导机制应当随着项目的发展而不断变化。

在药物发现的早期阶段（在发现一系列先导化合物之前），项目团队成员主要由药物发现科学家（如药物化学家、体外药理学家等）构成，并由对药物治疗疾病分子机制十分熟悉的生物学家、药物化学家，或上述两者各选一人来领导团队。此外，药物发现中期和晚期阶段，如进行体外 ADME、药代动力学、体内药效学等研究时，相关专家也应加入项目团队。此时，由于主要精力仍集中在探寻候选化合物，所以这些团队成员个体的角色相对较小，但他们依然是团队不可或缺的部分，需要他们为最终将研究转移至动物模型上做好准备。若该靶点还没有有效的动物筛选模型，那么这些成员可设计适当的动物模型，以建立筛选靶点活性的方法。上述工作通常与探寻先导化合物的工作平行开展。最终，在理想情况下，药物发现晚期阶段的代表也应当被包含在项目团队之中，以进行药物安全性和毒理学研究，以及开展临床试验和商业运作等。尽管这些人员在药物发现的早期阶段并不重要，但他们的加入确保了项目的早期计划符合企业的能力、目标和战略业务。

随着药物发现项目发展到不同的阶段（如靶点的发现、先导化合物的发现、先导化合物的优化、早期临床前研究等），项目团队的人员构成应随之调整，以满足项目的需求。如果一个项目始于靶点的发现（如一个新治疗靶点的鉴别和表征），项目团队则应由体外生物学家来管理，因为鉴别、表征和开发一个新治疗靶点是他们的技能和专长。另外，在缺乏确定的生物靶点的前提下，开发先导化合物是很有挑战性的，所以此时药物化学领域的参与度可能很有限。

一旦确证了新的治疗靶点并且建立了其体外筛选的实验方法，项目团队的人员构成也应随之调整，以反映项目的最新需求。擅长发现新靶点的科学家可能会被善于开展高通量筛选的人员代替。由于解读体外筛选结果的需求提高，项目所需的药物化学家的数量也随之增加。根据第一轮高通量筛选的结果，这些药物化学家还需要设计、制备新的化合物。分子建模领域的专家可能也需要加入项目团队，以便开发出计算化学模型来预测哪些化合物具备期望的体外活性。此外，体外 ADME 专家可能也需要加入这一团队，以便开始评估化合物的各项性质，为最终的动物实验（如药代动力学和药效学评价）做好准备。此时，团队领导通常保持不变，而药物发现后期过程的成员也通常保持不变。

当候选化合物被确证，项目进入先导化合物的优化阶段时，项目团队的人员构成再次发生改变。此时通常需要更多药物化学家的参与，以便改善先导化合物的各种特征和性质。合成工艺专家也可能成为团队的一员，以便更大规模地制备化合物，以满足体内药代动力学和药效学的需求。由于项目团队需要持续不断地筛选化合物，以寻找适于体内药代动力学研究的化合物，因此体外 ADME 专家在项目团队中继续扮演重要角色。由于筛选具有体内活性的化合物成为项目的主要目标，专攻体内试验（体内药代动力学、体内药效学模型、制剂等）的科学家在项目团队中变得越来越重要。

随着先导化合物优化阶段的持续进行，最终将得到一个单一的临床候选药物，项目团队的人员构成再次随之调整。团队的领导权很有可能被转移至药物发现后期过程的科研人员中，尤其是当确定了潜在的临床候选药物后。随着探寻新的、活性更好的化合物需求的减少，药物化学家的参与度通常也随之降低。与此同时，工艺化学家和生产专家的重要性则有所提升，以满足临床研究供给的需求。体外筛选专家和ADME专家的重要性可能也会下降，而体内安全性、毒理学和制剂的相关专家则越来越重要。在更高等级的体内药效、安全性和毒理学模型中表征特定化合物的需求将占据中心地位。当某个单一临床候选药物被确定下来时，项目的领导权通常被转移至临床研究专家、生产专家和商业运作专家中。

一旦确定了一个临床候选药物，药物发现团队的主要成员将被临床研究专家、药品监管专家和生产专家替代。药物发现团队的领导可能会留下来继续作为项目团队的一部分，以便在需要的时候从他们那里获得咨询意见，但其他药物发现研究人员通常从这个节点开始不再作为项目团队的成员。在某些机构组织中，药物发现团队会被授予探寻后备化合物的任务，以防最初的候选化合物未通过早期临床试验。例如，若临床候选药物因安全性原因未能通过Ⅰ期临床试验，则后备化合物可能被启动并继续开发。另外，若因药效原因未能通过Ⅲ期临床试验，则很可能导致临床候选药物和所有后备化合物都被终止研发。若后备项目启动，项目团队的特征将与先导化合物优化阶段类似。在其他情况下，药物发现团队将被解散，其人力资源会被重新分配至企业的其他药物发现项目。而药物开发项目团队则继续着力于临床候选药物，并按照第10章中所介绍的临床试验方法继续开发这些候选药物。

上文所述对药物发现团队发展进化过程的描述相对模糊，但证明了很重要的一点：一个科学家在一个药物发现团队里的角色不是固定不变的。参与药物研发项目的科学家应当将自身看作整个药物研发过程中多个相互重叠项目团队的一部分。一个项目的成功或失败都会导致他们被重新分配。一旦项目失败了，包括项目团队成员在内的资源会被重新安排任务（运气好的话，会被重新分配至同一组织内的其他岗位，但并非总是如此）。而对于一个成功的药物发现项目，其资源和人员的后续“用途”也很有限。该项目的重心已被转移至药物开发阶段，因此其资源和项目团队成员会被重新分配给其他项目（同样地，如果运气好，会被分配至同一组织内的其他岗位）。在大型制药企业中，项目的成功可能会给企业内部人员带来升职的奖励。但在小型制药企业，药物发现项目的成功可能会导致企业内部人员面临失业的困境。对于资源有限的小型制药企业，若成功发现了一个临床候选药物，它们可能没有足够的能力（财力）去支持开展临床研究项目，或开展新的药物发现项目。因为临床项目团队需要不同的技能组合，所以药物发现团队可能会被解雇，这些小企业会雇佣新的研发团队，以便推进临床候选药物迈向上市之路。换言之，药物发现科学家们可能会成为小型制药企业成功的“炮灰”。

12.4 商业环境

诚然，制药企业对能开发出新产品并以之盈利的科学发现十分依赖，但也不仅限于此。例如，由经济压力、监管方面的变化或政治环境等因素造成的整体商业环境的改变可显著影响一个企业乃至整个制药行业的运作方式。正如第2章中所介绍的，监管方面通过制订安全性标准、药效标准及增加非专利药物准入等手段，已极大地改变了制药行业的面貌。合并与收购也在制药行业中长期扮演举足轻重的角色，尤其是在降低商业运作成本这一需求不断提高的20世纪末和21世纪初。上述因素还使药物的获得方式和商业运作模式发生了改变，促成了CRO和药物发现学术中心（academic drug discovery center）的涌现。虽然尚不清楚这些变化是否会在整体上对制药行业产生正面或负面的影响，但那些曾经发生过改变的企业会继续受到这些变化的影响。对于想要在药物发现与开发领域从业的人员或企业而言，对这些重要的、尚在发展中的行业趋势有一个深入的理解是十分有益的。

12.5 合并与收购

合并与收购（merger and acquisition，M&A，简称并购）并非制药行业独有的现象，但自21世纪初以来，此类商业活动日益频繁。2000～2009年，美国完成了超过1300起并购，总价值超过6900亿美元。这些并购案也是造成美国制药行业领域损失超过30万个工作岗位的最主要因素[1]。在世界其他制药行业的辅助领域内，这些案例也对成千上万个工作岗位产生了很大的负面影响。尽管绝大多数案例只涉及小型企业，但大型制药企业在这场弱肉强食的竞争中也并非一定能全身而退。2000～2012年，市值超过20亿美元的并购案总计46起，其中有16起案例的市值超过100亿美元。制药行业领域的并购速度持续增长。例如，单在2019年，就完成了超过480起并购，总估价超过3420亿美元[2]。市值较高的一些案例如表12.1所示。

表12.1　市值超过100亿美元的并购案（2000～2019年）

年份	并购案涉及的企业	市值（亿美元）
2000	辉瑞（Pfizer）与沃纳-兰伯特（Warner Lambert）	900
	葛兰素威康（GlaxoWellcome）与史克必成（SmithKline-Beecham）	740
	法玛西亚（Pharmacia）与厄普约翰-孟山都（Upjohn-Monsanto）	500
2001	强生（Johnson & Johnson）与阿尔扎（Alza）	123
2004	赛诺菲圣德拉堡（Sanofi Synthelabo）与安万特（Aventis）	620
	通用电气（GE）与安玛西亚（Amersham）	102
2005	强生与佳腾（Guidant）	210
2006	拜耳（Bayer）与先灵（Schering）	210
	强生与辉瑞消费者医疗保健（Pfizer Consumer）	166
2007	先灵葆雅（Schering-Plough）与欧加隆（Organon）	110
	阿斯利康（AstraZeneca）与Medimune	152

续表

年份	并购案涉及的企业	市值（亿美元）
2008	罗氏（Roche）与基因泰克（Genentech）	440
2009	辉瑞与惠氏（Wyeth）	680
	默克（Merck）与先灵葆雅	410
2010	诺华（Novartis）与爱尔康（Alcon）	510
2011	吉利德（Gilead）与法马塞特（Pharmasset）	110
2013	安进（Amgen）与奥尼克斯制药（Onyx Pharmaceuticals）	104
2015	艾伯维（AbbVie）与法莫斯利（Pharmacyclics）	210
	阿特维斯（Actavis）与艾尔建（Allergan）	705
2017	强生与爱可泰隆（Actelion）	300
2018	武田（Takeda）与夏尔（Shire）	620
2019	百时美施贵宝（Bristol Myers Squibb）与赛尔基因（Celgene）	740

如此迅猛增加的并购活动，一定程度上是在那些处于失去专利保护边缘（“专利断崖”，patent cliff）的重磅药物亟需被替代的需求下驱动的，如阿托伐他汀（atorvastatin，Lipitor®）、度洛西汀（duloxetine，Cymbalta®）、氯吡格雷（clopidogrel，Plavix®）和孟鲁司特（montelukast，singulair®）等药物。2011～2015年，销售额超过2500亿美元的专利药物受到了非专利竞争药物的冲击[3]。对具有商标专利权药企的盈利能力造成的风险始终未见降低。在2018～2024年，由于专利保护过期，即第二次“专利断崖”，额外还会有2500亿销售额受到非专利竞争药物的冲击[4]，这其中包括一些主流的治疗药物，如镇痛药物普瑞巴林（pregabalin，Lyrica®）、抗肿瘤药物曲妥珠单抗（trastuzumab，Herceptin®）、戒烟药物伐尼克兰（varenicline，Chantix®）和抗HIV药物茚地那韦（indinavir，Crixivan®）。

降低与研究和开发相关的总成本也是引起并购活动增加的主要原因之一。如前文所述，将一个单一的新药推向市场的平均成本可达28.7亿美元[5]。如此巨大的上市成本，常常被认为是造成处方药价格高昂的最主要因素。例如，反义RNA药物米泊美生钠（mipomersen sodium，Kynamro®）主要用于治疗一种罕见的遗传异常疾病——纯合子家族性高胆固醇血症（homozygous familial hypercholesterolemia，HoFH），当该药于2013年首次被批准上市时，每年的治疗费用约为17.6万美元[6]。再如，由吉利德（Gilead）开发并于2013年被FDA批准上市的丙型肝炎治疗药物索非布韦[sofosbuvir，索华迪（Sovaldi®）]，其刚上市时，一个持续12周的疗程费用约为8.4万美元[7]。2014年，索非布韦与雷迪帕韦（ledipasvir）的复方制剂夏帆宁（Harvoni®）的单疗程定价为9.45万美元（图12.1）[8]。

而无论是HoFH患者还是丙型肝炎患者，若不采取上述治疗方案，其长期护理成本与后果将比这些治疗方案的花费更为高昂。若不使用米泊美生钠进行治疗，患者在高龄儿童时期会心脏病发作，并且极少能存活超过30多岁[9]。对丙型肝炎患者而言，若不开展有

效

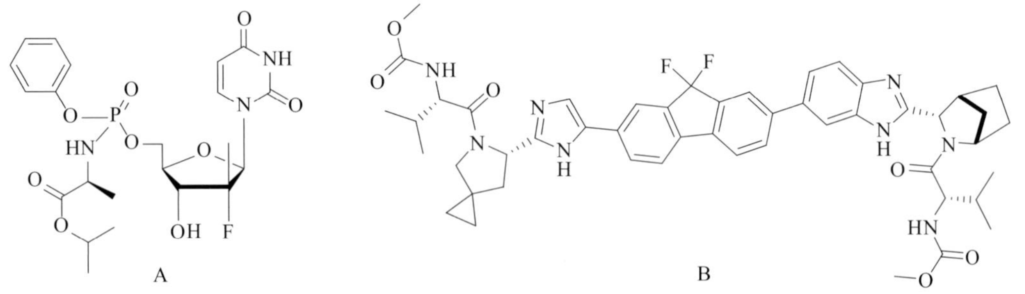

图12.1　**由索非布韦（sofosbuvir，Sovaldi®，A）和雷迪帕韦（ledipasvir，B）组成的用于治疗丙型肝炎的复方制剂，商品名为夏帆宁（Harvoni®）**

的药物治疗，其护理成本同样非常高昂。2014年，仅美国医疗保险系统支付丙型肝炎患者的治疗费用就超过了300亿美元，并且在索非布韦和夏帆宁上市之前，治疗成本曾预计会突破850亿美元[10]。倘若跨越多个年份或年代来考量，这些药物对健康护理成本的净影响几乎肯定是正面的。

然而，这种长期的成本观念并不经常被患者、政策制订者及为疾病治疗买单的团体（如保险公司、政府机构等）所关注，后者会把更多的注意力放在降低处方药治疗的成本上。股东、投资者和制药企业的高管也严重忽视了这些问题，而更加关心企业各种药物的盈利能力和企业在短期内的总市值。

从表面上看，并购貌似是一个降低药物发现、开发和商业运作成本的理想方法。存活下来的制药企业能够清除一些重复性的工作（如致力于相同大分子靶点的两个研究项目）、冗余的人力资源（如被废弃项目的相关人员，或销售、人力资源、财务等其他冗余领域的相关人员），乃至不再需要的研发设施。此类制药行业的重组事件即时即刻地影响着开展商业活动的成本，因此通常需要求助于股东、投资人和管理层。但是，目前尚不得知这些并购活动对研发效率的真正影响。

尽管并购在金融方面的影响是可量化的，但还有大量非金融方面的效应是难以度量的。以从一对合并的制药企业中所清除的冗余或不需要的项目为例，对处于竞争关系的企业而言，针对相同生物靶点或疾病的两个项目可能会导致开发出两个上市新药去竞争市场份额，从而使得药物的售价降低。但在合并或收购的情况下，这两个项目会被认为是冗余的，只会倾向保留其中一个，而取消另一个。在合并后的企业中，有关资源被保留下来，但对于被放弃的项目，也可以认为付出的努力付水东流，并且损失了50%的潜在临床候选药物。考虑到临床试验的高失败率，合并后的企业也无法保证一定能选中“正确的”项目，即那些最终能够转化为商业化产品的项目。类似地，两个合并企业中的一个有可能涉足与之前利益无关的领域，而涉足无关领域的项目很有可能会被终止，而不在乎其推出上市药物的潜力有多大。当这项商业交易属于收购而非平等合并时，这种情况尤为突出。

在一个合并后的企业中，决定继续保留哪些项目的评审过程也会造成难以度量的运营效率拖沓。为了决定哪些项目在合并后可继续进行，需要对参与合并企业内的项目清单进行审核，这必然会消耗大量的时间和精力。此时，科学家们必须将精力从推进他们参与的项目上转移到证明他们参与项目的重要性上，以争取使该项目得以保留，因此其科研产出能力必然下降。自我保护的本能也可能导致关键人员离开这一企业，以避免因他们参与的项目被终止而面临解雇的风险。组织层面的继承性和专业性也可能以削减成本之名而牺牲。这些人为因素所带来的真实影响是很难度量的。毫无疑问的是，如果可投入的科学家和辅助性人员的数量减少，那么实验和产出的量必然也会随之减少。

小型企业常被认为是发达制药企业的合并对象，尤其是当大型制药企业的某个主要产品很快面临“专利断崖”的时间点时。收购一个小型生物技术企业可使制药公司轻易获得处在研发末期、风险已大大降低的临床候选药物，有利于提升收购企业的产品线。事实上，很多小型和新建立的制药企业致力于吸引大型制药企业的注意力，期望被后者并购，以建设一个更完备的制药企业。这些企业的最终目标并非将药物上市，而是将处于Ⅱ期临床试验的中期到晚期阶段的候选药物作为“钓鱼”的“鱼饵”。在这种情况下，小型企业极大地削减了研发项目的成本，而它们的所有者或股东则可在被并购的过程中收割大量的财富。当然，一旦完成收购，发起收购的企业很可能不会再雇佣被收购小型企业的任何员工，这是所有有意在生物技术创业公司工作的人员必须十分重视的一点。相对于在制药行业中的职业生涯长度而言，一个初创的生物技术企业的生命周期可能非常短暂。

值得重点指出的是，在大型制药企业合并或收购的过程中，大量裁员的可能性也是完全存在的。两个合并的研发组织中重复或协同的部分可导致研发项目的整体数量最终被大量削减，进而导致相应岗位的削减。例如，辉瑞（Pfizer）公司对惠氏（Wyeth）的收购导致大量研发项目被削减。两个企业的研发预算总额在2008年超过了110亿美元，而合并后的企业仅提交了大约70亿美元的年度研发预算[11]。最终，并购活动导致“命中目标”的数量减少，具体表现为上市新药数量的减少和长远研发效率的降低。

为了确定并购活动对制药企业生产能力的影响，穆诺茨（Munos）等[12]研究了参与并购活动的制药企业向FDA提交的新分子实体（new molecular entity，NME）的批准率变化情况。他们的研究对象包括10个收购了其他企业的大型制药企业、6个参与大型药企合并的企业，以及14个收购了其他企业的小型生物技术公司。有趣的是，合并为更大规模的企业并未显著增加FDA对其NME的批准率。而被大型企业收购则是另外一番景象：FDA的批准率下降了高达70%。另外，小型企业的收购活动却产生了理想的结果：FDA批准率最高可提升118%。尽管调查研究的规模较小，但研究结果指出，作为解决制药行业生产力问题而收购企业的策略可能不是满足行业需求的解决之道。

抛开并购活动能否解决制药行业生产力的争议，毫无疑问的是，20世纪末及21世纪初的并购潮严重减少了从业于相关工业领域内的科学家数量。研发人员的减少必然导致企业研发项目数量的降低，制药行业所必需的药物研发基础和科学研究能力也会相应下降。当然，制药行业对新药的需求是不会改变的。随着制药行业中研发人员水平的不断降低，合同研究机构和药物发现学术中心逐渐成熟起来。这两类机构的出现为在工业领域中被裁减替代的科学家们提供了新的工作机会，也为制药企业提供了研发能力的新来源，还为制药行业蓬勃发展所需的创新与革新提供了新的渠道。

12.6 合同研究机构

合同研究机构（CRO），在制药行业领域中最早出现于20世纪80年代早期。CRO最初致力于临床试验管理，但在接下来数十年中，随着大型制药企业更多地聚焦于削减药物研发成本、提升药物研发效率[13]，CRO的职能也在不断发生改变。至21世纪初期，几乎所有通常由制药企业来完成的药物研发工作都可以由CRO执行。2012年，塔夫茨大学（Tufts University）药物开发研究中心颁布的一项分析报告指出，美国制药领域CRO市场的总市值为325亿～395亿美元，而全球制药CRO市场的总市值则为900亿～1050亿美元，并预测两者的体量和重要性还会持续增长[14]。

尽管CRO市场的最初增长是由大型综合性制药企业的研发成本削减而导致的，如葛兰素史克（GlaxoSmithKline，GSK）、辉瑞、阿斯利康（AstraZeneca）、安进（Amgen）、罗氏（Roche）等医药公司，但小型制药企业和生物技术创业公司同样因此获利。包括制剂配方、ADME、安全性、毒理学、药理学、药物化学、临床科学、药品生产等很多领域的“临时性资源”（temporary resource）的涌现，使得小型企业在自身缺乏这些资源的前提下同样能够获得开展药物研发的能力。使得某些情况下也会促成“虚拟”制药企业的形成，其中只有少量科学家和商务职员来管理完全由CRO完成的项目[15]。在现代药物发现与开发中，由于对外部资源的依赖不太可能减弱，科学家们必须做好参与跨企业和跨文化障碍沟通交流的准备。

通过CRO获取资源来补充，甚至替代内部资源，已经逐渐成为制药行业的常态（尤其是对于印度和中国这类低成本市场而言），但这也存在固有的风险。参与这一过程的每个个体在与CRO建立工作关系之前，都应当意识到这类风险的可能。药物发现过程的外部资源要求将大量的控制权转交给CRO，这虽然会极大地降低成本，但“客户企业”却不再对日常运营享有控制权，而且同样存在质量控制、科学行为端正性、信息保密性和知识产权问题等方面的风险，这些都是在与CRO建立工作关系之前必须加以考虑的问题。当然，在与CRO签订协议之前，可通过开展彻底的调查使上述风险或其他风险最小化。

CRO与“客户”之间进行常规的细致交流可以减少项目“脱轨”的风险，尤其是当预期之外的事件发生时。例如，某一CRO在针对10个同系列化合物开展体内药效研究时，发现前3个化合物产生了预期的结果，如果这条信息被及时上报给“客户企业”，则有可能做出针对这3个化合物开展进一步深入研究的决定，而不再为剩下的7个化合物耗费资源。另外，如果前3个化合物没有体现出预期的活性，并且CRO未将前期结果及时上报给“客户”而继续研究剩下的7个化合物，那么“客户”可能就错过了一个通过取消后续研究以节省资源的机会。在与CRO共同开展工作时，高质量的沟通交流绝对是重中之重，尤其是当这些机构相隔好几个时区时，8～12 h的时差为“客户”与CRO维持有效关系增添了很大的挑战，尤其是关于研究结果的即时交流。

宏观经济力量改变了CRO在制药工业中所占的市值比例。20世纪80至90年代，在如印度和中国这类发展中的经济体，全职等效价格（full-time equivalent，FTE，是指包括福利在内雇佣单个员工的价格）明显更低，但基础设施和可用的研究材料（尤其是化学和生物学试剂）却与之不相称，从而可能会导致项目的拖延。随着CRO市场的成熟，基础设施逐步完善，供货商也为发展中国家和地区的CRO开通了更多的有效渠道。然而与此同时，随着这些地区的经济增长，CRO全职等效价格和制药企业的雇佣成本之间的差异也在急剧减少。这一点已使一些企业不得不重新审视发展中经济体的CRO，转而倾向在发达经济体中与CRO开展合作。

CRO产业的成熟度同样改变了许多CRO的共同目标。尽管绝大多数CRO在建立之初的目标是为制药行业提供服务的形式独立运营，但其期望也会随着基础设施的完善、自身能力的提高及经验的积累而发生改变。很多CRO已经开始发展自己的研究项目，以便建立和维持自身产出的稳定性。例如，北卡罗来纳州达拉莫的一家小企业Scynexis Inc.，是建立于2000年的CRO，随着时间推移，该公司逐渐具备了运营CRO所需的专业水准和基础设施，并将药物开发纳入运营范围。2014年，Scynexis Inc.已拥有9项研究项目[16]。一年后，Scynexis将其CRO业务卖给了Avista Pharma Solutions（目前是一家名为Cambrex Corporation的跨国CRO的一部分[17]），以便将更多精力集中于自己的专利产品线[18]。

没有内部开发项目的CRO也已认识到制药行业对CRO日益增长的依赖。它们利用这种依赖性来增加自身的获利，以增加其通过成功项目而获得的经济收益。在CRO协议中，阶段性支付和收益分享条款并不罕见。其他CRO则建立了让其科学家在制药企业研发中心内开展工作的长期研究合同。例如，礼来公司（Eli Lilly）在2011年与奥尔巴尼分子研究公司（Albany Moleculav Research Inc.）签订了6年的长期合约，招募40位药物化学家在礼来公司的实验室中工作[19]。

总之，随着CRO行业的成熟，外包研发业务的价值等式已发生了变化。削减内部劳动力和节约研究机构相关的成本，虽然可以暂时满足股东和投资人的短期目标，但CRO对研发效率的真实影响尚不得而知。但毫无疑问的是，在可预见的未来，CRO将继续在药物研发过程中扮演重要角色。

12.7 学术界的药物发现

毋庸置疑，各大科研院校在对疾病发展过程理解上的推进、对潜在治疗靶点的识别，以及对药物作用分子机制的研究等方面扮演了关键的角色。历史上，学术性实验室的首要任务是在政府机构和对科学研究感兴趣的非营利性慈善组织的资助下开展基础研究。申请研究经费是一项具有高度竞争性的流程，仅有一小部分（10%～15%）的申请可获得资助，因此学术性实验室获得的科学发现通常具有很高的创新性。然而，致力于基础研究的研究项目很少能取得可供商业推广的成果。例如，在学术性实验室中鉴别某关键生物过程的一个关键酶可能会为将来的药物开发工作提供一个创新性的靶点，甚至有可能被认为是科学发现领域的里程碑事件，但从鉴别生物靶点到获得一个适合进行人体临床研究的候选药物是一个十分漫长的过程。

平心而论，学术型研究人员几乎没有什么动力去为发现潜在的临床候选药物而申请研究项目，至少在美国是这样的。在21世纪之前，学术圈内批准经费用于药物发现项目还几乎是闻所未闻的。药物发现被认为是制药行业的职能范围，而不在学术性实验室的能力范围内。此外，在1980年以前，还没有办法为联邦政府资助的科学发现（包括可能被用于临床治疗的化合物）建立专利保护，因为在当时使用联邦政府资金获得的发明会被认为是美国政府的财产，它们只能被给予非排他性的授权。正如前文所述，在缺乏排他性的背景下，制药企业几乎没有动力去将药物商业化。一旦某一化合物被批准用于临床，其他企业便可开发非专利性的竞争药物，从而使牵头企业几乎不可能收回临床研发所消耗的大量投入。当然，以教育学生为首要目标的学术单位不具备将新临床治疗药物商业化的条件，因此在缺乏行业伙伴的前提下，想要将药物研发的学术项目继续推进下去，在1980年前是完全不可能的。在这些政策的指导下，截至1980年，虽然美国政府持有28 000余项专利，但只有不到5%的专利被应用于商业性用途[20]。

美国于1980年通过了《专利与商标法修正案》，又称为《贝多法案》（*Bayh-DoleAct*）。此后，上述情形发生了巨大的改变。该修正案使得非营利性组织及小型商业性组织可以对其利用联邦政府资金获得的发明享有所有权，并且可以将发明的所有权转让或独家授权给有能力将其商业化的其他组织。因此，该法案的通过使学术性实验室和相关高等院校可以从美国国立卫生研究院（National Institutes of Health，NIH）等组织的资助中受益。需要特别指出的是，小型企业必须被赋予授权的优先性，发明（除去成本后）的版税和获利必须被用于科学研究和教育，而一部分版税必须与发明人分享。在学术界，科学家的研究成果可通过商业化而使其个人获利，因此最后一个条款为他们提供了巨大的资金激励，促使他们致力于可实用化的科研工作[21]。鉴于药物研发的巨大潜力（可能有数十亿的年销售额），自《贝多法案》通过后，在学术界探索药物发现的学者数量显著增加。截至2001年，美国建立了12个药物发现学术中心；而到2013年，全美类似机构的数量超过100个[22]，而全球各地也建立了不计其数的类似机构。由美国牵头成立于2012年的非营利性组织——药物发现学术联合会（Academic Drug Discovery Consortium），旨在联系并促进各个学术中心之间的合作研究，也是了解其会员单位信息的理想途径[23]。

现代药物发现学术中心通常由制药行业经验丰富的人员组成，他们具备了开展药物发现项目所需的技能和经验，包括靶点确证、先导化合物修饰、药代动力学研究、体内药效学研究等。2000～2013年的并购潮迫使很多高水平的科学家离开了工业界，转而进入学术界。为了保持更好的竞争力，很多大型制药企业经历了合并及研究机构的关闭，这使得很多学术性组织也接收了不少高价值的科研仪器（如筛选机器人、分析设备等）。在这种人才及设备流动的作用下，学术界的药物发现学术中心有能力将制药领域普遍拥有的先进科学技术整合起来，包括高通量筛选、自动化、体外ADME和分子建模等，使其能够成功完成早期药物发现项目所需的大部分工作。各大高校也加大了对这些组织和项目的支持，包括提供资金资助、支持专利申请及增加技术转让以提供授权机会。

当然，在学术圈内进行的药物发现项目同样不能回避药物研发相关的问题和挑战。与源自工业界的潜在临床候选药物相比，源自学术界的候选药物无论是在安全性还是药效方面的要求都是不会改变的。这就产生了一个问题：在学术界开展药物发现工作，与工业界相比又有何优势？答案是，优势体现在学术性实验室所开展的创新性研究之中。如前文所述，资金审批过程的竞争性本质造就了学术性机构内研究工作的高创新性。在药物发现与开发的范畴内，这通常会促使学术界的科学家去探索过去未被确证的药物靶点。在了解这些新靶点的过程中，科学家有机会去判定调控这些生物大分子活性所带来的生物学效应，并有可能提出过去无法治疗疾病的全新治疗策略。与药物发现学术中心合作，学术界科学家可以开发工业界合作伙伴感兴趣的研究项目。包括药物化学研究、体外选择性筛选、体外ADME测试、体内药代动力学研究和体内药效学研究在内的整个药物发现项目，都能利用学术界的资源来完成。在理想的情况下，利用这些学术界的资源，各大高校有能力将其基础研究项目转化为工业界感兴趣的项目。

然而，必须时刻牢记，学术界-工业界的伙伴关系存在一些固有的不足。而一些药物发现学术中心的建立也在努力化解这一不足，如莫尔德药物发现研究中心（Moulder Center for Drug Discovery Research）、范德比尔特神经药物研发中心（Vanderbilt Center for Neuroscience Drug Discovery）、桑福德-伯纳姆医学研究所（Sanford-Burnham Medical Research Institute），以及埃默里化学生物学研发中心（Emory Chemical Biology Discovery Center）等。这些机构的主要目标是将其研究项目朝着对工业界更具吸引力的方向推进，但在讨论学术界-工业界合作关系时，对成功道路上可能存在的障碍避而不谈也是不客观的。

第一，学术机构和工业界企业的首要目标并不一致。企业只为追求未来的商业成功，而学术机构则主要侧重于对学生的教育。由学术界科学家来发现新药肯定是可行的，且这个过程最终也会让位于对学生的教育。第二，学术机构内对发表研究成果的要求是很高的，教师们为了在他们所在的领域内成为专家，为了获得支撑其研究项目的资金，需要发表其研究成果；学生们为了在毕业后能有更多的机会获得心仪的工作，也需要发表其研究成果。如果知识产权和发表策略运作不佳的话，发表研究成果的需求会与保护知识产权的需求背道而驰。有策略的专利申请既能够有效保护出自学术性实验室的知识产权，又能够向学者们提供发表其重要科学发现的机会。在理想情况下，学术机构中负责技术转化的部门会参与这一过程。但在实际情况中，大多数学术界的科学家们高度专注于自己擅长的领域，只有有限的工业界经历，并且对专利法规的错综复杂性一概不知。因此，若不在学术界-工业界的合作过程中全程采取适当的措施，很有可能会不成熟地发表一些可能成为受专利保护的知识产权内容。

尽管可能存在各种问题，但大量重要临床药物的发现表明药物发现不再是制药行业的专属领域。例如，由杨森（Janssen）公司上市的HIV蛋白酶抑制剂地瑞那韦（darunavir，Prezista®，图12.2A）就是源自学术性科研项目。该药物是由伊利诺伊大学芝加哥分校的阿伦·K.高斯（Arun K. Ghosh）教授团队发现的[24]。类似的，由吉利德公司上市，且已入选WHO颁布的基本药物名单的核苷类逆转录酶抑制剂——抗HIV药物恩曲他滨（emtricitabine，Emtriva®，图12.2B），最初是由埃默里大学的丹尼斯·利奥塔（Dennis Liotta）教授团队发现的[25]。抗肿瘤药培美曲塞（pemetrexed，Alimta®，图12.2C）则是由普林斯顿大学的爱德华·C.泰勒（Edward C. Taylor）教授发现的，并由礼来公司上市[26]。而辉瑞公司2011年销售额达37亿美元的药物普加巴林（pregabalin，Lyrica®，图12.2D），最初则是由西北大学理查德·西尔弗曼（Richard Silverman）教授团队发现的[27]。上述科学发现为开发这些药物的学术机构和研究人员带来了巨额的资金收益。例如，西北大学因普加巴林一次性就获得了7亿美元，此外还有每年的专利授权费用[28]。

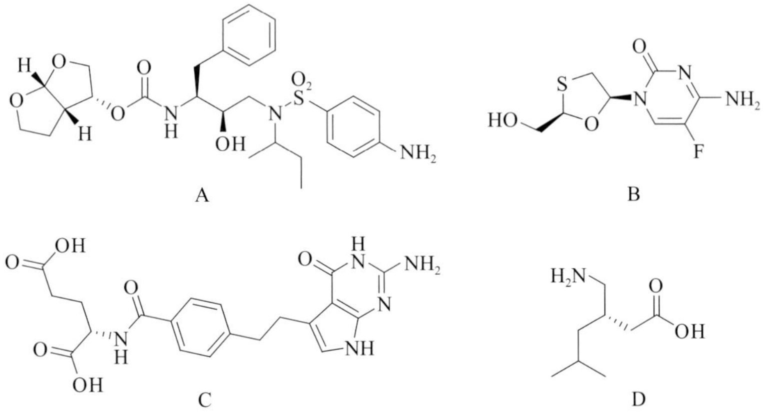

图12.2 A.地瑞那韦（darunavir，Prezista®）；B.恩曲他滨（emtricitabine，Emtriva®）；C.培美曲塞（pemetrexed，Alimta®）；D.普加巴林（pregabalin，Lyrica®）

鉴于研发机构和研究人员可能获得的回报如此巨大，也就不难理解为何学术机构已将更多的精力放在了推动其研究成果商业化的方向上。与此同时，制药企业也不断通过与学术机构合作的方式来扩充其潜在产品线。“使工业界的合作伙伴感兴趣”在过去就是“发现临床候选药物”的同义词，但现在早已不完全如此。事实上，一些制药企业已经会提前寻找与学术机构合作的机会。例如，默克公司于2012年成立了加州生物医学研究所（California Institute for Biomedical Research，Calibr），其作为一个独立的非营利性学术机构，旨在于全球范围内推动学术科学家的研究发现[29]。与之类似的是，辉瑞公司在波士顿、纽约、圣地亚哥和旧金山等城市成立了多个治疗药物创新中心（centers for therapeutic innovation，CTI），意在加强与学术界科学家之间的合作[30]。

其他制药企业则采取了更加放手的方式。礼来公司于2011年设立了创新药物发现公开项目（open innovation drug discovery program），为学术界的科学家提供了向其提交候选化合物以进行体外活性筛选的机会，并免费反馈生物活性筛选结果。假如取得了有价值的结果，学术界的科学家们既有机会与该公司联合开发该项目，也可以继续由他们自己推进该项目[31]。礼来公司于2018年终止了该项目，具体原因尚未公开。葛兰素史克公司设立的“GSK最强大脑项目”（the mind at GSK）[32]，同样是面向那些从事药物研发的学术界科学家，以及来自初创公司或企业的潜在合作者，只要他们相信其研究有机会为患者提供新颖的治疗药物。在这些项目中，申请者需要提交一份公开的申请及其所需的支撑材料，由能够决定该申请是否为GSK所需要的相关人员进行审阅。该项目的网站上列举了GSK特别感兴趣的方向，但同样接收在这些感兴趣领域之外的申请。

关于学术界内的药物发现中心及学术界-工业界的合作关系对制药工业的长远影响，目前尚不得知，但初步获得的反馈是正面的。武部（T. Takebe）等对36家美国学术机构于

1991～2015年开展的798项药物发现项目进行了分析，结果显示这些项目的成功率与纯工业界项目相近[33]。因为这些组织机构既为潜在的治疗药物提供了新的科学道路，又满足了培养新一代药物研发人员的需求，所以将会继续蓬勃发展。毕竟制药行业需要持续满足上述两方面的需求，方可保证其持续发展。

12.8 资金筹措问题

药物发现与开发必须克服的科学障碍是十分巨大的，但经费问题和可调用的资金额度同样会严重影响将有价值的发现转化为商业药物的过程。在大型规模完善的制药企业中，现有产品的销售支撑着下一代产品的研发工作。一旦专利过期，仿制药物迅速涌现，上市药物的盈利能力将急剧下降。只要投资者对该企业的整体表现足够满意，这些制药企业就可通过资本市场（如股票市场和债券市场等）来支撑自身的运作。然而，小型制药企业、生物技术创业公司和学术研究机构通常无法涉足上述资本市场，并且也没有可以利用其收益来平衡研发开支的上市产品，因此只能通过以下三种主要方式来获得资金支持：①基金资助（grant support）；②天使投资人（angel investor）；③风险投资人（venture capital investor）。

基金资助是早期研究项目的主要资金来源，尤其是在学术界中开展研究项目时。诸如NIH、国家科学基金会（National Science Foundation）、欧洲研究理事会（European Research Council）及印度医学研究理事会（Indian Council of Medical Research）等政府组织可为获准的申请人提供数千到数百万美元的基金资助。这些基金很多时候只会用于资助非营利性组织，但也有一些项目可用于资助小型企业，如NIH的小企业创新研究（small business innovation research，SBIR）项目及小企业技术转让项目（small business technology transfer program，STTR）等[34]。通过基金来资助商业运作，通常不需要转移所有权，故对于生物技术创业公司而言，这是一条很有吸引力的途径。然而，基金申请的成功率很低，并且自21世纪以来，还有继续降低的趋势。2002年，尚有略多于30%的基金申请获得了NIH的资助。但到2013年，基金申请成功率已下降至不足18%[35]。在接下来的数年中，成功率几乎未发生变化：在2013～2018年，NIH基金的申请成功率为16.8%～20.2%[36]。虽然尚缺乏关于基金支持率下降原因的确切研究，但这段时间内的基金申请质量不太可能下降。这种申请成功率的下降更有可能是由经济变化和政府预算收紧所带来的基金预算下降，以及企业数量减少（迫使更多科学家尝试自己创业或进入学术界）所带来的基金申请数量增加所造成的。尚不清楚这种趋势在未来是否会发生改变。

政府机构并非基金资助的唯一提供者，还有很多私立基金会和非营利性组织也会为研发新药提供基金资助。例如，克罗恩病与结肠炎基金会（Crohn's & Colitis Foundation）[37]、阿尔茨海默药物发现基金会（Alzheimer's Drug Discovery Foundation）[38]、美国癌症协会（American Cancer Society）[39]、苏珊·G.科门基金会（Susan G. Komen Foundation）[40]，以及迈克尔·J.福克斯基金会（Michael J. Fox Foundation）[41]等机构都有各自的资助项目，旨在支持新药开发。总体而言，各个基金会分别着重于各自特别关注的一类或一种疾病，基本不可能超出各自擅长的领域范围，如一个热衷于为药物临床试验提供资助的组织不太可能资助靶点发现项目，故研究人员务必敏锐地认识到相关资助机构关注的内容。根据资助机构的体量，能够提供的资金量也有很大的差异（低至数千美元、高至数百万美元），并且虽然一些非营利性机构在提供资助的同时并不期望获得任何回报，但公益风险投资的趋势不断增长。例如，克罗恩病与结肠炎基金会的IBD风投（IBD Venture）项目，为企业和学术机构中的研究人员提供每年至多50万美元的资金，旨在资助治疗克罗恩病和结肠炎的新药研发[42]。然而，该资助中有一个条款：如果获资助的项目最终开发出了上市产品，则该资金必须以经双方协商好的倍数进行偿还；若未取得商业成功，则无须偿还。与那些天使投资或风险投资机构相比（见下文详述），该条款总体而言还是比较“温和”的，但获得公益风险投资的研究人员或机构，在接受资助之前应当明确知晓这些资助的有关条款。

天使投资人是早期生物技术创业公司可以寻求的另一个资金来源。这些投资者基本上都是被其所在国法律认作“可信赖投资人”的富人。通常情况下，他们具有高额的年收入（高于20万美元）及超过100万美元的个人资产。天使投资人可投入的资金额度是高度变化的，并且不同于大多数基金资助，天使投资几乎总会受到一些限制和束缚。作为对企业投资的回报，天使投资人通常会获取一定股份的所有权或可转让的债券，以便在企业获得成功时，能收回投资成本并获得可观的利润。不出意外，寻找能够提供这类投资的个人是很有挑战性的，但也有一些工具可供科学家们使用，以寻找可能愿意为一个生物技术创业公司投资的天使投资人。诸如天使资本联合会（Angel Capital Association，http://www.angelcapitalassociation.org/）和Gust LLC（https：//gust.com/）等组织，可帮助创业公司和天使投资人建立联系。吸引这类资金的竞争性是很高的，要求可靠的科学研究必须与深入规划的商业运作策略相结合。尽管号称是慈善性质的，但天使投资人主要还是着眼于投资的盈利能力。若缺乏充实可靠的商业运作策略，天使投资人不太可能对那些伟大的科学发现感兴趣，不论这些发现对现实世界的冲击有多大。

生物技术创业公司和小型企业可寻求的第三个资金来源是风险投资人。这些机构能够为只有有限运作经历、难以从公共资本市场中（如股票市场、上市债券等）获取资金的企业提供大量的资金（通常的投资标准是数百万美元）。当然，只有很少的企业能够达到吸引风险投资人及其风险投资机构的条件。随着风险水准的下降，每一步朝着药物上市的迈进都会提高吸引风险投资的可能性。并且，随着候选药物临床试验不断进行，维持其临床试验的资金需求也不断加大，使得风险投资的额度也在不断增加。

然而，获得风险投资资助的代价是非常大的。作为投资的回报，风险投资机构通常会获取被投资企业的很大一部分所有权（时常取得控股权）和经营控制权。如果被投资的企业最终成功了，风险投资人还会获取很大一部分的下游资金收入（取决于他们的所有权占比，以及投资时与该企业商定的条款）。理想情况下，被投资的企业本身可受益于风险投资机构的支持和商业策略，其创建者可能会为了企业项目的后续发展而继续留在管理层，并保留一定的权力，但也不总是如此。如前文所述，很多企业的创建者当初创建这些企业的意图，就是在这些企业的研发项目发展到早期临床研究时，将其出售给风险资本，因为大多数风险投资机构只会投资那些进入临床试验阶段的项目。小型生物技术企业的雇员应当知晓，他们所在企业的所有人有关风险投资计划的意图，尤其是可以开展某个临床试验的时间节点。

12.9 小结

新药的发现、开发和最终的上市需要大量科学技术以外的资源。内部协作经常在这一过程中扮演主要角色，但无益于维持恒定信息流的协作文化，其推动项目发展的能力和效率是非常低下的。操纵持续变化的商业环境也是很具有挑战性的。制药行业的商业气候不是一成不变的，在竞争药物上市、患者群规模及年龄改变，以及新商业模式（如CRO、药物发现学术中心）出现等情况下，必须很好地适应这些变化。对于小型企业而言，必须在更加束缚的金融环境中克服其研发项目的资金障碍。只依赖科学技术是无法取得胜利的，只有将其与正确的环境、资源和组织结构有机地整合在一起，方可开发出患者所需的药物。

（李子元）

思考题

1. 制药企业经营活动的三个主要方面是什么?
2. 哪些商业环境因素会影响制药企业?
3. 合并与收购具有哪些资金因素之外的影响?
4. 什么是合同研究机构（CRO），与之合作的目的是什么?
5. 与CRO合作具有哪些潜在的风险?
6. 1980年的《贝多法案》对学术性非营利研究机构有何影响?

参考文献

1. Abou-Gharbia, M.; Childers, W. E. Discovery of Innovative Therapeutics: Today's Realities and Tomorrow's Vision. 2. Pharma's Challenges and Their Commitment to Innovation. *J. Med Chem*. **2014,** *57*, 5525–5553.
2. Lee, J. Drug Manufacturers Have Spent a Record $342 Billion on M&A in 2019. *MarketWatch*, December 10, 2019. https://www.marketwatch.com/story/drugmakers-have-spent-a-record-342-billion-on-ma-in-2019-2019-12-09.
3. Stovall, S. Pharma Edges Toward 'Patent Cliff'. *Wall Street J.* **2011**. June 15. Available from: http://online.wsj.com/news/articles/SB10001424052702304186404576387073020214328.
4. Speights, K. Big Pharma Stock Investors Beware: Another $250 Billion Patent Cliff Is Coming. *Motley Fool* **2018**. June 17. Available from: https://finance.yahoo.com/news/big-pharma-stock-investors-beware-160300917.html.
5. DiMasi, J. A.; Grabowski, H. G.; Hansen, R. W. Innovation in the Pharmaceutical Industry: New Estimates of R&D Costs. *J. Health Econ*. **2016,** *47*, 20–33.
6. Palmer, E. Kynamro: Rare Cholesterol Disease Treatment is a Win for Sanofi's

Genzyme. Fierce Biotech, https://www.fiercebiotech.com/special-report/kynamro-rare-cholesterol-disease-treatment-a-win-for-sanofi-s-genzyme.

7. Hill, A.; Simmons, B.; Gotham, D.; Fortunak, J. Rapid Reductions in Prices for Generic Sofosbuvir and Daclatasvirto Treat Hepatitis C. *J. Virus Eradicat.* **2016,** *2*, 28–31.
8. Millam, J. This Drug Costs $1,125 Per Pill and Is About to Shatter Sales Records. Washington Post, December 19, 2014. https://www.washingtonpost.com/news/wonk/wp/2014/12/19/this-drug-costs-1125-per-pill-and-is-about-to-shatter-sales-records/.
9. Raal, F. J.; Santos, R. D. Homozygous Familial Hypercholesterolemia: Current Perspectives on Diagnosis and Treatment. *Atherosclerosis* **2012,** *223* (2), 262–268.
10. Ward, A. High Cost of Hepatitis C Treatment Pills is Hard to Swallow. *Financial Times*, June 27, 2014.
11. LaMattina, J. Drug Truths: A Holiday Gift From Merck's Ken Frazier. Dec 20, 2011; http://johnlamattina.wordpress.com/2011/12/20/a-holiday-gift-from-mercks-ken-frazier/.
12. Paul, S. M.; Mytelka, D. S.; Dunwiddie, C. T.; Persinger, C. C.; Munos, B. H.; Lindborg, S. R., et al. How to Improve R&D Productivity: The Pharmaceutical Industry's Grand Challenge. *Nat. Rev. Drug Discov.* **2010,** *9*, 203–214.
13. Schumacher, C. CRAMS Outsourcing in Pharmaceutical and Chemical Research and Manufacturing, Part Ⅱ. *StepChange Innovations GmbH, Science and Technology Blog*, 2012; http://blog.stepchange-innovations.com/2012/08/crams-outsourcing-in-pharmaceutical-and-chemical-research-and-manufacturing-part-ii/#.VINxtslNcmQ.
14. Getz, K.; Lamberti, M. J.; Mathias, A.; Stergiopoulis, S. Resizing the Global R&D Contract Service Market. *Contract Pharma* **2012,** *14*, 54.
15. Naylor, S.; Pritchard, K. A., Jr. The Reality of Virtual Pharmaceutical Companies. *Drug Discov. World* **2019**. Available from: https://www.ddw-online.com/business/p323009-the-reality-of-virtual-pharmaceutical-companies.html.
16. Based on Information Posted in the Scynexis Inc. Corporate website, http://www.scynexis.com/pipeline/.
17. https://www.cambrex.com/cambrex-completes-acquisition-of-avista-pharma-solutions/.
18. https://www.fiercepharma.com/manufacturing/avista-pharma-snaps-up-nc-manufacturing-facility-from-rival-scynexis.
19. AMRI Announces Collaboration Agreement With Lilly for In-Sourced Chemistry Services, Albany Molecular Research Inc. Press Release, November 7, 2011, http://www.amriglobal.com/news_and_publications/AMRI_Announces_Collaboration_Agreement_With_Lilly_for_In-sourced_Chemistry_Services_207_news.htm.
20. Technology Transfer, Administration of the Bayh-Dole Act by Research Universities. U.S. Government Accounting Office (GAO) Report to Congressional Committees. May 7, 1978.
21. (a) 35 U.S.C. 18 Patent Rights in Inventions Made With Federal Assistance.
    (b) 37 C.F.R. 401-Rights to Inventions Made by Nonprofit Organizations and Small Business Firms Under Grants, Contracts, and Cooperative Agreements.
22. Slusher, B. S.; Conn, P. J.; Frye, S.; Glicksman, M.; Arkin, M. Bringing Together the Academic Drug Discovery Community. *Nat. Rev. Drug Discov.* **2013,** *12* (11), 811–812.
23. https://www.addconsortium.org/.
24. (a) Ghosh, A. K.; Kincaid, J. F.; Cho, W.; Walters, D. E.; Krishnan, K.; Hussain, K. A., et al. Potent HIV Protease Inhibitors Incorporating High-Affinity P2-Ligands and (R)-[(Hydroxyethyl)Amino]Sulfonamide Isostere. *Bioorg. Med. Chem. Lett.* **1998,** *8* (6), 687–690.
    (b) Vazquez, M. L.; Mueller, R. A.; Talley, J. J.; Getman, D. P.; Decrescenzo, G. A.; Freskos, J. N.; et al. Hydroxyethylamino Sulfonamides Useful as Retroviral Protease Inhibitors. WO 9506030 A1, 1995.
25. (a) Schinazi, R. F.; McMillan, A.; Cannon, D.; Mathis, R.; Lloyd, R. M.; Peck, A., et al. Selective Inhibition of Human Immunodeficiency Viruses by Racemates and Enantiomers of cis-5-Fluoro-1-[2-(Hydroxymethyl)-1,3-Oxathiolan-5-yl]Cytosine. *Antimicrob. Agents Chemother.* **1992,** *36* (11), 2423–2431.

(b) Frick, L. W.; Lambe, C. U., St.; John, L.; Taylor, L. C.; Nelson, D. J. Pharmacokinetics, Oral Bioavailability, and Metabolism in Mice and Cynomolgus Monkeys of (2′R,5′S)-cis-5-Fluoro-1-[2-(Hydroxymethyl)-1,3-Oxathiolan-5-yl] cytosine, An Agent Active Against Human Immunodeficiency Virus and Human Hepatitis B Virus. *Antimicrob. Agents Chemother.* **1994,** *38* (12), 2722–2729.

26. (a) Taylor, E. C.; Patel, H. H. Synthesis of Pyrazolo[3,4-d]Pyrimidine Analogs of the Potent Antitumor Agent *N*-[4-[2-(2-amino-4(3*H*)-oxo-7*H*-Pyrrolo[2,3-d]Pyrimidin-5-yl)Ethyl]Benzoyl]-L-Glutamic Acid (LY231514). *Tetrahedron* **1992,** *48* (37), 8089–8100.
    (b) Taylor, E. C.; Kuhnt, D. G.; Shih, C.; Grindey, G. B. Preparation of N-[Pyrrolo[2,3-d]Pyrimidin-3-Ylacyl]Glutamates as Neoplasm Inhibitors. US5248775, 1993.
27. (a) Taylor, C. P.; Vartanian, M. G.; Yuen, P. W.; Bigge, C.; Suman-Chauhan, N.; Hill, D. R. Potent and Stereospecific Anticonvulsant Activity of 3-isobutyl GABA Relates to *In Vitro* Binding at a Novel Site Labeled by Tritiated Gabapentin. *Epilepsy Res.* **1993,** *14* (1), 11–15.
    (b) Silverman, R. B.; Andruszkiewicz, R.; Yuen, P. W.; Sobieray, D. M.; Franklin, L. C.; Schwindt, M. A. Preparation of GABA and L-Glutamic Acid Analogs for Antiseizure Treatment. WO 9323383A1, 1993.
28. Wang, A. L. Northwestern University Leads Nation in Tech Transfer Revenue. *Crain's Chicago Bus.*, October 29, 2012.
29. http://www.calibr.org/index.htm.
30. http://www.pfizer.com/research/rd_partnering/centers_for_therapeutic_innovation.
31. https://investor.lilly.com/news-releases/news-release-details/lilly-launches-open-innovation-drug-discovery-platform-help-find.
32. https://themind.gsk.com/.
33. Takebe, T.; Imai, R.; Ono, S. The Current Status of Drug Discovery and Development as Originated in United States Academia: The Influence of Industrial and Academic Collaboration on Drug Discovery and Development. *Clin. Transl. Sci.* **2018,** *11* (6), 597–606.
34. https://sbir.nih.gov/.
35. http://report.nih.gov/nihdatabook/.
36. (a) https://nexus.od.nih.gov/all/2019/03/13/nih-annual-snapshot-fy-2018-by-the-numbers/.
    (b) https://nexus.od.nih.gov/all/2016/03/14/fy2015-by-the-numbers/.
37. https://www.crohnscolitisfoundation.org/.
38. https://www.alzdiscovery.org/.
39. https://www.cancer.org/.
40. https://ww5.komen.org/.
41. https://www.michaeljfox.org/.
42. https://www.crohnscolitisfoundation.org/research/grants-fellowships/entrepreneurial-investing.

第13章

药物研发中的知识产权与专利

毫无疑问，新药的发现和开发改善了人们的生活质量。同过去相比，医疗水平的进步和新药研发使人类的寿命大幅提高。但是，一个同样不容忽视的事实是，开发兼具药效和市场性新药的成本是非常惊人的。据估计，截至2016年，单一新药的平均研发成本超过28.7亿美元[1]。下文提供了更直观的例子来帮助大家理解这个惊人的数字：相同数量的资金可以用来购买33架波音737-700喷气式飞机（基于2018年波音公司网站上的价格）[2]，购买大约11 480套房产（假设每套价格为25万美元），或购买114 800辆汽车（平均每辆价格2.5万美元），甚至可以将12 285名2010年出生的婴儿抚养至18岁[3]。因此，也只有那些知名的制药公司才能负担得起这样惊人的开销，并将新药推向市场，从而赚取更大的利润。

一旦某一药物获得监管机构的批准，其竞争对手，如仿制药公司，就可以提交仿制药的简略新药申请（abbreviated new drug application，ANDA），并以更低的成本进入市场。这一程序是由美国1984年颁布的《药品价格竞争与专利期补偿法案》（*Drug Price Competition and Patent Term Restoration Act*）所确立的，该法案也被称为《哈奇-韦克斯曼法案》（*Hatch-Waxman Act*）。与完整的新药申请不同，简略新药申请不需要包括临床前（动物）或临床（人体）数据来确定所申请药物的安全性和有效性，仿制药公司只需证明其产品与原研药物具有生物等效性即可。可以通过在小规模的健康志愿者（24～36人）范围内测试仿制药的药代动力学性质来进行生物等效性评价。仿制药公司可以根据研究结果中的药代动力学数据（吸收率、生物利用度等）来证明其仿制药与原研药物在相同的时间内被吸收进入血液循环系统中的药物剂量是相同的[4]。换言之，仿制药公司不需要承担临床试验的巨额成本，就可以证明其仿制药具有同样的疗效，这大大降低了药物开发的成本。此外，仿制药公司也不需要承担药物开发失败的损失（平均每10个新药临床试验就有9个以失败告终），这也进一步降低了仿制药进入市场的成本。

如果一个公司只需要投入如此小的成本就能将仿制药推向市场，那为什么还会有公司愿意投资开发新药呢？尽管可能会有人强调，投资研发新药物的最大受益者是全社会，但对于公司而言，必须赚取足够的利润来维持运转。如果一个新药研发项目没有获得可观的收益，制药公司很可能会被研发新药的财政负担压垮，更何况研发的失败率又是如此之高。幸运的是，知识产权保护为原研药公司提供了一个机会，通过在专利有效期内阻止其他公司进入市场，来帮助原研药公司收回药物研发的高额投入。因此，专利保护是制药行业的命脉。医药从业人员对专利制度有一个基本的了解是至关重要的。

若要了解专利在制药行业中的角色，必须理解专利能为其所有人提供什么。理论上而言，因为专利所有人有权在一段时间内禁止他人使用专利中描述的技术发明，所以专利可以很好地激励投资和创新。作为回报，专利的所有人和发明人向公众公开了相关技术信息。如果没有专利的公开，这些信息在一定时期内可能是不为人知的商业机密。此外，其他公司和个人可以根据专利信息开发新的知识产权，而且一旦专利过期，任何人都可以使用这项发明。在制药行业，专利禁止仿制药公司对原研药进行仿制，使原研药公司有时间收回前期巨额的投资并获得可观的利润，保证原研药公司获得利润。理想的情况是，制药企业在全球范围内申请发明专利，以便能够在尽可能多的国家销售其产品，从而更快地收回成本，并用于投资新的研究项目。

如果有一个统一的诉讼、发布和执行知识产权的国际体系，获得发明专利的过程可能会变得更具效率。但事与愿违，这种体系并不存在。而且，每个国家都有自己的一套法律法规，要想在这些国家完成一项发明专利的申请，必须遵守这些规则。协调不同国家、地区专利体系的努力也取得了一些积极的成果，如本章后续部分将详细介绍的《专利合作条约》(*Patent Cooperation Treaty*，PCT）的签订。对于那些期望获得发明专利的企业和个人而言，了解所在国专利申请的法律法规是绝对必要的。本章将重点介绍美国专利保护的法规和相关要求。

美国专利商标局（United States Patent and Trademark Office，USPTO）负责管理专利的申请程序，其直接接洽和交涉的专利申请对象包括专利发明人，或者已在美国专利商标局注册的可以代表专利发明人的专利律师或专利代理人。虽然发明人可以代表自己或一组提交专利申请的发明人，但是除了在法庭上代表自己之外，通常并不建议个人进行专利申请。因为专利的申请程序异常复杂，所以强烈建议专利申请相关方与已在美国专利商标局注册为专利法律和程序方面的专利律师或专利代理人合作。美国专利商标局专门发布了《专利审查程序指南》(*Manual of Patent Examining Procedure*，MPEP)，其内容包含了专利申请流程方面的详细信息。

13.1 专利保护的主体

人类的聪明才智和研究创新为科技发明或发现提供了大量的机会，这些新科技可以有力地支持包括制药企业在内的商业投资者，然而并不能保证所有先前未被公开报道的发现都能够获得专利保护。一项新的发明或发现如果想成为可申请专利保护的主体，必须满足某些特定的要求。第一个要求，新发明或发现必须属于以下四个发明类别之一，即组成成分（也称为配方）、方法、机械和产品[5]。第一类可申请专利的主体是组成成分，其被定义为“所有由两种或两种以上物质及所有合成物质组成的组合物，可以是化学合成物质、机械制造物，或者是气体、液体、粉末或固体”。小分子化合物、蛋白、核酸及基因工程设计的微生物和动物都符合组成成分的条件。获得组成成分的专利权是制药企业的主要焦点。例如，组成成分专利可以涵盖一组分子的专利所有权（ownership），但与其使用用途无关。小分子通常是用化学结构来表示的，而不是用特定的语言来描述，通常使用马库什结构式（Markush structure）来描述这一类专利或专利申请的覆盖范围。马库什结构式（图13.1）是一个具有可变单元的结构通式，可变结构通常被指定为R基团，附加在主要结构之上。每个R基团都在专利中具有特定的定义。蛋白、抗体、核酸和其他生物结构也可以用类似的方式描述，使用适当的科学编码序列（如氨基酸序列编码、核酸序列编码），并结合必要的可变单元来定义发明的范围。

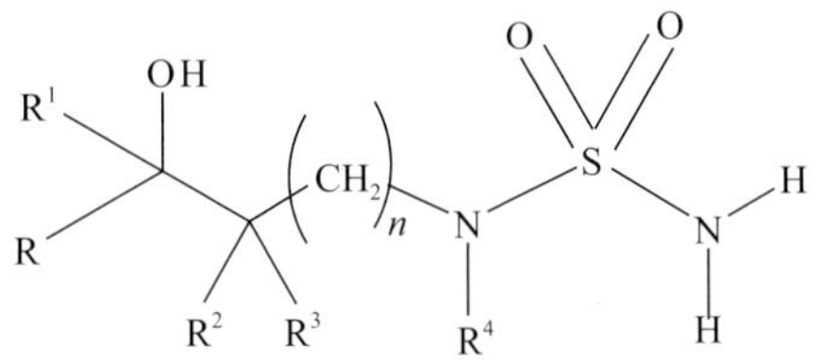

图13.1 **节选自美国专利8609849的马库什结构式**

本发明涉及一类全新的羟化磺酰胺类衍生物，化合物结构如通式（Ⅰ）所示

包括水合物、溶剂化物、可接受的药用盐、前药及其组合物。其中：R可选自可被取代的芳基、可被取代的苯并异噁唑和可被取代的苯并噻吩基团，其中R可被0～5个取代基取代；n为1或2；R^1可为H及可被取代的$C_{1\sim6}$的烷基；R^2、R^3和R^4可分别独立地为H、卤素及可被取代的$C_{1\sim6}$的烷基；同时R^1和R^4可与其他原子连接起来组成可被取代的5～7元环

第二类可申请专利的主体是一种方法，可被定义为“一个行为、一系列行为或步骤”。这显然是一个非常宽泛的定义，可以应用到制药领域的各个方面。用于制备药物的合成方法显然属于这一类别，使用药物治疗特定疾病的方法也属于此类。方法类专利不一定与组成成分发明有关，而组成成分发明专利可以衍生出多项方法专利。例如，为了保护某一药物可以申请一项组成成分专利；接着可以申请第二项专利来保护使用药物治疗特定疾病的方法；同样，也可以申请第三项专利来保护上述药物的合成方法。从理论上而言，这些专利的专利权可以由不同的组织机构拥有，这导致每一项发明专利在具体实践中具有一定的复杂性，后续将分别讨论这些问题。

第三类可申请专利的主体是机械。严格而言，机械被定义为“一个具体的物体，由部件组成，也可以由某些装置或装置的组合构成”。该定义包括机械装置或机械动力与装置的组合，用来执行某种功能或产生特定的效果。在制药行业中有很多实例，如自动注射器或自动泵药系统，该设计用于根据患者机体的反馈来调节药物的递送。

第四类也是最后一类可申请专利的主体是产品，其被定义为“通过手工或机械赋予原材料或预制材料新的形式、品质、性能或组合，从而制造出新的产品”。一件产品可以由多个部件组成，但不同于机器，产品部件之间的交互通常是静态的。原则上，像锤子或鼠标垫这些简单的东西都可以算作一件产品，更不必说药物涂层支架、药物的透皮贴片，或含有特定药物和赋形剂的药片。

并不是每项新的实用发明或发现都有资格获得专利保护。由于多种原因，有些知识和发明被排除在专利制度之外。例如，“原子武器中的特殊核材料或原子能武器”的使用就被《美国专利法》特别禁止，原因当然是显而易见的[6]。此外，虽然微生物、基于细胞的原材料，甚至是动物在某些情况下都可以申请专利，但是“人类有机体”的专利是被禁止的[7]。

自然法则、自然现象或抽象概念也被明确排除在可申请专利的主体之外。这一限制使某些人无法获得诸如爱因斯坦相对论（$E = mc^2$）、万有引力定律或与制药领域直接相关的酶的“锁钥理论”等一些理论概念的专利保护。虽然以上每一项理论概念在当时都是全新的，但其都属于自然产物，因此不可能获得专利的保护。同样地，在地球上发现的新矿物、在野外发现的新植物，甚至是没有被修改的基因，都不能获得专利，因为它们都属于自然现象。例如，2013年6月，美国最高法院裁定麦利亚德基因公司（Myriad Genetics）有关描述乳腺癌基因*BRCA1*和*BRCA2*的专利无效[8]。重要的是，这一决定并不会阻止人类基因编辑或其他基因编辑方面的专利申请，因为编辑后的基因将不再被视为自然产物。以此类推，被改造过基因的有机体，如被设计用来合成人体蛋白（如胰岛素）的微生物，或经过基因改造构建疾病模型的动物（如肌萎缩侧索硬化SOD1小鼠模型），都具有申请专利的资格，因为基因改造的发明不属于自然产物的范畴。

一项发明或发现可申请专利的第二个要求是其“必须有用或是具有特定的、实质性的、真实的用途”[5]。换言之，如果某人发明了一类新化合物，但这些化合物缺乏实际的用途，那么这些化合物就不能成为可申请专利的主体。缺乏实质性的或是用途不明确的发明与发现都不足以成为可申请专利的主体，如使用上述新化合物作为垃圾填埋场的填充材料就很难成为一项专利。具有真实的、可信的用途是获得专利授权的必要条件。

在制药领域，用途通常是指对疾病的治疗或预防。例如，如果可以证明一类新型化合物能够降低高血压患者的血压，那么该类化合物就可以被认为是可申请专利的主体。其作为抗高血压药物，具有特定的、真实的用途。当然，收集某个化合物的人体试验数据需要投入大量的时间、资源和资金。为了获得具有潜在治疗活性药物的专利保护，通过人体实验数据证明其有效将是一个沉重的负担。

幸运的是，相关化合物的有效性并不一定需要人体试验来证明。事实上，在确定一项发明是否可被授权时，并不需要考虑潜在药物在人体内的有效性和安全性，这些问题是其他监管机构（如FDA）的职责范围。美国专利商标局在《专利审查程序指南》中明确规定，“没有判决先例要求申请人提供来自人体临床试验的数据，以确定与人类疾病治疗相关发明的有效性”[9]。在动物体内的研究中，尽管公认的疾病模型可被用来证明其有效性，但也不是必需的。体外相关的活性测试即可证明化合物的有效性[10]。例如，如果某一新化合物具有抑制HMG-CoA还原酶（HMG-CoA reductase，一种已知在胆固醇生物合成中重要的酶）的活性，仅通过体外试验便可证明这一化合物具有降胆固醇作用。体外HMG-CoA还原酶活性已被证明与胆固醇水平相关，因此不需要体内模型或临床试验的额外数据。值得注意的是，在体外或体内试验的证明过程中，没有为生物活性设定特定阈值，只需要证明体外试验和治疗活性之间的联系。如果一个在体外试验中IC_{50}为100 μmol/L的化合物是有效的，那么另一个在同样实验中IC_{50}为1.0 nmol/L的化合物同样应该是有效的。事实上，体内测试结果并不是必需的。只要一个化合物在结构上与已知具有特殊疗效或药理作用的化合物相似[11]，那么就可以主张这一化合物是有效用的。这种对大范围结构相似化合物的活性推断建立在对一组较小范围化合物体外活性研究的基础之上。当然，对“结构相似”的判断也是仁者见仁的，所以在确定所申请专利的范畴时必须非常小心。

13.2 固有属性与专利性

在通常情况下，一种物质有多种用途，其中一些用途在该物质被发明时可能尚不知晓。然而，发现一种已知物质新的用途、性质或功能的科学解释并不能使该物质本身成为一个组成成分专利[12]。举一个生动的例子，让我们设想一下世界上第一个球的发明。如果第一个球是由吉姆·鲍恩斯（Jim Bounce）发明的，假设他为这个球设计了一个真实的用途，他就可以为这个球申请专利保护。如果他的兄弟约翰·鲍恩斯（John Bounce）后来发现球是红色的，那么他基于球颜色的发现将无法获得新的专利。因为球是红色的事实是球的固有属性，当约翰确定它的颜色时，并没有改变其已经被公开、被熟知的特性。依此类推，对于已被公开的已知化合物是不能申请组成成分专利的，即便发现了其新用途，也不能申请组成成分专利。一旦某一种化合物被公开（商业上可购买、在文献中报道的化合物），即使随后发现了其具有某一种固有特性，如体外测试的活性，对该化合物本身也不能申请组成成分专利。

继续分析红球的例子，如果和吉姆同时代的马克·帕克（Mark Parker）和弗雷德·帕克（Fred Parker）兄弟俩想要设计一个玩具，并把该红球作为玩具的组成部分，那么他们可能会获得一个有关红球在玩具中应用的专利。与发现球的颜色不同，在新设计的玩具中使用红球并不是球的固有属性，这是红球的一种新用途和新的使用方法。不过由于约翰已经拥有了球的专利，所以红球本身仍不具备申请专利的条件，但红球的新用途是可以申请专利的。当然，为了销售使用红球的玩具，马克和弗雷德需要从约翰那里获得专利授权才能使用他专利保护的球。同样地，如果没有马克和弗雷德的许可，约翰也不能把他的球作为玩具的一部分出售。

固有属性和专利性的概念同样适用于潜在的治疗药物。对于新发现的小分子和生物制剂，如果具有确证的效用，也有可能获得新的组成成分专利。但是，无论是否发现了新的潜在治疗效用，那些已经公开的物质不能作为新的组成成分申请专利。也就是说，一旦化合物被公开，即使所发表的论文或目录中并没有提及它们是什么用途，也不能再对其进行组成成分的专利申请。但是，如果发现一种已知化合物在体外试验中具有活性，证实其作为治疗药物的用途，就有可能获得该化合物治疗疾病用途的专利。换言之，如果在体外试验中发现一个商品化的化合物是HMG-CoA还原酶的抑制剂，那么使用该化合物治疗高胆固醇的方法就有可能获得专利保护。而作为一种已知的组成成分，这一化合物本身是不可以申请专利的，但一种使用这一化合物治疗高胆固醇的方法是可以申请专利的。这种类型的专利将允许专利所有人阻止他人将化合物作为降胆固醇药物出售，但该化合物仍可用于上述专利未涵盖的其他用途。

一般而言，组成成分专利是制药行业的首选，因为不管这一组成成分的用途如何，专利所有人拥有阻止他人销售或使用所保护的组成成分的权利。而作为涵盖某物质某一特定治疗用途的方法范畴的专利，仅能阻止其他人制造或销售同样的材料且用于同样的用途。如果同一材料的不同用途被确认，方法专利的所有人便不能阻止该材料以不同的用途进入市场。设想一下，假设有人发现阿司匹林是治疗趾甲真菌感染的有效药物，从理论上而言，以阿司匹林治疗趾甲真菌感染是有可能获得专利的，并且可以阻止其他人生产或销售这种特殊用途的阿司匹林。其他公司也不能将阿司匹林作为趾甲抗真菌药物来销售，但仍然可以将其作为镇痛药来销售，这样消费者就可以按照说明书之外的用途使用阿司匹林来治疗趾甲真菌感染。这将严重制约已获得FDA批准的现有药物的全新用途开发和投资回报。

然而，值得注意的是，先前公开过的分子仍然具有重要的商业价值。如果一种化合物尚未被FDA批准用于临床，申请其使用方法的专利可能是一个可行的选择。在这种情况下，专利所有人将有权禁止他人销售该化合物及使用涉及专利所涵盖的用途。此外，超说明书使用也是不可取的。先前公开过的分子也有可能以配方的形式获得组成成分专利，其中包括先前已知的化合物及其临床应用所需的各种赋形剂，只要配方先前是未知的（而且对于业内人士来说，该配方不会被认为是显而易见的，详见下文）。例如，富马酸二甲酯（Tecfidera®）是由渤健（Biogen）公司销售的用于治疗复发性多发性硬化症的药物，这也清晰地表明了相关专利的价值，该药物是渤健公司花费数十亿美元研发的产品（2017年全球销售额为42亿美元）[13]。该药物的有效成分富马酸二甲酯（图13.2）在19世纪末（1890年）的化学文献中被首次报道。

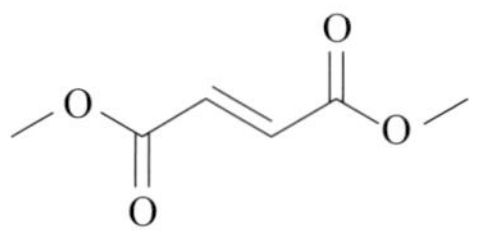

图13.2 富马酸二甲酯（Tecfidera®）的结构

13.3 新颖性与现有技术

有关专利用途和可申请专利主体问题的思考是非常重要的，但这并不是决定一项发明或发现是否能够受专利保护的唯一因素。专利申请的主体还必须具有新颖性。为了确保某一事物可被认为是新颖的，其不能“在专利申请人发明它之前，被所在申请国家（美国）的其他人知晓或使用，也不能被该国或国外的专利和出版物公开报道”[14]。从本质上而言，这意味着如果专利申请人以外的其他人已经在世界任何地方提交了相关专利申请或报道了该物质，那么在美国就无法获得该专利。此外，如果该物质已经在美国使用，或者该物质在提交专利申请前已被其他公司出售，那么该物质也不能获得专利保护。所有这些行为都使得物质主体成为“现有技术”（prior art，也称为先前技术）的一部分，并成为专利授权的法律障碍。

在申请专利时，现有技术所指的范畴是非常重要的，因为其是决定是否有资格获得专利保护的一个主要因素。因此，理解现有技术的概念是非常重要的。在一般意义上，现有技术是指在某一特定专利申请日前被公众熟知的知识总量。任何属于现有技术的信息、知识或材料都可作为证据，表明专利申请的主体要么不具有新颖性，要么其内容对具有相关熟练技能的人而言是显而易见的。专利、专利申请书和学术期刊文章是现有技术资料的常见来源，但并不是唯一的来源。印刷出版物，无论是学术期刊、报纸、行业出版物，还是大学图书馆书架上的博士论文[15]，从其向大众公开的那天起，就被视为现有技术的一部分。电子出版物和储存在公开数据库中的信息，在向大众公开后也属于现有技术的一部分。根据《信息自由法》(*Freedom of Information Act*)[16]，即使是美国国立卫生研究院(National Institutes of Health，NIH)的基金申请书，一旦向公众开放，也会成为现有技术的一部分。此外，无论是科学组织[如美国化学学会(American Chemical Society，ACS)]国际会议的交流海报，还是学院或大学展示学生才能的海报，相关信息自公开之日起也都将属于现有技术的一部分。由于海报的内容已向公众公开，即便只是展示数日，不论是否提供副本，均将被视为是现有技术[17]。“如果书面副本被不受限制地传播”[18]，口头报告也将被视为现有技术的一部分。简言之，只要是对公众开放，即使公开的时间有限，公开内容都将成为现有技术。需要重点指出的是，仅在组织内部分发且旨在保密的材料不被视为现有技术[19]。

13.4 创新性与现有技术

即使一项发明没有在现有技术中被直接描述，但仍然可能无法获得专利保护。除了新颖性，发明还必须具有创新性。具体而言，如果专利申请的主体所涉及的是一种无创新性的普通技术，那么该发明也无法获得专利的授权[20]。当然，这也提出了一个问题，即如何界定一种普通技术的创新性。《专利审查程序指南》中规定，使物体更加便携、申请美学改变(如尺寸或颜色的变化)、重新排列部件或步骤的次序，或将手工活动自动化等改变都将被认为是缺乏创新性的变化，将导致相关申请无法获得专利保护[21]。例如，将已知的体外筛选实验应用于高通量平台，将被认为只是对已知筛选技术适用性的改变，缺乏明显的创新性。换言之，一种已知体外筛选模式的高通量筛选变体并不能申请专利。同理，一种改变药片颜色的申请也不可能获得专利。

如果上述问题是决定一项发明是否具有创新性考量的唯一标准，那么情况就变得非常简单。然而，还有两个额外的标准用于确定一项发明与现有技术相比是否具备创新性。在某些情况下，对已存在物质的纯化可能会被认为是一个缺乏创新性的改变，同样不会被授予专利[22]。例如，假设某一公开的化合物以78%的纯度作为治疗药物使用，将该化合物提纯至95%，发现其仍具有相同的功能(对特定病情起治疗作用)，这将被认为是一个缺乏创新的改变。95%纯度的产品不能仅因为其现在以更纯的形式出现而再次获得专利保护。需要清楚的是，纯化方法本身是有可能申请专利的，而被纯化的化合物则是不可能的。另外，如果发现95%纯度的化合物具有78%纯度的化合物所没有的效用，那么就有可能证明纯化使化合物性质发生了创新性的改变，这就有可能使纯化后的化合物获得专利保护。

当考虑到现有技术的组合时，有创新性改变和没有创新性改变之间的区别会变得更为复杂。如果将多个现有技术结合在一起，产生了一项可预测的普通技能，那么这一发明可能被认为是缺乏创新性的。而基于当前可用的现有技术，取得了合理预期的成功结果，那么这项发明可能被认为是缺乏创新性的，因此不能申请专利。这些条件在一定程度上有些模糊，人们可能会认为，创新性就像审美一样，是仁者见仁，智者见智的。创新性的概念最好通过对相关案例的分析来理解。

例如，如图13.3所示，假设发明人在专利申请中公开化合物（**1**）具有治疗疟疾的效用，而另一发明人在这项专利公开后（成为现有技术的一部分）提交了另一份专利申请，强调化合物（**2**）在治疗疟疾方面的用途，那么化合物（**2**）很可能被认为是缺乏创新性的。因为化合物（**1**）和（**2**）唯一的区别是在酯基侧链上增加了一个亚甲基，具有基本技能的药物化学研究人员都会合理地推测，这种结构的细微差异不会给这两个化合物的抗疟疾活性带来很大的影响。另外，如果第三个发明人证明化合物（**2**）具有抗病毒方面的用途，那么将化合物（**2**）作为抗病毒药物的专利很可能会被认为是具有创新性的。尽管在第一个专利中描述了化合物（**1**）可作为抗疟剂的用途，但抗病毒活性可以称得上是一个显著不同的新用途。在没有其他将化合物（**1**）用作抗病毒药物的现有技术的情况下，第一个专利申请不太可能证明化合物（**2**）作为抗病毒药物的新用途是缺乏创新性的。

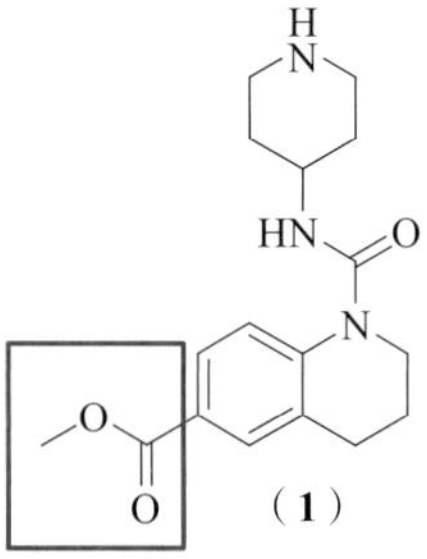

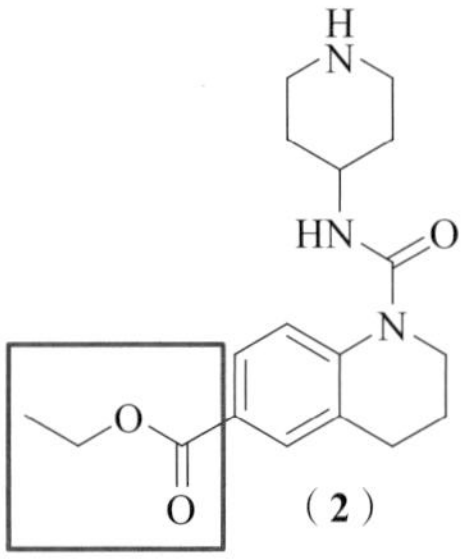

图13.3 **如果化合物（1）是一个现有技术中已知的用于治疗疟疾的化合物，那么将化合物（1）中的甲酯基改变为化合物（2）中的乙酯基，很可能会被认为是缺乏创新性的改变。如果化合物（2）是一种抗病毒药物，那么其相对于化合物（1）而言则具有明显的创新性**

假设第三个发明人在第一项专利公开后提交了另一份专利申请，并将化合物（**3**）描述为一种新的抗疟疾药物（图13.4）。那么有人可能会认为化合物（**1**）的原始专利使化合物（**3**）的抗疟疾活性缺乏创新性，因为其关键结构是未做改动的。另外，可能也有人会认为，当酯基从结构中被去除后，所保留的抗疟疾活性是具有创新性的。在这种情况下，从化合物（**1**）到化合物（**3**）的跨度是否具有创新性，至少在一定程度上取决于发明人（或其代表）能否成功地使美国专利商标局认同化合物（**3**）所保留的抗疟疾活性与现有技术中的化合物（**1**）具有本质的不同。

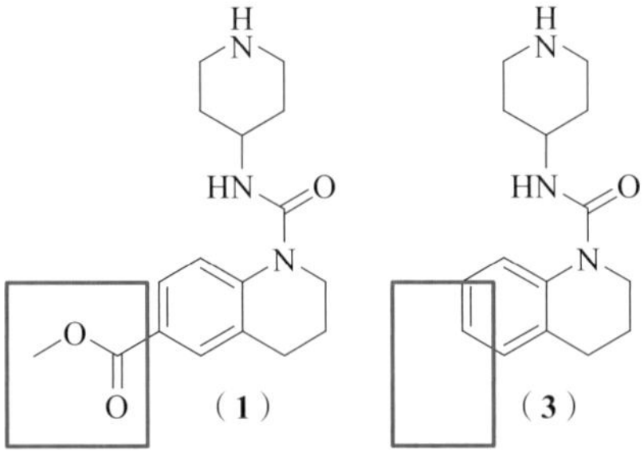

图13.4　对于专业人士而言，化合物（3）相对于化合物（1）是否具有创新性需要视情况而定。如果化合物（1）和化合物（3）具有相同的用途，那么有可能缺乏创新性。另外，如果化合物（1）和化合物（3）具有本质上不同的效用，那么创新性在专利申请中可能不再是一个问题

最后，思考一下化合物（4）的发现。在化合物（1）和（3）完成专利申请之后，如果化合物（4）在专利申请中被描述为新的抗疟疾药物，那么根据其他专利申请，该化合物是否会被认为缺乏原创性呢（图13.5）？可能会，也可能不会。由于化合物（1）和（3）都具有抗疟疾活性，对于专业人士而言，可以合理推断化合物（4）也具有类似的性质。另外，如果化合物（1）和（3）只具有体外抗疟疾活性，但无法在体内动物模型中消除疟疾感染，而化合物（4）具有很好的体内抗疟疾活性，可以成功地治疗疟疾感染，情况又会如何呢？在这种情况下，可以认为化合物（4）的体内抗疟疾活性不是可以简单基于化合物（1）和（3）而能够成功预期的，这使得化合物（4）的发明成为一个具有创新性和专利性的发明。基于现有技术判断某一发明是否具有创新性是一个非常复杂的决定，需要经过相关专家的分析，最好与专利法专家共同完成。

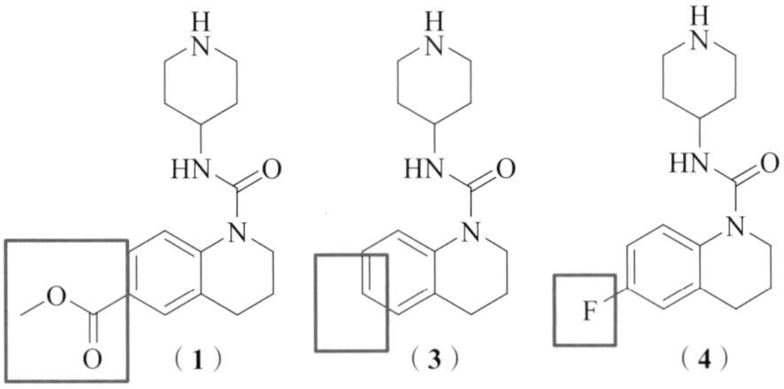

图13.5　如果化合物（1）（3）和（4）具有相同的体外抗疟疾活性，但只有化合物（4）具有体内药效，那么就可以强调将化合物（1）和（3）描述为抗疟疾药物的现有技术不足以限制化合物（1）的专利申请

13.5 发明权

在专利申请过程中，最具争议性的问题之一是如何确定专利申请的登记发明人。在专利申请中指定正确的发明人是至关重要的，因为错误的发明人名单可能会带来非常严重的后果。如果发明人因失误或者故意中断专利申请，那么由该申请产生的任何专利都有可能被视为不可执行。依此类推，如果因失误或故意将不符合发明人法律定义的个人列入专利申请的发明人，则该申请所产生的任何专利都有可能被视为不可执行。因此，对特定发明和有关专利申请发明人的指定必须严格依照法律条文执行，否则可能会导致整个发明所有专利权的丧失。

根据专利申请有关发明人的法规要求，发明人必须始终是个人，而不是公司。公司当然可以拥有专利，因为公司为技术发明提供了必需的工资、物资和支持发明的基础设施，但只有个人才能成为记录在册的发明人。要想成为一个记录在册的发明人，个人必须对专利申请中的至少一项权利要求（主张）有所贡献。需要说明的是，并没有要求个人必须开展实现该发明所必需的具体工作，只要某人对一项专利申请的至少一项权利诉求中的一个方面有所构想，就可被认为是其中一个发明人。相比之下，开展专利所需工作的个人并不一定会成为发明人。谁可以是发明人，而谁又不能成为发明人，完全取决于发明专利的权利要求。

例如，假设苏珊（Susan）、马克（Mark）、约翰（John）和贝丝（Beth）同属于一个研究团队，正在研制一种新型的抗生素。苏珊设计了一组化合物，而且她确信这类化合物可用于治疗革兰氏阳性菌感染。然后苏珊让马克合成制备了一系列化合物。在制订了合理的合成方案后，马克辛勤地合成了这些化合物，并把其交给了约翰。约翰是细菌感染方面的专家，他意识到这种化合物也可能用于革兰氏阴性菌感染的治疗。约翰把他的想法告诉了苏珊，并指导他的合作者贝丝筛选了马克合成的化合物对抗革兰氏阳性菌和抗革兰氏阴性菌的活性。测试取得了成功，研究团队决定申请专利保护这一知识产权。同时，他们向公司负责抗菌药研发的经理艾伦（Allen）汇报了这一发现。基于上述情况，谁又会是该发明的登记发明人呢？

鉴于这些化合物的结构是全新的，那么设计这些化合物的人——苏珊，无疑将会是组成成分专利的登记发明人。然而，虽然马克非常努力地合成了这些化合物，但在这一情况下，他并没有对化合物做出概念性的贡献，所以马克并不能成为专利申请中的发明人。不过有趣的是，如果专利申请的权利要求中包含了化合物的制备方法，那么马克将理所应当成为登记发明人。对于约翰和贝丝，情况又如何呢？如果专利申请的权利要求是使用这些化合物来治疗革兰氏阳性菌的感染，那么约翰和贝丝都将不是发明人。这是因为他们虽然负责执行化合物的活性筛选，以确定化合物是否有效，但并没有参与构思可用于治疗革兰氏阳性菌感染的新化合物。如前所述，开展相关工作而实现一项发明的人并不等同于发明人。

如果同一份专利申请还主张使用这些化合物治疗革兰氏阴性菌感染的用途，那么约翰将是本发明的发明人，因为是约翰提出了由苏珊设计、马克合成的化合物在这一方面的用途。至于最后一位成员——贝丝，她并没有提出化合物的设计，没有提出化合物的制备方法，也没有提出将其作为治疗革兰氏阳性菌或革兰氏阴性菌感染的方法，所以尽管贝丝在筛选化合物方面做了杰出的贡献，但她并不能成为本专利的发明人。发明人必须对权利要求的至少一个主张方面的概念构想做出贡献。

那么负责抗菌药物研究的经理艾伦呢？他支持这个研究项目，并获得了公司高层管理人员对项目的支持，准备了研究报告，并成功说服公司申请这一项专利，以保护该研究团队的知识产权。尽管艾伦可能在公司中为该项目的推进做出了很多努力，但他并没有为任何一项专利的权利要求做出贡献。所以，艾伦虽然是负责抗菌药物研究的经理，但其不应是登记发明人，无论他是一个多么优秀的经理，都不应该被包括在发明人名单内。

在以上实例中，艾伦和贝丝并不符合《专利审查程序指南》所定义的发明人资格。此外，由于发明权（inventorship）不能转让（assignment），苏珊、约翰和马克不能简单地把他们的一些创造性努力归功于艾伦和贝丝。一项专利申请的发明人名单必须限定在对该申请中至少一项权利要求的某一方面做出贡献的人的范围内。没有列出正确的发明人，无论是列出的人过多还是过少，都可能导致相关专利的无效。

13.6 转让与所有权

虽然发明权不得转让，但专利申请和专利都具有私人财产属性。就像房子或汽车一样，可以被出售给个人或公司。不仅如此，专利所有人还可以将专利的部分或全部发明授权给第三方（或多个第三方）。当然，这也提出了一些问题：谁拥有专利申请？他们又拥有什么样的权利？在没有向美国专利商标局提交文件的情况下，专利或专利申请的所有权都默认归登记发明人所有。在大多数情况下，发明人为一家公司工作，该公司同意支付报酬，以换取他们在工作期间所申请专利的所有权。换言之，员工已经同意将他们的专利和专利申请的权利转让给公司，同时以得到公司的经济补偿作为报酬。所有权的转让需通过转让文件记录，并在美国专利商标局记录备案。需要说明的是，发明人将其对专利发明的权利转让给公司时，该公司就拥有了该专利和专利申请的权利。

如果只有一个发明人，并且他将专利权转让给了某一公司，那么只有这一公司有权利阻止其他人在美国使用这一发明专利。如果存在两个登记发明人又会发生什么呢？虽然人们可能认为每个发明人只拥有其直接参与发明部分的权利，但事实并非如此。实际上双方对该专利的所有方面均享有平等的所有权和权利，任何一方都不能阻止另一方在美国实施专利的实用转让。不仅如此，每个发明人都可以自由地将自己的权利转让给另一公司或个人，而无须另一个发明人的同意。原则上，两个同一专利的发明人可以独立地将专利权转让给两个不同的公司，然后两家公司便能够“制造、使用、生产、销售，或在美国境内出售该专利发明，或者将专利发明引进美国，而无须另一家公司的同意，也无须向另一家公司作出解释”[23]。

如果一项涉及两个发明人的药物发明专利分别被两个发明人转让给两家不同的公司，那么两家公司都可以在未经对方同意或批准的情况下谋求该药物的上市许可。从理论上而言，如果两家公司都拥有该专利的转让授权，而其中一家公司获得了FDA的批准，可以销售专利涵盖的某一化合物，那么第二家公司就可以立即为同一种产品进行仿制药的简略新药申请。第二家公司将无须承担第一家公司开展临床试验和FDA审批的费用，从而获得巨大的经济利益。考虑到新药开发相关的成本，制药公司通常要求将所有记录发明人的权利全部转让给公司，以确保其拥有完整的专利所有权。

13.7 专利与专利申请的分类

专利和专利申请可分为三大类：实用型专利（utility patent）、植物专利（plant patent）和设计型专利（design patent）。实用型专利主要授权给“新的和实用的方法、机械、制造、组成成分，或由此产生的新的实用的改进”[5]。实用型专利是制药行业中最常见的专利类型，它可以在专利期内用于保护“组成成分”。小分子、生物制剂（如蛋白、抗体、核酸），甚至通过基因工程获得的生物体（如细菌、动物），都可以作为组成成分得到专利的保护。实用型专利还可以保护许多重要治疗药物的其他关键方面，如药物的使用方法（如使用某一个化合物治疗某种特定的疾病）、药物的递送方法（如延长药物释放的剂型、不同类型的片剂），或生产制造药物的方法（如一条特定的合成路线、专业的制造技术等）。一般而言，实用型专利自提出申请之日起，可强制执行20年。但是，如果在美国专利商标局或FDA等其他管理机构发生了监管相关的延误，则可根据相关法律条款申请延长专利的保护期[24]。仅在美国，2018年就收到59万多份实用型专利申请，占美国专利商标局专利申请总数的92%以上[25]。鉴于此类专利的重要性，本章主要集中介绍实用型专利及其相关申请。

第二类专利是设计型专利。这些专利保护“新的、原创性的和装饰性的设计”。换言之，实用型专利用于保护某一专利主体的使用和工作方式，而设计型专利则保护这一主体的外观。因为设计本身与应用它的主体是不可分割的，所以设计型专利是不能单独存在的。举一个制药领域之外的例子——个人电脑。自20世纪70年代中期以来，个人电脑就进入了市场，苹果公司（Apple Inc.）当然拥有包含革新电脑技术各个方面的实用型专利。而除了这些实用型专利，苹果公司也获得了大量iMac电脑的外观设计型专利，用于保护其产品独特的外观。这就阻止了其他公司制造销售与iMac外形相同、技术不同的个人电脑。与实用型专利和植物专利不同，设计型专利从美国专利商标局授权之日起可强制执行14年[26]，而且不存在基于监管延迟的专利保护延期[27]。这种类型的专利远没有实用型专利常见。2018年向美国专利商标局提交的设计型专利申请仅超过4.5万份[25]，而制药行业提交的设计型专利申请更是少之又少。

第三类专利是植物专利，主要涉及无性繁殖方面的发明和发现，“包括如栽培突变、突变体、杂交和新幼苗在内的各种植物新品种，但不包括块茎繁殖的植物或新发现的野生植物”[28]。此类专利主要用于保护植物育种人员的权利，但原则上也可用于制药行业。一种被设计具有治疗功效的植物也可以申请植物专利的保护。与实用型专利类似，植物专利自申请之日起，具有20年的保护期，如果存在监管延误，也可以申请延长保护期[24]。2018年，美国专利商标局收到的植物专利申请仅为1079份[25]。

13.8 重叠专利的影响

尽管任何一项发明只能被一项专利涵盖，但申请多项重叠专利（overlapping patent）来保护一个具有重要商业价值的化合物也是允许的。理论上，一个化合物可以被一项组成成分专利保护，它的生产制备方法可以被第二项专利保护，而第三项专利可以保护一种延长药物释放的配方。这些专利都享有20年的保护期。例如，假设在2018年申请了一项专利保护某个用于治疗疾病的化合物，在没有延长保护期的情况下，这项专利将在2038年到期。虽然对于化合物本身而言不可能再次获得第二项专利的保护，但如果证实了该化合物的新用途，如具有治疗新疾病的用途，则可以获得新用途的单独专利。如果在2022年提交新用途专利申请，该专利在2042年之前都是有效的。如果在2030年再成功申请一项缓释剂型的专利，那么相关专利的保护期将延长至2050年。尽管第二项和第三项专利并不能保护具有治疗用途的实体，即化合物本身，但其确实为该化合物潜在的应用价值提供了保护。基于这种方式的重叠专利成功延长了许多具有治疗效用化合物的商业寿命。

13.9 专利申请

虽然专利申请包括几种不同的类型，但最常见的三种类型分别是临时申请（provisional application）、非临时申请（non-provisional application）和专利合作条约（patent cooperation treaty，PCT）申请[29]。在所有情况下，每项申请仅允许包含一项发明。虽然不是强制性的，但许多申请人在申请实用型专利时，会选择先提交临时申请（植物和设计专利申请不能提交临时申请）。在该申请被提交时，会为申请中保护的主体设立一个优先权日期（priority date），并规定在该发明被提交至美国专利商标局之前仍可供公众使用。与普遍观点不同，临时申请需要具有与所有其他申请相同的细节层次要求，唯一的区别是既不需要提出发明的权利要求，也不需要定义发明的范围和广度。换言之，临时申请必须包含授权的披露，允许相关技术人员制造和使用专利申请中描述的发明。如果缺失适当的细节可能会导致专利权的丧失。此外，临时申请的有效期为12个月。如未能在12个月内跟进临时申请，该申请将被自动放弃，并无追索权。鉴于临时申请和其他类型申请的要求差别不大，为什么要选择提交临时申请，而不是推进整个过程呢？

提交临时申请具有几方面的优势。首先，该申请在其12个月的未决期内不向公众开放，而且与其他类型的申请不同，临时申请不需要被审查是否具有专利性，也不要求对外公开。不公开会阻止潜在的竞争对手获得申请中提及的技术。其次，由于确定了优先权日期，申请的所有人可以向潜在投资者展示申请中的发明技术，而无须担心造成现有技术的披露。再次，临时申请的成本也比其他类型的申请低得多，这使得较小的公司也能够负担得起专利申请初始步骤的费用。最后，由于该申请从未公开过，如果一项申请在12个月后被放弃，发明人还可以重新提交该申请，而不必担心其原始申请已经成为现有技术的一部分（这可能导致其无法获得专利保护）。当然，如果有人在第一次申请被放弃之后、第二次临时申请之前报道或公开了所要保护的技术，则可能会对第二次临时申请内容的可专利性产生不利影响。

如上所述，临时申请的生命周期是有限的，只有12个月。如果不采取进一步行动，临时申请将被放弃，专利申请过程将在没有审理和没有授权的情况下提前结束。为了继续推进临时申请，必须在12个月内提交第二份申请。第二份申请将以非临时申请[30]或PCT申请[31]的形式提出。在临时申请期间公开的材料不会对非临时申请或PCT申请的可专利性造成影响。

非临时申请也称为正式申请，可以申请与植物、设计和实用有关的发明专利。当非临时申请涉及实用型专利时，非临时申请可以主张先前临时申请优先权日期的利益，但这不是必需的。与临时申请不同的是，非临时申请必须包含完整的权利要求书，以一种清晰明确的方式描述专利申请中发明的性质。申请一经递交美国专利商标局，便不得再添加任何新的需要保护的内容，而且申请中必须只涵盖一项发明。此外，美国专利商标局将审查非临时申请是否具有专利性，并在审查期间（通常为优先权日期之后的18个月）对外公开非临时专利申请。

需要强调一点，非临时申请仅局限于美国的专利申请，其在美国以外的地方没有任何权利。此类申请成功执行后将只在美国范围内享受专利保护。为了能在其他国家获得专利保护，申请人必须在其他国家的司法管辖区内提出申请，然后在相应司法管辖区推进专利申请，直至最终完成。与普遍的看法相反，虽然不存在所谓的“世界专利”，但是现在有一种国际体系允许发明人只提出一项申请便可在多个国家申请专利保护，而不需要在所有利益相关国填写多份申请。通常由PCT来指导这一申请过程，并由世界知识产权组织（World Intellectual Property Organization，WIPO）统一监管。截至2019年7月，PCT拥有153个缔约国，这意味着，提交给WIPO接收办公室的一份申请最多可以在153个国家提起专利申请。与美国的非临时专利申请非常相似，PCT申请必须包含一套完整的权利要求书，以一种清晰明确的方式描述申请人发明专利的性质。虽然并非必需，但只要临时申请没有失效，PCT申请就可以主张先前临时申请优先权日期的权益。这项优先权要求与之前介绍的美国非临时申请享有的权益相同。此外，一旦PCT申请被提交，就不能在申请中添加任何新的权利要求，并由WIPO在申请日期后6个月（如果有临时申请，则为从原始申请日期起18个月）对外公开。

一旦文件填写完成并被指定的接收办公室接收，将由国际检索机构（International Searching Authority，ISA）审查其是否具有专利性，该机构主要根据现有技术提供相关审查意见。但WIPO不提供关于发明专利性的最终意见。这一过程主要在申请达到每个指定的国家层面时开始。如果申请是以美国临时专利申请开始，则申请一般会在原始申请日期30个月后进入美国国家申请阶段（图13.6）。

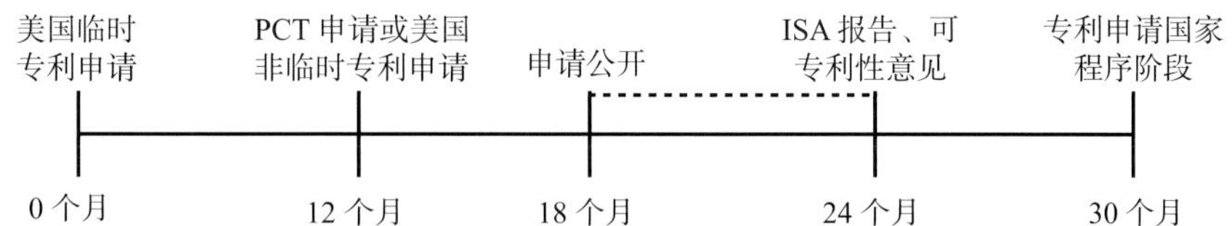

图13.6 **美国的专利申请程序通常从临时专利申请开始。一旦提交临时申请，将有12个月的时间提交后续的专利合作条约（PCT）申请或美国非临时专利申请。如未能及时提交后续申请，将会导致与原临时申请相关的优先权日期作废。在临时申请提出18个月后，相应的PCT或美国非临时专利申请会被公开并成为现有技术的一部分。在18～24个月期间，国际检索机构（ISA）将审查专利申请并出具书面报告。30个月后，专利申请将进入国家程序阶段。专利的批准时间高度决定于专利的内容、现有技术的性质，以及申请人与国家专利局之间的沟通。因此，不可能为相关手续提供准确的时间节点**

如前所述，提交临时申请与随后提交美国非临时申请或PCT申请之间存在12个月的间隙。在这12个月的时间内发明可以得到补充和完善。但这也不完全正确。辅助数据，如额外的化合物实例及其制备方法，可以包含在后续的非临时申请或PCT申请中。但是，需要清楚的是，增加的材料必须属于原临时申请的范畴，以便享有原申请日期的优势。例如，当新化合物被添加到对临时申请具有优先权的PCT申请中时，为了使新化合物共享原始申请的优先权日期，化合物必须属于原权利要求中化合物结构通式的范围。如果超出了临时申请最初描述的化合物范围，仍可以纳入后续申请，但新增的化合物将以后续申请日期作为优先权日期，而不再是临时申请中的优先权日期。这意味着在后续申请前的12个月，公开的化合物可能会被视作新添加化合物的现有技术，进而影响专利的授权。因此，在为期12个月的申请决策中，是否向专利申请中添加额外的保护内容需要谨慎考虑。

专利申请仅限于一项发明，但关于什么是一项发明的指导原则并不十分明确。通常情况下，发明人提交申请并认为其仅包含一个单一的申请，但专利局可能并不认同。在这种情况下，专利局将指明他们认为该申请中涉及发明的数量，要求发明人选择其中一个继续申请（限制要求），并为发明人提供将专利拆分申请的机会。这些新的申请被称为分案申请（divisional application）[32]。虽然分案申请是在原始申请之后提交的，但是其仍享有原始申请的优先权日期，分案申请中的技术并不会成为其他申请的现有技术，所以现有技术的数量保持不变。重要的是，在这一时刻是不能添加新的保护内容的。

部分延续案（continuation in part，CIP）申请是另一种常见的申请类型，但其仅在美国可用。CIP申请允许发明人通过提交申请，对先前提交发明的改进进行保护，这一申请明显重复了原有非临时申请中包含的内容，但也包含了原申请文件中未披露的新内容。新内容将拥有一个新的存档日期，但是原始申请中的保护内容仍将保留其原有归档日期，以便确定其是否具有专利性。在美国以外的地区，此类申请并不适用。在确定CIP是否适合某一特定情况时，应特别谨慎。

在专利申请过程中还包括其他几种类型的申请，如延续申请（continuation application，CA）、替代申请（substitute application）、再授权申请（reissue application）和延续审查申请（continued prosecution application）。不过，药物研发通常很少涉及这几类申请。因此，本文将不对这些问题展开讨论。如果想了解更多有关其他专利申请的详细信息，请咨询知识产权方面的专家或参考《专利审查程序指南》的第200章。

13.10 专利申请的内容

虽然存在许多不同类型的专利申请，但不管申请的性质如何，申请书的结构都是基本一致的。在所有专利申请中，必须包含“发明的说明书，以及制造、使用本发明的方式和过程，通过完整、清楚、简明和准确的术语描述相关条款，使本领域技术人员或其他相关人员能够制造和使用相关发明，并且应阐述发明人实施其发明的最佳方式”[33]。换言之，专利申请必须包含充分介绍发明的说明书，以解释为什么该发明是新颖的，并且能够支持一个可信的、真实的、实质性的用途。专利申请的这一部分通常被称为授权披露。除非另有证明，否则将默认授权披露是真实的，并且这部分内容必须包含足够的细节说明，以便一个具有基本技能的专业领域相关人员无须进行过度繁复的实验就能够理解和使用这项发明。如果专利申请中没有适当的书面说明和授权披露，可能会导致所有专利权的丧失。此外，申请一旦提交后便不再允许添加此类信息，所以在申请时就必须包括相关信息。

围绕授权披露的规则在一定程度上是模糊的，因为其必须适用于所有递交至美国专利商标局的发明。然而，在药物发现领域，有可能建立一些通用的指导方针，帮助申请人确定申请中是否包含了适当的描述和授权披露。例如，假设有一个描述了一种具有治疗房性心律失常作用的新型化合物的专利申请，因为这些化合物是全新的，所以现有技术中不可能有关于如何合成这些化合物的信息，也不会有任何其生物活性信息来证明化合物的效用。如果专利申请仅包含新化合物的结构和一张描述化合物活性的表格，则不会认为该申请提供了合理的授权披露。因为该申请书中没有关于如何制备化合物的信息，也没有鉴定化合物结构的信息。或许对于一位药物化学家而言，会知道该如何合成这些化合物，但是专利法规定一项专利申请必须提供充足的信息，以便于该药物化学家可以无须进行大量的、过度的实验就能按照申请书中的说明合成这些化合物。也就是说，专利申请必须包含描述如何制备相关化合物的详细信息。同样的要求也适用于蛋白、核酸、转基因生物，以及专利申请中描述的任何其他新型材料的制备。当然，如果该材料已经在现有技术中被描述过，即可将相关信息加入专利申请中，以满足适当描述的要求。

以此类推，对于上述化合物适用于治疗心律失常用途的要求，也需要提供合理的授权披露作为支持。为了说明其治疗效果，仅仅声称其治疗心律失常的用途当然是不够的。虽然心血管生物学技术人员可以通过设计筛选化合物活性的方法来确定这些化合物是否适用于这一疾病的治疗，但专利申请仍需给出一个适当的描述来界定如何达成这一“无须过度繁复的实验”。为了满足这一要求，专利申请必须包含有关如何确定上述化合物具有治疗心律失常用途的详细信息。正如本章前面提及的，体外或体内试验数据可以支持有关效用的声明，但申请中必须描述如何开展这些试验，而不仅仅是介绍结果本身。毕竟数据不会凭空出现，就如同新化合物不会凭空出现一样。

授权披露的另一个方面是在申请提交时必须包含实践该发明的最佳模式[34]。例如，某一项专利描述了一种新化合物治疗某一疾病的用途，发明人设计了两种不同的制备化合物的方法，并且其中一种方法优于另一种。但是，如果专利申请中仅包括较差的制备方法，则相关的授权披露是不充分的。为了符合美国法律对专利保护的要求，发明人在申请专利时必须向公众公开最佳的可用方法。有趣的是，法律并没有要求在专利申请中确定最佳模式，而只是要求其出现在申请中即可。如果有必要，可以列举出一定范围的条件或一组可选的试剂。此外，如果在提交申请后开发了新的或改进的方法，也无须对申请进行更新。不仅如此，一种新的制备方法也可以作为单独的专利进行申请。

实际上，专利申请并不要求申请书中的发明可以近乎完美地工作，仅要求申请人提供必要的信息来证明其真的“拥有这项发明”。简言之，一种以1%的产率制备新化合物的方法和一种以95%的产率制备同一化合物的方法是一样有效的。如果在申请时可用的最佳条件只能达到1%的产率，就足以提出对新化合物的专利申请。发明的商业可行性并不影响申请是否包含专利申请时可用知识的授权披露。

专利或专利申请的另一个关键部分是权利主张部分，即权利要求书（权利主张）。虽然专利的主体包含了有关发明的信息，但是权利要求位于专利或专利申请的末尾，并且明确限定了被本专利保护的具体内容。如果发明的某一内容在专利或专利申请中被明确介绍，但未包含在最终被美国专利商标局批准的权利要求中，这一发明内容将不受专利的保护。专利申请提交后，申请人需提供其认为应当受到专利保护的权利要求清单（临时申请除外，临时申请不需要提供权利要求）。虽然美国专利商标局有可能同意一项申请中的所有权利要求，但在多数情况下，专利审查员或许会根据申请时可用的现有技术驳回部分权利要求。在理想情况下，申请人和美国专利商标局专利审查员之间的沟通将达成最终的权利要求，这些权利要求将受到《美国专利法》的保护。最终权利要求往往是最初要求的一个子集。根据《美国专利法》，任何未包含在最终权利要求书中的内容均不受法律的保护，但由于在专利申请中权利要求已经对外公开，因此将成为现有技术。最终，专利申请中的权利要求书确定了专利保护的广度和范围。当然，权利要求必须得到专利申请说明书的支持。

权利要求本身必须具有一定的特征。首先，也是最重要的，权利要求必须“明确限定专利保护主体的界限和范围”[35]。权利要求必须清楚且明确。换言之，必须让阅读该专利的人清楚地了解该专利究竟在保护什么。例如，假设一项专利的权利要求是“一辆轴距在骑车人身高的58%～75%的自行车”，由于缺少关于骑乘者身高的标准定义，因此该权利要求不可能定义本发明的范围，这一要求是不明确的。与之类似，“一种基于患者体重的药物剂量方法”也是不明确的权利要求，因为没有确定患者体重的固定标准。那些不被专利商标局批准的不明确的权利要求经常使用“类似的、相对的、优越的”等具有主观性质的措辞。权利要求的性质必须明确，使公众能够清楚地了解专利保护的范围。

权利要求本身可以分为三种不同的类型，独立权利要求（independent claim，独立权项）、从属权利要求（dependent claim，从属权项）和多重从属权利要求（multiple dependent claim，多重从属权项）。独立权利要求本身是独立的，其定义不依从、也不属于任何其他的权利要求。描述一组化合物的马库什结构式可以作为一项独立的权利要求。专利申请的第一项权利要求总是独立权利要求，也是专利申请中最广泛的权利要求。第二种类型的权利要求是从属权利要求。顾名思义，这些权项并不独立，因为从属权利要求范围的一部分已在前面的独立权利要求中被定义。例如，在一项针对一系列化合物的专利中，一个独立权项后可以包含一个从属权利要求，来描述第一项权利要求中所描述的化合物子集（图13.7）[36]。第三种类型的权利要求是多重从属权利要求，类似于从属权项，但其要求范围是从前面列出的两个或更多权利要求派生而来的。

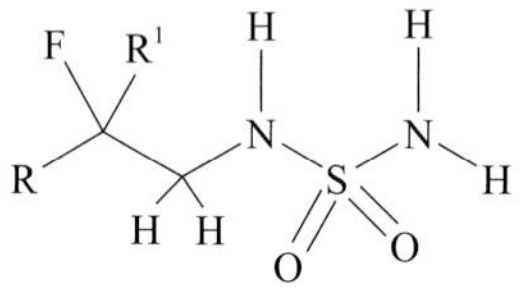

（Ⅰ）

图13.7 发明人在第一项权利要求中定义了一类化合物的结构通式（马库什结构式）。第二项权利要求是第一项要求的从属权项，它对属于本发明范围内的化合物限定了更小的范围。从属权项的保护范围必须比它所归属的权利要求的范围更小

部分权利要求如下：

1. 化合物结构如通式（Ⅰ）所示：R选自任选取代的芳基、任选取代的苯并异噁唑，以及任选取代的苯并噻吩，其中R可以被0～5个基团取代；R^1选自H、F，以及任选取代的$C_{1\sim6}$的烷基，或由此产生的可接受的药用盐
2. 权利要求1中的化合物，其中R可为苯基、2-氟苯基、3-氟苯基、4-氟苯基、2, 4-二氟苯基、2, 5-二氟苯基、2, 6-二氟苯基、2-氯苯基、2-溴苯基、2-三氟甲基苯基、3-三氟甲基苯基、2, 6-二氯苯基、2, 4-二氯苯基、2-甲基苯基、2-乙基苯基、2-甲氧基苯基、2-氯-6-氟苯基、2-氯-4-氟苯基、2-氟-6-甲氧基苯基、4-氟-2-甲氧基苯基、2-氯-6-甲氧基苯基、苯并[b]噻吩-3-基，或苯并[d]噁唑-3-基

权利要求的构建是任何专利申请的一个重要方面。如前所述，专利的权利要求定义了什么是受专利保护的，所以正确地阐述权利要求是至关重要的。这看似是一个简单的任务，但实际上远非如此。正确阐述权利要求的语言必须精准，并严格遵循《专利审查程序指南》的指导方针，以便这些要求经得起美国专利商标局的审查。甚至一些看似无足轻重的事情，如在应该使用“和”的时候，却使用了“或”这个词，都可能造成严重的后果。以对苯环上取代基定义的权利要求为例，将苯环上的取代基R基团定义为“选自Cl、F和Br组成的基团”，与将R基团定义为“选自Cl、F或Br组成的基团”是截然不同的。在第一个定义中，允许的取代基是确定无疑的，R基团必须是列出的三种卤素中的一种。在第二个定义中，使用了“或”而不是“和”，使得限制的性质变得不明确。但是，定义“R是Cl、F或Br”的权利要求也被认为是可以接受的，因为即使使用了“或”，读者还是很清楚这些限制。

同样地，“由……组成（consisting of）”和“包括……（comprising of）”这两个措辞在权利要求范围上也有很大的不同。在过程、方法或其他类型专利中将某一事物描述为“可选的（optionally）”也具有特定的含义。起草权项要求的语言规则异常复杂，该规则也适用于专利申请的其余部分。

13.11 小结

撰写一份恰当的专利申请需要对专利法和发明本身的技术知识有深入的了解。虽然发明人对自己的发明有很深的了解，但其通常不具备起草专利申请所需的专门知识，不能保证专利申请可以顺利地通过专利审查员的审查。发明人也可能未意识到自己专利权利要求的实际全部范围。有些特殊技能和知识能帮助发明人更好地识别新技术，同样也能帮助专利代理人和专利律师更好地设计出能够保护专利所有人权利的专利。如前所述，专利是制药行业的命脉，如果提交新药专利申请却未能获得专利的保护，则可能使之前所有的研究和开发努力化为虚无。在没有专利保护的情况下，很少有组织机构会推进药物的开发项目，因为成本实在是太高了。

如欲了解更多有关专利申请程序的信息，请访问美国专利商标局网站（www.USPTO.gov）或参照《专利审查程序指南》（第9版，2017年8月修订，2018年1月发布）。有关知识产权和现有技术披露方面的问题，建议咨询专利法专家。

（朱　尧）

思考题

1. 四类可申请专利的主体是什么？
2. 哪些发明和发现不能申请专利？
3. 一项发明或发现要获得专利保护，必须满足哪些条件？
4. 术语“现有技术（先前技术）”的含义是什么？
5. 如果发现某一化合物具有未被报道的用途，是否可以就该化合物申请新的专利？为什么？
6. 科学家A构想了一个小分子，认为其具有治疗疟疾的潜在用途，并设计了这一小分子的合成方法。科学家A指示科学家B制备了这一化合物，并由科学家C筛选了该化合物的抗疟活性。请问谁可以成为这个小分子的登记发明人？
7. 发明权可否在个人之间转让？
8. 什么是专利转让？它与专利权有何不同？
9. 什么是临时专利申请的有效期？一旦超过这个有效期会引起什么后果？
10. 临时申请是否会被公开？如果会，是什么时候？
11. PCT专利申请是否会被公开？如果会，是什么时候？
12. 大学图书馆里的博士论文属于现有技术的一部分吗？
13. 专利申请中需要提供何种程度的细节描述才能被认为是恰当的？
14. 什么是马库什结构式（Markush structure）？

参考文献

1. DiMasi, J. A. A.; Grabowski, H. G.; Hansen, R. W. Innovation in the Pharmaceutical Industry: New Estimates of R&D Costs. *J. Health Econ.* **2016,** *47*, 20–33.
2. https://www.boeing.com/company/about-bca/.
3. Based on U.S. Department of Agriculture Cost Estimate. https://www.usda.gov/media/blog/2017/01/13/cost-raising-child.
4. http://www.fda.gov/drugs/developmentapprovalprocess/howdrugsaredevelopedandapproved/approvalapplications/abbreviatednewdrugapplicationandagenerics/default.htm.
5. MPEP 2104, 35 U.S.C. 101.
6. MPEP 706.03(b), 42 U.S.C. 2014.
7. MPEP 2105, Leahy-Smith America Invents Act (AIA), Public Law112-29, sec. 33(a), 125 Stat. 284.
8. Association for Molecular Pathology, et al. v. Myriad Genetics, Inc., et al.
9. MPEP 2107.3 Section Ⅳ.
10. MPEP 2107.3 Section Ⅰ.
11. MPEP 2107.3 Section Ⅱ.
12. MPEP 2112.
13. https://www.businesswire.com/news/home/20180125005353/en/Biogen-Reports-Record-Revenues-Full-Year-Fourth.
14. MPEP 2132, 35 U.S.C. 102(a)1.
15. MPEP 2108.01, Section Ⅰ.
16. Freedom of Information Act (FOIA), 5 U.S.C. 552.
17. MPEP 2108.01, Section Ⅳ.
18. MPEP 2108.01, Section Ⅲ.
19. MPEP 2108.01, Section Ⅱ.
20. MPEP2141, 35 U.S.C. 103.
21. MPEP 2144.04, Sections Ⅰ Through Ⅵ.
22. MPEP 2144.04, Section Ⅶ.
23. MPEP 301, 35 U.S.C. 262.
24. MPEP 2700, 35 U.S.C. 154.
25. USPTO 2012 Statistics. http://www.uspto.gov/web/offices/ac/ido/oeip/taf/us_stat.htm.
26. MPEP 1500, 35 U.S.C. 171.
27. MPEP 2710, 35 U.S.C. 154.
28. MPEP 1601, 35 U.S.C. 161.
29. MPEP 201.04-201.09, 35 U.S.C. 111 (b), and 37 C.F.R. 1.53(c).
30. MPEP 201, 35 U.S.C. 111 (a), and 37 C.F.R. 1.53(b).
31. MPEP 1800.
32. MPEP 201.06.
33. MPEP2161, 35 U.S.C. 112, First Paragraph.
34. MPEP 2165.
35. MPEP 2171, 35 U.S.C. 112, Second Paragraph.
36. Smith, G. R.; Brenneman, D. E.; Reitz, A. B.; Zhang, Y.; Du, Y. Novel Fluorinated Sulfamides Exhibiting Neuroprotective Action and Their Method of Use. In *WO2012074784*; 2012.

第14章

药物研发中的案例研究

本书在前面章节中重点论述了药物研发过程的某一环节，如重要的基础理论、研发手段及技术经验。理解和掌握上述内容将为有志投身医药产业发展的科研人员奠定坚实的知识基础。诸多概念在药物开发实践中的具体运用也为我们提供了许多值得学习的宝贵经验。医药行业的发展包含了许多成功与失败，从中汲取经验与教训，更加高效地研发出安全实用的药物是每一代医药工作者的职责。20世纪初的哲学家乔治·桑塔亚那（George Santayana）曾说过："那些不能从过去的错误中吸取教训的人，注定要重蹈覆辙。"尽管他的论断指的是地缘政治冲突，但这一观点同样值得医药行业借鉴。每一次成功的药物研发均有其独特性，因此每一个单独案例都有值得学习的地方，经常性地总结最新的科学文献对所有处于复杂并充满竞争的制药行业中的从业人员而言，都是必不可少的。为使读者能从成功或失败的药物研发案例中得到启示，本章从众多文献中选取了几个典型案例进行分析。限于篇幅，我们只选取每个案例中和现实药物研发最为接近的方面重点论述，强调关键方面。对于想要全面了解各个案例细节的读者，可以查阅相关的文献。

14.1 达菲（奥司他韦）：从作用机制到上市药物

流行性感冒病毒感染（通常称为流感）最早是由希波克拉底（Hippocrates）于大约2400年前发现的[1]。流感与其他呼吸道感染的症状非常类似，从古至今，流感一直是公共卫生领域的一大难题。1918～1920年暴发的西班牙流感在全球范围内造成了至少2000万人死亡（有人估算死亡人数高达4000万）[2]。虽然现代医疗技术已取得了巨大进步，但2009年全球暴发的甲型H1N1流感仍然导致超过50万人死亡（数据基于流行病学的电脑模拟）[3]。尽管流感传染的威胁巨大，但在1999年以前，只有金刚烷胺（amantadine，Symmetrel®，图14.1A）[4]和金刚乙胺（rimantadine，Flumadine®，图14.1B）[5]两种可用药物。1999年上市的药物奥司他韦（oseltamivir，Tamiflu®，达菲，图14.1C）改变了这一局面[6]。奥司他韦的发现充分展现了如何通过分子作用机制、分子模拟和前药理论大幅推进药物的研发。

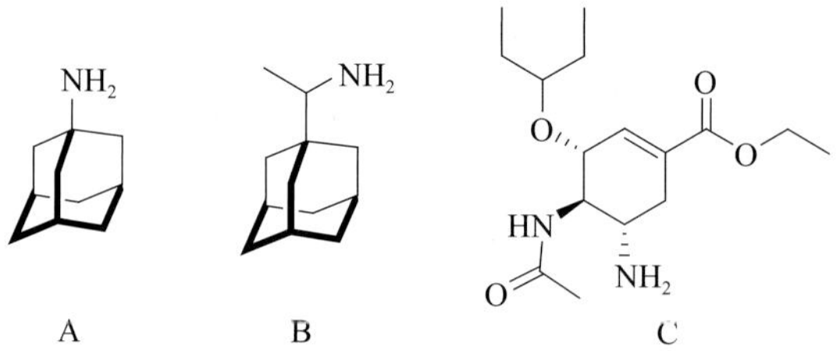

图14.1 A.金刚烷胺；B.金刚乙胺；C.奥司他韦

奥司他韦源自对流感病毒神经氨酸酶[neuraminidase，也称为唾液酸酶（sialidase）]抑制剂2, 3-二脱氢-2-脱氧-*N*-乙酰神经氨酸（Neu5Ac2en，图14.2A、B）结构的确证[7]。神经氨酸酶是流感病毒生命周期的关键酶，病毒自我复制需要在该酶的催化下实现对糖蛋白表面唾液酸的切割（图14.2C）[8]。阻断这一过程可以抑制病毒的复制，从而减少病毒感染的危害。此外，多种流感病毒均高度保留了这种酶催化位点的氨基酸序列，因此神经氨酸酶是抗病毒治疗的有效靶点。尽管化合物Neu5Ac2en具有明显的抑制神经氨酸酶的作用，并且可以与酶的活性位点结合，但对比该化合物与酶底物（含神经氨酸酶的糖蛋白）的立体构型，可以看出两者之间存在很大的差异。唾液酸主要以椅式构型存在，而化合物Neu5Ac2en的立体构型相较于前者明显呈现出一种扭曲的状态（图14.2B）。由此引出了一个问题，即为何两种结构差别巨大的化合物均能结合相同的位点？这一问题对于化合物的设计具有重要意义。

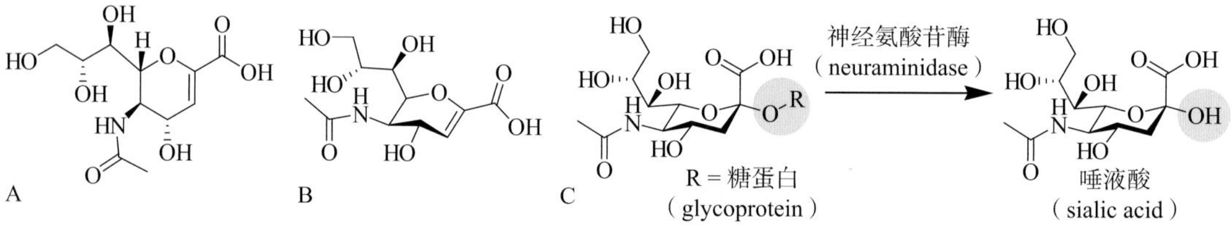

图14.2 A. Neu5Ac2en的平面结构；B. Neu5Ac2en的立体构型；C.神经氨酸酶从糖蛋白上切割唾液酸

回答这一问题，需要深入理解结合于酶活性位点的唾液酸糖肽的立体构型。独立存在的唾液酸糖肽底物中的唾液酸部分的立体构型是椅式构象，但是结合于活性位点时则不同。对酶-底物复合物的X射线单晶衍射研究表明唾液酸残基处于严重扭曲的状态，其三个精氨酸残基均位于结合位点内部[9]。这种扭曲使得底物处于一种高能量的立体构型，让底物更加接近于催化过程理论中的过渡态，从而使催化反应成为可能。与此同时，底物高能量的立体构型非常类似于化合物Neu5Ac2en，因此该化合物具有抑制神经氨酸酶的作用（图14.3）[10]。关于底物在结合活性位点处于高度扭曲状态的发现对最终奥司他韦的成功研发起到了至关重要的作用。这是药物研发中需要关注的重要环节，即在设计新型治疗药物时，不仅需要清楚单一配体的结构，还要明确与目标靶点结合时配体的构象，并且催化位点所处的具体环境可能会导致化合物与位点结合时发生显著的构象变化。这些立体构象上的变化对于目标分子产生活性的机制可能具有关键的作用，在研发化合物结构的初期应加以利用。

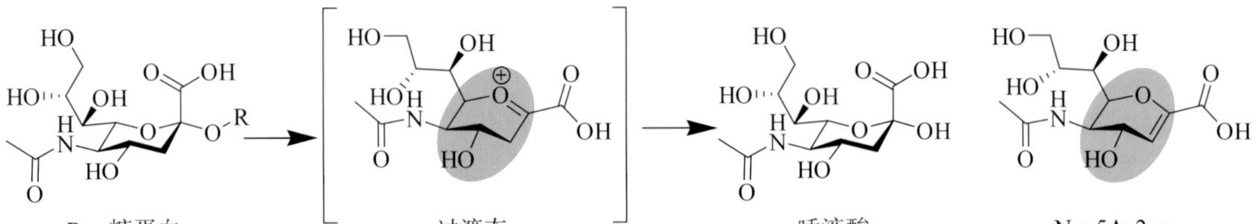

图 14.3 通常认为神经氨酸酶从糖蛋白上切割唾液酸需要经过一个唾液酸残基极度扭曲的过渡态。神经氨酸酶抑制剂 Neu5Ac2en 的环状构型与假设的过渡态十分吻合，使其可以占据催化位点并抑制神经酰胺酶

尽管奥司他韦的化学结构最终由吉利德公司（Gilead）的科学家通过X射线单晶衍射确证，但其并非首个成功上市的神经氨酸酶抑制剂。扎那米韦（zanamivir，Relenza®，瑞乐沙）是第一个获批的强效神经氨酸酶抑制剂，IC_{50} 达 10 nmol/L（图 14.4）。尽管扎那米韦比 Neu5Ac2en 的抑制效果大约强 1000 倍，但其被 FDA 批准上市的过程却充满争议。事实上，FDA 的咨询委员会曾以药物无明显疗效为由，以 13∶4 的投票结果反对该药物的上市申请，但 FDA 高层依据一次单独的阳性临床试验结果（与此同时的其他几次临床试验均不能证明药物相较于安慰剂更有效）推翻了咨询委员会的决定[11]。

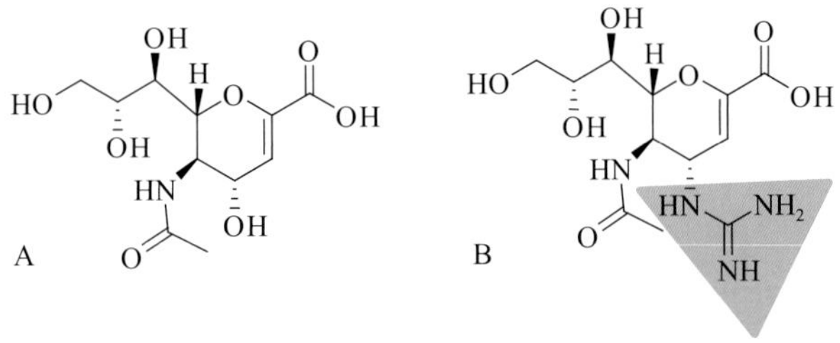

图 14.4 A. Neu5Ac2en；B. 扎那米韦以一个胍基的残基（绿色部分）取代了羟基，使药效提高了 1000 倍

扎那米韦的成功研发证实了神经氨酸酶是治疗流行性病毒感染的重要靶点，同时也提醒人们针对靶点的药效并不是新型治疗药物开发过程中需要解决的唯一问题。虽然扎那米韦可以有效阻滞病毒的复制，但其给药途径却不同寻常。与常见的片剂或丸剂不同，其通过吸入粉末给药。这种特殊的给药方式是由其理化性质所决定的，扎那米韦依靠极性很大的侧链，尤其是三醇和胍基片段，与酶的催化位点紧密结合，以实现抑制活性。然而，上述侧链导致扎那米韦具有很高的极性表面积（TPSA = 198）和很低的 clog *P*（clog *P* = –5.7）。这使得扎那米韦具有很强的水溶性和较差的细胞渗透性。因而口服生物利用度极低，导致口服无法有效吸收。在研发口服给药方式时，药物的理化性质与靶点活性同样重要。通过在给药方式上保持开放的态度，研发人员成功将吸入给药的扎那米韦开发为治疗流感的重要药物并成功收回了研发投资。

回到奥司他韦的开发过程，吉利德公司的研发人员推测化合物 Neu5Ac2en 和扎那米韦母核中的环状结构可以用环己烯来代替（图 14.5）。他们推断，环己烯可以在保持母核环状结构总体构型不变的情况下，提供全新的衍生物（特别注意，可专利性是新药研发的关键因素）。随后他们以环己烯结构为骨架，进行了一系列神经氨酸酶抑制剂的结构研究，其中就包括化合物GS-4701。通过仔细研究这一系列化合物，他们发现对化学结构进行细微改造就可能造成其生物活性的显著变化。例如，通过修饰化合物（图14.5C）的R基团来改变其对神经氨酸酶的抑制作用，当—OR基团是游离醇羟基时（R = H），得到了一个具有微弱抑制活性的化合物（IC_{50} = 6300 nmol/L）。相应基团变为甲醚时抑制活性几乎是其两倍，但依然是一个活性相对较弱的神经氨酸酶抑制剂（IC_{50} = 3700 nmol/L）。有趣的是，以正丙醚替代甲醚，活性又提高了20倍（IC_{50} = 180 nmol/L）。而以3-戊醚取代正丙醚结构可以使活性位点结合强度再次提高180倍（GS-4701，IC_{50} = 1.0 nmol/L）。总的来说，相对较小的结构改变，即从甲醚到3-戊醚，成功地将神经氨酸酶的抑制活性提高了3700倍，这充分证明了化合物结构中醚基侧链对神经氨酸酶的结合强度具有重要作用。上述事实也同时表明，细微的结构变化可对生物活性产生巨大影响[12]。

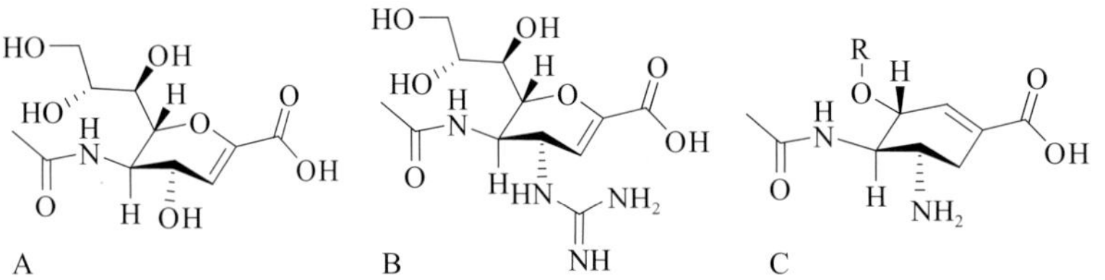

R	IC_{50} (nmol/L)
H	6300
甲基	3700
n-丙基	180
3-戊基 (GS-4701)	1

图14.5 Neu5Ac2en（A）、扎那米韦（B）、奥司他韦（C）的环己烯母核。对R基团的改造使酶的抑制活性提高了6300倍

尽管活性优异，但GS-4701分子并未最终成为成功上市且获得数十亿美元销售收入的药物奥司他韦。总体而言，GS-4701的结构与扎那米韦区别明显，最显著的不同是前者的结构中去掉了胍基和三醇侧链，但这些结构改造对口服生物利用度的提升仍显不足。扎那米韦在大鼠体内试验中口服生物利用度仅为3.7 %，而GS-4701只有微弱提升（大鼠生物利用度为4.3 %）。与扎那米韦类似，GS-4701极低的口服生物利用度是由其高极性表面积（TPSA = 102）和低*c*log *P*（*c*log *P* = –1.84）所决定的。为解决上述难题，研究人员将GS-4701中的羧基乙酯化，得到了前药GS-4704，并最终成功将其开发为奥司他韦上市（图14.6）。通过降低极性表面积（TPSA = 90.6）和提高*c*log *P*值（*c*log *P* = 1.16）有效地改进了化合物在大鼠（35%）、小鼠（30%）、犬（73%）及人体（75%）的生物利用度[13]。前药的活性远远低于活性分子（GS-4701），但是可以通过酯酶（一种将酯类化合物水解为相应醇和酸的酶）在体内将其迅速转化为GS-4701，进而发挥药效抑制流感病毒。因此，从奥司他韦研发中收获的一个宝贵经验是：前药策略是研发新型药效分子强有力的辅助工具。如果开发奥司他韦的科研人员没有意识到前药策略的重要性并加以运用，可能会因此而失去一个价值数十亿美元的药物。

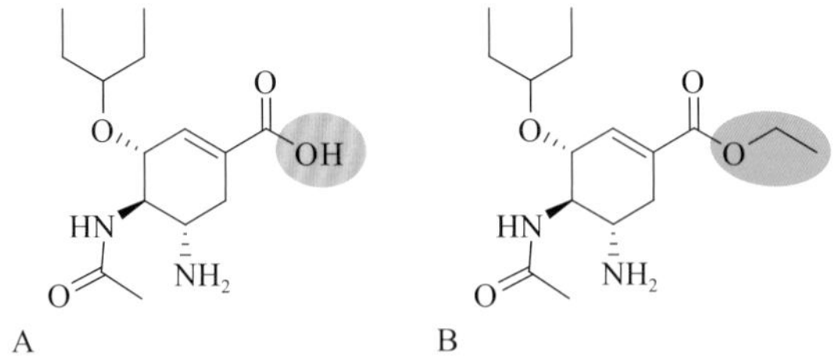

图 14.6 A. GS-4701；B. 奥司他韦。以乙酯基团（绿色）替换 GS-4701 的羧酸侧链（橙色）使其在大鼠体内的生物利用度提高了 10 倍

14.2 组蛋白去乙酰化酶抑制剂：通过结构改造优化理化性质

绝大多数新药研发会遇到这样的难题，尽管研究人员找到一系列潜力十足的化合物，但进一步开发和优化却受到其理化性质的限制。就像前面章节所提到的，在许多药物研发案例中，仔细分析目标化合物的构效关系（structure activity relationship，SAR）及构性关系（structure property relationship，SPR）可以指导下一步的结构改造，从而在"修正"理化性质的同时保留其他优良性质。罗氏研发人员在开发新型组蛋白去乙酰化酶-1（histone deacetylase-1，HDAC-1）抑制剂时就遇到了此类问题。这种锌依赖型酶可以去除组蛋白（组蛋白在 DNA 螺旋化过程中发挥关键作用）赖氨酸残基上氨基侧链的乙酰基团，并且还参与了肝细胞癌（hepatocellular carcinoma，HCC）的增殖过程[14]。研究人员通过早期筛选获得了具有选择性的 HDAC-1 抑制剂，如图 14.7 中结构（**1**）所示。尽管该化合物具有良好的靶点选择性，但其在体内的清除率过快，同时生物利用度过低。

为解决上述难题，研究人员对先导化合物进行了一系列的结构改造（图 14.7）。合成了大量不同结构的化合物，通过对个别关键结构的改造改善了相关不足。例如，通过去除化合物（**1**）中的吗啡啉结构得到化合物（**2**），使生物利用度和清除率得以大幅改善，但其溶解度降至原来的 1/6。显然，仅凭一次改造并不能解决所有问题，但也说明吗啡啉并不是活性的必需基团。此外，研究人员通过该改造发现在 HDAC-1 结合位点的口袋区域，化合物的羟乙基侧链对活性具有耐受性，这也提示可以将其取代为其他极性较大的侧链。于是研究人员合成了侧链为羟基吡咯环的化合物（**3**），其在小鼠体内的清除率得到改善，但溶解度和生物利用度的提高幅度仍达不到要求。接着将羟乙基侧链取代为能显著提高水溶性的二甲胺基，所得化合物（**4**）的生物利用度虽得到了提高，但仍未优于化合物（**2**）。经过进一步的优化改造，最终得到了化合物（**5**）。通过与 HDAC-1 同源模建对接研究，证明以结构（**5**）为代表的一类衍生物与 HDAC-1 结合时会占据结合位点相同的区域。同时，化合物（**5**）具有良好的水溶性、代谢稳定性和生物利用度，是临床研究的优异候选药物[15]。

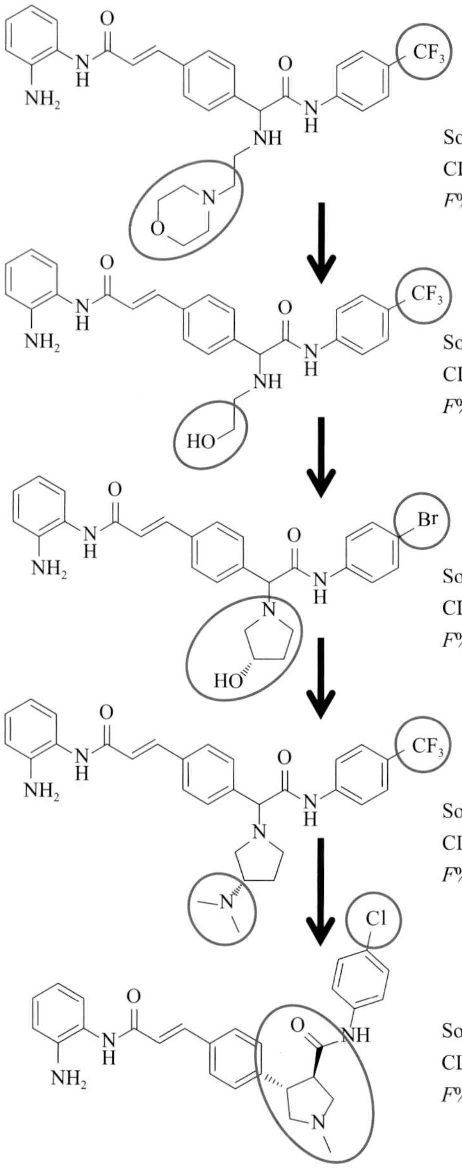

（1）
Sol.: 32 μg/mL
CL: 122 mL/(mg · kg)
F%: 11%

（2）
Sol.: 5 μg/mL
CL: 49 mL/(mg · kg)
F%: 71%

（3）
Sol.: 5 μg/mL
CL: 8 mL/(mg · kg)
F%: 13%

（4）
Sol.: 610 μg/mL
CL: 67 mL/(mg · kg)
F%: 21%

（5）
Sol.: 136 μg/mL
CL: 39 mL/(mg · kg)
F%: 100%

图14.7 通过对HDAC抑制剂［（1）～（5），改造部分用红圈标出］进行一系列结构改造，显著改善了其理化性质

Sol，溶解性；CL，清除率；F%，生物利用度

从一个毫无希望的化合物（**1**），通过深入的研究获得了进入临床试验的候选药物（**5**），仅仅是对先导化合物的整体结构进行了几项微小的改动。回顾候选药物（**5**）的发现过程，尽管以上结构改造的逻辑联系显而易见，但在研发过程中研究人员并不能完全确定这些变动是否能达到预期目的。在药物开发过程中对基本结构骨架的改造需要保持开放包容的心态，这对最后的成功十分重要，而墨守成规可能会为后续开发带来巨大的风险。

14.3 HIV蛋白酶抑制剂：复杂化学结构药物的奇迹

20世纪80年代初期，在全球不断蔓延的艾滋病（AIDS）成为20世纪人类所面临的最严重的生命健康威胁，首个临床确诊病例发生于1981年[16]。当时，医学界很快就意识到没有任何一种药物可以治疗这种致命性的病毒感染。政府机构、科研院所及制药公司纷纷启动各自的研究计划，探究艾滋病发病的原因，寻找潜在的治疗靶点，并开发可以抑制疾病恶化的药物。1987年3月，世界首款艾滋病治疗药物齐多夫定（azidothymidine，AZT，Retrovir®，一种逆转录酶抑制剂）获批上市[17]。毫无疑问，齐多夫定的上市是艾滋病治疗史上的重要分水岭，但其并没有解决所有问题。即便是最高推荐剂量的齐多夫定也不能完全阻断HIV的复制，低水平的病毒复制依然在进行，并且长期用药最终导致了HIV的耐药突变[18]。

为应对HIV的耐药性，许多制药公司和科研机构开始寻找替代靶点，其中就包括HIV蛋白酶（HIV protease），一种可以裂解病毒复制过程中关键蛋白的酶。HIV蛋白酶抑制剂是第二类成功实现临床应用的抗HIV药物，具有深远的影响。在首个HIV蛋白酶抑制剂上市之前，仅在1995年，据估计美国就有50 628个艾滋病死亡案例。两年之后，新一代抗病毒药物的上市使美国艾滋病的年死亡率大幅降低了约60%，仅为18 851例。自此之后，与艾滋病相关的死亡人数逐年下降（图14.8）[19]。HIV蛋白酶抑制剂和三重联用治疗方案（也称为高效抗逆转录病毒治疗，highly active anti-retroviral therapy，HAART）使艾滋病

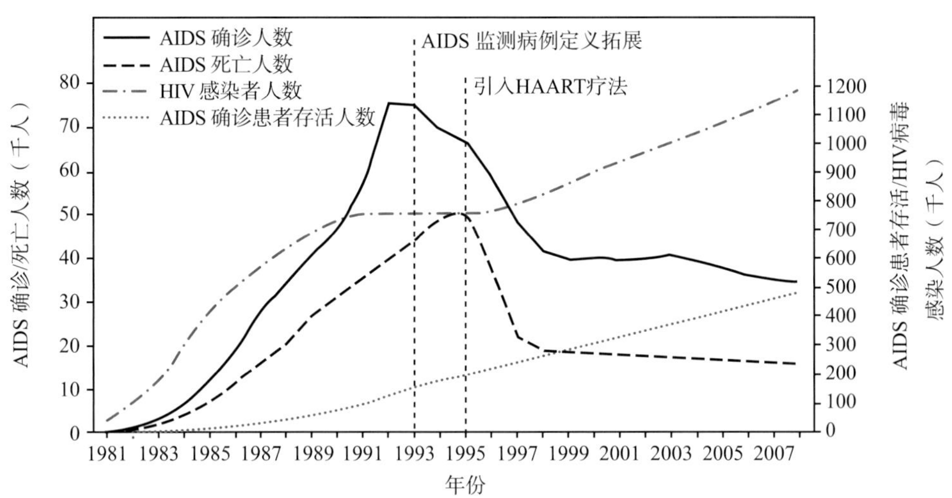

图14.8　**疾病预防与控制中心出具的发病率与死亡率周报中有关艾滋病确诊、死亡和HIV感染者人数的年度报告总结。20世纪90年代初期至中期研发的HIV蛋白酶抑制剂和HAART疗法大幅减少了艾滋病相关死亡案例**

图片来源：Center for Disease Control and Prevention Morbidity and Mortality Weekly Report，“HIV Surveillance United States，1981-2008” June 3rd，2011.

相关死亡人数不断降低[20]。三种不同类型的抗病毒药物联合应用可以将HIV病毒数量降低到几乎无法检测的程度，并使CD4 T细胞数目恢复至正常水平，同时重新激活人体免疫系统，使之可以对抗各种病原体[21]。

尽管在HIV蛋白酶抑制剂出现之前，联合疗法便已经开始应用，即采用多种抗病毒药物（如逆转录酶抑制剂类药物齐多夫定）联合治疗艾滋病，但仍不能长期有效地抑制病毒的复制，导致无法完全避免患者死于意外感染。而另辟蹊径的HIV蛋白酶抑制剂是艾滋病治疗的重要转折点。

HIV蛋白酶抑制剂的重要性毋庸置疑，其对艾滋病的治疗产生了巨大作用。这一类药物是临床使用的结构最为复杂的小分子药物之一，其成功上市是对参与研发的化学工艺学家、化学工程师和其他相关科学家实验技巧和创造力的最佳证明。例如，茚地那韦（indinavir，Crixivan®）是由默克公司开发并由美国FDA于1996年3月批准上市的强效HIV蛋白酶抑制剂。该药包含5个手性中心，具有32个同分异构体，而茚地那韦仅是32个同分异构体中的一个，却是对HIV蛋白酶抑制活性最好的一个。此外，实验室研究阶段所合成的茚地那韦及其他系列化合物的结构均极为复杂（图14.9），所有的手性中心都是通过手性合成（即产生两个对映异构体中的一个）的方法建立的。实际上，绝大部分的小分子治疗药物（＞90%）仅包含2个或更少的手性中心，而且其手性可以通过具有天然手性的原料引入。需要明确的一点是，很多具有潜力的化合物只有当项目进展到最后才会大量合成。在没有人知道哪个分子最终会成为上市药物时，供试样品制备的方便性远比其反应的中试放大更为重要[22]。

在药物发现阶段，茚地那韦的合成方法能够获得光学纯化合物，但并不适合大规模生产。在这个过程中使用的许多试剂，如1-乙基-3-(3-二甲基氨基丙基）碳二酰亚胺（EDC）、三氟甲磺酸酐（Tf_2O）、2-(叔丁氧羰基肟基)-2-苯乙腈（BocON）及氢氟酸（HF）能够实现化合物从毫克级到克级的实验室制备，但用其来制备全球临床试验所需的数吨级药物显然是不切实际的。为了实现大规模生产，实验室合成方法中的至少五步反应需要采用能适合数吨级别的生产方法来代替。此外，虽然化合物（**6**）、（**7**）和（**8**）（图14.9）可以直接购买，但作为起始原料，其价格却令人望而却步，因此设计改变起始原料的合成路线是必要的。

开发吨级的合成策略是制药工业的常规工作。需要明确的是，这不是药物化学家在开展项目时需要考虑的问题，其任务是从成百上千个化合物中找到一个可以上市的药物。因此，在制备候选化合物时，药物化学家只需关注化合物合成的方便性。当不清楚哪些化合物会被继续开发，哪些化合物会被淘汰时，就对每个化合物的合成方法进行优化，显然不合时宜。然而，一旦选定了临床候选药物，情况就不可同日而语，需要确定一套新的可行的合成路线以供商业化生产。开展这些工作的科学家、化学工艺学家、化学工程师和生产制造专家都是无名英雄，他们的专业知识对候选药物的最终成功上市至关重要。

对于茚地那韦，默克公司的科学家意识到实验室合成方法的局限性，同时确信该化合物如果能够大规模生产，将会给艾滋病患者和公司本身带来巨大的益处。经过不断的努力，默克公司研究出了一条几乎全新的、适合工业化生产的合成路线，该工艺路线与最初

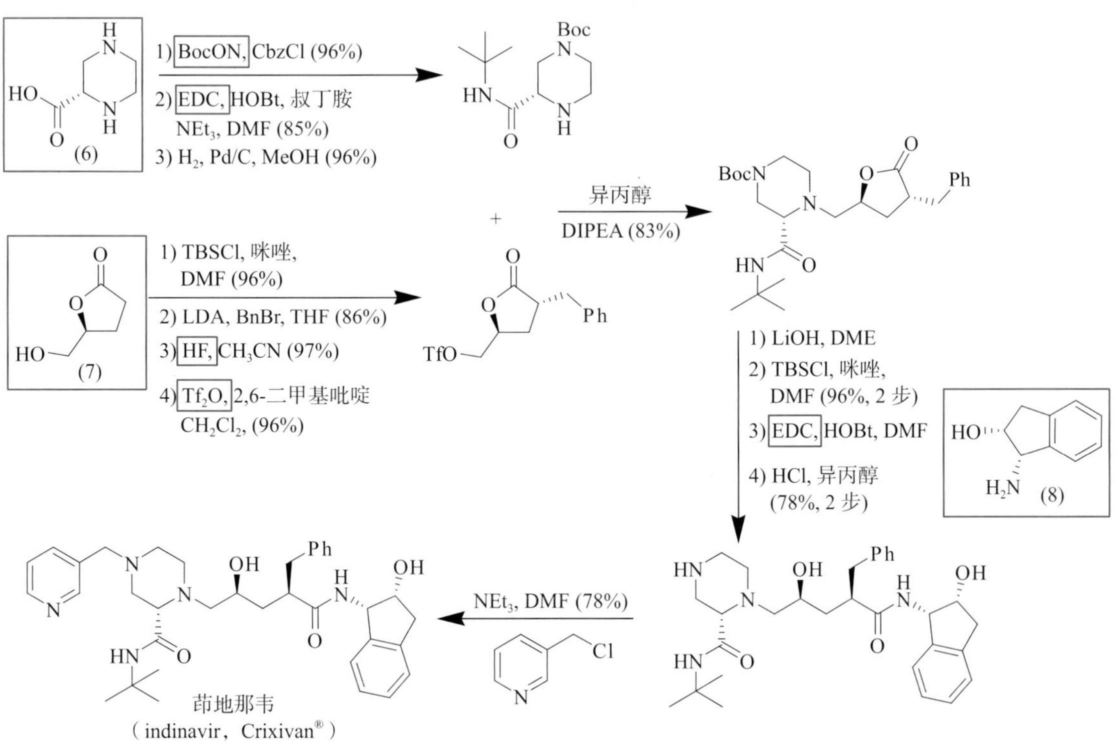

图14.9　**茚地那韦的实验室规模合成路线。尽管该合成路线对于制备少量药物十分实用，但红框标出的试剂与中间体并不适用于大规模商业化生产**

的路线完全不同（图14.10）。新的工艺路线能够放大制备光学纯的中间体（**8**）和（**9**），避免了购买昂贵的起始原料，从而降低了总成本。此外，起始原料（**7**）参与反应的步骤被从整个反应过程中去除，因为由其引入的手性中心可通过立体选择性合成的方式实现，步骤5）～7）即可构建原中间体（**7**）的手性中心。在新的路线中，利用中间体（**8**）的手性，驱动立体选择性的化学反应，从而生成光学纯的中间体（**10**）。在上述路线中，左侧的中间体（**9**）与右侧的中间体（**10**）进行反应［步骤13）］，再通过新步骤引入3-吡啶基甲基侧链（仍然使用3-氯甲基吡啶试剂），最终合成了茚地那韦。该路线避免使用或替换了不符合大规模生产的试剂（EDC、Tf_2O、BocON和HF等），进一步简化了整个工艺，降低了总成本[23]。

理论上而言，这些合成似乎很简单，但实际上，从实验室合成到工厂生产的道路漫长而艰难。1993年末，原有工艺需要将近4个月来制备茚地那韦，且总收率不到15%。至1994年11月，新工艺（图14.10）可以在6周内就生产出临床供试品，但支持全面商业化生产的基础设施尚未到位。当时，默克公司已经可以生产足够多的供试品来支撑临床试验（大约可供300名早期患者和2000名晚期患者使用）。然而，一旦药物研发成功，将有数十万患者需要每天用药，而且每位患者每天需要服用6粒每粒400 mg的药片（每年876 g）。如果按照10万名患者（当时保守估计）的药物处方计算，假设没有失败或召回的批次，该药物的年供应量将达到87 600 kg。重要的是，供应不能出现短缺，因为一旦患者停止服药，

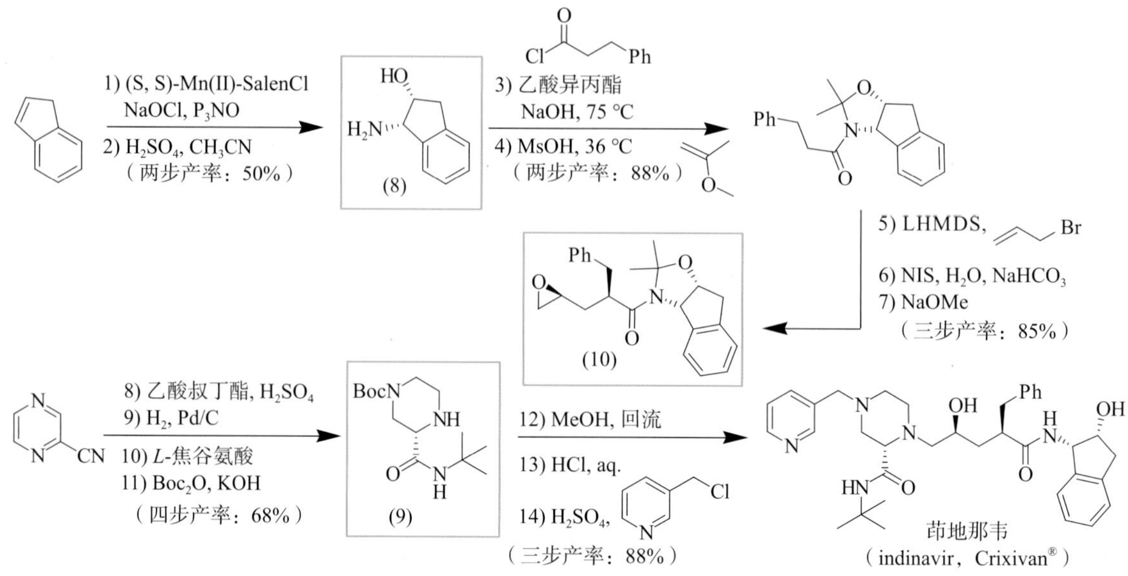

图14.10　**茚地那韦的工业合成路线。关键中间体以绿色突出显示**

将为HIV的耐药变异提供机会。1995年2月，在获得FDA批准和获得最终临床结果的1年之前，默克公司顶着巨大的风险建立了能够满足高需求量茚地那韦的生产线。

茚地那韦一旦成功，默克公司就可赚取巨大的经济回报。这与生产和制造团队的巨大付出是分不开的，超过400人参与了从实验室到全面生产的研究工作。到1996年11月，在FDA批准该药后的9个月内，超过90 000名患者服用了茚地那韦[24]。茚地那韦的成功研发使药物研发科学家和临床试验医生获得广泛赞誉，但幕后的生产团队，以及参与茚地那韦商业化团队的作用也不应被忽视。正如将茚地那韦从实验室合成到大规模生产的开发，其需要一个快速的生成过程，因此负责建立生产流程的科学家对于药物的发现和开发同样不可或缺。

14.4　呋喃妥因：一个令人惊奇的成功药物

1953年，呋喃妥因（nitrofurantoin，Macrobid®，Macrodantin®，Furadantin®，图14.11）被批准用于治疗尿路感染。当其通过审批时，没有人能够预测到该药最终会被列入WHO的基本药物清单。尽管已经开发了大量的现代抗生素，但呋喃妥因仍然是无并发症尿路感染的一线治疗药物。此外，尽管呋喃妥因已被应用了数十年，但细菌耐药性的报道仍然很少。其他的抗生素（如青霉素类、氟喹诺酮类），由于广泛的临床应用，每种抗生素都产生了耐药菌株。但呋喃妥因与上述抗生素不一样，自发现以来，发生耐药性的情况较少。而将其应用于其他类型的细菌感染似乎是合乎逻辑的，但未能成功。呋喃妥因专一地用于尿路感染的治疗，对其他部位的细菌感染无效。

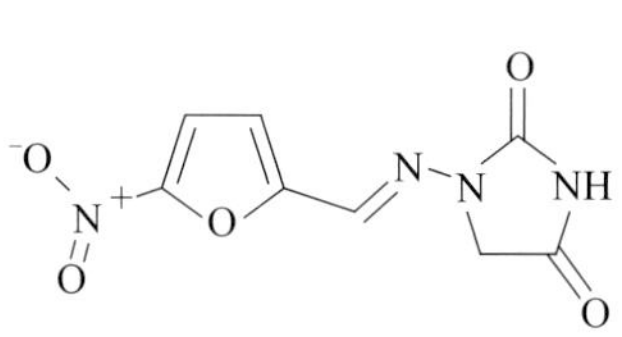

图 14.11　**呋喃妥因**

为了理解该药物如何发挥作用，需要了解其作用机制和药代动力学性质。呋喃妥因可通过多种作用机制杀灭入侵的细菌。研究表明，呋喃妥因通过损伤DNA、RNA、蛋白质，以及抑制三羧酸循环来杀死细菌[25]。呋喃妥因通过多种机制发挥抗菌作用，这也解释了其不产生耐药性的原因。耐药是由自然选择和突变引起的。细菌如果要产生对青霉素的抗性，必须克服一种作用机制。而呋喃妥因至少包含4种可以防止突变的机制，使得其发生耐药的可能性微乎其微。

有趣的是，呋喃妥因对于现代药物的开发而言是一个例外。现代药物设计要求规避芳香硝基这种结构特征，因为该基团是致癌、致突变和致畸的风险因子，是大多数现代药物开发项目中避免使用的特殊基团。在人体和细菌中，芳香硝基可被硝基还原酶活化，被转化为活性官能团亚硝基，后者通过亲核反应和自由基作用造成DNA、RNA和蛋白的损伤[26]。当这些过程发生在细菌中时，可造成细菌死亡，从而产生抗感染疗效（图 14.12A）。但这一代谢若发生在患者的正常细胞中，则可能带来灾难性的后果，如导致癌症和严重的毒性（图 14.12B）。那么，在对非常关注药物安全性的今天，为何允许这种能产生潜在致癌、致突变和致畸作用的药物上市？

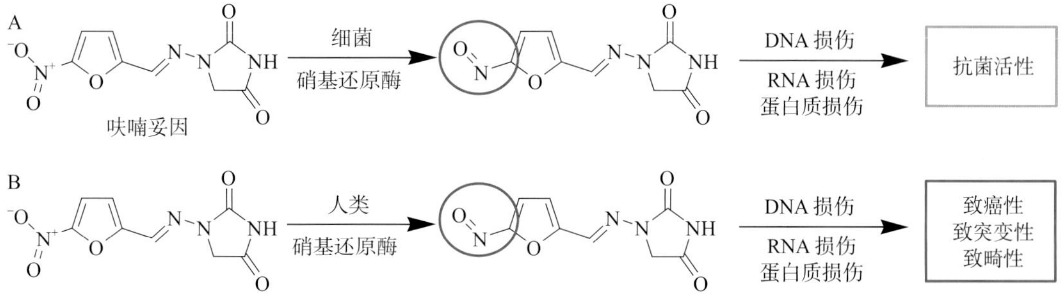

图 14.12　**A. 细菌体内的硝基还原酶将呋喃妥因转化为相应的亚硝基化合物（红色），通过对DNA、RNA和蛋白的损伤杀灭细菌。B. 人体的硝基还原酶也可将呋喃妥因转化为相应的亚硝基化合物（红色），而其是一种潜在的致癌物、诱变剂和致畸剂**

通过分析呋喃妥因的药代动力学特性可以解释这一问题。当口服给药100 mg剂量时，呋喃妥因初次吸收后被迅速清除，大约75%的药量通过首过效应代谢，剩余25%的药物以原型排泄到尿道中。结果造成100 mg剂量下呋喃妥因的血药峰值浓度小于1 μg/mL，并且除尿道外，通过组织渗透到其他身体部位的药量可以忽略不计。而尿道中的药物浓度甚至超过200 μg/mL，大大超过了杀灭入侵细菌所需的浓度[27]。从本质上而言，呋喃妥因成功的关键是其在组织中分布、代谢和排泄的独特性。呋喃妥因的药代动力学特性阻止了其到达身体的其他部位，而将其用途仅限于对尿路感染的治疗，并防止了其他副作用和毒性的产生。不得不说，该药物不太可能在现代药物开发项目中脱颖而出，因为基于芳香硝基可能的风险，呋喃妥因在药物发现过程中肯定会被淘汰。

14.5 特非那定 *vs* 非索非那定：代谢安全性问题

在药物研发过程中，候选药物和已上市药物出现严重安全问题的案例不胜枚举。就已上市的药物而言，即使监管机构没有提出要求，制药公司也经常从市场上撤回药物。突如其来的收入损失可能会从根本上改变公司的命运，但先前成功的药物从市场上撤回也为研发新的治疗药物提供了机会，特别是发现一个具有同样活性的类似物时。非镇静性抗组胺药非索非那定（fexofenadine，Allegra®，图14.13）的成功研发就属于这种情况。实际上，非索非那定的发现及其最终商业化始于曾经的成功药物——特非那定（terfenadine，Seldane®）[28]。特非那定最初于1985年由FDA批准上市，用于治疗过敏性鼻炎（也称为“花粉症”），是第一个非镇静性抗组胺药，曾被视为突破性药物[29]。据Hoechst Marion Roussel公司（现为赛诺菲公司）估算，截至1990年，全球有超过1亿名患者曾使用特非那定[30]，到1996年为止，该药物的年销售额已达4.4亿美元。虽然该药的研发是非常成功的，但正如前面章节中所述，其严重缺陷最终导致被从市场上撤回。1990年，FDA发布了一篇报道，患者同时服用特非那定与大环内酯类抗生素和酮康唑（ketoconazole）具有诱发室性心律失常的风险[31]。1992年，由于该药与酮康唑和大环内酯类抗生素（特别是红霉素）同时服用时可产生室性心律失常、室性心动过速、尖端扭转型室性心动过速和心脏性猝死等风险，FDA将对该药的警告升级为“黑框警告”。“黑框警告”表明药物存在严重的风险或危及生命的副作用，是FDA对药物发出的严重警告[32]。1997年，FDA建议撤回市场上所有含有特非那定的药品。

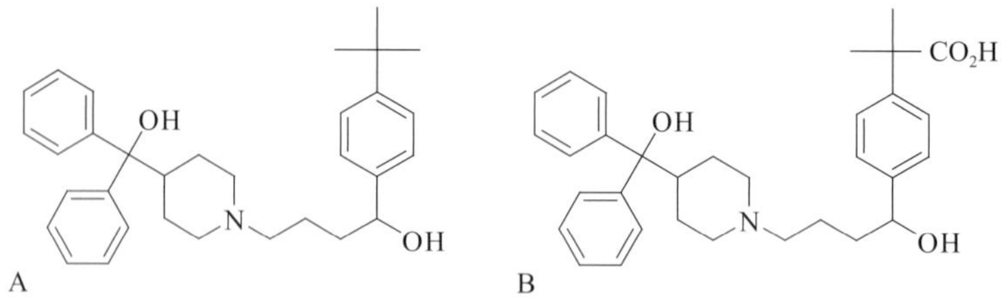

图14.13 A.特非那定；B.非索非那定

特非那定的快速衰落是制药行业在药物安全性研究方面的转折点，其撤市也为一家不知名的制药公司带来了机会，最终上市了一个可以创造10亿美元收益的重磅炸弹药物。尽管特非那定在临床试验中的安全性相对清晰，但在普遍使用后还是出现了严重的心血管问题，这令监管机构与生产厂家感到十分诧异。最终发现该药发生心血管不良事件与其通过CYP450 3A4的代谢及阻断hERG通道（一种对维持室性心律至关重要的电压门控钾离子通道）活性有关[33]。正常情况下，特非那定会被CYP450 3A4快速代谢为相应的羧酸衍生物（图14.14）。尽管当时Hoechst Marion Roussel公司的科学家并未意识到这一点，但后来确定特非那定实际上是一种前药，相应的羧酸代谢产物非索非那定才是真正具有生物活性的药物。同时，特非那定是一种有效的hERG通道阻滞剂（IC_{50} = 10 nmol/L[34]），但CYP450 3A4可以快速将其从体循环中代谢，因此其血药浓度不会过高。正常情况下特非那定会被迅速清除，从而不影响心脏功能。然而，当CYP450 3A4的活性受到其他药物（如酮康唑和红霉素）的抑制时，特非那定的血药浓度就会迅速增加，从而导致心血管不良反应（如室性心律失常、室性心动过速、尖端扭转型室性心动过速与心脏性猝死等）[35]。换言之，特非那定的潜在致命副作用是其CYP450 3A4代谢途径被抑制及其阻断了hERG通道共同作用的结果。

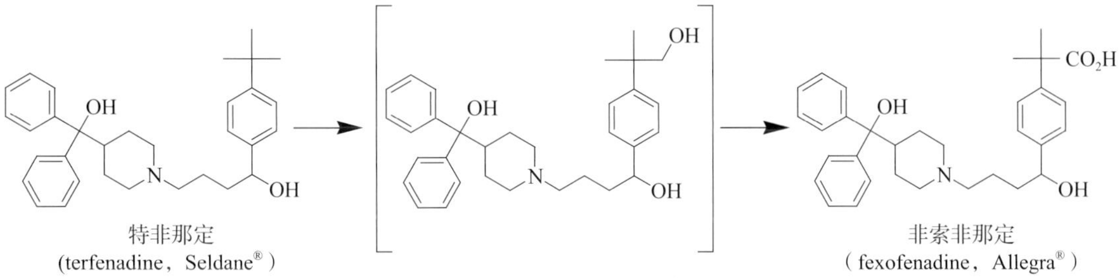

特非那定
(terfenadine，Seldane®)

非索非那定
（fexofenadine，Allegra®）

图14.14　特非那定实际上是一种前药，通过CYP450 3A4代谢转化为具有生物活性的非索非那定。通常情况下，这种转换很迅速；但在CYP450 3A4抑制剂存在的情况下，特非那定血药浓度升高，这将导致心血管不良反应风险

随着特非那定的撤市，一家新创立的小型生物技术公司Sepracor（现名为Sunovion），积极尝试发现特非那定的活性代谢产物。Sepracor公司的科学家假设这种活性代谢产物（即最终上市的非索非那定）拥有母体药物的所有优点（如非镇静性抗组胺作用、良好的药代动力学特性），但不具有心血管疾病的风险，即假设非索非那定没有阻断hERG通道的活性（当时hERG通道与心血管风险之间的关系尚未确定），后来也证实这一假设是正确的。Sepracor公司获得了该代谢产物的专利，随后在1993年将该化合物转让给Hoechst Marion Roussel公司。到2004年，非索非那定的年销售额达到18.7亿美元[36]，并在2011年被批准为非处方药，进一步拓宽了市场[37]。

特非那定和非索非那定的研发启示我们：首先，药物的安全性不仅仅取决于药物本身的理化性质。若候选化合物的代谢产物具有重大的安全风险，则必须评估其安全性。其次，也许是更重要的，一种药物的药代动力学特征可能会受到另一种药物的显著影响。虽然这一概念是现代药物研发人员所熟知的，但如果没有非索非那定，也不可能广为人知。最后，了解生物活性代谢产物的作用是新药研发的重要问题。Hoechst Marion Roussel公司错过了一个重要的机会，因为他们并不清楚他们的药物其实是一种前药。相反，Sepracor公司利用这次机会开发出一个新药，并使之最终成为重磅炸弹药物。

14.6 氯雷他定 *vs* 地氯雷他定：药代动力学问题

特非那定的兴衰引起了许多制药公司和药监部门的关注。开发新型非镇静性抗组胺药是20世纪80至90年代初期的一个热点研究领域，Schering-Plough公司（已被默克公司收购）研发了一个化合物，最终以氯雷他定（loratadin，Claritin®，图14.15）的通用名上市[38]，但该药的获批时间长于预期。该公司在1986年就向FDA提交了该药的新药申请，但直至1993年才被批准，历时近77个月。在审批之初，FDA并不同意批准该药，因为其与特非那定相比似乎不具任何优势。但当特非那定的不良反应问题开始显露出来时，其地位发生了根本性变化。氯雷他定的年销售峰值超过了20亿美元，并在2002年被批准为非处方药，同年该药物专利到期[39]。

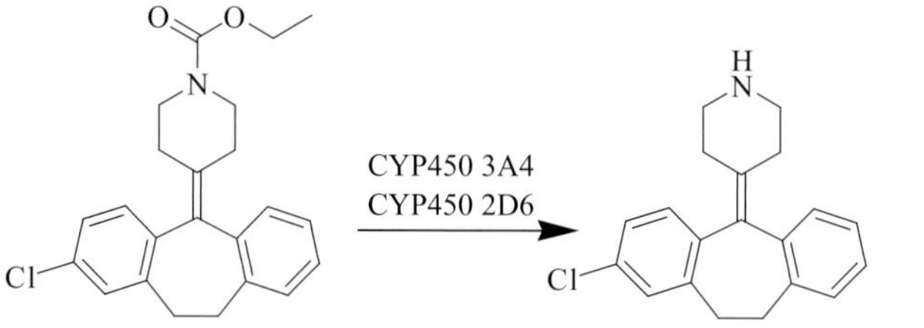

图14.15 氯雷他定通过CYP450 3A4和CYP450 2D6代谢转化为活性代谢产物地氯雷他定

尽管氯雷他定与前文中的药物不同，且一直在市场上销售，但Schering-Plough公司未能充分研究氯雷他定的代谢产物，这反而为另一家公司研发竞争性产品提供了机会。在这种情况下，Sepracor公司的科学家们发现了由CYP450 3A4和CYP450 2D6代谢产生的氯雷他定活性代谢产物。其代谢产物与母体化合物相比，药代动力学性质显著改善，最终以地氯雷他定（desloratadine，Clarinex®，图14.15）上市。如表14.1所示，氯雷他定和地氯雷他定的C_{max}和T_{max}是相当的，但地氯雷他定的代谢半衰期（$t_{1/2}$）是氯雷他定的2倍以上，这意味着其总暴露量（AUC）显著增加[40]。Sepracor公司获得了地氯雷他定的专利，并于1997年将其转让给Schering-Plough公司。2002年FDA批准地氯雷他定上市（同年氯雷他定被批准为非处方药）。随后，地氯雷他定成为Schering-Plough公司和Sepracor公司的重磅炸弹药物（2006年销售额达7.22亿美元）[41]。这一实例再次提醒我们研究药物代谢产物的重要性。在这一实例中，Schering-Plough公司错过了成为药物唯一所有者的重要机会。而Sepracor公司利用这一机会，在非镇静性抗组胺药市场分得了一杯羹。特非那定/非索非那定和氯雷他定/地氯雷他定的研发故事启示我们要重视药物的代谢产物，这其中可能蕴含着潜在的巨大风险和回报。

表 14.1　氯雷他定和地氯雷他定的药代动力学性质

药代动力学参数	氯雷他定	地氯雷他定
C_{max}（mg/L）	17	16
T_{max}（h）	1.2	1.5
$AUC_{0\sim\infty}$[（mg · h）/L]	47	181
$t_{1/2}$（h）	6	13.4

14.7　MPTP：瓶子里的帕金森病

从药物发现和开发的经典案例中可以学到很多宝贵的经验，也可以获得大量有用的信息和知识，如1-甲基-4-苯基-1, 2, 3, 6-四氢吡啶（1-methyl-4-phenyl-1, 2, 3, 6-tetrahydropyridine，MPTP）的研究（图14.16A）。实际上，MPTP的发现始于哌替啶（meperidine，Demerol®，图14.16B）。哌替啶于1932年被首次制得，是一种μ-阿片受体激动剂[42]，也是一种吗啡类似物，用于缓解中度至重度疼痛，但具有成瘾性和滥用风险。哌替啶的使用受到严格的监管，这也不奇怪，因为它的使用能够获得“愉悦感”，在没有处方的情况下服用将会导致严重的法律问题。1-甲基-4-苯基-4-哌啶丙酸酯（MPPP，图14.16C）是由罗氏公司的研究人员于20世纪40年代发现的一个类似物[43]。MPPP也是一种有效的μ-阿片受体激动剂，具有镇痛作用并受到严格的监管，但目前尚未在临床上应用。哌替啶和MPPP唯一的化学区别是酯官能团的倒置。虽然这种变化看似不大，但这两种化合物的生物学特性却截然不同。其中哌替啶是一种成功上市的药物；而MPPP是一种特别危险的物质，其在20世纪70至80年代对吸毒者造成了很大的伤害。

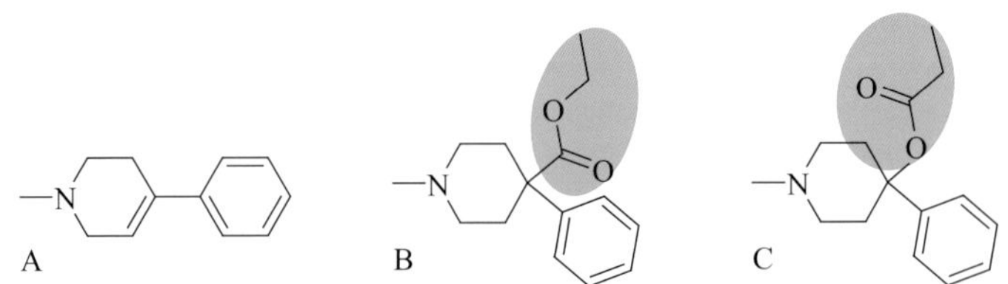

图14.16　A.1-甲基-4-苯基-1, 2, 3, 6-四氢吡啶（MPTP）；B.哌替啶；C.1-甲基-4-苯基-4-哌啶丙酸酯（MPPP）

目前相关的禁毒法禁止将各种市场上可获得的药品和相关化合物用于获得愉悦感，但是在20世纪70至80年代，法律并没有严格的规定。持有或滥用哌替啶等药物可能会被判刑，但对所谓的“新型药物”却并非如此。新型药物作为已知药物的类似物，也可产生愉悦感，但按照当时的规定，使用新型药物并不违法，因为其不在非法物质的定义范畴之内。1976年，一名化学研究生巴里 · 基德斯顿（Barry Kidston）利用了这一法律漏洞，他知道文献已报道了MPPP是一种新型μ-阿片受体激动剂，并认为其会发挥相同的效果而没有法律问题。不幸的是，巴里绕过法律的这一行为带来了可怕且出乎意料的后果。他成功地合成了MPPP，并开始将其用于获取愉悦感，而非治疗疾病。在短时间后，他就开始出现帕金森病的症状（摇晃、僵硬、运动缓慢和行走困难）。使用帕金森病标准治疗药物左旋多巴（L-dopa）进行治疗后，虽然缓解了一些症状，但无法治愈。随后在1982年，另一群吸毒者获得并使用了MPPP，尝到了同样的恶果，也出现了帕金森病症状，甚至全身瘫痪。经过数年的研究，神经病学家J. 威廉·兰斯顿（J. William Langston）与美国国立卫生研究院的合作者最终确定MPPP是这一系列事件的罪魁祸首[44]。哌替啶和MPPP（酯键的倒置）之间的微小差异是如何导致如此严重后果的？

通过代谢和药物分布的差异分析可以找到问题的答案。哌替啶的代谢途径使得代谢产物最终通过肾脏排泄（图14.17）。母体化合物通过脱酯化、葡糖醛酸化，然后排泄到尿液中；或者先脱去*N*-甲基，随后活化芳环（如羟基化）或脱酯化，最后这些代谢物的葡糖醛酸化产物通过尿液和排便清除。本质上而言，所有这些途径都通过体循环清除哌替啶[45]。

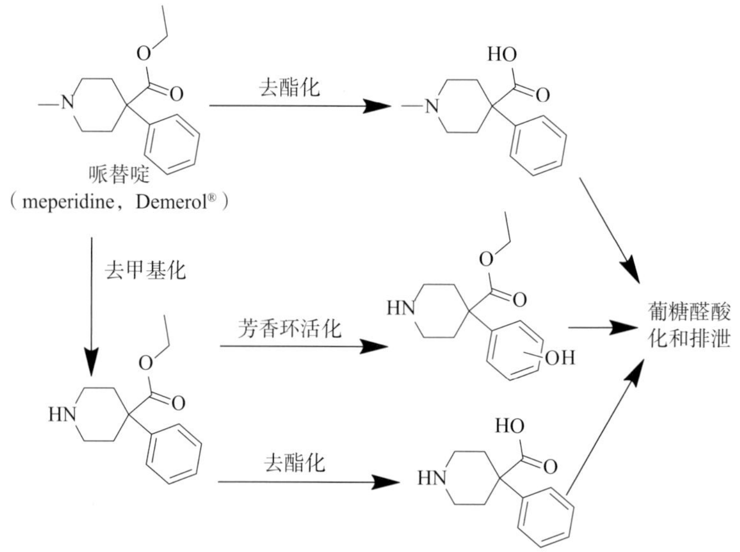

图14.17 哌替啶能够代谢成可从体内安全清除的代谢产物，并最终经过葡糖醛酸化从体内排泄

而MPPP的代谢却截然不同（图14.18）。倒置的酯键具有不同的代谢途径，其生成了1-甲基-4-苯基-1, 2, 3, 6-四氢吡啶，即MPTP。在没有进一步代谢前，MPTP是无毒性的，但具有高亲脂性，可通过血脑屏障。一旦入脑，MPTP将会在神经胶质细胞中发生进一步代谢转化。单胺氧化酶B（monoamine oxidase B，MAO-B）会将MPTP转化为阳离子物质1-甲基-4-苯基吡啶盐（MPP^+）。正电荷阻止其通过血脑屏障，因此生成的MPP^+将无法排出脑外。不幸的是，MPP^+是大脑黑质区多巴胺能细胞中多巴胺转运蛋白的底物，这些特殊细胞摄取MPP^+并导致细胞的死亡，进而破坏了大脑产生多巴胺的能力。随着黑质多巴胺能细胞数量的减少，帕金森症状开始出现，最终导致瘫痪。因此，代谢途径和脑内分布

的改变导致MPPP产生严重的后果[46]。

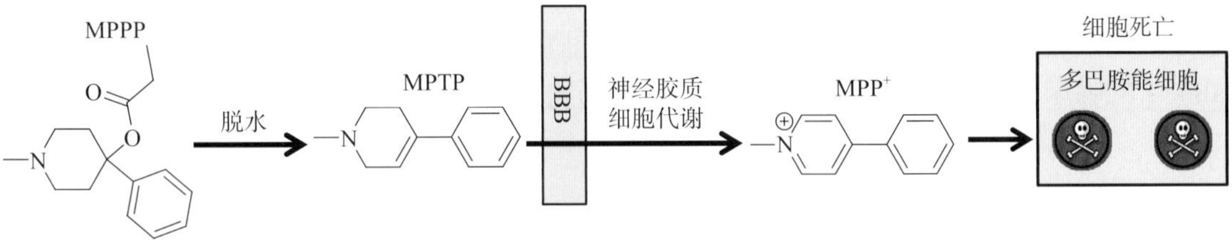

图14.18　MPPP可在体内转化为可通过血脑屏障（BBB）的MPTP。一旦进入大脑，神经胶质细胞会吸收MPTP并将其转化为MPP+，该化合物通过多巴胺转运体进入并杀灭多巴胺能细胞

尽管MPPP从技术上而言并不是一个药物研发的实例，但从这一悲剧中可以总结出许多重要的经验教训。首先，如前所述，代谢产物可能在候选化合物的安全性方面发挥关键作用，一个简单的结构变化就可能导致生理作用的重大改变。其次，更重要的是，化合物的分布可能会显著影响其安全性。试想一下，如果MPPP无法通过血脑屏障，结果将会如何呢？如果MPPP无法通过血脑屏障，神经胶质细胞中的单胺氧化酶B不会将其代谢为MPP+，多巴胺能细胞也就不会摄取MPP+，帕金森病症状也不会出现。那些没有达到预期靶点的候选化合物不能激发所需的生物反应，同时有可能引起副作用的化合物只有在到达相关的“反靶点”（anti-target）时才能导致副作用的产生。

最后，物种间的差异性也至关重要。为了揭开MPPP和MPTP作用背后的谜团，许多研究小组考察了这些化合物对各种啮齿动物的影响，但没有一项研究重现了这些化合物在人体中所观察到的灾难性影响。因为当时还不清楚啮齿动物对这些化合物的敏感程度远不及人类。另外，松鼠猴（squirrel monkey）与人体一样脆弱，J. 威廉・兰斯顿博士对松鼠猴和MPTP的研究揭开了上述吸毒者出现帕金森病症状至关重要的原因[47]，这也启示人们动物安全模型并不总能预测发生在人体中的情况。设想一下，如果一家公司尝试将MPPP开发为一种新型镇痛药，如果仅将啮齿动物的安全性研究作为预测人体安全性的指标，那么将产生可怕的后果，可能所有临床Ⅰ期试验的健康志愿者都会迅速患上帕金森病。虽然该药的临床开发会被直接终止，但这将对参加临床Ⅰ期试验的健康志愿者造成不可挽回的影响。因此，在将任何候选药物应用于人类之前必须完成广泛的安全性研究，以便最大限度地减少意外和悲惨结果的发生。

14.8　安非他酮和哌甲酯：改变剂型以提高疗效

通常可以通过结构改造设计新型类似物，以解决候选化合物的药代动力学缺陷，但有时并非最佳选择。例如，一种已获批上市的治疗药物，由于其比期望的代谢半衰期短，需要每天给药三次。在某些情况下，可以改变药物的剂型以减少达到药效所需的给药次数。尽管药物剂型的变化不会改变该化合物的代谢速率，但可改变药物递送时程。许多缓释剂型，如多层片剂和渗透泵系统（参见第10章），能获得比简单片剂更长的递送时程。这些方法和类似的技术已经被有效地用于许多重要的治疗药物，可以很好地增加药物效用、改善患者的病情。例如，安非他酮（bupropion，图14.19）和哌甲酯（methylphenidate，Ritalin®）的临床应用正是由于改变剂型而延长了药物递送时程。

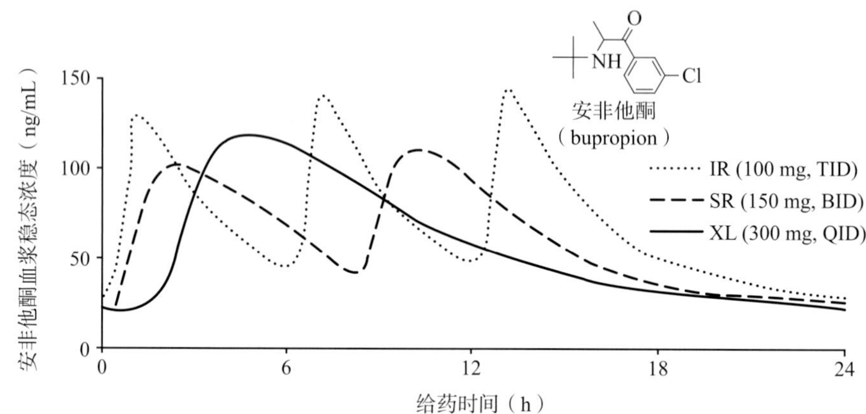

图14.19　**安非他酮IR®（速释）、安非他酮SR®（缓释）、安非他酮XL®（缓释）的血药浓度曲线比较**

来源：Jefferson，W.J.；Pradko，J.F.；Muir，K.T. Bupropion for Major Depressive Disorder：Pharmacokinetic and Formulation Considerations. Clin. Ther. 2005，27（11），1685–1695，Copyright Elsevier，2005.

安非他酮最初是由宝来惠康公司［Burroughs Wellcome，现为葛兰素史克（GlaxoSmithKline，GSK）］的科学家于1969年开发的，1985年被FDA批准用于治疗抑郁症，商品名为Wellbutrin®。批准的最大剂量为600 mg，每日3次。由于服药后大量患者出现了癫痫症状，该药物于1986年被撤回。对临床数据和药物药代动力学的研究表明，癫痫发作的风险具有高度的剂量依赖性，于是安非他酮在1989年以较低的最大剂量（450 mg）重新上市。许多患者能够在较低剂量下得到很好的治疗，而那些需要较高剂量以缓解症状的患者则不能使用安非他酮[48]。

虽然有可能开发出一种没有癫痫副作用的新型临床候选药物，但科学家们还是选择了另一种解决方案。在这种情况下，假设以最高剂量用药达到的血药浓度峰值是导致癫痫风险的原因，可以通过设计一个新型剂量方案来“调和”这些峰值，这样癫痫发作的风险将会消除。这种新的假设剂型将允许药物的血药浓度达到有效治疗的水平，而不会触发癫痫发作的水平。科学家们研发了每日2次的安非他酮缓释剂Wellbutrin SR®（1996年被FDA批准）[49]，以及每日1次的缓释剂Wellbutrin XL®（2003年被FDA批准）[48]。尽管缓释剂属于现代药物开发中的常用剂型，如将药物嵌入缓慢溶解的聚合物基质或渗透泵系统中，但这一技术在当时仍然是一个相对较新的技术。与速释片剂相比，这些新剂型能够更好地控制血浆浓度，并如预期的那样降低安非他酮的血药浓度峰值（图14.19）[50]。这也使得该药可用于更多的患者，同时简化了给药方案，并有效延长了葛兰素史克对安非他酮的专利独享期。包含安非他酮缓释技术的专利是在最初的安非他酮专利之后才提交的，这为Wellbutrin SR®和Wellbutrin XL®提供了额外的专利保护（Wellbutrin XL®的专利于2018年到期）。

哌甲酯剂型的改变也改善了患者的病情，同时避免了开发全新的候选药物。哌甲酯最初是由Ciba-Geigy制药公司（现为诺华公司）的科学家莱安德罗·帕尼松（Leandro Panizzon）于1944年研发的。该药被定义为一种兴奋剂并于1954年以商品名Ritalin®上市，用于治疗慢性疲劳、嗜睡、抑郁、老年行为障碍，以及其他与抑郁症和嗜睡症相关的精神疾病。然而，哌甲酯最常见的用途是治疗儿童注意缺陷障碍（attention deficit disorder，ADD）和注意缺陷多动障碍（attention deficit hyperactivity disorder，ADHD），被认为是ADD或ADHD儿童患者的标准疗法，成功使用了50多年[51]。

尽管Ritalin®在商业上取得了成功，但其并不是理想的儿童药物。虽然其安全性和有效性毋庸置疑，但有些人认为每日服药3次也是一个问题。虽然这对许多成人而言似乎不是一个重要的问题，但家长给孩子喂药却存在困难，加之患儿的ADD或ADHD疾病症状，使服药难度进一步增加。优化的给药方案是根据哌甲酯的PK曲线结果确定的（图14.20），PK曲线显示在摄入速释片剂Ritalin®后约2 h达到血药浓度峰值，之后药物的血药浓度开始下降，并且需要额外的剂量才能在白天维持药效（通常不需要夜间给药）。杨森制药公司的科学家们认为可以通过开发其他的剂型来提高哌甲酯的效用。他们设计了一种缓释给药系统，每天给药1次便可在12 h内保证有效的血药浓度（图14.20）[52]。该产品于2000年获得FDA批准，并以商品名Concerta®上市销售。其安全性和有效性与原剂型基本相同，但每日1次给药为患儿及家长提供了便利。由于剂型改变而产生的性能改善为杨森制药公司带来一种基于老药的畅销药品（2015年销售额为8.21亿美元）[53]。

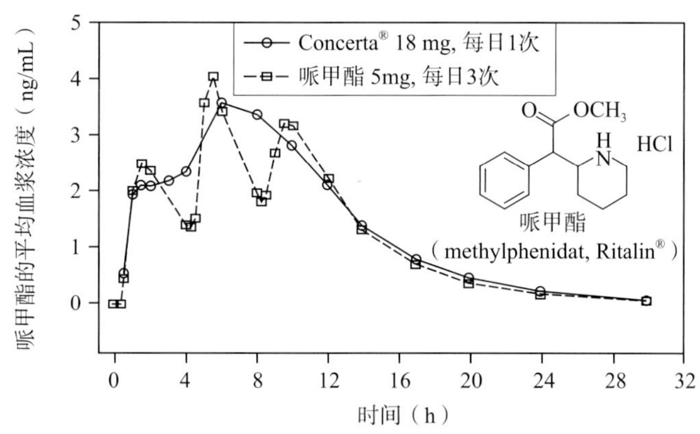

图14.20　哌甲酯速释剂和Concerta®缓释剂的平均血药物浓度比较

图片来源：经杨森制药有限公司许可转载

Concerta®的专利于2011年到期，但改变哌甲酯剂型的故事仍在继续。2013年辉瑞和Tris制药公司宣布其合作开发的Quillivant XR®获FDA批准，其是哌甲酯的一种缓释口服混悬液[54]。两年后，这两家公司开发的一种哌甲酯缓释咀嚼片QuilliChew ER获得FDA的批准[55]。对于哌甲酯这个早在1944年就被报道的药物，美国专利对上述两种剂型的保护将分别生效至2031年和2033年。此外，夏尔制药（现在是武田制药有限公司的一部分）和Noven制药开发了一种含有哌甲酯的透皮贴剂Daytrana®，该剂型于2006年获得FDA批准[56]，美国专利保护期至2025年。这一案例显示出新技术用于已上市药物的重要性，如果能敏锐地发现机会，将为已有药物和新产品带来显著进步。

14.9 环氧合酶-2的选择性抑制：不恰当文字表述的影响

在20世纪80年代末至90年代初，大量研究发现了两种密切相关的酶，即环氧合酶-1（cyclooxygenase-1，COX-1）和环氧合酶-2（cyclooxygenase-2，COX-2），这两种酶的作用显著不同。COX-1也被称为前列腺素-内过氧化物合成酶1（prostaglandin-endoperoxide synthase 1，PGHS-1），能促进胃黏膜的生成，并保护胃部免受酸性物质的影响。COX-2也被称为前列腺素-内过氧化物合成酶2（prostaglandin-endoperoxide synthase 2，PGHS-2），在炎症反应和痛觉中发挥重要作用。非甾体抗炎药（non steroidal anti-inflammatory drug，NSAID），如阿司匹林（aspirin）、布洛芬（ibuprofen）和对乙酰氨基酚（acetaminophen）通过抑制COX-2来抑制疼痛和炎症，但其同时也抑制了COX-1[57]。这种缺乏选择性的药物会导致胃肠道副作用，可能产生严重的不良后果。2000年4月，罗切斯特大学获得了一项专利（US 6048850）授权[58]，其权利要求如下。

（1）一种选择性抑制人体中PGHS-2活性的方法，包括使用一种非甾体化合物选择性地抑制人体PGHS-2基因产物的活性。

（2）权利要求1方法中的化合物能够抑制PGHS-2基因产物酶的活性，并且对PGHS-1的酶活性影响最小。

（3）权利要求1方法中PGHS-1的活性不受抑制。

（4）权利要求1方法中的化合物为非甾体抗炎药。

基本上该专利要求保护任何能够选择性抑制COX-2与COX-1的药用化合物。如第13章所述，专利赋予所有者阻止他人使用该发明的权利，因此，罗切斯特大学起诉那些销售选择性COX-2抑制剂的公司，并宣称由辉瑞公司销售的选择性COX-2抑制剂西乐葆（Celebrex®）侵犯了其专利权，因此罗切斯特大学应该得到相应的赔偿。当然，销售选择性COX-2抑制剂的公司并不同意这一说法，因为他们获得了特殊的新化合物专利，以及通过COX-2途径治疗疼痛的专利。这起案件最终交由联邦法院审理。由于专利中没有对这项发明进行充分的书面说明，最终法院裁定罗切斯特大学的专利无效。该项专利提供的分析方法可用于鉴定具有所需活性和选择性的化合物，然而并没有描述任何能够选择性抑制COX-2而非COX-1的小分子、肽或蛋白等。在缺乏实例、实验或假设的情况下，该专利不包含相关领域普通技术人员制造和使用本发明所必需的信息。换言之，该专利没有包含授权信息，是无效的。在上诉时法院维持了原判，向最高法院提出的复审申请也被驳回，不予审理。

这一案例突显了专利保护不充分和潜在不良后果的一个重要原因。罗切斯特大学花费了大约1000万美元试图执行一项专利申请，他们认为这将使其在数十亿美元的治疗市场上分得一杯羹。不幸的是，他们的专利覆盖范围并没有他们所认为的那样完整。因此，专利撰写的重要性不容忽视。在没有专利保护的情况下，几乎不可能收回新药研发及其上市的巨额成本。专利是制药行业的命脉，制药行业从业者或学术机构的药物研发科学家至少应该了解专利法的基本原则。

14.10 耐抗生素细菌和β-内酰胺酶抑制剂的开发

抗生素和抗菌药的发现从根本上改变了社会，这当然也是这些药物的首次发现者所想象不到的。只需要研究1900～2010年间美国人死亡原因的变化就能体会到抗生素和抗菌药的巨大影响。在1900年，死于传染病的人数占美国总死亡人数的53%；而到了2010年，死于传染病的人数仅占美国总死亡人数的3%[59]。虽然除了抗生素和抗菌药以外，感染相关死亡率的下降肯定还有诸多其他原因，但抗生素和抗菌药无疑是这一变化的主要原因。然而，抗菌药的商业化和广泛应用已经促进了细菌种群的进化，进而产生了对许多抗菌剂具有耐药性的细菌。例如，甲氧西林（methicillin，图14.21A）于1959年获批上市。1961年，患者中出现了耐甲氧西林的金黄色葡萄球菌（MRSA）。到了20世纪90年代中期，在美国人中50%的金黄色葡萄球菌是耐甲氧西林的，同时大多数也对氟喹诺酮类抗菌药具有耐药性[60]。类似地，1952年红霉素（erythromycin，图14.21B）被批准上市后，1955年便出现了耐红霉素的金黄色葡萄球菌[61]。

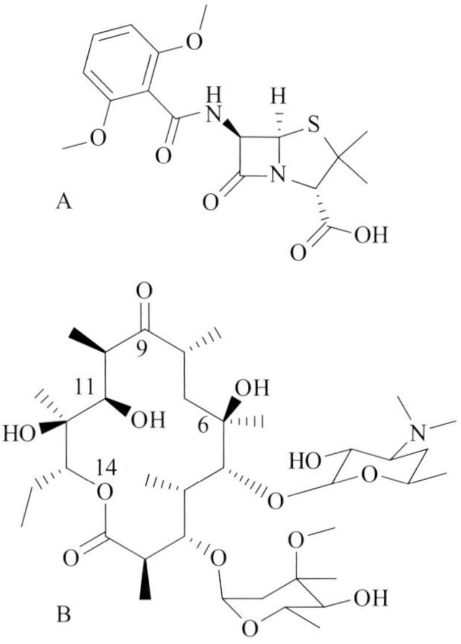

图14.21　甲氧西林（A）和红霉素（B）的结构

耐药细菌的产生几乎是每种抗生素和抗菌药都面临的一个重大问题，因为其可能使临床环境（以及与患者护理无关的其他领域）中使用抗生素和抗菌药所取得的收益降低。为了解决这一问题，人们试图通过改变临床实践、患者护理和商业使用来限制耐药性的发展。与此同时，制药行业和学术实验室已经开发出新型的药物。在某些情况下，可阻断耐药通路的结构优化策略也被应用于对原药的改造。基于这种方法，开发了阿米卡星（amikacin，图14.22B），一种与卡那霉素（kanamycin，图14.22A）相关的氨基糖苷类抗生素。虽然这两个化合物都是实用的抗生素，但阿米卡星中的*L*-羟基氨基丁酰胺（HABA）侧链阻断了耐药通路，而这也是卡那霉素存在的耐药问题[62]。

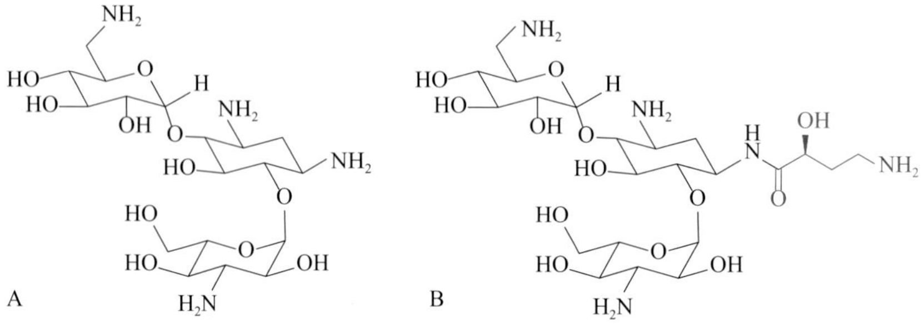

图14.22　卡那霉素（A）和阿米卡星（B）的结构。*L*-羟基氨基丁酰基（红色）的存在阻断了卡那霉素的耐药通路

制药行业也解决了青霉素（penicillin）、甲氧西林（methicillin）和阿莫西林（amoxicillin）等β-内酰胺类抗生素产生的细菌耐药性问题。幸运的是，科学家们发现了一类特殊的酶，即β-内酰胺酶（β-lactamase），其能催化抗菌活性所必需的β-内酰胺环结构的开环。在某些情况下，通过结构上的修饰开发新型的β-内酰胺类抗生素，可防止其成为β-内酰胺酶的底物，进而克服这种耐药机制。比彻姆制药公司（Beecham Pharmaceuticals，隶属于GSK）的科学家们采取了另一种策略。他们发现β-内酰胺酶抑制剂可用于阻断β-内酰胺类抗生素被β-内酰胺酶降解。他们进一步假设，如果β-内酰胺类抗生素与β-内酰胺酶抑制剂联合使用，β-内酰胺类耐药微生物将会重新受到β-内酰胺类抗生素的抑制。最终，他们成功发现了第一个用于临床的β-内酰胺酶抑制剂克拉维酸（clavulanic acid）[63]，并将克拉维酸与β-内酰胺类抗生素阿莫西林联合使用，开发了奥格门汀（Augmentin®，图14.23）[64]。该药于1984年在美国上市，目前是WHO基本药物目录中的一员[65]。

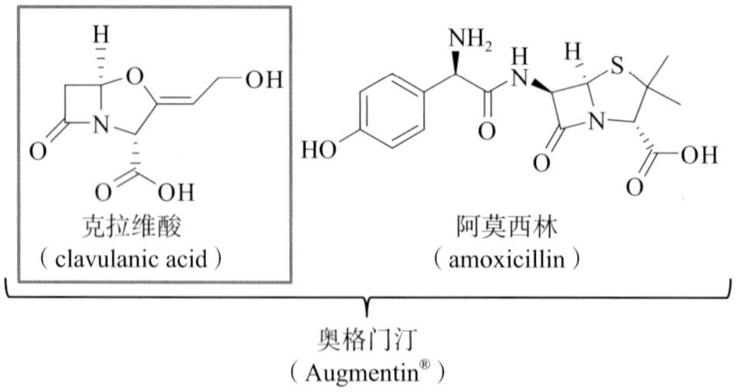

图14.23　奥格门汀是由β-内酰胺类抗生素阿莫西林和β-内酰胺酶抑制剂克拉维酸组成的复方制剂

奥格门汀的成功促使其他组织启动研发新型β-内酰胺酶抑制剂的项目，这些抑制剂可与β-内酰胺类抗生素联用，进而获得能够解决细菌耐药性的药物。这些工作研发了其他的β-内酰胺酶抑制剂，如舒巴坦（sulbactam）[66]、阿维巴坦（avibactam）[67] 和法硼巴坦（vaborbactam）[68]（图14.24）。就其自身而言，β-内酰胺酶抑制剂并没有杀灭细菌的能力，而当其与一种合适的β-内酰胺类抗生素联用时，可重建β-内酰胺类抗生素的疗效，从而抵御β-内酰胺耐药菌。然而，在开发用于临床的β-内酰胺类抗生素/β-内酰胺酶抑制剂的复方制剂时，必须认识到一个关键的限制。为了使复方制剂能够有效地应用于临床，β-内酰胺耐药菌必须同时暴露于β-内酰胺抗生素和β-内酰胺酶抑制剂。虽然这在微量滴定板中很容易完成，但在体内环境中，这要求两种化合物的药代动力学曲线具有适当的重叠。以一位β-内酰胺耐药细菌性肺部感染的患者为例，如果其接受β-内酰胺类抗生素/β-内酰胺酶抑制剂联合治疗，其中β-内酰胺类抗生素高度透过肺部组织，但β-内酰胺酶抑制剂不能有效地分布至肺部组织中，那么联合用药将不能有效地消除感染。该案例强调了联合治疗的潜在益处，前提是发现具有合适药代动力学曲线的药物并将其有效地联合应用。

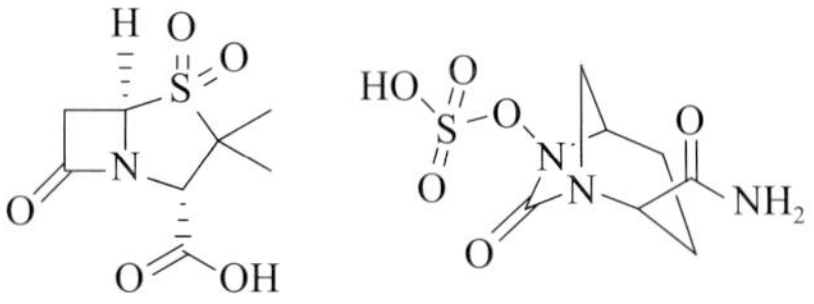

A

B

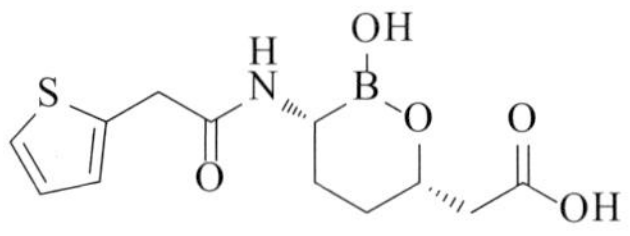

C

图14.24　β-内酰胺酶抑制剂舒巴坦（A）、阿维巴坦（B）和法硼巴坦（C）的结构

14.11　分子病理协会 *vs* 米利亚德基因公司：基因专利的有效性

始于20世纪70年代的生物技术革命为科学家提供了识别和分离单个基因的必要工具，以及利用这些基因创建研究工具的能力。正如前几章中多次讨论的那样，随着生物技术的兴起，开发了大量的体外检测技术、动物模型和现代治疗药物。这对癌症治疗的影响尤为显著，因为这些工具已被用于识别很多对诊断和治疗许多类型癌症的实用生物标志物。M. C. 金（M. C. King）等[69] 发现了首批与乳腺癌和卵巢癌相关的生物标志物。而后发起了一系列研究，最终催生了治疗相关疾病的许多实用治疗药物。然而，与此同时，这也引发了一场关键的法律战，并深刻影响了制药公司可获得的专利格局。

在科学范畴内，允许分离和鉴定单个基因的技术进步被视为改变游戏规则的事件。虽然部分人认为公众可以免费获取这些信息，但另一部分人则认为这些发现是通往高利润商业机会的途径。许多学术机构和制药公司都提交了相关专利申请，其权利要求的内容包括描述分离基因的部分，以及这些基因的各种使用方法（如诊断工具、体外筛选系统）。总部位于犹他州盐湖城的米利亚德基因公司（Myriad Genetics Inc.）是努力将单个基因相关信息商业化的早期先驱之一。他们对*BRCA1*和*BRCA2*基因及这些基因在诊断乳腺癌和卵巢癌[70]（如第11章中所述，这些基因与乳腺癌和卵巢癌的高风险相关[71]）中的应用提出了专利申请并获得授权。1996年11月，该公司推出了BRACAnalysis®，其是一种能够识别患有致病性*BRCA*突变患者的测序系统。截至2013年2月，该系统已对100万名患者进行了评估[72]，但其4000美元的标价明显高于对人体整个基因组进行测序的成本（1000美元）[73]。虽然这款产品的成功无疑得到了米利亚德基因公司股东的好评，但许多人认为对人类基因进行专利保护是存在问题的。虽然米利亚德的研究人员抓住了其中的商业机会，但其他人关注的则是其对个人隐私的威胁和对生物医学研究的阻碍[74]。分子病理学协会（Association for Molecular Pathology，AMP）对米利亚德专利的有效性提出了质疑，认为分离的基因只是未发生改变的天然产物，因此不符合专利授权的条件。米利亚德基因公司对其立场进行了辩护，认为从生物体的全基因组中分离单个基因所需的操作使其能够获得专利授权，因为分离的基因本身在自然界中不会出现，其只是存在于完整的生物体中。2010年3月，美国一家地方法院做出了有利于AMP的裁决，并宣布该专利中的所有权利要求均无效。这一裁决于2011年被美国联邦上诉法院推翻，AMP继续向美国最高法院提起上诉[75]。2013年6月，美国最高法院裁定，争议专利无效，部分声明如下："天然存在的DNA片段是天然存在的产物，不能仅因为被分离出来就符合专利资格。"

米利亚德裁决是制药领域中关于专利的一个具有深远意义的关键转折点，部分专利甚至超出了所分离基因的范畴。这一裁决最为明显的影响是，任何涵盖从生物体中分离获得的基因的专利均无效。然而，美国最高法院确实明确表示，他们的裁决并未影响用于分离基因的方法。最高法院特别指出，此前未提出将方法相关的权利要求作为案件的一部分，倘若方法相关的权利要求是案件的一部分，那么米利亚德基因公司在这一问题上的处境将是更有利的。重要的是，最高法院还明确表示，非天然存在的DNA的可专利性不受这一判决的影响。换言之，在实验室环境中创建的DNA序列，即使与天然存在的DNA仅有一个碱基对不同，也可能和cDNA一样获得专利。由于这些物质不会是本质上未改变的天然产物，其专利性将取决于案件提交给美国专利商标局时的现有技术[76]。

当在专利申请中考虑到某物质是否是一个本质上未改变的天然产物时，米利亚德裁决对分离基因以外领域的潜在影响也将变得十分显著。例如，可能具有治疗效用的分离蛋白。如果胰岛素是在后米利亚德时代被发现的，其可以作为一种物质成分而获得专利授权吗？可能不行，因为基于米利亚德裁决，这种蛋白本身可以被视为一种本质上未被改变的天然产物。虽然胰岛素可能开发出获得专利保护的新剂型或新应用，但胰岛素本身是否能在美国获得专利保护的问题，可能会对胰岛素作为一种新型治疗方法的开发产生巨大的阻力。当然，胰岛素早在米利亚德裁决发布之前就被发现了，但上述情况将适用于未来发现的任何潜在的具有治疗作用的天然蛋白。这一物质成分问题也可延伸至天然存在的抗体、毒液、病毒和小分子。在米利亚德裁决之前，青霉素、红霉素和一系列其他天然化合物在美国获得了专利保护，但在后米利亚德时代情况可能不同。USPTO专利审查政策副专员安德鲁·H. 赫什菲尔德（Andrew H. Hirshfeld）于2014年3月就这一问题发布了指导意见，指出关于天然产物物质组成的权利要求将不再被USPTO认可[77]。这一立场尚未在美国法院系统中受到挑战，该问题在法律文献和专利从业者中依然存在争议。这一问题可能会继续悬而未决，直至其成为美国法院案件而得到解决，而该案件将特别涉及涵盖所分离天然产物的物质组成权利要求。米利亚德裁决的影响仍将继续，但毫无疑问的是，其对美国专利领域产生了重大影响[78]。

值得注意的是，米利亚德案例也强调了专利法中的管辖权问题。美国最高法院审理的案件为美国的专利设定了标准，但美国最高法院的权力仅限制在美国境内。在其他国家挑战米利亚德专利的有效性，就需要在这些国家的法院系统中提起诉讼。在澳大利亚也曾提起一起此类诉讼。这一案件与美国的案件平行进展，并遵循了类似的进程。虽然澳大利亚联邦法院在2013年支持米利亚德专利的有效性[79]，但澳大利亚高等法院（该国的最高法院）于两年后推翻了这一裁决。与美国最高法院类似，他们发现，根据《澳大利亚专利法》，分离的基因不是可获得专利的发明，相应的澳大利亚专利是无效的[80]。但这一裁决对澳大利亚以外没有影响，正如美国最高法院的决定对美国以外的专利没有影响一样。虽然两国的法律体系最终得出了相同的结论，但这一结果并非是一成不变的。如果澳大利亚高等法院确认了澳大利亚联邦法院的裁决，而不是推翻它，那么米利亚德专利在澳大利亚将会有效，但在美国无效。理解专利法的管辖权问题及其如何影响发明的可专利性，将对潜在治疗的商业价值产生重要影响，也将显著影响公司和投资者对相关项目的支持意愿。

14.12 小结

制药行业是一个日新月异的领域，要求参与者保持对多领域科学、商业实践、监管因素和法律问题的基本了解。正如本文前面所讨论的，任何人都不可能具备将全新治疗药物推向市场所必需的所有技能和专业知识，更不必说其中所涉及的设备和资金了。药物发现与开发是一项复杂的、团队性的工作，每个参与者都需要掌握多个领域的专业知识，对不同研究领域有基本的了解，并具备在团队中工作和学习的能力。如本章所述，以往的经验教训引发了研究人员的广泛思考，有助于发现通向成功的潜在途径和应该避免的陷阱。在药物发现与开发方面最出色的科学家通常不仅向同辈人学习，而且还会研究本行业中成功与失败的案例。那些不能铭记过去的人注定要重蹈覆辙，而那些不能从过去吸取经验教训的人，更不太可能在未来，尤其是在制药行业中获得成功。

（李达翃）

思考题

1. 为什么奥司他韦（Tamiflu®）能够作为前药应用？
2. 呋喃妥因是一种用于治疗尿路感染的抗生素，但众所周知其具有高致突变性、高致畸性和高致癌性风险。那么为什么该药依然可以广泛应用？
3. 特非那定（Seldane®）是第一个非镇静抗组胺药，于1985年上市。尽管该药已在超过1亿名患者中成功使用，但其仍于1997年被撤回。该药被撤回的原因是什么？这一事件对药物的发现过程有何影响？
4. 非索非那定（Allegra®）的研发是如何突显药物代谢的重要性的？
5. 氯雷他定（Claritin®）和地氯雷他定（Clarinex®）的研发是如何突显药物代谢的重要性的？
6. 1-甲基-4-苯基-4-哌啶丙酸酯（MPPP）是一种有效的μ-阿片受体激动剂，为什么其临床应用并不安全？为什么这与整个药物研发过程相关？
7. 为什么缓释剂型对安非他酮的开发至关重要？
8. 表达不充分的专利申请可能会产生什么影响？

参考文献

1. Martin, P.; Martin-Granel, E. 2,500-Year Evolution of the Term Epidemic. *Emerg. Infect. Dis.* **2006,** *12* (6), 976–980.
2. Mills, C. E.; Robins, J. M.; Lipsitch, M. Transmissibility of 1918 Pandemic Influenza. *Nature* **2004,** *432* (7019), 904–906.
3. Dawood, F. S.; Iuliano, A. D.; Reed, C.; Meltzer, M. I.; Shay, D. K.; Cheng, P. Y., et al. Estimated Global Mortality Associated With the First 12 Months of 2009 Pandemic Influenza A H1N1 Virus Circulation: A Modelling Study. *Lancet Infect. Dis.* **2012,** *12* (9), 687–695.
4. Maugh, T. H. Amantadine: An Alternative for Prevention of Influenza. *Science* **1976,** *192* (4235), 130–131.
5. Wintermeyer, S. M.; Nahata, M. C. Rimantadine: A Clinical Perspective. *Ann. Pharmacother* **1995,** *29* (3), 299–310.
6. Kaiser, L.; Wat, C.; Mills, T.; Mahoney, P.; Ward, P.; Hayden, F. Impact of Oseltamivir Treatment on Influenza-Related Lower Respiratory Tract Complications and Hospitalizations. *Arch. Intern. Med.* **2003,** *163* (14), 1667–1672.
7. (a) Meinal, P.; Bodo, G.; Palese, P.; Schulman, J.; Tuppy, H. Inhibition of Neuraminidase Activity by Derivatives of 2-Deoxy-2,3-Dehydro-*N*-Acetylneuraminic Acid. *Virology* **1974,** *58* (2), 457–463.
8. von Itzstein, M. The War Against Influenza: Discovery and Development of Sialidase Inhibitors. *Nat. Rev. Drug Discov.* **2007,** *6* (12), 967–974.
9. Varghese, J. N.; McKimm-Breschkin, J. L.; Caldwell, J. B.; Kortt, A. A.; Colman, P. M. The Structure of the Complex Between Influenza Virus Neuraminidase and Sialic Acid, the Viral Receptor. *Proteins: Struct. Funct. Genet.* **1992,** *14*, 327–332.
10. Bossart-Whitaker, P.; Carson, M.; Babu, Y. S.; Smith, C. D.; Laver, W. G.; Air, G. M. Three-Dimensional Structure of Influenza A N9 Neuraminidase and Its Complex With the Inhibitor 2-Deoxy 2,3-Dehydro-*N*-Acetyl Neuraminic Acid. *J. Mol. Biol.* **1993,** *232* (4), 1069–1083.
11. Heneghan, C. J.; Onakpoya, I.; Thompson, M.; Spencer, E. A.; Jones, M.; Jefferson, T. Zanamivir for Influenza in Adults and Children: Systematic Review of Clinical Study

Reports and Summary of Regulatory Comments. *Br. Med. J.* **2014,** *348*, g2547.

12. (a) Kim, C. U.; Lew, W.; Williams, M. A.; Wu, H.; Zhang, L.; Chen, X., et al. Structure-Activity Relationship Studies of Novel Carbocyclic Influenza Neuraminidase Inhibitors. *J. Med. Chem.* **1998,** *41*, 2451–2460.
    (b) Kim, C. U.; Lew, W.; Williams, M. A.; Liu, H.; Zhang, L.; Swaminathan, S., et al. Influenza Neuraminidase Inhibitors Possessing a Novel Hydrophobic Interaction in the Enzyme Active Site: Design, Synthesis, and Structural Analysis of Carbocyclic Sialic Acid Analogues with Potent Anti-Influenza Activity. *J. Am. Chem. Soc.* **1997,** *119*, 681–690.
13. Li, W.; Escarpe, P. A.; Eisenberg, E. J.; Cundy, K. C.; Sweet, C.; Jakeman, K. J., et al. Identification of GS 4104 as an Orally Bioavailable Prodrug of the Influenza Virus Neuraminidase Inhibitor GS 4071. *Antimicrob. Agents Chemother.* **1998,** *42* (3), 647–653.
14. (a) Rikimaru, T.; Taketomi, A.; Yamashita, Y.; Shirabe, K.; Hamatsu, T.; Shimada, M., et al. Clinical Significance of Histone Deacetylase 1 Expression in Patients With Hepatocellular Carcinoma. *Oncology* **2007,** *72*, 69–74.
    (b) Lu, Y. S.; Kashida, Y.; Kulp, S. K.; Wang, Y. C.; Wang, D.; Hung, J. H., et al. Efficacy of a Novel Histone Deacetylase Inhibitor in Murine Models of Hepatocellular Carcinoma. *Hepatology* **2007,** *46*, 1119–1130.
15. Wong, J. C.; Tang, G.; Wu, X.; Liang, C.; Zhang, Z.; Guo, L., et al. Pharmacokinetic Optimization of Class-Selective Histone Deacetylase Inhibitors and Identification of Associated Candidate Predictive Biomarkers of Hepatocellular Carcinoma Tumor Response. *J. Med. Chem.* **2012,** *55* (20), 8903–8925.
16. Bennett, J. E.; Dolin, R.; Blaser, M. J.; Dolin, G. L., Eds. *Mandell, Douglas, and Bennett's Principles and Practice of Infectious Diseases;* 7th ed. Churchill Livingstone, Elsevier: Philadelphia, PA, 2010.
17. Brook, I. Approval of zidovudine (AZT) for acquired immunodeficiency syndrome. A challenge to the medical and pharmaceutical communities. *J. Am. Med. Assoc.* **1987,** *258* (11), 1517.
18. Jeffries, D. J. Zidovudine Resistant HIV. *Br. Med. J.* **1989,** *298*, 1132–1133.
19. Center for Disease Control and Prevention Morbidity and Mortality Weekly Report. HIV Surveillance–United States, 1981–2008. June 3rd, 2011.
20. (a) Ho, D. D. Time to Hit HIV, Early and Hard. *N. Engl. J. Med.* **1995,** *333*, 450–451.
    (b) Hammer, S. M.; Katzenstein, D. A.; Hughes, M. D.; Gundacker, H.; Schooley, R. T.; Haubrich, R. H., et al. A Trial Comparing Nucleoside Monotherapy With Combination Therapy in HIV-Infected Adults With CD4-Cell Counts From 200 to 500 Per Cubic Millimeter. AIDS Clinical Trials Group Study 175 Study Team. *N. Engl. J. Med.* **1996,** *335*, 1081–1090.
    (c) Gulick, R. M.; Mellors, J. W.; Havlir, D.; Eron, J. J.; Gonzalez, C.; McMahon, D., et al. Treatment With Indinavir, Zidovudine, and Lamivudine in Adults With Human Immunodeficiency Virus Infection and Prior Antiretroviral Therapy. *N. Engl. J. Med.* **1997,** *337*, 734–739.
21. Zuniga, J. M.; Whiteside, A.; Ghaziani, A.; Bartlett, J. G. *A Decade of HAART: The Development and Global Impact of Highly Active Antiretroviral Therapy,;* Oxford University Press Inc.: New York, 2008.
22. Dorsey, B. D.; Levin, J. R. B.; McDaniel, S. L.; Vacca, J. P.; Guare, J. P.; Darke, P. L., et al. L-735,524: The Design of a Potent and Orally Bioavailable HIV Protease Inhibitor. *J. Med. Chem.* **1994,** *37* (21), 3443–3451.
23. Reider, P. J. Advances in AIDS Chemotherapy: The Asymmetric Synthesis of Crixivan®. *Chimia* **1997,** *51*, 306–308.
24. Tanouye, E. Medicine: Success of AIDS Drug Has Merck Fighting To Keep Up the Pace. *Wall Street J.* **November 6th, 1996**.
25. McOsker, C. C.; Fitzpatrick, P. M. Nitrofurantoin: Mechanism of Action and Implications for Resistance Development in Common Uropathogens. *J. Antimicrob.*

Chemother. **1994,** *33* (Suppl. A), 23–30.
26. (a) Letelier, M. E.; Izquierdo, P.; Godoy, L.; Lepe, A. M.; Faúndez, M. Liver Microsomal Biotransformation of Nitro-aryl Drugs: Mechanism for Potential Oxidative Stress Induction. *J. Appl. Toxicol.* **2004,** *24,* 519–525.
    (b) Neumann, H. G. *Monocyclic Aromatic Amino and Nitro Compounds: Toxicity, Genotoxicity and Carcinogenicity, Classification in a Carcinogen Category. The MAK-Collection Part I: MAK Value Documentations,* Vol. 21. Wiley-VCH: Weinheim, Germany, 2005.
27. Cunha, B. A. Nitrofurantoin–Current Concepts. *Urology* **1988,** *32* (2), 67–71.
28. Sorkin, E. M.; Heel, R. C. Terfenadine. A Review of Its Pharmacodynamic Properties and Therapeutic Efficacy. *Drugs* **1985,** *29* (1), 34–56.
29. Masheter, H. C. Terfenadine: The First Nonsedating Antihistamine. *Clin. Rev. Allergy* **1993,** *11,* 5–34.
30. Thompson, D.; Oster, G. Use of Terfenadine and Contraindicated. *Drugs. J. Am. Med. Assoc.* **1996,** *275* (17), 1339–1341.
31. (a) Pulmonary-Allergy Drugs Advisory Committee. Proceedings of the Pulmonary-Allergy Drugs Advisory Committee. Rockville, MD, Food and Drug Administration, Public Health Service, US Dept of Health and Human Services; **1990**.
    (b) Honig, P. K.; Wortham, D. C.; Zamini, K.; Connor, D. P.; Mullin, J. C.; Cantilena, L. R. Terfenadine-Ketoconazole Interaction. Pharmacokinetic and Electrocardiographic Consequences. *J. Am. Med. Assoc.* **1993,** *269,* 1513–1518.
32. Marion Merrell Dow Inc. *Important Drug Warning;* Marion Merrell Dow Inc: Kansas City, MO, July 1992.
33. Sanguinetti, M. C.; Tristani-Firouzi, M. hERG Potassium Channels and Cardiac Arrhythmia. *Nature* **2006,** *440* (7083), 463–469.
34. Guo, L.; Guthrie, H. Automated Electrophysiology in the Preclinical Evaluation of Drugs for Potential QT Prolongation. *J. Pharmacol. Toxicol. Methods* **2005,** *52,* 123–135.
35. (a) Jurima-Romet, M.; Crawford, K.; Cyr, T.; Inaba, T. Terfenadine Metabolism in Human Liver: In Vitro Inhibition by Macrolide Antibiotics and Azole Antifungals. *Drug Metab. Dispos.: Biol. Fate Chem.* **1994,** *22,* 849–857.
    (b) Woosley, R. L.; Chen, Y.; Frieman, J. P.; Gillis, R. A. Mechanisms of the Cardiotoxic Actions of Terfenadine. *J. Am. Med. Assoc.* **1993,** *269,* 1532–1536.
    (c) Monahan, B. P.; Ferguson, C. L.; Killeavy, E. S.; Lloyd, B. K.; Troy, J.; Cantilena, L. R. Torsades des Pointes Occurring in Association With Terfenadine Use. *J. Am. Med. Assoc.* **1990,** *264,* 2788–2790.
36. (a) "Teva and Barr Announce Launch of Generic Allegra® Tablets by Teva Under Agreement With Barr." Teva Pharmaceuticals press release, September 6th, 2005.
    (b) "Barr Granted Summary Judgment on Three Patents in Allegra® Patent Challenge." Barr Pharmaceuticals press release, July 1st, 2004.
37. FDA Prescription to Over-the-Counter (OTC) Switch List, http://www.fda.gov/AboutFDA/CentersOffices/OfficeofMedicalProductsandTobacco/CDER/ucm106378.htm.
38. Kay, G. G.; Harris, A. G. Loratadine: A Non-Sedating Antihistamine. Review of Its Effects on Cognition, Psychomotor Performance, Mood and Sedation. *Clin. Exp. Allergy* **1999,** *29* (S3), 147–150.
39. Hall, S. S. The Claritin Effect; Prescription for Profit. *New York Times,* March 11th, 2001.
40. Zhang, Y. F.; Chen, X. Y.; Zhong, D. F.; Dong, Y. M. Pharmacokinetics of Loratadine and Its Active Metabolite Descarboethoxyloratadine in Healthy Chinese Subjects. *Acta Pharmacol. Sin.* **2003,** *24* (7), 715–718.
41. Smith, A. Big Pharma Teaches Old Drugs New Tricks: Drugmakers Hunt for New Patents on Old Blockbusters to Try and Postpone the Inevitable: Generic Competition. *CNNMoney.com,* March 21st, 2007.
42. Hori, G.; Gold, S. Demerol in Surgery and Obstetrics. *Can. Med. Assoc. J.* **1944,** *51* (6),

509–517.

43. Ziering, A.; Lee, J. Piperidine Derivatives; 1,3-Dialkyl-4-Aryl-4-Acyloxypiperidines. *J. Org. Chem.* **1947,** *12* (6), 911–914.
44. (a) Langston, J. W.; Palfreman, J. *The Case of the Frozen Addicts: How the Solution of a Medical Mystery Revolutionized the Understanding of Parkinson's Disease;* IOS Press: Amsterdam, 2014.
    (b) Langston, J. W.; Ballard, P.; Tetrud, J. W.; Irwin, I. Chronic Parkinsonism in Humans due to a Product of Meperidine-Analog Synthesis. *Science* **1983,** *219* (4587), 979–980.
45. (a) Hardman, J. G.; Limbird, L. E.; Molinoff, P. B.; Ruddon, R. W.; Goodman, A. G., Eds. *Goodman and Gilman's The Pharmacological Basis of Therapeutics;* 9th ed McGraw-Hill: New York, 1996.
    (b) Chan, K.; Kendall, M. J.; Mitchard, M. Quantitative Gas-Liquid Chromatographic Method for the Determination of Pethidine and Its Metabolites, Norpethidine and Pethidine N-Oxide in Human Biological Fluids. *J. Chromatogr.* **1974,** *89* (2), 169–576.
46. (a) Pifl, C.; Giros, B.; Caron, M. G. Dopamine Transporter Expression Confers Cytotoxicity to Low Doses of the Parkinsonism-Inducing Neurotoxin 1-Methyl-4-Phenylpyridinium. *J. Neurosci.* **1993,** *13* (10), 4246–4253.
    (b) Burns, R. S.; Markey, S. P.; Phillips, J. M.; Chiueh, C. C. The Neurotoxicity of 1-Methyl-4-Phenyl-1,2,3,6-Tetrahydropyridine in the Monkey and Man. *Can. J. Neurol. Sci.* **1984,** *11* (1), S166–168.
    (c) Markey, S. P.; Johannessen, J. N.; Chiueh, C. C.; Burns, R. S.; Herkenham, M. A. Intraneuronal Generation of a Pyridinium Metabolite May Cause Drug-Induced Parkinsonism. *Nature* **1984,** *311* (5985), 464–467.
47. (a) Langston, J. W.; Forno, L. S.; Rebert, C. S.; Irwin, I. Selective Nigral Toxicity After Systemic Administration of 1-Methyl-4-Phenyl-1,2,5,6-Tetrahydropyridine (MPTP) in the Squirrel Monkey. *Brain Res.* **1984,** *292* (2), 390–394.
    (b) Irwin, I.; Langston, J. W. Selective Accumulation of MPP+ in the Substantia Nigra: A Key to Neurotoxicity? *Life Sci.* **1985,** *36* (3), 207–212.
48. Fava, M.; Rush, A. J.; Thase, M. E.; Clayton, A.; Stahl, S. M.; Pradko, J. F., et al. 15 Years of Clinical Experience With Bupropion HCl; From Bupropion to Bupropion SR to Bupropion XL. *Prim. Car Companion J. Clin. Psychiatry* **2005,** *7* (3), 106–113.
49. Dunner, D. L.; Zisook, S.; Billow, A. A.; Batey, S. R.; Johnston, J. A.; Ascher, J. A. A Prospective Safety Surveillance Study for Bupropion Sustained-Release in the Treatment of Depression. *J. Clin. Psychiatry* **1998,** *59* (7), 366–373.
50. Jefferson, W. J.; Pradko, J. F.; Muir, K. T. Bupropion for Major Depressive Disorder: Pharmacokinetic and Formulation Considerations. *Clin. Ther.* **2005,** *27* (11), 1685–1695.
51. Lange, K. W.; Reichl, S.; Lange, K. M.; Tucha, L.; Tucha, O. The History of Attention Deficit Hyperactivity Disorder. *ADHD Atten. Deficit Hyperactivity Disorder* **2010,** 2 (4), 241–255.
52. Concerta® (Methylphenidate HCl) Extended Release Tablet Prescription Package Insert.
53. Johnson & Johnson 2015 Annual Report, https://www.jnj.com/_document?id = 0000015a-817f-d3f1-af7e-ddffde9e0000.
54. https://www.trispharma.com/news/pfizer-announces-availability-of-quillivant-xr-methylphenidatehydrochloride-cii-for-extended-release-oral-suspension-in-theunited-states.
55. (a) https://www.pfizer.com/news/press-release/press-release-detail/pfizer_receives_u_s_fda_approval_of_new_quillichew_er_methylphenidate_hydrochloride_extended_release_chewable_tablets_cii.
    (b) https://www.trispharma.com/news/tris-pharma-announces-first-ever-fda-approved-extended-release-chewable-tablet-1#.
56. http://www.noven.com/PR040606.php.
57. Dubois, R. N.; Abramson, S. B.; Crofford, L.; Gupta, R. A.; Simon, L.; Van De Putte,

L. B. A., et al. Cyclooxygenase in Biology and Disease. *FASEB J.* **1998,** *12* (12), 1063–1073.

58. Young, D. A.; O'Banion, M. K.; Winn, V. D. Method of Inhibiting Prostaglandin Synthesis in a Human Host. US 6048850; **2000**.
59. Based on Data Obtained From the US Center for Disease Control's National Center for Health Statistics, https://www.cdc.gov/nchs/.
60. Moellering, R. C., Jr. MRSA: the First Half Century. *J. Antimicrob. Chemother.* **2012,** *67* (1), 4–11.
61. (a) MacCabe, A. F.; Gould, J. C. The Epidemiology of an Erythromycin Resistant Staphylococcus. *Scott. Med. J.* **1956,** *1* (7), 223–226.
    (b) Westh, H.; Hougaard, D. M.; Vuust, J.; Rosdahl, V. T. Prevalence of erm Gene Classes in Erythromycin-Resistant *Staphylococcus aureus* Strains Isolated Between 1959 and 1988. *Antimicrob. Agents Chemother.* **1995,** *39* (2), 369–373.
62. (a) Kawaguchi, H. Discovery, Chemistry, and Activity of Amikacin. *J. Infect. Dis.* **1976,** *134*, S242–S248.
    (b) Ramirez, M. S.; Tolmasky, M. E. Amikacin: Uses, Resistance, and Prospects for Inhibition. *Molecules* **2017,** *22* (12), 1–23.
63. Brown, A. G.; Butterworth, D.; Cole, M.; Hanscomb, G.; Hood, J. D. Naturally Occurring β-Lactamase Inhibitor With Antibacterial Activity. *J. Antibiotics* **1976,** *29* (6), 668–669.
64. Croydon, P. A World-Wide Summary of Clinical Experience With Augmentin. *J. Chemother.* **1989,** *1* (S4), 644–645.
65. https://www.who.int/medicines/publications/essentialmedicines/en/.
66. (a) Bush, K. Beta-Lactamase Inhibitors From Laboratory to Clinic. *Clin. Microbiol. Rev.* **1988,** *1* (1), 109–123.
    (b) Flournoy, D. J. Ampicillin/Sulbactam. *Drugs Today* **1988,** *24* (3), 169–174.
67. Wang, D. Y.; Abboud, M. I.; Markoulides, M. S.; Brem, J.; Schofield, C. J. The Road to Avibactam: The First Clinically Useful Non-β-Lactam Working Somewhat Like a β-Lactam/. *Fut. Med. Chem.* **2016,** *8* (10), 1063–1084.
68. (a) Hecker, S. J.; Reddy, K. R.; Totrov, M.; Hirst, G. C.; Lomovskaya, O.; Griffith, D. C., et al. Discovery of a Cyclic Boronic Acid β-Lactamase Inhibitor (RPX7009) with Utility vs Class A Serine Carbapenemases. *J. Med. Chem.* **2015,** *58* (9), 3682–3692.
69. Hall, J. M.; Lee, M.; Newman, B.; Morrow, J. E.; Anderson, L. A.; Huey, B., et al. Linkage of Early-Onset Familial Breast Cancer to Chromosome 17q21. *Science* **1990,** *250* (4988), 1684–1689.
70. (a) Skolnick, M. H.; Goldgar, D. E.; Miki, Y.; Swenson, J.; Kamb, A.; Harshman, K. D.; et al. 17Q-Linked Breast and Ovarian Cancer Susceptibility Gene. US5747282, **1998**.
    (b) Tavtigian, S. V.; Kamb, A.; Simard, J.; Couch, F.; Rommens, J. M.; Weber, B. L. Chromosome 13-Linked Breast Cancer Susceptibility Gene. US5837492, **1998**.
    (c) Shattuck-Eidens, D. M.; Simard, J.; Durocher, F.; Emi, M.; Nakamura, Y. Linked Breast and Ovarian Cancer Susceptibility Gene. US5693473, **1998**.
    (d) Shattuck-Eidens, D. M.; Simard, J.; Durocher, F.; Emi, M.; Nakamura, Y. Linked Breast and Ovarian Cancer Susceptibility Gene. US5709999, **1998**.
    (e) Skolnick, M. H.; Goldgar, D. E.; Miki, Y.; Swenson, J.; Kamb, A.; Harshman, K. D.; et al. 17q-Linked Breast and Ovarian Cancer Susceptibility Gene. US5710001, **1998**.
    (f) Skolnick, M. H.; Goldgar, D. E.; Miki, Y.; Swenson, J.; Kamb, A.; Harshman, K. D.; et al. 170-Linked Breast and Ovarian Cancer Susceptibility Gene. US5753441, **1998**.
    (g) Tavtigian, S. V.; Kamb, A.; Simard, J.; Couch, F.; Rommens, J. M.; Weber, B. L. Chromosome 13-Linked Breast Cancer Susceptibility Gene. US6033857, **2000**.
71. Petrucelli, N.; Daly, M. B.; Pal, T. BRCA1-and BRCA2-Associated Hereditary Breast and Ovarian Cancer. In *GeneReviews;* Adam, M. P., Ardinger, H. H., Pagon, R. A., Wallace, S. E., Bean, L. J. H., Stephens, K., Amemiya, A., Eds.; University of Washington: Seattle, WA, 1993–2020.
72. https://myriad.com/about-myriad/inside-myriad/company-milestones/.
73. https://www.nytimes.com/2013/05/21/opinion/the-outrageous-cost-of-a-gene-test.

html.

74. (a) Lewin, T. Move to Patent Cancer Gene Is Called Obstacle to Research. New York Times, May 21, 1996.
    (b) Agus, D. B. The Outrageous Cost of a Gene Test. New York Times, May 20, 2013.
    (c) Gold, E. R.; Carbone, J. Myriad Genetics: In the Eye of the Policy Storm. *Genet. Med.* **2010,** *12* (4), S39–S70.
75. Association for Molecular Pathology v. USPTO, 653F.3d 1329 (Fed. Cir. 2011).
76. (a) Liptak, A. Justices, 9-0, Bar Patenting Human Genes. New York Times, June 13, 2013.
    (b) Slip opinion from the U.S. Supreme Court, https://www.supremecourt.gov/opinions/12pdf/12-398_1b7d.pdf.
77. Hirshfeld, A. H. Guidance For Determining Subject Matter Eligibility Of Claims Reciting Or Involving Laws of Nature, Natural Phenomena, & Natural Products. USPTO Memorandum, March, 2014, https://perma.cc/3HLZ-5X84.
78. (a) Dreyfuss, R. C.; Nielsen, J.; Nicol, D. Patenting Nature–A Comparative Perspective. *J. Law Biosci.* **2018,** *5* (3), 550–589.
    (b) Tallmadge, E. H. Patenting Natural Products After Myriad. *Harv. J. Law Technol.* **2017,** *30* (2), 569–600.
79. Corderoy, A. Landmark Patent Ruling Over Breast Cancer Gene BRCA1. *Sydney Morning Herald*, **February 15, 2013**.
80. D'Arcy v. Myriad Genetics Inc & Anor High Court of Australia case number Case S28/2015, https://www.hcourt.gov.au/cases/case_s28-2015.

附 录

参考答案

第1章

1. 药物发现的三个主要阶段分别是：①靶点的发现；②先导化合物的发现；③先导化合物的优化（参见图1.9）。
2. 药物开发的四个主要阶段分别是：①临床前研究；②概念验证；③全面开发阶段；④注册和上市（参见图1.9）。
3. 先导化合物优化周期开始于通过相关生物筛选发现先导化合物。接着对先导化合物进行结构修饰并合成新的类似物，并继续测试类似物的生物活性。如果生物活性有所改善，则保持这一改变并继续优化循环；如果结构的改变对生物活性不利，则放弃这一改变并开始新的先导化合物优化循环。这一过程将持续进行，直至发现满足要求的候选化合物为止（参见图1.18）。
4. 筛选级联，也称为筛选树，是指通过一系列的实验不断对众多化合物进行层层筛选，最终获得临床候选化合物的过程。每一个筛选步骤如同一扇大门，都有各自既定的标准来判断所测试的化合物是否可以进入下一级的筛选。原则上，化合物的数量从上至下会逐级减少，从而限制了进入后续更复杂、更耗时和费用更高研究的化合物数量，这些实验的最终目的是筛选获得具有体内药效的候选化合物（参见图1.20）。
5. 化合物的选择性是药物发现的重要方面，因为大分子靶点和许多其他生物分子之间在结构和性质上经常存在大量重叠。如果化合物没有足够的选择性，那么在与预期靶点作用触发生化信号的同时，也可能会与其他非预期靶点发生作用，将有可能导致副作用的产生，不利于候选化合物的后续研究。
6. 化合物的体外ADME性质主要包括代谢稳定性、血浆稳定性、水溶性、P-gp外排、溶液稳定性、CYP450抑制活性、生物测试溶解性、血脑屏障渗透性和透膜渗透性等（参见图1.21）。

第2章

1. 保罗·埃尔利希的实验确定了台盼红、台盼蓝和亚甲蓝对生物组织的亲和力。由此他假定存在“化学感受器”，并且细胞周围的化学物质与“化学感受器”的相互作用可以产生细胞的生物响应。随后，他推测癌细胞和传染性生物的“化学感受器”与宿主的“化学感受器”之间存在差异，这些差异可以给患者的治疗带来帮助。

2. Fox Chase癌症中心首次发现了SCID小鼠品系，首字母缩略词表示严重的联合免疫缺陷。SCID小鼠严重缺乏B淋巴细胞和T淋巴细胞，这使其极易受到传染病的影响，且无法排斥植入的外来组织，因此对癌症研究具有重要的意义。SCID小鼠不同于裸鼠，裸鼠是一种先天性无胸腺的无毛小鼠。在没有胸腺的情况下，裸鼠不能产生成熟的T淋巴细胞，从而限制了它们产生免疫应答的能力。
3. 转基因动物模型是使用基因工程技术改变基因组以添加新基因的动物。通过组合选择性育种和遗传操纵可以开发转基因动物模型。首先制备适于插入生物体DNA中的基因载体，通过显微注射将其插入受精卵中。然后将改造的胚胎植入适当的假孕雌性中并使其成长。后代出生后，采用遗传谱分析来鉴定携带转基因的后代。再通过选择性育种鉴定转基因阳性后代以进一步培养种系（参见图2.12）。例如，阿尔茨海默病小鼠模型是由转入能诱导产生Aβ42斑块的DNA而建立起来的。
4. 基因敲除动物模型是一种基因表达受到抑制的基因工程动物模型，抑制基因表达的方法主要有以下两种，一是用新的无功能的基因序列替换靶DNA中的部分基因；二是将会破坏基因表达的其他遗传物质插入基因（参见图2.14）。
5. 高通量化学是指利用平行合成、机器人技术、聚合物负载的化学合成和多组分反应来制备化学相关的化合物库。基于这些方法已经制备了含有数千种独特结构的化合物库。
6. 重组DNA本质上是指由人工合成的DNA链。其通过应用一系列能够构建、降解和修饰DNA链的酶（DNA连接酶、核酸外切酶、末端转移酶、逆转录酶和限制酶）而产生。选择的这些工具酶可以从一组基因中分离出特定DNA序列并将其插入另一组DNA链中（参见图2.23）。
7. 转染技术用于将重组DNA插入细胞中，从而过表达所插入DNA的产物（参见图2.24）。
8. 杂交瘤细胞是产生抗体的B细胞与骨髓瘤细胞融合的结果。由此产生的杂交瘤细胞经分离并克隆，可以获得能够产生单一抗体（单克隆抗体）的稳定细胞系（参见图2.29）。
9. 受体构建融合蛋白是由蛋白受体区段和免疫球蛋白结构组成的生物制剂。蛋白受体部分为靶点提供选择性，而免疫球蛋白结构提供代谢稳定性。
10. 1937年，S. E. Massengill公司推出了一种含有磺胺（一种抗生素）、覆盆子调味剂和二甘醇的药品。现在已知二甘醇具有毒性，而当时因为无相关法律要求而没有进行任何安全性研究。销售1个月后，有100多人死于该混合物时，药品才被召回并销毁。药品被没收和销毁，不是因为其危险的致死性，而是因为其不含酒精却被错误标记为“酏剂”。该公司否认负有任何责任，因为当时没有法律要求进行安全研究。1938年通过的《食品、药品和化妆品法案》要求制药公司在获得上市许可之前，必须通过动物安全性研究证明其新产品的安全性。此外，该法案还要求制造商在将新产品推向市场之前向FDA提交上市许可申请，该申请也被称为新药申请（NDA）。

11. 在沙利度胺灾难发生之前，胎盘被认为是保护胎儿免受有毒化学物质侵害的完美屏障。先天缺陷现象表明这一说法是不正确的。此外，人们还认识到化合物的一对单一对映体之间可具有不同的生物学性质。

12. 1962年的《科沃夫-哈里斯修正案》赋予了FDA几乎完全的药物批准和营销的监管权。其要求制造商在上市之前证明新的候选药物是安全有效的，并且要求对1938～1962年推向市场的药物的安全性和有效性进行审查。近40%的药物被发现是无效的并被剥夺了营销许可。该法还要求临床试验设计必须获得FDA的批准，要求临床试验参与者知情同意，并规定须向公众披露已知的副作用。此外，还制定了药品生产质量管理规范（GMP）要求，FDA有权访问公司质量控制和生产记录以确保最终产品的质量。处方药的广告也受到了FDA的严格管制，仿制药不能再作为“突破性”疗法推向市场。

第3章

1. 六大类酶的作用如下（参见表3.1）。
   A. 氧化还原酶：催化氧化还原反应，一般需要辅助因子。
   B. 转移酶：催化功能基团转移。
   C. 水解酶：催化化学键的水解。
   D. 裂解酶：催化键裂解，不同于水解或氧化，通常形成双键或环。
   E. 异构酶：催化异构体的结构重排。
   F. 连接酶：催化大分子与大分子通过新键连接。
2. 非共价相互作用。
   A. 疏水相互作用：疏水侧链折叠形成疏水口袋与疏水蛋白发生相互作用，这类相互作用也被称为范德瓦耳斯相互作用。
   B. 静电/盐桥：发生在氨基酸的正电荷侧链和负电荷侧链之间的静电相互作用。
   C. 氢键：作为氢键供体的极性氢原子，与作为氢键受体的孤对电子之间的偶极-偶极相互作用。
   D. π-堆积：两个芳香环的π-轨道之间的弱相互作用。其相互作用可以是面对面堆积，也可以是边对面堆积（“T”形堆积），相互作用的强度高度依赖于距离。
   E. π-阳离子相互作用：芳香体系与带正电的氨基酸侧链（如质子化的赖氨酸侧链）相互作用而产生的成键作用。距离、相互作用的角度，以及芳香体系的电子密度都会影响这种相互作用的强度。
3. 酶抑制的三种方法包括：①竞争性抑制，抑制剂可逆地阻断活性位点；②不可逆抑制，抑制剂与活性位点共价结合，不可逆抑制其活性；③变构抑制，抑制剂与变构结合位点结合，改变活性位点，抑制其与底物结合（参见图3.17）。
4. GPCR的三个关键结构特点是：①命名为TM-1至TM-7的7个跨膜片段；②位于细

胞膜细胞质侧的羧基端；③位于细胞膜外侧的氨基端。

5. GPCR的两个主要信号通路分别是cAMP通路和磷脂酰肌醇信号通路（IP_3）。
6. 下列离子通道的定义如下。
   A. 配体门控离子通道：指由细胞内/外的特定配体激活或抑制的离子通道。
   B. 电压门控离子通道：指离子流通过生物膜引起膜电位的变化，从而开启和关闭的离子通道。此类离子通道没有天然配体。
   C. 温度门控离子通道：是根据热阈值开启和关闭的离子通道。
   D. 机械敏感性离子通道：是由膜的机械变形，如张力增加或曲率变化，而激活的离子通道。
7. 离子通道病是因离子通道的结构或功能异常所引起的疾病。
8. 被动运输系统是通过生物膜上的扩散作用实现的。生物膜高浓度一侧的溶质与转运体结合，从而引起通道构象变化，将溶质通过膜运输到浓度较低的一侧（参见图3.46）。
9. 主动运输系统是一种利用能量使溶质逆浓度梯度（从低浓度一侧移动到高浓度一侧），进而通过生物膜的运输系统。

第4章

1. IC_{50}，即半数抑制浓度，是指在特定检测条件下，最强测定信号被阻断一半时的化合物浓度。以酶抑制剂为例，IC_{50}可以表示为当特定酶活性被抑制一半时化合物的浓度（参见图4.1）。
2. EC_{50}，即半数最大效应浓度，是指在特定检测条件下，受试化合物能引起最大效应一半时的浓度。内源性配体在体内所能产生的生物效应强度被视为100%。但需要注意的是，内源性配体和受试化合物所产生的最大效应不一定相同（参见图4.2）。
3. 激动剂、拮抗剂和反向激动剂的定义如下（参见图4.3）。
   a. 激动剂：能起到与内源性配体相似生物效应的化合物。
   b. 拮抗剂：能与体内受体结合（如GPCR），阻断内源性配体介导的作用，但本身并不会引起任何生物效应的化合物。
   c. 反向激动剂：能够与受体结合（如GPCR），同时降低该受体基础活性的化合物。在很多情况下，反向激动剂也可被认为是拮抗剂，因为其最终会引起与激动剂相反的生理效应。
4. 若细胞中的储备受体高表达则会影响体外化合物筛选的结果。举例而言，如果细胞中储备受体的表达比其在正常生理状态下的表达高10倍，那么在这一细胞检测系统下筛选的激动剂活性要比在其他正常细胞检测系统下的活性提高10倍。
5. 链霉亲和素与生物素二者间能形成强而稳定的非共价结合，其解离常数在飞摩尔范围内，因而这种结合作用应用于生物筛选条件中时，通常都不会表现出任何活性。生物素能较好地结合在检测板的表面，而链霉亲和素则能通过生物素连接到检测板表面。如果在检测板中加入带有生物素标记的第二种抗体，那么该抗体能与链霉亲和素的另一位点结合，进而将带有生物素标记的抗体也连接到检测板的表面进行检测（参见图4.6）。

6. 临近闪烁分析法（scintillation proximity assay，SPA）的关键在于放射性标记材料与闪烁体之间的距离限制。虽然闪烁体在电离辐射源存在的情况下会发光，但如果放射性标记材料与闪烁体之间的距离过大，则β粒子（或俄歇电子）的能量将分散到环境中而不会引发闪烁。利用上述物理性质，可制备含有闪烁体及固定生物靶点的微球的微量滴定板，用于化合物筛选。因此，在放射性标记配体存在的情况下，固定的生物靶点将确保β粒子的发射发生在路径长度的限制范围内，从而诱导闪烁，然后通过闪烁计数器定量。与放射性配体竞争的化合物将取代放射性配体，并且在未结合状态下，未结合的放射性配体发射的β粒子由于离闪烁体太远而不能产生激发。这将导致闪烁发光减弱，因而可通过量化光强度确定受试化合物与靶点的相对结合强度（参见图4.8）。
7. 酶联免疫吸附试验（ELISA）包含连接有能产生特定信号的酶的抗体，酶能在特定底物存在的条件下产生特定底物的检测信号。这种检测系统通常包括多种不同的形式，其中最经典的直接检测方法则是在检测板表面固定特定抗原，加入连有特定酶的抗体使二者产生反应来达到检测目的。在该酶特定底物存在的情况下，反应板孔中会产生颜色变化。颜色变化的深浅则是由抗体连接的酶活性的大小及底物的量决定的。在酶抑制剂存在的情况下，可以通过量化的方式检测反应板孔中颜色的变化。
8. 荧光共振能量转移（FRET）和时间分辨FRET检测技术的原理是利用荧光供体分子发射光的强度来定量检测受试化合物对该生物反应过程的影响。在FRET检测中，由于低波长发射光产生的时间极短，容易受到其他物质荧光的干扰。为了规避这种背景干扰而建立的时间分辨FRET检测技术是采用有机支架将提供荧光的镧系元素包裹其中。镧系元素不仅可作为FRET供体/受体对的一部分，而且具有比典型背景荧光源持续时间更长的荧光发射曲线。由于普通荧光淬灭的时间极短，可以消除大部分背景荧光的干扰（参见图4.20）。
9. 在报告基因检测系统中，靶基因的表达与一个外源性基因的表达相偶联。该基因的表达产生可检测的信号，进而可通过信号的强弱来判断靶基因表达的水平（参见图4.28）。
10. 无标记检测系统是指在不使用任何放射性标记物或其他人工建立的检测系统的条件下，检测细胞体系物理性质或化学性质的变化，是在单细胞体系下的一种检测手段。通过检测细胞体积、pH、细胞折射率、膜电位、电阻抗和光学性质的改变来测试化合物对细胞功能的影响。

第5章

1. 美国化学会药物化学分会将药物化学定义为“化学研究技术在药物合成过程中的应用研究”。药物化学更为准确的定义是“结合合成化学、生物化学、药理学、生理学和分子生物学等五大领域，共同探索分子产生生物学作用化学基础的科学”。这是一门交叉科学，其首要任务是发现具有治疗作用的化合物（参见图5.1）。

2. 构效关系是指一系列候选化合物的结构及其与靶点生物活性之间的关系。理解化合物结构变化对其生物活性的影响，有助于药物化学家提升化合物对靶点的作用强度。
3. 手性对生物活性具有十分重要的影响，因为两个对映异构体不会占据结合位点上完全相同的空间。因此，如果翻转某个活性化合物手性中心的绝对构型，很可能会导致其生物活性大幅减小（参见图5.5～图5.7）。
4. 定量构效关系是指通过数学手段拟合分子结构变化对其生物活性的影响，这些信息可用于预测新候选化合物的生物活性。
5. 药效团是指在分子骨架中使候选化合物具备生物活性所必需的部分原子和官能团。
6. 在候选化合物产生生物活性的过程中不起直接作用，仅为药效团内的官能团提供结构支撑的部分原子和官能团称为辅助基团。修饰辅助基团对候选化合物的生物活性影响较小。
7. 在药物发现过程中，无论苗头化合物如何获得，都只是循环过程的起点。然后大量制备特定结构修饰的类似物，并进行相应的生物活性筛选。保持其中有利的结构变化，舍弃不利的结构变化，并制备新一轮的化合物。每轮的合成和活性筛选都建立在前一轮的基础之上，最终实现化合物生物活性的最优化（参见图5.24）。
8. 基于片段的药物设计也是一种探索构效关系的方法，以测试低分子量化合物（通常为100～250）和生物大分子的结合能力为切入点。这些化合物比真正的药物分子小得多，结合能力也差很多（通常IC_{50}大于100 μmol/L），需要使用单晶衍射、蛋白磁共振、表面等离子体共振（SPR）等灵敏的方法测试化合物对靶点的结合力。通常设计的策略是对这些小片段进行结构上的扩展，或将结合位点相邻的砌块链接起来。这种“链接策略”是基于连接靶点相邻位点上多个结合小分子砌块所产生的协同效应（参见图5.21～图5.23）。
9. 对实体化合物库的筛选和对虚拟化合物库的筛选（参见图5.15）。
10. 两种主要的虚拟筛选方式：将一系列配体与生物大分子的结合位点进行对接，以及基于配体的药物设计。在虚拟对接方法中，首先利用自身或是类似物的X射线单晶衍射数据对靶点建模，然后将虚拟化合物库中的化合物对接到假设的结合位点。在模型中根据对接的化合物和靶点的理论结合能量进行评分。在基于配体的药物设计中，以靶点的已知配体作为新候选化合物的分子模板，勾绘出其亲脂电势面、静电电势面、适合形成氢键的区域、具有亲脂性的区域，以及其他可精确描述未知化合物的性质。最后将每个新化合物的测试结果与已知配体相对比，以获得潜在的新配体（参见图5.16～图5.18）。
11. 采用现代分子建模软件确定其特性，包括：绘制亲脂电势面、静电电势面、适合形成氢键的区域，以及亲脂区域等。如果具有多个配体，则可归纳出配体/药物相互作用的共同特征，从而确定目标结合位点的药效团，以此衡量化合物库中的每个化合物。然后，按照其与先导化合物的相似度打分，并对得分较高的化合物进行优先筛选。这种策略可以显著降低筛选过程的总成本。

12. 生物电子等排体是指特定的官能团或原子能替换候选化合物中可与之对应的官能团或原子，而不改变分子对靶点的生物活性（参见图5.25～图5.32和表5.1）。

第6章

1. 提高化合物水溶性的方法包括：①增加极性基团；②增加能提高解离性的基团（如氨基、羧基）；③降低分子量；④降低分子的平面性。
2. 化合物（**2**）具有更高的水溶性，原因在于其结构式的右侧存在吡啶基团，特别是在酸性条件下，吡啶增加水溶性的效果更强。
3. 在同一系列化合物中，化合物水溶性将会随着分子的亲脂性增加而降低，$c\log P$常用于评估化合物的亲脂性。
4. 化合物（**1**）与化合物（**2**）相比，化合物（**2**）左上方苯基被替换为环己基，其分子晶格间的π-堆叠作用下降，分子平面性下降，水溶性提高。
5. 化合物透过细胞膜的5种主要方法：①被动扩散；②主动转运；③内吞；④外排；⑤细胞旁转运。
6. P糖蛋白（P-gp）是一种外排泵，能阻止化合物通过细胞膜，P-gp能够转运很多底物，而且在血脑屏障中高表达。
7. 化合物为了通过细胞膜，首先要从水分子的包裹中逃脱出来，接着跨过细胞膜的脂质层，接着与细胞膜另一侧的水分子结合。$c\log P$和TPSA分别是衡量化合物亲脂性和极性的参数，二者的改变会极大地影响化合物的水溶性。当$c\log P$在1～3范围内时，化合物易通过细胞膜；当$c\log P$大于3时，化合物通常具有较大的脂溶性，易阻滞在细胞膜的脂层中；当$c\log P$小于1时，化合极性较大，不容易从水分子中脱离，无法进入细胞膜的脂质层。相似地，较高的TPSA值预示着化合物具有较高的极性，难以从水分子中脱离，无法进入细胞膜的脂质层。
8. “游离药物假说”是指与血浆蛋白结合的药物不能发生被动扩散和细胞旁转运。游离药物是指未与血浆蛋白发生结合的药物，其能够透膜或进入血管外的组织和器官。
9. Ⅰ相代谢属于“功能基化反应”，是指药物分子在酶催化下发生的氧化反应、脱烷基化反应等化学转化，在药物分子中引入极性较大的基团，从而利用这些大极性基团将药物排出体外。Ⅱ相代谢属于“结合反应”，利用药物分子中存在的或经Ⅰ相代谢产生的极性基团，如羟基等，与内源性的葡糖醛酸、谷胱甘肽等发生结合，而使药物代谢排出体外。
10. 提高候选化合物代谢稳定性的结构改造策略包括三种：①去除能够代谢的化学基团；②替换能够发生代谢的化学基团；③限制或阻断能够发生代谢的化学基团。
11. 化合物（**2**）与（**1**）相比，在苄位引入了2个氟原子，这种变化使得化合物（**2**）苄位的氧化代谢（通过发生氧化羟基化代谢）被阻止。
12. 肝肠循环是指经胆汁或部分经胆汁排入肠道的药物或其代谢产物，在肠道中又被重新吸收，再次返回体循环的现象。

13. 具有较高表观分布容积的化合物将较多地分布于体内脂肪组织，而在体循环中的分布较少。
14. 化合物的体内半衰期由表观分布容积和清除率决定。
15. 化合物的清除率由流经器官或组织的血流量（Q）和提取率（Er）决定。
16. 如果两个化合物具有相同的清除率，而其中一个化合物的体内半衰期是另一个化合物的5倍，说明两个化合物的表观分布容积之比也为5，其中半衰期长的化合物的表观分布容积是半衰期短的化合物的5倍。
17. 当一个化合物的口服生物利用度＞100%时，说明化合物在实验剂量下的消除途径达到饱和，化合物增加剂量，其体内暴露量的增加比例超出本应增加量，这种情况一般出现在非线性药代动力学中。

第7章

1. 治疗指数是指引起不良反应（副作用）所需剂量与引发所需生物活性的化合物剂量的比值。
2. 同源动物模型是指那些具有与人体相同的病因、症状和治疗方式的动物模型。这也是最少见、最难以实现的动物模型。
3. 同构动物模型具有与人体状况相同的症状，并且治疗方式通常也是相同的。然而，动物模型中引起疾病或病症的根本原因与人体的发病机制不同。
4. 当对疾病或病症的了解甚少时，经常采用预测性动物模型。动物模型本身可能几乎与人体状况没有相似性或没有明显的相似性，但研究人员可以将模型用作预测工具。潜在治疗方式对模型的影响可以用来对比人体对同一化合物的反应。该模型显示疾病或病症的治疗特征，具有预测有效性。
5. 由于多种因素，需要不止一种动物模型。具体原因包括所选动物群体内的差异（例如，其他同源动物群体内发生的遗传差异）、测量“信号”的方法所固有的不准确性，以及“信号”的强度与未经治疗动物组的相关性（控制变量是很有必要的）。
6. 在未经治疗的情况下，小鼠宁愿留在高架十字迷宫的封闭区域，以避免由于处在开放空间所产生的焦虑。能够增加小鼠在开放区域停留时间的化合物被认为具有抗焦虑作用（参见图7.2）。
7. 在未经治疗的情况下，小鼠将花费更多的时间来探索放置在测试室中的新物体（相对于已经存在于室内的已知物体）。可以减少小鼠花费在探索新物体上时间的候选化合物对记忆的形成具有负面的影响。虽然只有一个物体是新的，但这两个物体对小鼠而言却都是新的（参见图7.3）。
8. 旋转测试模型采用悬挂在笼底板上方的水平旋转圆筒来进行测试。在正常情况下，放置在旋转杆上的啮齿动物将尽可能地长时间停留在杆上。影响平衡、协调、运动技能和清醒的神经退行性疾病和候选化合物将对啮齿动物停留在杆上的时间长短产生影响。该模型可以测试候选化合物延迟神经退行性疾病进展的疗效，停留在旋杆上的时间越长，说明化合物的治疗作用越强。此外，该模型已被用于鉴定化合物能否产生镇静作用（参见图7.6）。

9. 长期盐皮质激素如醋酸脱氧皮质酮（DOCA）给药的动物（如大鼠、犬和猪等）会导致高血压的发生。
10. 尽管该模型提供了测试化合物降低胆固醇和低密度脂蛋白（LDL）活性的方法，但该模型中动脉粥样硬化斑块的形成和疾病发展与人体动脉粥样硬化斑块形成的机制不同。斑块结构和疾病进展的差异使得这些动物模型不适于测试化合物是否能治疗相关疾病。
11. Kaplan-Meier 生存曲线绘制了随时间存活的动物数量的百分比，并用于比较候选化合物对存活率的影响。该曲线经常被用于报告传染病和癌症动物模型的实验结果（参见图7.17）。
12. 传染病动物模型存在一定的局限性。首先，微生物和宿主受体之间的物种特异性相互作用是疾病过程的重要部分，但其通常不能在人体传染病动物模型中被复制。其次，临床和实验室菌株的感染因子之间可能存在差异。最后，传播途径在疾病进展中发挥重要作用，但很少有动物模型考虑到这一点。
13. 在异种移植模型中，使用源自患者的肿瘤细胞或稳定的肿瘤细胞系在免疫受损的小鼠中建立肿瘤模型。一旦肿瘤形成，就可以使用候选化合物进行治疗，并通过监测肿瘤体积的变化来确定候选化合物的抗肿瘤活性（参见图7.18）。相反，在同种异体移植模型中，使用的是具有免疫活性的小鼠，并将小鼠肿瘤细胞而不是人肿瘤细胞植入小鼠中。在同种异体移植模型中，肿瘤细胞来自与模型动物相同的物种，而在异种移植模型中，肿瘤细胞来自与模型动物不同的物种。

第8章

1. NOEL（no observed effect level，未观察到效应的水平）是指没有观察到化合物作用的最高剂量或暴露量。类似地，NOAEL（no adverse effect level，未观察到有害效应的水平）指的是某一化合物在不产生无法控制毒性的情况下可以使用的最大剂量或暴露量。
2. 最大耐受剂量（maximum tolerable dose，MTD）是某一化合物在不产生无法控制的毒性的情况下可以使用的最大剂量。
3. 基于机制的毒性，也称为靶点毒性，是指与目标生物靶点相关的毒性。例如，与基质金属蛋白酶抑制相关的肌肉骨骼综合征就是一种靶点毒性。
4. hERG通道是维持正常心律的重要组成部分，候选化合物对该通道的阻断可导致室性心律失常、心搏骤停和心脏性猝死。能够阻断hERG通道的化合物很少会在药物研发项目中脱颖而出。此外，如果某一化合物能够产生阻断hERG通道的代谢产物，那么该母体化合物也可能具有hERG风险（参见图8.3和图8.17）。
5. 半抗原是一种可以使机体产生免疫反应的分子，但只有当其与载体蛋白结合时才会产生免疫应答。半抗原可与载体蛋白发生反应，并形成共价键，生成的半抗原-载体蛋白复合物不再被免疫系统识别为“自身”物质，使得免疫系统产生类似外来物质进入机体的免疫反应，进而生成相应的抗体并引发过敏反应。这种过敏反应的严重程度可以是简单的皮疹，也可以是致命的过敏性休克。青霉素过敏就是一个典型例子（参见图8.22）。

6. 急性毒性化合物在给予单一剂量后即产生不良影响，而慢性毒性化合物则需要长时间或反复给药才能产生不良影响。
7. MTT人肝毒性试验用于评估候选化合物的潜在细胞毒性。其监测了培养细胞中MTT向福尔马赞转化的速率。具有细胞毒性的化合物会降低MTT生成福尔马赞的速率。
8. 埃姆斯试验被用来鉴定具有潜在致癌活性的化合物。埃姆斯试验中，在候选化合物的作用下，通过基因工程使细菌（如伤寒沙门菌）不能合成组氨酸，并在限制组氨酸供应的情况下进行培养。一旦组氨酸耗尽，只有恢复组氨酸合成能力的突变细菌才能存活下来。促进突变的候选化合物（诱变化合物）将导致细菌在缺乏组氨酸的情况下的存活率增加（参见图8.10）。
9. 微核试验用于鉴定有可能导致染色体损伤的化合物。在本试验中，将中国仓鼠卵巢细胞（CHO细胞）在候选化合物作用下培养一段时间，然后添加细胞松弛素B，阻止细胞分裂，造成双核细胞的积累。微核的存在表明候选化合物可引起染色体损伤（参见图8.11）。
10. 彗星试验能够识别可引起DNA链断裂的化合物。在这一试验中，细胞与候选化合物共同孵育一定时间，然后将单个细胞嵌入凝胶电泳基质（琼脂糖基质）中裂解，并在凝胶上施加外加电场。如果候选化合物导致DNA链断裂，试验结束后会产生彗星形状的凝胶染色图像，这是由于完整DNA与链断裂的DNA片段的迁移速度不同（参见图8.13）。
11. 当某一药物的存在影响另一药物的代谢时，就会发生药物-药物相互作用，而药物相互独立使用时则不会产生药物-药物相互作用。例如，如果某一化合物通常被代谢成一种安全的代谢产物，但第二种化合物的存在阻碍了第一种药物的正常代谢途径，迫使第一种药物进入另一条代谢途径，从而可能导致有毒代谢产物的形成。另外，第二种化合物的存在阻断了第一种化合物的正常代谢途径，可能导致化合物的血浆浓度高于正常水平，造成浓度可能超过这种化合物的安全窗（参见图8.14）。
12. 候选化合物可能将[^{3}H]-多非利特从hERG通道的结合位点上置换下来，因此可以将其量化以评估存在潜在hERG风险的候选化合物。不过本试验只能识别与多菲利特有相同结合位点的候选化合物。但在hERG通道上还有其他结合位点，可与化合物结合并阻断hERG通道，因此本试验不能评估由这些结合位点介导的hERG风险（参见图8.18）。
13. 在安全性研究中常规检查的主要心血管参数包括心率、血压、收缩力和射血分数。
14. 旋转棒试验可用于确定化合物是否具有引起镇静作用的风险。
15. 致畸性化合物能够干扰胎儿的正常生长发育。暴露于致畸物可导致畸形、生长迟缓、功能缺陷（精神或身体），甚至导致胚胎/胎儿的死亡。

第9章

1. 抗体的可变区包含互补决定区（CDR）。CDR由三个环路组成，位于抗体可变区的外端并负责与抗原间的相互作用，也是抗体多样性的主要驱动因素。据估计，人源抗体库内包含超过10^{12}种独特抗体。正如其名称所示意的，这一恒定区是相对恒定的，不参与抗原结合，但会与免疫系统的其他部分结合。
2. 免疫反应中互补决定区（CDR）负责结合抗原，以及产生可用于免疫反应的高水平多样性抗体。
3. HAT选择性培养基支持杂交瘤细胞的生长，但不支持在创建杂交瘤细胞过程中的副产物——非杂交瘤细胞的生长。在构建杂交瘤细胞的过程中，这种培养基也不支持未融合细胞的生长。在制备杂交瘤细胞时，其允许杂交瘤细胞存活并进行增殖，而其他可能存在的细胞类型将被去除。这就去除了非杂交瘤细胞，并留下了一系列杂交瘤细胞。
4. 人抗鼠抗体（HAMA）反应是指患者的免疫系统会产生抗体来应对至少包含一些小鼠抗体特征的抗体。这一过程的最终结果是抗体治疗效力的降低。
5. 在嵌合单克隆抗体中，可变区为鼠源，但恒定区为人源。在人源化的单克隆抗体中，CDR为鼠源，但抗体的其余部分本质上是人源的。
6. “淘金”是指利用展示在噬菌体表面的一组特定抗体分离噬菌体的过程。在一种变体方法中，抗体噬菌体展示库暴露于表面包被抗原的孔板。然后对表面进行清洗，以去除无法结合到抗原涂层表面的噬菌体，同时留下与表面抗原结合的噬菌体。采用能解离结合噬菌体的溶媒（通常是弱酸性或弱碱性）清洗涂层表面，获得噬菌体展示文库的一个子集，其中包含能够与抗原结合的抗体。这一过程可以重复多次，进而以更严格的约束条件进一步限制子集噬菌体展示文库中只含有最有效的抗体。
7. 单克隆抗体包含了抗体的整个框架，而微型抗体缺少抗体两条重链的第三个恒定结构区。在双特异性抗体中，存在完整的抗体框架，但两个CDR区并不相同，其每个CDR针对不同的抗原，使抗体能够与两种不同的抗原相互作用。
8. 抗体药物偶联物是抗体和小分子药物的组合体，小分子药物以共价键结合到抗体上。该抗体根据其自身的功能发挥靶向作用，从而将小分子“毒性药物”传送至精确的位置，以便发挥治疗作用。
9. 抗体的糖基化会对抗体溶解度和聚集性产生重大影响。
10. 冷冻抗体制剂可引起抗体聚集，进而导致药物疗效降低。加热抗体制剂会导致抗体变性，同样导致药物疗效下降。

第10章

1. 在现代制药行业领域内，临床试验可被定义为在人体中进行的生物医学或行为学实验，旨在回答关于潜在治疗药物的某些关键问题，获得关于药物安全性和药效的数据，提交给相关的监管机构，以获得上市批准。
2. Ⅰ期临床试验用于确定候选药物的安全界限和药代动力学性质。Ⅱ期临床试验是针对特定患者群体有效性的初步评价和安全性的先导研究。Ⅲ期临床试验则是广泛的有效性和安全性研究，以确定候选药物在特定人群中的风险获益比。
3. 同质多晶是指同一固体物质（包括候选药物）存在多种晶型的现象。
4. 新合成路线的开发包括很多原因。实验室中使用的一些溶剂和试剂可能不适用于大规模生产。例如，乙醚和二氯甲烷因健康和安全性风险而应避免在大规模生产中使用，有些试剂（如光气）在大规模生产中使用的危险性很大。若制备或购买的起始原料或试剂本身过于昂贵，则试剂的价格问题也需要加以考虑。此外，将实验室反应条件的大规模放大并不容易。例如，在实验室中实现–78℃的反应条件十分容易，但在工业生产过程中则非常困难。
5. 可通过以下给药方式：口服（PO）、静脉给药（IV）、腹膜内给药（IP）、皮下给药（SC）、肌内注射（IM）、经皮给药和经鼻给药等方式。
6. 肠溶片包衣不受酸性环境的影响，因此在通过胃部时不会产生变化。另外，肠溶包衣可溶于肠道的碱性环境中，从而使药物在肠道中被释放，并自由地进入血液循环系统。
7. 辅料是指除了药物活性成分之外，任何添加进药丸、药片或其他给药机制的物质，如填充剂、黏合剂、润滑剂和助流剂等。
8. 在二室渗透泵系统中，含有药物的腔室（药室）被一层含有微孔道的不透膜包裹，另一个被称为“推动室”的腔室则被一层半透膜包裹，两个腔室之间被一层可以移动的间隔壁分开。在渗透压差的作用下，水分子首先进入“推动室”，使该腔室中的物质发生膨胀，推动可移动的间隔壁，将药物分子经药室壁上的微孔道挤出（参见图9.12）。
9. 该文件包含了研究中三个重要领域的相关信息：①动物药理学、安全性和毒理学研究数据；②化学、生产和质量控制（CMC）信息；③包括研究人员信息在内的临床试验规程。
10. 组织审查委员会（IRB）通常是指独立的伦理委员会或伦理审查机构，其任务是确保以正确的方式来开展临床试验，并被正式授权监管、审查和审批临床研究项目中的所有方面，包括因试验过程中产生新数据而导致临床试验规程方面的任何改变。随着临床试验的不断推进，IRB可能还需要开展风险效益评估，以确定继续开展临床试验是否安全。
11. 在从单一动物种属上获得的已知药代动力学参数，以及在动物实验中确定的NOAEL的基础上，用于估算种属间剂量变化的数学计算方法称为异速缩放（allometric

scaling)。在人体临床试验中，该方法可用于指导初始剂量的设定。实际的初始剂量通常低于经异速缩放确定的剂量，以保证受试志愿者的安全。

12. 在标准的“3+3” Ⅰ期临床试验中，受试者按3人一组被分为多个小组，并被给予单一的剂量。若未观察到不良反应，则将剂量加倍。这种剂量的加倍一直持续至出现不良反应为止，使单剂量条件下的MTD得以确定（参见图9.13）。
13. 在之前的试验中，若对受试药物有阳性反应的患者数量达到了预先设定的标准，则继续进行试验的后续阶段，直至试验结束。反之，若药效呈阳性的患者数量不达标，或者出现了严重的安全性问题，则中止试验。由于可更早地中止临床试验，中期分析可对接受候选药物治疗患者的数量进行限制。当某一候选药物可能存在严重的不良反应风险时，该设计尽可能地减少了接受该化合物治疗的患者数量。
14. “终止标准”是阶段化临床试验的一部分。其是一系列预先设定的标准，以判定临床试验在何时因给患者带来的风险超过了潜在的益处而必须终止（参见图9.14和图9.16）。
15. 该研究类型最常见于候选药物对标准治疗药物的优势在于整体药效之外的某些方面。例如，候选药物更加安全、给药更加方便（如标准治疗手段需要一日一剂而候选药物只需一周一剂）或者更加廉价。
16. 在交叉临床试验中，由于所有受试患者均接受了新的受试药物和现有标准药物，他们本身就是自己的对照组，从而减少了试验所需的受试患者数量。此外，交叉研究需要的受试患者更少，因此使更少的患者接触安全性和有效性未知的候选药物。
17. 不同于标准的临床试验，在自适应临床试验中，中期分析的时间点是在整体研究过程中确定的。当到达这些时间点时，对该时间点之前采集的数据进行分析，用于确定临床试验剩余的部分该如何进行。换言之，自适应临床试验被预先赋予了调整该试验某个方面的机会，如样本规模、治疗方案、受试者群体、结果评定尺度选择等，并且是在试验本身已收集的数据基础上进行的调整。

第11章

1. 转化医学是指努力将基础科学的新发现应用于为患者建立新疗法的医学。其需要结合广泛的科学学科，通常被称为药物发现和开发过程中的“从基础研究到临床”的方法。
2. 转化医学的两大类别是①将实验室研究和临床前研究中获得的发现应用于人体试验和研究的开发过程；②旨在促进社会采用最佳的治疗方案。
3. 在转化医学的T1阶段，科学研究的重点是在分子水平上理解疾病的病理学，建立分子过程、动物模型和人体状况之间的联系；T2阶段主要是研究治疗方法的临床影响，最终目标是提供支持临床实践变化所需的数据；T3阶段的研究关注的是一种新疗法被批准上市后的影响；T4阶段主要涉及将转化医学前几个阶段的研究成果纳入积极改变临床实践的政策和程序。

4. 生物标志物是一种可测量的性质，反映了基于其药理学、疾病病理生理学或两者相互作用的分子机制。生物标志物可能与临床疗效/毒性完全相关，也可能不完全相关，但可用于制药公司的内部决策。
5. 生物标志物的主要类别有靶向生物标志物、机制生物标志物、结果生物标志物、毒性生物标志物、药物基因组生物标志物和诊断生物标志物。
6. 理想的生物标志物应具有易于测量、高效、定量、客观、重现性好等特性。重要的是，使用生物标志物的实验结果应该对下一阶段实验结果的预测具有指导意义。换言之，生物标志物在本质上应该是可转化的。
7. 根据NIH生物标志物定义工作组的定义，替代终点是一个基于流行病学、治疗学、病理生理学或其他科学证据的生物标志物，可用于替代临床终点，或预测临床收益及损害。换言之，为了使生物标志物作为替代终点发挥作用，必须有明确的和令人信服的科学证据（如流行病学、治疗学、病理生理学）证明所讨论的生物标志物能够持续和准确地预测临床试验结果。
8. 在临床项目检查过程中使用的替代终点和生物标志物通常可以发挥许多优势，这些优势可以降低患者风险、降低成本和缩短临床试验时间。
9. 最常用的成像技术包括X射线计算机断层扫描（X射线CT）、正电子发射体层成像（PET）、单光子发射计算机断层成像（SPECT）、磁共振成像（MRI）、功能性磁共振成像（fMRI）和超声波技术。
10. 放射性衰变速率是PET成像实验中的一个重要问题，因为放射性衰变速率限制了显影剂的“保质期”。PET成像需要放射性同位素发射正电子。此类放射性同位素中最常用的是氟，但其半衰期仅为110 min。这限制了合成、纯化和使用显影剂的时间。为了最大限度地延长PET配体的临床应用时间，放射性同位素几乎总是在合成的最后一步引入。这也减少了合成过程中所产生的放射性废物的量。同样值得注意的是，正电子发射元件必须使用回旋加速器或线性粒子加速器，此类设备与PET成像设备放置在同一设备中，以尽量缩短从制备合适的同位素到临床应用之间的时间间隔。
11. 当不能在合成方案的最后一步中引入放射性同位素时，可以为PET放射性配体开发一个具有相同活性的原化合物的类似物，作为引入放射性同位素的替代途径。在某些情况下，要将适当的放射性同位素引入某一化合物中，在合成上的挑战可能是无法克服的。可以使用具有类似性质的类似物，而该类似物更容易被放射性元素标记。
12. 如果PET或SPECT放射性配体与蛋白的非特异性结合度很高，那么PET或SPECT实验的信噪比就会低。放射性配体会与预期靶点结合，信号可以被观察到，但放射性配体也会与其他生物大分子发生非特异性结合，产生同样可以观察到的信号。如果这种非特异性结合是与白蛋白发生的结合，那么由于白蛋白是血浆的主要成分，放射性配体将会分布至全身各处。这可能会覆盖来自靶点大分子的信号。
13. 如果PET或SPECT放射性配体具有吸收迅速、半衰期短（以减少接触放射性物质的时间，减少对受试者的风险），以及P-gp外排最小化等特性。P-gp外排最小化尤其适用于当靶点大分子位于大脑中的情况，因为P-gp在血脑屏障中大量表达。

第12章

1. 制药企业经营活动的三个主要方面是药物发现、药物开发和药物商业化（药物上市）。
2. 商业环境因素可对制药企业产生经济压力、监管机制改变及政治环境变化等多方面的影响。安全性标准和药效标准的变化、更多仿制药物（非专利药物）的出现，以及合同研究机构的形成，都已对制药工业产生了巨大的影响。
3. 合并的制药企业中存在的冗余或不需要的项目需要被终止，两个合并企业中一个企业有可能涉足与合并后企业利益无关的领域。无论推出的上市药物潜力有多大，涉足无关领域的项目很有可能会被终止。在一个合并后的企业中，决定哪些项目会继续保留的评审过程也会造成难以估量的运营效率拖沓。为了决定哪些项目在合并后继续进行，需要对每个参与合并企业内的项目清单进行审核，这必然会消耗大量的时间和精力，迫使将精力从推进参与项目上转移开。自我保护的本能也可能导致关键人员离开这一企业，以避免因其参与的项目终止而被解雇，从而可能牺牲组织层面的继承性和专业性。
4. 合同研究机构（CRO）是指专为其他企业提供研究与开发服务、专业技能，而内部没有自己研发项目的机构。理论上而言，使用CRO开展研究和开发活动可提升药物发现与开发过程的效率，但目前还没能充分证明这一点。
5. 与利用CRO支持研发项目相关的风险主要是失去对外包给CRO工作的日常管控。此外，考虑到CRO是其雇员不受客户公司直接管控的独立组织，质量控制、科学行为端正性、信息保密和知识产权也是可能产生风险的领域。
6.《贝多法案》又称为《专利与商标法修正案》，其颁布使得非营利性组织及小型商业性组织对其利用联邦政府资金获得的发明享有所有权，并且可将发明的所有权转让或授权给有能力将其商业化的其他机构。因此，该法案的通过赋予了学术性实验室和相关高等院校从美国NIH等组织资助的科研项目中获利的能力。小型企业必须被赋予授权的优先性，发明（除去成本后）的版税和获利必须被用于科学研究和教育，而一部分版税必须与发明人分享。在学术界，科学家们的研究成果可通过商业化使其个人获利，最后一个条款为他们提供了巨大的资金激励，促使他们致力于可被商业化的研究工作。

第13章

1. 为了使一项发明或发现可获得专利的保护，专利发明的主体必须是组成成分（配方）、方法、机械或产品。组成成分被定义为“所有由两种或两种以上物质，以及所有合成物质组成的组合物，可以是化学合成物质，也可以是机械制造物，或者是气体、液体、粉末或固体”。方法指的是“一个行为、一系列行为或步骤”。这一类别的范围非常广泛，包括化合物的合成方法或使用化合物治疗疾病的方法。第三类可申请专利的主体是机械，被定义为“一个由部件组成，或者由某些装置和装置的组合所组成的具体事物”。第四类可申请专利的主体是产品，其定义是“通过手工或机械赋予原材料或预制材料新的形式、品质、性能或组合，从而制造出新的产品”。一件产品可以由多个部件组成，但与机械不同，部件之间的相互作用通常是静态的。

2. “原子武器中的特殊核材料或原子能武器”，以及“人类有机体”的专利申请是被美国专利法特别禁止的。自然法则、自然现象或抽象概念也被明确排除在可申请专利的主体之外。
3. 为了使一项发明或发现被认为是符合专利申请的条件，其必须是可申请专利主体的类别之一，并且“必须是有用的，或者具有特定的、实质性的和可信的实用功能”。此外，发明或发现必须具有新颖性和创新性。
4. 在一般意义上，现有技术是指在某一特定专利申请日前被公众熟知的知识总量，具体包括专利、专利申请、科学期刊、报纸、行业出版物、博士论文（公开后）、公开展示的海报、电子出版物和储存在公开数据库中的信息。NIH的资助申请一旦根据《信息自由法》向公众开放，也将成为现有技术的一部分。此外，“如果书面副本不受限制地传播”，口头陈述也可被认为是现有技术的一部分。简言之，只要是对公众公开，即使公开时间有限，也将成为现有技术的一部分。重要的是，仅在组织内部分发且旨在保密的材料不被视为是现有技术。
5. 发现已知化合物先前未被报道的用途，并不能获得保护该化合物的专利。先前未报道的用途被认为是已知化合物的“固有属性”，而对化合物固有属性的发现并不能使其获得专利保护，但有可能获得保护这种化合物用途的专利。
6. 在这种情况下，只有科学家A才可以成为该小分子的登记发明人。因为科学家B和C没有构想出这一化合物，所以他们没有参与有关小分子构想的发明过程。此外，在他人指导下进行科学实验并不能使之成为专利的登记发明人。
7. 发明权不能在个人之间转让。
8. 在专利程序范围内，“转让”涉及专利或专利申请的所有权。在美国，需要向美国专利商标局提交转让文件，以登记专利和专利申请的所有权。在没有向美国专利商标局提交专利转让文件前，专利及专利申请属于登记发明人。与发明权不同，专利或专利申请可以转让给登记发明人以外的个人或实体。此外，虽然公司不能成为登记发明人，但可以获得专利的转让。
9. 临时专利申请的有效期为12个月。在此期限届满后，如果没有提交后续申请，临时专利申请将被视为自动放弃。由于临时专利申请不对外公开，所以不会进入现有技术的范畴。
10. 临时专利申请不会对外公开。
11. PCT专利申请在提交6个月后公开。在实际情况下，通常会先提交临时申请，12个月后再提交PCT申请，6个月后会公开PCT申请，或在原临时申请提交后18个月公布。

12. 即使只存放在大学图书馆内，但只要博士论文被公开，其就已经成为现有技术的一部分。
13. 专利申请必须提供足够的细节，以便专业人员无须进行过度的实验就可以重复和使用这一发明。如果专利申请中描述了新的化合物，那么专利申请中必须包含详细的信息来描述如何制备这些化合物。同样的要求也适用于蛋白、核酸、转基因生物或专利申请中描述的任何其他新型材料的制备。此外，专利申请必须包括如何确定化合物效用的详细信息，仅有生物活性数据是不够的。
14. 马库什结构式是一种化学结构的通式，其取代基是可变的，通常被称为R基团，附加在结构通式之上。每个R基团在专利和专利申请中都有一个特殊的定义（参见图13.1）。

第14章

1. 奥司他韦（Tamiflu®）作为前药应用是因为其活性原药GS-4701的口服生物利用度很低。GS-4701中游离羧基的存在限制了其穿透生物屏障的能力。将羧酸制成乙酯能显著增加其口服生物利用度，并且前药在体循环中能够快速水解释放活性原药GS-4701。
2. 由于其独特的药代动力学特征，呋喃妥因可在临床上使用。口服时，100 mg的剂量在初次吸收后迅速清除。大约75%的剂量在首过效应中被代谢，而剩余的约25%的呋喃妥因以原型形式排泄至尿道。100 mg剂量下呋喃妥因的血浆浓度峰值小于1 μg/mL，除尿道外，其在全身各部位的组织分布可忽略不计。而该药在尿道中的药物浓度可超过200 μg/mL，远高于杀灭细菌所需的浓度。总之，呋喃妥因的药代动力学特性可防止其到达身体的其他部位，从而使其只对尿路感染起效并可防止与其作用机制相关的毒副作用。
3. 特非那定（Seldane®）因其在某些情况下具有促进室性心律失常、室性心动过速、尖端扭转型室性心动过速和心脏性猝死的倾向而被撤市。特非那定是一种有效的hERG通道阻滞剂，但其可被CYP450 3A4迅速代谢，使其无法在体循环中达到毒性浓度。然而，在可阻断CYP450 3A4代谢的化合物（如酮康唑和红霉素）存在的情况下，特非那定的全身血药浓度将迅速增加，进而导致室性心律失常、室性心动过速、尖端扭转型室性心动过速和心脏性猝死等风险。由于存在此类风险，该药物被撤出了市场。这一事件促使科学家们开始对具有CYP450 3A4抑制活性和hERG阻断作用的候选化合物进行了广泛筛选。
4. 非索非那定（Allegra®）是为了与特非那定（Seldane®）竞争而开发的药物，并最终取代了特非那定。然而，特非那定的原研公司当时没有意识到，特非那定其实是一种前药，其发挥活性的物质实际上是非索非那定。基于对药物代谢的理解，Sepracor公司（现在为赛诺菲）的科学家发现了新的治疗药物非索非那定，并获得专利保护和生产许可。了解候选化合物所产生的代谢产物是非常重要的，因为其代谢物也可能具有生物活性和有效的治疗作用。

5. 氯雷他定（Claritin®）由Schering-Plough公司（后被默克公司收购）作为非镇静性抗组胺药推向市场，并取得了巨大成功。然而，Sepracor公司的科学家发现了一种具有更好药代动力学特性的氯雷他定代谢产物，并最终将该化合物以地氯雷他定推向市场。了解氯雷他定的代谢为开发数十亿美元的地氯雷他定提供了机会，这也清楚地表明了解候选化合物代谢的重要性。
6. MPPP可被代谢成毒性很强的物质，因此其临床应用是不安全的。MPPP在体内可转化为MPTP，并可通过血脑屏障。一旦进入大脑，神经胶质细胞将会吸收MPTP并将其转化为MPP^+，而后MPP^+通过多巴胺转运体进入多巴胺能细胞，并引起多巴胺能细胞的死亡，最终导致了帕金森病的发生。这一实例充分说明了解化合物代谢方式和代谢位置的重要性。候选化合物在安全性预测分析时似乎是安全的，但其代谢产物的安全性与候选化合物本身的安全性同样重要。
7. 安非他酮最初使用600 mg剂量的速释片剂，但是相当多的患者发生了癫痫副作用。将该药重新制成缓释剂时，可以达到有效治疗所需的血浆浓度，但血浆浓度峰值显著低于速释片的浓度。这显著降低了与该药物相关的癫痫发作风险，使更多患者能够安全地使用该药。
8. 表达不充分的专利申请可能无法提供必要的保护，无法阻止他人使用申请中描述的发明，甚至可能因专利无效而导致并无法收回与药物研发相关的成本。

（白仁仁）

索 引

W

X

Y

Z